[수정증보판]

최신

군사용어사전

軍事用語辭典

이강언 · 강석훈 · 김정기
오윤숙 · 전태일 공저

良書閣

이 저서는 2005년 정부(교육인적자원부)의 재원으로 한국학술진흥재단의 지원을 받아 수행된 연구임. (KRF-2005-031-B00014)

[머 리 말]

최근에 민간 대학과 전문대학에 군사학 유관학과가 다양하게 설치되고 있으며, 대학 교양강좌로서 안보 관련 강좌가 폭넓게 개설되고 있다. 뿐만 아니라 군내는 물론 여러 민간대학에 군사학 학부 및 석사, 박사과정이 설치되어 운영되고 있으며, 이는 앞으로 더 확대 될 추세이다. 그래서 최근 국내 군사학 연구는 군 관련 기관 뿐 아니라 민간대학과 연구기관까지 폭넓게 확대되어 하나의 독립된 학문 체계로 자리매김하고 있으며, 인접학문 분야와 연계하여 다각적인 시도가 이루어지고 있다. 이러한 추세에 맞추어 입문 단계의 군사학 학습에 필요한 다양한 어휘가 전문적이고도 체계적으로 수록된 군사학 용어 사전 편찬의 필요성이 제기되어 왔다.

군사용어사전은 군사학을 연구하고 학습하는데 가장 기본적인 공구서라고 할 수 있다. 본 군사용어사전 연구팀은 이런 요구에 부응하여 2005년 한국학술진흥재단의 사전편찬지원사업의 지원을 받아 장기간 군 경력을 쌓은 학자와 민간학자가 공동으로 노력하여 경험과 전문성을 바탕으로 한 본 군사용어사전을 발간하게 되었다.

본 군사용어사전은 국방정책 및 국방행정, 군사이론, 국제정세, 군사 교리, 교범, 전략, 작전의 운용, 국방기술 등 제반 군사 관련 분야에서 사용되고 있는 전반적인 군사 용어를 기본대상으로 하였다. 이 가운데 육·해·공 3개 군에서 사용하는 군사용어를 표준화하고, 국제정세와 유관한 군사용어를 포괄하였으며, 주요 군사대국인 미국과 러시아, 주변국인 중국, 일본 등 외국군 용어와 북한군 용어는 차이점을 부기하였다. 이들 외국군의 용어는 주로 미국군의 용어를 우리 군이 번역하여 사용하는 과정에서 발생한 오기나 개념상의 혼란을 정비하였으며, 중국

군용어와 일본군용어의 경우는 한자어 문화권임을 고려하여 동일 한자로서 달리 적용되거나, 표현상의 미묘한 차이가 있는 경우 따로 설명하였고, 북한군 용어는 우리군 용어와 다른 뜻으로 사용되는 경우와 동일한 의미로 다른 용어를 사용하는 경우에 따로 부기하였다. 또한 민군 간 용례가 다른 용어나, 군에서만 사용되는 용어에 주의를 기울여 그 의미를 재규정하고자 노력하였다. 그리고 무기 체계와 관련된 새로운 전문 용어에 대해서는 용어의 개념과 산생배경, 용례나 규격 등에 대해서도 간략히 소개하였다. 아울러 용어 간 연계성을 확보하기 위해 한자어와 영문용어, 영문약어가 통용될 경우 이를 병기하였고, 동의어와 유의어, 반의어, 참고어 등을 부기하였다.

본 사전은 군사학을 연구하고 학습하는 학도들이 활용할 수 있는 적절한 공구서를 제공하고자 의욕을 가지고 시작했지만, 경험 부족과 여러 가지 제약으로 인해 미흡한 점이 많음을 고백하지 않을 수 없다. 그러나 부족한 부분은 앞으로 독자 여러분들의 지적과 고언을 바탕으로 수정 및 보완하여 보다 나은 군사용어사전 개정판을 발간하도록 노력할 것이다. 끝으로 바쁜 가운데서도 본 사전의 발행을 위해 협조해 주신 양서각 사장님께 감사드린다.

2012년 1월　저자일동

[일 러 두 기]

1. 본 사전에서는 군사, 국방분야에서 사용하는 용어 총 6,300여 개의 용어를 표제어로 수록하였다.

2. 표제어의 배열은 한글자모(가나다)순으로 하였으며, 표제어의 제시는 우리말 용어 다음에 한자어, 영문용어, 영문약어가 있을 경우 약어를 병기하였다.
   형식) 표제어(한자어, 영어; 영문 약어)

3. 외래어 및 외국어는 원어발음을 한글로 표기하는 것을 기준으로 하여 한글자모 순에 따라 배열하였다. 다만 한자문화권인 중국과 일본 군사용어의 경우 이해의 편리를 우선시하여 우리에게 이미 익숙한 한자 독음을 취하고, 이들 국가 고유의 군사용어로 수록하는 경우에는 한자의 우리말독음에 따른 한글자모순으로 배열하였다.

4. 각 표제어는 군사분야에서 적용되는 의미에 치중하여 풀이하는 것을 원칙으로 하되, 일반적인 정의가 필요하다고 판단될 경우에는 일반적인 정의와 군사분야에서 적용되는 의미를 별도의 항으로 구분하여 서술하였다.

5. 표제어가 군사분야에서 세분하여 사용될 경우에는 해당용어들을 하위항목으로 분류하여서술하였다. 또 표제어로 수록한 용어가 상위 표제어의 정의에 서술하였거나 상위 표제어의 하위분류항목에 포함되어 있을 경우에는, 해당 표제어를 참조하도록 ☞로 표기하여 중복 서술을 피하였다.
   예) **야전교범**(野戰敎範, Field Manual) ☞ [교범]

6. 본 사전에서는 표제어간 참조할만한 용어를 다음과 같이 구분하여 표기하였다.
   가. <동> : 동의어
   동의어의 정의는 빈도수가 높은 동의어에서 해당 용어에 대해 설명하고, 빈도수가 낮은 동의어는 빈도수가 높은 동의어를 참조하도록 ☞ 로 표기하여 중복 서술을 피하였다.

예) **장군**(將軍, General Officer)

1. 군의 우두머리로 군을 지휘하고 통솔하는 무관. (중략)

〈동〉 [장성]

장성(將星, Star Rank) ☞ [장군]

나. 〈유〉 : 유의어

다. 〈반〉 : 반의어

라. 〈참〉 : 참고어

7. 외국군 용어나 북한군 용어는 다음과 같은 방법으로 서술하였다.

가. 동일한 용어가 나라에 따라 의미상 약간의 차이가 있을 경우에는 해당국가의 국명을 밝힌 다음 부연설명 하였다.

예) **전구**(戰區, Theater)

1. 군사전략목표를 달성하기 위해 전략임무가 수행되는 작전구역.

(미국) 미국 본토 밖의 지역에 대해 전투사령부 지휘관이 지휘책임을 부여받은 대상 지역. (중략)

(중국) 1. 쌍방 교전지역 2. 전략임무를 효과적으로 달성하기 위해 나누어진 작전구역.

나. 우리와 용어와 내용상에 차이가 있어 별도로 정의하고 부연설명을 할 경우는 해당국가의 국명을 밝힌 다음, 표제어와 내용을 기술하였다.

예) **양공**(陽攻, Feint)

기만작전 방법 중의 하나. 적의 관심을 주공 지역으로부터 벗어나도록 하기 위해 실시하는 제한된 목표에 대한 공격작전. (중략)

(일본) [양동공격(陽動攻擊)] 보라는 듯이 행동하는 속임수로서 양동(陽動)의 일종. (중략)

다. 우리와 내용은 같으나 다른 용어로 지칭하는 외국군 용어나 북한군 용어는 해당국가의 국명과 표제어만 수록하였다.

예) **전과확대**(戰果擴大, Exploitation)

(북한) [성과확대(成果擴大)]

라. 외국군 용어를 표제어로 할 경우는 해당국가의 국명을 밝힌 다음 설명하였다.

예) **전략적 기동성**(戰略的機動性, Strategic Mobility)

(미국) 국가전략의 지원 하에 군사력을 전 지구적으로 전개시키고 유지할 수 있는 능력.

마. 외국군 용어와 북한군 용어는 다음과 같이 표기하였다.

(미국) : 미국군 용어

(중국) : 중국군 용어

(일본) : 일본군 용어

(러시아) : 러시아군 용어

(북한) : 북한군 용어

ㄱ

가공정보(架空情報, Notional Intelligence)
적을 기만하기 위하여 조작된 정보나 실제로는 존재하지 않는 허위정보.

가교(架橋, Bridging, Bridge Building)
작전행동에 방해가 되는 지형상의 장애물을 극복하고 병참선을 확보하기 위하여 하천이나 강, 계곡 등의 양측을 연결하는 다리를 설치하는 것.

가늠쇠(~, Front Sight)
직사화기의 총구 가까이에 부착된 돌기 모양의 조준장치. 가늠자의 가늠구멍이나 조준 홈과 가늠쇠 선단의 연장선을 표적과 일치시키면 조준이 된다.
(북한) [겨눔못]

가늠자(~, Rear Sight)
1. 직사화기의 후미 가까이에 있는 조준장치.
2. 박격포의 사격기재로서 겨냥대 또는 어떠한 기준점(조준점)을 조준하는데 사용하는 장치.

(북한) [겨눔문]

가늠자조정(~調整, Sight Control, Harmonization)
1. 직사화기의 경우는 탄도와 조준선이 표적(목표물)과 일치되도록 가로 및 세로 가늠기를 조정하는 것.
2. 곡사화기의 경우는 탄도가 목표상에서 조준선과 일치하도록 조준구로 포를 조정하는 것.

가동률(稼動率, Available Rate)
1. 생산능력에 대한 실제 생산량의 비율.
2. 설비(設備)나 장비 총량에 대하여 실제로 가동되고 있는 설비나 장비 비율.
3. 해당 장비의 총 운용시간에 대한 실 가동시간의 백분율.

$$\text{가동률} = \frac{\text{가동시간}}{\text{총 운용시간}} \times 100(\%)$$

가동탄약보급소(可動彈藥補給所, Mobile Ammunition Supply Point; MASP)
탄약지원이 필요한 부대에 신속하고 지속적인 탄약재보급을 위하여 탄약을 적재한 상태에서 이동식으로 운용하는 탄약보급소. 탄약근무소대가 편제되지 않은 사(여)단급 부대의 급속한 전진, 이동 또는 탄약보급소(ASP)의 이동으로 보급거리가 멀어질 때 작전지역 군단장 승인 하에 운용한다.

가료(加療, Medical Treatment)
전투 또는 작전임무 수행 중 입은 부상(전상)이나 임무수행 또는 교육 훈련 중 입은 부상(공상)에 대하여 국가 또는 지방자치단체가 자체 부담으로 치료해 주는 것.

가면(假眠, Dormancy, Blanket Drill)
전투, 작전 또는 훈련 중인 장병이 즉시 전투에 투입될 수 있는 복장과 장비를 갖추고 얕은 수면을 취하여 피로를 더는 수면 방법.

가매장(假埋葬, Emergency Burial)
통상 전투지역에서 실시되는 매장방법의 하나로 사체 후송이 허용되지 않는 상황에서 임시로 매장하는 것.

가변시한신관(可變時限信管, Variable Time Fuze)
접근신관의 일종으로 표적에 접근하면 전파의 반사에 의하여 통상 20 m 상공에서 자동적으로 발화하는 장치를 가진 신관.

가변익(可變翼, Variable Planform Wing)
비행 중에 주익의 평면모양을 바꿀 수 있는 구조로 된 날개. 고속 비행할 때는 가급적 날개 면적을 작게 하고, 이착륙할 때는 주익의 후퇴각을 기계적으로 바꾸어 성능을 저속으로 한다.

가변익항공기(可變翼航空機, Variable Wing Airplane)
날개의 넓이나 후퇴각, 붙임각 따위를 비행 중에 변동시킬 수 있는 비행기.

가상공간(假想空間, Cyberspace)
디지털 정보를 생산, 처리, 전송하는 개념적 공간. 현실세계에서 존재하는 물리적 공간이 아니라 컴퓨터나 인터넷 등으로 만들어진 가상의 공간으로, 시간과 공간, 신분의 제약이 없이 활동할 수 있는 특징을 가지고 있다. 사이버스페이스 또는 사이버 공간이라고도 한다.

가상돌파구(假想突破口, Assumed Penetration)
방어작전 시 상황을 통제할 수 있는 능력을 보유한 상태에서 방어를 지속하면서 적에게 돌파를 허용할 수 있는 최대의 허용범위를 가상한 지역. 폭과 종심으로 구성된다.

가상적(假想敵, Hypothetical Enemy) ☞ [대항군]
(북한) [가적(假敵)]

가상적국(假想敵國, Hypothetical Enemy State)
한 나라가 대외정책이나 국방정책을 수립할 때 자기 나라의 안정에 위협이 된다고 판단하여 적국으로 가상하는 나라. 통상 작전계획은 작전군을 동원하고 집중하는 시간과 지역을 구체화할 필요가 있기 때문에, 결전방면을 정하여 아군측과 적측의 집중속도를 산정하고 작전일자를 예정하게 된다. 따라서 한 나라의 국방계획은 이 가상적을 전제로 작성하게 되며, 그 나라의 국방체제는 가상적국의 상태에 따라서 상대적으로 결정된다. 가상적국은 상대국과의 사활이 걸린 이익의 대립, 상대국의 능력과 의도의 평가에 따른 위협도, 역사적 · 지리적 조건 등의 요인에 따라 설정되며, 각각의 요인의 변화에 따라 가상적국도 달라질 수 있다. 그러나 일반적으로 가상적국은 지리적 조건이나 역사적 관계에 따라 거의 자동적으로 설정되어 있으므로 실제로는 잠재적 전쟁이 일어나고 있는 경우가 많은 것이 현실이다. 따라서 국방정책 수립에 있어 가상적국의 설정은 가상적국과 전쟁시 국가안전보장을 도모하기 위한 것이기는 하지만, 대외정책 면에서 상대국과 안정된 관계를 유지하면서 외교적으로 우호적인 관계를 성립시켜 국가간 분쟁을 억제하기 위한 노력과도 병행하게 된다.
〈유〉 [잠재적국]

가상좌표선(假想座標線, Assumed Grid)
실제 지리적 위치를 고려하지 않고, 위치를 지시하는 데 사용할 목적으로 지도, 도표 혹은 사진 위에 임의의 눈금을 그려 만든 격자.

가설(架設, Wire Construction)
유선통신선로를 시설하는 것. 가설방법에 따라 공중가설, 지상가설, 수중가설, 매설로 분류한다.

가소성폭약(可塑性爆藥, Morphing Explosing)
고체에 탄성한계를 초과하는 힘을 가했을 때 그 힘을 감소시켜도 변형된 상태로 남아 있는 폭약. 정상 온도에서 어떠한 형태로든지 제조할 수 있으며, 콤포지션, 다이나마이트 등이 이에 속한다.

가속정지거리(加速停止距離, Accelerate-stop Distance)
항공기가 이륙 도중 고장이 났을 경우, 출발점으로부터 정지지점까지의 거리.

가스경계지대(~警戒地帶, Gas Security Zone)
가스로 인한 각종 손상을 미연에 방지하기 위하여 표식을 하거나 경계병을 세워 구별한 지역.

가스군기(~軍紀, Gas Discipline)
병사들에게 가스의 위험을 올바르게 인식시켜 필요 이상의 공포를 갖지 않도록 훈련시키는 것.

가스입자여과기(~粒子濾過器, Filter Unit Gas Particulate)
화생방무기 공격으로 오염된 외부 공기 중에 있는 방사능이나 화학·생물학 작용제와 같은 오염 물질을 여과, 제거하여 정화된 공기를 대피호 내에 공급하는 장비. 대피호 내부압력을 외부보다 높게 유지시킴으로써 화생방 작용제의 침투를 방지한다. 주요 구성품은 가스여과기와 입자여과기이다. 가스여과기는 가스 상태의 작용제를 걸러주는 역할을 하며, 주요 매질은 활성탄으로 구성된다. 입자여과기(粒子濾過器, Particle Filter)는 오염된 공기로부터 1/100만 ㎛ 크기의 화생작용제 및 방사능 입자를 여과 할 수 있으며, 여과재의 대부분은 유리섬유로 이루어져 있다.

가스탐지기(~探知機, Gas Detector)
유독화학작용제나 각종 가스의 유무, 종류의 식별 및 농도 등의 판정에 사용되는 기재. 주로 변색반응을 이용한 탐지방법을 사용하며, 나라마다 다양한 방법을 사용할 수 있는 독자적인 탐지 장비를 보유하고 있다. 그러나 현재 극히 강한 독성을 가진 무색무취의 유독 화학작용제도 나와 있기 때문에, 이에 대비한 조기경보를 발령하기 위해 이온전극이나 적외선레이저를 이용한 자동경보장치를 개발하여 사용하는 경향이 있다.

가시거리(可視距離, Visibility Range)
주간에 수평선 위의 크고 검은 물체를 육안으로 식별할 수 있는 정도의 수평거리. 킬로미터나 마일 단위로 측정한다.

가시선(可視線, Line of Sight; LOS)
조준기나 관측자, 레이더의 안테나 등과 목표물을 직선으로 연결하는 가상선.
〈유〉 [조준선]

가시선분석(可視線分析, Visual Line Analysis)
어느 한 지점으로부터 가시지역의 한계를 분석하는 것. 육안으로 관측이 가능한 지역분석, 직사화기 사계 분석, 통신시설 위치분석, 레이더 가시선 분석 등이 포함된다.

가시선분석도(可視線分析圖, Visual Line Analysis Map)
가시선을 분석한 지도. 장비별 시계, 관측소 및 통신 중계소, 레이더, 방어진지 등의 위치, 화력과 통합된 장애물 위치, 적 은거 예상지역 등을 분석하는데 사용된다.

가시선침투(可視線浸透, Terrain Clearance)
비행경로선상의 고지와 고지를 연결하는 선보다 높은 고도로 비행하여 침투하는 방법. 통상 해면 고도 이상의 일정 고도로 비행하며, 이 침투기술은 목표에 이르는 비행시간을 단축하거나 지형을 횡으로 통과할 때 사용되는 기술로 레이더에 의해 용이하게 탐지되는 단점이 있다.

가시선침투 시스템(可視線浸透~, Terrain Clearance System)
항공기가 평평한 지형에서는 선택된 비행고도를 유지하고, 기복이 심한 지형에서는 주어진 고도 범위 내에서 고지들을 피할 수 있도록 조종사나 자동조정장치에 상승 및 하강 신호를 제공하는 시스템. 이 시스템은 항공기가 지형의 윤곽을 따르기 위해 계곡으로 하강할 필요가 없다는 점에서 지형추적비행과는 다르다.

가시선통신(可視線通信, Line of Sight Communication)
전파공간의 가시선을 통과하는 직접파를 주로 이용하는 무선통신. 주로 VHF대역 이상에서 운용한다.

가시수평선(可視水平線, Apparent Horizon)
육지와 하늘, 혹은 바다와 하늘을 육안으로 구별할 수 있는 분계선.

가시철조망(~鐵條網, Barbed Wire Entanglement) ☞ [유자철조망]

가열사격(加熱射擊, Warming Shots)
총·포신을 따뜻하게 해 두기 위해 실시하는 사격.

가용보급률(可用補給率, Available Supply Rate; ASR)
작전을 수행하기 위해 일정 기간 동안 허용된 보급한계량으로서 무기에 의해 사격되는 탄약의 소모율. 화기 당 1일 발사탄수로 표시되며, 소요량이 충분히 확보되어 통제보급률(CSR)을 적용하지 않을 때 사용된다.

가용부대(可用部隊, Troops Available)
작전임무를 수행하기 위해서 지휘관이 운용 가능한 편제 및 비편제상(배속 및 지원)의 전투, 전투지원, 전투근무지원 부대.

가용성(可用性, Availability)
운용할 수 있는 자원을 양으로 표시한 것.
1. 임무를 수행하는 데 사용할 수 있는 인원, 장비, 시설의 양.
2. 항공기가 임무수행 가능한 시간비율.

가용시간(可用時間, Time Available)
어떤 상황을 처리하는 데 사용할 수 있는 시간의 양.

가용자원(可用資源, Available Resources)
1. 일정기간 또는 특정계획에 사용할 수 있는 인적 및 물적 자원. 국내 가용자원과 해외 가용자원으로 구분된다.
2. 징집 또는 소집의무를 부과할 수 있는 병역자원으로서 수감자, 국외 체류자, 행방불명자, 각종 법정 연기 및 면제자를 제외한 실제 충원소집이 가능한 자원. 주로 전시 및 동원령 선포 시 사용하는 용어이다.

가용탑재량(可用搭載量, Available Payload)
차량, 항공기, 선박 등에 탑승 및 탑재 가능한 인원이나 화물의 적재량. 중량이나 공간으로 표현된다.

가장(假裝, Disguise)
어떤 시설이나 대상 또는 활동의 정체를 바꾸지 않고 다른 것으로 오인시키기 위해 꾸미는 대책. 군사적으로 중요한 것을 중요하지 않은 것처럼 보이게 하거나 비군사적인 것으로 보이도록 기만하는 행위이다.

가정(假定, Assumption)
지휘관이 계획을 수립하는 과정에서 상황을 판단하고 방책을 결정하기 위해 필요한 현행상황에 근거한 추측. 이는 장차 예측되는 사건에 대한 추측으로 확실한 증거는 없지만 사실로 간주된다.

가좌표(假座標, Arbitrary Grid)
사실상의 지리학적 위치에 관계없이 어느 지점을 표시하기 위하여 지도, 도표 또는 사진에 사용하는 임의의 좌표.

가청주파수(可聽周波數, Audible Frequency)
사람의 귀로 들을 수 있는 음파의 주파수. 사람에 따라 또는 음의 크기에 따라 다르지만 보통 20 Hz~20 kHz인 것으로 간주되고 있으며, 이 대역을 가청 주파수대(audio frequency band)라고 한다. 통신 시스템에서는 음성만을 전송하는 전화와 같은 제한적인 매체와 가청 주파수대의 모든 주파수를 전송할 수 있는 방송 매체를 구별하는 것이 필요하다. 전화와 같이 음성만을 전송하는 데는 300 Hz~3.4 kHz의 대역폭이면 충분하지만, 라디오나 텔레비전 방송에서 요구되는 음질로 음악과 음성을 전송하는 데는 가청 주파수대의 모든 주파수를 사용하는 것이 바람직하다.

각개격파(各個擊破, defeat in detail)
적이 시간적으로 또는 지역적으로 종 또는 횡으로 분리되어 전투력을 집중할 수 없는 기회를 이용하여 분리된 하나하나를 차례로 격파하는 전술행동. 적의 분리는 아군에 의하여 분리되는 경우와 적의 과오에 의하여 분리 되는 경우가 있다. 각개격파는 분리된 적을 전체적으로 파괴하는 것으로서 적이 재차 반격해 올 수 있는 적의 의지와 수단을 격멸한다는 의미가 내포되어 있다. (북한) [객개소멸(各個掃滅)]

각개사(各個射, Fire at Will)
포사격 시 포반장이 개별 포 단위로 사격을 통제하는 사격 명령. 관측소를 이용하지 않고 직접 조준에 의하여 실시하는 직접사격 시 사용한다.

각개사격(各個射擊, Individual Firing)
자기 이외의 병사와 관계없이 실시하는 사격.

각개약진(各個躍進, Individual Rushes)
야전에서 각개 병사들이 취하는 전투 전진 동작.

각개예광탄조정(各個曳光彈調整, Individual Tracer Control)
기관총 사수가 예광탄을 관측하여 사거리을 판단하고 조절하는 기관총 사격 조정.

각개전투(各個戰鬪, Individual Combat)
병사 개개인이 전투부대의 일원으로 싸우고 생존하고 자신과 장비를 방호하며 전장에 적응할 수 있게 하는 각 개인의 전투력을 기초로 하는 전투기술.

각개점호(各個點呼, Individual Roll Call)
확실한 인원파악을 위하여 전군의 모든 병사들이 동시에 직접 지정된 장소에 등록하게 하는 점검 방법.

각개조정(各個調整, Individual Control)
기관총에서 사용되는 사격 조정 방법으로, 사수 자신이 조준하여 사격하고 조정하는 것.

각개훈련(各個訓練, Individual Training)
각개 병사의 전투 기술을 숙달시키는 훈련.

각서(覺書, Memorandum)
1. 합동부대급 이상의 지휘관이 일상적인 업무를 수행함에 있어 시행일정이나 예정사항 등을 자신의 참모 개개인에게 보내는 비공식 문서.
2. 일반적인 지시, 일반명령, 문서회람 또는 규정이 부적합할 때 사용하는 문서. 지휘각서, 교육각서, 참모각서로 구분된다.
3. 국제관계에서 양국 간 회담 내용을 기록한 의사록(議事錄)이나, 한 국가의 일방적 의사표시 또는 국가 간 합의 내용을 담은 약식, 또는 비공식 외교문서.

간격(間隔, Gap, Interval)
1. 지뢰지대나 장애물지대 내에 지뢰나 장애물이 설치되지 않은 안전한 일정 공간. 아군이 전술적 대형을 갖추고 이동할 수 있는 폭과 방향을 가지고 있다.
2. 공격지대 및 방어지역에 있어서 배치부

대 간의 공간.

3. 인접해 있는 함대 또는 함정간의 횡적으로 떨어진 공간. 단위는 야드, 마일로 표시한다.

간격극복(間隔克服, Gap Crossing)

기동부대의 기동에 영향을 미치는 개울, 협곡, 운하와 같은 자연적인 간격과 대전차구, 파괴된 교량과 같은 인공적인 간격 등의 장애물을 극복하여 기동을 원활하게 만드는 모든 활동.

간격보충용레이더(間隔補充用~, Gap Filler Radar)

주 레이더가 탐지하기에 적합하지 않은 지역을 탐지하기 위해 보조적으로 사용하는 레이더.

간격표지(間隔標識, Gap Marker)

지뢰전에서 지뢰지대 내의 간격을 나타내는 표지. 주요 지형지물이나 중간 표지를 참고하여 간격의 입구나 출구에 표시한다.

간부(幹部, Cadre)

기관이나 조직체 따위의 중심이 되는 자리에서 책임을 맡거나 지도하는 사람. 군대에서는 통상 부사관 및 장교를 칭한다.
〈동〉 [기간요원]

간부교육(幹部敎育, Cadre Training)

군 간부의 해당 직책별 임무수행 능력과 제대별 통합전투력 발휘능력을 구비하기 위하여 정신전력, 전투지휘, 상황조치, 교육훈련관리, 교관임무수행 및 부대관리능력 배양에 중점을 두고 간부를 대상으로 실시하는 교육.

간선(幹線, Trunk Line)

1. 통신에서 교환대와 교환대 사이를 연결하여 교환대에 가입된 가입자들끼리도 서로 통신할 수 있도록 연결해주는 통신회선.
2. 철도, 도로 따위의 주요한 선, 본선(本線)을 가리킴.

간섭(干涉, Interference)

1. 전자장비에 불필요한 반응을 유발시키는 전기적 또는 전자기적인 혼란으로, 2개나 3개의 파동이 서로 영향을 미칠 때 생기는 현상.
2. 레이더 운용 시 가까운 곳의 다른 레이더에서 방사된 고주파 신호가 수신되어 방해를 받는 현상.

간섭전쟁(干涉戰爭, Intervention Warfare)

1. 적대세력을 약화시키기 위하여 그 나라 내부의 혁명·반혁명·식민지 독립운동 등을 원조하는 전쟁형태.
2. 교전하는 쌍방이 있을 때, 결정적인 순간에 어느 한편에 가담함으로써 힘의 균형을 깨뜨려 전쟁의 국면을 유리하게 이끄는 전쟁형태. 이때 간섭국은 참전국으로서 최소의 희생으로 최대 이익을 취할 수 있다.

간이낙진예측(簡易落塵豫測, Simplified Fallout Prediction)

핵폭발 제원과 풍향, 풍속 등 고공 기상제원을 고려하여 방사능 예상오염지역을 예측하는 것. M5-A1 방사능 간이 낙진 예측척을 사용하여 계산한다.

간이비행장(簡易飛行場, Rough Surface Airfield, Airstrip)

시설이나 규격에 관계없이 전술적 목적으로 이착륙만 가능하도록 넓은 공지를 이용해 만든 비행장.

간이활주로(簡易滑走路, Basic Runway)

중앙표시선, 화살표, 방향 등 시계 비행(VFR)을 위한 시설 정도만 설치되어 있는 활주로. 보조 장비도 없고, 때로는 활주로 식별 표시도 되어 있지 않는 경우도 있다.

간접관측(間接觀測, Indirect Observation)

지형 사진이나 기타 보조물로 관측하는 방법.

ㄱ

간접레이저조준(間接~照準, Offset Lasing)

레이저 표적기를 실제 목표물이 아닌 다른 곳에 조준한 다음, 레이저를 목표물로 이동시켜 최종적인 유도공격을 하는 기술.

간접사격(間接射擊, Indirect Fire)

1. 표적을 직접 조준하지 않고 실시하는 사격.
2. 포진지 또는 포반에서 볼 수 없는 표적에 대하여 실시하는 사격. 관측반이 표적을 획득하여 사격을 요구하고, 사격지휘소가 사격제원을 결정, 전포반에 하달하면 전포반은 표적이 보이지 않은 상태에서 하달된 사격제원을 장입하여 사격을 실시한다.

간접요청사격(間接要請射擊, Indirect Call Fire)

요청사격이 필요한 해당 피지원부대를 대신하여 다른 부대가 사격을 요청해 주는 것.

간접작전(間接作戰, Indirect Operation)

유격작전 지역 내에서 현지 주민들에 의해 생성, 발전하는 저항운동을 기초로 하여 계획되고 수행되는 유격전 형태. 전투작전을 수행하는 주 전투력은 주민으로 구성된 비정규전부대이다.

간접전략(間接戰略, Indirect Strategy)

군사력 사용에 우선하여 주로 정치, 외교, 경제, 심리 등의 비군사적인 방법을 사용하여 소기의 정치적 목표를 달성하고자 하는 국가전략의 한 형태. 군사력의 사용을 우선하는 직접전략에 대비되는 개념이며, 핵 억제력이나 정치적 억제력에 의해서 무력행사가 제한되어 있는 경우에 사용하게 된다.

간접접근(間接接近, Indirect Approach)

직접적인 방법을 사용하지 않고 상대방의 힘을 약화시켜 정상적인 힘을 발휘하지 못하도록 하는 심리적, 물리적 제 활동.

간접접근전략(間接接近戰略, Strategy of Indirect Approach)

적의 배후를 지향하는 기동 등 간접접근을 통해 적을 물리적, 심리적으로 교란시켜 마비상태로 몰아넣음으로써 적의 저항 가능성을 감소시키고, 최소의 전투로 승리를 쟁취하는 전략. 리델하트(Liddell Hart)가 정립한 전략이론이다.

간접조준(間接照準, Indirect Laying)

1. 포가 설치된 곳에서 표적이 육안으로 보이지 않을 경우, 표적 대신 고정 물체를 조준점으로 해서 조준하거나, 가늠자 대신 사격통제기와 같은 조준장치를 이용해서 조준하는 것
2. 임의의 조준점을 기준으로 화기 및 장비 등을 표적(목표)에 지향시키는 조준 방법.

간접조준폭격(間接照準爆擊, Offset Bombing)

실제 목표물에 대하여 조준하는 것이 아니라 기타 표적이나 참조물을 이용하여 폭격하는 절차.

간접지원(間接支援, Indirect Support)

1. 우군 폭격기가 통과하거나 폭격을 감행할 때, 전투기로 그 공역을 순회하거나 경계하여 지원하는 것.
2. 항공기로 적의 후방 시설을 폭격 파괴하여 간접적으로 지상군을 지원하는 것.

간접침략(間接侵略, Insurgency)

무력을 사용해 직접 침략하지 않고, 침투, 파괴행동 등 간접적인 방법을 사용한 침략. 다른 나라의 내부변혁을 유발시키거나 침략자를 이롭게 하는 행위로, 내란을 유발시키도록 하는 선전, 내란발생 지원, 제오열의 파견, 특정한 정당에 대한 물적 원조, 파괴행위의 장려, 평화적인 분쟁 해결을 거부하는 것 등의 방법을 사용한다.

(일본) 외국의 교사 또는 간섭으로 인해 발생되는 대규모의 내란 또는 소요를 일컫는 말.

간접통제(間接統制, Indirect Exercise Control)
육군의 전투지휘훈련 과정에서 적용되는 훈련통제방법으로 훈련부대와 대항군이 실전적인 상황 하에서 전장을 체험할 수 있도록 쌍방의 전투과정에는 직접적으로 개입하지 않고, 전투과정에 영향을 미치는 쌍방의 종심, 측방, 후방지역의 상황만을 조성하여 간접적으로 훈련을 유도하는 방법.

간접피해(間接被害, Collateral Damage)
☞ [부수피해]

간접항공지원(間接航空支援, Indirect Air Support; IAS)
적의 항공기 생산 및 보급 시설, 또는 지상에 있는 적기를 우군의 항공기가 공격함으로써 제공되는 방어.

간첩(間諜, Spy, Espionage)
적대국가나 정치적 집단의 이익을 위하여 비밀리에, 또는 허위로 국방에 관한 정보를 탐지, 수집, 배포, 송수신하는 구성원 또는 지령을 받은 자. 이에 대한 방어 행위는 대적(對敵)정보활동(counterintelligence), 혹은 방첩활동이라고 한다.
(북한) [공작원(工作員)]

간첩선(間諜船, Spy Boat)
해상을 통하여 간첩 또는 무장공비를 은밀하게 침투 및 복귀시킬 목적으로 전용되는 선박.

간편조립교(簡便組立橋, Medium Girder Bridge; MGB)
특수경합금으로 제작되어 무게가 가볍고 소수인력으로 구축 가능하며, 통상 기동로의 파괴된 교량이나 계곡 또는 대전차호 등의 간격을 극복할 수 있는 조립교.

간호근무(看護勤務, Nursing Care)
질병에 걸린 자나 부상자에 대한 치료와 보호뿐만 아니라, 건강한 장병의 보건 향상을 위한 전문적인 기술 및 활동.

감도(感度, Sensitivity)
1. 통신에서 송수신간 정확도를 이르는 말.
2. 신호 증폭기 또는 수신기 등의 외부의 자극 작용에 대하여 반응하는 예민성의 정도로써 규정된 신호출력을 얻을 수 있는 최소의 입력수준을 말함. 이 값이 작을수록 감도가 높다.

감독(監督, Supervision)
지휘관의 계획 및 명령이 예하부대에서 적절한 방법으로 이행되고 있는지 확인하는 행위.

감마선(~線, Gamma Ray)
방사능 붕괴나 핵반응에 의하여 원자핵에서 방출되는 파장이 극히 짧은 전자파. 다른 방사선인 α 선, β 선에 비해 물질 투과성이 강하여 금속의 내부 결함을 탐지하거나 암을 치료하는 데에 널리 쓰이나, 전리작용, 사진작용, 형광작용은 다른 방사선들보다 약하다.

감소장약(減少裝藥, Reduced Charge)
1. 해군 함포에 사용하는 두 개의 추진 장약 중 작은 것.
2. 정상적인 장약보다 줄여서 사용한 추진 장약으로, 짧은 거리의 목표물을 사격을 할 때 사용된다.

감소편성(減少編成, Reduced Organization)
완전편성보다 적은 인원과 장비를 활용하여 주어진 기본임무를 수행할 수 있도록 계획된 편성. 완전편성에서 직위나 부처, 장비 등을 적절히 감소시켜 편성하며, 통상 장기간의 비전투기간이나 제한된 전투기간 중에 운용한다.

ㄱ

감속낙하산(減速落下傘, Drag Parachute)
비행기 착륙이나 로켓 회수용으로 사용되는 낙하산.

감쇠(減衰, Attenuation)
1. 전자적인 데이터를 전송할 때 이동 경로에서 에너지가 흡수되거나 흩어짐으로 인해 수신기에서 신호, 빛, 파장 등의 강도가 약화되는 것.
2. 기뢰전에서 원점에서 거리가 멀어질 때 감응 강도가 줄어드는 것.
3. 위장과 은폐에서 물체나 그 표면이 주변 환경이나 배경에 비해 눈에 덜 드러나도록 만드는 것.

감시(監視, Surveillance, Monitoring)
1. 정보목적상 시각, 청각, 전자, 사진, 기타 다른 수단에 의해 공중, 지표면, 수상, 수중 해역, 인원 또는 물체에 대하여 이루어지는 조직적인 관측.
2. 행동의 우위를 확보하고 적의 동태를 파악하기 위하여 취하는 관찰행동.
3. 방사능 측정 장비를 이용하여 방사능의 존재와 수치를 감지하는 행위(monitoring).

감시구역(監視區域, Surveillance Sector)
작전구역의 가장 외곽 구역으로 탐색, 탐지 및 추적 활동을 통하여 위협을 탐지할 수 있는 구역. 감시구역의 크기는 탐지장비의 성능 및 작동상태, 조기경보항공기 및 초계함정 사용, 기상 및 전파통제에 따라 변한다. (북한) [감시계(監視界)]

감시레이더(監視~, Surveillance Radar)
미사일, 항공기, 함선, 차량 등에 대하여 전파를 이용하여 활동을 탐지하고 위치나 거리를 알아내기 위한 장비.

감시 및 정찰작전(監視~偵察作戰, Serveillance and Reconnaissance Operation; SRO)
적의 의도와 능력을 파악하고 필요한 정보를 적시에 제공하기 위해 지 · 해상 감시 장치와 유·무인 항공기, 우주비행체를 이용하여 적의 정세나 지형을 살피는 작전.

감시업무(監視業務, Monitoring Service)
레이더 스코프나 기타 수단을 활용하여 항공기의 이동을 감시하는 일반적인 업무. 통과하는 항공기에 대해 문제가 될 만한 항공정보나 비행에 도움이 되는 내용을 제공하지만, 직접적인 통제는 여기에 해당되지 않는다.

감시접근(監視接近, Surveillance Approach)
감시레이더의 디스플레이 정보를 참고로 관제사가 통제하는 방향에 따라 유도되는 기계에 의존하는 접근방법.
〈동〉 [감시진입]

감시주파수(監視周波數, Guarded Frequencies)
적으로부터 우군이 도출해 내는 중요한 신호정보 및 전자전지원 주파수. 감시주파수는 적이 사용하는 주파수로부터 정보를 획득하는 것보다 방해하는 것이 작전에 더욱 이득이 크다고 판단된 후에야 방해될 수 있다.

감시진입(監視進入, Surveillance Approach) ☞ [감시접근]

감응기뢰(感應機雷, Influence Mine)
물리적인 접촉에 의하지 않고 목표물에 의한 감응작용에 의하여 발화장치가 작동되도록 설계된 기뢰. 감응방법에 따라 자기기뢰, 음향기뢰, 압력기뢰 및 복합기뢰로 분류한다.

감응방사선(感應放射線, Induced Radiation)
핵 폭발시 방출된 중성자가 어떤 원소(망간, 나트륨, 알루미늄 등)에 결합하게 되면 이에 대한 반응작용으로 이 원소가 불안전한 원소로 변하게 되면서 방출하는 방사선(α, β). 핵무기가 고공 폭발 시에 형성되는 감응방사선은 군사적으로 중요시되며 표면이나 표면 하에서 폭발할 때 형성되는 감응 방사선은 무시된다.

감응소해(感應掃海, Influence Sweep)
물리적 접촉에 의하지 않고 적절한 감응계를 형성하여 기뢰의 발화장치를 작동시켜 폭발시키는 기뢰 제거방법. 감응수단에 따라 자기(磁氣)소해, 음향소해, 압력소해 및 복합소해로 분류한다.

감적기(監的旗, Marker's Flag)
사격장 감적호에서 감적호의 준비상태를 알리는 기.

감적수(監的手, Target Detail)
야외 사격장에서 표적의 명중여부를 확인하여 기록 유지하고 통보하는 인원.

감적호(監的壕, Marker's Gallery)
야외사격장에서 표적의 명중여부를 확인·기록·유지하는 감적수를 방호하기 위해 설치한 엄체호.

감제(瞰制, Domination)
주변과 상대적으로 높은 지점에서 관측하거나, 사격에 의해 적의 활동을 방해할 수 있는 능력 또는 행위. 감제의 한계는 피아의 능력과 심리 상태, 그리고 지상관측 기재와 화기의 사거리 등에 의해서 결정된다.

감제고지(瞰制高地, Dominate /Commanding Ground)
관측이나 사격에 의해 적의 활동을 방해할 수 있는 주변과 상대적으로 높은 지점.

감제지형(瞰制地形, Dominate/ Commanding Terrain)
관측이나 사격에 의해 적의 활동을 방해할 수 있는 지형.

감지(感知, Detection)
1. 군비축소에 동의한 내용을 위반한 것을 확인하는 최초의 단계(군축용어)
2. 화생방전이 치러지는 환경에서 화생방 탐지나 관찰 또는 조사팀을 이용하여 화생방 위험지역을 찾아내는 것.

감지회로(感知回路, Detecting Circuit)
목표물의 영향에 반응하는 지뢰(기뢰)폭발 회로의 일부분.

감청(監聽, Monitoring)
1. 아군의 통신 상황이 정상상태를 유지하고 있는지를 확인하거나 또는 참고목적으로 아군의 통신내용과 통신제원 등을 청취, 녹음, 기록하는 행위.
2. 적을 감시하거나 정보를 얻기 위해 통신 내용을 몰래 듣는 행위.

감찰(監察, Inspection)
1. 공무상의 비위나 비행에 대하여 조사하거나 감독하는 일.
2. 군의 능력과 경계에 영향을 미치는 모든 상황과 군의 발전을 저해하는 기타의 사항들을 검열하고 조사하는 것.

감찰활동(監察活動, Inspection Activity)
감찰기능에 부여된 임무와 기능을 수행하기 위한 제반활동. 감찰활동에는 검열, 감사, 조사, 예방활동, 소원수리, 손망실 처리, 민원처리, 자율기강 등이 있다.

갑종사태(甲種事態, Class Kab Situation)
일정한 조직체계를 갖춘 적의 대규모 병력 침투 또는 대량살상무기 공격 등의 도발로 인한 비상사태. 통합방위법 제2조에 근거해, 통합방위본부장이나 지역군 사령관의 지휘·통제 하에 통합방위작전을 수행하여야 하는 최상위급 비상사태이다.

갑판사관(甲板士官, Officer of the Deck)
함정의 안전과 적절한 작전에 대한 책임을 지도록 지휘관이 임명한 사관. 갑판사관은 안전한 항해와 일반적인 작전상황에 대해서 지휘관에게 직접 보고를 하며, 함정의 일상업무 수행에 대해서는 선임장교에게 보고를 하고, 항해상 주요한 지형지물을 발견하거나 항로수정이나 속도변경에 대해서는 항해사에게 알린다.

갑판상대기태세(甲板上待機態勢, Deck Alert)
항공기가 출격명령을 받고 지정된 짧은 시간 이내에 출격할 수 있도록 완전한 무장을 갖추고 조종사와 함께 갑판상에 대기하고 있는 상태. 통상 출격명령 하달로부터 출격까지 요구되는 시간을 분 단위로 정하여 대기태세를 지정한다(5분대기, 15분대기 등).

강선(腔線, Rifling Groove)
발사되는 탄환에 회전력을 주어 정확성과 사거리를 증가시키기 위해 총강에 설치된 나선형 홈.

강습(强襲, Assault)
1. 적이나 상대편의 방어를 무릅쓰고 습격을 강행함.
2. 적의 포진지나 보루 또는 기관총 진지와 같은 국부적인 목표에 대해 짧고 맹렬하면서도 질서 있는 공격을 감행하는 것.

강습단계(强襲段階, Assault Phase)
1. 공정작전, 공중강습작전, 상륙작전이나 도하작전의 한 단계로, 강습부대가 기동하여 강습목표를 확보할 때까지의 단계.
2. 상륙작전에서는 강습상륙부대가 양륙하여 해두보를 설치할 때까지의 기간.

강습도하(强襲渡河, River Crossing Assault)
부대가 도섭이 불가능한 하천에서 이용 가능한 수단을 최대한 활용하여 신속하게 도하하는 방법. 사용수단은 정찰단정, 공격단정, 수륙양용차량, 항공기, 급조도하수단, 민간선박, 교량가설단정 등이 있다.

강습목표(强襲目標, Assault Objective)
전체적인 공정작전을 용이하게 수행하기 위하여 직접 확보해야 할 주요 지형지물.

강습부대(强襲部隊, Assault Force, Strike Force)
강습에 참가하기 위하여 최초로 적의 거점 지역을 탈취할 임무를 부여받은 부대나, 습격 또는 돌격 작전을 위하여 적절히 편성된 부대.

강습상륙전작전(强襲上陸前作戰, Preassault Operation)
상륙작전에서 강습단계가 시작되기 이전에 상륙목표지역에서 이루어지는 작전. H-시간 또는 L-시간 전에 실시하는 작전.

강습상륙함(强襲上陸艦, Amphibious Assault Ship)
헬리콥터, 상륙정, 수륙양용차량 등을 이용하여 강습작전을 실시하는 상륙군 부대들을 탑승, 전개, 상륙 시키도록 설계된 해군 함정. 일명 LHA라고 부른다.

강습수송선(强襲輸送船, Assault Shipping)
상륙특수부대에 배정되어 강습부대, 차량, 장비, 군수물자 등을 목표지역으로 수송하는데 사용되는 수송선. 돌격수송선 혹은 돌격용 함선이라고도 한다.

강습항공기(强襲航空機, Assault Aircraft)
강습목표 지역으로 강습부대와 화물을 수송하는데 사용되는 항공기.

강제착륙(强制着陸, Forced Landing)
항공기가 기계적 결함이나 전투손상으로 체공이 불가능해져 지상이나 해상에 착륙하는 것.

강조선(强調線, Line of Criticality)
방어작전의 성공을 보장하고 방어목적을 달성하기 위하여 지휘관이 강조하는 부대 운용의 지침으로서, 전방 방어지역에서 적의 돌파를 저지하고 반드시 확보해야 할 일련의 지형을 연결한 선. 방어편성과 저지진지 구축의 일반적 위치를 협조시키는 수단이며, 확보 및 저지를 위한 통제선이자 역습능력을 고려한 돌파 한계선이다.

강착유도원(降着誘導員, Pathfinders)
강하 또는 착륙지대에 항공기를 유도하기 위해 제일 먼저 강하하거나 착륙하는 자 또는 안내반.

강하(降下, Jump, Dive)
1. 병력이나 화물이 항공기로부터 이탈 후 낙하산을 이용하여 지상이나 해상에 내려오는 것.
2. 항공기가 고도를 낮추는 것.

강하공중표적(降下空中標的, Direct Diving Target)
사격수 정면으로 접근해오는 공중 표적.

강하지대(降下地帶, Drop Zone; DZ)
공정부대의 장비나 보급품이 낙하산으로 낙하되거나 자유낙하로 떨어지는 특정지대.

강행군(强行軍, Forced March)
1. 시간과 피로가 증가된 행군, 또는 이들 요소가 결합되어 평상시보다 큰 노력이 요구되는 행군.
2. 정상행군에 비해 행군속도와 행군시간 중 어느 한쪽이나 양쪽을 동시에 증가시켜 실시하는 행군으로 상황이 긴박할 때 실시함.

강화단계(强化段階, Consolidation Phase)
상륙부대가 육상에 군정 통치권을 확립한 때부터 점령부대가 지배권을 확립할 때까지의 기간.

개념(概念, Concept)
1. 작전 또는 일련의 임무에 관한 지휘관의 의도 및 가정이 구두 혹은 서술적인 진술로써 표현되는 총괄적인 윤곽.
2. 군사전략을 구현하기 위해 비전을 구체화 하고, "어떻게 싸울 것인가"를 구상함에 있어서 가장 먼저 의견의 일치를 보는 것으로, 개괄적이고 추상적인 성격을 띠고 있으며, 미래의 전투발전 소요를 결정하는 데 기준이 된다.

개념계획(概念計劃, Concept Plan)
개념 형태로 된 작전계획.

개념설계(概念設計, Conceptual Design)
시스템 개발의 첫 번째 단계로, 개발하고자 하는 시스템의 목적과 제조환경, 전체 시스템의 특성, 서브시스템의 개략적 기능과 각 구성부분의 개발 방법 등에 관한 내용과 기간, 비용 등 몇 가지 개념들을 토대로 설계 요구조건을 추출해내는 단계. 무기체계 개발 역시, 개념설계를 거쳐 추출된 설계요구조건을 기반으로 설계단계에 들어가며, 이 단계에서는 실험이나 시험은 수행하지 않는다.

개념에 의한 전투발전체계
(概念~戰鬪發展體系, Concept Based Requirement System; CBRS)
미래 전장에서 싸우는 개념을 먼저 정립하고, 이에 따라 전투발전요소를 발전시키는 체계. 1970년 미 육군교육사(TRADOC)에서 발전시킨 체계이다.

개략계획(槪略計劃, Outline Plan)
1. 최초 세부계획을 수립하기 전에 방책의 특징이나 원칙적인 사항을 개략적으로 표시하는 사전계획.
2. 「국방획득계획 작성지침」에 따라 무기체계를 획득하기 위한 개략적인 추진방법, 통제형태, 개발 및 획득비용, 단계별 추진계획 등을 수립하는 것. 이러한 개략계획은 통상 연구개발, 기술도입생산, 국외구매 등으로 구분하여 작성한다.

ㄱ

개량탄(改良彈, Improved Conventional Munition; ICM)
공중에서 파열시키는 탄저 방출탄, 탄두내부에는 다량의 자탄이 들어 있으며, 대인용 개량고폭탄과 대인 및 대장갑 표적 공격용인 이중목적개량고폭탄(DP-ICM) 두 가지 종류가 있다.
〈동〉 [개량형 재래식탄약]

개량 터보프롭(改良~, Advanced Turbo Prop; ATP)
프로펠러의 한계속도를 향상시키기 위해, 프로펠러의 직경을 작게 만드는 대신 수를 늘려서 프로펠러에 후퇴각을 주어 선단이 음속을 초과해도 효율이 저하되지 않도록 만든 것. 시속 900 km 정도까지 높은 효율로 비행할 수 있다.

개량형 재래식탄약(改良型在來式彈藥, Improved Conventional Munitions; ICM) ☞ [개량탄]

개발(開發, Development)
과학기술분야에서는 새로운 기술이나 시스템을 창안하거나 새로운 물건 등을 만들어 내는 것. 군에서는 구체적으로 다음과 같은 분야에서 지향하는 과학지식의 체계적인 활동을 일컫는다.
1. 특정한 성능요구를 충족시켜 줄 유용한 제품의 개량 또는 창안.
2. 특정한 성능요구를 충족시키는 최종제품에 결합될 구성품의 개량 또는 창안.
3. 기술적인 접근방법에 대한 가능성을 결정하기 위해 시험을 목적으로 한 하드웨어의 제조.
4. 장비외의 분야에 있어서 군의 전투능력을 개선하는 기술 및 절차의 형성과 개선.

개방사향속(開放射向束, Open Sheaf)
2문 이상의 포를 동시에 사격할 때, 인접한 포탄 간의 파열효과 폭이 중첩되지 않도록 하기 위해 포탄 2발의 파열중심 사이의 간격을 포탄 1발의 최대 파열효과 폭만큼 이격시키는 횡적 사격분포. 105mm 포 1발의 파열 효과 폭은 30m이며, 155mm 포 1발의 파열 효과 폭은 50m 이다.

개별동원(個別動員, Individual Mobilization)
소속 예비군부대가 아닌 다른 소집부대에 동원 지정되어 개별적으로 입영하는 것. 동원지정시 배정지역 내의 소요자원이 부족하여 타 지역 자원을 개별동원지정 할 경우 해당 예비군은 개별적으로 소집부대로 직접 입영하게 된다.

개별명령(個別命令, Individual Order)
한 두개의 예하부대에 관계되는 지시사항이 발생했을 때, 해당되는 예하 부대에만 개별적으로 지시를 하달하는 단편 명령.

개인공간(個人空間, Man Space)
1명의 인원이 개인장구를 휴대했을 때의 공간 및 중량계수. 통상 1인당 공간은 13.5 세제곱피트, 중량은 220~250파운드를 기준으로 하며, 이는 차량, 함정 및 수송기의 전투용량을 결정하는 데 사용되는 공간 및 중량계수가 된다.

개인교육(個人敎育, Individual Education)
장병들이 완벽한 임무 수행 능력을 구비하기 위해 일정 기간 군, 또는 별도의 인가된 기관에 파견되어 개별적으로 받는 기본 교육이나 전문교육.

개인물품(個人物品, Personal Effects)
개인이 소유하는 이동 가능한 물건. 소지품이라고도 함.

개인보충(個人補充, Individual Replacement)
비전투부대나 전투부대에 부대보충 방법이 사용되지 않을 때 적용되는 방법으로, 계급별, 군사특기별, 직군별로 편제상의 공석을 보충하는 것.

개인보호(個人保護, Individual Protection)
화생방 공격으로부터 전투원의 생존성을 보장하고 화생방 오염 하에서 전투력 손실을 최소화 하면서 작전을 수행하기 위하여 방독면 등 개인보호장비와 물자를 구비하여 개인을 보호하는 제반 조치와 행동.

개인보호장비(個人保護裝備, Individual Protective Equipment)
화생방 공격 또는 화생방 오염으로부터 개인을 보호 및 치료하는 데 사용되는 장비. 방독면, 피부 제독킷(KM258A1), 개인제독킷(KD-1) 및 신경작용제 해독킷(MARK-1) 등이 있다.

개인비행기록(個人飛行記錄, Individual Flight Record)
조종사, 항공 관측자, 또는 기타 요원의 개인적 비행 상태를 파악하기 위하여 비행시간을 기록하여 작전 부처에 비치하는 기록.

개인의무기록(個人醫務記錄, Individual Medical Record)
근무 면제 상태에 있는 환자별로 의무 부대가 작성하는 의무보고서.

개인장비(個人裝備, Individual Equipment)
개인이 지급받은 피복 이외의 전투수행에 필요한 장비.
(북한) [신변기재(身邊器材)]

개인전투진지(個人戰鬪陣地, Individual Fighting Position)
전투원이 적의 사격으로부터 자신을 보호하면서 사격할 수 있도록 만들어진 진지. 통상 1인용 진지와 2인용 진지로 구분된다.
〈동〉 [개인호]
(북한) [전호(戰壕)]

개인제독제(個人除毒濟, Personal Decontamination Products; KD-1)
지속성 화학작용제에 오염된 피부 또는 개인장비 및 물자에 대하여 개인이 기본적인 제독을 할 수 있도록 준비된 물자. 1키트는 제독패드 4개(1개는 피부제독용, 3개는 개인비류 제독용)로 구성되어 있다.

개인중량(個人重量, Individual Soldier's Load) ☞ [개인휴대하중]

개인참모(個人參謀, Personal Staff)
지휘관이 직접 조정하고 통제하기를 요망하는 개인적인 업무 또는 특정분야에 관하여 지휘관을 보좌하는 참모. 통상 감찰참모와 법무참모, 정훈공보참모 등을 두며, 개인참모장교는 부여받은 업무에 관하여 지휘관에게 직접 보고한다.

개인호(個人壕, Foxhole) ☞ [개인전투진지]

개인화기(個人火器, Individual Weapon)
각개 병사의 책임 하에 유지되는 기본 화기.
〈반〉 [공용화기]

개인훈련과제(個人訓練課題, Individual Training Assignment)
전투병이 부대임무 완수 및 기능을 수행하기 위해 개인적으로 숙달해야 할 필수과업 또는 전투기술.

개인훈련기록카드(個人訓練記錄~, Individual Training Record Card)
개인의 신병훈련 과정부터 전역 시까지 훈련에 관한 모든 것을 기록한 카드.

개인훈련평가(個人訓練評價, Individual Training Evaluation)
개인의 훈련에 대한 평가. 중대장 책임 하에 전 병사를 대상으로 주기별로 실시하며, 실기 위주로 평가하여 그 결과를 개인에게 통보하고 개인훈련 기록카드에 기록하여 병 인사관리에 반영한다.

개인휴대품(個人携帶品, Man Portable)
1. 부여된 임무와 관련해서 도보이동 병사가 휴대하도록 규정된 품목. 여기에는

ㄱ

개인장비, 공용장비 또는 팀의 장비가 포함된다.

2. 지상전에서 정상적인 임무를 수행하는 데 심각하게 업무능력을 떨어뜨리지 않는 정도의 한 개인이 장거리 이동시에 휴대 가능한 장비.

개인휴대하중(個人携帶荷重, Personal Accompanying Load, Individual Soldier's Load)
각개 병사가 휴대하는 장비나 보급품 무게의 총량. 생존하중과 전투하중으로 구분된다.
〈동〉 [각개휴대량], [개인중량]

개척(開拓, Breach)
적의 방어지뢰지대나 요새를 돌파하거나 통로를 확보하기 위하여 가용한 수단을 사용하는 것.

개척소해(開拓掃海, Precursor Sweeping)
차기 작전에서 소해함정의 위험을 감소시키기 위하여 비교적 안전한 방법으로 일정 지역을 미리 소해하는 것. 주로 헬리콥터로 소해함정의 진로를 개척한다.

개편(改編, Reorganization)
어떤 부대의 종류를 변경하거나, 편성 및 장비표를 새로 발간하거나, 개정하여 인원 및 장비를 변경시키는 것.

갱도진지(坑道陣地, Hardened Sight)
포병사격이나 핵 공격으로부터 보호받을 수 있도록 갱도로 보강된 진지.

갱도포병진지(坑道砲兵陣地, Hardened Artillery Sites; HARTS)
생존성을 보장받으며 임무를 수행할 수 있도록 갱도로 보강된 포병진지. 갱도와 연결된 포진지에서 일정시간 사격을 하고, 신속히 갱도 안으로 대피함으로써 포병의 생존성을 높일 수 있다. 전방지역에 추진 배치된 북한군의 포병진지는 대부분 갱도로 보강되어 있다.

거동수상자(擧動殊常者, Suspicious Person)
합법적 또는 비합법적 신분으로 위장하여 적을 이롭게 할 것으로 의심되는 사람.

거리(距離, Distance, Range)
1. 근접한 함정이나 주정의 선두 사이의 공간을 방향에 관계없이 측정한 거리.
2. 근접한 사람이나 차량 혹은 대형을 갖춘 부대 사이의 공간적 거리로서 선두부터 후미까지 측정된 것.
3. 알려진 참고점들 사이의 거리나 지상 관측병과 목표물 사이의 거리. 포병의 경우에는 미터 단위로 표시하고 해군의 함포사격에서는 야드로 표시하나, 간혹은 관측병에 따라 특별한 단위로 측정된다.
4. 주어진 임의 지점과 목표 및 표적 사이의 직선거리, 또는 항공기나 함정의 작전 및 행동의 한계, 범위, 또는 거리. (Range)

거부(拒否, Denial)
적에 의한 지역, 인원, 시설, 설비, 물자의 사용이나 그로부터 얻는 이점을 방지 또는 방해하는 것. 거부방책 또는 거부작전의 개념으로 적용 및 사용되기도 한다.

거부목표(拒否目標, Denial Object)
지역, 설비, 시설 등에 대한 장애물 설치와 거부계획을 수립한 지역. 군단장에 의해 지정되며 예하부대는 적이 이를 확보하거나 통제하지 못하도록 방지해야 한다.

거부방책(拒否方策, Denial Measure)
적이 공간, 인원, 시설 등을 사용하는 것을 방해하거나 거부하기 위해 취하는 행동. 여기에 속하는 것으로는 파괴, 제거, 오염 및 장애물 설치 등이 있다.

거부지역(拒否地域, Denied Area)
적이나 비우호적인 집단의 관할하에 있는

지역으로서, 아군이 현재 병력이나 작전상 황으로는 성공적으로 공략할 수 없는 지역.

거부작전(拒否作戰, Denial Operation)
전술적이거나 전략적인 가치를 가지고 이는 지역 또는 목표를 적이 점령하거나 이용하는 것을 방지하거나 방해하기 위하여 실시하는 작전.

거부표적(拒否標的, Denial Target)
적의 사용을 거부하거나 파괴시켜야 할 설비, 지역 또는 시설. 거부표적의 지정은 전략적인 이유로 군단 또는 야전군에서 실시한다. 또한 계획의 실행을 위해서 거부표적이 어느 부대 책임지역에 위치하는가를 확실히 해야 한다. 거부표적에는 발전소, 철로, 유류저장시설 등이 포함된.

거점(據點, Strong Point, Key Point)
1. 통상 강력히 요새화되고, 자동화기로 중무장되고, 주변 타 진지들로부터 보호를 받는 방어 진지 내의 중요지점.
2. 작전의 성공을 위해 점령하는 지형상의 요충지.
3. 강력히 방호된 방어진지로 고립되어도 일정기간 동안 독립적으로 작전을 수행할 능력을 갖춘 진지

〈동의〉 [요점]

거점공간(據點空間, Strong Point Gap)
거점과 거점사이에 병력이 배치되지 않고 직사화기로 통제할 수 없는 공간지대.

거점방어(據點防禦, Strong Point Defense)
방어작전의 성공을 위해 지형상 요충지에 통상 대대급 제대의 진지를 사주방어 할 수 있도록 구축하여 실시하는 방어.

거점지역(據點地域, Lodgement Area)
점령 및 확보함으로써 공중 혹은 해상으로 부대 및 물자의 지속적인 수송을 보장하고 계획된 합동작전에 필요한 기동공간을 제공하는 적 지역 내의 지정된 지역.

거치(据置, Mount)
총포를 어떤 지지물에 사격가능 상태로 위치시키는 것.

건격교(乾隔橋, Dry Gap Bridge)
대전차호, 또는 도로를 파서 만든 물 없는 웅덩이 등 장애물을 건너기 위해 고정으로 또는 이동식으로 설치하는 다리.

건물지역(建物地域, Built-up Area)
촌락, 읍, 도시와 같이 거주나 상업목적을 위하여 구축된 건물의 집단.

건설동원(建設動員, Construction Mobilization)
군사작전은 물론, 기타의 전시소요까지도 충족시키기 위하여 건물, 토지, 중기(重機) 및 기타 건설장비, 건설업체 등을 사용, 통제, 운영하는 것. 군소요 중기는 사용동원하고, 긴급복구지원에 소요되는 중기는 시·도지사가 통제 운영한다.

건제(建制)
군대를 일정한 기준에 따라 편성하는 일이나 제도.

건제부대(建制部隊, Organic Unit)
법령에 의하여 창설된 부대의 기본 제대로, 편제상 단일지휘관 하에 고정 편성된 부대를 가리킴. 건제부대에 대한 지휘, 통제는 교리 또는 규정이 정하는 바에 의하며, 건제부대에는 군(軍), 군단(軍團), 사단(師團), 여단(旅團), 연대(聯隊), 대대(大隊), 중대(中隊), 소대(小隊) 등이 있다.

건조혼합물(乾燥混合物, Dry Mix)
제독제(STB)에 모래나 흙을 2:3의 비율로 혼합하여 시설이나 지역에 사용하는 제독제.

건함경쟁(建艦競爭, Naval Construction Race)
해군 강대국들이 군함을 많이 건조, 확보하려는 경쟁. 1898년 독일의 함대 건설계획에서 발단된 영국 · 독일 간의 함대 건조경쟁에서 유래된 용어이다.

검문검색(檢問檢索, Check Reference)
허가되지 않은 병력 및 장비의 이동통제, 범법자나 불순분자 등의 색출, 군수품의 부정유출 등을 단속하기 위하여 통행하는 인원 및 차량을 정지시켜 인적사항을 묻거나 소지품 및 차량 내 · 외부 등을 살펴 조사함.

검문소(檢問所, Checkpoint)
군 작전을 원활하게 지원하기 위하여 허가되지 않은 유동병력이나 장비의 이동을 통제하며, 전장이탈자 나 불순분자 등을 색출하고, 불법행위를 예방 및 단속하기 위하여 운영하는 헌병초소. 근무기간의 한시성에 따라 고정검문소, 임시검문소, 이동검문소로 구분한다.
1. 고정검문소 : 임무수행의 필요에 따라 영구적 또는 반영구적으로 설치 운영되는 검문소로서 구성요원에 따라 합동검문소(군인, 경찰, 기무)와 헌병 단독으로 근무하는 지역검문소로 구분됨.
2. 임시검문소 : 군기유지 및 대침투작전 등 임무수행 상 필요에 의해서 비교적 단기간 동안 설치 · 운영되는 검문소.
3. 이동검문소 : 지역의 군기유지를 목적으로 차량으로 지역 내를 이동하면서 임무를 수행하는 검문소.

(북한) [차단소(遮斷所)]

검색소해(檢索掃海, Check Sweeping)
소해작업을 실시한 후 완전히 소해되었는지 확인하기 위해 추가로 실시하는 소해.

검열(檢閱, Inspection, Censorship)
1. 인원, 군기, 교육, 장비, 시설, 행정, 작전 등 군의 목적달성을 위해 여러가지 상태를 파악하고 점검하는 것.
2. 군사적 가치가 있는 정보자료가 적의 수중에 들어가지 않게 하기 위해 사신, 전보, 신문, 통신, 영화, 사진, 방송, 기타 통신수단을 검사하는 것(censorship).
3. 목적, 구분, 방법 등에 따라 감찰검열, 지휘검열, 불시검열 등 여러 종류의 검열이 있음.

(중국) 군대를 사열하거나 열병하는 것.

검증사격(檢證射擊, Verification Fire)
포와 사격통제장비를 기계적으로 조정 및 시험하고 포구수정과 시험사격으로 결정된 수정량의 정확성을 확인하기 위해 실시하는 사격.

게릴라(~, Guerrilla)
일정한 제복을 착용하지 않는 등 정규군에 속한다는 것을 명시하지 않고 대적 전투행위를 하는 사람이나 그 단체, 또는 유격전(Guerrilla Warfare)을 수행하는 주체.

게릴라부대(~部隊, Guerrilla Force)
적 지역이나 적이 점령한 지역, 또는 적성지역에서 군사적 혹은 준군사적인 작전을 수행하며 주로 지역에 토착하여 활동하는 비정규적인 조직. 일반적으로 군조직의 체계를 따른다.

게릴라전(~戰, Guerrilla Warfare)
적 지역 또는 적이 점령한 지역 내에서 현지 주민들에 의해 생성 발전된 유격작전부대가 적의 전투력과 산업시설 능력 및 적의 사기를 감소시키기 위하여 공개적으로 수행하는 군사적 또는 준군사적 전투작전.
〈동〉 [유격전]

겨냥(~, Targeting) ☞ [조준]

겨냥대(~, Aiming Pole)
간접조준 시 사격제원을 장입하여 포구를 표적에 지향시키기 위해 조준점으로 사용하는 채색된 봉.

겨냥틀(~, Collimator)
간접조준 시 사격제원을 장입하여 포구를 표적에 지향시키기 위해 조준점으로 사용하는 광학기재. 협소한 진지나 시계가 불량한 상태에서도 운용이 가능하며, 구형인 겨냥대를 대체한 장비이다.

격리매장(隔離埋葬, Isolated Burials)
군인이나 민간 묘지로 정해진 곳 이외의 장소에 시체를 매장하는 것.

격리지역(隔離地域, Isolation Area)
허가된 인원만이 접근할 수 있도록 최대한 보안이 유지된 지역. 특전부대 작전제대는 침투 및 작전에 필요한 준비를 격리지역에서 실시하며, 보안목적상 각급 작전제대는 상호 격리한다.

격리지역 활동(隔離地域活動, Isolated Area Activities)
비정규 작전지역으로 전개되는 부대가 작전을 준비하기 위하여 격리된 지역에서 하는 활동. 작전보안을 위해 허가된 인원만이 접근할 수 있도록 통제된다.

격멸(擊滅, Destruction)
1. 인원 및 장비를 사살, 파괴 또는 포획하여 적의 전투력을 무력화시키는 공격행동.
2. 적의 정보, 기동, 화력, 방호, 지원, 지휘통신체계 등 전투체계 대부분의 전투력이 저하되어 어떠한 전술적 임무도 수행할 수 없는 상태.

(일본) 적부대로 하여금 사후 작전, 전투가 불가능할 정도로, 혹은 최소한도의 의지도 달성할 수 없을 만큼 적의 인적·물적 전투력을 절감시키는 것.

격발뇌관(擊發雷管, Percussion Primer)
충격에 의하여 폭발되는 소량의 고성능 기폭제가 들어 있는 관.

격발장치(擊發裝置, Firing Mechanism)
총포에 있어서 탄체를 추진하는 장약을 점화시키거나, 폭발물을 폭발시키는 장치.

격자(格子, Grid)
직각으로 교차하여 사각형을 이루는 평행선 2개 조. 격자선은 지도, 도표나 다른 유사한 형태의 지구표면을 정확하게 나타내는 데 사용된다. 이 격자를 이용하면 한 점의 방향이나 거리 혹은 다른 위치를 참고로 하여 지상의 한 위치를 표시할 수 있다.

격자좌표(格子座標, Grid Coordinate)
격자망으로 분할된 지도에서 위치를 읽을 수 있도록 표시된 숫자.

격자형 통신망(格子型通信網, Mode Communication System)
차기 전술통신체제의 운용방식으로 작전책임 지역 내에 수개의 지역통신소(노드)를 설치하여 격자형으로 연결하고 지역단위로 통신 지원을 제공하는 통신망. 이는 나뭇가지 형 지휘제대 통신망의 취약점인 생존성을 보장하고 통신의 융통성을 향상시킨 개선된 통신망이다.

격추율(擊墜率, Kill Rate)
적기를 떨어뜨리는 전투기 및 미사일의 정확도.

격퇴(擊退, Repulse, Repel)
배치된 적 또는 공세행동중인 적에게 화력이나 공세행동을 가하여 그들의 임무를 포기하고 퇴각하게 하는 공격행동.

격파(擊破, Rupture, Defeat)
적의 인원, 장비 및 시설 등에 피해를 줌으로써 적의 전투력을 감소시키거나 상실하게 만들어 더 이상 전투력을 발휘하지 못하게 하는 공격행동.

견부진지(肩部陣地, Shoulder Critical Point)
1. 전방 및 측후방을 모두 통제할 수 있고,

적의 진출을 저지하기에 유리한 진지.
2. 살상지역을 형성할 수 있고, 차후작전을 유리하게 하는 진지.

견습사관(見習士官, Officer Attached to Regiment for Study)
장교로 임관되기 전에 부대에 배치되어 실무훈련을 받는 사관생도.

견인차(牽引車, Prime Mover; PM)
건설중장비를 포함하여 주로 대형 차륜형 무기의 견인과 견인되는 무기에 수반되는 인원, 탄약을 함께 수송할 수 있도록 설계된 군용 차량.

견인포(牽引砲, Towed Artillery)
별도의 차량에 견인되어 이동하도록 만들어진 대포.

견제(牽制, Contain)
1. 적 부대를 정지, 억제 혹은 포위하거나 적의 행동을 일정한 지역에 집중하도록 하여 타 방향으로 진출하려는 것을 방지시키는 전술적 행동. 즉 적의 이동이나 재배치를 방지하기 위하여 충분한 압력을 가하는 전술적 행동이다.
2. 공격작전 시 견제는 적 부대의 이동 또는 전술활동을 방지하기 위하여 충분한 압력을 가하는 것이며, 방어 작전 시 견제는 저지의 개념이 보다 부각된 용어임.
3. 적을 견제하는 방법에는 적의 약점을 위협하는 방법과 적을 기만해서 유인하는 방법이 있음.
4. 견제작전의 특징은 대체로 주 작전에 종속된 작전으로서 주 작전에 의해 시간적, 공간적으로 구속을 받으며, 일반적으로 우세한 적에 대한 기만적 성격의 작전이고, 본래는 결전을 회피하여야 하나 상황에 따라서는 결전을 하는 것이 유리하거나 필요할 때도 있음.

(일본) 아군이 원하는 방향으로 적을 끌어들이는 것.

견제공격(牽制攻擊, Holding Attack)
적을 현 진지에 고착시키거나 주공을 기만하여 주공지역에 적의 증원을 방해하고, 적의 예비대를 조기에 결정적이지 않은 곳에 투입시키게 만들기 위하여 조공이 실시하는 공격.

견제부대(牽制部隊, Holding Forces)
1. 어떤 장소나 진지를 확보하는 임무를 부여받은 부대.
2. 견제공격을 실시하는 부대.

견제상륙(牽制上陸, Diversionary Landing)
주 상륙 지역에서 적의 주의를 다른 곳에 지향시킬 목적으로 다른 곳에 부대를 실제로 상륙시키는 것.

견착식 화기(肩着式火器, Shoulder Weapon)
어깨에 대고 발사하도록 설계된 화기.

결심(決心, Decision)
1. 지휘관이 상황을 판단하여 그의 임무를 성공적으로 수행하기 위한 최선의 방책으로서 의도하는 바를 육하 원칙에 의거 명확하고 간결하게 진술하는 것.
2. 예비방책을 포함한 모든 문제에 관련된 요소를 고려한 후 얻은 결론.

(중국) 군대 지휘관이 상황에 대한 분석과 판단에 근거하여 작전의 목적과 행동을 만들어내는 결정으로, 작전지휘의 기초.
(일본) 지휘관이 임무달성을 위해 내리는 부대 운용에 관한 의사결정, 또는 의사결정 내용.

결심보조도(決心補助圖, Decision Assistance Map, Decision Support Template)
지휘관의 결심을 지원하기 위하여 적 방책에 대한 아 방책을 발전시키는 과정에서 중요감시지역(NAI), 관심타격지역(TAI), 결심지점(DP), 시간지대선 등 각종 첩보 및 정보요소를 지도상에 표시한 것.

결심지점(決心地點, Decision Point; DP)
지휘관이나 참모가 아군이 취해야 할 일련의 행동개시에 대한 결심을 할 것으로 예측되는 시간이나 공간상의 지점. 결심시점 혹은 결심지점은 일반적으로 공략해야 할 특정 관심표적지역과 연관하여 결정되는 시공간상의 지점이며, 이는 지휘관이 적과 교전할 관심표적지역까지 이동할 수 있는 충분한 시간을 고려해서 시간적 공간적으로 결정한다. 결심지점은 아군의 상황과 진행중인 작전의 상황에 따라 결정 된다.결심지점(DP)은 통상적 부대활동이나 전장 환경과 연관되므로 1개 또는 그 이상의 중요 관심지역(NAI)과 관련된다.

결전(決戰, Decisive Engagement)
지상전이나 해전에서 단위부대가 집중하여 수행하는 전투로, 회피하거나 빠져나올 수 없는 전투. 외부로부터의 지원이 없을 경우 전방의 적과 승부가 날 때까지 수행해야만 한다.
(북한) [판가리 싸움)

결전전쟁(決戰戰爭, Decisive War)
주로 무력으로 승패를 결정하여 적의 저항력과 전쟁의지를 분쇄, 굴복시킴으로써 전쟁목적을 달성하려는 전쟁.

결정적인 교전(決定的~交戰, Decisive Engagement)
한 부대가 전반적인 기동의 자유를 잃고 더 이상 계획된 행동을 주도할 수 없는 교전상태.
(미국) 한 부대가 완전히 투입되어 기동 또는 이탈할 수 없는 교전상태.

결정적 목표(決定的目標, Decisive Objective)
단일목표로서 이를 점령, 통제 또는 확보함으로써 임무완수에 가장 효과적으로 공헌하는 목표. 공격작전 시 임무 달성에 결정적으로 기여하는 목표로서 반드시 확보 또는 격파해야 할 구체적인 지형이나 적 부대를 말하며, 제대별로 단 하나만 존재한다.

결정적 작전(決定的作戰, Decisive Operations)
1. 결정적 지점이나 결정적 목표를 확보함으로써 임무 종결에 직접적으로 기여하는 작전.
2. 부대의 주력을 투입하여 승패를 결정짓는 작전. 통상 정보우위가 달성되고 유리한 작전여건이 조성된 상태에서 실시하며, 확인된 적의 약점에 전투력을 집중하여 신속하고 대담한 작전을 수행하는 것이 효과적이다. 이러한 결정적 작전은 제대별로 단 하나만 존재한다.
3. 적의 중심을 마비시켜 저항의지를 박탈하고 전쟁을 종결하는데 결정적으로 기여하는 작전. 결정적 작전은 전투력의 집중과 기습달성으로 물리적 파괴에 의해 적의 균형이 와해된 상태에서, 종심 깊은 최종목표에 대한 무자비하고도 지속적인 공격으로 적의 중심을 마비시킴으로써 보장된다.

경간(徑間, Span)
1. 교량의 지주와 지주 사이의 수평거리.
2. 항공기의 날개 끝과 끝 사이의 수평거리.

경계(警戒, Security)
적의 공격, 기습, 관측 및 기타 위협으로부터 아군 부대를 보호하기 위하여 취하는 제반 근무활동 및 수단. 한 부대가 전투력을 보존하고 부대의 안전과 행동의 자유를 도모하기 위하여 실시한다.
(일본) 적의 기습을 방지함과 동시에 적에 대하여 아군의 상황을 비닉하고 적의 정보·모략활동을 무력화함으로써 아군 주력 부대의 안전 및 행동의 자유를 확보하기 위

해 실시하는 행동.

경계경보(警戒警報, Security Alert)
적의 지상공격 및 침투가 예상되거나 적의 항공기나 유도탄에 의한 공격이 예상될 때 발령되는 경보.

경계공역(警戒空域, Alert Area)
비행장애요소가 많거나 비행활동이 복잡하여 비행 시에 특별히 경계가 요구되는 공역.

경계부대(警戒部隊, Guard Force)
경계를 주 임무로 하는 부대. 본대의 전방, 측방, 후방에서 작전하는 부대로 수색대, 엄호부대, 전위, 측위, 차장 및 국지경계부대 등이 있다.
(북한) [척후(斥候)]

경계분견대(警戒分遣隊, Security Detachment)
적의 기습 및 지상관측으로부터 본대를 방호하거나 이를 엄호하기 위하여 2명 이상으로 편성된 파견대. 적의 접근을 차단 및 경고하고, 부대의 간격을 통제하며, 필요시 근접전투를 수행하는데 주로 야간에 운용한다.

경계선(警戒線, Line of Guard)
관측과 병력 및 기타 수단으로 전투력을 보호하는 선.

경계전대(警戒戰隊, Screening Group)
기동함대가 목표지역으로 이동하는 도중이나, 목표지역에서 작전하는 동안 함대를 방호하기 위해 구성된 함정의 기동편성.

경계정찰대(警戒偵察隊, Security Reconnaissance Party)
공격개시 이전에 파견되어 야간이나 제한된 시도조건하에서 첩보를 수집하거나, 1차 임무완료 후 필요시 잔류하여 공격부대의 유도병 임무를 수행하는 소규모 부대.

경계제대(警戒梯隊, Security Echelon)
경계임무를 띠고 주 전투진지 전방에 나가 있는 부대. 엄호부대, 일반전초, 전투전초, 국지경계부대 등이 여기에 포함된다.

경계지대(警戒地帶, Security Zone)
방어 시 전초, 청음초, 대전차 화기조 등 경계부대를 운용하여, 적의 접근을 조기에 경고하고 지원화력을 요청하거나, 능력범위 내에서 적을 격멸하기 위해 선정한 방어지대의 일부. 주 방어지대로부터 지원거리를 고려하여 선정한다.

경계지뢰지대(警戒地雷地帶, Security Mine Field)
단위부대나 분견초소와 같은 부대의 근접 방호나 주요시설의 주둔지 경계를 위하여 매설, 운용하는 지뢰지대. 통상 대대장 이상의 지휘관에게 운용권한이 있다.

경계지원(警戒支援, Security Support)
1. 정부 기관의 요청에 따라, 국가나 정부 차원의 각종행사나 정부기관의 공공시설, 방위산업시설, 비행장, 항만시설, 주요병참기지와 기타 경계임무가 특별히 부여된 지역 등에 대해 군이 지원하는 제반활동.
2. 피지원부대가 작전 또는 야외훈련, 파견 등으로 해당 주둔지를 비울 때, 경계능력을 갖춘 특정부대에 의해 주둔지와 시설에 대해 전반적인 경계를 지원하는 활동.

경계진(警戒陣, Screen)
항공기나 잠수함, 수상함 등의 공격으로부터 주력체나 선단을 보호하기 위해 주변에 배치되는 수상함이나 항공기의 특정한 배열.

경고(警告, Warning)
1. 통상적인 방어태세로부터 대비태세를 실질적으로 강화하거나, 테러활동 또는 정치적, 군사적 도발을 하는 등 잠재 적 세력의 광범위한 활동에 내재하고 있는 위험을 통지하는 것.

2. 주의 깊게 관찰하고 준수하지 않으면 부상이나 사망까지 초래할 수도 있는 운용 절차, 관습, 조건.

경고노출(警告露出, Warned Exposed)
핵무기 효과에 대한 아군부대의 취약성 정도를 표시하는 말. 이 경우 모든 인원은 피부가 노출되지 않도록 최소한 여름 군복 2겹 정도의 열복사선 방호 조치를 하고 엎드려 있어야 한다.

경고망(警告網, Warning Net)
적군의 이동이나 동태에 대한 경고를 관계된 지휘관이나 부대에 배포하기 위해 구성한 통신 시스템.

경고명령(警告命令, Alert Order)
1. 국방부장관이 본인이 승인한 방책에 대해 시행기획의 착수를 지시(필수적인 기획지침 포함)하는 위기조치 기획지시로 합참의장이 발령.
2. 필수적인 기획지침을 제공하는 기획지시로 국가통수기구에서 방책을 승인한 후 시행기획의 착수를 지시하는 명령.
3. 차후 명령이나 행동에 대한 사전 주의 혹은 통지.

경고방호(警告防護, Warned Protected)
1. 아군부대가 핵무기 효과에 대해 안전 경고를 받은 후. 장갑차나 급조한 개인호에 대피하여 열복사선으로부터 방호된 상태를 이르는 말.
2. 원폭 효과에 노출되는 아군의 취약상태. 이 경우 사병은 차량의 폐쇄된 공간이나 땅굴 등에서 보호막을 덮고 엎드려 원폭의 열, 폭풍, 방사능에 노출되지 않도록 보호 조치를 해야 한다.

경고사격(警告射擊, Warning Shot)
병력, 차량, 항공기 등에 대하여 즉시 활동을 중지하도록 경고신호를 보낼 목적으로 실시하는 사격. 경계병이 직접 휴대한 개인화기로 사격하거나, 근거리에 배치된 무기 시스템을 이용할 수 있으며, 적의 위협적인 행동을 확실히 멈추도록 하는 조치에 해당한다. 위협사격이라고도 한다.

경과시간(經過時間, Time of Flight) ☞ [비과시간]

경기관총(經機關銃, Light Machine Gun; LMG)
구경 30(0.3인치) 이하인 기관총.

경례(敬禮, Salute)
상급자나 국기 등에 대해 존경이나 예의를 나타내는 동작. 경례에는 거수경례, 집총경례 등이 있다.

경로(經路, Route)
사전에 지정된 군사도로를 포함하여, 한 지점으로부터 타 지점으로 이동할 때 사용하게 될 모든 도로.
〈동〉 [노선]

경미피해(輕微被害, Light Damage)
핵무기에 의해 피해를 입은 정도를 나타내는 용어로, 즉시 사용하는 데 방해 되지는 않지만, 온전히 사용하기 위해서는 약간의 수리가 필요한 정도의 피해.

경박격포(經迫擊砲, Knee Mortar)
한 사람에 의해 운반과 조작이 가능한 소형 박격포.

경보(警報, Alert)
1. 행동 또는 방어를 위한 준비태세 신호.
2. 실제 또는 긴박한 위험에 대하여 대비하도록 알리는 것.
3. 어떤 사태에 대한 사전통보로, 전략경보, 전술경보로 분류할 수 있으나, 통상 전략경보는 조기경보와 동일한 개념으로 운용함.

경보망(警報網, Warning Net)
1. 적의 행동에 대한 정보를 관계부대에 동시에 전달할 목적으로 설치된 통신계통.

특히 무전기는 주파수를 동일하게 조정하여 어느 한 부대에 하달되는 경보는 전 부대가 동시에 청취할 수 있게 되어 있다.
2. 적의 동태나 활동에 대한 경고정보를 모든 관계된 지휘관들에게 전달하기 위해 설치한 통신시스템.

경비(警備, Security)
1. 군부대 등의 조직의 효과성이 약화될 수 있는 모든 의도적 활동으로부터 자신을 보호하는 제반 활동.
2. 시설이나 물자를 안전하게 지키기 위해 미리 경호하는 것.

경비계엄(警備戒嚴, Security Status Martial Law)
전시나 사변 또는 이에 준하는 비상사태가 발생하여 질서가 교란된 지역에 선포하는 계엄.

경비연대(警備聯隊, Guard Regiment)
경비업무를 주 임무로 하는 연대급 부대.

경상운영비(經常運營費)
부대 임무수행을 위하여 편제상의 인력, 장비, 물자, 시설 등을 정상적으로 운용하는데 필요한 비용. 동일한 대상에 대하여 주기적이고 반복적이며 지속적으로 발생하는 특성을 가진다.

경상자(輕傷者, Slightly Wounded)
걷거나 앉을 수 있는 정도의 부상을 입었거나 아픈 상태로, 상해 정도가 상대적으로 미약한 환자.

경순양함(輕巡洋艦, Light Cruiser; CL)
포(砲)가 전투함의 주무장이었던 시대에 주포의 크기가 6인치 이하인 순양함. 시기적으로 1, 2차 세계대전 이후 유도탄이 탑재 이전까지는 포가 전투함의 주무장이었으므로 순양함을 주포의 크기에 따라 분류하였다.

경시작업(境視作業, Siting)
지뢰를 설치할 때 작업요원이 안전하고 체계적으로 작업하기 위해 경시용 테이프와 말뚝으로 중심선, 안전선, 왕래선, 통로 등을 표시하는 활동.

경장비중대(輕裝備中隊, Engineer Company(Light Equipment))
공병 건설 장비를 사용하여 주로 각종 건설 및 피해복구, 기동로 유지 등의 임무를 수행하는 공병부대.

경전차(經戰車, Light Tank)
중량이 25톤까지인 경량급 전차.

경전투기(輕戰鬪機, Light Fighter)
통상 근접공중전투를 위해 고안된 소형 전투기.

경제동원(經濟動員, Economic Mobilization)
국가비상 시 자원을 가장 적절히 활용할 수 있도록 하기 위해 국민경제의 구조와 기능의 변혁을 준비하고 이행하는 절차.

경제수명(經濟壽命, Economic Life)
장비의 기능에 대한 군의 요구를 가장 경제적으로 충족시킬 수 있는 지속기간 및 거리. 연간평균 시스템 비용이 최소가 되는 지점을 경제수명으로 결정할 수 있다.

경제적 수리한계(經濟的修理限界, Economic Repair Limits)
어떤 장비에 대한 정비 투자비용과 새로운 장비로 대치하기 위한 가격을 고려해서 어떤 것이 경제적인가를 판정하는 한계점. 즉, 정비투자가 어떤 액수를 초과하면 비경제적이라고 판정되는 한계점이다.

경제적 청구량(經濟的請求量, Economic Order Quantity; EOQ)
일정기간 동안의 청구비와 보관비의 합계인 총변동비가 최소가 될 때의 1회 발주량. 지원시설부대에 보급을 요청하는 사단 보급수송대대, 정비대대, 군지사급 부대에서 주로 사용하는 용어이다.

경제전쟁(經濟戰爭, Economic Warfare)
국가적 목적을 달성하기 위해 경제적인 방안을 공격적으로 사용하는 전쟁.

경제정보전(經濟情報戰, Economic Information Warfare)
경제정보에 대한 실시간 접촉을 방해하고 대량 경제정보 교환을 하지 못하게 그 경로를 차단, 봉쇄하는 전쟁.

경찰형 작전(警察形作戰, Police Type Operation)
후방지역작전의 한 형태로서 적성 지하조직을 색출, 파괴하거나 주민 및 물자통제를 하는 등 일반적으로 경찰업무에 해당하는 내용의 작전.

경포(輕砲, Light Artillery)
구경 120밀리미터 이하인 평사포와 곡사포.

경피폭탄(輕皮爆彈, Light Case Bomb)
폭풍 효력을 위해 외피의 중량이 비교적 가벼운 고성능 폭탄.

경항공기(輕航空機, Lighter-than-air Aircraft)
항공기 중에서 역학적으로 공기 중에 떠오를 수 있을 만큼 가벼운 기구나 비행선 등을 일컬음. 최대 이륙중량이 12,500 lb(5,670 kg) 미만인 항공기를 가리킨다.

경호(警護, Protective Service)
요인의 신변에 직접 또는 간접적으로 가해질 수 있는 위해를 미연에 방지하기 위한 제반 활동. 조직, 인원, 장비를 활용하여 정신적 육체적 안전을 제공하는 보호조치이다. (중국) [호위(護衛)], [경위(警衛)]

경호위함(輕護衛艦, Light Frigate; FFL)
CORVETTE급 함정으로 배수톤수가 900톤 이상 1,500톤 이하의 호위함. 일반 호위함보다 항속력이 부족하나 대양에서 작전은 가능하다.

계급(階級, Rank)
직위를 표시하고 권한을 행사할 수 있는 자격을 부여한 등급. 군의 계급은 소위에서 대장에 이르는 장교, 준사관, 하사에서 원사까지의 부사관과 이등병에서 병장까지의 병으로 구분하고 있다. 장교의 경우 위관장교(尉官將校, Company Officer; 소위, 중위, 대위), 영관장교(領官將校, Field Officer; 소령, 중령, 대령), 장군(將軍, General Officer; 준장, 소장, 중장, 대장)으로 구분하기도 한다.

계급정년(階級停年, Age-in-Grade)
어떤 계급을 최대한 유지할 수 있는 연한. 진급 등을 위한 자격의 하나로 간주되고 있는 계급과 관련된 연령이다.

계기비행(計器飛行, Instrument Flight)
비행경로와 고도를 전적으로 계기에 의존하며 조종하는 비행방법. 일반적으로 시계비행과 구분되는 비행방법이다.

계기비행기상조건(計器飛行氣象條件, Instrument Meteorological Condition; IMC)
시정, 구름간의 거리, 운고가 시계비행을 할 수 없는 기상상태로 계기비행 규칙을 적용하여 비행해야 하는 기상조건.

계기착륙(計器着陸, Instrument-Landing Approach)
계기를 이용하여 비행기가 착륙하는 것.

계기착륙장치(計器着陸裝置, Instrument-Landing System; ILS)
시계가 불량할 때 비행기를 비행장에 안전하게 착륙시키기 위한 기상(機上)과 지상 장치. 지상에서 지향성 전파를 발신하여 착륙하는 데 필요한 정보를 주면, 조종사는 기상의 계기에 의하여 자기의 자세, 위치를 수정 확인하면서 착륙을 조작할 수 있다.

계기폭격(計器爆擊, Instrument Bombing)
레이더나 계기를 사용하여 실시하는 폭격.

계단초과정비(階段超過整備, Over Standardized Repair)
부대의 기술수준에 따라서 정해진 정비작업의 허용한계를 초과한 정비를 이르는 말. 계단초과 정비를 하게 될 경우 장비의 고장이 늘어나거나, 수리부속품의 소요가 증가되고, 상급 정비부대로의 후송이 지연되는 등 비경제적 요인이 발생기도 하고, 안전사고의 원인이 될 수 있다.

계략(計略, Ruse)
기만작전의 한 방법으로 아군의 허위첩보를 고의적으로 적에게 전달하여 적을 기만하는 방법. 전장에서 단순한 전술적인 속임수에서부터 전략적 제대의 속임수까지 포함될 수 있다.

계류(繫留, Mooring)
함선을 부두, 방파제 또는 부표에 매어 정지시키는 것.

계류기뢰(繫留機雷, Moored Mine)
부력을 가진 기뢰 몸통을 닻에 부착한 계류색에 의하여 미리 정한 수심에 위치하도록 설계된 기뢰. 접촉이나 감응 발화장치에 의해 폭발하도록 고안되어 있다.

계속수요(繼續需要, Recurring Demand)
주기적으로 발생할 것으로 예측되는 소모성 물자나 재고수준 보충에 필요한 물자 중, 군수요구수준에 맞추기 위해 인가된 자가 청구하는 수요. 순화수요라고도 한다.
〈반〉 [순환불출]

계약병참지원(契約兵站支援, Contracted Logistic Support)
특정 군사시스템에 대한 관리운용이 전적으로 계약지원인원에 의해서 이루어지는 지원.

계약정비(契約整備, Contract Maintenance)
일회성 혹은 수행될 정비수준에 대한 변화 없이 지속적으로 수행하는 조건 하에 주계약자들을 포함한 민간조직과의 계약에 의해 수행되는 군수품의 정비.

계엄(戒嚴, Martial)
전시 · 사변 또는 국가비상사태에 있어서 병력으로 군사상의 필요에 응하거나 공공의 안녕질서를 유지할 필요가 있을 때에 대통령이 선포하며, 그 지역의 행정권 또는 사법권을 군에 이관하고 헌법에 부과된 개인의 기본권 일부를 예외조치 할 수 있는 법제도. 경비계엄과 비상계엄이 있다.

계엄령(戒嚴令, Martial Law)
전시, 사변 또는 이에 준하는 국가 비상사태 시에 병력으로 군사상의 필요에 대응하거나 공공의 안녕질서를 유지할 필요가 있을 때 국가 최고통수권자인 대통령이 헌법을 근거로 제정된 계엄법에 따라 발동하는 국가 긴급명령의 일종.

계엄사령부(戒嚴司令部, Martial Law Command; MLC)
계엄령에 의해 설치되는 국방부 소속의 군사기관. 대통령 및 국방부장관의 지휘감독을 받아 계엄 사무를 집행한다.

계절변동(季節變動, Seasonal Variation)
전자파 전파에 대한 공간조건이 계절마다 달라짐으로써 수신 상태가 변화하는 것을 말함. 예를 들면 동일주파수의 전파에 있어서 겨울밤은 도달거리가 가장 멀고, 여름낮은 가장 짧다거나, 도약거리가 겨울은 여름보다 크다는 것 등의 현상은 모두 계절변동이다.

계측 및 기호정보(計測~記號情報, Measure and Signature Intelligence; MASINT)
레이더, 레이저, 전자광학, 방사파 탐지기,

진동 및 음향감지 등 여러 가지 감지기를 사용하여 목표를 계측하고 목표에서 발생되는 고유의 신호형태(기호)를 식별하여 적을 감지하는 정보로서 지상감시레이더(RASIT)와 열상장비(TOD)를 복합 운용하여 수집된 정보.

계획(計劃, Plan)
상급부대로부터 부여받았거나 또는 예상된 임무나 과업을 수행하기 위한 방법 또는 복안. 계획의 형태에는 전략계획, 전역(戰役)계획, 작전계획, 전투근무지원계획, 예비계획, 우발계획 등이 있다.

계획, 결심, 시행주기(計劃, 決心, 施行週期, Planning, Decision and Execution Cycle; PDE)
지휘관 및 참모가 부대지휘절차를 적용하는 과정에서 지휘관의 적시적인 현 상황평가와 대응조치 및 계획변경이나 발전 등에 필요한 결심을 지원하기 위하여, 24시간 동안의 주요시점에 참모와 예하부대의 상호활동을 통합하는 일련의 순환과정.

계획단계(計劃段階, Programming Phase)
설정된 목표를 정해진 방침에 따라 효율적으로 실현하기 위해 세부계획을 수립하고, 이를 시간적으로 단계화하며, 다시 실행하기 위한 절차와 방법을 결정하는 단계.

계획사격(計劃射擊, Scheduled Fire)
특정시간이나 특정표적에 대하여 사격제원, 방법 등이 사전에 준비된 사격.

계획수립(計劃樹立, Planning)
1. 임무가 부여되었거나 예상되는 장차임무를 완수하기 위한 방법, 복안을 구체화하는 과정.
2. 부대지휘절차의 첫 번째 과정으로 상황평가와 작전구상, 방책발전 과정을 통해 계획을 완성하는 단계.

계획요약(計劃要約, Plan Summary)
임무에 대한 간략한 묘사로서 일반적 상황, 작전개념, 소요되는 주요 부대들, 부대배치, 지휘관의 군수능력평가 등을 묘사하는 작전계획의 필수적인 부분.

계획정비(計劃整備, Scheduled Maintenance)
장비에 대해 시기적으로 미리 예정해 놓고 수행하는 서비스나 정비. 사용 마일리지나 사용시간을 기준으로 수행한다.

계획지시(計劃指示, Planning Directive)
승인된 방책과 추가적인 계획지침을 하달하기 위한 지시. 계획수립 과정에서 협조해야 할 사항, 절차, 중요사항 등을 제시하며, 과업 부여자가 하달한다.

계획지침(計劃指針, Planning Guidance)
계획을 수립함에 있어 참모들의 노력을 통합시키고 시간을 절약하는 등 계획발전 방향을 효과적으로 정립하는 데 필요한 지휘관 지침.

계획체계(計劃體系, Plan System)
1. 기획체계에서 설정된 국방목표를 달성하기 위하여 수립된 중장기 정책을 실현하기 위해 소요재원 및 획득 가능한 재원을 예측판단하고, 연도별, 사업별로 추진계획을 구체적으로 수립해 가는 과정.
2. 어떠한 목적을 위해 작성하는 일련의 계획에 관해 각 계획의 상호간의 관계, 각 계획의 목적, 성격 및 작성담당자 등을 계통적으로, 조직적으로 명백하게 한 것. 전략계획체계, 작전계획체계, 방어계획체계 등이 있다.

계획통신침투(計劃通信浸透, Planned Message Intrusion)
전자전 요원이 적 통신망에 개입해서 적을 기만하기 위해 제작된 첩보를 포함한 평이한 통신문을 보내는 모방통신기만(ICD)방

ㄱ

법. 적 통신문을 분석하여 얻은 첩보는 적 통신망에 개입하여 기만통신을 보내는 데 필요한 모방적인 운용 및 통신지시를 고안하는 데 사용한다.

계획표적(計劃標的, Planned Target, Scheduled Target)
사전에 사격을 실시하기로 계획된 표적. 계획표적을 설정하는 목적은 부대 임무수행에 방해를 줄 표적에 정확하고 적시적인 사격을 실시하는 데 있으며, 예정표적과 요청표적으로 구분된다.

계획핵표적(計劃核標的, Planned Nuclear Target)
공격이 필요한 지점이나 지역상에 핵공격 대상으로 계획된 표적. 계획 핵표적은 사전에 계획될 수도 있고 요청에 의해서 이루어 질 수 도 있다. 계획 핵표적에 대한 발사는 사전에 결정되기도 하지만 그렇지 않은 경우도 있으며, 아군이나 아군 항공기 등에 반드시 협조를 구하고 위험에 대해 미리 경고해야 한다.

고가주교시스템(高架舟橋~, Elevated Causeway System)
컨테이너, 차량, 대량화물 등을 해안으로 이동하는 데 사용하는 해수면보다 올라온 주교 부두. 거룻배를 이용할 경우 해안의 파도로 인해 수송에 어려움이 있기 때문에 이 시스템을 이용한다.

고가치 표적(高價値標的, High Value Target)
적 지휘관이 성공적인 임무수행을 위해 필요로 하는 부대, 시설, 장비 등의 자산.
(미국) 지휘관이 자신의 임무완수를 성공시키기 위해 공격하고자 하는 목표물. 고가치 목표물을 파괴하게 되면 아군 지휘관의 관련지역에서 적의 중요한 기능을 현저하게 약화시킬 수 있다.

고각(高角, High Angle, Elevation)
1. 대포와 해군함포지원사격에서 높은 각도를 유지하여 발사하기 위한 명령이나 요청.
2. 장약별로 곡사탄도에 의해 요망하는 사거리에 포탄이 날아가는 데 필요한 탄도기선과 포신축선이 이루는 수직각.

고각표(高角表, Elevation Table)
포에 적용할 고각에 해당하는 사거리를 표시한 사표.

고고도이탈저고도개방(高高度離脫低高度開放, High Altitude Low Opening; HALO)
고공강하의 방법으로 3,040~7,600 m(10,000~25,000 ft) 고도에서 강하자가 항공기를 이탈하여 1,067 m(3,500 ft) 이상의 고도에서 낙하산을 개방하여 침투하고자 하는 목표지역 근거리에 효과적으로 침투할 수 있는 방법을 말함. 통상 고공 침투라고 한다.

고고도폭격(高高度爆擊, High-Altitude Bombing)
항공기가 지상포화를 피하여 공격하기 위해 지상 12,000~20,000 m 고공의 고도에서 740~900 km/h의 속도로 비행하면서 목표에 접근하여 자유낙하, 중력투하방법으로 폭탄을 투하하는 폭격형태. 후방지역 목표에 폭격기가 공격할 때 주로 사용하는 폭격방법이다.
〈동〉 [고공폭격]

고고도폭발(高高度爆發, High Altitude Burst)
100,000피트(30,000미터) 이상의 고도에서 터지는 핵폭탄의 폭발.

고공(高空, High Altitude)
통상 10,000미터(33,000피트) 이상의 공중을 말함.

고공비행(高空飛行, High-Altitude Flight)
전략 폭격기 등이 비행할 때 전투기가 추적할 수 없도록 고도를 충분히 높여서 비행하는 것.

고공정찰(高空偵察, High-Altitude Reconnaissance)
야전에서 각종 작전 시 항공기의 안전착륙을 위해서 충분한 고도에서 착륙지대의 전반적인 상황을 확인 점검하는 절차. 조종사는 정확한 착륙지점, 풍향 및 풍속, 장애물의 유무, 접근 및 이탈 경로 등을 확인 및 결정해야 한다.

고공침투조(高空浸透組, High Altitude Infiltration Team)
낙하산에 의한 공중침투의 한 방법으로 2,500 ft 이상의 고도에서 자유 낙하하여, 강하자 자신이 낙하산을 개방하거나 기계적 장비에 의하여 낙하산을 개방하여 침투하는 특수임무부대.

고공폭격(高空爆擊, High Altitude Bombing) ☞ [고고도폭격]

고공폭발(高空爆發, High Air Burst)
방사성 낙진이 발생하지 않는 핵무기 폭발고도. 견고하지 않은 지상표적에 최대의 피해를 주기 위한 경우나 지상원점 부근의 감응방사선의 강도를 감소시키는 데 사용된다.

고기동성전술차량(高機動性戰術車輛, Heavy Mobility Tactical Truck; HEMTT)
차량 자체에 화물을 싣고 내릴 수 있는 능력을 갖추고 있어 신속하게 추진보급을 할 수 있는 야지기동성이 뛰어난 차량.

고도(高度, Altitude)
1. 평균 해수면 따위를 0으로 하여 측정한 대상 물체의 높이.
2. 천체가 지평선이나 수평선과 이루는 각거리.

고도공백(高度空白, Altitude Hole)
레이더 표시판에 아무 것도 나타나지 않는 원점. 항공기 바로 밑의 지상지점을 나타내는 원의 중심. 측면감시 항공레이더에서는 이것을 고도슬롯(Altitude Slot)이라고 부른다.

고도수평폭격(高度水平爆擊, High-Level Bombing)
고공을 수평으로 비행하면서 폭탄을 투하하는 폭격.

고도지체(高度遲滯, Altitude Delay)
레이더 펄스의 전송시간과 표시기 상의 추적시작 사이에 생기는 동기화 지연. 고도지체를 하는 이유는 평면위치표시타입 화면에 고도공백(Altitude Hole)을 없애기 위한 것이다.

고도차(高度差, Vertical Separation)
수직거리를 단위로 하여 측정한 항공기 사이의 거리.

고등군사반(高等軍事班, Officer's Advanced Course; OAC)
각 병과 학교에서 실시하는 장교보수교육과정. 연대급 전술지식을 교육하며 주로 대위급 장교가 대상이다.

고등군사법원(高等軍事法院, High Military Court)
보통군사법원의 재판에 대한 항소사건, 항고사건과 기타 법률에 의하여 고등군사법원의 권한에 속하는 사건에 대하여 심판하기 위해 국방부에 설치되어 있는 군사법원.

고립방어(孤立防禦, Isolated Defense)
적에 의하여 고립된 부대가 아군부대와의 연결이 불가능할 때, 아군부대와 연결될 때까지 계속하거나, 중요지형을 계속 확보하여 차후작전에 유리한 발판을 제공하기 위하여 특정지역에서 전면방어 개념 하에 취하는 방어작전.

고립화작전(孤立化作戰, Pocket Operation)
적지종심지역의 주요 전장지역을 분할하여 적의 주요 군사력이 유입되는 것을 차단하기 위해 아군이 기도하는 작전. 고립화작전이 성공하기 위해서는 적의 주요 전력이 아군이 원하는 시간 및 장소로 유입되는 것을 차단해야 하고, 주요 전력은 일정지역에 고립되어야 한다.

고밀도공역통제구역(高密度空域統制區域, High Density Airspace Control Zone)
작전목적 이외의 타 항공기의 진입이나 화력운용을 제한하기 위하여 공역통제권자가 지정한 다양한 다수의 무기가 밀집되어 운용되는 공역.

고보상표적(高補償標的, High-Payoff Target)
적이 상실함으로서 아군의 방책을 성공적으로 수행하는데 현저하게 기여하는 표적. 고보상표적은 고가치표적들로서 아군 지휘관이 임무를 성공적으로 수행할 수 있도록 워게임을 통하여 획득되고 성공적인 공격이 이루어져야 한다.

고보상표적목록(高補償標的目錄, High-Payoff Target List)
합동작전의 단계에서 우선순위가 매겨진 고보상표적의 목록.

고사계사격(高射界射擊, High Angle Fire)
총이나 대포의 최대 사거리가 나오는 각도 이상의 각도를 유지하면서 사격하는 것. 각도가 증가하면 사거리는 줄어든다.

고사계지역(高射界地域, High-Angle Fire Area)
장애물, 지형, 탄도의 특성 및 포신 상하운동의 기계적인 제한 때문에 특정한 진지에서 저사계 사격으로 제압할 수 없는 사계지역.

고사포(高射砲, Anti-Aircraft Artillery; AAA)
항공기 공격용 지상화기. 이동식인 야전고사포와 고정식인 진지고사포가 있으며, 야전고사포는 75～85 mm 구경이고, 진지고사포는 105～127 mm 구경이 보통이나 150 mm 급도 있다.

고사포제압사격(高射砲制壓射擊, Flak Suppression Fire)
공중공격 임무를 띤 항공기가 임무를 수행하기 전이나 임무 수행 중에 적의 고사포를 제압하는 사격.

고사포화막(高射砲火幕, Flak Curtain)
대공포화의 작은 파편으로부터 비행기를 방호할 수 있도록 비행기 내에 설치한 막

고성능폭약(高性能爆藥, High Capability Explosive)
폭발속도가 초당 1,000～8,500 m로 거의 순간적으로 폭발하여 기체 상태로 변화되는 폭약. TNT, 콤포지션, 다이나마이트 등 대부분의 군용폭약이 해당되며, 모든 폭파작업에 사용된다.

고속접근로(高速接近路, High Speed Approach)
기갑, 기계화, 차량화 부대 등 고도의 기동성을 보유한 부대가 목표에 이르기 위해 사용할 수 있는 기동공간과 양호한 도로망이 있는 접근로.

고속정(高速艇, Patrol Killer Medium; PKM)
1. 주로 연안 경비임무를 수행하는 배수톤수 400톤 이하, 속력 24kts 이상인 함정.
2. 특수작전부대가 해상침투를 할 때 모선으

로 활용하는 중형고속정. 만재 배수량 120ton~170ton, 최대속력 35kts, 항속거리 600해리, 탑승인원은 승무원 28명이다.

고속침투(高速浸透, High Speed Infiltration)
비정규전 부대가 상대측의 방어선을 은밀 또는 강습 침투하여 기동장비를 탈취하고, 이를 이용하여 신속하게 중요지역으로 진입한 후 교란 및 파괴활동을 하는 침투형태.

고속투하(高速投下, High Velocity Drop)
항공기에서 낙하산을 이용하여 낙하속도가 매초 당 저속투하(30 feet/sec 이하 속도)보다 빠르고 자유투하(낙하산 없이 하는 투하)보다 느리게 투하하는 과정.

고수방어(固守防禦, Defense in Place)
강력한 방어편성과 결전의 의지를 기초로 방어지역의 상실을 최대한 억제하면서 적의 공격을 저지, 격멸하기 위한 방어 작전 개념. 중요지역 확보와 적 격멸에 주안을 두고 적의 공격력을 약화시키거나 흡수하면서 적극적인 공세행동으로 적을 격멸하여, 조기에 공세이전의 여건을 조성하기 위해 실시하는 방어작전이다.

고에너지레이저(高~, High Energy Laser; HEL)
레이저 광파가 갖는 특성을 에너지적으로 응용할 때, 에너지 총량이 큰 레이저를 이르는 말. 고에너지레이저는 특히 SDI(전략방위구상)에서 에너지 무기로 응용될 것으로 기대된다.

고엽작전(枯葉作戰, Defoliation Operation)
1. 수목이 우거진 지역에서 적의 은신처를 제거하기 위하여 고엽제를 사용하여 수목을 고사시키는 작전으로 낙엽작전이라고도 함.
2. 미국이 베트남전쟁에서 게릴라의 은신처를 없애고 식량보급을 끊기 위해 '60~'69년에 실시한 식물의 성장을 억제하는 군사작전. 2.4_D 등의 제초제를 사용한 것으로 알려져 있다.

고엽제(枯葉劑, Defoliant)
식물의 잎을 제거하는 데 사용하는 대 식물 화학 작용제.
〈동〉 [낙엽제]

고정반사(固定反射, Permanent Echo)
지구 표면이나 인공 구조물로부터의 에너지 반사로 유발되는 밀집되거나 고정된 레이더 반향.

고정사격(固定射擊, Fixed Fire)
적의 주요 접근로에 사격방향을 고정시키고 집중사격 하는 것.

고정식 탄약(固定式彈藥, Fixed Ammunition)
1. 탄환, 탄피, 장약이 완전히 결합되어 고착된 탄약.
2. 포탄형 탄약에 속하며, 사출탄, 뇌관과 발사장약을 충전한 탄피가 삽입 또는 고착되어 한 덩어리로 되어 장전되는 방식의 탄약.

고정익 항공기(固定翼航空機, Fixed Wing Aircraft)
1. 동체에 날개가 고정되어 있는 항공기로, 회전익 항공기를 제외한 모든 항공기.
2. 비행 상태에서 고정된 날개 면을 갖고 그 날개 면에서 발생하는 양력으로 비행하는 모든 항공기.

고정포(固定砲, Fixed Artillery)
중요지역의 방호를 위해 고정된 위치에서 사격할 수 있도록 준비된 포병화기.

고정표적(固定標的, Fixed Target)
움직이지 않는 표적. 교량이나 기타 고정된 시설 등이 해당됨.

고지(高地, Elevated Ground, Upland)
평지보다 높은 곳, 또는 산 정상을 일컫는 군사용어. 통상 군사적으로 소부대의 목표가 된다.

고착(固着, Fix, Lock On)
1. 적이 한 지역에서 부대의 어느 부분을 타 지역에 사용할 목적으로 전환하는 것을 방지하는 것.
2. 표적 추적장치가 표적을 거리, 방위 및 고도 상으로 계속 또는 자동적으로 추적하는 것.

(일본) [抑留(억류)] 적을 구속하여, 적의 행동의 자유를 제한하는 것.

고착견제(固着牽制, Fixed Holding)
적의 이동이나 전환배치를 방지하기 위하여 적 부대를 정지, 억제 혹은 포위하거나 적의 행동을 일정한 지역에 집중하도록 하는 전술적 행동.

고착부대(固着部隊, Fixing Force)
기동방어 시 조기경고, 방어, 지연, 적을 기만 및 와해, 그리고 지연진지를 점령하는 등의 방법으로 적의 병력을 집결시킴으로써, 적으로 하여금 아군 역습에 취약하게 하기 위하여 전방 방어지역에서 운용되는 비교적 경무장 된 부대.

고체로켓(固體~, Solid Rocket)
고체상태의 추진제(산화제와 연료 및 첨가제)를 사용하는 화학 로켓. 큰 추력을 용이하게 낼 수 있고, 저장성이 뛰어나며, 발사 준비 시간이 짧고, 구조도 비교적 간단하기 때문에 유도탄의 추진기관, 관측로켓, 보조로켓에 사용된다. 과염소산암모늄을 산화제로 사용하고, 합성고무를 연료로 사용하여 알루미늄 분말 등을 첨가하는 경우가 많다.

고파열기록사격(高破裂紀錄射擊, High-Burst Registration)
주로 야간에 실시하는 야포의 기록사격. 시한 신관을 사용하여 통상 정상적인 파열고보다 50 m 높게 파열점을 선정하여 실시한다.

고파열신호탄(高破裂信號彈, High-Explosive Light Bomb)
표준 유탄 발사기로 발사되는 신호탄으로, 700피트 상공까지 올라가서 2000야드 거리에서 들을 수 있는 폭음과 회색 폭연을 발사함.

고폭탄(高爆彈, High Explosive; HE)
폭풍이나 파편효과에 의해 인명을 살상하거나 시설과 물질을 파괴할 수 있는 가장 일반적인 탄약.
(북한) [파편탄(破片彈)]

고형폭약(固形爆藥, Solid Type Explosive)
외형이 규격화되어 변형이 불가능한 고체 상태의 폭약. T.N.T, 테트리톨 등이 있다.

곡사포(曲射砲, Howitzer; HOW)
탄도가 낮은 평사포와 탄도가 높은 박격포의 중간적 특성을 가진 대포. 포신길이와 포구직경의 비율이 20~30인 중간 길이의 포신과 높은 사각, 중간 정도의 포구초속을 가진 화포.

곡사포대(曲射砲臺, Battery for Indirect Fire)
목표로부터 차폐된 위치에 구축된 곡사포의 진지.

공간파(空間波, Sky Wave)
우주공간으로 퍼지는 전파. 지상 80~400 km 사이의 전리층에서 반사하여 지상으로 되돌아오기도 하고, 전리층을 통과하기도 한다. 이를 이용하면 시계 외의 지점과 무선통신이 가능하다.

공개선전(公開宣傳, Overt Propaganda)
정부나 그 대리 기관이 공인한 선전. 방송이나 성명, 간행물 등으로 전파하는 것.
〈동〉 [백색선전]

공개작전(公開作戰, Overt Action)
은폐하지 않고 공개적으로 수행하는 작전.

공개저항운동(公開抵抗運動, Overt Resistance)
군 편성 기준에 의해 편성되어 훈련을 받은 개인이나 집단이 공개적으로 행하는 저항운동. 통상 유격전의 간접 전투력이 된다.

공개정보(公開情報, Open-Source Intelligence)
일반인들이 접근할 수 있는 자료이나, 잠정적으로 첩보 가치가 있는 정보.

공격(攻擊, Attack)
1. 아군 측으로 이동해 오거나 정지 상태에 있는 적에 대해 주도적으로 진격하는 공세행동.
2. 가용한 수단과 방법을 사용하여 전투를 적 방향으로 이끌어가는 공세적인 전투행동. 적을 진지에 고착시키거나 격멸하며, 항복을 강요하기 위해 실시한다.

공격개시선(攻擊開始線, Line of Departure)
1. 공격부대나 정찰부대가 공격방향과 시간으로, 협조하고, 공격임무를 개시할 위치를 지정한 선.
2. 상륙작전 시 돌격주정 제1파가 예정시간에 지정된 해안에 상륙할 수 있도록 해상에 적절히 표시한 조정선. 대략 상륙해안과 평행의 해상에 지정하며, 계속되는 제파가 이 선을 따라서 해안으로 최종 이동을 위해 전개하는 곳이 된다.

(북한) [공격전개계선(攻擊展開界線)]

공격개시시간(攻擊開始時間, H-Hour, Time of Attack)
1. 공격이 개시되는 시간으로, 만일 공격개시선이 지정되었다면 공격부대의 선두가 공격 개시선을 통과하는 시간.
2. 어떤 작전이 개시되기 전 그 실시시간을 표시하기 위하여 H 시를 사용한다.

공격개시일(攻擊開始日, D-Day)
특정작전의 개시일 또는 예정일.

공격경보(攻擊警報, Warning of Attack)
적이 전쟁을 위해 준비하고 있거나 가까운 미래에 공격을 개시하려는 의도가 있음을 파악해 내리는 경고. 한 국가의 정책결정권자에 대한 경고의 의미를 갖는다.

공격계획(攻擊計劃, Plan of Attack)
공격작전을 실시하는 부대가 임무를 완수할 수 있도록, 가용한 수단과 방법을 상호 연계시켜 효율적으로 결합시키기 위한 계획. 부대지휘절차의 계획수립과정을 적용하여 지휘관과 참모가 공동으로 노력하여 수립한다.

공격군(攻擊軍, Aggressor Forces)
1. 공격적인 군사행동을 하는 군부대.
2. 훈련 시에는 실감나는 작전의 효과를 만들어내기 위해 적군 역할을 하는 군부대. 대항군이라고도 한다.

공격기동형태(攻擊機動形態, Attack-Forms of Maneuver)
공격작전 시 적을 격멸하거나 포획하기에 유리한 여건을 조성하기 위하여 가용한 수단을 이동시켜 적에게 접근하는 이동형태. 공격기동형태에는 포위, 우회기동, 돌파, 정면공격, 침투기동이 있다.

공격기뢰 대항책(攻擊機雷對抗策, Offensive Mine Counter-measures)
우군이 도착하기 전에 또는 진형의 선두에 소해경계진을 편성하여 적이 저항 또는 장악하고 있는 해역에서 수행하는 기뢰대항전.

공격기뢰부설(攻擊機雷敷設, Offensive Mining)
적이 장악하고 있는 해역에 기뢰를 부설하는 것.

ㄱ

공격기뢰원(攻擊機雷原, Offensive Minefield)
적이 장악하고 있는 전 해역이나 일부 해역에 부설한 기뢰원. 공격기뢰지대라고도 한다.

공격기세(攻擊氣勢, Momentum of Attack)
1. 공격하고 있는 부대의 여세와 화력이 촉진된 상태.
2. 공격부대의 기동속도와 간단없는 화력이 결합된 상태. 작전의 분권화와 지속성이 보장되고, 특히 공격부대의 속도가 잘 발휘되어야 공격기세가 유지된다.

공격단계(攻擊段階, Attack Phase)
공격을 실시하는 단계의 하나. 최초적진지 돌파, 돌파구확장, 목표점령, 추격 등을 단계별로 수행하기도 하나 동시에 수행될 수도 있다.

공격단정(攻擊短艇, Assault Boat)
넓은 하천을 도하할 때 인원수송을 위해 고안된 가볍고 빠른 소형 단정.

공격대기지역(攻擊待機地域, Attack Holding Area)
공격헬기가 전투진지로 이동하기 전, 정찰기로부터 표적에 관한 정보를 획득하기 위하여 잠시 점령하는 지역. 전방집결지와 전투진지 사이에 위치하거나, 전방무장 및 연료 재보급소와 전투진지 사이의 은폐 및 엄폐된 장소에 위치한다.

공격대기지점(攻擊待機地點, Attack Position)
1. 공격제대가 공격개시선을 통과하기 전에 점령하는 최종위치. 공격개시선 직후방의 은폐 또는 엄폐된 지역에 위치하여 대기할 수 있게 함.
2. 도하작전을 실시할 때 공격단정을 운반하는 공병이 보병과 만나는 지점.

(일본) [공격발기위치(攻擊發起位置)] 제1선 부대가 공격을 위해 최후 준비와 조정을 완료하는 지역.

공격대형(攻擊隊形, Attack Formation)
공격을 취하기 위한 부대의 전개대형.

공격명령(攻擊命令, Attack Order)
공격임무를 수행하기 위하여 공격에 관한 지시와 명령을 부여하는 작전 명령.
〈유〉 [작전명령]

공격목표철(攻擊目標綴, Target Folder)
특정 목표에 대한 공격을 계획하고 실시하기 위해 목표에 대한 정보와 관련 자료들을 모아놓은 철.

공격방향 화살표(攻擊方向~, Direction of Attack, Arrow Head)
공격부대의 주 전투력이 기동해야 할 특정 방향 또는 통로를 표시한 것. 기동방향에 대한 강력한 통제와 제한이 요구될 때 사용하며, 통상 대대 및 그 이하제대의 야간 공격, 제한된 시계 하에서의 작전, 또는 역습부대에 부여된다. 전진축보다도 더 제한하는 통제방책으로 부대는 부여된 통로를 이탈할 수 없다.

공격부대(攻擊部隊, Attacking Forces)
공격작전을 실시하기 위하여 편성된 주요 전술 집단. 통상 주공, 조공 예비대로 편성된다.

공격비행로(攻擊飛行路, Assault Flight Route)
공격기가 공격대기지역에서 전투진지로 출격하기 위해 사용하는 적으로부터 은폐된 비행경로.

공격사진(攻擊寫眞, Strike Photography)
항공기가 공격을 수행하는 도중에 찍은 사진.

공격속행기간(攻擊續行期間, Transattack Period)
1. 핵전쟁 시 핵공격 개시로부터 종료까지

걸리는 시간.

2. 단일통합작전계획에 적용될 경우에는 적이나 아군 어느 쪽이건 먼저 공격을 시작한 시점부터 종료할 때까지 걸리는 시간.

공격시점(攻擊時點, Attack Timing)
의도한 표적에 운용된 무기의 효과(폭발, 충격, 도달)가 나타나는 예측 시간 또는 실제 시간.

공격위성(攻擊衛星, Anti Satellite; ASAT)
적의 군사위성을 파괴하는 임무를 받은 공격수단으로서의 위성. 고체로켓으로 위성과 충돌시키거나, 기계적 에너지무기로 산탄을 고속으로 발사하거나, 지향에너지 무기로 레이저를 사용하는 방법 등을 시험하고 있으며, 위성의 기능을 파괴하는 소프트킬(Softkill)과 위성자체를 말살하는 하드킬(Hardkill)로 구분할 수 있다.

공격작전(攻擊作戰, Offensive Operations)
적의 전투의지를 파괴하기 위한 목적으로 가용한 수단과 방법을 사용하여 전투를 적 방향으로 이끌어 나가는 작전. 부가적으로 중요지형의 확보, 유리한 상황조성, 적 고착 및 교란, 적 자원의 탈취 및 파괴, 적기만 및 주의전환, 첩보획득 중 하나 이상의 목적을 달성하기 위하여 실시된다.

공격작전 형태(攻擊作戰形態, Types of Offensive Operations)
상황에 따라 공격작전이 실시되는 양상. 접적전진, 협조된 공격, 전과확대, 추격으로 구분되며, 단계별로 전개될 수도 있고 부분적으로 수행할 수도 있다.

공격전대(攻擊戰隊, Attack Group)
상륙기동부대가 1개 이상의 상륙지역에서 작전시 구성되는 기동편성체. 상륙전대의 수송, 보조상륙 및 초기지원을 위한 돌격수송함정과 해군지원부대로 구성된다.

공격제대(攻擊梯隊, Echelon of Attack)
공격 시에 공격대형으로 여러 제대가 전진할 때 각 제대를 이르는 말.

공격조(攻擊組, Attack Team)
공격전투에서 특수임무를 부여받고 이를 수행하기 위하여 구성된 소수의 인원집단.

공격준비사격(攻擊準備射擊, Preparation Fire)
공격제대의 공격을 지원하기 위하여 적의 진지, 물자, 화력지원수단, 통신 및 지휘소, 관측소를 파괴, 요란 및 제압하기 위하여 실시되는 사격. 지상화기나 공중폭격 또는 함포에 의한 맹렬한 사격으로 시간계획에 의해 실시되는 강력한 예정사격이다.
(북한) [포병준비사격(砲兵準備射擊)]

공격준비체공시간(攻擊準備滯空時間, On-station Time)
항공기가 체공 가능한 시간으로, 항속 시간이나 명령에 의해 결정된다.

공격준비파괴사격(攻擊準備破壞射擊, Counter Preparation Fire)
적의 공격이 임박했음이 확인되었을 때 실시하는 강력한 예정사격. 적의 공격대형을 파괴하고, 지휘, 통제, 통신 및 관측체제를 와해시키며 적의 공격준비사격의 효과를 감소시키고 적의 공격의지를 저하시키기 위하여 실시하는 사격이다.
(북한) [반준비 타격(反準備 打擊)]

공격지대(攻擊地帶, Zone of Attack)
공격작전 시 전술부대에 지역별로 책임을 부여하기 위해 전투지경선에 의해서 전술적으로 재분할된 지역.

공격집단(攻擊集團, Attack Group)
상륙군에 속한 해군세력 예하 특수임무 조직. 돌격단정과 상륙부대에 대한 수송, 방호 및 초기 지원 임무를 수행하는 지원해군 부대로 구성된다.

공격최저고도(攻擊最低高度, Minimum Attack Altitude)
공중공격의 안전한 수행과 적의 효과적 대응을 최소화 하는 공중공격에 적용되는 최저 고도. 무기의 전술적 운용, 지형적 고려 및 무기효과에 의해 결정된다.

공격축선(攻擊軸線, Axis of Attack)
공격작전의 주력이 지향되는 일련의 선. 공격부대가 사용해야 할 공간을 한정하고 방향을 명시하는 공격작전의 통제방법 중 하나이다.

공격평가(攻擊評價, Attack Assessment)
적시적 결심에 필요한 첩보를 제공하기 위하여, 잠재적 및 실제 상황 판단과 공격목표의 판단에 필요한 첩보를 평가하는 것.

공격항모강습부대(攻擊航母强襲部隊, Attack Carrier Striking Forces)
함재기를 주공격 무기로 하는 해군부대. 일차적으로 적 잠수함 및 공중위협에 대비하며 이차적으로 적 해상공격에 대비하여 항공모함을 지원하며 경계진(警戒陣)을 구성한다.

공격헬기(攻擊~機, Attack Helicopter)
대전차미사일, 로켓, 기관포 및 폭탄 등 탑재된 화력을 사용하여 주로 지상공격임무를 수행하는 헬리콥터.

공격화물수송함(攻擊貨物輸送艦, Attack Cargo Ship)
강습상륙 시 공격용 화물을 수송할 목적으로 설계되었거나 개조된 해군 함정. 상륙주정을 수송하는 능력, 함정의 속도, 무장 정도, 해치의 크기, 화물적재용 기중기 등이 일반 화물선보다 더 우월하다. 강습용 화물선이라고도 부른다.

공격 후 기간(攻擊後期間, Postattack Period)
핵전쟁에서 최후 공격의 종결로부터 정부 당국자 간에 교전상태의 종결이 합의될 때까지의 기간.

공군(空軍, Air Force)
항공기를 주요무기로 하고, 주로 공중 내지 우주를 활동영역으로 하는 군대. 육·해·공군 3군의 하나로서 넓은 의미의 공군은 육군과 해군에 속하는 항공부대까지 포함하나, 좁은 의미로는 독립된 공군만을 가리킨다.

공군기지 작전성(空軍基地作戰性, Airbase Operability)
하나의 공군기지가 전쟁 수행을 위한 지속적인 작전을 제공할 수 있는 능력으로서. 적의 공격을 방어하고, 적의 공격으로부터 생존하며, 피해를 복구하여 공군력의 효과적인 전시운용을 지원할 수 있는 제반 시설 및 장치들의 종합적 능력을 일컬음.

공군력(空軍力, Air Force Power)
공군이 지상·해상·공중 및 우주공간에서 군사작전을 수행하는 데 필요한 군사력. 인력, 무기체계, 기지로 구성되며, 유·무형의 요소가 모두 포함된다.

공군비행로(空軍飛行路, Air Force Route)
고정익 항공기가 전투지대 상공을 통과할 때 항공기의 안전을 위하여 협조고도 이상에 설치되는 비행로. 진입회랑과 귀환회랑으로 구분한다.

공군연락장교(空軍連絡將校, Air Liaison Officer; ALO)
지상 작전부대 전술항공통제반의 선임공군장교로 공수, 항공정찰, 근접항공지원 등 공군의 운용에 관하여 지상군 지휘관에게 조언하며, 공지합동작전에서 공군의 협조에 중점을 두고 지상군의 항공지원계획수립을 보좌하며, 전술항공통제반 요원의 활동을 감독하고 예하 전술항공통제반에 대한 책임을 짐.

공군원정 특수임무부대(空軍遠程特殊任務部隊, Air and Space Expeditionary Task Force)
(미국) 전개된 주요전술공군부대(NAF) 또는 주요전술공군부대(NAF)의 직속 예하 지휘제대를 가리킴. 이들은 합동작전에 참여하는 미공군구성군의 사령부 역할을 한다.

공군전투통제조(空軍戰鬪統制組, Air Combat Control Team; ACCT)
공정작전에서 목표지역에 투입되어 기상관측, 항법 보조물 설치 및 보고, 착륙지대 준비 등을 위해 편성되는 공수통제반의 예하 편성체.

공급(供給, Supply)
보급품에 대해 종류와 양의 결정을 포함하여 획득, 분배, 저장, 유지와 재생 단계를 포괄하여 이르는 말로, 구체적으로 다음 2단계로 나눌 수 있다.
1. 생산단계 : 군의 조달계획에 의해 보급품의 수령까지에 해당되는 군 보급단계.
2. 소비단계 : 군의 완제품 수령으로부터 사용과 소비를 위한 불출까지의 군 보급단계.

공기부양상륙정(空氣浮揚上陸艇, Landing Craft Air Cushion; LCAC)
상륙작전간 함안 이동단계에서 원해에서 상륙군의 병력, 장비 및 보급품을 기습적으로 수송하는 상륙정. 조류나 수심, 수중장애물, 해안 경사도에 영향을 받지 않고 작전이 가능하다.

공기부양정(空氣浮揚艇, Air Cushion Vehicle; ACV)
압축공기를 하부의 스커트로 공급함으로써 선체를 공중에 띄움과 동시에 후방으로 공기를 배출하여 얻은 추진력으로 운행할 수 있게 설계된 수륙양용 함정. 배의 하부에서 발사되는 높은 압력의 힘으로 지면 또는 수면에 닿을락말락할 정도로 운행할 수 있으므로, 물이나 땅 뿐 아니라 갯벌에서도 운용이 가능하다. 상표명에서 유래한 호버크라프트로도 널리 알려져 있다.
〈동〉 [호버크라프트]

공기역학적 무기체계(空氣力學的 武器體系, Aerodynamic Weapon System)
주로 대기 중을 비행하여 목표방향으로 진입하는 동안 공기역학적 유도 및 제어를 받는 무기체계.

공기탄도학(空氣彈道學, Aeroballistics)
공기역학과 탄도학의 결합어로 유도로켓과 같이 탄환의 각 부분에 이 두 가지 과학을 응용하여 비행경로가 결정되는 물체의 운동과 관계된 분야를 다루는 이론.

공기흡입로켓(空氣吸入~, Air-breathing Rocket)
일반 로켓에서 저항이 되는 대기(大氣)를 산화제로 이용해서 비추력을 크게 높이는 로켓. 공기흡입로켓 기술은 1단계 로켓만으로도 저궤도에 도달할 수 있어 효율적이므로 아직은 연구 초기단계지만 실용화 가능성을 내다보고 있다.

공대공 유도탄(空對空誘導彈, Air to Air Missile; AAM)
비행중인 항공기에서 공중표적에 대하여 사격하는 유도탄. 적항공기 등을 격파 또는 무력화하기 위해 항공기에 탑재하여 적 항공기 등을 향해 발사한다.

공대공 전투대형(空對空戰鬪隊形, Fighting Wing Formation)
최대성능 기동상황에서 요격기에 대해 최

적의 엄호를 제공하고 기동력을 유지토록 하는 전투대형.

공대지 유도탄(空對地誘導彈, Air To Surface Missile; ASM)
비행중인 항공기에서 지상표적에 대하여 사격하는 유도탄. 적의 각종 지상목표나 함정 등을 격파 또는 무력화하기 위해 항공기에서 발사한다.

공동방위(共同防衛, Joint Defense)
2개국 이상의 국가들이 공동의 적에 대처하는 군사적인 태세.

공동보급지원(共同補給支援, Common Servicing)
어떤 보급지원 업무를 삼군 중 어느 한 군이 담당하게 하여 타군에도 무상으로 제공하는 보급지원.

공동전선(共同戰線, Concerted Operations)
하나 이상의 연합국이 이해를 같이하여 형성한 전선.

공동탐지경계선(共同探知警戒線, Common Sensor Boundary; CSB)
대포병 표적탐지 레이더의 상대적인 탐지거리 차이를 적용하여 표적획득 책임구역을 분할하는 선.

공동호출부호(共同呼出符號, Collective Call Sign)
두 개 혹은 여러 개의 설비, 부대, 기관, 단위를 대표하는 공동 호출 신호.

공두보(空頭堡, Airhead)
부대와 물자의 계속적인 공중수송을 보장하고 작전에 필요한 기동공간을 제공하기 위해 탈취 및 확보를 목적으로 적의 영토 또는 적의 위협하의 영토 내에 선정된 지역. 통상 공중강습단계나 공중기동작전에 의해 확보되는 지역이다.
(일본) [空挺堡(공정보)]. 공정부대가 강하 또는 착륙 후 지상작전의 태세를 확립하기 위해 확보하는 지역.

공두보선(空頭堡線, Airhead Line)
공습 시에 목표지역의 한계를 나타내는 선. 공두보선은 적의 화기가 주 목표에 미치지 못하게 하거나, 아군이 심도 있는 방어작전을 수행할 수 있게 하기 위해 작전상 표시된 공격목표까지로 제한된다.

공로(公路, Open Route)
교통이나 수송에 대한 통제를 하지 않는 도로.
(중국) 국가에서 관리하는 도로. 큰 도로.

공명폭발(共鳴爆發, Syspathetic Detonation)
하나의 폭발물이 터지면 다른 폭발물이 그 진동에 의해 터지는 폭발현상.

공명폭발반경(共鳴爆發半徑, Countermining Radius)
지뢰의 연쇄적 폭발을 방지하기 위하여 필요한 지뢰 상호간의 최소 간격. 유발방지반경(誘發防止半徑)이라고도 한다.

공병(工兵, The (Military) Engineers)
군에서 축성(築城) · 가교(架橋) · 건설 · 측량 · 폭파 따위의 임무를 맡고 있는 병과 또는 그에 속한 군인. 건설 공병과 야전 공병이 있다.

공병부대(工兵部隊, Engineer Units; ENGRE)
작전지역 내의 다양한 공병임무를 효과적으로 수행하기 위한 부대.

공병일반정찰(工兵一般偵察, Engineer General Reconnaissance)
작전지역 내의 일반적인 특징에 관한 공병첩보를 제공하며 공사자재, 물자, 지형지물의 위치를 확인하고 평가하는 정찰활동.

공병장비 집적소(工兵裝備集積所, Engineer Equipment Accumulation Point; EEAP)
도하지원을 위하여 사용되는 도하장비 및 공병전투차량, 장비, 물자 등을 집결하는 장소.

공병통제소(工兵統制所, Engineer Regulating Point; ERP)
도하차량과 도하수단 능력을 비교하여 조정하고 기술점검을 실시하는 곳. 통상 중간대기지역 도하지점 부근에 설치하여 공병에 의해 운용된다.

공비(共匪, Communist Guerrilla)
유격전을 목적으로 공산당의 지령을 받아 조직된 무장폭도.
(중국) 본래는 '공산당 비적'이라는 뜻이며, 국공내전 시 국민당정부에서 '홍군' 또는 '인민해방군'을 비하하여 부르던 말.

공산오차(公算誤差, Probable Error)
탄착 중심으로부터 형성되는 사탄산포지역의 측정값으로 포탄이 100% 떨어질 수 있는 최소거리. 거리상의 산포범위를 사거리공산오차라고 하며, 방향상의 산포범위를 편각공산오차라고 한다.

공상(公傷, Injury in the Line of Duty)
현역 군인 등 공직자가 공무 수행 중 입은 질병, 부상, 사망 등을 이르는 말.

공세(攻勢, Offensive)
1. 주도권을 행사해서 적을 격파하는 적극적인 대규모 공격행동의 통칭.
2. 부대가 공격을 하고 있는 상태.

공세보장선(攻勢保障線, Offensive Guarantee Line)
전략적 수세로부터 공세로 전환하기 위해 필히 확보해야 할 일련의 방어선. 전략적 완충 공간 내에 설정되며, 공세이전에 유리한 여건을 제공해 주는 중요지역을 연결한 선이다.

공세예비(攻勢豫備, Offensive Reserves)
공격을 지속하기 위한 예비 전투력.

공세이전(攻勢移轉, Counter Offensive)
적의 공격을 무력화시키고 주도권을 확보하기 위하여 방어로부터 적극적이고 대규모적인 공세행동으로 전환하는 것.
〈동〉 [반격]

공세작전(攻勢作戰, Offensive Operations)
접적 초기단계에 방어와 동시에 즉각적인 공세행동으로 적의 공격기세를 박탈하여 전장 주도권을 장악하는 작전.

공세적 근접항공지원(攻勢的 近接航空支援, PUSH CAS)
지상군을 최대로 지원하기 위해 배당된 근접항공지원 자산을 재출격률에 의거 신속히 출동 후 공중대기 시키면서, 지상군이 요구하는 시간과 지점에 투입하고, 잔여자산은 예비표적 또는 킬박스(kill box)로 임무를 전환시키는 등의 적극적이고 공세적인 근접항공지원 형태.

공세적 기동전(攻勢的機動戰, Offensive Mobile Warfare)
가용 전투력을 신속히 집중하여, 예기치 않은 방향에서 적의 결정적인 부대 및 지역에 대해 강력한 최초 타격을 가하여, 적진의 균형을 와해시키고 적의 전 종심에 대하여 신속한 후속 타격을 실시하는 공세적인 작전 개념.

공세적 기뢰원(攻勢的機雷原, Offensive Minefield)
능동적으로 적의 항만을 통제하거나 해상세력을 봉쇄하기 위하여 적의 해역이나 적의 통제 하에 있는 지역에 부설한 기뢰밭.

공세적 대공(攻勢的對空, Offensive Counterair)
적의 항공기나 미사일이나 발사대 혹은 지

원구조물이나 지원체제를 가능하면 정확하게 찾아 발사 전후에 파괴, 방해 또는 무기력화 시키는 공격적 작전. 공세적 대공작전의 범위는 적군의 영역 모두가 해당되며 통상적으로 아군의 주도권 하에 수행된다. 이 작전에는 공격작전, 전투기를 이용한 사격, 호위 및 적의 방공망 제압 등이 포함된다.

공세적 대공 공격작전(攻勢的 對空 攻擊作戰, Offensive Counterair Attack Operations)
적군의 공군력을 지원하는 지상 목표물에 대한 공세적 대공 임무를 수행할 때, 이 임무를 지원하는 공격작전. 이 공격작전의 목표는 적의 항공기나 미사일 부대가 아군의 미사일 발사기지, 비행장, 해군함정, 지휘통제시설, 군수품 저장소 및 지원 기반시설 등의 목표물을 공격하지 못하게 하는 것이다. 공격작전은 고정익 혹은 회전익 항공기, 지대지 무기, 특수작전부대, 혹은 지상군에 의해서 이루어진다.

공세적 방어(攻勢的防禦, Offensive Defense)
먼저 적의 공격을 받아들여 방어의 이점을 최대로 이용하면서 적의 약점과 호기를 포착하여 적극적인 공세행동으로 적을 약화 또는 격멸하여 주도권을 장악하고, 공세전환의 여건을 조성하는 데 목적을 둔 적극적인 방어작전. 공세적 방어는 다음 공격을 위하여 공격과 방어의 이점을 조화시킨 적극적인 방어개념이다.

공세적 방위전략(攻勢的防衛戰略, Offensive Defense Strategy)
공세적 작전으로 전략목표를 추구하되, 상대방의 선제공격을 전제로 전략적 수세를 취하다가 즉시 공세로 이전하는 수세, 공세 전략.

공세적 정보작전(攻勢的情報作戰, Offensive Information Operations)
적군의 결정권자로 하여금 아군이 원하는 특정한 행동을 하도록 영향을 끼치기 위해서, 정보에 의해 상호 지원되는 주어진 지원능력 및 활동을 집중적으로 사용하는 작전. 공세적 정보작전 능력과 활동에는 작전보안, 군사적 기만, 심리전, 전자전, 물리적 공격이나 파괴, 특수정보작전 뿐만 아니라 컴퓨터네트워크 공격도 포함된다.

공세적 통합전투(攻勢的統合戰鬪, Offensive Integrated Combat)
제 전투수단을 체계적으로 통합하여 전투효율성을 극대화하고 주도권을 확보하기 위해 공세적으로 전투를 수행한다는 개념.

공세적 후방지역작전(攻勢的 後方地域作戰, Offensive Rear Area Operations)
적 특수작전부대의 세포분열식 연속타격에 대비하여 군, 관, 민 제 작전요소를 통합하고, 적이 아 중심에 접근하기 전에 적을 먼저 찾아 적극적으로 공세 격멸함으로써 아군의 전쟁지속능력을 보장하고, 후방지역의 안전을 확보하는 작전.

공세제공작전(攻勢制空作戰, Offensive Counter Air Operation; OCAO)
공중우세를 확보하기 위하여 적 지역에 대해 항공력을 운용하여 수행하는 작전. 공세제공 작전을 수행할 때는 지대지 유도무기, 특수전 부대 등을 포함한 종심타격력과 결합하여 운용함으로써 타격효과를 높일 수 있으며, 이 작전을 성공적으로 수행하기 위해서는 우선 적의 조기경보 및 지휘통제체제, 공군력 등을 공격하여 적의 공중공간 통제 및 사용능력을 무력화하여야 한다.

공세종말점(攻勢終末點, Culminating Point)
공자의 전투력이 방자의 전투력보다 현저

하게 우세하지 못하게 되는 시점. 이 시점 이후에도 공격을 계속하면 방자의 반격을 받아 패배의 위험에 직면하게 된다.

공세항공지원(攻勢航空支援, Offensive Air Support)
적 지상군 표적에 대하여 직접적인 공격을 가하는 것. 근접항공지원, 항공차단작전 등이 여기에 속한다.

공수(空輸, Airlift, Air Supply)
1. 공중수단을 이용하여 병력, 장비 및 물자를 이동하는 것.
2. 공중투하나 착륙하는 방법으로 화물을 수송하는 것.

〈유〉 [공정]

공수배정위원회(空輸配定委員會, Air Transport Allocations Board)
전구 내에서 공수우선순위의 설정과 그 지역에 할당된 이용 가능한 공수역량 배정 등을 책임지는 합동기구.

공수부대(空輸部隊, Airborne Troops)
공수되어 지상에 투하된 뒤 공격임무를 수행할 목적으로 편성되고 훈련된 지상군. 공정부대라고도 함.
(러시아) 구소련은 최초로 대규모 공수부대를 창설한 나라였으며 1930년대 초반에 대규모 공수훈련을 실시하여 공수부대의 전략적 가치와 실전 능력을 입증하였다.
(북한) [항공육전대(航空陸戰隊)]

공수서비스(空輸~, Airlift Service)
군 병력, 화물, 우편물 및 다른 물품들의 이동이 필요할 때 제공되는 공중 수송과 서비스를 수행하거나 조달하는 것.

공수소요(空輸所要, Airlift Requirement)
특정 임무를 공수를 통해 수행할 때 요구되는 인원의 총 수나 화물의 총 무게.

공수작전(空輸作戰, Airlift Operation)
공중수단을 이용하여 필요한 시간과 장소에 군사력을 이동시키거나, 민간인 등을 분쟁지역으로부터 안전지역으로 철수시키는 작전. 공수작전으로 수행하는 임무로는 병참공수, 공정, 항공의무후송, 특수항공전 등이 있다.

공수지원작전(空輸支援作戰, Airlift Support Operations)
공중수송 수단을 이용하여 필요한 시간과 장소에 인원, 장비, 물자를 이동시키는 작전.

공수착륙(空輸着陸, Airlift Landing)
병력과 물자를 공중으로 이동하여 항공기가 목적지에 착륙한 후, 또는 회전익 항공기가 정지비행을 하는 동안, 병력 및 물자를 내려놓는 것.

공수취급소(空輸取扱所, Air Terminal)
수송기 및 헬기로 공수하는 인원, 화물 및 우편물을 탑재, 하역, 보관하며 공수에 따르는 공수통제문서처리, 연락업무를 담당하는 부서.

공수통제본부(空輸統制本部, Airlift Control Center; ALCC)
전구항공통제본부 내의 공수관계 전담부서이며 공수통제기구의 핵심부로서 모든 공수작전에 관한 임무를 접수하고 계획, 지시 및 통제하는 중추적 기구.

공수통제팀(空輸統制~, Airlift Control Team)
항공작전본부의 한 단위로, 전장 구성에서부터 전장 내의 공수작전에 대한 계획, 협조, 관리와 실행까지 모든 전문적인 공수 기능을 갖춘 항공기동사단의 핵심 팀.

공수특수임무부대(空輸特殊任務部隊, Airborne Task Force)
임무수행을 위해 공수되거나 공중강하 되

는 지상부대와 장비로 구성된 부대.

공수협조반(空輸協助班, Airlift Coordination Cell)
항공작전본부에 속하는 소규모 조직으로서 책임지역이나 연합작전지역 내의 전장 공수작전을 기획, 협조, 관리하고 수행하는 기구. 통상적으로 공수 기획, 공수작전, 공수지원 부서로 나누어진다.

공습(空襲, Air Raid)
공중으로부터 군사목표나 비군사적 목표를 습격하는 것.

공습경보(空襲警報, Air Raid Warning; ARW)
적의 항공기, 유도탄, 지상전력에 의한 공격이 절박하거나 진행 중일 때 발령되는 경보. 사전에 방어비상이 선포되지 않았거나 DEFCON-I 상태에서 공습경보가 발령되지 않았을 때에는 방어비상의 선포가 요구된다.

공습보고통제기(空襲報告統制機, Air Raid Reporting Control Ship)
공중경보레이더와 공습보고의 통제임무를 수행하도록 지정된 항공기.

공역(空域, Airspace)
육상 또는 해면을 포함하는 지표상에 구역과 고도로 표시되는 공중영역. 대개 각 공역의 특성에 따라 결합되는 선행어가 달라지며, 따라서 그 종류도 매우 다양하다.

공역관리(空域管理, Airspace Management)
제한된 국가자원으로서의 공역을 효율적으로 운용하기 위한 총체적인 활동. 영공 방위, 공역사용 규칙이나 기준의 제정, 항공기 운항관리, 비행 정보관리, 항행시설의 설치, 조난 항공기 탐색구조활동 등을 포함한다.
〈동〉 [공중공간관리]

공역관리반(空域管理班, Airspace Management Element)
군단 및 사단 전술작전본부 내의 한 부서로서 공역통제기능을 수행하는 기구.

공역관제부대(空域管制部隊, Airspace Control Element)
공역사용의 조정, 통합 및 규제에 관한 업무관제부대의 기능적 구성요소.

공역통제(空域統制, Airspace Control)
전투지대에서 아군 항공기의 안전을 보장하면서 화력을 지속적으로 운용하기 위하여 공역 사용을 협조, 통합, 조정 및 규제하는 것. 제한된 공역에서 작전활동의 융통성을 주기 위해 실시한다.

공역통제경계(空域統制境界, Airspace Control Boundary)
공역통제지역, 공역통제지구, 밀집공역통제지역, 공역제한지역의 옆쪽 경계.

공역통제권자(空域統制權者, Airspace Control Authority)
공역통제구역 내에서 공역통제체제 운영의 전반적인 책임을 부여받은 지휘관. 연합사령관은 공군 구성군사령관을 한국작전구역 공역통제권자로 임명한 바 있다.

공역통제기획(空域統制企劃, Airspace Control Plan)
합동군 작전지역에 대한 공역통제시스템관리를 위해, 특별히 제정한 기획지침과 절차에 대해 합동군 사령관이 승인한 문서.
〈참〉 [공역통제시스템]

공역통제명령(空域統制命令, Airspace Control Order)
통합임무명령서(ITO)의 일부로서 공역통제권자가 공역통제 정보와 절차를 전파하기 위하여 사용하는 명령. 승인된 모든 공역요구의 세부사항이 수록된다.

공역통제소(空域統制所, Airspace Control Center; ASCC)
전구항공통제본부(TACC) 내의 통제기구. 작전지역 공역사용에 대한 조정, 통제, 협조 등의 업무에 책임이 있다.

공역통제수단(空域統制手段, Airspace Control Measures)
한정된 구역의 공역사용을 통제하는 공역통제계획에 의하여 규정되는 규칙, 원칙 및 지시. 예를 들면 저고도 통행경로, 고밀도 공역통제구역, 항공기 확인지점, 육군항공기 표준비행로 등이 해당된다.

공역통제시설(空域統制施設, Airspace Control Facility)
전투지역의 공역통제를 제공하는 여러 서비스 부대, 주최국가, 다국적 시설 등.

공역통제시스템(空域統制~, Airspace Control System)
공역통제기능을 수행하는데 필요한 인원, 정책, 절차와 시설 등을 종합적으로 통합관리 하는 계획이나 절차.

공역통제절차(空域統制節次, Airspace Control Procedures)
특정하게 할당된 공역의 사용과 통제를 위한 규칙, 구조, 방향 등.
〈참〉 [공역통제], [공역통제권자], [공역통제기획]

공역통제지구(空域統制地區, Airspace Control Sector)
공역통지제역을 효과적으로 통제하기 위해 부분적으로 나눈 구역. 공역통제지구의 경계는 통상 방공조직을 구획하는 경계와 일치하며, 서비스 부대, 주최국가, 다국적 공역통제능력과 요구, 공역통제기획에 포함된 절차나 지침 등에 의해 지정된다.
〈참〉 [공역통제지역]

공역통제지역(空域統制地域, Airspace Control Area)
작전지역의 경계에 의해 횡으로 정의되는 공역. 공역통제지역은 다시 공역통제지구(Sector)로 나눈다.

공역협조지역(空域協調地域, Airspace Coordination Area; ACA)
우군기의 안전과 우군에게 지상 및 함포 지원을 계속적으로 지원하기 위한 지역.

공용첩보(公用諜報, Official Information)
정부가 보유하며 생산하거나 그 통제 하에 있는 첩보.

공용화기(共用火器, Crew Served Weapon)
2명 이상의 인원이 1조로 조작하는 화기로 부대의 화력지원을 위해 사용됨.
〈반〉 [개인화기]

공유영역(共有領域, Interface)
유사하거나 상이한 둘 이상 사령부나 통제계통 혹은 기타 부서에서 공동적으로 필요한 첩보 유통이 행해지는 지경선, 점 및 면.

공익근무요원(公益勤務要員, Public Good Service Member)
국가기관 또는 지방자치단체의 공익목적을 위해 경비, 감시, 보호, 행정업무, 국제협력, 예술, 체육 등에 소집되어 복무하는 자.

공작원(工作員, Agent)
정보 수집 또는 방첩목적으로 첩보자료를 수집하거나, 이러한 일을 도와주도록 인가되거나 교육받은 인원.

공정(空挺, Airborne)
전투작전을 수행하기 위해 부대나 장비를 항공기로 이동하여 착륙 또는 공중투하 방법으로 전투지대에 투입하는 것.
〈유〉 [공수]

공정부대(空挺部隊, Airborne Force)
공수착륙이나 공중투하의 방법으로 전투지대에 투입되어 전투작전을 수행할 목적으로 편성되어 장비를 갖추고 훈련을 받은 부대. 지상군과 공군으로 구성된다.
(중국) [공강부대(空降部隊)]

공정작전(空挺作戰, Airborne Operation)
전략적 또는 작전적 임무수행을 위하여 수송항공기로 전투부대와 장비를 목표지역으로 이동시켜 공두보를 확보한 후, 제한된 지상작전을 실시하는 작전. 통상 임무, 지휘, 규모, 항공기의 형태 및 용도, 근무지원에 따라서 공중기동 작전과 구분될 수 있다.

공정통제반(空挺統制班, Combat Control Team; CCT)
공정작전을 지원하기 위하여 작전지역에 투입되어 항공기의 유도 통제와 통신시설 유지 및 필요한 정보수집 전파와 제한된 기상관측 임무를 수행하는 공군의 요원과 장비.

공제선(空際線, Sky Line)
하늘과 지형이 맞닿아 경계를 이루는 선. 대개 산이나 능선처럼 비교적 높은 지대의 정상점의 연속선으로, 이곳에 위치한 인원이나 장비 등은 육안으로 쉽게 발견되므로 군사적으로 중요시되고 있다.

공중감시(空中監視, Air Surveillance) ☞ [대공감시]

공중감시통제(空中監視統制, Air Surveillance Control)
항공기를 비행회랑 및 접근로 이내에 머물게 하고, 어떤 특정 공간에서는 벗어나도록 확인하는 데 필요한 통제. 항공기가 유도탄과 같은 기타 무기와 안전하게 협동 운용하게 하기 위하여 실시한다.

공중강습(空中强襲, Air Assault)
적과 교전하여 격멸하거나, 주요지점을 선점하기 위해 회전익 항공기를 이용하여 아군 공격부대가 기동하는 것.

공중강습부대(空中强襲部隊, Air Assault Force)
강습작전을 위해서 조직되고, 장비를 갖추고, 훈련된 부대로서, 기본적으로 지상군 부대와 회전익 항공부대로 구성된다.

공중강습작전(空中强襲作戰, Air Assault Operation)
강습부대가 회전익 항공기의 기동성과 가용한 모든 화력을 최대한 이용하면서 공중기동하여 적과 전투를 하거나, 주요 지리적 요충지를 탈취, 점령하기 위한 작전. 강습부대는 전투부대, 전투지원부대, 전투근무지원부대로 구성된 제병협동부대이며, 작전은 지상군 지휘관이나 공중기동 지휘관의 명령에 따라 수행하게 된다.

공중강타(空中强打, Air Strike)
공군의 제공작전, 항공차단작전, 근접항공지원작전의 기본적인 임무수행 형태로 적의 전술적, 작전적, 전략적 목표에 대해 중무장한 공격기나 전폭기로 공격하는 전투행위. 항공타격이라고도 한다.
〈유〉 [대지공격]

공중경보통제체계(空中警報統制體系, Airborne Warning And Control System; AWACS)
항공기(E-3A, 보잉 707기종)에 탑재레이더 및 각종 통신장비, 항법보조장치, 전자계산기 등을 탑재하고 필요한 관계요원이 탑승하여, 공중감시 및 조기경보, 방공관제임무를 수행할 수 있는 체계 또는 항공기. 통상 (공중)조기경보기(AEWACS)라고도 한다.

공중공간거부(空中空間拒否, Airspace Denial)
특정 공역(통상 우군 상공)에 진입하는 적 항공기를 격퇴하기 위해 전투기 및 대공무기에 의해 수행되는 군사임무.

공중공간관리(空中空間管理, Airspace Management) ☞ [공역관리]

공중공간협조지역(空中空間協調地域, Airspace Coordination Area)
아군의 지상공격으로부터 아군기의 안전비행을 도모하기 위하여 표적지역내의 공중공간에 3차원의 구획을 정해 놓은 지역.

공중공격(空中攻擊, Air Attack)
항공기 등을 이용해 공중에서 지상목표를 공격하는 방법으로, 다음과 같이 분류한다.
1. 협동공격(Coordinated) : 두 개 혹은 그 이상의 공중공격의 유형(급강하, 활공, 저공)을 조합하고 다양한 항공기를 이용하여 공습하는 방법.
2. 지연공격(Deferred) : 공격그룹들이 각각 단위 부대로서 목표지역에서 만나서 공격하는 방법. 이는 공격부대들이 하나 이상의 서로 다른 기지에서 출발할 때 사용된다.
3. 분산공격(Divided) : 협조공습의 한 공격 방법으로, 전술적으로 참여하는 항공기들이 일단 동일한 장소 근처에 머무르다가, 공격을 수행할 때는 전투기들을 그룹으로 나누어서 각각 다른 방향에서 적의 한 목표물에 대한 공격을 실시하는 방법.

공중급유(空中給油, Air Refueling)
비행중인 항공기에 연료를 공급하는 능력. 체공시간을 늘리고, 활동범위가 확대되며, 군사력을 증대시킨다.

공중급유작전(空中給油作戰, Air Refueling Operation; ARO)
비행중인 항공기에 연료를 공급함으로써 항공기의 체공시간을 연장하여 공군력의 제한성을 보완하는 작전. 공군력의 융통성을 극대화하고, 신속대응능력을 향상시키며 작전 지속시간을 연장하고, 작전영역을 확대하며 무장탑재능력을 향상시키는 효과를 얻을 수 있다.

공중급유통제시점(空中給油統制時點, Air Refueling Control Time)
공중급유작전을 수행할 때 급유를 받는 항공기와 급유기가 공중급유통제지점에 도착하는 시간.

공중급유통제지점(空中給油統制地點, Air Refueling Control Point)
공중급유작전을 수행할 때 급유를 받는 항공기와 급유기가 사전에 약속한 위치 또는 급유기에서 육안으로 항공기를 관찰할 수 있는 지점.

공중급유통제팀(空中給油統制~, Air Refueling Control Team)
공중기동사단의 핵심이 되는 부대. 공중급유에 대한 계획과 업무수행, 전투공군작전 지원 예정표작성이나, 합동작전 책임지역 안에서 전략적 공중가교에 대해 지원하는 공군작전사령부의 한 부대이다.

공중기동(空中機動, Air Mobility)
군 병력, 물자와 부대를 전장 안의 한 장소로 신속하게 이동하는 것. 여기에는 공수와 공중급유 등이 수반된다.

공중기동계획(空中機動計劃, Air Mobile Plan)
지상전술 및 착륙계획에 의해 공중강습작전을 실시하는 부대와 장비, 물자를 탑재지대로부터 착륙지대까지 공중기동하기 위한 계획.

공중기동강습(空中機動强襲, Air Mobile Assault)
접근 및 착륙 시 적의 저항이 있는 곳에 대하여 그 목표를 확보할 목적으로 회전익 항공기에 의하여 실시하는 강습작전.

공중기동부대(空中機動部隊, Air Mobility Force)
공중기동작전을 수행하는 데 필요한 지상전투부대, 지원부대와 항공기 부대.
(북한) [항공착륙전대(航空着陸戰隊)]

공중기동습격(空中機動襲擊, Air Mobile Raid)
신속하게 제한된 목표를 탈취하거나 파괴 또는 적을 생포, 격멸하는 임무를 수행한 후 바로 철수하는 단기간의 공중기동작전. 즉 hit and run식 기습작전의 개념임.

공중기동작전(空中機動作戰, Air Mobile Operation; AMO)
지상전투에 참가하기 위하여 지상군부대 지휘관의 통제 하에 전투부대와 그들의 장비를 항공기를 이용하여 전투지대까지 이동하여 실시하는 작전. 단계별로 탑재단계, 공중이동단계, 착륙단계, 지상작전단계의 4단계로 구분된다.
(일본) 1. [降着戰闘(강착전투)]. 공정 · 헬리본 부대가 강하 · 투하 및 착륙을 개시하여, 그 후의 지상작전을 위한 태세를 확립하기까지의 전투 또는 집결행동.
2. [空中機動作戰(공중기동작전)]. 공정작전, 헬리본 작전(헬리콥터로 지상 전투부대를 공수하는 공중 정진작전(挺進作戰))의 총칭.

공중기동지원대(空中機動支援隊, Air Mobile Support Party)
착륙지대에서 강습착륙과 착륙지대에 있는 예하부대의 잠정적 군수지원을 용이하게 하기 위해서 편성된 육군의 특수임무 편성부대.

공중기동통제팀(空中機動統制~, Air Mobility Control Team)
항공작전본부의 한 부대로 작전 수행 중 필요한 통제를 담당하는 공중기동사단의 핵심 조직.

공중기동 특수임무부대(空中機動特殊任務部隊, Air Mobile Task Force)
특수작전을 수행할 목적으로 육군 항공기와 지상군부대를 단일 지휘관 예하에 조직한 부대.

공중대기(空中待機, Air Alert)
즉각 임무에 투입될 수 있도록 공중에 체공하고 있는 항공기의 작전대기상태.
〈동〉 [체공대기]

공중대기점(空中待機點, Orbit Point)
항공기가 전술 작전 비행중 사전에 지정된 항로를 지시받지 못했을 시 공중에서 대기하는 지점. 육상 또는 해상에 지리적, 또는 전자적으로 위치가 명시된다.

공중목표지역(空中目標地域, Air Objective Area)
상륙기동부대사령관이나 상륙군사령관이 우군과의 방해를 최소화하기 위하여 제한수단으로 사용하는 목표지역 상공.

공중보급(空中補給, Aerial Supply, Supply by Air)
1. 보급물품을 공중에서 지상구조반이나 생존자에게 전달하는 행위나 과정.
2. 항공기를 이용해 주식, 부식, 물자, 장비 등을 보급하는 것.

공중비상대기 항공차단(空中非常待機航空遮斷, X-Interdiction; X-INT)
적의 제2작전제대의 전방이동을 저지하기 위하여 일부 전투기나 폭격기 등 항공차단 전력을 공중에 비상대기 시켰다가, 적의 기동포병이나 적군의 집결지 등에 대해 공격을 가하는 항공차단임무의 한 형태.

공중살포식 기뢰(空中撒布式機雷, Air Force/Navy Aircraft Delivered Mines)
(미국) 항공기를 이용한 기뢰 살포체계. 기뢰를 전략적으로 사용하기 위해 해군이나

공군 전술 항공기를 이용해 살포한다. 미국의 CBU-89/B 살포기는 공군 전술항공기에 장착되고, BU-78/B 살포기는 해군 전술항공기에 장착되어 기뢰의 공중살포에 사용된다.

공중신호기(空中信號器, Airborne Beacon)
야간에 부대의 재편성을 쉽게 하기 위해 강하지역, 공수착륙지대를 표시하는 데 사용하는 적외선 송광기(送光器).

공중발사어뢰(空中發射魚雷, Aerial Torpedo)
자체 모터로 구동되는 대형 작약탄(炸藥彈)으로 저공비행 중인 항공기에서 고정 또는 이동목표를 향해 발사됨.

공중엄호(空中掩護, Air Escort)
적의 공중공격으로부터 자체방어가 취약한 항공기에 근접하여 엄호하는 것. 공대공무장 등 공중전투능력을 구비한 전투기에 의해 수행된다.

공중연료보급(空中燃料補給, Mid-Air Refueling)
급유기가 비행 상태에서 다른 비행기에 연료를 보급하는 것.

공중요격(空中邀擊, Air Interception)
항공기가 공중에서 적기와 육안 또는 레이더로 접촉하여 교전하는 것. 통상적으로 공중요격은 다음과 같은 5 가지 단계로 수행된다.

1. 상승단계 : 체공 및 순항고도까지 상승.
2. 기동단계 : 공격하기 적합한 속도 및 고도로 전환을 시작할 때까지 적기 방향으로 기동.
3. 전이단계 : 공격에 적합한 속도와 고도로 높이거나 낮추기.
4. 공격단계 : 공격방향으로 기수(機首) 전환, 적기 포착, 공격 실시, 적기로부터 이탈.
5. 귀환단계 : 착륙을 위한 전장 이탈.

공중요격레이더(空中邀擊~, Air Interception Radar)
공중목표를 탐지 및 추적하기 위해 전투용 항공기에 장착되는 레이더.

공중요격통제 공통주파수(空中邀擊統制共通周波數, Air Intercept Control Common)
지역 내의 모든 항공요격통제시설에서 수신할 수 있는 전술적 공대지 라디오 주파수. 이 주파수는 다른 별개의 전술적 통제 주파수를 지원하는 데 사용된다.

공중우산(空中雨傘, Air Umbrella)
아군 지상작전에 대한 대규모 공중지원 또는 공중엄호 활동의 총칭.

공중우세(空中優勢, Air Superiority)
공군력에 있어서 적보다 우세한 전투능력을 가지고 적 공군력의 대항에도 불구하고, 주어진 시간과 장소에서 적의 간섭을 받지 않고 지상, 해상 및 공중작전이 허용되는 공중작전에서의 상대적인 우세정도.
(일본) [항공우세(航空優勢)]. 아군의 항공전력이 적의 항공전력보다 우세하여 적으로부터 큰 방해를 받지 않고 모든 작전을 실시할 수 있는 상태.

공중이동표(空中移動表, Air Movement Table)
공정작전 및 공중기동작전의 공중이동계획표. 공중이동단계의 세부적 통제계획을 표로 작성한 것으로 행군표와 유사함.

공중임무지휘관(空中任務指揮官, Air Mission Commander)
1. 합동공중공격반(JAAT) 운용시 이를 지휘하고 각 구성요소를 통제하는 지휘관으로서 사단급 이상제대 지휘관이 임명하며 통상 전투헬기 부대장이 됨.

2. 탐색 및 구조작전시 현장의 지휘 및 통제를 위하여 현장지원항공기를 통제하는 지휘관.

(미국) 구성부대의 구조협조본부(RCC)를 운영하는 책임을 맡고, 전투탐색구조부대(CSARTF)와 구조협력본부(혹은 합동탐색구조본부(JSAR))사이에서 전투탐색구조(CSAR) 업무를 조정하는 지휘관.

공중 재급유(空中再給油, Air Refueling)
비행중인 전투기 및 전투지원기에 재급유해 주는 것. 항공기 사용율을 확대하고, 항속거리를 증가시켜 잠재적 위협지역의 우회를 가능하게 한다.

공중재보급(空中再補給, Air Resupply)
적 후방지역에 침투한 특전부대 장비와 보급품 손실을 보충해주고 작전수행에 필요한 긴요한 품목의 보급수준을 유지하기 위해 공중을 통하여 제공해 주는 것. 기계획 재보급과 요청 재보급으로 구분한다.

공중전방항공통제관(空中前方航空統制官, Airborne Forward Air Controller; AFAC)
근접항공지원작전을 협조하고 통제하기 위하여 비전술항공기에 탑승하여 작전하는 통제관. 전방항공통제관과 유사한 기능을 가지고 있으며, 임무수행 중 관계부서와 긴밀한 협조를 유지한다.

공중전술지휘소(空中戰術指揮所, Air Tactical Command Post)
주요 전투에 대한 신속한 상황판단 및 통제가 요구될 때, 혹은 통신 교류에 장애가 발생했을 때, 지휘 및 통제에 필요한 필수인원이 항공기에 탑승하여 공중에서 작전을 지휘하기 위하여 운용되는 지휘소.

공중전장지휘통제본부(空中戰場指揮統制本部, Airborne Battlefield Command and Control Center; ABCCC)
통신, 데이터링크 및 전시장치를 장비하여, 공중지휘소 또는 통신·정보중계설비로 사용할 수 있는 미군 공군기.

공중전투작전(空中戰鬪作戰, Combat Air Operations)
전쟁의 주도권을 장악하기 위해 공중 공간에서 수행하는 전투 작전. 적의 공중 공간 사용을 거부함으로써 우군의 제반 군사작전 여건을 보장하기 위한 공중우세를 확보하며, 강력한 공중공격으로 적의 군사력과 전쟁수행 잠재력을 파괴 또는 무력화하고, 아군의 지상군 및 해군과 대치한 적 전력을 무력화시킴으로써 지상군 및 해군 작전을 지원하는 작전이다.

공중전투초계(空中戰鬪哨戒, Combat Air Patrol; CAP)
전투기에 의한 공중감시 및 초계. 적의 침입을 적극적으로 방지하기 위한 방어 제공작전의 한 형태이며, 우군의 주요지역, 전투지역, 공군과 지상군 기지 등의 상공에 전투기를 공중 대기시켜 공격해 오는 적기를 요격, 격파하는 임무를 수행한다.

공중정찰연락장교(空中偵察連絡將校, Air Reconnaissance Liaison Officer)
특별히 공중정찰과 화상자료 분석에 대한 교육을 받고 전술적으로 공중정찰부대에 배속된 육군 장교. 이 장교는 공군 지휘관과 참모들에게 지상군 작전에 관련된 사항에 대해 조언과 협조를 하며 지상지원군 지휘관에게 공중정찰요청에 대한 상태를 통지한다.
〈동〉 [항공정찰연락장교]

공중조기경보(空中早期警報, Airborne Early Warning; AEW)
항공기에 탑재된 탐지장비로 공중, 지상 및 해상에 위협요소를 탐지하여 아군에게 경보를 보내는 것. 대형레이더를 비행기에 탑재, 고공에서 선회비행하며 아래쪽과 먼 거리에 있는 비행기도 발견할 수 있는 탐지능력을 갖추고 있다. 미국의 그라망사의 E2C기는 항공모함 탑재용으로 개발된 AEW기이며, 미공군은 대형 공중조기경보기 E3A를 운용하고 있다.

공중조기경보통제체계(空中早期警報~統制體系, Airborne Early Warning & Control System; AEWACS)
항공기 탑재 탐색레이더에 의해서 목표를 탐지 식별하는 동시에 아군의 전투기, 함정 등을 공중에서 지휘 통제하는 체계.

공중조정관(空中調整官, Air Coordinator)
항공기에 탑승하여 전방항공통제관과 같은 임무, 즉 근접항공지원작전, 공중정찰 및 공수요청 등을 지원 처리하는 임무를 수행하는 통제관.

공중지휘소(空中指揮所, Airborne Command Post; ACP)
지휘관이 예하 부대를 통제할 수 있도록 적절한 장비를 갖춘 항공기.

공중지휘통제본부(空中指揮統制本部, Airborne Command Control Center)
항공기에 각종 통신장비를 탑재하고 작전요원이 탑승하여 작전기구들 간의 의사소통을 원활하게 하고 공군작전의 예비통제소 역할을 수행하는 기구.

공중초계기(空中哨戒機, Air Picket)
주로 접근하는 적 항공기나 미사일을 탐지, 보고, 추적하고 이들을 요격통제 하도록 배치된 공중조기경보기.

공중침투(空中浸透, Air Infiltration; AI)
항공기를 이용해서 적의 전선지역이나 국경지역의 상공을 통과하여 적 지역 또는 적 통제지역으로 은밀하게 침투하는 것. 병력과 보급품을 항공기로 작전지역까지 직접 운반하여 공중강하 또는 지상착륙방법으로 침투시킨다. 공중침투는 적의 종심 깊은 내륙에 특수전 작전지역이 선정된 상황에서 신속한 침투가 요구되거나 다른 침투수단의 사용이 곤란한 경우 실시한다.

공중침투 저지망(空中浸透沮止網, Screen)
우군전력에 대해 적의 공격이 예상되는 지역에서 적과 우군 사이에 전투기를 배치하여 저지망을 형성함으로써 방공효과를 높이는 것. 일반적으로 적의 공중기동을 제한하기 위해 운용한다.

공중투하(空中投下, Air Drop)
항공기에서 목표지역에 병력, 장비 및 물자를 투하하는 행위. 대개 지상병참선이나 비행장을 이용할 수 없을 때나, 고립된 부대에 군수물자를 재보급할 때 사용한다.

공중투하 플렛폼(空中投下~, Air Drop Platform)
공중투하를 위해 차량, 화물, 장비 등을 선적하는 곳.

공중파열신관(空中破裂信管, Aerial Burst Fuze)
발사 또는 투하 후, 특정 고도 또는 특정 시점에 발화시킬 수 있는 신관.

공중폭발(空中爆發, Airburst)
포탄이나 추진체가 지표 상공에서 폭발하는 것. 이는 지상에 부딪히는 충격으로 폭발하는 것이나, 지표를 통과한 뒤에 폭발하는 것과는 구별되는 폭발이다.

공중항로표시(空中航路表示, Air Plot)
1. 실제로 비행하는 방향과 비행거리를 기하학적으로 표현하는 항법에서 연속적으로 점을 찍는 것.
2. 비행중인 물체의 위치를 기하학적으로 표시하기 위해서 방향과 거리를 연속적인 점으로 표현하는 것.
3. 비행중인 항공기 안에서는 자신의 위치

를 중심으로 다른 비행물체의 이동과 위치를 상대적 위치로 나타내는 것.

공중회랑(空中回廊, Air Corridor)
아군 항공기의 안전을 위해 비행로에 연해서 고도와 폭, 길이로 표시된 공간. 아군 사격에 대비한 것으로, 이 지역은 설치권자의 사전승인 없이는 비행할 수 없다.

공지 상관계수(空地相關係數, Air-Ground Correlation Factor; AGCF)
동일지점, 동일시간에 측정한 방사능의 선량률에 대해, 지상 측정 수치와 공중 측정 수치를 비율로 표시한 것.

공지 연락부호(空地連絡符號, Air-Ground Liaison Code)
무전, 등화, 포판 등을 사용하기 위해 사전에 정한 연락부호.

공지작전(空地作戰, Airland Operations)
공지전투를 확장 발전시킨 개념으로, 화력과 기동을 이용하여 불확실한 전장환경에서 어떻게 싸울 것인가를 구상하기 위해 전쟁 전 준비단계부터 전쟁시행단계 및 전쟁 후속단계까지를 망라한 작전 개념. 공지작전 시행의 선결조건은 전장을 감시할 수 있는 신속 정확한 정보와 장거리 및 정밀 타격체계, 전쟁을 효율적으로 수행 감독할 수 있는 C4I체제와 적절한 군수지원 구비이다.

공지작전체계(空地作戰體系, Air-Ground Operation System; AGOS)
지상부대에서 공중임무요청을 접수처리하고 정보를 계속적으로 교환하며 운영하는 작전체계.

공지전투(空地戰鬪, Airland Battle)
재래전에 핵, 화학, 전자전 등의 가용 전투력을 최대한 통합하고, 제대별 종심공격으로 전장을 확대하여 적의 선두와 후속제대를 동시에 타격함으로써 조기에 주도권을 장악하여 승전의 가능성을 증대시키는 공세적 기동전. 공지전투의 핵심개념은 전후방의 통합과 종심공격에 의한 전장 확대이다.

공지통신(空地通信, Air to Ground Communication)
공군의 근접항공지원과 전술항공정찰에 관한 예하 지상군부대의 요청을 작성, 평가, 협조 처리하고, 공지간의 신속하고 계속적인 정보교환을 위해 작전의 핵심부서인 전술작전본부를 중심으로 구성되는 통신망.

공지합동작전(空地合同作戰, Air Ground Joint Operations)
합동작전에 참가하는 군에 따라 분류되는 작전의 한 형태로 지상군과 공군이 합동으로 적을 격멸하는 작전. 통상 근접 항공지원, 감시 및 정찰, 공수, 전자전, 합동공중공격반 운용 등으로 이루어진다.

공지합동훈련(空地合同訓鍊, Air-Land Joint Training)
대대단위 이상의 전술훈련 시 전술 공군과의 합동작전 능력을 배양하기 위해 근접항공지원 상황 하에서 지원 및 배속부대가 실시하는 훈련.

공지해합동작전(空地海合同作戰, Air-Ground-Sea Joint Operations)
합동작전에 참가하는 군에 따라 분류되는 작전의 한 형태로서, 지상군, 해군, 공군이 합동으로 가용한 수단과 방법을 사용하여 적을 저지, 격멸하는 작전. 통상 합동상륙작전, 합동방공작전 등에서 이루어진다.

공지협동작전(空地協同作戰, Air-Ground Cooperation)
공군 임무의 하나인 근접항공지원을 위하여 공군과 육군이 긴밀히 협동하여 실시하는 작전.

공통배당표(共通配當表, Common Table of Allowance)
보충병 훈련소, 육군선박, 급양관리학교 따위와 같은, 다른 지역이나 부대 내의 동급 각 부대에 적용되는 정수표.

공통보급지원(共通補給支援, Common Supply Support)
각 군이 공통으로 군 임무수행을 위해 필요한 국방공통물자나 장비를 지원군 책임 하에 자군 및 타군의 사용부대에 공급해 주는 것. 보급 5대 활동인 청구, 수령, 저장, 분배, 처리의 절차로 행한다.

공통보급품(共通補給品, Common Supplies)
2개 이상의 군에서 공통으로 사용되는 보급품.

공통사용망(共通使用網, Common-User Network)
교환센터들 사이의 통신경로를 만들기 위해 설치된 회로나 채널 시스템. 연결된 지국이나 가입자들에게 공동사용을 목적으로 하는 통신서비스를 제공하며 일반목적망이라고도 한다.

공통사용자물품(共通使用者物品, Common-User Item)
두 개 이상의 국가나 서비스기관이 사용하는 공동물품으로 교환이 가능한 물품.

공통장비(共通裝備, Common Equipment)
육, 해, 공군 중 2개 군 이상이 운영하는 장비. 일시적으로 특정 용도에 사용되는 장비는 제외된다.

공통정비지원(共通整備支援, Common Maintenance Support)
국방공통장비와 물자를 지원군 책임 하에 항상 사용 가능한 상태로 유지하거나 사용 불가능한 것을 가능한 상태로 복구시키기 위해 자군 및 타군에 공통으로 지원하는 일체의 행위.

공통특기(共通特技, Common Military Occupational Specialty)
병력동원지정 시 주특기에 관계없이 집단동원이 가능한 예비군 자원에게 부여된 특기. 통제특기와 부대관리특기를 제외한 기타 특기 소지자를 대상으로 한다.
〈참〉 [특기]

공통품목(共通品目, Common Item)
1. 2개 이상의 기술병과가 사용하는 장비 및 일반보급품.
2. 두 가지 이상의 활동에 사용되는 군수품.
3. 수리 부품이나 기술적 품목을 제외한 소모품을 나타내기도 함.
4. 미 국방부에서 규정하는 군수품으로 군사원조 프로그램 하에 수혜국에 제공하도록 요구되는 군수품.
5. 손쉽게 쓸 수 있는 민수용품.
6. 군의 두 개 이상의 유사한 제조나 조립서비스에서 사용하는 물품. 두 곳에서 생산될 때는 색깔이나 모양이 다를 수도 있다.
7. 두 개 이상의 완성품을 조립하는데 공통적으로 필요한 부품이나 부속품.

공해(公海, High Seas, Open Sea)
한 국가의 내수, 영해, 배타적 경제수역 또는 군도국가(群島國家)의 군도수역(群島水域)에 포함되지 않는 해양의 모든 부분. 연안국이나 군도국이 배타적 경제수역을 선포하지 않았을 경우에는 영해의 바깥 영역부터 시작된다.

공해자유권(公海自由權, Freedom of the High Sea)
공해에서 국제관습법의 일반원칙에 따라 항해의 자유, 상공비행의 자유, 해저전선 부설의 자유, 인공도서 등 시설물 부설의 자유, 어로의 자유, 과학적 조사의 자유 등이 보장되는 권리.

공해 합동작전(空·海合同作戰, Air Sea Joint Operation)
합동작전에 참가하는 군에 따라 분류되는 작전의 한 형태로서 공군과 해군이 합동으로 적을 격멸하는 작전. 통상 해상에서 근접항공지원, 감시 및 정찰, 공수 지원 등으로 이루어진다.

과업(課業, Tasks)
예하부대에 할당된 기능이나 직무 또는 상위 기관에 의한 지시를 말함.

과학기술정보(科學技術情報, Scientific and Technical Intelligence)
과학기술에 관한 자료를 수집, 평가, 분석하여 생산한 정보. 여기에 속하는 것으로는 기초과학과 응용과학, 군사 분야에서 무기시스템에 관한 과학기술 연구정보 등이 해당된다.

과학위성(科學衛星, Scientific Satellite)
지구를 둘러싸고 있는 대기나 플라스마 탐사로부터 먼 우주의 중성자성이나 블랙홀과 같은 우주의 신비를 탐사하는 것으로서, 달 탐사나 혹성탐사를 포함하여 말하는 경우도 있으나, 여기서는 지구의 주위를 돌면서 지구나 지구를 둘러싸고 있는 우주공간을 직접, 간접으로 탐사하는 위성이라는 뜻으로 사용되고 있다.

과학정보(科學情報, Scientific Intelligence)
전략정보의 일부로서 국가의 경제력이나 군사력에 영향을 주는 연구발전의 진보에 관한 부분.

관급자재(官給資材, Government-Furnished Material)
조달청이나 국방조달본부 등 중앙부처에서 조달하는 공사용 자재를 일컫는 말. 필요할 경우 중앙경리단이나 집행부대에서도 구매할 수 있다.

관리자취급품목(管理者取扱品目, Manager Handling Item)
품목의 성질상 또는 관리상 통제를 목적으로 컴퓨터 사용이 곤란하여 수작업으로만 처리해야 하는 품목.

관리자통제품목(管理者統制品目, Manager Control Item)
청구량에 대한 조치사항을 관리자가 결정하여 전산기에 입력해야 전산처리가 가능한 품목.

관리전환(管理轉換, Management Conversion)
군수품을 다른 물품관리관 소관으로 전환하여 재활용하거나 재분배하는 것. 사전에 회람이나 전시를 통해 공지하여 효과적으로 목적을 달성할 수 있게 한다.

관리정보체계(管理情報體系, Management Information System)
국방조직의 운영, 관리 및 정책결정기능을 지원하는 데 필요한 정보를 제공할 수 있도록 인간과 기계가 통합된 정보관리체계. 경영정보 체계와 동의어이다.

관리체제(管理體制, Management System)
지휘관이 그의 조직체를 계획, 조직, 지시, 조정, 통제하는 데 적용되는 모든 절차 및 방법의 통합된 체제.

관리통제(管理統制, Management Control)
인원, 물자, 시설 등을 운영하고 정비, 유지하는 것을 집권적으로 제도화하여 실시하는 것.

관리회계(管理會計, Management Accounts)
부대 운용의 경제성과 효율성을 높이기 위해서 기획 및 계획수립과 예산편성 및 집행과정을 회계적 방법을 통해 관리하는 계수적 수단. 부대 운용의 가용 자원인 예산, 장비, 물자, 시설의 증감과 거래 및 운영실적을 화폐단위로 기록, 분류, 집계하고 결과를 분석 · 평가하여 활용하는 방식이다.

관목거리(觀目距離, Observer-Target Range)
관측자나 표정수로부터 목표물까지를 이은 가상 직선의 거리.

관목선(觀目線, Observer-Target Line)
관측자로부터 목표물까지를 이은 가상 직선.

관변보급소(管邊補給所, Pipehead Supply Point)
유류품을 저장, 분배 또는 타 수송방법에 의해 추진하기 위해 송유관으로부터 받아내는 보급소. 송유관의 하류 최종지점에 위치한다.

관성유도(慣性誘導, Inertial Guidance)
외부로부터의 도움 없이 비행체에 내장되어 있는 자이로스코프와 가속도계 등의 감지기에 의하여 비행체의 위치나 속도 등의 정보를 산출하며, 이 정보를 이용하여 미리 정해진 궤도나 목표지점으로 비행할 수 있도록 유도명령을 생산하는 유도방법. 보통 유도탄의 중기 유도시나 정지된 목표물에 대한 유도시 사용된다.

관성항법장치(慣性航法裝置, Inertial Navigation System; INS)
미사일이나 항공기의 유도에 사용되는 장치. 관성을 이용하여 비행체의 속도를 정확하게 결정하여 이 속도에서 경로상의 비행거리를 산출하고 현재의 위치를 판단하여 고도, 자세 등을 결정하고 조정하는 장치로 전자방해를 받지 않는다.

관심지역(關心地域, Area of Interest)
해당부대의 작전지역을 초월하여 인접지역까지를 포함한 지휘관이 관심을 두어야 할 지역. 현행 및 장차작전을 위해 상급부대 능력으로 정보를 수집해야 하고 상급부대에 요청하여 타격해야 한다.

관심표적지역(關心標的地域, Target Area of Interest; TAI)
적의 전진을 지연, 와해, 격멸 또는 유인할 수 있는 접근로상의 지역이나 지점으로 우선순위가 높은 표적지역. 관심표적지역만 차단되면 적으로 하여금 특정 방책을 포기하거나 공병지원을 받지 않으면 전진할 수 없게 할 수 있는데, 주요 교량, 도로 교차점, 저명한 도섭지점, 낙하 및 착륙지대, 협곡지역 등이 주로 관심표적지역이 될 수 있다. 관심타격지역이라고도 한다.

관재업무(管財業務, Real Estate Management)
국가 재산을 취득, 유지, 보존, 운영하고 처분하는 국유재산 관리업무.

관제공역(管制空域, Controlled Airspace)
항공교통을 관리하고 통제하는 업무가 제공되는 일정한 공중영역.

관제요격(管制邀擊, Controlled Interception)
우군기가 지상 또는 공중통신소로부터 관리되고 통제되는 경우의 요격.

관제지대(管制地帶, Controlled Area)
관제탑에서 비행기의 사고를 막기 위하여 관제탑 상공에 무전으로 통제하는 안전지대.

관조정비(觀照整備, Contemplation Maintenance)
새로운 장비를 수령한 후 장비를 길들이기 위해 일정기간 동안 지속적으로 운행하고 잡기름을 교환하는 작업 등을 실시하는 정비활동.

관측(觀測, Observation)
1. 육안 또는 감시수단을 이용하여 적의 군사 활동 및 자연현상의 변화를 정확하고 세밀하게 살펴보는 것.
2. 포사격 결과를 계속하여 살피는 것.

관측간격(觀測間隔, Observing Interval)
어떤 이동 표적에 대한 사격 제원을 얻기 위하여 실시하는 두 개의 연속된 관측 사이의 시간 간격.

관측구역(觀測區域, Observing Sector)
관측수가 관측하도록 지정된 구역 또는 관측할 수 있는 지역.

관측보고(觀測報告, Observation Report)
육안이나 장비를 이용해 적의 군사 활동 및 자연현상의 변화를 정확하고 세밀하게 살펴 상급제대나 지휘관에게 첩보내용이나 결과를 구두 또는 서면으로 알리는 것.

관측불능(觀測不能, Cannot Observe)
전방관측자가 포 또는 박격포 사격의 수정이 불가능할 때 사용하는 용어.

관측불능 효력사(觀測不能效力射, Cannot Observe Fire for Effect)
표적을 관측할 수 없으나 표적위치가 확실하여 수정 없이 사격해도 무방할 정도로 중요한 표적에 대하여 관측자가 사격을 통제하는 방법.

관측불명(觀測不明, Doubtful)
목표에 대한 탄착의 원근이 불확실한 것을 표현하는 판정용어.

관측사격(觀測射擊, Observed Fire)
탄착 또는 폭발점을 관측자가 볼 수 있는 사격. 이 사격은 관측을 통해서 통제하거나 조정할 수 있다.

관측사격절차(觀測射擊節次, Observed Fire Procedure)
한 표적에 대한 간접사격을 조정하는 데 사용되는 표준 절차.

관측소(觀測所, Observation Post)
감시 및 표적획득이 가능하고 사격을 요청 또는 조정할 수 있도록 통신이 설치된 장소. 넓고 종심 깊은 시계를 제공할 수 있어야 하며, 은폐 및 엄폐에 용이하고, 적의 주의를 끌 수 있는 현저한 지형지물 따위가 없는 곳에 선정한다.
(북한) [감시소(監視所)], [전망초(展望哨)]

관측자 식별(觀測者識別, Observer identification)
사격 요청 시 첫째 요소로서, 통신 및 관측자나 탄착 수정자를 식별하기 위하여 사용되는 것.

관측자 최초보고(觀測者最初報告, Nuclear Biological and Chemical First Report; NBC-1)
적 화생방 공격을 관측한 최초 관측자가 6하 원칙에 의거 통신 우선순위 『위급』으로 하는 보고.

관측장교(觀測將校, Forward Observing Officer; FO)
항공기나 기동중대의 지원에 의해 표적을 획득하고, 사격을 요청 및 조정하며, 화력지원과 운용에 관한 상황을 중대장에게 조언하고, 화력계획 작성과 시행 등의 임무를 수행하는 장교.

관측체계(觀測體系, Observation System)
관측의 효과를 증진하기 위하여 관측망을 체계화한 것.

관측탑(觀測塔, Observation Tower)
평지에서보다 멀리 관측하기 위하여 높게 설치한 지상 구조물.

관측훈련(觀測訓練, Observation Training)
육안이나 장비를 이용하여 적의 군사 활동이나 자연현상의 변화 등을 정확하고 세밀하게 살피는 기술을 배워 익히는 것. 직접관측과 간접관측이 있다.

관할공역(管轄空域, Jurisdiction Airspace)
영토국의 주권, 주권적 권리 또는 배타적 관할권을 행사하는 관할수역의 상부 공역. 주권적 권리란 입법권과 사법권 및 행정권을 행사할 수 있는 국가의 고유한 권리이고, 배타적 관할권이란 특정한 입법 사항만을 규제할 수 있는 국가의 권리를 가리키는데, 여기에는 배타적 경제수역법, 접속수역법, 대륙붕법 등이 해당된다.

관할관(管轄官, Convening Authority)
군사재판을 소집(구성)하였거나 할 수 있는 권한을 가진 지휘관. 보통군사법원을 장관급 장교가 지휘하는 부대에 설치하도록 되어 있으므로 관할관은 장관급 장교가 된다. 관할관의 권한은 군사법원의 행정사무를 관장하고 군사재판 소집, 재판관(군판사, 심판관)의 지정, 심판관의 임명, 일정한 판결에 대하여 확인 조치, 전시에 판결의 집행에 대한 승인, 감경 조치 등이다.

관할관확인(管轄官確認, Action by the Convening Authority)
군사재판에 있어서 무죄, 면소, 공소기각, 형의 면제, 형의 선고유예 또는 형의 집행유예의 판결을 제외한 1심판결의 결과에 대하여 관할관이 판결을 승인, 감면하여 주는 권한. 재판의 내용에 관한 권한은 거의 행사하지 않는 것이 관행이다.

관할수역(管轄水域, Jurisdiction Sea Zone)
연안국의 주권, 주권적 권리 또는 배타적 관할권을 행사하는 수역. 관할수역에는 내수, 영해, 접속수역, 배타적 경제수역, 대륙붕 등이 있다.

관할지역(管轄地域, Control Region)
1. 기술 및 행정 통제를 할 수 있는 지리적 구분 단위.
2. 예비군의 지휘 및 운용을 위해 국방부장관이 권한을 전부 또는 일부를 위임한 지역.

광대역전파방해(廣帶域電波妨害, Barrage Jamming)
광대역 주파수신호를 송신함으로써 넓은 부분의 주파수 대역에 대해 행하는 전파방해. 감시 장비의 일시적 무력화와 운용자를 혼란 기만시켜 표적 추적을 방해할 수 있는데, 전파방해기의 주파수 대역 내에서 작동하는 모든 수신기를 동시에 전파방해 할 수 있어 적 방사원의 정확한 주파수를 모를 때 사용한다. 특히 주파수 급속변경 레이더(Frequency Agile Radar)에 대해 효과적이지만 큰 출력이 요구되는 단점이 있다.

광명제원(光明諸元, Light Data)
일출, 일몰, 월출, 월몰, 박명시간 등에 대한 시간자료. 이는 작전, 정보의 긴요한 제원이 된다.

광섬유유도탄(光纖維誘導彈, Fiber Optics Guide Missiles; FOG-M)
정밀표적타격을 위한 대전차 유도탄. 유도탄탄두에 CCD카메라나 IR 영상장비를 부착하여 유도탄이 비행 중 영상정보나 목표물 영상을 획득하여 탄두와 발사대 사이에 연결된 광섬유를 통하여 사수에게 전달하면, 사수는 조종간을 이용하여 미사일을 유도한다. 일명 Light Guided Missiles이라고 한다.

광역살포식 지뢰(廣域撒布式地雷, Wide Area Mine; WAM)
살포식 지뢰체계의 하나로서, 다련장 로켓을 이용하거나 수동식으로 넓은 지역에 동시 다량 살포가 가능한 지뢰.

광음시간(光音時間, Flash-Bang)
섬광을 관측한 때부터 그 폭발음을 청취할 때까지의 시간. 섬광폭음시간이라고도 한다.

광자로켓(光子～, Photon Rocket)
광자가 가지는 에너지를 추진력으로 이용하는 로켓. 빛은 결국 빛 입자의 집합으로 파도가 아니라는 아인슈타인의 '빛입자론'을 취할 경우, 이 하나 하나의 빛 입자를 광자라고 하는데, 이 광자 에너지를 추진력으로 이용하게 되면 이론적으로는 광속(약 30만km/초)에 가까운 속도를 얻을 수 있게 된다. 이 기술은 아직은 순수 연구단계에 있지만 실현되면 우주공간에 있어서 비행은 획기적인 것이 될 것이다.

광전자 집적회로(光電子集積回路, Opto-Electronic Integrated Circuit; OEIC)
광 반도체소자와 전기적인 반도체소자를 동일 반도체 기판상에 집적해서 관련시킨 집적회로. 반도체 레이저 등의 발광소자와 이를 구동하는 전계효과 트랜지스터를 집적화한 것과 포토 다이오드 등의 수광소자와 증폭·신호처리용의 전계효과 트랜지스터를 집적화한 것으로 대별된다. 광통신의 송신·수신용이 주용도이다. 갈륨비소계나 인듐인계 등의 화합물반도체와 혼합 결정이 재료로서 주목되고 있다.

광정면방어(廣正面防禦, Extended Defense)
전투정면이 정상적인 방어시보다 훨씬 넓은 경우에 실시하는 방어.

광통신(光通信, Optical Communication)
텔레비전, 전화, 팩시밀리 등의 각종 정보를 광섬유에 실어 전달하는 통신방식. 광통신은 머리카락보다 가는 광섬유 속으로 빛에 실린 데이터가 운반되므로, 현재의 동축케이블에 의한 통신 방식에 비해 많은 정보를 보다 멀리 효율적으로 보낼 수 있어 전송비용이 낮아지고 번개나 전자방해에 강한 이점이 있다.

광파거리측정기(光波距離測定器, Light Wave Distance Ranging)
측정하고자 하는 지점에 반사경을 설치하고 송신된 빔의 반사파를 이용해 거리를 측정하는 측지장비.

광학기뢰소탕(光學機雷掃蕩, Optical Minehunting)
해면상 또는 해면으로부터 돌출된 기뢰나 유사물체를 탐지하여 분류하는 데 광학시스템을 사용하는 것.

광학방해책(光學妨害策, Optical Counter Measures)
가시광선 스펙트럼을 적이 사용하는 것을 방해하거나 효과를 감소시키기 위해 취하는 행위로 가시방해책이라고도 함.

광학유도(光學誘導, Optical Guidance)
비행체에 부착된 TV카메라에서 획득한 표적정보를 관제소의 TV화면에 전시하며, 그 정보를 이용하여 비행체를 표적에 유도하는 방법.

광학유도탄(光學誘導彈, Optical Guidance Missile)
폭탄 또는 미사일의 탄두에 TV카메라나 적외선센서 혹은 레이저 유도장치가 부착되어 목표지점에 유도되는 무기.

교관(教官, Instructor)
군사학교 또는 부대에서 군사교육 및 훈련을 맡고 있는 장교, 민간인 또는 부사관.

교관훈련(教官訓練, Instructor Training)
교관을 대상으로 새로운 교리나 장비에 관해 교육하거나 교관의 자질을 향상시키기 위한 훈련.

교대작전(交代作戰, Relief Operation)
전술작전이 장기화할 때 요구되는, 투입부대에 의한 진지교대, 초월전진 및 후방진지를 통한 철수작전.

교대전진(交代前進, Bounding Overwatch)
소부대가 적과의 접촉이 긴박한 상황 하에

서 이동제대를 나누어 상대적 감제지형을 선점한 제대의 감시 및 엄호 하에 나머지 제대가 약진하고, 약진한 제대의 감시엄호 하에 감시하던 제대가 약진하는 방법으로 상호 교대하여 이동하는 부대전진 기술.

교도병(矯導兵, Custodial Guard)
군교도시설에 감금된 수형자의 감금 및 취체를 유지할 목적으로 교도시설에 소속되거나 파견되는 개인이나 집단.

교도사격(教導射擊, Daytime Night Firing Training)
교관의 도움을 받아 사격장에서 실시하는 연습사격. 주간 교도 사격은 주간에 야간 안경을 착용하여 야간과 동일한 조건을 조성한 후 사격하며, 주간 교도사격 합격자에 한하여 야간 연습 및 기록사격을 할 수 있다.

교두보(橋頭堡, Bridgehead)
도하작전 시 주력부대를 충분히 수용할 수 있고, 도하지점을 적절히 방어할 수 있으며 계속되는 공격의 발판을 제공할 수 있는 적측에 확보한 지역.

교두보선(橋頭堡線, Bridgehead Line)
교두보를 확보하는데 있어서 목표지역의 한계.

교란(攪亂, Harassment)
살상 또는 피해를 심각하게 끼치는 것보다, 질서에 혼란을 주어 적의 부대나 시설 또는 함정의 활동을 방해하는 데 주 목적을 둔 작전.

교란전술(攪亂戰術, Nuisance Tactics)
적을 교란시키기 위하여 사용하는 모든 수단과 방법.

교란지뢰지대(攪亂地雷地帶, Nuisance Minefield)
적을 지연, 와해하고 지역이나 통로의 사용을 방해하기 위해 부설한 지뢰지대.

교량급수(橋梁級數, Bridge Classification)
교량을 안전하게 통행할 수 있는 한계를 급수로 표시한 것. 교량설계 시 폭과 높이를 고려한 교량의 내하력으로, 차륜차량과 궤도 차량의 안전한 통행 한계를 나타내는 숫자이다.

교량전차(橋梁戰車, Armored Vehicle Launched Bridge; AVLB)
기갑 및 기계화 부대의 고속기동을 보장하기 위해 운용되는 간격극복장비. 전차와 같이 기동하면서 전차가 통과할 수 없는 단애나 소하천, 도로대화구 등의 장애물 위에 교량을 가설하여 전차를 통과하게 해주는 전투 장비이다.

교량정찰(橋梁偵察, Bridge Reconnaissance)
1. 작전지역내 기동로 상에 위치한 교량의 군용하중급수(軍用荷重級數)를 판단하기 위해 교량의 형태와 규격 등을 측정하는 정찰활동.
2. 방어 작전 시 거부표적 선정과 계획수립을 위한 기초자료를 획득하기 위해 실시하는 정찰활동.

교량중대(橋梁中隊, Fixed Bridge Company)
작전지역내 기동로 간격(하천)극복 임무를 수행하는 공병부대. 전방 작전을 지원하는 교량중대는 간편 조립교(MGB)를, 후방지역 작전을 지원하는 교량중대는 장간조립교를 주로 보유하고 있으며, 기동군단 교량중대는 교량전차(AVLB)를 추가로 보유하고 있다.

교리(教理, Doctrine)
1. 현존 전투력을 가지고 현재로부터 가까운 미래까지의 싸우는 방법을 체계화한 것. 기본적인 원칙과 준칙이 제시된다.
2. 한 국가의 공식적인 군사정책을 뜻하거나 공통된 경험을 통해 얻어진 군사에 관한 일치된 견해로서, 권위 있는 기관에 의해 공식적으로 승인된 행동체계.
3. 모든 전투상황에서 이길 수 있는 단 하

나의 방법, 즉 만능전술 같은 것은 없다. 물에 일정한 형상이 없는 것처럼, 전황에도 일정한 형세가 없다. 전투마다, 또한 동일전투에서도 매 시각마다 상황이 다르기 때문에 그 상황에 맞는 전술이 필요하다. 그러나 모든 전투상황을 예측하기도 어렵고, 예측했다 하더라도 각각의 상황에 맞는 전술을 개발하기도 어렵고, 개발했다 하더라고 전투부대가 수많은 전술을 다 숙지·숙련하기도 어렵다. 그러므로 일반적인 전투상황에 적용할 수 있는 표준화된 요령이 필요하다. 이것이 바로 전투교리(battle doctrine)이다. 교리는 전투현장에서 만들어지는 것이 아니라, 평시의 군사훈련을 통해 전투부대가 습득해야 한다. 교리는 인간의 경험에 기초하여 만들어진다. 즉 인간의 경험으로부터 법칙성을 이끌어내고, 그 법칙성을 미래의 상황에 적용하여 대처방법을 정하는 것이다. 그러므로 실제상황에서 더 좋은 전투방법이 있다는 확신이 들기 전까지는 교리에 따라 전투를 수행하게 된다. 전술의 우수성은 결국 교리의 우수성에 달려있다고 해도 과언이 아니다. 교리가 없으면 전술이 존재할 수 없고, 전투에서의 승리 없이는 전쟁에서의 승리도 없다.

교리문헌(敎理文獻, Documents of Doctrine)
연구 및 작성된 교리를 야전과 필요한 기관과 부대에 전파하기 위한 간행물. 일반적으로 교리문헌은 교범, 교육회장, 교육 참고로 구분한다.

1. 교범 : 군사방침, 전술, 전기, 원칙, 준칙, 절차 등에 관한 지시와 기타 참고사항을 기술한 간행물.
2. 교육회장 : 영구적인 교리로 적용하기에는 적당하지 않은 잠정적인 성격의 교육지시, 방침, 첩보, 신 교리 및 개선교리, 전술, 전기, 절차 및 기술 등을 신속히 전파하고자 할 때 발간하는 회람형식의 간행물. 수정이 필요한 교리임.
3. 교육참고 : 학교교육과 부대훈련에 참고자료로 활용할 목적으로 야전교범이나 교육회장에 수록되어 있는 교리, 전술 및 전기 등의 내용을 알기 쉽게 편찬한 교육훈련 간행물.

교리형판(敎理型板, Doctrine Template)
대치하고 있는 적 부대의 구성, 전투편성, 전술교리, 전장기능체계를 도해식으로 작성한 투명도.

교범(敎範, Manual)
군사방침, 전술, 전기, 원칙, 준칙, 절차 등에 관한 지시와 기타 참고사항을 기술한 간행물. 야전교범과 기술교범으로 분류하며, 야전교범은 군사교육과 작전에 관한 지시, 첩보 및 원칙 사항과 참고자료가 포함된 발간물이며, 기술교범은 군의 주요장비와 물자의 운용을 위한 원리, 설치, 사용, 장비점검 등에 관한 내용과, 여기에 필요한 수리부속품, 특수공구목록과 전문기술을 요하는 업무 수행을 위한 지식과 지시가 수록되어 있다.

교외통신교육(校外通信敎育, Correspondence Course)
보수교육을 이수한 요원에게 현지 임무수행상 필요한 지식과 기술 또는 교리를 전파하고 차상위 직무지식과 기술을 습득시켜, 부여된 임무수행 능력을 향상시키기 위해 통신강의록 및 기타 교재 등에 의해 실시되는 교육.

교육(敎育, Education)
군사요원에게 군사지식과 기술을 부여하며, 지적능력, 덕성, 체력을 함양하기 위한 교수(敎授) 및 학습활동, 광의의 교육에는 훈련이 포함된다.

교육용 탄약(敎育用彈藥, Training Ammunition)
각종 교육훈련에 소요되는 탄약. 총포에 의

해 발사되거나 매설, 투척, 투하 등의 방법으로 사용하는 활성탄, 연습탄, 축사탄, 활성교보재 등이 해당된다.

교육훈련관리(教育訓練管理, Training Management)
개인 및 부대가 전·평시 부여된 임무를 성공적으로 완수할 수 있도록 제한된 자원인 인원, 시설, 물자, 시간, 예산을 효율적이고 합리적으로 활용하여 교육훈련 목표를 달성하기 위한 조직적인 활동 또는 과정.

교육훈련관리절차(教育訓練管理節次, Training Management Procedure)
부대훈련에 대한 계획, 준비, 실시 및 평가 단계가 포함된 하나의 연속적인 과정. 이는 거의 동시에 진행되며, 평가결과는 훈련관리관, 교관, 피교육자 및 훈련지원기관 등에 구체적으로 제공되어 차후 실시할 훈련의 계획, 준비 및 실시에 반영된다.

교육훈련자재(教育訓練資材, Training Material)
교육훈련에 공통적으로 사용되는 일반적인 물자, 철조망 자재, 사격훈련에 소요되는 표적지 등이 포함된 자재.

교육훈련장비(教育訓練裝備, Training Equipments)
전투장비와 일반장비 중 전투와 교육훈련에 공동으로 사용되는 교육훈련용 장비와 교육훈련 보조 장비. 교육훈련장비에는 각종 정비 실습시간에 사용하는 교육훈련용 장비의 구성품이 포함된다.

교육훈련지원요소(教育訓練支援要素, Support Element of Training)
교육훈련을 효과적으로 진행하고 이해도를 증진시키기 위해서, 또는 실제적인 실습 및 연습에 필요한 물자나 시설 및 발간물 등과 같은 제반 지원요소를 가리키는 말.

교전(交戰, Engagement)
1. 적과의 접촉상태에서 공격행동을 취하는 전투 행위 그 자체. 소부대가 참가하는 비교적 단기간의 전투로서, 통상 연대(여단)급 이하 부대에서 수 분, 수 시간 또는 하루 정도 지속되는 소규모 무력충돌을 가리킨다.
2. 지정된 표적에 대한 사격을 지시하기 위하여 방공포 부대에서 사용되는 사격명령.

(미국) 적대하는 하급제대 기동부대간의 전술적 충돌.

(중국) 1. 작전과정에서 어떤 부대가 작전에 진입하는 것을 가리킴. 2. 적대하는 양국가 간 또는 군대 간에 전쟁을 일으키는 것을 가리킴.

교전규칙(交戰規則, Rules of Engagement)
소관 군 당국이 발행한 지시로서 타국의 군대를 조우하여 교전하게 될 때 지켜야할 기본 규칙. 교전을 시작해야할 환경과 계속해야할 환경, 그리고 교전 제한 사항을 명시한다.

교전명령(交戰命令, Engagement Order)
무기통제 상태와 적기 판정기준에 의거 분대장 이상 지휘자(관)가 내리는 사격 명령.

교전반응시간(交戰反應時間, Engagement Reaction Time)
1. 적의 공중공격 정보를 접수한 부대가 전술 조치를 취하는 데까지 소요되는 시간.
2. 유도탄부대에서 최초표적탐지로부터 유도탄 사격까지 소요되는 시간.

교전통제(交戰統制, Engagement Control)
방공작전에서 적 표적의 탐지, 식별, 교전 및 추격에 관련된 방공사격부대의 작전기능에 대한 통제.

교정조치(矯正措置, Corrective Action)
총기 따위의 일시적 기능 장애로 탄환이 불발되었을 경우에 취하는 응급조치.

ㄱ

교차배속(交叉配屬, Cross Attachment)
부대 간 예하부대를 임시 기간 동안 임시로 교환하는 것.

교통능력(交通能力, Traffic Ability)
1. 교통에 견딜 수 있는 지형의 능력.
2. 어떤 형태 혹은 모든 형태의 교통에 대해 계속적인 이동을 허용하는 한계.

교통량(交通量, Traffic Density)
도로장경(road space)상에 1마일 혹은 1 km 당 점유하는 차량의 평균 대수.

교통통제본부(交通統制本部, Traffic Control HQ)
차량, 인원, 동물 등이 부여된 임무에 따라 가장 효과적으로 도로를 이용할 수 있게 하기 위하여, 도로를 지정하고 시간할당, 교통지시 등의 교통관리를 수행하는 기관. 통상 군수참모 주관 하에 수송, 헌병, 공병, 병기, 통신의 5개 병과를 참여시켜 사단급 이상 부대에 설치한다.

교통통제소(交通統制所, Traffic Control Post/Point; TCP)
육로조정을 위한 정리와 안내 및 필요한 지시를 제공하는 육로상의 장소. 통상 2~3명의 헌병으로 구성되며 그 기능은 다음과 같다.
1. 도로 교통정리 실시.
2. 육로조정소의 지시에 의거 이동차량 통제.
3. 이동제대별 선두 도착 및 후미 통과시간을 육로조정소에 보고.
4. 육로조정소와 인접 교통통제소의 통신연락 유지.

교통호(交通壕, Connecting Trenches)
각종 호, 포상, 엄체를 상호 연결시키기 위해서 지면에 길고 좁게 파놓은 호. 인원과 물자를 보호하고 사격과 연락을 보다 안전하게 수행할 수 있도록 구축한다.
(북한) [련결호(連結壕)]

교회법관측(交會法觀測, Bilateral Observation)
두 지점으로부터 동일 탄착점을 관측하여 두 지점에서 본 방향으로 직선을 교차시켜 적의 사격 및 포의 위치를 알아내는 관측법.

구간이동(區間移動, Move by Bounds)
통상 포병화력이나 소화기 사격 하에서 엄폐된 곳에서 엄폐된 곳으로 병력이 옮겨 가는 단일행동.

구간전진(區間前進, Leapfrog)
이동하는 부대끼리 상호 지원을 하면서 한 부대씩 교대로 이동 축을 따라 전진하는 이동형태.

구경(口徑, Caliber)
포나 총기 등의 총구의 지름 또는 사용되는 탄환의 지름. 미국과 영국에서는 인치(inch)로 표시하고, 한국과 독일, 일본 등은 밀리미터(mm)로 나타낸다.

구급낭(救急囊, First-Aid Packet)
야전에서 발생되는 전상자의 즉각적인 응급처치를 위해서 의료기구 및 물자 등을 보관하는 구급용 휴대낭. 의무병 및 분대단위 응급조치요원에게 지급된다.

구급대(救急袋, First Field Aid Dressing Case)
야전에서 개인이 응급처치를 하기 위해서 각 전투원이 휴대하고 다니는 주머니. 압박붕대와 정제약품 등이 들어있다.

구급법(救急法, First Aid Method)
전시나 평시를 막론하고 야전이나 부대 내에서 응급환자가 발생했을 경우, 현장에서 적절한 응급처치를 제공하고, 신속하고 안전하게 환자처치가 가능한 의무시설로 후송하는 전반적인 환자처치방법. 환자의 위급정도에 따라 기도유지, 지혈, 쇼크예방, 상처보호 등과 같은 구명 4단계로 나누어 실시한다.

구난선(救難船, Rescue Ship)
수송통제에서 호송선 종대의 후방에서 생존자를 구조하는 호송선.

구난전차(救難戰車, Tank Recovery Vehicle)
전차 차체를 이용하여 구난에 필요한 각종 장비를 설치하여, 임무수행이 불가능할 정도로 기능을 상실한 전투 장비를 수집소나 정비시설로 견인 또는 인양하는데 사용하거나 정비작업에 운용하는 차량.

구령(口令, Command Word)
집단행동을 하도록 지휘자가 입으로 내리는 간단한 명령.
(중국) 1. 상급 지휘자로부터 간단한 군사술어로 하달되는 구두명령. '사격', '전진', '차렷' 등. 통상 부대의 작전, 훈련, 당직을 지휘할 때 사용.
2. 적과 아군을 식별하기 위해 구두로 문답하는 암호. 대개 어두울 때나 시계가 불량할 때 사용.
3. 일반용어로 인터넷 등에 접속할 때 패스워드를 가리키기도 함.

구명잠수함(救命潛水艦, Lifeguard Submarine)
적군의 행동에 의해, 또는 아군기지에서 떨어져 있는 이유 등으로 공중이나 해상 구조시설을 충분하게 지원받을 수 없는 해역에서 구조 임무를 수행하는 잠수함. 이 잠수함은 목표물의 인근에 배치되거나 공격함정이 항해할 경로를 따라서 배치되기도 한다.

구명장비(救命裝備, Life Support Equipment)
항공기 승무원과 승객으로 하여금 비행도중에 임무를 효과적으로 수행할 수 있도록 최적화된 환경을 유지하는 장비로서 안전과 신뢰할만한 탈출, 하강, 생존, 비상시 구조가 가능하도록 만들어진 장비.

구명재킷(救命~, Life-Jacket)
해상에서 조난당했을 때 사람을 물 위에 뜨게 하는 개인용 조끼형 구명구.

구명정(救命艇, Life Boat)
본선에 싣고 다니다가 본선이 조난당했을 때 인명을 구조하는 데 쓰는 보트.

구명줄(救命~, Life Line)
선박이 항해하는 동안 선체의 동요가 심할 때 배에 탄 사람이 붙잡고 걸을 수 있게 하고, 물에 빠지지 않게 하기 위하여 갑판위에 쳐놓은 동아줄.

구상(構想, Visualization)
지휘관의 결심을 구체화하기 위해서 마음속으로 판단의 뼈대를 간명하게 요약 정리하는 것.

구서훈련(驅鼠訓練, Kuso Training)
해상긴급사태 및 간첩선 침투에 대비하여 공중, 지상, 해상 합동작전능력 향상을 위한 훈련.

구성군(構成軍, Component Forces)
2개 군 이상이 합동부대를 편성하여 합동작전을 수행할 때, 합동부대사령관의 작전통제 하에 있는 각 군 부대의 총체를 지칭한 것. 각 군에서 제공된 모든 단위대, 파견대, 각급부대 및 각종 시설부대가 포함된다.

구성품(構成品, Component)
두 개 이상의 결합체가 연결 또는 결합하여 만들어진 품목. 독자적인 성능을 발휘할 수 있지만 외부에서 조종하거나 전원을 공급해 주어야 한다.

구역(區域, Sector)
1. 일정한 기준에 의해 갈라놓은 지역.
2. 한 부대가 작전하고 책임을 져야 할 지

역으로 전투지경선에 의해 부여된 작전 지역.

구역소해(區域掃海, Area Sweep)
기뢰의 유무를 막론하고 지정된 해역을 소해하는 것. 기계식 소해와 감응소해 모두 실시하며, 수로소해와 대응되는 용어이다.

구잠함(驅潛艦, Killer Ship)
잠수함을 탐지하고 공격할 능력을 갖춘 대잠함정.

구조잠수함(救助潛水艦, Salvage Submarine)
적의 저항, 우군기지로부터의 거리 혹은 기타 이유로 항공 및 수상 구조시설로서는 적절한 탐색구조 작전이 불가한 지역에서 구조목적에 사용되는 잠수함.

구조전투공중초계(救助戰鬪空中哨戒, Rescue Combat Air Patrol)
적 항공기를 요격하고 파괴할 목적으로 전투 탐색과 구조목적지역에 대해 수행하는 항공기 초계. 이 초계의 주요 목적은 탐색과 구조 임무수행부대의 구조작전을 보호하는 것이다.

구조협조본부(救助協調本部, Rescue Coordination Center; RCC)
전구항공통제본부 내의 구조관계 전담 협조부서이며, 구조협조의 핵심부서로서 모든 구조 작전에 관한 임무를 접수하고 계획, 지시 및 통제하는 중추적 기구.

구좌부대(口座部隊, Accounting Unit)
국유재산에 대한 사용관리와 유지를 하는 최하단위 부대로서 통상 사단급 이상 부대가 이에 해당됨.

구축함(驅逐艦, Destroyer)
전투, 선단호송, 함포지원 등의 기능을 갖추고 있어 대양에서 독자적으로 작전할 수 있는 수상함정. 순양함보다 크기도 작고 무장의 강도도 약하며 항속거리도 짧으나, 대잠, 대함, 대공방어가 가능하여 다양한 임무수행이 가능하다. 호위함(FRIGATE)과 구별되는 이유는, 호위함이 규모가 작아 비교적 단순한 임무만 수행할 수 있는 데 비해, 구축함은 다양한 임무를 수행할 수 있는 규모와 기능을 갖추고 있다는 데 있다.

구토작용제(嘔吐作用劑, Vomiting Gas)
폭동진압작용제의 일종으로 인체에 기침, 재채기를 유발시키고, 코와 목에 통증을 일으키며 눈물, 콧물이 나게 하고 두통을 수반하면서 구토를 일으키는 화학작용제.

구호병(救護兵, Aid Man)
의무병과의 의무병으로 중대, 포대 및 직할부대에 배속되어 응급치료를 실시하는 요원.

구호소(救護所, Aid Station/Post)
전상자를 임시 응급치료 하는 곳. 응급치료 분류 및 후송계통에 의하여 상급부대에 후송하는 최전방 의무치료시설로서 대대급에 설치된다.

구획폭격(區劃爆擊, Pattern Bombing)
사전계획에 의거하여 표적지역에 대해 공중투하 폭탄을 균등한 분포로 투하하여 조직적으로 제압하는 폭격.

국가공역관리(國家空域管理, National Airspace Management)
공간을 매개체로 이루어지는 모든 항공 활동이 신속하고 안전하게 달성될 수 있도록 제한된 국가자원으로서 공역을 효율적으로 활용하고자 하는 제반활동. 협의의 의미로는 공역사용관리, 항공운항관리, 항공정보관리, 조난항공기 탐색 및 구조지원 등이 해당되며 광의의 의미로는 영공방위임무까지 포함시킨다.

국가군사전략(國家軍事戰略, National Military Strategy)
한 국가가 평화 시나 전시에 국가목적을 달

성하기 위해 군사력을 배치하고 응용하는 기술이나 전략.

국가군수(國家軍需, National Logistics)
국가가 전쟁을 수행하기 위하여 필요한 인원, 물자, 시설 및 모든 생산, 취득, 배분, 이동 등을 국가 차원에서 계획하고 처리하는 것.

국가기획(國家企劃, National Planning)
국가의 안전과 번영 및 가치로 표현되는 국가 이익의 차원에서 국가목표를 설정하고, 이를 달성하기 위한 최선의 국가정책과 국가전략을 선택하고, 이를 수행하는 데 필요한 국가자원을 가장 효율적으로 배분하는 일련의 과정을 이르는 말.

국가긴급권(國家緊急勸, National Emergency Right)
전쟁이나 내란, 경제공황 등과 국가적 위기가 발생하여 국가의 존립이나 헌법질서의 유지가 위태롭게 되었을 때, 국가 최고통치권자가 이를 극복하기 위해 비상적 수단을 발동할 수 있는 권한. 국가긴급권은 정상적인 헌법보호 수단을 통해서는 수호하기 어려운 국가비상사태에 헌법질서를 수호하기 위한 헌법보장 수단이다. 우리나라 헌법상 국가긴급권에는 긴급명령권, 긴급재정경제처분권, 긴급재정경제명령권, 계엄선포권이 있다.

국가동원(國家動員, National Mobilization)
전시나 이에 준하는 국가비상사태 하에서 국가안전보장상의 목표를 달성하기 위해 한 나라의 인적, 물적자원, 재화와 용역 등의 모든 국가자원을 국가안전보장에 기여할 수 있도록 효율적으로 통제, 관리, 운용하는 국가권력작용을 이르는 말.

국가방위법(國家防衛法, National Defense Act; NDA)
(미국) 1916년 6월 3일 미국 국회를 통과한 법률로, 미국 육군의 각급 부대, 그 편성 및 유지에 관한 사항을 규정한 것.

국가비상사태(國家非常事態, State of National Emergency)
전시, 사변 또는 이에 준하는 국가안전보장상 중대한 위협에 처하여 국가존립에 영향을 미칠 정도로 치안이 문란해질 위험이 있거나 문란해진 상태.

국가안보전략(國家安保戰略, National Security Strategy)
국가전략의 일부로서, 군사적, 비군사적인 위협으로부터 국가의 존립을 보장하기 위해 전시와 평시 국가의 모든 역량을 효율적으로 운용하는 체계적인 행동계획.

국가안전보장(國家安全保障, National Security)
국내외로부터 기인하는 군사적, 비군사적 여러 가지 위협으로부터 국가의 안전을 보장하는 것. 안전보장의 개념은 본래 위험이나 위기, 또는 여러 가지 침해나 침략으로부터 자기 자신 또는 자국의 안전을 지킴으로써 공포, 걱정, 불안을 없애는 것을 의미한다. 국가 차원으로 원래는 대외적 위협으로부터 안전을 확보하는 것이었으나, 현대 국제정세의 다각화로 인해 대내적 안전의 보장도 포함하게 되었다. 현대사회는 간접 침략 등 위협요소가 다양하게 증대되고 있으므로, 이러한 위협으로부터 국가의 안전을 보장하기 위해서는 정치, 외교, 사회, 문화, 경제, 과학기술에 이르기까지 제반 정책을 종합적으로 운용함으로써 불시의 사태에 적절히 대처할 수 있으며, 기존의 위협을 효과적으로 배제하고 앞으로 일어날 수 있는 위협을 미연에 방지할 수 있게 된다.
(미국) 국가안전보장이라는 말은 본래 1947년 미국의 국가안전보장법(National Security Act)에서 처음으로 사용되었다. 이 법에 의해

국가안전보장회의(National Security Council)를 설치하여 군 및 정부관계자들이 국가의 안전보장을 위해 보다 효과적인 제반 정책을 대통령에게 조언할 수 있게 하였다.
〈동〉 [안보], [안전보장]

국가안전보장정책(國家安全保障政策, National Security Policy)
외부의 위협으로부터 국민, 영토, 체제를 수호하기 위한 국가의 행동방책이나 지도지침.

국가안전보장회의(國家安全保障會議, National Security Council; NSC)
국가안전보장에 관련된 국내외 정책과 군사, 경제, 사회 등의 정책수립에 관하여 국무회의 심의에 앞서 대통령의 자문에 응하기 위하여 설치되는 대통령의 자문기관. 본회의 의장은 대통령이 되며 위원은 국무총리, 통일부장관, 외교통상부장관, 국방부장관, 국가안전기획부장, 청와대 외교안보수석이며 합참의장이 배석한다.
(러시아) 평시에는 국가안보정책의 3대 요소인 대외, 대내, 군사정책을 심의하는 기능을 수행하고, 전시에는 전쟁지도 기능을 수행하는 대통령 의사결정 보좌기구.

국가영역(國家領域, National Territory Domain)
육지와 도서로 이루어진 영토와, 영토에 접속한 수역인 영해, 그리고 영토와 영해의 상공인 영공으로 이루어진 국가의 주권이 미치는 장소적 범위.

국가적 첩보요소(國家的諜報要素, National Element of Information)
국가안보에 관련된 정보임무를 가장 효과적으로 완수하기 위하여 국가에서 필요로 하는 첩보.

국가전략(國家戰略, National strategy)
국가목표 달성을 위해 전·평시를 막론하고 군사력과 함께 국가의 정치, 경제, 심리적 힘 등 국력의 제 수단을 개발하고 운용 및 조정하는 술(術)과 과학. 한 국가가 그의 존립을 위해 국내외 정세에 유효하게 대처하기 위한 지적 노력의 전부를 지칭한다. 총력전략(또는 총체전략), 대전략과 동의어로 쓰이기도 하지만, 학술적으로 다음과 같이 구별해서 사용하기도 한다.

1. 총력전략(總力戰略, Total Strategy) : 국가목표의 달성, 특히 국가의 안전을 보장하기 위해 전시나 평시를 막론하고 국가의 정치적, 군사적, 경제적 및 심리적인 힘을 총합적으로 발전시켜 이것을 효과적으로 운용하기 위한 방책.
2. 대전략(大戰略, Grand Strategy) : 국가목표의 달성, 특히 전쟁의 정치적 목표를 달성하기 위하여 국가의 전 자원 또는 국가군(國家群)의 전 자원을 조정하고 통제하여 가장 효과적으로 사용하는 방법.
3. 대전략과 국가전략은 원칙적으로 구별되는 학술개념이라는 세 가지의 다른 견해가 있다. 첫째, 국가전략은 국가의 총체전략이고 대전략은 총체전략 중의 국가안보에 관계되는 부문, 즉 국가안보전략을 말한다. 둘째, 대전략은 국가집단 혹은 연합의 전략이며 국가전략은 한 나라 자체의 전략이라는 것이다. 셋째, 국가전략과 대전략은 같은 단계로서 전자는 '국내'를 대상으로, 후자는 '국외'를 대상으로 한다는 것이다.

국가정보(國家情報, National Intelligence)
국가 정책 및 안보의 광범위한 국면을 망라하는 정부 각 부처의 통합된 정보. 국가 존립을 위한 국가정책과 안전보장에 관한 제반 사항이 포괄된다.

국가정보기반시설(國家情報基盤施設, National Information Infrastructure)
국가적인 통신망, 컴퓨터, 데이터베이스 및 사용자를 연결하는 기반이 되는 시설. 여기에 속하는 것으로는 광범위한 의미에서 사진기, 스캐너, 키보드, 팩스, 컴퓨터, 스위치, CD, 비디오 및 오디오 테이프, 케이블, 전선, 위성, 광섬유 전송선, 모든 유형의 네트워크, 텔레비전, 모니터, 프린터 등이 포함된다. 전송되는 정보를 다루거나 의사결정을 하는 아군이나 적군의 인원도 국가정보기반시설의 주요한 구성요소이다.

국가정보우선목표(國家情報優先目標, Priority National Intelligence Objectives)
정보수집이나 국가보안정책의 수립이나 실행과 관련된 요구에 대한 응답을 마련한 때 필요한 지침.

국가정보지원팀(國家情報支援~, National Intelligence Support Team)
국가 전체를 대상으로 방위첩보기관, 국가정보관련 기관, 국가방위기관이나 기타 통합된 유사기관의 정보 및 통신 전문가들로 구성된 정보지원 팀.

국가정보판단(國家情報判斷, National Intelligence Estimate)
다른 나라가 갖고 있는 능력, 취약성 및 다른 나라가 취할 가능성이 있는 국가방위 방책에 관해 여러 정보기관의 의견을 종합하여 국가 수준에서 결정한 전략적인 판단.

국가중요시설(國家重要施設, National Key Installation)
적에 의해 점령되거나 파괴되어 기능이 마비될 경우 국가안보와 국민생활에 심각한 영향을 미치는 시설. 공공기관, 공항, 항만, 주요산업시설 등이 해당된다.

국가총동원(國家總動員, National Mobilization)
비상사태나 긴급한 재난에 대응하기 위해 현역 및 예비군 체제뿐 아니라, 추가적으로 부대 또는 인원을 소집하여 조직하거나 편성하여 현역군을 증원시키며, 이러한 부대를 편성 및 유지하는 데 필요한 국가 총 자원을 동원하는 것.

국가총력방위(國家總力防衛, National Total Defense)
국가의 가용한 모든 역량을 총동원하여 국가를 방위하는 것. 국가 방위를 위해 정치, 외교, 경제, 과학기술, 사회, 문화 및 군사 분야의 고유 역량과 활동을 유기적이고 상호 보완적으로 조직하여 전쟁을 수행한다.

국가통수기구(國家統帥機構, National Command Authorities)
대통령 및 국방부장관, 또는 적법하게 임명된 그 대리자나 승계자.

국가통수 및 군사지휘기구(國家統帥~軍事指揮機構, National Command and Military Authorities; NCMA)
한미 군사관계에서 사용되는 용어로, 군사 분야에 관한 전략지시 및 작전지침을 제공하는 국가 최고기관. 미국의 국가통수기구(NCA)는 대통령과 국방장관으로 구성되며, 국가통수 및 군사지휘기구(NCMA)는 대통령, 국방장관, 합참의장으로 구성된다. 한국의 국가통수기구(NCA) 또는 국가통수 및 군사지휘기구(NCMA)의 구성은 법적으로 설치 근거가 없으나 1978년 7월 27일 한국 외무부장관과 주한 미대사가 확인 체결한 교환각서에 의거한 '한미 군사위원회 및 연합군사령부 권한위임사항'을 근거로 위기관리 및 전쟁지도를 위한 일반적인 개념으로 적용하는 용어이다.
(중국) [중앙군사위원회(中央軍事委員會)]

국가품목식별번호(國家品目識別番號, National Item Identification Number; NIIN)
국방물자시스템에서 보급품을 식별하기 위하여 부여된 고유번호.

ㄱ

국고조달물자(國庫調達物資, National Treasury Material of Procurement)
각 군, 기관에 일괄 배정된 예산으로 군에서 소요되는 보급품을 조달계획에 의거 예산집행과정을 거쳐 조달되는 보급품. 지상전력, 해상전력, 공중전력 및 연구개발 연간예산은 회계연도 초에 매 분기별 배정액을 명시한 기획예산처의 당해 연도 세출예산 정기 배정서로서 각 군, 기관에 일괄 배정된다.

국군이념(國軍理念, Concept of the Armed Forces)
군의 존위에 대한 전체적인 의의와 개념. 대한민국 국군의 이념은 '국군은 대한민국의 자유와 독립을 보전하고 국토를 방위하며 국민의 생명과 재산을 보호하고 나아가 국제 평화유지에 이바지함을 사명으로 한다.'고 명시하고 있다.

국군통수권(國軍統帥權, The Prerogative of Supreme Command)
국군의 군정권과 군령권을 행사할 수 있는 권한. 대한민국은 헌법 제74조 1항의 '대통령은 헌법과 법률이 정하는 바에 의하여 국군을 통수한다.'는 헌법 조문에 근거하여 대통령이 국군의 총지휘권자가 된다.

국내연구개발(國內硏究開發, In-Country Research and Development)
국내 기술진에 의해 개념 설정, 설계, 시제품제작, 시험평가를 통한 특정무기체계 또는 핵심기술이나 부품 개발이 이루어지는 연구개발사업의 한 형태.

국내조달(國內調達, Internal Marketing)
국내조달이란 내자조달이라고도 하며, 군이 필요한 장비, 물자, 시설, 용역을 원화예산으로 국내시장에서 조달하는 것.

국력(國力, National Power)
국가가 현재적 및 잠재적으로 보유하고 있는 유형, 무형의 제 요소를 종합한 국가의 능력. 지휘통솔 및 국민의지가 여기에 포함된다.

국방(國防, National Defense)
국가방위의 준 말로서 외국의 침략에 대비 태세를 갖추고 국토를 방위하는 일. 광의의 국방은 군사뿐만 아니라 정치, 사회, 문화, 경제, 과학기술 등, 국가의 총력을 기울여 무력침략에 대해서 국가를 방위하는 것을 뜻한다. 협의의 국방은 군사방위, 즉 방위와 동일하다.

국방과학기술정보(國防科學技術情報, Defense Development Technical Intelligence)
국가방위에 필요한 과학기술 정보. 특허권과 실용신안권 등과 같은 산업재산권과 제품규격서나 설계도면, 품질보증 자료 등과 같은 기술자료 외에도 각종 기술정보 자료를 포괄적으로 가리킨다.

국방군수정보체계(國防軍需情報體系)
국방부로부터 편성부대까지 탄약, 물자, 장비의 정비 및 수송에 관한 업무를 실시간 처리하고, 전군자산을 가시화하여 군수의 자원 관리 및 운영의 효율성을 제고하기 위한 의사결정정보 지원체계.

국방군수지원체계(國防軍需支援體系, Defense Material Support System)
3군 분리체계 하에서 전 군수자산을 신속·정확하게 파악, 통합 운영하여 전투부대의 전투효율성과 경제성을 증대시키기 위해 첨단 컴퓨터와 데이터 통신기술을 기반으로 구축한 군수지원시스템.

국방규격(國防規格, National Defense Standard; NDS)
국방부에서 군수용으로 조달하는 물품의 규격을 통일하기 위하여 제정한 기준.

국방규격서(國防規格書, Military Specification)
각 군이 공통으로 군수품 구매에 적용하는 규격서. 국방부 군수본부에서 사용하는 합동조달 규격서와 각 군에서 사용하는 기술병과 규격서로 구분한다.

국방기획(國防企劃, National Defense Planning)
국가목표와 정책을 달성하기 위하여 국방목표를 설정하고, 이를 달성하기 위한 최선의 국방정책과 군사전략을 선택하고 이 정책과 전략을 수행하는 데 필요한 국방자원을 가장 효율적으로 배분하는 일련의 과정.

국방기획관리(國防企劃管理, Defense Planning Management)
국방목표를 설계하고 설계된 국방목표를 달성할 수 있도록 최선의 방법을 선택하여 보다 합리적으로 자원을 배분, 운영함으로써 국방의 기능을 극대화시키는 관리활동. 기획으로부터 계획, 예산, 집행에 이르기까지 국방 관리기능을 유기적으로 연결하고 국방요원의 다각적인 노력을 체계적으로 결집시킨 종합적인 자원관리체계이다.

국방력(國防力)
국토방위를 위한 군사적 힘.

국방목표(國防目標, National Defense Objective)
국가의 평화와 안전, 독립을 위협하는 제반 요소를 군사적 활동을 통하여 방지함으로써 국가목표 달성에 기여하는 군사적 활동의 기본방향을 제시하는 것.

국방보급목록제도(國防補給目錄制度, Defense Supply Cataloging System)
(미국) 국방 보급품들이 각 품목에 유일한 품목임을 나타내는 식별 자료와 그 품목을 군수 관리체제 내에서 관리하는 데 필요한 자료를 작성하고 최신 정보를 기록 유지하여, 이를 군수지원 업무 담당관들에게 발간 배포하는 제도.

국방부(國防部, The Ministry of National Defense)
국가방위에 관련된 군정 및 군령에 관한 사무를 관장하는 중앙 행정기관의 하나.

국방부관계자(기관)(國防部關係者(機關), Affiliation with the Department of Defense)
국방부 또는 그 관할 기관에 소속되어 국방 관련 업무를 담당하고 있는 개인이나 기관.
(미국) 개인, 집단, 또는 기구가 다음과 같을 때 국방부와 관계가 있다고 간주함.
1. 국방부 또는 그 관할 하에 있는 모든 기관에 고용되어 있거나 계약관계에 있는 경우.
2. 군 현역 요원, 주방위군, 또는 이들의 예비역이나 퇴역자인 경우.
3. 국방부의 모든 설비나 시설에서 거주하거나 공식적인 출입이 허가되었든지, 상업이나 기타 일을 하고 있는 경우.
4. 국방 정보자료 취급이 허가된 경우.
5. 기타 승인된 국방부 계획에 참가하는 경우.
6. 위의 각 항의 어느 한 가지 지위를 신청했거나 그 지위에 대해 고려중인 경우.

국방비(國防費, National Defense Expenditure)
국가예산의 한 부분으로 군사력 건설, 유지 및 운용에 소요되는 비용. 통상 투자비와 운용유지비로 구분된다.

국방비상사태(國防非常事態, Defense Emergency)
전시, 사변 또는 이에 준하는 국가안전보장상 중대한 위협에 처하여 국가존립에 영향을 미칠 정도로 치안이 문란해지든가 또는 그러한 위협이 있는 상태.
(미국) 다음과 같은 비상사태조건이 존재하는 때.

1. 해외주둔군이나 모든 전구(戰區)내의 동맹군에 대한 중대한 공격이 이루어지고, 이를 국방장관이나 상급기관에 의해 임명된 부대의 지휘관이 확인을 했을 때.
2. 어떠한 형태든 미국에 대한 공공연한 공격이 있다고 국방장관이나 상급기관에 의해 임명된 부대의 지휘관이 확인을 했을 때.

국방자원(國防資源, National Defense Resources; NDR)

1. 국방소요를 충족할 인적, 물적 자원 또는 잠재적이거나 현존하는 모든 능력.
2. 전, 평시 부대의 유지와 작전임무수행에 필요한 제 자원 중 병역법 및 비상대비자원관리법의 규정에 의거 통제, 관리되어야 할 병력, 인력, 장비, 자금, 용역, 기술 등을 말함.

국방정보(國防情報, National Defense Intelligence)

국방업무에 관련된 의사결정을 위한 적 및 아군에 대한 모든 자료와 지식.

국방정보기반구조(國防情報基盤構造, Defense Information Infrastructure)

국방정보체계의 기반 골격으로서, 전시나 평시에 사용자들의 정보처리 및 전송 요구사항을 충족시키기 위한 통신망, 컴퓨터, 소프트웨어, 응용체계, 데이터베이스 및 기타 능력의 유기적인 결합을 포괄적으로 가리키는 말.
(미국) 국방부의 지역적, 국가적, 국제적 정보수요에 대한 서비스를 제공하기 위해서 컴퓨터, 통신망, 데이터 응용프로그램, 보안, 인적자원, 훈련 및 기타 지원구조를 공유하고 상호 연결하는 시스템.

국방정보통신망(國防情報通信網, Defense Information System Network)

국방자원관리 및 군사운용 등 국방업무를 수행하는데 필요한 정보와 자료가 전산화되어 운영되는 조직 및 네트워크를 기반으로 한 정보통신체계. '국방정보통신망사업'은 국방 분야의 정보화를 추진하기 위한 조직의 이용기술 개발, 네트워크의 구성, 유지, 보수, 정보의 처리, 보관, 전송업무 등 국방정보통신과 관련된 모든 사업을 포괄하여 가리킨다.
(미국) 국방부 운용에 필요한 장거리 정보전송서비스를 제공하도록 구성된 중앙관리 집적 네트워크.

국방정보체계(國防情報體系, National Defense Intelligence System)

국방목표 달성과 관련하여 적군과 아군 또는 우군의 자원과 기술 등에 대한 모든 정보의 수집, 생산, 전파, 활용 및 관리를 유기적으로 연결하고 통합하여 최적화하는 과학적 수단의 집합체.

국방통합정보관리체계(國防統合情報管理體系, Defense Integrated Intelligence Management System)

제 전장체계와 요소를 유기적으로 통합하여 전장통제의 자동화 및 전력발휘를 극대화할 수 있도록 기반체계(H/W)와 응용체계(S/W)로 구성된 체계. 종전의 육, 해, 공군별, 기능단위별로 상이하게 운용하던 정보관리체계에서 발생하는 상호연동성 결여와 투자 중복현상을 해소하기 위해 통합시킨 체계이다.

국방정보판단서(國防情報判斷書, Defense Intelligence Estimate)

국가 방위 차원에서 장기, 중기, 단기간의 국제 및 주변 정세와 북한의 대내외 정세 및 정책을 정보가치로서 판단한 문서. 장기군사전략과 중기전략 및 군사력 소요를 제기하는 데 필요한 기초자료를 제공한다.

국방정보화(國防情報化, National Defense Intelligentialization)

전시나 평시 국방업무 수행에 필요한 정보와 지식의 유통, 활용 및 가치발휘를 극대화하여 국방구조 전반을 지식중심(Knowledge Base) 두뇌집약적 구조로 전환시키는 제반활동 및 행위. 군사력 구조와 국방운용체계를 지식중심 질 위주 정예군 구도로 전환하기 위한 전략적 활동과 국방업무 혁신을 포함한다.

국방정책(國防政策, National Defense Policy)
국가안전보장정책의 일부로서 외부로부터의 위협이나 침략에 대해 국가의 생존을 보호하기 위하여 군사, 비군사에 걸쳐 각종 수단을 유지, 조성 및 운용하는 정책.

국방조직(國防組織, Defense Organization)
국방목표를 달성하기 위해 임무, 기능, 기구, 정원 등을 유기적으로 결합시킨 부대나 기관의 체계적인 총체를 이르는 말.
1. 부대(部隊, Troop Unit Force) : 국군조직법에 의해 설치되는 국군의 모든 편성체. 별도의 법령에 의해 설치되는 기관을 제외한 군사조직 단위.
2. 기관(機關, Agency) : 국군조직법과 다른 별도의 법령에 의해 설치되는 교육, 연구, 시험, 특수목적의 조사나, 수사, 재판 등을 주 임무로 하는 군사조직.

국방중기계획서(國防中期計劃, Defense Intermediate Range Plan)
기획에서 설정된 군사력소요와 국방정책을 구체적으로 구현하기 위하여, 기준연도로부터 5년간을 대상기간으로 하여 연도별 가용 국방재원을 판단하고, 이를 기초로 방위력개선사업 및 운영유지사업 소요를 종합적으로 검토·조정하여 대상기간인 5개년 동안의 연도별, 사업별, 계획구조별 및 기능별로 가용재원을 배분한 계획으로서 대상기간 중의 모든 국방활동의 모체가 된다.

국외도입(國外導入, Out-country Introduction)
무기체계 획득업무 구분의 한 형태로, 국외로부터 기술을 도입해 생산하거나 직구매하는 도입방법.

국외용역개발(國外用役開發, Out-Country Services Development)
대상 정보체계의 개발기술과 경험요소들을 고려할 때, 국내업체가 수행하기 곤란한 경우 국외업체에 용역을 주어 개발하게 하는 것.

국외중립(局外中立, Indifference)
교전국이나 교전단체의 어느 쪽에도 원조를 하지 않고, 교전에 영향을 미칠만한 행위를 피하는 국제법상의 국가 지위.

국외직구매(國外直購買, Out Country Direct Purchase)
무기체계 도입방법의 하나로, 국외에서 개발, 생산된 무기체계를 완제품형태로 구매하는 것. 구매형태에 따라 대정부간 구매와 상업구매로 구분한다.

국제평화군(國際平和軍, International Peace Force)
세계 평화와 전쟁방지를 목적으로 국제연합 결의에 의거하여 구성된 조직.

국제호출부호(國際呼出符號, International Call Sign)
무선통신소를 식별할 수 있도록 국제전신연합(International Telecommunications Union)의 규정에 따라 지정된 호출부호. 해당 통신소의 국적은 첫 글자 또는 최종의 2개 문자로 식별하며, 시각신호로 사용될 때에는 국제호출부호는 '신호문자'로서 인용된다.

국지경계(局地警戒, Local Security)
부대를 적의 기습으로부터 방호하고 전투태세를 확보하기 위하여 설정한 경계 부대. 보초, 청음초, 정찰대 등으로 편성한다.

국지경계부대(局地警戒部隊, Local Security Element)
전투임무를 수행하고 있는 부대가 적의 공격이나 기습으로부터 부대를 방호하고 적의 접근을 경고하여 주력부대가 전투태세를 갖출 수 있도록 경계활동을 위하여 운용하는 소규모의 경계부대.
(일본) [監視警戒部隊(감시경계부대)]. 방어 시 주전투지역에 대한 경계 혹은 기동타격의 호기 조성을 위해 사용되는 경계부대.

국지공중우세(局地空中優勢, Local Air Superiority)
한정된 기간 동안 제한된 지역 상공에서 기본적인 공중활동의 자유를 얻는 것.

국지도발 대비작전(局地挑發對備作戰, Local Provocation Counter Operation)
평시 또는 분쟁 시에 적이 정치적, 군사적 목적을 달성하기 위하여 특정지역에서 제한된 군사력을 사용할 경우, 전면전으로 확대되는 것을 방지하고 적의 도발의지를 분쇄하기 위해 실시하는 제반작전. 화력도발 대비 작전과 특정지역공격 대비 작전으로 구분할 수 있다.

국지방공(局地防空, Local Air Defence)
적의 공중공격으로부터 특정한 지역이나 기동부대 또는 고정시설을 방어하기 위하여 수행되는 방공작전. 작전부대 지휘관이 설정한 방공우선순위에 따라 실시하게 되며, 통상 단거리 방공무기나 중고도 또는 고고도 방공무기가 운용된다.

국지방공부대(局地防空部隊, Local Air Defense Unit)
전구항공통제본부에서 발령한 무기통제 상태에 따라 예속 또는 배속된 부대지휘관의 작전지휘 하에 책임지역의 방공임무를 수행하는 부대.

국지방호(局地防護, Local Protection)
자기 부대를 적의 공격이나 기습으로부터 방호하려는 수단.

국지비행공역(局地飛行空域, Local Flight Area)
훈련비행, 특수비행, 기능점검비행, 시험비행 및 기타 비행을 위하여 기지별로 설정된 비행공역. 국지비행 관할권을 행사하는 지휘관이 지정한다.

국지수송(局地輸送, Local Haul)
차량운행시간이 적재 및 하화 시간보다 짧은 단거리 수송. 수송거리는 25 km 이내로서 1일 4회 왕복운행이 가장 알맞으며, 작업량은 톤(ton)으로 평가한다.

국지엄호부대(局地掩護部隊, Local Covering Force)
제한된 지역을 방어하고 있는 전술 부대의 경계 제대 전방에서 작전하는 엄호부대.

국지전쟁(局地戰爭, Local War)
현대전의 한 형태로서 전면전쟁을 회피하면서 제한된 지역에서 어떤 조건 하에 국가정책과 군사목적을 달성하기 위해 행해지는 전쟁형태.
(미국) 미국에서는 사용하지 않는 용어. 제한전쟁(Limited War)이라는 용어를 사용.

군감시단(軍監視團, Military Observer)
분쟁 당사자들이 휴전협정을 체결한 후 협정을 제대로 이행하고 있는지 감시할 뿐 아니라 안전하게 이행할 수 있도록 보장하기 위해 창설되는 평화유지 작전의 수행기구.

군견(軍犬, Military Working Dog; MWD)
군 작전용 임무에 사용할 수 있도록 훈련시킨 개. 군견의 종류는 탐지견, 수색견, 추적견, 경계견으로 구분한다.
〈동〉 [군용견]

군경호경비(軍警護警備, Military Escort & Guard)
아군의 지휘체계를 혼란시킬 목적으로 주요지휘관에 대해 가해질 수 있는 적의 위협을 미연에 방지하고, 경호를 위한 물자 및 시설을 경계, 순찰하는 제반 헌병활동.

군관구(軍管區, Military District)
군사 전략적 목적으로, 일정한 지역 내의 부대 · 군사학교 · 지원시설 따위를 한 지휘관에게 관할하게 한 구역. 한국군에서는 사용하고 있지 않는 용어이다.
(중국) ☞[군구(軍區)]
(러시아) 특정 지역 내에 위치하고 있는 군부대, 교육기관, 각 군 군사시설, 지방 병무청을 관할하는 최고 군사-행정 기관으로서 러시아군 특유의 편제 단위. 현재 6개의 군관구가 있으며 전쟁이 발발하면 전선군(Front)으로 재편성 된다.

군구(军区, Military Zone)
(중국) 1. 전략적 수요에 의해 국토를 분할한 군사구역. 대군구(大軍區), 성군구(省軍區), 군분구(軍分區)로 분류된다.
2. 중국 인민해방군은 토지혁명전쟁시기에 지방군구로 분할하였다가, 몇 차례 조정을 거쳐 현재는 베이징(北京), 선양(瀋陽), 란저우(蘭州), 지난(濟南), 난징(南京), 광저우(廣州), 청두(成都) 등 7개 군구로 구성되어 있다. 각 군구는 관할지역 내의 전 무장력(각 군종 및 병종 후근부대 포함)을 지휘·통제한다.
3. 전시(戰時)에는 전구(戰區)로 전환된다.

군구조(軍構造, Force Structure)
군사임무수행과 관련된 전반적인 군사력의 구성관계. 전력구조, 부대구조, 지휘구조 등이 포함된다.
1. 전력구조(戰力構造, Force Structure) : 군사목표를 달성하고 군사전략 개념을 구현하기 위해 가용한 인력과 예산 범위를 고려하여 전력배비개념, 인력규모, 유형별 부대 수 및 무기체계 등의 전력을 개략적으로 구상하는 것.
2. 부대구조(部隊構造, Unit Structure) : 전력구조를 기초로 하여 합동부대, 제병합동부대, 전투부대, 전투지원 및 전투근무지원부대로 구분하여 단위제대별 전투력을 발휘하는데 필요한 인원 및 장비를 배분하고 지휘관계를 설정하는 것.
3. 지휘구조(指揮構造, Command Structure) : 국방부와 합참으로부터 전투부대에 이르기까지 형성되는 지휘관계 구조. 통상 정책을 결정하고 전략을 수립하며 군사력을 건설하는 각 군 본부 이상의 상부구조와 각 군 내부의 부대 간 관계를 설정하는 하부구조로 구분된다.

군기(軍紀, Discipline)
명령이 있거나 없거나 어떤 일을 신속하고 정확히 실시하는 심적 상태와 복종심.
(일본) [規律(규율)]. 법, 법령, 규칙, 공공의 질서, 미풍양속 등 집단활동을 위해 필요한 규범을 준수하는 명령복종 상태.

군기사고(軍紀事故, Military Discipline Accident)
군인의 복무규율과 국군 병영생활 규정을 고의나 과실로 위반하여 발생하는 사고로 징계 또는 형사처벌의 대상이 됨.

군노무(軍勞務, Military Labor)
군의 잡역을 민간인 노동에 의존하는 것.

군단(軍團, Corps)
1. 상급부대의 작전적 목표달성에 기여하기 위하여 작전을 수행하는 최고의 전술제대. 상급부대로부터 수개의 사단과 각종 전투 및 전투지원부대를 배속 받아 운용된다.
2. 통상 야전군의 일부로 작전적 목표를 달성하기 위해 기본전술제대인 사(여)단의 전투를 조직하고 운용하는 최고의 전술

제대로서 통상 지대 내에서 적을 격멸하고, 책임지역을 확보하며, 주민 및 자원을 통제하는 임무를 완수함으로써 작전술과 전술을 연결시켜주는 연결고리 역할을 한다.

군단장 강조선(軍團長强調線, Corps Commander's Line of Criticality)
전방 방어지역에서 적의 돌파를 제한하는 최종적인 위치를 표시하는 선. 방어목적달성 및 작전성공을 보장하기 위한 군단방어편성과 부대운용의 지침이 된다.

군단전투모의모델(軍團戰鬪模擬~, Corps Battle Simulation; CBS)
군단, 사단 및 여단급 지휘관과 참모의 훈련을 지원하기 위해 고안된 컴퓨터 모의훈련을 위한 지휘소훈련 모델.

군단직할부대(軍團直轄部隊, Corps Troops)
군단에 소속된 부대원으로서 군단의 예하에 있는 사단에 속하는 병력은 제외된다.

군단포병(軍團砲兵, Corps Artillery)
군단에 예속 혹은 배속된 포병부대.

군대구분(軍隊區分, Task Organization)
계획된 작전을 수행하기 위한 임시편성. 전투편성이 복잡한 경우에 사용되며, 과업의 분담이나 지휘관계 등과 같은 전술적 구성에 관한 사항을 기술한다.

군 대민활동(軍對民活動, Military Civic Action)
지역주민에게 유익한 사업에 군대를 적절히 사용하여 대 민간차원에서 군의 위상을 개선하는 역할을 하는 모든 활동. 구체적으로 교육, 훈련, 공공사업, 농업, 수송, 통신, 건강, 위생 및 기타 경제나 사회발전에 기여할 수 있는 모든 분야에 대한 활동이 포함된다.

군대부호(軍隊符號, Military Symbol)
군의 편성, 장비, 시설, 부대이동 및 활동규모, 위치 등을 간단하고 용이하게 식별하기 위하여 사용되는 것으로 도형, 숫자, 문자, 약어, 색채 등의 조합으로 구성된 기호.
(북한) [전술부호(戰術符號)]

군대예절(軍隊禮節, Military Courtesy)
병영생활의 조화를 이루고 질서를 유지하기 위해 군대 조직 상하 간 또는 동료간 필요한 예절.

군대윤리(軍隊倫理, Military Ethics)
전문 직업 집단으로서 군이 수행해 나가야 할 방향과 이에 부합하여 소속 구성원들이 지켜야 할 바람직한 행위들에 대한 규범.

군령(軍令, Military Command)

1. 국방목표 달성을 위하여 군사력을 운용하는 용병기능으로서, 군사전략기획, 군사력 건설에 대한 소요제기 및 작전계획의 수립과 작전부대에 대한 작전지휘 및 운용 등을 의미함. 국방의 양대 기능으로 군령과 군정(軍政) 기능이 있다.
2. 군사상의 명령.
3. 국가원수가 통수권에 의거 군대에 내리는 명령.

(중국) 군사 명령. 군사지도기관이나 군대 상급지휘자가 부하에게 하달하는 임무나 결정의 일종의 형식. 보통 작전배치, 훈련이나 기타 임무, 부대, 인원과 무기장비의 이동 따위에 운용한다.

군무원(軍務員, Military Civilian)
군의 업무를 수행하는 공무원. 군법의 적용을 받으며, 직급에 따라 현역 군인에 준하는 대우를 받는다. 군무원은 일반군무원, 기능군무원, 별정군무원으로 구분한다. 1945년~1963년까지는 '문관'으로, 1963년~1980년까지는 '군속'이라는 호칭을 사용했다가, 1980년 제5공화국 헌법개정 시 군무원으로 개칭하였다.
〈동〉 [군속]

군무이탈(軍務離脫, Desertion)
군인이 군무를 기피할 목적으로 부대 또는 직무를 이탈하거나, 정당한 사유 없이 정해진 기간 내에 복귀하지 아니하는 행위를 이르는 말.

군번(軍番, Service Number; SN)
군인이나 군무원의 명확한 인사구분을 위해 각 군별로 계급에 따라 부여하는 고유번호.

군 범죄수사대(軍犯罪搜査隊, Military Police Criminal Investigation; MPCID)
부대 내에 예속되어 있거나 헌병기관에 배속된 헌병병과의 범죄수사부대.

군벌(軍閥, Military Faction)
정부나 의회에 대하여 고도의 독자성을 가짐은 물론, 정치적 특권을 이용하여 정치, 외교, 기타 모든 부문에 강대한 지배권을 장악한 군부세력.

군법(軍法, Military Law)
넓은 의미에서는 군인 및 군인에 준하는 자 또는 민간인이라도 군 법규에 적용을 받아야 할 특별한 경우에 적용되는 군사에 관한 모든 법. 좁은 의미로는 군인의 범죄행위에 적용하는 군 형사법만을 가리킨다.

군법무관(軍法務官, Judge Advocate, Judge Advocate General; JA, JAG)
군에서 근무하는 법무관으로 법무장교라고도 부름. 군사법원법이 정한 군판사, 군 검찰관, 국선변호인 및 기타 법률이 정한 임무를 수행한다.

군복(軍服, Military Uniform)
군대에 복무하는 요원이 착용하는 규정된 복장.

군비(軍備, Armament)
국가와 국권을 지키기 위한 군사설비, 즉 군대의 병력, 무기, 장비, 시설 등의 총칭. (중국) 군대의 무기와 기술 장비의 비축. 전쟁을 수행하기 위한 준비이자, 한 국가나 정치집단의 군사력을 나타내는 표지가 됨.

군비경쟁(軍備競爭, Arms Race)
둘 혹은 그 이상의 적대국 중, 일방이 그들의 국가안보 내지 우위를 보장할 수 있는 방법이 군사력이라는 확신 하에 군대를 증강하거나 무기의 파괴력을 향상시키고 무기의 양을 경쟁적으로 증가시키는 일련의 행위.

군비통제(軍備統制, Arms Control)
잠재 적대국간 군비경쟁의 안정화, 즉 군사력의 운용과 병력, 무기를 통제하고, 합의사항 위반을 제재함으로써 전쟁위험과 부담을 제거하거나 최소화시켜 안보를 증대시키려는 모든 노력. 군비축소, 군비해제, 군비제한, 신뢰구축 등을 포괄하는 개념으로 군비통제와 관련된 용어는 다음과 같이 세분한다.

1. 군비통제(軍備統制) 또는 군비관리(軍備管理) : 군비축소, 감축, 삭감 및 제한을 망라.
2. 군축(軍縮) 또는 군비해제(軍備解除, Disarmament) : 현재의 군비를 부분적으로 축소하거나, 전쟁을 일으킬 수 없을 정도로 완전히 제거하거나 폐지하는 것.
3. 군비삭감(軍備削減, Arms Reduction) : 전쟁의 가능성을 배제하지 않으면서 보유무기나 병력을 자발적으로 감축하는 것.
4. 군비제한(軍備制限, Arms Limitation) : 특정 또는 비특정 기간의 군비수준을 어떤 일정규모 이상으로 늘리지 않도록 규제하는 것.
5. 신뢰구축조치(信賴構築措置, Confidence Building Measures) : 국가 상호간 오해나 불신에서 오는 군사적 위협 또는 불안요소를 제거하기 위해 상호 정보교환, 군사적 활동 및 군사력 사용 가능성을 제한하는 활동으로서 상대방 군사행동의

예측가능성 제고로 전쟁위험의 감소와 위기관리를 향상시키려는 제반조치.
6. 검증(檢證, Verification) : 군비통제 협정 당사자들 간에 조약의무사항에 대한 이행정도를 인적, 기술적 수단으로 조사, 증명하는 과정.

군비통제협정(軍備統制協定, Arms Control Agreement)
두 국가 혹은 여러 국가 사이에 한 가지 혹은 여러 가지 군비통제방안에 대한 합의를 구체화하기 위해서 작성하는 문서 혹은 합의된 사항.

군사(軍師, Military Counsellor)
사령관 밑에서 군기(軍機)를 장악하고 군대를 운용하며 군사 작전을 짜던 사람.
(중국) 고대 무관(武官)명칭.

군사(軍事, Military Affairs)
전쟁의 준비와 수행 및 이와 관련된 사회활동을 지칭하는 말로서 병력의 조직, 훈련 및 작전, 무기 및 장비의 연구와 제작, 생산과 사용, 전략전술(戰略戰術)의 연구와 운용, 전쟁물자의 비축과 보급, 국방설비의 계획과 건설, 예비군 및 민방위(民防衛)의 조직과 동원 등의 활동이 여기에 포함됨.
(중국) 무장역량의 건설 및 전쟁활동과 직접 관계되는 모든 사항의 통칭.
(러시아) 전시와 평시에 국가 군대의 건설, 준비, 활동 그리고 전쟁 발발 시 국민의 준비와 관련된 군사 이론과 실제의 모든 문제.

군사개입(軍事介入, Military Intervention)
어떤 논쟁의 과정에서 문제를 적극적으로 해결하기 위하여 군사력을 사용하는 계획적인 행동.

군사고문단(軍事顧問團, Military Advisory Group; MAG)
군사적 사항에 대해 협조, 조언하기 위하여 외국정부에서 파견된 군인, 군무원, 민간인 등으로 구성된 단체.

군사과학(軍事科學, Military Science)
1. 군사학의 한 분야로서 군사발전을 위해 군대, 군비, 전쟁, 무기 등에 관한 이론을 연구하는 학문.
2. 넓은 의미로는 군대나 전쟁 등에 관련된 모든 자연과학 및 사회과학 분야를 포괄함.
3. 군사연구 중에서 엄격한 과학적 방법이 적용되는 영역으로서 군사사회과학(Military Social Science)과 군사기술과학(Military Technical Science)으로 대별됨. 군사사회과학은 군사연구 중에서 인간의 집단적 행태와 관련된 것을 과학적으로 연구한 학문이며, 군사기술과학은 군사연구 중에서 과학기술과 관련된 부분을 연구하는 학문으로 통상 군사과학(Military Science)으로 인식되고 있다.

군사교류(軍事交流, Military Flow)
국가 간 상호 이해 및 신뢰를 제고시키기 위한 제반 군사분야에서 행하는 교류 활동. 군인사(軍人士)의 교환방문, 상호 훈련참관, 함정 및 항공기 교환방문, 군사교육교류, 문화, 예술, 체육교류, 군사학 학술교류 등이 있다.

군사교리(軍事教理, Military Doctrine)
1. 군부대와 그 구성원에게 국가목표를 달성하기 위해 공식적으로 승인된 군사행동의 기본원칙과 지침. 이는 권위적인 것이지만 적용 시에는 판단이 요구된다.
2. 특정 국가의 군사행동을 지배하는 주권적 군사철학이자 군사적 행동지침.
3. 군사교리 체계상 최상위 교리로는 군사기본교리가 있고, 그 하위교리로 합동교리와 각 군교리가 있다. 군사기본교리는 군사전략 개념을 구현하기 위하여 발전된 군사교리로 합동교리와 각 군 교리에 군사 활동의 원칙과 기준을 제공한다. 합동교리는 합동작전을 수행하거나 이를 지원하는데 공통적으로 적용할 교리로

기준교리와 운용교리로 구성된다.

(러시아) 현대전의 성격 및 전시 군대의 사용에 관해 과학적으로 형성된 견해, 그리고 이로부터 도출되는 국가와 군대의 전쟁 준비 소요에 관한 견해로 국가에 의해 공식적으로 채택된 것.

군사교육(軍事教育, Military Education)

1. 전쟁의 임무와 기술에 대한 지식을 향상시키기 위한 과목을 체계적으로 개인에게 가르치는 것.
2. 전략, 전술, 기술, 학문에 대한 지식을 소속된 부대에서 배우고 익히는 것.
3. 전쟁과학과 기술을 증진시킬 수 있는 과목을 조직적으로 배우고 익히게 하기 위해 군사학교 및 과외과정에서 각 개인에게 실시하는 군사교육.

군사경찰(軍事警察, Constabulary)

점령지역의 치안을 확립하기 위해 배치하는 경찰.

군사기만(軍事欺瞞, Military Deception)

적의 군사적인 결심권자들에게 아군의 능력, 작전의도 및 운용에 대해 오판하게 하고, 적이 아군의 임무수행을 도와주는 방향으로 특정행동을 하도록 유도하기 위하여 취하는 제반 활동. 전략적, 작전적, 전술적 군사기만이 있다.

1. 전략적 군사기만 : 전략적 군사목표, 정책, 계획에 도움이 되는 적의 군사정책 또는 군사력 운용을 유발하기 위해 상급부대 지휘관들이 지원하는 또는 그들이 직접 계획하고 시행하는 합동차원의 군사기만.
2. 작전적 군사기만 : 작전적 수준에서 적 지휘관의 관심사항에 편견이 일어나도록 사실을 조작, 왜곡 또는 위조함으로써 적 지휘관으로 하여금 오판하도록 하여 아 지휘관을 돕는 계획 및 시행방책.
3. 전술적 군사기만 : 아군 계획이나 작전에 유리한 적의 행동을 유발하기 위해 전술부대 지휘관들의 지원 하에 또는 그들이 직접 계획하고 실시하는 군사기만.

군사기밀(軍事機密, Military Secret)

군사에 관해 지켜야할 비밀로, 누설되면 국가나 군대에 손해를 끼칠 만한 내용으로 1급, 2급, 3급 및 대외비로 구분됨.

군사기본개념(軍事基本概捻, Military Basic Concept)

군사력을 중심으로 국가의 생존을 유지 및 증진하고 전쟁에 승리하기 위한 모든 방법 체계의 통칭. 군사사상과 군사이론을 그 영역에 포함시킬 수 있다.

군사기본교리(軍事基本教理, Military Basic Doctrine) ☞ [군사교리]

군사기상근무(軍事氣象勤務, Weather Service for War)

전쟁, 작전, 전투계획 등을 실시하기 전에 필요한 기상정보를 지휘에 임하는 부대에 제공하는 임무.

군사기술혁명(軍事技術革命, Military Technical Revolution; MTR)

새로운 군사기술을 활용한 제어체계와 정확도가 높은 장거리 정밀타격무기를 결합하여 새로운 정찰, 타격복합체를 창출하는 기술 중심의 군사혁신. 구 소련의 군사이론가들에 의하여 제기된 전략적 차원의 정찰, 타격 복합체 등 군사기술에 바탕을 둔 개념이 미국에서 지휘통제 네트워크를 이용해 센서와 화력을 결합하는 기술 중심의 변혁개념으로 발전된 것이다.

군사기획(軍事企劃, Military Planning)

군사력으로 국가목표를 달성하기 위하여 군사목표를 설정하고, 이를 달성하기 위한 최선의 군사정책과 군사전략을 선택하여, 이 정책과 전략을 수행하는 데 필요한 자원을 가장 효율적으로 배분하는 일련의 과정으로 협의의 국방기획임.

군사능력(軍事能力, Military Capability)

전시 특정목표를 성취하기 위한 능력으로 다음 지표에 의해 측정됨.

1. 전력구조 : 방위전략의 구성 및 규모.
2. 현대화 : 부대, 무기체계 및 장비의 기술적인 정교함.
3. 대비태세 : 지정된 결과를 획득하기 위한 부대 및 무기체계의 능력.
4. 지속능력 : 부대 및 무기체계의 유지능력.

군사대비태세(軍事對備態勢, Military Readiness Posture)

적 위협에 대응하기 위한 군사적 준비상태를 지칭하는 일반적 용어로서 전략적, 전술적 차원을 망라(군사태세+전투준비태세)한 개념.

1. 군사태세(軍事態勢, Military Posture) : 군사적 수단, 능력 및 시설을 통합한 국가방위체계의 전략적 배열(Strategic Arrangement), 전투준비, 전투지속 등을 망라한 포괄적인 개념.
2. 전투준비태세(戰鬪準備態勢) : 적대행위 이전의 최종 전투준비상태를 말하며, 주로 전술적 차원에서 사용됨. 전비태세, 전투태세, 작전준비태세와 유사한 의미를 가지는 용어임.

군사도발(軍事挑發, Military Provocation)

군대, 군비, 전쟁에 의한 대한민국(상대국)의 국민과 재산 또는 영역에 가하는 일체의 위해행위.

군사동맹(軍事同盟, Military Alliance)

2개 국가나 그 이상의 복수국가간의 합의에 의하여 성립되는 집단적 안전보장의 한 방식으로, 군사적 공동행위를 맹약하는 제도적 장치나 사실적 관계.

군사동원(軍事動員, Military Mobilization)

전쟁을 위하여 계획되고 규정된 군대를 양성하며 이들에게 필요한 군수지원을 제공하는 과정.

군사력(軍事力, Military Power)

1. 국가의 안전보장을 위한 직접적이며 실질적인 국력의 일부로서 군사작전을 수행할 수 있는 군사적인 능력과 역량.
2. 국제관계 측면에서 볼 때, 군사력은 한 국가가 다른 국가와의 관계에서 사용하는 법적으로 허용된 폭력의 수단으로서, 각 국가들이 국제사회에서 자국의 국가이익을 추구해 나감에 있어서 적절한 시기에 사용하게 되는 여러 가지 수단 중의 하나.

(러시아) 국가의 물질력 및 정신력 그리고 전쟁 목적 혹은 여타 임무 달성을 위해 이러한 힘을 동원할 수 있는 능력의 총합. 국가의 경제적, 사회적, 과학-기술적, 도덕적-정치적 역량에 의해 결정된다.

(중국) 인원과 무기장비를 포괄한 군대의 실력. 통상 인원수나 건제단위로 표시하며, 군사 활동의 물질적 기초의 하나이자, 전투력을 구성하는 주요내용이다.

군사력시위(軍事力示威, Military Demonstration) ☞ [무력시위]

군사목표(軍事目標, Military Objective)

국가의 목표를 지원하기 위해 대통령이나 국방부장관의 명령을 수행하는 일련의 계획된 군사행동. 군사목표는 군대가 수행해서 달성해야 할 결과를 나타내며 군사목표에 의해 지휘관에게 임무를 부여함.

군사법원(軍事法院, Military Court)

군사재판을 담당하기 위하여 군내에 설치된 특별법원.

군사보안(軍事保安, Military Security)

적의 간첩행위, 관측, 파괴, 파업, 요란 및 기습으로부터 부대를 보호하기 위하여 취하는 제반활동.

군사범죄(軍事犯罪, Military Offense)
군사재판소의 재판대상이 되거나 징계사유가 되는 범죄.

군사법권(軍司法權, Military Jurisdiction)
군법을 시행할 수 있는 권력과 권한.

군사분계선(軍事分界線, Military Demarcation Line; MDL)
유엔군사령관 통제 하에 있는 지역과 북한 군사령관의 군사통제 하에 있는 지역을 분할하는 군사적인 경계선.

군사분계선 연장선(軍事分界線延長線, Military Demarcation Line Extended)
군사분계선 끝부분에서 북방한계선(NLL)과 만나는 지점까지 동해의 북위 38도 36분 51초선을 따라 동쪽으로 연장된 선.

군사비밀구분(軍事秘密區分, Defense Classification)
국방상 보호하여야 할 가치가 있는 첩보 또는 자료에 I, II, III 급 등으로 비밀 등급을 부여하는 것.

군사사(軍事史, Military History)
군사학의 한 분야로 전쟁과 교전을 비롯한 제반 군사문제와 관계되는 정치, 경제, 사회, 문화, 이념적 제반요인과의 상호작용을 대상으로 연구하는 역사학의 영역.
(러시아) 과거의 전쟁 및 군대에 관한, 공동체 생활의 물질적, 기술적, 사회적, 경제적, 정치적 환경의 변화에 따라 군이 실시하는 군사행동의 수단, 형식, 방법 등의 발전에 관한, 그리고 공동체의 군사활동 전반의 경험에 관한 지식의 한 분야.

군사사상(軍事思想, Military Thought)
군대를 보유하는 이성적 근거와 군사력 사용의 윤리적 정당성 및 군사력의 사용방법에 대한 사고체계. 전쟁이라는 특정 현상에 대해 그 본질과 기본규칙에 대한 철학적·규범적 연구와 판단이 포함된다. 군사사상은 나라마다 그 국가의 민족성, 전통, 역사, 지형 등 문화적 요인에 따라 다르게 형성될 뿐 아니라, 국가체제를 정당화하는 이데올로기나 국가의 성립과정에서 군이 수행한 역할 등 국가이념에 따라, 그리고 국력이나 가상적(假想敵, hypothetical enemy)과 같은 현실적인 상황에 따라 달리 나타난다. 각 나라마다 국민-정치-군사 관계의 성격이나 분쟁의 해결수단으로서 군사력을 사용하는 태도(전쟁지도 및 전법)가 다른 것은 바로 이 군사사상의 차이에서 비롯된다. 군사사상의 차이는 군사학의 성격 규정(기술 혹은 과학)을 비롯하여, 전략과 전술, 물질적 요소와 정신적 요소, 공격과 방어, 기동전과 진지전, 섬멸전과 지구전, 정규전과 비정규전 등의 사용방법, 더 나아가 육·해·공 3군간의 비중 및 관계설정, 여러 병종의 혼합편성 등의 차이로 나타난다.
(중국) 전쟁과 군대문제에 관한 이성적 인식. 전쟁의 본질과 기본 규율을 명시하는 것. 무장역량 건설 및 그 사용에 관한 일반원칙이며, 군사문제를 총체적으로 연구한 이론적 성과를 반영하는 것이다.

군사사절단(軍事使節團, Military Mission)
군사부문에 관한 업무를 협조하거나 연구하거나 지도할 목적으로 정부에서 외국에 보내는 일단의 군인 단체.

군사상 유효한 낙진(軍事上有效~ 落塵, Military Significant Fallout)
사람에게 줄 수 있는 방사능 오염의 정도로서 전투효율을 감소시킬 정도의 방사선량.

군사선단(軍事船團, Military Convoy)
용선계약이나 징용에 의한 보조함정 및 상선, 혹은 군부대로 구성된 선단으로서 군부대의 통제와 보고를 받는 조직.

군사소요(軍事所要, Military Requirement)
인정된 군사적 목적이나 임무를 수행하는 데 필요한 수요를 맞추기 위해 자원을 적시에 할당할 것을 사전에 만들고 명시해놓은 것.

군사수단(軍事手段, Military Means)
한 국가가 사용할 수 있는 군사적 힘의 기본적 원천으로서 현존전력(상비군 및 경찰), 동원전력(예비군, 민방위대, 동원편성 완료된 자산, 산업 및 과학기술 등 필요에 따라 군사력을 보완, 보충하여 주는 자산), 증원전력(동맹 및 연합관계에 있는 국가의 부대 및 자원) 등을 망라함.

군사수송화물(軍事輸送貨物, Military Traffic)
국방부에 소속된 인원, 우편물, 화물 등으로서 수송이 필요한 것.

군사술(軍事術, Military Art) ☞ [용병술]

군사시설(軍事施設, Military Installation)
군사력 유지에 필요한 모든 구조물.

군사심리전(軍事心理戰, Military Psychological Warfare)
군사적 임무달성을 돕기 위하여 군 편성체가 계획적으로 사용하는 심리전.

군사외교(軍事外交, Military Diplomacy)
타국과 군사적 유대강화나 교류협력을 통하여 국가외교에 기여하고 군사역량을 증진시키며, 유사시 외국의 군사지원을 획득하기 위하여 수행하는 제반 외교활동.

군사우편(軍事郵便, Military Mail)
군사 우체국을 통해 처리되는 국내 및 국제우편으로서, 통상 발신자나 수신자 모두 군에 관련된 기관에 소속된 자로서 군사 주소를 기록함.

군사원조(軍事援助, Military Aid)
1. 한 국가가 다른 나라의 군사력 유지나 전쟁수행을 돕기 위하여 병력, 무기, 기술 및 경제적 원조를 하는 것.
2. 어떤 국가가 동맹국에 대하여 전투력 증강을 목적으로 상호 조건 없이 경제적으로 도움을 주는 것.

〈동〉 [군원]

군사원조고문단(軍事援助顧問團, Military Assistance Advisory Group)
원조를 받는 국가에서 원조국의 군사원조계획과 이 계획을 관리하는 원조국 국방장관을 대표하는 합동 서비스 기구.

군사위성(軍事衛星, Military Satellite)
군사적인 목적을 가진 인공위성. 현재 미국이 사용하고 있는 군사위성은 정찰위성, 통신위성, 기상위성, 항해위성, 조기경보위성이 있고, 구소련이 쏘아올린 군사위성으로는 정찰위성, 해양감시위성, 항해위성이 알려져 있다.

군사이론(軍事理論, Military Theory)
사회현상으로서의 전쟁과 사회집단으로서의 군대 및 집단활동으로서의 전투 등에 관한 개념, 범주, 원리, 원칙 등을 경험적 연구를 통해 체계화한 이론 분야. 전쟁에서의 승패여부를 좌우하는 군사학의 핵심분야에 해당하며, 좁은 의미의 군사학은 바로 이 군사이론을 지칭한다. 여기에는 전쟁의 본질과 형태 및 군사활동의 본질과 객관적인 규칙, 전쟁지도, 작전방법, 군사력의 건설 등에 대한 연구가 포함된다. 주요 분야로는 전쟁학, 전략학, 작전학, 전술학, 군대지휘학, 군제학, 군사교육훈련학, 군수관리학(병참학), 국방경제학, 전쟁동원학 등을 들 수 있는데, 이 중에서도 특히 전략학과 작전학 및 전술학이 군사이론의 주요부분이라고 할 수 있다. 그 외에도 인접학문을 군사문제에 응용한 군사사회학, 군사심리학, 군사지리학, 군사사 등도 군사이론에 포함시킬 수 있다.

군사자격기준제도(軍事資格基準制度, Military Qualification Standard; MQS)

(미국) 미 육군 장교들의 자질 향상을 위한 제도로서 계급별로 임무수행에 필요한 자격요건을 제시하여 이를 달성케 함으로써 지속적인 학습을 유도하는 장교 교육훈련 제도.

군사자원(軍事資源, Military Resources)

국방부 소속의 부대 통제 하에 있는 군사적 혹은 민간 인원, 시설, 장비 및 보급품.

군사작전(軍事作戰, Military Operations)

1. 전쟁과 이에 미치지 못하는 분쟁 또는 평시에 국가 및 군사전략적 목적을 달성하기 위하여 전장 또는 그 이외의 특정 지역에서 군사적 수단을 사용하는 제반 군사행동.
2. 용병술을 바탕으로 가용한 군사력을 운용하는 계획되고 체계화된 군사행동.

(러시아) 지상, 해상, 공중에서 적을 격멸하는데 지향된 전시 군의 작전.

군사작전 원칙(軍事作戰 原則, Principle of Military Operations)

군사작전을 계획, 준비 및 실시하는 데 있어 적용해야 할 지배적인 원리로서, 이들 상호 간에는 밀접한 관계를 가지고 있음.

군사잠재력(軍事潛在力, Military Potential)

군사력 기반의 하나로서 무력을 건설, 유지하는 데 가용한 국가자원.

군사적 요구(軍事的要求, Militarily Requirements; MR)

군사적 사용 목적을 위하여 필요하다고 인정되고 허락된 것.

군사적 유의낙진지역(軍事的 有意落塵地域, Area of Militarily Significant Fallout)

방사능 낙진이 군 부대의 정상적인 업무수행능력에 영향을 주는 지역.

군사적 점령(軍事的占領, Military Occupation)

외국 군대의 통제 영향 하에 있는 지리적 지역의 상태.

군사전략(軍事戰略, Military Strategy)

1. 국가목표를 달성하기 위하여 군사적인 수단을 효과적으로 준비하고, 계획하며, 운용하는 방책.
2. 전시와 평시에 군사적인 목표를 달성하기 위해서 직접 또는 간접적 군사수단을 활용하는 행동과정상의 사고방법.

(미국) 무력이나 무력의 위협을 적용함으로써 국가정책의 목표를 달성하기 위하여 한 나라의 군사력을 활용하는 術이며 과학.

(중국) 군사적으로 전쟁의 전체적인 국면을 지도하는 방략임. '전략'이라는 용어가 '정치전략', '경제전략' 등 다양한 분야에 사용됨에 따라, 혼란을 피하기 위하여 '군사전략'이라는 용어로 의미를 제한하여 사용.

(러시아) 군사술의 구성 부분인 동시에 군사술의 최상위 분야로서 국가나 군대가 전쟁을 준비하는 이론과 실제. 전쟁과 전략적 작전의 계획과 수행을 포함.

군사전략기획(軍事戰略企劃, Military Strategy Planning)

군사기획의 일부로서 군사정책목표 또는 국방목표를 달성하기 위하여 군사력 운용개념을 정립하고, 이에 따른 군사력 소요를 제기하는 일련의 기획과정임. 군사전략기획 절차는 전략을 평가해서 전략개념을 도출하고, 군사력 소요를 판단해서 전략능력을 분석한 다음, 작전계획을 수립하는 과정으로 이루어진다.

군사정보(軍事情報, Military Intelligence)

가상적인 적이나 실제적인 적군 또는 작전지역에 관한 지식으로서 군사정책기획 및 계획을 준비하고 실시하는 데 필수적인 정보. 군사정보에는 전투정보와 전략정보가 포함된다.

ㄱ

군사정책(軍事政策, Military Policy)
국방정책의 일부로서 국가의 평화와 독립을 지키기 위하여 군사력의 유지, 조성 및 운용을 도모하는 군사에 관한 각종 정책.
(러시아) 정치적 목적 달성을 위한 무력적 강제의 조직, 준비, 적용과 직접적으로 관련된 국가 및 여타 사회·정치 기관들의 전반적 정책의 구성 부분.

군사제도(軍事制度, Military System)
한 국가의 군사적 안전보장을 주 임무로 하는 사회제도의 하나. 사회와 유기적인 관련성을 가지며, 합법적인 권위와 군령권 및 군정권을 가지고 군인을 조직, 편성, 동원하여 이들을 교육, 훈련하고, 작전을 관리하는 체계를 가리킨다.

군사좌표(軍事座標, Military Grid)
남북과 동서로 그어진 서로 직교하는 두 쌍의 선으로 된 정사각형 모양의 방안조직. 이 방안조직은 지도나 도표나 기타 지구의 표면을 표현하는 면상에 표시하여 정확한 위치와 방향과 거리 등을 나타낸다.

군사지도(軍事地圖, Military Map)
군사 목적으로 사용되는 지도. 축척에 따라 소축척, 중축척, 대축척지도가 있으며, 내용에 따라 평면지도, 기복지도, 사진지도 등으로 구분한다.

군사지리정보(軍事地理情報, Military Geographic Information)
기획을 하거나 작전을 수행하는데 필요한 지역의 물리적 양상, 자원 및 인위적 물체에 대한 정보.

군사지리학(軍事地理學, Military Geography)
군사적 기획이나 군사작전을 수행하는데 영향을 줄 수 있는 특정 지역에 대한 자연적이거나 인공적인 물리적 지형을 취급하는 정보요소 또는 이에 관한 학문.

군사첩보(軍事諜報, Military Information)
실제 또는 가상적(假想敵)이나 작전지역에 관한 사항을 파악하는 데 도움을 줄 수 있는 모든 요소. 서류, 자료, 지도, 사진, 도표, 관측사항 등이 포함된다.

군사태세(軍事態勢, Military Posture)
군사적 수단, 능력 및 시설을 통합한 국가방위체계의 전략적 배열(strategic arrangement), 전투준비, 전투지속 등을 망라한 포괄적 개념.

군사통신위성(軍事通信衛星, Military Communication Satellite)
극초단파에 의한 원거리통신과 많은 용량의 군사통신에 대한 중계소 역할을 하는 위성.

군사통행허가증(軍事通行許可證, Military Passport)
어떤 지역을 관할하는 군 지휘관이 그 지역 내에 거주하거나 왕래하는 사람들을 통제할 목적으로 발행하는 허가증.

군사특기(軍事特技, Military Occupational Specialty; MOS, Military Posture)
1. 군사업무를 수행할 수 있는 개인의 특기.
2. 군에서 소요되는 장병의 단일 직무과제나 능력으로서 전문적으로 수행할 수 있는 군의 직책분야를 말함.

군사피해평가(軍事被害評價, Military Damage Assessment)
한 국가의 군대에 대한 공격의 영향평가를 의미하며 잔존 군사능력을 판정하여 복구 및 재건계획을 지원하기 위한 것.

군사학(軍事學, Military Science, Military Science & Art)
1. 군사력과 분쟁과정을 연구대상으로 군사력 건설 및 유지, 군사력 운용, 그리고 기타 군사분야를 연구 범위로 하여 이를 경험적, 정책적, 규범적으로 연구하는 학문.
2. 국가안보문제의 군사적 차원에 속하는

부분에 관한 하나의 학문체계로, 전시와 평시에 군사력의 역할, 발전, 운용 및 지원문제와 국가목표 달성을 위한 군사력 사용에 직접적으로 영향을 미치는 정치, 경제, 사회, 심리, 지리 등 국가요소간의 상호작용관계를 이론적, 체계적으로 연구하는 학문.

(미국) 전·평시에 군사력의 건설, 운용, 지원에 관한 연구인 동시에 국가정책(國家政策)의 도구로서 군사력의 사용에 관한 연구이며, 또한 군사력과 국력의 경제적, 지리적, 정치적, 그리고 사회 심리적 제 요소들과의 상관관계(相關關係)를 연구하는 것. (Military Science & Art)

(중국) 전쟁의 본질과 법칙을 연구하고, 전쟁 준비 및 실전을 지도하는데 사용되는 과학. 군사사상, 군사학술, 군사기술, 군사역사와 군사지리 등 중요한 과목을 포괄한다. 군사과학은 국가에서 제정한 군사전략과 전략방침, 무장역량건설의 규획, 무기기술 장비의 발전 및 전쟁준비와 전쟁실행에 관한 지도 등 군사적 실무에 이론적 근거를 제공한다. [군사과학(军事科学)]이라고도 한다.

(일본) 전쟁, 방위 등의 분야에서 군대(군사력)를 유지·관리하고, 전쟁발발시 정치적 명령에 따라 작전·용병 등을 통해 보유 군사력을 행사하는 일에 관한 연구.

(러시아) 무력투쟁의 본질, 기본 및 내용, 군사력의 수단(사용)과 지원에 의해 이루어지는 군사작전의 수행방식 및 인력과 시설에 관한 하나의 지식체계로서 무력투쟁을 지배하는 객관적 법칙을 발견하고 군사학의 기본 구성요소로서의 군사술의 이론에 포함되는 제반문제, 군사력 조직, 훈련, 지원 및 군사의 역사 경험에 관한 제반 문제를 조사 연구하는 것. (Military Science)

군사혁신(軍事革新, Revolution in Military Affairs; RMA)

새로운 군사과학기술을 응용하여 새로운 전력체계를 개발하고, 이와 유관하여 작전운용개념과 조직편성을 혁신적으로 발전시키고 조화롭게 운용함으로써 전투효과를 극적으로 증폭시키는 현상. 구체적으로는 기술(Technology)과 교리(Doctrine), 편성(Organization)의 근본을 획기적으로 발전시켜, 전쟁의 성격을 완전히 새롭게 변모시킴으로써, 군사발전 단계를 기술에 국한된 점진적인 진보가 아니라 혁명적인 개혁에 중점을 두었음을 강조한 개념이다. 군사혁신은 미국의 국방 종사자들이 군사기술혁명(MTR: Military Technical Revolution)이라는 용어에 대한 논의를 처음으로 시작하였으며, 1994年까지는 군사 분야 혁신을 나타내는 용어로 군사기술혁명(MTR)과 군사혁신(RMA)을 혼용하여 왔다. 그러던 중 1995년 이후부터 기술과 무기 중심의 군사혁신은 군사기술혁명(MTR)으로, 기술뿐 아니라 편성과 운용 면에서 까지 혁신적 변화를 추구하는 것으로는 군사혁신으로 분리하여 사용하고 있다. 군사혁신은 최근 군사대국인 미국뿐 아니라 한반도 주변국인 일본, 중국, 러시아를 포함하여 세계 각국이 추구하고 있다.

군사협력(軍事協力, Military Cooperation)

공동의 적이나 위협에 대해 안정과 이익을 추구하기 위하여 군사적 부문에 대해 국가간 협조 관계를 유지하는 것.

군사협정(軍事協定, Military Agreement)

국가와 국가 간의 군사적 동맹, 원조, 교류 따위에 관한 약정.

군사훈련(軍事訓練, Military Training)

1. 특수한 군사적 기능이나 업무의 수행능력을 제고하기 위해 개인에게 실시하는 교육.
2. 전투 준비태세를 향상시키기 위해 수행하는 한 개 혹은 여러 개의 부대에 대한 훈련.

군사훈련사절단(軍事訓練使節團, Military Training Mission)

군사업무 면에서 외국정부를 도와주고 고

문 역할을 하게 할 목적으로 정부가 외국에 파견하는 군인의 집단.

군사휴전협정(軍事休戰協定, Military Armistice Agreement)
정치문제를 배제하고 군사적인 면에서 쌍방이 전쟁행위를 정지하는 협정.

군사휴전회담(軍事休戰會談, Military Armistice conference)
전투 행위를 정지하기 위하여 쌍방의 군사대표가 모여서 협의하는 것.

군속(軍屬, Military Employee) ☞ [군무원]

군수(軍需, Logistics)
국방목표를 달성하기 위해 무기체계의 연구개발, 장비 및 물자의 소요판단, 생산 및 조달, 보급, 정비, 수송, 시설, 근무의 군수기능을 최적화하고 물자, 장비, 시설, 자금 및 용역 등의 모든 가용자원을 효과적·경제적·능률적으로 통합 운용하여 군사작전을 지원하는 활동. 군수에서 지원하는 군사활동은 다음과 같다.
1. 군수품의 보급, 정비 및 수송.
2. 병력의 이동.
3. 시설의 획득, 건설, 유지, 운용 및 처리.
4. 용역 및 근무지원의 계획, 획득 및 제공.
(중국) 후근(後勤)으로 통칭되며, 무기장비의 개발과 생산, 정비에 관한 업무를 제외한 전투근무지원활동을 가리킨다. 군수(軍需)는 협의로 군대에 보급되는 의(衣)과 식(食)을 지칭한다.

군수관리(軍需管理, Logistics Management)
국방목표를 달성하기 위한 군수정책의 기획과 집행 및 평가 과정의 제반 관리 체계. 군수정책 및 방침을 수립하고, 장비 및 물자, 제도 및 관리 기법을 연구·개발하여 물자, 장비, 시설, 자금 및 용역 등의 가용자원을 효율적으로 관리하기 위한 과정이다.

군수관리 정보체계(軍需管理情報體系, Logistic Management Information System; LMIS)
군수자원관리에 필요한 모든 자료를 통합적으로 분류, 저장, 처리하며, 각 계층 관리자에게 필요한 정보를 적시에 제공하여 신속한 의사결정을 보조하는 종합체제. 이 체제는 군수지원 관리의 전산화 및 온라인화로 단순계산 및 자료축적은 물론, 군수지원판단 및 의사결정에 필요한 관리정보를 획득하여 효과적인 정책개발, 제원 및 정책변경에 적절하게 대처함으로써 노력과 시간을 절약할 수 있는 이점을 갖고 있다.

군수기획(軍需企劃, Logistic Planning)
군수분야의 기획을 수립하는 과정. 군사전략을 효율적으로 수행할 수 있게 하기 위한 군수분야의 군사력소요를 제기하고, 군사력을 효과적으로 육성하기 위해 군수정책의 발전방향과 지침을 제시함으로써 군수중기계획의 수립에 지침을 제공하는 체계.

군수물자(軍需物資, Logistics Materiel)
1. 광의의 군수물자는 군사 활동을 위한 장비, 보급품 및 이를 정비운용하고 지원하는데 필요한 모든 품목과 그 재료가 되는 자재를 포괄하여 일컬음.
2. 협의의 군수물자는 장비를 제외한 모든 물품만을 가리킴.

군수사령부(軍需司令部, Logistic Command; LC)
전군의 군수물자 소요를 예측하고 보급 행위를 실시하며 이에 대한 예하 병참부대, 보급창 또는 예·배속 부대의 업무를 지휘 감독하는 부대.

군수산업(軍需產業, Logistic Industry)
군수산업은 국방산업이나 방위산업이라고

도 하는데, 광의의 군수산업은 군사적 요구를 충족시키기 위한 모든 산업을 망라하여 부르고, 협의의 군수산업은 군비 또는 전쟁에 소비되는 물자를 생산하는 산업을 지칭함. 일반적으로는 군수산업이라고 할 때에서는 민수산업과 구분하여 부르는 협의의 의미에 국한한다.

군수수송통제본부(軍需輸送統制本部, Logistic and Movement Control Center)
출동부대와 지리적으로 가까운 곳에 위치한 서비스지원부대로 구성된 본부. 이는 출동이나 상륙 시 상급 부대의 명령에 따라 군 이동통제본부가 수행하며 기구적 혹은 민간의 수송수단, 수송계획, 군수품 취급장비 및 기타 모든 군수지원을 제공한다.

군수원조(軍需援助, Logistic Assistance)
전·평시를 막론하고 군사령부 간의 원조 형태를 표시하는 일반적인 용어.

군수지원(軍需支援, Logistic Support)
군사작전에 필요한 물자를 조달하여 전투부대의 소요를 충족하여 주는 것으로서 군수서비스, 군수물자와 수송이 포함된다.

군수지원개념(軍需支援概念, Concept of Logistic Support)
전쟁이나 작전을 수행할 때, 지휘관이 어떻게 군수지원을 하여 작전개념에 통합할 것인가 하는 자신의 의도를 개괄적으로 구두 혹은 간단한 그림으로 나타낸 것.

군수지원구역(軍需支援區域, Logistic Support Area)
작전의 전 기간을 통해 상륙군을 군수지원하는 데 필요한 보급품, 장비, 시설 및 기타 요소를 보유한 해안 가까이에 있는 지역.

군수참모(軍需參謀, Assistant Chief of Staff for Logistics; ACSLOG)
군수기능 분야에 관하여 지휘관을 보좌하는 주무 참모. 연구개발, 정비, 소요, 수송, 조달, 시설, 보급, 근무활동 등이 주요 책임 분야이며, 이 가운데 연구개발, 소요, 조달은 주로 정책군수 업무이며 보급, 정비, 수송, 시설, 근무활동은 전투를 주 임무로 하는 야전부대 군수참모의 주요활동 분야이다.

군수체계(軍需體系, Logistic System)
군수업무 수행을 위한 제반 군수요소들을 일정한 원리에 의해 조직한 전체적인 체계를 일컬음. 군수요소에는 군수병력 및 인력, 군수부대, 군수품과 모든 시설뿐만 아니라 산업시설의 근거지 등 군수기능별 모든 체계가 포함된다.

군수판단(軍需判斷, Logistic Estimate of the Situation)
구성중인 방책에 영향을 미치는 군수 요소들이 어느 정도로 혹은 어떤 형태로 영향을 미치는지를 고려해서 결론을 내리기 위해서 군수 요소들을 순서적으로 검토해서 얻는 결론.

군수평가(軍需評價, Logistic Assessment)
1. 전장이나 국가 혹은 지역에서 이루어지는 특정한 군사작전을 지원하기 위해 필요한 군수 지원에 대한 평가.
2. 전장이나 국가 혹은 지역 안에서 수행되는 군사작전에 동원 가능한 실제적 혹은 예상되는 군수지원.

군수품(軍需品, War Supplies, Materiel)
군에 소요되는 물품관리법상의 물품으로 국방부 및 직할기관과 각 군에서 관리하는 동산 중에서 현금과 유가증권을 제외한 모든 물품을 가리킴. 군부대를 장비하여 유지하며 작전하는데 필요한 모든 품목으로 식량, 의류, 장비, 무기, 탄약, 연료, 물자 그리고 모든 종류의 기계를 포함한다. 그러나 군사행동을 지원하고 유지하고 운영하고 장비를 갖추기에 필요한 부동산은 포함되지 않는다.

군수품분류(軍需品分流, Classes of Supply)
군수품을 관리와 계획의 편의를 위해 다음 10가지로 분류함.
1. 식량과 건강, 사기, 복지 물품의 무료 지급
2. 피복, 개인장비, 숙영장비, 도구세트, 행정 및 관리 용품과 장비
3. 석유, 연료와 윤활유
4. 건설 장비
5. 탄약
6. 개인 수요품목
7. 주요 첨단 장비. 전차, 헬리콥터, 라디오
8. 의료
9. 장비 유지보수용 수리부품
10. 농경과 경제적 개발 같은 비군사적 프로그램 지원을 위한 비표준화 물품

군용견(軍用犬, Military Dog) ☞ [군견]

군용수송차량(軍用輸送車輛, Military Transport Vehicle)
전투차량으로 사용하는 경우를 제외한 군사목적을 위해 특별히 설계된 차륜식 또는 궤도식 차량. 전투차량과 부대의 근접지원에 있어서 비 도로 및 도로를 통과하여, 화물, 인원 및 기재를 수송하거나 다른 차량을 견인하는 차량을 가리킨다.

군원(軍援, Military Aid) ☞ [군사원조]

군원교육(軍援敎育, Military Assistance Training)
타국에 대한 군사원조의 일환으로 실시되는 교육과정으로 학교교육, 실무교육, 시찰로 구분함. 학교교육으로는 원조국 본토의 군사 및 민간학교 교육과 원조국 해외군사교육이 있으며, 실무교육에는 원조국 본토 및 해외실무 교육과 주한 유엔군부대 실무교육이 있다. 시찰은 시찰국 본토 및 해외군사시설 시찰이 있다.

군원물자(軍援物資, Military Aid Materiel)
「한・미 합의의사록」에 의하여 미국으로부터 우리나라에 제공되는 군사원조 물자로서, 재산의 처리권한이 미 측에 있는 물자를 말함. 군원물자에는 선박적송 물자, 항공화물, 미 8군 초과물자, 우편화물, 현지조달 군원물자, 국제연합(UN) 및 우방국가 기증물자 등이 있다.

군인복무령(軍人服務令, Decree on Military Service)
군기를 확립하고 군인정신을 높이기 위하여 군인복무에 관한 기본지침을 명시한 대통령령.

군인복지기금(軍人福祉基金, Military Welfare Fund)
군에서 운용하는 복지 및 체육시설의 운영수입금을 재원으로 정부재정 여건상 일반회계에서 부담할 수 없는 군 복지사업을 자체적으로 추진하기 위해 설치된 사업성 기금. 군 복무요원의 사기진작과 복지증진을 도모함으로써 국군의 전력 향상에 기여할 목적으로 운용한다.

군 인사관리(軍人事管理, Military Personnel Management)
성공적인 임무수행을 위하여 군에 복무하는 인원의 선발, 할당, 이용을 계획 및 조직하고 지시 감독하는 것으로서 직무분석, 직책분류, 보직, 기록 및 보고제도 등을 포함함.

군인정신(軍人精神, Military Spirit)
군인으로서 지니고 있어야할 건전한 생각으로 전쟁의 승패를 좌우하는 필수적인 요소임.

군 전장기능별운영개념(軍 戰場機能別運營槪念, Operation Concept of Battlefield Function)
군 전장운영개념을 구현하기 위한 각 기능별 운영개념으로서 각 군이 분류한 전장기

능에 대해 '어떻게 싸울 것인가?'를 구체적으로 설정한 세부 개념.

군정(軍政, Military Administration)
1. 법률의 원리, 원칙 및 전쟁규칙에 의거하여 군 지휘관이 점령지역에서 입법, 사법, 행정권한을 행사하는 통치기능.
2. 국방목표 달성을 위하여 군사력을 건설, 유지, 관리하는 기능으로서 국방정책의 수립, 국방관계법령의 제정, 개정 및 시행, 자원의 획득배분과 관리, 작전지원 등을 의미함.

군정반(軍政班, Military Government Team)
각 시, 도 단위에 설치되는 군정 팀.

군정보환경(軍情報環境, Military Information Environment)
특정 군사작전에 영향을 미치는 적 · 아의 군사, 비군사 정보체계 및 조직으로 구성되며「범세계 정보환경」안에 위치한 환경.

군정부대(軍政部隊, Military Government Unit; MGU)
점령지역 및 수복지역에 대한 군정을 수행하기 위하여 편성된 군부대.

군정사령관(軍政司令官, Military Government Commander; MGCOMD)
군정을 실시하는 군 지휘관.

군정장관(軍政長官, Military Governor)
점령지에서 점령군 정부나 상급기관으로부터 하달 받은 명령이나 전쟁법에 준해서 민간인에 대한 최고의 권한을 수행하는 군 지휘관이나 기타 지명된 사람.

군정장교(軍政將校, Military Government Officer; MGO)
군정참모부 또는 군정부대의 일원인 장교.

군정재판소(軍政裁判所, Military Government Court; MGC)
군정책임을 부여받은 지휘관이 설치한 군사법정.

군정포고(軍政布告, Military Government Ordinance)
점령지를 통제하기 위한 법이나 규칙을 공포하는 군사정부 장관의 법률제정권한.

군제(軍制, Military System)
군사기구의 건설, 관리, 유지, 운용에 관한 제 제도의 총칭.
(중국) 군사역량의 조직, 관리, 발전 및 비축과 관련된 군사제도. '군제'라는 용어는 중국 전국시대 말기부터 사용했으며, '병제(兵制)'라는 용어와 혼용해 오다가, 청말 이래로 '병제'는 점차 병역제도만을 가리키게 되었고, '군제'만이 군사제도를 가리키는 말로 통용되고 있다.

군제학(軍制学)
(중국) 군사제도를 연구대상으로 하는 군사학의 중요한 학문분야의 하나. 군사제도의 산생, 발전, 내용, 형식, 본질과 작용 등을 연구하여, 규율을 명시하고 원리를 밝히며, 각종 군사제도의 제정 및 실시를 위한 이론적 근거를 제공한다. 군제학의 기초이론은 군사제도의 기본개념과 내용체계, 주요특성, 지휘 작용에 대한 논술과, 군사제도를 제정하고 실시하는 원리와 원칙, 군제사와 군제사상사 등을 포괄한다.

군종(軍種)
독립적으로 작전이나 전투를 할 수 있는 무장력의 구성부분. 육군, 해군, 공군 등이 있다.
〈동〉 [병종(兵種)]

군종감(軍宗監, Chief of Chaplains)
각 군의 군종장교를 대표하는 최고 책임자. 군종목사, 군종신부, 군종법사 중에서 순환하여 임명하며 임기는 대략 2년이다. 군종실장이라고도 부른다.

군종병과(軍宗兵科, Chaplaincy, Chaplain Corp)
군대에서 종교와 관련된 군사특기. 한국군의 경우 기독교, 천주교, 불교 등의 종교가 있으며, 각 종교별 병과마크를 달리하고 있다.

군종장교(軍宗將校, Chaplain)
1. 지휘관에게 그 부대의 도덕적, 종교적 복지에 관계되는 사항을 조언하는 참모로서 군에 소속되어 있는 성직자.
2. 군대에서 종교와 관련된 업무에 종사하는 성직자를 총칭하는 말. 한국군의 경우에는 군종목사, 군종신부, 군종법사 등 각 종교별 성직자가 복무하고 있다.

군종참모(軍宗參謀, Staff Chaplain)
군종부의 수장으로 비전투병과 참모로서 지휘관을 보좌하는 특별참모. 종교업무, 교육업무, 선도업무, 대민업무 등의 업무를 수행하며 사단 군종참모, 군단 군종참모, 군사령부 군종참모로 구분한다.

군지불인증서(軍支佛認證書, Military Payment Certificate)
(미국) 군 지불인증지역으로 선정된 군사작전지역에서 공식적인 교환 매개체로 사용되는 미국 달러로 액면금액이 명시된 증서.

군진의학(軍陣醫學, Military Medicine)
군에서 주로 발생되는 질병이나 상해에 대한 예방, 진료, 재활에 관련된 의학적 연구활동 및 군 의무지원체계의 기획, 계획, 관리, 운영방법 등을 연구하는 학문을 포괄적으로 지칭하는 말.

군축(軍縮, Disarmament)
군비통제의 한 분류로, 군사적인 비축 역량을 국제적 합의 수준으로 줄이는 것.
(중국) [재군(裁軍)]이라고 하며 군사력의 감축과 폐기를 의미함. 중국군의 경우, 1985년 중국 정부가 자발적으로 역대 최대의 숫자인 100만 군의 감축을 선포한 바 있다.
(러시아) 구소련은 군축이 군비통제라는 용어가 등장하기 이전부터 통용되어 왔으므로 군축을 군비통제를 포함하는 포괄적인 개념으로 보아야 한다는 주장을 견지해 오고 있다.

군표(軍票, Military Currency)
점령지역에서 민간인 및 군인들이 사용하도록 점령국 군 지휘관에 의하여 법적 통화로서 공표된 화폐. 해당 국가의 공식적인 화폐와 구별하기 위해서 그 국가의 화폐와 차별화된 모양으로 만들어져야 한다.

군판사(軍判事, Military Judge)
군사법원법에 의하여 국방부장관이나 각 군 총장이 군판사로 임명한 군 법무관으로서 군사법원에서 판사의 임무를 수행하는 자.

군호(軍号)
1. 옛날, 군중에서 나발이나 화살 따위를 이용하여 보내는 신호.
2. 조선시대에 도성이나 대궐의 순라군이 자기편의 식별이나 비밀의 보장을 위하여 쓰던 암호나 신호.

권한위임(權限委任, Delegation of Authority)
지휘관이 자신에게 부여된 과업과 동등한 그의 권한의 일부를 예하 지휘관에게 부여하는 행위.

궤도차량(軌道車輛, Track laying Vehicle)
차량 양측에 1개씩 달린 2개의 궤도로 제작된 차량. 고도의 기동성을 가지고 있으며 대개 전술용으로 제작하여 무장되고 장갑화 되어 있음. 전차와 장갑차는 대부분 궤도차량이다.

귀로공수(歸路空輸, Back-Haul Airlift)
정상적인 전진수송 후에 전진 배치지역의 항공 터미널로부터 수송기지로 인원과 장비를 항공기로 이동하는 것. 혹은 전장에서 인원이나 장비를 수송기지로 이동하는 것.

귀로수송(歸路輸送, Homeward Route Transport)
출발지에서 목적지까지의 수송 업무를 마치고 목적지 방향에서 인원과 화물을 싣고 출발지 방향으로 복귀하는 수송.

귀순자(歸順者, Defector)
적대 관계에 있는 국가나 단체의 지배하에 있는 지역의 주민으로서, 스스로 그 지역을 탈출하여 순종하여 온 자.
(북한) [의거자(義擧者)]

귀환불능점(歸還不能點, Point of No Return)
항로를 따라 비행하는 항공기가 그 점을 넘어 비행할 경우에는 자체의 연료로 소속 비행장이나 기지까지 귀환할 수 없게 되는 항로상의 지점.

귀환직후 정보신문(歸還直後情報訊問, Debriefing)
적 지역에 억류되어 있던 인원이 귀환 즉시 받게 되는 신문.

귀향(歸鄕, Repatriation)
1. 자국민을 특정 지역에서 철수하는 것.
2. 정전 또는 평화협정 체결 후에 전쟁포로를 그의 본국으로 보내는 것.

규정(規程, Regulation)
최소 12개월 이상의 장기간 시행되는 정책, 지시, 책임사항 및 세부절차에 관한 사항 등을 조문형식으로 수록한 표준간행물.

규정속력(規定速力, Declared Speed)
함장이 선언하는 함선의 속도로서 함선의 현재 상태를 고려했을 때 특별한 기상이변이 없는 한 앞으로 계속해서 유지해야 하는 항해 속도.

규정항로(規定航路, Route Lanes)
개별적으로 항해하는 선박들의 운항경로로서 평행을 이루는 항로들.

규정휴대량(規定携帶量, Prescribed Load; PL)
편성부대 및 독립중대, 격리된 파견대에서 부대정비를 하기 위하여 보유하여야 할 15일분의 수리부속품과 인가된 특수공구를 유지하여야 할 수량. 산정공식은 규정휴대량(개) = 6개월간 수요량 × 15/180.

규정휴대량 목록(規程携帶量目錄, Prescribed Load List; PLL)
규정 휴대량 품목을 기능별, 장비별로 수록해 놓은 목록. 수리부속품에 대한 보급근거 문서가 된다.

규제도로(規制道路, Despatch Route)
시간과 공간의 사용우선권과 교통이동규칙이 완전히 규제되는 도로.

규제품목(規制品目, Regulated Item)
품목이 희소하고, 고가품이나 또는 취급상 위험상태가 수반됨으로써 고도의 관리기술을 요하기 때문에 각급 사령부 및 보급관리 기관에서 저장 및 분배관리 면에서 각별한 통제와 감독을 필요로 하는 품목.

균열효과(龜裂效果, Crack Effect)
폭약의 폭발로 인해 고압가스의 압축하중 때문에 물질에 균열이 발생하는 현상. 콘크리트는 폭약을 설치한 곳으로부터 균열이 일어나 벽체를 파괴시키고, 강판은 폭약을 설치한 곳으로부터 휘어지는 특성이 있다.

균형(均衡, Balance)
1. 어느 한쪽으로 기울거나 치우치지 아니하고 고른 상태.
2. 방어계획을 수립할 때 균형을 추구하는 것은 METT + TC요소를 고려하여 집중과 절약, 수세와 공세, 배치와 집결, 위임과 통제 등이 적절히 조화를 이루도록 하는 것을 의미함.
3. 군비통제방책에 적용되는 개념으로 군비

통제방책에 동의한 상대국가보다 타 국가가 군사적인 우위를 확보치 않도록 수행되는 군대와 장비의 조절.

4. 군비통제방책에서 군비통제 협정 후에 국가안보에 미치는 위협의 전 국면에 대처할 수 있도록 수행하는 군대의 국내적 조절.

균형방어(均衡防禦, Balanced Defense)

전 방향에 대한 균등한 방호를 제공할 수 있도록 방공무기를 배치하는 것. 일반적인 지형에서 지상목표에 대한 공중공격은 어느 방향에서나 가능하기 때문에 전 방향에 대한 균형방어는 방공무기 배치 시의 기본적인 준칙이다.

균형보급(均衡補給, Balanced Supply)

총 보급량과 총 요구량이 동일한 상태를 이루는 보급상태.

균형재고(均衡在庫, Balanced Stocks)

1. 수요와 가용이 균형을 이루는 특정 시점에서 군수품 재고 상태.
2. 고정된 기간 동안 필요한 수요에 맞추기 위해 결정된 필요한 양 만큼의 축적된 군수물자. 균형저장량이라고도 함.

극궤도(極軌道, Polar Orbit)

지구 북극과 남극 양극을 통과하는 인공위성의 궤도. 궁극적으로는 지구의 모든 지점을 통과하게 되며, 적도궤도와 극궤도 사이의 각도는 90도이다.

극좌표(極座標, Polar Coordinates)

1. 고정된 지점(극점)으로부터 거리와 각도로 나타내는 좌표.
2. 포사격이나 함포사격 지원에서 관측자의 위치에서 목표물에 대한 방향과 거리와 수직 수정.

극좌표법(極座標法, Polar Plot)

극좌표를 이용하여 지도상에 목표 또는 점의 위치를 표시하는 방법. 관측자로부터 표적까지의 관목방위각, 거리, 수직 전이량을 판단하여 표적 위치를 결정하는 방법. 사격지휘소에서 관측자의 위치를 알고 있을 경우에만 사용할 수 있다.

극초단파(極超短波, Ultra High Frequency; UHF)

파장은 1 m에서 10 cm까지, 주파수는 300메가사이클에서 3,000메가사이클까지의 전파. VHF(초단파)보다 파장이 짧고 지향성(직진성)이 강하기 때문에 서비스 범위는 제한되나 보다 많은 채널을 가질 수 있다.

극한지 작전(極寒地作戰, Cold Weather Operation)

북극 및 준 북극지역에서와 같은 매우 추운 지역에서 실시되는 작전.

근거리통신망(近距離通信網, Local Area Network; LAN)

지휘소 내부에서 수개의 워크스테이션, 서버, 시스템 컴퓨터 등을 연결하여 자료의 효과적인 교환, 저장 및 관리를 가능케 하는 시스템.

근거지(根據地, Base)

유격기지를 중심으로 모든 저항제대를 연결하는 병참지대로, 유격전부대의 영향력이 강하게 미치는 지역.

근로동원(勤勞動員, Labor Mobilization)

전시 또는 국가 재건사업에 가용한 노동자 및 기술자를 소집하는 것.

근무(勤務, Servicing)

업무를 수행하거나 일반적인 수요를 충족시키는 행위로서 일반근무, 상호지원근무, 합동근무가 있다.

근무명령서(勤務命令書, Duty Order)

초병 근무, 불침번 근무 등 일정 장소 및 시간의 근무자를 임명하는 직무상의 지시 명령서. 발령자의 의도와 명령을 받는 자의 임무가 명확하고 간결하게 표현되어야 하며, 승인권자의 승인 없이는 변경할 수 없다.

근무부대(勤務部隊, Service Troops)
전투부대가 효과적으로 전투임무를 수행하는 데 요구되는 보급, 정비, 의무 및 기타 지원 업무를 담당하는 부대.

근무전단(勤務戰團, Service Group)
함대 작전에 군수지원을 제공하는 임무를 수행하는 부대들의 작전과 행정지휘를 수행하기 위해 지휘관과 참모로 구성된 해군의 주요 행정 또는 전술 조직의 하나.

근무전대(勤務戰隊, Service Squadron)
함대 작전에 군수지원을 제공하는 임무를 수행하는 부대들의 작전통제와 행정지휘를 위해 지휘관과 참모로 구성된 해군 군무전단 또는 근무부대의 예하 행정 및 전술 단위.

근무지원(勤務支援, Service Support)
작전을 위한 군수, 인사, 민사지원의 총칭.

근무평정표(勤務評定表, Efficiency Report)
부여된 임무에 대하여 그 수행정도 및 군인으로서의 자질을 평가하는 인사 보고서의 일종.

근속정년(勤續停年, The Service limit)
입대 일자로부터 일정기간 계속 근무한 후에는 법적으로 전역하거나 퇴역 하도록 정한 기한.

근접관제요격(近接管制邀擊, Close-Controlled Air Interception)
요격기가 지속적으로 위치를 조절하여 목표물이 가시거리나 레이더 접촉거리 안에 있도록 하는 요격.

근접경계(近接警戒, Close-in Security)
통상 소화기 사정거리 이내에서 적의 위협에 대응할 수 있는 시간과 수단을 확보함으로써 전투력을 보존하고 부대의 안전 및 행동의 자유를 도모할 목적으로 엄폐, 위장, 장애물 설치, 국지경계부대 운용 등과 같은 경계의 제반활동 및 수단.

근접대잠탐색(近接對潛探索, Close ASW Search)
소실된 표적(Lost Contact) 탐색절차로서 잠수함의 위치를 찾는 데 실패했거나 시간이 너무 경과하여 소실된 표적의 탐색이 불가능할 때 잠수함을 탐색하는 특정한 방법.

근접무기체계(近接武器體系, Close in Weapon System; CIWS)
대함미사일 방어무기체계로서 공격해 오는 대함미사일을 1,000 m 이내의 근거리에서 20 mm 내지 40 mm 사이의 소구경포로 격추시키는 고발사율의 무기체계.

근접방어(近接防禦, Close Defense)
적과 근거리에서 적의 공격에 대항해서 방어하는 것.

근접방어사격(近接防禦射擊, Close Defensive Fire)
화력으로 적의 공격의지 및 조직을 파괴하고 공격대형을 와해시키는 등 최대한의 피해를 강요하여 아군 방어작전을 지원하기 위해 실시되는 사격.

근접수색(近接搜索, Close Reconnaissance)
즉각 아군을 공격할 수 있는 거리 내에 있는 적에 대한 정찰.

근접신관(近接信管, Proximity Fuse)
표적이 접근하면 표적의 거리 및 방향 등을 감지하여 신관이 작동되거나 목표물에서 방출되거나 신관이 생성하는 신호 같은 외부적인 환경에 의하여 작동하도록 설계된 신관.

근접신관 사격법(近接信管射擊法, Various Time Firing)
탄환에 소형 전파장치가 되어 있어서 특정

한 전파를 방사하고, 그 반사에 의하여 지상에서 일정한 거리가 되었을 때 작렬하는 VT신관 사격법.

근접엄호그룹(近接掩護~, Close Covering Group)
어떤 수역의 선박이나 육안의 시설에 대한 적의 육상 및 해상으로부터의 공격에 대한 방어 임무를 맡은 해군함정 집단.

근접위험통보(近接危險通報, Danger Close)
우군이 목표의 600미터 이내에 있음을 나타내는 사격요청시의 신호.
〈동〉 [위험근접]

근접작전(近接作戰, Close Operations)
1. 작전지역중 근접지역에서 실시하는 작전.
2. 적의 주력부대를 격멸하거나 목표를 확보하기 위해서, 투입된 적 부대에 대해 기동과 화력을 통합하고 결정적인 시간과 장소에 기습적으로 적보다 우세한 전투력을 집중하여 실시하는 작전. 독립적인 것이 아니고 적지종심작전 및 후방지역작전과 긴밀한 연계 하에 수행되어야 한다.

근접작전지역(近接作戰地域, Close Operations Area) ☞ [근접지역]

근접전투(近接戰鬪, Close Combat)
지근거리에서 소화기와 총검 및 기타 중화기를 사용하여 실시하는 전투. 통상 소화기 유효사정으로부터 육박전의 거리 내에서 이루어지는 전투로서 육박전 혹은 백병전을 뜻할 때도 있다.
(북한) [접근전(接近戰)]

근접정비지원(近接整備支援, Close Maintenance Support)
속전속결의 현대전 양상에 부응하여 전투부대의 고장장비에 대한 후송 부담을 없애기 위해 전투부대에 근접하여 현장에서 실시하는 정비지원. 신속하게 장비를 수리 복구할 수 있도록 2계단 정비능력을 갖춘 부대가 투입되어 현장수리가 가능한 고장장비는 입고정비를 지양하고 현장에서 처리하는 정비지원 체계이다.

근접지역(近接地域, Close Operations Area)
투입된 적 부대와 근접전투를 수행하는 지역. 통상 공격 시에는 적 부대의 1제대 위치, 방어 시에는 결정적인 전투를 실시할 시간과 장소를 고려하여 결정한다.
〈동〉 [근접작전지역]

근접지역사격(近接地域射擊, Close Area Fire)
적 부대의 아군 방어진지 돌파를 저지하기 위해 적 주력격멸에 주안을 두고 근접지역의 표적에 대하여 실시하는 사격.

근접지원(近接支援, Close Support)
근거리에서 어떤 화력수단이나 부대가 다른 화력수단이나 부대에 제공하는 밀접하고도 효과적인 지원활동.

근접지원사격(近接支援射擊, Close Supporting Fire)
지원을 받는 부대에 근접하여 가장 긴급하고 중대한 위협이 되고 있는 적 부대, 무기 또는 진지를 목표로 실시하는 사격.

근접지원임무(近接支援任務, Close Support Mission)
우군의 지상부대가 부여된 임무를 달성하도록 근접지원을 제공하고, 접촉중인 적 부대가 그 임무를 달성할 수 없게 하는 것을 주 목적으로 하는 임무.

근접지원작전(近接支援作戰, Close Support Operation)
우군의 지상 및 해군과 대치하고 있는 적에 대해 공중공격을 가하여 돌파구를 형성하거나 적의 공격을 둔화시킴으로써 작전의 융통성과 기동의 자유를 보장하기 위하여 수행되는 작전.

근접지원통신소(近接支援通信所, Close Support Communication Post)
지역통신소와 지역 내 부대 통신소간 간선 및 국부선을 설치 운용함으로써 통신지원 능력의 확대와 근접지원 기능을 수행하는 기동화 및 경량화 된 통신소를 말함.

근접추진지원(近接推進支援, Close and Advance Support)
지원부대가 지원을 받는 부대 또는 지원이 요구되는 현장에서 직접 보급, 수송, 정비, 근무, 인사지원 및 근무활동 등을 제공하는 것.

근접항공지원(近接航空支援, Close Air Support; CAS)
1. 지상군 및 해군의 작전을 지원하기 위하여 아군과 근접하여 대치하고 있는 적을 항공 전력으로 제압하기 위하여 실시하는 작전.
2. 아군과 근접하고 있는 적 표적에 대하여 작전 지휘관이 항공요청을 하는 것. 항공지원 및 협조를 위하여 작전 지휘관은 공군으로부터 공군 연락장교 혹은 전방항공 통제반의 지원을 받는다. 근접항공지원은 24시간 전에 계획에 반영하여 실시되는 기 계획 근접항공지원(Preplanned CAS)과 전투 진전에 따라 긴박한 상황하에서 긴급하게 요청하는 긴급근접항공지원(ICAS; Immediate Close Air Support)의 두 가지 형태가 있다.

근접항공지원회랑(近接航空支援回廊, Close Air Support Corridor)
근접항공지원 항공기가 우군 화력으로부터 안전을 보장받으며 임무를 수행할 수 있도록 설정한 공역.

근탄(近彈, Short)
1. 포탄이 표적에 도달하지 못한 곳에서 파열하는 것.
2. 포탄의 파열위치를 거리상으로 판정할 때 사용하는 관측 용어.

근해 임시집적소(近海臨時集積所, Offshore Dump)
보급품을 양륙하지 못하고 해상에 임시 집적하여 두는 곳.

금속리본(金屬~, Metallic Ribbon)
지상에 있는 적의 전파탐지기의 기능을 방해할 목적으로 기상에서 투하하는 금속 리본 또는 파편.

금지표적(禁止標的, Prohibited Target)
법률이나 조약에 의거 공격이 금지되는 표적으로서 병원, 문화재, 사찰 등이 있음.

급강하폭격기(急降下爆擊機, Dive Bomber)
기수를 수평으로부터 60° 이상의 각도로 급강하하여 폭격하는 폭격기술을 운용하는 항공기. 고공에서 공격단계로 돌입하여 표적을 향해 직향 비행하다가 중고도 및 저고도에서 무기를 투하하고 표적접근 직전에서 회피하는 기동방법을 사용한다.

급보(急報, Flash Message)
극도로 긴급을 요하는 적군과의 최초접촉에 대한 메시지나 전투 메시지로서 최우선권이 부여된 범주의 메시지. 위급전보라고도 함.

급성방사선량(急性放射線量, Acute Radiation Dose)
일시에 받은 이온화 방사선총량. 대단히 짧은 기간에 받았기 때문에 생물적 회복이 불가능하다.

급성항공병(急性航空病, Acute Flying Sickness)
고공비행 중에 특수한 생리 상태로 일어나는 병.

급속공격(急速攻擊, Hasty Attack)
충분한 공격준비를 갖추지 않은 상태에서 부정확한 첩보에 의하여 적과 접촉 시 최소의 계획으로 행군종대로부터 실시하는 공격작전의 형태.

급속도하(急速渡河, Hasty River Crossing)
공격기세를 최대한 유지하는 것으로 공격력이 상실 또는 둔화되는 것을 방지하기 위하여 하천에서 정지하지 않고 편제상의 도하수단이나 급조 도하수단을 사용하여 실시하는 작전행동.

급속돌파(急速突破, Hasty Breaching)
적의 장애물이나 장애물 지대를 급속히 돌파하는 전술적 방법. 공격기세를 유지해야 할 때 사용되며, 속도의 중요성으로 인해 통상 화력으로 실시되나, 전투공병이나 기동부대 단독으로 실시할 경우도 있다.

급속사격(急速射擊, Hasty Fire)
긴급한 사격요청에 응하기 위해 155 mm 자주곡사포(K-9)를 15초 이내에 3발을 사격하여 포탄이 표적에 동시에 탄착되도록 사격하는 방법.

급속연막(急速煙幕, Rapid Smoke)
적의 관측을 방해하거나 아군의 기동부대를 차장하기 위해 150～600 m의 소규모지역에 사용하는 연막탄 사격기술.

급속전개(急速展開, Hasty Occupation)
계획된 진지를 점령하는 과정이기는 하나 사전에 완전히 사격준비 작업을 실시할 시간적 여유가 없거나 정밀전개를 실시할 필요가 없을 때 수행하는 전개방법.

급속제독(急速除毒, Hasty Decontamination)
화생방 작용제 오염 시 대대급 이하의 부대에서 실시되는 제독의 형태. 화생방 보호장비 및 물자의 교환, 장비세척 등의 조치가 이루어진다.

급속측지(急速測地, Hasty Survey)
사격부대가 빈번히 사격진지를 변환하는 상황 하에서 완전한 측지작업을 위한 시간적 여유가 없을 때 사용하는 측지기술.

급식병력(給食兵力, Strength for Rations)
1. 식량을 제공해 주어야 하는 인원수.
2. 군부대 내에서 양식이나 음식을 제공해 주어야 할 장병의 인원수.

급양(給養, Supplies, Such as Food, Bedding)
장병의 영양관리를 위해 운용하는 주부식의 획득, 메뉴운용, 검사, 분배, 취사운영, 급양감독에 관한 제반 과정.

급양근무(給養勤務, Food Service)
급식에 관한 일체의 활동, 즉, 주식과 부식의 획득으로부터 조리과정, 급식에 이르기까지의 근무활동을 이르는 말.

급유선(給油船, Oiler)
해군용 혹은 상업용 유조선으로서 해상에서 다른 배에 연료를 급유할 수 있는 장치가 장착되어 있는 배.

급조엄체(急造掩體, Improvised Shelter)
긴급히 구축한 방공호나 엄체호.

급조도하수단(急造渡河手段, Hasty Crossing Means)
도하작전간 강습도하 시에 전투원의 도하를 위해 개인장비와 부대장비 또는 현지에서 획득 가능한 자재를 활용하여 실시하는 모든 도하수단을 이르는 말.

급편방어(急編防禦, Hasty Defense)
통상 적과 접촉중이거나 접적이 긴박하여 편성을 위한 가용시간이 제한될 때 편성되는 방어. 급편방어 시에는 지형의 천연적인 이점을 최대로 이용하여 방어하게 되는 특징이 있다.

급편방어시설(急編防禦施設, Improvised Defenses)
공격의 기세가 꺾이게 되거나 적과 근접한 행군 중 적과 조우했을 때, 현 진지를 방어하기 위해 구축하는 방어진지 또는 장애물 시설.

기간요원(基幹要員, Cadre) ☞ [간부]

기간편성(基幹編成, Cadre Organization)
부대 창설이나 증설시 해당 요원에 대한 편성 및 교육을 실시하고 평상시 기본부대의 존속에 필요한 핵심인원만 규정한 편성.

기갑(機甲, Armor)
1. 기동성, 화력, 장갑보호 효과를 발휘할 수 있도록 전차위주로 편성된 제병협동 전투 집단.
2. 전투병과 중 기갑병과.
〈유〉 [기병(騎兵, Cavalry)]

기갑대대군(機甲大隊群, Armor Group)
군단 또는 군에 소속된 1개 이상 독립 전차대대, 기계화보병대대 등으로 편성된 부대.

기갑부대(機甲部隊, Armor Unit)
전차를 주축으로 하여 기계화 보병, 자주포병, 기계화공병, 기갑수색대대, 육군항공 및 기타 필요로 하는 제병과 부대로 편성된 부대.

기갑수색부대(機甲搜索部隊, Armored Cavalry)
기갑 및 기계화 부대의 특성에 적합한 수색 및 경계 작전 수행이 가능하도록 전차, 장갑차를 주축으로 육군항공, 무인정찰기 등이 편성된 기동화 된 수색부대.

기갑항공수색대대(機甲航空搜索大隊, Armored/Air Cavalry Squadron)
(미국) 광범위한 지역에서 수색 및 경계 작전을 수행하는 부대로서 지상에서 운용되는 기갑수색부대와 헬기로 편성된 공중수색부대가 결합된 부대.

기계식 소해(機械式掃海, Mechanical Sweep)
소해구와 기뢰와의 물리적인 접촉에 의하여 기뢰 계류색을 절단시키거나 기뢰를 예인하여 안전한 곳으로 이동 또는 폭발시키는 기뢰제거방법.

기계식 시한신관(機械式時限信管, Mechanical Fuze Time)
신관의 폭발시간 조정을 시계와 같은 기계식 장치를 사용하여 지정된 시간에 폭발시키도록 한 신관.

기계적 방해(機械的妨害, Mechanical Jamming)
다른 송수신소에서 신호를 포착하는 것을 방지하기 위하여 레이더 방해색이나 레이더 방해 반사물 등을 사용하여 허위 표적을 고의적으로 만들어 내는 것.

기계화보병부대(機械化步兵部隊, Mechanized Infantry Unit)
장갑차 및 차량으로 기동화 된 보병부대가 전투력의 주체가 되어 전차, 포병, 공병 및 기타 제 병과부대로 편성된 부대.

기계화사단(機械化師團, Mechanized Division; MD)
1. 전차, 장갑차 및 자동차로 장비된 육군 사단.
2. 기동전수행에 적합하도록 기계화보병대대 및 전차대대를 주축으로 편성한 기동성 있는 제병협동부대로서 편조개념으로 운용함.

기계획임무(既計劃任務, Preplanned Mission)
공군의 임무형태의 하나로, 작전계획, 표적정보 및 이용할 수 있는 공군조직을 기초로 하여 사전에 충분한 협조를 한 후 전구항공통제본부(TACC)의 계획에 의하여 수행되는 임무.

기계획임무요청(旣計劃任務要請, Preplanned Mission Request)
사전에 임무를 계획하고 통합 조정하여 절차에 따라 제출하는 항공지원 요청.

기계획통합임무명령서(旣計劃統合任務命令書, Prepositional Integrated Tasking Order; Pre-ITO)
초전 3일간 운용되는 종심전투자산을 효율적으로 운용하기 위하여 연합효과위원회(CEB)에서 계획한 연합자산의 일일세부운영계획서로서 공군구성군 사령관의 공식명령.

기계획항공지원(旣計劃航空支援, Preplanned Air Support)
작전이 시작되기 전에 사전에 협조되고 계획된 절차에 따라 실시하는 항공지원.

기관총(機關銃, Machine Gun; MG)
소화기 탄약을 계속해서 자동적으로 발사하는 화기.

기관총 삼각대(機關銃三脚臺, Machine Gun Tripod-Mounting)
접는 식으로 된 기관총의 받침대.

기관총 탄대(機關銃彈帶, Machine Gun Ammunition Belt)
기관총 탄알이 연결되어 있는 금속 고리 또는 포제 띠.

기구반사체(氣球反射體, Balloon Reflector)
전자전에서 레이더에 의한 전파 반사를 기만하기 위해서 기구를 사용하여 상대 레이더를 혼동시키는 반사체.

기능(機能, Function)
각 개인, 부서, 편성체에 적절하게 부여된 의무, 책임, 임무 또는 과업.

기능구성군사령부(機能構成軍司令部, Functional Component Command)
(미국) 두 개 이상의 육군부대로 구성되며, 단기간 혹은 상당기간동안 수행해야 할 특정 작전을 위해 조직된 사령부.

기능시험(機能試驗, Function Test)
각종 장비의 구조별 제 기능 발휘 여부를 규정된 절차와 시험장비, 테스터기 등을 이용하여 실시하는 시험.

기능시험비행(機能試驗飛行, Functional Check Flight)
항공기의 계획 정비 또는 비계획 정비 시 시험비행이 요구되는 계통의 기능을 점검하기 위하여 실시하는 비행.

기능체계(機能體系, Functional System)
전투, 전투지원 및 전투근무지원 기능을 통합한 기능 중의 어느 한 특정기능을 수행하는 인원, 장비, 물자 및 절차를 총칭하는 결합체로서 지휘기능체계와 세부 기능체계로 구분됨.

기능피해평가(機能被害評價, Functional Damage Assessment)
군부대의 의도된 임무를 수행하고 목표물에 대해 계획한 작전상 목표수준을 달성하기 위해 목표물의 기능이나 작전능력을 약화시키거나 파괴하기 위한 군사력의 효과에 대한 예측. 이 평가는 모든 가능한 정보를 토대로 작성하며 파괴된 목표물이 기능을 원상회복하거나 대체하는데 걸리는 시간에 대한 예상도 포함된다.

기능파괴(機能破壞, Functional Kill)
목표가 된 시설, 설치물이나 목표 시스템이 원래의 기능을 충분히 하지 못하도록 파괴하는 것.

기능화군수지원체제(機能化軍需支援體制, Functional Logistic Support System)
보급 · 정비 · 수송 · 근무 등 군수기능별로 군수기구를 편성하고 지원계통을 구성하여 군수지원활동이 이루어지는 체제. 이는 종전 병과별 지원체제(공병 · 통신 · 화학 · 병기 · 병참 · 수송 · 의정이 병과별로 보급, 정비, 교육을 담당)의 비효율성을 보완하고자 개편한 지원체제이다.

기능화지원체제(機能化支援體制, Functional Support System)
기술병과 개념체제를 통합하여 단일 지휘하에 기능분야별로 지원하는 체제. 이 체제는 지휘의 통합, 강력한 통제, 경제성, 신속성, 융통성, 표준화 등이 장점으로 부각되나 병과체제에 비해 책임성, 전문성이 다소 미흡한 것이 단점이다.

기동(機動, Maneuver)
차후작전에 유리한 상황을 조성하기 위해 적 보다 유리한 위치로 병력, 장비, 물자 등을 이동시키는 것.
(미국) 1. 함정이나 항공기를 적 보다 유리한 위치로 이동시키는 것.
2. 전쟁을 가상하여 지상, 공중, 해상 또는 도상에서 실시하는 전술적 연습.
3. 요망하는 이동을 위하여 함정, 항공기, 차량을 운용하는 것.
4. 임무완수를 위하여 적보다 유리한 위치를 확보하기 위해 사격과 연계한 이동으로 전장에서 부대를 운용하는 것.
(일본) 적에 대해 유리한 태세를 갖추기 위해 부대가 이동하는 것. 기동은 그 목적에 따라 전략기동과 전술기동으로 구분되며, 전술기동은 접적기동과 전장기동으로 구분된다.

기동간격(機動間隔, Maneuvering Interval)
동일한 전술작전을 실시하는 부대 간의 거리.

기동계획(機動計劃, Scheme of Maneuver)
부대가 부여된 임무를 완수하기 위해 수립한 예 · 배속 부대 등의 기동 및 운용에 관한 계획. 적보다 상대적으로 유리한 위치를 확보하고 적의 대응보다 더 빠른 속도로 적 후방 종심으로 기동하여 적을 격멸할 수 있도록 작성된 계획으로 부대기동, 부대할당, 전투편성 등이 포함된다.

기동공간(機動空間, Mobile Space)
임무수행을 위하여 보다 효과적으로 기동할 수 있는 지면과 공중.

기동군단(機動軍團, Maneuver Corps)
고도의 지상 및 공중기동성을 발휘할 수 있도록 구성된 몇 개의 부대가 적의 전략적 주력을 격멸하고 적의 작전적 후속부대를 차단하며, 주요 전략목표를 탈취 및 확보하는 임무를 수행하는 부대.

기동단대(機動單隊, Task Element)
특수과업을 위하여 한 기동분대의 지휘관이나 그 이상급 권한자가 편성한 해군 기동분대 예하의 구성단위대.

기동로(機動路, Avenue for Maneuver)
부대가 지형의 특별한 제한 없이 용이하게 기동할 수 있는 통로.

기동력시위(機動力示威, Maneuverability Demonstration)
적에게 기동력을 과시하기 위하여 실시하는 기동.

기동방어(機動防禦, Mobile Defense)
적의 공격을 경고하며, 적을 불리한 지형으로 유인하고 저지하는 데 필요한 최소한의 부대를 전방방어 지역에 배치하고 주력은 결정적인 장소와 시간에 적을 격멸하기 위하여 예비대로서 운용하여 과감한 역습으로 적을 격멸하는 방어형태.

기동부대(機動部隊, Maneuvering Unit, Maneuvering Forces)
1. 직접사격과 함께 적과 교전하기 위하여 사격과 이동을 사용하는 부대. 간접사격으로 적과 교전하거나 전투지원 및 전투근무지원을 하는 부대와 구별되며, 주로 보병, 기갑, 수색(공중 및 기갑) 공격헬

기 부대 등이 이에 속한다.(Maneuvering Unit)
2. 한 위치에서 타 위치로 인가된 병력과 장비를 동시에 수송할 목적으로 충분한 차량으로 편성 장비된 부대.(Maneuvering Unit)
3. 특수작전이나 임무의 수행을 목적으로 단일지휘관 아래 편성되는 임시적인 단위대의 결합체(특수임무부대).(Maneuvering Forces)
4. 특정된 과업완수를 위하여 기동함대사령관 또는 상급부서 지시에 의하여 편성되는 함대의 한 구성부대. 미국에서는 이를 임무부대(Task Force)라 부르는데 주로 항모를 중심으로 순양함 등 호위함정으로 편성된 항모전투그룹으로 구성된다.(Maneuvering Forces)

기동분대(機動分隊, Task Unit)
특수한 과업을 위하여 한 기동전대 지휘관이나 그 이상급 권한자가 편성한 해군 기동전대 예하의 구성단위대.

기동성(機動性, Mobility)
군부대가 고유의 임무를 완수할 능력을 보유한 채 한 장소로부터 다른 장소로 이동하는 능력 또는 특성.

기동성 분석(機動性分析, Mobility Analysis)
작전계획 및 작전명령 발전을 지원하는 수송계획 작성에 관련된 모든 사항을 심층 점검하는 것.

기동성핵탄두유도탄(機動性核彈頭誘導彈, Maneuverable Re-Entry Vehicle; MARV)
대기권 재돌입 단계에서 사전 계획된 비행 기동을 수행할 수 있는 재돌입 탄도탄.

기동연습(機動演習, Maneuver)
적과의 상대적 위치를 고려하여, 선박, 부대, 물자 또는 화력 등을 보다 유리한 위치에 배분시키기 위한 이동 훈련.

기동예비대(機動豫備隊, Mobile Reserves)
예상되는 증원이나 역습을 위하여 유리한 위치에 신속히 이동할 수 있도록 편성된 예비대.

기동작전(機動作戰, Mobility Operation)
현존 장애물 또는 보강된 장애물의 효과를 감소 혹은 무용화시키기 위해서 실시되는 공병작전.

기동장애물(機動障碍物, Mobile Obstacle)
적의 진출속도를 추적 및 예측하여 적 기동부대의 기동로 상이나 예기치 않은 지역에 작전상황에 따라 신속하게 설치할 수 있는 유동적인 장애물. 설치시간이 적게 소요되고 가용시간 내 융통성 있게 적용할 수 있는 특징이 있다.

기동전(機動戰, Maneuver Warfare)
1. 적의 군사력을 물리적으로 파괴하기 보다는 기동을 통하여 심리적 마비를 추구함으로써 최소의 전투로 결정적 승리를 달성하게 하는 전쟁수행 방식.
2. (Mobile Warfare)기동력, 화력 및 지형의 이점을 이용하여 선제를 획득하고 이를 계속 유지하기 위해 피아간에 신속한 기동으로 전개하는 전투형태.

(중국) [운동전(運動戰)] 마오쩌뚱(毛澤東)이 인간의 행동과 역할을 강조해 기동전의 의미로 사용한 용어.

기동전단(機動戰團, Task Force)
기동함대의 지휘관이나 상위 부대의 지휘관이 특정 임무를 완성할 목적으로 구성하는 함대의 구성부대.

기동전대(機動戰隊, Task Group)
기동부대 사령관이나 상급 권한자가 편성한 해군 기동부대 예하의 구성부대로서 그 예하에 기동분대를 편성할 수 있음.

기동제대(機動梯隊, Mobility Echelon)
한 부대의 예하부대로서 본대와는 독립적으로 전개될 예정의 부대.

기동지원(機動支援, Support of Maneuver)
공병 지원기능의 하나로, 아군의 기동에 제한을 주는 각종 장애물을 개척하여 기동이 가능토록 지원하는 것. 장애물 극복, 간격 극복, 도하지원, 기동로 개설과 같은 활동이 포함된다.

기동지원단(機動支援團, Mobile Support Group)
일정한 묘박지에서 함정과 항해할 수 있는 여러 가지 시설을 가지고 전투부대, 해상보급부대와 육상부대의 시설을 지원하기 위한 군수물자의 지원을 담당하는 부서. 멀리 떨어져 있는 전진기지에 대한 지원을 제공한다.

기동회랑(機動回廊, Mobility Corridor)
지형적인 방해물을 피해 부대가 이동할 수 있도록 만든 지역. 이 지역을 통해 군부대는 양적으로나 속도 면에 있어서의 방침을 유지할 수 있으며 장애물을 상대적으로 피할 수 있다.

기동타격부대(機動打擊部隊, Mobile Striking Forces)
어떠한 지역에서나 운용이 가능토록 구성부대에서 차출되는 전투 및 전투지원부대를 포함하는 일반 예비대의 일부.

기동타격 예비대(機動打擊豫備隊, Mobile Reserves Striking Force)
예상되는 아군의 증원이나 역습을 위하여 유리한 위치에 신속히 이동하여 공격할 수 있도록 편성된 예비대.

기동편성(機動編成, Task Organization)
작전목적에 따라 명확한 지휘체계를 유지하며 작전소요의 변경에 대처하여 필요한 융통성을 제공하는 부대의 편성.

기동함대(機動艦隊, Task Fleet)
계속적인 임무수행을 담당하는 함정 및 항공기로 편성된 기동지휘 조직.

기동함대구성부대(機動部隊, Task Component)
기동함대(Fleet)의 구성부대로서, 기동전단(Task Force), 기동전대(Task Group) 및 기동분대(Task Unit) 등이 있으며, 특정임무를 수행하기 위하여 해당 지휘관이나 상급부대 지휘관에 의해서 구성됨.

기동헬기(機動~機, Airmobile Helicopter)
공중강습작전 시 무장병력 및 주요장비 공수를 주 임무로 수행하는 헬기로 UH-1, UH-60, CH-47 등이 포함됨.

기동형태(機動形態, Forms of Maneuver)
공격작전 시 적에 비하여 유리한 위치로 부대 및 그 화력을 이동시키기 위한 이동형태이며 포위, 우회기동, 침투기동, 돌파 및 정면공격 등이 있음.

기록변경보고서(記錄變更報告書, Report of Correction)
장교, 부사관, 군무원의 개인 신상과 관련되는 각종 변동사항을 개인별 신상자료를 기록한 자력표에 기록 유지하기 위하여 소속 부대장이 참모총장에게 보고하도록 만든 문서.

기록사격(記錄射擊, Registration Fire)
1. 목표물에 대한 정확한 사격제원을 알아내기 위해 실시하는 사격.
2. 선정된 기지점(기록점)의 도상제원과 실제사격결과를 비교하여 그 차이를 보정할 수 있는 수정량을 얻기 위해 통상 1문의 화포로 실시하는 포탄사격. 정밀기록사격과 고파열 및 탄착중심 기록사격 등 크게 두 가지 형태로 구분한다.
3. 개인이나 부대의 사격능력을 측정하기 위하여 실시하는 사격.

ㄱ

기록점(記錄點, Registration Point)
기록사격을 하기 위하여 기준점으로 설정한 측지된 지점. 통상 사격지대의 중앙에 위치하고 식별이 용이하며, 영구 또는 반영구적인 표적을 선정한다.

기뢰(機雷, Mine)
바다 속에 부설되어 함정의 접촉 또는 자기(磁氣)나 음향, 잡음 등에 감응해 폭발하여 적의 함정을 파괴하는 수중무기. 부설위치에 따라 계류기뢰, 부유기뢰 및 해저기뢰 등으로 분류하며, 감응폭발장치에 따라 접촉기뢰, 압력기뢰, 음향기뢰, 자기기뢰 및 복합기뢰로 분류한다.

기뢰감시(機雷監視, Mine Watching)
적 기뢰부설 활동을 대상으로 기뢰의 탐지, 위치확인 및 식별을 하는 기뢰대항책의 절차.

기뢰대항책(機雷對抗策, Mine Counter Measures)
함정에 대한 기뢰로부터의 위험과 손상을 예방 또는 감소시키는 모든 방법을 포함하는 방책.

기뢰목시탐지(機雷目視探知, Mine Spotting)
기뢰전에서 기뢰 또는 기뢰원을 육안으로 관측해서 탐지하는 과정.
〈동〉 [기뢰표정]

기뢰부설(機雷敷設, Mine Laying)
미리 준비된 계획에 따라 특정한 해양, 항만, 호수, 강 및 해상교통로에 수상함정, 항공기 또는 잠수함에 의하여 기뢰를 설치하는 것

기뢰부설 구축함(機雷敷設驅逐艦, Destroyer Minelayer)
고속 기뢰부설 작전을 수행하기 위하여 설계된 개조 구축함.

기뢰부설열(機雷敷設列, Mine Line)
기뢰군이 하나 이상 모여진 열, 또는 부설된 기뢰의 열.

기뢰부설함(機雷敷設艦, Mine-Layer)
완전히 조립된 기뢰를 목적지까지 운반하여 부설하는 함정. 일반적으로 기뢰부설능력은 구축함이나 프리게이트(Frigate)도 부분적으로 보유하고 있으나, 전문적인 부설함은 함 내부에 기뢰저장고와 기뢰부설위치 통제시스템을 탑재하고 있으며, 상갑판상이나 함 내의 레일을 통해 선미에서 투하부설한다.

기(지)뢰열(機(地)雷列, Mine Row)
기(지)뢰나 기(지)뢰 클러스터를 일직선으로 매설한 한 개의 줄.

기뢰원(機雷源, Minefield)
기뢰부설 해역으로, 우군 해역에 부설하였을 때는 방어기뢰원이 되며, 적의 수역이나 적의 침공을 저지해야 할 수역에 부설한 경우는 공격기뢰원이 됨.

기뢰전(機雷戰, Mine Warfare)
기뢰를 전략적 또는 전술적으로 활용하는 작전과 그에 대한 대항책. 이는 기뢰부설과 기뢰에 대한 방어에 필요한 모든 공격적 및 방어적인 방법을 포함한다.

기뢰전대(機雷戰隊, Mine Warfare Group)
해상 작전에서 기뢰부설이나 기뢰 대항을 수행하는 기뢰전 부대의 임무조직.

기뢰전 도표(機雷戰圖表, Mine Warfare Chart)
해군에서 사용하는 특수한 도표로서 기뢰전을 기획하거나 수행하기 위해 기존의 표준 도표에 기준해서 1 : 50,000이나 더 큰 축척으로 특별히 제작한 도표.

기뢰전 부대(機雷戰部隊, Mine Warfare Force)
기뢰를 이용하는 것과 기뢰 대항에 대한 전략, 작전, 전술의 책임을 맡고 있는 부대.

이 부대는 기뢰를 부설하거나 제거하는 데 있어서 공격방법과 방어방법을 다 갖추고 있다.

기뢰제거(機雷除去, Mine Clearance)
경로나 지역에서 모든 기뢰를 제거하는 과정.

기(지)뢰처리(機(地)雷處理, Mine Disposal)
적합하게 자격을 갖춘 개별 병사가 기(지)뢰를 안전하게 하거나 무력화시키거나, 회수하거나 제거하거나 파괴시키는 일을 수행하는 것.

기뢰클러스터(機雷~, Mine-Cluster)
중앙 기뢰의 2 m 반경 안에 다섯 개 한도 내에서 다수의 기뢰를 설치한 것.

기뢰탐색(機雷探索, Mine Hunting)
기뢰를 개별적으로 발견하여 정확한 위치를 알아내고 종류를 식별하며, 제거하기 위한 모든 방책. 기뢰제거는 폭발물로 파괴하든가, 기뢰 안전처리 기술로써 이루어질 수도 있으며, 소해로써 할 수도 있다.

기뢰탐색함(機雷探索艦, Mine Hunting Coastal; MHC)
기뢰대항전 함정의 한 형태로서 성능이 우수한 기뢰탐색 음탐기를 이용하여 기뢰원을 정밀 탐색하고 정보를 획득, 전시, 타 함정에 제공하며, 무인기뢰처리기 및 재래식 소해구로 기뢰를 처리, 탐색하는 함정.

기뢰표정(機雷標定, Mine Spotting)
☞ [기뢰목시탐지]

기만(欺瞞, Deception)
상대방의 상황인식에 영향을 줌으로써 상대방이 어떤 행동을 하거나 또는 하지 못하게 하기 위해 거짓을 사실처럼 그럴 듯하게 생각하게 만드는 속임수. 조작, 왜곡, 징후의 변조를 통하여 상대방에게 해로운 방향으로 반응토록 유도함으로써 상대방이 판단을 잘못하게 하도록 고안된 수단. 군에서는 군사적 목적을 위해 군사기만을 사용한다.

기만목표(欺瞞目標, Deception Objective)
기만작전의 결과로 나타나길 바라는 것으로서 적군이 아주 중요한 시기나 장소에서 어떤 행위를 하거나 하지 않는 형태로 표현할 수 있음.

기만방책(欺瞞, Deception Course of Action)
상황판단 과정에서 의사결정을 할 수 있도록 충분히 자세하게 개발된 기만계획. 기만방책은 기만목표, 기만 목표물, 원하는 인식, 기만계획, 잠정적 기만 수단 등을 명확히 해야 한다.

기만시설(欺瞞施設, Deception Installation)
적을 기만하기 위해 사용하는 위조건물이나 포상(砲床) 등의 시설.

기만연막(欺瞞煙幕, Deception Smoke)
1. 적을 혼란시키거나 탄약의 낭비를 강요하기 위하여 살포하는 연막.
2. 아군의 기도나 기동을 적이 오인하도록 발연장비를 이용하여 운용하는 연막형태. 통상 아군부대의 기동여건 보장, 피해의 최소화, 주요시설의 은폐를 위해 진연막(眞煙幕)장소와 병행 운용하며, 기만지역에서 기타 다양한 활동을 병행하면 그 효과를 높일 수 있다.

기만작전(欺瞞作戰, Deception Operation)
아군의 작전의도, 능력, 배치 등을 적에게 오판하도록 유도하여 적을 아군의 의도대로 유인하거나 적의 기도를 사전에 포기하게 하는 계획적인 작전활동. 기만방법에는 양공, 양동, 계략, 허식 등이 있으며, 지휘관은 이들 간에 상호보완이 이루어지도록 통합 운용하여야 한다.
1. 양공 : 적을 기만하기 위해 실시하는 제

ㄱ

한된 목표에 대한 공격작전으로 적의 관심을 주공지역으로부터 벗어나도록 하기 위한 일종의 조공작전임.
2. 양동 : 적을 기만할 목적으로 아군이 결정적인 작전을 기도하고 있지 않은 지역에서 실시하는 무력시위로서 양공과 비슷하나 적과 접촉하지 않는 것이 다름.
3. 계략 : 아군의 허위첩보를 고의적으로 적에게 전달하여 적을 기만하는 방법. 전장에서 단순한 전술적인 속임수에서부터 전략적 제대의 속임수까지 포함될 수 있다.
4. 허식 : 적의 시각적 관측을 기만하기 위한 모의 및 가장과 연출. 모의무기 및 시설, 위장된 형체, 가상부대의 출현이나 실제와 다른 형태의 부대 같은 것으로 묘사된다.

기만장애물(欺瞞障碍物, Deception Obstacle)
적을 혼란시키고, 노력을 낭비하게 만들며, 심리적 공포감 조성을 위하여 사용되는 장애물. 기만지뢰, 모의 장애물, 지뢰매설 흔적, 부비트랩 방치 등의 방법이 있다.

기만적 항공방어(欺瞞的航空防禦, Deceptive Air Defense)
적의 공군부대를 기만 유도하여 그들이 목표물을 식별하지 못하게 계획한 수단.

기만전담포병(欺滿專擔砲兵, Deception Dedicated Artillery)
대화력전 수행을 지원하기 위하여 자주포 1개 포대 규모로 다양한 진지를 점령하면서 사격, 폭음, 섬광 및 통신활동 등의 기만행위로 아군 포병의 위치와 규모를 기만하고, 화력수색을 통해 적의 대응사격을 유도하여 적의 화력지원수단 위치를 노출시키도록 운용하는 포병부대.

기만전파방해(欺瞞電波妨害, Deception Jamming)
적이 전자전 지원책에 의해 획득한 정보가 실제와 상이함에도 불구하고, 적이 그 정보를 틀림없는 것으로 믿고 행동함으로써 전술적 과오를 범하게 만들어, 적의 값비싼 전파방해장비를 헛되게 사용토록 유지하는 것.

기만지뢰지대(欺瞞地雷地帶, Deception Minefield)
지뢰와 유사한 모형을 매설하거나, 혹은 지뢰를 매설한 것처럼 보이게 하여 적이 광범위한 지뢰지대를 오인하게 할 목적으로 설치된 지뢰지대.

기만진지(欺瞞陣地, Dummy Position)
적으로 하여금 주진지로 오인케 하여 아군이 의도하는 방향으로 적이 공격하도록 만든 허위진지.

기만표적(欺瞞標的, Deception Target)
의사결정을 하는 권한을 가진 적군의 의사결정권자로서, 그 의사결정권자가 해당 결정을 하게 되면 아군이 설정한 기만 목표를 달성하게 됨.

기밀(機密, Secrecy, Secret Information, Secret)
외부에 드러내서는 안 될 중요한 비밀.

기밀군사정보(機密軍事情報, Classified Military Information)
비문분류 등급에 의하여 분류된 모든 군사문서 또는 자재.

기밀분류(機密分類, Classification)
국가 안보와 관련해서 공식적인 정보가 허가 없이 공개되지 않도록 특정 수준의 보호가 필요하다고 결정하여 기밀로 취급하도록 분류하는 정보의 구분 체계.
〈동〉 [비밀분류]

기밀실(機密室, War Room)
상황도 또는 도표식 현황 및 기타 요구되는 관계사항을 유지하는 사령부급의 별실로, 이곳에서 상황 브리핑 및 회의가 실시되며,

보안유지를 위해 일반인의 접근을 통제함.

기병(騎兵, Cavairy)
기마부대 또는 차량화 및 기계화되어 고도로 기동화된 지상부대.
〈유〉 [기갑]

기병(奇兵)
(중국) 중국 고대 용병작전 중의 배치(部署)의 한 종류. 정병(正兵)에 대응하는 방법. 통상 익측 우회 임무를 담당하는 부대와 기습, 매복 공격하는 부대를 가리킴. 〈손자병법〉의 '출기제승(出奇制勝)'에서 취해온 용어로 '적이 예측하지 못한 곳을 공격하여 승리'하는 전략.

기복(起伏, Relief)
능선, 계곡, 산악 등과 같은 지면의 고저형상을 지도에 표시한 것 또는 지면의 고저상태.

기복선(起伏線, Form Line)
1. 등고선과는 달리 고도를 나타내지 않으나 지형의 기복 모형을 배수 구조에 따라 그린 것.
2. 실제 고도를 나타내지는 않는 등고선과 유사한 선. 육안으로 관찰하거나 부정확하거나 신뢰할 수 없는 지도 자료로부터 대략적으로 그린 지도로, 지형을 전체적이고 개괄적으로 나타낼 때 사용한다.

기복지도(起伏地圖, Accident Relief Map)
플라스틱 면에 인쇄되어 입체모형을 이루고 있는 지형도로서 지형도에 들어 있는 것과 같은 첩보를 입체적으로 나타냄.

기본결심(基本決心, Basic Decision)
상륙작전에 대한 세부 계획수립에 들어가기 전에 상륙기동부대 내의 최상급 제대에서 행하는 결심.

기본계획지침(基本計劃指針, Basic Planning Guide)
공수작전을 위하여 항공기 소요량을 결정하는 데 필요한 계획의 기본지침.

기본구역(基本區域, Basic Section)
전진지역에 군수지원을 하기 위해서 조직한 작전지역 내부의 통신구역에 속하는 지역

기본기지(基本基地, Bare Base)
안정된 활주로, 유도로, 항공기가 머물 수 있는 장소가 있으며 작전을 수용하고, 유지하고, 지원하는 데 필요한 최소한 필수 설비를 갖추고 있는 기지.

기본병력일보(基本兵力日報, A Daily Basic Strength Report)
부대의 기간요원, 즉 부대 편제에 의하여 보직된 인원과 업무 수행을 위하여 배속된 인원에 대하여 인사 명령권이 있는 연대급 이상 부대 및 독립 중대(대대)급 부대에서 작성하는 일일 병력현황.

기본불출품목(基本拂出品目, Basic Issue Item; BII)
무기체계, 완제품의 운용을 위하여 구성하고 있는 부수품, 부수장치, 결합체와 1단계 정비용 공구 및 보급품, 예비 수리부속 등.

기본불출품목 목록(基本拂出品目目錄, Basic Issue Item List)
장비의 완성품을 구성하는 부속품, 결합품, 구성품, 조립품 및 그들의 수량과, 1단계 정비용 부속품, 공구, 보급품 및 장비에 수반되는 예비부품과 사용부품 등을 열거한 표.

기본 사격제원(基本射擊諸元, Basic Data)
표적을 사격하는 데 필요한 기본요소인 위치, 방향, 편각, 거리 등.

기본연수교육(基本研修敎育, Basic Research and Study)
훈련관리 핵심요원(지휘관, 참모, 교관 등)의 과학적, 표준적인 훈련 관리능력을 향상시키기 위하여 훈련관리 절차(계획, 준비, 실시, 평가)를 사전에 각 제대별로 자율적

집단토의, 실습, 숙달방법으로 체득시켜 부대훈련 기법을 검토, 보완, 발전시키는 간부소집 교육의 일종.

기본 전술단위부대(基本戰術單位部隊, Basic Tactical Unit)
독립적인 전술임무를 수행할 능력이 있는 기본단위부대. 보병대대는 보병의 기본 전술단위부대임.

기본전술연습(基本戰術練習, Basic Tactics Exercise)
소부대 훈련의 일종으로서 단계적인 반복훈련을 통하여 소부대에 필요한 전술지식을 습득시킬 목적으로 실시하는 훈련.

기본전술편성(基本戰術編成, Basic Tactical Organization)
보병의 지상지원화기와 상륙임무 달성을 돕는 군용기를 포함한 상륙전투부대의 일반적 편성.

기본전쟁계획(基本戰爭計劃, Basic War Plan)
전쟁에 관한 종합적이고 합동적인 계획으로 지휘통제, 전략적 전개, 전략적 운용, 편성 및 규모, 연구개발, 군수사항 등을 포함한 전쟁을 위한 기본계획.

기본전투개념(基本戰鬪槪念, Basic Combat Concept)
부여된 목표달성을 위하여 현재 및 장차전에서 적과 "어떻게 싸워야 할 것인가"하는 개념으로서 각 부대가 지향해야 할 전투수행의 기본개념.

기본 전투단위부대(基本戰鬪單位部隊, Basic Combat Unit)
독립적인 전투임무를 수행할 능력이 있는 기본단위부대. 보병중대는 보병의 기본 전투단위부대임.

기본정보(基本情報, Basic Intelligence)
외국이나 여러 지역의 일반적인 현황, 자원, 능력과 취약점에 관한 기본적인 정보. 이 정보는 모든 수준에서 작전을 기획하는데 참고자료로 사용될 수 있음.

기본지도(基本地圖, Base Map)
기본 정보를 제공해주는 지도나 도표. 그 위에 특정 사항에 대한 추가적 데이터를 편집하거나 겹쳐 인쇄하여 사용함.

기본팀훈련(基本~訓練, Basic Team Training)
기초훈련의 최종단계에 조 또는 반의 일원으로서 훈련하는 것.

기본표고(基本標高, Bench Mark; BM)
측지선을 연하여 설정된 고도를 나타내는 표지로 다음 번 측지에 참고지점으로 사용되거나 측지시발점이 됨.

기본표적일람표(基本標的一覽表, Basic Target List)
한반도에서 가용한 모든 전구급(戰區級) 정보자산에 의해 탐지된 표적의 위치, 성질, 중심좌표 등을 구체적으로 작성한 표적목록. 공군 조종사들이 표적을 연구하고 무장방법을 선정하는 데 유용하게 이용된다.

기본형 지뢰지대(基本形地雷地帶, Standard Pattern Minefield)
재래식 지뢰지대의 표준이 되는 지뢰지대의 형태. 적의 돌파 또는 제거 시에 가장 효과적으로 대응할 수 있고 아군이 용이하게 제거할 수 있도록 고안되었으며 1개의 불규칙 지뢰조와 3개 이상의 규칙지뢰조로 구성된다.

기본화기(基本火器, Primary Weapon)
전투부대가 기본적으로 갖추어야 할 화기, 즉 소총중대의 기본화기는 소총(M16)이며 조종사의 기본화기는 권총임.

기본훈련모형(基本訓練模型, Basic Model of Training)
훈련을 전개하는 절차적 측면에서 기본적인 단계 또는 절차를 제시하는 모형.

기본휴대량(基本携帶量, Basic Load; B/L)
부대 내에서 항상 보유하도록 인가된 탄약의 양. 정상적인 재보급이 이루어질 때까지 부여된 전투임무를 수행하는데 필요한 예상소요량으로 화기 당 발수 또는 부대 당 수량으로 표시된다. 각 부대는 기본휴대량 인가 기준에 의거 기본휴대량을 100% 확보, 관리하여야 하며 그 책임은 해당 부대 지휘관에게 있다.
(일본) [고유예비(固有豫備)]. 부대가 항시 보유하도록 편제표 외의 정수표에 의거 규정해 놓은 예비 보급품을 말함.
(북한) [전투정량(戰鬪定量)]

기상감시 시스템(氣象監視~, Airborne Monitoring System)
엔진 등 각 시스템에 관한 데이터 및 고장 정보를 비행 중 상시 모니터하고, 기록하며 필요에 따라 지상으로 전송하여 집중 관리하는 장치. 과거에는 착륙후의 검사로서만 얻을 수 있었던 데이터가 비행 중에도 얻을 수 있으므로 필요에 따라 지상에서 부가적인 데이터를 요구 할 수 있어 안전성의 확보, 고장원인의 조사, 교환부품의 준비가 정확하게 이루어질 수 있다. 보잉 747 등 최신 여객기에 기산감시 시스템이 장비되어 있다.

기상경보(氣象警報, Weather Warning)
50노트 이상의 강풍이나 악 기상 현상이 나타나서 한국 전역이나 특정지역에 재해가 예상되거나, 비행작전에 막대한 영향이 미칠 때 발령되는 기상예보.

기상정보(氣象情報, Weather Intelligence)
모든 부대가 공통적으로 적용하는 기상요소와 특수 분야별 적용하는 기상요소를 총망라한 기상에 관한 정보. 기상요소에는 기상개황, 풍향, 풍속, 시계, 비행여부, 광명제원, 간조와 만조, 파고, 악기상 정보와 주의보를 들 수 있고, 화생방 운용에 영향을 주는 기상요소는 바람, 기온, 기온경도, 상대습도, 노점, 강수량, 구름 등이 해당된다.

기상첩보(氣象諜報, Weather Information)
대기상태에 대한 불확실한 지식으로서 기후첩보. 기상예보, 현기상 보고, 기상개요 등은 여기에 해당된다.

기선(機先, Initiative)
최초로 행동하는 힘으로써 적이 공격이나 행동을 하기 전에 먼저 이를 공격, 또는 행동하여 주도적(主導的) 위치에서 적을 제압하는 작전행동.

기성품(旣成品, Off-the-Shelf Item)
군용 혹은 민간용 표준이나 규격에 맞게 생산되거나 개발된 물건으로, 산업체로부터 공급할 준비가 되어 있으며 별도의 변경 없이도 군사적 목적에 맞추어 조달할 수 있는 물품.

기술검사(技術檢査, Technical Inspection; TI)
장비 및 무기의 계속 사용가능 여부나 수리의 필요성을 결정하기 위하여 실시되는 검사. 정기검사의 일종이며 장비의 사용가능도 및 장차의 정비대상 장비의 소요를 판단하기 위한 것.

기술교범(技術敎範, Technical Manual; TM)
군의 주요장비 및 물자를 사용하기 위한 설치, 운영, 점검, 정비 등에 관한 지식과, 이에 필요한 수리부속품, 특수공구 목록 및 각종 전문적이고 기술적인 기본원리에 대한 운용지침 및 절차를 수록한 간행물.

기술기록(技術記錄, Technical Documentation)
평가를 목적으로 실제사건에 대한 영상정

보를 기록하는 것. 기술기록은 의학, 과학, 군수, 연구, 개발, 시험 평가, 정보, 조사, 무기 발사 등의 분야에서 인적 또는 기계적 요소, 절차, 그리고 과정을 연구하는 데 유용하게 사용된다.

기술도입생산(技術導入生産, Production by Technical Transfer)
외국에서 개발되어 실용화된 무기체계를 외국의 원제작업체와 기술협력에 의하여 생산권한을 양도, 대여 또는 지원 하에 생산하는 것. 기술도입생산의 세부형태는 공동생산, 면허생산, 조립생산으로 구분하며, 계약내용에 따라 복합적으로 적용하기도 한다.

기술명세서(技術明細書, Technical Specification)
기술상의 요건을 상세히 기술한 명세서. 채택기준이 명시되어 있으며, 조작 운용상의 규정된 특질을 갖춘 품목을 설계 개발하고, 생산 공정에 올리는 데 있어서 기초가 될 만한 적절한 용어로 기술된다.

기술시험(技術試驗, Development Test)
시제품에 대한 기술상의 성능(신뢰도, 가용도, 보전도, 적합성, 호환성, 안전관계와 지원 요소 등)을 측정하고 설계상의 중요한 모든 문제점이 해결되었는가를 확인하는 시험을 말하며 선행기술시험(DT1)과 실용기술시험(DT2)으로 구분함.

기술시험평가(技術試驗評價, Development Test and Evaluation)
체계개발단계에서 제작된 시제품에 대하여 기술상의 성능을 측정하고, 설계상의 중요한 문제점이 해결되었는가를 확인 평가하여 무기체계 획득과정에 있어서 기술적 개발목표가 충족되었는지를 결정하기 위하여 수행되는 시험.

기술원조(技術援助, Technical Assistance)
장비의 설치, 운용 및 유지에 필요한 기술분야에 관한 조언, 지원 및 훈련을 제공하는 것.

기술자료(技術資料, Technical Data; TD)
기술적인 사업, 물자, 체계 및 용역에 관련되는 개념, 계획, 설명, 요구사항, 지침 등을 전달하는 수단으로서 규격, 설계도, 관련되는 목록, 교범, 보고서 등이 포함된 것을 지칭함.

기술적 조사(技術的調査, Technical Survey)
비밀정보가 토의되는 사무실, 회의실, 작전실 및 기타 이에 준하는 장소를 완전하게 전자적, 물리적으로 점검하여 도청장치로부터 확실히 안전한 장소가 되도록 하는 것.

기술적 감시대응책(技術的監視對應策, Technical Surveillance Countermeasures)
비밀이나 민감한 정보에 허락 없는 접근을 시도하는 데 사용하는 광범위하고 다양한 적군의 침입기술을 막고 무력화하기 위한 기술 및 대응방책. 기술적 침입에 속하는 것으로는 광학적, 전자광학적, 전자기학적, 유체공학적 또는 음향학적인 수단을 활용한 감지기와 전송장치기가 있고, 장비나 건물 구성요소에 대해 다양한 유형의 자극이나 변형을 가해서 직접적이거나 간접적으로 보호되어야 할 정보를 전송하는 행위가 있다.

기술적 평가(技術的 評價, Technical Evaluation)
군대가 사용하기 위한 재료, 장비 및 시스템의 기술적 타당성을 결정하기 위해 개발기관이 행하는 연구 및 조사.

기술정보(技術情報, Technical Intelligence; TECHINT, TI)
군사목적을 위하여 현재나 미래에 적용될 외국 및 적국의 기술개발 내용과 이러한 기술에 의해 생산된 물자의 작전능력에 관한 정보를 말함. 기술정보의 대상은 광범위하며 진행 중인 군사작전에서 현재 사용하고 있거나 향후 실질적으로 사용할 목적으로 연구개발 중인 모든 분야의 외국 및 적국의 장비, 보급품, 설비, 시설물, 무기체계의 기술적 특성, 성능, 강점과 약점, 생산기술, 정비기술 등에 관련된 기술 등이 포함된다.

기술지원(技術支援, Technical Assistance)
자체 기술부족으로 수리 불가한 장비에 대하여 기술부서나 수리부서로 부터 기술적인 협조를 해 주거나 받는 것을 통틀어 이르는 말. 국외계약자가 파견한 기술자가 국내에 일정기간 상주하면서 관련 기관이나 연구기관 또는 업체의 관계요원에게 기술을 전수해 주는 것 역시 기술지원에 해당됨.

기술첩보(技術諜報, Technical Information)
탄약의 정비 또는 다른 군대 보급품과 장비에 관련되는 조사, 연구개발, 공학, 시험, 평가, 생산, 운용 및 사용 등에 과학적인 정보를 포함하는 첩보.

기술통제분석반(技術統制分析班, Technical Control Analysis Element; TCAE)
수집된 신호정보를 분석하여 ASIC(정보종합실)에 제공하고, 전자전 작전반의 요구에 따라 EA(전자공격)를 지시하는 등 전자전을 수행하는 심장부.

기술특성(技術特性, Technical Characteristics)
요구되는 군사적 특성을 갖는 장비 생산을 할 때 주로 공학적 원리에 속하는 장비의 특성. 예를 들면 전자장비의 경우에 기술적 특성으로 회로도나 구성품의 배치와 유형 등이 기술특성에 해당된다.

기술평가(技術評價, Technical Evaluation)
군사목적에 사용하기 위한 물자 또는 제도에 대하여 기술적인 적합성 여부를 전문기관에서 평가하는 것.
군이 사용하기 위한 재료, 장비 및 장치의 기술적 적합성을 결정하기 위해 개발기관에서 실시하는 연구조사 및 그에 관한 평가활동.

기술호송자(技術護送者, Technical Escort)
수송 도중 고도의 안전이나 보안이 필요한 특정 장비를 운송할 경우, 이러한 임무수행에 적합한 장비와 기술적 자격을 갖춘 개인.

기술호송작전(技術護送作戰, Technical Escort Operation)
화학 또는 생물학탄을 비행장이나 항만으로부터 지역별 탄약보급소 및 투발부대까지 또는 지역별 탄약보급소(ASP)로부터 투발부대까지 안전하게 수송하는 작전.

기습(奇襲, Surprise)
적이 예상하지 못한 시간, 장소, 수단, 방법으로 타격하는 것. 비록 알았다 하더라도 적이 계획한 시간 내에 효과적으로 대응하지 못하도록 더욱 빠르게 적을 타격함으로써 기습의 효과를 달성할 수 있다.
(북한) [엄습(掩襲)]

기습공격(奇襲공격, Surprise Attack)
불의의 공격으로 적에게 심리적 물리적 충격을 가하여 혼란을 조성하고, 기습의 효과를 이용하여 주도권을 장악함으로써 유리한 여건하에서 전쟁을 수행하고자 실시하는 공격 작전.

기습노출량공격(奇襲露出量攻擊, Surprise Dosage Attack)
화학공격표적 인원에 대하여 방독면을 착용하기 전에 충분한 노출량으로 요망 사상자를 내기 위하여 15초 이내 또는 30초 이내에 화학탄으로 공격하는 것.

기온경도(氣溫傾度, Temperature Gradient)
두 공기층의 기온차이를 나타낸 것으로, 지상 4 m의 기온과 지상 0.5 m에서 측정된 기온을 비교함으로써 결정함. 화학작용제 효과계산에 있어서 기온경도 예측은 역전, 체감 및 중립상태로 구분한다.

기저부 봉쇄사격(基底部封鎖射擊, Base Blockade Fire)
방어 시 돌파된 지역의 기저부를 봉쇄하고 적 증원 병력을 격멸하기 위한 사격. 통상 일반지원 포병이나 화력증원 포병에 의해서 수행된다.

기점(基點, Initial Point)
1. 이동표적을 기점판에 위치시킨 최초 지점.
2. 각 단위 부대가 연속적으로 도착하여 중지하지 않고 종대를 형성해서 대형편성을 시작하는 지점.
3. 목표물에 폭탄투하를 개시하는 지점.

기준교리(基準敎理, Basic Doctrine)
군사기본교리를 기초로 합동참모본부의 편성 및 기능을 고려하여 분류한 교리. 합동작전을 수행하는 제 요소들의 노력과 활동의 통합을 증진시키기 위한 원칙과 기술을 제공한다.

기준병(基準兵, Base Marker)
제식훈련 시 기준이 되도록 지명 받은 병사로 회전 또는 정렬의 축(기준)이 됨.

기준병선(基準兵線, Line of Markers)
분열과 열병 때 정렬이나 분열선을 표시하기 위하여 병사를 세운 선.

기준부대(基準部隊, Base Element/Unit)
군사작전을 수행하는 조직의 단위로서 이를 중심으로 이동이나 기동작전이 계획되고 수행된다.

기준비용(基準費用, Baseline Costs)
군사작전에 들어가는 지속적인 연간 비용으로서 작전과 유지와 군 인력 예산에 의해서 지원된다.

기준사진(基準寫眞, Basic Cover)
설치물이나 자연적인 지형에 대한 사진으로서 어떤 변화가 생겼는지 추후의 사진과 비교되어진다.

기준선(基準線, Base Line)
1. 측량(Surveying) : 좌표와 대비에 적용하여 측량을 할 수 있도록 한 기초가 되는 선.
2. 사진측량법(Photogrammetry) : 두 장의 연속된 수직 항공사진의 두 기준점을 연결한 선. 이 선은 보통 한 장의 기준점을 다른 한 장으로 이동한 뒤에 측정된다.
3. 무선항법시스템(Radio Navigation System) : 항법시스템 안의 두 무선전송국을 연결하는 대원(大圓)의 두 호 중에서 짧은 호.
4. 삼각측량법(Triangulation) : 삼각측량에서 좌표화 된 여러 개의 삼각형 중 기준이 되는 한 삼각형의 변으로서 이 변의 길이는 정밀하고 정확하게 측정한다. 이 변을 기준으로 해서 다른 삼각형들의 길이를 측정한다.

기준중대(基準中隊, Base Company)
행군이나 공격, 방어에 있어서 부대의 축(기준)이 되는 중대.

기준포(基準砲, Base Piece)
포대의 기준이 되는 포로서 이 포로 최초 사격제원을 산출하고 이 제원으로 다른 포의 제원이 계산 됨.

기점(起點, Origin)
부대나 부대와 연관이 없는 화물 또는 인원을 배치할 때 배치를 시작하는 지점.

기지(基地, Base)
1. 각종 작전이 계획되고 지원되는 지역.
2. 각종 수송지원이나 기타 지원시설을 보유하고 있는 지역.
3. 자국 비행장이나 항공모함.

기지거리사격(旣知距離射擊, Known-Distance Firing)
화기로부터 목표까지의 거리를 알고 실시

하는 연습사격.

기지거리사격장(旣知距離射擊場, Known-Distance Range)
목표로부터 화기까지의 거리가 알려져 있는 사격장.

기지귀환(基地歸還, Return to Base)
제시된 정보나 구두통신에 의한 지점으로 나아가는 명령. 이 지점은 항공기가 착륙할 수 있는 장소로 항공기를 귀환시키는데 사용된다.

기지발전(基地發展, Base Development)
군사작전에 참여하는 군이나 전략적 계획에 따라 배치된 군을 지원하기 위해 지역이나 지점의 자원과 설비를 획득, 개발, 확장, 개선, 건설과 대체를 하는 것.

기지방어(基地防禦, Base Defense)
전시 및 평시를 막론하고 적의 공격이나 파괴행위로부터 그 효과를 제압하거나 감소시켜 부대의 임무 및 기능을 최대로 발휘할 수 있도록 하기 위한 군사방책으로서 기지 단위 독립작전으로 수행됨.

기지방어군(基地防禦軍, Base Defense Forces)
기지에 배치되거나 부속되어 기지방어 및 보안을 담당하는 군. 또는 지원부대에서 전투부대로 배치되거나 기지방어 임무 이외의 주요업무를 수행하는 단위부대에서 차출되어 기지방어 지휘관의 명령계통을 따르는 군병력.

기지방어작전본부(基地防禦作戰本部, Base Defense Operations Center)
기지 지휘관이 설치한 명령 및 지휘소로서 기지경계와 방어활동의 모든 책임을 지는 핵심부. 이곳에서는 작전계획, 지휘, 통합, 협조, 통제 등의 기지방어 노력을 하고 후방지역경계본부나 후방작전본부와의 협조를 통한 지역경계 노력을 한다.

기지병원(基地病院, Base Hospital)
기지 내에 반영구시설을 갖춘 병원 또는 종합병원.

기지사령관(基地司令官, Base Commander)
기지 방어 시 기지를 책임지고 통제하는 지휘관.

기지사령부(基地司令部, Base Command)
군사기지나 기지들의 집단을 포함하는 지역으로서 한 명의 지휘관이 통제하는 부대.

기지제원점(旣知諸元點, Known Datum Point; KDP)
1. 조준감사 및 포방열을 위하여 일정한 거리 및 고도에 선정한 조준점.
2. 나이키 표적추적 레이더에 진북방위각을 장입하기 위하여 이미 측지되어 제원을 알고 있는 조준점.

기지창(基地廠, Base Depot; BD)
조달한 보급품의 지원 업무를 수행하도록 지정된 보급기관. 전군 군수지원임무를 수행하기 위하여 군수사령관 지휘감독 하에 있는 보급창 및 정비창이 해당된다.

기지클러스터(基地~, Base Cluster)
기지방어작전에서 기지들의 집합체로서 지리적으로 집단화하여 상호 보호와 지휘 및 통제를 용이하게 한다.

기초 군사경로망(基礎軍事經路網, Basic Military Route Network)
평화 시에 해당 국가에서 예상되는 군사적 이동과 수송의 필요성에 따라서 사전에 지정해놓는 축, 횡축과 연결경로.

기초군사훈련(基礎軍事訓練, Basic Military Training)
군인에게 필수적인 기초교육을 실시하는 훈련.

기초부대훈련(基礎部隊訓練, Basic Unit Training; BUT)
기초훈련의 최종단계에서 실시하는 응용훈

ㄱ

련으로서 각개 군인을 부대의 일원으로 양성하는 훈련.

기초수행업무(基礎遂行業務, Basic Undertakings)
지휘관의 개념을 성공적으로 실현하기위해서 반드시 수행해야 할 기초적이고 필수적인 업무. 군사적, 외교적, 경제적, 정보적 그리고 기타 방안들이 포함될 수 있으며, 기본처리사항이라고도 한다.

기초전술편성(基礎戰術編成, Basic Tactical Organization)
전투상륙부대의 전통적 조직으로서 해안에서의 임무를 완수하기 위한 보병, 지상지원포, 공군으로 편성된 조직. 이 조직형태는 상륙군의 다양한 돌격부대가 상륙한 뒤에 가능하면 빠른 시간 내에 구성된다.

기총소사(機銃掃射, Strafing)
항공기가 근거리에서 지상 표적이나 선박을 사격하는 것.

기타정보요구(其他情報要求, Other Intelligence Requirement; OIR)
참모 및 상하 인접부대의 정보요구로, 임무수행에 결정적인 영향을 미치지는 않지만 임무수행을 방해할 수 있는 적의 능력 및 취약성과 작전지역에 대한 특징 등이 포함된다.

기파(磯波, Surf)
풍랑이 연안에 가까워지면 해저의 영향을 받아서 일반적으로 파장이 짧아짐과 동시에 파고가 높아져 점차 파장의 전면 경사가 급해져 생기는 현상.

기폭(起爆, Detonation)
화약이 압력, 열 따위의 자극을 받아서 폭발반응을 일으키는 현상임. 기폭작용을 이용하여 전기적 또는 기계적 충격에 의해 폭발시키는 장치를 기폭장치라고 하고, 다른 폭약을 폭발시키는데 사용하는 폭약을 기폭제라고 부른다.

기폭안전장치(起爆安全裝置, Fail-Safe)
(미국) 우발전쟁을 방지하기 위해 미국이 핵무기체계와 그 운용면에서 강구하고 있는 안전장치와 수단. 핵무기를 실은 비행기나 잠수함 따위가 적 공격 임무를 다시 확인하는 명령을 받지 않으면 기지로 돌아오도록 한 한계선 및 그러한 전자장치를 말한다.

기폭장치(起爆裝置, Initiating Equipment)
전기적, 기계적, 화학적 충격에 의하여 폭발을 시키는 장치.

기함(旗艦, Flag Ship)
제독 또는 단위부대 지휘관이 승함하여 그 개인기를 게양하고 지휘하는 함정.

기회교육(機會敎育, Supplementary Training)
상급자와 부하 간에 가용한 모든 접촉수단을 통하여 이루어지는 생활화교육.

기획(企劃, Planning)
1. 예상되는 위협을 분석하여 국방목표를 설정하고, 대응전략 수립 및 군사력 소요를 제기하며, 적정수준의 군사력을 효과적으로 육성하기 위한 제반정책을 수립하는 과정.
2. 제 문제에 대하여 미래를 예측하고 구상하며, 목표를 설정하고 대체행동방안을 선택하며, 목표를 달성하기 위하여 가장 경제적이고 효율적으로 자원을 배분하는 연속적인 과정.

기획, 계획, 예산제도(企劃, 計劃, 豫算制度, Planning Programming Budgeting System; PPBS)
장기적인 계획수립과 단기적인 예산편성을 유기적으로 관련시킴으로써 자원배분에 대한 의사결정을 일관성 있게 합리적으로 행하려는 제도. 미국에서 시작된 제도로서 사업별 예산제도 혹은 기획, 계획, 예산시스템 등으로 부르고 있으며, 활동단위별로 정량, 정성 양 측면에 걸쳐 비용과 효과를 비교해서 목표달성에 가장 바람직하다고 생각되는 활동단위를 선택하는 과정을 제도화한 것을 말한다. 조직전체의 자원배분을 계획적으로 합리화하는 것이 주된 목적이다.

기획명령(企劃命令, Planning Order)

1. 시행기획의 착수를 지시하는 합참의장의 명령으로서, 통상 지휘관 판단 이후에 발령됨. 국가통수기구에서 방책을 선정하기 전에 이 명령이 발령될 경우, 합참의장의 경고명령으로 갈음한다.
2. 국가통수기구에서 방책을 승인하기 전에 필수적인 기획지침을 하달한 후 기획의 착수를 지시하기 위해 발령하는 명령.

기획정보능력(企劃情報能力, Plan Information Capability)

합동작전기획 및 시행체계에 저장된 작전계획의 주요한 정보를 갱신할 수 있도록 권한을 부여하는 역량.

긴급공수요청(緊急空輸要請, Emergency Airlift Request)

긴급한 상황 혹은 시간적으로 계획을 세워 수행할 수 없을 경우에 요청하는 공수.

긴급공수훈련(緊急空輸訓練, Operation Quick Release)

위험 지역에 전략 부대를 공수하는 기동 훈련.

긴급구조(緊急救助, Emergency Rescue)

재난이 발생할 우려가 있거나 재난이 발생한 경우, 국민의 생명과 신체를 보호하기 위하여 수행하는 인명구조, 응급조치와 필요한 제반 긴급한 조치.

긴급기뢰부설(緊急機雷敷設, Urgent Mining)

해군 기뢰전에서 정확한 간격을 두되 규칙성을 갖거나 계획된 위치에 장착하지 않으면서 기뢰를 포설하는 것. 이러한 형태의 기뢰는 아군이 감수하는 위험성보다 적군의 이동에 위해를 훨씬 더 가할 위치에 부설한다.

긴급대기위치(緊急待期位置, Alert Position)

예상되는 적 항공기를 방어할 목적으로 방공항공기가 취하는 위치.

긴급대치품(緊急代置品, Emergency Substitute)

긴급 시에 한해서 다른 생산품을 대신할 수 있는 생산품.

긴급동원(緊急動員, Emergency Mobilization)

긴급한 상황이나 정상동원이 불가능할 때 해당지역 사령관이 소요되는 물자 및 인원에 대하여 관할 시 도지사에게 요청하고, 시도지사는 이를 검토하여 동원명령을 한 후 지체 없이 행정자치부장관에게 보고하여 사후승인을 얻는 동원방법.

긴급명령(緊急命令, Emergency Order)

내우외환, 천재지변으로 공공 안녕질서를 유지할 필요가 있을 때 대통령이 발하는 명령.

긴급보고(緊急報告, Spot Report)

사안이나 조건에 관해 필수정보를 포함한 간략한 구두보고로, 가장 신속하고 안전한 전송수단을 통해 전달될 수 있는 보고. 현재 진행 중인 계획이나 작전에 즉각적이고 심각한 영향을 줄 수 있는 보고이다.

긴급보급품(緊急補給品, Critical Supplies)

함안이동 초기에 보충보급을 위한 긴급요소를 충족시키기 위하여 지휘관이 사전에 계획한 보급품. 육상부대에 즉각적인 보급이 가능해야 하며, 긴급보급품은 해상덤프와 헬기수송 긴급보급품으로 구분된다.

긴급우선권(緊急優先權, Urgent Priority)

비상우선권보다 낮고 보통우선권보다는 높

은 단계의 즉각적인 임무요청의 범주에 속하는 것. 예를 들면 아군에 대한 적군의 포사격이나 박격포 사격으로 인해 사상자를 내는 경우나 적군이나 기계화된 부대가 침입위협을 하면서 이동해오는 경우 등이 여기에 속한다.
〈참〉 [긴급임무요청]

긴급이륙(緊急離陸, Emergency Scramble)
공중요격에서, 지정된 항공모함이 전투공중초계에 사용 가능한 모든 전투기를 즉각 발진시키는 것으로서, 만약 사용가능한 적 전투기를 필요로 하지 않을 경우에는, 대수와 기종이 이륙명령에 추가됨.

긴급임무(緊急任務, Immediate Mission)
사전에 예기치 못한 적의 목표에 대하여 지상 또는 해상군의 긴급항공 지원요청으로 최소 2시간 후에 항공작전이 수행되는 공군의 임무형태.

긴급임무요청(緊急任務要請, Immediate Mission Request)
성격상 사전에 자세한 임무협조나 계획을 할 수 없는 상황에서 충분히 식별이 되지 않은 목표물에 대한 공습요청.

긴급작전준비태세(緊急作戰準備態勢, Immediate Operational Readiness)
긴급한 사태에 즉각 대응할 수 있는 작전태세.

긴급잠항(緊急潛航, Emergency Deep)
잠항상태에서 필요에 의해 잠망경 심도로 부상 중 접근선박 또는 어떤 물체와의 충돌 회피나 기타 필요에 의해 긴급히 잠수함 심도를 증가시킬 필요가 있을 때 실시하는 잠항.

긴급 재보급(緊急再補給, Emergency Resupply)
침투된 작전제대와 특전지휘소 간에 약정된 기간 내에 통신개소가 이루어지지 못했을 경우에 실시되는 기계획 재보급 제도로서 침투 직후 또는 작전기간 중에 실시.

긴급전개(緊急展開, Emergency Deployment)
포병부대가 우발상황이 발생할 경우나 행군도중 사격요청을 받았을 때 행군로 주변의 가용 진지를 점령하여 적시적인 화력을 지원하기 위하여 실시하는 전개방법. 계획된 진지를 점령한 후 사격지원을 실시할 때 시간이 지체되어 작전부대를 효과적으로 지원하기 어려울 경우에도 적용한다. 신속한 진지점령 및 사격에 주안을 두고 주간이나 야간 모두 적절한 때에 실시한다.

긴급전보(緊急電報, Immediate)
국가 및 연합군의 안전에 영향을 미칠 사항에 관계되는 내용을 수록한 전보. 위급전보 다음의 우선순위를 가지며, 취급소요 시간은 60분임.

긴급정화(緊急淨化, Immediate Decontamination)
긴급하게 오염을 제거하는 개별적인 수행으로서 사상자의 최소화, 인명구조, 오염의 확대를 방지하는 행위.

긴급주요화물(緊急主要貨物, Immediately Vital Cargo)
전쟁 수행 상 또는 국가의 생존을 위하여 긴급하다고 간주하여 선적국이 선박의 위험을 무릅쓰고 선적을 승인한 화물.

긴급차량(緊急車輛, Emergency Vehicle)
긴급호출에 응하거나 범법자 및 혐의자를 추격할 때, 또는 화재경보에 응할 때 사용되는 교통법규상 우선권과 편의가 제공되는 차량.

긴급착륙(緊急着陸, Emergency Landing)
비행중인 항공기가 인원 사고나 기체가 고장이 났을 경우, 또는 고장이 예상되는 경우나 기타 긴급한 상황으로 불시착륙 하는 것.

긴급추적권(緊急追跡權, Right of Hot Pursuit)
연안국의 영해(또는 접속수역이나 경제수역 등 관제수역)에서 타국 선박이 연안국의 국내법을 위반한 경우에 연안국의 군함이 위반선박을 공해상까지 계속 추적하여 나포할 수 있는 권리.

긴급통신문(緊急通信文, Priority Message)
수신자에 의해 신속한 조치가 요구되는 내용이 담긴 우선순위가 있는 통신문. 우선순위가 적용되지 않을 시에도 진행 중인 작전의 수행을 위해 필수적인 정보가 포함된 통신문도 이에 해당됨.

긴급표적(緊急標的, Time sensitive Target)
표적이 이동 중이거나, 우군에게 위협이 되어 즉각적인 타격이 요구되는 표적, 또는 표적이 소멸되기 이전에 타격이 요구되는 표적.

긴급피난(緊急避難, Right of Necessity)
국가가 자국에 대한 급박한 위난을 피하기 위해서 부득이 타국의 법익을 침해하는 행위이나 국제법상으로는 적법행위로 인정됨.

긴급함대작전기지(緊急艦隊作戰基地, Emergency Fleet Operating Base)
제한된 기간 중, 한 지역에서 작전하는 함대를 위하여 군수지원을 제공하는 기지.

긴급항공지원(緊急航空支援, Emergency Air Support)
긴급한 상황 혹은 전장에서 발생되는 특별한 상황에 따라 사전에 계획하지 않고 필요에 따라 수행하는 항공지원.

긴요보급물자(緊要補給物資, Critical Supplies and Materials)
작전의 지원에 극히 중요한 보급품으로, 여러 가지 원인으로 부족하거나 작전 도중에 부족할 것으로 예상되는 물자.

긴요소요부족목록(緊要所要不足目錄, Critical Requirement Deficiency List; CRDL)
전시 초기 30일간 한국군 군수지원 부족물자에 대한 미국 측의 잠정지원 가용물자 목록으로서 매년 갱신되는 목록.

긴요품목(緊要品目, Critical Item)
부대 또는 장비의 임무수행에 절대적으로 필요한 품목. 전투긴요, 전투필수와 임무필수품목 등으로 구분할 수 있다.

나이키(~, NIKE)
지휘유도방식의 중·고고도 지대공유도탄. 대공 임무에 추가하여 장거리 지대지 임무와 핵 투발 임무도 수행할 수 있는 중·고고도 대공 유도무기체계이다.

나침반(羅針盤, Compass)
방위각 및 수직각을 측정하는 기재. 통상 관측장교, 야전부대 지휘관(자) 및 침투부대 조장 등이 방향 탐지 및 유지용으로 휴대하여 사용한다.
(북한) [지남침(指南針)]

나포(拿捕, Arresting)
위법행위를 한 적성국, 제3국 또는 자국의 모든 해상 및 공중운반체에 대해 아측의 완전통제 하에 두는 행위.

낙석장애물(落石障碍物, Overhead Drops)
적 기계화 부대의 이동을 차단하거나 우회를 강요하기 위해 사전에 폭파할 수 있도록 준비된 인공 장애물. 주요 도로의 애로 상에 설치하며 도로낙석, 고가낙석 등이 있다.

낙속(落速, Terminal Velocity) ☞ [종말속도]

낙엽제(落葉劑, Defoliant) ☞ [고엽제]

낙오자(落伍者, Straggler, Foot Bragger)
전투지대 또는 기동 중 소속 부대장의 정당한 허가 없이 부대를 이탈하여 배회하는 장병. 실종자, 부상자, 정신 이상자, 고의 이탈자, 범법 행위자 등이 포함된다.

낙오자선(落伍者線, Straggler Line)
낙오자, 전선이탈자 및 침투자를 체포하기 위하여 지휘관에 의하여 설치되는 통제선.

낙오자수집소(落伍者收集所, Straggler Collecting Point)
낙오자 초소 또는 낙오자선에서 수집된 낙오자를 원대복귀 또는 기타 필요한 조치를 취하기 위하여 집결시키는 장소. 헌병에 의하여 운용된다.

낙오자초소(落伍者哨所, Straggler Post)
낙오자의 수집, 후송, 정리를 위하여 낙오자 선상에 설정된 헌병초소.

낙진(落塵, Fallout)
방사성 낙진을 가리킴. 핵폭발 시 지상 폭파구의 물질이 공중에 올라가 원자운으로 형성될 때 방사능 물질로 변하여 풍향에 의해 아랫바람 지역으로 이동하면서 일정 시간 경과 후 지상으로 떨어지는 물질 또는 그 현상을 통틀어 이른다. 방사능오염의 주요원인 물질이다.

낙진등강선(落塵等强線, Fallout Contours)
동일한 방사능 강도를 갖는 지역들을 연결하여 만들어지는 지도상의 선. 낙진의 양상을 정의하고 시간당 뢴트겐으로 측정된다.

낙진예측(落塵豫測, Fallout Prediction)
낙진입자가 지구 표면에 떨어지기 이전에 그 범위와 방향을 예측하는 것. 낙진예측방법에는 정밀낙진예측과 간이낙진예측이 있다.

낙진종료시간(落塵終了時間, Time of Completion of Fallout)
핵폭발 시 지상원점으로부터 어떤 지역에 방사능 낙진이 종료되는 시간을 이르는 말.

낙진지역(落塵地域, Fallout Area)
방사선 물질이 확산된 지대, 또는 기상상태로 보아 방사선 물질이 확산될 것으로 예상되는 지역.

낙진파열안전고도(落塵破裂安全高度) ☞ [낙진폭발안전고도]

낙진폭발안전고도(落塵爆發安全高度, Fallout Safe Height of Burst)
핵무기 폭발 결과로서 군사적으로 의미가 있는 낙진이 재생산 되지 않는 폭발 고도. 〈동〉 [낙진파열안전고도]

낙진형태(落塵形態, Fallout Pattern)
낙진강도의 등고선으로 묘사되는 낙진의 분포 형태.

낙탄보고(落彈報告, Shelling Report)
포, 구경, 방향, 시간, 밀도 및 포격지역에 관한 첩보가 포함된 적 포격에 관한 보고.

낙하고도(落下高度, Release Altitude)
항공기에서 폭탄, 로켓, 미사일 등을 방출할 때 지상으로부터 항공기가 위치한 곳의 고도.

낙하산(落下傘, Parachute)
비행기에서 낙하하는 물체의 낙하속도를 공기에 의한 저항력 및 부력으로 감소시키기 위하여 사용되는 특수재질로 제작된 둥근 우산형 모양의 낙하장비. 인원투하에 주로 사용되며 주 낙하산, 예비낙하산, 화물낙하산, 고공낙하산 등이 있다.

낙하산강하(落下傘降下, Paradrop)
비행중인 항공기에서 낙하산을 이용하여 개인이나 화물을 내려 보내는 것.

낙하산구조반(落下傘救助班, Pararescue Team)
사고 지점에 육로나 낙하산으로 침투하여 의료지원, 생존방법, 생존자 구조 등에 대한 특수 훈련을 받고 이런 임무를 수행할 자격을 갖춘 인원.

낙하산전개고도(落下傘展開高度, Parachute Deployment Height)
낙하산 강하 시 계획된 착륙지점에 무사히 도달하기 위해 낙하산을 펼쳐야 하는 고도.

낙하산지휘관(落下傘指揮官, Stick Commander)
낙하산병들이 항공기에 탑승부터 낙하할 때까지 통제를 하는 지정된 지휘관.

낙하안전속도(落下安全速度, Jump Speed)
낙하산병이 항공기에서 낙하 시 상대적으로 안전하게 낙하하는 속도.

낙하조장(落下助長, Jumpmaster)
1. 공수할 물품의 준비 및 수용검사, 적재, 포장 및 방출하는 자격을 갖춘 사람.
2. 낙하작전에서 조종사와 낙하산강하지휘관 사이에 필요한 모든 정보를 연결하는 항공기 승무원.

낙하지대(落下地帶, Drop Zone)
공수부대, 장비, 혹은 공수물자가 투하되는 특정 지역. 투하지대라고도 한다.

낙하지역폭격(落下地域爆擊, Laydown Bombing)
공수 또는 공정부대가 작전을 위해 적 지역에 낙하할 때, 먼저 그 지역을 폭격하여 적을 무력화하는 것.

ㄴ

난사(亂射, Unaimed Fire)
시도조건이 좋지 않을 때 목표물이 있으리라고 추측되는 곳에 마구 쏘는 사격.

난수표(亂數表, Additive Table)
0에서 9까지의 숫자를 각각의 숫자가 나오는 율이 같도록 불규칙하게 늘어놓은 표. 통계조사에서 표본을 무작위로 가려낼 때, 암호통신 등에 이용한다.

난외주기(欄外註記, Marginal Data)
지도, 도표, 사진 등의 여백에 내용을 이해하는 데 참고가 될 만한 자료를 표시해 놓은 기호나 문자.
(북한) [지도주해(地圖註解)]

내구성 군수품(耐久性軍需品, Durable Materiel) ☞ [비소모성 보급품]

내구수명(耐久壽命, Service Life)
사용하게 된 날로부터 마모가 진행되어 품목이 더 이상 경제적으로 사용가능 상태로 회복될 수 없게 될 때까지의 시간.

내규(內規, Standing Operating Procedure; SOP)
각급 제대의 내부운영 및 관리에 필요한 임무, 책임, 방침, 업무절차 등을 기술한 일상명령.

내란(內亂, Internal Disturbances)
국가의 정치적 기본제도 및 조직을 불법적으로 파괴, 변혁할 목적으로 대규모의 폭동을 일으키는 상태.

내무검사(內務檢査 : Inspection)
부대원의 제규정 이행상태, 교육정도, 병기·시설·장비·비품 및 보급품 보존상태, 명령지시 숙지 및 이행상태 등의 점검을 통해 미비점을 도출, 보완함으로써 완벽한 전투준비태세를 유지하기 위한 검사.

내무교육(內務敎育, Barracks Discipline)
장병들이 정신적으로나 육체적으로 건강한 병영 생활을 함으로써 군인정신을 함양하고, 군인복무규율에 익숙하도록 하는 교육활동.

내무위병(內務衛兵, Interior Guard)
질서를 유지하고 군 풍기를 강화하며 부대의 안전을 위하여 부대 내부에 설치한 위병.

내부방어(內部防禦, Internal Defense)
전복, 불법 및 반란행위로부터 사회를 보호하기 위하여 정부에 의해서 취해지는 모든 대책.

내부보급(內部補給, Internal Supply)
유격작전 지역 내에서 보급을 획득하는 제도. 물물교환, 구매, 징수, 몰수 등과 같은 방법이 사용된다.

내부보안(內部保安, Internal Security; INSEC)
부대의 관할 내에 들어온 비밀 취급 물건을 보호하기 위하여 한 부대가 취하는 보안 대책.

내부선량(內部線量, Internal Dose)
실제 인체에 미치는 방사선량.

내부장벽(內部障壁, Intermediate Barrier)
전방 및 후방 장벽 사이에 설치하는 장벽으로서 사단급 이하부대 사이에 설치됨. 이는 방어지역에 대한 적의 침투를 제한하고 선정된 표적지역으로 적을 유인하고 방어지역에 있는 적의 후방이동을 방지하기 위해 계획된다.

내부통제(內部統制, Internal Control)
한 부대 내의 회계 기능을 자동적으로 상호 점검하기 위하여 개인 기능을 분리하고, 기록을 독립적으로 하는 것.

내부평가(內部評價, Internal Evaluation)
각급 지휘자가 자기 부대나 부대소속 개인을 대상으로 부대 임무수행능력 및 훈련 상태를 평가하는 것.

내선작전(內線作戰, Operation on Interior Lines)
신속한 기동, 집중 및 분산의 이점을 획득하고 양호한 통신, 짧은 병참선을 이용하여 외부로부터 포위태세로 전진해 오는 적과 대적하고자 하는 작전.
〈반〉 [외선작전]

내수(內水, Internal Waters)
영해의 기준선 이내에 있는 모든 수역을 가리키며, 호수, 하구를 포함한 하천, 운하, 항구 및 만을 모두 포함. 내수는 법적으로 국가 영토의 일부로 간주되므로, 국가가 내수에 대해 육지 영토에 대해 가지고 있는 배타적 법적 통제를 행사하는 것이 인정된다.

내전(內戰, Civil War)
국내의 대립된 세력이 무력에 의해 서로 싸우는 상태. 내란이 전투형태와 같이 된 상태를 말한다.

내해경비(內海警備, Inshore Patrol)
일반적으로 방어해안구역 내에서 작전하는 해군의 방어체계. 항만방어부대, 해안감시계통, 초계정, 지원기지, 항공기 및 해안경비대 기지 등으로 구성된다.

냉전(冷戰, Cold War)
제2차 세계대전 이후 미·소에 의해 각기 영도된 서방 자유제국과 공산국가들 간의 이념, 정치, 경제대립으로 인한 전체전(全體戰) 이전의 분쟁상태를 말함.
(중국) 제2차 세계 대전 후 서방 자본주의 국가가 사회주의 국가에 대해 행하던 군사행동을 제외한 일체의 적대행동의 총칭.

네이팜(~, Napalm)
알루미늄 비누 팜유 휘발유 등을 섞어 젤리 모양으로 만든 혼합물질. 네이팜 폭탄, 화염방사기, 소이탄의 발화제로 사용한다. 제2차 세계대전 중 미국 과학자들이 개발했다.

네이팜탄(~彈, Napalm Bomb)
네이팜을 연료로 한 유지소이탄의 일종. 소이력이 아주 커서 3,000°C의 고열을 내면서 주위를 불바다로 만든다. 제2차 세계대전 때부터 비행기로 투하하는 방법으로 쓰였다.

네트워크(~, Network)
1. 데이터 통신 시스템에 있어서 단말기(컴퓨터 포함)를 접속하기 위해 쓰이는 기기(예를 들면 전송기기, 교환기) 및 선로 등으로 구성되는 전송매체.
2. 계획분석검토기법(PERT)을 사용하는 경우 어떤 시스템을 도표화한 것.
3. 회로망.

네트워크중심전쟁(~中心戰爭, Network Centric Warfare; NCW)
1. 전장의 제 전력요소들을 효과적으로 연결, 네트워킹함으로써 지리적으로 분산된 제 전력요소들이 전장의 정보를 공유하고 상황인식을 제고함으로써 지휘관 중심의 공동노력과 자체동기화(Self-Synchronization)를 가능하도록 하여 지속성과 속도지휘(Speed of Command)를 창출, 결과적으로 임무수행의 효과성을 극적으로 증대시키는 전쟁 및 작전개념.
2. 지능화된 네트워크와 유비쿼터스 등을 이용하여 정보 공유의 이점을 극대화하는 작전수행 개념.

노드(~, Node)
이동 시스템의 한 지점으로서 이동요구가 최초로 이루어지고 이동이 처리되고 종료되는 곳.

ㄴ

노무부대(勞務部隊, Labor Service Unit)
통상 외국인 포로나 민간인의 집단을 운영, 행정 및 이동의 편의상 반군사적 성질의 부대로 편성한 것으로, 편성 및 장비표로서 표준화 됨. 이러한 부대는 신편 또는 창설되는 것이 아니라 어떠한 부대기준에 의한 구성이라고 간주할 수 있다.

노상간격(路上間隔, Road Interval)
행군부대간의 거리로서 앞 종대의 후미로부터 다음 종대의 선두까지의 거리. 행군부대간의 노상간격은 종대가 정지하고 있을 때보다 이동하고 있을 때 더 중요하다. 따라서 노상간격은 일반적으로 거리보다 오히려 시간요소로서 기술되는데 이것을 시간간격이라고 한다.

노상장경(路上長徑, Road Space)
어떤 행군종대가 도로상을 실제로 점령하고 있거나 또는 점령될 노상의 길이. 행군종대의 선두로부터 후미까지의 거리를 km로 표시한다. 행군장경이라고도 한다.

노선(路線, Route) ☞ [경로]

노출된 측방(露出~側方, Open Flank)
인접 부대가 없거나 노출되어 있는 전투지역의 측방.

노출량(露出量, Dosage)
인체에 감염된 방사선의 총량. 측정단위는 레드(Red)이다.

노출조사량(露出照射量, Exposure Dose)
한 지점의 노출조사량은 이온을 생성하는 능력과 관련해서 방사능 물질의 양을 측정한 것. 노출조사량의 측정에 사용하는 단위는 뢴트겐(Roentgen)이다.

노출통제(露出統制, Exposure Control)
방사능의 흡수량을 시간적으로 관리하는 활동.

노출표지(露出標識, Strip Marker)
지상 지뢰전에서 지뢰지대의 시작과 끝에 위치한 자연적, 인공적 혹은 특별히 설치한 표지.

노탐(~, Notice to Airmen; NOTAM)
항공기 운행상 안전과 능률에 영향을 미치는 항공시설, 항공업무, 항로관제절차 또는 설치와 변경, 서비스, 절차 혹은 위험에 관한 필수적인 정보를 조종사 또는 항공종사자에게 적시에 제공하는 고지.

노획(鹵獲, Booty)
전투행위 결과로 적의 물자를 획득하는 것.

녹채(鹿砦, Abatis)
짧은 나무토막을 이용해서 만든 대적 장애물. 목채(木砦)라고도 한다.
(북한) [록시]

농도(濃度, Concentration)
액체나 혼합기체가 단위용적 속에 포함되어 있는 양. 일정 질량이나 부피 등에 해당성분이 얼마나 포함되었는지를 나타내는 수치로, 단위는 질량백분율의 경우 %로, 몰농도는 M/ℓ, 몰랄농도는 m, 노르말농도는 N, 부피백분율은 용질의 백분율로 표시한다.

농축우라늄(濃縮~, Enriched Uranium)
천연우라늄을 가공하여 우라늄 235의 함유율을 10% 높인 것으로 열효율이 높음.

뇌관(雷管, Exploder/Blasting Cap)
폭발물을 점화하기 위해 사용되는 발화용 금속관. 충격에 의해 발화되며, 폭발장치 혹은 기폭장치라고도 한다. 뇌관에 포함되는 기폭물은 충격파를 만들기 위해 쉽게 점화되는 약한 폭약으로 구성되고, 점화제는 기폭물을 점화시키기 위해 갑작스럽게 화염을 분출시키는 물질로 도화선, 열선을 이용하거나 마찰 또는 기계적인 충격을 가해 폭발시킨다. 뇌관은 점화제 또는 점화제와 기폭물 모두를 포함해서 일컫는다. (북한) [도폭뢰관(導爆雷管)]

누적선량(累積線量, Accumulate Dose)
동일한 지역 혹은 인체 전신을 방사선에 수차 노출시킴으로써 형성된 총선량.

누적전략(累積戰略, Cumulative Strategy)
사소한 활동들이 모르는 사이에 누적되어 마침내 누적된 활동들의 총계가 중대한 가치를 발휘하게 되는 전략개념. 이는 개별적이며 자의적인 활동의 결합으로 이루어진다.

능동적 방호방책(能動的防護方策, Active Protective Measure)
공격을 통해서 적의 화생방전 계획을 사전에 분쇄하여 화생방 작용제 사용을 좌절시키거나 방해하는 전술적 방호수단.

능동 전자공격(能動電子攻擊, Active Electronic Attack)
적의 전자적 탐지, 통제는 물론 통신장비나 통신체계를 고의적인 방해나 기만을 통하여 약화 또는 무력화시키는 행위.

능동적 전파방해(能動的電波妨害, Active Jamming)
전자스펙트럼의 특정한 부분의 사용을 방해하기 위한 목적으로 수행되는 고의적인 전자파의 방사 또는 재방사.

능동지뢰(能動地雷, Active Mine)
지뢰에서 발사된 신호가 목표물에 반사되어 그것으로 인해 작동하는 지뢰.

능동추적유도(能動追跡誘導, Active Homing Guidance)
목표물을 조사(照射)하는 송신부와, 수신된 신호의 발사파를 탐지하는 수신부를 미사일 자체 내에 포함하고 있는 유도체계.

능선(稜線 : Ridge)
산등성이를 따라 죽 이어진 선. 능선이 진행방향에 평행일 때는 종격실능선이라고 하고, 진행방향에 수직일 때는 횡격실능선이라고 한다.

ㄷ

다국적교리(多國籍教理, Multinational Doctrine)
두 개 혹은 그 이상의 국가가 동일한 목적을 위해 협조활동을 할 때 필요한 군부대의 배치지침을 주는 기본적인 원칙. 이것은 참여 국가에 의해 비준된다.

다국적군(多國籍軍, Multinational Force)
특정 목적을 위하여 동맹(Alliance)이나 연합(Coalition) 형태로 구성된 군. 2개 국가 이상의 군으로 결성된 군을 표현하는 일반적인 용어로, 걸프전시 다국적군, 한·미 연합군, 이라크전시 미·영 연합군 등으로 쓰인다.

다국적군 사령관(多國籍軍司令官, Multinational Force Commander)
다국적군을 통제하는 권한을 가진 사령관. 다국적군 사령관의 권한은 참여국가들에 의해서 결정된다.

다국적 작전(多國籍作戰, Multinational Operations)
2개 국가 이상의 군에 의해 수행되는 군사행동들의 총제적인 용어. 통상 연합작전 용어는 다국적 작전의 의미와 같이 사용된다.

다국적 훈련(多國籍訓練, Multinational Exercise)
한 개 혹은 여러 개의 국가가 포함되는 훈련.

다기능통합정비(多機能統合整備, Integrated Multi Function Maintenance)
피 지원부대를 효율적으로 지원하기 위하여 근접정비 지원반의 기능(화력, 기동, 통신, 특수무기, 일반장비, 의무)을 필요시 다양한 형태의 통합기능으로 편성하여 지원하는 정비형태.

다기능통합지원체계(多機能統合支援體系 : Multi Function Integrated Support System)
군수, 인사, 민사 등의 지원기능이 모듈화된 부대를 통합하여 전투부대가 필요한 지원요소를 세트 및 패키지화하여 효과적으로 지원하는 체계.

다단식 로켓(多段式~, Multistage Rocket)
추력발생장치를 두 개 이상 가지는 로켓 또는 로켓 미사일. 각 로켓의 기체를 여러 단계로 나누어 각각 분사장치를 적재하고, 비상하면서 연소가 끝난 부분을 차례로 분리시키는 방식의 로켓.

다련장로켓(多連裝~, Multiple Rocket Launcher)
다수의 로켓탄 발사통을 상자형 또는 원통형으로 배열한 발사기로서 통상 차량에 탑재하여 자주화되어 있는 로켓. 이 발사기는 동시에 대량의 화력을 집중시키는 것을 목적으로 한 전술로켓 무기로서 광역지역의 동시제압, 대포병사격, 살포지뢰의 투하 등에 적합하며, 다수의 로켓발사관을 상자형인 발사기에 나란히 수납한 것으로 통상 차량에 탑재하거나 혹은 견인하여 기동성을 가진다. 로켓탄의 명중도는 화포에 뒤지지만 다련장화로 단시간에 강력한 화력을 목표지역에 집중시킬 수가 있는 강점이 있어 대포병사격, 산포지뢰의 발사 등에 적합하다. 미국은 서독 등 3개국과 공동으로 개발하여, 실용화하고 있다.
(북한) [다관포]

다목적 근접지원무기(多目的 近接支援武器, Multipurpose Close Support Weapon; MPCSW)
핵탄두를 포함한 각종 탄두를 차폐진지에서 발사할 수 있는 지상 근접지원 무기.

다목적 상륙주정(多目的上陸舟艇, Landing Craft Utility; LCU)
부대 및 장비의 수송, 접안, 하역 및 철수 등을 위해 특별히 건조된 상륙작전용 주정으로서 군수, 화물 재보급 작전에도 사용됨.

다목적 소형헬기(多目的小型~, Light Airborne Multipurpose System; LAMPS)
함정에 탑재하여 대잠전(ASW), 대함유도탄방어(ASMD)를 주임무로 하며, 기타 임무를 부가적으로 수행하는 소형헬기. 미 해군에서는 통상 SH-2 대잠헬기를 지칭한다.

다목적 전투기(多目的戰鬪機, Multi-Role Combat Aircraft)
정찰, 대지공격, 수송, 연락임무 등을 수행할 수 있도록 제작된 전투기.

다용도무기(多用途武器, Multipurpose Weapon)
1. 둘 또는 그 이상의 근본적으로 상이한 군사기능이나 전투수준에 효과적으로 응용될 수 있는 능력을 가진 무기.
2. 공중이나 지상표적에 대하여 효과적인 사격을 할 수 있게 설계된 무기.

다용도 전투기(多用途戰鬪機, Multi-Role Fighter, Multi-Role Combat Aircraft; MRCA)
제공, 요격, 대지공격, 대함공격 등 여러 가지 용도의 임무수행이 가능한 전투기. 용도에 따라 제공전투기, 요격전투기, 전투폭격기 등으로 구분되며, 설계단계부터 임무분석을 실시, 용도에 적합한 전투기를 설계하는 것이 일반적이다. 그러나 실제로 다용도 비행성능 및 비행특성을 만족시키는 설계는 매우 어려우므로 문자 그대로의 다용도 전투기는 극히 드물며, 일반적으로 제공전투기에 폭격장치를 장착해서 전투폭격기로 운용하고 있다.

다중장비전술기동훈련(多重裝備戰術機動訓鍊, Multiple Equipment Tactical Maneuver Training)
사단급 이상 제대에 편제된 다중 통신장비의 단말조와 중계조를 실제 지역에 전술적으로 이동시켜 하급 제대와의 통신망을 개통시키는 숙달훈련. 일명 VHF점프훈련이라고도 한다.

다중채널 무선통신(多重~無線通信, Multichannel Radio Communication)
초단파(VHF) 이상의 주파수를 사용하는 무전기와 반송장비 등을 사용하여 다중통신회로를 구성하는 방식. 부대 간에 신속하게 많은 회선을 제공할 수 있으며, 중계통신소를 설치 운용하여 통신거리를 연장할 수 있는 강점이 있다. 그러나 다중채널 무선통신은 지형에 따른 장애와, 적에 의한 도청 및 전자방해에 쉽게 노출되기 때문에 무선통신에 준하여 보안에 유의하여야 한다.

다중통신(多重通信, Multiplex Communication)
하나의 전송매체를 이용하여 다수의 신호를 동시에 전송하는 유·무선 통신방식의 총칭. 값비싼 전송매체를 유효하게 이용하며 경제적으로 신호를 전송할 수가 있다. 다중화의 주된 방법으로 주파수분할다중과 시분할다중의 두 가지가 있으며, 어느 방법을 사용하든 다중도를 높여 가면 광대역(廣帶域) 또는 고속 전송이 요구된다.

다차원동시통합전투(多次元同時統合戰鬪)
육군비전 2025에서 제시하고 있는 미래 지상 작전 수행의 기본개념 중 하나로서 감시능력과 화포 및 미사일의 사정거리, 통신망의 전송속도 등이 현저하게 향상됨에 따라 지리적인 정면과 종심을 확대하고, 우주공간까지 활용하며, 컴퓨터를 중심으로 한 사이버 공간 속에서 공격 및 방어를 시행하는 등 다차원에서 동시 통합적으로 전투를 전개하는 개념임.

다차원 작전(多次元作戰, Multi Dimension Operation)
정면, 종심, 고도에 의해 한정되어 오던 전통적 전장개념에 추가하여 디지털화된 미래 전장 통제능력에 의해 전장이 전자기적, 인간적, 시간적 차원을 포함하는 확대된 전투 공간에서 다양한 차원으로 수행되는 작전.
1. 전자기적 차원이란 디지털 통신에 의해 종래의 물리적 전장개념을 초월하는 영역을 포함하는 것.
2. 인간적 차원은 정보기술의 발달에 의해 미래전투장면이 실시간대에 전 세계에 방영되므로 이를 시청하게 되는 시민들이 여론을 조성하여 전쟁지도에 영향을 미치게 되므로 각개 병사의 행동 하나하나가 전략적 의사결정에 영향을 미치는 결과를 초래하게 되었다.
3. 시간적 차원은 작전 템포에 관련된 차원으로, 재래전에서는 작전 템포를 적보다 빠르게 유지함으로써 승리할 수 있었으나, 미래에는 아군의 의도대로 작전 템포를 조절하여 주도권을 확보, 유지하는 것이 중요하다.

다층방어(多層防禦, Layered Air Defense)
다수의 방어층을 형성하는 대공방어 개념. 장거리 요격기 방어구역, 단거리 요격기 및 중·장거리 유도무기 방어구역, 단거리 유도무기 및 대공포 방어구역 등으로 이어지는 방어대를 형성한다.

다탄두개별유도핵미사일(多彈頭個別誘導核~, Multiple Independently Targetable Reentry Vehicle; MIRV)
미사일 1기에 각각 별개의 유도장치를 가지고 있는 복수의 탄두를 장치하여 이를 비행 중 축차적으로 분리해서 동시에 여러 목표를 공격할 수 있는 전략무기.

다함공격(多艦攻擊, Multiship Attack)
동일표적에 대해 2척 또는 그 이상의 함정이 협공하여 공격하는 것.

단(團, Group)
1. 행정이나 전술상 단위부대로서 둘 혹은 그 이상의 대대로 구성되기도 하고, 둘 혹은 그 이상의 기병대대로 편성됨. 전투지원이나 전투근무지원 단위를 나타내기도 한다.
2. 다수의 선박이나 항공기로서 통상적으로 부대에 속하는 단위부대로서 편성되며 특별한 의무가 주어짐. GP라고도 부른다.

단거리 공격미사일(短距離攻擊~, Short Range Attack Missile; SRAM)
사거리 960km (600노티칼 마일) 이하의 탄도미사일.

단거리 대공무기(短距離對空武器, Short Range Air Defense; SHORAD)
통상 적의 근접지원 항공기나 회전익 항공기의 공격으로부터 주로 전방기동부대 및 시설을 방호하기 위하여 운용되는 대공무기. 대공포와 휴대용 대공유도탄 등을 말하며, 군이나 군단 후방의 주요시설 및 기지 방호를 위해 운용될 수 있다.

단거리 수송기(短距離輸送機, Short Range Transport Aircraft)
정상의 순항조건으로 1,200 NM(2,224 km,

1,382 miles)을 초과하지 않는 행동반경을 갖는 수송기.

단거리 수직이착륙기(短距離 垂直離着陸機, Short Takeoff and Vertical Landing)
단거리 활주 이륙과 수직착륙의 약자로서 수직 이착륙(Vertical Takeoff Landing), 단거리 이착륙(Short Takeoff Landing)을 합친 용어. 수직 이착륙(VTOL)기라도 짧은 거리를 활주함으로써 날개의 양력이 증가되어 유효탑재량을 30% 이상 증가시킬 수 있고, 이륙에 요하는 연료도 적게 들며, 착륙은 탄약 · 연료를 소모했으므로 가벼워져 수직으로 할 수 있다.

단거리 이착륙(短距離離着陸, Short Takeoff and Landing)
이륙을 개시하여 1,500피트 이내에서 50피트 장애물을 통과한 후 1,500피트 이내에서 정지할 수 있는 항공기 능력.

단거리 이착륙기(短距離離着陸機, Short Takeoff and Landing; STOL)
고양력장치를 강화하여 저속으로 비행할 수 있도록 하여 이착륙시의 활주거리를 짧게 한 항공기.

단거리 탄도탄(短距離彈導彈, Short Range Ballistic Missile; SRBM)
600해리(약 1,000 km)까지 사거리를 가진 탄도미사일.

단계적 억지전략(段階的 抑止戰略, Graduated Deterrence Strategy)
1957년 미국의 키신저(Henry Alfred Kissinger) 박사가 제창한 전략으로서 적의 침략을 통상전력으로 저지할 수 없을 경우에 전술핵무기를 한정 사용하고, 전술핵무기로도 침략을 저지할 수 없을 경우에 차별적 · 단계적으로 대응전략을 확대해 가되, 전략핵무기의 사용은 가능한 한 피한다는 것이 그 골자이다.

단계화(段階化, Phasing)
작전의 성격, 특징 및 작전형태의 변경이 예상됨에 따라 계획된 작전을 재구분하거나 더 명확히 하기 위하여 설정하는 것.

단기병력손실판단(短期兵力損失判斷, Short Periodic Personnel Loss Estimate)
작전 계속일수가 5일 이내일 때에 부대의 통상 보직병력을 기준으로 실시하는 손실판단.

단대호(單隊號, Unit Identification)
숫자상 부호, 병과 그리고 지휘제대를 나타내는 어떤 군사부대의 완전한 명칭.

단독군비관리방책(單獨軍備管理方策, Unilateral Arms Control Measure)
국가가 타 국가들이 수행해야 할 어떤 보상적인 양보에 개의치 않고 단독으로 취하는 군비관리방책.

단말지(端末地, Terminal) ☞ [터미널]

단말통신소(端末通信所, Terminal Station)
통신 회로 상에서 양 끝에 위치한 통신소.

단애(斷崖, Cliff)
1. 깎아 세운 듯한 낭떠러지.
2. 개활지에서 적 전차 및 기계화 부대의 기동을 저지 및 차단하거나 우회를 강요하기 위한 장애물. 자연단애와 인공단애로 분류하며, 인공단애에는 성토단애와 절토단애가 있다.

단일군수지원(單一軍需支援, Uniservice Logistics Support)
각 군이 군 간의 공동, 합동 및 상호지원근무에 관한 별도 협정이나 임무할당이 없을 때, 그 군 소속 병력에 대한 군수지원 책임을 갖는 것.

단위보충(單位補充, Unit Replacement)
화기나 기타 장비의 결함, 마모 혹은 파손이 발생하였을 때 완전한 새 부속품으로 바꾸어 넣는 보급.

단위부대(單位部隊, Unit)

1. 법령에 의하여 창설된 부대로서 각군본부, 군(단)사령부, 작전사, 함대, 사단, 비행단 등에 예속되어 있으나 건제부대가 아닌 부대.
2. 기동부대의 하부부대 집단의 조직 명칭.
3. 예비병력의 경우에 작전임무를 수행하기 위해서나 타 부대에 보충인원으로 활용할 목적에서 예비군 단위부대로서 구성되고, 장비를 갖추고, 동원을 위해 훈련된 조직.
4. 전시에 임무가 없는 본부나 지원기능은 단위부대로 간주되지 않는다.

(북한) [구분대(區分隊)]

단위부대적재(單位部隊積載, Unit Load)

상륙군 돌격제대(연대 상륙단 규모의 경우 돌격대대 상륙단)의 전투부대의 전부 또는 일부를 필수 전투장비 및 보급품과 함께 완전히 단일 함정에 적재하는 방법. 하선 후 곧 전술행동에 들어갈 수 있고 전술계획의 변동에도 적응할 수 있도록 최대한의 융통성이 있는 적재방법이다.

단일군사령부(單一軍司令部, Uni-Service Command)

육군이나 해군, 공군 가운데 어느 한 군으로만 이루어진 사령부. 즉 단일군 병력으로 구성된 사령부.

단정(短艇, Boat)

1. 보통 함상에 올려 실을 수 있는 경량의 작은 주정.
2. 얕은 수역에서 인원, 장비 혹은 보급품을 수송하기 위하여 사용되는 크고 평평한 배(Barge).

단편명령(斷片命令, Fragmentary Order)

1. 부대의 임무에 대한 변경과 전술상황의 변경을 알리는 데 사용하는 간략한 작전명령.
2. 해당하는 부대에 한하여 부분적으로 하달하는 명령. 단편명령의 각 부분은 해당 단편명령을 접수하는 지휘관 또는 부대를 위한 지시사항만 포함한다.

당직근무(當直勤務, Duty Guard)

지휘관의 명을 받아 군기의 유지, 규정의 이행, 인원이나 물자 및 시설의 보호, 기타 사고를 미연에 방지하기 위하여 일정한 기간 영내의 지정된 위치에 근무하는 것.

당직함(當直艦, Guardship)

동일함대 내에서 다른 함정보다 더욱 철저한 전비태세를 갖추도록 임무가 특별히 부여된 함정.

대가치전략(對價値戰略, Countervalue Strategy)

공격을 받을 경우 적국의 도시 및 공업중심지를 보복 공격의 목표로 정하고 일거에 최대한 타격을 가하려는 전략.

대간간격(隊間間隔, Unit Interval)

단일 도로상에서 이동하는 단위대간의 거리. 이는 선도부대의 후미로부터 후속부대의 선두까지의 거리이며 거리단위 또는 시간단위로 표시될 수 있음.

대간접침략전(對間接侵略戰, Counter Insurgency; COIN)

반정부활동 및 전복적 반란을 진압하기 위하여 정부가 취하는 군사적, 준군사적, 정치적, 경제적, 심리적 조치 및 시민관계에 대한 조치를 포괄하여 이르는 말.

대간첩(對間諜, Counter Espionage)

간첩활동을 수행하는 것으로 의심되는 개인, 단체 또는 기관에 대한 식별, 침투, 조작, 기만 및 압박을 통해 간첩활동을 탐지, 격멸, 무력화, 이용 또는 예방하는 방첩의 일부.

대감시(對監視, Counter Surveillance)
역수색, 전자 역방책 및 기타 모든 적의 감시를 거부하여 적군이 아군 부대나 지역을 관측하는 것을 방지하는 데 사용되는 모든 방책.

대감시장치(對監視裝置, Anti-Watching Device)
계류기뢰에 부착된 장치로서 기뢰나 기뢰원의 위치가 노출되는 것을 방지하기 위해 어떤 물체를 발견하면 자동적으로 기뢰를 침하시키는 장치.

대게릴라전(對~戰, Counterguerrilla Warfare)
군부대, 준군대 조직 혹은 비군대 조직이 게릴라에 대항해서 수행하는 작전이나 행동.

대갱도작전(對坑道作戰, Counter Mine Chamber Operation)
북한의 남침용 땅굴을 이용한 도발을 조기에 감지하고 효과적인 대책을 강구하기 위하여 취해지는 제반 군사 활동.

대공(對空, Counter Air)
원하는 정도의 제공권을 장악하고 유지하기 위해서 공격과 방어작전을 집중하는 임무. 대공임무는 적 항공기가 이륙하기 이전이나, 적의 미사일이 발사되기 이전 혹은 이후에 파괴하거나 무기력화 하는 것이 목적이다.

대공감시(對空監視, Counter Surveillance)
적·아 항공기 및 대형유도탄의 발견, 확인, 판단을 목적으로 전자, 시각 및 기타 수단에 의하여 체계적으로 행하는 관측.
〈동〉 [공중감시]

대공감시초(對空監視哨, Antiaircraft Lookout)
적기의 내습을 감시 탐지하기 위하여 설치된 초소.

대공경계부대(對空警戒部隊, Aircraft Warning Service)
항공기의 이동을 보고하기 위하여 설치된 경보계통상의 부대.

대공경계소(對空警戒所, Filter Center)
관측소에서 입수된 첩보를 방공관제소 또는 방공통제본부에 다시 전파하기 위하여 정리하는 곳으로 항공기 통제 및 경계 계통 내의 한 부서.

대공경계지역(對空警戒地域, Filter Area)
적 공중활동에 관한 첩보의 수집평가 및 분포를 위하여 전투비행단에 의하여 구분된 항공기 경보근무부대별 소방공구. 이 지역은 공습경보지구로 세분된다.

대공경계진(對空警戒陣, Anti-Aircraft Screen)
함정이 공중공격을 방어하기 위하여 함정세력이나 선단의 주력체 주위에서 실시하는 경계진.

대공매복조(對空埋伏組, Counter-Air Ambush Element)
적의 공중침투에 대비하기 위하여 예상낙하지역, 공중 침투로 상의 구릉지대 등에 매복진지를 편성하여 필요시 점령하여 임무를 수행하는 작전 팀.

대공목표지시기(對空目標指示器, Anti-Aircraft Director)
거리측정기구와 함께 사용되며 공중목표의 현 위치와 이에 대한 사격제원을 계속 산출하는 기계 또는 전자 기계장치. 추적 및 계산 장비를 포함한다.

대공무기(對空武器, Air Defence Weapon)
방공임무를 수행하는 모든 무기. 적의 항공기나 비행체를 파괴, 무력화, 공격효과 감소를 위하여 운용되며 지대공, 공대공, 함대공 무기가 포함된다.

대공방어(對空防禦, Anti-Aircraft Defense; AAD)
적의 공중공격에 대한 일체의 방어행동.
(북한) [반공방어(反空防禦)]

대공수(對空輸, Anti-Airborne)
적의 공정작전, 공중기동작전에 대해 효과적으로 대처하기 위한 모든 활동. 여기에는 적의 항공기를 격추하기 위한 것부터 지뢰지대를 설치하는 소극적 활동이 모두 포함된다.

대공육안감시소(對空肉眼監視所, Air Observation Post; AOP)
방공관제 레이더의 지리적 장애를 받는 지역에 전개하여 육안으로 항공기를 발견, 통신망을 이용하여 방공관제기구에 보고하는 대공 감시기구.

대공은폐(對空隱蔽, Concealment from the Air)
대공위장을 철저히 하고 지표물을 이용하여 얻는 효과.

대공작전본부(對空作戰本部, Counter Air Operation Center)
상륙작전에 있어서 방공의 통제 및 지휘를 위하여 구성된 해병 항공통제계통의 예하 작전구성부대. 배치에 따라서 전구항공통제본부나 지시본부의 작전통제 하에서 운용된다.

대공전(對空戰, Anti-Air Warfare)
1. 적의 공중 및 미사일 위협을 파괴하거나, 허용할 수 있는 수준으로 감소시키는 데 필요한 작전행동. 요격기, 고사포, 지대공 및 공대공 미사일 그리고 전자방해 조처의 활용과 위협체가 발사되기 전후에 파괴하는 모든 조치를 포함하며, 엄호, 은폐, 소산, 기만(전자 포함), 그리고 기동에 의하여 적 공중작전의 효과를 최소한으로 하는 것 등 소극적 조치도 포함한다.
2. 방어제공작전(방공작전)과 동일한 의미의 해군작전 용어.

대공정작전(對空挺作戰, Anti-Airborne Operation)
적의 공중침투부대 및 공정부대가 아군의 후방지역에 낙하 또는 착륙하여 주요지역을 점령하거나 주요시설을 타격하며, 후방지역을 교란하고자 기도하는 적을 거부 또는 격멸하는 작전.

대공정지뢰지대(對空挺地雷地帶, Anti-Airborne Minefield)
주로 대공정 방어를 위하여 부설된 지뢰지대.

대공제압(對空制壓, Suppression of Enemy Air Defence; SEAD)
적의 지대공 방공무기 및 지휘통제체제를 기능저하, 무력화 또는 파괴시키는 작전으로서 살상 및 파괴무기를 사용하거나 전자전 임무를 통하여 수행하는 공세 제공작전의 임무형태.

대공조명(對空照明, Antiaircraft Illumination)
탐조등이나 조명탄으로 적항공기의 시야를 혼란시키기 위한 공중조명.

대공차단지대(對空遮斷地帶, Counterair Interdiction Zone)
적군의 저공비행 항공기의 침투에 대한 조기경보 및 공중요격에 목적을 둔 차단지대. 차단지대 내에는 대공초소나 대공화기 등을 배치하여 대비하며, 폭은 약 3 m를 유지한다.

대공초소(對空哨所, Air Guard Post)
적 항공기의 접근을 조기경보하기 위하여 대공관측이 용이한 곳에 위치한 초소.
(북한) [대공감시연락초소]

대공포(對空砲, Anti-Aircraft Artillery; AAA)
지상이나 해상에서 공중표적을 사격하기 위한 방공포병무기의 일종으로, 포좌 또는 포가 상에 포신을 장치한 탄환의 투발무기.

대공포판(對空布板, Signal Panel, Marking Panel, Identification Panel)
지상부대 또는 함정과 비행중인 우군항공기간에 신호용으로 사용되는 포판. 대공포판 부호(對空布板符號, Panel Code)는 대공포판을 시각신호로 사용할 수 있도록 사전에 설정한 기호.
(북한) [항공표식판(航空標識板)]

대공호위함(對空護衛艦, Antiaircraft Surface Escort)
적기 위협으로부터 함대를 호위하는 대공작전함.

대구경다련장로켓체계(大口經多聯裝~體系, Multiple Launch Rocket System; MLRS)
대구경(227 mm) 장사정(45 km) 대장갑 공격능력을 구비한 큰 위력의 로켓탄과 육군전술미사일, 이를 저장 및 발사하기 위한 발사관 묶음(pod), 탑재 장갑차, 사격통제장비 및 탄약운반차량 등으로 구성된 무기체계.

대기(待機, Staging)
수용된 병력, 장비, 물자를 부대건제에 맞게 편성하여 이동하기 전까지 일정장소에서 기다리게 하는 것.

대기계류장(待期繫留場, Holding Anchorage)
선박이나 함정이 대기할 수 있도록 마련한 계류장. 대기계류장은 집결계류장이나 작업계류장, 항구 등이 만선이 된 경우에 적의 위협이나 기타 요인에 의해서 다음 항해 목적지로 즉시 이동할 수 없을 경우나, 핵 공격의 효과를 피하기 위해서 항구로부터 떨어진 곳으로 이동을 할 경우 등에 사용한다.
〈동〉 [대기묘박장]

대기묘박장(待期錨泊場, Holding Anchorage) ☞ [대기계류장]

대기구역(待機區域, Rendezvous Areas)
상륙작전에 있어서 상륙주정이나 상륙장갑차가 상륙군을 탑재한 후 상봉하여 파를 형성하는 지역. 이 지역에서 공격개시선을 향하여 출발한다.

대기동작전(對機動作戰, Countermobility Operation)
장애물이나 지뢰를 설치하여 적군의 이동을 지연, 방해하고 지형을 강화하여 적을 파괴하는 것. 대기동작전의 주요 목적은 목표물 획득 시간을 늘리고 무기의 효과를 확대하기 위해 적의 이동속도를 낮추거나 다른 방향으로 돌리는 것이다.

대기뢰대항장치(對機雷對抗裝置, Anti-Countermine Device)
적이 기뢰를 인양하여 분석하는 것을 방지하기 위하여 기뢰를 움직이면 자동폭발 되도록 고안된 기뢰의 내부장치.

대기부대(待機部隊, Transient Force)
타 부대의 책임지역을 통과하거나 편의를 제공 받으며 일시적으로 기지를 설치하지만 그 지역 지휘관의 작전통제를 받지는 않는 부대.

대기예비군(待機豫備軍, Stand-by Reserve)
전시상황에서 즉시 소집되어 현역에 복귀하는 예비역.

대기인원(待機人員, Transient)
초소 또는 주둔지에서 명령이나 수송을 기다리는 자. 대기인원이란 해당지역에 소속되거나 배속된 것은 아니고 이동 중에 있는 자를 가리킨다.

대기점(待機點, Holding Point)
항공기가 착륙대기할 때 비행하거나 선회하는 데 사용되는 지점. 지리적이나 전자적으로 사전에 정의된다.

대기지역(待期地域, Staging Area)
1. 상륙작전 또는 공정작전 시 연료 재보급, 함정의 재편성, 훈련, 검열 및 병력의 재분배 등을 위하여 경유해야 할 탑승지역과 목표 사이에 있는 일반지역.
2. 병참선 상의 이동구간에 부대나 단기 체류 병력의 집결을 위해 설치한 일반 지역.

〈유〉 [집결지]

대기지점(待機地點, Holding Position)
활주로로 이동하는 항공기가 항공교통통제 지시에 따라 머무르는 비행장의 특정 위치. 운용중인 활주로에 인접한 육안 식별이 가능한 지역이어야 한다.

대기파(待機波, On-Call Wave)
작전초기에 육상에서의 소요가 예상되나 상륙시간과 장소를 정확히 알 수 없는 상륙군의 병력, 장비 및 보급품을 싣고 있는 상륙함정, 주정, 상륙장갑차 또는 헬기로 구성된 대형(파).

대기품목(待機品目, Stand by Item)
수요빈도 미달로 인하여 원칙적으로 인가저장 품목(ASL)으로는 선정할 수 없는 품목. 전염병이 만연될 것을 대비한 보건상의 필요나 기계장비의 파손방지, 홍수, 천재지변 또는 전쟁과 같은 비상사태에 대비하여 시설운용상 대기시켜 놓은 품목 등이다.

대내심리전(對內心理戰, Internal Psychological Warfare)
국내에서 국민정신 통합을 위해 실시되는 제반활동, 즉 홍보, 정훈활동 등 적 심리전으로부터 오염을 방지할 수 있도록 하는 심리전.

대대(大隊, Battalion)
자체 본부와 2개 이상의 대, 중대 또는 포대로 구성된 단위부대.

대대구호소(大隊救護所, Battalion Aid Station)
대대의 전투치중대에 속하며, 전투지대 직후방에 위치하여 부상자를 응급치료하고 후송하는 곳.

대대군(大隊群, Battalion Group)
특정임무를 수행하기 위해서 배속관계를 유지하는 1개 대대 이상의 포병부대.

대대상륙단(大隊上陸團, Battalion Landing Team; BLT)
상륙작전시 통상 필요한 전투지원 및 전투근무지원부대로 증강되는 보병대대로서 돌격상륙을 계획하기 위한 기본단위.

대대야외종합훈련(大隊野外綜合訓練, Battalion Consolidated Field Training; Bn CFT)
전투 및 전투 근무지원부대를 통합한 종합적인 전투력 향상을 목적으로 야외에서 실시되는 제병협동훈련의 일종. 일방훈련 또는 쌍방훈련으로 실시하거나, 작계 상에 주어진 배속 및 지원부대를 포함한 야외연습이다.

대대전술사격지휘체계(大隊戰術射擊指揮體系, Battalion Tactical Computer System; BTCS)
포병대대의 전술적 및 기술적 사격지휘 임무를 수행하는 전산체계. 대대전술계산기(BTC; Battalion Tactical Computer), 포대통제기(BCC; Battery Control Computer), 포반제원표시기 세트(GDU; Gun Display Unit), 관측제원 입출력기(FO DMD; Forward Observer Digital Message Device) 등으로 구성되어 유·무선에 의해 연동된다.

ㄷ

대동물작용제(對動物作用劑, Anti-Animal Agents)
질병을 통하여 동물에 부상을 주거나 사망시키기 위하여 운용되는 작용제.

대량 근접항공지원(大量近接航空支援, Mass Close Air Support)
단시간 내 특정목표지역에 대하여 가용화력을 집중시키는 근접항공지원.

대량 무장장착(大量武裝裝着, Mass Loading)
작전계획에 명시된 규정시간 내에 요구되는 작전항공기의 완전무결한 전투무장을 갖추는 것.

대량보급품(大量補給品, Bulk Supply)
개수를 세지 않고 중량이나 용적 단위로 대량 수송하는 군 보급품으로 모래, 자갈, 화약 등을 말함.

대량보복전략(大量報復戰略, Massive Retaliation Strategy)
적으로부터 본격적 공격을 받을 경우 핵무기를 적재한 전략폭격기를 출격시켜 스스로 선택한 방법과 장소에서 즉각 거대한 보복을 한다는 전략. 아이젠하워(Eisenhower, Dwight David) 대통령 시대에는 "뉴룩(New Look) 전략"이라 부르다가 1954년 덜레스(John Foster Dulles) 국무장관의 연설로 해서 대량보복전략으로 이름이 바뀌었다.

대량살육(大量殺戮, Genocide)
어떤 인종이나 국민을 계획적으로 집단 학살하는 것.

대량살상무기(大量殺傷武器, Weapon of Mass Destruction; WMD)
다수의 인명을 살상할 수 있는 고도의 파괴능력을 보유한 무기. 핵, 화학, 생물 병기는 여기에 포함될 수 있으나, 무기의 운반 또는 추진수단으로 무기에서 분리되는 부분은 포함되지 않는다. 대량파괴무기라고도 한다.

대량전상자(大量戰傷者, Mass Casualty)
상대적으로 짧은 시간에 야전에서 응급처치가 요구되는 환자가 대량으로 발생한 상태. 단순히 전상자가 숫적, 양적으로 많은 것을 가리키는 것이 아니라, 상대적으로 짧은 시간에 정상적인 절차에 의해서 의무지원을 제공 받을 수 있는 편제된 의무부대의 인원, 시설, 장비, 물자, 후송수단, 시간 등 지원능력을 초과하여 발생한 것을 의미한다. 대개 단시간에 동시 다발적으로 중대급 이상의 단위부대가 30%이상의 피해를 받아 편제 의무부대의 지원능력을 초과한 경우가 해당된다.
(미국) 비교적 단시간에 발생한 대량 사상자를 말하며, 군 항공기사고, 허리케인, 홍수, 지진, 또는 무장공격 등과 같은 지역의 병참지원능력을 초과하는 단일 사건의 결과로 발생한 대규모 사상자를 의미함.

대륙간탄도미사일(大陸間彈道~, Intercontinental Ballistic Missile; ICBM)
지상기지에서 발사되는 사정거리 6,400 km(4,000마일) 이상의 로켓엔진으로 추진되는 탄도미사일. 핵탄두를 장착하고 있으며 현재 대부분은 관성유도방식에 의해 날아간다. 탄두는 초기에는 단발로 수 매가톤급인 것이 많았으나, 70년대에는 MIRV(개별유도복수목표탄두)가 도입되어, 미국의 미니트맨Ⅲ형의 경우 200kT MIRV 3개를 탄두에 장비한다. 대륙간 탄도탄이라고도 한다.

대륙간폭격기(大陸間爆擊機, Global Bomber)
기지에서 세계 어느 곳이라도 비행하고 중간 기지에 착륙함이 없이 기지에 귀환할 수 있도록 설계된 폭격기.

대륙전략(大陸戰略, Continental Strategy)
육상에서의 전쟁수단으로 적을 제압한다는

개념에 기초한 전략. 일반적으로 육지국의 유력한 국략(國略)이다.

대리명령권자(代理命令權者, Alternate Command Authority)
사전에 명기된 비상조건에 해당되는 상황으로 지휘관이 임무를 수행할 수 없게 되었을 때, 후속으로 취해야할 행동의 권한을 부여받은 한 명이나 여러 명의 지휘관에 의해 사전에 지정된 장교.

대리전쟁(代理戰爭, Proxy War)
한 국가가 직접 전쟁을 하지 않고, 그의 우방국 또는 기타의 국가로 하여금 대신하여 타 진영이나 기타의 국가와 싸우게 하는 전쟁.

대면심리전(對面心理戰, Face to Face Psychological Warfare)
우방이나 중립국 또는 적대관계에 있는 국가나 집단에 대해서 대면 전달을 통해 수행하는 심리전. 우방국에 대해서는 협력관계를 더욱 강조하고, 중립국에 대해서는 우호를 증진시키며, 적대국 또는 적대적 집단에 대해서는 관계를 개선할 수 있도록 하는 심리전 활동이다. 심리전 매체를 크게 대중 전달매체와 개인 전달매체로 나누었을 때, 대면심리전은 개인 전달매체에 속한다.

대민군사지원(對民軍事支援, Military Aid to Civil Authorities)
해당 민간당국의 요청에 응하거나, 또는 대통령의 지시에 의해 주민의 질서유지와 복지 보존을 조력하기 위하여 취하여지는 모든 군사 활동. 통상 재난, 폭동 혹은 기능발휘를 위협하는 상태 등과 같은 국내 위기 상황이 발생했을 때 실시하게 된다.

대민지원(對民支援, Military Aid to Civil Authorities)
군의 자발적인 참여나 지방행정기관의 협조요청에 의하여 군이 지역사회와 주민을 지원하는 활동.

대반란(對反亂, Counter Insurgency)
현존하는 정부를 전복시킬 목적으로 한 전복활동이나 무력행사등이 발생했을 때, 정부가 격퇴시키기 위해서 취하는 군사, 준군사, 정치, 경제, 심리 및 대민활동.

대부대(大部隊, Large Unit)
군단급 이상 부대에 대한 총칭.

대비정규전(對非正規戰, Counter Unconventional Warfare)
가용한 모든 수단과 방법을 사용하여 책임지역 내에서 군사 활동 및 비군사활동을 포함한 적의 비정규전을 예방, 저지, 격멸 및 소탕을 목적으로 수행되는 제반작전. 대침투작전 및 대유격작전, 심리전 및 정보활동, 주민 및 지역의 경계와 통제, 그리고 대민지원활동 등이 포함되며, 군·관·민의 통합된 노력에 토대를 두고 수행한다.

대비정규전사태(對非正規戰事態, Counter Unconventional Warfare Situation)
대비정규전 작전요소를 보다 효율적으로 지휘하고 유기적으로 협조시키기 위한 사태 구분. 구체적으로 갑종, 을종, 병종 사태 등으로 구분한다.

대상륙작전(對上陸作戰, Counter Amphibious Operation)
육·해·공군에 의하여 합동으로 가용한 모든 수단과 방법을 사용하여 적의 상륙을 저지, 격멸하는 작전.

대소해장치(對掃海裝置, Antisweep Device)
기뢰(지뢰)나 방해물을 고정하는데 함께 사용하는 장치나, 기뢰(지뢰) 회로에 설치하여 지뢰를 소해시키기 어렵게 만든 장치.

대수색(對搜索, Counter Reconnaissance)
부대, 지역 또는 장소를 적의 관측 및 수색

활동으로부터 방지하기 위하여 취해지는 모든 활동. 대정찰이라고도 한다.

대식물작용제(對植物作用劑, Antiplant Agent)
식물에 병이나 피해를 주는 미생물 또는 화학약품. 화학약품으로는 고엽제, 살초제, 식물성장 조정제 등이 있다.

대양선단(大洋船團, Ocean Convoy)
대체로 연안수역을 벗어나 항해하는 수송선단.

대양수송(大洋輸送, Ocean Going Transportation)
공해상의 대양을 통항하여 타국과 이루어지는 수송. 평시에는 민간선박에 의하여 수행되며, 전시에는 해군함정, 동원선박(한국 국적 선박 포함)에 의하여 수행된다.

대양해군(大洋海軍, Ocean Going Navy/Blue Water Navy)
대양에서 국가이익 수호와 국가정책을 뒷받침하기 위해 해상, 해중 및 항공 등 입체전력을 구비하고 적정수준의 해양통제, 해상교통로 보호 및 전력투사능력을 갖추어 대양에서 상당기간 독립작전을 수행할 수 있는 해군. 세력규모는 구축함급 이상의 중·대형함을 중심으로 구성되며, 상당규모의 독립된 항공작전을 수행할 수 있는 중·소형 항모와 중형 잠수함 또는 소수의 핵 잠수함, 대형 상륙함과 대형 지원함 등으로 편성된다.

대역전파방해(帶域電波妨害, Barrage Jamming)
방해주파수의 대역폭이 광대역으로 발사되는 방해전파. 어떠한 특정 주파수만을 방해할 목적으로 발사하는 것이 아니고, 수개 또는 수십 개의 불특정한 주파수를 동시에 방해할 목적으로 발사한다.

대외군사판매(對外軍事販賣, Foreign Military Sale; FMS)
미 정부가 무기수출통제법에 의거 우방국, 동맹국 또는 국제기구를 대상으로 정부간의 계약에 의하여 대외지급수단 및 차관자금으로 군사상 필요한 물자, 방위, 용역 등을 미 국방부 군수체계를 통하여 판매하는 군사판매 형태임.

대외비(對外秘, For Official Use Only)
기밀은 아니지만 누설되었을 때 군사적으로 유해하거나 군 운용에 지장을 초래할 가능성이 있어 대외적으로는 보안을 유지할 필요가 있는 수준의 정보 분류.

대외심리전(對外心理戰, External Psychological Warfare)
우방이나 중립국 또는 적대관계에 있는 국가나 집단에 대하여 수행되는 심리전. 우방국에 대해서는 협력관계를 더욱 강화하고, 중립국에 대해서는 우호를 증진시키며, 적대국이나 적대집단에 대해서는 관계를 개선할 수 있도록 하는 심리전 활동이다.

대용목표(代用目標, Alternative Objective)
여러 개의 목표 중에서 공자가 원래의 목표를 대신해서 선택할 수 있는 동등 목표군. 예비목표, 택일목표라고도 한다.

대용수송형차량(代用輸送型車輛, Substitute Transport-Type Vehicle)
군사용 차량은 아니지만 제한된 조건 하에서 군사적 기능을 수행할 수 있게 설계한 차륜식 차량. 군사용 수송차량의 모든 특성을 갖춘 것은 아니고, 민간용 설계에서 군사적 기능을 수행할 수 있는 어떤 특성을 추가하거나, 군사용 설계에서 어떤 특성만을 제외시켜 개발된 차량을 가리킨다.

대용지도(代用地圖, Map Substitute)
지도의 대용으로 사용되는 항공사진, 사진

지도, 집성사진, 임시지도, 기타 문서의 임시 복제물.

대위성작전(對衛星作戰, Anti-Satellite Operations)
적 위성이나 핵심통제를 제압, 분쇄하거나 위협하기 위해 계획된 방어적인 공세작전.

대유격작전(對遊擊作戰, Counter Guerrilla Operation)
침투에 성공한 후 근거지를 확보하거나 잔류하여 유격전을 수행하는 적을 소탕 및 격멸하기 위하여 실시하는 작전. 대유격 작전은 적의 근거지를 거부하고, 적을 소탕 및 격멸하기 위한 타격작전과 군·관·민 통합으로 지역안정을 회복하기 위한 평정작전으로 구분한다.

대음향대항책(對音響對抗策, Acoustic Counter-Counter Measure; ACCM)
적의 대항책에도 불구하고 아방의 음향방사를 효과적으로 하기 위하여 취해지는 행동.

대응책(對應策, Countermeasures)
적군이 수행하는 작전적 효과를 무기력하게 만들 목적으로 사용하는 장치나 기술.
〈동〉 [역대책]

대이동(對移動, Countermove)
적군의 이동에 대한 예측이나 그에 대한 대응으로 취하게 되는 작전.
〈참〉 [반격]

대인작용제(對人作用劑, Anti-Personnel Agent)
적 인원에게 병을 발생시키거나 화학적 피해를 주어 무능화 또는 살상을 야기하는 생물학 및 화학작용제.

대인지뢰(對人地雷, Antipersonnel Mine)
인명살상용으로 사용되는 지뢰.
(북한) [파편지뢰(破片地雷)]

대인지뢰금지협약(對人地雷禁止協約, Ottawa Process)
국제인도주의 그룹과 캐나다 정부가 주도하여 발족된 대인지뢰금지를 위한 국제협약.

대인지뢰지대(對人地雷地帶, Anti-Personnel Minefield)
주로 보병공격에 대한 방어를 위하여 부설된 지뢰지대.

대인탄(對人彈, Anti Personal Shell)
탄두 내에 8,000개의 화살촉이 들어있는 105 mm 곡사포용 탄약. 직접사격 시 사용하며 사격방법은 시간장입 방법과 포구작용장입 방법이 있다. 벌집(Bee Hive)탄이라는 용어를 사용하였으나 대인탄으로 통일하여 사용하고 있다.

대작물작용제(對作物作用劑, Anticrop Agent)
경작물을 병들게 하거나 피해를 주기 위하여 사용되는 유기체나 화학제.

대작물작전(對作物作戰, Anticrop Operation)
적의 특정 식량자원이나 산업생산물을 파괴하려고 군사작전에 대작물 작용제를 사용하는 작전.

대잠강습작전(對潛强襲作戰, Anti-Submarine Strike Operation)
기지에 전개해 있는 잠수함뿐 아니라 조선소, 수리시설, 훈련기지, 작전기지 등을 격파 또는 무력화시켜 잠수함작전 근원을 제거하는 대잠작전. 항공기나 함포에 의한 강습작전이 효과적이다.

대잠경계구역(對潛警戒區域, Anti-Submarine Screen Area)
상륙돌격을 지원하는 상륙 수송선 및 화력지원부대를 보호하기 위하여 항공 및 해상부대에 의하여 대잠 경계작전이 실시되는 해역.

대잠경계진(對潛警戒陣, Anti-Submarine Screen)
잠수함의 공격으로부터 주력체(Main Body)를 방어하기 위한 함정이나 항공기의 배열.

대잠공격(對潛攻擊, Anti-Submarine Attack)
1. 정밀공격(精密攻擊, Deliberate) : 전술적 상황이 정확한 공격자료를 획득할 수 있는 시간적 여유를 허용할 때 최대한 정확하게 적 잠수함을 격파하기 위하여 실시하는 공격방법.
2. 긴급공격(緊急攻擊, Urgent) : 바로 공격할 수 있는 위험한 곳에 위치하고 있는 적 잠수함에 대하여 접촉 즉시 실시하는 공격. 정확성보다는 신속성이 우선하며, 공격을 가할 만한 시간적 여유가 없을 때 잠수함을 교란하기 위하여 실시하는 공격방법이다.

대잠공격부대(對潛攻擊部隊, Hunter-Killer Force)
적의 잠수함이 있을만한 해역에서 잠수함을 탐색, 추적하는 공격능력을 보유한 대잠 항공모함.

대잠근접항공지원(對潛近接航空支援, Antisubmarine Close Air Support)
지원을 받고 있는 부대의 보호를 위해 대잠함전을 수행하는 공군 작전.

대잠기뢰작전(對潛機雷作戰, Anti-Submarine Mining Operation)
적 잠수함의 기지, 항로 또는 우군 항만 등에 기뢰를 부설하여 적 잠수함의 효과적인 행동을 저지하는 작전.

대잠로켓(對潛~, Anti-Submarine Rocket; ASROC)
잠수함을 파괴하기 위하여 해상함정으로부터 발사되는 로켓추진 어뢰.

대잠무기체계(對潛武器體系, Anti-Submarine Weapons System)
대잠수함전(Anti-Submarine Warfare; ASW)을 위한 일련의 무기체계. 잠항중인 잠수함을 격파하기 위해서는 목표의 수색, 탐지, 식별, 공격이라는 각 단계를 거치는데, 이 활동은 수상함정, 항공기 및 지상시설에 배치된 각종 무기와의 연계 아래서 실시되지만 잠수함은 독자적으로 실시한다. 수색단계에서 사용되는 것으로 레이더, ESM (Electronic Support Measure), 적외선 탐지장치, 소나(SONAR; Sound Navigation and Ranging), VDS(가변심도 소나), TASS(예인형 선배열 소나), MAD(자기이상 탐지기)등이 있으며, 탐지된 음향이나 자기 신호를 가지고 컴퓨터 등을 사용하여 잠수함의 존재를 판정한다. 목표가 적의 잠수함으로 판정되면, 함정의 전투지휘시스템에 데이터가 입력되어 최적공격 무기를 선정하고, 공격제원이 계산되어 공격한다. 최근 개발될 공격 무기로는 핵어뢰, 핵폭뢰 등이 실용화되어 있으며, 광역에 걸쳐 잠수함을 수색 공격하는 데는 행동능력과 기동력을 가진 대잠항공기가 있다. 고정익의 P-3C 오리온이나 SH-3H 등의 대잠항공기가 소노브이를 투하해 탐지된 정보를 기상의 컴퓨터로 해석해 목표를 식별 확인하고, 어뢰나 폭뢰, 로켓탄을 사용해 공격한다. 해협이나 항만을 출입하는 선박을 공격하려는 잠수함에 대해서는 기뢰를 부설해 접근을 저지한다.

대잠방어작전(對潛防禦作戰, Anti-Submarine Protective Operation)
적 잠수함의 공격으로부터 부대 또는 한 지역을 수호하는 것으로서 대잠호송작전, 대잠경계진작전, 대잠지원작전, 해군관제, 항만 방어작전 등이 있음.

대잠방책(對潛防柵, Anti-Submarine Barrier)
적 잠수함의 탐지, 통행의 거부 및 파괴를 목적으로 구성되는 일련의 고정 장치, 또는 기동단위대로 구성되는 선.

대잠수색(對潛搜索, Anti-Submarine Search)
해역 내에 이미 알려진 또는 예상되는 잠수함 위치 식별을 위하여 특정해역에 대해 체계적으로 실시하는 수중수색. 상황에 따라 여러 가지 전술적인 수색방법이 동원된다.

대잠어뢰(對潛魚雷, Anti-Submarine Torpedo; ASTOR)
잠수함을 공격하기 위하여 발사되는 고속도, 유선유도 및 심해를 잠항하는 무항적(無航跡) 어뢰. 함정이나 잠수함에서 사용하며 핵탄두를 운반할 수 있다.

대잠억제(對潛抑制, Anti-Submarine Hold Down)
적 잠수함이 부상하지 못하도록 노력하는 작전. 적 잠수함이 정보 수집을 못하도록 하고 통신 및 공격위치 선정을 불가능하게 하여 축전지를 다 소비하도록 강요할 수 있는 일련의 적 잠수함활동 견제방법이다.

대잠작전(對潛作戰, Anti-Submarine Operation)
대잠전을 수행하는 모든 작전을 말하며 크게 대잠공격작전, 대잠수색작전, 대잠 방어작전으로 구분함.

대잠전(對潛戰, Anti-Submarine Warfare)
적 잠수함의 효과적인 운용을 거부하기 위해 수행되는 전투.

대잠전부대(對潛戰部隊, Anti-Submarine Warfare Forces)
대잠전투를 주목적으로 편성된 부대. 수상함, 항공기, 잠수함 또는 이 3자의 각종 혼합과 지원체계로써 구성될 수 있다.

대잠전초(對潛前哨, Anti-Submarine Picket)
잠수함의 위협으로부터 세력이나 선단을 보호하기 위하여 경계진 밖으로 배치된 대잠함정.

대잠전투(對潛戰鬪, Anti-Submarine Action)
특정한 적의 잠수함(정)에 대하여 하나 또는 그 이상의 대잠전 세력이 전개하는 작전. 이 작전은 가용한 탐지수단에 의하여 적 잠수함이 포착되었을 때에 시작된다.

대잠지원작전(對潛支援作戰, Anti-Submarine Support Operations)
해상부대나 선단이 통과하는 해역 또는 지리적 해역의 방위(防衛)를 위하여 대잠부대가 실시하는 작전. 지원작전은 부대나 선단과 완전한 협동작전일 경우와 단지 작전정보나 첩보자료의 제공 정도로 협동하는 단독작전일 수도 있다.

대잠초계(對潛哨戒, Anti-Submarine Patrol)
잠수함에 대한 탐지 또는 공격을 위하여 한 구역이나 선에 따라 계획적이며 계속적으로 실시하는 탐색.

대잠항공공격작전(對潛航空攻擊作戰, Anti-Submarine Air Offensive Operation)
함재기나 육상에 기지를 둔 항공기가 단독으로 또는 항공기, 함정 혹은 이 양자와 협동하여 실시하는 공세작전.

대잠항공수색공격부대(對潛航空搜索攻擊部隊, Antisubmarine Air Search Attack Unit)
한 대 혹은 여러 대의 항공기에 각각 임무를 지정하여 잠수함을 파괴하기 위해 탐지하는 기동부대.

ㄷ

대잠항공호위 및 근접지원(對潛航空護衛~近接支援, Antisubmarine Air Escort and Close Support)
절박한 잠수함공격 때문에 위협을 받고 있는 특정 선단이나 부대에 대하여 실시하는 대잠 항공지원.

대잠호위기(對潛護衛機, Antisubmarine Aircraft Escort)
잠수함의 위협으로부터 함선단을 호위할 임무를 띤 항공기.

대잠항모전단(對潛航母戰團, Antisubmarine Carrier Group)
잠수함 탐지와 파괴를 임무로 하는 몇 척의 대잠함정과 하나 또는 그 이상의 대잠항모로 구성된 전단.

대잠헬리콥터(對潛~, Anti-Submarine Helicopter)
잠수함을 탐색, 탐지 및 공격하는 것을 주 임무로 하는 헬리콥터. 1954년경 미 해군이 최초로 보유한 후, 각국 해군이 채택하여 육상기지용, 함재용으로 널리 사용하게 되었다. 제자리 비행능력의 특성을 살려 매어다는 식의 음향탐지기를 탑재하고 있는 것이 특징이며, 탐색병기로서는 음향탐지기를, 공격병기로서는 어뢰나 폭뢰 등을 탑재할 수 있다. 최근에는 탐색병기로서 MAD, 음탐부표, 레이더 등을 탑재하는 경향이 있는데, 대표적 예로서 HSS-2(일본), SH-3H(미국), WG-13(영국, 프랑스), Ka-25(구소련)등이 있다.

대잠회피(對潛回避, Anti-Submarine Evasion)
잠수함의 공격을 회피하기 위해서 세력, 선단 또는 전술지휘관의 지시에 의해 각 함정이 예정된 항로 또는 속도를 변경하는 것. 목적지를 변경하지는 않는다.

대장벽작전(對障壁作戰, Counterbarrier Operation)
적의 장애물 및 장벽체제를 방해하기 위한 모든 조치.

대적(對敵, Hostile)
전투나 전투지원작전에서 특성, 출신 혹은 국적이나 행동 등이 수집된 정보에 의해 판단할 때 아군에게 위협이 되는 적대적인 국가, 정당, 집단 혹은 개체에 속한다고 판단되는 수준에 속하는 대상.

대적심리전(對敵心理戰, Counter Enemy Psychological Operation)
상대 적국 또는 집단에 대해 실시하는 심리전으로서 적측의 정신과 의지를 굴복시킴으로써 승리를 가져오도록 하는 것.

대전략(大戰略, Grand Strategy)
☞ [국가전략]

대전복(對顚覆, Counter Subversion)
전복활동을 실시하고 있거나 또는 실시할 가능성이 있는 개인, 집단 또는 조직들을 식별, 이용, 침투, 조종, 기만 및 진압하여 전복 활동들을 탐지, 격멸, 무력화 또는 저지하기 위해 계획된 대정보 활동의 한 가지 방법.

대전자공격(對電子攻擊, Anti-EA)
우군의 통신망과 무기체계에 대한 적의 전자방해, 기만 등 적대행위의 효과를 감소 또는 무력화시키기 위해 사용되는 모든 대책. 기능적으로 전자보호(EP)의 범주에 속한다.

대전자지원(對電子支援, Anti-ES)
적의 전자지원책(ESM) 능력을 감소 또는 무력화시키기 위한 우군의 대응책. 무선침묵, 전자파 발사통제(EMCOM) 등의 소극적 대책과 전파방해, 기만 등의 적극적 대응책이 포함된다.

대전차결사대(對戰車決死隊, Antitank Suicide Squad)
폭탄 또는 폭발물을 휴대하고 전차에 접근하여 폭발시키거나, 전차의 포탑에 기어 올라가서 전차 승무원을 사살하여 전차를 파괴 또는 포획하는 돌격조.

대전차공격(對戰車攻擊, Antitank Attack)
적의 전차를 무력화하기 위한 적극적인 수단으로서 가용한 모든 대전차화기의 사용과 대전차 특공조의 운용으로 적 전차를 격멸하는 것.

대전차무기(對戰車武器, Antitank Weapons)
전차 및 기타 장갑차량을 공격하기 위한 화기. 대전차 유도탄, 대전차 로켓포 등이 있다.

대전차무기체계(對戰車武器體系, Anti-Tank Weapon System)
전장에서 적의 전차군에 대한 공격을 효과적으로 수행하기 위해 개발된 일련의 무기 그룹. 보병의 대전차 무기를 비롯한 각종 화기, 유도탄, 항공기, 차량 등이 포함되어 상호 단점을 보완하여 효과적인 공격이 가능하도록 만들었다.

대전차방어(對戰車防禦, Anti-Tank Defense)
대전차 장벽(자연 및 인공장애물) 및 대전차 특공대(화기) 운용 등으로 방어의 전 종심에 걸쳐 편성된 적 전차 운용에 대한 방어작전.

대전차 장애물(對戰車障碍物, Anti-Tank Obstacles)
전차 혹은 기타 장갑차의 기동을 저지 또는 방향전환을 못하게 하거나 기동을 지연시키기 위한 자연 또는 인공장애물이나 방벽.

대전차지뢰(對戰車地雷, Antitank Mine)
전차를 파괴하거나 기동하지 못하도록 하는 지뢰.
(북한) [반땅크 지뢰]

대전차총류탄(對戰車銃榴彈, Antitank Grenade)
전차 및 기타 장갑차량에 사용되는 고폭성 유탄으로 특수 장치된 발사기에 의해 소총으로 발사됨.

대전차항공기(對戰車航空機, Antitank Aircraft)
전차공격을 위주로 하는 항공기.

대전파방해(對電波妨害, Anti-Jamming)
전자전을 수행하려는 적의 전자이용능력을 제거 또는 감소시켜 적의 기도를 방해하는 전자보호(EP)의 일부. 일반적으로 주파수 도약 및 광대역 스펙트럼 송신방법 등이 있다.

대정보(對情報, Counter Intelligence)
우군의 병력과 장비, 활동 등을 대상으로 적의 조직이나 개인이 수행하는 정보수집, 태업, 전복, 군사테러 및 암살 등을 사전에 탐지하여 이를 무력화시키거나 거부하는 모든 활동. 인간, 영상, 신호정보 수집수단에 대한 방어방책이다.

대지공격(對地攻擊, Air Strike)
공격임무를 부여받은 전투기, 폭격기 또는 공격기에 의하여 특정 지상목표를 공격하는 것.
〈유〉 [항공타격]

대지속도(對地速度, Ground Speed)
지표면에 대한 항공기, 함정 등의 속도.

대축척지도(大縮尺地圖, Large-Scale Map)
1 : 75,000 또는 그 이상의 축척에 의한 지도.

대충장비(代充裝備, Maintenance Float)
사용 불가능한 장비를 정비지원 시설에서

적기에 수리나 정비가 불가능할 때, 고장난 장비의 대치용으로 불출하기 위하여 정비지원 시설에 저장하도록 인가된 완성장비를 이르는 말. 운영대충장비, 정비대충장비, 주기대충장비 등이 있다.

대치품목(代置品目, Substitutes Item)
표준품목 대신에 흡사한 성질의 것을 대용으로 불출하도록 인가된 품목.

대침투작전(對浸透作戰, Counter Infiltration Operation)
평시 지상·해양·공중을 통하여 침투하는 적의 특수부대 및 요원을 포착, 격멸하거나 소탕하기 위하여 실시하는 제반활동.

대침투작전훈련(對浸透作戰訓練, Counter Infiltration Operation Training)
무장공비의 침투를 저지하고 침투한 적을 격멸하기 위해 실시하는 훈련. 통상 대항군을 운용하여 신고접수로부터 봉쇄 및 타격작전까지 군, 관, 민, 예비군 합동으로 일련된 상황 하에서 실시한다.

대태업(對怠業, Counter Sabotage)
어떤 국가의 방위력 또는 전쟁 잠재력을 방해하거나 좌절시키기 위하여 여러 가지 수단과 방법으로 그 국가의 정상적인 모든 기능을 고의적, 계획적으로 파괴하거나 분열시키는 행위를 방지하기 위하여 실시하는 대정보 활동.

대테러(對~, Counter Terrorism)
테러주의자의 행동으로부터 개인이나 재물의 취약점을 줄이기 위해 사용하는 방어적 수단. 테러사건이 발생되기 이전에 예방·저지활동을 하거나 테러사건 발생이후 취해지는 대응활동의 체계적인 수단 및 방법을 말한다. 대테러는 주로 정부기관 주도로 이루어지는 특성 때문에 일반적으로 '대테러활동'이라 하며, 군사적으로는 '대테러작전'이라 한다. 또한 테러와의 전쟁(Combatting Terrorism)에는 방어적 의미인 반테러(Anti Terrorism)와 공세적 의미인 대테러(Counter Terrorism)가 포함된다.

대포병사격(對砲兵射擊, Counterbattery Fire)
적 포병에 관련된 장비, 시설 등 운용체계를 파괴 및 무력화시키기 위하여 실시되는 포병사격.
(북한) [반포사격(反砲射擊)]

대포병활동(對砲兵活動, Counterbattery Activities)
적 포병의 위치를 발견하고 제압 및 파괴하는 목적으로 시행되는 활동.

대항군(對抗軍, Aggressor)
적군의 군사행동을 취하는 가상적인 군부대. 이는 연습의 실전감을 주기 위하여 구성된다.
(북한) [가적수(假敵手)]

대항기뢰(對抗機雷, Counter Mine)
부설된 기뢰 근처에서 다른 기뢰나 폭약을 폭발시켜 부설된 기뢰를 폭발 또는 작동하지 못하게 하는 수단.

대항기뢰원(對抗機雷原, Countered Minefield)
적이 아군의 기뢰부설에 대하여 탐색이나 소해 등의 대항책을 실시하리라고 예상되는 기뢰원.

대형(隊形, Formation)
1. 특정 목적을 위해 군대나 차량을 순서대로 정렬한 것.
2. 둘 이상의 함정이나 부대나 항공기를 동일 지휘관 하에 순서대로 정렬하여 함께 진행하는 것.

대화기사격(對火器射擊, Counterfire)
적의 무기를 파괴하거나 제압하기 위한 사격. 대포병사격, 대함포사격, 대박격포사격이 포함된다.

대화력전(對火力戰, Counterfire Operation)
적의 간접 화력체계, 즉 적의 박격포, 대포, 로켓체계 및 그것들에 관련된 지휘통제, 통신 및 지원체계를 공격하기 위한 모든 활동.

대화생방테러작전(對化生放~作戰, Counter NBC Terrorism Operation)
화학 작용제 및 유독가스, 생물학 작용제, 방사능을 이용한 테러에 대응하기 위하여 취하는 제반 군사적인 활동 또는 그 수행절차.

대확산(對擴散, Counterproliferation)
(미국) 미국, 미국 군대, 우방 및 동맹국들에 대한 대량살상무기 위협 및 사용에 대항하기 위하여 취하는 제반 활동. 여기에는 탐지 및 감시활동, 대확산작전 수행준비활동, 공세작전, 대량살상무기, 적극적 방어 및 수동적 방어 등이 포함된다.

데이터 블록(~, Data Block)
항공기의 지리적 위치, 고도, 방향, 진로에 관련하여 항공사진자료에 표시하는 정보. 어떤 경우에는 행정정보와 장착된 감지기에 나타나는 정보를 말하기도 한다.

데이터 코드(~, Data Code)
데이터 요소나 데이터 항목을 표현하기 위해 사용되는 숫자, 문자, 기호 혹은 이들을 조합한 것. 제원부호라고도 한다.

데이터 통신(~通信, Data Communication)
컴퓨터본체와 단말기, 혹은 컴퓨터 간에 통신회선을 연결하여 원격지간에 데이터를 전기적으로 전송하는 방식. 통신회선을 통해 컴퓨터가 이해하고 이진법의 수자 신호를 고속으로 보는 방법으로 지리적 제약을 극복하여 필요한 정보를 곧바로 제공할 수 있게 되었다.

데이텀(~, Datum)
1. 최종적으로 알려진 잠수함의 실제 위치. 실제 위치를 알지 못하지만 첩보상 잠수함의 존재가 분명할 때에는 추정위치를 설정하며 잠수함 접촉을 상실하였을 때는 반드시 추정위치를 설정해야 한다.
2. (대 잠수함전) 탐지나 접촉이 끊어진 뒤 마지막으로 확인된 잠수함이나 잠수함으로 의심되는 위치.

도략(韜略, Military Strategy)
(중국) 1. 병서 〈육도삼략〉의 간칭. 2. 병법. 3. 군사적인 책략. 전쟁을 지도하고, 국가를 다스리는 모략. 전략이나 병략(兵略), 융도(戎韬)로도 칭한다.

도로견부위주 종심방어(道路肩部爲主縱深防禦, Defense in Depth Orienting Road Shoulder)
적의 고속기동전에 대응하기 위해 적 주력의 기동로인 도로견부 위주로 종심 깊게 전투력을 배비하여 적 고속기동부대의 공격속도를 축차적으로 흡수, 지연, 차단 및 격멸함으로써 적의 작전의도를 분쇄하는 전술방식. 공세이전의 여건조성을 위한 긴요한 전법이다.

도로구분(道路區分, Road Classification)
최소 도로 폭, 최악의 도로유형, 최소의 교량, 부유교, 혹은 암거, 전시 탑재량 분류, 통행 장애요소 등에 의한 도로의 분류.

도로능력(道路能力, Road Capacity)
도로의 최대 교통 가능량. 통상 시간당 통과 차량 또는 일일 통과차량 등으로 표현된다.

도로대화구(道路大火口, Road Crater)
주로 적 차량이나 적 전차의 도로사용을 거부하기 위하여 용이하게 우회할 수 없는 도로상의 한 지점에 포탄, 지뢰, 폭약 등의 폭발물을 장치하여 필요시 폭파함으로써 도로상에 깊은 폭파구를 형성하도록 한 장애물의 일종.

도로이동작전명령(道路移動作戰命令, Operation Order for Road Movement)
인원 및 장비품을 일정한 시간 내에 한 지역에서 다른 지역으로 이동시키기 위하여 하달하는 작전 명령. 도로이동작전명령은 이 명령에 포함된 인원의 관할권을 가진 지휘관으로부터 하달된다.

도로정찰대(道路偵察隊, Road Reconnaissance Team)
군사적 목적과 도로의 안전사용을 위하여 도로의 제반 상태를 확인하는 임무를 수행하는 정찰대. 통상 수색, 공병, 헌병, 화학, 수송요원 등으로 편성된다.

도로통과완료시간(道路通過完了時間, Road Clearance Time)
종대가 도로의 한 구간을 통과하는 데 필요한 총 시간.

도로폐색(道路閉塞, Road Block)
도로 지역이나 도로에 잇닿은 지점을 통과하는 적의 이동을 거부, 지연, 방해하기 위해 설치한 장벽이나 장애물. 주로 연소성 물질로 덮는다.

도망(逃亡, Desertion)
다시 돌아올 의사 없이 또는 위험한 임무, 중요한 직무를 회피할 의도로 임지나 임무를 정당한 허가 없이 이탈하는 것. 직무이탈과는 의미가 다르다.

도발(挑發, Provocation)
적이 특정임무를 수행하기 위하여 자국 국민과 재산 또는 영역에 가하는 일체의 위해 행위.

도발응징(挑發膺懲, Provocation Punishment)
평시 예상되지 않은 적의 각종 형태의 국지적 도발행위나 적대행위 발생시, 이에 상응한 응징을 신속하게 실시하여 도발사태의 확산을 저지하고 새로운 도발행위를 억제하기 위한 계획된 보복작전.

도보교(徒步橋, Walkway Bridge, Foot Bridge)
도보병력을 신속하게 도하시키기 위해 사용되는 도하수단. 1개 세트로 144 m의 도보교를 구축한다.

도북(圖北, Grid North)
지도상의 수직 좌표선에 의해 정해진 북쪽. 즉 지도 좌표선의 0도 방향.

도북방위각(圖北方位角, Grid Bearing)
도북으로부터 측정된 방위각.

도북편차(圖北偏差, Grid Convergence)
도북으로부터 동쪽 혹은 서쪽으로 측정한 도북과 자북(진성 북쪽, 진북) 사이의 각도 차. 이 각은 도북으로부터 측정된다. 도편각(grid magnetic angle)이라고도 함.

도비탄(跳飛彈, Ricochet)
포탄이 지표면에서 충격 후 파열되지 않고 미끄러져 날아가는 탄.

도비탄사격(跳飛彈射擊, Ricochet Fire)
도비 파열의 효과를 얻도록 하는 사격으로서 충격 후 지면에서 탄환이 스쳐 튀거나 공중에서 폭발하도록 하기 위한 사격.

도상거리(圖上距離, Map Projection)
지도에서 측정한 두 지점 간의 거리.

도상거리 측정기(圖上距離測定器, Map Measurer)
지도의 축적에 맞추어 지도 위에서 실 거리를 측정하는 기구.

도상기동연습(圖上機動演習, Map Movement Exercise)
지도 또는 투명지를 사용하여 전술상황을 부여하고 지휘관 및 참모는 판단, 결심, 계획 및 명령 등을 준비하는 전술연습의 한 형태.

도상정찰(圖上偵察, Map Reconnaissance)
전술계획이나 기동을 준비하는 데 필요한 상황을 얻기 위하여 지형지물을 지도상에서 연구하는 것.

도선장(渡船場, Ferry)
하천, 호수, 해협 등에서 폭이 좁거나 얕아서 건너기 쉬운 교통상의 요점으로, 대안과 연락할 수 있는 나루터.

도섭(渡涉, Ford)
수심이 얕은 하천을 교량이나 단정 또는 뗏목 등을 이용하지 않고 걸어서 건너가는 것.

도섭능력(渡涉能力, Fordability)
물의 깊이가 사람의 키를 넘지 않는 하천을 건너갈 수 있는 능력.

도수운반지점(徒手運搬地點, Off Carrier Position)
경박격포 및 기관총과 같은 화기와 여기에 필요한 탄약 부속품 등을 운반차로부터 내려서 각 진지까지 손으로 운반하게 되는 지점.
〈동〉 [사하지점]

도시지역 작전(都市地域作戰, Urban Operation)
도시지역의 치안을 유지하여 도시가 기능을 유지할 수 있도록 하는 작전. 도시지역을 교란 또는 주요시설을 타격할 목적으로 침투하는 적을 저지격멸하고, 도시 아파트 및 건물지역에 대한 적의 은거를 거부함으로써 작전의 목적을 달성한다.

도자각(圖磁角, Grid-Magnetic Angle)
1. 도북과 자북간의 예각.
2. 자북에 대한 도북방위각. 도북으로부터 동 또는 서로 측정하며, 군사지도 난외주기란에 표시되어 있다.

도전선(導電線, Firing Wire)
폭파에 사용되는 전기를 점화기로부터 전기뇌관에 전달하는 선

도편각(圖偏角, Grid Declination)
진북과 도북간의 차이가 나는 직각이하의 각도. 지도의 난외주기에서 진북의 "동" 혹은 "서"로 표시되며 도북편각이라고도 한다.

도폭선(導爆線, Detonating Cord)
다른 폭약을 기폭 시키거나 여러 개소에 있는 폭약을 동시에 연결하여 많은 장전개소를 폭발시킬 수 있는 선모양의 폭약.

도표축척(圖表縮尺, Graphic Scale)
지도나 해도 상에서 실지거리를 측정하기 위하여 사용되는 눈금이 매겨진 선.

도플러 레이더(~, Doppler Radar)
표적 또는 관측자의 동작에 따라 반사파의 명백한 변화를 탐지함으로써 고정 및 이동 표적을 구별하는 레이더 장치.

도피 및 탈출(逃避~脫出, Evasion and Escape)
아군의 군사요원이나 기타 선정된 요원이 적의 점령지 또는 적성지역으로부터 아군의 통제 하에 있는 지역으로 생환하는 작전 및 절차.

도피선정지점(逃避選定地點, Selected Area for Evasion)
적군의 지역 내에서 도피자나 탈출자들에게 철수될 때까지 포로가 되는 것을 방지하고 생존할 수 있도록 적절한 기회를 제공하기 위해 지정하는 지역.

도하공병(渡河工兵, River Crossing Engineer)
도하 작전시 리본부교 및 문교를 구축하여 운용하거나 도하장비를 제공하는 임무를 주로 수행하는 공병부대.

ㄷ

도하작전(渡河作戰, River Crossing Operation)
도섭이 불가능한 하천을 특수 장비와 병력을 투입하여 횡단하는 공격작전. 도하작전의 목적은 공격부대가 신속하게 하천 장애물을 극복, 공격기세를 유지하여 적을 격멸하거나, 후속부대의 도하를 방호하기 위해 실시하는 작전이다.

도하정면(渡河正面, Crossing Front)
도하부대가 도하를 실시하는 정면.

도하지역(渡河地域, Crossing Area)
도하부대가 도하를 위하여 전개하는 지역.

도하지점(渡河地點, Crossing Site)
하천이 장애물로 가로막고 있는 지점으로 수륙 양용차량, 공격단정, 뗏목, 교량 등을 사용하여 도하를 할 수 있는 곳.

도화선(導火線, Firing Wire, Time Fuze)
비 전기뇌관이나 기타 폭약에 불꽃을 전달하는 선. 흑색화약이 여러 겹의 섬유와 방수물질로 단단히 싸여있다.

독도법(讀圖法, Map Reading)
지도에 표시되어 있는 내용을 해독하는 기술. 어떤 지역의 자연현상, 어떤 지점의 위치, 부대의 위치 등을 나타내기 위하여 지도상에 표시되어 있는 세부사항을 연구하는 것이다.
(북한) [군사지형학(軍事地形學)]

독립대대(獨立大隊, Separate Battalion)
연대의 일부를 구성하지 않고 야전에서 독립부대로 작전하는 대대.

독립수비대(獨立守備隊, Independent Garrison)
도시나 요새 따위를 독립하여 경비하는 부대.

독립작전(獨立作戰, Separate Operation)
자체계획에 의거 작전을 수행하며, 계획의 승인 및 전투근무지원은 상급부대로부터 받아 실시하는 작전.

독립주정(獨立舟艇, Free Boat)
상륙돌격 시 계획된 주파가 아닌 독립적으로 상륙하는 주정으로서 대대급 이상의 지휘관이나 그의 참모 또는 부지휘관들이 탑승하고 있는 주정.

독립포대(獨立砲隊, Separate Battery)
대대의 일부 포대가 대대로부터 원거리 이격되어 임무를 수행하는 포대.

독성화학작용제(毒性化學作用劑, Toxic Chemical Agent)
야전용도로 사용될 때 심한 상해나 사망을 일으킬 수 있는 독성이 있는 화학 작용제. 살상 화학작용제라고도 하며, 질식작용제, 신경작용제, 혈액작용제, 수포작용제 등이 있다.

독소(毒素, Toxin Agent)
동식물의 기관이 신진대사를 할 때 분비되는 물질 가운데 독성이 있는 요소. 무기물 독성물질과는 구별되며, 이런 독소는 합성과정을 통해서 제조할 수도 있어 화학작용제로 사용할 때 화학무기가 된다.

독수리 연습(~ 演習, Foal Eagle; FE)
한반도에서의 전쟁억제를 위해 한·미간의 군사적 결의를 과시하고 연합 및 합동작전태세 완비를 위해 1961부터 연례적으로 실시하는 연합·합동 야외기동연습.

돌격(突擊, Assault)
1. 공격전투의 최후단계로서 백병전이 수반되는 근접전투이며, 공격전투의 승패를 결정하는 행동.
2. 상륙작전에 있어서 제1예정파의 공격개시선 통과로부터 최초 목표를 탈취할 때까지의 시간.

〈참〉 [상륙돌격]

3. 포진지, 보루 또는 기관총 진지와 같은 국지목표에 대하여 짧고 맹렬하면서도 질서 있는 공격을 감행하는 것.
4. 공정작전에 있어서 전투준비를 완료한 공정부대가 돌격목표를 공격하여 최초 공두보를 보강하는 단계.

돌격구역(突擊區域, Assault Area)
상륙작전시 돌격 행동을 작전 단계의 하나로 실시할 수 있는 구역. 해안구역, 주정로, 공격개시선, 상륙함선구역, 수송함선구역 및 주정로 근처의 화력지원구역을 포함하는 구역이 주로 해당된다.

돌격구역도표(突擊區域圖表, Assault Area Diagram)
상륙작전을 위하여 지정된 해안표지, 주정로, 공격개시선의 편성, 예정파, 상륙함정구역, 수송함정구역 및 주정로에 근접한 화력지원구역 등을 도표로 표시한 것.

돌격단계(突擊段階, Assault Phase)
1. 상륙기동부대의 주요돌격부대가 목표지역에 도착해서부터 상륙기동부대의 임무를 완수할 때까지의 기간.
2. 공수작전에서 공격제대 군 병력을 목표지역에 공수하기 시작해서 공격목표물에 대한 공격을 확대하고 초기 공두보를 강화할 때까지의 기간.

돌격사격(突擊射擊, Assault Fire)
돌격간 실시하는 사격으로 비교적 근거리에서 기동하면서 짧고 맹렬하게 사격하는 것.

돌격작전(突擊作戰, Assault Operation)
상륙작전에 있어서 상륙군의 함안이동 및 최초 예정파의 상륙과 함께 시작되고 상륙군의 최종 지상목표를 확보함으로써 종료되는 작전. 기타 부대는 상륙군의 돌격작전 중 군수지원과 화력지원 제공을 계속하고, 상륙기동부대에 대한 전반적인 방호를 지속적으로 제공한다.

돌격전 작전(突擊前作戰, Pre-Assault Operations)
상륙기동부대 예하인 선견부대가 상륙목표지역 내에서 주상륙이 실시되기 전에 목표지역의 준비 및 고립과 적에 대한 첩보를 획득하기 위하여 실시하는 작전. 주로 정찰, 소해, 함포사격, 수중장애물 제거 및 해안장애물의 파괴 작전 등이 포함된다.

ㄷ

돌격제대(突擊梯隊, Assault Echelon)
목표지역에 최초로 돌격 임무를 수행하기 위해 편성된 예하 단위대.

돌격주정대(突擊舟艇隊, Assault Craft Unit)
상륙작전 시 요구되는 추가적인 선박소요를 제공하는 데 필요한 상륙주정과 승조원으로 구성되는 해군 작전사(상륙지원대) 예하의 편성체.

돌격진지(突擊陣地, Assault Position)
돌격제대가 전개완료한 후 적에게 접근하기 위하여 진입하는 진지로서 공격개시선과 목표 간에 위치함.

돌격제파(突擊梯波, Assault Wave)
병력, 상륙정, 단정, 수륙양용 차량, 항공기 등을 이용한 돌격제대의 대형(隊形)을 이르는 말로, 동시에 해변이나 육지에 도착하도록 대형을 형성하는 방법의 하나. 제1파 혹은 강습상륙파라고도 한다.

돌격함선(突擊艦船, Assault Ship)
상륙기동부대에 할당되어 돌격부대의 차량, 장비 및 보급품을 목표지역으로 수송하는 함선.

돌격항공기(突擊航空機, Assault Aircraft)
상륙작전 시 상륙목표지역으로 돌격부대와 화물을 이송하며, 재보급지원을 수행하는 헬리콥터를 포함한 항공기.

돌격후속제대(突擊後續梯隊, Assault Follow-on Echelon)
돌격 초기에는 필요치 않으나 돌격을 지원하고 유지하는 데 필요한 돌격부대로서, 차량, 항공기 장비 및 보급품을 포함하는 작전제대. 통상 상륙작전 개시 후 5일 이내에 목표지역에서 돌격후속제대가 요구된다.

돌파(突破, Penetration)
공격부대가 적의 주방어진지를 통과하여 포위기동을 위한 약한 측익을 조성하거나, 적을 분단시킨 후 각개 격파하고 적 부대의 방어의 지속성을 파괴할 수 있는 목표를 확보하는 기동형태. 적측 방어진지상에 약한 측익이 없거나 지형 상 포위가 제한될 때 실시한다. 돌파에 유리한 조건은 적 부대의 배치가 지나치게 신장되어 있을 때나, 적 진지에 약점이 있을 때, 또는 지형이 효과적인 제병협동작전에 유리할 때와 강력한 화력을 사용할 수 있을 때 등이다.

돌파소해(突破掃海, Break Through)
소해를 할 시간여유가 없을 때 수로 상 통행에 위협을 주는 기뢰의 수를 최소화하기 위하여 실시하는 소해.

동굴엄체호(洞窟掩體壕, Cave Shelter)
지표면의 정상에 있는 흙을 건드리지 않고 제방이나 구릉의 측면에서부터 굴착한 부대용 지하 엄체호.

동기(同期, Synchronization)
1. 주기적인 운동을 하는 개체들이 서로 영향을 주고받거나, 한쪽이 영향을 받아 동일한 주기를 갖게 되는 것. 이러한 현상을 동기현상(同期現狀)이라 하며, 동기된 상태를 동기화(同期化) 되었다고 한다. 통신에서는 주로 서로 다른 시스템이나 네트워크에서 클럭 주파수나 비트, 프레임, 워드 등을 일치시키는데 사용된다.
2. 비율이나 조화를 이루기 위해 기계나 계기 또는 부분품을 2개 이상 조정하는 것.
3. 정보 분야에서는 작전계획에 맞도록 정보원(情報源, 소스)이나 수단을 적용하는 것.

동류전용(同類轉用, Cannibalization)
사용불가 장비로부터 사용 가능한 부속이나 부분품(구성품 및 완제품)을 제거하거나 취득하여 동일 종류의 장비를 수리하는 것. 정비의 원칙에서는 이와 같은 행위를 금지하고 있으나 다음과 같은 경우에는 허용되고 있다.
1. 단시간 내에 보급지원을 받을 수 없는 접적지역에서의 비상사태.
2. 군수참모부장이 설정한 특정장비의 특정 부속품.
3. 폐처리가 인가되었을 때.

동맹(同盟, Alliance)
국가간 공동 이익을 촉진시킬 목적으로 2개 이상의 복수국가가 공식 협정에 의해 성립되는 집단적 자위방식. 동맹 참여국이 우방과 적군의 개념에 입각해 적으로부터 군사위협에 대처하기 위해 모든 수단과 자원을 투입하는 데 협력하는 잠재적인 전쟁공동체를 의미한다. 따라서 일반적으로 동맹작전이라 하면 동맹국들이 공동으로 참여하는 연합작전(Combined Operations)을 의미한다. 대표적인 국가간 동맹으로는 나토(NATO)가 있다.

동맹국전쟁예비물자(同盟國戰爭豫備物資, War Reserve Stocks for Allies; WRSA)
미국 소유 전투예비물자를 지칭하는 일반용어로서 미국의 우방국 전투를 위한 미국 소유 우방국 소요물자. 그 물자 중 일부 탄약은 우방국의 지리적, 정치적 영역 내에 사전 저장될 수 있는 탄약의 양을 말하며, 한국 내에 저장된 WRSA 탄약에는 한국군 전투예비량이 주종이다.

동반동원(同伴動員, Concurrent Mobilization)
동원장비·시설 및 업체와 이에 종사하는 인력을 동시에 동원하는 것. 자동차, 건설기계, 항공기 등은 조작요원과 동시에 동원하며, 병원, 운송, 건설, 하역, 정비업체, 전기통신공사업체, 항공, 선박 및 어선을 동원할 때는 이에 속해 있는 인원, 장비, 시설들을 동원하는 것이 해당된다.

동시성(同時性, Simultaneousness)
전장에서 제반 군사행위들이 일련의 흐름에 따라 이루어지는 것이 아니라, 시간적으로 압축되어 거의 일시에 이루어지는 것.

동시교전(同時交戰, Simultaneous Engagement)
1. 한 대의 적 항공기에 대하여 요격기와 방공포가 동시에 배정된 교전상황.
2. 한 무기로써 동일시간에 여러 표적과 교전하는 것.

동시사격(同時射擊, Salvo Fire)
참가하는 화기를 지정된 발사속도로 동시에 사격을 실시하여 단시간에 최대의 화력을 집중하는 사격방법. 해군에서는 함포의 일제사격을 뜻하며, 공군에서는 동시에 폭탄을 투하하는 것을 뜻한다.
〈동〉 [일제사격]

동시지급부속품(同時支給附屬品, Concurrent Parts)
후방 시설에서 완성품과 동시에 조달되는 수리용 부품.

동시탄착사격(同時彈着射擊, Time on Target; TOT)
화력집중 효과를 최대화하기 위해 포병, 함포지원함정 등 여러 부대에서 사격되는 포탄을 표적지역에 동시에 도달하도록 하고자 할 때 사용하는 사격방법.

동시탄착시한사격(同時彈着時限射擊, Timed Time on Target; TTT)
MLRS 및 ATACMS 사격 시 포탄을 표적지역에 동시에 탄착시키고자 할 때 사용하는 사격 통제방법.

동시통합성(同時統合性, Synchronization)
결정적인 시간과 장소에서 상대적으로 최대의 전투력이 창출될 수 있도록 시간과 공간 그리고 목적면에서 군사활동들을 배열하는 것. 동시통합을 통하여 적 전투력의 균형을 파괴하고 결정적인 시간과 장소에서 상대적 전투력의 우세를 달성하게 된다.

동시통합전(同時統合戰, Synchronization Operation)
디지털 네트워크 전장에서 군사목표를 신속히 효과위주로 달성하기 위해 가용한 전장공간과 수단 및 방책을 동시적으로 통합하여 운영하는 전쟁방식. 동시성과 통합성의 특성이 결합된 전쟁방식이다.

동시호출(同時呼出, Collective Call)
두 개 이상 통신소나 가입자와 동시에 통화할 목적으로 동시에 호출하는 것.

동시호출부호(同時呼出符號, Collective Call Sign)
두 개 이상 시설, 사령부, 당국 또는 부대를 동시에 나타내는 호출부호.

동압력(動壓力, Dynamic Pressure)
폭풍파와 충격파를 뒤따르는 회오리바람의 압력. 핵폭발 시 폭풍피해의 전도현상은 동압력에 의해서 대부분 발생된다.

동원(動員, Mobilization)
비상사태 하에서 국방상의 목적을 위하여 필요한 인적, 물적 자원을 수용하거나 사용 및 통제, 운용하는 행위. 동원 유형에 따라 전시 또는 이에 준하는 국가 비상사태 하에서 국가안전보장상의 목표를 달성하기 위하여 국가의 인력, 물자, 재화 및 용역 등의 자원을 효율적으로 관리, 통제하는 국가권력 작용으로서의 국가 총동원, 군대의 전부 또는 일부를 전쟁 혹은 기타의 비상사태에 대비할 수 있는 태세로 전환시키는 과정인 군사동원으로 나눈다. 또한 형태에 따라 정상동원과 긴급동원으로 나누어지며, 동원범위에 따른 총동원과 부분 동원이 있고, 대상자원에 따라 인원동원, 물자동원 및 기타 동원으로 구분된다.

동원계획(動員計劃, Mobilization Plan)
한 국가의 인력과 물자, 자원을 소집하여 전쟁준비태세를 배치하기 위한 계획.

동원단계(動員段階, Mobilization Phases)
전략 및 작전개념에 부응한 전쟁수행단계에 따라 1년을 12단계로 나눈 것으로서 병력은 긴급단계(1~3단계)와 정상단계(4~12단계), 물자는 초기단계(1~4단계)와 정상단계(5~12단계)로 구분하여 동원을 시행한다.

동원령(動員令, Issuance of Mobilization Order)
국가동원을 시행하기 위한 일종의 국가 긴급명령. 따라서 동원령은 국민의 재산권을 제한 또는 침해하는 조치이기 때문에 이를 선포하려면 정당한 법적 절차를 밟아야 하고 발령할 수 있는 요건이 충족되어야 한다.

동원목표(動員目標, Objective Of Mobilization)
유사시 국가동원이 지향하는 관념적 목표. 국가의 이용 가능한 인적, 물적 자원을 효율적으로 동원하여 군 수요를 충족시킴과 동시에 민간수요의 적정수급으로 민생의 안정을 도모하고, 지속적인 경제력을 확보함으로써 총력전 수행에 만전을 기하는데 있다.

동원물자소요조정(動員物資所要調整, Mobilization Material Procurement Adjustment; MMRA)
현행 전략목표계획에 있는 부대에 대한 지원을 위하여 동원물자소요에 포함된 물자량.

동원물자 조달능력(動員物資調達能力, Mobilization Material Procurement Capability; MMPC)
동원조달계획 작성을 위하여 동원개시일 또는 동원개시 후 산업기관이나 기타 이용 가능한 보급원에 주문하여 규정된 기간 내에 조달할 수 있는 어떤 한 품목의 수량.

동원부대(動員部隊, Mobilization Station)
예비군 부대나 예비군 개인이 추가적인 절차, 조직, 장비, 훈련 및 배치를 위해 집결하는 지정된 군사적 시설. 이곳으로부터 부대나 개인은 공수를 위한 공항이나 상륙을 위한 항구로 이동하게 된다.

동원센터(動員센터, Mobilization Center)
지방행정관서와 업무협조를 통해 책임지역 내의 제반 동원자원의 통합관리, 동원령 선포 시 부대 증·창설 및 손실보충요원에 대한 동원 지원, 다기능 동원부대 창설의 지속적 지원 등의 임무를 수행하는 향토사단 예하에 편성된 기구. 근무요원은 예비역간부와 행정관서의 동원업무담당관, 지방병무청 병무담당자를 통합하여 편성한다.

동원소요(動員所要, Mobilization Requirement)
전시 인가된 편제병력의 충원 또는 작전수요를 전시에 보충하여야 할 인적, 물적 자원의 소요를 말함.

동원연습(動員演習, Mobilization Exercise)
동원 계획에 따라 총체적으로 혹은 부분적으로 시행하는 연습. 이에 속하는 것으로는 동원 지정된 예비군을 계획된 소집부대로 소집하여 동원절차에 대한 점검, 동원능력의 측정, 부대 편성, 개인 및 부대훈련 숙달 등이 있다.

동원예비군(動員豫備軍, Mobilization Reserve)
전시 부대 증·창설 및 손실보충요원 등으로 동원 지정된 예비군.

동원예비물자(動員豫備物資, Mobilization Material for Reserve)
전시에 대비하여 동원일에 군 보급계통에 확보되어 있어야 하는 예비군 물자와 합동전략계획에 의한 계획동원 지원용 물자.

동원예비물자소요(動員豫備物資所要, Mobilization Reserve Material Requirment; MRMR)
동원일의 군 물자소요에 부가하여 모든 군 병력을 위하여 계획된 동원을 지원하고 물자 보충량을 확장하고 훈련, 전투 또는 비전투 작전에 지속 공급이 가능하도록 부가되는 품목의 양.

동원예비저장량(動員豫備貯藏量, Mobilization Reserve Stock; MSRS)
동원예비물자 목표 충당을 위하여 지정된 전체 물자의 일부.

동원일 병력물자소요(動員日兵力物資所要, D-Day Force Materiel Requirement)
현역 및 예비군의 공인된 평상시 물자 보충 지속량을 갖추고 제공하기 위해 동원일 하루 전에 갖추어야 할 장비와 물자의 양.

동원자원(動員資源, Mobilization Resources)
병역법 및 비상대비자원관리법에 의한 동원대상으로 인적, 물적, 기타 제반자원.

1. 동원 지정 자원(動員指定資源, Mobilization Designation Resources) : 전시동원소요에 대하여 평시 인적, 물적 동원자원 중 미리 지정해 둔 자원. 병력 및 전시근로소집 대상자는 지방 병무청장, 인력동원 대상자 및 물자는 시·도지사가 지정한다.
2. 동원 미 지정 자원(動員未指定資源, Mobilization Undesignated Resources) : 자격요건을 갖춘 자원 중 동원지정이 되지 않은 잉여 자원으로 동원지정 자원의 대체지정이나 추가적인 동원지정 시 활용할 수 있는 자원.

동원지역(動員地域, Mobilization Site)
예비군 부대나 예비군 개인을 동원하는 지정된 지역. 동원 이후에 추가적인 절차나 훈련이나 배치를 위해 이동을 하며, 따라서 반드시 군사적인 시설일 필요가 없다는 의미에서 동원부대와는 다른 의미로 사용된다.

동원지정(動員指定, Appointment for Mobilization)
전시동원소요에 대하여 평시에 인적, 물적 동원자원을 미리 지정하는 것. 병력동원의 경우 전시를 대비하여 계급, 병과 및 군사특기 등을 고려하여 소집부대의 보충소요에 맞도록 병력동원 대상자를 전시에 소집될 부대 및 직책을 명시하여 평시에 지정하여 두는 것을 말하며, 부대단위 동원지정, 집단 동원지정, 개별 동원지정으로 구분된다.

1. 부대단위 동원지정(部隊單位動員指定)
소집부대의 동원소요를 충족시킬 수 있도록 일정지역에 동원자원을 배정하여 관리하다가 병력동원 소집 시 건제를 유지한 상태로 동원하는 것. 동원속도 및 부대동화 기간을 단축할 수 있는 동원지정이며, 통상 기간편성부대 및 창설부대 등에 적용한다.
2. 집단 동원지정(集團動員指定)
특기에 관계없이 소집부대의 동원소요를 충족시킬 수 있는 지역(읍·면·동)에 동원자원을 배정하여 관리하다가 병력동원

소집 시 동원하는 지정방법. 통상 평시 병력이 전시편제 대비 70% 이상인 부대에 적용한다.

3. 개별 동원지정(個別動員指定)
   소집부대의 소요특기를 충족시키기 위해 전국, 지방병무청 관할구역, 또는 비교적 넓은 범위의 특정 행정구역에 동원자원을 배정하고 관리하다가 병력동원 소집 시 개인별로 동원하는 지정방법. 통상 소집부대의 동원소요 인원이 희소특기로 구성된 부대 등에 적용한다.

동원지정업체(動員指定業體, Appointed Companies for Mobilization)
평시에는 당해업체 고유 업종의 영업활동을 하나, 전시 또는 비상시에는 국가동원령에 의하여 동원되어 군수물자 또는 전시 민수물자의 생산이나 용역에 전용되는 업체.

동원참모(動員參謀, Staff of Mobilization)
동원 및 예비군업무에 관한 계획과 명령을 작성하고, 그 시행을 감독하여 지휘관을 보좌하는 주무참모.

동원참모장교(動員參謀將校, Mobilization Staff Officer)
동원업무에 주요 책임을 지거나 예비군 동원령에 관련된 추가적인 임무를 맡고 있는 실무장교.

동원편성(動員編成, Mobilization Organization)
전시편제에 따라 전시 증편·창설 또는 손실 보충을 위하여 예비군자원으로 동원지정을 하고 이들에게 보직을 부여하는 등 전시 증·창설부대를 대상으로 편성, 관리하는 것.

동원해제(動員解除, Demobilization)
전시 군사체제와 방어체제의 민간경제 시스템을 국가안보와 경제의 중요한 요소들을 유지하면서 평화시의 체제로 바꾸는 과정.

동원훈련(動員訓練, Mobilization Training)
동원 지정된 인적·물적 자원을 계획에 따라 소집하여 동원절차의 점검, 동원능력의 측정, 부대편성, 개인 및 부대훈련의 숙달을 목적으로 하는 훈련.

1. 병력동원훈련 소집(兵力動員訓練召集, Mobilization Training) : 평시 동원 지정된 예비군을 동원절차의 점검, 동원능력의 측정, 부대편성, 개인 및 부대의 전기 및 전술의 숙달을 목적으로 하는 훈련 또는 점검을 위하여 계획된 소집부대에 소집하는 것을 말하며, 통상 '동원훈련이라고 함.
2. 계획 동원훈련(計劃動員訓練, Planned Mobilization Training) : 동원 지정된 자원을 대상으로 사전에 계획된 훈련일정에 따라 실시하는 동원훈련.
3. 불시동원훈련(不時動員訓練, Surprising Mobilization Exercise) : 동원절차 및 집행능력을 배양하기 위하여 사전 예고 없이 불시에 동원령을 하달하여 실시하는 동원훈련.

동위원소(同位元素, Isotope)
원자번호는 같으나 원자량이 다른 원소. 이들 원자는 화학적 성질이 같아서 주기율표에서는 같은 위치에 있으므로 같은 위치라는 뜻으로 동위원소라고 하며, 예를 들면 우라늄에는 234, 235, 238의 동위원소가 있다.

드보크(~, Dvoke) ☞ [무인함]

들것(~, Litter)
부상자를 수송하기 위해 사용하는 틀이나 바구니.

등고간격(等高間隔, Contour Interval)
연속된 두 등고선 사이의 고도 차이.

등고선(等高線, Contour Line)
지구표면 상의 같은 높이에 있는 여러 지점

들을 연결한 가상선. 해면 평균수위를 "0"으로 하여 기준으로 하고, 단위는 미터법을 적용한다. 각 등고선은 단순히 동일한 고도를 연결하였으나 전체적으로는 지형의 모형이나 형태를 나타내므로 지도 사용자로 하여금 지형지물의 높낮이나 경사의 완·급의 판단을 가능하게 해준다.
(북한) [지고곡선(地高曲線)]

등시점(等時點, Equi-Time Point)
항공기가 출발한 기지로 돌아오거나 목적지로 가는 데 같은 시간이 걸리는 항공기 항로상의 지점.

등화관제(燈火管制, Blackout)
적 특히 적의 항공기로부터 관측을 방해하기 위하여 모든 불빛을 차폐하거나 전등을 소등하여 적의 목표발견을 방해하기 위한 활동.

등화관제선(燈火管制線, Blackout Line)
적의 행동 또는 관측에 대한 경계수단으로 등화사용이 금지되는 선. 이 선을 넘어 전방으로 진행하는 차량은 등화관제를 하고, 이 선을 넘어 후방으로 나오는 차량은 전등을 켜고 운행할 수 있는 선이다.

디지털화 전장(~化戰場, Digitized Battlefield)
디지털 정보통신망을 통하여 정보를 실시간에 수직·수평적으로 유통시킴으로써 전 전투원이 전장상황을 공통 인식하여 신속히 조치할 수 있도록 구성된 미래의 전장.

ㄹ

래드(~, RAD)
방사선 흡수선량의 단위이며, 1 g의 조직이 100 erg의 에너지를 흡수할 때 그 방사선량을 1RAD라고 함.

랜딩매트(~, Landing Mat)
필요한 수의 두꺼운 판자를 신속하게 하나로 결속하여 긴급 활주로나 상륙해안의 표면조성을 할 수 있도록 설계된 간이조립식, 이동식 강철매트.

랩(~, Lap)
해상 기뢰전에서 단일 기뢰제거 함정 혹은 대형을 이루는 기뢰제거 함정들에게 기뢰를 제거하도록 할당한 띠 형태의 지역이나 구역.

레이더(~, Radio Detection And Range; Radar)
전파탐지기를 말하며 무선탐지 및 거리측정장치로서 전자파 에너지를 표적에 송신하여 되돌아온 반사파를 기준으로 표적 또는 물체의 위치를 탐지해 내는 원리를 응용한 장치. 어둠 속에서도 먼 거리의 표적 식별이 가능하여 표적의 탐색, 위치결정, 항해, 유도, 폭격, 기상관측, 지형 탐사 등 여러 가지 목적으로 수행할 수 있다.
〈동〉 [전탐기], [전파탐지기]

레이더 감시(~監視, Radar Surveillance/Radar Monitor)
1. 레이더 혹은 피아 식별장비를 사용하여 계속적으로 해상 및 공중표적을 감시하는 것으로서, 관제사는 항법조언이 필요한 경우, 즉 기상, 지형, 타 항적의 접근경보지역 등 잠정적인 비행 장애요소에 대한 조언을 제공한다.
2. 조종사에 의해 일차적으로 자체 항법비행이 실시되고 있는 항공기에 대하여 부수적으로 필요한 레이더 지원을 제공하는 것.

레이더 공격 및 경고장치(~攻擊~警告裝置, Radar Attack & Warning System; RAWS)
적의 주요 목표지역에 집중 배치된 대공무기인 지대공 유도탄(SAM) 및 대공포(AAA)와 일부 레이더의 공격을 사전에 탐지하여 미리 알려 주는 장치.

레이더 관제(~管制, Radar Control)
레이더 감시와 더불어 항공기의 방향, 고도, 분리 등을 통제하여 방공요격관제, 계기비행, 귀환관제, 조종사 요구 등의 관제업무.

레이더 당직함(~當直艦, Radar Guardship)
레이더 감시를 지속적으로 유지하도록 전술 사령부의 사관이 임무를 부여한 임의의 함정.

레이더 망(~網, Radar Netting)
여러 레이더를 한 센터로 연결하여 목표물에 대한 통합정보 자료를 제공할 수 있도록 연결한 것.

레이더 망 통제소(~網統制所, Radar Netting Station)
레이더 추적 감시소로부터 자료를 수신하여 그것을 다른 레이더 추적 감시소와 교환함으로써 레이더망 조직을 형성하는 중심기구.

레이더방해(~妨害, Radar Jamming)
레이더 신호를 불명료하게 하기 위하여 잡음이나 잡음과 유사한 신호를 레이더 수신기의 대역폭 내에 있는 주파수로 송신하는 방해책의 한 형태.

레이더 수색정찰(~搜索偵察, Radar Reconnaissance)
항공기나 함정 및 차량 등에 레이더를 설치하여 적정 및 지형을 수색하거나 정찰하는 것.

레이더 수평선(~水平線, Radar Horizon)
레이더 방사선이 지표면에 접선하는 선.

레이더 신호필름(~信號~, Radar Signal Film)
응집성 레이더에 의해 얻어진 모든 반사 신호가 기록된 필름. 판정을 위해서는 광학기계를 이용해야만 처리하거나 볼 수 있다.

레이더 영상(~映像, Radar Imagery)
해당 목표물의 표면에서 반사되는 레이더 파장의 기록에 의해 만들어지는 영상.

레이더 위장(~僞裝, Radar Camouflage)
레이더 흡수물질이나 반사물질을 사용하여 물체의 표면에 대한 레이더의 반향성질을 변형시키는 것.

레이더 유도(~誘導, Radar Guidance)
레이더를 사용하여 목표의 방위와 거리 등을 측정하여 미사일 등의 비행체를 목표에 유도하는 방식의 총칭.

레이더 유도탄(~誘導彈, Radar Guided Missile)
목표물에 전자파 에너지를 송신하여 되돌아온 반사파를 기준으로 폭탄을 유도하여 목표에 명중하도록 설계된 유도탄.

레이더 접근관제장치(~接近管制裝置, Radar Approach Control; RAPCON)
통상 항공 교통량이 많은 기지에 설치하여 인접해 있는 2개 이상의 기지에 출입하는 항공기에 대한 출입 항공관제를 실시하는 장치.

레이더 정보(~情報, Radar Intelligence; RADINT)
레이더에 의해 수집된 자료에서 얻은 정보. 레이더 정보는 아측에서 발사한 전파와 표적에 반사되어 돌아온 신호간의 편차를 분석함으로써 얻어지는 정보로 모든 이동물체의 이동경로, 속도, 기동성 등에 관한 정보를 제공한다. 비영상 레이더를 사용하므로 영상자료는 제공되지 않는다.

레이더 차폐(~遮蔽, Radar Masking)
레이더가 공중공간에 빔을 방사할 때 지형지물이나 기타 장애물에 의하여 빔이 차단되어 표적이 탐지되지 못하는 상태. 레이더의 차폐를 최소화하기 위해 통상 높은 곳에 위치하고 경사도가 낮은 지형에 레이더 기지를 선정한다.

레이더 추적감시소(~追跡監視所, Radar Tracking Station)
이동표적 추적능력을 가진 레이더 시설을 운영하는 감시소.

레이더 침묵(~沈黙, Radar Silence)
일정한 주파수 또는 전 주파수에 대해 레이더 전자파 송신을 금지하는 것.

레이더 피킷(~, Radar Picket)
레이더의 탐지 거리를 신장하기 위해 피보호 부대로부터 일정한 거리를 두고 배치되는 선박, 항공기, 차량. 레이더 전초라고도 하며, 레이더 초계정, 레이더 초계기 등이 이에 해당한다.

레이더 호밍(~, Radar Homing)
목표가 방사하는 레이더파 또는 목표에서 반사되는 레이더파를 감지하여 목표를 추적하는 것. 레이더 호밍에는 능동, 반능동, 수동의 세 가지 방식이 있다.

1. 능동방식 : 미사일 등의 비행체가 스스로 레이더파를 목표를 향해 조사하여, 그 반사파를 감지하여 호밍하는 것으로 주로 대형 비행체에 부착한다.
2. 반능동방식 : 레이더파를 비행체 밖에서 발사하는 것으로 비행체 자체는 소형으로 가능함.
3. 수동방식 : 목표가 발사하는 레이더파를 향해 호밍하는 것으로 원거리에서의 호밍이 가능한다.

레이더 혼란체(~混亂體, Radar Clutter)
레이더 감시를 통해 정보를 수집하는 과정에서, 아측이 원하는 신호의 관측을 방해하는 불필요한 잡음신호나 반향(울림) 또는 영상.

레이저(~, LASER)
유도복사에 의해 빛을 증폭시키는 장치. Light(빛) Amplification(증폭) by Stimulated (유도된) Emission(방사) of Radiation(복사)의 뜻을 가진 머리글자의 집합이다. 레이저로부터 나오는 광선의 중요한 성질은 간섭성이고, 파장은 동일하며, 그 파동의 마루와 골은 서로 일치한다. 따라서 레이저 광선의 간섭성으로 인하여 광선이 멀리까지 가도 퍼지지 않으며, 광선의 에너지를 미소한 점에 집중시킬 수 있다. 레이저 광선의 이러한 성질들은 금속이나 기타 재료의 절단, 용접 및 표면경화처리와 마이크로 전자회로 제작, 측정 등의 정밀산업 분야를 비롯하여 유리된 망막의 안착, 악성종양의 소각 등의 의학분야, 그리고 군사적인 분야에 많이 이용되고 있다.

레이저무기(~武器, Laser Weapon)
레이저 광선을 군사목적에 이용하는 무기. 레이저 장비를 이용하여 일정한 주파수의 위상으로 증폭해 낸 빛으로 사람을 살상하거나 목표를 파괴하는 무기, 또는 레이저를 이용한 통신 및 탐지 무기를 포괄적으로 가리키는 말. 파괴무기로 사용할 경우 레이저 광선이 가진 무음성(無音性), 초고속성, 탄알의 제조와 휴대가 필요 없는 등, 무기에 일대 혁명이 일어나게 되었을 뿐 아니라, 그 파괴력 역시 빠른 속도로 증가되는 추세이다.

레이저유도폭탄(~誘導爆彈, Laser Guided Bomb)
항공기에서 표적에 레이저 광선을 조사하면서 폭탄을 투하하면, 탄두에 레이저 유도장치를 장착한 폭탄은 이 광선을 따라 표적에 명중하도록 설계된 유도폭탄.

레이저추적(~追跡, Laser Homing)
레이저광을 감지하여 추적하는 것.

레컨푸쉬(~, Reconnaissance Push)
(미국) 본대의 진출에 앞서 기갑수색부대를 투입하는 작전개념. 일반적인 작전상황을 구체화하고 지휘관의 결심을 완성시키며 주·조공 작전수행에 기여하는 수색작전이다.

레컨풀(~, Reconnaissance Pull)
(미국) 기갑수색부대가 기동축선상의 적의 강점과 약점을 파악하고 적부대의 간격을 탐지한 다음, 주력부대를 적의 최소저항 통로를 따라 선도하는 수색작전개념. 지휘관의 주도권 확보와 부대의 민첩성 유지를 용이하게 한다.

레포타(~, Radar Equipment Providing Omnidirectional Reporting of Targets at Extend Ranges; REPORTER)
저고도 탐지레이더의 일종으로, 고도 15~5,000 m로 비행하는 표적을 40 km까지 탐지할 수 있으며, 자동추적 및 피아식별이 가능하고, 표적제원 수신기를 통하여 저고도 표적에 대한 조기경보 제원을 단거리 대공화기의 사격단위까지 신속하게 전파할 수 있는 레이더 장비.

로켓보조탄(~補助彈, Rocket Assisted Projectile)
포탄 밑바닥에 로켓보조장치를 부착하여

사거리연장이 가능하도록 개발한 탄약. 발사 후 지연제가 점화되어 7~16초 정도 경과 후 로켓을 점화하여 그 추진력으로 사거리가 연장된다.

로터(~, Rotor)
헬리콥터와 같은 회전익항공기가 수직으로 상승하는 데 필요한 양력(揚力), 또는 추력(推力)을 얻기 위하여 기체의 위쪽에서 회전하는 날개. 헬리콥터는 날개의 회전축을 기울임으로써 전후좌우 어느 방향으로도 추력이 발생되므로 보통의 고정익기와 같거나 그 이상의 능력을 가지게 된다. 주로 양력과 추력을 얻기 위하여 사용되는 것을 주회전익이라고 하며, 동체의 회전을 막거나 방향을 바꾸어주는 구실을 하는 보조회전익이 있으며, 이것을 꼬리회전익, 토크(Torque)평형회전익이라 한다.

로트번호(~番號, Lot Numbe; N/L)
1. 동일한 조건 하에 제조된 물품 전체를 말하며 동일한 제조번호 혹은 제작번호가 부여된 것.
2. 생산 공장에서 완성탄약이나 조성품에 부여하는 일련의 번호. 제조회사와 제조순위를 식별할 수 있게 13~14글자로 구성해야 하며, 탄약의 식별, 저장의 편리성, 불량 탄 발생 시 색출이 용이, 생산 공장에서의 질적 저하 방지 등을 위하여 사용한다.

마그네슘폭탄(~爆彈, Magnesium Bomb)
연소할 때 백색 연기와 화염을 내는 경금속으로 제작된 소형 소이탄.

마비(痲痺, Paralysis)
대치하고 있는 적대국 중 어느 일방의 전략적 행위로 인하여 사고 또는 행동의 자유가 상실된 상태. 마비라는 용어는 통상 물리적 마비와 심리적 마비의 양면으로 사용한다.

1. 물리적 마비란 어느 일방의 전략적 기동으로 인하여 상대방의 균형의 파괴, 병참선 및 퇴로차단 등의 위협으로 행동의 자유가 상실된 상태. 리델하트(Liddell Hart)는 물리적 마비는 최소저항선, 즉 적의 배치가 가장 취약한 적 후방으로의 기동에 의하여 달성된다고 하였다.
2. 심리적 마비는 어느 일방의 전략적 행위로 인하여 상대방의 사고의 자유가 상실된 상태. 심리적 마비는 적으로 하여금 대항할 수 없다는 인식을 갖게 함으로써 달성되며, 최소예상선 즉 상대방이 어느 일방의 전략적 행위를 예상하지 못했거나 그 가능성이 낮을 것이라고 생각한 시간과 장소 그리고 방법을 사용함으로써 효과적으로 이루어진다.

마이다스(~, Missile Defense Alarm System; MIDAS)
(미국) 미 공군의 조기경보 위성계획으로 일련의 위성을 극 궤도에 올려서 적외선으로 적의 대륙간탄도탄(ICBM)의 발사를 탐지하는 경보체제.

마이크로파(~波, Micro Wave)
주파수대 300~3,000 MHz (UHF) 및 3~30 GHz (SHF)에 상당하는 전파를 말하며 극초단파라고도 한다. 파장이 짧아 직진성, 반사, 굴절, 간섭 등의 성질이 빛과 거의 비슷하다. 이 성질을 이용하여 한 방향으로 집중된 마이크로파 빔을 쏘아 항공기나 선박 등의 위치를 알아내는 장치가 바로 레이더이다.

마일즈(~, Multiple Integrated Laser Engagement System; MILES)
다중 통합 레이저 교전 체계를 말하며, 발사기, 감지기, 영점조준기, 사후분석 장비 등으로 구성됨.

마일즈 장비(~裝備, Multiple Integrated Laser Engagement System; MILES)
실전과 같은 무기효과 및 전장효과를 묘사하기 위해 레이저빔 특성을 이용하여 사격을 모의하고, 화기 사용의 시청각적 효과를 묘사하는 장비.

마지노선(~線, Maginot Line)
제1차 세계대전 후인 1934년, 프랑스가 독일군의 공격을 저지하기 위하여 양국의 국경을 중심으로 구축한 대규모의 근대적 요새선(要塞線). 당시의 프랑스 육군 장관이자 이 요새의 주요 창안자인 앙드레 마지노(1877~1932)의 이름을 따서 명칭을 붙였으며, 총연장 약 750 km로, 벨기에 국경에서부터 독일과 프랑스 국경을 따라 스위스 국경까지 이어져 있으며, 1927년에 착수하여 1936년에 완성하였다. 마지노 요새선은 지형적 요해를 이용해 당시의 축성기술의 정수를 모아 구축하여, 완전한 지하설비와 대전차 방어시설을 갖춘 난공불락의 요새로

여겼었다. 그러나 제2차 세계대전이 발발한 1940년, 독일 기갑병단은 마지노선을 우회하여 중립국인 룩셈부르크 쪽으로 주력부대를 투입하여, 벨기에와 프랑스 국경지대의 띄엄띄엄 고립된 소규모 축성진지를 전격전 방식으로 돌파해 프랑스를 공격하자, 마지노선은 충분한 가치를 발휘하지도 못하고 함락되고 말았다. 마지노선은 제1차 세계대전의 경험으로 인해 프랑스와 영국이 프랑스 방어전략의 일환으로 구축한 근대적 요새였으나, 제2차 세계대전에서 독일군에 의해 돌파되면서 요새에 의존한 방어전략의 한계를 깨우친 계기가 되었다.

마지노심리(~心理, Maginot Mentality)
공격보다는 방어에 의지하려는 심리.

마찰(摩擦, Friction)
전장에서 작전 수행을 방해하고 때로는 불가능하게 만드는 저항과 혼란을 의미. 크게 나누어 지형, 기상과 기후, 시간 등의 자연적 요소에 의한 마찰과 적이 아군의 작전을 방해할 목적으로 운용되는 사격, 각종 포화, 장애물과 전투하중(戰鬪荷重), 식량 및 보급 두절, 심리적 압박감 등의 인위적인 요소에 의한 마찰이 있다.

마하(~, Mach; M)
섭씨 15도 때의 음속을 1로 표시한 속도의 단위로, 마하 1은 시속 약 1,200 km에 해당함. 비행기, 로켓, 미사일 등 고속으로 비행하는 물체의 속도를 잴 때 사용하며, 음속에 대한 운동 물체의 속도의 비로 나타낸다. 초음속의 단위 마하수(Mach Number) 1은 음속과 같으며, 유체가 정지해 있을 때 물체의 속도와 유체 속의 음속의 비를 의미한다. 보통 공기 속을 탄환, 비행기, 미사일 등 고속 비행체나 고속기류가 흐를 경우 사용되는데 이것들의 속도를 음속을 단위로 하여 측정한 값이다.

마하효과(~效果, Mach Effect)
원자탄이 공중폭발 시에 충격파와 반사파가 융합되는 현상으로서 폭발고도와 폭발에너지에 따라 효과가 달라짐.

막사(幕舍, Billet)
1. 군 병력의 대피소.
2. 군 병력의 숙소.

망막화상(網膜火傷, Retinal Burn)
핵 폭발 시 화구와 눈의 망막초점이 마주쳤을 때 입게 되는 화상으로 영원히 실명하게 됨. 20 KT 핵무기는 폭발지점에서 15 km 떨어져 있는 거리에까지 망막화상을 입게 된다.

망 호출부호(網呼出符號, Net Call Sign)
네트워크 상에 있는 모든 기지국을 호출하는 부호.

매가진형 탄약고(~型彈藥庫, Powder Magazine)
탄약 및 폭발물을 저장하기 위하여 지상 또는 지하에 구축한 저장용 구조물. 일반적으로 조립하여 만든 건축물은 제외한다.

매개물 심리전(媒介物心理戰, Media Psychological Operation)
심리전의 주체측이 심리전의 대상 집단에 물리적 욕구 또는 본능적 소유욕을 자극시켜 주체가 의도하는 방향으로 대상 집단의 행동을 유발시키는 심리적 수단. 일반적으로 주체의 국력, 발전상 및 자유상을 동경하도록 하는 한편, 이를 통하여 대상 집단의 사상, 문화 등의 가치체계에 혼란을 야기시킴으로써 주체가 의도하는 방향으로 대상 집단의 심리를 유도하는 수단을 이용한다.

매몰법(埋沒法, Burying)
땅을 파고 오염된 물품을 묻어 버리거나 오염된 지역을 흙으로 덮어서 제독하는 방법.

매복(埋伏, Ambush)

이동중이거나 일시적으로 정지한 적에게 은폐된 진지에서 기습공격을 하려고 잠복 대기하고 있는 행동.

(일본) [伏擊(복격)]. 적의 전진 또는 이동을 매복해 기다리다가 실시하는 습격.

맹목방송(盲目放送, Blind Broadcasting)

특전지휘소로부터 전개된 작전제대에 일방적으로 송신하는 통신방법. 작전제대가 응답전파를 송신하지 않기 때문에 보안성이 증가되는 가장 안전한 통신기술의 하나일 뿐 아니라, 군부대 자체의 통신시설 외에 민간방송국의 방송시설도 이용할 수 있어 활용도가 높은 편이다.

맹목투하(盲目投下, Blind Air Drop)

공중침투 작전 시 투하지역 표지가 없는 곳에 최초로 공중 침투시킬 때 항공기의 탑재 항법장치를 최대한 활용하여 투하하는 방법. 특성상 정확한 지점투하(Point Drop)는 곤란하며, 지역 투하(Area Drop) 개념에 의해 투하하게 된다.

맹목폭격지대(盲目爆擊地帶, Blind Bombing Zone)

우군의 작전 또는 우군공격에 제한을 받지 않고 항공작전을 수행할 목적으로 설정된 제한구역.

메가톤 무기(~武器, Megaton Weapon)

폭발위력 TNT 100만 톤 단위와 동일한 폭발력을 갖는 핵무기.

메가톤 에너지(~, Megaton Energy)

TNT 100만 톤 혹은 1,000킬로톤이 폭발 시 발생하는 것과 동등한 핵폭발 에너지.

메이데이(~, May Day)

배나 비행기의 조난호출부호로 국제적으로 통용되는 무선재난 신호임.

메트요소(~要素, METTTC)

부대 운용에 영향을 미치는 전술적 운용요소인 임무, 적 상황, 지형 및 기상, 가용부대 및 가용시간, 주민을 뜻하며 구성요소는 아래와 같음.

M : 임무(Mission)
E : 적에 관한 첩보(Enemy Information)
T : 지형 및 기상(Terrain and Weather)
T : 가용부대(Troops Available)
T : 가용시간(Time Available)
C : 주민(Civilian)

명령(命令, Order)

1. 상급자가 하급자에게 구두 또는 서면으로 의무를 부과하는 것.
2. 서식, 구두 또는 신호에 의하여 상급자로부터 부하에게 지시를 전달하는 통신. 광의로는 명령과 지휘는 유사한 의의를 가지고 있으나, 엄밀하게 말한다면 명령은 실시의 세부적인 면에 자유재량을 포함하고 있으나 지휘는 그렇지 않다. 명령은 통상 전투명령과 행정명령으로 구분된다.

(중국) 군대의 수장(首長)이나 지휘기관이 직권범위 내에서 소속부하에게 임무나 결정을 하달하는 형식. 본래 중국 고대에서는 군주가 신하에게 내리는 것을 '명'이라 하고, 아랫사람이 받들어서 행하는 것을 '령'이라 하였다.

명령위반(命令違反, Disobedience)

상관의 정당한 지시를 지시한대로 이행치 않는 것.

명령하달(命令下達, Issuance of Order)

지휘관이 예하 지휘관에게 수행해야 할 과업을 부여하는 것.

모듈화(~化, Module)

1. 일부 단위 부대 운영에 있어 특정임무에 소요되는 인적 물적 재원을 기능별로 구성품화하여 투입과 운용이 용이하게 관리하는 편성. 표준지원부대를 편성할 때 장비의 한 구성품(Module)처럼 규격화하

여 어떤 부대에 편조되더라도 부여된 지원임무를 수행 가능토록 편성하는 것을 모듈(Module)화 편성이라 한다. 본래 모듈화(Modulization)는 건축분야에서 사용하기 시작했으나 지금은 제품생산 등에서도 광범위하게 사용되고 있으며, 부대운영에서 사용하는 모듈화란 부대편성을 표준화하여, 증·창설부대에 대한 군수지원이나 우발상황 시 전투지속 능력의 보장 등 긴급군수지원소요에 대해 적시에 표준화된 형태로 지원할 수 있게 하는 것을 의미한다. 이는 상급부대에서 규격화된 표준지원부대를 편성하여 관리하다가, 특정임무를 받은 예하 전술부대에 필요한 기능별 표준지원부대를 임무에 소요되는 만큼 편조하여 줌으로써 제한된 인력과 장비를 경제적, 효율적으로 운영하기 위한 것이다.

2. 장비의 구성품을 세트화시킴으로써 전투현장에서 즉각 정비가 가능하도록 지원하는 것.

모듈화편성(~化編成, Module Organization)

부대를 가장 빠른 시간 내에 호환, 확장, 편조할 수 있도록 모듈화 하여 편성하는 방법. 이를 통해 제한된 자원을 가지고 급변하는 상황과 다양한 요구에 대하여 탄력적으로 대응할 수 있는 지원여건을 조성할 수 있다.

모략(谋略, Strategy)

(중국) 용병 작전의 지모와 책략. 중국어에서 모략은 전략, 책략의 통칭임.

모방비통신기만(模倣非通信欺瞞, Imitative Non-Communication Deception; INCD)

모방통신기만과 같은 목적에서 행하여지나 기술과 방법은 비통신용 전자장비의 목적 및 기능의 차이에 의해 달라지는 기만행위. 모방 비통신기만의 목표물로는 적 통신체계, 레이더, 적외선 탐지기, 항공조력기, 피아 식별체제 및 통제장비 등이 있다.

모방전자기만(模倣電子欺瞞, Imitative Electronic Deception)

적을 기만하고 혼란시킬 목적으로 적의 전파를 모방하여 적의 통신 및 비통신망에 개입하는 것으로 모방통신기만과 모방비통신기만이 있음.

모방전파방해(imitative jamming)

☞ [모의전파방해]

모방통신기만(模倣通信欺瞞, Imitative Communication Deception; ICD)

적의 전파를 모방해 적의 통신망에 개입하여 적을 기만하고 혼란시키는 모방전자기만의 한 종류. 소음침투, 계획된 자료침투 및 음어침투 방법이 있다.

모병(募兵, Draft)

병정을 모집하는 것. 군사적 역할을 담당할 인원으로 민간인을 모집하는 것.

모병제(募兵制, Draft System)

본인의 자유의사에 의해 국가와 계약하여 군별, 신분별, 병과별 희망에 따라 지원하여 병역에 복무하는 제도. 국가의 군사력을 구성하는 인적자원을 확보하기 위한 병역제도 가운데 지원병제도의 하나이다. 모병제는 우리나라의 경우 국민의 애국의식이 바탕이 되어 지원에 의해 직업군인의 신분을 취득한다는 점에서, 금전획득을 목표로 하는 용병제와 구분한다.

모사전송(模寫電送, Facsimile; FAX)

사진, 지도, 투명도 및 서류 등을 전기적 수단에 의하여 전송하는 통신방법으로 사진의 전송을 주로 하는 사진전송과 글자나 도면의 전송을 주로 하는 모사전송으로 구분됨.

모의(模擬, Simulations)
전장에서 실제 존재하지 않는 시설, 장비 또는 체계를 실존하는 것처럼 적을 속이는 허식의 한 형태.

모의공심(模擬功審, Mock Achievement Evaluation)
공적심사위원회를 모방하여 그 절차 및 진행요령 등을 실제와 똑같이 실시해 보고 이를 평가, 개선하는 실습방법.

모의기뢰(模擬機雷, Dummy Mine)
소해 대항 장치의 일종으로 적을 기만하기 위하여 폭발장약 대신에 다른 것을 넣고, 소해 방어용 가는 줄을 많이 달아 소해색을 엉키게 하는 기뢰.

모의기뢰원(模擬機雷原, Dummy Mine Field)
기뢰전에서 실제 기뢰는 쓰지 않고 심리적 공포를 유발시키는 기뢰원.

모의낙하산병(模擬落下傘兵, Dummy Parachutist)
낙하산에 달아 투하하여 적을 기만 혼란시키는 인형.

모의시설(模擬施設, Dummy Installation)
적을 기만하기 위하여 사용되는 위조건물 및 표지물. 적의 화력을 아군의 실제 목표로부터 다른 곳으로 유인 내지 분산시킴으로써 적의 화력을 약화, 지연 또는 혼란하게 하기 위하여 만들어진다.

모의연습(模擬演習, Dry Run/Simulation)
실제 상황과 유사한 환경을 만들어 실시하는 연습.

모의전자기만(模擬電子欺瞞, Simulative Electronic Deception; SED)
아군의 통신체계 및 전자체계를 허위장소에서 허위부대 및 허위능력으로 위장하거나, 실제 부대 실제 능력을 허위인 것처럼 위장함으로써 아군부대의 구성, 배치 및 능력에 대해 적이 오판하도록 하여 적의 신호정보 수집을 혼란시키고 오류를 범하게 하는 기만행위.

모의전투(模擬戰鬪, Simulated Combat)
전쟁을 모방한 훈련으로서 도상, 사판, 기복지형판 등에서 실전과 같은 상황을 설정하여 실시하는 연습, 모든 실제부대, 화기와 장비를 동원하여 실시하는 기동연습.

모의전파방해(模擬電波妨害, Duplication Jamming)
원래의 유도신호에 조작된 고의적인 신호를 전송하여 전파를 방해하는 기술.
〈동〉 [모방전파방해]

모의지뢰지대(模擬地雷地帶, Phoney Minefield)
적을 기만하기 위하여 실물 지뢰가 매설되지 않은 거짓 지뢰지대를 설치하거나, 실제 지뢰지대 중 일부를 지뢰가 없이 운용하는 지뢰지대.

모의징계(模擬懲戒, Mock Punishment)
징계심사위원회를 모방하여 그 절차 및 진행요령 등을 실제와 똑같이 실시해 보고 이를 평가, 개선을 꾀하는 실습방법.

모의탄(模擬彈, Dummy Projectile)
폭발성 장약이 장착되지 않은 훈련용 탄환.

모체부대(母體部隊, Parent Unit)
전시에 창설될 부대의 창설 책임을 부여받은 부대. 평시 동원소집명부 관리 등에 필요한 기간요원을 운영하며 창설부대의 동원업무를 대행한다.

모포연막(毛布煙幕, Smoke Blanket)
고농도 연막이 수평으로 형성되어 모포처럼 부대 전체를 덮게 치는 연막. 적의 공중 또는 지상관측을 방해하기 위해 운용하며, 적의 관측은 물론 아군의 관측활동이나 부대기동까지 제한을 받게 된다.

모함(母艦, Tender Ship)
항공기의 이착륙, 보급 및 수리정비 임무를 수행하는 함정. 항공모함, 잠수모함 등이 있다.

모형(模型, Mock-up)
항공기나 미사일 등의 무기장비의 실물과 같은 외형과 크기를 본 떠 만든 모조품. 이 모형을 사용하여 구조에 대한 연구나 새로운 개발 제품에 대한 시험을 하고, 실제 기계와 부품이나 무기를 어떻게 사용하는지 교육하는 데에도 사용한다.

목진지(~陣地, Choke Point)
침투하는 적의 이동을 감시 차단하고 조기에 적을 포착 섬멸하기 위하여, 적이 이용할 수 있는 요점(길목)에 병력을 배치하기 위한 일종의 매복진지.

목측(目測, Eye Measurement)
육안으로 거리와 방위각 등의 개략적인 제원을 측정하는 것.

목표(目標, Objective)
군 부대를 운용하여 확보해야 할 실제적인 대상을 가리킴. 경우에 따른 목표를 구체적으로 기술하면 다음과 같다.
1. 부여받은 임무를 완수하기 위하여 전 역량을 집중하여 지향하게 되는 최종 결승점으로, 기동계획을 수립하기 위한 기초가 됨. 전술제대에서는 통상 부대의 가용전투력을 운용하여 확보해야 할 지형이나 격파 또는 격멸해야할 적 부대가 목표가 된다.
2. 공격작전 시 목표는 전술적 통제수단을 사용하여 작전을 의도하는 곳으로 지향시키거나, 공격방향의 전환을 용이하게 하고, 노력의 통일을 제공하고자 할 때 사용한다.
3. 전쟁에서 궁극적인 군사목표는 적의 군대를 격멸하고 적의 전투의지를 파괴하는 것임. 따라서 각급 제대의 군사작전은 궁극적인 목표 달성에 기여할 수 있도록 상호 연계되어야 한다.

목표공격개시시간(目標攻擊開始時間, Objective H-hour, Time of Attack)
목표상에 전투력을 집중하여 결정적 전투를 실시할 수 있도록 각 부대들이 동시에 목표에 진입하는 시간. 목표 공격개시시간 부여 시 공격부대별 공격개시시간은 다를 수 있다.

목표공격예정시각(目標攻擊豫定時刻, Time over Target; TOT)
1. 항공기가 목표물 상공에 도착하거나 공격이 이루어지는 시각.
2. 핵무기 폭발이 요구되는 지상원점에서 이루어지도록 예정된 시각.

(미국) Time on Target와 Time over Target를 혼용하고 있음.

목표병력수준(目標兵力水準, Objective Force Level)
제한된 시간과 자원 수준 하에서 승인된 군사 목표, 임무, 또는 과업을 달성하기 위하여 유지해야할 군사력의 수준.

목표상공도착시간(目標上空到着時間, Time over Target; TOT)
한 대의 항공기 또는 항공기 편대가 배당된 목표에 대하여 부여된 임무를 수행하기 위해 지정된 상공에 도착하는 시간.

목표접근점(目標接近點, Target Approach Point)
공수작전 시 항법상의 점검점으로서 그 상공에서 투하지대 혹은 착륙지대로의 최종 선회가 행하여 짐.

몰수물자(沒收物資, Confiscated Material)
규정이나 법령을 위반해 몰수한 물자를 군에서 활용하도록 배정된 물품. 관세법 및 특정 외래품 판매 금지법을 위반한 반입물자에 해당되는 몰수품과 국고귀속물품에 관한 임시조치법을 위반하여 몰수한 물품 등이 있다.

묘략(庙略, Imperial Court Strategy)
(중국) 중국 고대 국가에서 군사를 일으켜 전쟁을 시작할 때, 군주와 장수가 묘당, 즉 조정에서 전체적인 계획과 방략을 결정하는 것. 묘당이 조정을 가리키는 데서 유래했으며, 묘산(廟算)이라고도 한다.

묘박(錨泊, Anchoring)
선박이 일정 해역에 닻을 내려 머무르는 것.

묘박지(錨泊地, Anchorage)
계류나 접안하지 아니하고 닻을 이용하여 함정이 정박하는 데 적합한 해역.

무개진지(無蓋陣地, Open Position)
지붕이나 뚜껑을 설치하지 않아서, 위장한 것 이외에는 엄폐 및 은폐를 받지 못하는 호. 〈반〉 [유개진지]

무개탄약저장소(無蓋彈藥貯藏所, Open Ammunition Space)
앞이 탁 트여 열려있는 장소에 탄약 저장을 준비하거나 응급 설비를 한 지면.

무경고하 기습공격(無警告下奇襲攻擊, No Warning Surprise)
상대가 공격징후를 사전에 포착하지 못하게 하거나, 적절한 전투준비태세를 유지할 시간적 여유를 주지 않고 전쟁(전투)으로 돌입하는 상태.

무경칠서(武经七书, Seven Military Classics)
중국에서 송대 이후 널리 보급된 대표적인 군사이론 총서이자 중국 최초의 군사교과서. 춘추시대 제(齊)나라 손무(孫武)의 《손자(孫子)》, 전국시대 오기(吳起)의 《오자(吳子)》, 제(齊)나라 사마양저의 《사마법(司馬法)》,주(周)나라 위료(尉繚)의 《위료자(尉繚子)》, 당(唐)나라 이정(李靖)의 《이위공문대(李衛公問對)》, 한(漢)나라 황석공(黃石公)의 《삼략(三略)》, 주나라 여망(呂望)의 《육도(六韜)》 등 7가지 대표적인 병서를 북송 신종(1080년)의 명으로 간행하여 무학의 필수과정으로 익히도록 한 것이다. 한국, 일본 등에도 전해졌으며, 〈무학칠서(武學七書)〉, 〈무경〉, 〈칠서〉라고도 부른다.

무공훈장(武功勳章, Order of Military Merit)
전시 또는 이에 준하는 비상사태 하에서 전투에 참가하여 뚜렷한 무공을 세운 사람에게 수여하는 훈장.
등급별로 태극, 을지, 충무, 화랑, 인헌 무공훈장 등 5등급으로 구분한다.

무관(武官, Military Attache)
외교 관계를 맺고 있는 나라와의 군사관계 업무를 담당하는 군인. 주재국의 대사관 및 영사관내에서 군사외교관의 신분으로 공무를 집행한다.

무관측사격(無觀測射擊, Unobserved Fire)
탄착점 또는 폭발점을 관측하지 않고 실시하는 사격.

무기(武器, Weapon」)
전쟁에 사용되는 기구를 통틀어 이르는 말.

무기건의서(武器建議書, Weapons Recommendation Sheet)
공격할 의도를 명시하고, 무기의 특성을 건의하고, 예상되는 피해, 톤수, 신관부착, 공간, 요망하는 평균탄착점 및 제공격의 간격을 건의하는 서면이나 일람표나 도면.

무기교전지대(武器交戰地帶, Weapons Engagement Zone; WEZ)

교전을 위해 특정형태의 방공무기를 우선적으로 사용하게 되는 한정된 공역범위. 주로 피아식별 및 교전권한을 위임하거나 특정위협에 대처하기 위해 사용하며, 그 종류는 다음과 같이 분류된다.

1. 전투기 교전지대(FEZ) : 공습 위협이 있을 때, 대개 전투기를 이용해서 방어하는 지역.
2. 고공미사일 교전지대(HIMEZ) : 공습 위협이 있을 때, 대개 고공 지대공 미사일을 이용해서 방어하는 지역.
3. 저공미사일 교전지대(LOMEZ) : 공습 위협이 있을 때, 대개 저고도와 중고도 지대공 미사일을 이용해서 방어하는 지역.
3. 단거리 대공무기 교전지대(SHORADEZ) : 공습 위협이 있을 때, 대개 단거리 방공무기를 이용해서 방어하는 지역. 이 지역은 저공미사일과 고공미사일이 책임지는 지역 사이에 위치한다.
4. 합동 교전지대(JEZ) : 지대공미사일이나 전투기 등의 다양한 방공무기들을 동시에 이용해서 방어를 하는 지역.

무기대기요구지시(武器待機要求指示, Weapons Alert Requirement Designator; WARD)

방공경보 및 방어준비태세 단계별로 방공무기의 전투준비시간과 반응조건을 지시하는 통제 요구서.

무기대기태세(武器待機態勢, Weapons Readiness Posture)

방공경보 및 방어준비태세 단계별로 무기의 전투준비시간을 지시하는 방공부대 통제방법.

무기발사기록(武器發射紀錄, Armament Delivery Recording)

무기의 효과나 발사장면을 보여주는 동영상, 일반사진, 비디오 등으로 이루어진 기록물. 일반적으로 화기를 발사하는 무기시스템이 자체적으로 발사장면과 그 효과를 기록하는 정찰용 화상정보와는 다르다. 무기발사기록은 주로 타격효율성을 측정하고 전투병 훈련에 사용된다.

무기일람표(武器一覽表, Weapons List)

전술부대 또는 기타 부대에 인가된 현 보유무기의 일람표. 이 중에는 도수운반화기, 견인포, 차량탑재화기, 궤도차량 탑재 화기가 포함된다.

무기자유지역(武器自由地域, Weapons Free Zone)

아군의 주요한 자산이나 시설을 보호하기 위해, 아군으로 확인되지 않은 모든 표적에 대해 무기체계를 운용할 수 있도록 설정한 방공구역. 여기서 비행장은 보호 대상에 포함되지 않는다.

무기전투준비상태(武器戰鬪準備狀態, Weapons Combat Readiness Condition)

방공포병부대가 방공경보 및 방어준비태세별 전투태세를 유지하기 위한 방공포병무기의 전투준비 정도로서 부여된 시간 내에 즉각 사격을 실시할 수 있는 준비태세를 갖추도록 지시하는 것.

무기체계(武器體系, Weapons System; WS)

1. 무기와 이에 관련되는 물적요소와 인적요소의 종합적인 체계.
2. 장비를 포함한 하나의 무기가 부여된 임무달성을 위해 필요한 인원·시설·소프트웨어·종합군수지원요소·전략·전술 및 훈련 등으로 성립된 전체체계를 말함.

무기체계운용개념(武器體系運用槪念, Weapons System Employment Concept)

특정 장비나 무기체계의 응용 소프트웨어

를 전술개념과 미래 교리의 틀 내에서 해당 장비나 무기체계의 개괄적 특성에 기초해서 포괄적 용어로 설명한 것.

무기태세(武器態勢, Weapons Readiness Posture)
방공경보 및 방어준비태세 단계별로 무기 전투 준비시간을 지시하는 방공포병부대 통제방법.

무기통제(武器統制, Weapon Control)
선정된 표적에 대해 효율적으로 화력을 사용하는 기술. 이는 탐색표적 표시-표적지시-추적-예측-무기배치-무기발사-탄착수정의 순서를 거쳐 수행된다.

무기통제상태(武器統制狀態, Weapons Control Status; WCS)
지역 방공지휘관이 공중상황을 판단하여 지역 내 모든 방공부대의 무기를 적절히 통제하는 상태. 무기별 규정에 의거하여 다음과 같이 구분하여 적용한다.

1. 무기자유(Weapons Free) : 아군기로 명확하게 식별되지 않는 모든 항공기와 교전.
2. 무기제한(Weapons Tight) : 적기로 명확하게 식별된 항공기만 교전.
3. 무기보류(Weapons Hold) : 자체 방호를 제외한 어떠한 표적에도 교전 불가.
4. 제한된 무기자유(Limited Weapons Free) : 특정지역 내에서 정해진 모든 기준에 일치해야 교전 인가.

무기할당(武器割當, Weapon Assignment)
공중 방어에 있어서 부여된 임무를 수행하는데 사용할 수 있도록 방공무기 통제관들에게 방공무기를 할당하는 것.

무기효과지수(武器效果指數, Weapon Effectiveness Indices)
무기체계 자체의 객관적 가치를 정량화하기 위하여 각종 무기체계의 효과를 지수화한 값. 즉 무기체계 고유의 특성인 기동성, 화력, 생존성, 기타 특성별로 상대적 가중치를 부여하여 일반적인 상태에서 본 무기체계의 효과를 산출한다.

무능화 작용제(無能化作用劑, Incapacitating Agent)
일시적으로 개인에게 영향을 주어 심리적으로나 정신적으로 무능하게 만들어서 개인에게 부여된 임무를 수행하기 어렵게 만드는 작용제.

무단이탈(無斷離脫, Absent without Official Leave; AWOL)
허가 없이 근무 장소를 이탈하거나, 지정된 시간 내에 지정된 장소에 도착하지 못한 것.

무력(武力, Military Force)
1. 군사상의 힘.
2. 군대의 구성원인 군인과 그들이 보유한 무기 및 장비에 의하여 행사되는 힘.

무력도발(武力挑發, Armed Provocation)
특정임무 수행을 위해 병력이나 장비를 출동시켜 상대국가의 국민과 재산 또는 영역에 가하는 일체의 위해행위.

무력시위(武力示威, Show of Force)
국가의 이익을 위해서 또는 목표에 해로운 특별한 상황을 해결하기 위하여 군사력을 전개시켜 무력에 의한 과시나 위협을 함으로써 상대방에게 심리적인 위압감을 일으키게 하는 행위.
〈동〉 [군사력시위]

무력파쇄공격(武力破碎攻擊, Counterforce)
적이 선제공격을 할 수도 있는 환경에서 전략적 공군이나 미사일 부대를 이용하여 적의 군사적 능력을 무기력하게 하거나 파괴하는 노력.

무력화(無力化, Neutralization)
1. 인원이나 물자를 적군이 작전에 사용하

고자 할 경우 비효과적이거나 사용이 불가능하도록 만드는 행위.
2. 일시적으로 표적의 전투력을 상실케 하는 것으로, 부대의 사상자가 보충되고 장비가 정비되면 정상으로 복귀가 가능한 상태.
3. 표적의 활동을 일시적으로 무능화시키는 것으로, 포탄소모가 적으므로 대부분의 사격임무는 무력화 사격임.
4. 표적타격 요망효과는 제압, 무력화, 파괴로 구분함.

무력화사격(無力化射擊, Disabling Fire)
함선이나 항공기의 무기시스템을 사용하여 상대측 함정의 운전시스템이나 추력시스템 등 운항에 관계되는 기능에 대해서만 집중적으로 사격하는 것. 이 공격의 목표는 물적 장비인 함선에 대해서는 피해를 주지만 인원에 대해서는 최소의 사상자를 내면서 기능을 마비시키는 것이다.

무반동총(無反動銃, Recoilless Rifle; RCLR)
무반동의 원리를 이용하여 지상에 거치하거나 차량에 탑재하여 사격할 수 있는 화기. 무반동은 탄환이 발사될 때 탄 후미에 있는 추진 장약이 폭발하면서 발생하는 폭발력 중 탄을 앞으로 추진시키는 힘과 총의 후미로 불출되는 힘에 의해 반동을 완화시키는 것으로 대전차무기에 주로 사용된다. (북한) [비반충포(非反衝砲)]

무반향구역(無反響區域, Blind Zone)
레이더나 전자대항 장비로도 반향음을 수신할 수 없는 구역. 보통 함상의 상부구조물 때문에 생기는 현상이다.

무방호 미사일기지(無防護~基地, Soft Missile Base)
핵 공격에 대해 방호되지 않은 미사일 발사기지.

무선감시소(無線監視所, Radio Guard)
송신을 청취하고 기록하며, 어떤 부대나 부대들을 위해 지정 주파수에 의한 교신을 취급하는 선박이나 항공기 혹은 무선통신소. 선박의 경우 무선감시선, 항공기의 경우 무선감시기라고도 한다.

무선거리측정(無線距離測定, Radio Range Finding)
목표물까지의 거리를 그 목표물에서 독립적으로 발사되거나, 반사되어 발사되거나, 동일한 파장이나 다른 파장을 이용해서 재발사 되는 전파에 의해 결정하는 무선에 의한 위치결정 방법.

무선기만(無線欺瞞, Radio Deception)
적을 기만하기 위하여 무선장치를 이용하는 것. 허위전보의 타전, 기만적인 표제의 사용, 적의 호출부호의 사용 등이 포함된다.

무선방해(無線妨害, Radio Jamming)
동일한 주파수를 강력하게 발사하여 상대방의 통신을 혼란시키는 것.

무선방향탐지(無線方向探知, Radio Direction Finding; RDF)
다른 무선국이 발사하는 전파를 수신하여 그 무선국의 방향을 결정하기 위하여 행하는 무선측위. 선박이나 항공기를 위한 것일 경우 무선 항행업무가 된다.

무선위치결정(無線位置決定, Radio Fix)
1. 둘 이상의 청취소로부터 무선송신기의 방향을 탐지함으로써 결정하는 피아 무선송신기의 위치확인.
2. 소재지가 파악되고 있는 둘 또는 그 이상의 송신소로부터 보내오는 무선신호의 방향을 확인함으로써 함정이나 항공기가 해상 또는 공중에 있어서 자기위치를 결정하는 것.

〈동〉 [무선위치표시]

무선위치표시(無線位置表示, Radio Fix)
☞ [무선위치결정]

무선유선통합(無線有線統合, Radio and Wire Integration)
무선 시설에 유선 회로를 연결하는 것.

무선전신(無線電信, Radio Telegraphy)
전신부호를 무선으로 전송하는 것.

무선전화(無線電話, Radio Telephone)
음성을 변조된 무선전파로 전송하는 것.

무선접근 보조장치(無線接近補助裝置, Radio Approach Aids)
항공기가 비행장이나 항공모함의 근처로부터 착륙개시 위치에 이르기까지 항공기의 위치를 정확하게 결정하기 위하여 사용하는 무선장치.

무선중계 통신망(無線中繼通信網, Radio Relay Communication)
통화거리를 연장하기 위하여 두 무선통신소간에 중계 장치를 설치하여 운용하는 통신망.

무선침묵(無線沈黙, Radio Silence)
전파를 발사할 수 있는 장비의 전부나 일부가 통신보안상 이유로 동작을 중지하고 있는 상태.

무선탐지(無線探知, Radio Detection)
무선장치를 이용하여 전파를 발사하고 있는 목적물의 존재와 위치를 탐지하는 것.

무선표지(無線標識, Radio Beacon)
항해중인 선박이나 항공기가 특정 위치에 설치된 무선국에서 발사하는 특정한 전파를 수신함으로써, 그 무선국의 위치와 방위를 표지로 삼아 항로나 항공로를 식별할 수 있게 되는 전파에 의한 항행의 지표를 이르는 말.

무선항법방해(無線航法妨害, Meaconing)
항행혼란을 목적으로 무선 유도신호를 수신하여 동일 주파수로 재발송하는 체제.

무선항법유도(無線航法誘導, Radio Navigation Guidance)
미사일내의 장치에 의해 미사일의 비행경로와 거리 및 방향을 조정하여 미리 결정된 경로를 따라 비행하게 하는 제어법. 미사일을 목표물에 정확히 유도하기 위해 사용되는 통제기술이며, 미사일내의 장치는 통상 하나 또는 그 이상의 외부발신기로부터 무선신호를 사용하여 미사일을 원하는 경로를 따라 비행시킨다.

무시위험(無視危險, Negligible Risk)
화생방전에서 사용하는 용어로, 현란 또는 일시적인 야간시력 상실을 제외하고는 대체로 부대(원)가 안전하므로 무시해도 될 정도의 위험.

무엄호 이동(無掩護移動, Uncovered Movement)
우군 부대로부터 적절한 경계를 제공받지 못하고 실시하는 이동.

무인기(無人機, Drone)
원격조정 또는 자동적으로 조정되는 항공기, 차량 또는 함정.

무인기뢰처리기(無人機雷處理機, Mine Disposal Vehicle; MDV)
수중에 내려져 원격조정으로 기뢰를 탐색, 식별 및 처리할 수 있는 장비. 자체의 소형 Sonar, TV 카메라, 사진기 및 탐조등을 보유하고 있으며, PLUTO, PENGUIN 등의 종류가 있다.

무인로봇전(無人~戰, Unmanned Robot Warfare)
로봇이 전투원을 대신하여 정보수집, 표적식별 및 추적, 레이더 교란, 불발탄 제거, 지뢰 및 기뢰 제거, 화생방 오염제독 등은 물론, 적의 표적을 공격 파괴하는 전투임무까지도 담당하는 전쟁양상.

무인함(無人函)
자연 및 인공지물을 이용한 비밀장소를 사용하여 문건이나 물건, 공작금, 공작 장비, 무기 등을 주고 받는 연락수단.
〈동〉 [드보크 (Dvoke)]

무인항공기(無人航空機, Unmaned Aerial Vehicle; UAV)
조종사가 탑승하지 않고 원격조종에 의해 지정된 임무를 수행할 수 있도록 제작한 비행체. 독립된 시스템으로 운영되거나, 우주, 지상 시스템과 연동시켜 운용하기도 한다. 활용분야는 감시, 정찰, 정밀공격무기의 유도, 통신이나 정보중계, 전자공격, 전자보호, 유인 등의 임무를 수행하며, 폭약을 장전시켜 정밀무기 자체로도 실용화되고 있다.
무인항공기는 인원의 피해를 피할 수 있고 염가이면서 고도의 기동력을 가질 수 있으며 구조도 간단하다는 이점이 있으나 유도방해에 취약하고 유도거리에 한계가 있는 점이 단점이다.

무작위 지뢰매설(無作爲地雷埋設, Random Minelaying)
육상 지뢰전에서 일정한 형식 없이 불규칙하게 지뢰를 매설하는 것.

무장(武裝, Arming)
1. 전투를 수행할 목적으로 부대 및 병력이 각종 화기 및 탄약과 장비를 갖추는 것.
2. 신관이 안전한 상태에서 점화준비상태로 바뀌는 것.

무장공비(武裝共匪, Arming Communist Guerrilla)
적 또는 반국가단체로부터 지령을 받고 중요 시설 파괴, 양민의 학살, 유격활동 및 거점 확보, 첩보수집 등의 목적으로 무기를 소지하고 침투한 자.

무장정찰(武裝偵察, Armed Reconnaissance)
특정지역 내에서 임기표적에 대한 탐색공격을 주 목적으로 하는 임무를 말함. 다음과 같은 활동이 포함된다.
1. 임무가 부여된 일반지역 내에 소재하거나, 병참선을 따라 위치해 있는 물자, 인원 및 시설과 같은 표적들의 위치를 파악하고 공격하는 것.
2. 적의 예비품 및 보급품의 운송을 지연시키기 위하여 철로 및 도로를 차단하고, 부대 집결지에 대한 공격을 실시하고 도보, 차량, 철도를 통한 물품수송을 방해하는 전투폭격작전.

무조명 무지원 야간공격(無照明無支援夜間攻擊, Blackout Night Attack)
야간 작전에 기습효과를 달성하기 위하여 야음 속에서 자연광만을 이용하여 지원사격을 받지 않으면서 실시하는 공격작전.

무조명 야간공격(無照明夜間攻擊, Blackout Night Attack)
기도비닉을 유지하여 기습효과를 달성하기 위하여 야음 속에서 자연광만을 이용하여 실시하는 공격.

무조명 유지원 야간공격(無照明有支援夜間攻擊, Blackout Night Attack)
사전에 계획된 지역에 대한 기도비닉과 기습효과를 달성하기 위하여 또는 가용한 조명수단이 없을 때 실시하는 공격. 조명계획은 사전에 준비하여 기도가 폭로될 때까지는 사용하지 않으며 지원사격 계획은 유조명 유지원 사격과 같이 준비했다가 적절한 시기에 사용한다.

무지원 야간공격(無支援夜間攻擊, Nonsupported Night Attack)
야간 공격에 있어서 일정한 시간 또는 특정상황이 일어나기 전까지는 지원화력의 지원 없이 실시되는 공격.

무차별 폭격(無差別爆擊, Indiscriminate Bombing)
군인, 민간인을 구분하지 않고 실시하는 폭격. 이는 국제법상 금지되어 있다.

무차별 폭격지대(無差別爆擊地帶, Blind Bombing Zone)
우군의 작전 또는 공격에 제한을 받지 않고 항공작전을 수행할 목적으로 무차별 폭격을 실시하도록 설정된 제한지역.

무풍위치(無風位置, No-Wind Position)
바람의 위치를 고려하지 않고 계산한 항공기의 위치.

무해통항권(無害通航權, Right of Innocent Passage)
내수에 들어가지 아니하고 영해를 횡단할 목적으로 또는 내수로부터 공해로 향할 목적으로 영해를 통과하는 권리. 통항과 관련하여 연안국의 평화, 공공질서 또는 안전보장을 침해하지 않는 한 해를 받지 않는다.

무형전력(無形戰力, Intangible Combat Power)
전기숙달 등의 기술전력과 전략 등의 운용전력, 그리고 장병들의 의지력을 본질로 하는 정신전력으로 구성되는 전력.

무형통신문(無形通信文, Free Form Message Text)
사전에 약속된 형식이 없는 통신문. 신속한 기안문 작성이나 설명서를 작성하거나 처리할 때 사용한다.

문교(門橋, Raft)
인원 및 장비를 도하시킬 수 있도록 부유물 상판을 설치하고, 동력장치를 설비한 수상 운반체.
(북한) [도선판(渡船板)]

문서 및 자재보안(文書~資材保安, Physical Security)
모든 비밀문서 및 자재가 간첩이나 비인가자 및 업무상 관련 없는 인원에게 절취, 탐지, 열람 등의 방법을 통하여 누설되는 것을 미연에 방지하는데 필요한 보안대책.

문서취급소(文書取扱所, Message Center)
통신문의 수령, 송신, 준비, 수신 등에 대한 책임이 부과되어 있는 통신기관.

물량전(物量戰, Material War)
신병기와 방대한 군수물자의 힘으로 승패가 결정되는 전쟁 또는 이를 바탕으로 한 전쟁양상.

물리적 피해평가(物理的被害評價, Physical Damage Assessment)
목표물에 대해 군사적인 위력을 가했을 때 탄약의 폭발, 파편, 화재 피해 등과 같은 목표물에 대한 물리적인 피해를 양적으로 평가한 것. 이 평가는 통상 한 번의 자료를 검토하여 작성한다.

물자(物資, Property)
군사적으로 보유하고 있는 유형적인 것으로서 부동산과 군수품이 여기에 해당된다.

물자계정(物資計定, Property Account)
물자와 물자거래에 대한 형식적인 기록. 물품별로 수량, 가격 등이 포함되며, 국가물자에 대해서는 공식적인 기록을 갖추도록 요구된다.

물자동원(物資動員, Material Mobilization)
전시에 소요되는 필요한 물자, 장비, 시설, 업체 등의 자원을 국가안전보장 목표달성을 위하여 효율적으로 통제, 관리하는 국가권력 작용을 말함. 물자동원의 목표는 전시 또는 국가비상사태 시 소요되는 물자를 적기적소에 동원하여 군사작전 소요를 충족시켜 지원함으로써 전쟁지속능력을 극대화하는 데 있다.

ㅁ

물자보유목표(物資保有目標, Objective Quantity of Reserve Material)
현행 작전의 지원을 유지하기 위하여 소요되는 최대량의 물자.

물자보충 지속량(物資補充持續量, Material Pipe Line)
보급체계에서 물자를 대치하는 데 있어 재보급의 유통이 중지되지 않도록 유지하는 데 소요되는 목표량.

물자소요(物資所要, Material Requirements)
특정 기간 동안 임무나 목적을 완수하기 위해 장비를 갖추고 부대나 조직이나 대형이나 서비스를 유지하고 물자보충 지속량을 제공하는 데 필요한 장비와 공급 물품의 양.

물자준비태세(物資準備態勢, Material Readiness, Materiel Readiness)
전시활동 또는 우발사태, 홍수나 지진 등 재난구호와 기타 긴급사태를 지원함에 있어서 군사조직이 필요로 하는 물자를 미리 갖추어 놓는 것.

물자취급장비(物資取扱裝備, Material Handling Equipment; MHE)
저장 및 물품취급용 장비로서 편리하고 경제적으로 보급품을 취급하는 데 사용되는 기계장치를 말함. 예를 들면 지게차, 크레인, 롤러식 운반기, 화물용 차량 등이 있다. 물품취급 장비라고도 한다.

물자통제(物資統制, Materiel Control)
물자에 대한 관리, 재고관리, 보급관리 등 군수 업무의 일종.

물자피해(物資被害, Materiel Damage)
적대 행위에 의해 일어난 군수품의 피해로, 정도에 따라 경미, 보통, 극심 피해로 분류됨.

미기상(微氣象, Micro Meteorological)
제한된 지역, 즉 언덕, 숲, 강변 및 어떤 도시와 같은 대단히 좁은 지역상의 기상상태. 화학무기 및 생물학무기 운용 시에는 2 m 고도 이하의 공기층에서 일어나는 기상현상이 특히 중요시된다.

미사일(~, Missile; MSL)
자체 추진력을 가진 비행체를 의미하는 말. 일반적으로 탄도탄 또는 유도탄의 약어로 탄두를 운반하는 군사목적의 로켓 등에 한정하여 사용된다. 전략핵을 탄두로 하는 전략미사일과 전장에서 사용되는 중·소형의 전술미사일로 대별된다. 대형인 전략핵 미사일로는 장거리 탄도미사일과 순항미사일 등이 있고, 전술미사일로는 발사장소와 목표의 장소에 따라 SMM(Surface-to-Surface 지대지, 함대함), AAM(Air-to-Air 공대공), SAM(Surface-to-Air 지(함)대 공), ASM (Air-to-Surface 공대지)등으로 구분되며, 또한 용도에 따라 ATM(대전차), ARM(대레이더 Anti-Radiation), ABM(탄도탄 요격)등으로 나뉜다.

미사일경유 추적법(~經由追跡法, Track-Via-Missile; TVM)
미사일이 수집한 표적정보를 지상레이더에 보내는 데 특징을 가진 반 능동 레이더 유도방식의 하나. 미사일이 표적으로부터 레이더 반사파를 수신하여, 그 전파가 온 방향을 부호화하여 지상의 다기능 레이더에 송신하고, 다기능 레이더는 이를 수신한 후 미사일과 표적의 위치를 계산하여, 최적 유도지령을 미사일에 보내는 방식이다.

미사일 교전공역(~交戰空域, Missile Engagement Zone)
공중목표를 혼란 없이 요격하기 위하여 방공부대 지휘관이 각 미사일 또는 방공미사일 부대에 할당하는 공역.

미사일기술통제체제(~技術統制體制, Missile Technology Control Regime; MTCR)
미사일 관련기술의 국제적인 확산을 방지

하기 위하여 1987년 선진 7개국(미국, 영국, 캐나다, 프랑스, 일본, 독일, 이탈리아)에 의해 성립된 통제 체제. 핵심내용은 500 kg 이상의 탄두와 300 km 이상의 사정거리를 갖는 미사일 기술의 확산을 통제하는 것이다.

미사일 모기(~母機, Missilier)
1. 공대공 미사일 또는 공대지 미사일을 목표에 가까운 곳까지 운반하여 발사할 임무를 갖는 항공기.
2. 새로운 군용기는 모두 미사일 모기라고 할 수 있음. 특히 항공기 탑재 탄도탄 미사일을 탑재하는 항공기를 뜻한다.

미사일 비행체(~飛行體, Missile Vehicle)
미사일을 운반하는 로켓 따위.

미사일사격모의기(~射擊模擬機, Missile Firing Simulator)
나이키 발사대에서 발사장비 사격점검을 하거나 정비할 때, 또는 평소에 조원의 사격술 연마에 사용되는 모의 장비.

미사일 유도장치(~誘導裝置, Missile Guidance System)
비행정보를 계산하고, 목표물 데이터와 연관시키며 원하는 미사일의 비행경로를 결정하고, 미사일통제시스템에 필수 명령을 통신하는 장치.

미사일 통제시스템(~統制~, Missile Control System)
미사일의 비행자세 안정성을 유지하고 정확한 유도를 하기위한 시스템.

미사일 투하선(~投下線, Missile Release Line)
공격 항공기가 특정 목표물을 향해 공대지 미사일을 발사할 수 있는 선.

미사일 파괴 시스템(~破壞~, Missile Destruct System)
안전이나 기타 이유로 인해 미사일이나 유사 운반체들을 의도적으로 파괴하는 시스템으로서 외부적인 명령이나 사전에 설정된 내부적인 방법으로 작동된다.

미사일 공학(~工學, Missilery)
미사일 설계, 개발, 생산, 발사, 유도 등을 연구하는 기술 및 학문분야.

미식별선박(未識別船舶, Unidentified Ship)
육안 및 레이더에 포착된 선박 중 의아한 점이 있거나 또는 의아한 점 유무를 판단할 수 없는 식별되지 않는 선박.

미스트랄(Mistral)
휴대용 대공유도무기의 일종. 발사 후 망각방식(Fire & Forget)이며 유효사거리 5,500 m, 유효 고도 3 km, 근접신관의 작동거리는 표적으로부터 2 m 이내이며 자체 피·아식별기 및 야간조준기 장착으로 자체식별과 야간교전능력이 있다.

미지(未知, Unknown)
(미국) 1. "정보자료의 입수불가"라는 부호의 의미.
2. 미확인 목표물. 항공기나 선박으로서 적아를 식별하는 방법이나 기술적인 방법으로 적군인지 아군인지 혹은 중립적인 지를 구별할 수 없는 상태를 말한다. 이 경우 방공망이나 해상교전시스템을 이용해서 추적을 한다.
3. 평가 절차를 적용했지만 식별이 불가능한 물체.

미지보고(~報告, Meaconing, Intrusion, Jamming & Interference Report; MIJI)
원인 모를 외부의 세력에 의해 무선장비나 레이더가 전자 장애를 일으킬 때 보고하는 것을 말하며, 다음 네 가지 형태로 구분됨.
1. 항법방해(Meaconing) : Measuring and Confusing의 줄인 말로, 전자항법 체계에 동일 주파수로 허위신호를 내보냄으로써 적의 항해 위치 측정을 방해 또는 항해

를 혼란시키는 방법.

2. 전자침투(Intrusion) : 운용자를 속이거나 교란을 목적으로 통신 경로 상에 고의적으로 전자파에너지를 개입시키는 것.
3. 전파방해(Jamming) : 전자장비 및 체계의 효과적인 사용을 방해하기 위하여 전자에너지를 고의적으로 방사, 재방사 또는 반사하게 하는 방해 행위로 기능과 용도별로 나누면 음향재밍(Acoustic Jamming), 광역재밍(Barrage Jamming), 점재밍(Spot Jamming) 등이 있음.
4. 전자(파)간섭(Interference Electronic) : 전자장비에 필요 없는 반응을 유발시키는 전기적 또는 전자기적인 혼란. 전기적 간섭이란 전자기적 에너지를 방사하도록 고안되지 않는 전기적 장치의 운용에 의해 생기는 간섭을 말한다.

미확인격추(未確認擊墜, Probably Destroyed)

항공작전에서 격추되는 것을 목격하지는 못했지만 파손되었다고 피해평가를 하는 적의 항공기.

민간(民間, Civil)

관청이나 정부 기관에 속하지 않음.

민간기관에 대한 군사원조(民間機關~軍事援助, Military Assistance to Civil Authority)

(미국) 미 대통령 명령에 의한 국방부 차원의 민간 원조로, 민간기관에 대한 군사지원, 민간 법집행기관에 대한 군사지원, 민간소요에 대한 군사지원의 세 가지로 구분된다.

민간 법집행기관에 대한 군사지원(民間法執行機關~軍事支援, Military Support to Civilian Law Enforcement Agencies)

(미국) 미 대통령 명령에 의한 국방부 차원의 민간 지원 임무의 하나로서 민간 법집행기관에 대한 지원 임무. 여기에 속하는 것으로는 테러리즘에 대한 방어, 마약저지 작전, 국가보안 특수업무 및 국가적 중요 기반시설과 중요 자산에 대한 보호 등이 있다.

민간보급(民間補給, Civilian Supply)

1. 군이 관리하는 지역 내의 민간, 주민, 지방 정부기관 또는 경제체제에 대하여 일용품, 물품 및 이에 따르는 용역을 제공하여 주는 보급
2. 군사적 필요성에 의거하여 국군이나 연합군이 해방시켰거나 점령하여 관리하는 지역 내의 민간인에게 인가된 보급 근무상, 또는 정부나 경제기관 혹은 국군이나 연합군이 광대한 이권을 보유하고 있는 타국 또는 지역에 대하여 제공하도록 규정된 보급.

민간보도(民間報道, Civil Information)

군의 활동상황과 임무에 대하여 국민의 지원을 얻기 위해 군에서 실시하는 각종 보도 활동.

민간소요(民間騷擾, Civil Disturbance)

공공질서와 규칙에 해를 끼치는 범법행위와 무질서한 행동을 하는 집단행동. 민간폭동이라고도 한다.

민간소요에 대한 군사원조(民間騷擾~軍事援助, Military Assistance for Civil Disturbance)

(미국) 미 대통령 명령에 의한 국방부 차원의 민간 지원 임무로서 반란, 폭동 및 내부적 소요를 제압하기 위해서 혹은 주의 법과 질서 유지를 위한 연방보조지원을 하기 위해 실시한다.

민간수송(民間輸送, Civil Transportation)

(미국) 군사작전에 필요한 수송을 완수하기 위해 인원, 재산, 우편물 등을 민간 시설이나 자원(저장소가 포함되지만 농산물과 석유는 제외)을 이용해서 이동하는 것. 여기서는 군에 의해서 운영되거나 통제되는 수

송은 포함되지 않으며 석유나 가스 파이프 라인도 포함되지 않는다.

민간인수용소(民間人收容所, Civilian Internee Camp)
민간인 피수용자들을 수용하고 관리하기 위해서 설립한 시설.

민간인수집소(民間人收集所, Civilian Collecting Point)
소수의 실향민, 피난민 또는 소개민을 집결지역 또는 피난민 수용소로 후송하거나 본래 거주지에 재정착시키기 전에 잠시 집결시키기 위해 지정한 장소. 통상 사단 후방지역 전방에서 작전에 방해되지 않는 지역에 선정한다.

민간인억류자(民間人抑留者, Civilian Internee)
1. 포로의 범주에 속하지 않는 점령지대내의 민간인중 법령위반 또는 경계 목적 등의 이유로 억류가 필요하다고 인정되어 점령부대 지휘관이 억류를 명한 자를 말함.
2. 민간인 억류자도 포로에 준하여 후송 및 수용 관리하기 때문에 포로라고 할 때는 포로와 민간인 억류자를 포함하는 개념임.
3. 전시 민간인 보호에 대한 제네바 상호협정에 따라 수용되고 보호되는 사람을 일컫는 말.

민간인 집결지역(民間人集結地域, Civilian Assembly Area)
실향민이나 피난민, 소개민을 피난민 수용소나 재정착지역으로 이동하기 위해 선정된 집결 지역으로서 통상 사단 및 군단 후방 또는 군 근무지역 내에 선정한다.

민간인 출입통제선(民間人出入統制線, Civilian Access Control Line; CACL)
군사작전상 민간인의 출입을 통제하기 위하여 설정(휴전선 남방 5~20 km 범위)한 선으로서 이 선의 북방 출입 또는 활동은 책임지역 군 부대장의 통제가 요구된다.

민간통신검열(民間通信檢閱, Civil Censorship)
1. 민간인의 통신을 검열하는 것. 여기에 속하는 것으로는 메시지, 인쇄물, 영화 등으로서 무장군이 점령하고 통제하는 지역이나 영역 안으로 들어오고 나가고 배포되는 것이 모두 해당된다.
2. 국군이나 연합군이 점유하거나 관할하는 지역 또는 지대에서 수발, 회람되는 민간문서나 우편물을 보안상 목적으로 검열하는 것.

민간피해평가(民間被害評價, Civil Damage Assessment)
국가의 인구, 산업, 공익설비, 통신, 교통, 식량, 수자원, 의료자원 피해에 대한 평가. 이것을 이용해서 국가재건 및 복구를 기획한다.

민간필수품(民間必需品, Essential Civilian Supplies)
전시에 일어날 수 있는 질병 또는 민심의 동요를 방지하거나, 현지 산업이 군사작전으로 인해 부당한 곤란을 받는 것을 방지하기 위하여 소요되는 필수 민수품.

민간핵보유국(民間核保有國, Civil Nuclear Power)
핵무기를 개발할 목적에서 핵 기술을 적용할 가능성을 가지고 있지만 의도적으로 이를 실행하지 않고 있는 국가.

민군작전(民軍作戰, Civil-Military Operation)
(미국) 군사작전을 수월하게 수행하고, 작전상 목적을 달성하고 강화하기 위해서 군부대, 정부, 비정부 민간단체 및 기관들과 호의적, 중립적, 적의를 가진 작전지역의 민간인들 사이의 관계를 수립하고, 관리하

ㅁ

고, 이용하는 지휘관의 행동. 한국군에서는 민사작전이라고 한다.

민군작전본부(民軍作戰本部, Civil-Military Operation Center)

(미국) 미군 전구 사령관이나 예하 합동군 지휘관에 의해서 설립된 실제적 조직으로, 유관 군부대와 지역행정단체, 비정부기관, 지역 또는 국제적 기구와 작전상 협조관계를 갖는 조직. 특별한 형식의 조직을 가지고 있지는 않으며, 규모와 구성은 상황에 따라 다르다.

민방위(民防衛, Civil Defense; CD)

적의 무력침공이나 자연재난으로부터 국민의 생명과 재산을 지키기 위해 민간이 조직적으로 참여하는 일련의 자체 방위 활동. 본래는 전쟁으로 인한 재해에 대비하는 민간인의 방호활동을 뜻하였으나, 오늘날에는 전쟁 이외의 인위적, 자연적 재해에도 대처하는 광범한 방호나 구조, 복구 활동을 포함하고 있다.

(러시아) 전평시에 실시되는 전 국가방위 체계의 일부로서 적의 대량살상무기와 기타 공격 수단으로부터 주민과 국가 경제를 보호하고 화재와 재난 지역에서의 구조 업무를 수행하기 위하여 조직.

민방위동원(民防衛動員, Civil Defense Mobilization)

적의 침공이나 전국 또는 일부지방의 안녕질서를 위태롭게 할 재난(민방위 사태)으로부터 국민의 생명과 재산을 보호하기 위하여 국민이 수행하여야 할 방공, 응급적인 방재, 구조, 복구 및 군사작전상 필요한 노력지원 등 일체의 자위적인 활동을 위해 민방위대원 등을 동원하는 것.

민방위 비상사태(民防衛非常事態, Civil Defense Emergency)

적의 공격으로 인한 참화와 적의 공격기간 중 또는 공격 후에 있어서의 긴급작전이 소요되는 국내비상 재난사태.

민방위정보(民防衛情報, Civil Defense Intelligence)

실제로 적의 공격 목표가 될 수 있거나 가능성이 있는 국가의 모든 상황을 고려한 정보의 수집과 평가를 통해 얻는 산물. 사전 공격단계서 취해지는 비상조치에 대비한 태세와 공격을 받았을 때 민간인들의 대비태세와 공격에 영향을 받게 될 해당지역의 상황에 대한 사전평가가 포함된다. 이런 정보 가운데 중요한 것은, 피해, 낙진수준, 사상자와 자원예측 등이며, 이 내용은 지속적인 기획 및 의사결정, 작전수행을 위해 민간기관이나 군기관에 의해 요청된다.

민병(民兵, Militia)

민간인으로 구성된 군사조직. 상비군(常備軍)이 항상 병영에 기거하며 일정 기간 동안 군사훈련에 전념하는 데 반해, 민병은 정기적으로 단기간의 훈련은 받지만 평상시에는 가업에 종사하다가 긴급한 때 동원되어 주로 지역방위 임무를 맡는다.

(중국) 중국의 무장조직(인민해방군, 무장경찰, 민병) 중의 하나로, 생업에서 이탈하지 않은 군중들로 조직된 무장단체. 통상 국가나 정치집단의 상비군을 보조하거나 예비전력에 속하는 무장역량 조직의 하나이다. 평시에는 각자 생업에 종사하되 민병부대에 편입된 구성원은 군사훈련을 받아야 하며, 전시에는 현지 군대작전에 투입되어 유격전을 수행하거나 사회치안을 유지시키며, 필요시 원정군에 투입되기도 한다. 중국 고대에는 5세기 남북조시대에 이미 민병이라는 용어를 사용한 기록이 있다.

민병제도(民兵制度, Military Service System)

일반국민에게 병역의무를 강제하는 의무병역제도의 하나로서 평상시는 각자의 직업에 종사하며 매년 일정기간 소집에 의해 군사교육을 통해 전술을 연마했다가 유사시 동원 소집되어 전시체제로 편성되는 제도. 민병제도는 각 나라마다 다르게 운용하고 있다.

민사(民事, Civil Affairs)
군부대가 점령하거나 주둔한 지역에서 그 지역의 민간당국이나 주민 간의 관계에 필요한 군사 활동.

민사심리전(民事心理戰)
군의 점령 또는 수복지역에 대한 효과적인 군사작전을 수행하고 피점령지역 주민과 상호 협력을 증진시키기 위하여 시행하는 심리전.

민사작전(民事作戰, Civil Affairs Operations)
1. 전 · 평시를 망라하여 군과 민간인과의 상호관계 되는 제반활동을 의미하나, 이를 군사작전과 연관시켜 말할 때 민사작전이라고 함.
2. 군이 주둔하거나 작전을 수행하고 있는 지역에서 군부대와 정부 행정기관 및 주민간의 상호관계를 다루는 제반 활동. 군에 대한 군사작전의 지원을 보장하고 정부 행정체계를 확립하기 위한 민사활동을 포함한 대민관계 개념을 뜻한다.

민사작전부대(民事作戰部隊, Civil Affair Unit)
수복지역에서 민간이나 정부기관 및 산업기관과 군대와의 상호관계 및 약정에 관계되는 민사업무를 수행하기 위하여 편성된 군부대.

민사협정(民事協定, Civil Affairs Agreement)
우방국가 내에 주둔하고 있는 연합군, 그 국가의 민간당국 및 국민간의 상호관계를 명시하는 협정. 즉 어느 국가의 군대가 타국에 주둔하고 있을 동안 그들에 대한 특정한 권리 및 권한을 부여하도록 양국간에 결정한 동의문이나 협정서.

민수(民需, Civil Requirement)
군 · 관수요를 제외한 민간소요를 말하며 동원업체가 동원업무수행에 필요한 인적, 물적 자원과 국민생활에 필요한 물자의 소요를 말함.

민수품목(民需品目, Civilian Type Item)
일반상품과 동일하거나 민간시장에서 판매하는 비군수품.

밀도고도(密度高度, Density Altitude)
표준 대기의 해당 밀도에 대응되는 고도로 표현되는 대기의 밀도.

밀집대형(密集隊形, Mass)
병력이나 화력을 정상적인 거리보다 더 가깝게 배치하거나 한 장소에 집결시키는 것. (일본) [短縮隊形(단축대형)] 차량행군 시 통상 각 차의 거리를 대강 50미터 이내로 유지하여 행군하는 대형.

밀집병렬종대(密集竝列縱隊, Line of Masses)
예하 여러 부대가 동일한 간격으로 병렬로 서있는 밀집 대형.

밀집부대(密集部隊, Massed Body)
한 곳에 조밀하게 배치되었거나 모여 있는 부대.

밀집종대(密集縱隊, Column of Masses)
한 부대 직후에 다른 부대가 후속되어 수 개 부대 집단이 밀집되어 종대를 이루는 대형.

밀집훈련(密集訓練, Close Order Drill)
보통간격 또는 좁은 간격으로 행하는 교련대형이나 동작.

밀축구량(密縮口糧, Ration Dense)
식량의 영양과 맛을 대체로 유지한 채 작고 간소한 용기 안에 들어갈 수 있도록 수량(水量)을 감소시킨 식료품. 용적에 비하여 영양가가 높아 주로 비상식량으로 사용된다.

ㅁ

바주카포(~砲, Bazooka)
제2차대전 때 소련이 개발하여 사용하였고, 한국전에서도 미군과 한국군이 사용하여 효과를 올린 휴대식 대전차 로켓 포.

박격포(迫擊砲, Mortar)
보병의 전투를 지원하기 위해 사용하는 근거리용 곡사포. 구경은 60~240 mm이고, 포신은 짧으며, 포구로 포탄을 장전한다. 항상 45도 이상의 사각에서 발사되며, 요새전이나 진지전에서 주로 사용된다. 구경의 크기에 따라 중(重)박격포, 중(中)박격포, 경박격포 따위로 나뉜다.

박격포 낙탄보고(迫擊砲落彈報告, Mortar Report)
적 박격포사격의 낙탄을 보고하는 것.

박격포 탄막(迫擊砲彈幕, Mortar Barrage)
기관총 최후저지선의 사각지대에 사각형으로 설치한 박격포 화력의 방벽.

박명(薄明, Twilight)
일출전이나 일몰 후 대기 중에 떠 있는 미세한 물질이나 먼지가 태양광선을 반사하여 희미하게 밝은 현상. 통상 일출 45분전부터 일출까지를 해상박명초(BMNT), 일몰시부터 15분후까지를 해상박명종(EENT)라 한다.

반(班, Section)
육군과 해병대의 전술단위로서 소대보다 작고 분대보다 큰 것. 어떠한 조직에 있어서는 분대보다 반이 기본적인 전술단위가 되어 있다.

반감기(半減期, Half-Life)
방사능 물질의 방사능 강도가 절반으로 감소될 때까지 소요되는 시간. 이것은 개개의 방사능 원소 고유의 것으로 온도, 압력, 기타 외계의 조건에 전혀 영향을 받지 않는다.

반격(反擊, Counter-Offensive) ☞ [공세이전]

반고정식 탄약(半固定式彈藥, Semifixed Ammunition)
포탄에 탄피가 영구적으로 붙어 있지 않고 탄피와 탄환을 결합하여 탄피 내의 장약을 조절함으로써 사거리를 증감시킬 수 있는 탄약.

반능동 호밍미사일(半能動~, Semi-Active Homing Missile)
비행하는 미사일 이외의 지상, 함상 또는 공중에서 전파나 레이저파를 목표물에 조사시켜 그 반사원을 추적하여 목표물까지 유도되는 미사일.

반동(反動, Impact of Recoil)
총포의 폭발 순간에 가스 작용으로 일어나는 후퇴 운동.

반복전파방해기(反復電波防害器, Repeater Jammer)
적의 전파를 수신하여 다른 형태로 변형하고 증폭하여 다시 송신함으로써 적의 전자장비가 허위첩보를 수신하도록 하는 형태의 장비.

반사면 방어(反斜面防禦, Reverse Slope Defense)
적 방향으로부터 내리막에 있는 경사면상

에 편성된 방어. 이는 방어진지 전방에서 최대한의 적 사상자를 내기 위해서, 전방방어지역의 위치를 기만하기 위하여 적이 공세선을 횡단할 때 최대한의 효과적인 기습사격을 가하기 위해서 또는 적이 지형적인 정상을 사용하는 것을 거부하기 위하여 실시한다.

반사파추적(反射波追跡, Radar Tracking)
스킨페인트를 이용하여 목표물을 추적하는 것.

반역죄(反逆罪, Treason)
자신의 주권이나 국가에 대한 충성을 위반하는 행위. 국가에 대한 배반행위를 한 죄를 통틀어 일컫는 말.

반영구합동임무부대(半永久合同任務部隊, Semi-Permanent Joint Task Force)
확장되거나 후발 임무가 지정되고 특정 지역에서 시간적으로 지정되지 않은 시점까지 지속적으로 해당 임무를 수행하는 합동임무부대.

반응시간(反應時間, Reaction Time)
1. 행동의 시작과 요구된 반응 사이에 경과된 시간.
2. 작전지시나 명령을 수령하고 지정된 지역에 최초병력이 도착할 때까지 소요되는 시간.

반응장갑(反應裝甲, Explosive Reactive Armor)
특수물질을 삽입한 금속 장갑판재를 전차 주장갑 부분 외부에 부착, 탄이 충돌할 때 화학적 · 물리적 반응을 일으켜 화학에너지탄의 분사제트나 운동에너지탄의 관통력을 약화시키는 일종의 덧붙임 장갑.

반자동 가시선지휘유도(半自動可視線指揮誘導, Semiautomatic Command to Line of Sight)
휴대용 대공유도탄(재브린)의 유도방법으로서 사수가 지속적으로 가시선에 표적을 추적하면 가시선에 정렬된 소형 카메라는 유도탄을 포착한 후에 가시선에 일치시키기 위한 유도제원을 산출, 유도탄에 무선송신하여 표적으로 유도하는 방식.

반자동 방공관제체제(半自動防空管制體制, Semiautomatic Air Defense Management)
레이더로 표적을 발견하여 우군기를 표적으로 유도할 때까지의 과정을 전부 컴퓨터가 하고, 최종적인 판단만을 인력에 의존하는 방공조직.

반자동추적(半自動追跡, Aided Tracking)
전동구동장치에 의해 동력의 일부 또는 전부를 공급받아 목표물을 추적하는 방식. 전동구동장치의 속도는 추적 핸들로 조정할 수 있다.

반잠수정(半潛水艇, Semi-Submarine Boat)
적의 레이더망에 포착되지 않고 해안에 침투할 수 있는 소형의 공작선. 잠수 시 수면으로부터 20~30 cm 노출되며, 노출부위는 반레이더 고무커버를 씌워 레이더에 포착되지 않는다. 북한이 공작선(자선)으로 개발한 반잠수정이 있었다.

반장전(半裝塡, Half Loaded)
자동화기에 있어서 송탄대 또는 탄창이 삽입되어 있으나 최초의 탄환이 실제로 약실에 들어 있지 않은 상태.

반치사 가스노출량(半致死~露出量, Median Lethal Gas Exposure)
노출된 건수의 50%는 치명적인 영향을 받게 되리라고 추정한 가스의 노출량. 보통 LCT 50으로서 표현한다.

반치사선량(半致死線量, Median Lethal Radiation Dosage)
노출된 건수의 50%는 치명적인 영향을 받게 되리라고 추정한 방사능의 노출량. 보통

LD 50으로서 표현한다.

반향(反響, Clutter)
레이더 탐지거리 내에 있는 고정물질로 인하여 생기는 방해현상. 이 고정물질로 인하여 레이더로부터 방사한 전파가 반사되어 돌아와 스코프 상에 전시되면, 이 방향 및 거리 내에서 비행하는 목표의 식별이 매우 곤란하게 된다. 이 반향이 레이더의 전술적 운용에 미치는 영향은 매우 크다.

반향음 측거(反響音測距, Echo Ranging)
음파를 발사한 후 음파가 물체에 반사되어 되돌아오는 시간을 측정하여 그 물체의 거리와 방위를 구하는 것.

발사(發射, Fire)
1. 발사 시스템의 기폭장치를 이용하여 주폭발물을 폭발시키는 행위.
2. 방공작전에서 요격항공기가 기총이나 공대공 미사일로 공격을 하는 것. 또는 방공 미사일을 방공포대에서 발사하는 것과 요격할 때까지 미사일이 순항하는 것. 미사일의 경우 'Launch'를 사용.

발사대(發射臺, Launcher/Launch Stand)
1. 포와 미사일 등을 발사할 수 있는 장치대(Launcher). 발사기라고도 부른다.
2. 미사일이나 로켓의 발사장치(Launcher)와 발사패드 등을 갖고 있는 시설(Launch Stand).

발사속도(發射速度, Rate of Fire)
화기의 자동적인 사격속도. 매 분당 발사탄수로 표시된다.

발사지연(發射遲延, Hang Fire)
발사계통의 기능상 예기치 않은 지연으로 인하여 발생하는 오작동.

발사패드(發射~, Launch Pad)
미사일 발사체를 설치하는 콘크리트나 딱딱한 표면으로 만들어진 곳.

발신자(發信者, Originator)
통신문의 발송 권한을 가진 지휘관. 기안자의 역할과 연락장교의 역할도 발신자의 책임이다.

발연기(發煙機, Smoke Generator)
적의 관측으로부터 아군부대 및 차량, 시설물 등을 은폐하기 위해 넓은 지역을 연막으로 차폐시키는 장비. 장시간 넓은 지역에 많은 연막을 살포시킬 수 있으며, 지상에 설치하거나 차량 또는 보트에 탑재하여 운용한다.

발주시간(發注時間, Order Time)
1. 저장품의 보충 조치에 착수하여 청구서의 제출 혹은 발주할 때까지 경과된 시간.
2. 청구서의 제출 혹은 발주로부터 보급 기관에 의해 물자가 발송될 때까지 경과한 시간.

발주 및 수송시간(發注~輸送時間, Order and Shipping Time; OST)
청구행위를 착수한 때로부터 당해 청구품목을 수량상 90% 이상 수령하고 기록계정이 완료되어 불출 가능할 때까지 경과된 시간적 간격.

발진기지(發進基地, Launch Base)
작전제대가 적 지역 침투를 위해 최종적으로 준비 완료하고 적 지역으로 이동하는 기지. 통상 육상침투 시는 접적선 우군지역, 해상침투 시는 항만, 공중침투 시는 비행장이 된다.

발칸포(~砲, Vulcan)
단거리 방공무기의 하나. 중・저고도로 침투 공격하는 적 항공기로부터 전방 전투부대 및 중요시설에 대한 대공방어를 실시하고, 지상 및 해상표적에 대해서 효과적으로 사격할 수 있는 무기이다.

발화시기조정(發火時期調整, Ignition Timing)
자동화기의 탄약이 발화하는 시기를 자동

장치에 알맞게 맞추는 것.

발화장치(發火裝置, Firing Device, Ignition Device)
총포장약의 발화나 폭약의 폭발을 일으키는 장치. 충격식과 전기식이 있다. 충격식은 공이 따위가 뇌관에 충격을 주어 점화시키며, 전기식은 뇌관에 전원을 공급하여 점화시킨다.

방공(防空, Air Defense; AD)
적 항공기나 미사일, 무인항공기 등 다양한 공중위협으로부터 우군의 부대와 시설을 방호하여 전투력을 보존하고 행동의 자유를 보장하기 위한 제반 활동. 통상 소극적 방공과 적극적 방공으로 구분하여 운용하는데, 소극적 방공은 전시나 사변 시에 적기의 내습으로 인해 받는 위해요소를 제거하고 이로 인한 피해를 최소한으로 감소시키기 위해서, 군 작전에 호응하여 군 이외의 민간기관에 의하여 실시되는 등화관제, 소방, 방독, 피난, 구호 또는 이에 관계되는 필요한 대공감시, 경계, 공습경보 등을 말한다. 적극적 방공은 적 공군의 공격에 대하여 국토의 중요한 지역이나 지점을 방위하고, 작전상 중요한 군사목표를 방위하며, 나아가 적 공군세력을 격파하는 조치 등 군에 의해 감행되는 적극적인 방공작전을 말한다.

방공경보(防空警報, Air Defense Warning)
적 공중공격의 긴박성을 알리는 경보. 방공구역별로 발령 및 전파하고, 방공부대 뿐 아니라 모든 부대 및 민간에도 적용되며, 그 정도에 따라 다음과 같이 구분한다.
1. 공습경보 : 공중공격이 임박했거나 진행 중인 상태.
2. 경계경보 : 공중공격이 예상되는 상태.
3. 해제경보 : 공중공격의 가능성이 없어진 상태.

방공경보망(防空警報網, Air Defense Warning Net)
전구(戰區)항공통제본부에서 모든 부대에 비상 혹은 적 공습에 대처할 수 있도록 방공경보, 항적첩보 또는 통제지시 등을 가장 빠른 속도로 전달할 수 있는 통신망.

방공관제소(防空管制所, Air Defense Direction Center)
지정된 책임구역 내에서 대공감시 및 요격통제와 할당된 방공무기의 지시능력을 구비한 통제시설. 또한 이곳은 피아식별 능력도 갖추고 있으며, 방공지휘소라고도 한다.

방공교전규칙(防空交戰規則, Rules of Air Defense Engagement)
모든 부대가 항공기에 대해 사격을 실시할 경우 기준이 되는 조건과 제한사항을 명시한 지침. 방공사격을 통제하는 규칙으로 합동방공사령관이 제정하며, 각급 방공부대는 이 가운데 해당되는 사항을 부대 예규에 포함시켜 예하부대에 제공한다. 방공교전 규칙에는 적기 판단기준과 사격지시 및 통제에 관한 내용이 포함된다.

방공구역(防空區域, Air Defence Sector)
방공 목적을 위해 계획, 설정된 특정 공역. 〈동〉 [방공분할]

방공무기(防空武器, Air Defense Weapons)
대기권 내의 적 유도탄이나 공격하는 모든 항공기를 파괴, 또는 무력화하거나 공격효과를 감소시키기 위하여 사용되는 제반무기. 이와 같은 방공무기는 방공항공기와 방공포병무기로 대별된다.

방공분할(防空分割, Air Defense Division)
☞ [방공구역]

방공비상(防空非常, Air Defense Emergency)
적 항공기나 미사일에 의한 공격이 예상되거나 임박할 때, 혹은 행하여지고 있을 때 해당기관에 의하여 선포 또는 확인된 비상 사태.

방공비상경보체계(防空非常警報體系, Air Defense Emergency System)
적의 공중무기나 무기운반체의 접근을 조기에 전자장비를 통해 탐지하거나 육안으로 인지하여 비상경보를 발령하는 체계.

방공소구역(防空小區域, Air Defense Sub Sector)
중앙방공통제소가 작전불가 시 방공작전 통제를 지역단위로 용이하게 하기 위하여 한국방공구역을 남부와 북부로 구분한 분할구역.

방공시설(防空施設, Air Defense Establishments)
방공대피 시설, 대공포, 경보망, 구호시설 등을 말함.

방공식별구역(防空識別區域, Air Defense Identification Zone; ADIZ)
영공을 방위할 수 있도록 비행물체를 식별하여 위치를 확인하고, 필요시 군사상의 위협을 평가하기 위하여 공군작전사령관이 합참의장의 승인을 받아 설정하는 구역. 특별히 한국임을 명시할 때는 한국방공식별구역(KADIZ)이라고 부른다.

방공요격관제(防空邀擊管制, Air Defense Intercept)
항공기가 이륙하여 관제부대의 레이더에 포착된 후부터 최종공격단계에서 조종사가 요격임무를 인수하기 전까지의 계속적인 레이더 관제와 최종공격단계 중 레이더 감시업무.

방공자유사격공역(防空自由射擊空域, Air Defense Free Airspace)
특정한 공역을 침입하는 적 항공기에 대하여 자유로운 교전이 가능하도록 방공포병부대에 자유사격을 허용하는 공역.

방공작전(防空作戰, Air Defense Operation)
영공 또는 작전지역의 공중공간으로 침입을 기도하거나 침투한 공중세력을 탐지, 식별, 요격해서 격파하는 방어개념의 작전. 통상 방어제공작전과 동일개념으로 사용되며, 방공작전 형태는 지역방공과 국지방공으로 분류된다.

1. 지역방공(地域防空, Area Air Defense) : 넓은 대부대 작전지역을 방어하기 위하여 수행되는 방공작전 형태로서, 주로 방공임무 항공기가 수행하며 중·고고도 대공유도탄을 지역방공에 운용할 수 있음.
2. 국지방공(局地防空, Local Air Defense) : 적의 공중공격으로부터 특정한 지역이나 기동부대 또는 고정시설을 방어하기 위하여 수행되는 방공작전. 작전부대 지휘관이 설정한 방공우선순위에 따라 실시하며, 이러한 국지방공은 기동부대 대공방어와 고정시설 대공방어 및 행군부대 대공방어로 구분된다.

〈동〉 [방어제공작전]

방공작전지역(防空作戰地域, Air Defense Operation Area; ADOA)
방공부대가 적 항공기와 교전하는 데 최대의 자유를 보장하고 방공작전과 기타작전의 상호 방해 및 간섭을 최소화하기 위하여 작전절차가 수립된 일정한 범위의 지리적인 지역.

방공작전 통제선(防空作戰統制線, Air Defense Operation Control Line)
방공작전을 원활히 수행하기 위하여 지상으로부터 공역에 설치하는 가상선. 방공포병부대의 작전통제에 용이하고 작전의 신속을 기하기 위하여 설치한다.

방공작전 통제소(防空作戰統制所, Air Defense Operation Control Post; ADOCP)
방공포병의 방공작전을 위한 표적정보를

ㅂ

접수 및 전파하고, 사격통제명령에 따라 적절한 표적할당 및 사격지휘를 실시하는 지휘소의 하급기구. 방공포병여단본부로부터 소대까지 설치할 수 있다.

방공작전 통제체계(防空作戰統制體系, Air Defense Operation Control System; ADOCS)

공군작전사령관은 한국 방공구역에 대한 방공 책임을 지며, 전구항공통제본부를 통하여 방공부대에 대한 작전통제권을 행사하는 통제체계. 방공작전의 통제는 일원화된 중앙집권통제를 원칙으로 하지만, 신속한 반응과 융통성을 기하기 위하여 필요시 권한을 위임하여 분권화할 수 있다.

방공전방감시소(防空前方監視所, Reporting Post; RP)

방공중앙관제소(CRC) 및 방공지방관제소(CRP) 레이더의 저고도 포착 제한지역을 보강하기 위하여 전방에 설치 운영되는 레이더 기지. 책임구역 내의 공중감시 및 조기경보 임무를 수행한다.

방공전투지대(防空戰鬪地帶, Air Defense Battle Zone)

하나의 방공포부대나 그 부대의 방어지역을 둘러싸는 공중공간으로서 특정 고도와 지상영역까지 확장된 전투지대. 이 영역 안에서 방공포 부대 지휘관은 상급부대에서 사전에 마련하여 하달된 판정기준에 의하여 아군으로 인식되지 않는 표적과 교전하고 이를 파괴한다.

방공제압(防空制壓, Air Defense Suppression)

공중작전에서 적의 방공시스템에 속하는 고정 및 이동형 지상 방공세력의 능력을 감소시키는 활동. 그 결과로서 목표에 대한 공중공격을 효과적으로 수행할 수 있다.

방공제한지역(防空制限地域, Air Defense Restricted Area)

방공작전에서 발생할 수 있는 아군부대간의 방해를 방지 또는 최소화하기 위하여 특별한 제한대책이 사용되는 지역.

방공조기경보(防空早期警報, Air Defense Early Warning)

적의 항공기나 유도탄의 근접을 전자방법이나 육안으로 조기에 식별하여 일정한 절차에 따라 방공포병부대 및 기타 필요부대에 통보하는 경보. 경보하달시 포함될 내용에는 적기의 위치 및 대수 그리고 고도와 속도, 방향 등 활동상황이 포함되며, 기타 상세한 내용은 부대예규로 규정한다. 일명 조기방공경보라고도 하는데, 전군방공경보와 부대별 방공조기경보로 분류한다.

1. 전군방공경보 : 전군방공경보는 전구항공통제본부에서 육·해·공군의 주요부대 및 방공부대에 공격중인 적 항공기 및 미사일, 무인항공기의 위치, 방향, 속도 등을 전파하는 것.
2. 부대별 방공조기경보 : 자체 탐지수단으로 탐지한 적 항공기 및 미사일, 무인항공기에 대한 공격정보를 전파하는 것.

방공조기경보체계(防空早期警報體系, Air Defense Early Warning System)

조기경보레이더를 포함하여 전방 육안감시초소 등에서 획득한 정보를 정확하고 신속하게 관계부대에 전달할 수 있는 체계.

방공조직(防空組織, Air Defense Organization)

레이더망과 방공전투부대를 연결하는 지휘통신망, 전투기부대, 대공미사일부대 등을 총칭하는 말.

방공준비태세(防空準備態勢, Air Defense Readiness)

방공부대가 단시간에 통상의 경우보다 고

도의 준비태세를 갖추고 있어야 하는 작전 태세.

방공중앙관제소(防空中央管制所, Control and Reporting Center; CRC)
중앙방공통제소(MCRC)와 디지털 연결망을 통하여 공중 이동목표물에 대한 레이더 탐색자료, 선택식별장치(SIF)자료 및 고도 정보자료 등을 송신하는 기능을 수행하는 관제는 중앙방공통제소에서 요격 및 항공지원 임무 항공기의 유도관제가 가능토록 원격 공지통신 통제장비(GATR)로 연결되어 있다.

방공지방관제소(防空地方管制所, Control and Reporting Post; CRP)
방공중앙관제소(CRC)의 예하기구로서, 담당구역의 레이더 관제 및 공중감시를 통하여 방공중앙관제소의 최종적 식별기능을 보좌함. 중앙관제소의 레이더 포착범위를 확대시키는 역할을 수행한다.

방공통제(防空統制, Air Defense Control)
적극적 방공에 종사하고 있는 모든 부대에 대하여 지상이나 함상에서 행하는 통제.

방공통제명령(防空統制命令, Air Defense Control Order)
방공통제를 위하여 지시하는 명령으로서 적기의 비행활동에 대응하기 위한 대공사격지시와 아군항공기의 비행안전에 관한 사항 등이 포함됨.

방공포(防空砲, Air Defense Artillery)
지상에서 공중표적과 적극적인 교전을 할 수 있는 화기와 장비.

방공포 벨트(防空砲~, Air Defense Artillery Belt; ADABELT)
특정지역에 대한 적 항공기 대량 공격 시 방공 화력을 집중 운용할 수 있도록 일부지역에 설정된 특정 공중 공간. 방공포 벨트 발효 시는 벨트 내 모든 항공기를 적기로 간주하여 무차별 교전을 실시하게 된다.

방공포병반(防空砲兵班, Air Defense Artillery Element)
전방지역의 공역 포병 협조 및 방공체계의 운용에 대하여 지휘관을 보좌하기 위해 사단급 이상 부대의 전술지휘소에 필요시 구성되는 편성체. 전술작전본부 구성부서인 공역관리반의 방공포병요원으로 편성된다.

방공포병 사격통제구분(防空砲兵射擊統制區分, Air Defense Artillery Action Status)
방공포병에 부과되는 사격통제의 정도를 나타내는 구분. 자유사격(우군기로 확인되지 않은 항공기는 전부 사격), 제한사격(적기만을 목표로 사격), 사격금지의 3가지 종류로 구분되어 있다.

방공포병작전(防空砲兵作戰, Air Defense Artillery Operations)
방공포병 전력의 전략, 작전, 전술적 제원칙을 운용하는 작전. 지대공, 지대지 무기를 사용하여 수행하는 전투로서 항공전력과 이중무기(Dual Weapons) 운용으로 제공(制空), 미사일 방어, 전략목표공격 및 기지방어작전을 수행한다.

방공포병작전통제본부(防空砲兵作戰統制本部, Air Defense Artillery Operation Control Center; ADOCC)
전구항공통제본부(TACC)내 방공포병통제본부로서 방공포병작전을 지휘, 통제함.

방공포병 정보기구(防空砲兵情報機構, Air Defense Artillery Intelligence Service)
적 항공기의 공격이나 아군 항공기의 접근을 방공포병부대에 경고해 주기 위하여 공중활동에 관한 정확한 첩보를 획득할 수 있도록 편성, 장비되고 훈련된 기구.

ㅂ

방공포병중앙작전통제소(防空砲兵中央作戰統制所, Air Defense Master Control Center; ADMCC)
중앙방공관제소 내에 위치한 방공포병 방공작전 통제본부. 예하 방공작전통제소에 항적정보를 제공하고 방공작전을 통제한다.

방공호(防空壕, Shelter)
적의 항공기 공습, 사격, 가스, 폭탄으로부터 인원, 탄약, 보급품을 보호하기 위해 대피용 구조물.

방공훈련(防空訓練, Air Defense Exercise)
적의 공중공격에 대한 모든 적극적, 소극적 대책 및 처리에 대한 훈련.

방독면(防毒面, Protective Mask)
각종 독성 화학작용제나 생물화학제, 방사능작용제 등를 호흡하거나 피부에 닿지 않도록 보호하여 주는 개인용 안면보호 장비. 정화통이 붙은 안면부와 휴대 주머니로 구성되어 있으며, 착용자가 각종 독성물질을 흡입하지 않도록 특수필터로 공기를 정화하여 공급한다.

방독복(防毒服, Protective Clothing)
극심한 육체적 환경의 변화, 위험한 작업환경 또는 적군의 활동에 의한 위험으로부터 인원을 보호하기 위해 특별한 디자인과 특수 옷감으로 만들어지고 보호처리 된 옷.

방뢰망(防雷網, Torpedo Defense Net)
바다쪽에서 발사되는 어뢰에 대해 내항을 보호하거나 또는 정박중이거나 항해중에 함선을 방호하기 위해 사용하는 망.

방벽(防壁, Barrier)
1. 적의 이동을 유인, 제한, 지연 또는 저지하기 위하여 설치하거나 이용되는 일련의 장애물. 적군에게 인원, 시간 및 장비의 손실을 부과하기 위한 목적으로 사용되며, 자연물을 그대로 이용하기도 하고, 인공적으로 구축할 수도 있으며, 자연물을 어느 정도 개조하는 방식으로 만들기도 한다.
2. 적 전차 및 기계화 부대의 기동을 제한하기 위하여 개활지나 야지에 구축하는 대전차장애물. 산악지역의 협곡이나 개활지 등에 화기진지를 포함한 각 방어시설물을 편성할 수 있도록 흙을 성토하여 구축한 형태인 성토형 방벽과, 기존 경사지를 절토하고 전면의 방호강도를 고려하여 철근 콘크리트로 구축한 형태인 절토형 방벽이 있다.

방벽부대(防壁部隊, Barrier Force)
적의 이동을 조기에 탐지하고, 신속하게 경고하여 이를 차단 및 격멸하기 위하여 예상되는 적의 이동로를 차단할 수 있게 위치하는 차단용 공군, 지상군 및 잠수함 부대.

방벽지뢰지대(防壁地雷地帶, Barrier Minefield)
선정된 지역, 특히 측면에 접근하는 적의 공격부대를 저지함으로써 선정된 전투지역에 이르는 적의 접근을 전환케 하기 위하여 부설되는 지뢰지대.

방사능(放射能, Radioactivity)
1. 어떤 원소(방사능 동위원소)가 자연적으로 방사선을 방출하고 안정된 원자핵을 갖는 원소로 되어 가는 성질. 방사능을 가진 물질, 즉 방사능물질자체를 방사능이라 부르기도 한다.
2. 방사선을 방출하는 능력을 말하며, 단위는 방사능량 및 방사선량과 인체에 미치는 영향으로 구분함.

방사능 동위원소(放射能同位元素, Radioactive Isotope)
불안정한 원자핵이 안정된 원자핵으로 전환할 때 방사선을 방출하는 원소.

방사능상해(放射能傷害, Radiation Sickness)
이온화한 방사능에 과도한 노출로 생기는

모든 질병. 초기 증상은 구역질, 구토 및 설사로 나타나며, 이어서 탈모, 출혈 및 구강이나 인후의 염증 또는 체력 에너지가 전반적으로 약화된다.

방사능작전(放射能作戰, Radiological Operations)
방사능 물질이나 방사선 생성장치를 사용하여 인원을 살상하거나 특정한 지형의 사용을 불능케 하는 것. 계획적인 핵무기 폭발낙진의 이용도 포함된다.

방사능조사(放射能調査, Radiological Survey)
지상 방사능 지역의 분포와 범위 및 강도 등을 조직적으로 측정하려는 직접적인 노력.

방사능측정기(放射能測定器, Radial Dosimeter)
방사능을 측정하는 데 사용되는 도구. 선율측정기와 선량측정기의 두 종류가 있으며, 방사능의 유무를 탐지하고 강도나 선량을 알아내기 위하여 사용한다.

방사보안(放射保安, Emission Security)
우군의 전자장비 방사를 통해서 누출되는 정보가 비인가자나 적에게 사용되는 것을 거부하기 위하여 취해지는 제반 보호조치.

방사선(放射線, Radial Rays)
1. 방사선 원소의 붕괴에 따라 방출되는 입자선. 알파선(α), 베타선(β), 감마선(γ)이 있으며 모두 전리, 형광, 열작용이 있고 세포를 파괴하는 작용을 함. α 선 : 비산거리가 수cm이며 인체 외부접촉은 무시함. 인체 내 침투 시 장기간 위험함. β선 : 비산거리가 수m이며 피부에 화상과 같은 상처를 나타내며 인체 내 침투 시 장기간 위험함. γ 선 : 비산거리가 수km이며 인체를 투과하고 방사선 피해의 대부분을 차지함.
2. 방사능선, 입자선, X선, 적외선 등의 전자기파의 총칭.

방사선 강도(放射線强度, Radiation Intensity)
특정시간 및 장소의 방사선 흡수량. 핵폭발 후의 특정시간의 방사선 강도를 문자와 숫자로 표시한다. R13은 폭발시간 13시간 후의 방사선 강도를 나타낸다.

방사선량(放射線量, Radiation Dose)
물자나 물체에 의하여 흡수된 이온화 방사능의 총량으로서 통상 RAD로 표현됨. 이전에는 물질에 조사된 방사선의 양이라는 의미의 조사선량과 물질에 흡수된 양인 흡수선량이라는 말이 사용되고 있었으나, 방사선의 조사에 의한 화학적 혹은 생물학적 효과는 결국 흡수선량에 따라 결정되므로 최근에는 단지 선량이라든가 조사선량이라는 말은 사용치 않는 경향이 있다.

방사선방호(放射線防護, Radiological Defense)
핵무기와 방사능무기를 사용할 때 생기는 위험한 방사선에 대해 방호 수단을 포함한 방어책을 수립하고 실천하는 것.

방사선 산란(放射線散亂, Radiation Scattering)
방사선이 핵폭발과 같은 방사선원과 어느 정도 떨어져 있는 지점 간에 있는 원자, 분자 또는 대기 상에 있는 큰 입자나 기타 매개체와 충돌 또는 상호 작용에 의해 진로가 바뀌게 되는 현상. 방사선이 산란된 결과로서 방사선(특히 감마선과 중성자)을 그 원천의 방향에서뿐만 아니라 여러 방향으로부터 받게 된다.

방사선율(放射線率, Radiation Dose Rate)
단위시간에 흡수된 방사선량. X선 또는 감마선을 측정하는 단위는 시간당 뢴트겐 또는 밀리뢴트겐이다.

ㅂ

방사선정보(放射線情報, Radiation Intelligence)
정보가 새어 나오지 않는 적 부대에 대해서 그 부대의 장치, 장비, 시스템 등에서 비의도적으로 새어나오는 전기전자 에너지로부터 축출한 자료를 수집하고 분석하여 획득한 정보. 단 원자탄이나 핵폭탄의 폭발에서 나오는 에너지는 여기에 해당되지 않는다.

방사선추적유도탄(放射追跡誘導彈, Anti-Radiation Guidance Missile; ARM)
적의 레이더에서 발사되는 전파신호를 따라 레이더에 접근하여 이를 파괴 무력화시키는 유도탄.

방사선허용량(放射線許容量, Tolerance Dose)
특정 기간 동안 개인이 받게 되었을 때 무시해도 좋은 정도의 방사선의 양.

방사성 폐기물(放射性廢棄物, Radioactive Waste)
방사선을 내는 방사성 물질을 함유한 폐기물.

방사통제(放射統制, Emitter Control)
작전보안을 위해 전자기, 음향방사체나 기타 방사체를 선택적으로 조정하여 사용하는 것. 방사통제는 적 탐지장치의 추적을 최소화하면서 지휘통제 능력을 최고의 상태로 만들고, 아군 체계간의 상호간섭을 최소화하며, 군사기만 계획을 실행하기 위해 수행한다.

방아끈(~, Lanyard)
포 또는 불꽃신호발사기를 발사시키는 데 사용하는 견고한 끈, 또는 철사 줄. 이것을 잡아당기면 격발이 된다.

방어(防禦, Defense)
수세적인 입장에서 적의 공격을 저지, 격퇴하는 전술행위. 공격하는 적의 약점을 이용하여 저지 격퇴함으로써 공세로 이전하는 정태적이고 수세적인 작전이다. 방어는 비록 수세적이지만 효과적인 방어를 통해서 적을 약화시킴으로써 공세이전의 기회를 조성하는 데 목적을 두어야 한다.
(일본) 적의 공격에 대비하여 적의 공격을 기다렸다가 사전에 준비가 완료된 방어지역에서 교전하는 전술행동. 일본군은 방세(防勢) 및 방세작전이라는 용어를 사용한다. 방세는 적의 공세를 파쇄하고자 갖추는 전투준비태세를 말하며, 이러한 전투준비태세를 갖춘 상태에서 실시되는 일련의 작전을 방세작전이라고 한다.

방어계획(防禦計劃, Defense Plan)
가용한 모든 수단과 방법을 사용하여 적의 공격을 방해, 저지, 격퇴 및 격멸하기 위해 협조된 계획. 방어계획을 수립할 때는 창의적이고 융통성 있는 사고를 바탕으로 METT+TC(임무, 적, 지형, 아군부대+시간, 민간) 요소 등을 고려해야 한다.

방어공사(防禦工事, Defense Works)
엄체구축, 사계청소, 장애물 설치 등으로 이루어지는 방어시설공사.

방어구역(防禦區域, Sector)
한 부대가 작전을 실시하고 지역책임을 지도록 측방 및 후방전투지경선에 의해서 명시된 방어지역.

방어기뢰원(防禦機雷原, Defensive Minefield)
적 함정으로부터 항구 및 해상교통로를 보호하기 위하여 우군의 해역에 부설하는 기뢰원.

방어배치(防禦配置, Defensive Dispositions)
병력과 무기를 소요되는 위치에 배치하여 방어임무를 수행하게 하는 것.

방어사격(防禦射擊, Defensive Fire)
방어작전 시 기동부대를 지원하기 위하여

실시되는 사격. 원거리에서 적의 전진을 지연시키고 조직을 와해하기 위해 실시되는 원거리사격과, 적의 지휘통제체제와 공격조직을 와해시키기 위한 근접방어사격, 적 돌격을 저지하고 부대를 격멸하기 위한 최후방어사격, 적의 전단돌파를 저지하고 지대 내 적을 격멸하기 위한 진내사격으로 구분된다.

방어선(防禦線, Line of Defence)
전방 전투 지역을 횡으로 연결하는 선.

방어시 공세행동(防禦時攻勢行動, Defensive Offence Action)
적의 약점과 과오를 이용하여 적의 전투력을 약화 또는 격멸시켜 방어 작전의 성공을 보장하기 위해 전투력을 공세적으로 운용하는 것. 방어 시 공세행동에는 역습, 역공격, 파쇄공격, 기타 공세행동으로 구분한다.

방어작전(防禦作戰, Defensive Operations)
가용한 모든 수단과 방법을 사용하여 적의 공격을 방해, 저지, 격퇴 및 격멸하는 작전. 방어작전은 적의 공격에 대응하기 위해 실시하거나, 공격능력의 저하로 공격을 계속할 수 없을 때 공격을 재개하기 위한 유리한 조건이 조성될 때까지 일시적으로 실시한다. 그러나 경우에 따라서는 공격능력을 보유하고 있더라도 타 지역에서 공격여건을 조성하거나, 적을 기만하기 위하여 의도적으로 제한된 기간 동안 특정지역에서 방어작전을 실시할 수도 있다. 방어작전의 형태(Forms of Defense)는 기본적으로 지역방어와 기동방어가 있으며, 경우에 따라서는 2가지 형태의 방어를 적절히 혼용하거나 변형해서 사용할 수 있다.

방어장애물(防禦障碍物, Defensive Obstacle)
적을 저지시킬 목적으로 인공 및 자연 장애물을 모두 사용하고 아군의 사정거리 내에 있도록 설치하여 화력으로 엄호되는 장애물.

방어적 정보작전(防禦的 情報作戰, Defensive Information Operation)
정보나 정보시스템을 보호하고 방어하기 위해서 정책, 절차, 운용, 인원 및 기술들을 통합하고 협조하는 것. 이는 정보보안, 자재 및 시설보안, 작전보안, 대기만, 대심리전, 대첩보, 전자전 및 특수정보작전을 통해서 이루어지며, 정보접근에 대한 적시성, 정확성과 적절성을 보장하고 적군의 아군 정보나 정보시스템 이용 기회를 박탈한다.

방어전투(防禦戰鬪, Defensive Action)
준비된 진지에서 편성된 화력과 장애물로 적을 저지하거나 격멸하고 근접전으로 격퇴하는 전술.

방어정면(防禦正面, Defensive Front)
임무, 지형, 적의 상황과 가용부대의 능력에 따라 예하부대에 부여하는 방어지역의 넓이. METT 요소로 결정한다.

방어제공작전(防禦制空作戰, Defensive Counter-Air Operations; DCAO) ☞ [방공작전]

방어제대(防禦梯隊, Defensive Echelons)
방어 시 책임지역별로 구분하기 위한 제대. 적 방향으로부터 경계제대, 주방어제대 및 후방제대로 구분된다.

방어준비(防禦準備, Defense Preparations)
적의 각종 위협에 대비하여 지역, 부대, 시설, 자재 등의 안전을 기하고, 행동의 자유를 도모하기위해 실시하는 경계 및 방호활동.

방어준비태세(防禦準備態勢, Defense Readiness Condition)
당면한 상황에 대처할 목적으로 부대를 일정한 준비태세로 유지시키는 것. 이는 4단계(DEFCON Ⅰ~Ⅳ)로 구분되고 상황이 긴박하게 진전됨에 따라 높은 단계로 전환하며 세부절차는 부대예규로 규정한다.

ㅂ

방어지대(防禦地帶, Defense Zone)
방어편성 및 방어공사가 되어 있는 전투지대.

방어지뢰지대(防禦地雷地帶, Defense Mine Field)
방어지역 간의 간격을 보강하거나 장애물을 강화하여 적의 침투를 제한 및 격멸하기 위하여 사단 계획에 따라 설치하는 지뢰지대.

방어지역(防禦地域, Defense Area)
1. 적의 공격으로부터 방호되거나 또는 확보하기 위하여 일정한 부대에 부여된 지역으로 적지종심작전지역, 근접작전지역, 후방작전지역으로 구분함.
2. 공군의 방공에서 사용하는 방어지역은 대량항적 침투 시 중앙방공관제소의 컴퓨터가 자동적으로 위협을 평가하고 적절한 대응무기를 선정하여 신속한 전술조치를 취할 수 있도록 설정된 공중 공간.

방어진지(防禦陣地, Defensive Position)
상호지원하고 있는 방어지역이나 전술적으로 축성된 지대로 부대에 의하여 점령된 지역.

방어탄막(防禦彈幕, Defensive Barrage)
전방 기관총의 최후방어선을 연한 사각지대에 설치한 곡사포화의 집중화력지역.

방어편성(防禦編成, Organization of the Defense)
방어작전을 위한 제대별, 작전형태별로 적지종심, 근접, 후방작전지역으로 작전지역을 편성하고 기동, 화력, 방공, 항공, 공병, 정보, 전자, 통신, 전투근무지원, 지휘 및 통제책 등 제반 전장기능과 가용전투력을 통합 운용하는 것을 말함.

방어해면구역(防禦海面區域, Defensive Surface Zone)
전시, 사변, 기타 군사상 필요한 경우 원활한 해양작전 수행을 보장하기 위해 설정한 구역. 국가통수기구에서 설정하여 선포하며, 긴급 시 합참의장, 해군작전사령관, 함대사령관이 우선 선포하고 국가통수기구의 승인을 받을 수도 있다.

방어해안지역(防禦海岸地域, Defensive Coastal Area)
방위작전이 이루어지는 해안 지역의 일부와 해안선에 접해있는 공중, 육지와 해상지역.

방어해역(防禦海域, Defensive Sea Area)
선박의 통제와 보호를 위하여 통상 항만과 해협 및 접근로를 포함하여 설정되는 해역. 설정목적은 그 해역에 접경하고 있는 군사시설의 안전보호와 지역 내에서 소요되는 기타의 안전보호책의 제공 등이다.

방어형태(防禦形態, Forms of Defence)
☞ [방어작전]

방위(防衛, Defense)
외부로부터의 위협이나 침략에 대해 군사력으로 이를 억제 또는 예방, 배제하여 국가의 생존을 보전하는 일. 방위는 주로 군사력을 위주로 하고 있는 점에서 군사, 비군사적인 수단에 의해서 이루어지고 있는 국방이나 안전보장 개념보다도 그 범위가 좁고 차원이 낮다.

방위(方位, Azimuth)
시계방향으로 증가하거나 X-Y 좌표계에서 남서쪽이 음수로 표시되고 북동쪽이 양수로 표현되는 값. 이 값은 사용하는 특정 무기시스템에 따라서 진짜 북쪽이나 자기북쪽을 참고한다.

방위각(方位角, Azimuth Angle, Bearing)
참조방향과 특정 선 사이를 수평면에서 시계방향으로 측정한 각도.

방위각추적망원경(方位角追跡望遠鏡, Azimuth-Tracking Telescope)
이동목표를 추적하거나 그 방향을 찾는 데 사용되는 망원경.

방위산업(防衛産業, Defense Industry)
국가방위를 목적으로 군사적으로 소요되는 기기나 소재들, 즉 물자의 생산과 개발에 종사 하는 산업. 물자로 간주하는 범위에 따라 광의의 방위산업과 협의의 방위산업으로 구분할 수 있으나, 일반적으로 방위산업이라고 할 때는 협의의 방위산업, 즉 군사적 소요물 가운데에서도 국방력 형성의 중요 요인이 되는 기기, 즉 총, 포, 탄, 폭약, 함정, 항공기, 차륜, 전자장비와 통신기기 및 미사일 등의 생산과 개발에 종사하는 산업을 총칭하는 것으로 본다.

방위산업기지(防衛産業基地, Defense Industrial Base)
국방부, 정부, 민간부문의 국제산업복합단지로 군사적 요구를 수용하기 위한 연구와 개발, 디자인, 생산 능력을 갖추고 무기시스템, 부시스템, 부품을 유지할 수 있는 능력을 갖춘 곳.

방위소집(防衛召集, Defense Call)
군사, 향토방위, 기타 이와 관련된 업무의 지원을 위해 현역복무를 마치지 아니한 보충역 및 제2국민역의 병을 소집하는 것.

방위지원본부(防衛支援本部, Defense Support Center)
방위협의회에서 협의 및 의결된 사항을 시행하는 행정단위 기구. 각 시, 도, 군, 구, 읍, 면, 동별로 방위협의회 내에 설치하며, 대비정규전 및 각종 우발상황에 관한 지원계획을 수립 시행, 국가동원업무를 조정, 통제 및 협조, 민방위사태 지원, 향토예비군 육성 지원, 기타 협의회에서 협의 및 의결된 사항을 시행하는 임무를 수행한다.

방위협의회(防衛協議會, Defense Council)
대비정규전 수행을 위하여 중앙 및 지방행정단위 등에 설치하는 협의기구. 중앙행정부처와 시, 도, 군, 구, 읍, 면, 동 등 지방행정기구 외에 특수지역, 직장 등에도 설치하며, 대비정규전 수행을 위한 전투근무지원 및 예비군 운용에 관한 사항을 지원하는 임무를 수행한다.

방책(方策, Course of Action)
1. 개인이나 단위부대가 수행하는 일련의 행동.
2. 개인이나 지휘관이 수행하게 될 공개된 계획이나 작전수행 시 달성해야 할 계획.
3. 업무나 작전을 수행하는데 적용되는 계획.
4. 방공부문에서 취해지는 일련의 공격.

방첩(防諜, Counter Intelligence)
유해한 외국 첩보활동을 막아 우리 측의 기밀이나 정보가 새어나가지 않게 함. 적국의 간첩행위나 파괴행위로부터 나라를 보호하며, 시설이나 물자를 태업, 파손으로부터 보호하기 위해 제공되는 보안통제방책에 관계되는 활동을 통틀어 가리킨다.
(북한) [반탐(反探)]

방첩작전(防諜作戰, Counterintelligence Operations)
국방에 대해 외국간첩의 첩보수집과 테러분자의 활동을 식별하고, 이용하고, 제압하고 방해하는 사전 행동. 방첩작전 수행에 해당되는 행동으로는 다음과 같은 것들이 있다.
1. 적군 첩보활동의 효과를 조작, 방해, 제압, 파괴하는 것.
2. 적군의 첩보장교나 첩보원을 회유하거나 망명을 유도하는 것.
3. 적의 첩보작전, 첩보요구, 목표설정, 목표, 개인특성, 통신, 능력, 제한, 취약성 같은 것으로부터 위협적인 정보를 수집하는 것.
4. 의사결정권자들을 지원하기 위해서 정보와 작전데이터베이스를 제공하는 것.
5. 비밀 첩보요원 작전에 대방첩지원을 제공하는 것.

ㅂ

6. 위치를 확인하고 수행되고 있거나 계획된 간첩행위를 식별하는 것.
7. 보호, 전쟁을 제외한 다른 작전, 평화유지 등을 지원하는 것.
8. 적국의 간첩행위를 위한 장비들을 획득하고 분석하는 것과 방어책을 개발하는 것.
9. 작전자료, 위협자료, 미래의 방첩작전을 이끌 간첩행위에 대한 실마리, 조사, 프로젝트를 개발하는 것과 국방 전반에 걸쳐서 안보를 강화하기 위해 이런 실마리가 될 만한 것들을 개발하는 것.
10. 국방부의 특정 합동사령관과 국가기획을 지원하는 것.

방첩조사(防諜調査, Counterintelligence Investigations)
적국의 기관이나 적국을 위한 조직, 혹은 개인 혹은 국제테러분자들이 저지르는 태업, 암살 및 기타 국가안보관련 범죄 같은 간첩행위나 첩보활동에 대한 증명하거나 무관한 것을 판단하는 것. 방첩조사는 보안 범죄와 유관한 개인이나 집단을 조사하고, 행정업무에 필요한 증거자료를 제공하며, 법적으로 저촉되었을 때 수사를 하는 것도 포함한다. 그리고 이러한 방첩조사를 통해 얻은 정보를 국가보안을 위해 군 지휘관과 정책수립자들에게 제공한다.

방첩지원(防諜支援, Counterintelligence Support)
적국의 조직이나, 적국을 위한 조직이나 개인에 의해서 수행되는 간첩행위나 기타 외국 첩보활동, 태업, 국제테러활동 혹은 암살 등에 대응해서 국가를 보호하기 위해 수행하는 방첩활동.

방첩활동(防諜活動, Counterintelligence Activities)
방첩의 4가지인 작전, 조사, 수집, 분석과 생산 기능.

방출고도(放出高度, Release Altitude)
모체항공기에서 예인항공기, 폭탄, 로켓유도탄, 예인표적 등을 풀어 놓는 지상으로부터의 고도.

방출기(放出機, Dispenser)
항공기에 장치하는 무기체계나 장치로서 탄약류를 방출하는데 사용됨.

방한용구(防寒用具, Winterization Kit)
장비품이나 무기를 한냉한 기후에서 그 조작특성을 증진하도록 개선하기 위해 사용하는 보조 부속품 또는 장치의 세트.

방해(妨害, Obstruction)
기상의 영향, 전장의 먼지 및 소음, 또는 연막탄을 사용하여 부대 이동 및 활동을 숨기고 적의 표적 획득과 관측을 곤란하게 하는 것.

방해방어책(妨害防禦策, Counter Counter Measures; CCM)
상대방의 방해책을 무력화시키거나 감소시키기 위한 목적으로 장비 및 기술을 사용하는 군사과학의 형태.

방해연막(妨害煙幕, Obscuration Smoke)
적에게 시계를 최소화하고, 적의 조기전개를 강요하며, 방향을 전환하게 하고 시호통신을 하지 못하게 할 목적으로 적 지역 또는 적진 부근에 살포하는 연막.
(북한) [현혹연막(眩惑煙幕)]

방해지뢰지대(妨害地雷地帶, Nuisance Minefield)
적의 전진을 지연시키고 적이 사용하리라고 예상되는 어떤 지역이나 시설, 통로 등을 적이 사용치 못하도록 설치하는 지뢰지대.

방향선회(方向旋回, Procedure Turn)
지정된 항로에서 방향을 바꾸어 반대 방향으로 되돌아가는 항공기의 비행. 선회 시에는 등속도로 비행을 하여 지정된 항로의 역방향으로 진행할 수 있도록 한다.

방향탐지(方向探知, Direction Finding; DF)
지향성 안테나를 이용한 수신 장치. 무선주파수의 방사방향을 알아내기 위해 사용된다.

방향탐지소(方向探知所, Direction Finder Station)
비행기나 함선에 위치를 알리고 적의 비행기 및 무선전신소의 위치를 발견하기 위하여 무선방향 탐지기를 사용하는 장소.

방호(防護, Protect)
적의 지상관측, 직사화력 그리고 기습공격을 방지할 목적으로 이동중이거나 정지한 규모가 큰 부대의 측방, 전방 혹은 후방에서 작전하는 것.
(중국) 순조로운 작전임무 수행을 보장하고, 적측의 타격에 의한 아측의 손해를 면하거나 최대한 줄이기 위해 취하는 조직적인 방호행동.

방호인수(防護因數, Protect Factor)
방사능 오염시 건물 외부선율을 건물 내부선율로 나눈 값을 말하며, 방호인수가 클수록 우수한 대피호임.

방호장애물(防護障碍物, Protective Obstacle)
진지에 배치된 부대에게 경계를 제공하거나 근접전투를 지원하기 위하여 설치, 운용하는 장애물. 전투진지 주변에 설치하는 방호철조망, 조명지뢰, 산발형 지뢰 등이 있다.

방호지뢰지대(防護地雷地帶, Protective Minefield-Land)
부대의 국지방어, 근접보호를 위하여 사용되는 지뢰지대.

방호철조망(防護鐵條網, Protective Wire Entanglement)
방어지역에 대한 적의 근접 기습공격을 방지하기 위하여 단위부대의 방어진지에 근접하여 설치하는 철조망.

배당표(配當表, Table of Allowance; T/A)
편성 및 장비표(T/O & E)나 분배 및 배당표(T/D & A)에 인가된 장비 이외의 기타 보급품(장비, 피복, 장구류, 비품, 기타 소모성 보급품)의 인가기준을 설정한 문서.

배면투발방법(背面投發方法, Autidine Delivery Mode)
지형 및 기후조건 등으로 조종사가 공격개시점을 포착하는 데 실패하면 항공기는 표적지역 상공까지 도달하게 되며, 이때 조종사는 같은 방향으로 비행을 계속하면서 항공기를 수직으로 끌어올리고 약 90~120도에서 무기는 자동적으로 투발되며 낙하선상 밖으로 반회전 비행하여 빠져나가는 저공 조준폭격의 변형.

배비(配備, Dispose)
특정한 임무수행을 위하여 전력을 배치하는 것.
1. 다중배비 : 방어지대 내에서 전방방어지대 배치와 유사한 전력을 후방에 동시 배비하여 종심지대를 보강하는 것으로서, 작전적 차원에서는 사단급 이상 기동부대와 각종 전력요소를 군단 또는 야전군 방어지역 내에서 전방 방어지대와 동시에 후방에 배비하는 것.
2. 종심배비 : 방어지대 내에서 전력을 전방방어지대에 선형 배비하지 않고 주요 기동축선을 연하여 후방지역까지 계속 다중배비하여 종심을 유지하는 것.
3. 기동배비 : 전력의 중점배비로 인하여 발생하는 공간을 통제하기 위하여 시간적, 공간적 중앙에 기동예비대를 배치하는 것.
4. 중점배비 : 덜 중요한 축선에서 전력을 절약하고 위험한 축선에 전력을 집중하여 배비하는 것으로서, 다중배비, 종심배비, 기동배비 방법이 혼용됨.

ㅂ

배사면(背斜面, Anticline)
지형이 협곡을 이루고 있을 때 봉우리에 해당하는 지붕형상을 한 부분의 경사면. 통상 배사면이라 하면 앞쪽 경계면에 대한 뒤쪽 경사면을 말한다.

배속(配屬, Attachment)
1. 한 편성체에 부대나 인원을 일시적으로 배치하는 것. 대개 임시성을 띤 것이므로 피배속부대 지휘관은 배속자들에 대해 명령에 의거 부과되는 제한사항에 따라 지휘권과 통제권을 행사하게 되며, 배속자의 전속, 진급에 대한 책임은 대개 원 소속부대나 편성체에 있다.
2. 개인이 담당할 주 업무를 지정하고 해당 부서에 배치하여 종사하게 하는 것으로, 상대적으로 영속적이다.(Assignment)

배치(配置, Disposition)
1. 한 지역 내에서 예하 각 부대를 배열하는 것. 통상적으로 각 부대본부의 정확한 위치 및 그 예하대의 전개를 포함함.
2. 순항, 접근, 접촉유지 또는 전투와 같은 어떤 목적을 위하여 함대의 예하부대 또는 단일함정이 점유할 위치를 지정한 배열.
3. 비행편대나 일단의 항공전대를 구성하는 모든 전술단위부대의 지시된 배열.
4. 원대복귀, 다른 치료시설로 이송, 사망 혹은 의무치료가 끝남으로써 의료시설로부터 환자를 제적하는 것.

배치준비명령(配置準備命令, Deployment Preparation Order)
부대장이 내리는 명령으로, 이동해야 할 부대에게 신속히 이동할 수 있도록 준비를 명하거나 이동을 명하는 것.

배타적경제수역(排他的經濟水域, Exclusive Economic Zone)
영해를 넘어서 200해리까지의 그 해저, 지하, 상부수역의 자원개발과 보존, 공해방지에 관한 연안국의 배타적 권한이 인정되는 수역. 제3국은 항해의 자유, 상공비행의 자유, 케이블 및 파이프라인 등에 관하여는 공해와 마찬가지로 자유가 인정된다.

백병전(白兵戰, Hand to Hand Combat)
☞ [육박전]

백색경보(白色警報, Air Defense Warning White)
적 항공기나 미사일의 공격이 있을 것 같지 않은 상태. 주로 황색경보나 적색경보의 전후에 발령되는 경보이다. 방공 비상사태를 선언할 때 초기에는 항공기 관제를 통제할 목적에서 자동적으로 백색경보를 제외한 방공경보를 발령할 조건이 확립된다.

백색선전(白色宣傳, White Propaganda)
☞ [공개선전]

백색심리전(白色心理戰, White Psychological Warfare)
심리전 수행 주체가 스스로 출처를 밝히고 이에 대한 책임을 질 수 있는 방법을 계획하고 실시하는 심리전. 한국의 발전상, 자유로운 생활상 등 내용자체가 진실인 자료를 활용하는 심리전이 이에 속한다.

백지전술(白紙戰術, Student Paper Tactics)
전술원칙과 준칙을 적절하게 적용할 수 있도록 백지에 지형과 상황을 임의로 알맞게 부여하여 전술교리를 이해시키고 응용능력을 배양할 목적으로 제시하는 기본모형 전술문제.

번개통신훈련(~通信訓練, Lightning Communication Exercise)
주요직위자의 신속한 통신가능 여부를 확인하고 유사시 긴급사태에 대비할 수 있는 태세를 확립하기 위하여 주요직위자를 대상으로 불시에 실시하는 통신훈련.

번들(~, Bundle)
무게 100~500LBS 미만의 화물을 T-7A 낙하산을 이용하여 투하하는 방식. 약품, 통신장비, 탄약과 같이 최상의 안전투하를 요하는 품목을 한 개씩 투하할 때 이용한다.

번호병원(番號病院, Numbered Hospital)
작전지대 운용 목적의 번호를 가진 병원으로서 기지병원, 일반병원, 후송병원 등이 있음.

번호해안(番號海岸, Numbered Beach)
상륙군이 상륙돌격에 필요한 해안선의 일부에 번호를 부여한 것. 번호해안은 2개 이상의 대대 상륙단이 해안선의 연속적 부분에 병행 상륙 시 사용하며, 통상 1개 번호 해안의 길이는 1 km이다.

범세계군사지휘통제체계(汎世界軍事指揮統制體系, World Wide Military Command & Control System; WWMCCS)
(미국) 범세계를 대상으로 한 국가급 군사지휘통제체계로서 대통령과 국방장관이 범세계적으로 배치된 주요 전투사령관들에게 지침을 하달하고, 합참, 각군성, 주요 사령부의 전쟁계획과 시행을 지원함.

범세계정보환경(汎世界情報環境, Global Information Environment)
군 또는 국가의 통제기구 밖에 위치하면서 정보를 수집 · 처리하여 전 세계인에게 배포하는 사람 · 조직 · 체계들.

범세계지휘통제체계(汎世界指揮~統制體系, Global Command and Control System; GCCS)
(미국) 지휘 및 통제를 효과적으로 수행할 수 있도록 국가통수기구, 합참의장, 통합군사령관, 각군 및 국방기구, 합동 임무부대 지휘관 등에게 정보처리 및 분배능력을 제공하는 종합적인 범세계적 체계.

법무병과(法務兵科, Judge Advocate Genera's Corps; JAGC)
군인사법이 정한 특수병과 중의 하나로서 주로 군사법 업무를 수행하고, 지휘관 및 참모장교들에게 법률지원, 법률상담과 교육을 담당하는 병과.

벡터식 공격(~式攻擊, Vectored Attacks)
표적과 접촉중인 부대(지상, 해상, 해중, 공중)에 의해서 표적과 비접촉중인 무기운반체(지상, 해상, 해중, 공중)를 무기 발사점까지 유도하여 감행하는 공격.

별어(別語, Variant)
1. 동일한 의미를 갖는 평문을 갖는 두 개 혹은 그 이상의 암호문이나 부호기호 중에서 한 가지.
2. 하나의 부호집단에 의해 표현될 수 있는 여러 개의 가능한 평문들 중의 한 개.

별지(別紙, Appendix)
본 문서(부록)에 대한 부가적인 추가서류.

별첨(別添, Inclosure)
본문(부첨)에 대한 부가적인 추가 서류.

별칭(別稱, Nickname)
한 개체에 대해서 본래의 의미를 노출시키지 않음으로 해서 기밀을 유지하고자 하거나, 대민정보의 편리나 사기앙양 등의 목적으로 또 다른 이름으로 부르는 것.

병가(病暇, Convalescent Leave)
질환의 회복기에 있는 군 요원에게 부여되는 휴가. 군의관의 인정이 필요하다.

병가(兵家, Military Strategist in Ancient China/Military Commander)
(중국) 1. 중국 고대의 군사가(軍事家)에 대한 통칭. 2. 선진(先秦)시기 한(漢) 초에 군사를 연구하던 학파. 대표적인 인물로 손무(孫武), 오기(吳起) 등이 있다. 3. 중국 고대에 병서를 분류하여 부르던 명칭.

병과(兵科, Branch of Service, Branch of Arms)
군무의 종류를 구분한 것. 육군의 경우 기본병과와 특수병과로 구분한다.
1. 기본병과 : 전투병과(보병, 포병, 기갑, 공병, 통신, 정보, 방공, 항공), 기술병과(화학, 병기, 병참, 수송), 행정병과(부관, 헌병, 경리, 정훈).
2. 특수병과 : 의무, 법무, 군종.
(북한) [병종(兵種)]

병교범(兵敎範, Enlisted Man's Manual)
각개 병사의 행동, 전술, 전기, 교육훈련 등에 따르는 지시와 정비, 검사 등 참고사항을 기술한 참고문헌. 각급 부대에서 개인훈련을 완성하기 위하여, 병사에게는 자습교재로서, 훈련관리관 및 교관에게는 참고교재로서 활용하게 된다.

병교육(兵敎育, EM Training)
투철한 군인정신과 강인한 체력 및 불굴의 투지를 배양하여 군인으로서의 기본자질을 부여하기 위해 군사기초훈련 및 특기교육을 실시하는 것. 부대 구성원으로서 임무수행 능력을 부여할 목적으로 실시하며, 신병양성 교육 및 특기병 양성교육 등이 있다.

병기(兵器, Ordnance)
1. 전쟁 시 사용되는 무기, 탄약, 기타 각종 기계, 자재를 총칭.
2. 모든 종류의 전투용 화기와 그의 사용을 위한 탄약, 장비, 차량, 수리공구 및 기계와 같은 군수품을 총칭하며, 또한 이러한 군수품을 취급하는 군의 한 병과이다.

병기근무(兵器勤務, Ordnance Service)
한 편성체를 위한 병기 지원에 관한 모든 활동과 근무.

병기창(兵器廠, Ordnance Depot)
병기 병과에서 제공하는 무기, 탄약 및 장비의 예비 재고를 가진 창.

병단(兵团, Army-Corps)
(중국) 1. 군단을 군(軍), 야전군을 군단(軍團) 또는 병단(兵團), 이보다 큰 조직을 야전군(野戰軍)라 호칭했으며, 현재는 야전군 대신 대군구(大軍區)라는 용어를 사용. 2. 대부대를 광범위하게 지칭하는 말. 주력병단, 지방병단, 유격병단 등으로 부른다.

병력(兵力, Military Strength)
1. 군대의 인원. 또는 그 숫자.
2. 병사, 병기 등의 총체로서 군대의 힘. 군대의 구성원인 군인과 그들이 보유한 무기 및 장비의 힘을 수량으로 평가한 것을 말한다.
〈참〉 [군사력]
(북한) [유생력량(有生力量)]

병력동원(兵力動員, Personnel Mobilization)
평시체제에서 전시체제로 전환되는 과정을 동원이라 하며, 군이 전쟁수행에 필요한 능력을 구비하도록 평시 감편 운용되고 있는 부대 또는 전시 증·창설되는 부대에 대하여 전시소요에 의해 병력(예비군)을 충원하는 것을 말함.

병력동원소집(兵力動員召集, Military Personnel Mobilization Convocation)
전시, 사변 또는 이에 준하는 국가비상 사태시 동원령이 선포된 경우 군의 부대편성이나 작전수행을 위하여 병력을 소집하는 것.

병력보고(兵力報告, Strength Report)
부대 병력의 일일 변동 현황을 반영하는 기본 자료. 인력계획 수립과 부대 병력유지, 행정처리, 제 급여, 급식 병력판단 등 법적 근거와 역사적 자료가 된다. 병력보고의 종류에는 일일병력보고, 일일 및 주말병력 요약보고, 특별 병력보고가 있다.

병력손실판단(兵力損失判斷, Personnel Loss Estimate)
예상되는 작전에 따른 손실 예상인원을 미

리 판단하는 것으로 단기 병력손실판단과 장기 병력손실판단이 있음.

병력절약(兵力節約, Economy of Force)
결정적인 시간과 장소에 전투력을 집중하기 위하여 비결정적인 지점에서 임무수행에 필요한 최소의 병력을 사용하는 것.

병력집중(兵力集中, Massing)
어떤 군사목적을 수행하기 위해 상대적으로 많은 병력이 배치된 쪽에 병력을 집중시켜 한 목표에 중점적으로 투입하는 것.

병렬전쟁(竝列戰爭, Parallel Warfare)
적이 보유하고 있는 다수의 전략적, 작전적, 절술적 표적들을 아측이 보유하고 있는 다수의 다양한 타격수단들로 지리적 공간의 제한 없이 동시에 일제히 공격함으로써, 적이 재정비, 복구, 회생할 시간적 여유를 박탈하고 혼절, 마비효과를 창출하게 되어 단기간 내 전쟁을 종료하게 되는 새로운 작전 방식.

병법(兵法, Art of War, Military Strategy and Tactics)
(중국) 1. 중국 고대의 치군(治軍)과 용병의 원칙과 방법. 전략 전술과 건군이론 등을 포괄함.
2. 중국 고대의 서목에서는 병서를 가리켰음.

병서(兵書, Book on the Art of War)
(중국) 중국에서 1911년 이전의 군사 분야와 유관한 저술에 대한 통칭. 중국에서 병서는 은(殷)나라 때 싹이 터서, 서주(西周) 시대에 산생되었고, 춘추전국(春秋戰國)시대에 무르익었다고 봄. 현존하는 최초의 완전한 틀을 갖춘 병서는 『손자병법』임.

병역(兵役, Military Service)
국민으로서 일정한 기간 군대에 복무해야 하는 국가에 대한 군사적 의무.

병역법(兵役法, Military Service Act)
국민의 의무 중의 하나인 국토방위 의무를 수행할 수 있도록 군 복무에 관한 병역 사항을 규정한 법령.

병원부대(病院部隊, Hospitalization Unit)
자체적으로 기능을 수행할 수 있을 만큼 완전히 독립적인 병원부대.

병원선(病院船, Hospital Boat/Ship)
1. 병상자의 치료와 수송을 위하여 장비된 주정.
2. 여러 군 병원을 지원하는 임무를 띤 비무장선.

병원열차(病院列車, Hospital Train)
질병 환자나 부상자에 대한 치료 및 수송 임무를 수행할 수 있는 장비를 갖춘 철도차량 단위대.

병적 소요표(兵籍所要表, Military Records Requirement Table)
신상 이동자에 대한 동원지정 여부를 옛 거주지 읍, 면, 동장이 새 거주지 읍, 면, 동장에게 인계하는 표.

병종사태(丙種事態, Class Byong Situation)
적의 침투도발 위협이 예상되거나 소규모 적이 침투한 때에 지방경찰청장, 지역사령관 또는 함대사령관의 지휘 · 통제 하에 통합방위작전을 수행하여 단기간에 치안이 회복될 수 있는 사태를 분류하여 이르는 말.

병참(兵站, Quartermaster)
부대의 전투력을 유지, 증대시키기 위하여 작전을 지원하는 기능으로 보급 · 정비 · 회수(回收) · 교통 · 위생 · 건설 · 부동산 · 노무 등을 통틀어 이르는 말. 구체적으로는 개인이나 부대에 대한 식량 · 연료 · 탄약 · 무기 · 축성자재 등의 보급, 고장차량 · 무기 · 함정 및 항공기 등의 수리, 파괴된 각종 물자의 회수, 도로·교량·건축물의 보수, 차륜·철도 등에 의한 인원·물자의 수송, 부상자의 치료, 기타 숙박·목욕·세탁·급식 등에 이르는 광범위한 업무를 포함한다.
(중국) 군대의 보급과 운송을 주로 담당하는 후근종합보장기구. 운반 수송의 편리를 위해 교통로를 따라 설치하며, 야전병참과 기지병참으로 나뉜다.

병참선(兵站線, Line of Communication)
작전중인 군부대와 작전기지를 연결하여 보급품과 병력이 이동하는 일체의 지상·해상·공중수송로를 이르는 말. 통상 병참지대(후방지대)에서는 병참선이라 하고, 전투지대에서는 주보급로라고 하므로 병참선이나 주보급로는 같은 뜻으로 해석한다.

병참수집중대(兵站蒐集中隊, Q.M.Salvage Collecting Company)
폐품을 수집, 분류, 보관하고, 정비, 재생을 위한 회송과 폐품처리 및 이와 유관한 행정처리를 하는 병참부대.

병참지대(兵站地帶, Communication Zone)
작전지역의 후방지대로서 통상 군단지역의 후방이며, 병참선, 보급 및 후송시설, 긴급지원과 야전군의 유지에 필요한 기관이 있는 지역.

병행작전(竝行作戰, Paralleled Operation)
상대방의 효과적인 대응능력을 제거하고, 일시에 전쟁수행 의지를 마비시키기 위하여, 거의 동시에 전략적, 작전적 목표에 타격을 가하는 작전.

보건근무(保健勤務, Health Service)
개인이나 단체의 정신적, 육체적인 안녕을 촉진, 증진, 보전하거나 회복시키기 위해 수행되고 제공되며 조정되는 제반근무.

보건근무 군수지원(保健勤務軍需支援, Health Service Logistic Support)
합동군 군의관의 보건근무업무에 대한 군수지원이 이루어지는 지역. 여기에 속하는 것으로는 보건근무 지원체제를 유지하기 위해 필요한 특정 의료수리부품까지 포함된 8종 의무재료, 광학재료, 의료장비 유지보수용품, 혈액의 저장과 배분, 의료용 가스 등이 있다.

보고수신기간(報告受信期間, Reporting Time Interval)
1. 정찰에서 정탐자가 한 사건의 탐지한 시각부터, 사용자가 보고한 내용을 수신할 때까지 걸리는 시간.
2. 통신에 있어서 자료를 전송하는 데 걸리는 시간, 또는 보고서 작성지에서 최종 수령인에게 도달하는데 걸리는 시간.

보고통제부호(報告統制符號, Reports Control Symbol; RCS)
보고통제처에서 보고승인 신청에 대한 승인을 표시하고, 보고의 착수 및 작성을 허가하기 위하여 보고에 부여하는 식별부호. 이 부호는 부대지정기호, 참모기호, 승인일련번호, 시간 구분 등으로 구성된다.

보급(補給, Supply)
종류와 양의 결정을 포함한 보급품의 획득, 분배, 저장, 유지와 재생을 하는 것. 단계별로 나누면 1) 생산단계 : 군의 조달계획에 의해 보급품의 수령까지에 해당되는 군 보급단계. 2) 소비단계 : 군에 의해 완제품 수령으로부터 사용과 소비를 위한 불출까지의 군 보급단계.

보급거래보고(補給去來報告, Supply Transaction Reporting)
자재의 재고 상태에 영향을 주는 개별적 거래에 대한 보고. 해당 거래가 행해지는 관계 보급출납기관에 제출된다.

보급계통(補給系統, Pipeline)
병참에서 보급품의 생산자로터 사용자에게 이르는 과정을 지정된 명세대로 인적 물적 수단에 의해 공급 또는 분배하는 체계를 포괄적으로 일컫는 말. 조달본부에서 생산업자를 거쳐 보급창에 이르는 대분배 계통과, 군수사(기지)로부터 보급사용자에게 이르는 소분배 계통으로 구분한다.

보급관리(補給管理, Supply Management)
보급운용상 각 단계에 대해 지시와 통제를 하는 것.

보급로(補給路, Supply Route)
도로, 수로 또는 공로와 같은 교통로로서 보급품을 전투부대에 운반하는 데 이용되는 수송로. 어떤 특정부대의 보급지원을 위하여 사용되는 도로가 위치상 필수적인 경우에는 그 도로를 그 부대에 대한 주요보급로 또는 주보급로라고 한다.

보급선(補給船, Customer Ship)
보충부대에 속해서 전송병이나 병참물자를 수령하는 함정.

보급소(補給所, Supply Point)
공급 물자, 보급품 및 용역을 불출하기 위해 역, 노변, 비행장, 부두 등에 설치한 분배소로서 이동식이거나 임시로 설치됨.
(일본) [교부소(交付所)]. 보급품을 사용부대에 불출하는 시설

보급소분배(補給所分配, Supply Point Distribution)
피지원부대(사용부대)의 인원 및 차량으로 보급소에서 보급품을 수령하는 보급품의 분배방법. 예를 들면 사단인 경우 연대의 차량으로 연대수령관(보급관)이 직접 사단 보급수송 근무대에 가서 보급품을 수령하는 것을 뜻한다.
〈반〉 [부대분배]

보급소요(補給所要, Supply Requirement)
특정기관 또는 특정부대에서 필요로 하는 장비나 물자의 양을 말하며, 다음과 같이 구분 사용함.

1. 초도보급소요(初度補給所要) : 보급품의 초도불출이나 초도불출의 부족량을 충당하기 위한 소요.
2. 소모 및 보충보급소요(消耗~補充補給所要) : 최초 불출된 장비를 인가량 만큼 유지하는 데 필요한 소요와 사용부대에 의하여 소모 또는 소비된 보급품과 망실품 그리고 적의 활동에 의하여 파괴된 보급품을 보충하기 위한 소요.
3. 예비소요(豫備所要) : 인가된 예비량을 확보하거나 보충하기 위한 소요.
4. 계획보급소요(計劃補給所要) : 특정작전, 비상사태 혹은 특수목적을 위하여 별도로 승인된 보급품을 확보하기 위한 소요.

보급수준(補給水準, Supply Level)
예상되는 수요에 대비하여 보유할 수 있도록 인가 또는 지시된 보급품의 보유일수 또는 수량을 말함. 재고수준(Stock Level)이라고도 한다. 보급수준에는 운용수준(O/L), 안전수준(S/L)과 발주 및 수송기간(OST) 등이 있다.

보급안전수준(補給安全水準, Safety Level of Supply; S/L)
운영보급수준에 더하여 정상적인 보충이 중단되거나 수요를 예측하지 못한 변동이 생길 경우에도 작전의 계속적인 수행을 위하여 확보해야 할 물자의 양.

보급운용수준(補給運用水準, Operating Level of Supply)
재보급의 청구로부터 재보급이 이루어지는 기간 동안 작전을 지속하는데 필요한 보급품의 양. 이 양은 사전에 명시된 재보급 기간(월별, 분기별 등)을 기준으로 계산한다.

ㅂ

보급원천(補給源泉, Source of Supply)
외국이나 국내 생산업자로부터 조달되는 조달 근거지.

보급주기(補給週期, Supply Period)
하나의 물자가 선정되는 과정으로부터 사용 후 처리되는 과정에 이르기까지 계속되는 현상을 주기면에서 고려한 것. 기획(소요), 조달(획득), 보관(저장), 공급(분배), 재생 또는 수리(정비), 처분(처리) 의 일련의 과정을 말한다.

보급창(補給廠, Supply Depot)
보급품의 저장을 주된 업무로 하여 수령, 저장, 정비, 조달, 생산, 수리 및 제품운용 등의 제 업무 중 1개 이상의 기능을 가지고 있는 비교적 규모가 큰 저장창.

보급창 수준(補給廠水準, Depot Level)
해당 보급창에 저장이 인가된 보급품의 수량 또는 일수.

보급추진계통(補給推進系統, Pipe-Line)
보급품을 생산자로부터 사용자에게 공급하기 위한 계통으로서, 생산자→군수사 및 보급창→야전시설부대→편성부대→사용자에게 이르는 일련의 보급계통.

보급통제(補給統制, Supply Control)
군의 보급품과 장비 및 물자에 관한 통제방법으로 획득, 수령, 저장, 재고관리, 수송, 배분, 식별 및 회계를 포함하는 공급 시스템 내에서 한 품목에 관한 모든 제원의 공급과 수요의 균형을 이루도록 어떤 보급조치를 취하는 과정.

보급품(補給品, Supplies)
식량, 피복, 장비, 무기, 탄약, 유류, 기타 각종 자재 및 여러 종류의 기계를 포함한 군을 장비하고 유지하며 운용하는 데 필요한 모든 품목. 관리 목적상 보급품은 다음과 같이 10가지 종별로 구분된다.

- I종 보급품 : 주·부식류를 포함한 전투식량 등 전투상황 및 지리적인 차이에 구애됨이 없이 대략 1일 일정한 율로 소모되는 품목.
- II종 보급품 : 피복류, 개인장구류, 천막류, 행정보급품, 내무생활용 보급품, 수공구 등의 품목.
- III종 보급품 : 석유, 연료, 윤활유 및 절연유류, 보존유, 액체, 압축기체, 냉각제, 해빙제, 방독제, 첨가제, 석탄 등의 품목.
- IV종 보급품 : 공사자재, 설치된 장비를 포함한 모든 건축자재 및 축성자재.
- V종 보급품 : 화학탄을 포함한 모든 탄약류, 폭파자재, 신관, 기폭약 등의 탄약류.
- VI종 보급품 : 개인 수요품목(비군사 판매품), 즉 군 매점계통에서 판매되는 품목.
- VII종 보급품 : 주요 완제품, 최종결합체, 즉 각종 차량, 총포, 기계 등의 품목.
- VIII종 보급품 : 의무기재, 약품, 위생소모품, 의무수리 부속품 등의 품목.
- IX종 보급품 : 수리부속품(의무장비 수리부속품 제외), 모든 장비의 정비지원에 소요되는 키트, 결합체를 포함한 부속 및 구성품.
- X종 보급품 : I종에서 IX종까지의 분류에 속하지 않는 물자, 즉 비군사 목적, 대민지원물자 및 자재.

보급해역(補給海域, Replenishment Area)
전술지휘관이 해상보급 시에 선택한 해역으로 보급부대와 근접하고 기상 및 해상상태가 안전하며 적의 공격위협이 없는 해역.

보병(步兵, Infantry)
도보로 전투하도록 편성되고 훈련된 병과 및 전투원.

보병부대훈련(步兵部隊訓練, Infantry Unit Training)
임의의 상황과 조건에서도 화력과 기동을 연결한 근접전으로 적을 포획, 격멸하기 위하여 가용한 작전요소를 통합 운용한 제병협동 작전 능력을 갖춘 정예 전투부대를 육성하는 보병위주의 부대훈련.

보병용탄약(步兵用彈藥, Infantry Ammunition)
소화기 탄약과 보병 고유 편성에 있는 공용화기 탄약.

보병전투(步兵戰鬪, Infantry Action)
지형, 기상에 비교적 구애받지 않는 지상 전투 행위. 기동으로 접근하여 사격으로 격멸하고 근접전투로 충격을 가하여 적을 포획 섬멸하는 양상으로 이루어진다.

보병전투장갑차(步兵戰鬪裝甲車, Infantry Fighting Vehicle; IFV)
탑승병력에 대한 방호와 하차병력에 대한 화력지원뿐만 아니라 제한된 대전차전투까지 가능한 장갑차. 탑승병력은 1개 분대규모이며 대전차미사일 또는 중구경 포를 장착한다.

보병중화기(步兵重火器, Infantry Heavy Weapon)
보병이 편제상 장비하고 있는 박격포, 무반동총 따위.

보병진지(步兵陣地, Infantry Position)
화력과 근접전으로 적을 저지, 격멸, 구축하기 위하여 지상에 구축해 놓은 엄체.

보병화력(步兵火力, Infantry Fire)
보병이 장비한 소화기와 기관총, 박격포, 무반동총 등으로 구성되는 화력.

보복력(報復力, Retaliation Power)
상대국의 무력공격 시도는 미연에 단념시키고, 무력공격 시는 규모 등을 확대시키지 못하도록 방지하며, 무력공격에 의해 달성할 수 있는 이익을 무가치하게 만드는 것과 같은 손실을 주기 위해 준비된 징벌적(懲罰的) 군사력.

보복무기(報復武器, Vengeance Weapon)
적의 선제공격을 받을 경우 이에 보복하기 위해 준비해둔 전략무기체계.

보속조정자(步速調整者, Pace Setter)
요구되는 이동명령에 맞추기 위해 필요한 보행속도를 유지할 수 있도록 속도를 조정하기 위해 선도차량이나 선도소대와 함께 이동하는 종대 지휘관이 지정한 개인.

보수정비(補修整備, Corrective Maintenance)
장비나 보급품을 사용하는 개인이나 부대가 실시하는 사용자 정비.

보안(保安, Security)
1. 간첩, 관측, 태업 또는 기습 등으로부터 부대를 보호하기 위한 방책.
2. 적의 행동이나 영향으로부터 보호방책을 설치하고 유지하는 결과로서 이루는 상태.
3. 비밀사항에 관하여 국방상 이익을 보호하기 위하여 공적 첩보자료에 비인가자의 접근을 배제하는 상태.
4. 적의 공격, 방화, 도난 또는 태업으로부터 보급품이나 시설을 보호하는 것.

(일본) [保管保全(보관보전)]. 비밀 통신기재 및 비밀 문서류의 포획, 도사(盜寫) 또는 분실 등을 방지하기 위해 이를 관리하는 것. 보안업무라는 용어는 警務科(경무과, 우리용어로 헌병에 해당)가 실시하는 업무를 말한다.
(중국) 사회 안녕 · 질서를 보전하거나 안전을 유지하는 개념이며, 비밀을 보호하는 의미는 '보밀(保密)'임.
중국의 경찰을 '공안(公安)', 주요 건물이나 아파트 경비를 '보안(保安)'이라 호칭.

보안책임관(保安責任官, Classified Documents Control Officer)
보안 담당관을 보좌하여 직접적으로 비밀을 최선의 상태로 보관 관리하는 장교로서 정과 부로 2명이 임명됨.

ㅂ

보전협동작전(步戰協同作戰, Infantry Tank Combined Arms Operation.)
보병과 기갑이 상호 지원하면서 실시하는 작전.

보정장치(補整裝置, Compensator)
총구가 올라가는 것을 억제하고 반동을 감소시키기 위해 엽총이나 자동화기 위에 장치하는 것.

보조도로(補助道路, Secondary Road)
복차로의 폭을 갖고 주도로를 보조하는 도로. 통상 보통속도 혹은 저속의 전천후 교통에 적합하다.

보조목표(補助目標, Auxiliary Target)
주목표로부터 기지 거리에 있는 표적으로 정밀사격 기점이라고 하며 실제표적을 사격하기 전에 수정점으로 사용됨.

보조상륙(補助上陸, Sub-Sidiary Landing)
상륙기동부대 예하부대가 주력부대의 상륙을 지원하기 위하여 상륙목표지역내의 주 상륙지역 이외의 곳에서 실시하는 상륙.

보조선박(補助船舶, Auxiliary Vessel)
전투선박이 아니면서 군사작전에 사용되는 선박.

보조연료탱크(補助燃料~, Droppable Fuel Tank)
여분의 연료를 담아 비행기에 장치하고 사용 후 투하해 버리는 연료탱크.

보조진지(補助陣地, Supplementary Position)
주진지 및 예비진지에서 수행할 수 없는 과업을 수행할 수 있도록 최선의 방법(수단)을 제공해 주는 진지.

보조착륙장치(補助着陸裝置, Auxiliary Landing Gear)
착륙 혹은 이륙 시에 항공기가 충분한 균형을 갖도록 하는 항공기의 기어 장치.

보조추적장치(補助追跡裝置, Aided Tracking Mechanism)
모터와 변속 구동장치로 된 장비로서 바라는 추적속도를 전자적 계산기나 기타 조정기구에 장입하여 수동으로 조정할 때까지는 장입속도로 자동적으로 추적이 이루어지도록 하는 수단임.

보조표적(補助標的, Secondary Target)
주 사격임무가 완료되었을 때나 주 사격임무를 수행할 수 없게 되었을 때 조준해야 할 표적.

보조품목(補助品目, Support Items)
최종 품목에 부속되거나 관련된 품목(예를 들면, 예비품, 수리부품, 공구, 시험기구 및 잡자재)과 최종 품목을 조작, 수리 또는 정비하는 데 필요한 품목.

보조항(補助港, Secondary Port)
주항을 통과하여야 할 물량의 일부를 취급하는 데 사용되는 항구. 이는 주항에 의하여 운영 및 관리된다.

보조화약(補助火藥, Booster)
1. 신관이나 폭관 내에 들어 있는 소량에 의해서도 발화될 수 있는 감촉이 예민한 고성능 화약. 주장약을 점화시킬 수 있는 충분한 위력이 있다.
2. 보조 또는 최초 추진장치로서 미사일이나 항공기와 같이 추진하고 그 추진력을 전달한 후에는 모체로부터 분리되든가 분리되지 않는 추진제. 보조화약장치는 하나 또는 그 이상이 포함되어 있다.

보좌함(補佐艦, Assisting Ship)
대잠전에서 협동공격 시 공격함을 보좌하거나 근접탐색작전 시 지휘함을 보좌하도록 지정된 함정.

보초(步哨, Sentry)
1. 감시와 질서 유지를 위해서 배치된 인원.
2. 적의 기습으로부터 인원과 시설을 보호하고, 적의 공격을 경고하기 위하여 배치된 인원.

보충(補充, Replacement)
손실에 의해 발생된 부족병력을 충원하는 것. 보충방법에는 개인보충과 부대보충, 그리고 이들을 복합적으로 준용한 집단보충이 있다.

보충보급(補充補給, Method of Resupply)
인가된 보급수준 또는 보급기준의 소모분에 대한 보급.

보충불출(補充拂出, Replacement Issue)
인가문서에 규정된 수량을 유지하기 위하여 기 보급된 장비를 대치하는 사용부대에 대한 불출량. 이러한 불출은 경제적인 수리를 할 수 없는 마모, 유기, 파손, 적 활동 및 도난으로 인한 손실의 보충 등이다.

보충수요(補充需要, Replacement Demand)
1. 인가된 보급수준 또는 보급기준의 소모분에 대한 청구.
2. 과거에 수령한 경험이 있는 품목에 대한 적절한 인가량의 보충을 목적으로 제기하는 순환수요.

보충역(補充役, Reservist Status)
징병검사를 받아 현역복무를 할 수 있다고 판정된 사람 중에서 병력수급 사정에 의해 현역 입영대상자로 결정되지 아니한 자. 공익근무요원, 공중보건의사, 국제협력의사, 전문연구요원, 산업기능요원으로 복무 또는 종사를 마치고 보충역에 편입된 자를 말한다.

보충지시(補充指示, Assignment Instructions)
인사명령권이 있는 차상급 부대장이 예하대 병력을 조정하기 위하여 계급, 인원, 일자만을 기재하여 지시하는 명령서.

보충철조망(補充鐵條網, Supplementary Wire Entanglement)
각 진지의 방호철조망을 연결하여 진지의 방호력을 보강할 목적으로 설치, 운용하는 철조망.

보통분해(普通分解, Field Strip)
손질이나 가벼운 정비를 위해서 총포의 주요 결합부분만 분리시키는 것.

보통통신문(普通通信文, Routine Message)
모든 유형의 메시지에 사용되는 분류로서 특별히 긴급한 요구에 의해 우선적으로 전송할 필요가 없는 한 가능하면 빠른 전송수단을 이용해서 전달해야 하는 메시지.

보행속도(步行速度, Pace)
육군의 경우 지정된 평균속도를 유지하기 위하여 조절하는 종대 또는 단위대의 규정된 속도.

보행환자(步行患者, Walking Patient)
환자의 상처나 병세가 상대적으로 미약하여 본인이 걸을 수 있으며, 후송도중 신체적 조건이 악화되지 않을 것으로 보이는 환자로서 들것을 필요로 하지 않고 좌석만을 필요로 하는 환자.

보호(保護, Protection)
1. 화생방 위험으로부터 인원, 장비 및 중요한 자원과 시설의 피해를 줄이기 위해서 취해지는 방안. 여기에는 다섯 가지 활동이 있는데, 이러한 것들로는 진지의 확고한 구축, 인원보호, 임무중심 보호자세 취하기, 물리적 방어방안 사용, 공격에 대한 반응 등이 있다.
2. (미국) 우주전쟁에서 능동적이고 수동적인 방어방안으로서 미국이나 동맹국의 우주시스템이 제대로 작동하도록 하는 것. 이에 속하는 것으로는 적이 우주시스템의 기능을 마비시키려는 노력을 무산시키거나, 실제로 적이 시스템을 마비

시키려고 할 경우에는 피해를 최소화하는 것 등이 있다.

보호의(保護衣, Potective Clothing)
특별히 만들어지거나 화학적으로 방독 처리된 개인피복. 액체 화학작용제나 어떤 생물학작용제로부터 보호하여 준다.

보호주파수(保護周波數, Protective Frequency)
우군의 특정 작전수행 시에 사용되는 주파수로서 변경되는 작전요구에 따라 일정한 시간에 한해서 사용이 제한됨. 선임 전술지휘관이 우군의 방해 및 기만작전에 의해서 보호주파수를 지정한다.

보호표적(保護標的, Prohibited Target)
보호표적이라 함은 법률이나 조약에 의거 공격이 금지되는 표적.

복귀선율(復歸線率, Rehabilitaion Dose Rate)
방사능 측정 중 주어진 선율에 도달하면 측정 인원이 복귀해야 하는 정도의 선율. 복귀선율은 지휘관이 결심한다.

복귀유격시험(復歸有隔試驗, Linkage Mechanism Test)
전차의 주포와 조준경이 평행을 유지하며 고저각 작용을 통하여 주포의 축선과 조준경이 평행하게 작용할 수 있도록 연동장치 연결상태를 점검하는 시험.

복무관례(服務慣例, Customs of Service)
법 규정에 기술되어 있지 않지만 전통과 관행으로서 구속력을 갖게 된 군대관습, 관행 및 절차.

복무확인서(服務確認書, Certificate of Service)
기명인이 현역으로서 복무 연한을 정당하게 마쳤다든가 또는 그 연한 이전에 정당하게 면제 또는 제대되었음을 증명하는 것.

복병(伏兵, Ambush)
기습하려고 잠복 대기하고 있는 행동이나 이를 위해 배치된 병력.

복식돌파(複式突破, Multiple Penetration)
공격부대가 적의 방어진지를 2개소 이상에서 통과하여 적을 분단 후 방어의 지속성을 파괴할 수 있는 목표를 확보함으로써 적을 각개 격파하는 돌파 기동형태의 변형.

복원(復員, Demobilization)
전시체제에서 평시체제로 전환됨에 따라서 인적, 물적 자원을 동원목적으로부터 해제시키는 제반활동. 복원의 종류는 인원, 물자 및 행정복원으로 구분된다. 특히 행정복원은 전시체제 확립을 위해 증·창설되었던 각종 행정기구를 원상으로 환원시키는 것을 말하며, 복원은 서서히 단계적으로 실시하며 혼란과 무질서를 방지할 수 있도록 해야 한다.

복원령(復員令, Demobilization Order)
전시편제 군대를 평시편제로 돌리고 소집을 해제하는 명령.

복합기뢰(複合機雷, Combination Mine)
감응기뢰의 일종으로서 자기, 음향, 압력 등 기뢰 발화장치의 동작요인 중 2가지 이상이 복합적으로 동작되어 폭발하도록 설계된 기뢰.

복합비상작전(複合非常作戰, Complex Contingency Operation)
군부대와 비군사적 조직들의 연합체에 의해 수행되는 대규모 평화작전(혹은 소속된 부대). 대개 해외 인도적 지원, 국가적 지원, 반정부활동 지원, 대반정부활동 지원 등 두 개 이상의 다른 유형의 작전을 수행하는 평화작전조직들로 구성된다.

복합비행단(複合飛行團, Complex Wing)
두 가지 유형 이상의 무기 시스템을 운용하

는 공군 비행단. 일부 복합비행단은 한 지휘관이 지휘하는 한 지점의 단일 비행단이 특정 전쟁 목적을 달성하기 위해서 요구되는 모든 자원을 집중하기 위해서 새로 구성하거나 설계하기도 한다. 그러나 일반적으로 대부분의 복합비행단은 동일 기지에서 운용되는 기존의 다른 형태의 무기시스템을 합쳐서 한 비행단으로 구성한다

복합작전(複合作戰, Complex Operation)
유격작전부대가 적의 전투력을 분산시키고 유격부대의 위치, 병력규모를 기만하기 위하여 2가지 이상의 작전방법을 혼용하는 것.

복합화학무기(複合化學武器, Binary CW Weapon)
무해한 두 액제로 나누어 보관하다가 사용직전에 혼합하여 독성을 발휘시키는 유형의 복합형 독성화학무기. 종전의 독가스(주로 신경가스)가 1액제(液劑)로서 독성이 강해 취급이 불편하고, 저장용기도 부식의 위험성이 있기 때문에, 이를 무해한 액체로 분리시켜 저장했다가 사용할 때 혼합하므로 보관과 이동이 용이하다. 예를 들면 린산2불화 메틸과 이소프로필 알콜로 구성되는 신경가스의 경우, 이 두가지 액제를 분리시켜 놓으면 각 액제는 무해하다. 린산2불화 메틸을 포탄이나 폭탄내에서 충진시켜 놓고 사용직전에 알콜을 넣은 용기를 삽입하여 적절한 수단으로 두 액제를 혼합하면 독가스로 변하게 된다. 1970년대 초에 미국에서 개발했으나 의회는 기존 1액형 독가스의 폐기방법을 확립하기까지 생산을 허가하지 않다가, 87년 12월 겨우 155mm 포탄의 생산을 개시하였다. 또한 폭탄형의 Bigeye도 한정 생산에 들어갔으나 90년 6월 미소 수뇌회담에서 화학무기의 생산중지, 폐기 방침이 결정되었다.

본대(本隊, Main Body)
1. 전술부대 또는 대형의 주 부대. 전위, 전초, 연락조 등과 같은 분견된 단위요소는 포함하지 않는다.
2. 분견대나 파견된 부대의 원소속 부대.

봉쇄(封鎖, Containment)
1. 적의 주권 하에 있거나 통제 하에 있는 특정해역, 해안에 대한 모든 선박의 출입을 차단하려는 일종의 작전. 작전지역에는 항구, 전 해안선 또는 해안선의 일부를 포함시킬 수 있다.
2. 외부와의 연결을 단절시키는 것.

봉쇄기뢰원(封鎖機雷原, Blockade Minefield)
적 함선의 해상활동을 저지하기 위하여 항만 입구 또는 적 함선의 접근을 막기 위하여 일정구역에 부설하는 기뢰원.

봉쇄선(封鎖線, Blockade Line)
적의 공항이나 항구지역의 외부와의 교통을 차단하기 위하여 무력으로 막아놓은 선.

봉쇄정책(封鎖政策, Containment Policy)
적대국의 육로, 해로, 공로를 차단시키는 고립화 정책.

봉지뢰(棒地雷, Bar Mine)
장방형 단면을 갖고 있는 막대 모양의 플라스틱 대전차지뢰.

부교(浮橋, Floating Bridge)
1. 강 건너로 장비 및 병력을 보내기 위하여 부유물에 의하여 가설되는 임시교량.
2. 배, 뗏목 따위를 잇대거나 교각을 세우지 않고 강 위에 놓은 임시 다리를 말함.
(북한) [선교(船橋)]

부대(部隊, Troop, Unit, Force, Command)
1. 국군조직법에 의하여 설치되는 국군의 모든 편성체를 말하며, 기관을 제외한 군사조직 단위.
2. 한 특정인의 명령 휘하에 있는 부대나 부대들, 혹은 조직.

ㅂ

3. Command는 한 특정인의 명령 휘하에 속하는 지역을 나타내기도 한다.

부대건강보호(部隊健康保護, Force Health Protection)
군 인력에 대한 정신적 혹은 육체적 건강상태를 증진, 개선, 보호, 교정하는 서비스를 제공하고 조정하고 수행하는 모든 것. 이런 서비스에 속하는 것으로는 인력이나 재정 및 시설에 해당되는 건강서비스자원, 예방과 치료를 통한 건강방안, 부상자, 사상자, 환자의 후송, 의학적 건강과 건강하지 않음을 구별하는 것, 혈액관리, 의약품, 장비, 유지에 필요한 물품, 전투 스트레스 통제, 치과, 수의, 실험실, 안과, 발 건강, 의료정보 서비스 등이 있다.

부대계획(部隊計劃, Troop Program)
군 통제계획의 하나로서 현역 군 병력 및 부대구조에 대한 목표와 지침을 제공하고 군 전략목표기획 및 제한된 전투를 위하여 제 소요를 충족해 주기 위한 창설, 해체, 개편, 군인 및 군무원에 대한 부대기준 전개 및 준비태세 목표를 설정하는 계획.

부대고정(部隊固定, Unit Fixation)
동원훈련에 입소하는 예비군의 소속부대를 변경시키지 않고 항상 동일하게 지정하는 것.

부대공중보급품(部隊空中補給品, Unit Air Supply)
공두보에 있는 부대에서 자유투하 낙하산 또는 활주기로 직접 전달되는 보급품.

부대구분(部隊區分, Task Organization)
1. 해군에서 사용하는 용어로서 어떤 계획된 행동에 있어 부여된 임무를 완수하는 수단을 각 책임 지휘관에게 부여한 조직.
2. 특정 해군 지령에 부속된 조직편성표.

부대구성표(部隊構成表, Troop Basis)
모든 부대의 특정 임무수행에 필요한 군부대와 군인(군무원 포함)의 수, 편성 및 장비 따위를 나타낸 인가표. 대규모 부대의 경우에는 배치에 대한 허가를 나타낸다.

부대구조(部隊構造, Force Structure)
국방부로부터 승인된 정원을 기초로 지휘부대, 전투부대, 전투지원부대, 군수지원부대, 행정지원부대로 구분하여 전투력 발휘가 용이하도록 지휘제대별로 형성된 체계.

부대기록(部隊記錄, Unit Record)
부대 전반에 걸친 현황을 표시하는 일정한 기록. 일일병력보고, 정기보고, 사상자 및 비전투 손실보고, 일보, 처벌보고서, 인원신청서 등이 포함된다.

부대기준표(部隊基準表, Force Basis)
특수임무의 수행에 필요한 군의 부대와 인원(군속 포함)의 수, 편성 및 장비별로 나타낸 인가표.

부대단위 진지변환(部隊單位陣地變換, Unit Movement by Displacement)
증원 포병부대가 가용 시 또는 직접지원 임무를 대행할 수 있는 포병부대가 있을 경우 대대가 1개 제대로서 동시에 이동하는 것.

부대령(部隊令, Troop Order)
국방부 직할부대 및 각군 예하사단급(소장급 지휘기준) 이상 부대의 설치근거가 되는 대통령령. 부대의 설치목적과 임무, 지휘관과 그 보좌기구 및 참모부서의 설치근거와 정원 책정에 관한 사항 등을 포함한다.

부대명칭목록(部隊名稱目錄, Unit Designation List)
군부대 목록에 필요한 항목들을 완벽하게 갖추기 위해 지정한 단위부대의 식별부호로 구별되는 실제적인 단위부대 목록.

부대명칭부호(部隊名稱符號, Unit Designation Code)
보안 목적 또는 식별이나 구분을 위하여 편

성부대에 부여한 숫자로 된 부호.

부대목록(部隊目錄, Force List)
작전 계획에서 필요한 모든 부대들을 나열해놓은 것. 여기에 속하는 부대로서는 배치부대, 증원부대와 작전을 지원하는 지원부대가 있다.

부대보고(部隊報告, Unit Report)
전투부대가 상급사령부로 제출하는 정보 및 작전의 합동보고서.

부대보급(部隊補給, Unit Supply)
사용부대에서 시설까지 가서 보급품을 수령하는 것으로 재보급시에 주로 사용함.

부대보충(部隊補充, Unit Replacement)
예속되었거나 배속된 부대 중에서 대량피해로 무력화된 부대를 동등한 편성장비표를 가진 부대로 보충하는 것. 즉 어느 부대 전체를 대치시키는 보충방법이다.

부대분배(部隊分配, Unit Distribution)
보급품을 수령부대 지역에서 불출하는 것. 이에 대한 수송은 보급품 불출기관에서 담당하는 보급품의 분배방법이다. 통상 전투부대가 기본임무에 전념할 수 있도록 상급부대에서 추진 지원 하는 개념이다.
〈반〉 [보급소 분배]

부대색인(部隊索引, Force Tabs)
전쟁계획과 관련해서 시간단계별 주력전투부대의 배치와 지리적 지역에 대한 문서.

부대순환교대계획(部隊循環交代計劃, Operational Gyroscope)
부대와 부대를 일정한 기간 동안 돌아가면서 교대시키는 계획.

부대시험(部隊試驗, Troop Test)
작전, 편성개념, 교리, 전술 및 기술평가를 위하여 또는 자료에 대한 더 좋은 첩보를 얻기 위해 야외에서 실시하는 시험.

부대실무훈련(部隊實務訓練, Unit On-the-Job Training)
군사특기가 부여되지 않은 실무요원에게 군사특기를 부여하기 위하여, 또는 군사특기를 부여받은 요원의 업무능률을 증진시킬 목적으로 실무부대에서 실시하는 개인훈련.

부대안전기준(部隊安全基準, Troop Safety)
핵무기 운용 시 계획된 폭발위치로부터의 거리에 따른 위험도 또는 안전도를 표시한 것. 해당 거리보다 떨어져 있을 경우나 위험도에 명시된 기준 이하에 노출될 경우에는 명시된 정도로 안전하게 된다는 의미이며, 이 지표는 위험의 정도와 취약정도로 표시된다.

부대예규(部隊例規, Standing Operating Procedure; SOP)
부대 운영에 있어서 명확하고 표준화된 절차를 규제하는 일련의 지시. 즉 일상적인 업무처리 절차를 기술한 명령이다.

부대이동(部隊移動, Troop Movement)
부대가 부여된 임무를 수행하기 위하여 전투력을 유지한 상태로 요구하는 시간과 장소에 위치시키는 것. 전술적 부대이동과 행정적 부대이동으로 분류되며, 형태에 따라 육상이동, 해상이동, 공중이동으로 구분한다. 육상이동은 이동수단에 따라 도보이동, 차량이동, 철도이동 등으로 구분한다.

부대이동통제본부(部隊移動統制本部, Force Movement Control Center)
(미국) 모든 전개 지원활동을 통제하고 협조하기 위해 해병공지특수임무부대에서 설치하는 임시 조직.

부대일지(部隊日誌, Unit Journal)
한 부대의 제반 사항을 발생순서대로 기록하는 공식 서류.

ㅂ

부대장(部隊葬, Unit Funeral)
부대소속 장병으로서 군인의 귀감이 될 공적을 세우고 전사 또는 순직하였을 때, 부대참모의 의견에 따라 부대장이 결심하여 부대에서 지내는 장례식.

부대적재(部隊積載, Unit Loading)
전투부대와 그들이 가지고 있는 장비 및 보급품을 같은 선박에 함께 적재하는 것. 이는 선박별로 단위부대를 완전 적재하게 되므로 상륙 즉시 전투투입이 용이하다.

부대 정기작전보고(部隊定期作戰報告, Command Report)
지정된 사령부 또는 부대의 지휘관이 자대의 작전에 관한 자료 및 평가를 정기적으로 제출할 때 사용하는 보고. 교리, 편성, 장비, 훈련, 관리, 기술 및 전술에 관한 경험에 의한 의견을 건의한다.

부대정비(部隊整備, Organizational Maintenance)
1. 공군에서 일반 기재를 정비하는 기초단계.
2. 장비를 사용하는 부대가 책임지고 수행하는 정비. 전문적 기술이 없이도 할 수 있는 간단한 부속품 교체, 주유 등의 정비를 말하며, 사용자(1계단)정비와 정비병(2계단)정비로 구분한다. 정비 단계는 통상적으로 점검, 손질, 기름치기, 조정, 부품 교환, 소규모 조립 등으로 구분된다.

부대조달(部隊調達, One time Purchase)
예산을 배정받은 부대가 자체에서 계약 구매하는 조달형태. 현지조달이라고도 함. 이는 현지부대에 집행예산을 배정하여 그 부대가 특성에 맞는 품목, 수량을 조달하는 소규모 조달방법이다.

부대종류(部隊種類, Unit Categories)
부대를 임무와 특성에 따라 종류별로 나눈 것. 제1종 부대는 적을 섬멸하고 지면을 점령 및 확보하는 전투부대이고, 제2종 부대는 제1종 부대에게 비전술적인 지원 및 원조임무를 수행하는 편성장비표 상의 지원부대이며, 제3종 부대는 전투지역이나 군수지역의 운용기관을 지원하도록 편성·장비된 부대이다.

부대증강(部隊增强, Force Multiplier)
전투부대를 추가배치 하거나 투입하여 부대의 전투력을 현저하게 증가시켜서 임무를 완수할 수 있는 가능성을 높이는 능력.

부대지휘절차(部隊指揮節次, Troop Leading Procedure)
1. 부여된 임무를 준비하고 수행하는 동안 지휘관이 그의 시간과 장비와 인원을 가장 잘 이용하기 위하여 취하는 행동 및 사고과정의 순서.
2. 지휘관과 참모가 부여된 임무를 효과적으로 수행하기 위하여 계획수립, 명령하달, 작전준비 및 실시에 적용하는 일련의 논리적이고 체계적인 과정.

부대파견 외국무관(部隊派遣外國武官, Accredited Officer)
군사시찰이나 연구를 위해 다른 나라로부터 파견되어 군사기관 또는 군사시설에 근무하는 무관.

부대편성(部隊編成, Unit Organization)
부대의 지휘, 전투 및 근무요소를 포함하여 능률적으로 부대를 조직하는 것. 부대창설, 해체, 개편을 통해 능률적으로 조직되며, 부대과업 결정, 과업을 완수하기 위한 부대구조의 결정, 자원 할당의 단계로 이루어진다.

부대편성장비철(部隊編成裝備綴, Organization Equipment File)
장비에 대한 기본 양식과 기록을 철하게 되어있는 봉투로서, 이관하거나 후송하는 장비에 따라다님.

부대할당(部隊割當, Allocation of Forces)
예하부대가 부여된 전술계획을 수행할 수 있도록 특정한 부대나 기타 자원을 지정하여 주는 것. 방법으로는 예속, 배속 또는 작전통제와 직접지원, 증원 그리고 일반지원이 포함된다.

부대활동 지정부호(部隊活動指定符號, Force Activity Designators)
(미국) 공급요구의 우선순위 매트릭스를 만드는 데 사용되는 수로서, 해당부대의 수요에 대해 지정된 숫자. 이 수는 미국 국방부의 목적을 완수하기 위한 단위부대들의 상대적 중요성을 정의한다.

부대훈련(部隊訓練, Collective Training)
완전한 한 조직체로서 부여된 임무를 수행할 수 있도록 개인들로 구성된 집단을 훈련시키는 것.

부대훈련관리(部隊訓練管理, Unit Training Management)
지휘관 및 참모가 부대훈련에 대한 사항을 계획하고 준비하여 실시 및 평가하는 데 따르는 조직적인 활동과 그 과정.

부대훈련소집(部隊訓練召集, Unit Training Assembly)
인가되고 계획된 기간 내에 규정된 시간동안 퇴역 군인을 소집하여 부대훈련 하는 것.

부대훈련주기(部隊訓練週期, Unit Training Cycle)
기본 각개훈련부터 부대가 기동훈련에 참가할 때까지의 기간에 실시하는 훈련순환단계, 또는 기본 각개훈련부터 부대훈련이 끝날 때까지의 기간.

부대훈련평가(部隊訓練評價, Unit Training Evaluation)
각급 제대 지휘관이 개인 및 부대에 대하여 임무위주 훈련에 의한 성과달성 정도와 임무수행 가능성을 확인하고 훈련발전을 도모하기 위하여 실시하는 평가로서, 개인훈련평가와 전술훈련평가로 구분됨.

부도(附圖, Attached Map)
해당되는 사실과 관련되어 첨부되는 지도, 요도, 약도 등으로 특히 전술상황과 유관함.

부동문교(浮動門橋, Floating Ferry)
육지에 매놓은 닻줄로 하천에서 조정하여, 나룻배로 사용되는 뗏목.

부록(附錄, Annex)
작전명령이나 기타 문서를 더욱 명확하게 하거나 상세하게 하기 위하여 첨부된 문서.

부분동원(部分動員, Partial Mobilization)
적 공격전 위기상황에 따라 단계적으로 필요한 지역과 자원종류에 대해서만 선별적으로 동원하는 것. 전면전시 총동원을 하기 전에 동원하는 것으로서 경제적이고 효율적으로 동원할 수 있는 유연한 동원방법이라고 할 수 있다.

부분화(部分化, Compartmentation)
1. 조직 전체의 비밀을 유지하기 위하여 각 구성분야별로 분리시켜 해당 임무 외에 다른 분야에 대한 지식을 부여하지 않도록 제한하는 분리방법. 부분화는 공작, 보안의 한 수단이며 한 정보기관을 조직 운용하는 원칙이다.
2. 지정된 업무수행에 필요한 인적자원, 내부조직, 혹은 한 부서의 활동에 관한 정보를 다른 부서에서 사용할 수 있도록 조직을 구성하고 관리하는 것.

부비트랩(~, Booby Trap)
외견상으로 무해하고 안전하게 보이는 물건이지만, 이를 의심 없이 건드리게 될 때에는 폭발하여 인원을 살상하게 만든 장치.

부상기뢰(浮上機雷, Rising Mine)
해상 기뢰전에서 함정이나 타이머 장치에

의해 추로부터 떨어지도록 된 양부력을 가진 기뢰. 이 기뢰는 접촉이나 유체역학적인 압력 및 기타 영향에 의해 폭발한다.

부상 레이더 반사기(浮上~反射器, Gull)
전자전에서 적을 기만할 목적으로 해면상에 목표물이 있는 것처럼 가장하기 위해 물에 띄워 놓은 레이더 반사기.

부속품(附屬品, Accessory)
장비의 기본 부분에 부가하여 그 기본적인 사용범위와 목적을 확대 및 변경시키지 않고 사용하는 보충적인 품목.

부수병력(附隨兵力, Accompanied Troops)
정원에서 편제병력을 감한 인원으로서 교육, 입원, 구금 및 행정상 유동인원 등과 같이 편제부대 운용을 효율적이고 용이하게 하기 위하여 필요한 병력. 교육부수 및 행정 부수병력으로 구분하며 각 군 본부에서 책정하며 관리한다.

부수피해(附隨被害, Collateral Damage)
당시 상황을 지배하는 환경에서 합법적인 군사적 목표물이 아닌 인명이나 물품에 대해 의도되지 않은 상태에서 입은 상처나 피해. 공격으로부터 예상되는 총체적인면에서 군사적인 면에서 볼 때 과도한 피해가 아니라면 비합법적인 것은 아니다.
〈동〉 [간접피해]

부수효과(附隨效果, Contingent Effects)
핵폭발의 영향으로 나타나는 주된 효과에 추가적으로 나타나는 부수적 효과. 긍정적인 효과와 부정적인 효과 모두를 의미한다.

부유기뢰(浮遊機雷, Drift Mine)
수면 상에 떠다니다가 함선에 접촉되면 폭발하여 함선을 손상시키도록 고안된 기뢰.

부유주정중대(浮遊舟艇中隊, Floating Craft Company)
중대 규모의 부대로서 예인선, 바지선, 바지크레인 같은 다양한 수상선박 팀들로 구성됨.

부첨(附添, Tab)
본 문서(별지)에 대한 부가적인 추가서류.

부침기뢰(浮沈機雷, Oscillating Mine)
유체역학적으로 제어되는 기뢰로서 조수의 올라가고 내려가는 것과 무관하게 사전에 설정한 일정한 깊이에 설치됨.

부품(部品, Component)
부품, 부속조립품들의 조합이나 조립체. 제조, 조립, 유지, 재건하는데 쌓아놓은 조립품.

북방한계선(北方限界線, Northern Limited Line; NLL)
동·서해에서 우군 경비함정의 경비 활동에 대한 북방한계를 규정하기 위하여 유엔사가 일방적으로 설정한 해군 작전한계선.

분견대(分遣隊, Detached Unit)
소속부대로부터 차출되어 떨어져서 근무하는 단위부대. 일명 파견대라고도 하며 분견대는 분견되어 있는 동안 독립부대로서 기능을 발휘하나 타 부대에 배속될 수도 있다.

분계선(分界線, Line of Demarcation)
1. 완충지대 또는 제한 지역의 경계를 설정한 선.
2. 전투 종료나 철수가 완료된 후에 분쟁방지 또는 호전적 세력의 전진한계를 설정한 선.

분권화 통제(分權化統制, Decentralized Control)
전술적 부대 운용 권한을 예하부대 또는 타 부대에 위임함으로써 지휘권을 분리시키는 운용 방법. 예를 들면 추격 시 포병은 통상 분권화되어 운용된다.

분기점(分岐點, Initial Point)
공정작전 시 착륙지점에 가까운 점으로서 대열(병력수송 공중편대)이 각개 투하지대 혹은 착륙지대 상공을 통과하는 코스를 최종 변경하는 지점. 헬리콥터 착륙지대 부근에서 헬리콥터의 각개 편대가 지정된 착륙장소로 향하도록 된 공중 통제점이다.

분대(分隊, Squad, Division, Element)

1. 지상군의 분대(Squad)는 반, 또는 소대 예하 최소전술단위.
2. 해군의 분대(Division) 두 척 이상 함정의 행정 또는 전술조직으로서 전술목적에 따라 단대로 더 세분할 수 있음.
3. 공군의 분대(Element)는 2기 항공기로 구성.

분배 및 배당표(分配~配當表, Table of Distribution and Allowance)

부대의 특정임무 수행에 적합하도록 규정한 표. 임무 및 기능의 변동에 따라 편제를 조정하는 부대(각군 본부, 교육기관, 국직부대/기관 등)에 적용한다.

분배, 배포, 배치(分配, 配布, 配置, Distribution)

1. 전투, 행군 또는 기동 등의 목적으로 부대를 배치하는 것.
2. 어떤 점의 주위에 사격한 포탄의 모양.
3. 요망하는 정면이나 종심을 엄호하기 위한 사격의 계획된 분산.
4. 명령 또는 보급품의 정식 송달.
5. 물자, 시설, 근무지원을 분배하는 행위를 내포하는 군수의 기능적 단계.
6. 군의 인원을 어느 부서, 부대 또는 숙소에 할당하는 과정.

분배시스템(分配~, Distribution System)

군 시스템으로 물품의 수신, 활용, 배분하는 지점과 각 지점 사이에서 군수품을 접수, 저장, 유지, 배분, 통제하는 시설, 그리고 그 시설의 설치, 운용의 방법과 절차로 이루어지는 복합시스템.

분산사격(分散射擊, Distributed Fire)

한 지역 목표물에 가장 효과를 많이 주기 위해서 분산하여 수행되는 사격. 분포사격이라고도 한다.

분산이동방식(分散移動方式, Dispersal Movement Pattern)

함선에서 해안으로 이동하는 대형으로서 추가적인 상륙주정을 측면에 혹은 상륙지점의 깊이에 따라 분산시키는 이동. 이 대형은 적의 핵무기 위협이 요소로 작용될 경우에 사용된다.

분산작전(分散作戰, Distributed Operations)

분산된 상태에서 시간적 및 기습적으로 전투력을 집중하는 전장운영 방식. 작전수행방식을 분산형태로 운용하되 네트워크를 활용하여 상호 밀접히 연결함으로써 분산에 따른 취약점을 보완하고 동시에 분산이 지닌 강점을 극대화 할 수 있다.

분석평가체계(分析評價體系, Analysis Evaluation System)

주요 정책 사업을 효율적으로 계획, 운영, 평가하기 위해 실시하는 단계별 분석평가체계. 기획, 계획, 예산단계에서 주요사업 추진에 따른 각종 의사결정에 기여하기 위하여 실시하는 사전분석과, 당해연도 집행되는 사업과 완료된 사업에 대하여 실시하는 사후분석으로 구분되며, 주요시책 사업과 운영유지사업을 위주로 실시하는 심사평가와 방위력개선사업 위주로 실시하는 전력운영 분석으로 구분한다.

분임재산관리관(分任財産管理官)

재산관리관으로부터 위임 및 지시받은 사항과 소관 부동산의 운용 및 보존에 관한 조정 · 감독 · 통제업무를 수행하는 부대의 장을 말함.

분쟁(紛爭, Conflict)

국제법상 또는 국내법상의 주체간의 다툼. 국제분쟁, 국내분쟁 및 무력분쟁으로 구분

ㅂ

할 수 있다.

분진점(分進點, Release Point)
종대를 구성하여 이동하는 부대의 특정 구성 부대가 그의 각개 지휘관의 통제 하에 복귀하는 지점 또는 예하 지휘자에게 지휘권이 이양되는 지점.

분포거리(分布距離, Dispersion)
인원 및 화물이 항공기로부터 낙하산에 의하여 지상에 착륙되었을 때 선두로부터 후미까지의 분산된 거리.

분해수리(分解修理, Overhaul)
어떤 품목을 분해 검사하여 완전히 사용 가능한 상태로 복구시키는 것.

불가침조약(不可侵條約, Nonaggression Treaty)
국가와 국가 간에 상호 평화를 위하여 군사적 침략을 하지 않을 것을 약속하는 조약.

불가침 주파수(不可侵周波數, Taboo Frequency)
우군부대가 고의로 전자방해를 할 수 없는 중요한 주파수. 예를 들면 국방통신체계(DSC), 유도탄 통제 및 조기경보, 방공레이더망에서 사용하는 주파수 등.

불가침협정(不可侵協定, Non-Aggression Pact)
주권 및 영토보전의 존중과 무력행사의 금지를 내용으로 하는 정치체제로서 국가간의 합의.

불균형수단(不均衡手段, Unbalanced Measure)
상대방이 보유하고 있지 않거나, 또는 상대방보다 월등하게 많이 보유한 능력. 화학무기, 장사정포, 방사포, 전구탄도미사일, 특작부대 및 무경고 혹은 제한된 경보 하에서 타격을 실시할 수 있는 전방전개공군 등을 들 수 있다.

불발(不發, Misfire)
탄알이나 폭탄이 발사되지 않거나 터지지 아니함.

불발탄(不發彈, Dud, Unexploded Shell)
1. 의도된 대로 폭발하지 않은 폭발물이나 발사된 뒤에 폭발하지 않은 폭발물. 절대불발, 축소불발, 섬광불발로 구분한다.
2. 투발계통으로 표적지역에 쏘거나 투하하였으나 기계적 또는 자연적 원인으로 폭발하지 않은 총포탄 및 폭탄.

불발탄 수색(不發彈 搜索, Bomb Reconnaissance)
불발탄을 수색하여 인원, 건물, 시설에 위해를 미치지 않도록 처치하고, 그 성질을 확인하여 처리에 관해 상사에 보고하는 것.

불발폭발물(不發爆發物, Unexploded Explosive Ordnance)
폭발시킬 의도로 작동시켰으나 설계나 기능상의 결함 등으로 폭발되지 않고 남아 있어 작전상, 또는 시설이나 인원, 물건 등에 위험이 초래될 가능성이 있는 상태의 폭발물.

불시착(不時着, Forced Landing, Unscheduled Landing)
1. 항공기가 계속 비행이 곤란한 상태 하에서 어느 곳에서나 적당한 곳에 착륙하는 것.
2. 계획된 착륙지역이 아닌 곳에 착륙하는 것.

불시착수(不時着水, Ditching)
고장 난 항공기가 수상에 통제된 착륙을 시도하는 것. 비상착수라고도 한다.

불출단위(拂出單位, Unit of Issue)
한 보급품의 불출에 사용되는 표준 또는 기준량으로서 수량, 다스, 갤런, 쌍, 파운드, 연(500매), 세트, 야드 등이 있음. 통상적으로 단가와 구별하기 위해서 사용하는 용어이다.

불침번(不寢番, Night Watch)
밤에 잠을 자지 아니하고 번을 서는 일. 또는 그런 사람.

불침번병(不寢番兵, Vigilant Sentry)
야간에 영내에서 화재와 도난 및 병사들의 위생을 돌보며 인원과 재산을 보호할 목적으로 근무하는 인원. 통상 2명 1개조로 1명은 동초, 1명은 실내를 경계한다.

불침투성 보호의(不浸透性保護衣, Impermeable Protective Clothing)
안팎이 고무로 칠해진 천으로 만들어져 있어 공기가 통하지 않으며 모든 용액 화학작용제나, 생물학 및 방사능 작용제에 대해 적절히 보호될 수 있는 의복. 위험한 제독 업무에 종사하는 인원이나 유독성 작용제를 취급하는 공장 및 보급소에서 착용한다.

불평등 구분장약(不平等區分裝藥, Unequal Section Charge)
분리장전식이거나 반고정식인 탄약이 불균등한 수 개 부분으로 나눠어진 추진 장약.

불확정오차(不確定誤差, Indeterminate Error)
정확히 결정할 수 없는 사격상의 오차.

붕괴심도(崩壞深度, Collapse Depth)
잠수함의 선체가 압력에 견디지 못하고 붕괴되는 수심.

블라인드(~, Blind)
우군기를 육안으로 확인하지 못한 상태를 가리키는 말. 'Visual'의 반대용어로 사용한다.

블랙리스트(~, Black List)
실제적으로 적과 내통하거나, 내통할 가능성이 있거나, 적에게 동정적이거나, 간첩의 심이 가거나 하는 인사로서 아군의 안보에 위해를 줄 수 있는 인사들에 대한 공식적 대첩보 목록. 요시찰인 명부라고도 한다.

블랙박스(~, Black Box)
항공기의 비행정보기록(FDR)과 음성기록(VD) 등 항공기 운항에 관련된 기록이 수록되는 장치. 항공기 사고 조사 시에 활용된다.

비가시선 대공무기(非可視線對空武器, Non-Line of Sight AA Weapon)
전방지역 방공체계(FAADS)의 하나로서 통상 사단 후방지역에 배치되어 차폐지역에 있는 매복헬기 및 전차 등 육안탐지 불가표적에 대하여 개량된 유도무기로 이를 파괴 또는 무력화시킬 수 있는 무기체계.

비경고노출(非警告露出, Unwarned Exposed)
핵무기 효과와 관련된 우군부대의 부대 안전상태로, 미처 경고를 받지 못하고 핵폭발에 노출되어 최소한의 비상조치만 행한 상태. 인원이 핵폭발 시점에 일반복장으로 노출된 공간에 서 있을 경우, 섬광을 감지하게 되면 충격파가 도착하기 전에 즉각 엎드린 자세를 취해야 한다. 그러나 이미 열방사에 직접 노출된 손과 얼굴, 피부 등이 열복사선에 노출될 수 있으며, 어떤 인원은 일시적으로 섬광실명 증상이 생길 수 있다.

비고정의료시설(非固定醫療施設, Nonfixed Medical Treatment Facility)
이동식으로 운영되도록 설계된 의료시설. 해상의료시설도 여기에 포함된다.

비공통 장비(非共通裝備, Non-Common Equipment)
1개 군만이 보유하고 있는 장비 또는 3개 군이 공히 보유하고 있다 하더라도 창급 정비계획 및 집행을 1개군 단독으로 수행하는 장비.

비과시간(飛過時間, Time of Flight)
1. 탄환이나 포탄이 총구나 포구를 떠난 시간부터 물체에 충돌하거나 또는 폭발하는 순간까지 경과된 시간.
2. 해당 고각에서 포구로부터 수평점까지

포탄이 날아가는 시간.
(미국) 포병 및 함포 사격지원 시 무기가 발사된 순간부터 표적에 도달하거나 폭발할 때까지 경과된 시간을 초 단위로 나타낸 것.
〈동〉 [경과시간]

비군사적 위협(非軍事的威脅, Unmilitary Threat)
군사 이외의 정치, 경제, 사회심리면 등으로부터 발생하는 위협.

비규격군수화물(非規格軍需貨物, Breakbulk Cargo)
중량, 크기나 규격이 다른 화물들과는 맞지 않아서 군용 밴이나 수송선과는 다른 형태로 수송해야 하는 모든 필수품.
〈참〉 [비규격수송선]

비규격수송선(非規格輸送船, Breakbulk Ship)
비규격군수화물을 적재할 수 있는 전통적인 화물선으로서 데크의 하부나 상부에 선적함. 화물을 선적하고 하역할 수 있는 장비가 갖추어져 있다. 일반적으로 이 수송선은 데크 하부나 상부에 제한적인 숫자의 컨테이너를 적재할 수도 있다.

비근무상태(非勤務狀態, Nonduty Status)
징계나 불법사유를 이유로 그가 소속되어 있는 부대에서 근무를 할 수 없는 장교나 사병의 신분 상태.

비대칭전(非對稱戰, Asymmetric Warfare)
1. 상대방이 효과적으로 대응할 수 없도록 하기 위하여 상대방과 다른 수단, 방법, 차원으로 싸우는 전쟁 양상.
2. 전쟁에서 피·아 간의 차이점(강, 약점)을 이용해서 아측에게 최대한 유리하도록 하고 적에게는 최대한 불리하도록 하여 승리를 도모하는 지략적 전쟁방식.

비대칭전력(非對稱戰力, Asymmetric Force)
적의 강점을 회피하면서 취약점을 최대한 공격하여 효과를 극대화하기 위한 전력으로서 일반적으로 첨단·재래식 전력에 대항할 수 있는 대량살상무기, 게릴라전 수단 등을 지칭함.

비무기체계(非無機體系, Non Weapon System; NWS)
국방훈령과 육군규정의 「무기체계획득관리규정」에 무기체계로 분류되지 않은 일반장비 및 물자와 운영 중인 장비의 부품류를 말함.

비무장선박의 구분(非武裝船舶~區分, Categories of Non- Military Ships)
비무장선박에 대해 대응할 방법을 적용하기 위한 분류. 다음 4분류로 구분한다.
1. 무혐의선박(Clear Ship)
2. 의심스러운 선박(Doubtful Ship)
3. 적대선박(Hostile Ship)
4. 수상한 선박(Suspect Ship)

비무장지대(非武裝地帶, De-Militarized Zone; DMZ)
적대하는 두 나라의 군대 사이를 격리시키는 지대. 이 지역에서는 군의 주둔과 무기배치 및 군사시설을 설치하는 것이 금지된다.

비밀공작(秘密工作, Clandestine Operation)
정보기관이 어떤 목적 하에 주어진 목표에 대하여 계획적으로 수행하는 비공식적인 행위. 비밀공작은 사건을 덮어버리려는 의도에서 하는 작전과는 달리, 지원기관의 신원을 감추는 것 보다는 공작업무 자체를 숨기는 데 더 힘쓴다. 특별 작전에서 은밀한 행동으로 진행되기도 하며, 작전적 고려와 첩보와 관계된 활동에 동일하게 비중을 두기도 한다.

비밀등급저하(秘密等級低下, Downgrade)
비밀로 취급되는 문서가 불법적인 공개 등에 대한 보호의 차원을 낮출 필요가 있다고 인정될 경우, 현재의 비밀수준보다 낮은 수준의 비밀로 수준을 낮추는 것.

비밀분류(秘密分流, Classification) ☞ [기밀분류]

비밀분류권한(秘密分類權限, Authority of Classification)
비밀이 가지고 있는 중요성과 가치의 정도에 따라 독자적으로 그 비밀의 등급을 결정하여 분류할 수 있는 권한.

비밀정보(秘密情報, Classified Information)
국가 안보상 허가 없이 공개되는 것을 막기 위해 필요하다고 여겨지는 공식적으로 비밀로 지정된 정보.

비밀정보자료 취급권(秘密情報資料取扱權, Access to Classified Information)
비밀정보자료를 취급하거나 열람할 수 있는 권한과 기회.

비밀조직(秘密組織, Clandestine Organization)
비밀공작 수행 상 특정한 기능을 발휘할 수 있도록 은밀하게 조직된 유기적 구성체.

비밀취급(秘密取扱, Handling of Classified Material)
비밀의 수집, 작성, 분류, 재분류, 수발 등 일체의 관리행위.

비밀취급인가(秘密取扱認可, Security Clearance)
적법한 기관이 발행하는 행정적 결정사항으로서 보안수준에서 개인으로 하여금 분류된 비밀정보에 접근을 허락하는 것. 보안허가, 취급허가, 보안성허가라고도 한다.

비밀통신기술(秘密通信技術, Clandestine Communication Technique)
최대한의 보안을 유지하면서 의사전달을 목적으로 사용되는 면접 및 문서 등을 이용한 통신수단으로 비전자 통신이 주로 활용됨.

비밀해제(秘密解除, Declassification)
국가의 보안에 관련하여 비밀로 간주하던 정보가 더 이상 불법적인 공개를 우려해서 보호할 필요가 없다고 인정될 경우에 비밀설정을 제거하거나 취소하는 조치.

비살상무기체계(非殺傷武器體系, Non-Lethal Weapon System)
인명과 재산에 치명적인 피해를 주지 않고 전투력을 무능화시키는 비살상 기술 및 무능화 기술을 이용하는 무기체계.

비살상전(非殺傷戰, Non-Lethal Warfare)
치명적인 인명피해와 재산과 환경에 대한 원하지 않는 피해를 최소화 하면서 인원·장비·시설·체계를 무능화하기 위하여 운용하는 군사 활동. 정보전, 심리전, 민사작전, 사이버전, 로봇전 등이 비살상전 범주에 포함된다.

비상(非常, Emergency)
예사로운 일이 아닌 긴급 사태, 또는 이에 대응하기 위하여 신속히 내려지는 명령.

비상계류장(非常繫留場, Emergency Anchorage)
제한된 방어조직을 갖춘 정박 장소로서 해군 함정, 이동지원선단, 보조함, 상선 등이 정박함.
〈동〉 [비상묘박장]

비상계엄(非常戒嚴, Emergency Martial Law)
전시·사변 또는 이에 준하는 국가비상사태에 있어서 적과 교전상태에 있거나 사회질서가 극도로 교란되어 행정 및 사법기능의 수행이 현저히 곤란한 경우에 군사상의 필요에 응하거나 공공의 안녕질서를 유지하기 위하여 선포하는 계엄.

비상기동부대(非常機動部隊, Emergency Mobile Force)
부대시설 또는 근방의 긴급방호를 위하여 위수지, 야지 또는 주둔지의 특과 근무부대로부터 편성된 무장 기동화 된 부대.

비상기획위원회(非常企劃委員會, Emergency Planning Board)
국무총리의 직속기관으로 편성되어 있으며 비상대비업무에 대한 총괄, 조정 및 확인업무를 통해 국무총리를 보좌하는 총괄기관.

비상대기(非常待機, Alert)
1. 교전 방어 또는 방호를 위하여 대기하는 상태.
2. 실제위협 또는 전투상황을 대비한 부대의 상태.

비상대기부대(非常待機部隊, Alert Force)
특별한 수준으로 준비를 갖추고 있는 특정 부대.

비상묘박장(非常錨泊場, Emergency Anchorage) ☞ [비상계류장]

비상수리(非常修理, Emergency Repair)
임무지원 시설에 필수적인 시설의 피해에 대한 최소한의 즉각적인 수리. 수리는 내구성 있는 자재나 방법(미국의 경우 AM-2 알루미늄 매트, 비열처리혼합 아스팔트, 합판, 임시전선, 비상발전기 등)을 사용해서 이루어진다. 임무요청 시간까지 맞추기 어려울 경우에는 조립식이나 모듈형태로 대체해서 수리를 하는 것이 적합하다.

비상연락망(非常聯絡網, Alert Plan)
비상시에 신속한 소집을 위하여 연락을 취할 수 있도록 편성한 연락조, 위치카드, 통신망 등.

비상용비축(非常用備蓄, Contingency Retention Stock)
군부대에 허용된 보존해야 할 수준을 초과하는 물품 양의 일정 부분.

비상우선권(非常優先權, Emergency Priority)
다른 모든 것 보다 우선하는 즉각적인 임무요청의 범주에 속하는 것. 예를 들면 적의 침입 같은 것이 여기에 해당된다.

비상위치발신(非常位置發信, Emergency Locator Beacon)
비상 시 위치탐지에 사용되는 라디오 발신.

비상위험(非常危險, Emergency Risk)
핵폭발 시 잠시 동안의 충격이나 사상자 발생 가능성, 또는 부대 전투능력을 현저히 저하시키는 원인이 될 수 있는 위험의 정도. 이 위험은 특수한 경우를 제외하고는 허용해서는 안 된다.

비상 징용권(非常徵用權, Angary)
교전국이 군사상의 필요에서 자국 또는 점령지에 있는 중립재산(주로 교통관계의 재산)을 징발 또는 파괴하는 권리. 단, 후에 배상할 의무가 있다.

비상착수(非常着水, Ditching)
사고 항공기가 육지에 착륙이 불가할 경우 불가피하게 수면 상에 내리는 것.

비상탈출(非常脫出, Bail-Out)
비행중인 항공기로부터 승무원이 낙하산으로 이탈하는 것.

비상필수요원(非常必須要員, Emergency-Essential Employee)
(미국) 전쟁 발발이나 비상선포시에 비필수요원이 철수한 뒤에 남아서 처리해야만 할 업무를 책임지고 수행하는 미국 국방부에서 고용한 민간인. 이 직책은 전투작전이나 전투 시스템지원기능에 대한 즉각적이고 지속적인 지원이 보장되도록 간섭 없이 수행되어야 하기 때문에 군 직책이 대신할 수 없다.

비상활주로(非常滑走路, Emergency Landing Strip)
유사시 재출동기지로 활용할 수 있도록 고속도로 상, 국도 상 또는 도로와 분리되어 설치된 활주로와 부속시설.

비선형전(非線型戰, Nonlinear Warfare)
피아 화기의 사거리, 명중률 및 파괴력의 증대, 정보 및 지휘통제능력의 발전 등으로 전장종심이 확대되고, 전·후방 동시적 전투가 실시됨에 따라서 일정한 전선이 없이 전개되는 전쟁 양상.

비소모성 보급품(非消耗性補給品, Nonexpendable Supplies and Materiel)
무기, 기계, 공구나 장비처럼 상당기간 사용하여도 원래의 성질을 잃어버리거나 소모되지 않는 공급물자.
〈동〉 [내구성 군수품]

비시한신관(非時限信管, Nondelay Fuze)
비탄이 목표물을 관통하는 동안 감속되어 공이가 신관작용을 시작하는 결과에 따라 작용하는 신관.

비역함(非役艦, Vessel out of Commission)
현역에 취역하고 있지 않은 함정.

비예정부대(非豫定部隊, Non-Scheduled Unit)
예정파나 대기파에 포함되지 않은 최초 양륙 단계에서 상륙할 수 있도록 준비태세로 대기하는 상륙부대. 상륙군의 특정 전투지원부대, 대부분의 전투근무지원부대와 상급제대(사단급 이상), 예비대 등이 포함된다.

비장전 폭파표적(非裝塡 爆破標的, Uncharged Demolition Target)
폭약의 필요량을 계산하여 준비한 후 안전한 장소에 저장하고 장전 절차를 마련해놓은 표적.

비적재중량(非積載重量, Unladen Weight)
차량과 운전병 개인장구와 견인장치의 총중량으로서, 화물중량은 포함하지 않음.

비전투부상자(非戰鬪負傷者, Nonhostile Casualty)
직접적인 전투나 테러행위에 의한 환경이 아닌 다른 상황에 의해 부상을 당한 사람. 일반적인 활동, 자신의 실수로 인한 부상 및 전투 피로에 의한 부상 등이 여기에 해당된다.

비전투손실(非戰鬪損失, Nonbattle Casualty)
질병이나 상해로 인하여 사망한 자, 또는 적 활동과 억류로 인한 행방불명자 중 자의적이라고 인정되지 않는 자와 질병이나 상해로 소속부대를 이탈한 인원.

비전투용 헬리콥터(非戰鬪用~, Utility Helicopter)
부대 수송이 가능한 다용도 헬리콥터로서 지휘, 관제, 군수, 부상자 후송 및 무장헬리콥터의 임무에도 사용됨.

비전투원(非戰鬪員, Noncombatant)
종군의사나 목사 등과 같이 군인이 아니면서 일시적으로 군에 종사하는 자 또는 직접적인 전투행위 이외의 업무에 종사하는 사람.

비전투원 후송명령(非戰鬪員後送命令, Noncombatant Evacuation Operations)
(미국) 국무부나 국방부 혹은 기타 적합한 기관이 직접 수행하는 작전으로서 한 국가에 거주하는 비전투요원의 생명이 전쟁이나 사회적 불안 혹은 자연재해 등으로 인해 침해 위협이 있을 경우 이들을 해당 국가로부터 철수시키는 것.

비접적전(非接敵戰, Non-Contact Warfare)
화포, 전차, 헬기 등 탑재무기 형태의 장비를 사용하여 적과 근접해서 싸우는 직접전투와는 달리 장거리 미사일을 이용해서 원거리에서 적의 중심 등 핵심표적에 효과를

ㅂ

집중하는 비접촉 형태의 간접전투.

비정규군(非正規軍, Irregular Forces)
정규군, 경찰 또는 기타 국내 경계부대에 속하지 않는 무장한 개인 또는 집단.

비정규전(非正規戰, Unconventional Warfare)
적지역이나 적 점령지역 내에서 현지 주민이나 침투한 정규군 요원이 주로 외부의 지원과 지시를 받아 수행하는 군사 및 준군사 활동으로, 유격전, 도피 및 탈출, 전복활동 등을 포함하는 총체적인 저항활동. 주로 기존 정권이나 점령세력을 제거 또는 약화시킬 목적으로 수행된다.

비정규전부대(非正規戰部隊, Unconventional Warfare Force)
비정규전투 능력을 갖춘 부대.

비지속성가스(非持續性~, Nonpersistent Gas)
살포된 가스가 통상 10분간 또는 그 이하 시간 내에만 유효한 전쟁용 가스.

비지속성 작용제(非持續性作用劑, Nonpersistent Agent)
투발 후 오염지역에서 단시간 내에 효과가 소멸되는 작용제를 말하며, 질식, 혈액 및 신경작용제(GB)가 이 범주에 속함.
(북한) [일시성독해물(一時性毒害物)]

비축물자(備蓄物資, Stock Pile)
전쟁초기에 일시 대량 획득이 곤란한 전투 긴요물자 중 국고예산으로 평시에 확보, 저장해 두는 물자.

비콘(~, Beacon)
1. 전자유도장치를 갖춘 항공기의 유도장비. 주로 적 지역 내에서 항공기 유도, 공중폭격유도, 근접항공지원 유도 등을 위하여 사용한다.
2. 항공로에 설치되는 등대.
3. 항행의 지표가 되는 무선표지(Radio Beacon). 특정 위치에 설치된 무선국에서 특정 전파를 발사하고, 선박 또는 항공기에서 이 전파를 수신함으로써 그 무선국의 위치와 방위를 인식하여 항로 또는 항공로를 식별할 수 있게 한다.

비통풍보호형대피호(非通風保護型待避壕, Unventilated Shelter)
화생방전 하에서 기존시설의 지하도, 터널, 지하실 등에 신선한 공기가 충만한 상태로 밀폐시킨 다음, 외부의 공기를 차단함으로써 수용된 인원이 내부의 공기량만큼 보호를 받을 수 있게 설치된 대피호. 개인당 생존유지를 위한 공기의 최소 소요량은 3CFM이며 보통은 6~10CFM, 쾌적은 20~30CFM이다.

비파괴검사(非破壞檢査, Non Destructive Inspection)
파괴되지 않고 검사의 목적을 달성할 수 있는 검사. 예를 들면 방사선 투과검사, 초음파 투과검사, 자분탐상시험 등이 있다.

비파괴전자전(非破壞電子戰, Nondestructive Electronic Warfare)
파괴하거나 피해를 주는 행위를 하지 않는 대신에 거부하거나 방해하거나 기만을 하는 전자전 활동. 전시 예비상황은 여기에 포함되지 않는다.

비표준 군용재산(非標準軍用財産, Nonstandard Military Property)
설계나 실제 사용은 군사상 사용에 국한되어 있으나 기술 병과의 기술 위원회에 의하여 표준화 절차가 취해지지 않은 재산.

비표준장비(非標準裝備, Non Standard Material)
정상적인 정비관리유지가 불가하며 장비생산국의 폐기나 생산이 중단된 장비로 수리부속품 획득에 제한을 받는 장비. 기증품,

하사품, 군시설, 제작 장비, 노획장비, 습득품 및 신장비 도입으로 도태시켜야 할 장비 등이 이에 속한다.

비표준품목(非標準品目, Nonstandard Item)
표준화 절차에 의해 결정된 공급 품목으로서 조달에 대한 권한이 주어지지 않은 품목.

비행감시(飛行監視, Flight Following)
비행도중의 경과 또는 종료를 확인할 목적으로 특정 항공기와의 연락을 유지하는 임무.

비행갑판(飛行甲板, Flight Deck)
항공모함의 상판으로서 항공기가 이착륙을 할 수 있는 활주로가 있는 갑판.

비행개요(飛行概要, Flight Profile)
비행거리, 고도, 속도, 이동경로 등을 표시해 놓은 궤도나 그림.

비행경로(飛行經路, Flight Path)
항공기나 미사일, 우주선이 대기나 우주공간상에서 이동할 때 지속적으로 따라가거나 지켜야 하는 선.

비행계획서(飛行計劃書, Flight Plan)
비행계획에 관한 정보가 포함된 서식. 중앙항로교통관제소 및 비행작전본부로부터 관련기관에 통보되며, 항공기 기종, 통신수단, 항로, 이착륙 시간 및 이착륙 기지 등이 포함된다.

비행고도(飛行高度, Flight Altitude)
비행중인 항공기와 지표면과의 수직거리, 즉 항공기가 공중에 떠 있는 높이.

비행군의관(飛行軍醫官, Flight Surgeon)
항공 의료부문에 특별히 훈련된 의사. 주요 임무는 항공 근무원의 건강검진이나 치료이다.

비행금지공역(飛行禁止空域, Prohibited Area; PA)
국가 보안상 중요지역의 보호를 위해 설정하며, 모든 비행물체의 비행이 금지되거나 통제하는 공역.

비행금지선(飛行禁止線, No Fly Line; NFL)
공군구성군사령관 혹은 그가 지명한 대행자의 인가 없이는 비행할 수 없는 일정지점을 연결한 선.

비행기록장치(飛行記錄裝置, Flight Recorder)
비행 중 항공기에 관한 모든 자료의 자동기록장치. 기본 형태는 비행자료기록기(Fight Data Recorder)로 통상적으로 사고기록기 또는 블랙박스(Black Box)를 가리킨다.

비행단(飛行團, Wing)
주로 비행임무를 수행하는 수개의 비행대대와 지원조직으로 구성된 공군부대. 지원조직은 비행대대에 요구되는 보급, 정비, 의료 및 기타 지원부대가 있다.

비행단대(飛行單隊, Aircraft Section)
동일한 종류의 항공기 2대로 구성된 해군항공대의 기본 전술단위.

비행대기승무원(飛行待機乘務員, Staged Crews)
운항 중인 항공기 승무원의 피로로 인한 문제를 제거하거나 항공기의 운항횟수 등을 증대시키기 위한 승무원 교대를 목적으로 중간 비행장에 특별히 배치된 항공 승무원.

비행대대(飛行大隊, Squadron)
1. 해군, 공군 및 해병대의 항공부대에 있어서의 기본적인 행정 비행단위.
2. 육군에서는 항공대대(Aviation Battalion) 용어를 사용함.

비행대형(飛行隊形, Flight Formation)
정해진 규정 하에 비행하는 두 대 이상의 비행기.

비행로 도표(飛行路圖表, Flight Diagram)
공중이동계획에 포함되는 일종의 항로도표로서 주비행로, 예비비행로, 통제점, 출발점, 분진점, 비행회랑이 포함된 약식도표.

비행부서(飛行部署, Flight Quarters)
안전한 비행을 운영하기 위해 인력을 중요한 자리에 배치하는 항공기 상의 인원배치.

비행사고율(飛行事故率, Aircraft Accident Rate)
비행시 사고 발생율을 지표로 나타낸 것. 군의 경우, 가장 일상적인 지표는 10만 비행시간당 사고건수이며, 기타 지표로는 통상 1년 단위로 산정되는 치명적인 사고건수, 승무원 사망수 또는 항공기 파손건수 등이 있다. 민간항공의 경우에는 1년 단위로 발생하는 1억 승객수송 mile(승객수송을 km로 대체 가능) 또는 10만 stage flight당 발생하는 사고의 수를 지표로 이용한다. 일반적으로는 10만 회의 항공기 이륙시마다 발생하는 치명적 사고건수를 지표로 이용한다.

비행속도(飛行速度, Airspeed)
항공기를 둘러싼 공기에 대한 상대적인 항공기의 비행 속도. 일반적으로 비행속도란 다음 중의 한 가지를 의미한다.

1. 계기비행속도(Calibrated Airspeed) : 기계 설치오류를 수정한 비행속도.
2. 등가비행속도(Equivalent Airspeed) : 압축률 오차를 수정한 계기비행속도.
3. 표시비행속도(Indicated Airspeed) : 비행속도계에 나타난 비행속도.
4. 실비행속도(True Airspeed) : 공기 밀도(고도, 온도)에 의한 오차를 수정한 등가속도.

비행시정(飛行視程, Flight Visibility)
비행시 육안으로 확인 가능한 수평거리.

비행시험(飛行試驗, Flight Test)
항공기, 로켓, 미사일 및 기타 비행체에 대해 실제적으로 비행이나 발사를 하는 실험. 비행시험을 하는 목적은 특정 목적을 달성하거나 운용정보를 취득하기 위한 것이다.

비행작전본부(飛行作戰本部, Flight Operations Center; FOC)
육군 항공기 및 헬리콥터의 비행을 통제하며 원격수동자료 입력 장치와 음성통신장비를 이용하여 비행계획서를 중앙방공통제소로 입력, 통보하는 기능을 수행하는 기구.

비행정보구역(飛行情報區域, Flight Information Region; FIR)
국제민간항공기구(ICAO)에 의해 해당 국가의 책임공역 내에서 인가된 항공기가 안전하고 질서 있게 운항할 수 있도록 필요한 항공정보를 제공하고 항공교통관제를 실시하며, 조난 항공기에 대한 탐색 및 구조지원을 하기 위하여 설정된 구역.

비행제한공역(飛行制限空域, Restricted Flight Airspace; RFA)

1. 비행로 상에서 각종 화력이 집중 운영될 시, 지상화력으로부터 아군 항공기의 안전을 위하여 비행로 사용을 일시 제한하는 공역.
2. (Airspace Reservation) 지상이나 해상에 대통령령이나 국가에서 지정한 공역으로서 정부의 특정 목적이나 국가방위를 목적으로 설정함. 이 지역에서는 항공기의 비행이 금지되거나 제한된다.

비행조언(飛行助言, Flight Advisory)
비행 중에 있는 항공기나 관계부서에 대하여 어떤 변동사항 또는 비정상적인 것을 조언하기 위하여 발송되는 통신문.

비행준비발사시험(飛行準備發射試驗, Flight Readiness Firing)
미사일을 발사체에 고정시킨 상태에서 추진시스템에 대해 짧은 시간에 수행하는 미사일 시스템 시험. 이 목적은 비행시험 이전에 미사일 시스템과 발사 설비가 준비되었는지를 점검하기 위한 것이다.

비행추적(飛行追跡, Flight Following)
항공관제기구나 방공관제기구에서 항공기의 비행과정을 감시해 주는 것. 진행 항로나 착륙 등을 결정하기 위해서 특정 항공기와 접촉상태를 유지하는 임무.

비행통제구역(飛行統制區域, Air Space Restricted Area)
1. 항공기의 비행이 금지되거나 제한된 특정 공간.
2. 아군 비행을 금지하는 방공지역 내의 특정 공간이며, 이곳은 사전승인 없이는 어떠한 비행도 금지됨.

비행협조본부(飛行協調本部, Flight Coordination Center; FCC)
비행작전본부에 항공교통 정보제공 또는 전파, 책임구역 내의 항공기 통제 및 통제중인 항공기에 경고방송 발령 등 비행작전본부의 통신능력을 확장하기 위하여 운영되는 기구.

비행회랑(飛行回廊, Air Corridor)
아군 항공기가 아군에 의해 사격을 받지 않도록 하기 위하여 사전에 설정한 비행경로. 폭, 고도 및 길이로 표시되는 공간으로 이곳은 설치권자의 사전승인 없이는 비행할 수 없다.

비행후검사(飛行後檢査, After-Flight Instpection)
비행 후 명백한 고장을 찾기 위해 실시하는 일반적 검사. 항공기 승무원에 의해 보고된 고장의 수리, 소모품의 보충, 또는 항공기의 계류 등을 포함한다.

비확산(非擴散, Nonproliferation)
외교, 군비통제, 다각적 합의, 위협축소협조 및 수출통제 등에 있어서 대량파괴무기의 확산을 방지하는 행위. 대량파괴무기를 증대하거나 배급하거나, 민감한 기술이나 물질이나 전문지식을 확산하는 행위를 단념시키거나 방해하는 방법으로 확산을 막는 노력을 한다.

비활동위성(非活動衛星, Passive Satellite)
위성이 보유하는 방사장치가 제어되어 있지 않거나 고장나서 정보자료를 보내지 못하는 위성. 때로는 암흑, 침묵, 비협력 위성이라고도 부른다.

비효율출격(非效率出擊, Noneffective Sortie)
어떤 이유로 기본임무를 수행치 못한 출격 항공기. 중단출격(Abortive Sortie)도 포함된다.

비휴대품목(非携帶品目, Existence Load)
전투병을 보호하고 유지하는 데 필요한 전투하중에 사용되는 물품을 제외한 기타 물품. 이 물품들은 확대된 개인 및 환경 보호를 위해 필요한 것들로서 보통 개인이 소지하지는 않는 물품들이다.

빈 저장(~貯藏, Bin Storage)
개개 품목단위로 불출할 필요가 있을 때 여러 개가 들어 있는 포장을 풀지 않도록 하기 위하여 부속품, 결합체 또는 완제품을 낱개로 저장하는 것.

빔 공격(~攻擊, Beam Attack)
공중요격에서 비행방향이 45도보다 크고 135도보다 작은 교차각으로 완료하는 요격 전투기의 공격.

빔 블라이트(~, Beam Blight)
콩과에 속하는 식물을 서 있는 채로 고갈시키는 세균전 무기.

ㅂ

사각(斜角, Obliquity)
빗각. 광각사진이나 사각사진의 특징을 나타내는 비스듬한 각도. 이 각도에서 촬영된 지형이나 물체는 거의 차폐되어 있거나 축척이 작아서 자세한 판독이 어렵거나 판독이 불가능하다.

사각(射角, Quadrant Elevation; QE)
포탄을 사격할 때 포신이 수평면과 이루는 각도로, 포 사격 시 표적을 명중시키기 위해 필요한 수평면으로부터 포신축선이 이루어야할 수직각. 이 각도는 고각, 고저각, 고저각의 보각(보조고저각)을 대수적으로 합한 값이다. 여기서 고각은 포와 표적이 동일 평면상에 있을 때 표적을 명중시키기 위해 포탄이 날아가야 할 거리에 해당하는 수직각이며, 고저는 고저각과 보조고저각의 합으로 정의된다. 고저각은 포와 표적을 연결하는 선이 포기준 수평면과 이루는 수직각이며, 보조고저각은 고저각이 존재함으로써 발생되는 탄도변화를 보정하기 위해 가해야 할 수직각이다.

사각(死角, Dead Space)
1. 방해물, 지형, 탄도의 특성 또는 무기의 조준능력상의 제한 등으로 무기, 레이더 또는 관측자의 최대거리 이내에 있으나 사격 및 관측으로 제압할 수 없는 지역.
2. 무선송신기의 거리 내에 있기만, 수신이 불가능한 지역이나 지대.
3. 기계적 또는 전자적 제한요소 때문에 사격할 수 없는 포 또는 유도탄 장비 주변에 있는 공간.

사각지대(死角地帶, Dead Zone, Shadow Zone)
화기나 감시 장비의 최대 유효거리 내 또는 관측자의 최대 관측거리 내에서 장애물이나 지형의 현상, 탄도의 특성 또는 화기의 지향능력 제한 등으로 어떤 위치로부터 사격이나 감시 또는 관측을 할 수 없는 지역.

사각항공사진(斜角航空寫眞, Oblique Air Photograph)
카메라 축을 수평면과 수직면의 중간에 맞추어 비스듬한 각도로 촬영한 항공사진. 보통 줄여서 사각(Oblique)이라고 부른다.

사거리(射距離, Range)
발사된 탄알 · 포탄 · 미사일 따위가 도달할 수 있는 곳까지의 거리.

사거리 공산오차(射距離公算誤差, Range Error Probable; REP)
한 총포가 동일한 사격제원으로 동일한 장소에서 동일한 조건 하에 사격하였을 경우 생기는 사거리상의 오차. 사거리 공산오차는 총포의 사표에 표시되어 있으며, 그 총포의 정확성에 관한 지침으로 간주될 수 있다.

사거리분산(射距離分散, Range Spread)
1. 두 개 혹은 그 이상의 포병부대가 사격 시 그 탄착지역의 중심지점을 포목선(포와 목표를 연결한 선)위에서 100미터 단위로 떨어뜨리도록 위치시키는 기술.
2. 조명지역의 종심이 클 때 사용하는 조명탄 사격 수정방법. 조명지역의 폭이 클 때는 편각분산을 사용한다.

사거리협차법(射距離狹差法, Range Bracketing Method)
포사격시 사거리 수정을 위해 원탄과 근탄을 교대로 요구하여 탄착지점과 표적과의 거리를 점차 좁혀 포탄을 표적지역에 유도하는 수정방법.

사격(射擊, Fire)
총포의 발사 또는 총포나 총포 집단의 사격동작. 이외에 사격을 하라는 구령으로도 사용되는데, 사격구령은 육성, 신호 또는 전자신호로 하달된다.

사격계획표(射擊計劃表, Schedule of Fire)
사격단위 부대별로 표적 및 사격발수, 사격시간, 공격방법 등을 사전에 지정하여 일정한 계획에 의거 사격을 할 수 있도록 작성하는 도표. 직접지원 포병대대급 이상 제대에서 작성되는 포병화력계획의 일부로서 공격준비(파괴)사격계획표, 조명사격계획표, 연막사격계획표, 표적군사격계획표, 표적대사격계획표 등이 있다.

사격과 기동(射擊~機動, Fire & Maneuver)
적과 접촉이 이루어졌을 때 전진하는 전투기술로서 한 부대가 이동을 하는 동안 다른 부대는 지원사격을 제공함.

사격관측(射擊觀測, Observation of Fire)
총포탄의 폭발과 탄착의 위치를 알아내어 사격제원을 수정하기 위한 관측.

사격구역(射擊區域, Sector of Fire)
개별 화력이나 부대 화력으로 엄호하도록 할당된 지역. 각 화기나 부대의 사격구역은 서로 부분적으로 교차된다.

사격군기(射擊軍紀, Fire Discipline)
총포의 발사 또는 총포나 총포집단의 사격동작 등에 있어서 그들 지휘자(관)의 사격명령에 대하여 복종과 엄정한 행동을 할 수 있는 정신적 태도. 기습과 사격의 효과를 극대화하기 위한 것으로 전장군기의 핵심이다.

사격금지선(射擊禁止線, No-Fire Line; NFL)
1. 지상 작전부대의 전방에 설치하는 사격통제방책의 하나. 이 선 내에서는 보병지휘관의 요청 없이는 야포를 사격할 수 없으며, 그 선 너머로는 아군에 위험을 주지 않고 사격할 수 있다.
2. (미국) 포병이나 함정이 피지원부대장의 요청이나 허락 없이는 사격할 수 없는 선. 이 선 너머로는 우군부대의 위험이 없는 범위에서 자유롭게 사격할 수 있다.

사격금지지역(射擊禁止地域, No Fire Area; NFA)
사격이 금지되거나 효과적인 사격이 허용되는 지역. 사격금지지역 설정에는 두 가지의 예외가 있는데, 첫째는 설정한 부대(사령부)가 임무에 따라 사격금지지역 내에 임시로 사격을 승인할 때이고, 둘째는 사격금지지역 내에 있는 적이 아군과 교전상태에 있어 지휘관이 그의 부대를 방어하고자 교전을 시도할 가능성이 있을 때이다. 사격금지지역을 설정하는 목적은 한 지역 내 모든 사격이나 사전 검토되지 않은 사격효과를 금하는 데 있다.

사격능력도표(射擊能力圖表, Fire Capabilities Chart)
한 부대의 가용한 화기들의 사격이 도달할 수 있는 지역을 나타내는 도표. 대개는 지도위에 겹쳐 놓을 수 있도록 투명지 형태로 되어있다.

사격도판(射擊圖板, Firing Chart)
사격지휘소에서 사거리와 방향을 결정하기 위하여 사용하는 도판. 통상 지도, 사진지도, 격자방안지, 또는 기타기재를 사용하여 작성하며, 사격임무에 필요한 포대중앙, 관측소, 기록점, 표적, 각종지표, 확인점 등이 표정된다.

사격명령(射擊命令, Fire Command)
화기의 사격을 지시하고 통제하는 명령. 포병의 사격명령은 포의 방열, 장전 및 사격 실시에 필요한 모든 요소를 포함한다.

사격분석(射擊分析, Analysis of Fire)
포병사격 시 효력사를 하기 위한 수정량을 결정할 목적으로 효력사 준비사격을 검토하는 것.

사격술예비훈련(射擊術豫備訓練, Preliminary Rifle Instruction; PRI)
표적을 정확히 명중시키기 위하여 실탄사격 전에 실시하는 사격기술과 절차 숙달 훈련. 조준, 자세, 호흡, 격발의 개별훈련과 이를 종합한 연습사격, 가늠자 조정 훈련 등이 있다.

사격연신(射擊延伸, Lift Fire)
기동부대를 후속하면서 지속적으로 사격을 지원하기 위해, 포병지원사격을 더 전방으로 연장하는 사격방법.
(북한) [병렬연신사격]

사격요구(射擊要求, Call for Fire, Fire Order)
1. 필요한 사격지원을 받고자 하는 요구자가 목표물에 대한 정보를 제공하면서 사격을 요구하는 것.
2. (Fire Order) 포병사격 시, 사격지휘소에서 표적공격방법을 결정하는데 필요한 제반 정보를 포함한 전방관측자의 간략한 보고. 관측자식별, 경고명령, 표적위치, 표적성질, 공격방법, 통제방법 순으로 사격을 요구한다.

사격임무(射擊任務, Fire Mission)
1. 특정 계획의 일부로서 사격부대에 주어진 특정 임무.
2. 특정 무기나 포대에 사격을 준비시키기 위해 경고할 때 사용하는 명령. 이어서 사격요청이 있을 것임을 암시한다.

사격전환(射擊轉換, Shifting Fire)
집속사격을 하기에는 너무 넓은 지역에 사격을 해야 할 경우, 사격 범위 안에서 한 지역으로부터 다른 지역으로 사격 방향을 전환하는 것.

사격제한공역(射擊制限空域, Controlled Firing Area)
아군기의 안전을 위해 대공사격을 통제하는 특정 공간지역.

사격제한선(射擊制限線, Restrictive Fire Line; RFL)
연결작전 시 양개부대의 상호 임무수행의 방해와 충돌을 방지하기 위해 설치하는 선. 상호간 협조 없이는 이 선을 넘어서 서로 사격할 수 없도록 2개 부대 사이에 설치한다.

사격제한지역(射擊制限地域, Restrictive Fire Area; RFA)
특정한 제한이 가해지고 이 제한을 넘어서의 사격은 설치부대(사령부)와의 협조 없이는 실시될 수 없는 지역.

사격조정(射擊調整, Firing Adjustment)
탄환이 요망된 점에 명중 또는 파열하도록 포의 고저 및 방향을 수정하거나 탄환의 파열시간을 조절하는 것.

사격준비소요시간(射擊準備所要時間, Dead Time)
1. 관측자로부터 사격요청을 접수한 이후 사격할 때까지의 시간 간격.
2. 방공포병에 있어 신관을 장입하는 시간에서 실탄사격 시간 사이의 간격.

사격지대(射擊地帶, Zone of Fire)
1. 특정부대가 사격을 준비하거나 실시하는 지역.
2. 지정된 지상포병부대 또는 함정에 의해서 지원화력이 준비되거나 실시되는 지역.
(북한) [포사격권(砲射擊圈)]

사격지휘명령(射擊指揮命令, Fire Direction Orders)
사격지휘장교가 사격도판과 상황판에 표정된 표적을 점검 및 분석하여 표적 공격방법을 결정하고 사격명령으로 하달하는 것.

사격지휘소(射擊指揮所, Fire Direction Center; FDC)
지휘관으로 하여금 사격지휘 및 통제를 효과적으로 실시할 수 있게 하기 위해, 포술과 통신계통의 인원 및 장비로 구성되어 있는 지휘소의 한 구성요소. 표적에 대한 정보 및 사격요청을 접수하고 이를 적절한 사격지휘로 해석, 처리하는 곳이다.

사격지휘훈련(射擊指揮訓練, Fire Direction Training)
사격지휘소에 접수된 사격임무를 신속하게 사격명령으로 전환하고 적시적절한 화력의 집중 및 분배능력을 숙달시키기는 훈련.

사격진지(射擊陣地, Fire Position)
지정된 표적에 대하여 사격을 실시하는 총포, 부대, 개인의 사격진지. 주사격 진지, 보조사격 진지, 예비사격 진지로 구분된다.

사격통제(射擊統制, Fire Control)
사격을 위한 모든 활동에 대한 통제. 요망하는 시간과 표적에 사격을 개시, 전환, 집중하고 속도조절 및 중지하도록 하는 일체의 활동을 포함한다.

사격통제 레이더(射擊統制~, Fire Control Radar)
1. 사격통제계통에서 표적첩보를 제공하는데 사용되는 레이더.
2. 항공기가 지상이나 해상표적을 탐색, 추적하여 적절한 사격지점을 산정 및 조정하고, 무기체계 유도에도 사용되는 특수한 레이더 체계.

사격통제명령(射擊統制命令, Fire Control Order)
기 하달된 방공포병 무기통제 상태와 상관없이 각각의 긴급 상황이 발생하여 교전을 통제해야 할 때 사용되는 명령. 대부분 상급부대가 예하부대를 분권화 통제할 때 하달되며, 다음과 같이 구분한다.
1. 사격금지(Hold Fire) : 아군기 보호 시.
2. 사격중지(Cease Fire) : 동시교전 배제 시.
3. 사격전환(Cease Engagement) : 우선표적 교전 시.

사격통제장비(射擊統制裝備, Fire Control Equipment)
레이더나 전자광학장비 등을 이용하여 표적을 탐지, 추적하고, 총포나 유도탄 발사에 필요한 표적자료를 획득하여 제공, 전시하고, 무기체계를 원격조정 통제하는 장비.

사격통제장치(射擊統制裝置, Fire Control System)
목표의 현재위치를 레이더 등으로 포착해서, 컴퓨터에 의해 목표의 이동방향이나 속도 등을 계산하고, 화포성능에 대응하는 미래위치를 예측하여 화포를 그 방향으로 지향 및 조준하는 장치. 목표를 육안으로 보고 조준하던 것을 레이더와 컴퓨터 등의 도입으로 자동화하여 항공기와 같은 고속의 이동목표에도 유효한 사격이 가능해졌다. 기관총, 대공포, 전차포와 같은 직사화기에서는 탄도계산기와 화포구동장치가 통합되어 사격통제장치가 구성되며, 야포와 같은 곡사화기에서는 사표제원, 지도상의 목표위치, 화포위치, 기상제원 등을 계산기에 입력해서 사격제원을 구하는 사격통제장치를 사용한다. 미사일에 있어서도 유도방식에 따라 여러 가지 사격통제장치가 있다.

사격통제지역(射擊統制地域, Fire Control Area)
사격제한구역 설정 권한자의 승인 없이는

사격할 수 없는 특정 제한구역.

사격한계(射擊限界, Limit of Fire)

1. 포격을 가할 수 있는 지역을 구분하는 경계 표지.
2. 공중표적에 대한 안전사격 각도의 한계.

사격협조선(射擊協調線, Coordinated Fire Line; CFL)

자기 부대의 작전지역에서 화력지원 부대와의 효율적인 협조를 위해 설치한 통제선. 이 선 밖의 표적에 대한 사격은 자유롭게 허용하여 박격포, 야포, 함포를 포함한 모든 재래식 화력지원수단의 신속한 타격을 보장하되, 이 선 내의 표적에 대한 사격은 이 선을 설치한 포병부대만이 할 수 있도록 제한한다. 통상 연대(여단) 및 사단급제대의 지휘관이 설치한다.

사격협조지역(射擊協助地域, Fire Coordination Area)

어떤 목적을 위하여 사격을 통제하는 지역. 이 지역 내의 사격은 지역설정권자의 승인을 얻어야 한다.

사경도(寫景圖, Panoramic Sketch)

관측수나 사수가 육안으로 보이는 그대로 그린 한 지역의 그림. 이는 군사요도와 같은 것으로 실제와 동일한 거리효과와 모양을 나타내기 위한 지형도이다.

사계(射界, Field of Fire)

1. 지정된 진지에서 무기를 사격함으로서 유효하게 제압할 수 있는 지역.
2. 주어진 진지에서 하나 또는 다량의 화기를 사용하여 효과적으로 엄호할 수 있는 지역.

사계청소(射界淸掃, Clearing the Field of Fire)

효과적인 사격을 위해 사격진지 전면의 방해물을 제거하여 사계를 양호하게 하는 작업.

사고자율(事故者率, Noneffective Rate)

질병, 상해, 전상으로 인하여 근무가 면제된 인원이 어떤 부대병력에 미치는 영향을 산출하는 것으로, 통상 비율로 표시됨.

사관(士官, Officer)

1. 병사를 거느리는 무관.
2. '장교(將校)'를 통틀어 이르는 말.

사관학교(士官學校, Academy)

장교를 양성할 목적으로 설립된 군에서 운용하는 장교양성 기관. 육군사관학교, 해군사관학교, 공군사관학교 등이 있음.

사기(士氣, Morale)

군복무에 대한 군인의 정신적 자세. 군인은 강한 정신력과 튼튼한 체력을 바탕으로 자기 직책에 대한 이해와 자신감을 가지고, 어떤 상황에서도 맡은 바 임무를 완수하겠다는 확고한 의지력과 강건한 정신 상태를 가져야 한다. 사기왕성한 군인은 자진하여 어려운 임무를 맡고 기꺼이 그 직책을 성실하게 수행할 수 있다.

사기저상전단(士氣沮喪傳單, Anti-Morale Leaflet)

상대측의 기력을 꺾어 기운을 잃게 할 목적으로 심리적 영향을 미치는 내용을 담은 전단. 대개 투항을 종용하고, 내부의 부조리를 지적하며, 전쟁의 참혹함을 역설하고, 장차 닥칠 위험을 경고하며, 가족의 참담한 생활을 알리는 등의 내용을 싣는다.

사단(師團, Division)

1. 자체적으로 전술작전을 상당기간 수행할 수 있도록 필요한 전투 및 근무병과로 구성된 군단보다 작고 여단 및 연대보다 큰 군대 조직의 편제단위. 독립적으로 또는 상급부대의 일부로서 작전할 수 있다.
2. (육군)군단 및 상급부대에서 부여한 전술적 과업을 달성하기 위하여 제병과의 기

능을 통합, 조직하고 운용하는 기본 전술제대이며 제병협동부대. 사단의 기본 임무는 어떤 지형이나 기상조건 하에서도 제병협동전투로 부여된 지대 내에서 적 부대를 격멸하고 중요지형을 확보하는 것이다.

3. 항공사단(Air Division) : 항공전투조직으로 두 개 이상의 편대와 이를 지원하는 적절한 근무부대로 이루어짐.

사단슬라이스(師團~, Division Slice)
정상적인 1개 전투사단과 이를 지원하는 군단, 야전군 후방지대의 해당부대를 총괄한 것.

사단포병대(師團砲兵隊, Division Artillery)
사단의 중요한 부분으로서 영구히 소속되는 포병부대. 전술적 목적에서 사단장의 지휘권 하에 속하는 모든 포병대는 사단포병대로 간주된다.

사담(~, Sense and Destroy Armor Missile; SADARM)
자기 스스로 목표를 탐색해 공격, 격파하는 신세대의 대전차 무기의 하나로서 장갑차량의 탐지 및 파괴 유도탄.

사령(司令, Commission)
1. 군대나 함선을 통솔하는 지휘관.
2. 연대급 이상 부대에서 일직 등 당번책임을 맡은 장교.

사령관(司令官, Commanding General; CG)
사령부의 수장으로 장관급 지휘관.

사사(斜射, Oblique Fire)
사선으로 늘어선 표적에 대하여 실시하는 기관총 사격. 표적의 형태에 따라 어깨와 팔꿈치를 움직이거나, 세로전륜기와 가로전륜기를 조작하면서 사선으로 사격한다.

사상구분(死傷區分, Casualties Classification)
군에 복무하는 요원이 입은 질병, 부상, 사망에 대해 근무와의 관련성을 가지고 판단해 구분하는 것. 전상, 공상, 사상으로 분류한다.

사상자(死傷者, Casualty)
사망, 소재불명, 실종, 질병, 부상 등으로 인한 조직에서 손실되는 인원.

사상자병원선(死傷者病院船, Casualty Receiving and Treatment Ship)
(미국) 상륙작전에서 사상자를 받아들이고 의료서비스를 제공하고 수송할 목적으로 만들은 함정.

사상자 처리(死傷者處理, Casualties Clearing)
사상자나 환자를 후송하고 근무적격자를 복귀시키는 분류업무를 수행하는 것.

사상자후송용 포대(死傷者後送用包袋, Casualty Evacuation Bag)
침낭과 비슷한 주머니 모양의 포대로서 후송 중 사상자를 넣게 되어 있는 주머니.

사상자후송통제소(死傷者後送統制所, Casualty Evacuation Control Berth)
사상자후송 통제장교가 탑승하고 있고, 사상자 취급을 위해 특별히 장비한 함정의 정박지.

사상전(思想戰, Ideological Warfare)
국가간 정치, 경제, 사회생활의 기본이 된다고 생각되는 이념을 상대국에 강요하기 위한 전쟁.

사상첩보(思想諜報, Ideological Information)
적국 또는 가상 적국의 사상을 전제로 하여 야기되는 제반 실태를 수집하는 첩보.

사열(査閱, Review)
부대를 방문하는 상급부대 지휘관이나 귀빈 또는 그 부대 지휘관에게 경의를 표하며 부대의 단결, 훈련의 정도와 위용을 과시하는 행사.

사용권한지휘관(使用權限指揮官, Releasing Commander)
제한된 범위 내에서 핵무기 사용을 허가할 수 있는 권한을 위임받은 지휘관.

사용동원(使用動員, Mobilization for Use)
장비 및 업체를 동원자원 사용기관 및 동원업무를 수행하는 업체가 일정기간 사용하고 이를 동원 해제 후 소유자에게 반환하는 것. 일반적으로 자동차, 선박, 항공기, 건설기계 등의 장비와 업체를 동원할 때 사용하는 동원방법이다.

사용시험(使用試驗, Service Test)
단일 품목, 군수품 체계 혹은 기술 등이 모의 혹은 실제 작전상황 하에서, 특정 군사적 요구나 특성에 만족할만한 수준인지를 결정하기 위해 실시하는 시험.
〈동〉 [실용시험]

사용자시험(使用者試驗, User Test)
군용으로의 적정여부를 결정하기 위하여 사용기관이 실시하는 물자 시험 및 사용적부시험.

사용자정비(使用者整備, User Maintenance)
장비를 조작하고 운용하는 자가 장비의 사용 전, 중, 후에 실시하는 정비. 장비의 결함발생 예방, 장비결함의 조기발견 및 이의 시정을 위한 간단한 정비를 말한다.

사이버전(~戰, Cyber Warfare)
컴퓨터와 네트워크를 통해 디지털화된 정보가 유통되는 가상적인 공간에서 다양한 사이버 공격수단을 사용하여 적의 정보체계를 교란, 거부, 통제, 파괴, 마비시키고, 적의 이와 같은 행위로부터 아측을 방어하는 활동.

사전계획임무요청(事前計劃任務要請, Preplanned Mission Request)
사전에 충분히 임무협조를 구한 바 있는 기계획 목표물에 대한 공중타격요청.

사전동원(事前動員, Prior Mobilization)
적의 도발위협이 고조된 상태이거나, 단기경고 하에 적의 기습에 대처하기 위하여 동원령 선포이전에 동원에 대비 또는 동원시간의 단축을 위해 실시하는 동원방법. 긴급단계 시 긴요 증설부대와 창설부대 및 병력동원 집행업무 수행부대 등에 대해 적용한다.

사전배치(事前配置, Preposition)
작전을 수행하는 초기 단계에서 특정 부대에 대한 반응조치시간을 줄이고, 지원을 적시에 수행하기 위해 군부대, 장비, 군수품을 계획된 수요지역의 부근이나 지정된 위치에 위치시키는 것.

사전비축 전쟁예비소요(事前備蓄戰爭豫備所要, Prepositioned War Reserve Materiel Requirement)
전략계획에 의한 동원예비물자의 일부로서 이미 획득되었거나 예산이 확보되지 않은 상태에서 전쟁수행 시 적시에 보급하기 위해 미리 특정 장소에 비축해두는 물자. 이 물자는 전쟁개시 전에 계획된 사용지점이나 사용부대로의 보급지점, 또는 그 부근에 위치시켜, 전쟁의 초기단계에서 보충보급이 도착할 때까지 정해진 계획대로 지정된 부대에 확실하고 시기적절하게 지원할 수 있게 하기 위한 것이다.

사전비축 전쟁예비저장량(事前備蓄戰爭豫備貯藏量, Prepositioned War Reserve Stock)
사전비축전쟁 예비소요에 맞추어 획득, 배

ㅅ

치한 품목의 양.

사전적재 긴급보급품(事前積載緊急補給品, Pre-Loaded Emergency Supplies)
지휘관의 계획에 의해 재보충 필수소요로 판단되어 함안이동 초기에 미리 적재하는 보급품. 이러한 보급품은 육상부대에 즉각 지급될 수 있어야 하며, 해상덤프와 사전적재 헬기공수보급품으로 구분된다.

사주경계(四周警戒, All Round Security)
이동시 또는 집결지 행동시 개인 및 부대가 전투력을 보존하고 적의 공격, 기습, 관측 및 기타 위협으로부터 자신 및 우군부대를 보호하기 위해 사방으로 취하는 제반 경계 활동. 통상 예하부대 또는 개인에게 시계방향으로 경계구역을 할당하고 경계임무를 부여한다.
(북한) [원형감시(圓形監視)]

사주방어(四周防禦, All Around Defense, Perimeter Defense)
방어의 주력은 적의 공격방향에 지향시키고, 우발적인 상황에 대비하여 어떤 방향에서 가해질지 모를 적의 위협에도 대처할 수 있도록 사방에 모두 방어편성을 하는 것.
(북한) [요새방어(要塞防禦)]

사진정보(寫眞情報, Photographic Intelligence)
항공사진으로부터 획득하여 분류하고 평가한 군사 정보.

사진지도(寫眞地圖, Photomap)
격자선, 난외주기, 등고선, 지명, 경계선 및 기타 정보 등이 기입된 항공사진이나 집성사진의 복사물.

사진축척(寫眞縮尺, Photographic Scale)
사진 또는 모자이크 상에서 측정된 거리와 지리상의 실 지상거리 간의 비율. 아래와 같이 분류한다.
1. 극대축척-1 : 6,000 이상
2. 대 축 척-1 : 6,000~1 : 12,000
3. 중 축 척-1 : 12,000~1 : 30,000
4. 소 축 척-1 : 30,000~1 : 70,000
5. 극소축척-1 : 70,000 이하

사진판독(寫眞判讀, Photographic Interpretation)
항공사진을 연구, 분석, 비교하여 군사 작전에 유익한 정보를 얻어내는 것. 사진해석이라고도 한다.

사찰(査察, Verification)
군비관리에 있어서 합의된 방책에 순응하였는지를 확인하는 조치로서, 점검, 탐지 및 식별을 포함하는 행동.

사출장치(射出裝置, Catapult)
미사일이나 항공기가 보조 추진력을 갖도록 하는 장치. 사출장치에서 이동하는 동안 미사일은 방향과 가속도 기능을 얻으며, 이는 포탄이 포신에서 속도를 얻는 것과 같다. 캐터펄트라고도 부른다.

사출추진장치(射出推進裝置, Cartridge Actuated Device, Propellant Activated Device; CAD/PAD)
조종석 사출시 필요한 제반 추진장치로, 조종사의 인명구조를 위하여 항공기에 장착됨.

사탄산포(射彈散布, Dispersion)
동일한 조건 하에서 투하된 폭탄이나, 같은 포 및 여러 문의 포를 이용하여 동일한 사격제원으로 발사한 포탄이 동일 지점에 떨어지지 않고 분산되는 탄착의 모양.

사탄오차(射彈誤差, Dispersion Error)
포탄 한 발의 탄착점 또는 파열점으로부터 평균 탄착점에 이르는 거리.

사판(砂板, Sand Table)
지면의 일부를 일정한 축척에 의해 실제 지형과 같이 만든 모형.

사표(射表, Firing Table)
어떠한 상황에서라도 표적에 효과적인 사격을 하기 위해 제공되는 각종 제원표. 사격에 필요한 여러가지 제원을 제공하기 위해서는, 일정한 표준 조건하에서 다양하게 시험사격을 실시한 결과와 탄도방정식을 컴퓨터로 모의한 결과를 기초로 하여 작성된다.

사하지점(卸下地點, Off Carrier Position)
☞ [도수운반지점]

사향속(射向束, Sheaf)
포병, 함포 사격지원 시 2문 이상의 포에서 발사된 포탄이 요망하는 폭발형태를 만들도록 계획된 사격 면(선). 집속탄(集束彈)이라고도 한다. 사향속의 형태로는 평행사향속, 집중사향속, 개방사향속, 표준사향속, 특별사향속이 있다.

사후검토(事後檢討, After Action Review; AAR)
1. 훈련에 참가한 모든 개인 및 부대가 훈련 간 나타난 문제점과 그것의 시정방향을 스스로 발견할 수 있게 해주는 전문적인 토의방법.
2. (육군) 전투지휘훈련 실시부대의 주요 지휘관 및 참모들을 대상으로 훈련종료 후에 훈련 간 "무엇이 발생했으며, 왜 발생했고, 어떻게 하면 개선할 수 있는가?"를 도출함으로써 연습내용을 환류시키는 검토과정. 훈련부대의 주요활동에 대한 관찰결과와 컴퓨터분석 자료를 이용하여 문제해결에 도달하는 기법을 사용한다.

삭도수송(索道輸送, Cable Transportation) ☞ [케이블카 수송]

산개대형(散開隊形, Dispersed Formation)
적의 직사 및 곡사화기 사격으로부터 피해를 감소시키기 위해서 병력 및 부대 간의 거리와 간격을 넓힌 대형.
(북한) [소개대형(疏開隊形)]

산악부대(山岳部隊, Mountain Troops)
산악작전을 수행할 수 있도록 스키나 등산장비 등 산악전 장비를 갖추고 훈련된 부대.

산악전(山岳戰, Mountain Warfare)
산악에서 전개되는 특수전.

산악지역작전(山岳地域作戰, Mountain Area Operation)
험준한 경사, 암석, 절벽, 협곡, 우거진 삼림, 제한된 도로망과 극심한 기상변화 등의 특징을 갖는 지형에서 실시하는 작전. 일반적으로 500 m 이상의 표고를 가진 지형이 산악지역작전의 기준이 된다.

산악포병포대(山岳砲兵砲隊, Battery of Mountain Artillery)
산악전의 특성에 맞게 각 부분으로 분리 운반이 가능한 소형 포를 주무기로 하는 포병부대.

산악훈련(山岳訓練, Mountain Training)
부대 및 병력을 산악에 적용시키기 위한 군사훈련.

산업동원(産業動員, Industrial Mobilization)
전시에 군 수요의 급격한 증가와 일반 민수의 기본수요를 동시에 충족시키기 위하여 국가권력의 중앙통제에 의해서 평시의 산업체제를 전시의 산업체제로 전환시키는 것.

산업보안(産業保安, Industrial Security)
군수 산업상 필요한 비밀 정보를 직접적인 적의 공격이나 적성 활동으로부터 보호하는 대내적인 경계.

산업준비태세(産業準備態勢, Industrial Readiness)
국가의 군사 목표를 지원하기 위한 긴요 물자를 생산하는 산업의 준비태세.

ㅅ

산지소구획지형(山地小區劃地形, Mountains Small Division Type Terrain)
산악지역에서 일정한 지역 내에 서로 다른 규모나 기복을 가진 지형이 조밀하게 배치되어 있는 지형. 구릉, 산악, 하천, 경작지, 촌락 등 자연 및 인공지물이 복잡하게 혼재된 지형을 의미한다.

산탄(霰彈, Grapeshot)
많은 탄알이 한꺼번에 터져 나오게 된 탄환.

산탄통(散彈筒, Canister)
파열하면 파편이 산포되어 적 인원을 살상하는 금속제 파편을 내는 탄통.

산탄형 폭탄(散彈型爆彈, Canister Bomb Unit)
원래의 폭탄 속에 작은 폭탄이 들어 있고, 그 속에 작은 쇳덩이가 있어 사방으로 흩어지게 된 폭탄.

살상(殺傷, Casualty)
죽이거나 상처를 입힘.

살상률(殺傷率, Kill Ratio)
아군 전사자 1명에 대한 적군 살상 비율.

살상반경(殺傷半徑, Radius of Damage)
폭발원점으로부터 50%가 요망피해를 받을 수 있는 지점까지의 거리

살상지대(殺傷地帶, Killing Zone, Kill Box)
1. 지형과 장벽을 이용하여 적을 불리한 상황으로 유인하거나 집결을 강요한 후, 병력, 화력 및 장벽 등 각종 수단으로 적을 격멸하기 위해 사전에 계획된 지역. 주로 방어 시에 운영되며, 특정지역을 무력화시켜 기동부대의 통로를 개척하기 위해 운용되기도 한다.
2. 공군의 경우, 3차원으로 구성된 지역으로, 항공 및 지상 화력을 집중하기 위한 곳. 적 목표물 집중이 예상되는 곳에 선정한다(Kill Box).

살충폭탄(殺蟲爆彈, Anti-Insect Bomb)
병균을 전염시키거나 인체에 해로운 병충을 박멸하기 위하여 투하하는 폭탄.

살포기(撒布機, Disperser)
폭동진압 작용제와 같은 분말로 된 화학작용제를 압축공기를 이용하여 대량으로 살포하는 기구.

살포식 지뢰(撒布式地雷, Scatterable Mine)
육상 지뢰전에서 전통적인 방법에 의한 지뢰매설이 아니라 항공기, 야포, 미사일, 지상살포기를 사용하여 설치되도록 설계된 지뢰. 이 지뢰들은 일단 설치되면 일정기간 동안 작동된다.

삼군(三軍, Three Armed Services)
1. 전군(全軍)을 가리킴.
2. 육군, 해군, 공군을 통틀어 이르는 말.

삼군공통군수지원(三軍共通軍需支援, 3 Military Common Logistics Support)
육군, 해군, 공군 3개 군 중 2개 군 이상이 공통으로 사용하는 장비나 물자 등에 대해서는 해당군수 품목과 관련이 깊은 1개 군에서 전담 지원하는 것. 공통품목 이외의 품목은 해당 군의 군수지원계통에 의해 지원하며, 3군 공통품목은 3년 이상 계속 지원할 수 있는 품목을 선정하는 것을 원칙으로 한다.

삼군공통장비(三軍共通裝備, Interserviceable Equipment)
각 군이 공히 보유하고 관리 운영하는 장비 중에서 창정비를 통합군수지원에 의거 지원군이 담당하는 장비.

삼군공통품목(三軍共通品目, Interserviceable Item)
육·해·공군 중 2개 군 이상이 공통으로 사용하는 품목. 예를 들면 전투화, 기본장비, 일반장비류, 헌병장비 등이 해당된다.

삼군상호지원(三軍相互支援, Interservice Support)
타군에 대한 군수나 행정지원을 원활히 제공하기 위해 1개 군에서 취하는 지원 활동. 공통품목의 보급, 의무지원, 교육지원 등이 이에 해당된다.

삼군통합군수지원(三軍統合軍需支援)
군수지원의 경제성과 효율성을 제고시키기 위해, 각 군의 특수 장비 및 물자의 군수지원은 자군의 독자적인 지원체제 하에 실시하고, 삼군 공통품목에 대해서는 단일군이 지역별, 기능별로 통합하여 지원하는 체제.

삼군통합정비지원(三軍統合整備支援)
각 군 통합군수지원 체제에 따른 정비분야 지원 중 육군은 지상공통장비, 공군은 통신특수장비, 해군은 선박 위주로 해당정비 지원군에 지원장비를 등록하여 정비지원을 실시하는 것. 각 군의 인가된 야전정비시설은 지원임무를 실시하고, 창정비는 각 군수사, 군지단에서 실시한다.

3급비밀(三級秘密, Confidential)
누설될 경우, 국가안전보장 및 국가이익에 상당한 위험을 초래할 것으로 명백히 인정되는 가치를 지닌 비밀. 통상 문서에 표시할 경우 'Ⅲ급비밀'로 표시한다.

3선방어개념(三線防禦槪念, Triple Line Defense Concept)
주요 핵심시설의 기습방지와 방어종심을 증가하기 위하여 주요시설 방어지역을 정찰 및 감시지역, 전방방어지역, 주 방어지역으로 구분하고, 주 방어지역을 다시 추진경계진지, 주방어선, 내곽방어선의 3선으로 편성한 자체 방어개념.

삼중점(三重點, Triple Point)
공중폭발에 수반하여 야기되는 입사, 반사, 융합 또는 마하의 충격전선의 교차점. 지표상의 3중점의 높이인 마하 스템(원폭으로 인한 충격파동)의 고도는 폭발이 있는 곳으로부터 멀어질수록 증가한다.

삽탄장전식(揷彈裝塡式, Magazine Loading)
소총의 실탄 장전과 같이 탄알이 든 클립을 탄알 받침대에 눌러 삽입하여 탄알을 장전하는 방식.

상곡풍(上谷風, Up-Valley Wind)
골짜기를 따라 불어 올라가는 바람. 산정상과 골짜기의 기온 차에 의해 대개 일출 후 1~4시간 후에 작은 계곡에서 시작되며, 큰 계곡에서는 가끔 아침 늦게까지도 생기지 않는 경우도 있다. 작은 계곡 또는 측면 계곡에서는 이른 아침에 그리고 큰 계곡에서는 이른 오후에 최대의 상곡풍이 발생하며, 상곡풍의 최대속도는 능선 높이의 약 1/3에서 일어나며, 최고속도는 25 km/hr(14노트)에 이른다.

상근예비역(常勤豫備役, Reservist)
징집에 의하여 현역병으로 입영한 사람이 기본군사교육훈련 후 상근예비역에 소집되어 24개월간 집에서 출·퇴근하면서 향토방위와 관련된 분야에 복무하는 제도.

상대적 전투력(相對的戰鬪力, Relative Combat Power)
피·아 상호간에 실제로 발휘되는 힘. 전투는 본래 상대적인 것이라 전장에서 실제로 발휘되는 힘은 절대적 전투력보다는 상대적 전투력이므로 전투의 승패는 상대적 전투력의 우열에 의해 결정된다. 따라서 지휘관은 결정적인 시간과 장소에서 아군의 전투력을 집중하고 적군의 전투력 발휘를 방해함으로써 상대적 전투력의 우세를 달성해야 한다.

상륙(上陸, Debarkation)
부대, 장비, 군수품 등을 항공기나 함정에서 내려놓는 것. 상안(上岸) 혹은 등육(登陸)이라고도 한다.

ㅅ

상륙개시전 전재(上陸開始前轉載, Pre-H-Hour Transper)
통제 및 전술군수부대를 모함에서 지정된 통제함으로 옮겨 싣는 것과 함안이동을 위한 준비로써 필요한 부대와 그들의 장비를 수송함선에서 상륙함정 또는 다른 수송함선으로 옮겨 싣는 것을 이르는 말.

상륙건설대대(上陸建設大隊, Amphibious Construction Battalion)
본부소대, 장비소대, 주교소대로 편성되며, 상륙작전 시 주교설치 및 운용 제한된 건설작업, 급유장치 운용, 함안이동간 인원 및 보급품에 대한 수송협조를 전담하는 편성체.

상륙계획(上陸計劃, Plan for Landing, Landing Plan)
함안이동의 실시에 대한 모든 지시를 상세하게 제시하기 위하여 개별적으로 작성한 모든 해군 및 상륙군의 서류에 대하여 사용하는 집약적 용어.

상륙공격(上陸攻擊, Landing Attack)
1. 함선, 항공기, 주정 또는 상륙장갑차로 상륙한 부대가 방어하는 적을 공격하는 것.
2. 적군의 해안이나 비우호적인 해안에 군부대를 상륙시키는 전형적인 육·해·공군 합동작전.

상륙군(上陸軍, Landing Force; LF)
1. 상륙작전 수행을 위하여 구성된 해병 또는 육군 기동부대. 상륙군은 상륙기동부대 및 기타 부대와 함께 상륙전부대를 구성한다.
2. 상륙돌격을 위하여 배당된 항공부대 및 지상부대의 기동편성으로 상륙작전에 있어 상륙부대의 최상급 제대.

상륙군 기본전술편성(上陸軍基本戰術編成, Basic Tactical of Landing Force Organization)
상륙군이 육상에서의 전투임무를 완수하기 위해 보병, 전차 및 지원화기를 포함하여 편성하는 상륙군 부대의 기동편성으로서 통상 기동부대, 전투지원 및 전투근무지원 부대로 구성함.

상륙군 대기지역(上陸軍待機地域, Troop Stagging Area)
상륙군이 탑재를 위하여 집결하는 지역으로서 비교적 넓고 각 부대의 휴양설비가 있음.

상륙군 목표(上陸軍目標, Landing Force Objective)
상륙기동부대 목표를 방호하기 위하여 해안두보에 충분한 종심을 제공하는 중요한 지형, 이 목표는 해안두보 내로의 적의 접근 및 증원을 차단할 수 있는 지형(주로 주요도로망을 통제할 수 있는 고지군)이 되며, 도식할 때는 문자로 표기한다.

상륙군사령관(上陸軍司令官, Commander Landing Force; CLF)
상륙작전을 위한 최초지시서에 상륙군을 지휘하도록 임명된 상륙군의 최고선임지휘관.

상륙군 하선장교(上陸軍下船將校, Troop Debarkation Officer)
함교에서 수송함의 하선장교와 협조하는 상륙부대의 장교.

상륙기동부대(上陸機動部隊, Amphibious Task Force; ATF)
상륙작전을 수행하기 위해 조직된 해군 기동조직. 상륙기동부대는 상륙군 부대 및 기타 부대와 함께 상륙전부대를 구성한다.

상륙기동부대 사령관(上陸機動部隊司令官, Commander, Amphibious Task Force; CATF)
상륙기동부대의 지휘관으로 최초 지시에 명시된 해군장교.

상륙기동전대(上陸機動戰隊, Amphibious Task Group)
상륙기동부대 내에서 편성할 수 있는 상륙기동 예하부대로서 해군공격전대와 상륙부대로 구성됨.

상륙기습(上陸奇襲, Amphibious Raid)
상륙작전의 한 형태로 목표물에 대한 신속한 습격이나 임시로 탈취하고 계획된 철수를 하는 것이 목적임.

상륙단(上陸團, Landing Team, Landing Group)
상륙군 예하 기동조직으로서 상륙돌격에 적합한 전투 및 근무부대로 증강된 부대편성. 대대상륙단(Battalion Landing Team), 연대상륙단(Regiment Landing Team), 여단상륙단(Brigade Landing Team) 등이 있다.

상륙돌격(上陸突擊, Amphibious Assault)
함정이나 주정, 항공기에 탑승한 상륙군과 해군이 해상으로부터 적 해안에 실시하는 공격. 상륙기동부대가 상륙지역에 도착함으로써 실시되는 상륙작전의 국면으로 상륙군이 적 해안에 해안두보를 설치함으로써 끝난다.

상륙돌격부대(上陸突擊部隊, Amphibious Striking Forces)
상륙돌격작전을 개시하고 이를 수행하기 위하여, 적의 저항을 받으면서 해상으로부터 인근 육지지역에 군사력을 투사할 수 있는 부대. 〈동〉 [상륙타격부대]

상륙돌격함정(上陸突擊艦艇, Amphibious Assault Ship; LHA)
병력, 장비 및 보급품을 탑재하여 헬리콥터에 의해서 상륙시키도록 설계된 함정. 공격항공모함(CVA), 지원항공모함(CVS)이 여기에 포함된다.

상륙목표지역(上陸目標地域, Amphibious Objective Area; AOA)
상륙작전 시 최초지시에 명시된 상륙기동부대가 확보해야 할 해상, 지상 및 공중을 포함한 지역. 크기는 작전의 여건에 따라 설정되지만 상륙기동부대 임무완수를 보장할 수 있도록 충분한 구역을 설정한다.

상륙방향 표식주(上陸方向標識柱, Range Markers)
상륙작전 시에 상륙정이나 상륙단정이 해안에 정확하게 접근하도록 도와주는 두 개의 곧은 표시주. 야간에도 눈에 띄도록 빛이 나며, 조종사에게는 이 두 개의 표시주가 일직선으로 보이게 하여 그 방향을 참고로 방위를 알 수 있게 해준다.

상륙선거함(上陸船渠艦, Landing Ship Dock; LSD)
인원 및 장비를 적재한 채로 상륙용 주정과 상륙장갑차를 수송하여 진수시키기 위하여 설계된 함정. 소형선박과 주정에 대한 제한된 선거와 수리근무를 제공한다.

상륙선발대(上陸先發隊, Shore Party)
주력부대의 공격에 앞서 상륙하여, 부대 장비 및 보급품의 양륙과 해안으로부터의 이동을 용이하게 할 목적으로 편성된 육군의 기동부대. 군수지원과 사상자 후송 및 해난구조를 수행하고 상륙단정이나 함정의 해안접근과 철수 및 해난구조를 위하여 해군과 상륙군으로 편성한다.

상륙수송능력(上陸輸送能力, Amphibious Lift)
상륙작전에서 활용되는 돌격선적(Assault Shipping)의 총량으로서 인원 수, 차량 대수, 군수품의 톤수로 표시함.

상륙수송선거(上陸輸送船渠, Amphibious Dock)
부대, 장비, 군수품을 상륙주정, 상륙차량, 헬리콥터를 이용해서 수송하고 상륙시키기 위해 설계한 함정.

ㅅ

상륙수송집단(上陸輸送集團, Amphibious Transport Group)
상륙기동부대에 소속된 소규모 부대로서 주로 수송선들로 구성된 부대. 수송집단의 함정들은 해안에서 상륙군의 기동작전을 지원하기 위해 전투무장을 하며, 그 규모는 작전규모에 따라 달라진다.

상륙순위표(上陸順位表, Landing Sequence Table)
계획되지 않은 부대의 함안이동을 위한 세부적인 계획이 통합된 서류.

상륙양동(上陸陽動, Amphibious Demonstration)
적으로 하여금 불리한 방책을 취하도록 유인하기 위한 무력시위로서 적을 기만하기 위하여 실시하는 상륙작전의 한 형태.

상륙양용전차(上陸兩用戰車, Amphibious Tank)
포를 탑재한 채로 해안에서와 마찬가지로 수면에서도 작전할 수 있는 전차.

상륙양용차량(上陸兩用車輛, Amphibious Vehicle)
지상 및 해상에서 운행능력이 있는 차륜 또는 궤도차량.

상륙예정표(上陸豫定表, Landing Schedule)
상륙작전에 있어서 돌격부대가 상륙하는 해안, 상륙시간 및 상륙 우선순위를 표시하고 상륙기동계획을 수행하기 위하여 수송함정으로부터 해안까지 상륙주정의 이동을 조정하는 계획표.

상륙 우선순위표(上陸優先順位表, Landing Priority Table)
해안에 계획된 병력을 상륙시키기 위해 상륙부대의 인원 및 장비와 계획된 상륙시간, 상륙지대를 표시한 우선 순위표.

상륙인원수송함(上陸人員輸送艦, Amphibious Transport; LPA)
합동작전을 위한 인원, 장비, 보급품 수송 등을 주된 임무로 하는 함정. 적 해안에 상륙할 때는 함정에 탑재된 헬기나 상륙주정을 이용하며, 보통 1개 대대상륙단(BLT) 규모의 상륙군이 탑승한다.

상륙일시(上陸日時, D-Day H-Hour)
1. 상륙일(D일) : 상륙작전 시 최초지시의 목표 일자에 명시되어 있는 대략적인 상륙개시일자. 특정 상륙일(D일)은 상륙기동부대 사령관이 상륙군 사령관과 협의하여 선정하며, 잠정상륙일은 상륙기동부대 사령관이 통상 계획수립단계 초기에 발표한다.
2. 상륙시(H시) : 함안이동에서 최초 돌격파가 해안에 상륙하는 시간을 나타내는 데 사용되는 특정시간. 계획수립단계에서의 H시는 최초 돌격파가 상륙하는 계획된 시간이지만, 실시단계에서의 H시는 실제로 상륙하는 시간을 의미하는 차이가 있다. 헬기 수직돌격 및 보조작전 등의 경우에는 L시와 같은 다른 문자를 사용한다.

상륙작전(上陸作戰, Amphibious Operation)
함정, 주정 또는 항공기에 탑승한 해군과 상륙군이 해양을 통하여 적 해안에 군사력을 투사하는 공격작전. 상륙작전의 목적은 적 종심지역의 주요목표 공격 및 교란, 차후 전투작전수행, 해군 전진기지 또는 항공기지의 획득, 지역 또는 시설에 대한 적측의 사용을 거부하는 것 등이 있다.

상륙작전용선박(上陸作戰用船舶, Amphibious Shipping)
상륙공격작전을 할 때 수송, 상륙, 상륙군 등을 지원하기 위해 특별히 설계된 주요 함정. 상륙목표지역에서 외적인 도움 없이 해군인력 단독으로 선적하고 하역할 수 있는 기능을 갖추고 있다.

상륙작전지휘함(上陸作戰指揮艦, Amphibious Command Ship)
상륙작전을 통제하는 사령관이 승선하고 있는 해군 함정.

상륙장갑차(上陸裝甲車, Amphibious Assault Vehicle; AAV)
상륙작전과 지상작전을 동시에 수행할 수 있도록 만들어진 수륙양용상륙차량. 용도에 따라 다음과 같이 분류한다.

1. 상륙장갑 인원수송차 : 인원수송능력은 25명으로 속도 12노트까지 가능함.
2. 상륙장갑 지휘차 : 상륙돌격 시 지휘용 차량으로 인원 수송능력은 약 9명이며, 11개의 UHF, VHF 통신설비를 갖추고 있어 22개 망의 구성이 가능함.
3. 상륙장갑 구조차 : 정비 및 수리가 주된 임무로 야전정비능력 수행이 가능하고 UHF 통신기 2개망이 구성되어 있음.

상륙장소(上陸場所, Landing Site)
해상수단으로 병력, 장비 및 보급품을 상륙시킬 수 있는 해안선의 이어진 부분. 상륙장소의 길이는 최소한 1개 이상의 RLT(연대상륙단) 상륙해안을 포함하며, 상륙군 목표 및 해안두보 선정의 기초가 된다.

상륙전기함(上陸戰旗艦, Amphibious Command Ship; LCC)
상륙작전에 있어서 지휘관이 탑승하여 작전을 통제하는 함선. 이 함선은 주로 상륙군의 상륙 및 지원임무를 담당하는 해상, 수중 및 공중부대를 통제하기 위한 통신소요를 충족시킬 수 있도록 설계되어 있다.

상륙전단(上陸戰團, Amphibious Group)
상륙전부대 내에 있는 사령부. 사령관과 그의 참모로 구성되며, 사단규모의 상륙작전을 수행함에 있어서 지정된 부대에 대한 작전지휘권을 행사하도록 구성되어 있다.

상륙전대(上陸戰隊, Amphibious Squadron)
상륙작전을 위하여 인원과 장비품을 수송하는 상륙돌격 함선으로 구성된 전술 또는 행정 편성.

상륙전부대(上陸戰部隊, Amphibious Force)
상륙작전을 실시하기 위하여 훈련, 편성 및 장비된 해군부대(상륙기동부대), 상륙군부대 및 지원부대를 포함함.

상륙전작전(上陸前作戰, Prelanding Operation)
상륙작전에서 돌격단계의 시작과 상륙부대 주력의 함안이동 시작 사이에 진행되는 작전. 이 단계에서는 상륙지역 준비에 중점을 두는데, 특히 상륙주력부대가 사용할 상륙해안과 헬기착륙지대를 집중적으로 준비한다. 또한 함안이동을 위한 최종 준비가 포함된다.

상륙정찰(上陸偵察, Amphibious Reconnaissance)
첩보를 획득할 목적으로 비밀리에 소규모 부대가 해상으로부터 적 해안에 상륙하여 실시하는 정찰. 대개 무력을 사용하지 않으며, 임무 완료 후에는 계획에 의해 철수하는 절차가 이어진다. 상륙수색이라고도 한다.

상륙주정(上陸舟艇, Landing Craft)
부대 및 장비의 수송, 접안, 하역 및 철수용으로 특별히 건조된 상륙전용 주정.

상륙준비단(上陸準備團, Amphibious Readiness Group; ARG)
상륙작전을 수행하기 위한 평시의 훈련 및 상륙작전 준비를 위해 편성된 부대조직.

상륙지역(上陸地域, Landing Area)
상륙기동부대가 상륙작전을 실시하고 이를 지원하기 위해 설정한 상륙목표지역의 일부. 상륙군사령관이 선택한 해안두보를 설치하는 데 필요한 해상, 공중 및 지상지역으로 구성된다.

상륙지원단(上陸支援團, Naval Beach Group)
상륙작전부대 내에 지휘관, 참모, 양륙지휘대, 상륙작전 건설대대 및 주정대 등으로 구성되어 영구적으로 편성되어 있는 해군부대.

상륙지원 정보체계(上陸支援情報體系, Amphibious Support Information System)
상륙작전, 표적, 군수와 유관한 정보를 관리하기 위한 자동화된 정보처리 체계.

상륙철수(上陸撤收, Amphibious Withdrawal)
적 해안으로부터 함정이나 주정, 또는 항공기를 이용하여 부대를 철수시키는 상륙작전의 한 형태.

상륙타격부대(上陸打擊部隊, Amphibious Striking Forces) ☞ [상륙돌격부대]

상륙통제전대(上陸統制戰隊, Amphibious Control Group)
상륙작전 시에 해상에서 함안이동 통제 임무를 수행하는 인원, 함정, 항공기.

상륙파(上陸波, Wave) ☞ [파]

상륙편성(上陸編成, Organization for Landing)
함안이동을 위한 임시편성으로서 상륙부대와 그 예하제대가 지정된 상륙해안 및 착륙지대에 상륙하기 위한 특정한 전술편성임.

상륙함정(上陸艦艇, Landing Ship)
장기 항해와 해안에 신속한 양륙을 위하여 설계된 돌격함선의 일종.

상륙함정구역(上陸艦艇區域, Landing Ship Area)
함안이동시 상륙함정이 대기하는 구역.

상륙해안(上陸海岸, Landing Beach)
통상 대대상륙단이나 유사한 부대의 상륙돌격에 필요한 가용 해안선의 일부. 가리키며, 대대상륙단보다 작은 규모의 부대가 상륙할 만한 해안선의 일부도 상륙해안이라고 한다.

상륙화물수송함(上陸貨物輸送艦, Attack Cargo Ship)
상륙돌격에 있어서 전투적재 화물을 수송하도록 설계 또는 개조된 해군함정. 적재량, 함속력, 무장, 선창 및 기중기의 능력에 있어서는 대등한 타 화물선보다 우월하다.

상비군(常備軍, Standing Army)
전·평시를 막론하고 국방의 기본병력으로서 항상 편성, 유지되는 병력.
(중국) 평시에도 유지하는 현역군대. 무장역량의 주체로, 통상 국제형세, 전략임무, 경제조건 등의 요인에 의해 규모를 정하되 전시군대보다 적은 정원을 유지한다. 주로 갑작스런 사변이나 국부적인 전쟁에 대응하며, 국가적 위험이나 재난에 투입하기도 한다.

상쇄전략(相殺戰略, Countervailing Strategy)
확정파괴능력과 상쇄능력을 갖춤으로서 적의 어떠한 규모의 핵공격도 억제하고, 만일 한정된 핵전쟁이 발발할 경우에는 전면전쟁으로 확대되기 전에 이것을 수습하려고 하는 전략.

상승폭격(上昇爆擊, Lift Bombing, Loft Bombing)
적의 대공화기를 회피할 목적으로 폭격기가 최저고도로 목표물에 접근한 후 급상승하여 목표지점에 폭탄을 투하하거나 미사일을 발사하는 공중폭격의 한 방법.

상승한도(上昇限度, Ceiling)
항공기나 유도탄이 상승할 수 있는 최대고도

상업구매(商業購買, Commercial Procurement)

일반적으로 상거래 절차 및 관습 등 무역관례에 따라 해외업체로부터 소요군수품 및 용역을 직접 구매하는 것.

상용장비(商用裝備, Commercial Equipment)

민수용으로 생산 제조된 장비를 군사용으로 획득하여 사용하거나 사용 예정인 장비.

상이연금(傷痍年金, Casualty Assistance)

군인이 공무상 질병 또는 부상으로 인하여 폐질(廢疾)상태로 되어 퇴직한 경우에 그때부터 사망할 때까지 지급하는 연금.

상장(上將)

(러시아) (북한) 중장과 대장 사이에 있는 계급으로 서방의 중장과 동급임.

(중국) 군 최고의 계급으로 서방의 대장에 준함.

상호강평식 훈련(相好講評式訓練, Cross Comment Style Training)

훈련실시 부대와 동급 2개 제대 평가단을 구성하여, 전 훈련과정을 참관한 후에 상호평가 하는 방법.

상호억제(相互抑制, Mutual Deterrence)

1. 둘 또는 그 이상의 국가 혹은 국가연합이 보복으로 초래하게 될 손실과 파괴가 감당하기 어렵게 될 것이 예측되어 서로를 공격하는 것이 억지되고 있는 안정된 상태.
2. 핵 보유국 중 일개국이 선제공격(제1격)을 억제했을 때 형성되는 핵 보유국들간의 안정된 상황. 이때 일방이 최초피해자의 보복(제2격)으로부터 초래되리라고 판단되는 손실이 감수할 수 없을 정도로 치명적이라고 믿기 때문에 상호 억제되는 효과가 있다.

상호운용성(相互運用性, Interoperability)

1. 한 시스템에 있어서 기술특성의 차이에 관계없이, 사용자에 대해 거의 추가훈련을 하지 않더라도 기본적으로 같은 기능을 수행하거나 상호보완 할 수 있는 2개 또는 그 이상의 품목 또는 장비구성품의 능력을 이르는 말.
2. 정보처리 관련기기를 이용해서 처리된 정보가 다른 기기 이용자 간에 원활하게 교환·처리 가능한 것을 이르는 말. 기종이 다른 컴퓨터나 단말기를 연결해서 상호 이용한다는 뜻으로 쓰인다.

상호지원(相互支援, Mutual Support)

부대 임무, 부대 상호간의 위치, 적에 대한 상대적인 위치 및 부대의 고유 능력 등으로 인하여 적에 대항하여 인접부대 상호간에 실시하는 지원. 통상 화력과 기동에 의하여 수행한다.

상호지원근무(相互支援勤務, Cross Servicing)

일개 군이 타군을 지원하여 수행하는 근무. 이 경우 지원에 대한 비용 청구가 이루어진다.

상호평가식감독(相互評價式監督, Mutual Evaluation)

쌍방 전술훈련 시 훈련에 참가하지 않는 부대가 1/2씩 양개 부대의 훈련에 동참하여 견학을 실시함으로써, 훈련부대의 장단점을 발견하여 자체강평을 실시하고, 차후 자기부대의 실제 훈련 시 적용함으로써 훈련효과를 증진시키는 감독형태.

상호화력지원(相互火力支援, Mutual Fire Support)

인접부대를 지원하기 위하여 인접부대가 서로 화력을 주고받는 것.

상황(狀況, Situation)

어떤 특정시간에 한 단위부대 또는 사령부에 영향을 주는 모든 상태와 환경.

상황도(狀況圖, Situation Map)
특정기간의 전술적 또는 행정적 상황을 보여주는 지도. 참모연구에 사용하며, 상황보고 시 첨부자료로 이용된다.

상황설명(狀況說明, Briefing)
지휘관, 참모 및 기타 선정된 인원에게 특정한 첩보를 제공하기 위하여 사용되는 구술의 특별한 형태. 통상 '브리핑'이라고 부른다.

상황판(狀況板, Briefing Board)
한 부대의 모든 상황을 기입하여 부대장 및 관계장교가 상황을 설명하고 판단하는 데 용이하도록 만들어진 도판.

상황판단(狀況判斷, Estimate of the Situation)
지휘관 또는 참모가 군사상황에 영향을 미치는 모든 여건을 고려한 다음, 임무완수를 위해서 채택할 하나의 방책을 결심하기 위한 논리적인 사고과정.
(북한) [정황판단(情況判斷)]

상황평가(狀況評價, Evaluation of Situation)
작전지역 내의 일반적인 상황과 작전수행에 관련된 보고 및 지휘관 자신의 관찰을 통하여 획득된 첩보 및 정보를 작전의 전 기간 동안 지속적으로 평가하는 활동.

색해안(色海岸, Colored Beach)
1개 연대상륙단, 또는 이와 유사한 규모의 부대가 상륙돌격을 수행하기에 충분한 해안선의 일부분. 상륙군이 1개 대대상륙단으로 구성될 경우에도 1개의 색해안이 사용되며 해안의 추가 세분화는 요구되지 않는다.

생물학무기(生物學武器, Biological Weapon)
병원 매개체를 포함한 생물학적 작용제를 발사, 분산 또는 전파시키기 위해 만들어진 포탄 또는 폭탄과 같은 무기의 총칭. 생물학 작용제는 생물체내에 침입해서 증식하여 질병을 일으키는 것으로, 군사적으로 운용하는 목적은 인원의 살상 및 무능화 등에 있다. 생물학 무기는 대량 살육에 사용될 가능성이 높기 때문에 국제법으로 개발, 생산, 저장을 금지하고 있다.
〈동〉 [세균무기]

생물학작용제(生物學作用劑, Biological Agent)
인체나 동물, 식물 등에 질병을 유발시키거나 물질을 변질시키기 위해 군사작전에 사용되는 미생물 및 독소를 통틀어 가리킴. 이를 군사적으로 운용하는 목적은 인원을 살상 및 무능화시키거나 음식물 및 보급품 사용을 거부하는 데 있다.

생물학작전(生物學作戰, Biological Operation)
인명이나 동물을 대상으로 사상자를 내거나 식물에 피해를 주기 위해서 생물학적 작용제를 사용하는 작전.

생물학적 반감기(生物學的半減期, Biological Half-Life)
생물체 내에 들어간 방사능 물질 또는 원소가 물질대사나 배설에 의하여 처음 양의 절반이 될 때까지의 시간을 말함.

생물학전(生物學戰, Biological Warfare)
사람, 동물, 식물을 살상하거나 물자에 피해를 주기 위하여 미생물이나 독소를 고의적으로 운용하는 전쟁의 형태.
〈동〉 [세균전]

생물학전방어(生物學戰防禦, Biological Defense)
생물학적 작용제를 이용한 공격에 대항하는 방어법을 강구하고 실행하는데 필요한 방법, 기획 및 절차.

생존(生存, Survival)
개인 혹은 집단이나 대부대가 모체로부터

이격된 곳에 고립 또는 차단되어 보급품 획득이 불가할 때, 각종 기술을 활용하여 주어진 환경에서 살아나가면서 계속적인 임무를 수행하는 것.

생존하중(生存荷重, Survival Load)
적과의 전투행위를 회피하면서 침투, 은닉, 도피 등의 활동이 가능한 하중으로서 개인의 생존성과 휴대의 지속성을 고려함.

생환(生還, Returning Alive)
공중근무요원이나 기타 선정된 요원이 전투지역 및 적 지역에서 작전 중 아군과 고립차단 또는 체포되었을 때 도피, 탈출, 저항, 생존 활동을 통해서 아국 또는 우방국 지역으로 안전하게 귀환하는 것.

선견부대(先遣部隊, Advance Force)
상륙기동부대의 주력부대가 상륙하기 이전에 상륙목표 지역 내에 투입되어, 상륙기동부대의 상륙돌격을 위하여 목표지역을 준비하는 상륙기동부대 예하의 기동편성부대 또는 편성체.

선견부대작전(先遣部隊作戰, Advanced Force Operations)
상륙작전 시 통상 선견부대로 편성되는 기동부대 예하부대가 목표구역에서 실시하는 정찰, 소해, 포격, 수중파괴 및 해안장애물 파괴가 포함된 작전. 상륙기동부대의 본대가 상륙목표지역 내에 도착하면 선견부대는 해체된다.

선단(船團, Convoy)
동시 항해를 위해 여러 척의 선박이나 이를 호위할 수상함이나 항공기 등으로 편성된 하나의 집단. 여러 척의 상선이나 해군 보조함, 또는 양자가 전투함정이나 항공기에 의해 호송을 받거나, 또한 1척의 상선이나 해군 보조함이 수상함 호송 하에 함께 항해를 위해 집결하여 편성된다.

선단분산지점(船團分散地點, Convoy Dispersal Point)
수송선단이 분산하여 각각의 목적지로 진행하는 지점.

선단사령(船團司令, Convoy Commodore)
선단을 지휘하도록 지정된 해군장교 혹은 선장 중의 한 사람. 선단사령은 군 호송부대 사령관의 명령에 따른다.

선단이탈선(船團離脫船, Convoy Leaver)
선단주력으로부터 분리하여 별도로 예정된 목적항을 향하는 선단의 일부 또는 독립선박.

선단집결항구(船團集結港口, Convoy Assembly Port)
원양항해 및 연안항해 선단이 출항하는 항만.

선단참가선(船團參加船, Convoy Joiner)
주 선단에서 독립적으로 항행하다가 나중에 주 선단에 합류하는 단일 선박 또는 선박의 집단을 이르는 말.

선단항로(船團航路, Convoy Route)
해당 항로당국에 의하여 각 선단에 할당된 특정항로.

선단항로교시(船團航路教示, Convoy Routing Instructions)
선단이 가야 할 항로를 가르쳐 주는 교시.

선단호위함(船團護衛艦, Convoy Escort)
선단과 같이 항행하는 해상 함선으로서 선단을 호위할 책임을 가짐.

선도(先導, Lead)
이동표적을 사격할 때, 이동하는 표적의 속도와 발사 탄의 속도를 고려하여 포(사)수가 조준해야 할 표적 전방으로의 거리. 1리드는 관측된 표적의 1개 폭만큼의 앞선 거리이다.

선도각(先導角, Lead Elevation)
이동표적에 명중하도록 포수가 조준해야

ㅅ

할 사격 조준장치에 표시된 전방으로의 거리각.

선도거리표(先導距離表, Lead Table)
이동목표를 적중시키는 데 필요한 선도거리를 산출하는 도표 또는 도식.

선도기(先導機, Lead Aircraft, Pathfinder Aircraft)
1. 비행 중에 편대 내의 타 항공기를 지휘하도록 지정된 항공기.
2. 2대 이상의 항공기가 비행할 때 선두에 위치한 항공기.
3. 착륙지대 표지반과 표적표지 또는 항법 보조물을 운반하기 위해 특별히 훈련된 승무원을 갖춘 항공기.

선도자(先導者, Pathfinders)
항공기 편대를 강하지역, 목표 등에 유도하는 자.

선도조(先導組, Lead Crew)
폭격편대를 유도하는 지휘기에 탑승하기 위하여 특별히 훈련된 탑승원.

선동(煽動, Sedition)
아군의 작전 또는 성공을 방해하고 적의 성공을 추진시키려는 의도 하에 고의로 풍문 또는 성명서를 만들어 전파하는 행위. 군대 내에서 고의적인 반항, 불충실, 항명 또는 의무의 거부행위 등 징병업무나 병역근무를 고의적으로 방해하는 행위가 이에 해당된다.

선량(線量, Dose)
물질이나 조직이 흡수한 이온화 방사선의 총량이며, 단위는 래드(RAD)임.

선무공작(宣撫工作, Pacification Activities, Consolidation)
목표대상인 어떤 개인, 집단, 민족 및 국민에 대하여 우리 측의 신조나 주의, 태도, 견해 및 활동을 사실 그대로 전파하거나 과장 또는 날조하여 유포시키는 것.

선무방송(宣撫放送, Consolidation Broadcast)
선무심리전을 돕는 것으로, 통상 점령지역에 있는 방송시설이나 이동방송시설을 이용하여 군사작전을 지원할 목적으로 작전 전후에 실시하는 방송.

선무심리전(宣撫心理戰, Consolidation
군 작전을 용이하게 하고 민중 간에 최대한의 협동심을 조장하기 위한 목표를 가지고 우군 후방지역이나 우군부대가 점령한 지역의 주민들에 대하여 실시하는 심리전.

선무심리활동(宣撫心理活動, Consolidation Phychological Activity)
국내 소요지역의 흥분된 민중이나 지역 주민들의 들뜬 민심을 수습하기 위해 정부 및 공공기관의 시책으로 지역사회의 안전을 도모하는 제반활동.

선박(船舶, Watercraft)
수면 위에서 이동하도록 설계된 임의의 형태의 배나 이동수단.

선박적하목록(船舶積荷目錄, Ocean Manifest)
선박 한 척에 적재된 전체 화물의 일람표로서 화물의 식별 및 적재된 장소와 방법을 필요시에는 언제나 판별할 수 있도록 모든 관련 자료가 기록되어 있음.
〈동〉 [선하목록]

선박통제 및 보호(船舶統制~保護, Control and Protection of Shipping)
전쟁 또는 위기상황 발생시 선박의 안전운항을 보장하고 선박의 행동이 군작전에 방해가 되지 않도록 하기 위하여 군과 관련 민간조직에 의해 실시되는 선박의 운용과 이동에 관한 일체의 통제 및 보호.
1. 운용통제 : 선박의 출입항, 항내이동, 화

물의 적·하역 등 선박의 운용에 관한 통제.
2. 이동통제 : 선박의 항로지정, 선단편성, 호송, 전항, 비상이동 등 선박의 해상 이동에 관한 통제.

선발대(先發隊, Advance Element)
정찰, 안내표지, 숙영, 행정준비 등의 제반준비를 위하여 본대보다 먼저 파견되는 부대.

선방어(線防禦, Linear Defense)
진지의 종심이 얕거나 종심이 거의 없는 방어. 즉 가용부대를 횡으로 넓게 배치하여 예비대가 적거나 거의 없는 일선방어의 형식을 가리킨다.
(북한) [계선방어(界線防禦)]

선별동원(選別動員, Selective Mobilization)
긴급사태 시 필요한 인력을 충족하기 위해 의회나 대통령의 직권에 의해 예비역을 동원하여 현역군을 강화하는 것.

선율(線率, Dose Rate)
단위시간당 흡수되는 방사선의 선량으로서 단위는 RAD/hr임.

선전(宣傳, Propaganda)
국가목표를 지원하여 주최자에게 직접 또는 간접으로 이익을 주기 위하여 어느 특정한 사상, 감정, 태도 또는 행위에 영향을 주도록 계획된 정보, 사상 또는 특별요소. 선전의 종류에는 백색, 회색, 흑색선전이 있음.

선전탄(宣傳彈, Leaflet Projectile Bomb)
전단을 살포하기 위해 포탄 내부에 전단을 충전하고, 시한신관으로 탄저 방출할 수 있도록 제작된 포탄. 포병 및 항공기로부터 투하된다.

선전포고(宣戰布告, Declaration of War)
한 나라가 다른 나라에 대해 전쟁시작을 선포하여 명시적으로 전쟁상태를 성립시키는 방식.

선제(先制, Initiative)
기선을 제압하는 것. 기선을 제압하면 주도권을 장악하여 적이 피동적으로 행동하도록 강요할 수 있는 이점이 있다.

선제공격(先制攻擊, Preemptive Attack)
적의 공격이 임박한 확실한 증거를 기초로 시작하는 공격.

선제공격전략(先制攻擊戰略, Preemptive Attack Strategy)
가상적국의 공격징후를 포착했을 때, 선제기습이 갖는 치명적인 이익을 획득하기 위하여 예방전쟁 형태로 군사력을 사용하는 전략.

선제기동격멸작전(先制機動擊滅作戰, Initiative Maneuver Destruction Operation)
적이 반드시 통과하거나 침투할 것으로 예상되는 지역시설, 표적 등의 시간, 공간적 중앙에 기동타격대를 먼저 기동시켜 두었다가 침투원점에서 적을 격멸하는 작전.

선제적 자위(先制的自衛, Anticipatory Self-Defense)
적국의 공격징후가 명백히 존재하고, 적국의 공격을 허용한 후에는 자위권의 행사가 불가능한 상황에서 적국의 공격을 방지하기 위하여 최소한의 무력으로써 행사할 수 있는 예방적 자위권. 현대에 있어서 대량살상무기는 인류 및 한 국가의 국민에게 치명적인 위해를 가할 정도로 위력이 강력하므로 선제공격을 받은 후의 방어행동은 무의미하다는 근거에서 선제적 자위권을 옹호하는 견해도 있으나, 그 인정 여부에 대하여 국가 간 견해가 대립하고 있으며 행사하는 경우에도 그 행사는 최소한 도로 제한되어야 한다는 공감대가 형성되어 있다.

선택식별장치(選擇識別裝置, Selective Identification Feature)
기본적인 피아 식별방법에 부가하여 선택

ㅅ

적으로 채택된 암호의 송신, 수신, 회신을 표시하는 수단을 제공하는 능력.

선택양륙(選擇揚陸, Selective Unloading)
상륙군사령관의 요청에 의하여 특정화물을 선택적으로 돌격함정으로부터 양륙시키는 것. 통상 함안이동의 돌격 및 최초 양륙기간 중 비예정부대의 상륙과 병행된다.

선택적재(選擇積載, Selective Loading)
지급이 용이하도록 계획된 방법에 따라서 화물선에 보급품과 장비를 적재하는 것.

선하목록(船荷目錄, Ocean Manifest) ☞ [선박적하목록]

선행개발(先行開發, Advanced Development)
무기체계 연구개발의 타당성 여부를 확인하기 위하여 선행기술시험 및 선행운용시험을 위한 부속품 또는 시스템의 일부를 개발하는 것.

선행소해(先行掃海, Precursor Sweeping)
차후 작전에서 대(對)기뢰작전함에 대한 위험을 줄이기 위하여 비교적 안전한 방법으로 일정한 해역을 소해하는 것.

선행연구(先行硏究, Advanced Research)
무기체계 연구개발과제로 확정하기 이전에 개발가능성을 판단하고 개발과제로 채택한 경우, 개발 및 운용유지에 대한 경제성을 판단하는 것.

선형전(線型戰, Linear Warfare)
피아가 일정한 전선을 유지하며 전개되는 전쟁양상. 선형전에서는 전선과 후방이 구분되고, 쌍방의 전투 병력이 일련의 협조된 공격과 방어를 통하여 대결이 이루어진다.

선회권(旋回圈, Turning Circle)
일정한 타각으로 함정이 선회 시 그리게 되는 궤적. 즉, 배가 좌우로 방향을 바꿀 때 그리는 궤적.

선회대기지점(旋回待機地點, Orbit Point)
항공기가 공중대기 시 사용하는 지점으로, 육지나 해상에 지리적으로 또는 전자적으로 지시되는 참고점.

설영(設營, Quartering)
진영(陣營)을 설치하는 것. 부대원의 숙식, 근무설비 및 보급품을 위한 수용시설의 준비와 관리를 통틀어 이르는 말로, 야영시설, 병영시설 및 숙사시설 등이 포함된다.

설영대(設營隊, Quartering Party)
주력부대가 전진하여 작전이 예상되는 새로운 위치를 주력부대가 도착 또는 점령하기 전에 이를 확보하고 정찰하여 사전에 작전지역을 편성하기 위하여 부대 대표로 파견된 부대. 주요 임무는 예하부대의 정확한 위치를 지정해 주고, 각 부대를 준비된 지역으로 유도하며, 숙영 및 행정시설을 사전에 준비한다.

설정권한자(設定權限者, Establishing Authority)
상륙작전을 위하여 합동부대로서의 상륙특수 임무부대를 설정하고 작전을 위하여 최초지시를 하달하는 합동부대 부대장.

설치권자(設置權者, Convening Authority)
군사행정 사항을 조사할 목적으로 군법회의나 위원회를 설치 또는 소집할 권한이 있는 자.

설한지작전(雪寒地作戰, Combat in Cold Snowing Weather)
매우 춥고 눈이 많이 쌓인 지역에서 실시되는 작전.

섬광불발(閃光不發, Flare Dud)
핵 폭탄이 목표물에 투하되었을 때, 예상된 핵 출력이 나왔지만 의도한 고도보다 상당히 높은 고도에서 폭발한 핵 폭발. 이것은 핵 출력의 관점에서는 불발탄이 아니지만 목표물에 대한 효과와 핵 폭탄의 정상적인 폭발을 고려하면 불발탄이라고 볼 수 있다.

섬광측정(閃光測定, Flash Ranging)
발사체의 폭발이나 적군의 총기의 발사에 의한 섬광을 육안으로 확인하여 위치를 확인하는 것.

섬광탄(閃光彈, Flare)
1. 적외선 유도무기체계를 기만하기 위한 유인체(Decoy)의 일종.
2. 수동센서인 열추적 미사일의 진로를 교란시키기 위하여 공중에 뿌려지는 허위 열표적 불덩어리. 마그네슘과 같은 고할성 금속을 태워서 강한 적외선을 발생시킨다.

섬광폭음시간(閃光爆音時間, Flash-Bang Time)
1. 사격한 화기의 화염을 육안으로 관측한 시간과 사격음(총성, 포성)을 들은 시간 사이의 간격. 사격한 화기의 거리를 산출할 때 사용한다.
2. 포탄의 폭발섬광을 육안으로 관측한 시간과 폭발음이 들린 시간 사이의 간격. 포탄 탄착지점까지의 거리를 산출할 때 사용한다.

섬광화상(閃光火傷, Flash Burn)
핵무기 폭발 시 노출된 피부가 열복사선을 과도하게 받아서 생기는 화상. 제1도 화상, 제2도 화상, 제3도 화상으로 구분한다.

섬광효과(閃光效果, Visual Effect)
핵폭발로서 생긴 빛 등 강렬한 섬광에 의해 실명하게 되는 현상. 핵폭발로 인한 섬광이 태양보다 더 밝음으로 해서 생기는 섬광효과는 일시적 시력상실 또는 영구적 망막화상에 의한 실명을 가져온다. 일시적 시력상실은 피해 인원이 폭발지역 정면을 향한 경우는 주간은 2분 이상, 야간의 경우는 10분, 기타지역은 3분 이상 지속되며 눈의 초점이 화구와 일치한 경우는 영구 실명된다.

섬멸전(殲滅戰, Annihilation War)
적의 병력과 장비를 완전히 사살, 파괴 또는 포획하여 영구히 그 저항근원을 말살시키는 작전. 일본 간부학교에서는 통상 적의 과반수를 격멸했거나 포획한 것을 섬멸전이라 칭한다.

성분작전(成分作戰, Component Operation)
해전을 구성하는 전투환경 특성에 따라 해군전력이 기본적으로 수행하는 작전. 주요 성분작전으로는 대잠전, 기뢰전, 구조전, 특수전, 상륙전 등이 있다.

성형탄화기(成型彈火器, Hollow Charge Weapon)
무반동총, 바주카포, 전차미사일 등 성형장약을 사용하는 화기.

성형장약(成形裝藥, Shaped Charge)
철재, 콘크리트, 토양 등을 굴착하고자 할 때 폭약의 폭발력을 한 곳으로 집중시킬 수 있도록 내부가 원추형의 공동(空洞)으로 제작된 단단한 폭약. 암모늄나이트레이트에 의한 도로대화구 형성을 위해 장전공을 신속하게 굴토하기 위하여 사용하거나 교량의 교골 폭파 시에 사용한다.

세계좌표체계(世界座標體系, World Geodetic System; WGS)
1. 군사지도 좌표체계(UTM) 좌표와 구조는 동일하나 장거리 유도무기 등의 운용을 위하여 지역별로 상이한 좌표체계를 한 개로 통일시킨 개선된 좌표체계.
2. 2차원에서 지역좌표체계인 군사지도 좌표체계(UTM)의 한계점을 극복하기 위하여 기준점을 지구질량 중심에 두고, 인공위성에 의해 고도 및 좌표를 측정하는 3차원 고도 좌표체계로서 정밀무기체계 및 우주무기체계의 발달로 인하여 세계적으로 통일된 좌표 체계.

〈동〉 [세계지구좌표체계]

ㅅ

세계지구좌표체계(世界地球座標體系, World Geodetic System; WGS) ☞ [세계좌표체계]

세균무기(細菌武器, Biological Weapon) ☞ [생물학 무기]

세균전(細菌戰, Biological Warfare) ☞ [생물학전]

세력균형(勢力均衡, Balance of Power)
무력을 사용하거나 사용할 수 있다는 위협을 통하여 타국으로부터 어떠한 의지의 강요를 받지 않을 정도의 힘의 균등 내지 배분관계.

세부첩보요구(細部諜報要求, Detailed Information Request)
징후분석을 기초로 정보요구를 세분화한 것. 정보요구를 충족하기 위해서 필요한 전부 혹은 일부의 해답을 제공하는 의문형으로 기술된 적 및 작전지역에 관해 알고자 하는 내용을 말한다.

세열수류탄(細裂手榴彈, Fragmentation Bomb)
파편에 의한 살상효과를 기대하는 수류탄.

세열폭탄(細裂爆彈, Fragmentation Bomb)
폭발시 다량의 초고속 세열파편을 내게 하는 특수폭탄으로서 주로 인마 살상용으로 사용됨.

센서(~, Sensor)
소리·빛·온도·압력 따위의 물리량을 검출하는 소자(素子) 또는 그 소자를 갖춘 기계장치.

셀(~, Cell)
(미국) 어떤 조직 따위를 비밀리에 전복시킬 목적으로 함께 작업하는 개인들로 이루어진 소규모 집단.

소개(疏開, Dispersal)
적의 공격으로부터 대량 파괴 및 손실을 방지하기 위하여 장비와 보급품, 병력 등을 분산시키는 것.
(미국) 생존성을 증가시키기 위해서 부대를 재배치하는 것.

소개대형(疏開隊形, Dispersed Formation)
부대를 분산시킨 전술대형으로서, 적의 화력으로부터 위험을 감소시키기 위한 대형.
(일본) [伸長隊形(신장대형)]. 차량행군에 있어서 각 차간 거리를 대개 50미터 이상 유지하고 행군하는 대형.

소개민(疏開民, Dislocation Civilian, Displaced Person)
1. 이주민, 철거민, 추방된 자, 내부적으로 위치이동 된 자, 망명자, 혹은 국적 없는 사람을 통틀어서 지칭하는 말.
2. 자의가 아니라 외적 영향으로 자국 국경 밖으로 축출된 민간인.

소개지역(疏開地域, Dispersal Area)
부대 및 물자에 대한 공습 또는 포격의 피해를 줄이기 위해 광범위하게 분산시켜 놓은 지역.

소결합체(小結合體, Subassembly)
군수용어로서 결합체의 일부로 두 개 이상의 부품으로 형성되며 한 품목으로 비축되거나 교체될 수 있음.

소군탄(小群彈, Submunition)
모체 탄에서 분리되어 독자적인 역할을 하는 탄약. 대구경의 포탄이나 로켓탄두 속에 다수의 소군탄을 넣고 소정의 고도에서 분리시켜 동시에 여러 목표에 피해를 주게 할 수 있다.

소극방어(消極防禦, Passive Defense)
주도권을 장악하려는 기도 없이 다만 적 행동으로 발생되는 손상의 가능성을 감소시키고, 그 효과를 최소한도로 국한시키는 데 그치기 위하여 취하는 방어(방책).

소극적 대공방어(消極的對空防禦, Passive Air Defense)
적의 공중공격효과를 최소한으로 제한하기 위하여 취하는 적극 방공을 제외한 모든 방책을 말하며, 이는 은폐와 엄폐, 위장, 소산, 방호물의 사용과 위진지운용 등이 포함됨.

소나(~, Sound Navigation And Ranging; SONAR)
광의로는 신호탐지, 청음, 통신, 항해 등을 수행하기 위해 수중음향에너지를 이용하는 것 또는 이러한 작업을 하는 기기를 가리키며, 협의로는 수중 목표물의 거리 및 방위를 측정하는 음향탐지기 또는 수중청음기를 가리킴. 최근에 주로 사용되는 소나로는 잠수함 등을 보다 멀리서 탐지하기 위해 수중전파특성이 좋은 1000Hz이하의 저주파영역을 이용한 TASS(Towed Array Sonar System : 예인형 선배열소나)라고 하는 저주파 수동 소나와 미해군이 전 세계의 바다에 다수 배치하고 있는 SOSUS(Sound Surveillance System)가 있다.
〈동〉 [음탐기]

소나탐지(~探知, Sonar Detection)
소나에 의한 수중 목표물을 탐지하는 것. 소나 탐지 방법에는 능동탐지와 수동탐지 방법이 있다
1. 능동탐지(Active) : 멀리 떨어진 수중 목표물에 관한 정보를 획득하기 위해 송신기에서 음파를 멀리 발사 후 목표물에 반사된 음파신호를 수신하여 얻고 처리하는 방법.
2. 수동탐지(Passive) : 멀리 떨어진 수중 목표물에서 발생시킨 음파를 수신하여 표적에 대한 정보사항을 입수하는 탐지 방법.

소노부이(~, Sonobuoy) ☞ [청음부표]

소대(小隊, Platoon; Plt)
중대의 일부로서 소대본부와 3개의 소총분대로 편성되고, 소대장이 예하분대의 기동과 화력을 통합하여 사격과 기동 및 근접전투로 적을 격멸하는 최하위 전투제대. 소총소대는 돌격을 실시하는 기본 단위이다.

소립자(素粒子, Elementary Particles)
양자, 중성자, 전자, 양전자, 중성미자, 감마선, 광자들의 총칭임. 소립자라는 말은 분할할 수도 변화시킬 수도 없는 입자를 의미하지만 서로 전환될 수도 있음.

소모성 재산(消耗性財産, Expendable Property)
사용하게 되면 없어지거나 물품 원래의 성질을 잃어버리게 되는 재산으로서 사용하게 되면 재고숫자가 줄어들게 됨.

소모소해(消耗掃海, Attrition Sweeping)
모든 함선에 대한 기뢰의 위험을 가능한 한 적게 하기 위해 실시되는 지속적인 기뢰원 소해.

소모율(消耗率, Consumption Rate)
일정한 기간에 소모 혹은 소비된 품목의 평균량. 예를 들면, 탄약은 화기 1정당 1일 소모량을 단위로 한다.

소모전(消耗戰, War of Attrition)
1. 전쟁 상대 국가 간에 인원, 병기, 물자 등을 계속적으로 투입하여 전쟁을 장기간 지속시킴으로써 쉽게 승부가 나지 않는 전쟁형태.
2. 상대국을 완전히 격파하여 전쟁지속능력을 말살시켜 승리를 달성하려는 전쟁 수행방법.

소부대(小部隊, Small Unit)
통상 중대급 이하 제대를 가리키는 말.

소부대 전술(小部隊戰術, Minor Tactics)
소부대 또는 1개 병과로만 구성된 소부대

의 전술.

소비자 군수(消費者 軍需, Consumer Logistics) ☞ [수요자 군수]

소사(掃射, Sweep Fire)
포사격시 표적의 폭이 횡적으로 포대 사향속 전면보다 큰 대형 표적일 때, 동일한 사각에 상이한 편각으로 수회 분할하여 사격하는 방법.

소산(疎散, Dispersion)
1. 적의 행동(주로 공격)에 대한 취약성을 감소시키기 위하여 제한된 지역에 집중되어 있는 인원, 물자, 설치물(설영) 등을 전술적으로 분산시키고 분리하는 것.
2. 공수작전에서 낙하지역에 떨어지는 인원이나 화물이 분산 정도.
3. 해군의 함정통제에 있어서 자체 보호를 위해서 또는 적 공격에 의한 피해 위험을 최소화하기 위해 함정을 항만 주변이나 항구 인근에 정박시키는 것.

소염기(消焰器, Flash Suppressor)
무기 발사 시에 추진체의 가스가 연소되면서 나타나는 섬광의 양을 줄이기 위해서 무기의 총구에 부착하는 장치.

소요(騷擾, Civil Disturbance)
다수인이 집합하여 폭행, 협박 등의 폭력을 행사하여 그 영향이 한 지방의 평온을 해칠 정도가 되는 상태.

소요(所要, Requirements)
광의의 개념으로는 군사소요를, 협의의 개념으로는 물자소요를 가리킴. 군사소요란 승인된 군사목표를 달성하거나, 임무를 완수하는데 필요한 능력을 갖추도록 하기 위하여 적절한 자원배분을 합법화하는 하나의 설정된 요구이며, 여기에서 설정된 요구는 필요한 군사력 수준을 뜻한다. 물자소요란 어떤 부대가 부여된 임무 및 기능을 수행하기 위하여 일정기간 동안 필요한 자원의 양을 의미한다.

소요계획(所要計劃, Requirement Plan)
요망되는 병력 및 자원에 기초를 두며 실천될 수 있기 전의 예산 및 동원계획에 의거한 일종의 계획.

소요관리(所要管理, Requirement Management)
부대가 임무수행에 필요한 자원의 소요를 정확히 반영할 수 있도록 소요기준의 설정, 수요예측, 소요산정, 보급수준의 유지 및 소요판단, 소요제원관리 등 소요관련 업무를 계획 및 시행하고 평가하여 조정 · 통제하는 제반 활동.

소요보급률(所要補給率, Required Supply Rate; RSR)
한 부대가 특정된 기간 동안 부여된 작전임무를 수행하기 위하여 제한 없이 소요되는 탄약의 량. 화기에서 발사되는 탄약은 일일 매 화기당 발수로써 표시되며, 기타 탄약은 다른 측정단위로써 표시된다.

소요진압작전(騷擾鎭壓作戰, Suppression of Civil Disturbance)
국가 비상사태 또는 불순세력에 의한 치안의 혼란, 민심동요 등으로 행정 및 사법기관이 그 기능을 상실하여 군대를 투입해서 공공질서를 유지할 필요가 있을 때 관계법령이 정하는 바에 의하여 군이 지원하는 작전.

소원수리(訴願受理, Grievance)
불법 · 부당한 행위로 인한 피해의 구제요구, 불합리하고 비정상적인 상황에 대한 시정요구, 건설적인 부대 운용 방안을 제시 등을 하는 행위.

소음침투(騷音浸透, Nuisance Intrusion)
전자전 요원이 적 통신요원을 방해하기 위해 같은 군 가입자인 것처럼 위장해서 적 통신에 개입하는 모방통신기만(ICD) 방법.

소이작용제(燒夷作用劑, Incendiaries Agent)
화재를 발생시킬 목적으로 사용되는 탄약을 말하며, 기름소이제, 금속소이제, 기름금속소이제의 종류가 있음.

소이탄(燒夷彈, Incendiary Bomb)
1. 항공기 및 지상화기에서 연소성 목표물을 점화하기 위한 탄약.
2. 적의 인마, 가옥, 진지 등의 표적물을 소각 파괴할 목적으로 제조된 탄약.
3. 높은 열을 내며 타는 약제를 장치한 폭탄.

소지품(所持品, Personal Effects)
개인이 소유하는 이동 가능한 물건.

소집(召集, Call-up)
국가가 병역의무자 중 예비역, 보충역 또는 제2국민역에 대하여 현역복무 외의 군복무 또는 공익분야에서의 복무의무를 부과하는 것.

소집부대(召集部隊, Call-up Unit)
1. 병력동원 소집된 자가 동원지정 된 보직에 따라 임무를 수행할 부대.
2. 상근예비역 소집업무의 권한과 책임을 부여받은 부대. 통상 전방지역은 군단, 후방지역은 향토사단이 이 업무를 관장하게 된다. 따라서 전방군단장과 향토사단장은 "소집부대장"이 된다.
3. 지방병무청 관할구역 단위로 동원소요를 가진 부대. 병력동원 운영계획에 명시된 부대로 통상 전투부대는 대대급, 전투근무지원부대는 독립중대급이 된다.

소집점검(召集點檢, Call Check)
동원 지정된 예비군에 대하여 전시의 동원편성과 보직을 주지시키고 정신교육과 임무수행에 필요한 교육을 실시하여 동원준비태세를 확인하는 점검훈련.

소축척지도(小縮尺地圖, Small-Scale Map)
1 : 600,000보다 작은 축척을 가진 지도.

소탕(掃蕩, Mopping up)
아군에 의하여 포위되었거나 고립된 지역의 적 또는 타 부대가 저항하는 적을 완전 제거하지 않고 그대로 진격함으로써 지대 내에 남아있는 적을 완전히 제거하는 것.

소프트 킬(~, Soft Kill)
물리적이고 가시적인 피해효과의 대응개념으로, 전자적 교란 등의 방법을 이용하여 상대측 공격체계에 마비나 장애를 일으킴으로써 치명적인 피해를 입히는 제반 공격형태. 즉 열, 폭풍, 충돌 등에 의한 직접파괴를 유발시키지 않고 컴퓨터바이러스 침입, 해커, 전자적 교란이나 기만 등의 방법을 통해 임의의 체계에 대하여 전체 또는 부분적인 기능의 마비나 장애를 가져다줌으로써 물리적 파괴에 버금가는 피해효과를 유발시킨다.

소해(掃海, Minesweeping)
안전한 항해를 위해, 또는 군사적으로 기뢰를 사용할 필요가 없어짐에 따라, 바다 속의 기뢰를 탐색, 제거하는 일. 소해는 물리적으로 기뢰를 제거, 파괴하거나, 감응 작용에 의해 기폭시키거나, 기계적 폭발장치를 사용하는 등 적절한 기술을 사용하여 수행된다.

소해경계진(掃海警戒陣, Mine Sweeper Screening)
기뢰로부터 위험을 제거하기 위하여 소해함정을 전위부대로 하는 경계진.

소해대항기뢰(掃海對抗機雷, Anti-Sweep Mine)
소해대항 장애물의 일종으로서 소해함정과 소해기구에 위협 또는 손상을 주기 위하여 기뢰원 내에 부설되는 비교적 작은 기뢰.

소해함(掃海艦, Sweeper)
기뢰를 제거할 목적으로 소해구를 예인하

ㅅ

는 함정. 통상 기뢰탐색용 음파탐지장비를 보유한다.

소해헬리콥터(掃海~, Helicopter)

1. 기뢰소해를 주 임무로 하는 헬리콥터.
2. 헬리콥터에 의한 소해가 소해정에 비하여 우수한 점은 기동성이 좋고 부설된 기뢰에 대한 안정성이 높다는 것이나, 기후의 영향을 받기 쉽고 야간소해가 곤란하다.

소화기(小火器, Small Arms)

소구경의 총기로서 권총, 소총, 기관총, 유탄발사기, 산탄총 등이 이에 포함되며, 통상 구경이 0.6″ 이하인 화기를 말함. 기관총까지는 대개 구경 15 mm 이하 구경을 소화기로 분류하며, 유탄발사기의 경우는 40 mm 이하 구경을 소화기에 포함시키고 있으며, 40 mm 이하의 기관포, 소화기 등을 포함하여 소구경화기(Small Caliber Weapons)로 분류하기도 한다.

(북한) [저격무기(狙擊武器)]

손망실처리(損亡失處理, Loss and Damage Disposal)

부대 및 개인이 관리하고 있는 금전, 물품 및 회계서류의 훼·손망실 발생 시에 손망실 보고서에 의하여 합리적인 처리를 통하여 재산계정의 정리 및 조기 국고회복을 기하는 일련의 행정절차.

손실보충병(損失補充兵, Loss Replacement)

손실로 인한 결원을 충원하기 위해서 보충되는 인원.

손자병법(孙子兵法, Sunzi's Art of War)

(중국) 중국 고대의 가장 유명한 병서로, 〈무경칠서(武經七書)〉의 하나. 〈손자(孫子)〉, 〈오손자(吳孫子)〉, 〈손무병법(孫武兵法)〉이라고도 함. 춘추시대 말 병법가 손무가 지은 것으로 대략 춘추 말에서 전국 초기에 완성되었다.

송탄장치(送彈裝置, Feed Mechanism)

탄피 또는 약협을 배출함과 동시에 새로운 탄약 또는 포탄을 공급하는 자동장전장치. 송탄기라고도 한다.

쇼트 톤(~, Short Ton)

미국에서 사용하는 무게의 측정단위로서 1 쇼트 톤은 약 907 kg에 해당함.

수기신호(手旗信號, Flag Semaphore)

신호수가 일정한 신호법에 의하여 손에 든 수기를 각각 상이한 위치로 휘두름으로써 행하는 일종의 시호통신 방법.

수도권 방공작전통제소(首都圈防空作戰統制所, Capital Air Defense Control Center; CADCC)

수도권 지역의 방공업무를 담당하기 위해 중앙방공통제소(MCRC)에서 전송되는 수도권 지역 침투항적의 정보를 이용하여 합동방공작전을 수행하기 위한 공군, 육군의 합동기구. 주로 육군의 단거리대공무기통제소 및 비행협조본부(FCC)의 기능과 공중감시 기능을 수행하며, 수도권 내에서 단거리대공무기부대의 작전통제를 실시한다.

수도권 방공지역(首都圈防空地域, Capital Air Defense Area)

수도권 공중침투 방어를 위하여 P-73 및 차단지대에 설치된 단거리 대공포로 하여금 교전을 할 수 있도록 설정된 지역. 이 지역에 침투하는 항적은 중앙방공통제소로부터 자동으로 수방사 상황실 및 수도권 방공작전통제소로 전송된다.

수동사격(手動射擊, Manual Fire)

1. 20밀리 대공포를 사격사수가 표적의 속도 및 사거리를 계산하여 사격하는 방법. 레이더 고장이나 전자방해로 인한 장애 시, 또는 시간적 여유가 없을 경우에 사용하는 방법이다.
2. 35밀리 대공포를 공중 표적 조준기로 표

적을 조준하고 고각 및 방위각 손바퀴를 돌려 표적을 추적하여 기계적 사격 페달을 눌러 사격하는 방법. 포발전기로부터 전원을 공급받을 수 없을 때나 지상표적을 사격할 때 사용한다.

3. 호크사격 방법의 하나로 포대 제원처리소의 자동 제원처리기능이 가동되지 않을 때나, 자동화 사격통제장비와의 제원망이 가동되지 않을 때 수동고각 및 방위각 돌림 스위치를 사용하여 사격 통제병이 수동으로 사격하는 것.

수동재밍(受動~, Passive Jamming)
금속기구를 반사시켜 적이 발사한 전파를 기계적으로 방해하는 방법. 다음과 같은 형태의 장비가 있다.

1. 채프(Chaff) : 길이가 다양하고 주파수 반응이 각기 다른 얇은 금속조각 또는 금속성 피막의 유리나 플라스틱으로 구성된 장비. 채프는 항공기나 박격포로 공중에 살포되어, 풍향에 따라 매우 천천히 움직이며 레이더의 수신부로 전자파를 반사시켜 표적이 나타나지 않도록 혼란을 야기시킨다.
2. 로프(Rope) : 채프의 변형으로 금속조각 또는 금속선으로 제작된 기다란 통으로 된 장비. 저주파수 레이더에 잘 반응할 수 있도록 계획되어 있어, 로프에 의해 반사된 반사파는 레이더 표시판에 단일 표적물이나 다수 표적물로 나타난다.
3. 코너 반사기(Corner Reflector) : 편편한 반사면을 연결하여 삼면 반사면으로 형성된 장비. 코너반사기는 육각형, 다이아몬드형, 피라미드형 등의 여러 가지 형태가 있으며, 반사효과는 양호하기 때문에 레이더에는 큰 표적물로 나타내며, 장비를 회전시키면 이동물체로 나타난다.

수동전자공격(受動電子攻擊, Passive Electronic Attack)
전자적 송신기 없이 전자기 에너지 반사를 이용하여 실시하는 소극적인 전자공격.

수동조작 추적법(手動操作追跡法, Manual Tracking)
손으로 조작하여 목표를 찾아내는 방법.

수동지뢰(기뢰)(受動地雷(機雷), Passive Mine)

1. 대역기뢰 장치가 작동하여 지뢰 폭발장치에 점화되는 것을 막도록 된 기뢰. 이 기뢰는 보통 상대적으로 단기간 동안 수동적인 상태로 머무른다.
2. 목표의 존재를 탐지하기 위한 신호를 발생시키지 않는 지뢰(기뢰).

수동추적유도(受動追跡誘導, Passive Homing Guidance)
미사일 내부의 수신기가 표적으로부터의 전파를 수신하여 표적을 추적 유도하는 것.

수동호밍(受動~, Passive Homing)
목표에서 방출되는 적외선, 음파, 전파, 광 등의 에너지를 비행체 및 어뢰 등이 스스로 감지하여 그 에너지원을 추적하는 것. 함선에서 나오는 소음에 호밍하는 방식은 종전부터 어뢰에 사용되어 왔고, 제트의 배기가스로부터 방사되는 방식을 공대공이나 지대공 미사일에 사용되고 있다. 호밍에 사용되는 에너지의 종류에 따라 수동적외선호밍, 수동레이더호밍, 수동음향호밍이 있다. TV 영상을 이용한 호밍방식도 수동호밍의 범주에 들어간다.

수령후보고(受領後報告, Acknowledgement)

1. 수신인이 발신인에 대하여 통신문 접수 사실 및 이해하였음을 알리는 통신문.
2. 계획(명령)을 간접적으로 수령하였을 경우, 계획(명령)의 수령결과를 보고하도록 임무확인에 관한 사항을 계획(명령)에 기술한 것.

수로도(水路圖, Hydrographic Chart)
항해자에게 수심, 해저의 모양, 해저의 굴

곡과 해안선, 조수의 상태, 설치된 보조물과 위험물을 알려 주기위해 제작한 해도.

수로반(水路班, Hydrographic Section)
해변에서 파손된 주정의 제거와 수로정찰, 수중 장애물 제거작업 및 들것병으로 지원 활동을 하는 해변단의 반.

수로발착지(水路發着地, Water Terminal)
일반적으로 고속도로, 항공기, 철도 등의 내륙 수상교통망에 연계된 안전한 해안에 위치한 항구. 선박으로 수송되는 인원, 화물 및 우편물을 싣거나 내릴 수 있는 시설을 갖추고 있어야 한다.

수로정찰(水路偵察, Hydrographic Reconnaissance)
수로 깊이, 해안의 방향, 해저의 모양, 산호초나 바위나 얕은 곳이나 인공 저지물 등의 특징을 알아내기 위해 실시하는 수역에 대한 정찰.

수로표지(水路標識, Hydrographic Marking)
암초, 기뢰 및 수중 장애물을 나타내는 데 사용하는 수로학적 목적을 위해 수로의 한계를 명확히 구별해 놓은 표지.

수류탄(手榴彈, Hand Grenade; HG)
근접전투나 참호전에서 손으로 투척하여 사용하는 소형폭탄의 하나. 폭발 시 생기는 파편으로 적병을 살상하거나 적진지를 파괴하게 되며, 세열수류탄, 연막수류탄, 화학수류탄 등의 종류가 있다.

수륙양용정(水陸兩用艇, Amphibian)
육상이나 해상에서 이동할 때 프로펠러와 바퀴 혹은 공기부양을 이용하여 추진되는 소형 함선.

수륙양용차량(水陸兩用車輛, Amphibious Vehicle)
바퀴나 궤도에 의해 움직이는 차량으로, 수륙양용 작전이 가능함.

수리대기 기재(修理待機器材, Deadlined Equipment)
사용부대 또는 기관이 보관해야 할 공인 장비품의 주 품목으로 현재 전기계통이나 안전장치에 고장이 있거나 고장발생의 우려가 있어 사용 또는 즉시사용대기에서 제외된 기계를 가리킴.

수리부속품(修理附屬品, Repair Part)
완제품을 수리 또는 정비하기 위하여 어느 시설이 소요로 하는 부분품, 결합체 및 구성품. '수리부속'으로 약칭한다.

1. 부분품(部分品, Part) : 한 개의 품목이 그 이상 분해될 수 없거나 또는 그 품목을 더 이상 분해하는 것이 불가능한 품목.
2. 결합체(結合體, Assembly) : 2개 또는 그 이상의 부분품이 서로 연결되었거나 서로 관련되어 뭉쳐진 품목으로 부분품으로 분해될 수 있는 것.
3. 구성품(構成品, Component) : 여러 개의 결합체가 기능을 발휘할 수 있으나 외부에서 조정되거나 또는 전원을 공급해 주어야 하는 품목.

수명구분(壽命區分, Age Grouping)
품목의 용도에 정비례하게 되는 보충률을 반영하기 위해 용도에 따라 품목을 정리하는 것.

수명주기(壽命週期, Life Cycle)
대상무기, 장비의 요구 혹은 필요성의 인정으로부터 폐기처리까지의 기간.
(일본) [耐用命數(내용명수)]. 물품이 본래의 용도, 용법을 보유한 상태에서 또는 통상 이를 유지 · 보수 하면서 예정된 성능이 지속 가능한 기간.

수명주기비용(壽命週期費用, Life Cycle Cost)
하나의 장비를 개발 획득하여 운영 유지하다가 도태시킬 때까지 소요되는 전체 비용.

연구개발비나 투자비, 운영유지비 등이 포함된다.

수복지역(收復地域, Reclaimed Area)
적에 의하여 점령되어 있다가 아군이나 우방국에 의하여 적을 축출하고 탈환된 지역. 국내법의 적용이 가능하도록 적용범위가 확대된 지역이다.

수사(搜射, Searching Fire)
총포의 고각을 축차적으로 변경하면서 종심으로 분산된 사격을 하는 방법.

수상선박(水上船舶, Watercraft)
수면상의 수송을 위해서 특별히 설계된 함선이나 선박.

수상지원(水上支援, Afloat Support)
항해 중이거나 정박 중인 작전부대에 연료, 탄약, 보급품 등을 공급하기 위한 항만구역을 제외한 지역에서 이루어지는 군수지원 형태.

수상함 전투전대(水上艦戰鬪戰隊, Surface Action Group; SAG)
수상위협에 대항하기 위해 수상함으로 구성된 전투단위 부대. 통상 고정익 항공기나 헬기의 지원을 받아 전투임무를 수행하며, 전술 지휘관이 수상함 전투전대지휘관을 지정하지 않는 한 선임함장이 수상함 전투전대지휘관이 된다.

수색(搜索, Reconnaissance, Search)
1. 육안관측이나 기타 탐지방법에 의하여 적 혹은 잠재적인 적의 활동, 자원에 관한 첩보의 획득, 특정지역의 기상, 수로, 또는 지리적 특성에 관한 제원을 얻기 위하여 실시되는 임무.
2. 일정한 지역을 감시하도록 하는 조직적인 정찰.

수색구조(搜索救助, Search and Rescue)
항공기, 수상함정이나 차량, 잠수함, 특수목적 구조팀이나 장비를 이용해서 육상이나 해상에 조난된 인원을 구조하는 것.

수색반경(搜索半徑, Search Radius)
수색 및 구조작전에서 기준면의 위치를 중심으로 해서 총 오차 거리에 추가적으로 안전거리를 더해 목표물이 해당 수색지역 내에 있을 가능성을 50% 이상 향상시키는 거리.

수소폭탄(水素爆彈, Hydrogen Bomb)
핵융합반응에 의해 생기는 에너지를 이용하는 핵무기. 핵융합에는 중수소, 3중 수소, 리튬 등이 사용되며, 핵융합반응을 진행시키기 위해서는 초고온이 필요하고 기폭제로는 핵분열을 하는 원폭을 이용한다. 실용 수소폭탄에는 3F폭탄 등이 있는데, 이 폭탄은 기폭용의 핵분열(Fission), 3중수소와 중수소의 핵융합(Fusion), 핵융합에서 생긴 고속 중성자에 의한 천연우라늄의 분열(Fission)이란 3단계로 작용하기 때문에 이렇게 부른다. 수소폭탄이 발생하는 에너지는 원자 폭탄의 수십 배나 되며 현재 사용되는 대형 핵무기는 대부분 수소폭탄이다. 원자 폭탄과 마찬가지로 폭풍효과, 열 효과 및 방사선효과에 의한 파괴, 소이, 살상이 가능하다. 이 중 방사선효과를 강화시킨 것이 '중성자탄'(Neutron Bomb)으로, 방사선 '강화탄'(ER; Enhanced Radiation Bomb)이라고도 부르며, 원자 폭탄 보다 중성자량은 4~5 배가 많고 폭풍과 열은 상당히 억제되어 있다. 수폭열핵폭탄이라고도 한다.

수송감(輸送監, Director General of Transportation)
참모총장의 수송참모이자 수송병과의 병과장.

수송기(輸送機, Transport Aircraft)
주로 화물이나 인원을 수송하기 위해서 설계한 항공기.

수송능력(輸送能力, Movement Capability)
일정한 기간 내에 가용 수송기관을 이용하

여 요구되는 이동을 완수하는 능력.

수송동원(輸送動員, Mobilization of Transportation)
전시에 인원 및 물자 등의 수송을 원활하게 지원하기 위하여 모든 수송수단과 업체를 동원하는 것. 동원대상은 차량, 선박, 항공기 등의 장비와 운송업체, 정비업체, 컨테이너 업체, 항만하역업체 등이 포함된다.

수송망(輸送網, Transport Network)
특정지역에서 가능한 모든 수송방법을 포함하는 도로망의 완전한 조직을 뜻하며, 특정한 수송방법에 따라 망을 구성함.

수송방식(輸送方式, Mode of Transport)
수송에 사용되는 다양한 방식으로, 내륙 지상 수송, 해상 수송, 항공수송 등으로 대별하고, 파이프라인도 수송방식에 포함한다.

수송선 정박위치(輸送船 碇泊位置, Transport Area)
상륙작전에서 군 병력이나 장비를 내려놓기 위해서 수송조직에게 할당된 지역.

수송소요(輸送所要, Transport Requirement)
해당지휘관에 의하여 인가된 인원 및 화물을 한 지점에서 다른 한 지점으로 수송하기 위한 인원과 물량. 수송이동소요라고도 한다.

수송시스템(輸送~, Transportation System)
모든 육상, 수상, 공수 경로와 수송자산을 군병력과 군수물자를 군사작전지역으로 수송하는 데 동원하는 것을 통틀어 일컫는 말. 군사작전지역이라고 함은 완전한 전장이나 미완의 전장 및 전략적, 작전적, 전술적인 수준의 전쟁을 포함한다.

수송왕복주기시간(輸送往復週期時間, Turnaround Cycle)
차량, 함선 및 항공기를 이용한 수송에서, 기지에서의 적재시간, 목적지 왕복시간, 목적지에서의 적하 및 재적재시간, 기지에서의 적하 및 양륙시간, 계획된 정비시간 혹은 설비를 기다리는 시간 등을 왕복주기로 나타내는 단위 시간.

수송우선순위(輸送優先順位, Transportation Priorities)
적절한 교통기관에 할당된 이송순서를 설정한 지침. 해상교통이나 공수에 의한 이송에도 우선순위제도가 적용된다.
(미국) 비상사태의 경우에 우선순위는 육상, 해상, 공수에 있어서 미 대륙 전역에 적용된다.

수송이동관리(輸送移動管理, Transportation Management)
이동소요를 최대한으로 충족시킬 수 있도록 수송능력을 경제적, 능률적, 효과적으로 사용하기 위하여 수송능력과 노정의 사용을 계획, 할당 및 지시하고, 운용을 협조, 통제 및 조정하는 것.

수송이동관리단(輸送移動管理團, Transportation Movement Management Group; TMMG)
1. 전시 창설되어 모든 이동관리부대를 지휘 감독하고 행정업무를 지원하며, 정부 중앙종합수송통제실(건설교통부) 및 지방종합수송통제실(각 도청)에서 지원하는 수송에 대한 연락 및 운용을 협조하는 곳.
2. 병참선상의 수송(철도, 육로, 수로, 항공) 수단의 제공을 연락 및 감독하며, 수송시설의 피해를 파악하고 복구를 협조하는 곳.

수송전대(輸送戰隊, Transport Group)
상륙군의 탑재, 목표지역으로의 이동, 상륙 및 군수지원 등을 수행하기 위해 편성된 전대. 상륙군을 탑재하는 함정과 헬기공수돌격부대를 탑재하는 함정으로 구성되며, 함안이동에 사용되는 상륙주정들도 수송전대에 배속 또는 편성시킬 수 있다.

수송함선구역(輸送艦船區域, Transport Ship Area)
수송함정 양륙작전을 위한 상륙돌격시의 상륙해안 근접지역의 해상구역.

수심등고선(水深等高線, Depth Contour)
기준수면 이하에서 깊이가 같은 점을 연결한 선.

수압기뢰(압력지뢰)(水壓機雷(壓力地雷), Pressure Mine) ☞ [압력기뢰]

수역관리(水域管理, Waterspace Management)
아군에 대한 적 잠수함의 불의의 공격을 방지하면서, 적 잠수함에 대해서는 신속하고 효과적인 교전을 할 수 있도록 하는 대잠전 공격절차 견지에서 수역을 할당하는 것.

수영척후조(水泳斥候組, Swimmer Scout)
해상침투요원을 적 해안에 안전하게 상륙시키기 위해 편성된 요원. 통상 해상침투요원의 해안도착 이전 해안으로부터 500~100야드 지점에서 2명 1개조의 수영자가 먼저 해안에 도착하여 이상유무를 확인하고, 대기중인 침투요원을 신호에 의거 안전한 지역으로 유도 상륙시킨다.

수요군(需要軍, Demanding Forces)
국방부의 중앙조달기관인 조달본부에 조달요구서를 제출하고 이에 의하여 조달된 장비 또는 물자를 사용하는 각 군 및 국방부 직할기관과 각 군 군수사령부를 지칭하는 용어. 통상 조달기관에 대응하는 용어로 사용된다.

수요자 군수(需要者軍需, Consumer Logistics)
1차 생산품의 수령, 물자의 저장, 검사, 배급, 수송, 정비, 물자의 처분 그리고 지원준비 및 근무제공에 관한 군수 분야. 따라서 수요자 군수에 포함되는 것으로는 물자수요결정, 후속지원, 재고통제, 수요자에게 필요한 시설의 준비와 건설, 수송통제, 문서화, 신뢰와 결함 보고, 저장, 수송, 안전표준처리와 관련된 훈련 등이 있다.
〈동〉 [소비자 군수]

수용, 대기, 전방이동 및 통합(收用, 待機, 前方移動~統合, Reception Staging Onward Movement and Integration; RSOI)
연합군 증원전력의 수용, 대기, 전방이동 및 통합으로 부대 전투력강화를 달성하는 절차. 양륙공항 및 양륙항만에서 인원, 장비 및 보급품을 수용하여 이동준비를 실시하고, 대기지역이나 작전기지로의 이동과 전술집결지로의 이동을 실시한 후, 유엔사 및 연합사에 작전통제권이 전환되어 전투준비가 완료된 부대를 통합하는 일련의 활동을 의미한다.

수용동원(收用動員, Mobilization for Expropriation)
국방상 필요한 물자, 건물, 토지 등을 동원함에 있어 군, 관 및 동원업체가 필요로 하는 물자를 국가가 강제로 매수하는 것. 동원과 동시에 그 물자의 소유권이 각 동원주체에 이전되는 것을 말하며, 물자는 인도, 인수와 동시에 소요자의 소유권은 소멸되고 이를 인수한 동원주체가 그 소유권을 취득하게 되는 물적 동원의 수단이다.

수용비행장(受容飛行場, Recovery Airfield)
군사적 목적의 비행장이거나 민간 비행장으로서 항공기가 H-시간 후에 착륙을 할 수 있는 곳. 수용비행장에서는 전투임무는 수행되지는 않는다.

수용시설 관리부대(收容施設管理部隊, Accommodating Command)
필요로 하는 부대 또는 기관에 장소를 제공

하거나 특수한 방법으로 지원을 제공하는 부대.

수임군부대(受任軍部隊, Ordination military)
국방부장관으로부터 예비군의 관리운영에 관한 권한을 위임받은 당해지역을 관할하는 여단급 이상의 군부대. 권한위임사항으로는 예비군의 지휘 및 감독, 예비군편성 및 동원체제 유지, 교육훈련, 동원된 예비군 작전지휘 및 경찰서장에게 위임한 사항에 관한 지휘 · 감독 등이 있다.

수정고각(修正高角, Adjusted Elevation)
실제사격의 결과 탄착중심이 표적이 되도록 산출한 고각. 기록사격 후 최종 수정사거리에 해당하는 고각이다.

수정사거리(修正射距離, Adjusted Range)
1. 수정고각에 상응하는 사거리.
2. 실제 사격을 기초로 하여 탄착중심이 표적에 오도록 산출한 사거리.

수정사격(修正射擊, Adjust Fire)
관측자에 의해 사탄조정 후 효력사를 실시하는 사격.

수제방어(水際防禦, Beach Defence)
상륙공격에 대비하여 수제선이나 그 부근에 위치한 해안방어진지의 일부. 해안방어라고도 함.

수제장애물(水際障碍物, Beach and Underwater Obstacles)
해안과 수중에 설치되어 있는 장애물.

수중대공유도탄(水中對空誘導彈, Underwater to Air Missile)
수중에서 공중의 목표물을 향하여 발사하는 데 사용되는 유도탄을 말하며 잠대공 유도탄으로 사용됨.

수중도하(水中渡河, Underwarter Crossing)
수심이 1.4 m 이상일 경우 전차가 스노클을 사용하여 도하하는 방법. 하천의 진입경사가 25° 이하, 진출경사가 15° 이하일 경우에 실시하나, 수중 장애물이 설치된 경우에는 수중도하가 불가능하며, 하상의 토질이 견고해야 하고, 유속이 3 m/초 이하일 때만 가능하다.

수중방어망(水中防禦網, Net and Booms)
항만방어 장비로서 어뢰운반체, 은닉 침투주정 및 자력 추진 기뢰의 공격으로부터 항만과 묘지(배가 닻을 내리고 정박하는 곳), 묘지에 있는 개개의 함정 및 도크와 묘지 주변의 기타 시설물을 보호하기 위하여 사용되는 망과 부유 장애물.

수중음향 신호탄(水中音響信號彈, Sound Underwater Signal)
대잠항공기에서 투하하여 수중에서 폭발하며, 폭발음이 잠수함에 부딪쳐 돌아오는 반향음을 수중음탐부표(Passive Sonobuoy)로 탐지하여 잠수함의 위치를 결정하는 능동적 위치결정방법에서 사용되는 수중신호탄.

수중익선(水中翼船, Hydrofoil Craft)
전속력을 내면 양쪽 선저에 붙은 특수날개에 의하여 양력이 생겨 선수가 약 40° 뜨고 선미는 잠겨서 쾌속으로 달리는 선박. 수중익선의 주행한계는 파고 2 m이기 때문에 파도의 방향과 배의 진로가 같아지면 배의 피칭(Pitching)이 심해지는 경우가 있다. 따라서 내해, 큰 하천이나 호수에서의 고속항해에 적합하다. 수중익선을 가장 많이 이용하고 있는 나라는 러시아로써 300인승 수중익선도 운용되고 있다.

수중장애물(水中障碍物, Underwater Obstacle)
선박 혹은 잠수함의 통행을 방해할 목적으로 해안 혹은 하천의 수중에 설치하는 장애물.

수중전쟁(水中戰爭, Undersea Warfare)
아군의 작전능력을 최대한 발휘하도록 하

고, 적의 수중 시스템이나 무기의 효과적 사용을 거부함으로써 수중환경에서 전장의 우위를 점하기 위해 수행되는 작전. 공격 및 방어 잠수함 작전, 대잠수함 작전, 기뢰 작전 등이 여기에 포함된다.

수중청음기(水中聽音器, Hydrophone)
수중에서 발생된 음을 예민하게 청취하는 청음장치. 음향기뢰 및 수중음파탐지기에 있어서는 음의 진동압력을 전기적 신호로 바꾸는 탐지장비를 말한다.

수중파괴대(水中破壞隊, Underwater Demolition Team; UDT)
해안정찰 및 수중파괴 임무를 수행하도록 편성되고 장비된 해군부대. 상륙작전 직전에 해안선을 정찰하고 상륙 방해물과 기뢰 등을 파괴하는 작업을 수행하도록 특별훈련을 받은 부대로서 2개 이상의 수중파괴반으로 구성된 집합체이며, 수중폭파조 혹은 수중폭파반이라고도 한다.

수중폭파(水中爆破, Underwater Demolition)
상륙작전 및 기타 작전 시 해안선 근해의 수중에 있는 장애물을 폭약을 이용 파괴시키는 것.

수직공산오차(垂直公算誤差, Vertical Provable Error)
사거리 공산오차에다 낙하각의 정절치(tangent)를 곱한 수치. 수직면에 대해서 사격을 하면 마치 수평선에 이루어지는 사탄 산포와 동일하게 그 수직면에서도 산포된다. 즉 수직면에 대한 전체 사탄산포지역의 1/8은 하나의 수직공산오차가 된다.

수직단거리이착륙(垂直 短距離離離着陸, Vertical and(or) Short Takeoff and Landing)
수직 및 단거리 이착륙 능력을 갖춘 항공기의 기능.

수직돌기각(垂直突起角, Vertical Jump)
사격하는 순간과 포탄이 포구를 떠나는 순간에 포구가 변화하는 수직거리를 측정하는 각도.

수직보급(垂直補給, Vertical Replenishment)
화물을 수송하기 위해 헬리콥터를 동원하여 보급하는 방법.

수직분리(垂直分離, Vertical Separation)
항공기 사이를 수직거리 단위로만 표시한 것. 고도격차라고도 한다.

수직안정판(垂直安定板, Vertical Fin)
기체의 단층면 내에 있거나 또는 거의 평행으로 달려 있는 날개판으로서 방향안정 기능을 갖는 것.

수직연속사진(垂直連續寫眞, Vertical Strip)
단일 항공기의 비행선상에서 촬영된 서로 중첩된 사진. 이런 사진 촬영 기법은 통상 해안이나 도로와 같이 길고 폭이 좁은 목표물을 촬영할 때 사용한다.

수직이착륙항공기(垂直離着陸航空機, Vertical Takeoff and Landing; VTOL)
기존 활주로의 설비 없이 수직으로 이착륙할 수 있는 고정익 항공기. 특히 상륙작전 시 내륙으로의 진전에 따라 상륙목표 지역 내의 우군지역에서 활주로 설치 없이 이착륙하여 근접항공지원 및 정찰을 실시하는 항공기이나, 안전성, 경제성, 소음 등의 문제로 민간기로서는 실용화 되지 못하고 있다.

수직적재(垂直積載, Vertical Loading)
선창에 하물을 적재할 때 유사품목 별로 수직적으로 적재하여 내릴 경우에 어떤 상황에 있어서도 선별적으로 하역을 할 수 있도록 적재하는 방법.

수직착륙지역(垂直着陸地域, Vertical Landing Zone)
수직 이착륙 항공기가 병력이나 물품을 내려

ㅅ

놓거나 싣기 위해 이착륙하도록 지정된 지상 지역. 착륙지역은 한 개 혹은 그 이상의 수직 이착륙장의 설비를 갖추고 있어야 한다.

수직포위작전(垂直包圍作戰, Vertical Envelopment)
공중으로부터 투하되었거나 공중으로부터 착륙한 부대가 적 부대를 차단 혹은 포위하기 위해 적의 후방이나 측방을 공격하는 전술기동의 한 형태.

수직항공사진(垂直航空寫眞, Vertical Air Photograph)
항공사진 촬영 시 사진축을 지구의 표면과 수직으로 하여 촬영한 사진.

수집(蒐集, Collection)

1. 첩보 출처의 체계적인 활용이며, 여기서 얻은 첩보를 적절한 정보기관에 보고하는 것. 출처란 첩보를 얻을 수 있는 개인 및 사물, 활동을 말한다.
2. 반납 또는 후송되는 사용가능 및 사용 불가능한 보급품을 재활용, 후송, 처리하기 위해 모으는 것.

수집계획(蒐集計劃, Collection Plan)
첩보요구에 응답하기 위해 모든 가능한 출처로부터 정보를 모으기 위한 계획이나 이런 요구들을 적절한 첩보기관에 요청하고 수집 등을 명령단계로 전환하기 위한 계획.

수집관리(蒐集管理, Collection Management)

1. 국가 및 전술정보의 필요에 부응하기 위해 수집요청, 수집, 처리, 평가 및 보고 등을 효과적이고 능률적으로 이용하도록 하는 활동. 이용자의 정보에 대한 요청을 자료수집, 처리, 심사 및 보고활동으로 바꾸는 전 절차를 수반한다.
2. 전시 및 평시 작전을 지원하는 정보에 초점을 맞추어 운영되는 절차를 규정하는 것.

수집소(蒐集所, Collecting Point)
사용 가능한 물자와 사용 불가능한 물자의 분류, 검사, 분리 및 처분의 기능을 수행할 목적으로, 또는 민간인이나, 포로, 낙오자를 통제하기 위하여 군단 및 사단급에서 설치한 시설. 민간인수집소, 포로수집소, 낙오자수집소, 폐품수집소 등이 있다.

수집요구(蒐集要求, Collection Requirement)
긴요 첩보요소 및 지휘관의 기타 정보요구를 충족하기 위해 정보자산의 할당을 고려하여 수립한 정보소요.

수집요구관리(蒐集要求管理, Collection Requirement Management)
수집임무를 완수하기 위해 수집관리권한이 필요한 수집, 처리, 이용, 보고에 대한 요구사항들을 기관단위에서 개발하거나 통제하는 것 등의 제반 관리활동.

수집원(기관){蒐集員(機關), Collection Agency}
정보의 출처에 접근하고 정보출처로부터 정보를 수집하는 능력을 갖는 개인, 조직, 혹은 단위기관.

수집자산(蒐集資産, Collection Asset)
특정 지휘관에 부속되거나 지정되거나 지휘관을 지원하는 수집 시스템, 수집기관, 혹은 수집능력.

수집작전관리(蒐集作戰管理, Collection Operation Management)
특정 수집 작전과 관련된 자원의 처리, 이용, 보고에 대한 기관의 추진방향과 계획 및 통제.

수평오차(水平誤差, Horizontal Error)
예측할 수 있는 무기의 사거리, 편차 또는 반경에 있어서의 오차. 표적에 거의 수직으로 접근하는 무기의 수평오차는 원공산오차(Circular Error)로 표시하며, 타원형으로 분산되는 무기의 수평오차는 공산오차로 표시한다.

수평작동지뢰(水平作動地雷, Horizontal Action Mine)
육상 지뢰의 경우 지표면과 거의 평행한 지형에서 폭발효과를 내도록 설계된 지뢰.

수포작용제(水泡作用劑, Blister Agent)
피부에 수포를 형성하고 소화기, 눈, 호흡기 계통에도 이상을 일으키는 작용제. 살해 목적 보다 부상을 입혀 전투력을 약화시키고, 적의 보급품이나 시설물의 사용을 제한시키기 위한 오염 목적으로 사용한다.

수하(誰何, Challenge/question)
적군 또는 아군을 확인할 목적으로 인원 및 차량에 대하여 실시하는 모든 절차. 경계태세로 아군끼리 약속한 암호를 확인하거나, 상대편의 정체를 확인할 수 있는 절차를 거친다.

숙련도유지 훈련기(熟練度維持訓練機, Proficiency Training Aircraft)
비행임무를 수행하지 않는 조종사나 기타 승무원들의 숙련도를 유지하는 데 필요한 훈련용 항공기.

숙영지(宿營地, Bivouac Site)
부대가 휴식하거나 집결하여 차후이동을 위해 준비하고 대기하는 지역. 숙영지를 점령하는 부대는 적의 공중공격이나 핵무기나 화학무기, 생물학무기 등의 공격으로부터의 피해를 최소화하기 위하여 적절히 소산해야 하며, 적의 특수작전부대 및 침투부대의 공격에 대한 방호를 고려하여 배치해야 한다.

순기비용(循期費用, Life Cycle Cost)
무기체계의 획득, 개발, 생산, 운용, 유지 및 폐기에 이르는 전 단계에 걸쳐서 소요되는 모든 비용.

순발신관(瞬發信管, Supersensitive Fuze)
극히 가벼운 충격에도 폭발하는 신관으로 목표물에 충돌과 동시에 충격력에 의해 폭발하는 신관.
(북한) [착발신관(着發信管)]

순양함(巡洋艦, Cruiser)
수상전투함 분류상 전함(戰艦, Battleship)과 구축함(驅逐艦, Destroyer)의 중간급이라고 할 수 있는 다목적 전투함. 순항거리가 길고 고속이라는 것이 특징이다. 순양함은 적의 수상함 및 항공기의 공격으로부터 함대의 주력을 보호하는 호위함 역할을 하거나 지상전을 위한 함포지원 역할을 수행한다. 오늘날 순양함은 유도탄 순양함(Guided Missile Cruiser; CG)과 핵추진 유도탄 순양함(Guided Missile Cruiser Nuclear Propulsion; CGN) 두 가지로 분류한다.

순중량(純重量, Net Weight)
탑승원, 인원의 장비, 견인장치 또는 총 탑재량을 제외한 연료, 윤활유, 냉각제, 차량 도구 및 장비를 포함하여 운영할 수 있도록 충분히 장비된 차량의 중량.
(미국) (Net Vehicle Weight) 차량의 연료, 엔진유, 냉각액, 차량장비, 유효탑재량과 조작원을 제외한 순수한 차체 중량.

순찰(巡察, Patrol)
1. 책임지역 내 여러 곳으로 돌아다니며 적의 접근이나 초병의 경계상태 등을 확인·감독하는 것.
2. 군기, 군법 및 질서유지를 위해 책임지역을 돌아다니며 확인·감독하는 것.

순항거리(巡航距離, Cruising Range)
함정이나 항공기가 연료보급 후 보통속력 또는 순항속력으로 항해할 수 있는 거리.

순항미사일(巡航~, Cruise Missile; CM)
제트엔진에 의해 비행하고 공력학적인 양력을 갖는 장거리 유도탄을 이르는 말. 핵

ㅅ

탄두를 탑재해 장거리를 비행하는 전략용과 사거리가 짧은 재래 탄두의 전술용 대함미사일이 있다. 순항미사일은 저고도로 비행하기 때문에 적의 레이더에 잘 포착되지 않고, 고공의 조기경계위성으로부터도 쉽사리 발견되지 않는 강점이 있다. 고성능의 순항미사일의 등장은 미·구소의 핵전략에 커다란 영향을 주었으며, 대표적인 것으로는 미 해군의 토마호크(Tomahawk)가 있다.

순항속도(巡航速度, Cruising Speed)
항공기가 연속적인 비행을 할 때 취해지는 속도. 엔진내구성, 연료소모율, 두 지점간의 소요시간, 기상상태, 기체총중량 등을 종합하여 가장 연료를 절약할 수 있는 속도.

순항출력(巡航出力, Cruising Power)
항공기가 순항비행 상태에 있을 때의 엔진의 출력. 항공기가 이륙하여 제한범위 내에서 고도 및 속도를 거의 일정하게 유지하여 가장 경제적으로 비행하는 상태를 순항비행 상태라고 한다.

순환불출(循環拂出, Recurring Issue)
물품의 경제적인 활용과 장기 저장으로 인한 질의 저하를 방지하기 위하여 먼저 보관된 물자를 먼저 적출하여 장기간 저장을 방지하는 것.
〈반〉 [계속수요]

순환정비(循環整備, Recurring Maintenance; RM)
장비의 수명을 보강하고, 장비운용 간의 급작스런 고장발생을 미연에 방지하기 위하여 규정된 장비 사용시간이나 주파거리에 따라 장비의 고장여부에 관계없이 주기적으로 실시하는 정비.

순회교육반(巡廻教育班, Mobile Training Team)
한 명 혹은 여러 명의 군인이나 민간인으로 구성되어 임시 교육 임무를 수행하기 위해 파견된 단위. 외국에 교육지원을 할 경우, 또는 무기와 지원 시스템의 설치 및 운용에 종사하게 될 현지인원을 교육하거나 특정 기능에 대해 자체훈련 능력을 개발하도록 지원하기 위해 파견한다.

순회근무(巡廻勤務, Competitive Tour)
(미국) 예비역 장교를 현역장교로 선출하기 위하여 경쟁적으로 순회근무 시키는 것.

순회폭격(巡廻爆擊, Shuttle Bombing)
2개 기지를 이용하여 목표물을 공격하는 폭격방법으로서, 한 목표에 폭격을 끝낸 폭격기 편대는 제2기지로 비행하여 재무장을 하고 원기지로 귀환하거나 만약 필요하다면 표적을 다시 강타한다.

스노클(~, Snorkel)
재래식 잠수함이 잠항상태에서 축전지 충전을 위한 기관작동이 가능토록 수면상에 노출시키는 공기 흡입장치.

스노클 항해(~航海, Snorkel Navigation)
잠항상태에서 주축전지 충전 및 압축공기 충전 또는 함내 대기순환을 목적으로 스노켈 마스트를 수면으로 노출시키고 기관을 사용하여 실시하는 항해.

스마트탄(~彈, Smart Bomb)
정밀유도 병기의 일부로서 폭탄에 유도장치를 갖춘 것. 다른 기능은 보통폭탄과 동일하며 이들 유도장치에는 레이저 탐지와 TV유도형태의 두 종류가 있다.

스캔(~, Scan)
1. 방사선 빔이 주기적으로 따라가는 경로.
2. 전자전에서 공간상에서 목표물을 찾는 전자빔의 움직임. 이는 안테나의 움직임이나 로브 스위칭에 의한 움직임에 의해서 이루어진다.

스킨페인트(~, Skin Paint)
목표물에 부딪혀 반사되는 레이더 신호의

방사에 의해 생기는 레이더 영상.

스킵폭격(~爆擊, Skip Bombing)
저고도에서 투하된 폭탄이 수면이나 지면을 따라 미끄러져서 약간 접촉하면서 수면이나 지면의 높이와 같거나 높은 표적에 맞게 하는 저고도 폭격방법.

스탠더드미사일(~, Standard Missile; SM)
(미국) 미 해군의 함정방위용 최신장비인 표준미사일. 해면을 낮게 날아오는 대함미사일이나 순항미사일에 대한 공격에도 유효하며 최신의 이지스 전투시스템에도 사용되고 있는 주요무기.

스텔스기술(~技術, Stealth Technique)
레이더에 의한 항공기나 미사일의 조기 발견을 곤란하게 하는 기술을 이르는 말. 기술내용은 다음의 3가지 종류가 있으며, 실제 적용할 때는 이 기술들을 병용한다.
1. 날개, 동체 등에 피막을 장착시켜 전파를 흡수해 반사를 적게 하는 방식,
2. 전파 투과성이 있는 복합재료 등을 사용해 반사를 적게 하는 방법,
3. 기계 구조상 전파의 반사가 큰 날개의 부착부 등의 직각에 가까운 부분의 모양을 전파가 온 방향으로 가능한 한 적게 반사되도록 만드는 방법.

스톱부저(~, Stop Buzzer)
전자전 훈련도중 전자공격으로 인하여 아군의 실제작전 및 안전에 심대한 영향을 끼치거나, 기타 전자체계에 영향을 초래할 때 방해를 즉각 중단시키기 위한 절차.

스팅거(~, Stinger)
적외선추적 자체유도방식의 휴대용 대공유도무기체계 일종. 1978년 미국이 최초 생산하였고 전자방해 영향이 적으며, 피·아식별장치가 부착되어 있다.

스파이위성(~衛星, Spy Satellite)
인공위성 가운데 군사적으로 상대국을 정찰하는 역할을 하는 위성. 군사정찰 위성이라고도 부른다.

스펙트럼 관리(~管理, Spectrum Management)
전자기 스펙트럼을 작전, 공학 및 행정절차에서 종합적으로 이용하기 위한 계획, 협조 및 관리. 스펙트럼 관리의 목적은 전자 시스템이 의도된 환경에서 수용 불가한 방해를 받지 않으면서 기능할 수 있도록 관리를 하는 것이다.

스프레이 돔(~, Spray Dome)
수중 핵폭발의 충격이 수면에 도달했을 때 공기 중으로 솟구치는 물보라로 이루어진 돔 형태.

습격(襲擊, Raid)
1. 정지한 적의 인원, 장비 및 시설을 기습공격 후 차후작전을 위해 철수하는 소규모 부대의 작전.
2. 적 지역을 탈취하거나 점령할 의도 없이, 적을 기만 또는 교란하거나, 특정장비나 시설의 파괴, 정보나 첩보의 획득, 특수장비나 문서의 노획, 요인 납치 또는 구출 등의 특수목적을 달성하기 위하여 소규모 부대로 제한된 목표에 대하여 기습적으로 실시하는 공격작전.

승선규정(乘船規定, Embarkation Regulation)
부대를 수송선에 승선시키는 항구의 행정운용에 관한 규칙과 방침.

승수인수(乘數因數, Multiplier Factor)
기본전투방식의 구사결과를 지배하는 결정적 영향요소. 승수인수로는 다음 세 가지가 있다.
1. 정보 : 작전수행의 결정적 시기와 장소, 바람직한 전력구성 및 투입 방향, 방법을 판단하는 근거를 제공하는 제반 정보. 정

보의 정확성과 적시성은 기본전투방식 적용 시 승패의 중요한 지배요소이다.

2. 기습 : 적이 예상치 못한 행동으로 적이 효과적으로 대응할 수 없는 상태에 이르도록 하는 행위. 전력의 투입효과를 배가하고 작전행동의 효과를 극대화하는 결정적 요소로, 기본전투방식 적용 시 기습의 효과를 극대화하기 위한 창조적 작전행동을 추구할 필요가 있다.
3. 인간적 요소 : 전쟁의 궁극적 승패는 인간의 능력에 의해 결정된다는 것. 인간의 기능적, 지략적, 정신적 능력은 전쟁 승패의 필수요소이며, 인간의 능력을 지배하는 요소는 인간심리이다. 따라서 전투의 궁극적 목표는 적의 심리적 충격에 집중이 필요하다.

승수작용(乘數作用, Multiplier Effect)

개개의 군사작전(전략타격, 고속기동, 정치심리, 적극방어)이 상호 연계하여 작용함으로써 적의 전반적인 전쟁 및 작전수행에 치명적 파급효과를 가속화시키는 작용.

시각신호(視覺信號, Visual Signalling)

송 · 수신 내용을 시각으로 확인하는 신호방식. 수기, 발광, 기류신호 등이 해당된다.

시각심리전(視覺心理戰, Visual Psychological Warfare)

주최 측의 의도를 시각매체를 통하여 상대방에게 전달함으로써 심리전의 효과를 달성하려는 것. 시각매체로는 전단, 화보, 기타 각종 유인물, 시각표시물 등이 있다.

시각정보(視覺情報, Visual Information)

한 개 혹은 다수의 다양한 시각매체를 이용하는 것. 경우에 따라서는 오디오를 겸하기도 한다. 일반적으로 시각정보에 속하는 것으로는 사진, 활동사진, 비디오나 오디오 기록, 그래픽 자료, 시각 보조자료, 모델, 현시, 시각 발표서비스, 지원 과정 등이 있다.

시각정보기록(視覺情報記錄, Visual Information Documentation)

사건이 발생할 때 비디오매체나 일반사진 혹은 음성을 이용하여 기록하는 것. 전문적이건 비전문적이건 상관없으며, 반드시 기록 전문요원에 의해서 기록되는 것만을 가리키지는 않는다. 시각정보기록에는 전투기록, 작전기록, 기술기록 등이 포함된다.

시각호출부호(視覺呼出符號, Visual Call Sign)

주로 시각적인 신호를 이용한 통신신호.

시간(時間, Time)

공간, 전투력과 함께 전투의 3요소 중 하나. 다음의 세 가지 의미를 가진다.

1. 어떤 시각에서 어떤 시각까지의 사이.
2. 자연현상으로서의 시간 계절, 기후, 주야, 기상과 같은 자연현상.
3. 전기(戰機)로서의 시간.

시간간격(時間間隔, Time Interval)

1. 이동중인 표적을 추적하는 동안 축차적으로 두 번에 걸쳐 그 표적을 관찰할 시간의 간격.
2. 차량행군 또는 도보행군부대가 행군할 때, 한 부대가 한 지점을 통과한 순간부터 다음 부대가 그 지점에 도착할 때까지의 시간차이.

시간개념(時間槪念, Times)

1. C-Day : 증원군 전개개시일로서 시차별 부대전개목록(TPFDL)에 의거, 미 증원군이 전개를 개시하는 날('C'는 Commencement의 약자).
2. D-Day : 특정한 작전이 개시되는 혹은 개시되도록 되어 있는 날짜(Day of Attack).
3. K-Day : 특정 수송항로를 통한 수송 개시일자.
4. M-Day : 국가동원령 선포일('M'은 Mobilization의 약자).

5. N - Day : C - Day 이전의 불명일.
6. KA - Hour : Korea Alert Hour(한국비상대기시간)의 약자로 Pre-ITO에 계획된 항공기가 무장을 하는 시간이며, F - our보다 통상 7시간 전에 발령됨.
7. F - Hour : Pre-ITO가 유효화 되는 시간.
8. H - Hour : 전시 교전규칙이 유효화 되는 시간.
9. L - Hour : 전개작전이 개시되거나 혹은 개시되기로 되어 있는 D일의 특정한 시간.
10. F - Hour : 미군의 FE/FDO 전력의 전개 개시일.

시간장경(時間長徑, Time Length)
한 지점을 한 종대 또는 종대의 일부가 통과하는 데 소요되는 시간.

시계방향위치표시(時計方位置表示, Clock Code Position)
항공기나 함정의 진행방향을 12시로 간주한 상대적인 목표물의 위치.

시계비행규칙(視界飛行規則, Visual Flight Rules; VFR)
항공기의 계기에 의존하지 않고, 조종사 자신이 시각으로 지형지물을 확인하여 항공기의 비행자세 및 위치를 파악하여 행하는 비행.

시계비행기상조건(視界飛行氣象條件, Visual Meteorological Condition; VMC)
통상 시정(視程), 구름간의 운고 등의 기상조건에 근거하여 조종사가 레이더나 항법보조장비의 도움 없이 육안으로 비행이 가능한 기상 상태. 시계비행기상조건이 충족되지 않을 경우에는 장비에 의존하는 비행을 해야 한다.

시너지(~, Synergy)
전체적 효과에 기여하는 각 기능의 공동작용, 협동을 뜻하는 말로서 종합효과, 상승효과를 의미하는 말. 군사적 의미에서는 전술차원의 전투력 상승효과와 유사한 개념이나 시너지 효과는 전략, 작전술 차원에서 보다 광범위한 분야에 파급되는 승수효과를 의미한다.

시뮬레이션(~, Simulation)
실제와 같은 모델을 만들어 모의실험을 하는 것. 복잡한 자연현상이나 경제현상 등에 알맞은 모델을 만들고, 그것에 여러 가지 변수를 부여함으로써 그 예측 결과를 찾아내는 방법이다. 현재는 선박이나 항공기 등의 설계, 기업의 경영전략, 경제예측 등에 이 수법이 사용된다. 시뮬레이션을 위한 장치인 시뮬레이터는 교육용 모의장치로서 자동차 운전이나 비행기 조종 등의 훈련에 주로 사용되며, 단계적 교육 프로그램과 사고나 고장, 비상시 등 모든 상황에 대응할 수 있는 기능을 습득시키는 프로그램이 갖추어져 있다.

시범실습 교수법(示範實習教授法, Applicatory System)
교관이 먼저 설명하고 시범을 보인 다음, 학생들로 하여금 실제로 실습하게 하는 교수방법.

시사점(試射點, Registration Point)
지형상의 물체나 기타 지정된 지점으로, 정확한 사격정보를 얻기 위해서 조정을 할 경우에 사용함.

시설(施設, Facility, Installation, Establishment)
1. (Facility) 한 개 혹은 여러 개로 구성되는 건물, 구조물, 생활시설, 포장도로, 지하구조물 등 부동산 실체.
2. (Installation) 동일 인근지역에 위치한 시설물의 집합체로서 특정 기능들을 지원한다. 기지를 구성하는 기본적인 요소.
3. (Establishment) 하나의 작전단위로 편성된 인원과 장비를 포함하는 시설.

시설동원(施設動員, Installation Mobilization)
중기, 도자, 기타 건설장비의 사용권, 건물, 중기 정비업체 및 건설업체의 동원.

시설보안(施設保安, Physical Security)
장비, 시설, 물자 및 문서에 대한 비인가자 접근방지와 인원보호를 위해 계획된 시설 대책과 관련된 작전보안의 한 분야. 시설보안은 적의 첩보행위, 태업, 손상 및 절도로부터 상기 내용들을 보호하는 것이다.

시설부대(施設部隊, Installation Unit)
1. 인가된 저장량으로 편성부대 및 특정기능부대를 지원할 수 있도록 재산을 기록 계정하는 부대.
2. 군수지원을 주 임무로 하고, 임무를 수행하는데 필요한 전문적인 시설을 갖추고 있는 부대.

시스템복합체계(~ 複合體系, System of Systems)
정보 · 감시 · 정찰(ISR; Intelligence, Surveillance and Reconnaissance)과 C4I체계, 정밀유도무기체계(PGMS; Precision Guidance Missile System)를 상호 연계시켜 새로운 복합시스템을 구축함으로써 전투능력을 증폭시켜 전투력의 극대화를 달성할 수 있는 체계.

시위(示威, Show of Force) ☞ [무력시위]

시-일(~-日, C-Day)
전개작전을 개시하거나 개시하려는 명시되지 않은 날짜. 이 전개는 모든 형태의 수송수단을 이용한 부대, 화물, 무기체계 또는 그 배합체의 이동일 수 있다.

시제품(試製品, Prototype)
1. 새로운 학설이나 수정된 학설 또는 법칙의 실용을 위한 기술조사, 분석검토, 고안 및 이외 성과 또는 경험적 지식을 이용하여 시험적으로 제작하는 제품을 통틀어 이르는 말. 시제품으로 개발하는 제품 외에도 외국에서 이미 제작운용중인 군사장비나, 군에서 사용 중인 외국 군사장비를 제작 규격서에 의해서, 또는 역설계하여 시험 제작한 모방시제품까지 포함시킨다.
2. 체계개발 단계에서 설계에 적용된 각종 기술이 요구운영능력을 충족시키는데 적합한가를 평가하기 위하여 제조된 제품. 기술시험평가 및 운용시험평가의 대상이 된다.

시차별 부대전개목록(時差別部隊展開目錄, Time-Phased Force Deployment List; TPFDL)
작전계획 지원을 위해 소요되는 미 증원군 실제부대의 출발지, 하선항 및 항로 등을 제시한 목록으로 작전계획 부록에 명시됨.

시차오차(視差誤差, Parallax Error)
1. 진위치와 관측위치 또는 사격제원을 사용한 위치에서 관측함으로써 생기는 관측상의 오차.
2. 정면이 아니라, 곁눈으로 기구의 눈목을 읽음으로써 생기는 오차.

시한성물자(時限性物資, Time Limit Material)
일정기간 내 사용하여야만 원래의 효능과 성능을 발휘하는 품목으로서 저장환경조건에 의해 화학적, 물리적 변화로 함량감소 및 변질을 초래하여 물자에 대한 품질 및 상태 보존을 위하여 저장수명이 설정된 물자.

시한신관(時限信管, Time Fuse)
시간별 눈금이 새겨져서 시간간격을 조절할 수 있도록 만들어진 기폭장치.

시행명령(施行命令, Execute Order)
1. 국가통수기구의 결정으로 작전의 시행을 위하여 국방부장관의 지시에 의거 합참의장이 발령하는 명령.
2. 지시에 따라 작전을 시행하기 위한 명령.

시험(試驗, Test)
한 시스템이 기술상 또는 운용상으로 규정된 특성에 합치하는지 여부를 평가기준으로 사용하기 위해 자료를 축적하는 장치.

시험비행(試驗飛行, Test Flight)
항공기, 로켓, 유도탄 또는 기타의 운반체를 실질적 비행이나 발사로써 시험하는 것. 시험비행은 특정의 시험목표를 성취하고 작동상의 첩보자료를 얻기 위하여 계획된다.

시험평가(試驗評價, Test and Evaluation; T&E)
특정 무기체계가 기술적 측면 또는 운용, 관리적 측면에서 소요 제기서에 명시된 제반 요구조건의 충족 여부를 확인 및 검증하는 절차. 시험평가의 종류에는 요구 성능에 대한 기술적 도달정도에 중점을 두는 기술시험평가와 요구 성능 및 운용상의 적합성과 연동성에 중점을 두는 운용시험평가로 구분한다.

시호통신(視號通信, Visual Communication)
눈으로 볼 수 있는 신호에 의한 통신. 전자통신 장비가 없을 때에도 야전에서 급조하여 운용 가능하며, 완수, 깃발(수기), 빛(등화), 포판 등의 수단이 있다.

식별(識別, Identification; ID)
1. 일반적으로 관측판단에 의하여 상태나 현황을 구분하는 것이며, 군사적으로는 육상, 해상 및 공중의 탐지된 목표물과 전자형태의 영상에서 우군과 적군을 구별해내는 방법 및 기술. 구체적으로는 피아식별장치, 비행계획대조, 항적 활동 근거, 육안확인 등으로 적기, 불명기, 아군기를 결정하는 행위가 해당된다.
2. 군비통제에 있어서 군비통제조치의 탐지된 위반사항에 대한 책임국가를 결정하는 과정.

식별기호(識別記號, Identification Call)
무전기에서 우군인 것을 식별하는 호출 부호.

식별사격(識別射擊, Marking Fire)
식별을 목적으로 실시하는 목표물에 대한 사격.

식별선회(識別旋回, Identification Turn)
비행기가 우군임을 알리기 위해 상공을 선회 비행하는 것.

식별신호(識別信號, Recognition Signal)
개인이나 부대를 상호 식별하기 위해 사전에 약정한 신호.

식별연막(識別煙幕, Identification Smoke)
연막을 사용하여 표적, 보급 및 철수지점, 우군부대의 전선 등을 표시하는 예정된 전장 통신방법.

식별표지(識別標識, Identification Indicator)
항공기, 자동차 따위의 국적, 제작자, 종류 등을 표시하는 데 사용하는 특수 표지.

신경작용제(神經作用劑, Nerve Agent)
인체에 침입하면 자율신경계통인 교감신경과 부교감신경의 균형을 파괴함으로써 단시간 내에 사망하게 하는 급속살상 작용제.

신경전(神經戰, War of Nerves)
적극적으로 공격하지 않고, 서서히 적의 신경을 피로하게 만들어 사기를 떨어뜨리는 전법.

신관(信管, Fuze)
탄환, 폭탄, 어뢰 등에 충전된 폭약을 점화시키는 장치. 기능에 따라 순발, 지연, 시한, 근접신관 등으로 나누며, 발화방법에 따라 격발, 관성, 전기, 시계, 전파, 자기, 음향, 수압신관 등으로 구분한다.

신관돌림기(信管~器)
시한신관에 시간을 장입하는 기재. 사용신관에 따라 형태와 작동방법이 달라진다.

신관부착공(信管附着孔, Fuze Cavity)
폭발물 본체에 신관을 부착하는 구멍.

신뢰성(信賴性, Reliability)
어떤 장치에 대해서는 고장 없이 주어진 기능을 수행할 수 있는가를 나타내는 정도로서, 장비의 총 운영시간에 대해 정상적인 기능을 수행한 시간이 어느 정도인지를 표시하는 가동률.

신문(訊問, Interrogation)
신문자에 의하여 통제되는 조건하에서 직접 질문에 의하여 대상자로부터 첩보를 획득하기 위한 체계적인 노력.

신빙성(信憑性, Credibility)
위협, 약속 따위가 어떤 긴급 사태에 처했을 때 실제 행동으로 옮겨질 것이라는 기대를 잠재적 적대국에게 품게 하는 요인이나 사정.

신속결정작전(迅速決定作戰, Rapid Decisive Operations; RDO)
요망되는 정치적, 군사적 목표를 단기간에 신속하고 결정적으로 달성하기 위하여 제반 지식과 지휘 및 통제, 작전을 통합 운용하여 수행하는 작전. 이는 과도한 국가자원의 소모 없이 최소의 인명피해와 물리적 파괴로 단기간 내에 신속히 전쟁의 목적을 달성하는 작전방식이다. 효과중심작전에 바탕을 둔 미군의 합동작전 개념이다.

신속대응능력(迅速對應能力, Quick Reaction Capability)
임무지원 시 긴급한 작전요구를 충족시키는 것.

신속억제방안(迅速抑制方案, Flexible Deterrence Option; FDO)
위험이 발생했을 때 대응하거나, 위험이 예견될 때 사전에 억제하는 방안으로 외교, 정치, 경제, 군사의 4가지 중에서 영향력이 발휘될 수 있는 방안들을 결합하여 사용함. 신속억제방안은 연합사 위기조치 절차 중 명백한 경보 이전에 신속히 조치되어야 할 행동방안이며, 그 목적은 한국에 대한 잠재적 위험의 억제, 완화 및 사전행동을 취하는 데 있으나, 억제 시 연합사 부대를 추가적인 위험에 처하게 하는 것은 아니다.

신예비대(新豫備隊, New Reserve Unit)
공격이나 방어작전에 있어서 예비대가 전투에 투입되었을 때, 작전의 융통성을 지속적으로 보장하기 위하여 새로 예비대로 편성된 부대. 신예비대로 대기 중이던 부대가 예비대로 투입되면, 즉각 또 다른 신예비대가 편성되어 대기상태에 있어야 한다.

신호(信號, Signal)
1. 전자공학에 적용할 때 전기적 충격으로 변환된 것.
2. 한 개 이상의 문자나 단어, 특수문자, 신호 깃발, 시각적 표현 및 사전에 의미가 부여된 특수 음향으로 구성된 일종의 메시지를 포괄적으로 이르는 말. 시각이나 음향 혹은 전기적인 방법으로 전달된다.

신호보안(信號保安, Signal Security; SIGSEC)
적이 우군의 전자무기체계로부터 첩보를 입수하는 것을 방해하고, 적 전자공격활동에 대처하기 위해 사용되는 제반활동 및 수단. 통신보안과 전자보안이 포함된다.

신호정보(信號情報, Signal Intelligence; SIGINT)
1. 적의 전파송신기를 탐색 및 감청하고, 이를 기록, 분석하여 위치와 특성 등을 탐지하는 제반활동. 통신정보와 전자정보를 포함하는 일반적인 용어이며, 주로 국가수준에 필요한 전략정보가 해당된다.
2. 잠재적으로 위협이 될 수 있는 적의 모든 전자파 응용 무기체계 및 통신 체계에 대한 사전 정보수집 및 분석을 목적

으로 하는 전략적인 활동 및 체계.

실병지휘실습(實兵指揮實習, Unit Command Experience)
전후방 실무부대에서 일정한 기간 동안 근무를 함으로써 체험을 통한 부대지휘 및 교관 능력을 배양하는 실습훈련.

실사거리(實射距離, Actual Range)
포탄이 발사될 때부터 폭발될 때까지 이동한 수평거리. 기상, 탄종 등 여러 가지 원인에 의해 달라질 수 있다.

실시간(實時間, Real Time)
1. 표적(첩보)을 탐지하여 보고하고 분석 및 전파, 결정, 대응조치가 유효한 시간 내에 이루어져야 함을 말하는 것으로, 이 시간은 임무, 적, 지형요소와 이 첩보를 요구하는 사령부의 제대에 따라 달라짐.
2. 실제로 컴퓨터에 관련된 일들이 발생하는 시간. 컴퓨터에 관련된 일들, 즉 프로세서나 통신이 진행되는 동안에 이에 관련된 연산 작업이 행해지고 있을 때, 그 컴퓨터는 실시간 조작되고 있다고 표현한다. 실시간 조작되고 있는 컴퓨터의 연산 속도가 매우 빠르기 때문에, 실제로 프로세서나 통신이 진행되고 있을 때 그것에 대한 연산결과는 곧바로 프로세서나 통신에 영향을 준다.
3. (미국) 전자적 통신 프로세스에 소요되는 시간에 대한 지연만을 허용하는 데이터, 또는 첩보의 적시성. 즉, 눈에 띄는 지연은 없다는 것을 의미하는 표현.

실시간 지원(實時間支援, Real Time Support)
지원소요 발생과 동시에 대응조치가 이루어지도록 하는 것. 필요한 인원이나 장비, 물자 등 여러가지 요소로 전투 근무지원 체제를 구성하고 C4I체계와 결합함으로써 달성될 수 있다.

실용시험(實用試驗, Service Test) ☞ [사용시험]

실용운용시험(實用運用試驗, Operational Test)
소요군이 실용시제품에 대하여 각종 작전 환경 및 이와 동등한 조건하에서 군 요구운용능력 충족여부를 확인하고 교리, 편성, 훈련, 전력화 지원요소 등에 대한 적합성을 평가하는 시험.

실용탄약(實用彈藥, Service Ammunition)
전투에 사용되는 탄약. 훈련목적에 사용되는 탄약과 달리 통상 폭약을 포함하는 탄약이다.

실지상원점(實地上原點), Actual Ground Zero)
실제로 핵폭탄이 폭발한 중심에서 수직방향으로 지표상에 닿은 지점.

실탄(實彈, Live Ammunition)
폭약을 함유하고 있는 탄약으로, 훈련탄이니 모의탄과 구별되는 탄.

실현가능성(實現可能性, Feasibility)
작전계획 검토기준. 배정된 임무가 가용한 자원을 가지고 수행될 수 있는지 여부에 대한 결정.

심도할당구역(深度割當區域, Depth Zone)
2척 이상의 잠수함이 동시 작전 시 선저 수심을 기준으로 작전심도를 깊이에 따라 분리시킨 제한심도.

심리작전(心理作戰, Psychological Operations)
지휘관이 부여된 임무를 성공적으로 수행하기 위하여 주최 측의 모든 국가나 집단의 견해, 감정, 태도, 행동을 주최 측에 유리하게 유도하는 선전 및 기타 모든 행동의 조직적이고 체계적인 활동.

ㅅ

심리작전지원(心理作戰支援, Supporting of Psychological Operations)
특전부대가 군사작전의 촉진 및 국가정책의 실현을 위하여 아군에게 유리한 감정 및 태도와 행위를 조성하기 위하여 사용하는 계획적인 정치, 경제, 사회, 군사적인 측면에서 심리적인 활동을 지원하는 제반 활동.

심리작전 효과지표(心理作戰效果指標, Psychological Operations Impact Indicators)
특정 기간 동안 심리전을 수행한 뒤에 심리작전행동의 효과라고 생각되는 관측이 가능한 사건이나 구별이 가능한 주관적으로 판단되는 행동의 변화. 이 지표들은 심리작전 전개절차의 분석단계에서 작전의 목적달성 정도를 평가하기 위해서 확인할 수 있는 증거로 측정 된다.

심리적 선무활동(心理的宣撫活動, Psychological Consolidation Activities)
우군의 전투지대 및 후방지역에서의 질서유지와 안전을 위해, 또는 정치적 군사적 목적을 달성하거나 지원부대의 자유로운 작전 수행을 위해 우군에 의해 점령된 지역주민의 지원을 얻기 위해 실시하는 계획된 심리적 활동.

심리전(心理戰, Psychological Warfare; PSYWAR)
국가정책의 효과적인 달성을 지원하기 위하여 아측 외 모든 국가 및 집단의 견해, 감정, 태도, 행동을 아측에 대한 신뢰감을 조성하고 호의적인 감정을 유발시키는 한편, 적의 전쟁지도부에 대해서는 불신과 불평, 불만을 확대시키게 하거나, 오판과 착각을 유도함으로써 적의 전투의지 약화를 초래하거나 조직의 와해를 유도하며, 이를 구현하기 위해 실시하는 전술. 심리전은 그 대상 집단에 대해 적시성과 신뢰성, 즉응성을 충족시킬 수 있는 계획을 수립하여 최대한 적측에 불리한 심리적 요소를 적시에 전파시킬 수 있어야 한다.
(북한) [적공(敵攻)]

심수도하(深水渡下, Underwater Crossing)
강습도하의 한 형태로서 전차에 심수도하 키트를 장착하여 수중으로 은밀히 도하하는 것을 뜻함.

심수통과능력(深水通過能力, Deep Fording Capability)
차체 내에 방수장치를 갖추었거나 특수한 방수장구를 장비한 자주포나 차량의 하천 장애물 통과능력.

심해기뢰원(深海機雷原, Deep minefield)
심해에 설치된 대 잠수함 기뢰. 수면 위를 항해하는 선박에 대해서는 위협이 없다.

쌍안경(雙眼鏡, Binoculars)
관측자가 휴대하여 전방지역을 관측할 때 사용되는 관측장비. 망원렌즈 상 내부에 수평과 수직 망선이 있어 수평각과 수직각을 측정할 수 있다.

쏘티(~, Sortie)
한 대의 항공기에 의한 일회의 작전 비행.

씨-나이트(~, Cobra - Night Image Thermal Equipment; C-NITE)
공격용 헬기(AH-1S)에 야간 작전 능력을 부여하기 위하여 항공 토우 사격장비에 열상장비를 보강한 야간 사격통제장비.

씰(~, Sea Air and Land Team; SEAL)
해군의 특수전을 수행하는 전술부대. 해군 씰팀은 해상과 해안선 일대, 그리고 인접한 내륙과 해안에서 비정규전과 특수작전 임무를 수행할 수 있도록 훈련된 부대이다.

ㅇ

아거스계획(~計劃, Argus Plan)
킬로톤급 소형 핵탄두를 약 480 km의 고도에서 폭발시켜 적의 탄도탄을 파괴하는 계획. 이 폭발에 의해 중성자가 전리층을 교란하여 통신이상과 레이더사용을 곤란하게 만든다.

아군(我軍, Friendly Forces)
자국 또는 동맹국의 군대.
〈유〉 [우군]

아랫바람(~, Down Wind)
어떤 임의의 기준선을 두었을 때 그 기준선으로부터 불어 내려가는 바람. 화생무기 운용시 아랫바람 지역은 위험이 예상되는 지역이며, 반대로 윗바람 쪽은 안전지역이 될 것이다.

아스록(~, Anti-Submarine Rocket; ASROC)
수상함에서 발사하는 대잠어뢰와 로켓이 결합된 형식의 대 잠수함 무기. 아스록은 주로 원거리에서 적 잠수함의 위치를 탐지하여 공격하고자 할 때 발사하게 되며, 목표지점 상공에서 낙하산에 의해 투하되면서 감속과 동시에 어뢰가 분리되어 착수하게 된다. 물속에서 투하된 어뢰는 나선하강 운동을 하면서 자체 신호 탐지기를 작동시켜 적 잠수함을 스스로 추적하여 공격하게 된다.

아음속(亞音速, Subsonic Speed)
음속에 못 미치는 속도. 시속 700~750마일 이하.

아음속기(亞音速機, Subsonic Plane)
최대속도가 음속 이하인 항공기. 현재까지의 프로펠러기는 모두 아음속기이며 제트기가 초음속기에 해당되는데, 초음속기라 할지라도 실제 작전에서 회피기동 등의 긴박한 경우를 제외하고는 일반적인 순항속도나, 지상폭격, 근접전등의 실제 운용 역시 주로 아음속 영역에서 이루어진다.

아이론 정비(~整備, Inspect and Repair Only as Necessary; IRON)
장비 고장 시 고장원인을 찾아내어 꼭 필요한 수리정도를 결정하는 방법. 장비의 불필요한 분해로 인한 고장 확대를 방지하는 동시에 최소한의 정비와 비용으로 설정된 정비표준을 달성하는 정비방법이다.

아트로핀주사기(~注射器, Atropine Autoinjector)
신경작용제의 해독용 아트로핀 주사액이 충전되어 있는 자동주사기로 화생방 제독킷트 MK-1의 구성품 중 하나. 아드로핀은 중추신경에 작용하여 흥분·발양을 일으키며 맹독성이므로 주의해서 사용해야 하며, 계속 사용해서는 안되며, 반드시 전문의료인의 지시에 따라야 하고, 주사 후에도 의료인의 처치에 따라야 한다. 사용량은 1회 0.5 mg, 1일 1.5 mg, 극량은 1회 1 mg, 1일 3 mg이다.

악기류(惡氣流, Bump Rough Air)
항공기 운항을 불안정하게 하는 기류. 일명 범프라고 한다.

안개연막(~煙幕, Smoke Haze)
적의 관측과 사격을 제한하면서도 우군의 활동에 방해가 적은 농도가 옅은 연막.

안개유(~油, Fog Oil)
연막차장을 위하여 발연기(연기를 발생시키는 기계)에 사용하는 특수한 종류의 기름.

안보(安保, Security) ☞ [국가안전보장]

안전가옥(安全家屋, Safe House)
작전을 안전하게 지휘하기 위하여 설치한 가옥 또는 건물.

안전각(安全角, Angle of Safety)
총알이나 포탄이 아군부대의 상공을 안전하게 비행할 수 있는 각도.

안전고도(安全高度, Elevation of Security)
각종 화력장비로 아군의 안전에 위협을 주지 않고 사격할 수 있는 최저고도.

안전반경(安全半徑, Radius of Safety)
1. 원점으로부터 인원 및 자제 등의 안전이 확보되는 반경.
2. 아군에 의한 지원화력으로부터 피해를 받지 않는 지상원점으로부터의 수평거리.

안전보장(安全保障, Security) ☞ [국가안전보장]

안전사고(安全事故, Safety Accident)
사고에 대한 예방활동이나 주의를 기울이지 않음으로서 발생하는 사고. 고의성이 없는 과실이나 부주의 또는 기계적 결함 등 불안전한 인간의 행동과 물리적 조건이 원인으로 작용하여 사망, 부상 또는 물자의 피해를 초래한 사고를 말한다. 안전사고에는 교통사고, 화재사고, 익사사고, 폭발물사고, 총기오발사고, 추락사고, 감전사고, 항공기사고 등이 해당된다.

안전선(安全線, Safety Wire) ☞ [안전핀]

안전수칙(安全守則, Safety Precaution)
각종 기계의 조작, 유류 및 폭발물 등 위험물을 취급하거나 발사할 때 인원과 물자를 보호하기 위하여 각 개인이 지켜야 할 사항.

안전심도(安全深度, Safe Depth)
1. 침저기뢰가 선박에 의해서 폭발하지 않는 최소 수심으로 기준은 고요한 수면상태, 선박의 순항속도, 배의 정립상태를 적용.
2. 잠수함을 수압에 의한 선체 파손의 우려가 없이 안전하게 운용할 수 있는 최대 수심.

안전장교(安全將校, Safety Officer)
야외 포격이나 사격 시에 인원과 장비의 안전을 감시하는 장교.

안전장치(安全裝置, Safety Device)
1. 포탄 또는 미사일 등의 폭발물이 돌발적인 상황으로 작동되는 것을 예방하기 위한 장치.
2. 각종 화기가 충격 등으로 오발되는 것을 방지하기 위한 자물쇠.

안전지대(安全地帶, Safety Zone)
1. 적으로부터 직접적인 피해가 미치지 않는 지역.
2. 아군의 항공기 · 수상함 · 잠수함 및 지상군의 비전투작전에 따라 지정된 지역.

안전착저구역(安全着低區域, Safe Bottoming Area)
잠수함을 암초나 기뢰로 인한 손상의 위험 없이 안전하게 해저에 위치시킬 수 있다고 판단된 구역.

안전핀(安全~, Safety Pin)
1. 수류탄의 신관을 작동시키는 안전손잡이를 수류탄 몸체와 분리되지 않도록 고정시키는 핀.
2. 각종 신관이 작동하지 않도록 유지시키는 핀.

〈동〉 [안전선]

안전한계(安全限界 : Safety Limit)
1. 포탄이 날아가는 아군부대 전방의 지대 또는 지역을 표시하는 한계.
2. 포탄사격 시 직사탄, 파편 또는 도비탄에 의해 위협을 받게 되는 목표지역 주변에 설치된 구획.
3. 포탄사격을 할 수 있는 좌우의 최대 각.

안전항로(安全航路, Safety Lanes)
1. 항공기나 함정이 장애를 받지 않고 통행할 수 있도록 계획된 항로
2. 우군 잠수함이나 함정이 안전하게 통행할 수 있도록 지정한 특정 항로.

안전해제(安全解除, Arming)
폭발물의 신관을 작동대기상태로 전환하는 것.

안전화(安全靴, Safety Shoes)
폭발·감전·충격 등 각종 외부의 압력으로부터 발을 보호하는 특수신발.

안전회랑(安全廻廊, Safe Corridor)
비행하는 아군항공기를 아군의 오인사격으로부터 보호하기 위해 공역에 일정한 경로를 따라 설정한 비행회랑.

안정성(安定性, Stability)
탄체가 정상비행 중 외부의 영향을 받아 교란된 이후 평형상태의 위치로 되돌아올 수 있는 운동 특성. 정적안정성(Static Stability), 회전안정성(Gyroscopic Stability) 및 동적안정성(Dynamic Stability) 등으로 구분된다.

안정작전(安定作戰, Stability Operations)
(미국) 미국의 국익을 위해 미국군사력이 미치는 지역에서 다양한 형태의 개발, 협력 또는 억압적 안보협조 및 억지활동, 소규모 작전 및 지역의 정상상태를 촉진함으로써 미국의 국익을 방호하는 임무를 포괄적으로 수행하는 작전.

안정접지(安定接地, Settling Touchdown)
항공기 또는 낙하산으로 안전하게 지면에 착륙하는 것.

안정지원작전(安定支援作戰, Stability Support Operations)
평시 및 분쟁시에 국가영역 내에서의 군사적, 비군사적 위협에 대비하기 위한 제반작전. 통상 정부 타 기관의 주도 하에 군의 전문적인 인력, 장비 및 물자, 기술 등을 지원하는 형태로 수행된다. 대테러작전, 국가치안유지활동 지원, 국가재해·재난지원, 기타 활동지원 등이 포함된다.

안치탄(安置彈, Setting Rounds)
포다리의 멈치 홈이나 기판을 지면에 견고히 정착시키기 위하여 일정치 않은 여러 고각으로 발사하는 탄환.

앉아쏴(~, Sitting Firing Position)
엉덩이를 바닥에 대고 앉은 상태로 사격을 하는 자세.

알오티씨(~, Reserve Officer's Training Corps; ROTC)
4년제 대학교에 설치된 학생군사훈련단. 대학 3~4학년 재학기간 중 일정시간 군사훈련을 받고, 졸업 후에는 소위로 임관되며, 의무복무기간 동안 군에 복무한다.

알티오(~, Railroad Transportation Office; RTO)
군의 철도수송 업무를 담당하는 기관. 철도수송대.

알파선(~線, Alpha Ray)
방사성원소 붕괴 시 함께 방출되는 α입자의 흐름. 핵폭발 시 발생하는 방사선 중에서 투과율이 가장 약하여 피해를 거의 입히지 않는다.

암구호(暗口號, Password)
경계근무 시 접근하는 상대방의 정체 및 피아를 확인하기 위해 사용하는 약속된 비밀단어. 수하자의 문어(묻는 말)와 상대방의

답어(답하는 말)로 구성되며, 단어 외에도 특별한 음향신호나 숫자조합 등으로 구성하여 사용하기도 한다.
(북한) [군호(軍號)]

암람미사일(~, Advanced Medium-Range Air-to-Air Missile; AMRAAM, AIM-120)
목표 추적용 레이더를 갖추고 있어 스스로 적을 추적해 찾아가는 능동형 중거리 공대공 미사일. 암람미사일을 발사한 후 전투기 조종사가 더 이상 유도할 필요가 없으며, 미사일의 유도를 방해하는 적의 재밍을 무력화할 수 있는 전자 장비까지 탑재하여 다른 임무를 수행할 수 있는 장점이 있다. 최대속도 마하 4이며, 사정거리는 최대 63 km이다.

암시시야상실(暗示視野喪失, Grayout)
비행기가 급강하 할 때에 중력의 급격한 변화로 일시적으로 시력을 잃은 상태.

암조응(暗照應, Dark-Adapted Vision)
밝은 환경에서 갑자기 어두운 환경으로 변하면 시야가 즉시 적응하지 못하고 일시 시력을 상실하게 될 때 어두운 환경에 시력을 적응시키는 것.

암호(暗號, Cryptogram)
통신보안을 위해 통신내용을 상대방으로부터 감출 목적으로 문자, 숫자, 부호 등 약정된 방법에 의하여 그 내용을 사용자간에서만 알 수 있도록 체계적으로 변경시키는 각종 방식.

암호기(暗號機, Cipher Device)
암호작성 및 해석에 사용되는 기계.

암호보안(暗號保安, Cryptogram Security)
통신수단에 의하여 전달되는 비밀정보 내용을 감출 목적으로 문자나 숫자 등에 암호기술상의 처리를 가하여 내용을 체계적으로 변경하는 암호의 보호조처로써 적 또는 제3자에게 누설, 분석당하지 않도록 방지하는 방법과 수단.

암호운용지시(暗號運用指示, Crypto Operating Instruction)
암호취급 및 운용방법을 규정한 지시서. 암호통신망에 관한 내용 및 특별히 중요한 운용 방법도 포함된다.

암호자재(暗號資材, Crypto Material)
암호의 조립, 해독 또는 전기통신의 고유식별에 긴요한 모든 도구, 서류, 장치 및 기기를 통틀어 이르는 말.

암호체계(暗號體系, Cryptographic System)
평문을 암호화하고 암호문을 다시 평문으로 복호하는 체계. 여기에는 암호장비 또는 장치, 암호조립, 암호분석, 암호해역, 암호통신이 포함된다.

암호침투(暗號浸透, Cryptograph Intrusion)
적 암호체계를 모방하여 아군에서 제작한 암호화된 자료를 적 통신망에 침투시키는 것. 이러한 기만형태는 통신문을 창안하여 적에 의해 받아질 수 있도록 필요한 모든 통신정보(COMINT) 기술이 사용된다.

암호해독(暗號解讀, Decryption)
암호절차의 역순으로 암호문을 평문화하는 것. 암호분석에 의한 해독법은 포함시키지 않는다.

압력기뢰(壓力機雷, Pressure Mine)
신관에 일정정도 이상의 압력이 가해지면 작동하는 방식의 기뢰. 주로 침저기뢰의 형태로 수상함이나 잠수함이 지나갈 때 생기는 수압의 변화를 감지하여 폭발하도록 설계되어 있다.
〈동〉 [수압기뢰(압력지뢰)]

압력소해(壓力掃海, Pressure Sweep)
압력기뢰를 제거하는 방법으로 선박이 지

나갈 때 발생하는 압력과 유사한 압력을 발생시키는 물체를 수상함이 예인하여 기뢰를 폭발시킴으로써 제거.

압력식 발화장치(壓力式發火裝置, Pressure Firing Device)
지뢰 및 부비트랩을 폭발시키는 방법의 하나로, 지뢰나 부비트랩에 외부에서 일정한 크기 이상의 압력이 가해지면 폭발과정을 시작하도록 고안된 발화장치.

압력외각(壓力外殼, Pressure Hull)
잠수함 선체에 가해지는 수압을 이겨내는 잠수함의 외격벽.

압력판(壓力板, Pressure Plate)
압력식 지뢰나 부비트랩 또는 기뢰에 있어 외부의 압력이 직접 전달되는 부분.

압력해제식 점화장치(壓力解除式點火裝置, Release Pressure Igniter)
지뢰 및 부비트랩을 폭발시키는 방법의 하나로 지뢰나 부비트랩에 먼저 일정한 압력을 가해놓고 이러한 압력이 제거되면 폭발과정을 시작하도록 고안된 발화장치.

압박붕대(壓迫繃帶, Compression Bandage)
야전에서 부상당한 부위에 지혈 등의 응급치료에 사용되는 개인휴대용 붕대.

압연균일장갑(壓延均一裝甲, Rolled Homogeneous Steel Armor)
압연방식으로 구조 전체를 거의 동일한 화학적 및 물리적 성질을 가지도록 만든 압연장갑. 압연균일장갑은 주조균질강보다 생산이 용이하고, 용접하기가 쉬우며 인성과 연성을 가져 고폭탄의 폭풍이나 비교적 대구경탄의 충격에 대하여도 좋은 방호효과를 보인다.

앙각(仰角, Angle of Elevation)
화포에 있어서 포신과 포신의 수평면이 이루는 각. 앙각이 높을수록 저지대에서 고지대로 사격하는 범위가 커진다.

애로(隘路, Defile)
병력 및 장비가 전개하여 기동하는데 제한을 주는 산악 또는 능선 사이의 좁은 통로.

액체산소(液體酸素, Oxyliquid; LOX)
액체상태의 산소.

1. 로켓의 연료로 출력의 조절이 가능하여 고체수소와 함께 로켓추진에 반드시 필요함.
2. 잠수함 AIP 시스템의 연료로 사용.

액체폭약(液體爆藥, Liquid Explosive)
액체상태로 만든 폭약. 장시간 보존이 불가능하며, 장기보존 시 저온보존용 병을 필요로 한다.

야간감시장비(夜間監視裝備, Night Surveillance Equipment) ☞ [야시장비]

야간공격(夜間攻擊, Night Attack)
야간에 실시하는 공격으로 야음의 특성을 이용한 은밀한 행동으로 기습을 달성하고 손실을 최소화하기 위한 목적으로 실시.
(일본) [强襲(강습)] 화력을 이용하여 공격하는 야간공격의 방식.

야간관측장비(夜間觀測裝備, Night Observation Device; NOD)
주로 적외선을 이용하여 야간에 관측을 가능하게 하는 장비.

야간기동(夜間機動, Night Movement)
야음을 이용하여 부대를 전술적으로 이동시키는 것.

야간저고도항법 및 표적추적장치(夜間低高度航法~標的追跡裝置, Low Altitude Navigation and Targeting Infrared for Night; LANTRIN)
조종사에게 적외선 영상을 제공하여 야간비행시 안전한 저공비행이나 급선회를 가능케 하고, 목표물에 대한 유도기능 및 자동추적기능을 수행하도록 항공기에 장착된 장비.

야간전투(夜間戰鬪, Night Combat)
야간에 실시되는 전투. 야간의 특성상 조준 및 관측의 효과가 감소하고, 근접전투 및 지원화력의 필요성이 증가하며, 지휘통솔 및 방향유지가 곤란하여 심리적 요인이 크게 작용함. 야간공격을 위한 목표는 긴급히 전술적인 중요성을 갖는 제한된 종심으로, 식별이 용이하고 명확해야 하며, 공격대형은 공격부대의 규모·목표의 폭·가용접근통로에 따라 종대대형이 바람직하다.

야간조준경(夜間照準鏡, Night Vision Sight; NVS)
빛을 전기적으로 증폭시켜 야간에 정밀한 사격이 가능하도록 개인화기 또는 공용화기에 장착하는 조준경.

야간철수(夜間撤收, Night Withdrawal)
야간을 이용하여 부대를 은밀히 철수하는 것. 주간보다 더 높은 통솔력과 기밀유지가 요구된다.

야간투시경(夜間透視鏡, Night Vision Goggles; NVG)
주로 적외선을 이용하여 야간관측이 가능하도록 만든 장비.

야시장비(夜視裝備, Night Vision Device)
야간에 육안보다 효과적으로 사물을 식별하도록 만든 장비. 열적외선을 이용하는 방법과 별빛이나 달빛의 미광을 증폭시키는 방법이 있으며, 표적조준, 차량조준, 경계감시용이 있다.
〈동〉 [야간감시장비]

야영(野營, Camping)
1. 야외에서 숙영하는 것. 적과 직접 접촉을 하지 않는 후방의 미리 선정된 지역에서 부대가 휴식하고 또는 차후작전을 준비하는 곳.
2. 부대가 야전에서 일시적으로 숙영하는 것.

야외기동연습(野外機動演習, Field Training Exercise; FTX)
부대 편제상의 인원 및 장비의 전부 또는 일부를 참가시켜 각종 전술상황을 포함하여 쌍방훈련으로 실시하는 광범위하고 장기간에 걸친 전술연습.

야외연습(野外演習, Field Exercise)
부대의 인원 및 장비의 전부 또는 일부가 야외에서 실시하는 전술연습.

야전(野戰, Field, Open Warfare)
1. 산이나 들 따위의 야외에서 벌이는 전투.
2. 공성전(攻城戰), 시가전, 요새전 이외의 육상에서 벌이는 전투.
3. 싸움터에 있거나 그와 관련된 것을 이르는 말.
(중국) 1. 군대가 도시나 요새 이외의 지구에서 진행하는 작전.
2. 상식적인 방법에 구애 받지 않는 작전.

야전공병(野戰工兵, Field Engineer)
우군의 기동을 용이하게 하고 적의 기동을 방해하기 위한 지뢰, 철조망 등 장애물의 설치와 제거, 다리 건설, 도하지원, 도로보수 및 유지와 전투부대의 생존성 증대 및 일반 공병지원 임무를 수행하는 부대.

야전공병단(野戰工兵團, Field Engineer Group)
군단이나 야전군의 기동을 용이하게 하고 적의 기동을 방해하기 위한 임무를 수행하는 공병부대로서 지역에 따라 그 편성은 다소 상이함.

야전교범(野戰教範, Field Manual) ☞ [교범]

야전교범체계(野戰敎範體系, Field Manual System)
야전교범을 수평 및 수직체계로 구분하여 관리 및 통제하는 것. 육군은 야전교범을 기본교범, 기준 교범, 운용교범, 참고교범으로 구분하여 분류한다.

야전군(野戰軍, Field Army)
1. 집단군보다는 작고 군단보다는 큰 행정 및 전술편성부대로 통상 4성 장군이 지휘하며, 군사령부, 편제상의 군 직할부대 및 근무지원부대와 수개의 군단 및 사단으로 구성.
2. 상급지휘기구의 군사전략목표 또는 전역계획의 작전목표 달성에 기여하기 위해 작전을 수행하는 제대로서 사령부 및 직할부대와 수개의 군단 및 사단 등으로 구성.
3. 고정된 편성부대가 아니며, 예속·배속되는 부대의 형태와 수는 야전군의 임무, 적의 상황, 작전지역의 특징, 부대의 가용성, 예상되는 작전형태 등에 따라 수시 변경가능.

(중국) 전국(全國) 혹은 전략구역 범위에서 기동작전임무를 수행하는 부대. 보통 적의 중심전력을 섬멸하는 주요 작전임무를 수행하는 주력부대의 근간이다.

야전군법회의(野戰軍法會議, Field Court)
야전에서 편성, 운영되는 군법회의.

야전병원(野戰病院, Field Hospital)
야영지 또는 비행장에 위치하여 기지병원과 동일한 기능을 가지고 전투지역 내의 지상부대를 지원하는 병원. 고정병원으로 분류되나 쉽게 이동할 수 있고 항공기 수송도 가능함.

야전부대 시험(野戰部隊試驗, Troop Test)
새로운 교리, 부대편성, 신규로 도입, 개발, 개선된 장비나 물자 등의 야전운용을 평가하기 위해, 작전환경을 고려한 상태에서 편성부대를 이용하여 실시하는 시험.

야전선(野戰線, Field Wire)
야전에서 유선통신 가설에 사용되는 전선.

야전 인체제독소(野戰人體除毒所, Field Personnel Decontamination Station)
야전에서 화생방 작용제에 오염된 인원 및 장비를 제독하고, 오염된 피복을 제거한 다음, 다시 새로운 피복을 지급하기 위해 필요에 따라 대대급 이상 부대에 설치, 운용되는 시설.

야전정비(野戰整備, Field Maintenance)
직접지원 또는 일반지원 정비부대에서 피지원부대를 근접 지원하는 3, 4계단 정비. 사용 불가능한 부분품, 소결합체 또는 결합체의 수리, 분해수리 및 수정과 교환 등의 정비를 수행한다.

야전축성(野戰築城, Field Fortification)
지형지물의 자연방어력을 증강시키기 위하여 야전지역에 유개호 또는 무개호 등의 형태로 구축되는 진지 및 시설물. 개인호·장애물·교통호, 화생방 방호시설물, 엄체호, 포상 등이 포함된다. 야전축성은 방자로 하여금 가능한 한 최대의 사격과 이동을 할 수 있게 하고, 공자의 기동과 사격의 효과를 제한하는 기능을 한다.

야전취사(野戰炊事, Field Mess)
야외에 전개한 장비와 시설에서 식사지원을 준비하는 활동.

야전치중대(野戰輜重隊, Field Train)
전투부대의 작전소요를 획득 보급하고, 전투에 당장 소요되지 않는 기타의 보급품을 관리하는 등의 전투근무지원을 제공하는 치중대. 전방부대와 전투치중대를 효과적으로 지원하는 동시에 상급부대와 협조가 용이하고, 전투에 방해가 되지 않는 후방지역에 위치한다.

ㅇ

야전포병(野戰砲兵, Field Artillery; FA)
각종의 곡사포 · 직사포 · 평사포 · 자주포 등을 총망라한 포병부대. 육군의 전투지원 병과의 하나이며 지상전투작전을 지원하는 표적획득 수단을 포함하여 대포, 로켓 및 유도탄 체제를 운용하는 요원과 부대를 가리킨다. 야전포병의 전술적 임무에는 직접지원, 일반지원, 일반지원 및 화력증원이 있으며, 기동부대에 대한 적시적인 근접지원 · 대포병사격으로 화력의 우세 성취 및 전투종심 부여 등의 기능을 가진다.

야전포병측지(野戰砲兵測地, Field Artillery Survey)
야전포병의 효과적인 사격을 보장하기 위하여 포와 표적의 정확한 제원(위치, 표고, 방향)을 결정하기 위해 실시하는 측량 절차.

야토병(野兎病, Tularemia)
생물학 작용제 중 하나인 음성적인 구간균(Coccobacillus)으로 작은 상처가 토끼와 같은 감염된 동물조직에 노출되었을 때 전염됨. 에어로졸 방식 살포에 의해 가장 빠르게 전염될 수 있다. 잠복기는 3~4일 가량이고, 증상은 갑작스러운 고열과 마른기침 · 근육통 및 두통이 발생하며, 폐렴증상과 폐혈증이 발생 할 수도 있다.

야포(野砲, Field Artillery)
야전에서 사용되는 포로 일반적으로 견인포를 의미함.

야포발사식 대인지뢰(野砲發射式對人地雷, Artillery Delivered Anti-Personnel Mine; ADAPM)
야포에 의해 살포되는 대인용 지뢰. 포탄에 다수의 대인지뢰가 내장되어 있어 발사 후 일정거리에 이르면 탄체가 분리되면서 탑재되어 있던 대인지뢰가 지상에 흩뿌려지게 된다.

야포발사식 대전차지뢰(野砲發射式對戰車地雷, Artillery Delivered Anti-Tank Mine; ADATM)
야포에 의해 살포되는 대전차용 지뢰. 포탄에 다수의 대전차지뢰가 내장되어 있어 발사 후 일정거리에 이르면 탄체가 분리되어 탑재되어 있던 대전차지뢰가 지상에 흩뿌려지게 된다.

약식군법회의(略式軍法會議, Summary Court-Martial; SCM)
벌금, 과료, 몰수에 처해질 비교적 경미한 범죄사건에 대하여, 보통군사법원 소속의 군판사 1인이 공소장과 함께 증거를 일괄적으로 제출받아 변론 없이 약식명령의 형식으로 결정하는 재판.
(미국) 일반 장교가 혼자서 심리하는 재판. 범죄가 경미하고 피고인이 병(부사관 포함)인 경우에 해당되며, 선고할 수 있는 형량이 제한적인 최하위 단계의 군법회의.

약실(藥室, Cartridge Chamber)
총에서 탄환이 장전되어 발사 위치에 놓이는 곳.

약점(弱點, Weakness, Week Point)
병력, 장비, 무기체계, 무형전력 등 전투력 자체의 부족 또는 결점을 이르는 말. 병력의 부족, 무기의 결점 등이 해당된다.
〈유〉 [취약점]

약진(躍進, Bound, Rush)
1. 대포, 소화기 사격 하에서 엄폐물에서 엄폐물로 움직이는 1회의 이동.
2. 사격과 기동을 연결하면서 적 방향으로 신속히 이동시 사용하는 이동방법의 하나. 은폐 또는 엄폐된 한 지점으로부터 다음 은폐 및 엄폐된 지점으로 신속히 전진하는 전투기술로, 일제약진, 조별약진, 각개약진, 구간약진 등이 있다.

약호(略號, Brevity Code, Short Title)
보안을 보장하지는 않지만 원래의 목적인 메시지를 축약할 수 있는 기호. 내용의 비밀유지보다는 메시지를 짧게 하는 것을 목적으로 한다.

약호자재(略號資材, Short Title Material)
대외비 이하의 통신내용을 감출 목적으로 사용되는 특정용어를, 간략한 어구, 문자, 숫자 등으로 변화시킨 매체를 이르는 말.

양각대(兩脚臺, Bipod)
경기관총이나 소총의 안정적인 사격을 위하여 총열부분에 장착된 받침대. 일부 기관총의 양각대는 총기 받침역할 뿐만 아니라 방열기능, 철조망 절단 기능도 수행한다.

양공(陽攻, Feint)
기만작전 방법 중의 하나로, 적의 관심을 주공 지역으로부터 벗어나도록 하기 위해 실시하는 제한된 목표에 대한 공격작전. 적이 상황을 오판하도록 유도함으로써 적 예비대의 부적절한 운용, 지원화력의 전환, 방어사격시의 노출 등과 같은 행동을 유발시켜 아군이 원하는 방향으로 반응할 수 있도록 해야 하며, 양공지역을 결정할 때는 적의 관심지역, 주공으로부터 충분히 떨어진 지역 등을 고려해 결정해야 한다.
(중국) [양공(佯攻)] 적을 미혹시키고 속임으로써 공격자의 의도된 행동으로 유인하고자 실시하는 공격행동. 아군의 기도를 은폐하고 적의 주의력을 분산시킴으로써 적의 오판을 유도하고, 이로써 적을 견제하고 주공 지역으로부터 이동시켜 아측의 작전에 유리한 조건을 만들어내기 위한 목적으로 실행한다. 양공은 적과 접촉을 유지한다는 점에서 양동과 구분하며, 양동과 결합하여 실시할 수 있다.
(일본) [양동공격(陽動攻擊)]. 보라는 듯이 행동하는 속임수로서 양동(陽動)의 일종. 적이 아군의 의도를 파악하지 못하도록 하기 위해 실시하는 공격행동을 이르는 말. 일본군의 양동은 한국군의 양동과 같은 용어를 사용한다.

양동(陽動, Demonstration)
적을 기만할 목적으로 아군이 결정적인 작전을 기도하고 있지 않은 지역에서 실시하는 무력시위. 양동은 적과 직접 접촉하지 않고, 접촉선 후방에서 가용한 화력 · 연막 · 음향기재 · 모의장비 등을 활용하며 적을 기만하는 점에서 양공과 구분된다.
(중국) [양동(佯动)] 또는 [양동(陽動)]. 아군의 의도를 은폐하고 적의 주의력을 분산시킴으로써 작전을 성공시키기 위해 허위 상황을 만들어 적을 속이고 미혹시키는 작전행동. 전술양동, 전역양동, 전략양동이 있다.
(일본) 기만행동 방법 중의 하나로서 적의 판단에 혼란을 초래하기 위해 적의 주의를 끌어들이고자 행동하는 실제와 같은 그리고 노골적인 행동을 일컫는 말.

양륙(揚陸, Debarkation)
선박이나 항공기로부터 인원 및 장비를 내리는 것.

양륙지휘대(揚陸指揮隊, Beachmaster Unit)
증강된 1개 사단의 상륙작전을 지원할 능력이 있는 상륙군 지원부대(LFSP) 예하 해안단의 해군구성부대로서 상륙지원대의 예하 구성요소.

양륙항(揚陸港, Port of Debarkation)
선박으로부터 병력, 수하물 및 기타 군수물자를 양륙시킬 수 있는 해상 발착지.

양면작전(兩面作戰, Two Frontal Warfare)
2개전선의 적에 대하여 작전을 수행하는 방법으로, 전투력이 분산되고, 포위당할 가능성이 크므로 원칙적으로 수세방면과 공세방면으로 나누어 공세정면에 전투력을 집중함.

ㅇ

양성교육(養成教育, Candidate Training)
민간인을 군인으로 만들기 위한 교육으로 군인 기본자세, 군대규율, 군인정신, 체력 및 투지력 배양, 기초 전기·전술 등 군인으로서 임무수행에 필수적인 내용을 교육함.

양용무기(兩用武器, Dual(Multi) Capable Weapons)
무장 또는 화력이 상이한 무기를 혼합 장비할 수 있는 무기 또는 차량. 때에 따라 핵 또는 비핵무기로 취급되는 무기에 한정하는 경우도 있다.

양익포위(兩翼包圍, Double Envelopment)
두 개의 포위부대와 한 개의 조공부대에 의해서 실시되는 포위 기동형태. 적이 두 개의 공격 가능한 측방을 노출했거나, 아군부대를 이동시킬 수 있는 충분한 기동이나 공중기동수단이 확보될 때 수행한다. 양익포위를 실시하는 부대는 좁은 정면에 위치했거나 제한된 기동력을 가진 적과 대치하여 광정면에 걸쳐 전개할 수 있어야 하며, 주공과 조공이 상호 지원거리에서 복식돌파를 실시한 후 전술적 혹은 전략적 양익포위를 시도할 수 있다. 통상 막대한 전투력이 요구되고 통제가 곤란하므로 통상 사단급 이하 제대에서는 실시되지 않는다.

양탄기(揚彈機, Loading Hoist)
탄약을 들어 올려 포에 장전하는 기계.

어네스트존 지대지미사일(~地對地~, Honest John)
1954년 미국이 개발한 무유도 지대지 미사일. 길이 3.8 m. 최대 지름 76 cm. 무게 2,120 kg. 사정거리 약 30 km이다.

어뢰(魚雷, Torpedo)
어형수뢰(魚形水雷)의 약칭으로, 적의 수상함이나 잠수함을 공격하는 무기. 폭발방식에 따라 접촉신관·자기신관으로 구분하고, 추진방법에 따라 전기·증기·내연기관으로 구분하며, 유도방식에 따라 유선유도·무선유도로 구분하고, 발사방식에 따라 압축공기에 의한 발사, 자력항주발사 등으로 구분한다. 발사수단은 잠수함 발사, 수상함 발사, 항공기에 의한 투하, 대잠미사일 등이 있다.

어뢰간섭구역(魚雷干涉區域, Torpedo Interference Area(DOG BOX))
자함에서 어뢰공격 시 자함과 우군 함정에 위험이 초래될 수 있는 구역.

어뢰대항책(魚雷對抗策, Torpedo Countermeasures)
어뢰를 방어하기 위해 사용하는 수단이나 방법.

어뢰발사관(魚雷發射管, Torpedo Tube)
어뢰를 장전, 발사하는 관.

어뢰위험구역(魚雷危險區域, Torpedo Danger Zone)
어뢰공격의 위험에 노출되는 지역.

어뢰정(魚雷艇, Torpedo Boat; TB)
어뢰를 주공격무기로 하는 함정. 주로 배수량 100톤급 내외의 소형함정으로 기동성을 활용한다.
(미국) [PT보트(Patrol-Craft Torpedo)].
(독일) [슈넬보트(Schnell-Boat)].
(영국) [모터보트(Coastal Motor Boat, CMB)].
(북한) [수뢰정(水雷艇)]

어뢰회피(魚雷回避, Torpedo Evasion)
어뢰를 피하기 위해 취하는 속도 또는 침로 변경 등 전술적 어뢰 대항수단.

억류자(抑留者, Internee)
특정한 국가나 장소에 강제로 체류 당하게 된 인원. 1949년의 제네바 협정에 정하는 바에 따라 보호된 인원들은 그에 기술된 요건에 따라서만 억류자가 됨.

억제(抑制, Deterrence)
한 국가가 타 국가에 대해 도발하려고 할 경우, 얻어질 이익보다는 손실이 클 것이라는 인식을 갖게 하여 전쟁을 사전에 방지하는 것. 'A국이 B국의 행동을 억제한다'는 말은 다음과 같은 뜻이다. 1) A국이 B국에 대해, 만약 (B국이) 특정한 행위를 할 경우, (A국은) 제재를 하거나 국익에 침해를 가하겠다는 위협을 전달한다. 2) 그와 같은 위협이 없다면, B국은 그 특정 행위를 하게 될 가능성이 있다. 3) 그와 같은 위협의 내용을 실행에 옮길 의사와 능력이 A국에게 있다고 B국은 확신하고, 바로 그 확신 때문에 B국은 당초 예정했던 행동을 할 만한 가치가 없는 것으로 결정한다. 이상 3개의 전제가 모두 충족되어야 비로소 '억제'가 성립한다. 즉, 억제국이 전달한 위협에 대해 피억제국이 '믿을 만한' 것으로 판단함으로써 예정했던 행동을 단념하거나 포기하게 되었을 때 억제의 목적이 달성된 것으로 본다. 그러나 사실 위협의 내용이 된 제재가 당초 예정했던 행동을 단념하게 한 것인지에 대해서는, 그 나라, 혹은 그 나라의 특정 지도자들이 그 행동의 실행여부에 따른 이해득실을 어떻게 판단하고 있느냐에 따라 달라질 수 있다. 그러므로 어떤 나라의 도발 행위를 억제하기에 필요충분한 절대적인 '피해수준(level of damage)'이라는 것은 없다고 볼 수 있다. 억지(抑止)라고도 한다.

억제력(抑制力, Deterrent Power)
1. 전쟁을 사전에 방지하는 효과로서 억제를 가능하게 하는 힘.
2. 전쟁이 발발하였을 경우, 그 전쟁의 규모나 치열도 등이 확대되는 것을 억제하는 힘.

억제전략(抑制戰略, Deterrence Strategy)
억제를 위해 사용되는 전략. 억제전략은 이를 독자적 또는 연합적 수단으로 수행할 수 있는 능력이 있을 때에만 가능함.

얼차려(~, Corporal Punishment, Military Discipline System)
'정신을 차려'라는 의미로서 정신 나간 사람에게 정신을 되찾아 주는 훈련. '기합'이라고도 한다.

엄체호(掩體壕, Shelter)
적의 직접적인 공중 및 지상공격과 화생방공격, 혹한 또는 혹서의 기후로부터 인원, 장비 및 물자를 보호하기 위하여 구축하는 시설물.
(북한) [차폐호(遮蔽壕)]

엄폐(掩蔽, Cover)
자연 또는 인공적인 장애물에 의하여 적의 관측과 직사사격으로부터 보호되며, 곡사화기 사격으로부터 부분적으로 보호되는 것.
(북한) [차폐계(遮蔽界)]

엄폐분석도(掩蔽分析圖, Cover Analysis Map)
적의 관측 및 직사화기로부터 엄폐정도를 분석하여 나타낸 지도.

엄폐사격(掩蔽射擊, Firing Round Cover)
지형지물에 몸을 숨기고 사격하는 것.

엄폐접근로(掩蔽接近路, Covered Approach)
적의 관측이나 직사화기 사격으로부터 보호를 받을 수 있는 기동로.

엄폐진지(掩蔽陣地, Cover Position)
사격진지의 직후방에 설치된 진지.

엄폐분석도(掩蔽分析圖, Cover Analysis Map)
직사화기 또는 곡사화기로부터의 엄폐정도를 등급별로 구분하여 도식한 지도. 토질상태, 지세 및 식물상태 등을 기초로 작성되며, 화기의 사격효과 판단과 사계분석 및 작전의 형태를 결정하는데 중요한 요소가 된다.

엄호(掩護, Covering)

1. 공격, 방어 시 전방, 측방, 후방에서 본대를 보호하기 위해 취해지는 경계행동.
2. 적과 교전하는 전투기, 비전투기, 폭격기 등을 적기로부터 보호하는 것.

엄호기(掩護機, Supporting Fighter)

1. 공중전투 기동 시 엄호위치에 있는 전투기.
2. 공격임무 또는 구조임무 항공기를 보호하는 전투기.

엄호부대(掩護部隊, Covering Force; CF)

1. 적이 피엄호부대 본대를 공격하기 전에 적을 차단, 교전, 지연, 와해 및 기만할 목적으로 본대로부터 이격되어 작전하는 경계부대.
2. 방어부대의 최전방에서 작전하는 부대로서 군단에서 설치하는 경계제대.

엄호사격(掩護射擊, Covering Fire)

1. 우군부대가 적 소화기의 사정 내에 있을 때 그들을 보호하기 위해 실시하는 사격.
2. 상륙작전 시 공격준비작전을 엄호하기 위해 상륙 이전에 실시되는 사격.

(북한) [보장사격]

엄호장벽(掩護障壁, Covering Barrier)

엄호부대와 경계부대의 지연전을 지원하기 위해 설치되는 장벽.

엄호탄막(掩護彈幕, Covering Barrage)

공격이나 방어 시 아군을 보호하기 위하여 아군과의 일정한 거리에 막을 치듯 포화를 집중하는 것.

업체자체개발(業體自體開發, Company Development)

무기체계로 선정되지 않은 장비 및 물자를 업체자체의 시설 · 기술 · 비용으로 개발하고, 정부는 개발완료 후 개발비용 및 구매 여부에 대한 책임을 지지 않는 개발형태.

에스티비(~, Super Tropical Bleach; STB)

화학 및 생물학 작용제의 표준제독제로서 소석회에 염소가스를 혼합하여 만든 백색 분말.

에어로졸(~, Aerosol)

액체, 고체의 미립자가 기체 속에 정밀히 분포되어 있는 상태.

에어본타임(~, Airborne Time)

항공기가 발진명령을 받고 관제장교의 지휘 하에 들어갈 때까지의 시간.

에어포켓(~, Air Pocket)

항공기가 갑작스런 기류에 의하여 요동치는 현상.

에이비씨무기(~武器, ABC Weapons)

원자력 무기(Atomic Weapon), 생물학 무기(Biological Weapon), 화학무기(Chemical Weapon)를 총칭하는 말.

에이스전투공병차(~戰鬪工兵車, KM9)

미군이 사용 중인 M9 에이스전투공병차를 구 삼성항공에서 면허 생산한 공병차량. 장애물 제거와 전투기동로 개척, 도하점 개척, 활주로 건설 등 전투현장에서 다용도로 활용되며, 전투장비의 구난임무도 있으나 자체 방어력이 취약한 편이다. 차체 전체가 알루미늄으로 되어 있으며 자체 부양능력이 있어 하천을 스스로 도하할 수 있다. 길이는 6.2 m, 전투중량은 24.4톤이다.

에이테킴스(~, Army Tactical Missile System; ATACMS) ☞ [육군전술미사일체계]

에이티티(~, Army Training Test; ATT)

육군 대대급 이하 부대의 훈련평가.

에프(F)-연도(~-年度, Fiscal Year)

모든 관리활동을 수행하는 기준 연도. 지침하달, 계획수립 및 문서발간 시 적용하는 대상기간을 표시하기 위해 사용된다. 보통 회계연도라고 한다.

엑조세미사일(~, Exocet Missile)
프랑스에서 1970년대 초에 개발한 대함미사일로 수면 위 3 m 정도의 고도로 비행하여 목표물을 타격함. 길이 4.69 m, 지름 35 cm, 무게 650 kg, 속도 마하 0.93, 사정거리 40~65 km.

엔-시(~-時, N-Hour)
전술핵무기의 예정된 최초 폭발시간.

엘시티(~, Lethal Concentration Time; LCT)
증기노출 치사량. LCT 50이란 중간치사량으로서 오염된 인원의 50%가 치사되는 양임.

엠-일(~日, M Day)
국가동원 선포일. 'M'은 Mobilization의 약자 임.

여건조성작전(與件助成作戰, Shaping Operations)
결정적 작전(Decisive Operations)의 성공을 보장하기 위해 실시하는 작전. 정보작전, 경계 작전, 적 고착 및 견제, 화력지원, 기만 및 심리전 활동 등과 같이 결정적 작전을 위한 환경을 조성하는 작전이 여건조성작전에 해당된다.
〈참〉 [결정적 작전]

여단(旅團, Brigade)
사단보다는 작으나 연대보다는 큰 단위부대로, 여단본부와 배속 또는 지원받은 2개 이상의 대대와 전투근무지원부대로 구성.

여명공격(黎明攻擊, Attack at Dawn, Predawn Attack)
동이 터오는 새벽에 실시하는 공격이며, 군사적 여명은 해상박명초를 기준으로 함.

여압복(與壓服, Pressurized Suits)
항공기에서 급격한 기동으로 인한 중력의 변화에 의해 일어나는 신체이상을 방지하기 위해 비행복 내의 공기압 장치로 혈류량을 인위적으로 조종하는 비행복. 일명 G-슈트.

역공격(逆攻擊, Counterblow)
방어 시 공세행동의 일종으로 적의 주력이 지향하는 지역을 고수하면서 적의 약점을 포착, 적 주력의 측후방이나 기타 지역에 대하여 실시하는 제한된 공격작전.
(북한) [반공격(反攻擊)]

역계류(逆繫留, Chinese Landing)
1. 함정의 함수를 다른 함정의 함미방향으로 대는 것.
2. 함정을 조류의 반대방향으로 대는 것.

역대책(逆對策, Counter Measure) ☞ [대응책]

역매복(逆埋伏, Counter Ambush)
예상되는 적의 매복작전에 대비하여 미리 매복하여 적의 매복을 제압하는 전술.

역상륙(逆上陸, Counter Landing)
적이 상륙한 곳에 다시 상륙하여 적의 후면을 공격하는 것.

역선전(逆宣戰, Counter Propaganda)
적 또는 외국의 선전효과를 무효화 또는 최소화시키기 위해 적의 선전활동을 방해하거나, 그것을 이용하여 적 또는 외국집단에 대해 실시하는 선전.

역설대 대형(逆楔隊隊形, Inverted Wedge Formation)
공격대형 중 2개 제대는 전방, 1개 제대는 후방에 정렬하여 공격하는 대형으로, 적의 상황이 모호하거나 지휘자가 전방 및 측방에 화력을 요청할 때 사용한다.

역수색(逆搜索, Counter Reconnaissance)
적의 수색활동에 대항하여 실시하는 수색활동. 아군 부대, 지역, 장소에 대한 관측

ㅇ

및 수색활동을 방지하기 위해 실시하며, 대수색, 역정찰이라고도 한다.
〈동〉 [역정찰]

역수송(逆輸送, Back Haul)
잘못 수송하여 출발지나 최초 목적지로 돌아가는 수송.

역습(逆襲, Counter Attack)
방어작전 간 돌파구 내의 적부대를 격멸하고, 상실한 지역을 회복하기 위해 방어부대의 일부 또는 전부를 투입하여 실시하는 제한된 공격작전.
(북한) [반돌격(反突擊)].

역정찰(逆偵察, Counter Reconnaissance)
☞ [역수색]

역전장정보분석(逆戰場情報分析, Counter Intelligence for Battle Field)
적의 입장에서 아군에 대한 전장정보를 분석해 보는 것. 즉, 적이 아군의 능력과 방책에 대하여 어떻게 분석하는가를 분석하여, 적이 어떤 방책을 수행할 것인가를 분석하는 기초자료이다.

역종(役種, Classification of Service Status)
병역 의무를 수행해야 할 자에게 부여되는 복무의 방식. 현역, 예비역, 보충역, 제1국민역, 제2국민역으로 구분한다.

역포위(逆包圍, Counter-Envelopment)
포위한 부대를 다시 포위하는 것.

연결작전(連結作戰, Link Up Operation)
2개의 지상부대가 합류하는 작전. 통상 공정작전, 상륙작전, 공중강습작전, 침투작전 후 또는 고립되거나 포위된 부대가 주력 부대와 합류하는 과정에서 실시한다.

연결지점(連結地點, Rendezvous Point; RP)
연결작전을 수행하는 하는 2개 부대가 합류하기 위해 선정한 지상의 한 장소.

연계수송(連繫輸送, Link up Transportation)
병력이나 물자를 수송할 때, 중간의 어느 한 지점에서 다른 수송수단으로 연계하여 수송하는 것.

연구개발(研究開發, Research and Development; R&D)
무기체계 획득방법 중 하나로, 현재 보유하지 못한 기술을 연구하고, 연구된 기술을 실용화하여 필요한 무기체계를 생산·획득하는 방법. 연구개발의 종류는 체계연구개발과 체계연구개발에 필요한 핵심기술·부품 연구개발로 구분하고, 연구개발 추진형태는 국내 단독 연구개발과 외국과 협력하여 공동으로 진행하는 국제협력 연구개발로 구분한다.

연구개발비(研究開發費, Research and Development Cost)
방산물자를 생산하기 위해 필요한 국내기술 개발 및 연구비. 시험 및 시험제작에 소요되는 비용 또는 연구기관에 의뢰한 기술용역비등을 의미한다.

연대(聯隊, Regiment)
사단보다는 작고 대대보다는 큰 단위부대로서 연대본부와 배속 또는 지원받은 2개 이상의 대대와 전투근무지원부대로 구성.

연대전투단(聯隊戰鬪團, Regimental Combat Team; RCT)
보병연대와 그에 배속된 기갑, 포병 및 공병 등으로 구성된 특수임무부대. 연대전투단은 연대가 독립임무를 수행해야 하거나 지형 및 상황, 특히 과도한 정면과 개괄적인 임무에 비추어 중앙통제가 곤란할 때 편성한다.

연락(連絡, Liaison)
군 부대간의 상호 이해를 보장하고 목적과 행동의 통일을 위해 유지되는 접촉 또는 상호통신.

연락장교(連絡將校, Liaison Officer)
타 부대 또는 근무부대에서 연락임무를 수행하는 장교.

연령정년(年齡停年, Age in Grade)
군 간부가 법에서 정하는 각 계급별 연령상한선에 도달되었을 때 퇴직하도록 정한 기한.

연막(煙幕, Smoke)
액체 및 고체 물질로 연기를 피워 아군의 행동이나 진지, 시설 등에 대한 적의 관측을 방해하기 위해 사용하는 은폐수단의 한 종류.

연막수류탄(煙幕手榴彈, Smoke Grenade)
충격 또는 폭발 시 방출되는 발연 화학제를 가진 수류탄. 적, 녹, 황, 자, 백색으로 5가지 종류가 보급되어 있으며, 주로 연막차장 및 신호용으로 사용한다.

연막작전(煙幕作戰, Smoke Operation)
아군의 활동이나 시설 등을 적의 관측으로부터 은폐하기 위하여 연막을 사용하는 작전. 연막살포 임무를 수행하는 데 관련되는 모든 작전활동 즉 이동정찰, 진지점령, 발연, 연막 통제 및 철수 등이 포함된다.

연막차장(煙幕遮障, Screen Smoke)
우군의 시설 또는 기동을 은폐하기 위하여 사용하는 연기 막.

연막탄(煙幕彈, Smoke Projectile)
충격 및 마찰에 의한 폭발로 연막이 방출되는 모든 발연 화학제 탄환을 이르는 말. 신호용 또는 돌격 및 철수 시 소량의 연막을 형성하는데 사용되는 탄약으로 발연지속시간은 50~150초이다.

연막통(煙幕筒, Smoke Shell)
짧은 시간 내에 비교적 많은 양의 백색 또는 회백색 연막을 방출하는 통. 손으로 운반하거나 헬리콥터 또는 보트에서 투하하여 사용하며, 수동식 또는 전기식으로 점화할 수 있다.

연무(煙霧, Haze)
대기 중의 미세한 수증기가 응결되어 수평시정을 제한하는 현상. 시정이 1㎛ 이내로 제한될 때에는 안개(fog), 1㎛ 이상일 때에는 연무 또는 박무(薄霧)라고 한다.

연발사격(連發射擊, Running Fire)
방아쇠를 한 번 당길 때 탄알이 자동으로 연이어 발사되는 일련의 사격.

연병장(練兵場, Barracks Square)
주둔군이 훈련·열병 등을 위하여 사용하는 공터.

연속공격(連續攻擊, Consecutive Attack)
준비된 부대가 동일한 적에 대하여 연속적인 공격을 하는 것.

연속사격(連續射擊, Continuous Fire)
조준 수정 없이 일정 시간동안 계속되는 사격.

연쇄반응(連鎖反應, Chain Reaction)
핵분열반응에서 중성자가 무거운 원자핵에 흡수되면 그 원자핵은 작은 조각으로 분리되는데, 이 때 2~3개의 중성자가 방출되어 다른 원자핵에 흡수되어 전과 같은 핵분열 반응이 연속적으로 진행되는 것. 핵분열 반응에 의하여 분해되는 과정에서 핵의 결손 질량 일부가 에너지로 변하는 것이 핵에너지이며, 이러한 일련의 과정은 매우 빠른 시간 내에 일어나며 이 반응시간을 임의로 늦춘 것이 원자력 발전이다.

연습(演習, Exercise)
1. 군사적 이동이나 모의전투 등을 통해 전투 및 군수지원에 관한 교리를 적용하여 전술적 상황을 해결하는 숙달훈련. 계획·준비·실시를 모두 포함하여 훈련 및 평가목적으로 실시되는 연합·합동·단일부대 훈련을 총칭하는 말.
2. 계획수립·준비 및 실시를 포함한 군사기동 또는 모의기동작전.

연습기(練習機, Training Airplane)
연습 비행에 적합하도록 제작된 비행기.

연습단계(演習段階, Rehearsal Phase)
계획의 정확성을 검토하고, 세부작전의 시간을 조정하며, 관계부대의 전투태세를 시험하고, 모든 제대의 계획 숙지 정도 확인 및 통신 상태를 점검하며 장차 있을 작전을 연습하는 기간.

연습탄(練習彈, Practice Ammunition)
사격 훈련용으로 만들어져 위험성이 적은 탄약. 외부형태와 탄도학적 특성은 전투용 탄약과 유사하나 탄두가 비활성으로 되어 있어 상대적으로 덜 위험하다.

연안(沿岸, Coastal)
바다 · 호수 · 하천 등과 접해 있는 육지 부분. 각각 해안(海岸) · 호안(湖岸) · 하안(河岸)이라고 한다.

연안경비정(沿岸警備艇, Coastal Patrol Craft; CPC)
비교적 소형 함정으로 연안의 경비, 순찰업무를 주 임무로 하는 함정.

연안수송(沿岸輸送, Inshore Transportation)
영해 내에서 해안선을 연하여 국내항구와 항구 간, 또는 섬과 섬 사이에서 이루어지는 수송. 평시에는 해군함정 또는 민간용역 선박에 의해, 전시에는 해군함정, 관통제(官統制)선박, 동원선박 등에 의하여 수행된다.

연안작전(沿岸作戰, Inshore Operations)
1. 지리적 또는 수로조건이 함정 또는 잠수함의 이동에 영향을 주는 해역에서 실시하는 작전.
2. 연안의 육상 또는 접변에서 적의 상륙 또는 도섭을 거부하기 위한 작전.

연안축성(沿岸築城, Coastal Fortification)
적의 상륙 또는 도섭을 방해하기 위하여 장애물을 설치하고, 전투진지와 해안포 등의 전투시설을 건설하는 것.

연안호송선단(沿岸護送船團, Coastal Convoy)
항해가 일반적으로 연해에서 이루어지며 출발 및 도착항구가 동일국 내에 위치하고 있는 선단.

연출(演出, Production)
적에게 어떤 활동이 실제 활동과 다른 종류의 활동으로 보이게 하기 위해 의도적으로 만들어 보이는 기만행동. 기만방법 중 모의, 가장과 함께 허식의 일종이다.

연합(聯合, Combined)
2개 이상의 국가 또는 그 군대가 공통의 목적을 달성하기 위해 협력하는 것.
(중국) 각 병종(兵種) 간의 합동훈련 또는 합동작전을 연합훈련 또는 연합작전이라고 한다.

연합공용품목(聯合共用品目, Combined Common User Item)
2개국 이상의 국가가 공통으로 사용하여 상호 교환할 수 있는 품목.

연합군(聯合軍, Combined Force)
2개 혹은 그 이상의 동맹국의 병력으로 구성된 군대.

연합권한 위임사항(聯合權限委任事項, Combined Delegated Authority; CODA)
정전(停戰) 시 연합사령관이 연합임무, 계획 및 과업을 수행할 수 있도록 연합사령관에게 위임된 권한. 지정된 부대에 대하여 전쟁억제, 방어 및 정전협정 준수를 위한 연합위기관리, 작전계획수립, 연합 합동교리발전, 연합합동훈련 및 연습의 계획과 실시, 연합정보관리, C4I 상호운용성 등이 포함된다.

연합수송이동본부(聯合輸送移動本部, Combined Transportation Movement Center; CTMC)
한국 내의 작전을 지원하기 위해 육로, 철도, 수로 및 공로의 제반 수송이동을 계획, 협조 및 관리하는 연합사 수송기관.

연합작전(聯合作戰, Combined Operation)
1. 2개국 이상의 군대가 공동의 목표를 달성하기 위해 협조된 지휘체계를 이루어 실시하는 작전.
2. 단일임무의 수행을 위해 공동행동을 취하는 2개 또는 그 이상의 연합국(동맹국) 군대에 의하여 실시되는 작전.

연합전시증원연습(聯合戰時增援演習, Reception, Staging, Onward Movement and Integration ; RSOI)
전시 한반도에 증원될 미 증원군과 한국군의 연합작전을 성공적으로 수행하기 위하여 미 증원군의 전개절차와 한국군의 지원에 중점을 두고 실시하는 연합지휘소연습. 미 증원군이 최초 한반도 도착시부터 전방으로 이동 및 전장으로 통합되는 일련의 절차와 경계 등을 포함하여, 이를 지원하는 한국군의 전시지원, 상호 군수지원, 동원 및 한국군의 전투력 복원절차 등을 숙달하기 위해 실시한다.

연합정보종합반(聯合情報綜合班, Combined All Source Intelligence Center; CSIC)
모든 첩보를 종합하여 조기경보에 관련된 사항을 분석하는 곳.

연합참모(聯合參謀, Combined Staff)
2개 이상의 연합국 인원으로 구성된 참모.

연합특수작전지역(聯合特殊作戰地域, Combined Special Operation Area; CSOA)
특수작전 활동을 수행하도록 연합특수전사령관에게 부여된 육상, 해상, 공중 공간.

연합특수전사령부(聯合特殊戰司令部, Combined Unconventional Warfare Task Force; CUWTF)
전시에 작전통제되는 한·미 특수전 부대를 지휘통제하여 비정규전 및 특수작전 등을 수행하는 연합사 예하 구성군 사령부.

연합표적위원회(聯合標的委員會, Combined Targeting Board; CTB)
적 종심지역에 운용되는 육·해·공군의 종심전투자산을 효과적으로 통합하기 위해 공군구성군사에 설치 운영되던 기구. 연합효과위원회로 변경되었다.

연합항공부대(聯合航空部隊, Combined Aviation Force; CAF)
전시 작전통제되는 한·미 연합 육군 항공자산을 지휘통제하여 육군항공작전을 지원하기 위한 부대.

연합해병사(聯合海兵司, Combined Marine Forces Command; CMFC)
전시 작전통제되는 한·미 해병전력을 지휘통제하여 작전을 수행하는 사령부.

연합효과위원회(聯合效果委員會, Combined Effective Board; CEB)
전방전투지경선 이북의 작전을 협조하고, 화력지원협조선과 전방전투지경선 사이의 모든 화력을 협조하는 권한을 가진 기구. ITO 생산을 위한 연합사 표적처리과정을 감독한다. 이전의 연합표적위원회가 연합효과위원회로 기구 및 명칭이 변경되었다.

연합훈련 및 연습(聯合訓鍊~演習, Combined Training and Exercise)
연합전력을 극대화하여 전쟁수행능력을 향상시키기 위해 한·미군의 전투준비태세와 연합작전능력, 연합작전 지속능력 향상에

ㅇ

중점을 두고 실시하는 훈련. 을지포커스렌즈연습, 연합전시증원연습, 독수리연습 등이 있다.

열경련(熱痙攣, Heat Cramp)
온열손상의 한 종류로, 고온 환경에서 심한 근육운동 시 지나친 땀 흘림으로 인한 탈수 및 염분손실, 대사 노폐물의 축적, 중추신경 및 간 기능의 장애가 복합적으로 작용하여, 경련, 두통, 현기증 등의 증상이 나타나는 하계 계절성 질환.

열병(閱兵, Ranks)
부대의 인원 및 장비를 정렬시키고 지휘관이 검열하는 의식. 사열관이 부대 지휘관의 안내로 대형을 갖춘 부대의 앞뒤를 도보나 차량으로 사열한다.

열복사선(熱輻射線, Thermal Radiation)
핵무기 폭발 시 방출되는 다량의 에너지가 열로 방출되는 것. 수천만도에 이르는 적외선 및 가시광선이 화구로부터 빛의 속도로 방사되어 화재를 일으키고 화상을 입히며, 이는 전체 핵폭발에너지의 1/3에 이름.

열사병(熱射病, Heat Stroke)
온열손상의 한 종류로, 고온 다습한 환경에서 격심한 육체적 훈련을 하거나 옥외에서 태양의 복사열을 두부에 직접 받을 경우 체온조절 중추의 장애로 두통, 현기증, 귀울림, 권태감이 나타나며, 혼수상태로 발전하며, 급격한 체온상승(41～43℃)이 나타나는 하계 계절성 질환. 땀이 나지 않는 것이 특징이다.

열상관측장비(熱像觀測裝備, Thermal Observation Device; TOD)
주·야간 고정 및 이동물체 감시가 가능하도록 물체 고유의 열에너지를 전기신호, 영상신호로 바꾸어 모니터에 주사하는 장비.

열전(熱戰, Hot War, Shooting War)
실제로 싸우는 전쟁을 [냉전]에 상대하여 일컫는 말.
(중국) 서방 자본주의 국가에서 실제로 무기를 가지고 전쟁을 하는 행위를 칭함.
〈반〉 [냉전]

열추적(熱追跡, Heat Seeking)
물체가 열을 발생시키는 5가지 근원을 따라 추적하는 것. 전차나 항공기 등에서 배출되는 열을 따라 추적하여 파괴하는 무기에 적용한다.

열추적미사일(熱追跡～, Heat Seeking Missile)
적기나 전차의 열원을 추적하여 파괴하는 대전차미사일.

열폭풍(熱暴風, Fire Storm)
거대한 불로 인하여 열원내부의 공기가 소진되어 진공상태로 되면서 외부와의 기압차에 의해 외부에서 열원으로 급격하게 공기가 이동하면서 발생하는 폭풍.

열피로(熱疲勞, Heat Exhaustion)
온열손상의 한 종류로 고온 환경에 장시간 노출시 심한 탈수와 피부 혈관의 확장으로 심장으로 들어오는 혈액량의 감소에 의해 생기는 순환부전과 저혈압이 주원인으로 발생하며, 권태감, 두통, 현기증, 귀 울림, 구역질 등의 증상이 나타나는 하계 계절성 질환.

열형지뢰지대(列形地雷地帶, Row Minefield)
지뢰를 규칙적인 간격과 열에 맞춰서 매설하는 지뢰지대. 소량의 지뢰로 넓은 지역을 차단할 목적으로 사용한다.

열화우라늄탄(劣化～彈, Depleted Uranium Ammunition)
원전연료 제조 과정에서 생기는 찌꺼기인 열화우라늄을 사용하여 전차나 탱크 등의 두꺼운 장갑을 뚫을 수 있도록 고안된 탄. 열화우라늄을 사용한 철갑탄은 우수한 관통력을 가질 뿐만 아니라 명중 시에 발생하는 미세분말은 상온에서 격렬한 연소반응을 일으켜 관통과 함께 소이효과도 나타낸다.

영거리사격(零距離射擊, Point Blank Range Fire, Zero Range Fire)
포진지 근거리에 접근하는 적을 제압하기 위하여 시한신관을 결합한 고폭탄을 최저 장약으로 사격하여 공중파열이 되도록 하는 저지사격.

영공(領空, Airspace Above the Territory)
1. 한 국가의 영토와 영해의 상부공간으로 국제법상 완전하고도 배타적인 주권을 행사 할 수 있는 공역. 대한민국 영해의 기준선은 영해법('77. 12. 31)에 규정(영해의 폭-12해리, 대한해협의 일부 수역-3해리)되어 있다.
2. 국제법상 개별국가의 영토와 영해의 상공으로 영토와 영해, 즉 그 영역을 통치하는 국가에 속하는 것으로 간주됨. 1967년의 우주조약(Outer Space Treaty)에서, 개방되어 있고 개별국가가 전유(專有)할 수 없다고 규정한 우주공간(outer space)은 영공에 포함되지 않는 것으로 보고 있다.

영관급장교(領官級將校, Field Grade Officer)
소령 · 중령 · 대령급 장교를 통칭하는 말. (중) [교관(校官)]

영구축성(永久築城, Permanent Fortification)
철근 콘크리트 등을 사용하여 반영구적인 전투시설물을 건설하는 것.

영구형화생방대피호(永久型化生放待避壕, Permanent NBC Protection Shelter)
화생방대피호의 일종으로서 공기폐쇄소와 인체제독소 및 대피실 등 각종 집단보호장비를 설치하여 어떠한 상황에서도 능히 보호할 수 있는 완전한 대피호.

영내(營內, Barracks Compounds)
병영의 울타리 내부.

영상대조방식(映像對照方式, Digital Scene Matching Area Correlation; DSMAC)
순항미사일에 미리 촬영한 목표를 입력시켜 목표지점의 영상과 미사일에 설치된 광학측정 장비 또는 적외선 탐색기가 촬영한 자료를 비교하여 명중시키는 방식.

영상정보(映像情報, Imagery Intelligence)
레이더 합성사진, 적외선 장비 및 사진촬영 등 영상자료에 의거 획득된 정보.

영상표적(影像標的, Silhouette Target)
1. 형상은 명백히 보이지 않으나 암영으로써 윤곽이 현저히 나타난 표적.
2. 암영으로 윤곽이 현저히 나타난 인원 혹은 물체의 암영으로 된 연습용 표적.

영상해석(影像解釋, Imagery Interpretation)
영상에 나타난 물체와 그물체의 활동 지형 및 위치확인, 인식, 식별 그리고 설명하는 과정을 일컫는 말.

영선(營繕, Repair and Utility)
건물의 전기, 급수, 냉 · 난방, 위생 등 편의시설을 운영하고 보수 정비하는 것.

영시(零時, Zero Hour)
모든 해군작전(출 · 입항, 기뢰작전, 대잠작전, 상륙작전, 항공작전, 회피항행 등)의 계획이 시작되는 시간. 출항 시는 전술지휘관 또는 지정함이 기러기 점('A'점)을 통과하게 되는 시간. 입항 시에는 전술지휘관 또는 지정함이 미나리 점('X'점)을 통과 하게 되는 시간이며, 대잠전 탐색계획 집행 시는 탐색함정들의 중앙이 데이텀(Datum)을 통과하는 시간이다.

ㅇ

영점사격(零點射擊, Zeroing Fire)
화기를 사용하는 사람의 조준선과 탄착점이 일치되도록 조정하는 사격.
(북한) [무기성능검열사격]

영점조정(零點調整 : Zero in)
사격을 통하여 총포의 조준점과 탄착점이 일치되도록 조준장치나 가늠자를 조정하는 것.

영창(營倉, Detention Barracks)
범법행위를 한 군인을 임시로 감금하기 위해 영내에 설치된 기관.

영토(領土, Territory, Domain)
영해와 영공을 포함하여 국가의 통치권이 미치는 영역. 협의로는 토지만을 의미. 현재 대한민국 헌법 제3조에서는 '한반도와 부속도서'를 대한민국의 영토로 명시하고 있으며, 휴전선 이북 지역은 대한민국의 미수복 지역으로 표시하고 있다.

영해(領海, Territorial Waters)
연안국의 경우 영토 및 내수 밖, 군도수역의 경우 군도수역 밖의 영해 기선으로부터 바다 쪽 인접수역으로서 연안국의 주권이 미치는 수역. 연안국의 주권은 영해의 상공 및 해저와 하층토까지 미치며 영해의 폭은 국제협약에 따라 결정된 기선으로부터 12해리를 초과하지 않는 범위에서 결정한다.

영향지역(影響地域, Area of Influence)
지휘관이 그가 보유한 가용수단으로 전장감시와 병행하여 적의 후속제대를 종심 타격함으로써 효과적으로 전방부대를 증원할 수 없도록 필요한 군사조치를 계속적으로 취할 수 있는 지역.

영현(英顯, Graves)
사망하여 유명을 달리한 아군 및 연합군의 시체.

영현등록(英顯登錄, Grave Registration; GR)
사상자의 식별, 후송 및 매장과 그들의 유품의 수집 및 처리에 관련된 사항에 대한 감독과 집행.

예광탄(曳光彈, Flame Trace)
탄저부분에 인화합물이 충전되어 있어 빛을 내면서 날아감으로써 눈으로 식별이 가능한 탄환.

예규(例規, Standard Operating Procedure; SOP)
1. 규정과 관례로 되어 있는 규칙.
2. 전술작전 및 행정운용의 요점을 수행하기 위해 한 부대가 준수하고 적용해야 할 방법을 제시하는 규정이나 지시. 예규는 특정 경우에 있어서 별도로 규제하지 않는 한 적용된다.

예령(豫令, First Command)
동작을 취하기 전에 준비를 지시하거나 주의를 주는 구령. 예령 다음에 동령이 하달되며, 동령에 의해 실제 동작을 취하게 된다.

예방감찰(豫防監察, Preventive Inspector General Inspection)
사고를 미연에 방지하고 발견된 제반 비능률적인 요소를 제거하기 위하여 지정된 부대에 대해서 관찰, 입회, 감독 및 서류심리의 방법을 통하여 실시하는 제반 활동.

예방의무(豫防醫務, Prevention Medical Affairs)
예방의학 및 공중보건학의 전문지식과 기술을 기초로 질병발생의 경향과 그 위험성을 조사 후 실질적인 예방대책을 수립하여 임무를 수행하고 이의 성과를 측정, 평가, 환류하는 것. 예방의무의 범위는 단순한 야전위생활동으로부터 군 집단의 건강 및 환경보호까지 다양하며, 궁극적으로 전투력

보존에 기여하는데 그 목적이 있다.

예방적 자위권(豫防的自衛權, Right of Preventative Self Defense)
상대국의 직접적인 공격이 없이도 공격의 징후나 의도가 있다는 이유로 상대국을 무력으로 공격할 수 있는 자위권. 예방적 자위권 행사와 관련 강대국이 이를 이용하여 임의로 무력행사를 가능케 할 수 있어 국제법상 논란의 여지가 많다.

예방전쟁(豫防戰爭, Preventive War)
1. 전쟁이 당장 발발할 만큼 급박한 상태에 이르지는 않았으나 조만간 일전이 불가피하다고 판단될 때에, 적이 유리한 전략태세 하에서 전쟁을 개시하는 것을 예방하기 위해 적보다 먼저 개전하는 전쟁.
2. 특정국가가 자국의 상대적인 약체화를 사전에 방지하려는 목적으로 가상적국에 대한 선제공격함으로써 전면전을 방지하는 것.

예방정비(豫防整備, Preventive Maintenance)
1. 장비 및 보급품을 항상 사용 가능한 상태로 유지하고 결함을 조기에 발견 시정하기 위해 촉감, 검사, 조임, 손질, 조정 및 주유(예방정비의 6요소)를 체계적으로 실시하는 정비.
2. 장비의 주요고장을 사전에 방지하기 위하여 미리 검사하고 유지보수 함으로써 장비를 사용가능한 상태로 유지하기 위해 실시하는 정비.

예봉(銳鋒, Brunt)
높은 사기와 우수한 전투력으로 무장되어 부대의 선두로서 주요임무를 수행하는 부대.

예비계획(豫備計劃, Alternate Plan)
작전계획의 한 종류로서 기본임무는 변경되지 않은 상태에서 상이한 방법으로 임무를 달성하기 위해 수립된 계획. 기본계획을 수행하는 과정에서 발생될 것으로 예상되는 사태에 대한 대비계획인 우발계획(偶發計劃, Branch)과는 구별된다.

예비군(豫備軍, Reserve Components; RC)
1. 평시에는 일반 사회인으로서 각자의 생업에 종사하다가 유사시 동원되어 현역군부대의 확장이나 향토방위 등 국방의 의무를 수행하기 위해 조직된 부대 또는 개인. 동원예비군과 향토예비군, 지역예비군, 직장예비군 등이 있다.
2. (Reserve Army) 전략 예비임무를 수행하는 군.

예비군 권역화훈련장(豫備軍圈域化訓鍊場)
훈련장 관리의 효율성과 훈련환경을 고려하여 시·군·구 단위로 통합하여 설치된 예비군 종합훈련장.

예비군기동대(豫備軍機動隊)
구·시·군 단위에 중대규모로 편성된 부대.

예비군 복무연한제(豫備軍服務年限制)
전역 및 소집해제 후 일정기간 동안 예비군 복무를 하게 하는 제도.

예비군위임교육(豫備軍委任敎育)
예비군 교육훈련 내용 중 일부를 직장예비군부대, 자대 지휘관 또는 특정인(기관포함)에게 위임하여 실시하는 제도.

예비군자원관리(豫備軍資源管理, Resource Management; REMAN)
예비군 편성 대상자에 대한 거주지 이동 등 신상 변동사항을 정확히 파악·관리하는 것.

예비군조직편성(豫備軍組織編成)
예비군 구성요원의 대상과 복무기간을 설정하는 조직 업무와, 조직된 예비군을 부대화하기 위해 제대별 자원규모 및 기준을 설정하고 관할구역을 지정하는 등의 편성업무를 포괄하여 이르는 말.

예비군타격대(豫備軍打擊隊)
관할지역 내에서 기동타격, 취약지 수색 등의 임무를 수행하기 위해 읍 · 면 · 동의 예비군중대 단위로 필요지역에 한하여 소대규모로 편성된 부대.

예비군편성카드(豫備軍編成~)
예비군에 최초로 편입하는자의 병적사항을 기록하는 양식지.

예비군훈련(豫備軍訓練, Reserve Duty Training)
유사시 예비군이 부여된 임무를 완수할 수 있는 능력을 부여하기 위해 실시하는 훈련. 동원훈련, 동원훈련 미참자훈련, 향방기본훈련, 향방작계훈련, 소집점검이 포함된다.

예비군훈련센터(豫備軍訓鍊~, Reserve Training Center)
시 · 군 · 구 단위로 예비군훈련을 통합 실시하는 예비군 종합훈련장.

예비낙하산(豫備落下傘, Reserve Parachute)
항공기 또는 기구 강하 시 주낙하산의 기능 고장 혹은 환경적 요소에 의해 주 낙하산이 산개되지 않을 경우 예비로 사용하기 위해 준비된 낙하산.

예비대(豫備隊, Reserve)
1. 우발사태를 대비하는 부대. 주공이 달성한 전과를 확대하거나 공격기세 유지 및 증원을 하고, 적의 역습을 격퇴하며 경계제공 등의 임무를 수행할 수 있도록 융통성 있게 전투력을 할당한다.
2. 부대의 일부로서 교전중인 부대와 구분하여 두었다가 결정적인 순간에 사용할 수 있도록 준비된 부대.
3. 예비대는 우군의 공격 시 전과확대 · 기습적 포위섬멸 · 전투의 종결에 결정적 역할을 하며, 방어 시 돌파구의 봉쇄 · 조직적 후퇴의 엄호 등 역할 수행한다.

예비도로(豫備道路, Alternate Route)
도로 사용 불가시 이용하기 위해 지정된 도로 또는 어느 특정부대에 전적으로 할당되거나 특수소요를 위해 통제된 도로.

예비보급로(豫備補給路, Alternate Supply Route; ASR)
주보급로 차단에 대비하여 선정된 도로. 주 · 예비 보급로는 작전참모 협조하에 군수참모가 설정.

예비보급품(豫備補給品, Reserve Supplies)
1. 적절한 보급 수준을 유지할 목적으로 즉시 필요한 소요량을 초과하여 저장하고 있는 보급품.
2. 안전수준을 채우고 기타 특정목적을 위한 보급소요를 충족시키기 위해 인가된 물자의 양(量). 신설되는 부대를 위한 장비나, 예상되는 상륙 작전을 지원하기 위한 보급품의 설정등이 특정목적에 해당된다.

예비비행장(豫備飛行場, Alternative Airfield)
소속 비행장 또는 작전용으로 사용하는 비행장의 기능 마비 시 비상착륙기지로 사용하기 위한 최소한의 긴요한 설비를 갖춘 비행장.

예비사격(豫備射擊, Preparatory Fire)
효력사를 하기 전에 사격제원의 정확한 수정을 위하여 하는 사격.

예비소요(豫備所要, Reserve Requirement)
현 부대 운용에 필요한 보급품 및 장비에 추가하여 보급의 지속성을 보장하기 위하여 요구되는 보급품 및 장비의 양으로, 장차 창설될 부대를 위한 비상소요 재고 등 특정목적을 위해 준비된 보급품을 포함한다.

예비역(豫備役, Reserve Service)
현역에서 복무를 마친 자와 병역법에 의해 예비군에 편입된 자.

예비전구항공통제본부(豫備戰區航空統制本部, Alternate Theater Air Control Center; ATACC)
전구항공통제본부(TACC)가 작전 불가 시, 전역항공작전 통제를 위해 전구항공통제본부(TACC)와 같은 능력을 보유하여 훈련 및 긴급사태시 즉각 이용할 수 있는 기구.

예비전력(豫備戰力, Reserve War Power)
전시동원 할 수 있는 인적, 물적 자원과 전·평시 향토방위를 위한 인적, 물적 능력을 포함하여 국가 잠재력을 전력화함으로써 생성 가능한 군사력.

예비중앙방공통제소(豫備中央防空統制所, Alternate Master Control and Reporting Center; AMCRC)
유사시 중앙방공통제소(MCRC)의 기능을 대신하여 업무를 수행하는 부서.

예비지정(豫備指定, Alternate Designation)
1. 응소자의 사고를 감안하여 계획소요인원에 추가하여 예비로 지정해 두는 것.
2. 예측하지 못한 사태의 발생에 대비하여 별도로 지정해 두는 것.

예비지휘소(豫備指揮所, Alternate Command Post)
주 지휘소의 기능 마비에 대비하여 지휘소의 기능을 계속 수행하기 위해 선정된 지휘소.

예비진지(豫備陣地, Alternate Position)
주진지에서의 임무수행이 불가능하거나 부적합할 경우에 부대, 화기, 또는 개인이 점령하는 진지.

예비품(豫備品, Spares)
수리가능품목으로 분류된 지원품목으로 편성장비표에 있는 정비 및 정비대충품목을 말함.

예비함(豫備艦, Reserve Ship)
현재 취역활동 중에 있지는 않으나 유사시에 즉각 투입될 수 있도록 관리하고 있는 상태의 함정.

예비항공작전(豫備航空作戰, Preliminary Air Operation)
상륙작전에 있어 상륙돌격 이전에 육상기지 또는 항모기지의 항공부대에서 실시되는 항공폭격, 정찰작전, 돌격전 항공작전.

예상도주로(豫想逃走路, Probable Avenue of Escape)
적 부대가 작전지역 내에서 아군과의 접촉을 회피하고 도망칠 것으로 예상되는 통로.

예상은거지(豫想隱居地, Probable Place of Hiding)
침투한 적 비부대가 아군의 지상 및 공중관측으로부터 은폐하고, 아군의 공격으로부터 자신과 장비를 보호하기 위해 숨어 있을 것으로 예상되는 장소.

예상전개선(豫想展開線, Probable Line of Deployment)
공격부대가 야간 등 시계가 제한된 상황 하에서 돌격 전에 전개하기 위해서 지상에 선정한 선.

예속(隷屬, Assignment)
지휘관계상 어떤 부대 또는 기관이 특정한 상급부대 또는 기관에 비교적 영구적으로 소속되는 것.

예인기(曳引機, Towing Airplane)
대공사격 연습을 위하여 표적기를 뒤에 끌고 비행하는 기체.

예정사격(豫定射擊, Pre-Arranged Fire)
사전에 준비된 사격제원으로 피지원부대의 요청에 의하여 세워진 예정표에 따라 이미 알고 있거나 예상되는 표적에 대하여 실시하는 사격.

예정파(豫定波, Scheduled Wave)
상륙시간과 장소가 예정되어 있는 상륙군의 돌격부대를 수송하는 상륙주정, 수륙양용차량, 또는 헬리콥터의 대형.

예포(禮砲, Gun Salute)
의식이나 행사에서 예우를 표하기 위하여 발사하는 포.

예행연습(豫行演習, Rehearsal)
부여된 특정한 전투임무를 위하여 작성된 계획을 실제로 사전에 연습하는 것.

오리발진지(~陣地, Duck's Web-Type Position)
오리발 모양의 종·횡적 교통호로 연결한 전투진지.

오리콘(~, Oerlikon)
구경 35 mm의 쌍열 대공포. 탐지거리 40 km, 추적거리 50 km, 유효사거리 4 km, 발사속도는 분당 1,100발의 사격제원을 가지고 있으며, 사격통제기 1대에 화포 2문으로 편성되어있다.

오발(誤發, Accident Discharge)
총포가 의도하지 않은 외부충격이나 내부발화로 발사되는 것.

오분대기조(五分待機組, Five-Minute Alert Team)
유사시에 즉각 출동할 수 있도록 평시에도 전투준비 상태를 유지하고 있는 긴급대기 전력.

오브이엠공구(~工具, On Vehicle Material; O.V.M.)
차량에 항상 탑재하고 다니는 차량 부수기재 세트. 운전자가 기초 정비를 하는데 필요한 최소의 공구로 이루어지며, 차량이 보급될 때 1세트가 함께 보급된다.

오성신호탄(五星信號彈, Star Cluster)
다섯 종류의 색으로 구성되어 신호를 보낼 수 있는 신호탄.

오열(五列, Fifth Column) ☞ [제오열]

오염(汚染, Contamination)
구조물, 지역, 인원 또는 물건에 화학·생물학·방사능 작용제가 누적되거나 흡수되는 것.

오염지역(汚染地域, Area of Contamination)
감응방사선이 방출되는 지역 또는 화생작용제가 살포된 지역.

오염통제선(汚染統制線, Contamination Control Line)
오염된 장소로부터 일정한 공간에 대한 출입을 통제할 목적으로 설치하는 여러 개의 오염지역 표시지점을 연결한 선. 정밀 인체제독 시에는 액체 오염통제선과 증기 오염통제선으로 구분한다.

오염표지판(汚染標識板, Contamination Markers)
화생방 공격을 받은 지역의 오염된 종류를 알려 접근을 통제하는 기능의 표지판.

오염핵무기(汚染核武器, Salted Weapon)
통상적인 방사능 무기보다 훨씬 더 많은 방사능 물질을 생성시키기 위해 폭발 시 중성자를 포착하는 부분품이나 동위원소 등을 정상적인 구성품에 부착하여 장치한 핵무기.

오일분광분석(~分光分析, Spectrometric Oil Analysis)
분광계를 이용하여 항공기의 기관 또는 주요 장비 기관 내의 마모된 금속함유량을 분석하는 것. 금속마모량의 증가추세를 검토하여 엔진상태를 판정하여 엔진수명을 예측하고 불시의 사고를 예방하기 위해 실시한다.

오자병법(吳子兵法, Wu Zi)
(중국) 중국 고대 유명한 병서로 〈무경칠

서〉의 하나. 〈오자(吳子)〉, 〈오기병법(吳起兵法)〉이라고도 함. 전국시대 초기 초(楚)나라 사람 오기가 위문후(魏文侯), 위무후(魏武侯)와 논병(論兵)한 내용을 모아 기록한 책으로, 〈손자〉의 사상을 계승, 발전시키고, 전국초기 이전까지 있었던 전쟁에 근거하여 여러 가지 중요한 사상을 제시해 낸 것으로 평가된다. 역대 군사학자들이 중시하였으며, 〈손자병법〉과 한데 묶어 〈손오병법〉으로 합칭하기도 한다.

오차반경(誤差半徑, Radial Error)
목표지점으로부터 사탄의 오차가 나타나는 반지름.

오차지시기(誤差指示機, Error Indicator)
사탄의 오차를 표시해 주는 계기.

오토로테이션(~, Auto-Rotation)
헬기가 비행 중 고장으로 운행이 불가능 할 때 로터부분과 엔진 구동축 부분의 연결을 끊어주면 블레이드는 관성력에 의해 계속 회전을 하는데, 이 때 로터를 페더링 오프 상태로 하여 발생하는 항력을 이용하여 비상착륙 하는 방법.

오후효과(午後效果, Afternoon Effect)
오후에 태양의 가열에 의해 해면온도가 상승되어 해면 가까이에 따뜻한 해수의 심층이 생겨 수중음파탐지기의 탐지거리가 저하되는 현상.

온난효과(溫暖效果, Warming up Effect)
총신이 냉각되어 있을 때와 총탄을 발사하여 총신이 가열된 후에 사거리의 차가 발생하는 현상.

온라인처리(~處理, On-Line Processing)
데이터를 발생지에서 직접 입력하여 필요한 곳으로 전송하는 방식.

온열손상(溫熱損傷, Heat Injury)
햇빛에 오래 노출되어 나타나는 열경련, 열피로, 열사병 등의 질환.

와일드 위즐(~, Wild Weasel)
적 방공망 제압(Suppression of Enemy Air Defence; SEAD) 임무를 전문으로 하는 대공 제압기(制壓機).

와지선(臥地線, Base Line of a Hill)
산과 평지가 만나는 경계선.

와해(瓦解, Disrupt)
전투체계를 구성하는 기능의 전부 또는 일부가 해체되어 제 능력을 발휘할 수 없는 상태.

완성탄(完成彈, Complete Round)
요구되는 기능이 발휘될 수 있도록 필요한 모든 구성품이 완성체로 결합된 탄약.

완수신호(腕手信號, Visual Signal)
간단한 명령이나 통신문을 전달하기 위해 손과 팔로써 하는 신호.

완전군장(完全軍裝, Full Combat Gear; FCG)
개인에게 지급된 피복 및 장비·물자를 모두 갖추는 것.
〈유〉 [완전무장]

완전명령(完全命令, Complete Order)
작전명령 5개항 양식에 의해 완전한 서식을 갖추어 작성된 명령.

완전무장(完全武裝, Individual Basic Load)
부대나 개인이 전투를 수행할 수 있도록 모든 무장을 갖추는 것. 탄약기본휴대량도 포함된다.
〈유〉 [완전군장]

완전소해(完全掃海, Clearance Sweeping)
모든 기뢰를 제거해 버렸거나, 항해하는 함정이 기뢰로부터 위협을 받지 않을 정도로 높은 피면율(被面率)을 이룬 소해작전.

완전편성(完全編成, Full Strength Organization, Complete Organization)
편성 및 장비표에 주어진 기본임무를 완전하게 수행할 수 있도록 하는 편성.

완제품(完製品, End Item; EI)
함정·전차·차량·총포·피복·또는 항공기 등과 같이 의도한 목적을 위해 즉시 사용할 수 있는 최종 완성품. 하나의 물체로 형성된 것은 부분품, 두 개의 부분품이 결합된 것이 결합체, 두 개 이상의 결합체가 모이면 구성품이 되며, 완제품은 두 개 이상의 구성품으로 형성된다.

완충거리(緩衝距離, Buffer Distance)
1. 규정된 위험정도를 초과하지 않도록 안전반경에서 추가시킨 수평거리.
2. 낙진이 발생하지 않도록 필요한 안전을 보장하기 위한 적절한 폭발고도에 추가한 수직거리.

완충기(緩衝器, Buffer)
1. 화기를 발사할 때 발생하는 반동을 흡수하는 기계장치.
2. 자동차에서 바퀴에 전달되는 충격을 유압 또는 용수철로 흡수하여 상쇄시키는 기계장치.

〈동〉 [완충장치]

완충장치(緩衝裝置, Shock Absorber) ☞ [완충기]

완충지대(緩衝地帶, Buffer Zone)
상대방 관할지역에 대한 침범이나 인근지역에서의 부주의한 활동으로 분쟁, 월경 및 혼란초래를 방지하기 위해 설정한 지대.

완편부대(完編部隊, Complement Organization Unit)
편성 및 장비표에 의거 완전하게 편성된 부대. 즉 완전편성부대.

외경(外徑, Outside Diameter; OD)
1. 원통형 물체의 외측 직경.
2. 총·포구의 외측 직경.

외곽방어(外廓防禦, Outer Defence)
부대 울타리 또는 건물의 외부에서 실시하는 방어.

외부적재(外部積載, External Load)
용기, 그물망, 슬링 또는 깔판 등을 이용하여 항공기 외부에 매달아 물자를 보급하는 방법.

외부책략(外部策略, External Stratagem)
특정 지역이나 국가의 문제를 세계 여론에 호소하여 해당지역이나 국가에 영향을 미침으로써 자국의 행동의 자유는 최대한 보장하면서 상대국은 강력히 억제함으로써 무력화시키는 전략. 심리적 수단과 더불어 정치, 경제, 외교, 사회, 문화 및 군사적 제반수단을 동일 목적을 위하여 적절히 활용한다.

외부탄도학(外部彈道學, Exterior Ballistics)
비행하는 탄자가 공기밀도, 온도, 속도 등의 영향을 받는 것을 연구하는 분야.

외부평가(外部評價, External Evaluation)
부대훈련 평가의 한 방법으로 2단계 상급제대에서 전술훈련과 전투기술 숙달정도를 정기적으로 평가하는 것.

외선작전(外線作戰, Operation on Exterior Lines)
1. 포위나 협공이 가능한 적에 대하여 후방병참선을 외부에 유지하면서 여러 방향으로부터 구심점을 향해 이루어지는 작전.
2. 적의 외측에서 내측의 한 지점으로 수개 방향에서 동시에 적의 주력을 분산시키고 아군의 주력을 집중시키는 작전.
3. 적의 외부에 작전선을 구성하여 광범위한 포위로 언제든지 공세를 취할 수 있

는 작전.
〈반〉 [내선작전]

외자구매(外資購買, Foreign Purchase)
장비, 물자 및 용역을 대외지급수단 및 차관자금으로 구매하는 방법.

외자도입(外資導入, Inducement of Foreign Capital)
정부나 공공단체, 사업체 등이 외국차관을 들여오거나 또는 외국자본을 국내산업에 투자하는 것.

외자조달(外資調達, Foreign Procurement)
군이 필요로 하는 장비, 물자를 대외지급수단을 통하여 해외시장에서 조달하는 것.

외주정비(外注整備, Exterior Ordering Maintenance)
군에서 하기 어려운 정비를 능력을 갖춘 민간정비업체에 의뢰하는 것.

외해초계(外海哨戒, Offshore Patrol)
항해 가능한 연해의 외곽구역에서 작전하는 해군 방어초계. 해군 국지방어부대의 일부로 해군함정과 항공기로 구성하며, 해안에 가까운 근해초계에 할당된 구역의 외측에서 작전하게 한다.

요격(邀擊, Interception)
적기를 탐지, 식별하여 항공기나 공대공 미사일, 기총 등을 사용하여 격파하는 임무. 공격해 오는 대상을 기다리고 있다가 도중에서 맞받아치는 행동을 뜻한다.

요격관제(邀擊管制, Intercept Control)
출동한 요격기를 전술적으로 유리한 위치에 근접시키는 방법으로 직접관제와 원격관제가 있음.

요격기(邀擊機, Interceptor)
공중표적의 식별이나 교전을 위해 사용되는 유인 항공기로서 통상 요격임무를 수행하는 항공기.

요격탐색(邀擊探索, Intercepting Search)
사전에 위치를 발견하여 그 후의 항적을 추정할 수 있는 적을 요격하기 위해 실시되는 탐색.

요도(要圖, Sketch Map)
시가지 · 교량 · 돌출건물 · 교차로와 같은 식별하기 쉬운 지형지물을 포함하여 원하는 축적으로 알기 쉽게 작성된 약도.

요란(擾亂, Harassment)
심한 피해보다는 부대나 시설의 활동을 방해하여 본연의 임무 수행에 장애를 주는 행위.

요란사격(擾亂射擊, Harassing Fire)
1. 예상 집결지, 지휘 통신소, 교통요지 등에 간헐적으로 사격을 가하여 적의 이동을 제한하고 병력손실 및 사기저하를 강요하고 적 부대를 혼란시키기 위해 실시하는 사격.
2. 해군에서는 교란사격이라고 함.

요망지상원점(要望地上原點, Desired Ground Zero)
요망되는 핵폭발의 중심, 중심의 바로 아래 또는 위에 있는 지표상의 지점.

요새(要塞, Fortress)
전략 혹은 작전상 중요한 지점에 적의 어떠한 공격에도 견딜 수 있도록 영구적인 제반 방어시설로 구축된 요점. 요새진지가 요새의 기본이 된다. 요새지(要塞地)라고도 한다.
(중국) 국경이나 종심전략 요지에 견고한 방어시설을 구축하고 수비부대를 상주하도록 하여, 독립적으로 환형방어를 진행할 수 있게 만든 구역.
(북한) [성새(城塞)]

요새대(要塞帶, Fortified Belt)
요새진지가 횡으로 연결된 선형군.

ㅇ

요새지대(要塞地帶, Fortified Zone)
2개 또는 그 이상의 요새대를 포함하여 종횡으로 연결된 요새진지의 집단.

요새지역(要塞地域, Fortified Area)
요새진지, 요새지, 요새지대로 구성된 지역.

요새진지(要塞陣地, Fort Position)
작전상 중요한 지역을 확보할 목적으로 적의 강력한 공격에도 견딜 수 있도록 영구적인 제반 방어시설로 강력히 편성된 진지.

요인구출(要人救出, VIP Rescue)
적 지역이나 분쟁 위험지역 내에서 억류, 구금 또는 도피상태에 있는 주요인사 및 아군 요원과, 귀순의사를 가진 적국의 주요 지도자급 인사 등을 적 지역 또는 분쟁 위험지역으로부터 아군지역으로 후송하는 작전. 요인구출 대상에는 분쟁지역 내 구금 또는 도피상태에 있는 주요인사와 적 지역 내 추락한 아군 조종사, 수감 중인 정치범, 귀순의사를 가진 적국의 정치, 군사 지도자급 인사와 포로수용소에 수용되어 있는 전쟁포로 등이 포함되며 전시나 평시에 모두 실시할 수 있다.

요점(要点, Key Point) ☞ [거점]
(중국) 군사적으로 전투가 진행되는 과정에 중대한 영향을 미치는 지점.

요청사격(要請射擊, Call Fire)
피지원부대의 요청에 의하여 실시되는 특정표적에 대한 사격.

요청재보급(要請再補給, On-Call Resupply)
특전지휘부대에서 작전소요에 기초를 두고 요청에 의해 실시되는 공중재보급. 재보급 요청 시 투하일시 및 지역, 요청품목, 표지형태 등을 포함하여 보고한다.

요청표적(要請標的, On-call Target)
요청에 의해서 사격을 하기 위해 계획된 표적.

용병(傭兵, Mercenary)
계약관계에 의해 금전적 대가를 받고 고용된 군인.

용병술(用兵術, Military Art)
1. 군사를 운용하는 기술과 과학.
2. 국가 전략개념 하에 전쟁을 준비하고 수행하는 활동으로서 국가목표 달성을 위한 군사전략, 작전술 및 전술·전기를 망라한 이론과 실제.

(러시아) 모든 병종(兵種)과 병과(兵科)의 전 자원을 사용하여 전투, 작전 및 전체로서의 무력투쟁을 수행하는 이론과 실제. 하나의 과학적 이론으로서의 군사학의 주요내용을 다루며 상호 유기적인 통합과 의존관계를 구성하는 전술, 작전술, 전략을 포함한다.
〈동〉 [군사술]
(북한) [령군술(領軍術)]

용병술체계(用兵術體系, Military Art System)
국가목표를 달성하기 위해 국가 통수기구로부터 전투부대에 이르기까지 군사력을 운용하는 군사전략, 작전술, 전술의 계층적 연관체계.

용치장애물(龍齒障碍物, Dragon's Teeth Barrier)
장애물 설치가 곤란한 하천이나 습지 및 연안 지역에 적 전차 및 기계화 부대의 기동을 차단하기 위해 설치 및 운용하는 콘크리트 인공장애물.

우군(友軍, Friendly Force)
같은 편 군대를 가리키는 말.
〈유〉 [아군]

우군정보요구(友軍情報要求, Friendly Force Information Requirement; FFIR)
지휘관의 중요정보요구 중 우군부대에 관한 첩보 요구사항.

우발계획(偶發計劃, Contingency Plan)
1. 한 사령부의 지리적 영역에서 발생될 수

있을 것으로 예상되는 주요 우발사태에 대비한 계획.
2. 예측되거나 예측할 수 없는 사태로 기본 계획의 시행이 곤란하거나 불가능할 경우에 대비하여 준비한 계획.

우발공격(偶發攻擊, Accidental Attack)
면밀한 국가적 의도 없이 발생하는 공격. 기계 및 인위적 착오 또는 부하의 무분별한 행동 등과 같은 우발적 사고의 결과로 발생하는 공격을 포괄적으로 가리킨다.

우발기획(偶發企劃, Contingency Planning)
책임지역 내에서 발생될 수 있을 것으로 예상되는 우발사태에 대한 군사적 요구와 위기에 대처하기 위한 계획을 발전시키는 일련의 과정.

우발사격지대(偶發射擊地帶, Contingent Zone of Fire)
사격지대에 있는 지역으로서 어느 특정상태 하에서 지정된 지상부대나 함포지원함이 사격을 하도록 요청할 수 있는 지역.

우발사태(偶發事態, Contingencies)
자연재난, 테러 및 전복활동 등으로 군사작전이 요구되는 사태. 상황의 불확실성으로 인하여 적절한 계획과 신속한 대응이 요구되며, 안전을 보장하기 위해 특별한 절차와 인원, 시설 및 장비의 준비가 필요하다.

우선권(優先權, Priority)
작전계획과 이로부터 도출된 과업수행과 관련하여 화력, 군수지원, 도로사용 등에 있어 우선적으로 지원을 받거나 사용할 수 있는 권한.

우선순위(優先順位, Order of Priority)
1. 통신요원이나 수신자에게 통신취급 우선순위를 알리기 위해 기안자가 통신문에 부여하는 순위.
2. 한 시스템이 처리해야 할 작업이 여러 개 있을 때 그 작업들 간에 순서를 매기는 어떤 기준.
3. 중요성에 비추어 남보다 먼저 권한행사를 할 수 있는 차례나 대우.

우선정보요구(優先情報要求, Priority Intelligence Requirements; PIR)
지휘관이 부여된 임무수행을 위해 가장 시급하고 우선적으로 요구되는 정보. 계획 및 결심수립에 지배적인 요소가 되는 적 능력 및 전장환경과 관련되는 정보사항.

우선표적(優先標的, Priority Target)
사격부대가 최우선적으로 사격을 실시하는 표적.

우주발사체(宇宙發射體, Space Launch Vehicle; SLV)
각종 위성 등의 물체를 우주궤도에 진입시키기 위한 추진체로서 탄도미사일 및 관측로켓과 유사한 구조를 가지고 있으나 탄두부분에 위성을 탑재한 것.

우주병기(宇宙兵器, Space Weapons)
인공위성, 미사일 등과 같이 대기권 경계를 통과하는 무기의 총칭.

우주왕복선(宇宙往復船, Aerospace Plane, Space Shuttle)
대기권 밖으로 나갔다가 재진입하고, 기체를 조종할 수 있으며, 통상적인 방법으로 지표상에 착륙할 수 있는 우주비행체를 가리키는 구어적인 표현.

우주전(宇宙戰, Space Warfare)
우주공간에서 무기를 사용하여 지상표적이나 우주공간의 표적을 파괴하는 전쟁을 일컬음. 핵무기나 위성무기의 현저한 발달로 초대국간의 군사기술 개발경쟁이 지구상으로부터 우주공간으로 확대되어 가는 추세이다. 우주전쟁은 세 종류로 분류할 수 있는데, 하나는 우주공간으로부터 지상분쟁에

ㅇ

개입하는 전쟁으로 정찰위성, 통신위성, 항해위성, 측지위성, FOBS(궤도폭탄)등이 이용된다. 두 번째는 우주공간을 먼저 차지하기 위해 우주왕복선이나 정지위성을 쏘아 올려 우주공간을 확보하기 위한 전쟁이다. 세 번째는 우주 공간에서 대결하거나 전투하는 것으로, ASAT(공격위성), 입자빔무기, 지향에너지무기, 운동에너지무기 등을 사용하여 상대방을 파괴하는 전쟁이 있을 수 있다. 첫 번째 전쟁은 이미 시작되었고 나머지 전쟁은 미래전쟁의 영역에 속한다.

우주전력(宇宙戰力, Space Power)
지 · 해 · 공상의 전투에 영향을 미칠 수 있도록 우주에서 우주로, 혹은 우주에서부터 전투력을 투입할 수 있는 항공 전력의 일부. 항공우주전력의 우주 구성부분으로 광의의 항공력에 포함된다.

우주지원(宇宙支援, Space Support)
1. 우주비행체를 발사, 전개, 유지, 통제하거나 고장난 비행체를 수리하는 활동.
2. 위성의 발사 및 모니터, 선회중인 시스템의 유지, 우주시스템으로부터의 정보 송신, 감시항행 및 통신.

우주지원작전(宇宙支援作戰, Space Support Operations)
우주통제 및 지 · 해상군의 지원을 유지하는 데 필요한 작전.

우주통제(宇宙統制, Space Control)
1. 우주에서 우군의 활동자유를 확보하고, 적의 활동의 자유를 거부하는 작전. 이 작전에는 우군위성의 보호와 적 위성의 무효화가 포함된다.
2. 우주시스템에 대한 위협을 감시, 평가해서 우군의 시스템을 방어하고, 적의 우주운반체를 파괴하여 우주로의 진출을 확보하며, 잠재적인 적의 우주 진출을 거부할 수 있는 능력을 유지하는 활동.

우주통제작전(宇宙統制作戰, Space Control Operations)
우주에서 우군의 활동의 자유를 제공하며, 적의 활동의 자유를 거부하기 위한 작전으로, 우군의 우주시스템을 보호하고 적 우주시스템을 거부하는 활동을 포함함.

우주항공기(宇宙航空機, Aerospace Craft)
항공우주, 특히 대기권 내의 어느 곳에서라도 운용할 수 있도록 고안된 항공기.

우호중립화정책(友好中立化政策)
전시 동맹정책을 보완하는 세력균형정책으로, 적성중립국과 우호중립관계의 형성을 시도하여, 자국의 전쟁수행에 위협을 줄 수 있는 적성중립국이 적국과 우호 또는 동맹관계를 형성하지 못하게 함으로써 자국에 예상되는 적대행위를 사전에 방지하는 정책.

우회(迂廻, Bypass)
전투력의 전환이나 분산을 방지하고 공격기세를 유지하기 위해 장애물이나 적진지 또는 적부대의 주변으로 돌아서 가는 것.

우회기동(迂廻機動, Turning Movement)
적 주력부대를 우회 통과하여 적 후방의 종심 깊은 목표를 확보함으로써, 적으로 하여금 현 진지를 포기하게 하거나 우회부대에 대항하기 위해 주력을 전환하지 않을 수 없도록 강요하여, 공자가 선택한 위치에서 적을 격멸시키는 기동형태.
(일본) [背面攻擊(배면공격)]. 적의 측후방으로부터 공격하는 공격기동 요령 중 하나.

우회로(迂廻路, Bypass Lane)
주 도로 또는 교량이 파괴되어 이용이 곤란할 경우 기동하기 위해 선정한 도로.

운동에너지탄(運動~彈, Kinetic Energy Ammunition)
탄두를 고속으로 가속시켜, 이에 따라 발생

하는 운동에너지로 목표물을 파괴하거나 목표 내부의 인원을 살상하는 탄. 탄두의 구조에 따라 AP, APC, APCR, APDS, APFSDS로 분류한다.

운영대충장비(運營代充裝備, Operating Readiness Float)
작전 임무 수행에 필요한 사용 불가 장비의 대치용으로 인가된 장비로, 임무 수행에 긴요하고 정비의 중요성도 요구되는 완제품 또는 주요 구성품.

운영량(運營量, Operating Load; OL)
부대임무, 인가병력, 교육훈련 등 평상시 부대 운영에 필요한 장비 및 물자의 인가된 수량.

운영배당량(運營配當量, Operating Allocation Factor)
부대임무의 변동 또는 병력의 증감에 따라 상급부대로부터 인가된 A/S 인원, 물자배당표, 통제병력 등을 기준으로 설정된 인가수량.

운영보급수준(運營補給水準, Operating Level of Supply)
청구 또는 후속보급이 도착할 때까지 작전을 지속시키는데 필요한 보급품의 일수 또는 수량.

운영소요(運營所要, Operating Requirements)
부대 운영을 위해 일정 시기나 기간에 필요로 하는 소요량.

운영수준(運營水準, Operation Level; OL)
보충보급의 수령과 수령 사이, 또는 청구 사이에 보급운용을 유지하기 위해 필요한 보급일수나 보급품의 수량.

운영유지비(運營維持費, Operation and Maintenance Cost)
장비의 야전 배치 시부터 도태 시까지 장비를 운영하고 유지하는데 소요되는 비용으로 인력운영, 수리부속, 탄약, 연료, 정비비 등이 포함됨.

운영유지소요(運營維持所要, Requirements of Operation and Maintenance)
병력과 부대, 장비, 시설 등을 운영하고 유지하는데 따르는 일상적인 소요.

운영인가량(運營認可量, Approval Factor of Operation)
평시에 부대 운영상 필요한 장비수량.

운영주기수명(運營週期壽命, Service Life)
장비를 사용하게 되는 날로부터 노후하여 품목이 더 이상 경제적으로 사용가능 상태로 회복할 수 없게 될 때까지의 기간.

운영체제(運營體制, Operating System; OS)
컴퓨터를 작동시키고 운영을 관리하여 응용프로그램이 효율적으로 실행될 수 있는 환경을 제공하는 기본 소프트웨어 또는 총괄 제어프로그램. 운영체제는 컴퓨터를 가동할 때 제일 먼저 올려지는 프로그램이며, 주기억장치에 상주함.

운용(運用, Employment)
임무수행을 위해 부대 및 장비를 그 기능과 성능에 적절하게 사용하는 것.

운용교리(運用敎理, Operating Doctrine)
기준교리를 근거로 전술, 기술 및 절차 분야를 포함하여 발전시킨 교리를 이르는 말.

운용수준(運用水準, Operating Level; OL)
보급수준의 일부 소요로서 보충보급의 수령과 수령 사이, 또는 청구와 청구 사이에 보급운영을 유지하기 위해 필요한 보급일수 또는 보급품의 수량을 가리키는 말.

운용시험평가(運用試驗評價, Operational Test; OT)
수요군이 시제품에 대하여 각종 작전환경

또는 이와 동등한 조건에서 요구운영 능력 충족여부를 확인하고, 교리 · 편성 · 교육훈련 · 종합군수지원요소 등에 대한 적합성을 평가하는 것.

운항정비(運航整備, Line Maintenance; LM)
항공기 정비의 기초단계. 비행 전 · 후의 점검, 연료와 탄약의 탑재 등의 정비근무.

워게임(~, War Game)
어떤 수단이나 장비를 이용해서 제반 군사작전상황을 가상적으로 설정하여 모의군사작전을 실시하는 훈련용 게임. 워게임은 실전에서 발생할 수 있는 모든 전술상황을 치밀하게 구성하여 게임 보조물을 만들어 각종 상황에 대처할 능력을 훈련, 평가하는 과학적 기법이다.
〈동〉 [전쟁연습]

워크스테이션(~, Workstation)
1. 고성능의 컴퓨터로 범용성이 높은 사무용 또는 기술용 단말이 될 수 있는 컴퓨터의 일반적 총칭.
2. 전투모의 본부 내 하드웨어 및 소프트웨어로 구성된 방. 통상 TV 모니터, 레이저 디스크플레이어, 그래픽 장비, 단말기, 키보드 및 Microvax 전자기로 구성.

원개형탄약고(圓蓋形彈藥庫, Igloo Space)
☞ [유개공간]

원거리공격무기(遠距離攻擊武器, Standoff Weapons)
적 병기의 유효사정권 밖에서 표적을 유효하게 공격할 수 있는 항공병기.

원거리폭격(遠距離爆擊, Standoff Bombing)
항공기의 공격방법의 하나로 공대지유도탄을 적재한 폭격기가 대공유도탄 사거리 밖에서 고도에 관계없이 공대지유도탄을 발사하는 폭격방법. 공대지유도탄을 원거리에서 발사하는 데는 일정한 고도를 요구하지는 않는다.

원격감지(遠隔感知, Remote Sensing)
지상이나 항공기 및 인공위성 등의 탐측기를 이용하여 지표 · 지하 · 대기권 및 우주공간의 대상물에서 반사 혹은 방사되는 전자기파를 탐지하고, 이들 자료로부터 토지 · 환경 및 자원에 대한 정보를 얻어 이를 해석하는 기법.

원격관제(遠隔管制, Broadcast Control)
불특정 표적기를 대상으로 지정된 지점, 연속된 지점, 또는 구역분할체제를 참조하여 표적기 위치정보를 제공하여 요격하는 방식.

원격전파방해(遠隔電波妨害, Standoff Jamming; SOJ)
적 유도무기체계구역 외곽 안전거리에 위치하여 적 전자탐지장비의 표적이 될 수 있는 함정이나 항공기를 지원 또는 은폐시키기 위한 전파방해.

원격조정정보(遠隔調整情報, Telemetry Intelligence)
타국의 원격조정장비에 관한 사항을 감청처리 및 분석해서 얻은 기술과 정보에 대한 지식.

원격조종무인기(遠隔操縱無人機, Remotely Piloted Vehicle; RPV)
원격조종에 의해 비행 및 이 · 착륙이 통제되는 무인비행체로, 주로 정찰, 기만, 교란 및 특수목적에 사용됨.

원공산오차(圓公算誤差, Circular Error Probable; CEP)
발사된 미사일이나 포탄의 50%가 분포될 것으로 예상되는 원의 반경. 무기체계의 사격에 대한 정확성을 표시하는 기준, 표적에 대한 예상피해를 판단하는 요소로 사용되며, 원형공산오차라고도 한다.

원수(元帥, Marshal)
많은 국가에서 사용하는 군인의 최고 계급. 13세기경부터 프랑스나 영국에서 최고위의 군인에게 주는 명예 칭호로 사용되었다.

원자력 위성(原子力衛星, Nuclear Powered Satellite)
동력원으로 원자력을 이용하는 위성. 인공위성의 동력원에는 태양전지가 사용되는 경우가 많으나 특수한 경우에는 소형의 원자로를 적재(원자로 위성)하든가, 플루토늄 238의 방사선에너지를 이용하는 원자력전지를 사용한다.

원자로 위성(原子爐衛星, Nuclear Reactor Satellite)
원자로를 전원으로 하는 인공위성. 넓은 뜻으로는 원거리 우주탐사기도 포함된다. 태양광이 약해지는 원거리우주를 날으는 탐사기나 지구를 도는 인공위성이라도 100Kw 이상의 전력을 필요로 하는 경우 태양전지는 효과가 없으므로 현재는 원자력전원을 사용한다.

원자무기(原子武器, Atomic Weapon)
핵분열 또는 핵융합 반응으로 방출된 막대한 에너지를 이용하여 고온의 열효과와 폭풍, 방사선 등의 효과로서 적을 대량살상 파괴시키기 위해 만들어진 무기의 총칭.

원자운(原子雲, Atomic Cloud)
원자폭탄의 폭발 시 발생하는 버섯형의 구름으로, 일명 원폭운이라고도 함. 이 구름은 원자폭탄의 폭발에 따른 격렬한 상승기류에 의해서 생기는 것으로 뇌우시의 적란운보다도 강하며, 화산의 대폭발 시와 비슷하다.

원자폭탄(原子爆彈, Atomic Bomb)
핵무기의 일종으로, 핵분열반응을 이용한 폭탄. 일명 원폭이라고도 부르며, 통상 폭탄뿐만 아니라 핵분열형 핵탄두를 총칭해서 원자폭탄이라 부르고 있다. 원폭은 우라늄, 플루토늄 등 질량이 큰 원자핵을 연쇄적으로 분열시켜 이 때 발생하는 거대한 에너지를 살상파괴용으로 이용하는 것이다. 원폭의 에너지는 열, 폭풍, 방사능, 전자파의 모양으로 방출되어 이것들이 단독으로 혹은 복합적으로 인명을 살상하고 장비를 파괴한다. 원폭은 우라늄235를 사용하는 우라늄탄과, 플루토늄239를 사용하는 플루토늄탄으로 구분되며, 핵분열반응을 이용한 것으로는 폭탄 외에 중포이상의 화포탄, 미사일탄두, 어뢰, 지뢰 등도 있다.

원칙(原則, Principle)
법칙과 원리에 기초를 두고 경험으로부터 도출된 것으로, 목적을 달성하기 위한 행동의 기준이 되는 기본 규칙. 군사작전에 있어서 원칙은, 전쟁사를 고찰하여 도출해낸 전쟁 수행에 관한 지배적인 원리로, 군사작전의 지침과 교리발전의 토대가 된다.

원형공산오차(圓形公算誤差, Circular Error Probable; CEP)
목표지점을 중심으로 발사체의 50%가 착탄하는 반경을 표시하는 명중 정밀도 측정 방법. CEP 수치가 작을수록 명중정밀도가 높다.

원형진(原形陣, Circular Formation)
해군에서 원주상에 각 함을 진축으로부터 시계방향으로 전술적으로 배치하여 대공 및 대잠방어를 동시에 할 수 있게 하고 기동의 융통성을 갖는 진형.

원형차진(圓形車陣)
어느 방향에서 적이 공격해 와도 저지할 수 있도록 각 전차를 원형으로 편성한 전차대형.

원환조준구(圓環照準具, Ring and Bead Sight)
가늠쇠가 원형으로 되어 있고 가늠자가 구

ㅇ

멍 형으로 되어 있는 조준장치.

위관급장교(尉官級將校, Company Grade Officer)
군대 계급에서 소위, 중위, 대위의 초급 장교를 통틀어 이르는 말.
(북한) [하급군관(下級軍官)]

위기(危機, Crisis)
국가목표를 달성하기 위해 외교적, 정치적, 경제적, 군사적으로 중요한 조건(Condition)이 조성되어 군대 및 자원의 투입이 요구되는 사건이나 상황.

위기관리(危機管理, Crisis Management)
국내 또는 국제적 위기 발생을 예방하고, 위기가 발생했을 때 그 위기상황을 통제하면서 야기될 수 있는 피해를 최소화하고, 전쟁으로의 확대를 방지하며 평화적으로 문제를 해결하기 위해서 구축해 놓은 제도적 장치 및 절차.

위기조치기획(危機措置企劃, Crisis Action Planning)
1. 긴급한 위기상황에 처하여 계획과 명령을 발전시키는 합동작전기획 및 시행체계.
2. 위기발생시 실제 작전을 수행하기 위해 할당받은 부대 및 자원의 전개, 운용 및 작전지속을 위한 긴급한 기획.

위기조치체제(危機措置體制, Crisis Action System)
비상시 혹은 시간에 민감한 상황 발생시 작전계획 시행, 또는 국가통수기구의 의사결정을 적시에 건의하기 위한 지침과 절차를 제공하는 체제.

위력수색(威力搜索, Reconnaissance in Force)
적의 병력, 구성, 배치 그리고 적의 반응, 기도 및 능력과 그 강도를 탐색하고 기타 첩보를 획득하기 위하여 실시하는 정찰활동. 통상 적이 일정한 지역 내에서 작전하고 있다는 것을 알고 있을 때 실시하며, 명확한 목적을 가지고 공세적으로 실시되는 적극적인 정찰활동이다. 보통 위력수색을 실시하는 목적은 아측이 이용할 수 있는 적의 약점을 찾아내는 것이며, 따라서 지형보다는 적에 관한 첩보를 획득하기 위해 실시된다는 점에서 다른 정찰과 차이점이 있다.
〈유〉 [정찰사격]
(일본) [威力偵察(위력정찰)]
(북한) [전투정찰(戰鬪偵察)]

위료자(尉繚子, Wei Liao Zi)
(중국) 전국시대 위료(尉繚)가 지었으며 중국 고대의 병서로 〈무경칠서〉의 하나. 〈손자〉, 〈오자〉등의 군사사상을 계승, 발전시키고 전국시대의 특징을 반영하였으며, 전쟁의 인위적인 점을 강조한 진보적 관점을 제시하였다. 또한 부국강병의 논리와 전쟁의 정치, 윤리적 측면을 강조하고, 문무의 관계에 대해서도 논하는 등 도덕적인 면을 강조했으며, 군대의 행정 조직과 운영에 대해서까지 논하여 선진(先秦)시대 군사제도의 중요한 사료로 평가받는다.

위병(衛兵, Guard)
적의 기습으로부터 부대의 인명과 재산을 보호하고 규율과 질서를 유지하기 위해 부대의 시설 및 그 제한구역 내에 배치되어 근무하는 병력.

위병소(衛兵所, Guard House)
위병근무를 수행하는 초소.

위상배열레이더(位相配列~, Phased Array Radar)
전파의 진행방향을 기계적인 힘에 의존하지 않고 평판에 배열된 다수의 안테나소자로 작동하는 레이더. 레이더로 목표를 탐색하는 경우 전파를 발사하는 안테나를 기계적으로 회전시켜 주사하는 데, 회전속도에 제약이 있으므로 고속으로 날아오는 목표에는 대응할 수 없는 제약이 있었다. 위상배열 레이더는 다수의 전파발사소자로 이루어진 안테나를 한 방향으로 고정시키고 각 소자로부터 전파를 시간적으로 조금씩 바꾸어 발사해 위상을 변화시킴으로써 합성된 전파의 방향을 상하좌우로 바꾸어 탐색의 폭과 속도를 보완하였다. 이런 방식으로 설계된 위상배열 안테나는 고속으로 날아오는 복수의 미사일 등을 동시에 연속적으로 추적하는 것이 가능하게 되었다. 최근에는 '능동 위상배열 안테나'로서 각 소자에 전력 증폭부를 두어 위상을 바꾸기 위한 위상장치의 전력손실을 적게 하여 전체의 출력증가를 도모하고 있다. 소형의 차량 적재식으로부터 이지스함 탑재용, 대형 시설인 탄도미사일의 조기경계용까지 다양하게 실용화되어 있다.

위상변조(位相變調, Phase Modulation; PM)
입력신호의 진폭에 의하여 반송파의 위상을 변화시키는 변조방식.

위생병(衛生兵, Medic) ☞ [의무병]

위생점검(衛生點檢, Hygiene Inspection)
부대와 식품제조공장 등을 대상으로 제반 식품제조 공정의 위생상태를 점검하는 행위. 식품공장 위생점검과 부대취사장 위생점검으로 구분.

위생지역(衛生地域, Sanitary Area)
전구 내에 설치된 의무장교의 통제지역.

위성통신(衛星通信, Satellite Communication)
인공위성으로 중계하여 통하는 대륙간의 통신. 정지궤도상에 120°간격으로 3개의 위성을 위치시키면 극지방을 제외한 지구상의 어느 곳에서나 통신이 가능하다. 즉, 이 위성은 장거리 통신에 있어서의 중계국과 같이 수신·증폭·송신 역할을 수행한다.

위수(衛戍, Garrison)
부대가 일정한 지역에 주둔하면서 경비·질서유지 등의 단속 및 군사시설을 보호하는 것.

위수령(衛戍令, Presidential Decree for Garrison)
1. 육군 부대가 계속적으로 일정한 지역에 주둔하여 그 지역의 경비, 질서 유지, 군대의 규율 감시와 군에 딸린 건축물과 시설물 따위를 보호하도록 규정한 대통령령.
2. 비상사태 발생시, 군대 주둔 지역의 경비, 군의 질서 및 군기 유지와 건물 및 기타 시설의 보호 등 자위를 위해 병력을 출동시킬 수 있는 명령. 참모총장이 승인권자이며, 권력적 작용은 없고, 물리적 군사력을 행사할 수 있다.

위수부대(衛戍部隊, Garrison Force)
1. 군 위수지에 주둔하고 있는 부대나 군 시설 또는 장소.
2. 방어, 건설, 작전 및 시설의 유지를 위해 기지나 지역에 배치되는 모든 부대.

위수지(衛戍地, Station Post)
1. 육상에 고정적으로 소재하는 육군이나 해군부서를 의미하는 일반적 용어.
2. 부대가 주둔하는 군사시설 또는 장소. 숙영, 기지창, 요새, 병원, 실험장, 근무지, 조병창, 공군기지, 비행장 등을 의미하는 경우도 있다.

위임(委任, Delegation)
상급자가 하급자에게 의사결정에 대한 권한과 책임을 이전하는 것.

위장(僞裝, Camouflage)
시설·장비 및 개인을 적이 제대로 식별하지 못하게 하거나 잘못 판단하게 하기 위한 모든 수단.
부대, 무기, 장비 및 시설이 적에게 탐지 또

는 식별되는 것을 최소화하기 위해 실시하는 수단.

위장도색(僞裝塗色, Comourflage Painting/Dazzle Painting)
시설·장비 등을 적이 쉽게 알아보지 못하도록 주변 색과 조화롭게 칠하는 것.

위장망(僞裝網, Camouflage Net)
인원이나 장비를 탐지하지 못하도록 주위 환경과 비슷한 색을 조합한 망으로 기본적인 레이더파 산란 기능도 가지고 있음.

위장복(僞裝服, Camouflage Suit)
적의 눈에 뜨이지 않도록 여러 가지 색깔과 무늬를 넣어 만든 군용 피복. 작전지역의 환경에 맞추어 입는다.

위장함(僞裝艦, Decoy Ships)
무장과 기타 전투용 장비를 은닉하여 신속히 무장화 할 수 있도록 특수장치를 한 상선 또는 상선으로 위장한 군함.

위진지(僞陣地, Dummy Position)
적으로 하여금 주진지의 위치, 무기의 종류 및 수량 등을 기만하기 위해 만드는 허위 진지.

위치방위표정장치(位置方位標定裝置, Position and Azimuth Determining System)
야전포병용 및 신속측량용으로 자기위치좌표를 나타내는 방위측정 장치. 항공기, 잠수함, ICBM 등에서 위치결정 항법용으로 널리 사용되고 있는 관성항법장치의 원리를 차량 탑재형으로 만든 것으로 위치좌표를 디지털로 표시 가능한 장비이다.

위치부표(位置浮標, Position Buoy)
자기소해색의 끝단에 위치하여 소해구의 위치를 표시하고 기뢰폭발 시 위치를 결정하는 데 도움이 되며, 함정간의 위치유지에도 도움이 되도록 설치된 부표.

위치수정(位置修正, Position Correction)
각개 포의 위치에 따른 차이를 조정하기 위하여 사격 제원을 각 포의 편차만큼 수정하는 것.

위치표시등(位置表示燈, Position Light)
항공기나 지상 부대 등의 이동 방향을 표시하는데 사용되는 표시등.
〈동〉 [위치표지등]

위치표지등(位置標識燈, Position Light)
☞ [위치표시등]

위탁검사(委託檢査, Referral Inspection)
군 병원에서 시행하기 곤란한 특수검사가 필요한 환자나 응급 환자를 민간의료기관에 위탁하여 실시하는 검사.

위탁치료(委託治療, Referral Treatment)
군 병원에서 치료가 불가능한 환자를 민간의료기관에 위탁하여 치료하는 것.

위해요인(危害要因, Hazard)
인원이나 장비의 피해, 손상 혹은 임무수행의 질적 저하를 유발하는 잠재적 상황 또는 활동.

위험고도(危險高度, Critical Altitude)
항공기나 유도탄의 만족스런 기능발휘가 정지되는 고도. 임계고도(臨界高度)라고도 함.

위험공역(危險空域, Danger Air Space)
원자력발전소 등 위험시설의 상공으로서 운항 시 지상시설이나 항공기에 위험이 예상되는 공역.

위험관리(危險管理, Risk Management)
부대활동간 발생 가능한 위험요인들을 분석하여 통제·관리함으로써 전투력을 보호하는 일련의 과정.

위험계(危險界, Danger Space)
1. 탄도가 사람 키 이상이 되지 않는 범위.

2. 대공화기 사탄의 파열점 주위의 공간.

위험근접(危險近接, Danger Close) ☞ [근접위험통보]

위험반경(危險半徑, Danger Radius)
폭발 시에 피해를 입힐 수 있는 폭발물의 최대 반경.

위험수당(危險手當, Incentive Pay)
기본봉급을 받게 되어 있는 군복무요원에게 당국의 명령에 의하여 위험한 근무를 수행한 보수로 기본봉급 외에 지불하는 수당. 위험한 직무의 종류와 위험수당의 액수는 법률에 의하여 규정하며, 항공수당, GOP근무수당, 특수작전근무수당, 함정근무수당 등이 있다.

위험지구(危險地區, Hot Spot)
방사능 오염지구 중에서 인근구역보다 방사능 오염이 현저하게 심한 구역.

위협(威脅, Threat)
1. 가상적의 공격기도, 군사적 능력, 국제환경으로 인해 받는 심리적인 긴장상태.
2. 침투 및 도발이 예상되는 적의 능력과 기도가 드러난 상태.

위협사격(威脅射擊, Intimidating Fire/Warning Fire)
1. 적을 위협하거나 사기를 저하시키기 위하여 적이 있을 것으로 추정되는 지역에 하는 사격.
2. 경고의 표시로 가하는 사격.

위협순위(威脅順位, Threat Order)
탐지레이더가 수개의 표적을 탐지했을 때 표적까지의 거리 및 표적의 접근속도에 의하여 제원처리소의 자동제원 처리기가 위협정도에 따라 결정한 교전순위.

위협지수(威脅指數, Threat Index)
위협성 항적이 해당 방어지역에 미치는 위협수준을 계산한 수치 방어지역 근처에서 탐지되는 모든 적성 및 미식별 항적의 위치, 속도, 고도 및 교전상태를 기초로 계산한다.

위협평가 및 무기할당(威脅評價~武器割當, Threat Evaluation and Weapon Assignment; TEWA)
식별된 적성항공기에 대해 컴퓨터가 자동적으로 해당 항공기와 가장 적합한 전력을 선정 및 할당하는 기능.

윈도우(~, Window)
레이더의 기능을 방해하기 위해서 항공기로 투하하거나 포탄에 의하여 살포되는 금속편.

유개공간(有蓋空間, Igloo Space)
탄약과 폭발물을 저장하는 콘크리트 및 강철구조물을 흙으로 덮은 지역.
〈동〉 [원개형탄약고]

유개진지(有蓋陣地, Covered Position/Bunker)
지붕으로 보호되는 진지.
〈반〉 [무개진지]

유격기지(遊擊基地, Guerrilla Base)
유격부대가 생존을 영위하면서 작전을 준비하는 지역. 유격부대와 지휘본부 및 각종 지원시설이 위치하고 있는 임시 장소로서 일정 지역 및 예하 작전제대를 통제하는 지역이기도 하다.

유격대(遊擊隊, Ranger Corps/Guerrilla Troops) ☞ [게릴라부대]

유격장갑(有隔裝甲, Spaced Armor) ☞ [중공장갑]

유격전(遊擊戰, Guerrilla Warfare) ☞ [게릴라전]

유격지대(遊擊地帶, Guerrilla Zone)
유격기지를 중심으로 모든 유격작전 제대

ㅇ

를 연결하는 병참지대로서 유격부대의 영향력이 행사되는 지역.

유격훈련(遊擊訓鍊, Ranger Training)
1. 개인 및 부대에게 유격전 수행능력을 부여하기 위하여 실시하는 훈련.
2. (육군) 모든 부대가 연 1회 강인한 체력, 담력, 인내심 배양을 목표로 지역단위의 유격장에서 실시하는 훈련.

유공훈장(有功勳章, Legion of Merit; LM)
국가를 위하여 공적을 세운 군인 또는 민간인에게 수여하는 훈장.

유기(遺棄, Abandon)
전장에서 장비나 물자에 대해 적절한 보호조치를 취하지 않고 그대로 방치하는 것.

유기탄(遺棄彈, Abandoned Ammunition)
아군 또는 적군이 방치한 탄약으로 변질, 악화되었거나 매몰 또는 매몰로부터 노출되어 위험성을 내포하고 있는 탄약.

유도기뢰(誘導機雷, Guided Mine)
기뢰에 자체 추진력이 있어 목표물을 포착하면 능동적으로 목표물에 접근하여 폭발하는 기뢰.

유도로(誘道路, Taxi Way)
비행장의 활주로와 평행으로 설치한 항공기의 지상주행 전용 통로. 주기장과 활주로의 이륙개시점까지, 또는 착륙 후 활주로에서 주기장까지 항공기의 이동에 사용된다. 활주로와는 정해진 표지(標識)에 따라 구별되며, 이착륙에는 사용되지 않기 때문에 활주로보다 약간 폭이 좁고, 착륙 접지 시에 충격을 받지 않게 하기 위해 노면의 강도를 높지 않게 하는데, 활주로의 규모에 따라 폭이나 강도가 정해진다.

유도무기(誘導武器, Guided Weapon)
1. 발사된 후 전자장치로 지령되거나 스스로의 기능에 의하여 침로나 속도를 수정하여 목표에 도달하거나 명중하는 무기.
2. 공중 또는 수중의 경로를 내부장치 또는 외부장치로부터의 유도지령에 의하여 수정함으로써 목표에 도달하는 무기.

유도사격(誘導射擊, Creeping Fire)
탄착점을 수정하여 점진적으로 표적으로 유도시키는 사격.

유도신호(誘導信號, Guide Signs)
위치, 거리, 방향, 항로 및 이와 유사한 첩보를 표시하는 데 사용하는 신호.

유도어뢰(誘導魚雷, Guided Torpedo)
유선이나 어뢰자체의 탐지기로 목표물을 추적하는 어뢰.

유도전파(誘導電波, Check Beam)
조종사가 착륙 전에 위치를 확인할 수 있도록 발사하는 전파.

유도조종장치(誘導操縱裝置, Guidance Control System)
유도탄이 표적에 명중되도록 유도탄의 비행경로를 수정하기 위한 유도명령을 산출하는 장치.

유도체계(誘導體系, Guidance System)
표적자료와 관계되는 비행정보를 평가하고, 유도탄의 비행통제체계에 필요한 명령을 송신하는 것과 유도탄의 비행항로를 결정해 주는 체계.

유도탄(誘導彈, Guided Missile; GM)
발사된 후 내부장치 또는 외부장치의 유도에 따라 침로나 속도를 수정하여 목표에 도달하거나 명중할 수 있도록 만들어진 탄.

유도탄교전구역(誘導彈交戰區域, Missile Engagement Zone)
위협성 항적에 대하여 컴퓨터가 자동적으로 위협성 평가를 실시하여 최단시간 내 요격가능한 유도탄 전력을 선정하여 주는 지역.

유도탄구축함(誘導彈驅逐艦, Guided Missile Destroyer; DDG)
대함미사일로 무장한 구축함.

유도포탄(誘導砲彈, Cannon Launched Guided Projectile; CLGP)
기존포탄의 탄두에 레이저 유도 장치를 부착하여, 정지 또는 이동 중인 적 전차, 견고한 점표적 등을 파괴할 수 있게 유도할 수 있는 포탄. 사격 후 포탄이 표적상공에 도달 시 관측반이 레이저 조사기를 이용하여 표적을 지시하고, 포탄은 표적에서 반사되는 레이저를 추적하여 표적까지 유도되는 첨단 정밀탄약이다.

유도폭탄(誘導爆彈, Guided Bomb)
항공투하 폭탄 중 유도기능이 있는 폭탄을 총칭하는 말. 일명 스마트폭탄.

유독농도(有毒濃度, Intolerable Concentration)
방독면을 착용하지 않고는 접근할 수 없는 독성 오염상태.

유독성 공격(有毒性攻擊, Toxic Attack)
방사선, 생물, 화학계통의 유해한 작용제를 사용하여 인마 또는 농작물에 지향하는 공격.

유동장애물(流動障碍物, Dynamic Obstacle)
전투간 전술상황에 따라 긴급히 설치할 수 있는 장애물. 항공기나 야포 또는 로켓 발사기에 의해 설치할 수 있는 살포식 지뢰 등이 여기에 해당된다.

유동표적(流動標的, Transient Target)
관측 및 조준사거리 내에 머무르는 시간이 너무 짧아 정밀한 조준 및 사격을 할 시간적 여유가 적은 이동표적. 항공기, 차량, 선박, 행군부대 등이 해당된다.

유린(蹂躪, Overrunning)
신속하고 광범위하게 적을 격파해가며 전진하는 것.

유린공격(蹂躪攻擊, Sweeping)
공격하는 적 선두제대의 측후방을 신속하고 과감한 기동으로 공격하여 적을 격멸하고 공격기세를 약화시키는 방어 시 공세행동의 일종.

유무선통합통신(有無線統合通信, Radio Wire Integration; RWI)
무선통신 가입자가 유선망 내 가입자와 통화할 수 있도록 유·무선 통신망을 서로 결합한 형태의 통신방법.

유비쿼터스(~, Ubiquitous)
1. 사용자가 네트워크나 컴퓨터를 의식하지 않고 장소에 상관없이 네트워크에 접속할 수 있는 환경.
2. 도로, 건물 등 모든 물리 공간에 컴퓨터를 넣어 모든 사물과 대상이 전자공간에 연결돼 서로 정보를 주고받는 공간을 만드는 개념.

유비쿼터스센서 네트워크(~, Ubiquitous Sensor Network(u-sensor network); USN)
각종 센서를 통해 감지한 정보를 무선으로 수집할 수 있도록 구성한 네트워크.

유사 잠수함(類似潛水艦, Probable Submarine)
주어진 모든 정보에 의해 잠수함으로 의심은 되나 육안으로 확인치 못한 수중 접촉물.

유사특기(類似特技, Similarity Specialty)
동원예비군 지정 시 소요특기 자원이 부족할 때 대체 지정할 수 있는 유사한 기술 분야의 특기.

유산탄(榴散彈, Shrapnel)
포탄이 날아가는 동안 파편과 납 산탄을 널리 흩뿌리는 인마살상용 포탄의 일종. 영국의 포병장교 헨리 슈래프널이 발명했기 때문에 '슈래프널'이라고도 한다.

유선가설(有線架設, Wire Construction)
유선통신선을 설치하는 것. 시설하는 선로에 따라 경가설과 중가설로 분류되며, 가설 방법에 따라 가공가설 · 지상가설 · 수중가설 · 매설로 분류됨.

유선망(有線網, Wire Net)
유선으로 이루어진 통신체계.

유선유도(有線誘導, Wire Guidance)
대전차 미사일이나 어뢰 등을 유선으로 유도하는 것.

유압주퇴장치(油壓駐退裝置, Hydraulic Recoil System)
사격시 발생하는 포의 반동을 흡수하는 주퇴기가 유압실린더 형식으로 작동하는 장치.

유언비어(流言蜚語, Rumour)
증거와 출처가 불명확한 풍설로서 일반인에게 유포되어 민심을 요란하게 하는 특별한 화제.

유연반응전략(柔軟反應戰略, Flexible Response Strategy)
가능한 한 전면핵전쟁을 피하기 위한 전략으로 대량보복전략에 비하여 상대적으로 통상군비를 중요시한다. 테일러(Taylor, Maxwell Davenport) 장군이 제창하고, 1962년 당시의 맥나마라(McNamara, Robert Strange) 국방장관에 의해 체계화되었다. 게릴라전에서 핵전쟁에 이르기까지의 모든 형태의 전쟁에서 효과적인 공격과 방어체제를 갖춤으로써 ①적의 침략 의도를 억제하고, ②전쟁이 발발했을 때는 적의 태도에 따라 유연한 방법(수단 · 무기)으로 대처하며, ③전쟁의 확대를 피하면서 이의 해결을 위한 조처를 강구하는 정치적 · 군사적 방책이다. 미국은 50년대 중반까지 군비확장을 제한하고 억제력(deterrent)을 주로 핵무기에 의존하는 소위 대량보복전략을 채택해 왔다. 그러나 소련이 수소폭탄을 보유하고 ICBM을 가지게 되자 전면전쟁의 위협만으로는 국지적 제한전쟁의 발생을 억제하기 어렵게 되고, 국지전쟁에서 함부로 전술핵무기를 사용하기도 곤란하게 되었다. 게다가 제2차 세계대전 이후에 일어난 전쟁은 거의가 국지적인 전쟁이 아니면 게릴라전이었기 때문에 핵에 의한 대량보복 위협이 유효한 억제력이 될 수 없다는 주장도 나왔다. 케네디 대통령 대에 이르러 핵무기의 향상과 배치에 어느 정도 전망이 서고 군사비를 통상군비에 돌릴 수 있는 여유가 생기자 미국은 이 전략을 채택하게 되었다.

유인(誘引, Canalize)
자연 및 인공 장애물, 화력, 병력으로 적을 아군이 의도하는 지역으로 유도하는 것.

유인재밍(誘引~, Sweep Jamming)
적 레이더의 송수신 주파수를 정확히 모를 때 그 주파수 대역 전체에 대하여 주기적으로 반복해서 재밍 신호를 이동시키면서 적 레이더를 방해하는 재밍.

유인체(誘引體, Decoy)
1. 실제표적의 포착을 지연 또는 거부하거나, 적을 오도하기 위해 실제표적과 전기적, 물리적 특성이 동일하거나 유사하게 제작된 모의표적. 적의 방어 또는 공격 체계를 기만하거나 혼란시켜 적 지역을 쉽게 침투하거나 적의 공격으로부터 회피하는 데 이용된다.
2. 어뢰를 회피하기 위하여 자함의 수음과 유사한 음파를 내는 기만체.

유자철조망(有刺鐵條網, Barbed-Wire Entanglement)
적이 쉽게 침투하는 것을 방지하는 가시모양의 침이 부착된 철조망.
〈동〉 [가시철조망]

유조명무지원야간공격(有照明無支援夜間攻擊, Illuminated Nonsupport Night Attack)
시도조건이 지극히 불량하여 방향유지와 목표식별이 곤란할 때 간접조명 지원 하에 화력지원 없이 실시하는 야간공격.

유조명야간공격(有照明夜間攻擊, Illuminated Night Attack)
조명탄, 탐조등과 같은 인공수단으로 조명을 실시하면서 공격하는 방법.

유조명유지원야간공격(有照明有支援夜間攻擊, Illuminated Support Night Attack)
조명과 화력지원을 받으면서 실시하는 야간공격.

유족급여(遺族給與, Survivor Benefits)
군인이 복무 중 사망하였거나 군인이었던 자가 연금수령 중 사망한 경우에 그에 의하여 부양되고 있던 유족이 수령하는 급여.

유지소이탄(油脂燒夷彈, Oil Bomb)
인화성 기름으로 채운 소이탄.

유탄(流彈, Astray Bullet/Shell)
조준한 표적에서 벗어난 탄환 또는 포탄.

유탄(榴彈, Grenade)
투척하거나 소화기로 발사하는 총류탄, 수류탄 등의 총칭.

유탄발사기(榴彈發射器, Grenade Launcher)
1. 유탄(榴彈)을 발사할 수 있도록 소총에 부착되는 화기. M16소총에 부착되는 M203유탄발사기, K-2소총에 부착되는 K201유탄발사기가 있음.
2. 항공기로부터 탄피형 유탄을 자동적으로 사격할 수 있게 한 특정 항공기의 무장 시스템의 한 구성품.

(북한) [적탄통(敵彈筒)]

유티엠좌표(~座標, Universal Traverse Mercator Grid; UTM Grid)
횡축 메르카토르 도법으로, 지구를 일정한 크기로 분할하여 고유 번호를 부여함으로써 비교적 정확한 위치를 표시할 수 있게 만든 지도 좌표. 남극과 북극의 사람이 활동하지 않는 지역을 제외한 남위 80°에서 북위 84° 사이의 지역을, 경도 6°씩 60개의 좌표지역과 위도 8°씩 19개의 열로 분할하고, 각 좌표지역의 중앙 자오선과 적도를 기점으로 10만m^2 크기의 정사각형 격자를 구성하여, 격자마다 숫자와 알파벳문자를 부여함으로써 위치를 쉽게 식별할 수 있게 만들었다.
〈동〉 [지리좌표]

유형조직(類型組織, Type Organization)
해군에서 주로 행정 및 군수지원 목적으로 전단, 전대, 분대, 그리고 편대 내에 같은 유형의 함정들로 조직되는 것.

유효발사속도(有效發射速度, Effective Rate of Fire)
1. 일정한 시간 동안 화기의 기능을 손상함이 없이 계속 사격할 수 있는 발사속도.
2. 총포의 기능을 상실하지 않고 계속 발사할 수 있는 1분간의 발사 탄환 수.

유효사거리(有效射距離, Effective Range)
1. 어떤 무기가 평균 50% 확률로 표적을 명중시킬 수 있는 거리.
2. 한 무기가 손실 또는 피해를 가하기 위하여 정확하게 사격할 것이 예상되는 최대의 사거리.

유효사격지역(有效射擊地域, Zone on Effective Fire)
총포탄의 75%가 명중하는 지역.

유효상승고도(有效上昇高度, Emergency Ceiling)
복수엔진을 장착한 항공기가 1개 엔진만의

추력으로 분당 50피트의 상승률을 갖고 상승할 수 있는 최고 고도.

유효선량(有效線量, Effective Dose)
일정 기간에 받은 총선량 가운데, 인체조직이나 장기의 방사선 감수성의 차이를 반영하여 피해방사선 위해 수준을 다르게 나타낸 선량. 동일한 생리적 효과를 일으키는 급성선량(24시간 이내)과 동일한 선량이다.

유효시정(有效視程, Effective Visibility)
목표물을 볼 수 있는 평균거리. 표적의 크기, 기상학적 시정 및 수색작전이 실시되는 고도에 따라 결정된다.

유효음탐거리(有效音探距離, Effective Sonar Range; ESR)
주어진 조건하에서 최적 심도에 위치한 잠수함을 탐지할 수 있는 최대거리.

유효종심(有效縱深, Effective Depth)
사거리선 상을 포탄의 파편과 유산탄으로 뒤덮을 수 있는 범위.

유효풍속(有效風速, Effective Wind Speed)
원자운 속의 낙진입자가 아랫바람 쪽으로 전파되는 속도로 낙진 예측 시 사용.

유효풍 통신문(有效風通信文, Effective Downwind Message)
화생방 반에서 작성하여 예하 및 인접부대에 전파하는 통신문, 유효풍향과 풍속을 이용하여 핵무기 2, 5, 30, 100, 300 kt에 대한 낙진이 형성될 중간방향과 낙진의 속도를 숫자로 나타내며, 간이 낙진을 예측하는데 사용된다.

유효풍향(有效風向, Effective Downwind Direction)
예측된 낙진지역의 중간선까지 도북 방위각을 도(度) 또는 밀위(원둘레의 6,000분의 1 길이에 해당하는 중심각)로 나타낸 각.

유효피탄지대(有效被彈地帶, Effective Beaten Zone)
통상 82%의 탄이 낙하하는 지역.

유효피해(有效被害, Effective Damage)
표적에 대해 가동불능, 사용불가, 생산불능 혹은 거주가 불가능할 정도에 이르는 파괴를 일컫는 말.

육군(陸軍, Army)
육상에서의 전투를 맡은 군대.

육군공지체제(陸軍空地體制, Army Air Ground System; AAGS)
공군의 근접항공지원 작전과 항공정찰에 대한 지상군의 요청을 접수, 평가, 협조, 처리하고, 공·지간의 신속하고 계속적인 정보교환을 유지하기 위해 필요한 인원과 장비로 구성된 기구.

육군규정(陸軍規程, Army Regulation; AR)
전 육군에 적용되는 기본방침, 지시, 군 운영관리에 관한 행정절차, 책임한계 등에 대해 정해 놓은 규칙, 또는 이를 수록한 책자.

육군비행회랑(陸軍飛行回廊, Aviation Corridor)
우군의 포병화력 및 전술항공 운용 등으로부터 피해를 방지하기 위해 육군항공기가 운용될 특정지역의 고도와 폭, 시간을 지정한 통로.

육군전술미사일체계(陸軍戰術~體系, ATACMS; Army Tactical Missile System)
대구경 다련장로켓체계(MLRS) 발사대를 공용으로 사용하는 지상군에서 운용하는 중거리 미사일체계. 자탄은 인마살상 및 경(經)표적 타격용인 대전차 공격탄이 있다. 〈동〉 [에이테킴스]

육군항공(陸軍航空, Army Aviation)
육군에 소속된 항공기, 운용요원 및 부수장비.

육군항공통제망(陸軍航空統制網, Army Air Control Link)
관제구역내 육군 항공기의 비행추적, 비행정보 제공, 방공경보 및 긴급 상황전파를 위해 중앙방공통제소와 비행작전본부 및 비행협조본부 간에 설치한 무선통신망.

육도(六韜, Secret Strategic Teachings)
(중국) 중국 고대 병서로 〈무경칠서〉의 하나. 〈태공육도(太公六稻)〉라고도 함. 주(周)의 여망(呂望)(강태공)이 편찬했다고 전하며, 후인들이 대략 전국시기에 지어졌을 것으로 고증하고 있다. 전인들의 군사사상을 계승 발전시켜 광범위하게 논하여 동서양 군사학자들이 그 가치를 인정하여 중시한다.

육로수송량(陸路輸送量, Highway Transport Lift)
차량 또는 1개 수송부대에 의하여 한 번의 운행으로 수송할 수 있는 톤수 및 인원을 가리키는 말.

육로이동관리대(陸路移動管理隊, Highway Movement Control Center; HMCC)
이동계획을 협조, 통제 및 육로 조정업무를 수행하는 육군 수송이동관리기구.

육로조정(陸路調整, Highway Regulation)
육로, 수송시설 및 장비를 가장 효과적으로 이용하기 위해 차량, 도보인원(부대의 도보이동, 피난민, 민간인 포함) 및 동물의 이동 노정을 지정하고, 사용시간계획을 세부적으로 작성하여 계획적으로 도로를 이용하기 위한 조정 내용.

육로조정소(陸路調整所, Highway Regulation Point; HRP)
이동차량에 대한 실질적인 이동통제 및 조정업무를 수행하기 위해서 도로상에 위치시켜 운용하는 육로조정을 위한 실무기구.

육로후송(陸路後送, Land Evacuation)
구급차, 병원열차, 일반차량 등 각종 지상후송수단을 이용한 환자후송법. 대부분의 환자후송은 육로후송에서부터 시작한다.

육박전(肉薄戰, Hand-to-Hand Fight)
피아간이 뒤섞여 총검으로 치고받는 전투.
〈동〉 [백병전]
(북한) [창격전(槍擊戰)]

육상기지전술비행단(陸上基地戰術飛行團, Land Based Tactical Air Group)
상륙기동부대에 전술항공지원을 제공하기 위해 목표지역 내의 해안기지에 위치하는, 상륙기동부대에 할당된 전술항공부대의 기동편성.

육안식별(肉眼識別, Visual Identification)
비행관제체계에서 항공기가 레이더상의 목표를 추적하여 육안식별이 가능한 위치로 유도하는 관제방법.

육안정찰(肉眼偵察, Eye Reconnaissance)
특수한 장비를 사용하지 않고 직접 육안으로 목표를 관찰하여 정보를 수집하는 방법.

육전대(陸戰隊, Landing Party) ☞ [해병대]

육해도(陸海圖, Map Chart)
육상지역을 표시하는 데에는 지도의 특성을 적용하고, 해상구역에는 해도의 특성을 사용하여 육해지역을 동시에 표시한 도면.

윤형철조망(輪形鐵條網, Barbed Wire Concertina)
1. 신속히 철조망을 설치 및 해체할 수 있도록 원형의 철사에 가시 또는 도끼 모양의 침을 붙여 만든 철조망의 한 형태.
2. 윤형철조망을 사용하여 구축한 장애물. 설치 방식에 따라 한 줄로 설치하는 1열 윤형철조망, 윤형철조망을 2개열로 설치하는 2열 윤형철조망, 지면에 2열, 그 위에 1열의 윤형철조망을 설치하는 2단 3

ㅇ

열 윤형철조망으로 구분한다.
(북한) [사복철조망(蛇復鐵條網)]

융단공격(絨緞攻擊, Blanket Attack)
적 항공기와 비행장에 최대의 피해를 입히기 위해 적의 항공기지를 공격하는 공중작전으로 대량의 항공기가 목표지역에 대량의 폭탄을 투하함.

융단폭격(絨緞爆擊, Carpet Bombing)
한정된 지역에 막대한 양의 폭탄으로 전면적인 탄막을 구성함으로써, 목표지역을 화력으로 완전히 덮어 버리는 폭격방법.

융통성(融通性, Flexibility)
급변하는 상황에 적절하게 대응하는 행동과 능력.

은거지(隱居地, Clandestine Point)
비정규전 부대가 적의 지상 및 공중관측으로부터 은폐하고, 적의 공격으로부터 자신과 장비를 보호하고 생존을 영위하면서 차후 작전을 준비하기 위해 사용하는 장소.

은닉(隱匿, Concealment)
공작활동에 필요한 노출되기 쉬운 인원, 장비 및 기타 물품을 특정한 지형지물이나 물건 및 시설물 등에 일시적으로 비밀리에 감추는 것.

은닉소(隱匿所, Cache)
비정규전 부대가 장비 및 보급품을 비밀리에 보관하는 장소.

은밀공격(隱密攻擊, Masked Attack)
시도조건이 제한될 때 기습을 달성하기 위해 기도비닉을 유지한 상태에서 실시하는 공격방법.

은밀작전(隱密作戰, Covert Operations)
배후의 정체를 은폐하거나 배후에서 적절히 부인하도록 계획하고 수행하는 작전. 작전의 은폐보다 배후의 정체를 은폐하는 데 중점을 두고 있는 점이 '비밀공작'과 상이하다.

은폐(隱蔽, Concealment)
적의 관측으로부터 아군 병력이나 물자를 보호하기 위해 숨기는 것.

을종사태(乙種事態, Class UL Situation)
일부 또는 수개 지역에 적이 침투하여 경찰 책임 하에 작전이 곤란한 경우, 군이 경찰을 작전통제하여 작전을 실시해야 하는 비정규전 사태.

을지무공훈장(乙支武功勳章, The Order of Military Merit Ulchi)
무공훈장 중 2등급의 훈장. 전투에서 혼란을 극복하고 중대한 임무를 수행한 자 또는 군무수행에 있어서 탁월한 능력을 발휘한 자에게 수여.

을지포커스렌즈 연습(乙支~演習, Ulchi-Focus Lens Exercise; UFL)
국가 전쟁지도 및 전쟁수행능력을 향상시키고 전쟁수행절차를 숙달하기 위해 모의체계를 이용하여 실시하는 정부 및 군사 분야 종합지휘소 연습.

음속(音速, Speed of Sound)
공기 중에서 소리가 전달되는 속도. 섭씨 15도에서 340 m/s(1,215 km/h).

음어(陰語, Code Word)
통신내용을 숨길 목적으로 제작, 사용하는 문자, 숫자, 기호 등.

음어자재(陰語資材, Code Word Material)
음어를 수록한 문서나 보조기억매체를 이르는 말.

음영구역(陰影區域, Shadow Zone)
1. 레이더 운영상의 제한요소로서 근거리 또는 육지물표 등으로 인해 생기는 탐지 공백구역.
2. 수중에서 음속(sound beam)의 굴절, 확

산 등에 의하여 음파가 미치지 못하는 구역.

음탐거리(音探距離, Sonar Range)
음탐기(Sonar) 및 기타 관측수단으로써 적 잠수함을 포착할 수 있는 거리.

음탐거리예보(音探距離豫報, Acoustic Sensor Range Prediction; ASRAP)
해양환경을 조사하여 축적된 자료에 의해 해당 일시, 해당 해역의 음탐기(Sonar) 혹은 음탐부표(Sonobuoy)의 탐지 가능거리를 예측하는 정보자료.

음탐기(音探器, Sonar) ☞ [소나]

음탐부표(音探浮標, Sonobuoy) ☞ [청음부표]

음탐전보(音探電報, Sonar Message)
주어진 시간의 작전해역의 수중온도 상태에 관한 정보를 전달하는 전보.

음탐탐색 접촉군(音探探索接觸群, Cluster)
기뢰의 위치를 탐지하는데 있어 음탐탐지기로 같은 구역을 수차 통과하여 기뢰가 100야드 이내에 3개 이상이 접촉된 상태를 일컫는 말. 음탐탐색 접촉군의 100야드 직경의 원을 그려 그 중심을 미확인 기뢰의 위치로 선정한다. 기뢰군이라고도 한다.

음향감응기뢰(音響感應機雷, Acoustical Mine) ☞ [음향기뢰]

음향관제(音響管制, Sound Discipline)
특정 지역에서 시행되는 음향에 대한 제한으로 흔히 청음소, 또는 음향탐지소 부근에서 실시됨.

음향기뢰(音響機雷, Acoustic Mine)
음향의 변화가 생기면 폭발하도록 설계된 기뢰. 함선이 이 기뢰에 접근하게 되면 추진기를 포함한 함선의 각종 기기의 작동소음이 기뢰의 장치를 작동시켜 폭발함으로써 손상을 입게 한다.
〈동〉 [음향감응기뢰]

음향기만(音響欺瞞, Sound Deception)
전장 소음의 녹음재생, 총성, 포성 등 소리를 이용하여 적을 기만하는 방법.

음향대항책(音響對抗策, Acoustic Counter Measure; ACM)
음향반사에 의하여 사용되든가 혹은 영향을 받는 적의 장비와 전술의 효율을 저지 또는 감소시키는 행동.

음향부표방책(音響浮標防柵, Sonobuoy Barrier)
통과 또는 출입하는 잠수함을 탐지하기 위해 하나 또는 그 이상의 음향부표를 설치한 것.

음향소해(音響掃海, Acoustic Sweep)
소해함정의 현측 또는 함미에 예인되는 음향발생기에 의하여 형성되는 음향계로 음향기뢰의 발화장치를 작동케 하는 소해방법.

음향전(音響戰, Acoustic Warfare)
음향수단에 의해서 적의 효과적인 음향에너지 사용을 저지 또는 감소시키고, 아군의 효과적인 음향에너지 사용을 보장하기 위해 취해지는 수단 및 조치.

음향전지원책(音響戰支援策, Acoustic Support Measures; ASM)
수상 혹은 수중표적으로부터 방사되는 수중음파를 탐색, 감청 및 위치탐지 및 분석을 통해 음향전을 지원하는 활동.

음향전파방해(音響電波妨害, Acoustic Jamming)
적의 무기체계를 방해하고, 적이 도청하고자 하는 신호를 제거 또는 불명료하게 하기 위해, 이들 신호를 기계적 또는 전자적 음향신호로 방사 또는 재방사하는 행위.

음향측심장비(音響測深裝備, Echo Sound Equipment)
음파를 수중으로 발사하여 음파가 해저에서 반사되어 되돌아오는 시간을 측정하여 수심을 측정하는 기구.

음향측정조정(音響測定調整, Sound Ranging Adjustment)
아군의 포병사격을 그 포탄의 폭발음을 이용한 음향측정법을 적용하여 수정하는 것.

음향탐지기(音響探知機, Sound Locator)
음향의 방향을 탐지하는 기구로서 보이지 않는 적화기 및 장비의 위치를 발견하는 데 이용함.

음향통신(音響通信, Sound Communication)
나팔, 호각, 사이렌 등 음향을 이용한 통신법의 총칭.

응급제독(應急除毒, Gross Decontamination)
화학전에 의해 오염된 인원과 물자를 신속히 제독하는 것.

응용형 지뢰지대(應用形地雷地帶, Application Minefield)
기본형 지뢰지대를 응용한 지뢰지대로 열형, 혼합형, 산발형 지뢰지대 등이 있음.

응징보복(膺懲報復, Retaliation Punishment)
분명히 군사적 행동이라고 판단되는 적의 도발행위 또는 공격에 대한 징벌적 대응 조치로서 행사하는 보복 행위.

의가사제대(依家事除隊, Hardship Discharge)
법률에 규정된 개인의 가정 사정으로 인하여 복무를 더 이상 지속할 수 없는 군인을 전역하도록 허가해 주는 제도.

의도(意圖, Intention)
특정방책을 수행하고자 하는 목적 또는 계획.

의무근무지원(醫務勤務支援, Medical Service)
전·평시 환자에 대한 진료 및 진료지원, 예방의무 활동, 의무보급 및 정비 등 육체적, 정신적 치료를 위한 제반 의무활동.

의무대(醫務隊, Medical Detachment)
의무 업무를 수행하는 단위부대.
(일본) [收容所(수용소)]. 사단급 이상 부대 고유의 의무(衛生科) 부대 또는 의무요원 및 방면대의 진찰대가 개설·운용하는 치료시설.
(북한) [군의소(軍醫所)]

의무병(醫務兵, Medic)
군인들의 위생에 관한 일을 맡아보는 병사.
〈동〉 [위생병]

의무병과(醫務兵科, Medical Corps)
전·평시 전상자의 생명구호와 전투력 보존을 위하여 군의무시설을 운영하는데 필요한 군의, 치의, 수의, 간호, 의무행정의 5개병과를 총칭하는 말. 각 병과별 고유의 기능에 의해 운영된다.

의무병제도(義務兵制度, Compulsory Service) ☞ [징병제]

의병(義兵, Loyal Troops)
전쟁이나 사변이 발생했을 때, 의(義)를 위한 명분으로 일반 민간인이 조직을 이루어 싸우는 민병.

의아선박(疑訝船舶, Doubtful Ship)
미식별 선박의 외형, 제원 및 항해중의 동태 등 제반 특징으로 보아 적 또는 간첩선과 유사한 선박.

의용군(義勇軍, Volunteer Corps)
전쟁이나 사변이 발생했을 때 자발적으로 지원하여 전쟁임무를 수행하는 병력.

의장(艤裝, Equipment of Ship)
함정이 임무를 수행할 수 있는 모든 장비를 갖추는 것.

의장대(儀仗隊, Honor Guard; HG)
군에서 각종 행사나 의식을 수행하는 부대.

의정서(議定書, Protocol)
국가간의 조약을 가리키는 것으로, 외교교섭과 국제회의의 의사, 공식 보고서에 관계국이 서명한 국제간의 공문서.

의탁사격(依託射擊, Firing from a Rest)
사격할 때 정확도를 높이기 위하여 지지대에 총이나 팔을 의지하고 사격하는 것.

이격거리(離隔距離, Standoff Distance)
폭파 순간의 성형폭약과 목표 간의 최적거리.

이급비밀(二級秘密, Secret)
누설될 경우 국가안전보장 및 국가이익에 현저한 위험을 초래할 것으로 명백히 인정되는 가치를 지녀 비밀로 분류된 자료.

이동(移動, Movement)
도보나 차량, 기차 등 수송수단을 이용하여 부대와 장비를 한 장소에서 다른 장소로 옮기는 것으로서 전술적 이동과 행정적 이동으로 구분.

이동관리(移動管理, Movement Management)
수송 이동 소요를 최대한 충족시킬 수 있게 안배하는 제반절차. 수송능력을 경제적, 능률적, 효과적으로 사용하기 위해 노정의 사용을 계획, 할당, 지시하고, 협조, 통제 및 조정하여 운용하는 제반절차를 일컫는다.

이동관측소(移動觀測所, Moving Observation Station; MOST)
관측요원이 이동하며 관측하는 진지.

이동기술(移動技術, Movement Technique)
소부대가 대형을 유지한 상태에서 신속하게 한 지점으로부터 다른 지점으로 이동하기 위하여 사용하는 방법으로 연속전진, 선두 감시하 전진, 교대전진이 있음.

이동단계(移動段階, Movement Phase)
상륙기동부대가 탑재지점으로부터 목표지역으로 이동하는 단계.

이동명령(移動命令, Movement Order; MOVORD)
부대의 이동을 지시하는 세부계획. 행군표 및 행군요도를 포함하며 작전명령 양식을 적용한다.

이동무선단말기(移動無線端末機, Mobile Subscriber Terminal; MST)
주요 지휘관 및 참모 차량에 설치하여 이동간 지휘통제를 가능케 하는 전술용 이동무선전화기로서 필요시 휴대용으로 전환하여 사용함.

이동무선전화망(移動無線電話網, RAU-MST)
이동 중에도 신속하고 편리하게 동시 송·수신(상용카폰식)통신을 제공하는 통신망. 대대급 이상 지휘관과 연대급 이상 참모차량에 설치하여 군단지역 내에서 이동간 자동통화를 보장하는 무선전화 장비체계이다.

이동보급소(移動補給所, Mobile Supply Point)
보급품 및 탄약을 차량 혹은 철도화차에 적재하여 즉시 이동이 가능하게 편성장비된 보급소. 급속한 전술적 이동이 일어나는 상황 하에서 특정한 전투부대를 지원하기 위해 운용하는 보급소이다.

이동속도(移動速度, Rate of Movement)
규정된 평균 이동속도를 유지하기 위하여 선두부대에 의해 유지되는 종대 또는 단위대의 규정된 속도.

이동안전구역(移動安全區域, Moving Haven)
이동중인 잠수함 및 수상함의 안전책을 강구하기 위해 설정하는 공격제한해역.

이동외과병원(移動外科病院, Mobile Army Surgical Hospital; MASH)
기동성 있게 편성 및 장비되어 전선에 근접한 곳에 위치하여, 주로 외과적 처치를 요하는 긴급한 환자의 수술 및 수용 임무를 가진 이동식 야전병원.

이동장약방식(移動裝藥方式, Travelling Charge Gun)
종래의 장약 이외에 탄과 함께 이동하는 급연소 발사장약을 탄저에 붙여서 연소시킴으로써 압력차와 소비에너지를 감소시켜 포구속도를 증가시키는 방식.

이동전구항공통제본부(移動戰區航空統制本部, Mobile Theater Air Control Center; MTACC)
전시나 전구항공통제본부(TACC) 기능 중단시를 대비하여, 공중수단을 이용하여 한반도의 예비 전구항공통제본부(TACC) 기능을 수행하는 이동형 지휘통제체계.

이동정비(移動整備, Mobile Maintenance; MM)
정비지원부대가 정비요원과 정비용 공구, 기재, 수리부속품을 구비한 정비용 차량으로 사용부대를 순회, 방문하여 현지에서 지원하는 정비활동.

이동차단(移動遮斷, Blockade of Movement)
침투한 적이 내륙지역으로 이동하는 것을 차단하여 작전지역의 확대를 방지하고, 적을 지대 내에서 격멸하기 위해 주요 목진지, 차단선 및 봉쇄선을 점령하고, 검문소를 운용하는 것.

이동탄막사격(移動彈幕射擊, Creeping Barrage)
사격하는 전 포대가 상대적으로 같은 위치를 유지하면서 동시에 하나의 선상을 약간씩 이동하는 탄막사격.
〈참〉 [탄막사격]

이동표적지시기(移動標的指示機, Moving Target Indicator; MTI)
움직이는 표적만을 나타내는 레이더 영상. 적절한 기억회로의 출력에 의해서 고정표적으로부터 오는 신호는 제외되고 이동 중인 표적에 대한 자료만을 제공한다.

이륙거리(離陸距離, Take-off Distance)
항공기가 활주하여 지상으로부터 15 m 고도에 이르기까지 필요한 최소한의 거리.

이륙보조로켓(離陸補助~, Rocket Assisted Take-off Unit)
이륙 시 활주거리를 줄이기 위해 기체에 장착하여 추진력을 제공하는 로켓.

이륙총중량(離陸總重量, Take-off Gross Weight)
항공기 자체 중량에 연료, 화물 및 승객을 포함하여 완전히 이륙준비가 끝난 항공기의 총중량.

이원시(離遠視, Off Center Vision)
야간감시 시 표적에 전 신경을 집중시키고 좌 · 우 · 상 · 하 6~10도 빗겨 표적을 바라보는 것. 시도조건이 불량한 상태에서 물체를 좌 · 우 · 상 · 하로 떨어져 봄으로써 망막 내의 간상부위에 물체의 영상을 맺을 수 있기 때문이며, 야간감시의 3대 원칙은 적응시, 이원시, 주변시이다.

이원화 화학탄(二元化化學彈, Binary Chemical Weapons)
화학작용제 전 단계인 두 개의 전구물질과 재래식 탄체로 분리되어 있는 화학탄. 화학무기의 생산, 저장, 투발 및 향후 폐기 시 안전을 고려하여 1980년대에 미국이 최초로 개발한 화학무기로, 투발 전 두 개의 전구물질을 탄체에 장진하여 발사하면 탄체가 비행하는 중에 탄체 내부에서 혼합되면서 화학반응으로 화학작용제가 되어 일원화 화학무기와 동일한 효력을 내게 된다.

이위공문대(李卫公问对)

(중국) 중국 고대 병서로, 〈무경칠서〉의 하나. 〈이정문대(李靖問對)〉, 〈당태종이위공문대(唐太宗李衛公問對)〉, 〈당이문대(唐李問對)〉라고도 함. 당태종 이세민과 위국공(衛國公) 이정(李靖)이 군사에 관해 토론한 내용을 모아 문답형식으로 수록했다.

이중목적 고폭탄(二重目的高爆彈, High Explosive Dual Purpose; HEDP)

단일탄두로 인마살상과 경장갑 공격 등에 겸용할 수 있는 고폭탄. 이중목적고폭탄은 일반적인 고폭탄과는 달리 최초 폭발 시 탄두 내부에 장치된 금속 구조물에 의해 생성된 미세한 금속파편과 용융금속이 작약의 폭발가스와 함께 탄두의 전방으로 분출되면서, 이 때 발생한 폭풍과 파편으로 인해 부차적으로 인명 살상까지 가능한 폭발력을 가지고 있다.

이중무기(二重武器, Dual Weapons)

1. 화력이나 무장의 혼성 또는 다른 형태를 선별적으로 탑재할 수 있는 무기나 무기체계 및 차량.
2. 핵탄이나 비핵탄을 사용할 수 있는 무기.

이중무기운용선(二重武器運用線, Dual Weapons Line; DWL)

중앙방공통제소의 전투통제관이 적기에 대해 가장 효과적인 무기를 선정 교전지시하기 위한 보조선. 이중무기운용선 밖에서는 공군요격기가 이륙하여 교전하고, 이 지역 안에서는 공군요격기 및 지상 방공무기가 동시에 교전할 수 있다.

이중선체(二重船體, Double Hull)

1개의 압력선체 외부에 전체적으로 또 다른 1개의 비압력 선체가 쌓여져 이루어진 잠수함 구조.

이지스무기체계(~武器體系, Aegis Weapon System)

함정 컴퓨터, 레이더, 미사일을 종합한 무기체계로서 공중 및 수상표적에 대한 탐지, 추적, 격파를 자동으로 실시할 수 있는 공중, 육상 발사무기체계.

이지스시스템(~, Aegis System)

록히드마틴사에서 개발한 대공 함대방어 시스템. 핵심적인 체계는 SPY-1 계열의 다기능 위상배열 레이더, 레이더에서 수신한 정보를 처리하는 슈퍼컴퓨터 자동처리 시스템, 처리된 정보를 발사되는 요격미사일 Mk-41 수직발사시스템이 연동되는 전투체계로 복수의 목표에 대한 동시추적과 요격이 가능하다. 이지스급 구축함 한 척으로 최대 약30척의 기동함대에 대한 대공, 대함방어가 가능하며, AN/SPY-1 위상배열 레이더로 반경 350~450 km 이내의 목표물 200여개를 동시에 탐지한 뒤 24개의 목표물을 동시에 파괴할 수 있고, 수직발사관에서 발사되는 스텐더드 함대공미사일로 130여km 떨어진 적 항공기를 격추시킬 수 있는 역량을 지니고 있다.

이초장비(離礁裝備, Beach Gear)

좌초된 함정을 구조하는 장비로서, 견인줄이 연결된 닻과 파지묘(把持錨)를 들어올리는 기중기로 구성되어 있음.

이탈(離脫, Breakaway)

항공기가 표적을 공격 후 지시된 방향으로 향하는 것.

이함(離艦, Abandon Ship)

배가 침몰되는 경우와 같은 비상시에 배로

부터 떠나는 것.

이함공격(二艦攻擊, Dual Ship Attack)
두 척의 함정이 하나의 표적에 대하여 교대로 실시하는 공격.

익면하중(翼面荷重, Wing Loading)
비행기의 중량을 날개면적에 실려 나는 비중. 착륙속도를 결정하는 주요소이며 급강하속도와 이륙거리와도 상관관계가 있다.

익차사(翼次射, Salvo Fire)
1. 포를 지시된 시간 간격, 순서대로 좌에서 우, 또는 우에서 좌로 사격하는 방법.
2. 해군에서는 일제사격을 뜻함.
3. 공군에서는 동시에 폭탄을 투하 또는 사격함을 뜻함.

인가배당량(認可配當量, Authorized Allocation Factor)
단위부대, 편성부대 또는 특정 기능부대의 장비편제표, 물자배당 기준서에 승인된 특정품목의 수량.

인가병력(認可兵力, Authorized Strength; A/S)
제대 편성에 인가된 인원수.

인가보급량(認可補給量, Authorized Allowances of Supplies)
장비편제표, 물자배당기준서 또는 기타 적절한 근거에 의하여 승인된 보급량.

인가소요(認可所要, Authorized Requirement)
편제장비 편성기준서 및 물자배당 기준서에 의거 인가된 소요.

인가저장목록(認可貯藏目錄, Authorized Storage List; ASL)
보급제대에 저장하도록 인가된 품목 명세서. 각급 보급기관에서 현 보급운용을 지속하고 장차 예측되는 소요를 충당하기 위하여 항상 저장·유지되도록 인가된 보급품을 이르는 말.

인간정보(人間情報, Human Intelligence; HUMINT)
인간자원으로부터 얻어지는 정보. 전술적으로 접촉에 의한 접적 관찰부대, 기만, 포로 획득, 서류, 장비, 장거리 정찰, 청음초 및 관측소, 군사 및 준군사부대와 접촉 그리고 최전선에 있는 우군부대의 보고에 의해 얻어지는 정보가 포함된다.

인계철선(引繼鐵線, Trap Wire)
각종 지뢰, 부비트랩 등의 신관을 작동시키기 위하여 신관안전핀과 다른 고정 물체 사이에 연결시킨 선.
(북한) [인발선(引拔線)]

인공위성(人工衛星, Orbiter/Artificial Satellite)
지구의 임시, 영구 궤도로 발사된 인공물체. 위성의 종류는 이동여부에 따라 정지위성과 극궤도위성, 목적에 따라 방송통신위성, 저궤도 통신위성, 지구관측위성, 첩보·정찰위성, 과학위성 등으로 구분한다.

인공위성항법체계(人工衛星航法體系, Global Positioning System; GPS) ☞ [전지구위치파악시스템]

인공장애물(人工障碍物, Artificial Obstacle)
적의 이동을 교란, 고착, 유인 또는 차단시키기 위하여 인위적으로 설치된 장애물.
(북한) [기술축성]

인공지능(人工知能, Artificial Intelligence; AI)
컴퓨터 과학의 최첨단 연구 분야로, 컴퓨터로 하여금 사람이 가진 지적능력까지 보유하도록 함으로써 지능이 요구되는 업무를 사람을 대신하여 수행시키고자 연구하는 학문분야. 응용분야로는 전문가 시스템, 로봇 시스템, 자동 프로그램 작성 교육 시스템 등을 들 수가 있으며, 이를 위한 기초분야로는 탐색, 지식표현, 논법 및 논리, 학습, 언어 및 도구 등이 있다.

인도인접(引渡引接, Receiving)
현역에 편입할 자나 응소한 예비군을 병무청과 군부대 간에 인계인수하는 것.

인도인접지(引渡引接地, Receiving Place)
징집이나 소집에 의하여 응소한 예비군을 병무청과 소집부대 간에 인계인수하는 장소.

인력관리(人力管理, Manpower Management)
조직 구성의 한 요소인 인력의 소요, 인가, 획득, 분배 및 활용에 관한 모든 업무를 관리 하는 것.

인력동원(人力動員, Manpower Mobilization)
전시나 사변 또는 이에 준하는 국가비상시에 군사작전의 지원과 정부기능의 유지 및 중점 관리대상 방위산업체의 임무수행을 위하여 추가적으로 소요되는 인력을 국가가 동원하는 것.

인력해제식 점화장치(引力解除式點火裝置, Pull-Release Firing Device)
지뢰나 부비트랩의 신관에 일정 정도 이상의 인력이 가해질 때 작동하도록 만든 신관.

인력획득(人力獲得, Manpower Acquisition)
전·평시 군에 소요되는 인력을 양적·질적 소요를 고려하여 모집, 징집, 소집의 방법으로 충원하는 과정.

인마살상용포탄(人馬殺傷用砲彈, Casualty-Producing Projectile)
인원이나 경장갑목표에 대한 공격용도로 사용되는 포탄.

인민해방군(人民解放軍, People's Liberation Army; PLA)
(중국) 중국군의 정식 명칭.

인사관리(人事管理, Personnel Management)
조직이나 기구의 각 구성원이 각자의 능력을 최대한 발휘하여 좋은 성과를 거둘 수 있도록 관리하는 일. 군 조직에서는 부대 구성원 각자가 임무 완수에 기여할 수 있도록 획득, 교육훈련, 이용·제대·퇴역·능력개발·동기부여 등의 모든 활동을 계획·편성·지시·협조 및 감독하는 활동을 말하며, 군인 외에 포로 및 민간인 억류자, 복귀자, 민간인 관리에 관한 업무까지 포함한다.

인사근무(人事勤務, Personnel Service)
휴식 및 휴가·교대·우편근무·원호근무·비영달 자금활동·매점근무·식당근무·종교활동·인격지도 등 개인의 욕구충족과 복지를 도모하기 위한 제반 활동을 일컫는 말.

인사명령(人事命令, Personnel Orders)
장교, 준사관, 사병, 군무원, 각 개인의 제반 신상변동에 관한 사항을 수록한 문서로 연대급(독립대대) 이상 부대장이 발행함.

인사분류(人事分類, Personnel Classification)
개인의 능력을 최대로 이용할 수 있는 직무에 보직을 주기 위하여 개인의 정신 및 육체적 능력, 흥미, 교육정도, 소질, 육체적 제한사항, 이력 및 군사경험을 계속적으로 평가하는 과정.

인사지원(人事支援, Personnel Support)
부대병력의 유지, 인사관리, 부대원의 사기 앙양 및 유지, 의무근무, 군기·군법 및 질서유지 등 군사작전에 영향을 미치는 인력을 효과적으로 관리, 운용하기 위한 제반 절차와 활동의 지원.

인사장교(人事將校, Personnel Officer)
대대급 부대에서 인사에 관한 업무를 수행하며 부대장을 보좌하는 장교.

인사참모(人事參謀, Personnel Staff)
연대급 이상의 부대에서 인사에 관한 업무를 수행하며 지휘관을 보좌하는 참모.

인수인계(引受引繼, Change of Command)
보직이나 임무가 바뀔 때 선임자가 후임자에게 업무에 관한 제반사항을 넘겨주고 물려받는 절차.

인시(人時, Man-Hour; MN/HRS)
작업량 측정단위로, 한 사람이 한 시간에 할 수 있는 작업량.

인식표(認識票, Identification Tag)
각 군인의 군번·성명·혈액형 등의 신원 정보를 기록한 인식표. 전사 또는 중상으로 인하여 신원확인이 곤란할 때를 대비하여 휴대하는 표.
(북한) [군인표(軍人標)]

인원동원(人員動員, Personnel Mobilization)
전시 또는 이에 준하는 국가비상사태에 동원령이 선포되어, 군부대에 병력을 충원하고 군사작전 지원에 필요한 인력을 확보하며, 정부기능유지 또는 동원지정업체의 임무수행을 위해 소요되는 인원을 동원하는 것. 병력동원, 전시근로소집, 인력 동원 등이 포함된다.

인원보고(人員報告, Personnel Strength Report)
상황의 변동에 따른 현재 인원의 현황을 알리는 보고.

인원보안(人員保安, Personnel Security)
비밀을 취급하는 인원을 통제하고, 보호를 요하는 인원의 안전을 보장하는 방책.

인원수송장갑차(人員輸送裝甲車, Armored Personnel Carrier, APC)
병력을 수송할 목적으로 활용되는 장갑차. 소화기 사격, 포탄 파편으로부터 인원을 방호하며, 약 1개 분대규모의 병력수송이 가능하다.

인원손실(人員損失, Casualty)
전사·부상·실종·포로·낙오 등으로 인한 병력감소의 수.

인접부대(隣接部隊, Adjoining Unit)
주둔지의 근처에 있는 다른 단위부대.

인체제독소(人體除毒所, Personnel Decontamination Station)
화생방작용제에 노출, 오염된 인원 및 개인이 휴대한 장비와 물자, 피복 따위를 제거, 제독한 후 다시 지급하기 위해 설치하는 시설. 야전형, 반영구식, 영구식 인체제독소로 구분하고, 탈의장, 목욕시설, 위험정도 검사 및 응급 치료소, 재보급소 등이 구비되어야 한다.

인터페이스(~, Interface)
1. 하나의 시스템을 구성하는 2개의 구성요소(하드웨어, 소프트웨어), 또는 2개의 시스템이 상호 작용할 수 있도록 접속되는 경계(Boundary).
2. 상호 접속하기 위한 하드웨어, 소프트웨어, 조건, 규약 등을 포괄적으로 가리키는 말.

인트라넷(~, Intranet)
인터넷의 기술인 웹, 전자우편, 전자문서 등을 활용하여 조직 내 제한된 인원들 간의 정보공유와 업무지원을 위해 구축된 컴퓨터 네트워크.

인해전술(人海戰術, Human Wave Tactics)
임무를 달성하기 위해서 인원 피해를 크게 고려하지 않고 파상적인 공격으로 수적으로 압도하는 돌파, 포위, 침투를 병행한 전법. 즉 압도적인 병력을 투입하여 수많은 돌파구를 형성 침입하여 방어지역을 분단, 고립시키는 전법이다.

일급비밀(一級秘密, Top Secret)
비밀의 급수로 분류했을 때, 누설될 경우 국가안전보장 및 국가이익에 치명적인 위험을 초래할 만큼 중요한 가치를 지닌 자료.

일련부대(一連部隊, Serialized Element)
거의 같은 시간과 장소에서 상륙하기 위해 상륙구역으로 같이 이동하는 물자를 휴대한 병력집단 단위.

일렬종대(一列縱隊, Column of Files)
오(伍)와 오가 앞뒤로 서로 이어져 하나의 긴 열을 이루는 대형.

일반명령(一般命令, General Order)
부대편제와 전 장병 및 군무원의 신상에 미치는 행정조치사항을 수록한 명령. 부대창설, 증·감편을 포함한 부대개편, 부대해체, 부대 예속변경, 군인복무규율에 관한 사항, 기타 행정조치사항 등이 포함된다.

일반물자(一般物資, General Supplies)
화력장비·기동장비·통신장비·탄약·의무물자, 주부식·피복·장비 등을 제외한 개인장구·사무기기·취사도구·난방기구 등 군사에 관련된 일반적인 물자.

일반수송(一般輸送, General Transportation)
특수수송에 포함되지 않는 품목으로서, 철도청 규정에 의하여 화물의 종류에 따라 1, 2, 3, 4, 5급으로 구분하여 시행하는 수송.

일반수칙(一般守則, General Orders)
특정한 상황이나 지역에 무관하게 모든 초병이 근무 중 반드시 준수하여야 할 일반적인 사항.

일반양륙기간(一般揚陸期間, General Unloading Period)
행정적으로 양륙의 속도와 양에 치중한 함안이동의 한 단계. 이는 해안시설이 허용되는 한, 화물의 종류나 유형, 우선순위를 고려하지 않고 빠른 시간 내에 부대 및 화물을 함선에서 양륙하는 것만 고려한 기간이다.

일반유류(一般油類, General Oil)
휘발유, 경유, 항공유, 제트유, 등유, 벙커C유, LPG, LNG 등 장비에 일반적으로 사용되는 주 연료.

일반장비류(一般裝備類, General Equipment)
장비를 기능별로 분류해, 건설 및 포장장비, 발전장비, 공압장비, 도하장비, 소화급수장비, 정비 또는 공작용 기계장비, 화생방장비, 근무장비 및 기타 온·냉방장비, 측정장비, 물자운반 궤도장비, 폭파기구, 청소기, 제초기 등과 일반장비 유지정비를 위한 수리부속이 포함된 장비를 총칭함.

일반전초(一般前哨, General Out-Post; GOP)
1. 부대가 행군 간 정지하고 있을 때나, 야영지나 전투진지에 있을 때, 주력부대가 적의 기습을 받지 않도록 하기 위하여 주력부대로부터 상당한 거리를 두고 배치하는 전방경계 파견대. 일반전초는 적군의 접근을 조기에 탐지하여 주력부대에 경고함과 동시에, 제한된 공격행동으로 적 부대를 지연시키고 주력부대의 위치를 기만하여, 가능하면 적이 아군 주력부대에 도달하기 전에 최대의 희생을 치르도록 강요하는 임무를 수행한다.
2. 통상 지오피(GOP)라고 하며 현재의 군사분계선을 지칭하기도 함.

〈동〉 [지오피]
(일본) [全般前哨(전반전초)]
(북한) [총경계(總警戒)]

일반지원(一般支援, General Support)
피지원부대 지휘관의 요구에 즉각 응할 수 있도록 피지원부대 전체를 지원하는 것.
(일본) [全般任務(전반임무)]. 작전부대 전반에 협력하는 전술임무로서, 종심에 걸친

화력전투, 직협화력(직접지원) 증가 등의 임무를 수행함.

일반지원 및 화력증원(一般支援~火力增援, General Support and Reinforcing)
포병에게 부여되는 전술 임무로서, 피지원 부대 전반에 대해 지원하며, 2차적으로 다른 포병부대에 대해 화력증원을 제공하는 임무를 이르는 말.

일반지원사격(一般支援射擊, General Support Fire)
지휘관의 직접통제 하에 있는 전 부대를 지원하는 융통성 있는 사격 지원.

일반지원포병(一般支援砲兵, General Support Artillery)
편제상 예속된 부대장 또는 배속 부대장 지시에 의거하여 사격을 실시하는 포병. 특정한 예하 부대를 지원하는 것이 아니라 피지원부대 전체를 지원하는 포병.

일반참모(一般參謀, General Staff)
부여받은 업무분야에 대한 지휘관의 주무참모. 각 일반참모는 부대의 활동을 계획, 조정, 통제 및 감독함으로써 지휘관을 보좌함은 물론, 참모 상호간에 업무의 유기적인 협조를 통하여 지휘관을 보좌하며, 부대가 효율적으로 운용될 수 있도록 노력을 통합한다.

일반항공지원(一般航空支援, General Air Support)
아군의 포병 사거리 밖에 있는 적 후방 지역에서 실시하는 항공지원 작전.

일석점호(日夕點呼, Tattoo, Roll Call)
부대에서 일과 후 취침 전에 인원과 장비를 점검 및 보고하는 절차.

일시군(日時群, Date Time Group)
통신문에 날짜와 시간을 포함시켜 송신하기 위해 사용하는 숫자군. 통상 여섯 자의 숫자로 되어 있으며 처음 두 숫자는 일자를, 다음의 두 숫자는 시간을, 끝의 두 숫자는 분을 표시함.

일익포위(一翼包圍, Single Envelopment)
주공이 적의 약한 한쪽 측방을 통과하여 적 후방에 위치한 목표를 확보함으로써 적의 퇴로를 차단하여 현 진지에서 적을 격멸하는 기동형태.

일일명령(日日命令, Routine Order)
일반 부대에서 작전과 관계없이 취급하는 명령.

1. 부대 내에서 효력이 발생되는 당직근무, 위병근무 및 기타 근무사항 등을 수록한 명령.
2. 각종 위원, 통제관, 심판관 등의 임명사항은 신분별 인사명령을 발령하되, 명령권이 없는 제대에서는 일일명령으로 발령하며 신분에 관계없이 혼합 발령함.

일일보급량(一日補給量, Daily Supply)
규정된 조건 하에서 매일 소모되는 양을 판단하는데 사용되는 적량기준으로 채택된 보급량의 단위.

일일정비(一日整備, Daily Maintenance)
조작병에 의하여 매일 실시되는 예방 정비.

일제사격(一齊射擊, Salvo/Volley Fire) ☞ [동시사격]

일조점호(日朝點呼, Morning Roll Call)
아침에 기상하여 인원을 점검하고 일과를 시작하기 위한 의식.

일직근무(日直勤務, Duty of the Day)
일과시간 이후부터 다음날 일과시간 전까지 지휘관을 대리하여 근무하는 것.

일직사관(日直士官, Duty Officer)
중대급 이하 부대에서 부대장을 대리하여 일직근무를 수행하는 간부.

일직사령(日直司令, Officer of the Day; OD)
부대장을 대리하여 일직근무를 수행하는 책임 장교.
(북한) [직일관(直日官)]

일품검사(一品檢査)
부대가 보유하고 있는 장비 및 물자를 최상의 상태로 유지하기 위하여 분기 1회 전 품목을 대상으로 실시하는 검사. 상시 부대전투태세 유지에 기여할 뿐만 아니라, 실 소요량을 산출하기 위해 소요제기의 근본이 되는 활동이다.

임검권(臨檢權, Right of Visit)
자국의 영해에 들어 온 선박을 정선시키고 조사할 수 있는 권리. 자국의 영해에서 임검을 거부하고 도주하는 선박에 대하여는 추적권이 있고 공해상에서도 추적권은 유지된다.

임계고도(臨界高度, Critical Altitude)
항공기 또는 공기흡수식 유도탄이 완전하게 작동되지 않은 한계고도.

임계온도(臨界溫度, Critical Temperature)
1. 주변온도가 낮아질 때 체온을 적절히 유지하기 위해 동물이 기초대사율을 높이기 시작하는 온도. 인간의 임계온도는 30°C임.
2. 총 또는 포신의 온도가 450~600°C에 도달하여 그 총열의 강성이 급격히 떨어지는 온도한계점.

임계지대(臨界地帶, Critical Zone)
수평폭격 또는 활공폭격을 하는 폭격기가 폭격 조준기가 적절하게 작동될 수 있고 폭탄을 정확하게 투하할 수 있도록 직선비행을 유지해야 하는 지대.

임계질량(臨界質量, Critical Mass)
핵분열 물질이 연쇄반응을 일으킬 수 있는 최소량.

임관(任官, Commission)
장교, 준사관, 부사관의 신분을 취득하는 것.

임기표적(臨機標的, Target of Opportunity)
1. 사전에 계획되지 않고 전투 실시간에 나타나는 표적.
2. 지상 또는 공중탐지기에 의해서나 관측자가 볼 수 있는 표적으로서 가용한 무기의 사거리 내에 있지만 그에 대한 사격이 계획되거나 요청되지 않은 표적.

임기표적사격(臨機標的射擊, Opportunity Fire)
상황에 따라 나타나는 표적에 대하여 가하는 사격.

임무(任務, Mission)
1. 목적을 포함하여 개인, 조직 또는 부대에 부여되는 과업.
2. 임무에는 누가, 언제, 어디서, 무엇을 그리고 이유(왜)를 명백히 포함해야하며 어떻게(방법)는 통상 지정하지 않음.
3. 하나의 특별한 과업을 수행하기 위해 1대 또는 그 이상의 항공기에 부여되는 명령.

임무명령(任務命令, Tasking)
임무의 할당을 명령으로 고쳐 관계부대에 통보하는 과정. 통상 상세한 지시가 포함된다.

임무분석(任務分析, Mission Analysis)
상급부대로부터 임무 수령한 내용에 대해 계획수립 단계에서 지휘관의도, 명시과업, 제한사항, 작전목적을 식별하고 이를 기초로 추정과업을 염출하는 과정. 임무분석 결과는 예하부대에 준비명령으로 하달한다.
(북한) [임무료해(任務了解)]

임무위주훈련(任務爲主訓練, Mission Oriented Training)
개인 및 부대에게 현재 부여된 임무와 장차

ㅇ

예상되는 임무를 완수할 수 있게 하기 위해 필수 임무 분야를 훈련하면서, 연중 균형된 전투준비태세를 유지시키는 훈련제도.

임무 재진술(任務再陳述, Restated Mission)
임무분석을 통해 도출된 작전목적과 식별된 명시과업, 염출된 추정과업을 계획지침에 포함하여 재진술하는 것으로, 재진술된 임무는 작전명령의 각 항목에 기술됨.

임무지원지점(任務支援地點, Mission Support Site; MSS)
작전에 필요한 최신정보와 추가적인 장비 및 보급품을 획득하는 등 작전을 최종적으로 준비하고 점검하는 안전한 지역.

임무형 명령(任務型命令, Mission Type Order)
상급부대에서 예하부대에 임무를 부여하되, 수행하는 방법은 명시하지 않고 완수해야 할 임무를 부여하는 방법.

임무형 브리핑(任務形~, Mission Type Briefing)
작전상황하에서 첩보를 제공하고, 특정한 지시를 부여하거나 임무를 주지시키기 위하여 이용되는 브리핑.

임무형 보호태세(任務型保護態勢, Mission Oriented Protective Posture; MOPP)
화학작용제의 환경 하에서 임무 수행 시, 부대의 능력을 극대화하기 위하여 화학공격의 강도에 따라 융통성 있게 대비하는 보호체계.

임시묘박지(臨時錨泊地, Holding Anchorage)
항구나 묘박지가 적으로 인하여 사용할 수 없을 때 임시로 묘박하는 지역.

임시형 화생방대피호(臨時型化生放待避壕, Improvised Nbc Protection Shelter)
화생방대피호의 일종으로서 기존시설, 지하도, 지하실, 자연동굴 등을 개조한 화생방대피호.

임전태세(臨戰態勢, Preparations for Action)
언제라도 전투에 대비할 수 있도록 준비된 상태.

입고정비(入庫整備, Warehousing Maintenance)
사용부대의 정비능력 이상의 결함이 생긴 장비를 정비부대에 입고시켜 실시하는 정비.

입대전 병상(入隊前病狀, Existed Prior to Service)
개인이 입대 전부터 가지고 있었던 외상 또는 질병을 증명하는 진단용어.

입사각(入射角, Angle of Entry)
폭탄 또는 탄환이 낙하할 때 목표점의 수직선과 이루는 경사도.

입수선(入水線, Splash Line)
야간작전 시 수중폭파대원(UDT)이 고무보트로부터 물속에 들어가는 해상지점. 적에게 탐지되지 않고 그 임무를 완수할 수 있도록 해안으로부터 충분히 이격된 곳에 선정한다.

입원(入院, Hospitalization)
외래환자 중 통원치료가 불가능하거나 전문의료진에 의한 계속적인 치료를 필요로 하는 환자의 소속을 이동외과병원 이상 군의무 시설로 변동시켜 두고 진료하는 상태.

입체기동전(立體機動戰, Multi-dimensional Maneuver Warfare)
지상·해양·공중·우주의 전 작전공간에서 가용한 육·해·공군의 수단과 방법을 사용하여 적의 중심을 차단, 거부, 파괴, 격멸함으로써 적의 전투의지를 마비시키거나 적의 작전기도를 분쇄시키기 위한 합동작전의 전법.

입체전(立體戰, Multi-dimensional Warfare)
지상 · 공중 · 해상 · 수중 · 우주에서 동시다발적으로 수행되는 전투양상.

잉여무기원조(剩餘武器援助, Delivery of Excess Defence Articles; DEDA)
미국이 자국의 잉여무기를 우방국에게 원조하는 전략.

잉여탄(剩餘彈, Surplus Ammunition)
1. 사용가치를 상실하여 임무수행에 필요로 하지 않는 탄약.
2. 실제 보유량이 장부상의 수량보다 초과한 분량의 탄약.

ㅇ

ㅈ

자극성연막(刺戟性煙幕, Irritant Smoke)
폭발시 연기 또는 증기모양으로 확산되며 재채기 · 기침 · 두통 등의 증상을 나타내는 화학작용제.

자극성작용제(刺戟性作用劑, Irritant Agent)
재채기, 눈물, 두통 등을 일으키며 그 후에는 구토와 일시적인 전신불수의 증상이 나타나는 화학작용제.

자극제가스(刺戟劑~, Irritant Gas)
눈을 자극해서 눈물을 나게 하거나 코 · 소화기관을 자극하여 재채기 · 기침 · 구토를 일으키는 가스.

자금계정부호(資金計定符號, Requisition Control Number; RCN)
예산의 사업별 금액과 보급지원의 품목회계를 연결시켜 효율적인 예산사용을 목적으로 설정된 부호. 예산의 세항 및 목에 따라 기능별, 무기체계별, 수리부속품 및 물자별로 분류하여 부여하며 필요에 따라 조정할 수 있다.

자금관리보급제도(資金管理補給制度, Fund Management Supply System)
한정된 자원으로 최대의 보급지원 성과를 달성하기 위해 자금을 사용하는 부대에 연간 자금을 배정한 후 배정된 자금 범위내에서 청구하여 보급하는 제도.

자금관리제도(資金管理制度, Fund Management System)
보급품 사용부대에 연간 적정자금을 배정한 후 배정자금을 기준으로 청구 보급하는 제도.

자기감응식발화장치(磁氣感應式發火裝置, Magnetic Fuse)
금속물체에서 발생하는 일정 이상의 자기장 또는 자기장의 변화를 감지하여 작동하는 지뢰 폭발에 사용하는 발화장치.

자기기뢰(磁氣機雷, Magnetic Mine)
수상함이나 잠수함이 지나갈 때 생기는 자기장의 변화를 감지하여 폭발하는 기뢰. 주로 침저기뢰이며, 자기장을 감지한 후 목표에 스스로 접근하여 폭발하는 항주기뢰도 있다.

자기소해(磁氣掃海, Magnetic Sweep)
함정이 예인하는 자기발생장치에 전류를 통하여 형성되는 전극자기로 자기기뢰의 발화장치를 작동하게 하는 소해방법.

자기이상 탐지기(磁氣異常探知機, Magnetic Anomaly Detectors; MAD)
금속물체가 지구자기장을 통과함에 따라 발생되는 지구자기장의 왜곡을 탐지하는 장비. 대잠수함 작전을 위해 고정익 해상초계기에 탑재하거나, 대잠전 헬리콥터에 탑재하여 사용되고 있는데 기체 자체의 자기장에 의한 간섭을 배제하기 위하여 예인하는 방법을 택하고 있다. 널리 사용되는 MAD 기술로는 P-3C해상초계기의 꼬리 "Stinger" 부분에 장착된 TI사의 AN/ASQ-8 체계와 SH-60B 대잠전 헬리콥터에서 운용되는 예인용 AN/ASQ-8 체계 등이 있다. 통제장치에는 탐지장치와 증폭용 동력수급장비 등이 포함되며, ASQ-81체계에서는 전체 자기장 범위내에서의 국부 자기장 왜곡을 탐지하기 위해서 광펌핑헬름 자력계를 사용하고 있다. 감지된 자기장 변화량은 아날로그형의 전압신호로 전환되어 출력 모니터에 영상으로 출력된다.

자기적도(磁氣赤道, Magnetic Equator)
자침편각이 0이 되는 모든 점을 연결하여 지도나 해도 상에 그은 선.

자기지뢰(磁氣地雷, Magnetic Mine)
목표에서 발생하는 자기장의 변화에 반응하여 폭발하는 지뢰. 주로 대전차 지뢰에 사용하며, 살포식 대전차 지뢰의 경우 감속장치로 서서히 낙하하면서 전차의 자기장을 탐지하고 자체 유도하여 목표물을 타격한다.

자기처리(磁氣處理, Deperming)
함정 주위에 커다란 전도체의 코일을 설치함으로써 함정의 영구자장을 감소시키는 방법을 이르는 말.

자기폭풍(磁氣暴風, Magnetic Storm)
태양 표면에서 발생하는 폭발에 의하여 방사되는 강력한 자기장의 폭풍으로 무선통신에 장애를 일으킴.

자기편차(磁氣偏差, Magnetic Variation)
지도상의 북쪽인 진북과 나침반의 북쪽인 자북 간의 수평각. 진북을 중심으로 빗나간 방향에 따라 동쪽 또는 서쪽으로 몇도로 표시한다. 자침편차라고도 한다.

자기표시환(磁氣表示環, Magnetic Indicator Loop; MIL)
항만구역으로 접근하는 수상 혹은 수중표적의 위치를 탐지하기 위해 해저에 부설된 케이블. 이 케이블 위를 지나가는 철제로 인하여 생기는 자장의 왜곡을 기록하며, 이 자장의 변화는 지상사무실에 있는 기록부에 연동 기록되며 기록기에는 경종이 달려 있어 지속적인 감시활동이 가능하다.

자동공진가속기(自動共振加速機, Cavity)
레이저광선을 일정한 공동(空洞)내의 거울로 반복 왕복시킴으로서 위상을 조절하여 레이저의 밀도를 높이는 장치.

자동무선망 연결기(自動無線網連結機, Automatic Net Radio Interface; ANRI)
이동가입자가 무선전화로 고정 선망 및 타 가입자 이동 통신사 가입자와 통화할 수 있도록 전자 교환기에 자동적으로 연결시켜 주는 장비 및 체계.

자동방향탐지기(自動方向探知機, Automatic Direction Finder; ADF)
항공기에 사용되는 항법장비로서, 특정 무선통신소와 주파수를 맞추어 놓으면 자침이 지속적으로 무선통신소 방향을 가리키며 비행방향을 알려 주는 장비.

자동보급제도(自動補給制度, Automatic Supply System)
사용부대의 청구 없이 자동적으로 불출하는 보급제도. 추정, 경험, 소비실적, 품목의 수명 등을 기초로 하여 일정한 기간에 일정량을 자동적으로 발송 또는 불출한다.

자동비행통제체계(自動飛行統制體系, Automatic Flight Control System)
1. 항공기나 미사일이 특정 목표에 도달할 수 있도록 진로나 비행자세를 자동적으로 조정할 수 있도록 설치된 모든 장비를 포괄한 체계.
2. 조종사가 목적지에 관한 정보를 입력하면 항공기가 자동적으로 원하는 방향으로 비행하게 설계된 운행 장치.

자동사격(自動射擊, Automatic Fire)
1. 화기를 연발로 사격하는 것.
2. 탐지수단에 의해 표적의 제원을 탐지. 및 식별하여, 표적제원을 처리한 결과를

사격계통에 전달하여 사격명령을 지시함으로써 표적을 자동 격파하는 체계.

자동사격통제장치(自動射擊統制裝置, Automatic Fire Control System)
대포의 사격과 관련된 모든 사격통제를 자동 처리하는 시스템. 사격에 관련된 각종 제원들을 자동으로 산출하여 사격을 제어하는 장치.

자동소총(自動小銃, Automatic Rifle; AR)
각 개인에게 지급되는 연발 및 단발사격을 할 수 있는 소총류.

자동작전(自動作戰, Automatic Operation)
방공포병의 작전통제체제상 상급제대와 하급제대 간의 항적경보, 식별, 교전명령, 교전통제, 교전결과 보고 등을 제원망 및 컴퓨터를 이용하여 실시하는 작전형태.

자동장전장치(自動裝塡裝置, Autoloader)
탄약을 주포의 약실내로 자동공급 되도록 통제하는 기능을 수행하는 전차의 기계장치.

자동재보급(自動再補給, Automatic Resupply; AR)
재보급 시간, 장소, 내용물, 강하지역 표지 등이 작전제대 침투 이전에 결정되는 사전에 계획된 재보급. 공수부대가 작전침투 직후 특전지휘소와 통신이 개소된 후에 자동적으로 실시되는 재보급이며, 주로 침투시 휴대하지 못한 장비와 투하시 파손되었거나 망실된 장비의 자동보충을 위한 제도이다.

자동제원처리장치(自動諸元處理裝置, Automatic Data Processing Equipment)

1. 사무의 자동화 처리나 복잡한 대량계산을 처리하는 전자계산기.
2. 디지털 전자계산기 내부에 저장하거나 외부에서 조종하며, 지시에 따라 자동적인 산출 또는 기타 논리적인 계산을 할 수 있도록 계산기 주요부분에 전자회로를 사용하고 있는 한 개의 기계 또는 상호 연결된 기계.
3. 부수장비 타자기를 포함하여 계산기에 부수되는 모든 산출장치.

자동조준(自動照準, Automatic Gun Laying)
포수나 전차장이 획득한 표적에 대해 레이저로 지시하면 전차의 주포가 자동으로 그 위치로 조준하는 것.

자동투하장치(自動投下裝置, Automatic Toss)
비행기의 폭탄이나 보조연료탱크를 자동으로 통제하여 투하하는 조정장치.

자동할당-방공(自動割當-防空, Automatic Allocation)
적성항적의 위협을 스스로 평가하여 방어지역과 유도탄 교전지역을 판단하고, 적성항적에 대한 속도, 방향, 반응시간을 고려하여 최적포대에 표적을 할당하는 방공작전 수행 형태.

자동화 방공체계(自動化防空體系, Automated Air Defense System)
방공레이더 및 외부체제를 통해 수집된 방공작전 자료가 실시간으로 컴퓨터에 입력, 처리 및 전시되고, 탐지, 식별 및 요격에 필요한 자료를 자동 혹은 반자동으로 처리하는 체계.

자동화종심작전협조체계(自動化縱深作戰協調體系, Automated Deep Operations Coordination System; ADOCS)
군단급 이상제대에서 사용하는 통합된 종심상의 표적 처리를 위한 지휘소 자동화 체계.

자료감시-방공(資料監視-防空, Data Quality Monitor)
레이더 기지로부터 전송되어 수상기(受像

ㅈ

機)상에 전시되는 항적(航跡)자료의 질적 상태를 감시하는 행위.

자료환류(資料還流, Data Feedback)
정보 및 첩보자료가 수집, 생산, 처리체계 내에서 상호 교류되는 현상을 이르는 말.

자물쇠(Safety Latch)
총 또는 포의 발사를 방지하는 장치.

자북방위각(磁北方位角, Compass Bearing)
나침반을 판독하는데 있어 자북으로부터 측정한 방위각.

자산(資産, Assets; ASST)
1. 부대의 운영을 위하여 보유하고 있는 자금, 물자, 장비, 부동산 등을 총칭하는 용어.
2. 정보기능 수행에 요구되는 일체의 인적, 물적 역량을 가리키는 말.

자선(子船, Slave Boat)
해상 침투시 모선을 이탈하여 해안으로 접근하기 위해 사용되는 소형쾌속선, 반잠수정, 수중잠행보트, 공기부양정 등과 같은 장비. 통상 모선에 적재되어 이동하다가 적 근해에서 모선으로부터 분리되어 침투요원에 의해 직접 조작된다.

자연발화(自然發火, Autogenous Ignition)
1. 외부로부터 인화요소가 제공되지 않았음에도 저절로 발화하는 것.
2. 장전된 탄약이나 장약이 화기 자체가 가진 열 때문에 저절로 발화되어 발사되거나 폭발하는 것.

자연장애물(自然障碍物, Natural Obstacle)
사막, 하천, 협곡, 산악 등과 같이 자연적인 지형지물이나, 건물, 도시, 제방 등과 같이 근본적으로는 군사목적으로 설치하지는 않았으나 결과적으로 군사 활동에 제한을 주는 인공구조물.

자연처리법(自然處理法, Natural Disposing)
바람, 비, 습기, 흙, 물 등의 자연 제독제에 일정 시간 노출시키는 방법으로, 화생방 작용제를 파괴, 중화, 제거시키는 제독방법.

자오선(子午線, Meridian)
천구상의 한 점과 하늘의 북극, 남극을 연결한 큰 원, 또는 지구상의 한 점과 지구의 양극을 연결한 큰 원. 영국의 그리니치 천문대의 자오의를 지나는 자오선을 본초자오선(本初子午線, Greenwich Meridian)으로 하고 이 지점을 경도 0°로 정하여 동경과 서경의 기점으로 정하며, 동서로 각각 180 등분한다. 우리나라의 중앙 경선은 동경 127.5선이나, 표준 경선은 동경 135도선으로 정하고 있어, 우리나라의 표준시는 GMT+9 즉 본초 자오선상의 시간보다 9시간 빠르다.

자원관리체계(資源管理體系, Resource Management System; RMS)
국방자원관리의 제 요소인 인력, 예산, 동원, 군수자원, 시설, 교육훈련 분야 등을 각 분야별로 자동화·전산화하여 통합군수 정보체계와 융합시켜 구축한 국방자원관리체계. 이는 국가 초고속 정보통신체계를 통하여 국가차원의 자원관리체계와 상호 연동되도록 하여 민·관·군 자원관리가 통합 운영되는 범국가적 차원의 단일화된 체계이며, 통합 전장관리체계와 연계하여 한정된 자원으로 가장 효율적인 군사력 건설과 전쟁지속능력을 유지하기 위한 자원획득·통제 및 관리체계이다.

자위권(自衛權, Right of Self Defense)
1. 국가 또는 테러단체 등의 현실적 무력공격에 의해 영토보존 등 영토관련 법익이 침해되고, 피침략국이 다른 구제수단에 호소할 수 없을 만큼 긴급한 경우, 최후의 구제수단으로서 국가들이 개별적으로

또는 집단적으로 무력사용을 할 수 있는 국제법상의 고유한 권리.

2. 국가 또는 국민에 대한 현실적 또는 급박한 불법침해가 있을 경우, 이를 배제하여 국가 또는 국민을 방위하기 위해 최소한의 범위 내에서 실력을 행사할 수 있는 권리. 광의로는 긴급피난을 포함한다.

자위대(自衛隊, Self Defense Forces; SDF)
(일본) 현행 일본헌법 하에서 일본의 군사력을 지칭.

자위적 선제타격(自衛的先制打擊, Self Defensive Preemptive Attack)
적의 공격이 임박한 명백한 증거가 있거나, 기습공격을 개시한 상황에서 즉각적인 행동을 개시하지 않으면 생존권이 치명적으로 손상될 수밖에 없는 상황이라고 판단하여, 적의 공격개시 직전 또는 공격개시와 동시에 적을 타격하는 군사행동.

자유강하(自由降下, Free Fall)
낙하자의 선택으로 인위적으로 낙하산이 작동되든가, 미리 정해 둔 고도에서 자동적으로 낙하산이 작동되는 낙하산 기동.

자유기동(自由機動, Free Maneuver)
야외훈련을 하는 양 부대가 자유의지에 의해 공격과 방어를 하는 기동연습.

자유로켓(自由~, Free Rocket)
비행중에 유도나 조종이 되지 않는 로켓.

자유무기(自由武器, Free Weapon)
현재 지정된 표적이 없는 상태의 사용 가능한 무기를 이르는 말. 최소한 한 개 이상의 표적에 대하여 사격이 가능한 상태임을 일컫는다.

자유비행(自由飛行, Free Flight)
미사일의 추진력이 소진된 후 관성력에 의하여 비행하는 것.

자유사격(自由射擊, Free Fire)
확실하게 우군으로 식별된 표적이 아닌 모든 표적에 대해 공격이 가능한 사격방법.

자유사격지역(自由射擊地域, Free Fire Area; FFA)
신속한 사격을 위하여 설정한 부대와의 추가적인 협조 없이 자유롭게 사격을 할 수 있도록 지정된 지역.

자유투하(自由投下, Free Drop)
1. 항공기로부터 낙하산을 사용하지 않고 장비나 보급품을 투하하는 것.
2. 낙하산이 펴지지 않고 그대로 떨어지는 것.

자유표면효과(自由表面效果, Free Surface Effect)
함정의 격실이나 탱크 내에 일부만 차 있는 액체(물이나 연료)가 함정의 요동이나 경사에 따라 자유롭게 이동하여 함정의 안정유지에 방해를 가져오는 효과.

자유화지역(自由化地域, Freed Area, Reclaimed Area)
적에 의해 국내법의 적용범위가 제한되어 있던 지역으로부터 적을 축출하고 국내법의 적용범위를 확대하게 된 지역.

자율작전(自律作戰, Autonomous Operation)
1. 전시 상급제대와의 통신망 두절시 작전계획 및 교전수칙에 의거하여 독자적인 작전을 수행하는 상황을 이르는 말.
2. 상급부대와 모든 통신망이 두절되었을 때, 지휘관이 부대를 자율적으로 운용하며 무기통제 및 교전에 대한 책임을 지는 표적할당의 통제수준을 이르는 말.

자이로스코프(~, Gyroscope)
방향의 측정 또는 유지에 사용되는 기구로, 금속제 원판(팽이모양)을 둥근 바퀴로 이중 또는 삼중으로 지지하고 어느 방향으로나

ㅈ

회전할 수 있도록 한 장치. 일단 원판을 회전시키면, 장치를 조금 움직이더라도 그 중심축의 방향을 유지한 채로 자세를 바꾸지 않고 계속 회전하므로 자이로스코프는 나침반의 일종인 자이로컴퍼스, 포의 조준기, 우주선의 유도 시스템, 배나 비행기의 롤링을 막는 장치(자이로스태빌라이저) 등에 이용된다. 회전의(回轉儀)라고도 한다.

자이로 안정장치(~安全裝置, Gyrostabilizer)
전차의 전후의 동요에 상관없이 전차포의 수직방향의 움직임을 안정시켜서 사격을 용이하게 하기위해 자이로를 이용한 장치.

자장감소(磁場減少, Degaussing)
잠수함 운항중에 해수와의 마찰에 의해 생긴 표면의 자기장을 제거하여 자기기회를 피하게 하는 작업.

자장변화탐지(磁場變化探知, Magnetic Anomaly Detection)
자성을 가진 물질이 접근할 때, 본래의 지구자장이 왜곡되는 변화상태를 탐지하는 것. 처음의 탐지거리는 짧더라도 정보사항으로 입수한 접촉자료의 확인에는 매우 유용하다.

자재보안(資材保安, Material Security)
비밀에 속하는 통신기구나 해당자재에 대한 접근이 인가되지 않은 사람이 접근하는 것을 방지하기 위해 필요한 보안 조치.

자주대공포(自走對空砲, Self Propelled Anti Aircraft Artillery)
차량에 설치하여 기동성을 부여한 대공포. 자체적인 탐색레이더와 다양한 사격통제장치를 장비하며 상당량의 탄약도 휴대하여 기동부대의 대공방어망의 일부를 담당한다.

자주박격포(自走迫擊砲, Self Propelled Mortar)
차량에 탑재하여 기동력을 부여한 박격포. 주로 궤도차량에 대구경 박격포를 탑재하여 운용한다.

자주부교(自走浮橋, Mobile Assault Bridge)
지상주행 및 수상항행이 가능한 수륙양용차량에 도판 및 부교 가설장치를 장착한 자주식 부교차량. 수상에서 개개의 부교로도 운용되며, 여러 대의 자주부교를 연결하여 사용할 수도 있다.

자주포(自走砲, Self Propelled Artillery)
야포를 차량에 적재한 상태로 운용함으로써 자체적인 기동력을 가지고 있는 화포. 사격 후 신속한 진지변환이 가능하며, 무한궤도 차량에 장갑화 되어 있어 생존성이 향상되었다. 과거에는 장착되는 포의 구경이 203 mm에 이르기까지 다양하였으나 현재는 155 mm급이 주력화 되고 있다.
(북한) [자동포(自動砲)], [자행포(自行砲)]

자차수정(自差修正, Magnetic Compass Deviation Adjust)
선박에 장비한 자석식 나침반이 각종 철제물의 영향을 받아 생긴 자북(磁北)과의 편차를 올바른 자기(磁氣)방위를 가리키도록 교정하는 절차를 이르는 말.

자체방어(自體防禦, Self Defense)
부대, 함정, 기지에 대한 적 침투부대의 기습을 제압하거나 위협을 감소시켜 부대의 임무 및 기능을 최대로 발휘할 수 있도록 하는 작전활동.

자체생산(自體生産, Indigenous Product)
무기체계를 순수한 자체국력으로서 연구·개발·시험·평가하고 생산하여 자국의 국방요소를 충당하고, 그 여력을 수출하여 국가정책의 결정력으로 행사할 수 있는 생산형태.

자체유도(自體誘導, Self-Inductance)
미사일에 내장된 유도장치에 의해 미사일을 유도하는 방식.

자체추진기뢰(自體推進機雷, Mobile Mine)
기뢰가 투하된 후 지정된 부설위치까지 자체 추진력으로 가도록 설계된 기뢰.

자침(自沈, To Scuttle Oneself)
함정이나 잠수함이 피격 또는 고장 등의 이유로 전투력의 보존이 어렵고, 적에게 나포될 염려가 있을 때에 지휘관의 결심에 따라 스스로 침몰시키는 것.

자편각(磁偏角, Compass Declination)
나침반의 자침이 지시하는 자북과 진북의 차이가 나는 각도.

자폭신관(自爆信管, Self Destroying Fuse)
포탄이 직접 목표물을 타격하지 않더라도 사전 설정된 시간 또는 자기감응 등에 의하여 스스로 작동시켜 폭발하게 설계된 신관.

자폭장치(自爆裝置, Self- Destruction Equipment)
1. 미사일이 목표물 타격에 실패 했을 때 스스로 폭파하도록 설계된 장치.
2. 시설이나 장비를 적에게 넘겨주지 않기 위해 스스로 폭파시키도록 설계된 장치.

자해(自害, Self-Infliction)
전투를 기피할 목적으로 스스로 몸에 상해를 가하는 것.

작도판(作圖板, Plotting Set)
지도나 각종 전술도면을 설치한 판.

작약(炸藥, Burster)
포탄 · 어뢰 · 지뢰 등을 파열시키도록 내부에 채운 화약.

작열제(灼熱劑, Thermit)
주로 산화철과 알루미늄의 혼합물로서 소이제의 재료로 사용되는 화학작용제.

작전(作戰, Operation)
1. 전략, 전술, 근무, 훈련 및 군 행정임무에 관한 군사적인 행동 또는 이를 수행하는 것.
2. 어떠한 전투 또는 전역에서 목표를 달성하는 데 필요한 전투수행 과정으로서 이동, 보급, 공격, 방어 및 기동 등이 포함됨.

(중국) 1. 전쟁의 일반적인 방법. 2. 현대어로 단순한 전투를 가리키기도 함.

(러시아) 전역, 전략 방면 또는 작전 방면에서의 임무를 달성하기 위해 설정된 기간 내에 단일 구상과 계획에 따라 동시에 그리고 순차적으로 수행되는 제병합동부대의 교전, 전투, 타격 및 기동의 목표, 임무, 장소, 시간에 따른 조화와 상호관계의 총합.

(일본) 일반적으로 방위 목적을 달성하기 위한 행동을 말하며, 전투도 작전에 포함됨. 작전· 전투로도 표현된다. 구 일본군에서는 사단급 이상 부대의 일정기간에 걸친 적대행동을 총칭하여 작전이라 하였다.

작전개념(作戰槪念, Concept of Operations)
하나 또는 일련의 작전을 수행하기 위한 지휘관의 가정과 의도의 윤곽을 구두나 서면으로 진술한 것. 작전개념은 특히 일련의 작전이 동시에 또는 계속적으로 수행될 때 작전계획에 구체적으로 기술되며, 작전의 전모를 밝히기 위하여 작성된다. 이것은 기본적으로 작전의 목적을 더욱 명백히 하기 위한 것이며 '지휘관 개념'이라고도 부른다.

작전개시일(作戰開始日, D-Day)
노르망디 상륙작전 때 사용된 작전용어 'D-Day' 가 관습화된 외래어임. 본래 노르망디 작전을 실행에 옮기기 시작한 날을 의미했다.

작전계획(作戰計劃, Operation Plan; OPLAN)
군사작전을 수행하기 위하여 작성된 계획. 진술된 가정을 기초로 하여 작성되며, 단일 작전이나 동시 또는 연속적으로 수행되는 일련의 작전을 망라한다. 예하부대 지휘관으로 하여금 지원계획이나 명령을 준비할 수 있도록 상급제대에서 사용하는 지시라고 할 수 있으며, 기본계획, 우발계획, 예비계획으로 구분된다.

작전공간(作戰空間, Battle Space)
작전이 수행되는 정면과 종심을 포함한 작전지대.

작전기동(作戰機動, Operational Maneuver)
적의 취약한 지점에 아군의 강점을 지향시켜 상대적인 우세를 달성하기 위한 군단급 이상 부대의 재배치.

작전기동단(作戰機動團, Operational Maneuver Group; OMG)
(러시아) 작전술 차원의 종심공격을 실시하기 위해 편조된 고속기동부대.

작전기만(作戰欺瞞, Operational Deception)
사실을 조작, 왜곡 또는 위조함으로써 적 지휘관으로 하여금 상황을 오판토록 하여 아군의 작전에 유리하도록 하기 위한 계획 및 시행 방책.

작전기지(作戰基地, Base of Operation)
부대가 그곳을 중심으로 하여 공세적인 작전을 개시할 수 있고, 불리한 경우에는 그 지점으로 철수하여 자체 방어를 할 수 있도록 보급시설이 구비되어 있는 지역 또는 시설.

작전기획(作戰企劃, Operation Planning)
전략기획과 작전계획을 연계시켜 주는 기획활동. 전·평시를 막론하고 실제 또는 예상되는 군사문제를 해결하기 위해 현존 군사능력의 운용방안을 제시하는 지속적이고 광범위한 기획활동이다.

작전노출지침(作戰露出指針, Operation Exposure Guide)
부대가 특정 임무 또는 연속적 임무수행 중에 지휘관이 허용할 수 있다고 판단한 핵방사선의 최대 노출선량.

작전단계화(作戰段階化, Operation Phasing)
작전을 효과적으로 계획하고 통제하기 위해 작전을 수 개의 단계로 구분하여 실시하는 것. 통상 작전의 단계화는 한 작전의 성격 및 특성이 변경되고 다른 형태의 작전이 시작 될 때, 또는 공격기동 형태가 변경될 때, 부대의 주요 재편조가 요구되거나 작전의 기간을 상세히 예측할 수 없을 때 실시된다.

작전대기상태(作戰待機狀態, Operational State of Alert)
평시(우발, 기습) 및 방어준비태세 증가에 따라 방공포병부대의 즉각적인 전력발휘를 위한 인원, 장비의 작전상태 및 부대 교육훈련/정비를 위한 상태.

작전동원(作戰動員, Operational Mobilization)
1. 전시, 사변 또는 이에 준하는 국가비상사태에서 주요전투부대의 편성이나 작전소요를 보충하기 위해 예비군을 동원하는 것.
2. 적 또는 무장 공비의 출현 등 긴급한 사태에 예비군설치법 제5조에 의해 수임부대장이 예비군을 동원하는 것.

작전명령(作戰命令, Operation Order; OPORD)
작전을 수행하기 위해 예하지휘관에게 임무와 협조사항 등을 지시하는 명령. 전술적 이동명령을 포함한 작전실시를 효과적으로 협조시키거나, 새로운 임무를 부여하기 위해 예하 지휘관에게 하달하는 명령이다.
(북한) [전투지령(戰鬪指令)]

작전목적(作戰目的, Purpose of Operation)
해당 부대가 작전을 실시하는 이유와 배경을 기술하는 것. '무엇을 위하여, 왜 작전을 실시하는가?'를 의미한다.

작전목표(作戰目標, Operational Objective)
작전을 통해 확보, 또는 달성해야 할 구체적 대상이나 상태.

작전반경(作戰半徑, Radius of Operation)
1. 항공기나 함정이 무장과 연료를 탑재하고 모기지로부터 작전을 수행할 수 있는 최대의 반경.
2. 지상부대가 기지를 중심으로 작전활동을 할 수 있는 반경.

작전범위(作戰範圍, Operational Reach)
군사적으로 가용 역량을 운용할 수 있는 기간 및 거리.

작전법(作戰法, Operational Law; OPLAW)
평시 또는 적대행위 시 군사작전 계획과 실행에 관한 국내법 및 국제법을 총칭하며, 군사작전에 초점을 맞춘 다양한 법령 및 군사기술의 집합체이다.

작전보안(作戰保安, Operation Security; OPSEC)
부대활동 통제, 방첩, 기만 등을 포함하여 아군의 부대활동과 기도를 적이 탐지하지 못하게 하는 제반수단.

작전보안핵심요소(作戰保安核心要素, Essential Elements of Friendly Information; EEFI)
만약 적이 알게 될 경우 아군의 작전을 위태롭게 하거나 작전의 성공을 제한할 수 있는 아군에 관한 사항. 적의 탐지활동으로부터 반드시 보호되어야 하며, 지휘관이 중요하다고 판단할 경우 지휘관 중요정보요구(CCIR)에 포함할 수 있다.

작전부대(作戰部隊, Operating Forces)
전투를 기본임무로 하는 부대와 그의 부수 지원부대.

작전선(作戰線, Line of Operations)
목표달성을 위해 현 작전기지 또는 배치지역으로부터 일련의 목표들을 연결하는 물리적 또는 개념적 선. 작전선은 결정적 지점을 경유하여 최종적으로는 중심으로 지향된다.
(일본) [作戰方向(작전방향)].

작전소요량(作戰所要量, Operational Requirements)
실제 작전에 소모되는 보든 보급품과 장비의 양.

작전소요통제(作戰所要統制, Operational Requirement Control)
전시 또는 평시, 작전에 필요한 인적, 물적 자원의 획득, 비축에 대한 통제업무. 주로 합참과 각 군 본부 간에 이루어진다.

작전수송(作戰輸送, Operational Transportation)
병참지대 내에서와 야전군 시설로부터 예하 시설이나 부대로 인원, 장비 및 물자 등을 각종 수송 수단을 이용하여 실시하는 제반수송. 수송책임은 국군수송사령관 및 군사령관에게 있다.

작전술(作戰術, Operational Art)
1. 전략지침을 통해 하달되는 군사전략목표를 달성하기 위해 전역과 대규모 작전을 계획 및 실시하며, 전술적 수단들을 결합 또는 연계시키는 이론과 실제.
2. 군사전략목표를 달성하기 위하여 대부대가 가용부대를 배비시키고 기동하는 실질적인 부대운용 기술.

(미국) 전쟁을 준비하고 수행하는 활동으로서 전구 내에서 전략목표를 달성하기 위하여 가용한 군사자원을 사용하는 대부대의 작전이론.
(러시아) 군사술의 구성부분으로서 여러 군으로 이루어진 합동부대들의 합동작전 및 단독 작전의 준비 및 시행에 관한 이론과 실제를 포함하며, 군사전략과 전술의 중간에 위치하여 양자를 연결하는 고리를 구성함.

ㅈ

작전연속체(作戰連續體, Operational Continuum)
다양한 형태의 군사작전 및 활동의 범주 내에서 이루어지는 평시의 경쟁, 분쟁 및 전쟁의 일반적인 상태.

작전예비(作戰豫備, Operational Reserve)
특정작전을 지원하기 위해 설정한 인원이나 물자의 예비.

작전요구성능(作戰要求性能, Required Operational Capability; ROC)
군사전략목표 달성과 합동작전 운영개념 구현을 위해서 획득이 요구되는 무기체계의 운용개념을 충족시키기 위해 제시한 성능수준과 무기체계 능력. 개략적 작전운용성능과 정량화 작전운용성능으로 구별되며, 이는 연구개발 또는 국외도입 무기체계의 획득을 위한 시험평가의 기준이 된다.

작전인가구역(作戰認可區域, Approved Areas of Operation; AAO)
평시 아군의 해상 및 공중전력을 효과적으로 통제하기 위하여 합참의장이 설정하는 구역.

작전장교(作戰將校, Operations Officer)
대대급 이상부대의 작전분야 업무를 담당하는 참모장교.

작전적 군사기만(作戰的軍事欺瞞, Operational Military Deception) ☞ [군사기만]

작전적 기동력(作戰的機動力, Operational Mobility)
군부대가 주임무를 달성하기 위한 능력을 유지코자 작전전구의 지정된 한 장소에서 타 장소로 이동하는 능력과 특성을 의미함.

작전적 심리전(作戰的心理戰, Operational Psychological Operations)
전구급 목표달성을 지원하기 위해 작전적 차원에서 실시하는 심리전으로서 전략심리전과 전술심리전 사이를 연결하는 위치에 있음.

작전적 중심(作戰的重心, Operational Center of Gravity)
작전술 차원에서 식별한 중심. 작전적 중심으로 유형적인 요소인 적 주력부대, 지휘통제시설, 군수기지, 병참선 등과 무형적 요소인 동맹군의 단결력, 지휘관의 리더십, 적의 임무수행체계, 작전템포 등의 선정이 가능함.

작전정보(作戰情報, Operational Intelligence)
각종 작전을 계획하고 수행하는데 있어서 지휘관이 필요로 하는 정보.

작전제한지역(作戰制限地域, Restricted Operation Area; ROA)
특정임무 및 요구를 위해 분리된 공역. 지상군 부대의 화력집중 운용지역이나 함포사격, 공중급유 항공차단지역, 무인항공기 발사, 비행경로 및 방공부대의 자유사격이 선포된 지역에 대하여 일시적으로 설정된 공역을 말한다. 작전제한 공역은 항공활동을 제한하는 비행제한공역, 지상군 화력운용을 제한하는 사격제한공역, 타 부대 사용을 제한하는 고밀도 공역통제구역으로 구분된다. 작전제한구역(Restricted Operation Zone)이라고도 한다.

작전준비검열(作戰準備檢閱, Operational Readiness Inspection; ORI)
부여받은 임무를 수행할 부대의 준비태세를 검사하는 절차.

작전준비태세(作戰準備態勢, Operational Readiness)
1. 부대 및 무기체계가 편성 또는 계획된 기능을 수행할 수 있는 능력, 장비 및 인

원준비상태의 결합.
2. 장비에 있어 설계된 기능 수행상태
3. 인원에 있어 부여된 임무 또는 기능수행의 가용성과 자격.

작전준비훈련(作戰準備訓練, Operational Readiness Training; ORT)
부여된 임무를 완벽하게 수행하기 위하여 과업과 유사한 상황 하에서 실시하는 훈련.

작전지구(作戰地區, Sector)
단위 부대가 작전을 수행하고 책임을 지는 전투지경선에 의해 표시되는 지역. 주로 방어작전에 사용되는 개념.

작전지도(作戰地圖, Operation Map)
작전에 참가하는 우군부대의 규모와 위치, 예상되는 적군의 규모와 위치를 표시한 지도.

작전지도(作戰指導, Operation Instruction)
작전지휘관이 작전계획수립, 작전준비, 작전실시의 전 기간에 걸쳐 자신의 의도대로 예하부대를 효율적으로 지휘 및 통제하여 임무를 달성토록 하는 것.

작전지속능력(作戰持續能力, Sustainability)
1. 군사적 목표달성을 위해 전 작전기간 동안 요망되는 수준의 전투력 집중과 작전의 템포를 유지할 수 있는 능력.
2. 군사작전을 지원하기 위해 필요한 부대(병력), 물자 및 소모품을 제공 및 유지하는 기능.

〈동〉 [지속능력]

작전지역(作戰地域, Area of Operation)
해당부대 지휘관에게 군사작전을 실시하기 위한 책임과 권한이 부여되는 지역. 통상 작전지역은 작전계획이나 작전명령의 전투지경선이나 전투진지에 의하여 정해지며, 작전지역은 다시 세분하여 근접작전지역, 후방작전지역, 적지종심지역으로 구분된다.

작전지역분석(作戰地域分析, Area of Operation Analysis)
지휘관의 계획지침을 기초로 전장정보 분석기법을 적용하여 전장지역을 평가하고, 지형 및 기상, 주민성향과 같은 기타 특징 등이 피·아 작전에 미치는 영향을 분석하는 것. 위협분석과 방책수립 및 최선의 방책 선정의 기초를 제공한다.

작전지원(作戰支援, Operating Support)
1. 작전활동을 뒷받침하는 제 요소인 인원, 장비, 물자, 시설, 예산 등을 지원하는 기능.
2. 지원작전개념을 구체적으로 구현하기 위한 합동전장 운영기능의 하나로 전술차원의 전투근무지원 기능과 구분됨.

작전지침(作戰指針, Operational Guidance)
작전의 임무수행을 위해 부여하는 지시 및 협조사항의 기준 또는 방향을 제시해 주는 기본방침.

작전지휘(作戰指揮, Operational Command; OPCOM)
작전 임무수행을 위해 지휘관이 예하부대에 행사하는 권한으로서, 작전수행에 필요한 자원의 획득 및 비축, 사용 등의 작전소요 통제, 전투편성(예속, 배속, 지원, 작전통제), 임무부여, 목표의 지정 및 임무수행에 필요한 지시 등이 포함됨. 행정지위에 대한 상대적 개념이므로, 행정 및 군수에 대한 책임 및 권한은 포함되지 않는다.

작전참모(作戰參謀, Assistant Chief of Staff for Operation, G3)
편성·교육훈련 등 군사업무와 작전에 관하여 지휘관을 보좌하는 주무 참모.

작전통제(作戰統制, Operational Control; OPCON)
1. 행정과 군수를 제외한 편성체를 전술적

ㅈ

으로 운용하는 지휘관의 보통기능.

2. 시간 또는 위치에 따라 제한된 특정 임무나 과업을 완수하기 위하여 예하부대를 지휘하며 관련된 부대를 전개하고 전술통제를 유보하거나 할당하는 권한.

작전통제권(作戰統制權, Operational Control Authority; OCA)
지정된 부대를 작전통제 하는 권한.

작전통제권이양(作戰統制權移讓, Change of Operational Control; CHOP)
부대 또는 단위부대의 작전통제에 대한 책임이 작전통제권자로부터 타 권한자로 이양되는 것

작전투명도(作戰透明圖, Operation Overlay)
작전에 관련된 아군부대의 위치 · 규모 · 기동 · 화력계획등을 군대부호와 전술적 통제수단을 사용하여 도식한 것. 필요시 적부대의 위치 및 예상되는 이동 경로 및 위치를 표시할 수 있으며, 통상 대대급 이상 제대에서는 부록으로 작성하여 활용한다.

작전학(作戰學, Studies of Operations)
군사력의 실제적인 운용, 즉 군사력의 사용준비 및 수행 기술에 관한 연구 분야. 전략학과 전술학의 사이에 위치하며, 우리 군에서는 흔히 '작전술'이라고 부르고 있다. 그 까닭은 이 단계에서부터 학문적 탐구의 대상으로 보기보다는 실습과 체득이 필요한 '기술'로 보고 있기 때문이다. 세부 분야로는 군종별작전, 합동작전, 연합작전 등이 있으며, 주요 연구내용으로는 작전의 성질, 유형, 특징과 원칙, 작전계획 및 조직 등이 있다. 최근에는 전쟁이나 전투 등 전통적인 군사행동 이외에도 대테러작전, 국제평화유지활동, 소요진압작전, 재해지원과 마약퇴치 등과 같은 국가시책에 대한 군사적 지원 등 이른바 "전쟁 이외의 작전(MOOTW: Military Operations Other Than War)"도 군의 주요한 임무로 부각되고 있다.

작전한계점(作戰限界點, Culminating Point)
공격 또는 방어작전부대가 전투력의 저하, 전투원의 피로, 긴요 물자의 결핍 등으로 인해 더 이상 작전을 지속하기 어려운 상태 및 그 시기. 공격한계점과 방어한계점이 있다.

작전환경(作戰環境, Operational Environment)
부대 운용에 영향을 미치고 지휘관의 결심에 관계되는 조건이나 주위상황 및 영향을 총칭하는 말.

잔류방사선(殘留放射線, Residual Radiation)
핵폭발에 의해서 생긴 방사선 중 방사능이 비교적 약하지만 수명이 긴 방사능. 보통 핵폭발 1분 후에 발생하는 α입자 · β입자 · 감마선으로 구성되는 방사선으로 잔류방사선의 주 위험은 낙진 등 인공적으로 산포한 약한 방사선 물질이 대표적이다.
〈동〉 [잔류 핵방사선]

잔류매복조(殘留埋伏組, Residual Ambuscade)
아군 병력이 수색하여 통과한 지역 내에 은거한 적의 이동을 차단하고 격멸하기 위하여, 수색병력의 일부를 잔류시켜 급속매복을 실시하는 소규모 부대 및 인원.

잔류부대(殘留部隊, Stay Behind Forces)
1. 어떤 지역으로부터 철수 또는 후퇴하였을 때 특수임무를 수행하기 위하여 그 장소에 잔류하는 부대.
2. 본대가 훈련이나 작전을 위해 주둔지를 출발한 이후에 주둔지에 남아 임무를 수행하는 부대.
3. 계속적인 군사작전을 위해 즉시 이용할 수 있는 전투의 잠재력을 가지고 있으

나, 계획적으로 보류하여 사용하지 않은 부대.
(일본) [殘置部隊(잔치부대)]

잔류오염(殘留汚染, Residual Contamination)
오염 제거 조치들을 취한 후에도 잔존하는 오염. 이러한 조치들에는 오염이 감퇴하도록 방치하는 경우도 있다.

잔류접촉분견대(殘留接觸分遣隊, Detachment Left in Contact)
자발적인 철수 시에 주력부대가 후방으로 이동하는 것을 보호하고 정상적인 방어를 가장하기 위해서 적과 접촉하고 있는 잔류부대.

잔류침투(殘留浸透, Stay Behind Infiltration)
적의 점령이 예상될 때 우군 지배지역에 사전에 부대를 잔류시켰다가, 적이 전진하여 통과함으로써 침투목적이 달성되는 침투방법의 하나.
〈참〉 [적진잔류부대]

잔류 핵방사선(殘留核放射線, Residual Radiation) ☞ [잔류방사선]

잔류효과(殘留效果, Residual Effect)
핵무기가 폭발해서 1분 이후부터 오랜 기간을 두고 미치는 효과. 감응방사능, 방사능 낙진 등이 포함된다.

잔반(殘飯, Leftover Food)
병영에서 식사 후 남은 음식물 찌꺼기.

잔여상륙군보급품(殘餘上陸軍補給品, Remaining Landing Force Supplies)
지휘관이 설정한 규정 휴대량, 해상 담프 또는 사전 적재헬기 공수보급품에 포함되지 않은 재보충용 보급품 및 장비.

잔여추력(殘餘推力, Thrust Deduction)
로켓이나 미사일의 동력이 다했을 때, 그 추진력이 즉각 없어지지 않고 잔여연소로 점차 감소하는 현상.

잔적소탕(殘敵掃蕩, Mop-up)
포위당하거나 고립된 적 부대, 또는 아군이 작전하고 지나간 지역에 잔존하는 적의 저항을 제거하는 활동.

잔존부대(殘存部隊, Remaining Forces)
전투작전의 어떤 특정단계에 남아 있는 부대.

잠김불능(~不能, Failure to Lock)
탄약이 약실에 삽입 및 고정되는 기능에 이상이 생긴 상태.

잠망경(潛望鏡, Periscope)
잠수중인 잠수함 내에서 수면 위의 목표물을 관측할 수 있게 반사경이나 프리즘을 이용해 만든 망원경. 광학탐지, 광량증폭, 열영상, TV전송, 거리측정, 목표지정 등의 통합적인 기능이 있다.

잠망경심도(潛望鏡深度, Periscope Depth)
잠수함이 선체를 수면으로 노출시키지 않은 상태에서 잠망경으로 해수면을 관측할 수 있는 심도.

잠수소해(潛水掃海, Clearance Diving)
잠수부가 직접 기뢰의 위치를 탐지하고, 기뢰에 폭발물을 장착시켜 폭파시키거나 기뢰의 신관을 제거하는 활동.

잠수정(潛水艇, Midget Submarine; SSM)
배수량 150톤 이하의 소형 잠수함. 전투목적 보다는 특수부대의 수중침투나 정찰의 용도로 활용되며 제한적인 무장을 갖추고 있다. 한국은 코스모급, 돌고래급 잠수정을 보유하고 있으며, 북한은 상어급, 유고급 잠수정을 보유하고 있다.

잠수함(潛水艦, Submarine; SS)
수중과 수상에서 자체의 추진력으로 움직일 수 있는 군용 선박. 잠수함의 분류는 크게 추진방식에 따라 재래식 잠수함과 핵추진 잠수함으로, 운용목적에 따라 전략미사일잠수함 및 공격 잠수함으로 구분한다. 잠수함은 부상과 잠행이 모두 가능하고, 수중에서 높은 수압을 견뎌야 하며, 수중에서 3차원의 행동을 할 수 있어야 한다.

잠수함 강습부대(潛水艦强襲部隊, Submarine Striking Forces)
유도 또는 탄도미사일 발사장치와 핵 공격을 할 수 있는 유도기능을 구비한 잠수함 부대.

잠수함고시(潛水艦告示, Submarine Notice; SUBNOTE)
잠수함 안전해역 및 잠수함 경비구역 밖에서 작전을 수행하거나 이동중인 잠수함의 안전을 위해, 잠수함의 국적, 함명, 예정 도착시간, 항로, 속력 및 구역 등에 관한 사항을 함대사령관을 거쳐 지역 및 단위 사령관에게 전달하는 전문이나 서신.

잠수함구난함(潛水艦救難艦, Submarine Rescue Ship)
침몰한 잠수함의 승무원을 구조하거나 선체 인양을 주 임무로 하는 특수 목적의 함정.

잠수함발사 순항미사일(潛水艦發射巡航~, Submarine-Launched Cruise Missile)
잠수함의 어뢰발사구 또는 별도의 수직발사장치로 발사할 수 있도록 만든 순항미사일.

잠수함발사 탄도미사일(潛水艦發射彈道~, Submarine-Lunched Ballistic Missile; SLBM)
잠수함에 탑재되어 수중에서 발사되는 전략핵미사일. 각각의 수직발사관에 다탄두 핵미사일이 한 발씩 탑재되어 압축공기에 의해 수면위로 보내진 후 점화되어 비행하게 된다.

잠수함 방책(潛水艦防柵, Submarine Barrier)
순수한 잠수함으로 구성된 대잠방책.

잠수함 안전구역(潛水艦安全區域, Submarine Havens)
잠수함 예정항로 주위에 설정한 안전구역. 이 구역 내에서는 잠수함이 공격당하지 않게 되나, 수상함정은 운항을 피해야 하는 구역이다.

잠수함 안전항로(潛水艦安全航路, Submarine Safety Lane)
잠수함이 경비구역으로 이동시 우군세력과의 간섭을 방지하면서 신속히 전개할 수 있도록 설정되는 특정 해상항로.

잠수함 이동안전구역(潛水艦移動安全區域, Submarine Moving Haven)
잠수함 이동시 특정한 공간적 크기 및 전진속력이 부여된 이동구역으로서 잠수함의 추정위치를 중심으로 전후방 좌우로 설정된 구역. 평시 잠수함이 항해할 때 상호간섭을 방지하기 위해 반드시 위치해야할 구역이다.

잠수함 자유부상구역(潛水艦自由浮上區域, Stovepipe, Safety Ring)
잠수함의 편대이동 또는 3척의 잠수함이 잠항상태에서 상봉 또는 상호경비구역 교대 시 심도제약을 받지 않으며 부상할 수 있도록 설정된 동심원 구역.

잠수함 작전심도(潛水艦作戰深度, Submarine Operating Depth)
잠수함이 작전하는 수면 또는 수중심도.
1. 수면 : 잠수함이 완전히 수면에서 부상하여 행동할 때.
2. 반수면 : 잠수함이 잠수하기 시작 혹은

부상하기 시작할 때의 심도.
3. 스노클링 심도 : 잠수함이 스노클링 할 때의 심도.
4. 잠망경 심도 : 잠수함의 잠망경 또는 '레이더'를 내놓고 항해할 때의 심도.
5. 잠수심도 : 잠수함이 완전히 잠수하였을 때의 심도.

잠수함 초계(潛水艦哨戒, Submarine Patrol)
잠수함을 이용하여 실시하는 수중이나 수상에 대한 초계.

잠수함 탐지거리예보(潛水艦探知距離豫報, Submarine Range Prediction)
잠수함 작전을 돕기 위해 전 대양의 음파손실과 거리탐지조건을 제공하는 체계.

잠수함 통신(潛水艦通信, Submarine Communications)
잠항하여 임무를 수행중인 잠수함에 지령을 전하기 위한 통신. 수면 직하 또는 수중의 안테나에 이르는 장파(LF, 30~300 Khz), 초장파(VLF, 3~30 Khz) 또는 극초장파(ELF, 300 Khz 이하)가 사용된다. 또한 탄도미사일을 가진 원자력잠수함과의 전략통신은 극히 중요하며, 지상의 VLF통신소 등은 적의 공격을 받기 쉬우므로, 미 해군에서는 그 대체기능으로서 TACAMO(Take Charge And Move Out)라고 부르는 대형의 E-6A 항공기로부터 장대한 안테나를 늘어뜨려 72시간 교대로 VLF송신을 행하고 있다.

잠수함 회피장치(潛水艦回避裝置, Submarine Evasive Devices)
잠수함이 허위반향을 생성시켜 자체 소음을 은폐함으로써 음탐기 작동시나 유도어뢰를 혼란시키기 위한 잠수함용 모든 장치.

잠수함 훈련구역(潛水艦訓練區域, Submarine Sanctuary)
잠수함작전에 관한 훈련을 위하여 설정된 해역. 통상 후방 해역에 설정한다.

잠재적국(潛在敵國, Potential Enemy)
어떤 국가에 대해서 적대행위를 할 가능성이 있는 국가.
〈유〉 [가상적국]

잠적(潛蹟, Hiding)
적의 관측이나 추적, 수색으로부터 자신의 신체, 장비 및 행동을 일시적으로 숨기거나 은신하는 것.

잠정부대(暫定部隊, Provisional Unit)
1. 특정한 임무수행을 위해서 제한된 기간 중 임시적으로 편성되는 인원 및 장비의 결합체.
2. 편성한 부대이외에는 인정을 받지 못하는 부대.

잠정비밀인가(暫定秘密認可, Interim Clearance)
비밀취급 정식인가를 받기 위하여 절차를 밟고 있는 기간 동안 비밀을 취급할 수 있도록 허가하는 것.

잠정편성장비표(暫定編成裝備表, Tentative Table of Organization & Equipment)
시험적인 편성부대의 임무, 기구, 인원 및 장비의 수량을 규정한 표.

잠항경보(潛航警報, Diving Alarm)
잠수함이 잠항을 개시할 때 함내에 알리는 경보.

잠항속도(潛航速度, Submerged Speed)
잠수함이 잠수한 상태에서 움직이는 속도.

잠항심도(潛航深度, Submerged Depth)
잠수함이 잠수하고 있는 상태의 깊이.

잠항전보(潛航電報, Diving Message)
잠항훈련 시, 예정된 잠항시간 및 잠항기간을 알리기 위해 잠수함이 잠항하기 전에 발

ㅈ

신하는 전보.

잠항접근해역(潛航接近海域, Submerged Approach Area)
잠항한 잠수함이 어뢰를 발사할 수 있는 위치에 도달하기 위해 접근해야 하는 제한해역.

잠항타(潛航舵, Diving Planes)
잠수함이 잠항할 때에 물과의 양력을 이용하여 함수를 기울일 수 있게 하는 날개.

잡음(雜音, Noise)
활성적인 전자기적 또는 기계적 체계에 있어서 원하는 신호의 정상 수신이나 진행상에 간섭을 유발시키는 원치 않는 전자적 방해 또는 소음.

장간조립교(長間組立橋, Panel Bridge, Bailey Bridge)
강철 트러스구조로 만들어진 부재를 조립하여 만드는 교량. 간격의 길이와 급수에 따라 여러 가지 형태로 융통성 있게 보강 및 조정이 가능하며, 최대 구축길이는 군용하중급수 60기준 시에 3단3중식으로 54.8 m까지 구축이 가능하다.

장갑감응파괴탄(裝甲感應破壞彈, Sense and Destroy Armor; SADARM)
주로 155 mm급 이상의 야포에 적용되는 장갑파괴용 포탄. 1개의 포탄 안에 장갑표적탐지센서를 갖추고 있는 수발의 자탄을 내장하고 있으며, 포탄이 목표지점 상공에서 스스로 분리되어 자탄을 방출하면, 자탄은 낙하산에 의해 선회낙하하면서 자체센서로 장갑차량을 찾아서 SFF탄을 발사하여 장갑차량의 상부장갑을 관통하여 목표물을 파괴한다.

장갑구급차(裝甲救急車, Samaritan)
전장에서 전상자를 응급조치하고 안전지대로 후송하는 임무에 맞게 제작된 장갑차.

장갑보병전투차(裝甲步兵戰鬪車, Armored Infantry Fighting Vehicle; AIFV)
보병이 승차한 상태에서 지속적인 전투를 가능케 하는 장갑차량. 자체무장으로 20 mm급 이상의 기관포와 대전차미사일을 탑재하고 탑승실에는 사격포트가 장착되어 있어 승차전투가 가능하다.

장갑전투도저(裝甲戰鬪~, Armored Combat Earthmover; ACE)
일반장비 불도저(bulldozer)를 기본으로 스크레이퍼, 윈치, 구레이다, 덤프 등의 기능을 추가하고 기동성과 자체 생존성을 보완하여 장갑화 된 수륙양용 블도저. 각종 진지 구축이나 장애물 구축, 적장애물 개척 등 전장상황에서 운용 시 유용한 공병장비이다.

장갑정찰차(裝甲偵察車, Armored Reconnaissance Scout Vehicle; ARSV)
정찰임무를 수행하기 위해 광학 · 열영상 · 레이더 등의 각종 탐지 장치를 장착하고 정찰임무를 수행하는 장갑차.

장갑차량(裝甲車輛, Armored Vehicle)
장갑에 의해 보호되며 기본적인 자체무장을 갖추고 있어, 병력수송이나 전투시 화력지원용으로 사용되는 전투차량의 총칭. 전차에 비해 장갑 방호력과 화력은 미약하나, 소형이고 경량이라는 특성을 이용하여 양호한 기동성을 발휘하는 전투차량이다. 병력의 이동수단으로 사용되는 병력수송장갑차(Armored Personnel Carrier ; APC)와 병력이 탑승하여 전투까지 할 수 있는 보병전투장갑차(Armored Infantry Fighting Vehicle ; AIFV), 주로 상륙작전에 운용되는 상륙장갑차(Amphibious Assault Vehicle) 등이 있다.

장거리 레이더(長距離~, Long-Range Radar; LRR)
넓이 1평방미터인 표적을 영상으로 확인할

수 있는, 탐지거리가 300마일 이상 800마일 미만의 레이더.

장거리수송(長距離輸送, Long Distance Transportation)
적재, 하역하는 시간보다 차량운행시간이 더 많이 소요되는 수송 형태. 대개 편도 160킬로 이상의 수송거리일 때 장거리 수송에 해당된다고 본다.

장거리 전자항법(長距離電子航法, Long Range Navigation; LORAN)
2개 또는 그 이상의 고정송신소로부터 보내는 펄스전자파의 시간차이를 이용하여 자체위치를 확인할 수 있는 장거리 전자항법방식.

장거리 조기경보선(長距離早期警報線, Distance Early Warning Line; DEW)
(미국) 대륙간탄도미사일과 폭격기의 공격을 수평선 너머에서 조기에 탐지하여 경보를 발하기 위해 설정한 경계선.

장거리포(長距離砲, Long-Range Gun)
사정거리가 긴 화포. 그러나 사정거리에 대한 기준은 없으며, 일반적으로 포구초속이 크고 평사탄도를 가진 평사포를 가리킨다.

장거리항법보조장비(長距離航法補助裝備, Long Range Aid to Navigation; LORAN)
2개 또는 그 이상의 고정송신소로부터 송신하는 펄스전자파의 시간 차이를 이용하여 자체위치를 확인할 수 있는 장거리 전자항법 방식.

장교(將校, Officer)
육・해・공군에서 임관된 소위 이상 계급의 무관으로 위관, 영관, 장관(장관급 장교, 장군)으로 구분.
(북한) [군관(軍官)]

장교개인교육(將校個人敎育, Officer's Individual Training)
장교가 임무수행에 필요한 능력과 자질을 개발 할 수 있도록 일정기간 군사학교 또는 군의 교육기관에서 실시하는 교육. 양성교육, 보수교육, 전문교육, 자질향상 교육 등이 있다.

장교단(將校團, Officer Corps)
장교들의 친목과 상부상조를 목적으로 하는 비공식적 사설모임.

장군(將軍, General Officer)
1. 군의 우두머리로 군을 지휘하고 통솔하는 무관.
2. 장관(將官) 자리의 사람을 높여 이르는 말.
3. 준장, 소장, 중장, 대장 등 장성급장교를 통틀어 이르는 말.

〈동〉 [장성]
(북한) [장령(將領)]

장기병력손실판단(長期兵力損失判斷, Long Term Personnel Loss Estimates)
작전 계속일수가 6일 이상일 때 인가병력을 기준하여 예상손실을 판단하는 것.

장대(裝帶, Harness)
낙하산을 몸에 장치하기 위한 띠.

장력해제식발화장치(張力解制式發火裝置, Tension-Release Firing Device)
사전에 조성된 일정이상의 장력이 제거되었을 경우 작동하는 발화장치. 부비트랩(booby trap)의 폭발에 사용하는 촉발장치의 하나이다.

장벽(障壁, Barrier Trace)
천연장애물이나 인공장애물을 이용하여 적의 화력과 기동을 방어하는 시설물. 특히 적의 기동장비나 전차를 저지하기 위해 활용한다.

장비(裝備, Equipment; EQ)
1. 군대의 전투력을 이루는 무기나 장치.

2. 개인 또는 부대를 장비하고 운용하는데 필요한 완제품으로, 국방장비 목록 또는 장비편성표에 등재된 것.

장비검사(裝備檢査, Equipment Inspection)
개인 장비나 부대장비의 잘못을 지적하고 수리하도록 함으로써 다음 전투에 대비하는 검사.

장비배당표(裝備配當表, Table of Allowance; T/A)
인원배당표(T/D)에 의거하여 편성된 단위부대 및 특정기능부대에 대한 장비인가량을 규정한 문서.

장비부수기재(裝備附隨器材, ON Equipment Material; OEM)
장비의 부속품은 아니지만 장비와 함께 또는 이에 부수하여 불출되는 보급품목.

장비위주집체훈련(裝備爲主集體訓練, Equipment Oriented Training)
야전부대에서 전차·야포·전술교량 등 장비를 성공적으로 조종 및 조작할 수 있는 능력을 부여하기 위하여 반복 실습하여 일정 수준에 도달하게 하는 훈련.

장비유지비(裝備維持費, Equipment Maintenance Cost)
1. 각 장비를 관리·유지하는데 소요되는 비용. 수리부속비와 연료, 유류 및 교육용 탄약 비용을 포함한 장비운용비를 합산하여 산출한다.
2. 장비의 성능과 상태유지 및 가동과 사용에 필요한 유지물자 제반 요소를 포함하여 이에 소요되는 비용요소.

장비인가현수표(裝備認可現數表, Equipment Authorization Inventory Data; EAID)
부대 및 부서별 완전편성 및 감소편성 시 장비인가 및 보유현황이 수록되어 있는 장비인가 문서. 매년 초 발간 배포하며, 중앙 장비인가 보유표와 기지별 장비인가 보유표로 구분한다.

장비정비기록부(裝備整備記錄簿, Equipment Maintenance Log)
장비의 정비 내역을 기록하는 문서. 장비별로 연도자금 사용실적, 유류 소모실적, 주파거리(시간), 정비인시 등을 월별로 종합 기록하여 장비종합이력부를 작성하기 위한 근거 자료를 제공하며, 장비별 자금관리 보급제도의 자금배정 대 사용비율을 나타내는 기준문서가 된다.

장비제독소(裝備除毒所, Equipment Decontamination Station; EDS)
화생방 작용제에 노출되어 오염된 장비를 제독하는 곳. 전술상황을 고려하여 일정한 장소를 선정하여 설치하며, 화학부대 지원하에 실시하는 정밀 장비제독소와 피 지원부대 자체적으로 실시하는 급속 장비제독소로 분류 할 수 있다.

장성(將星, Star Rank) ☞ [장군]

장애물(障碍物, Obstacle)
군사적인 기동을 지연 및 저지하거나, 기동의 진로를 전환시키는 자연 및 인공적인 지형지물. 장애물은 기본적으로 자연장애물과 인공장애물로 분류한다.
(북한) [차단물(遮斷物)]

장애물극복(障碍物克服, Subjugating Obstacle)
적이 설치한 장애물을 제거하거나 무력화시켜 통로를 개척하고 표지함으로써 아군의 전술적 기동과 공격기세 유지를 가능하게 하는 활동.

장애물방호(障碍物防護, Obstacle Protective)
적의 정찰 및 제거활동으로부터 장애물을 보호하는 것. 방호임무에는 대정찰 활동, 적 돌파장비 파괴, 장애물 보수, 모의장애물 운용 등이 있다.

장애물운용(障碍物運用, Obstacle Operation)
전술계획을 보강하기 위해 자연장애물을 이용하거나 인공장애물을 설치하는 것.

장애물 제거차량(障碍物除去車輛, Counter Obstacle Vehicle; COV)
지뢰지대 개척, 전투기동로 개설 또는 기타 장애물을 제거하기 위해 전투지역에서 공병지원을 수행하는 차량. 장애물제거차량은 도저·쟁기날을 부착하거나 롤러를 장착하여 지뢰지대를 제거할 수 있다.

장애물지대(障碍物地帶, Obstacle Zone)
군단장 또는 사단장이 예하 주요 부대에게 전술장애물의 설치권한을 부여할 때 사용하는 도식형 통제수단. 장애물지대는 기동 및 화력지원계획 등 제 요소와 통합하여 설치권자가 강조하는 개략적인 장애물운용 요망지역을 의미한다.

장약(裝藥, Charge, Explosive Charge)
1. 탄환을 발사하기 위하여 총포의 약실에 재어 사용하는 폭약.
2. 포 사격시 포탄을 앞으로 밀어내기 위하여 사용되는 화약. 추진장약이라고도 한다.

장약표(裝藥表, Powder Tag)
장약을 담은 포낭에 붙어 있는 장약에 대한 필요 정보를 기록한 표. 장약의 제작공장명, 제작연월일, 사용되는 구경, 포의 형태 등 폭약에 관한 세부사항이 기술되어 있다.

장전(裝塡, Loading)
총포에 탄알이나 화약을 재어 넣는 일.

장전대(裝塡臺, Loading Platform)
포탄이나 폭탄을 장전하는 장치.

장탄기(裝彈機, Loading Machine)
장약이나 탄약을 장전하는 기계.

재고관리(在庫管理, Inventory Management, Stock Management)
물자 재고의 최적보유량을 계획, 조정, 통제하는 일. 보급기관에서 장차 수요에 신속하고도 경제적으로 대응할 수 있도록, 각 물품에 대한 재고를 최적정 수준으로 유지하고 과학적으로 관리하여, 사용부대의 수요를 가장 효과적이고 능률적으로 충족시키는 과학적인 관리활동.

재고번호(在庫番號, Stock Number)
저장 및 불출을 목적으로 품목을 식별하기 위하여 기술병과에서 각 품목마다 지정한 고유번호.

재고조사(在庫調査, Inventory)
특정시점을 정하여 한 부대나 기관이 보유하고 있는 자산의 실지 재고량을 조사하는 관리 활동.

재고조정(在庫調整, Stock Coordination)
1. 현 보유량을 특정 일자의 재고와 일치시키기 위하여 재고량 기록카드에 기입되어 있는 수와 같이 현 보유수 균형을 수정하는 것.
2. 각 군 본부 수준의 보급관리 기능으로서 물자품목이나 범주에 대한 물자관할권을 재고조사 관리관에게 배정하는 것을 통제하는 것.

재고통제소(在庫統制所, Stock Control Post; SCP)
각 군별 또는 국방부가 필요로 하는 품목별 물자관리의 책임을 맡고 있는 국방부 보급체계 내의 기관.

재난(災難, Disaster)

작전임무 수행에 지장을 초래하는 수준의 피해가 발생한 사태.

1. 전시재난 : 적의 공격행위로 인하여 발생한 피해.
2. 평시재난 : 평시 우발적으로 발생한 주요사고.
3. 자연재난 : 자연현상에 의하여 발생한 피해.

재난통제(災難統制, Disaster Control)

적대행위, 자연 또는 인공적인 재난에 대비하여 사전, 중간 또는 사후에 피해 가능성을 감소시키고, 그 피해 크기를 최소로 하며, 복구를 개시하기 위해 취하는 제반 조치.

재돌입운반체(再突入運搬體, Reentry Vehicle; RV) ☞ [재진입운반체]

재래식무기(在來式武器, Conventional Weapon)

1. 핵무기, 화학무기 및 생물학무기 등 대량파괴무기를 제외한 무기의 총칭.
2. 핵무기를 제외한 거의 모든 무기를 가리키기도 하며, 이 때는 비핵무기라고도 칭함.

재래식무기감축(在來式武器減縮, Conventional Weapon Reduction)

핵무기, 화학무기, 생물학무기를 제외한 무기체계를 감소시키고자하는 활동.

재래식 부대(在來式部隊, Conventional Forces)

비핵무기를 사용하여 작전을 수행하는 부대.

재래식 잠수함(在來式潛水艦, Conventionally-Powered Submarine)

핵추진방식 이외의 방식으로 운항하는 잠수함의 총칭. 주로 디젤잠수함을 말한다.

재래식 탄두(在來式彈頭, Conventional Warhead)

핵탄두 이외의 탄두 충진 방식.

재래식 탄약(在來式彈藥, Usual, Conventional Ammunition)

일반적으로 소화기로부터 화포, 전차에 이르기까지 투발, 투척, 발사에 의해 작용하는 모든 탄약을 총칭. 전자방식에 의해 유도되는 탄약을 제외한 일반적인 탄약을 말한다.

재래식 폭탄(在來式爆彈, Conventional Bomb)

1. 핵폭발 기능이 아닌 일반적 폭발기능을 가진 폭탄의 총칭.
2. 특별한 유도 장치나 감속장치 또는 사거리 연장 장치가 장착되지 않아서 일반적인 자유낙하 기능만 가진 폭탄.

재무장(再武裝, Rearming)

1. 무장을 해제했던 군대가 다시 무장함.
2. 전투에 항시 사용할 수 있도록 항공기, 함정, 전차, 장갑차 등의 탄약, 포탄 및 기타의 무장품목을 규정된 지정량으로 준비하는 것.
3. 폭탄이나 야포, 박격포, 또는 로켓의 포탄에 있는 신관을 재조절하여 원하는 시간에 폭발하도록 하는 것.
4. 전투기나 헬기가 1차 공격 이후 차후 공격을 위해 항공탄약 및 무장을 재장착하는 것.

재물조사(財物調査, Inventory)

특정시점에 있어 한 부대의 재고품의 수량, 위치, 상태를 파악하여 장부상의 기록과 차이를 확인하는 일. 장부상의 재고와 일치되도록 조정함으로써 정확한 보급통제와 재고관리가 되도록 하기 위한 활동이다.

재밍(~, Jamming)

전자에너지를 고의적으로 방사, 재방사 또

는 반사함으로써 전자장비 및 체계의 효과적인 사용을 방해하는 방해 행위.
〈유〉 [전파방해]

재배치(再配置, Redeployment)
장차작전을 위하여 부대나 인원, 보급품을 다른 지역 또는 동일지역 내의 타 위치로 이동시키는 것.

재보급(再補給, Resupply)
소요 보급수준을 유지하기 위하여 보급품을 보충하는 것.

재보직(再補職, Reassignment)
1. 장병들의 능력과 그들이 받은 교육의 성과를 가장 잘 활용하기 위하여 다른 부서나 다른 병과 또는 다른 지역으로 그들의 소속을 변경하는 것.
2. 부임했던 사람을 사정에 의해 해임 후 다시 그 직에 보임시키는 인사 조치.

재분류(再分類, Reclassification)
현재의 군인 자질을 더욱 효과적으로 이용하기 위하여 이를 재검토하는 절차.

재분임재산관리관(再分任財産管理官)
분임재산관리관으로부터 위임 및 지시받은 사항과 부동산에 대한 사용부대의 업무조정 · 감독 · 통제업무를 수행하는 부대의 장.
〈참〉 [분임재산관리관]

재브린(~, Javelin)
저고도 방공을 위하여 1970년대 영국에서 개발된 휴대용 대공유도탄. 유효사거리 5.5 km.

재산(財産, Property)
1. 금전상 가치가 있는 유형, 무형의 모든 자산을 통틀어 이르는 말.
2. 장비편제표, 물자배당기준서, 규정휴대량 목록 등 인가된 보급품.

재산관리관(財産管理官)
재산에 관한 관리청의 위임사항과 부동산의 관리, 처분 등에 관한 방침을 수립하고 집행 및 감독하는 부대의 장을 지칭하는 말.

재산대장(財産臺帳, Property Book)
편성부대 및 독립된 단위부대에서 각종 보급품의 증가 및 감소 현황을 기록하는 문서. 반납을 요하는 재산, 소모품 및 수리부속품 별로 구분하여 기록한다.

재생(再生, Remanufacture, Rebuild)
사용할 수 없는 부품을 완전분해, 검사 후 신품 또는 최초 제작규격에 맞도록 재 작업된 부품과 교환을 통하여 구성품을 신품 또는 신품에 준하는 수준으로 복구시키는 행위.

재생가능품(再生可能品, Recoverable Item)
수리하여 다시 사용할 가치가 있다고 판정된 물품.

재전개비행장(再展開飛行場, Redeployment Airfield)
평시에 지속적으로 점유하지 않으나 전쟁 발발 시 즉각 평상위치로부터 재 전개하는 부대가 사용하며 점유하는 비행장. 이 비행장에는 주비행장과 동일수준의 작전시설을 충분히 보유하여야 한다.

재조직(再組織, Reorganization)
전투력 복원방법의 하나로, 복원부대를 안전지대로 이동시켜 병력, 장비, 보급품을 대규모로 보충하고, 지휘통제체계를 재구성하며, 임무수행에 필요한 훈련을 실시하여 전투임무에 복귀시키는 조치. 부대의 전투력이 50% 미만으로 저하되어 재편성 방법을 통해서는 임무수행에 필요한 전투력을 회복시킬 수 없을 때 실시하는 전투력 복원 방법이다.

재진입운반체(再進入運搬體, Reentry Vehicle; RV)
외기권 비행을 종료한 탄도미사일이 목표지점에 도달하기 위해 대기권에 재 진입하는 미사일의 탄두부분. 재진입에 의하여 대기와의 마찰로 인해 속도는 음속의 4~8배에 이르고 600~800°F의 고열이 발생하므로, 마찰열로부터 탄두를 보호하기 위하여 기체의 재료는 내열성이 강하고 가벼운 알루미늄 합금이나 티타늄 또는 FRP 복합재료 등을 주로 사용한다.
〈동〉 [재돌입운반체]

재집결지(再集結地, Reassembly Area, Rallying Point)
분리 또는 소산된 부대원들이 재차 집결하는 지역.

재취역(再就役, Reactivation)
퇴역한 함정이나 전투장비를 다시 현 임무에 복귀시키는 것.

재편성(再編成, Reorganization)
1. 전투 간 또는 전투 후의 혼잡한 부대질서를 정돈 및 복구하고 부대의 전투효율성을 향상시키기 위해 취해지는 모든 활동.
2. 1단계 상급부대 통제 하에 전투력이 저하된 예하부대를 통합하여 부대자체에서 보유하고 있는 인원, 장비, 물자를 조정하거나, 통합, 또는 부대 보충하여 전투효율성을 향상시키는 전투력 복원활동. 현행 또는 예상되는 임무수행에 제한이 되는 부대를 우선적으로 실시한다.

재편성 비행장(再編成飛行場, Regroup Airfield)
H시 이후에 재무장, 재출격 준비, 무장경계의 속행, 해외전개 또는 차후 전투임무 수행을 목적으로 항공기의 재집결이 계획된 군용 또는 민간비행장.

재표정(再標定, Replot)
사격제원을 계산하기 위하여 이미 기록되어 있는 포대 관측소, 표적, 기록점, 탄착지점 등을 사격도판에 다시 표시하는 것.

재향군인(在鄕軍人, Veteran, Ex-Soldier)
군복무를 마치고 사회로 복귀한 사람.

재효력사(再效力射, Repeat Fire for Effect)
효력사 사격에 대한 효과 관측결과 화력이 부족하거나 요망효과를 달성하지 못하였을 경우 다시 효력사 사격을 요구하는 사격방법.

저각도상승폭격(低角度上昇爆擊, Low Angle Loft Bombing)
수평선상 35도 이내의 각도로 목표물에 접근하여 일정 지점에서 급상승하면서 무기를 투하하는 폭격의 한 형태.

저각사격(底角射擊, Low-Angle Fire)
1. 화기가 최대사거리를 낼 수 있는 사각보다 낮은 각도로 사격하는 것.
2. 전차 등의 직사포가 높은 곳에서 낮은 곳을 지향하는 사격.

저강도분쟁(低强度紛爭, Low Intensity Conflict)
정치적, 사회적, 경제적 또는 심리적 목표 달성을 위해 실시되는 제한된 정치 군사적 투쟁. 혁명전쟁, 비정규전(게릴라전), 테러 등이 이에 속한다.

저격(狙擊, Snipe, Sharp Shooting)
소총 또는 특수한 무기체계를 이용하여 선정된 표적을 사살 또는 파괴하기 위해 겨냥하여 사격하는 것.

저격사단(狙擊師團, Sniper Division)
2차 대전 이후 소련의 보병사단을 이르는 명칭.

저격수(狙擊手, Sniper)
소총 또는 특수한 무기체계를 이용하여 저격임무를 수행할 수 있도록 고도의 사격술과 야전 전투기술을 숙달한 병, 부사관 또는 장교.

저격여단(狙擊旅團, Sniper Brigade)
(북한) 첩보수집, 특수정찰, 후방지역 침투 등 비정규전 임무를 수행하는 북한군 부대. 총 5개의 저격여단을 보유하고 있으며, 이 중 1개 여단은 경보교지도국소속이고, 4개 여단은 정찰국 소속. 각 여단은 10개의 정찰대대 약 4,200명으로 편성되어 있다. 주 임무는 총참모부와 경보교도 지도국에 적절한 정보를 제공하는 것이며, 주요 전략 및 전술 목표를 공격 및 파괴하고, 범세계적인 테러나 군사훈련 업무를 수행하기도 한다. 유사시 전선돌파와 후방교란목적으로 30세 미만의 청년군관으로 편성하여 40%의 군관과 60%의 하전사로 구성되어있고, 예하에 9개 저격대대-저격중대-저격 소대와 모란꽃 소대로 편제되어 있으며, 여기서 모란꽃 소대는 적 후방에 침투하여 유흥업소의 접대부로 일하면서 요인암살과 포섭, 정보수집 등의 임무를 띠고 있는 것이 특이한 점이다.

저격총(狙擊銃, Sniper's Rifle)
저격임무에 사용될 수 있도록 특수하게 제작된 총.

저고도(低高度, Low-Altitude)
공중요격에 이용되는 500~2,000피트 사이의 고도.

저고도 귀환회랑(低高度歸還回廊, Low Altitude Recovery Corridor)
오인에 의한 아군 사격으로부터 아군기를 보호하고 안전하게 진입하게 할 목적으로 지표면으로부터 포병고도 사이에 일정한 폭, 고도, 길이로써 설정된 회랑.

저고도수평폭격(低高度水平爆擊, Low-Level Bombing)
고도 200 m, 속도 200~900 km/h 정도로 비행하여, 고도를 변경시키지 않고 표적상공을 비행하면서 무기를 투하하는 방법.

저고도 침투(低高度浸透, Low Level Terrain Flight)
전술적인 상황 하에서 생존성을 보장할 수 있도록 가능한 최저고도를 유지하여, 적지 또는 위협지역 내에서 임무를 수행할 수 있도록 정확한 저고도 침투경로를 사용하는 비행기술.
〈동〉 [저공비행]

저고도조준폭격(低高度照準爆擊, Low Altitude Bombing; LAB)
고도 30 m 정도에서 400~750노트로 비행하여 예상지점에 도달하면 상승하면서 폭탄을 투하하는 폭격 방법.

저고도탐지레이더(低高度探知~, Low Altitude Acquisition Radar)
저고도로 접근하는 표적을 탐지할 수 있는 레이더. 표적의 방위각, 속도, 접근, 후퇴각 상태 및 개략적인 거리제원을 제공하며, 이 제원은 자동제원처리소에서 처리되어, 포대/소대 작전통제소에서 전시된다. 육군방공에서 보유하고 있는 저고도 탐지레이더는 AN/TPS-830K와 레포터가 있다.

저고도폭격(低高度爆擊, Low Altitude Bombing)
300 내지 2,700피트의 고도 간에서 폭탄을 투하하는 수평폭격.

저공기습(低空奇襲, Pop Up)
항공기의 공격방법 중 저고도 침투공격기술의 하나. 항공기는 기습을 달성하기 위해 목표에서 약 10~20 km 떨어진 공격 개시점으로부터 저고도 지형추적 탐지기술로 접근하여, 표적으로부터 3~5 km 떨어진 지점에서 항공기를 상승 시켜 공격고도(무기에 따라 600~2,100피트)에 도달한 후 목표를 확인하고, 목표로부터 500~1,500피트에서 무기를 투하한 다음 고속 저고도로 도피한다.

ㅈ

저공비행(低空飛行, Dragging a Filed, Contour Flying) ☞ [저고도 침투]

저공수평비행(低空水平飛行, Low Level Flight)
장애물을 회피할 수 있는 최저 안전고도로 일정한 속력으로 직진 비행하는 전술비행. 일반적으로 적의 위협이 희박할 경우에 적용한다.

저공정찰(低空偵察, Low Reconnaissance)
야전에서 조종사에 의해 확인되지 않은 착륙지에 항공기를 착륙시켜야할 경우, 사전에 고공정찰을 통해 확인한 사항을 저공비행하여 재확인하는 정찰.

저공조준폭격(低空照準爆擊, Low Altitude Bomb Aiming System; LABS)
항공기가 지형상 고도 30~300, 속도 400~750노트로 비행하여 예정지점에 도달하면, 조종사는 항공기를 상승자세로 끌어올리면서 폭탄을 투하하고 난 다음, 비행했던 반대방향으로 비행하는 방법. 이 전술은 주로 핵폭탄을 투하 시 사용되지만 재래식 무기 투하 시에도 사용된다.

저공투하(低空投下, Lay Down)
항공기가 고도 약 100, 속도 60~450노트로 고도를 변경하지 않고 목표상공을 비행하면서 폭탄을 투하하는 방법. 전투기와 폭격기가 모두 사용하는 무기투발 방법으로서 통상 야전에서 목표에 폭탄을 투하하기 위해 사용한다.

저공폭발(低空爆發, Low Air Burst)
화구의 최대반경 이상의 고도로 지면 혹은 수면 상공에서 이루어지는 폭발로서 비교적 낮은 공중에서 폭발하는 형태. 야전에서 지상표적에 가장 효과적으로 피해를 주는데 사용된다.

저속공중투하(低速空中投下, Low Velocity)
항공기에서 화물용 낙하산을 사용하여 보급물자 및 장비를 매초 당 30피트를 초과하지 않는 낙하속도 내에서 투하하는 것.

저속항공기(低速航空機, Low-Speed Aircraft)
제트엔진을 장착한 고속항공기에 반대되는 개념으로 주로 프로펠러비행기나 헬기 등을 이름.

저위력핵무기(低威力核武器, Nominal Nuclear Weapon)
20킬로톤 이하의 위력을 가진 전술용 핵무기.

저장(貯藏, Storage)
물자를 일정한 장소에 보존하거나 위치시키는 것.

저장목표(貯藏目標, Stockage Objective; SO)
현 보급운용을 지속하고 예측할 수 있는 장차의 수요를 충당하기 위해 보유하여야 할 현재고의 최대량. 운용수준과 안전수준의 합계가 저장목표 수치이다.

저장수준(貯藏水準, Stock Level; S/L)
전시 소요충당을 위해 보급시설에 인가된 전투예비탄약. 저장수준은 군수참모부장이 피지원부대 무기수와 보급일수 및 일일보급량에 의해 결정하며, 각 탄종별 및 군별로 설정된다.

저 · 중고도 교전구역(低 · 中高度交戰區域, Low and Mid Altitude Engagement; LDMAD)
동시교전을 방지하고 효과적인 교전을 실시하기 위해 저 · 중고도 대공유도탄과 단거리 대공무기가 교전을 실시하는 공역.

저지(沮止, Blocking)
병력, 화력, 장애물을 운용하여 적의 전진 또는 접근을 정지시키거나 방해하는 것.

저지사격(沮止射擊, Checking Fire)
적의 공격을 저지 및 거부하기 위한 목적으로 실시되는 사격.

저지부대(沮止部隊, Blocking Forces)
1. 특정방향으로부터 적이 접근해 오는 것을 방지하기 위하여 사용되는 부대. 역습 시 적에 의하여 형성된 돌파구의 견부 및 첨단을 저지하는 임무를 수행하거나 기동방어 시 고착부대로 운용되는 부대를 저지부대라고 할 수 있다.
2. 제대별 후방지역에 운용되는 저지진지를 점령하는 부대를 통칭하는 용어.

저지진지(沮止陣地, Blocking Position)
측·후방지역에 접근하는 적을 저지하거나 적이 특정방향으로 전진하는 것을 방지하기 위해 편성되는 진지.

저폭성(低爆性, Low Explosive; LE)
비교적 느리게 화학변화를 일으켜 폭발하는 폭약.

저항방법(抵抗方法, Degrees of Resistance)
방어부대가 공격부대에 저항하는 정도로, 확보, 지연 및 차장의 세 가지 방법이 있음. 〈참〉 [지연], [차장], [확보]

저항부대(抵抗部隊, Resisting Force)
기존 정권이나 점령세력에 반항하는 집단으로서 통상 유격대, 보조부대 및 지하공작부대로 분류.

저항운동(抵抗運動, Resistance Movement)
합법적으로 설립된 정부나 점령군에 반항하여, 시민의 질서 및 안정을 교란하기 위해 한 나라 주민의 일부에 의한 조직적인 행동.

적군(赤軍, Red Army)
붉은 군대라는 의미의 구소련군의 별칭으로, 1918년부터 1946년까지 소련 군대를 구성한 지상군, 공군, 해군의 공식 명칭. 소련은 붉은 군대가 노동자와 농민의 군대임을 강조하였다.

적극방공(積極防空, Active Air Defense)
능동적으로 적 항공기, 유도탄 등을 격파하여 적 공중공격을 제거하거나 효율성을 감소하기 위해 취하는 직접방어활동.

적극방어(積極防禦, Active Defense)
강력한 제병협동부대로서 상호지원이 가능한 종심진지에서 직접적이고 계속적인 공세행동으로 공격하는 적 부대를 격파하는 것.

적기선포권(敵機宣布權, Proclamation Authority of Hostile Aircraft)
적기 판단기준에 의하여 적기로 선포하는 권한. 적기선포와 교전인가는 별개의 것이며, 적기선포권자는 교전명령권자와 동일하다.

적기판단기준(敵機判斷基準, Hostile Criteria)
적대행위를 자행하는 항공기를 적기로 판단하는 기준. 1) 적대행위를 하는 항공기. 2) 육안식별 결과, 항공기 형태와 국적 표지가 분명히 적성국인 항공기. 3) 피·아 식별장비에 의한 식별결과, 적기로 판단된 항공기. 4) 방공운용 통제계통으로 적기로 선포된 항공기. 5). 사전 계획 및 통보된 속도, 고도, 방향, 위치를 준수하지 않는 항공기.

적능력(敵能力, Enemy Capabilities)
1. 적이 실제적으로 수행 가능한 방책으로서 만약 적이 채택한다면 우리의 임무완수에 영향을 미칠 수 있는 방책.
2. 전략적 측면에서 전시나 평시에 적의 국가목표를 달성하기 위한 국력의 범위 내에서의 방책을 의미함.

ㅈ

적대세력(敵對勢力, Hostile Forces)
국가의 지정에 관계없이 적대행위를 자행하거나, 적대의도를 나타내거나, 적성으로 선포된 세력 혹은 테러단체.

적대행위(敵對行僞, Hostile Act)
적대세력이 아군의 영토, 국민과 재산에 대해 공격 또는 기타 무력행위를 자행하거나 우군의 임무 혹은 부여된 직무를 방해, 저지하기 위해 직접적으로 무력을 사용하는 행위.

적방공제압(敵防空制壓, Suppression of Enemy Air Defence; SEAD)
공중강습부대, 육군항공 등의 투입여건을 보장하기 위해 적의 지대공 방공무기 및 지휘통제체제를 타격하는 임무형태.

적색경보(赤色警報, Warning Red)
적 항공기의 내습이 긴박할 때 발하는 경보.

적색장비(赤色裝備, Red Equipment)
장비 사용성 판단기준으로서 볼 때, 사용불가능한 수준의 장비. 상태별로 다음과 같이 분류한다.

1. 기능시험에 불합격한 장비.
2. 예비부속 및 공구가 전혀 확보되지 않는 상태의 장비.
3. 즉각 가동이 불가능한 상태의 장비(D/L 장비).
4. 파견·대여 등으로 24시간 이내에 복귀 불가능한 장비.

적선구역(赤線區域, Skid Row)
군인의 출입을 금지하는 매춘구역.

적성(敵性, Enemy Character)
적의 성질을 가진 인원·물자 또는 국가의 특성.

적성국(敵性國, Hostile Country)

1. 적국 또는 가상 적국으로, 전쟁법규의 범위 안에서 군사적인 행위를 가해 올 수 있는 국가.
2. 교전 중에 있는 적국 또는 적국의 이익을 도모하거나 그러한 잠재성을 기진 국가.

적성항적(敵性航跡, Hostile Track)
비행중인 물체가 설정된 기준에 의거하여 적의 공중, 탄도 및 궤도 비행중인 항적이라고 판정된 물체.

적송명령(積送命令, Shipment Order)
한 기관으로부터 다른 기관으로 보급품 또는 장비를 적송할 것을 지시하는 서면상의 요청 또는 요구.

적외선 방해방어책(赤外線妨害防禦策, Infrared Counter Countermeasure)
아군의 적외선 장비나 적외선 장비체계를 효과적으로 사용하지 못하게 하는 적의 방해 행위에 적절히 대처하면서 이를 효과적으로 이용하기 위해 취해지는 조치.

적외선 방해책(赤外線妨害策, Infrared Countermeasures)
적외선 방사에 사용하는 적 장비나 전술효과를 방해하거나 감소시키기 위해 취해지는 모든 행위.

적외선유도방식(赤外線誘導方式, Infrared Guided)
미사일에 적외선 탐지장비를 장착하여 목표에서 방출되는 적외선을 추적하여 미사일을 유도하는 방식.

적외선유도폭탄(赤外線誘導爆彈, Infrared Homing)
통상 폭탄의 앞부분에 적외선 탐색기를, 뒷부분에 조종날개를 장착해 폭탄투하 후 탐색기에서 보내오는 적외선 영상에 의해 공격목표를 지정하는 폭탄. 탐색기가 목표를 포착하면 공격기는 이탈할 수 있기 때문에 어느 정도 Fire and Forget성을 갖는다. 미국의 GBU-15가 대표적인 것으로 매버릭 ASM(공대지 유도탄)도 같은 유도방식이다.

적외선 추적(赤外線追跡, Infrared Track)
표적으로부터 발사되는 적외선을 유도탄에 장착된 적외선 감지기를 이용하여 포착 및 추적하는 유도기술. 주로 공대공 및 지대공 유도탄에 사용된다.

적외선탐지기(赤外線探知機, Infrared Detector)
적외선의 출처를 발견하기 위해 사용되는 휴대용 기구.

적외선호밍유도(赤外線~誘導, Infrared Homing Guidance)
적에서 방출되는 적외선을 포착하여 이를 추적함으로써 표적을 명중시키는 유도방식.

적위협(敵威脅, Enemy Threat)
아군에 대하여 위해를 가할 수 있는 적의 능력과 기도로 인해 느끼는 심리적인 상태. 적의 군사사상과 군사전략 그리고 이를 구현하기 위한 전술 및 군사력을 의미한다.

적응시(適應視)
조명이 낮은 조건하에서 물체를 볼 수 있도록 눈이 스스로 조절되는 상태. 적응시에 소요되는 시간은 30분이며 가장 빠른 사람은 8분이 소요된다.

적응성시험(適應性試驗, Adaptability Test)
장비가 특정한 부대나 조직체에 대하여 어느 정도 적합한가를 조사하기 위해 실시하는 시험. 적응성 시험은 표준화하기 전에 실시하는 사용부대 시험과 달리 사용을 위한 장비의 적부성을 시험하는 것이다.

적응재밍(適應~, Adaptive Jamming)
적의 공격체계의 효과를 관측하여 그 결과에 의해 재밍신호를 조절할 수 있는 재밍방법.

적재가용일(積載可用日, Available to Load Date; ALD)
부대가 선적지에서 적재를 완료해야 할 일시를 가리키는 시차별 부대전개제원에 명시된 부대별 지정 일자.

적재계획(積載計劃, Loading Plan)
인원이나 장비를 차량이나 항공기, 함정에 탑재하기 위한 계획.

적재량(積載量, Loading Capacity)
인원이나 장비를 차량이나 항공기, 함정에 탑재할 수 있는 능력.

적재인수(積載因數, Storage Factor)
화물이 가지는 용적과 중량과의 비율. 즉 화물의 용적을 화물의 중량으로 나눈 값.

적전강습도하(敵前强襲渡河, Assault River-Crossing)
적의 저항을 감수하면서 적의 전면에서 강행하는 도하작전.

적지종심작전(敵地縱深作戰, Deep Operations)
적지종심지역에 위치한 적의 증원전력, C4I 시설, 화력지원 수단 등 전략적·작전적 중심(Center of Gravity)을 조기에 탐지·타격하여 무력화 하며, 적의 증원부대가 전방으로 이동 및 증원하지 못하도록 고립, 지연, 저지, 차단, 격멸시킴으로써 아군의 근접지역 작전을 지원하는 작전형태. 적지종심작전을 위한 수단으로는, 주로 항공 및 장거리타격 수단과 공중강습 및 공정부대가 운용된다. 경우에 따라서는 지상·공중·해상의 통합된 입체적 기동이 실시된다.
〈동〉 [적후방종심지역작전]

적지종심지역(敵地縱深地域, Deep Operation Area)
근접지역 전방으로부터 상급부대가 적 방향으로 부여한 책임지역의 최전방에 이르는 지역. 전장에 투입되지 않은 적 부대 및 자원을 적이 원하는 시간과 장소에 운용하지 못하도록 방해하기 위해 작전을 수행하는 지역이다.

ㅈ

적지종심화력전투(敵地縱深火力戰鬪, Deep Operation Area Fire Combat)
화력에 의해서 실시되는 적지종심작전. 적지종심지역에 위치한 적이 근접작전지역으로 이동하여 전방부대와 접적하기 이전에, 화력자산에 의해 적을 무력화함으로써 근접작전에 유리한 여건을 조성하는데 중점을 둔다.

적지침투교란(敵地浸透攪亂)
공격전투시 적 방어지역에 특수부대를 침투시켜 적의 방어 전투수행체계를 교란함으로써 정상적인 방어력 발휘가 불가능 하게 하는 것. 침투부대에 부여되는 임무는 통상 중요지형지물의 탈취, 적 지휘 및 통신시설 파괴, 적 예비대 · 화력지원부대 · 행정지원시설에 대한 공격, 적 병참선의 파괴, 표적 또는 기타 첩보 획득 등이 포함된다.

적진잔류부대(敵陣殘留部隊, Stay Behind Forces)
방어나 후퇴작전시 사전에 계획된 지역이나 일정지역에 잔류, 은거시켜 중요지형의 확보 및 통제, 적에 관한 첩보 및 정보수집, 표적획득, 사격요청 및 유도, 습격, 매복, 차단작전 등을 실시하는 인원이나 부대.
적진잔류는 활동 목적에 따라 다음과 같이 분류할 수 있다.
1. 은밀잔류 : 적 후방지역에서 은밀하게 첩보를 수집하고 화력을 유도하여 적의 전투력을 분산 · 와해시키기는 활동을 하는 잔류.
2. 잔류침투(체류침투) : 계획된 목표에 침투하여 기습 또는 부여된 임무를 수행하는 잔류.
3. 잔류고수 : 주요 접근로를 통제하여 적의 전진을 지연 및 전투력을 분산시켜 전투력 집중을 방지하기 위하여 필사항전의 각오로 희생을 감수하며 거점을 고수하는 잔류.

적치도(積置圖, Stowage Diagram)
갑판이나 설치대에 적재하는 모든 화물의 정확한 위치를 표시한 축척도.

적하(積荷, Stowage)
파손 또는 이동을 방지하기 위해 함선의 선창 또는 객실에 화물을 쌓는 방법.

적하목록(積荷目錄, Manifest)
특정 목적지로 수송되는 승객이나 품목을 상세하게 기술한 문서.

적합성(適合性, Adequacy)
계획된 작전의 범위와 개념이 부여된 임무를 달성하기에 적합한지를 판단하는 작전 계획의 검토기준.

적후방종심지역작전(敵後方縱深地域作戰, Deep Operations) ☞ [적지종심작전]

전개(展開, Deployment)
1. 의도하는 작전준비를 보강하기 위해 종횡으로 종심 있는 대대급 이하 단위부대의 배치.
2. 해군용어로는 접적 항해 또는 접적 배치로부터 전투배치 대형으로 변경하는 것.
3. 전략적인 의미로는 군대를 원하는 작전지역에 재배치하는 것.
4. 부대계획에 지시된 대로 병력 및 부대의 지정된 배치.
5. 포병 용어로는 부여된 임무수행을 위해 포병진지를 정찰, 선정, 이동, 점령하는 일련의 과정.
6. 포장된 낙하산이 투하되어 완전히 펼쳐지고 기능을 발휘할 때까지의 일련의 기능.
7. 군부대 정면의 확장, 그리고 밀집대형으로부터 전투대형으로의 전개.
(중국) 군대가 행군대형이나 집중상태에서 전투대형이나 작전배치로 변화하는 행동. 유리한 위치를 점령하여 임전태세를 갖추어 적시에 전투에 투입하기 위한 목적으로 운용하며, 목표에 따라 전략전개, 전역전개

와 전투전개로 분류한다.

전개 데이터베이스(展開~, Deployment Data Base)
작전계획 수행을 지원하기 위한 부대, 물자, 보충인원 이동소요를 포함하는 합동전개체제 데이터베이스.

전개도표(展開圖表, Deployment Diagram)
상륙작전의 돌격단계에 있어서 주정단(舟艇團)이 대기구역으로부터 공격개시선에 이르는 진입대형과, 상륙대형으로 전개하여 이동하는 방법을 표시한 도표.

전개연습(展開演習, Deployment Exercise; DEPEX)
각개 병사나 부대 또는 지원부대 등이 주둔지로부터 작전지역으로 전개할 때 필요한 과업과 절차를 훈련하기 위한 연습.

전격전(電擊戰, Blitzkrieg)
공군의 지원 하에 기갑 및 기계화부대로 적의 제1전선을 신속히 돌파하여 후방으로 깊숙이 진격함으로써 적을 양단시키고, 양단된 적 부대를 후속하는 보병부대로 하여금 각개 격파하도록 하는 전법. 전격전의 개념은 우세한 화력과 기동력으로 신속하게 적 후방으로 깊숙이 진격하여 적의 지휘중추를 교란시킴으로서 적의 균형을 무너뜨리고 심리적, 물리적 마비에 의해 적을 무력화 시키는 것이다. 전격전의 3대 요건으로 기습(Surprise), 속도(Speed), 화력의 우위(Superiority)의 3S이다. 전격전은 독일이 풀러(J. F. C Fuller)의 기계화전 사상과 리델하트(B.H Liddel Hart)의 간접접근 사상, 두헤 및 미첼의 항공사상, 그리고 마비개념을 바탕으로 발전시킨 군사이론으로 제2차 세계대전시 벨기에, 네덜란드 및 프랑스 전선에서 진가를 발휘했다.

전과확대(戰果擴大, Exploitation)
1. 전투에서 달성한 성공의 이점을 최대로 하기 위해 실시하는 공격작전의 한 형태.
2. 성공적인 공격으로 적의 방어체계가 약화되거나 또는 붕괴되었을 때, 이의 이점을 이용하여 실시하는 공격작전. 적 방어의 재편성을 방지하고, 철수를 방지하며, 종심 깊은 목표를 확보하여 적 부대를 격멸하기 위한 것이다.

(북한) [성과확대(成果擴大)]

전구(戰區, Theater)
1. 군사전략목표를 달성하기 위해 전략임무가 수행되는 작전구역. 하나의 전구에 대해 군사적으로 독립적인 작전조직체계를 갖추게 된다.
2. 전쟁이 수행되는 지역. 지상, 해상, 공중 및 전방과 후방을 모두 포함한다. 우리나라에서는 전역(戰域)이란 말을 사용해 왔으나, 'Campaign'의 역어로 '전역(戰役)'을 채택함에 따라 동음(同音)에 의한 혼동을 피하기 위해 최근에는 '전역' 대신 '전구'를 사용하고 있다.

(미국) 미국 본토 밖의 지역에 대해 전투사령부 지휘관이 지휘책임을 부여받은 대상지역. 미국은 본토를 제외한 세계 전역을 5개의 전구(북부전구, 남부전구, 유럽전구, 중부전구, 태평양전구)로 나누어, 각각 전투사령부를 두고 있다. 실제로 전쟁이 수행되는 지역은 '전쟁전구(Theater of War)'라고 하며, 한 전구 내의 일부지역이 될 수도 있고, 2개 이상의 전구에 걸친 지역이 될 수도 있다. 전쟁전구는 다시 '작전전구(Theater of Operations)'로 나누어지기도 한다.

(중국) 1. 쌍방 교전 지역 2. 전략임무를 효과적으로 달성하기 위해 나누어진 작전구역. 이는 주로 국가의 전략적 의도와 군사, 정치, 경제, 지리 등의 조건에 근거해 구획된다. 제1차 국공내전 시 건립한 혁명근거지들이 전구에 속하며 현재는 7대 군구(軍區)가 이에 상응한다. 이들은 유사시 바로 전구로 전환된다.

(일본) [전역(戰域)]

전구고고도지역방어(戰區高高度地域防禦, Theater High Altitude Area Defense)
미국의 전구미사일 방어(TMD) 임무부대의 일원으로 탄도탄 위협에 상층방어, 즉 대기권 내·외 장거리 요격능력을 제공하고, 공격해 오는 탄도탄과 교전하여 이를 무력화시키는 미 육군의 방공작전.

전구급 워게임(戰區級~, Maclintic Theater Model; MTM)
미 육군대학에서 개발하여 고급장교의 훈련용으로 사용하던 대화식 컴퓨터 워게임 모형. 이 모델은 쌍방의 게임 실시자가 동시에 여러 개의 단말기를 이용하여 부대를 운용할 수 있는데, 피아간의 전략·전술 및 작전 평가 분석과 훈련용으로 매우 적합하며, 지상전·화학전·핵전을 묘사할 수 있다. 또한 지형이 상세히 표시되므로 지뢰 및 대전차장애물, 군수보급 및 근접항공지원·전술항공차단·대공전 등을 묘사할 수 있다.

전구미사일(戰區~, Theater Missile; TM)
(미국) 주어진 작전 전구내의 표적을 공격 대상으로 하고 있는 탄도탄, 순항유도탄 및 공대지 유도탄.

전구미사일방어(戰區~防禦, Theater Missile Defense; TMD)
전구 내에서 비행 중이거나 발사 전에 있는 적의 전구미사일을 파괴하거나, 혹은 적의 전구미사일작전을 방해하기 위한 합동부대 능력의 통합된 노력. 전구미사일방어는 상호보완적인 수동적 미사일 방어(정보 및 경보 전파), 능동적 미사일 방어(미사일 요격 및 파괴), 공격작전(이동식 미사일 및 발사 장비의 파괴), C4I 수단의 지원 등을 적절히 혼합하여 이루어진다.
〈동〉 [전역미사일방어]

전구예비(戰區豫備, Theater Reserve)
전구사령관이 작전을 위해 예비로 확보하고 있는 부대 또는 보급품.

전구전장관리통합체계(戰區戰場管理統合體系, Theater Army Command and Control Information Management System; TACCIMS)
연합사의 전구급 자동화 지휘통제를 위한 자동화 처리체계.

전구항공통제본부(戰區航空統制本部, Theater Air Control Center; TACC)
전구의 항공작전에 투입되는 전력의 전개를 계획, 지시, 관장, 협조, 수정, 통제하는 본부.

전구항공통제체계(戰區航空統制體系, Theater Air Control System; TACS)
항공전력을 효과적으로 운영하기 위한 지휘통제기구로서 공군력 운용의 계획, 지시, 통제, 조정 및 타군과의 항공작전 협조 등을 위해 필요한 편성 및 장비를 갖춘 항공작전체계.

전구핵무기(戰區核武器, Theater Nuclear Weapon)
미국이 유럽이나 아시아 등 전구에 배비(配備)한 핵무기. 대개 전술핵무기를 위주로 배치하지만, 일부 전략핵무기도 포함될 수 있다. 통상 사정거리 500~1,500마일의 준장거리 탄도탄과 사정거리 1,500~4,000마일의 중거리 탄도탄 등이 여기에 속하며, 폭격기의 경우는 항속거리 3,500~6,000마일의 중거리 폭격기가 여기에 포함된다.

전군방공경보망(全軍防空警報網, Whole Army Air Defense Warning Net)
방공경보수신기가 인가 및 보급된 부대에 방공경보를 전파하기 위한 통신망.

전기(戰機, Opportunity)
승리할 수 있는 좋은 기회. 전투 시 적에 비해 아군이 상대적 전투력의 우위를 기대할 수 있는 필연적 또는 우연적 기회를 말한다. 전기는 항상 유동적이므로 지휘관은 적시적인 정보수집활동을 통해 전기를 포착하여야 하며, 전기가 포착되면 과감한 결심으로 이를 활용해야 한다.
(중국) 적을 섬멸하는 작전에 유리한 시기. 작전 지휘에 있어 중요한 시기.

전기(戰技, Techniques)
지휘관, 개인 또는 부대가 전투 간 부여된 임무를 수행함에 있어 인원, 화기, 장비 등을 사용하는 방법을 말함.

전기식 뇌관(電氣式雷管, Electric Primer)
전기회로를 이용하여 작용시키는 발화장치. 주로 전류의 변화로 작동한다.

전단(戰團, Flotilla)
둘 이상의 구축함전대 또는 기타함정의 전대로 구성되는 행정 또는 전술편성.

전단(傳單, Leaflet)
심리전의 한 수단으로 항공기나 기타 수단에 의해서 적지에 산포하는 삐라.

전대(戰隊, Squadron)
2개 분대 이상의 함정이나 둘 이상의 비행편대로서 구성되는 편성체. 통상 동일 유형의 함정이나 항공기로 구성된다.

전동포탑(電動砲塔, Power Turret)
전기모터에 의해 회전할 수 있는 포탑 종류. 인력으로 회전시키는 것을 수동포탑이라 한다.

전략(戰略, Strategy)
1. 국가목표를 달성하기 위해 정치 · 사회 · 경제 · 군사 등 통합된 전력을 운용하는 방법이나 책략.
2. 전쟁수행을 위해 가용한 모든 전쟁수단들을 설정된 목표에 집중시키는 방책.
3. 승리에 대한 가능성과 유리한 결과를 증대시키고, 패배의 위험을 감소시키기 위해 제 수단과 잠재역량을 발전 및 운용하는 술(術)과 과학(科學).
4. 군사전략은 국가의 군사적 목표를 수행하기 위하여 군사적 수단을 적용하는 술을 의미함.

(중국) 군사적으로 전쟁의 전체 국면을 지도하는 방략. 즉, 전쟁 지도자가 전쟁의 정치적 목적을 실현하기 위해 전쟁을 준비하고 실시하는 방침과 방법을 말한다.

전략개념(戰略槪念, Strategic Concept)
전략판단의 결과로 채택된 방책으로서, 그 개념으로부터 발전된 기본계획을 구상할 수 있도록 충분히 융통성이 있으며 광범위한 용어로 표현함.

전략경보(戰略警報, Strategic Warning)
적에 의한 전쟁행위가 절박하다는 경고로서, 이러한 경고는 적대행위 이전에 분, 시간, 수일 또는 그보다 앞서 발령될 수 있음.

전략공격(戰略攻擊, Strategic Attack)
전략적 목적 달성을 위해 실시하는 공격으로, 통상 적의 전쟁수행기반을 파괴하고 그 능력과 국민의 항전의사를 붕괴시키기 위해서 적국의 선정된 목표(도시, 중요산업, 군사, 교통, 통신시설, 군대집결지 등)에 대해 직접 행하는 공격작전. 전략공격 시에는 재래식 병기(비행폭격)에 의한 것부터 핵병기(항공기에서 발사되는 핵미사일, ICBM, IRBM 등)를 사용하는 것까지 몇 개의 단계가 있다.

전략공군(戰略空軍, Strategic Air Command; SAC)
전략목표 달성을 위해 운용되는 공군전력.

전략공수(戰略空輸, Strategic Airlift)
군사작전을 유지하기 위해 전투지역간 또는 국내와 해외 전투지역 간에 인원, 군용

ㅈ

자재 등을 계속하여 항공 수송하는 활동.

전략기동부대(戰略機動部隊, Strategic Striking Force)

전략목표달성을 위해 운용되는 기동부대.

전략기뢰원(戰略機雷原, Strategic Minefield)

적의 해상교통을 파괴 또는 교란함으로써 적의 전쟁지속능력을 감소시키기 위해 기뢰를 부설하는 구역.

전략목표(戰略目標, Strategic Targets)

공격시 전략목표 달성에 기여할 것으로 판단된 표적.

전략목표공격작전(戰略目標攻擊作戰, Strategic Objective Attack Operation; SOAO)

적의 전쟁의지 혹은 전쟁지속능력을 말살하기 위해 적의 중심과 관련된 주요 전략표적에 대해 공격하는 작전.

전략무기감축협정(戰略武器減縮協定, Strategic Arms Reduction Talk; START)

ICBM, SLBM 등 탄도미사일과 핵탄두수의 감축을 목적으로 1982년 미국과 구소련 사이에 맺어진 군비축소협정. 1970년 체결된 전략무기의 양적 동결을 내용으로 하는 전략무기제한협정(SALT)의 후신으로서 잠시 중단되었다가 1986년 재개되어 3단계로 진행되고 있다.

1. START I : 미·소 양국이 보유한 대륙간탄도미사일(ICBM) 등 장거리 핵무기를 향후 7년간 각각 30%와 38% 줄인다는 내용으로 1991년 7월에 맺어진 협정.
2. START II : 미·소 양국이 전략핵무기의 3분의2를 감축하고, 핵탄두를 3천5백기 수준으로 줄인다는 내용으로 1993년 1월에 맺어진 협정.
3. START III : 핵탄두를 2000기 선으로 줄여나가는 협상으로 99년부터 진행 중이다.

전략무기제한협정(戰略武器制限協定, Strategic Arms Limitation Talk; SALT)

미국과 구소련 사이에 대륙간탄도미사일(ICBM), 잠수함발사탄도미사일(SLBM), 장거리폭격기 등 전략무기를 양적으로 제한할 목적으로 맺어진 협정.

1. SALT Ⅰ : 제1차 회담은 1969년에 시작되어 1972년에 방어용 전략무기(ABM) 규제에 관한 협정과 공격용 전략무기의 수량제한에 관한 협정이 체결되었다.
2. SALT Ⅱ : 제2차 회담은 1972년에 시작되어 1979년에 정식으로 조인되었으나, 구소련의 아프가니스탄 침공으로 미국상원에서 비준이 유보되어 정식으로 발효되지 않고 있다.
3. START : 1982년 미국의 레이건 대통령은 구소련과 SALT를 재개하면서 회담명칭을 START(Strategic Arms Reduction Talks 〔Treaty); 전략무기 삭감교섭)로 변경하였다.

전략물자(戰略物資, Strategic Materials)

1. 한 나라의 기본적인 운영요건을 충족시키는 데 필요한 모든 물자로서 일국의 경제 발전에 중추적 역할을 담당하며 발전과정에 있어 핵심이 되는 중요물자.
2. 국가의 비상시에 생산능률에 있어서 그 양이나 질적으로 불충분하기 때문에 국외에서 전부 또는 일부를 조달하지 않으면 안 되는 국가안보상 또는 전략상 긴요한 물자.

전략미사일 잠수함(戰略~潛水艦, Ship Submarine Ballistic-Missile Nuclear; SSBN)

잠수함발사 탄도미사일(SLBM)을 탑재한 핵잠수함으로써 미국해군의 Ohio급, 구소련의 Delta급, Typhoon급, 프랑스의 Le

Redoutable, 영국의 Resolution급, 중국의 Xia급 등이 있음. 영국은 전략 핵전력의 모든 부분을 전략 미사일 잠수함에 의존, 현재의 "Polaris A3 TK"급 잠수함 4척의 건조에 착수하였다. 프랑스와 중국은 독자적인 미사일을 개발하고 있으나, 중국은 "다수의 잠수함이 필요치는 않다"고 주장하고 있다. 미사일의 사정거리 연장과 명중률 향상을 위해 이를 탑재하는 잠수함도 대형화시키는 추세에 있으며, Ohio급은 18,700톤, Typhoon급은 26,500톤의 거대함으로 되어 있다. 특히 Typhoon급 잠수함은 러시아 연안에 가까운 북극해에서 얼음을 뚫고 부상하여 미사일을 발사할 수가 있다.

전략방위구상(戰略防衛構想, Strategic Defense Initiative; SDI)
1983년 미국 대통령 레이건이 발표한 대륙간 탄도탄(ICBM)을 비롯한 소련의 핵미사일을 비행도중에 격추시키는 방법에 관한 연구계획. 미국은 이 계획이 우주군비 확장이라는 국제적 비판에도 불구하고 기술적 가능성 여부 연구에 착수했으나 1993년 소련의 붕괴로 추진 동력을 잃고, 새로운 전역미사일 방어구상(TMD)를 추진하고 있다.

전략병기(戰略兵器, Strategic Arms)
전략목적에 쓰이는 병기, 즉 대륙간 탄도탄, 핵잠수함, 전략폭격기 등의 총칭.

전략보복(戰略報復, Strategic Retaliation)
전략공군에 의한 전략목표에 대한 보복공격.

전략선전(戰略宣傳, Covert Propaganda)
상대방을 전략적으로 궁지에 빠뜨리기 위해, 진실을 제외시키고, 사실을 왜곡시키는 전략을 확대해 나가는 선전.

전략수송(戰略輸送, Strategical Transportation)
해외로부터 인원, 장비 및 물자 등을 항공기 및 선박을 이용하여 전구지역으로 전개시키는 수송.

전략심리전(戰略心理戰, Strategic Psychological Warfare)
국가목표 달성을 지원하기 위해 대상국의 전 영토, 전 국민을 대상으로 정치, 경제, 군사적으로 실시하는 계획된 심리전.

전략예비(戰略豫備, Strategic Reserve)
전쟁을 승리로 이끌기 위해 결정적인 시기와 장소에 투입할 수 있도록 준비한 부대. 통상 언제 어느 장소라도 투입될 수 있도록 기동력과 전투력을 구비한 정예부대로 구성된다.

전략유도탄(戰略誘導彈, Strategy Missile)
장거리 사정과 큰 파괴력을 필요로 하는 전략목표 공격용의 유도탄. 종래의 전략공군과 유사한 용도에 사용되며, 통상 사정거리 1,500마일 이상, 메가톤급의 탄두를 장착한다.

전략임무(戰略任務, Strategic Mission)
적의 전쟁수행 역량과 전쟁을 일으키려는 의지를 점진적으로 와해 및 파괴할 목적으로 선정된 일련의 표적 중 1개 혹은 그 이상의 표적에 대하여 지시된 임무. 표적에는 기간산업시설, 원료의 근원(생산지), 긴요(전략)물자 및 중요물자 집적소, 발전시설, 교통망, 통신시설, 기타 이와 유사한 표적체제가 포함된다.

전략적 공세(戰略的攻勢, Strategic Offensive; SO)
어떤 작전에 국한된 전술적인 공세와는 달리 한 국가의 대규모적인 공세

전략적 군사기만(戰略的軍事欺瞞, Strategic Military Deception) ☞ [군사기만]

전략적 기동성(戰略的機動性, Strategic Mobility)
(미국) 국가전략의 지원 하에 군사력을 전 지

구적으로 전개시키고 유지할 수 있는 능력.

전략적 완충공간(戰略的緩衝空間, Strategic Buffer Zone)
공세적 방위전략을 채택하고 있는 한 국가가 선제기습에 의한 초기 충격력을 흡수하기 위해 설정한 공간. 시나이 전역(10월 전쟁)의 바브래선으로부터 120 km 후방에 설치한 제2방어선까지의 공간을 그 예로 들 수 있다.

전략적 이점(戰略的利點, Strategic Advantage)
한 국가가 적대국과의 관계에서 군사적 또는 정치적 상황을 유리한 방향으로 조절할 수 있는 관계.

전략적 중심(戰略的中心, Strategic Center of Gravity)
전략적 차원에서 힘의 원천 또는 힘의 균형을 이루는 근원. 피아가 행동의 자유를 유지하거나 유형 전투력 또는 전투의지를 창출하는 장소나 능력 또는 특성을 의미한다.

전략적 집중(戰略的集中, Strategic Concentration)
전략적 차원에서 전역계획을 수행하기에 유리하도록 부대를 배치하여 그 부대의 작전개시가 의도될 수 있는 지역에 지정된 부대를 집결하는 것.

전략적 취약성(戰略的脆弱性, Strategic Vulnerability)
우리가 알고 있는 적의 능력범위 내에서 적이 아군에게 가해 올 행동에 의해서 심히 감소되거나 불리하게 변화될 중요한 국력의 요소들에 미치는 감수성. 정치, 지리, 경제, 과학, 사회 및 군사적 요소와 관련된다.

전략전술용 지도(戰略戰術用地圖, Strategic Tactical Map)
부대의 이동이나 집중 및 보급을 비롯한 전략행동을 계획할 목적으로 제작된 지도이며, 통상 1/250,000에서부터 1/500,000의 축적을 가짐.

전략정보(戰略情報, Strategic Intelligence)
국가 및 국제적 수준의 정책 및 군사 기획 수립에 요구되는 정보.

전략지시(戰略指示, Strategic Directives)
전략적인 지침을 지시화한 것으로서, 합참에서 군사지휘기구를 통해 연합사에 하달함.

전략지침(戰略指針, Strategic Guidance)
정치지도자들이 설정한 정치적 목표를 구현하기 위해 군사전략 차원의 군사력운용에 관한 일반적인 지침. 전략목표, 자원의 사용, 제한사항 및 고려되는 적의 위협요소가 포함된 전략지시와 이전의 기준 또는 방향을 제시하는 기본방침이다.

전략탄도미사일(戰略彈道~, Strategic Ballistic Missile)
전략핵의 운반에 이용되는 대형 장거리 로켓. ICBM(대륙간 탄도탄, Inter Continental Ballistic Missile)이 대표적인 예이며, 탄두는 MIRV화한 대형 핵이 대부분이다. 지상기지는 모두 사일로화 되어 있지만, 정찰위성 등에 의해 적측에 탐지되어 목표로서 프로그램 되어 있다고 할 수 있다. 선제공격을 받을 경우에, 미사일을 생존시켜 보복력을 행사하기 위해서는 미사일의 위치가 알려지지 않는 것이 중요하다. 따라서 SLBM, ALBM, 순항미사일의 가치가 높다.

전략판단(戰略判斷, Strategic Estimate)
지휘관의 임무, 목표 및 방책결정에 영향을 주는 광범위한 전략적 요소에 관해 지휘관에 의해 작성되는 판단서.

전략폭격(戰略爆擊, Strategic Bombing)
1. 전략적인 중요성을 갖는 적의 주요 도시나 공장지대, 군사시설물 또는 병참선에 대한 폭격.

2. 전투에 직접적인 영향을 미치지는 않으나 정치·산업·교통 등에 있어서 역할을 하는 대상에 대한 폭격.

전략폭격기(戰略爆擊機, Strategic Bomber)
전략폭격을 주 임무로 하는 폭격기. 대륙 사이를 왕복하는 장거리 항속 성능과 더불어 핵폭탄 또는 핵탄두 미사일의 충분한 탑재능력, 적의 공격을 회피하는 능력 등이 요구된다.

전략학(战略学, Studies of Strategy)
군사력 사용의 개념적 원칙 및 전쟁지도 규칙에 대해 연구하는 학문으로 군사이론의 핵심 분야라고 할 수 있다. 실전에 있어서는 전쟁의 유형에 따라 각각 다른 전략이 선택될 수 있다. 전략은 사회현상으로서의 투쟁이나 전쟁에 있어서 인간 집단 혹은 국가가 어떻게 대응 또는 대처할 것인가 하는 대책 또는 처방에 관한 것이기 때문에, 시대의 변화와 전쟁양상의 변화에 따라 발전을 거듭해왔다. 전쟁의 양상이 단순하던 시절에는 지구전, 소모전 등 전략 개념도 단순하였지만, 20세기에 들어서는 국가총력전, 대전략 등과 같은 전략 개념들이 등장하였으며, 냉전기에는 대량보복전략(massive retaliation), 단계적 억지전략(graduated deterrence), 유연반응전략(flexible response) 등의 전략개념이 나타났다. 1990년대 이후 냉전체제가 종식되면서 새로운 질서와 동맹관계가 형성됨에 따라 각국은 자국의 환경에 맞는 전략을 수립하기 위해 노력해왔다. 21세기에 들어와서는 기술혁명의 성과가 가억지됨에 따라 군사문제도 '군사혁신(RMA)'의 시대를 맞이하게 되었고, 이에 따라 세계적으로 '미래전'의 양상에 대한 연구와 미래전에 대비한 전략의 개발이 진행되고 있다.

전략핵(戰略核, Strategic Nuclear)
대도시나 공업 중심지 등 전략적 목표를 공격하기 위한 핵무기. 대륙간탄도 미사일, 잠수함발사탄도 미사일, 전략폭격기 적재 핵폭탄 등을 말하며, 파괴력은 수백 킬로톤 이상이다.

전력(戰力, War Potential)
1. 국가가 전쟁을 수행하기 위하여 동원할 수 있는 총체적인 역량. 국력은 전력의 기반이 되며, 전력은 정치·경제·사상 그리고 군사력의 각 구성요소가 상호 관련되어 하나의 총체적인 힘으로 나타나게 된다. 따라서 전쟁을 수행할 목적과 기능을 갖는 조직적인 무력 또는 군사력으로서 군사무기체계, 장비, 조직, 전술 교리, 군사훈련 및 기반시설 등을 망라한 개념이다.
2. 군사력의 운용을 통해 전장에서 발휘되는 전투수행능력을 전력(戰力, fighting power, fighting strength)이라고도 한다. 그러므로 군사력의 구성 요소들은 동시에 전력의 구성 요소가 된다. 전력은 군사력을 구성하는 인적 요소들이 발휘하는 힘과 물적 요소들이 발휘하는 힘으로 나눌 수 있다. 인적 요소 중 정신적·기술적·지적 요소가 발휘하는 힘을 무형전력이라 하고, 인적 요소 중에서 육체적 요소가 발휘하는 힘과 물적 요소들이 발휘하는 힘을 합하여 유형전력이라고 부른다. 이 경우 전력과 전투력은 같은 의미로 사용된다.

〈유〉 [전투력]

전력구조(戰力構造, Force Structure)
전투력의 수단을 가장 효과적으로 구성함으로서 전투효율성을 극대화시키려는 작전적 기능의 통합편성. 즉 당면한 군사작전을 실행하는 데 적합한 전투편성.

전력발전(戰力發展, Force Development)
전력의 개선시키고자 기울이는 노력으로 군사력 기획과정에 포함되는 요소.

전력소요제기서(戰力所要提起書, ~)
합동 중·장기 전력소요의 필요성, 편성 및 운영개념, 전력화시기 및 소요량, 작전운용성능 및 전력화 지원요소, 부대기획 등을 기술한 문서. 신규전력소요제기서와 중·장기 전력소요서로 분류한다.
1. 신규전력소요제기서 : 소요제기 기관이 연중 수시로 단위 전력소요를 제기하는 문서.
2. 중·장기 전력소요서 : 소요제기 기관이 매년 8월말까지 작성하는 소요종합문서. 장기전력소요에는 기존소요와 신규 결정된 소요가 포함되며, 중기전력소요에는 기존소요와 장기전력소요 중에서 중기로 전환된 소요·중기대상기간 중 긴급소요로 결정된 소요를 포함한다.

전력화지원요소(戰力化支援要素, Force Integration Support Elements)
무기체계 획득 시 야전배치와 동시에 전력화할 수 있도록 발전시켜야 할 교리·편성·교육훈련 등 전투발전요소와 종합군수지원요소를 말함.

전력화평가(戰力化評價, Force Integration Assessment)
투자사업 집행 이후 1년 이내에, 소요 군에서 각종 작전환경 하에서의 전술적 운용을 통해 최초 기획단계에서 설정된 수준의 작전운용성능을 포함한 제반 종합군수지원요소를 분석 평가하여, 전력발휘 극대화 방안을 도출하는 과정.

전령(傳令, Messenger)
부대와 부대 또는 부대와 부처 간에 문서전달을 기본임무로 수행하는 요원.

전령통신(傳令通信, Messenger Service)
전령을 운용하여 통신문을 직접 송달하는 통신방법. 모든 부대에서 운용할 수 있는 가장 보안성이 양호하고 신뢰성과 융통성이 있는 통신수단으로, 긴 통신문이나 부피가 큰 문서를 송달하는데 가장 효과적인 수단이다.

전류철조망(電流鐵條網, Live Wire Entanglement)
경계철조망에 전류가 통하도록 장치한 것.

전륜기(轉輪機, Hand Wheel)
포를 상하좌우로 움직이는 손잡이.

전리품(戰利品, War Trophy)
국제법 또는 전쟁법상 전투에서 노획하여 국가가 소유할 수 있도록 규정된 모든 품목. 즉 적의 병기, 마필 등 직접·간접으로 작전에 유효하게 제공될 수 있는 국유재산.

전망경(展望鏡, Kleptoscope)
전차나 장갑차의 실내에서 밖을 관측하는 반사경.

전망탑(展望塔, Conning Tower)
원거리까지 바라볼 수 있도록 설치된 탑.

전면공격(全面攻擊, All-out Attack)
전 전선에 걸쳐 실시되는 공격.

전면방어(全面防禦, Perimeter Defense)
방어지역의 전면에 걸쳐 부대를 배치함으로써 노출된 측방이 없는 사주방어를 이르는 말.

전면장갑(前面裝甲, Front Armor)
전차, 장갑차나 자주포의 전면에 설치된 장갑 부분.

전면전쟁(全面戰爭, General War) ☞ [총력전]

전면포위(全面包圍, Encirclement)
2개 이상의 포위부대에 의하여 적의 측방과 후방을 완전히 차단한 후 적의 주위를 둘러싸고 적을 공격하는 포위형태.

전면핵전(全面核戰, General Nuclear Warfare)
핵보유국 및 그 동맹국들이 핵무기를 전면적으로 사용하는 무력전으로 해당국 본토에 지향됨.

전멸(全滅, Wipe-out)
모두 다 죽거나 패배한 상태.

전몰장병(戰歿將兵, The War Dead)
전쟁 시 사망한 군인.

전반야 작전(前半夜作戰, Half-Night Operation)
일몰 후부터 자정 사이에 실시하는 야간작전.

전방감시소(前方監視所, Reporting Post)
지방관제소의 포착범위를 연장키 위해 전방의 감시 및 방공조기경보 임무를 수행하는 지방관제소의 예하기구.

전방감시 적외선레이더(前方監視赤外線~, Forward Looking Infrared Radar; FLIR)
물체에서 발사되는 적외선 에너지를 감지하여 표적과 배경 간 온도의 차를 영상의 명암차로 재현하는 장치.

전방감시 적외선장비(前方監視赤外線裝備, Forward Looking Infrared System; FLIS)
물체가 방사하는 적외선을 검출하여 그 온도 분포를 영상화하는 장치. 물체가 발산하는 적외선을 탐지하여 물체와 배경 사이의 온도 차를 이용하는 원리이며, 주간은 물론 야간에도 몇 킬로미터 앞에서 검출할 수 있다. 헬리콥터의 야간조명용 및 목표의 탐지식별용, 전차의 화력통제장치 등에 사용되고 있다.

전방관측자(前方觀測者, Forward Observer; FO)
전방의 보병부대와 함께 행동하며 지상포 또는 함포사격을 유도하거나, 항공지원사격을 요청하고 착탄관측 및 수정을 보고하는 포병장교.

전방교회법(前方交會法, Forward Intersection)
알고 있는 2개 이상의 지점을 지도상에 정확히 표시할 수 있으나, 알고자 하는 지점의 정확한 위치를 도상에서 찾아낼 수 없을 때, 또는 실제지형에서 관측 가능한 지점을 지도상에 정확하게 표시하고자 할 경우에 사용하는 방법. 한 지점에서 관측지점의 자북방위각을 측정하여 도북방위각으로 환산한 다음 지도상에 표시하고, 다른 지점으로 이동하여 다시 관측지점의 자북방위각을 측정하여 도북방위각으로 환산하여 지도상에 표시하면, 두 선이 교차하는 지점이 관측지점의 도상위치가 된다.

전방대기지점(前方待機地點, Forward Orbit Point)
근접항공지원(CAS)임무를 위해 전방항공통제관(FAC)과 임무항공기가 접촉하는 전방 공중대기지점.

전방무장 및 연료재보급소(前方武裝~燃料再補給所, Forward Arming and Refueling Point; FARP)
1. 헬기의 신속한 탄약 재무장 및 연료 재보급을 하는 곳으로 작전 반응시간을 단축시키기 위하여 전방지역에 설치 · 운용하는 시설.
2. 상황에 따라 전방집결지 내부 또는 인근 지역에 설치 · 운용.

전방방어지역(前方防禦地域, Forward Defense Area)
전투지역 전단으로부터 후방지역 전방지역까지로 투입된 방어부대의 책임지역.
(북한) [전술적 방어지대(戰術的 防禦地帶)]

ㅈ

전방방어진지(前方防禦陣地, Forward Defense Position)

1. 기동방어 시 적 공격을 경고하며 적을 불리한 지형으로 유인하거나 전진을 저지, 방해하기 위해 방자가 사용하는 진지. 전방방어진지는 필요한 최소의 병력에 의해 점령되고 대다수의 방어부대는 역습에 사용한다.
2. 지역방어 시 전투지역 전단에서 적의 접근로를 봉쇄하고 지역을 통제하기 위해 종심 깊이 준비된 진지. 전방방어진지에는 부대의 주력이 배치되며, 진지를 점령하고 있는 부대는 전력을 다하여 적을 저지하여야 하며, 적이 돌파에 성공하면 적을 역습에 유리한 지역으로 유인하거나 강요하게 된다.

전방위전략(全防衛戰略, Omni Directional Defense Strategy)
특정 국가만을 가상적으로 하지 않고, 또한 특정 동맹국에만 의존함이 없이, 자국의 의사에 반하는 전쟁에 말려들어 가는 것을 피하면서, 세계의 어느 국가가 공격해 오더라도 자국의 역량만으로 대응할 수 있는 능력을 갖춤으로써 전쟁의 발생을 억지, 저지하되, 일단 전쟁이 발발할 경우에는 자주적으로 자유로이 자국의 운명을 결정하는 수단에 호소한다는 정치 및 군사방책.

전방전투지경선(前方戰鬪地境線, Forward Boundary; FB)
화력지원협조수단의 하나로서 연합사령관이 종심전투지역 내의 표적들에 대한 항공, 지상, 함정발사무기들의 공격을 조정하는 것과 이에 대한 책임을 설정하도록 하기 위해 승인하는 선.

전방제대(前方梯隊, Forward Echelon)
방어시 주방어지역에 전개된 부대.

전방지휘소(前方指揮所, Advance Command Post)
지휘관이 전투지역에 근접한 지역에서 전투를 지휘하기 위하여 설치하는 지휘소로 지휘관과 정보, 작전참모를 비롯한 소수의 참모 및 통신요원이 추진되어 점령.

전방집결지(前方集結地, Forward Assembly Area)
장차 수행할 작전을 위하여 부대가 집결하는 전방지역.

전방집적소(前方集積所, Advanced Dump)
야전군의 작전지역에 위치한 집적소.

전방한계선(前方限界線, Forward Limit Line)
우군사격으로부터 우군부대를 보호하기 위하여 설정한 전진한계선.

전방항공관제소(前方航空管制所, Forward Air Control Post)
중앙관제소와 지방관제소의 취약구역을 보완하고 저고도로 침투하는 적기를 포착하기 위해 전투지역전단 가까이 위치하며 고도의 기동성을 구비한 레이더부대로서 항공기를 유도하는 기능도 보유하고 있음.

전방항공의무후송(前方航空醫務後送, Forward Aeromedical Evacuation)
공중수송방법으로, 환자를 전장 내의 지점간이나 전장으로부터 최초 치료지점까지, 그리고 전투지대 내의 차기 치료지점으로 후송하는 단계.

전방항공통제관(前方航空統制官, Forward Air Controller; FAC)
지상군의 전방 전투부대에 파견되어 지상군부대에서 요청하는 근접항공지원작전, 공중정찰 및 공수요청 등을 지원 처리하는 공군 장교.

전방항공통제소(前方航空統制所, Forward Air Control Post; FACP)
기동성을 갖는 공군 전술항공통제 계통의 레이더 시설.

전범(戰犯, War Criminal)
1. 협의로는 전쟁 중에 제네바 협약 또는 전투법규를 위반한 자.
2. 광의로는 평화에 대한 죄와 인도에 대한 죄를 범한 자. 평화에 대한 범죄는 침략전쟁 또는 국제조약, 협정 혹은 서약에 위반하는 전쟁을 계획, 준비, 개시하고 수행하는 행위와 상기 행위를 달성하기 위한 공동계획이나 공동모의에 참여하는 것을 말한다. 인도에 대한 범죄는 전쟁 전 또는 전쟁기간 중 행하여지는 민간주민의 피해(殺害), 몰살(沒殺), 노예화, 추방 및 기타 비인도적 행위 혹은 정치적, 인종적, 종교적 이유로 인한 박해 등을 의미한다.

전범재판소(戰犯裁判所, War Crimes Court)
전범을 재판하기 위하여 설치한 재판소.

전범조사단(戰犯調査團, War Crimes Investigation Team; WCIT)
전쟁범죄 조사임무를 수행하는 단체.

전법(戰法, How to Fight)
1. 가용한 수단과 방법을 효과적으로 배비하고 운용하여 '어떻게 싸워 승리할 것인가?'를 체계화시킨 전투수행방법.
2. 교리적인 측면보다는 작전운용 측면이 강조되는 『How To Fight?』기법으로, 합동전장 운용개념과 현행교리에 기초하여 실제상황에 적용되는 싸우는 방법으로 지형과 피·아 상대적 전투력, 교리에 기초를 두고 발전시킴.

전복활동(顚覆活動, Subversion)
군사, 경제, 심리, 사기 또는 정치기반을 비밀리에 훼손시키기 위해 기도되는 비밀활동. 전복활동 수행을 위해 기도되는 비밀활동에는 선전활동, 태업활동, 기타 활동이 있으며 주로 도시지역에서의 지하공작대 요원에 의하여 실시되는 정치활동이 있다.
(북한) [파괴공작(破壞工作)]

전비(戰費, War Expenditure)
전쟁수행을 위해 소요되는 비용.

전비태세(戰備態勢, Operational Readiness)
각종 세력 등이 전투수행 및 전투를 지원할 수 있는 준비태세를 갖추는 것.

전사(戰死, Death in Battle)
1. 적과의 교전 또는 적의 행위로 인한 사망.
2. 무장폭동, 반란, 기타 치안교란을 방지하기 위한 행위로 인한 사망.

전사(戰史, War History)
전쟁 및 전투와 관련된 역사.
(북한) [군담(軍談)]

전사(戰士, Warrior)
싸움을 하는 군인.

전사망자보고(戰死亡者報告, Battle Casualty Report)
전사망자 발생 시 인사기록표 관리부대장이 지휘계통을 통하여 상급부대에 그 사실을 보고하는 것. 전사망자 보고는 발생 24시간 내에 전문 및 유선을 이용하는 속보보고와 10일 이내에 서류를 작성하여 보고하는 서면보고가 있다.

전사면(前斜面, Forward Slope)
산 또는 언덕에서 적 방향으로 기울어진 경사면.

전사상자(戰死傷者, War Casualties)
전쟁터에서 싸우다 죽거나 다친 사람.

전사외 사망(戰死外死亡, Nonbattle Dead)
전쟁 중 전투에 참가하지 않고 사망한 사람.

전사자(戰死者, Killed in Action; KIA)
1. 전쟁터에서 적과 싸우다 죽은 사람.
2. 전투 시 사망하거나 의료시설에 도착하기 전에 부상으로 사망하는 전투손실자.

전사편찬위원회(戰史編纂委員會, War History Compilation Committee)
전사 연구, 발간을 목적으로 국방부 예하에 설립된 기구.

전상자(戰傷者, Battle Injury or Wound, Wounded In Action, BIW, WIA)
전투 중 관통, 타박상, 골절, 화상, 폭발충격, 생물학 및 화학전 작용제에 의한 손상, 전리 방사선 노출에 의한 부상 또는 기타 파괴무기 및 작용제로 인해 손상을 입은 사람.

전선(戰線, Front line, Line of battle)
1. 전개하여 전투에 투입된 제1선 보병부대가 배치된 선으로 일명 전투선 또는 제1선이라고도 함.(Front Line)
2. 전쟁에서 직접 전투가 벌어지는 지역이나 그런 지역을 가상적으로 연결한 선.(Line of Battle)

(북한) [전연(前緣)]

전선(戰船, War Ship)
전투에 사용하는 배를 통틀어 이르는 말.

전선군(前線軍, Front)
(러시아) 여러 군종의 각급 부대들로 이루어진 최상급 작전 제대.

전선부대진출선(戰線部隊進出線, Forward Line of Own Troops; FLOT)
우군의 전선, 우군의 최전방 배치진지를 연하는 선.

전선지휘소(前線指揮所, Front-Line Command Post)
일선지구에 있는 전투지휘소.

전성관(傳聲管, Voice Pipe)
함정에서 관을 통하여 소리를 직접 전달하는 기구.

전세(戰勢)
(일본) 작전 · 전투 시 피 · 아부대의 상대적인 상태를 동적으로 파악한 것. 「전세를 지배한다.」라는 말은 작전 · 전투에서 적보다 유리한 상태를 획득하거나, 그러한 상태를 확보 · 유지함을 의미한다.

전속(轉屬, Permanent Change of Assignment; PCA)
인사명령에 의하여 장병 개인의 근무부대를 바꾸는 것.

전속력 수직이륙(全速力垂直離陸, Jump Take-off)
헬리콥터가 협소한 장소에서 전속력으로 수직 이륙하는 것.

전속력 전진(全速力前進, Full Speed Ahead)
함정이 최대출력으로 전속력으로 전진하는 것.

전속부관(專屬副官, Private Adjutant; PA)
장관급 장교에 속하여 그를 보좌하며 신변보호 · 사무 연락 등을 맡은 개인참모.

전송사진(電送寫眞, Facsimile, Photoradiogram)
1. 사진을 전송하는 방법 또는 전송한 사진.
2. 유선 또는 무선으로 문자, 사진 및 그림 등을 그대로 먼 거리까지 보내는 장치.

전술(戰術, Tactics)
1. 전투시 부대의 운용.
2. 군단 이하의 전술제대가 전투(Battle)와 교전(Engagement)에서 승리하기 위하여 전투력을 조직하고 운용하는 술과 과학.
3. 작전술 수준에서 설정된 목표달성을 위

해 가용한 전투력을 통합하여 적을 격멸하는 전투와 교전에서 적용하는 활동.
(미국) 전투 및 교전에서 승리하기 위해 가용한 수단을 운용하는 술과 과학.
(러시아) 전투 승리를 위해 부대행동을 계획·준비·수행하는 방법과 기술.
(일본) 작전 및 전투를 가장 효과적으로 진행하기 위한 술.
(중국) 전투의 원칙과 방법. 중국 고대에는 주로 작전의 방법과 계략을 가리켰으며, '전투의 용병술' 또는 '지휘예술'이라고도 함.

전술경보(戰術警報, Tactical Warning)
1. 적의 행동개시를 통보하는 것으로 공격개시로부터 표적에 도달 시까지 언제나 받을 수 있음.
2. 위성과 미사일 감시를 통해서 특정한 위협적인 사건이 발생하고 있음을 작전지휘본부에 통보하는 절차. 위협사건에 대한 자료를 다음 사항을 포함한다.
   1) 전쟁 발생국가 : 적대행위를 개시한 나라.
   2) 사건형태 및 규모 : 사건형태를 식별하고 무기의 규모 또는 수량을 결정.
   3) 피공격 국가 : 물체의 탄도를 관측하고 탄착점을 예측함으로써 결정.
   4) 사건 발생시간 : 적대행위가 발생한 시간.

전술계획(戰術計劃, Tactical Plan)
전술제대가 전투(Battle)와 교전(Engagement)을 위한 계획.

전술공군(戰術空軍, Tactical Air Force; TAF)
지상군이나 해군과 협조하여 전술공군작전 수행의 책임을 지는 공군부대.

전술공수(戰術空輸, Tactical Airlift)
전술공군의 항공기에 의해 병력이나 물자를 이동하는 것으로 지원하는 임무에 따라 전투지원, 전투근무지원 공수로 구분됨.

전술공역(戰術空域, Tactical Air Space)
군 작전수행을 위해 설정된 공역. 민간 항공기를 포함한 모든 항공기의 사용이 가능한 일반공역과 대치되는 개념으로, 사용할 때는 '군사공역'으로도 통용된다.

전술공중교리(戰術空中敎理, Tactical Air Doctrine)
지상군과 교전하거나 지상목표물을 공격하는 전술공중작전의 항공기 운용방법에 관한 공군의 전술교리.

전술관제(戰術管制, Tactical Control)
표적 항공기에 관한 정보와 작전투입의 목적(Kill, or ID)만 통보하여 요격하는 방식. 방공무기통제사는 조종사에게 지시방위를 제공하지 않는다.

전술교량(戰術橋梁, Tactical Bridge)
도하지원 및 기동로 간격 극복에 소요되는 부교, 조립교 등 교량.

전술교리(戰術敎理, Tactical Doctrine)
전술부대의 운용에 관한 교리.

전술군수단(戰術軍需團, Tactical Logistical Group; TACLOG)
상륙부대, 장비 및 보급품의 함안 이동시 통제함에 승선중인 해군통제장교들을 지원하기 위해 상륙부대 지휘관들에 의해 임명된 인원의 집단.

전술기(戰術機, Tactical Airplane)
전술 작전에 운용되는 항공기.

전술기동성(戰術機動性, Tactical Mobility)
전차가 비접적하의 전장내의 부수적인 도로·소로·선정된 야지통로를 사용하여 이동하는 능력.

전술기뢰원(戰術機雷原, Tactical Minefield)
특수 전술작전 또는 알고 있는 적의 전술목표를 방해하기 위해 기뢰를 부설하는 것.

전술기만(戰術欺瞞, Tactical Deception; TACD)
전자, 통신, 영상 및 기타 방법으로 잘못된 정보를 제공하거나 혼란시킴으로서 적을 기만하는 것.

전술기지(戰術基地, Tactical Base)
한 부대가 그곳을 중심으로 하여 공세적인 작전을 개시할 수 있고, 불리한 경우에는 그 지점으로 철수하여 자체방어를 할 수 있도록 보급시설이 구비되어 있는 지역(또는 시설).

전술도로(戰術道路, Tactical Road)
1. 지상군 및 장비물자의 전개에 필요한 도로.
2. 주로 차륜차량의 통행이 가능하도록 임시로 만든 기동로.
3. 작전지역 내에서 전투부대의 기동을 보장하고 작전지속성을 유지하기 위한 군용도로. 토사노면으로 급조 구축되어 통상 수명이 2년 미만인 도로.

전술망(戰術網, Tactical Net)
전술부대의 지휘통제를 지원하는 통신망.

전술목표(戰術目標, Tactical Target)
적의 전투행동 능력을 저하시키거나 파괴하기 위하여, 전투 또는 전술적 행동의 과정 중에 공격목표로서 선정한 부대 · 진지 · 화기 · 시설 및 목표.

전술미사일(戰術~, Tactical Missile; TM)
지상 또는 해상 부대를 지원하는 단거리미사일.

전술부대(戰術部隊, Tactical Unit)
직접지원에 필요한 근무지원부대와 함께 단일 지휘관의 지휘 하에서 적과 교전하도록 편성된 전투부대.

전술사격지휘체계(戰術射擊指揮體系, Tactical Fire Direction System; TACFIRE)
계수형 통신망(장비)을 이용한 전산화된 포병사격 지휘체계.

전술심리전(戰術心理戰, Tactical Psychological Operation)
전술지역에서 적군 또는 적군 주민을 대상으로 전투의지 및 조직을 와해시키기 위하여 전술적 차원에서 실시하는 심리전.

전술예비(戰術豫備, Tactical Reserve)
전술적 상황에 대비하여 지휘관이 보유하고 있는 예비대.

전술용 지도(戰術用地圖, Tactical Map)
전술 및 행정목적으로 사용되는 대축척도.
〈동〉 [전술지도]

전술임무(戰術任務, Tactical Mission)
포병부대의 화력지원 임무를 상세하게 기술한 것으로서, 지원 및 피지원부대 또는 증원 및 피증원부대의 화력지원 책임한계를 명시한 것.

전술작전(戰術作戰, Tactical Operation)
전투를 하기 위해 부대가 기동하고 화력을 사용하는 것.

전술작전본부(戰術作戰本部, Tactical Operation Center; TOC)
현행 작전을 지휘 및 계획하는 참모활동이 이루어지는 주 지휘소 내(Command Post)의 참모기관. 전술작전 및 이에 대한 전술적 지원에 관련이 있는 일반 및 특별참모요원들로 주지휘소 내에 구성된 조직체.

전술적결심수립절차(戰術的決心樹立節次, Tactical Decision Making Process; TDMP)
부여된 임무를 완수하기 위해 참모들이 지휘관을 중심으로 건전한 결심을 수립하는 논리적인 사고과정.

전술적 이동(戰術的移動, Tactical Movement)
적과 직접적인 접촉이 없는 조건 하에서 전술적 임무를 띤 부대 및 장비의 이동.

전술적 전환(戰術的轉換, Tactical Diversion)
선박이나 호송선단이 최종 목적지는 변경하지 않고 정박지에 대기하는 기간을 포함하는 항로 또는 항로에 이르는 항해속도 등을 작전상의 이유로 수정하는 것.

전술정보(戰術情報, Tactical Intelligence)
제병협동부대 및 접적전투를 실시하는 부대의 지휘관이 작전을 계획하고 시행하는데 필요한 적, 지형 및 기상에 관한 정보로서, 주로 군단급 이하 제대의 작전을 지원하기 위한 것임.

전술정보망(戰術情報網, Tactical Digital Information Link; TADIL)
중앙방공통제소와 미국공군 자료처리장비(MCE) 및 유도탄 사격통제장비(AN/TSQ 73) 간에 연결하여 사용하는 제원망.

전술정찰(戰術偵察, Tactical Reconnaissance; TR)
적과 근접하고 있을 때 각급 지휘관이 실시하는 정찰수색.

전술조치선(戰術措置線, Tactical Action Line; TAL)
적기 침투시 아 방공작전의 대응시간을 확보하기 위해 적의 평시 비행활동과 전진 기지를 고려하여 설정한 선. 적성항적이 이 선을 넘어 올 경우 요격기, 유도탄, 대공포에 의한 즉각적인 전술조치가 이루어진다.

전술조치연장선(戰術措置延長線, Extended Tactical Action Line; ETAL)
1. 최저 전술조치선을 보강하기 위해서 적 방향으로 보다 더 가깝게 설정한 선.
2. 적의 항공기가 정해진 속도 이상으로 이 선을 통과할 경우 방공대기 항공기를 전투대기 상태로 유지하는 전술조치.

전술종대(戰術縱隊, Tactical Column)
부대가 용이하게 전투대형을 취할 수 있고 신속히 이동할 수 있도록 전술적으로 알맞게 편성되는 대형이며 적과의 접촉 가능성이 희박할 때 사용.

전술지도(戰術地圖, Tactical Map) ☞ [전술용 지도]

전술지뢰지대(戰術地雷地帶, Tactical Minefield)
적의 이동을 저지, 지연, 방해하거나 이동경로를 바꾸는 등 전술적 목적으로 설치한 지뢰지대.

전술지속(戰術持續, Tactical Sustainment)
전술적 수준에서의 지속능력을 말하며 모든 근무지원 활동을 포함하는 개념.

전술지형비행(戰術地形飛行, Terrain Flight)
적의 위협이 확인되지 않은 지역이나, 앞으로 적의 위협이 예상되는 지역에서, 적의 육안·광학 및 전자장비에 의한 탐지능력을 최소화시키고 사격으로부터 보호받기 위해, 전투지역 내의 가용한 지형지물이나 수목 또는 인공물 등을 이용하여 적에게 노출을 최소화시키는 비행.

전술지휘관(戰術指揮官, Officer in Tactical Command; OTC)
1. 전술부대를 지휘하는 지휘관.
2. 해군의 전술 지휘를 책임지고 있는 선임 장교.

전술지휘소(戰術指揮所, Tactical Command Post)
야전에서 한 부대의 지휘관(또는 부지휘관)이 부대에 부여된 임무를 달성하기 위하여 전투를 지휘하고 통제하는 본부.
(북한) [전방지휘소(前方指揮所)]

ㅈ

전술책임구역(戰術責任區域, Tactical Area of Responsibility; TAOR)
지상의 특정된 구역으로, 단일 지휘관의 책임 하에 예외적으로 자유 활동을 보장받은 구역. 통상적으로 점령, 방어될 목표와 부대산개, 군수지원, 감시 및 경계에 필요한 인접지역이 포함된다.

전술철조망(戰術鐵條網, Tactical Wire Entanglement)
전술장애물의 일부로서 적을 교란, 고착, 유인 및 차단시킬 목적으로 설치, 운용되는 철조망으로 적 접근로 상에서 타 장애물과 통합하거나 화력과 연계하여 운용하는 것이 효과적임.

전술탄도유도탄(戰術彈道誘導彈, Tactical Ballistic Missile; TBM)
지구의 궤도를 따라 비행하다가 지구를 이탈하여 목표에 도달하는 탄도탄의 일종으로 전략, 전술탄도탄으로 구분되며, 전술목적으로 사용되는 탄도유도탄.

전술토의(戰術討議, Tactical Discussion)
현지지형 · 모의지형 · 지도 등을 활용하여 특정한 지형과 상황에서 어떻게 조치할 것인가를 토의함으로써 전술적 식견을 높여주기 위해 실시하는 토의.

전술통제(戰術統制, Tactical Control; TACON)
동일 전투지대 내에서 작전을 실시하는 양개부대의 협조된 작전수행이 요구될 때 일시적인 지휘관계를 설정해 주는 것으로서 제한된 기간 동안 양개부대의 지휘 및 통제체계를 단일화시켜 전투력 발휘를 보장하는 데 있음.

전술폭격(戰術爆擊, Tactical Bombardment)
전술적 목표달성을 위한 폭격.

전술폭격기(戰術爆擊機, Tactical Bomber)
전술폭격 임무를 수행하는 항공기.

전술폭격선(戰術爆擊線, Tactical Bomb Line; TBL)
지상군사령관이 규정한 선으로서, 그 선 전방에 대한 폭격은 자기부대에 위험을 초래하지 않으리라고 인정하는 선.

전술학(戰術学, Tactics)
전투 및 교전의 원리와 원칙에 관해 연구하는 학문. 합동전술, 군종전술, 병종(兵種)전술, 등이 있으며, 주요 연구 내용으로는 전투의 성질, 유형, 특징, 전투의 조직과 실시 등이 있다.
(중국) 전투 규율과 지휘방법을 연구하는 군사학술의 중요한 학문분야. 전투의 성질, 유형 및 특징, 전투의 조직과 실시 등에 대해 연구하여 적용하는 것을 기본으로 한다.

전술항공관제소(戰術航空管制所, Tactical Air Direction Center; TADC)
전구항공통제본부의 전반적인 통제 하에 있는 공중작전기구. 그 기구로부터 어떤 책임구역 내에서 전술항공작전의 항공기와 항공기 경보업무 기능이 지시된다.

전술항공수송(戰術航空輸送, Tactical Air Transport)
전술임무 지원을 위해 항공수송을 사용하는 것. 전술항공수송에는 공수강습, 공중수송부대의 운반, 전술공중보급, 전방비행장으로부터 부상자의 철수, 은밀작전 등이 포함된다.

전술항공의료수송(戰術航空醫療輸送, Tactical Aeromedical Evacuation)
전투지로부터 외부지대로 또한 병참지대 내의 지점 간에 환자를 항공으로 수송하는 단계.

전술항공작전(戰術航空作戰, Tactical Air Operation)
지상 또는 해상부대에 대하여 전술적 수준

에서 제공하는 모든 형태의 항공지원 작전.

전술항공작전본부(戰術航空作戰本部, Tactical Air Operations Center; TAOC)
항공지휘 및 통제체제의 예하 작전기구. 할당된 지역에 출입하는 모든 공중교통과 방공작전 및 유인항공기의 요격과 지대공무기를 지시하며 통제한다. 전술항공지휘본부의 작전통제 하에 있다.

전술항공장교(戰術航空將校, Tactical Air Officer)
상륙작전 기동부대사령관 아래서 상륙작전의 모든 단계에 걸쳐 항공분야에 관한 계획을 협조하며, 목표지역으로 이동시 목표지역에서 지원부대의 항공작전을 조종하는 항공장교.

전술항공정찰(戰術航空偵察, Tactical Air Reconnaissance; TAR)
지형, 기상, 적군의 배치, 구성, 이동, 시설, 병참선, 전자 및 통신 등에 관한 첩보를 획득하기 위한 공중정찰 활동. 포병 및 함포 사격의 수정과 조직적이며 임의적인 전투지역 표적 또는 공중구역을 관측하는 것이 포함된다.

전술항공지원(戰術航空支援, Tactical Air Support)
공군이 항공기를 이용하여 지상 또는 해상부대에 전술적 수준에서 제공하는 모든 형태의 지원작전. 근접항공지원 · 전술정찰 · 전장항공차단 · 전술공수 등을 총 망라한다.

전술항공지원반(戰術航空支援班, Tactical Air Support Element; TASE)
전술항공지원을 현행 전술 지상작전에 조정하고 통합하기 위해 육군의 사단, 군단 또는 야전군의 전술작전본부(TOC) 내에 위치한 G2 및 G3 항공요원으로 구성된 기구.

전술항공통제관(戰術航空統制官, Tactical Air Control; TAC)
전구항공통제본부의 모든 작전을 책임진 장교. 책임구역 내에서 전 항공기와 항공경보시설 통제에 관하여 책임을 진다.

전술항공통제반(戰術航空統制班, Tactical Air Control Party; TACP)
지상부대에 대하여 전술항공지원을 효과적으로 협조, 통제, 수행하는 데 필요한 장비 및 공군요원으로 구성된 팀. 항공지원작전의 협조를 용이하게 하기 위해 대대로부터 사단까지 배속되며 전술항공 요청망을 조작하고 유지하는 임무를 수행한다.

전술항공통제본부(戰術航空統制本部, Tactical Air Control Center; TACC)
전술항공 작전을 위한 모든 항공기와 항공경보 기능을 통제하는 주요 항공작전기구.

전술항공통제전대(단)(戰術航空統制戰隊(團), Tactical Air Control Group)
전술항공 책임지역 내에서 공세 및 수세임무를 위해 지상 또는 해상에서 항공기의 통제와 경보기능을 제공하는 전술항공 편성체의 융통성 있는 행정 및 전술 구성부대.

전술항공협조관(戰術航空協調官, Tactical Air Coordinator)
항공기로부터 지상부대나 해상부대의 근접지원에 참가하는 전투항공기의 활동을 조정하는 장교.

전술항공협조반(戰術航空協調班, Tactical Air Coordination Element)
군단 전술작전본부 소속 공군부대요원으로, 공군의 군단 지원 임무를 계획하고 통제하며, 육군의 계획에 대해 조언하는 역할을 수행하는 요원.

전술핵무기(戰術核武器, Tactical Nuclear Weapon)
전술목적을 달성하기 위한 소형 핵무기. 위력의 크기는 상황과 사용목적에 따라 다르나 통상 20KT 이하의 핵무기를 지칭함. 야

ㅈ

포와 단거리 미사일로 발사할 수 있는 핵탄두, 핵지뢰, 핵기뢰 등이 포함된다.

전술행군(戰術行軍, Tactical March)
전장상황 하 또는 전장상황을 가정한 상황하에서 실시되는 부대의 이동.

전술회전경(戰術回轉徑, Tactical Diameter)
함정의 원 침로와 일정한 타각으로 180도 방향을 전환한 후의 새 침로와 처음 침로간의 수직거리.

전술회피(戰術回避, Tactical Evasion)
적의 탐지장비의 능력과 제한에 대한 정보를 기초로 하여 적의 탐지를 회피하기 위해 사용하는 제반행동.

전술효과평가(戰術效果評價, Tactical Effectiveness Evaluation; TEE)
방공미사일의 교전모의기를 포대 장비에 연결하여, 이동표적과 피아식별 신호 · 전자방해 · 유도탄사격 · 사격절차 · 명중효과 등을 모의하여, 포대 작전통제소에 보낸 제원을 가지고 작전통제소 요원이 얼마나 효과적인 전술 조치를 할 수 있는지 그 능력을 파악하는 훈련평가.

전술훈련(戰術訓練, Tactical Training)
전투작전의 각종 상황을 적용하여 실시하는 개인 및 부대에 대한 훈련.

전술훈련과제(戰術訓練課題, Tactical Training Task)
장차전에서 수행해야 할 해당제대의 임무완수 및 기능발휘에 요구되는 주요과업과 전투기술을 제대별 전투임무 수행 중점에 부합되도록 발전시켜 놓은 훈련과제.

전술훈련평가(戰術訓練評價, Tactical Training Evaluation; TTE)
분대로부터 연대급까지 부대를 대상으로 2단계 상급 지휘관에 의해 임무에 기초를 두고 싸우는 방법대로 훈련한 결과를 전술훈련통제를 통해 평가하는 것.

전시(戰時, Wartime)
상대국에 대한 선전포고, 작전계획 시행 시로부터 휴전이 성립될 때까지의 기간.

전시경제(戰時經濟, Economy of War)
전쟁을 수행하는 상태에서의 경제. 전쟁 목적을 달성하기 위한 국가권력의 강제적 조치로, 평시의 생산구조를 변형시켜 전쟁수행을 돕도록 재편성하고, 생필품 외의 소비를 억제하는 긴축경제이다.

전시공채(戰時公債, Liberty Fund)
전시에 군사비 충당을 위해 발행한 공채. 국가에서 변제할 것을 조건으로 전시에 발행한 유가증권.

전시교전규칙(戰時交戰規則, Wartime Rules of Engagement; WROE)
전시에 적용되는 교전규칙.

전시국제법(戰時國際法, International Law in Time of War)
무력행사의 정당성이나 목적과 관계없이, 무력분쟁 중의 행위를 규율하는 국제법. 이 법은 '전쟁' 상태의 존재에 대한 선언 또는 공식 인정 여부와 관계없이, 국제적 성격을 지닌 모든 무력분쟁에 적용되는 법이기 때문에 무력분쟁법(law of armed conflict) 혹은 무력충돌법이라고 하기도 한다. 전시국제법은 종래에는 국가 또는 교전단체를 주체로 하는 전쟁에만 적용되었으나, 1949년 제네바 4개 협약은 당사국간에 발생할 수 있는 모든 선언된 전쟁 이외에 "기타 무력충돌의 모든 경우"에 적용된다고 규정하여 "국제적 성격을 지닌 모든 무력충돌"을 적용대상으로 하게 되었다. 또한 내란(civil war)이나 국내소요(internal disturbance)의 경우, 원칙적으로는 국내문제불간섭의 원칙에 따라 전시국제법의 적용을 받지 않지만,

전시국제법의 주된 목적이 인도주의에 있는 만큼, 전시국제법 중 인도적 원칙은 적용된다(제네바 4개 협약 각 3조). 그러나 폭동(riot)이나 고립적 · 산발적 폭력행위와 같은 국내소요는 "무력분쟁"의 범주에 속하지 않기 때문에 적용대상에서 제외된다. 전시국제법의 주된 목적은, 무력분쟁 중에 있는 사람들의 생명과 재산에 대한 맹목적이고 과도한 파괴를 막고, 폭력을 오로지 적을 패배시키기 위한 수단으로만 사용하도록 하기 위한 것이다. 그러므로 군사적 가치가 거의 없는 비전투원이나 민간시설에 대한 무차별 공격은 금지된다. 무력분쟁 중에 발생하는 잔인성과 증오와 고통을 최소화하면 할수록 교전당사국 간의 선린관계의 재수립과 항구적인 평화의 회복은 그만큼 더욱 쉬워질 것이다. 전시국제법을 국제인도법(international humanitarian law)이라고 부르는 이유도 여기에 있다.
〈동〉 [전시법]

전시군수전환공장(戰時軍需轉換工場, Shadow Factory)
평시에는 상용제품을 생산하나 전시에 군에 요구되는 물자를 생산하도록 지정된 공장.

전시근로소집(戰時勤勞召集, Wartime Labour Service Mobilization)
전시 또는 이에 준하는 국가비상사태로 동원령이 선포되었을 때, 군에서 필요한 근로인력을 적기에 획득하며, 군사업무를 지원하기 위해 소집하는 것.

전시근무소집(戰時勤務召集, Wartime Labour Service Mobilization)
전시 · 사변 또는 동원령이 선포된 경우에 군사업무를 지원하기 위하여 방위소집이 면제된 보충역 및 제2 국민역을 대상으로 이루어지는 소집.

전시동원(戰時動員, Wartime Mobilization)
전시에 전쟁수행을 위해 전시 실시되는 동원. 국가동원과 군사동원으로 구분한다.
1. 국가동원 : 전시 또는 이에 준하는 국가비상사태 하에서, 국가안전보장상의 목표를 달성하기 위하여 국가의 인력 · 물자 · 재화 및 용역 등의 자원을 효율적으로 관리 · 통제하는 국가권력 작용.
2. 군사동원 : 군대의 전부 또는 일부를 전쟁 혹은 기타의 비상사태에 대응 할 수 있는 태세로 전환시키는 것.

전시법(戰時法, Jus in Bello) ☞ [전시국제법]

전시보상(戰時補償, War Compensation)
국가가 전쟁수행을 위하여 민간의 시설 · 물자 · 기술 등을 징발하고 그 손실을 보상하는 것.

전시비축물자(戰時備蓄物資, War Reserve Material; WRM)
전시 또는 위기 시에 대비하여 사전에 준비해 놓은 물자.

전시소모율(戰時消耗率, Wartime Consumption Rate)
전시에 소모할 것으로 예상되는 보급품 및 장비의 소모율. 과거의 전시 경험자료와 장차전의 양상을 고려하여 결정한 인수로서, 장비의 보유수 또는 인가 수에 대한 손실비용이다.

전시소요(戰時所要, Gross Requirement)
전시에 소요되는 총량으로 일명 총소요라고 칭하며, 평시에 군이 유지할 소요와, 전쟁개시 이후 일정기간 동안의 소요를 합친 총수량.

전시억류적국인(戰時抑留敵國人, Civilian Internee)
전시에 억류하게 되는 적국 국적의 민간인.

전시예산(戰時豫算, War Budget)
전시 또는 국가비상사태에 대비하여 동원

운영계획에 기준을 두고 전년도에 준하여 편성된 예산.

전시재보급(戰時再補給, Wartime Resupply)
전시 동원능력에 초과되는 수량에 대한 재보급. 동맹군 전쟁예비물자(WRSA) 또는 연합군에 대한 범세계 표준보급지원(WSSFAF) 계획에 포함된다. 이들은 수송시간을 고려하여 획득가능 수량을 판단하며 이것 역시 평시예산이 불필요하기 때문에 될 수 있는 대로 많은 수량을 계획하는 것이 경제적이지만, 우리 군이 단독으로 결정할 수 없고 지원국 측과 협의를 해야 한다.

전시주둔국지원협정(戰時駐屯國支援協定, Wartime Host Nation Support; WHNS)
전쟁 발발 시 증파되는 미군에 대한 접수국들의 병참 및 군수지원 내용과 범위 등을 규정한 협정. 한·미간에는 1985년 미국이 처음 제시한 이후, 1991년 한·미 연례안보회의(SCM)에서 정식 서명되었다.

전시체제(戰時體制, War Footing)
1. 전쟁 수행을 위한 임시 체제.
2. 전쟁을 수행할 수 있는 체제.

전시탑재(戰時搭載, Wartime Load)
각 함정이 관계 당국에서 지시한 양을 준수하여 수송할 수 있는 전 보급품의 최대량.

전시특례(戰時特例, Special Regulation in War Time)
전시, 사변 또는 다른 법률에 의거 동원이 선포된 경우에 병역법에 의거 병역의무기간을 45세로 연장하는 것.

전시편성(戰時編成, War Establishment)
전시 편제에 따라 부대를 편성한 것.

전역(轉役, Discharge)
현역복무를 마치고 예비역 신분으로 전환되는 것.

전역(戰域, Battle Area)
전투가 벌어지는 지역.

전역(戰役, Campaign)
주어진 시간과 공간 내에서 전략적 또는 작전적 목표를 달성하기 위해 실시하는 일련의 군사작전.
(일본) 전쟁에 있어서 명료한 단계를 긋는 지역 및 시간적으로 관령이 있는 일련의 제작전.

전역계획(戰役計劃, Campaign Plan)
전역(戰役)을 성공적으로 실시하기 위한 계획. 전역계획의 목적은 계획된 작전에 대한 장기적 안목을 제공함으로써, 책임을 가진 지휘관으로 하여금 계획과 조달을 위한 충분한 시간을 갖도록 하는데 있다. 전역계획은 근본적으로 전략적 개념의 문서이다.

전역기획(戰役企劃, Campaign Planning)
부여된 임무를 하나의 전역계획으로 전환시키기 위한 체계적이고 포괄적인 일련의 활동과 절차.
(미국) 전투지휘관 및 예하 합동군 지휘관들이 국가 및 전구전략을 작전적 수준의 개념으로 전환시키는절차.

전역미사일방어(戰域~防禦, Theater Missile Defense; TMD) ☞ [전구미사일방어]

전연군단(前沿軍團)
(북한) 휴전선에 접해있는 최전방 군단.

전열함(戰列艦, Line-of-Battle Ship)
전투에 직접 참여하는 순양함급 이상의 대형군함.

전우(戰友, Fellow Soldier)
1. 같은 부대에 소속하면서 생활과 전투를 같이 하는 동료.
2. 일반적으로 군인이 타 군인을 지칭하는 용어.

전우조(戰友組, Buddy System)
특정한 임무나 위협에 대비하여 같이 행동하도록 편성된 통상 2~3인의 소규모 조직.

전위(前衛, Advance Guard)
전진 중 주력부대에 대한 기습을 방지하며, 진로상의 장애물을 제거하고 도로·교량 등을 수리하며, 주력의 전개를 엄호하기 위하여 전방에 보내는 주요경계부대.
1. 적 방어체제의 결함을 발견 및 이용.
2. 주력부대가 적에 관한 정보 없이 적의 진지에 접근하는 것을 방지.
3. 소규모의 적 저항을 제거하고 적의 주 저항에 마주치면 주력부대의 전투전개를 엄호함.

전위본대(前衛本隊, Advance Guard Reserve)
첨병중대의 보호를 받으며 주력부대를 보호하는 부대.

전위전투(前衛戰鬪, Advance Guard Action)
적을 견제 또는 기만하여 주력부대의 전진과 전개를 엄호하기 위해 전위가 취하는 공격 또는 방어행위.

전이각(轉移角, Angle of Shift)
1. 화포를 한 목표에서 다른 목표로 방향을 변환하기 위한 수평각.
2. 포와 최초목표를 연결하는 선과 다른 목표를 연결하는 선간의 수평각.

전이고도(轉移高度, Transition Altitude)
항공기의 고도를 진고도와 관련하여 판단할 수 있는 비행장 부근의 고도.

전이사격(轉移射擊, Transfer of Fire)
1. 한 목표에 대한 수정량을 이용하여 타 목표를 사격하는 것.
2. 목표와의 관계위치가 분명한 점에 대한 수정에 의거하여 그 목표에 대해 실시하는 사격.

전이한계(轉移限界, Transfer Limit)
수정제원으로 사격방향 및 거리를 변경하여 여하한 표적이라도 사격할 수 있을 만큼 정확하다고 간주되는 참조선으로부터의 최대거리 및 방향.

전자간섭(電磁干涉, Electromagnetic Interference) ☞ [전자기간섭]

전자공격(電子攻擊, Electronic Attack; EA)
전자전의 한 분야로서 적의 전투능력을 파괴, 무력화, 감소시킬 의도로 적의 지휘·통제·통신 및 전자무기체계에 대하여 전파를 사용하거나 전자파를 직접 조사(照射)하는 공격행위.

전자광학방해책(電子光學妨害策, Electro Optic Countermeasures; EOCM)
전자광학체계의 최대 효율적인 사용을 방해하거나 감소시키기 위해 사용되는 방해책.

전자광학장비(電子光學裝備, Electro Optical Equipment)
카메라의 필름 대신 전자광학장치를 부착하여 촬영된 영상을 전기적인 신호로 바꿔 실시간 전송하는 장비. 탑재수단으로는 U 2R, UAV, 정찰위성 등이 있다.

전자기간섭(電磁氣干涉, Electromagnetic Interference; EMI)
적이 우군의 전자기기 혹은 전자장비의 효과적인 성능을 감소시키거나 방해시키는 간섭현상.
〈동〉 [전자간섭]

전자기만(電子欺瞞, Electronic Deception)
적이 전자장비로 수신한 첩보의 사용을 오도하기 위해 계획적으로 전자파 에너지를 방사, 재방사, 변경, 흡수 또는 반사시키는 방법. 조작기만과 모방기만, 모의전자기만이 있다.

ㅈ

전자기방사(電磁氣放射, Electromagnetic Radiation; EMR)
전기 및 자기장의 진동으로 인해 생성되는 방사로서 광속도로 전파됨. 이것은 감마 방사, X선, 자외선, 가시광선, 적외선 및 레이더파, 무선파를 포함한다.
〈동〉 [전자방사선]

전자기위장(電磁氣僞裝, Electromagnetic Camouflage; ELCAM)
전자파를 사용하는 적의 탐지로부터 부대, 군수품, 장비 또는 시설의 탐지가능성을 최소화하기 위해 전자파를 차폐, 흡수시키거나 우군의 통신효율을 향상시키는 방법.

전자기침투(電磁氣浸透, Electromagnetic Intrusion)
운영자를 기만하거나 혼란을 유발시키기 위한 목적의 한 방법으로 송신진로에 전자기 에너지를 고의적으로 삽입시키는 것.

전자발사 탐지기(電子發射探知機, Ferret)
특별히 전자파 방사의 탐지, 위치결정, 기록 및 분석을 할 수 있는 장비를 갖고 있는 항공기, 함선 또는 차량.

전자방사선(電子放射線, Electromagnetic Radiation; EMR) ☞ [전자기방사]

전자방해(電子妨害, Electronic Jamming)
적이 사용하는 전자기기, 장비 또는 체계의 이용도를 약화시키기 위해 전자파 에너지를 계획적으로 방사, 재방사 또는 반사시키는 것.

전자방해방어책(電子妨害防禦策, Electronic Counter Counter Measures; ECCM)
적이 아군에 대하여 효과적인 전자전을 하지 못하도록 대응하는 전자전.

전자방해책(電子妨害策, Electronic Counter Measures; ECM)
적의 전자장비 사용을 방해하거나 무력화 시키기 위한 전자적 기술행위.

전자병기(電子兵器, Electronic Weapon)
전자기술을 응용한 무기체계. 극초단파 전자관 회로를 이용하여 적을 찾아내고 조종사격, 대피 등을 자동적으로 제어할 수 있도록 제작된 장비이다.

전자보안(電子保安, Electronic Security; ELSEC)
전자장비 및 레이더와 같은 비통신 전자기 방사를 도청하거나 연구하여 가치 있는 첩보를 획득하는 적의 전자정보활동을 거부하기 위해 취해지는 제반 보호책.

전자보호(電子保護, Electronic Protection; EP)
적의 전자공격(EA)으로부터 아군의 전자시설을 보호하는 방어체계. 우군에 관한 적의 첩보수집 능력을 최소한으로 억제하는 대전자전지원(Anti-ES)과, 우군의 전자장비가 방해 및 기만을 받을 때 피해를 최소로 줄이고 전자장비의 기능을 계속 최대로 유지하기 위한 대전자공격(anti-EA)으로 구분한다.

전자식별(電子識別, Electronic Identification)
피아 식별장비(IFF/SIF)에 의해서 적기, 불명기, 우군기에 대한 식별과 레이더에 의하여 속도, 고도 및 위치를 판단하는 행위.

전자엄폐(電子掩蔽, Electronic Cover)
우군 전술부대의 위치탐지를 거부하고, 우군의 능력이나 의도를 적으로 하여금 오도하게 하기 위해 지휘통제통신 정보체계 및 무기체계와 관련된 전자기 방사를 억제하거나, 통제, 변경 또는 가장하는 조치.

전자위장(電子僞裝, Electronic Camouflage; ELCAM)
적 도청자가 전자장비를 이용하여 아군의 부대위치, 군수품, 장비 또는 시설을 탐지 확인할 가능성을 최소로 줄이기 위해 허위 전자신호를 발사하거나 방사되는 전자 신호를 변경하여 적이 탐지하고자 하는 목표물을 위장하는 것.

전자장벽(電子障壁, Electronic Barrage)
대전자보호의 하나로서 광범위한 주파수에 걸쳐 동시적인 전파방해에 대한 대책.

전자전(電子戰, Electronic Warfare; EW)
적의 전파사용을 탐지·이용·감소 또는 방해하고, 아군 전자파의 사용을 보장하기 위한 전자에너지의 사용과 관련된 군사활동. 적의 지휘, 통제, 통신(C3) 및 전자무기체계의 기능을 마비 또는 무력화시키고, 적의 전자전 활동으로부터 아군의 지휘, 통제, 통신 및 전자무기체계를 보호함. 종류로는 적의 전자파 사용효과를 약화 내지 무력화 시키기 위한 전자방해(ECM), 적으로부터의 전자방해에 대처하기 위한 전자방해방어책(ECCM), 이보다 앞서 수행되는 전자지원책(ESM) 등이 있다.

전자전연락반(電子戰連絡班, Electronic Warfare Liaison Element)
전반적인 연합·합동 임무를 지원하기 위해 연합·합동 전자전활동을 협조하는 임무를 부여받은 전자전 참모반.

전자전정보(電子戰情報, Electronic Warfare Intelligence)
전자전 수행을 위해, 관련국가를 포함해 작전지역에 관계되는 모든 가용한 정보의 수집, 평가, 분석, 종합 및 해석의 결과로부터 얻은 산물.

전자전지원(電子戰支援, Electronic Warfare Support; ES)
우군의 군사작전을 지원하기 위해 적의 전파를 수신, 분석, 식별하는 전자전의 일부. 위협의 즉각적인 판단으로 자체방어를 위한 조기경보 등 전술적 용도의 탐색과, 전략무기체계의 설치위치나 이동 또는 그 특성을 분석함으로써 전략적 지원을 위한 용도의 탐색으로 구분할 수 있다. 전자전지원을 통하여 획득된 첩보나 정보는 우군의 전자공격(EA) 또는 전자보호(EP) 대책수립 및 집행에 중요한 자료가 된다.

전자전지원책(電子戰支援策, Electronic Support Measures; ESM)
적이 방출한 전자파를 포착하여 전자파 특성 및 전파원을 파악하고 분석하여 아군의 작전을 지원하는 수단.

전자전투(電子戰鬪, Electronic Combat; EC)
군사작전의 지원 하에 적의 전자기 능력에 대해 취해지는 활동. 전자전투에는 전자전(EW), 지휘통제전(C2W), 대공제압(SEAD) 등이 포함된다.

전자정보(電子情報, Electronic Intelligence; ELINT)
핵폭발 또는 방사성 물질이 아닌 다른 출처로부터의 전자방사나 비통신망 전자기 방사로부터 기술 및 위치 등에 대한 첩보를 수집하여 획득된 비통신 정보.

전자정찰(電子偵察, Electronic Reconnaissance)
전자공격이나 전자보호에 앞서 수행하는 활동. 적의 전자기 방사에 대한 탐지, 식별, 평가 및 위치 확인 등을 수행하는 것으로 전자전 지원책의 일부임.

전자침투(電子浸透, Electronic Intrusion)
운용자를 속이거나 교란할 목적으로 통신

ㅈ

경로상에 고의적으로 전자파 에너지를 개입시키는 침투방법.

전자파(電子波, Electronic Wave)
전계(電界), 또는 자장(磁場)의 주기적 변화에 의하여 전파와 자파가 동시에 서로 동반하여 널리 공간으로 전파되는 과정에서 나타나는 파동.

전자포(電子砲, Electro Magnertic Gun)
전기에너지를 이용하여 탄을 가속시켜 발사하는 포의 총칭. 플레밍의 왼손법칙에 의한 로렌츠힘에 의해 가속되는 전자포와, 전류에서 발생되는 J열에 의해 액체나 고체를 기화시켜 그 압력으로 탄을 가속시키는 전자열포를 총칭함. 전자포는 고체장약에서 얻을 수 없는 탄의 초고속화를 실현시킬 수 있고, 전력의 제어가 비교적 용이하므로 포신의 항복강도까지 근접시킬 수 있는 장점이 있다.

전자항법장치(電子航法裝置, Electronic Navigation Aid)
항공기나 함정 등의 운항을 지원하는 전자장치.

전장(戰場, Battlefield)
1. 작전수행을 위한 지역
2. 공중전을 위한 공중공간을 포함하여, 전투행위가 전개되고 있는 장소.

전장가시화(戰場可視化, Visualization of Battlefield)
디지털화한 정보통신망을 이용, 자체의 수집수단과 범국가적 정보관리체계, 연합 및 합동 정보관리체계를 연동하여 지휘소로 수집되는 전 출처 및 정보를 자동화시켜, 지휘관, 전투원, 지원자가 실시간대에 전장실상을 한눈에 볼 수 있도록 하는 것.

전장감시(戰場監視, Battlefield Surveillance)
적시적인 첩보와 전투정보를 제공하기 위해 전투지역을 조직적으로 감시하는 활동. 조직적이고 지속적인 전장감시를 통하여 적의 기도와 중심을 파악하고, 전장의 불확실성을 제거함으로써 정보우위의 달성과 지휘관의 건전한 결심수립에 기여할 수 있다.

전장공동화(戰場空洞化, Empty Battlefield)
무기의 치명성 및 장사정화, 탄약의 정확성 및 단위시간 당 발사량의 증가로 개인 및 부대가 생존하기 위해 넓게 소산함으로써 전장 내의 병력밀도가 현저하게 감소되어 가는 현상. 정보기술의 혁신적 발달로 지휘관 및 핵심시설이 넓게 산재하더라도 지휘할 수 있게 함으로써 전장 공동화현상이 가속화되어 가고 있다.

전장군기(戰場軍紀, Battlefield Discipline)
조직적이고 질서 있는 전투를 수행하기 위해 전장에서 지켜야 하는 규율.

전장기능(戰場機能, Function of Battlefield)
전장에서 전력발휘효과를 극대화시키기 위한 긴요한 군사적 역할과 활동을 의미함. 이는 전장에서 통합된 제 전장요소에 대한 통제를 용이하게 하고 전력소요 도출의 기초를 제공한다.

전장기동성(戰場機動性, Battlefield Mobility)
전차가 다양한 지반조건하의 기동능력과, 적전상황에서 적의 화력에 노출되는 시간을 최소화하기 위한 가능한 속력으로, 하천·웅덩이·대전차장애물 등의 자연 또는 인공장애물을 극복할 수 있는 능력.

전장의 디지털화(戰場~化, Digitalized Battlefield)
디지털 통신망을 통하여 음성, 고속데이터, 영상정보를 실시간에 수직 및 수평적으로 유통시켜 정보를 공유하고 전장상황의 공통인식을 보장하는 것.

전장자동화(戰場自動化, Battlefield Automation)

전장감시, 정보, 기동, 화력 등 모든 체계를 자동화하고, 이들을 역시 자동화된 전술 작전체제에 의해서 효율적으로 지휘, 통제하기 위한 체계. 이를 위해 고속 다기능이며, 고도의 편의성 및 신뢰성이 보장되는 자동화된 광범위한 통신수단이 수반되어야 한다.

전장정보분석(戰場情報分析, Intelligence Preparation of the Battlefield; IPB)

1. 장차 어떤 부대가 작전을 하게 될 지역에 대해서, 평상시에 적 기상 및 지형에 관한 광범위한 자료를 수집하고 이 자료를 정밀 분석하여 작전에 미치는 영향을 판단하는 것.
2. 임무에 비추어 볼 때 적이 특정한 지형과 기상 조건에서 언제 · 어디서 · 어떻게 행동할 것인가를 판단하는 것.

전장항공차단(戰場航空遮斷, Battlefield Air Interdiction; BAI)

아군 지상군에게 직접적인 영향을 미칠 수 있는 거리에 위치한 적의 지상표적을 공격하는 항공작전.

전장협조반(戰場協調班, Battlefield Air Coordination Element; BCE)

전역항공통제본부에 지상구성군을 대표하는 육군반. 야전군의 항공요청을 처리하고 전역항공통제본부를 위해 지상전투상황을 감청하고 전파하며, 현행 정보, 공역 및 작전자료를 교환하기 위해 필요한 접촉을 제공한다.

전쟁(戰爭, War)

조직화된 집단 간의 무제한적 충돌현상 혹은 적대행위. 국가 또는 민족이 전쟁의 주체가 될 경우에는 전쟁은 '정치적' 성격을 띠게 되고, 전쟁은 정치적 목적을 달성하기 위한 수단이 된다. 그러므로 클라우제비츠는 "전쟁은 다른 수단(즉 군사적 수단)에 의해 정치를 연장한 것"이라고 하였다. 전형적인 형태의 전쟁에서는 일반적으로 개전선언이 있으며, 식별 가능한 전투원이 있고, 상관과 부하 사이에 절대적인 명령 · 복종 관계가 존재한다. 즉, 전쟁행위는 합목적적 행위로서 해적(害敵)행위의 주체를 명시하여 위협 및 충격 효과를 얻고, 군대 특유의 협동방식을 가지고 있다.

전쟁계획(戰爭計劃, War Plan)

국력의 제요소를 통합하여 전쟁을 억제하고 자국의 목표를 추구하는 광의의 전쟁계획과, 적의 무력침공에 대비하고 적의 의지를 무력으로 굴복시키기 위한 전쟁실행계획인 협의의 전쟁계획으로 분류.

1. 광의의 전쟁계획 : 국가목표를 달성하기 위해 전 · 평시를 통해 군사력을 건설, 유지, 운용하기 위한 군사정책, 군사계획과 이에 관련된 정책의 시행.
2. 협의의 전쟁계획 : 적의 무력침공에 대비한 군사력 운용계획으로, 육 · 해 · 공군의 작전계획과 이에 관련된 전쟁계획.

전쟁관(戰爭觀 View of War)

전쟁에 대한 통일적 이해를 의미하는 것으로서 전쟁의 본질에 관념적 인식. 전쟁관은 인생관이 개인에 따라 다르듯이 어느 한 민족의 국토적 여건, 생활방식, 의식성향, 지역에 따라 상이하다. 전쟁현상은 객관적 상대적이나, 전쟁관은 주관적이고 절대적이다. (중국) 전쟁이라는 특수하고도 모순된 형식에 대한 근본관점. 전쟁의 기원, 근원, 목적, 성질 및 전쟁소멸의 과정 등에 대한 관점을 포괄한다. 계급 사회에서는 서로 다른 계급은 서로 다른 전쟁관을 가지고 있다고 본다.

전쟁방지법(戰爭防止法, Jus Ad Bellum)

분쟁을 어떻게 관리할 것인가에 관한 법으로서, 전쟁방지를 목적으로 하는 법체계. 국가가 어떻게 무력 충돌을 시작하고, 어떤 경우에 무력사용이 법률적 · 도덕적으로 정당화 될 수 있는 지를 규율하며, 정전론과 부전론을 주 내용으로 한다.

전쟁범죄(戰爭犯罪, War Crime)
개인 또는 부대가 공인된 법률 및 전시관례를 위반하는 것.

전쟁법(戰爭法, Law of War)
전쟁이 발생하여 전쟁상태가 계속되는 동안에 교전 당사자 간 또는 교전당사국과 비교전당사국(非交戰當事國) 간의 관계를 규율하는 국제법. 전시국제법(International Laws in Time of War) 또는 무력충돌법(law of armed conflict)이라고도 부른다. 또한 전쟁법은 근본 목적이 전투행위 자체의 규율이라기보다 인간의 고통을 덜어주고자 하는 인도적(humanitarian) 이유들을 목표로 한다는 점에서 일반적으로 국제인도법(international humanitarian law)이라고도 부른다. 따라서 전쟁 중에 적용되는 법이기 때문에 전쟁방지법과는 구분된다. 전쟁법은 교전국간의 관계를 규제하는 교전법규와 교전국과 중립국의 관계를 규율하는 중립법규로 구성된다.
〈동〉 [전쟁법규]

전쟁법규(戰爭法規, Laws of War) ☞ [전쟁법]

전쟁법규에 관한 제네바협정(戰爭法規~協定, Geneva Conventions on the Rules of War; GCRW)
전투능력을 상실한 군인들과 적대행위에 가담하지 않은 민간인 등 이른바 전쟁으로 인한 희생자의 존중 및 보호를 위한 국제법규.

전쟁사(戰爭史, War history)
전쟁(교전, 전투, 전쟁, 전역 등)에서 군사력의 운용을 중심으로 전략, 작전술, 전술, 전투근무지원 등을 연구하는 군사사의 핵심 분야. 전사(戰史)라고 약해서 부르기도 한다.

전쟁수준(戰爭水準, Level of War)
국가목표 달성을 위해 직접 또는 간접적으로 군사력을 운용하는 전쟁의 수준을 전략, 작전술, 전술로 대별하는 개념.

전쟁연습(戰爭演習, War Game) ☞ [워게임]

전쟁예비량(戰爭豫備量, War Reserves; WR)
전쟁초기에 필요할 것으로 예상되는 물품 가운데, 단시일 내에 획득하기가 곤란한 다량의 물자를 평시에 확보하여 특정지역에 저장해 두었다가, 필요시 즉각 보충하기 위한 예비보급품의 양. 전쟁예비는 전·평시 차이량, 군 전쟁예비, 사전배치물자, 기지전쟁예비 등이 포함되며, 각종 전투예비물자 및 비축물자 등을 총칭하는 용어로 사용된다.

전쟁예비물자(戰爭豫備物資, War Reserve Stock for Allies; WRSA)
(미국) 미국이 동맹국을 위하여 비축한 전쟁 예비물자.

전쟁원칙(戰爭原則, Principle of War)
1. 전쟁수행을 지배하는 기본적인 원리. 이 원칙은 전쟁법칙과 원리에 기초를 두고 있으나, 경험에 의해 산출된 요소로서, 전쟁원칙의 적절한 적용은 지휘권 행사와 군사작전을 성공적으로 수행하는 데 대단히 중요하한 이러한 전쟁의 원칙들은 상호 밀접한 관계를 갖고 있으며, 상황에 따라서 상호 보강되기도 하고 상충되기도 한다.
2. 무수한 전례를 통하여 승리를 보장할 수 있는 원칙이라고 판단되는 공통적인 내용을 정리한 것으로, 이것을 잘 이해하여 적용하면 전쟁에서 승리할 수 있다고 판단되는 원리이다. 따라서 엄밀하게 말하면 '전쟁원칙'이라기보다는 '전승(戰

勝)의 원칙'이라는 말이 더 적절한 표현이라고 할 수 있을 것이다. '불확실성'이라는 '전장의 안개(fog of war)'에도 불구하고, 군사작전을 성공적으로 이끌 수 있는 일반적인 지침, 또는 원칙을 찾아보려는 노력은 이미 BC 6세기 무렵부터 있었다. 예를 들면, 손자병법에서는 '적을 알고 나를 안다(知彼知己)', '주도권을 행사한다(致人而不致於人)', '적의 강한 곳을 피하고 약한 곳을 친다(避實擊虛)' 등과 같은 작전원칙을 제시하고 있다. 서양에서는 18세기 및 19세기에 이르러 이른바 '전쟁원칙(principles of war)'을 수립하려는 노력이 활발하게 이루어졌다. 예컨대, 제1군사혁신(RMA)을 이룩했던 나폴레옹의 전쟁술에 대해 연구한 많은 학자들은, 공세, 기동, 기습, 집중, 안전의 다섯 가지가 나폴레옹의 '전쟁원칙'이었다는 결론을 내리고 있다. 현대적인 형태의 전쟁원칙은 1916년에 처음 등장했다. 당시 영국군 대령이던 풀러(J. F. C. Fuller)는 알레산더 전쟁에서부터 당대의 전쟁에 이르기까지의 전쟁사에 대한 연구와, 조미니(Jomini)의 전쟁론 및 클라우제비츠(Clausewitz)의 전쟁론에 대한 연구를 통하여, 전쟁에서 승리할 수 있는 불변의 원칙이 있다는 결론을 내리고, 이를 8개의 '전략원칙(strategic principles of war)'과 3개의 '전술원칙(tactical principles of war)'으로 정리하여 제시하였다. 8개 전략원칙은 목표(Objective), 공세(Offensive Action), 기습(Surprise), 집중(Concentration), 병력절약(Economy of Force), 안전(Security), 이동(Movement), 협동(Cooperation)이고, 3개의 전술원칙은 탈기(demoralization), 인내(endurance), 충격(shock) 등이다. 1920년 영국군은 풀러의 8개 전략원칙을 전쟁원칙으로 공식 채택하였으며, 미국 육군은 그 이듬해인 1921년 이 8개 원칙에 '간명(simplicity)의 원칙'을 추가하여 9개 원칙을 전쟁원칙으로 채택하였다. 현재 미 육군이 채택하고 있는 9개 '전쟁원칙'은 1921년의 '이동(movement)'을 '기동(maneuver)'으로, '협동(cooperation)'을 '지휘통일(unity of command)'로 바꾸었을 뿐 1921년의 것과 같다. 영국군은 이들 외에 '사기유지(Maintenance of Morale)의 원칙과 '관리(Administration)의 원칙'을 추가하고 있고, 러시아군에서는 '섬멸(Annihilation)의 원칙'을 추가하고 있다. 우리 국군은 2002년에 기존의 전쟁원칙을 군사작전원칙으로 개념변경을 하였으며, 육군은 목표(objective), 정보(intelligence), 방호(protection), 지휘통제(command and control), 주도권(initiative), 통합(integration), 지속성(sustainability), 사기(morale) 등 8개 원칙을 지상작전원칙으로 채택하고 있다.

전쟁이외의 군사작전(戰爭以外~軍事作戰, Military Operation Other Than War; MOOTW)

1. 평시 및 분쟁 시의 국가이익을 보호하고 지역안정을 증진시키는 제반 군사활동. 여기에는 소요진압작전, 군사력시위, 민간지원작전, 평화유지작전 등이 있음.
2. 전쟁에 도달하지 않은 범위에서의 군사력 사용을 포함하며, 이러한 모든 군사작전은 정치적 기반 하에서 수행되며 국력의 기타 수단을 보완하는데 적용될 수도 있다. MOOTW는 지역적 위기에 있어서의 전쟁억지, 분쟁해결, 평화촉진, 문민당국의 지원에 초점을 맞추고 있으며, 전투가 수반될 수도 있고 그렇지 않을 수도 있다.

전쟁잠재력(戰爭潛在力, War Potential)

전시에 동원가능한 군사력의 기반이 될 국가자원이며, 군사력의 일부로서, 전쟁가능능력이자 전쟁 수행능력.

전쟁지도(戰爭指導, Conduct of War)
전시 국력운용에 관한 지표로서 전쟁의 수행을 위한 요강의 제정, 무력 발동에 따르는 통수권의 행사, 국가전략과 군사전략 간의 통합, 조정 및 효율적인 통제 등 전쟁목적을 달성하기 위해 국가 총역량을 전승획득에 집중시키도록 조직화하는 지도역량과 기술. '전쟁지도'라는 용어를 문헌상 최초로 명시한 사람은 일본의 이시하라 대좌로서 그는 "전쟁지도란 전쟁에 있어서 국력의 운용을 가리키는 것으로, 전쟁수행시의 무력 행사와 무력행사 이외의 사항을 조화시켜 전쟁목적을 달성하는 것으로, 전략과 정략을 조화·통일 시켜 전승을 획득하는 것"이라고 정의한다. 이 용어는 일본을 비롯한 일부 국가에서만 제한적으로 사용되며, 구미에서는 '국가안전보장'이나 '군사전략'의 범위에 포함시켜 취급한다.

전쟁포로(戰爭捕虜, Prisoner of War; POW)
전투원이든 비전투원이든 군사목적을 위해 종사하던 자로 교전 중에 생포되어 신체의 자유를 제한받는 다음과 같은 적국요원을 말함.
1. 적국군대의 구성원 및 군대의 일부를 구성하는 민병대 또는 의용군 요원.
2. 적국에 속하는 민병대 또는 의용대의 구성원(조직적 저항운동자 포함).
3. 대한민국이 승인하지 아니하는 정부 또는 당국에 충성을 서약한 정규군대 구성원.
4. 군대의 구성원은 아니나 적국군대의 인가를 받고 그 군대를 수송하는 군용기의 민간인, 승무원, 종군기자, 납품업자, 노무대원 또는 군대의 복지를 담당하는 부대의 구성원.
5. 적국 상선의 승무원(선장, 수로안내원, 견습선원 포함) 및 민간항공기 승무원.
6. 자발적으로 무기를 들고 우군에 대항하는 주민.

전지교섭요원(戰地交涉要員, Parliamentarian)
전투지역에서 적의 전선 내부로 들어가서 적의 지휘관에게 공개적으로 직접 의사를 전달하거나 협상을 하기 위해 교전군의 지휘관이 파견하는 요원.

전지구위치파악시스템(全地球位置把握~, Global Positioning System; GPS)
미국정부에서 운용하는 항법체계. 21개의 위성(예비 3개별도)을 이용하여 지상 어디서나 24시간 측지 및 측량이 가능하여 지상 측량, 선박 및 항공기 운항시 위치식별에 사용한다.
〈동〉 [인공위성항법체계]

전진기지(前進基地, Forward Combat Location; FCL)
작전전구의 내부 또는 근처에 위치하여 군사작전 지원을 주 임무로 하는 기지.

전진로(前進路, Route of Advance)
한 부대가 목표(목적지)에 이르기 위해 따라야 할 특정한 진로.

전진부대(前進部隊, Advance Force)
수륙양용 기동부대 내의 일시적 편성으로, 주력부대보다 목적지에 먼저 가는 부대.

전진사격(前進射擊, Advancing Fire)
공격기동간에 근거리에서 적에 접근하며 실시하는 사격. 돌격할 때 동시에 행하는 사격.

전진착륙장(前進着陸場, Advanced Landing Field)
목표지역의 내부 또는 부근에 위치하며 통상 최소한도의 시설을 갖춘 비행장.

전진축(前進軸, Axis of Advance)
예하부대를 통제할 목적으로 부여하는 적 방향에 이르는 전진기동로. 통상 하나의 도로나 도로군, 또는 현저한 지형지물을 따라 선정된다. 전진축의 도식은 건물지역의 회피 또는 적부대의 포위 등과 같은 지휘관의 의도를 나타낸다. 전진축은 대부대에게는 일반적인 기동방향을, 소부대에게는 실질적으로 기동해야 하는 기동공간을 의미한다.

전진한계선(前進限界線, Limit of Advance)
공격하는 기동부대의 안전과 지원화력의 통제 및 협조를 위해 기동부대의 진출을 통제하는 한계선. 식별이 용이한 지형지물을 따라 선정된다.

전차(戰車, Tank)
1. 고대에 동·서양에서 전쟁에 사용하던 말이 이끄는 수레. 동양의 고대 전차는 일반적으로 4마리의 말이 끌고 두 개의 바퀴를 가지고 있으며, 마차에는 창병·마부·궁수 각 1명이 승차하였다.
2. 강력한 장갑으로 보호받으며 주포 등 화력장비를 탑재하고 자체기동력을 가진 차량. 제1차 세계대전에서 참호전으로 고착된 상황을 타개하기 위하여 영국군이 최초로 사용한 이 후, 제2차 세계대전을 거치면서 비약적으로 발전하여 현재에는 지상전의 핵심 무기체계의 일부를 구성하고 있다. 현재 한국에서 운용중인 주력 전차는 다음과 같다.
1) M1 전차(~戰車, M1 Abrahms Tank)
주한 미군의 주력 전차로서 미국이 1971년 개발을 시작, 1980년부터 주력전차로 운용하는 전차. M1 형은 105 mm, M1A1 형은 120 mm를 장착하였고, M1A1HA 형은 M1A1 형에 장갑을 보강하였으며, M1A2 형은 자동위치·항법체계와 향상된 열상장치 등을 탑재하고 있다.
2) K-1 전차(~ 戰車, K-1 Tank)
1980년대 국내기술로 개발된 전차로 특수 장갑에 의한 방호력과 열 영상장비를 장착하여 주/야 악천후 시에도 관측 및 사격이 가능하며, 초탄 발사시간이 현저하게 감소되었고, 고지에서 저지 사격이 가능하다. 105 mm 주포를 장착하였다.
3) K1A1 전차는 K-1 전차의 후속형으로 1990년대에 개발을 시작하여 기계화부대 주력장비로 전력화되었다. 120 mm 주포를 장착하여 K-1 전차보다 화력을 크게 증대시켰다.

전차강습(戰車强襲, Tank Assault)
기갑사단이 증강된 화력을 갖춘 중전차로 돌격하는 것.

전차대대(戰車大隊, Tank Battalion)
전차로 편성되어 기동성, 화력 및 장갑보호 효과를 바탕으로 전술적인 임무를 수행하는 공세행동에 적합한 편성부대. 대대본부 및 본부중대와 3개의 전차중대로 편성되며, 필요시 기계화보병중대와 전투지원부대를 편조하여 운용할 수 있다.

전차도하교(戰車渡河橋, Tank Crossing)
전차 도하에 사용하는 부교(浮橋)

전차반(戰車班, Tank Section)
몇 대의 전차 단위로 구성되는 전투단위.

전차양륙정(戰車揚陸艇, Landing Ship for Tank; LST) ☞ [전차양륙함]

전차양륙함(戰車揚陸艦, Tank-Landing Ship; LSP)
수륙 양용차량, 전차, 전투차량 및 강습 상륙장비를 운반 및 양륙시키는 해군함정. 〈동〉 [전차양륙정]

전차운반차(戰車運搬車, Tank Transporter)
주로 비전투지역에서 전차를 육상으로 이동시킬 때에 전차를 적재함에 싣고서 운반하는 차량. 전차는 자력으로 주행할 경우 무한궤도의 손상과 진동으로 인한 각종 부품의 손상·마모 등이 심하고 연료의 소모 역시 크므로, 비전투지역에서는 가능한 한 전차운반 트랜스포트로 이동한다.

ㅈ

전차전(戰車戰, Tank-to-Tank Fighting)
전차를 사용하여 겨루는 전투.

전차접근로(戰車接近路, Tank Avenue of Approach)
전차를 포함한 기갑 및 기계화 부대가 전투에 유리한 대형으로 목표나 중요지형지물에 용이하게 도달할 수 있는 통로.

전차파괴차(戰車破壞車, Tank Destroyer; TD)
적의 전차를 전문적으로 파괴하기 위해 강력한 대전차 직사포를 탑재한 궤도차량.

전차포(戰車砲, Tank Gun)
전차의 가장 중요한 공격수단으로 전차에 장착한 주포.

전차포탑(戰車砲塔, Tank Turret)
전차의 주포가 장착된 부분.

전차호(戰車壕, Tank Ditch)
적의 관측 및 공격으로부터 전차를 방호하기 위해 구축한 인공구조물.

전천후전투기(全天候戰鬪機, All Weather Fighter)
야간이나 악천후 시에도 작전을 수행할 수 있도록 설계된 전투기.

전초(前哨, Outpost)
정지 중이거나 숙영 혹은 진지에 배치된 본대를 적의 관측과 기습으로부터 보호하기 위해 본대의 전방에 운용되는 경계파견대.

전초기(前哨機, Picket)
항공조기경보와 같은 특별한 목적으로 어떤 지리상의 위치에 배치된 항공기.

전초선(前哨線, Affair of the Outpost)
전초진지를 횡으로 연결한 일련의 가상 선.

전초저항선(前哨抵抗線, Outpost Line of Resistance; OPLR)
전초의 화력과 지원화기의 사격을 효과적으로 협조시키기 위한 선.

전초진지(前哨陣地, Outpost Position)
전초의 구성부대가 점령하는 진지. 적의 접근을 경고하거나 지연 및 와해시키고, 우군의 주진지를 기만하기 위하여 편성한다.

전초함(前哨艦, Picket)
1. 항공조기경보와 같은 특별한 목적으로 어떤 지리상의 위치에 배치된 함정.
2. 적의 잠수함으로부터 호송함을 보호하기 위해 경계진(선단의 방호를 위해 배치되는 수상함의 특별한 배열)의 외측에 위치한 대잠함.

전치폭발(前置爆發, Preposition Burst)
후퇴 시 혹은 특수한 상황 하에서 사전에 폭발물을 매설, 장전하였다가 시한신관이나 전파신관에 의하여 폭발시키는 방법.

전탐기(電探機, Radar) ☞ [레이더]

전탐대항책(電探對抗策, Radar Counter Measure; RADCM)
정상적인 레이더의 작동을 방해하는 전파방해.

전탐망(電探網, Radar Netting)
통합된 표적자료를 제공하기 위해 여러 개의 레이더를 단일부서로 연결하는 조직 망.

전탐방해막(電探妨害幕, Window)
레이더의 반사에 혼란을 가져오도록 항공기에서 떨어뜨리는 얇고 좁은 쇠붙이 또는 금속편.

전탐전초(電探前哨, Radar Picket)
레이더 탐지거리를 증가시킬 목적으로 피보호 부대로부터 일정한 거리에 위치한 함정 또는 항공기.

전탐침묵(電探沈默, Radar Silence)
일정한 주파수 또는 전 주파수에 대해 레이더 전자파 송신을 금지하는 전자 군기.

전탐항법(電探航法, Radar Navigation)
야간 또는 시정이 불량한 비행 상태 하에서 레이더에 의해서 지형을 판단하며, 항공기 및 함정의 위치를 확인하는 방법.

전투(戰鬪, Combat, Battle)
1. 적을 섬멸하여 승리를 획득하기 위한 직접적인 행동.
2. 작전을 성공적으로 이루기 위한 작전행동의 한 수단.
3. 전술적 수준의 목표를 달성하기 위해 실시되는 통상 사단 및 군단급 제대의 협조된 활동.

전투가늠자(戰鬪~, Battle Sight)
사수가 표적에 정확히 사격할 수 있도록 자신의 신체조건과 화기를 고려하여 실제 사격과 수정 절차를 거쳐 미리 수정해 놓은 가늠자.

전투감시(戰鬪監視, Combat Surveillance)
전술적인 지상 전투작전을 위한 첩보를 적시에 제공하기 위해 전투지역(Battle Area)을 전천후 주야간 계속적이고 조직적으로 감시하는 것.

전투공간(戰鬪空間, Battlespace)
한 부대의 최대능력에 의해서 적을 포착해서 지배할 수 있는 공간. 미래의 전투공간은 종래의 정면, 종심, 고도 이외에 시간, 인간, 전자기적 요소가 추가되었다.

전투공역(戰鬪空域, Combat Airspace)
전투가 행하여지거나 또는 행하여질 것으로 예상되는 공역.

전투근무지원(戰鬪勤務支援, Combat Service Support; CSS)
군사 활동에 있어 전술 및 전략에 포함되지 않는 부분에 대한 제반 지원. 주로 행정 및 군수분야 활동으로서 전투, 전투지원, 전투근무지원 부대에 대하여 임무수행에 필요한 모든 자원, 즉 인원, 장비, 물자, 시설 및 자금 등을 통제 및 관리하고 제반근무를 제공하는 지원활동.

전투근무지원계획(戰鬪勤務支援計劃, Combat Service Support Plan)
한 부대의 작전에 수반되는 전투근무지원에 관한 사항을 망라한 계획. 전투근무지원계획수립은 작전계획과 협조되고 동시에 발전되어야 한다.

전투근무지원명령(戰鬪勤務支援命令, Combat Service Support Order)
어떤 부대가 수행할 작전활동을 지원하기 위한 전투근무지원에 관한 사항을 기술한 명령.

전투근무지원부대(戰鬪勤務支援部隊, Combat Service Support Unit)
전투부대, 전투지원부대 및 전투근무지원부대의 전투력을 지속적으로 유지하기 위하여 인사, 군수, 민사 및 기타 행정을 지원하는 부대.

전투근무지원운용본부(戰鬪勤務支援運用本部, Combat Service Support Operation Center; CSSOC)
현행전투 및 전투지원작전을 수행하는 데 필요한 전투근무지원 활동을 지휘, 통제, 조정 및 협조시키며, 전투근무지원요소를 통합시키고 지역피해 통제업무에 관련된 일반 및 특별참모와 관련부대의 지휘관 또는 대표자로 구성된 기구로 통상 주지휘소 내에 설치 운용함.

전투근무지원원칙(戰鬪勤務支援原則, Principle for Combat Service Support)
효과적인 전투근무지원을 수행하기 위한 기본원칙으로서 집중지원, 추진지원, 신뢰성, 간편성, 적시성, 균형성, 권한, 경계, 경

ㅈ

제성 등 9대원칙을 적절히 적용하는 것.

전투기(戰鬪機, Combat Fighter)
1. 공중전투(공대공, 공대지, 공대함 포함)를 기본임무로 제작, 개조된 항공기.
2. 전술기(Tactical A/C)의 대체용어로서 전투기(Fighter), 전폭기, 공격기 등을 포함하여 이르는 말.

전투기교전지대(戰鬪機交戰地帶, Fighter Engagement Zone; FEZ)
단거리 방공무기체계의 교전범위 밖에서 전투기에 의하여 교전이 이루어지는 구역.

전투기동부대(戰鬪機動部隊, Combat Maneuver Forces)
사격과 기동으로 적과 교전하는 부대. 주로 보병, 기갑, 수색(공중 및 기갑수색), 공격용 회전익 항공기 부대들을 이르며, 곡사화기로 적과 교전하는 부대 또는 전투지원 및 전투근무지원을 제공하는 부대와는 구분된다.

전투기록(戰鬪記錄, Battle Record)
공적 간행물의 자료가 되는 역사자료의 기초로 삼기 위한 전투상황의 기록.

전투기소탕작전(戰鬪機掃蕩作戰, Fighter Sweep Operations)
할당된 작전지역 내에서 적기 또는 감시표적을 탐색 하여 공격하기 위해 수행하는 공격적 임무.

전투기술(戰鬪技術, Combat Techniques)
다양한 전투상황에서, 중대급 이하의 부대 및 개인이 전투대형을 유지한 상태로, 지형과 편제화기를 사용하여 최소의 판단 또는 판단 없이 조건반사적으로 적용할 수 있는 소부대의 세부적인 전투수행방법. 적을 섬멸하여 승리를 획득하기 위해 전투 시 사용되는 기술로, 작전유형(공격, 방어, 지연전)에 따라 사격기술, 이동기술, 원거리 화력유도, 사격통제, 정찰, 습격, 매복, 장애물운용, 저격 등 다양한 전투기술이 있다.

전투기지(戰鬪基地, Combat Base)
대유격작전 시 중대급 이상 부대의 작전, 행정, 전투지원 및 전투근무지원의 중추적 기능을 수행하기 위해 편성된 시설.

전투긴요품목(戰鬪緊要品目, Combat Essential Item; CEI)
1. 전투작전을 성공적으로 수행하기 위해 절대적으로 긴요한 장비 및 보급품.
2. 전시 전력형성에 중요한 장비 및 보급품과 전쟁지속에 지배적인 영향을 주는 물자. 군이 평시 확보하거나 전시동원, 조달 또는 해외지원에 의하여 필히 지원되어야할 품목으로, 긴요 품목과 필수품목을 합하여 전투긴요품목이라는 용어로 통일하여 사용한다.

전투단(戰鬪團, Battle Group)
각종 주요병과로 증강된 제병협동부대. 연대전투단의 경우 통상적인 구성 비율은 보병 1개 연대, 포병 1개 대대, 전차 1개 중대, 공병 1개 중대 및 방공 1개 포대로 구성되나 상황에 따라 변경될 수 있다.

전투대기(戰鬪待機, Battle Station)
방공포병부대가 즉각 전투에 돌입하여 적기와 교전할 수 있는 대기상태로서 세부내용은 부대예규에 포함됨.

전투대형(戰鬪隊形, Combat Formation)
전투 시 소규모 부대를 효과적으로 통제하고 전술적으로 운용하기 위해 취해지는 기본적인 전개대형. 각개 병사나 분대, 소대, 화기의 배치를 의미하며, 이동대형이라고도 한다.
(북한) [산개대형(散開隊形)]

전투력(戰鬪力, Combat Power)
1. 전장에서 부대가 전투를 수행하여 군사적 목표를 달성해 나가는 능력으로 병력, 무기, 장비, 물자, 부대조직 등의 유형 전투력과, 통솔력, 군기, 사기, 전투기

술 등 무형 전투력으로 구성됨.
2. 지정된 시간에 적에 대항하여 전투를 수행할 수 있는 총체적인 군사력으로 기동, 화력, 방호 및 리더십이 결합되어 나타남.
〈유〉 [전력]

전투력복원(戰鬪力復元, Restoration of Combat Power)
부대가 심대한 인적, 물적 손실을 입어 정상적인 전투근무지원 절차를 통해서는 현행 및 장차작전수행이 곤란할 때, 즉각적인 전투력 회복을 위해 취하는 재편성이나 재조직등의 지휘조치.

전투력상실(戰鬪力喪失, War-Weary)
부대가 심대한 인적, 물적 손실을 입어 정상적인 전투력을 발휘할 수 없는 상태.

전투력승수효과(戰鬪力乘數效果, Force Multiplier)
기습, 전자전, 작전보안, C2W, 심리전, 상대적으로 우세한 지휘통제(C2)능력 등과 같이 전투력과 직접 또는 간접적으로 관련이 있는 요소들이 통합적으로 사용되어 전체 전투력을 향상시키는 효과.

전투력재평가(戰鬪力再評價, Combat Power Revaluation)
전투력복원이 완료된 부대에 대하여, 전투에 투입할 수 있는 가능성 여부를 평가하는 것. 피해평가반에서 교육훈련을 실시한 결과와 부대의 사기 및 군기, 지휘관에 대한 신뢰도, 단결심 등을 종합적으로 평가한다.

전투력증강(戰鬪力增强, Force Enhancement)
연합사 위기조치절차상 전구 내의 취약점을 보강하고, 필요한 군사력 균형을 유리하게 하기 위해 이미 배치된 연합사 부대를 증원하기 위한 군부대를 이르는 말.

전투력지속작전(戰鬪力持續作戰, Sustaining Operation)
전투력을 보강하고 유지함으로써 결정적 작전과 여건조성 작전을 가능하게 하는 작전활동. 주로 전투근무지원, 중요시설 및 후방지역 경계, 병참선 방호 등이 해당된다. 전투력 지속작전은 자체만으로는 작전에 있어 결정적인 역할을 수행할 수는 없고, 전체 작전의 템포를 유지시키는 역할을 하며 전장의 기회를 즉시 활용할 수 있는 능력을 보장한다.

전투력 집중(戰鬪力 集中, Combat Power Concentration)
아군의 전투력을 결정적인 시간과 장소에 신속히 집중하여 적보다 상대적인 전투력의 우세를 달성하는 것. 이는 타 지역에서의 전투력 절약을 통하여 달성할 수 있다. 전투력 집중은 방향 또는 방향성을 가지며 주의나 노력 등 정신적 측면의 집중개념을 모두 포함하므로, 단순한 물량적 집중(Mass)과는 구별된다.

전투력 투사(戰鬪力投射, Force Projection)
세계 어느 곳에나 신속한 경보전파, 동원, 전개 및 작전을 실시할 수 있는 능력.

전투명령(戰鬪命令, Combat Order)
전략 및 전술작전과 이를 지원하기 위한 전투근무지원에 관련된 사항을 지시하는 명령. 전투명령에는 지시, 작전명령, 임무형명령, 단편명령, 준비명령, 전투근무지원 명령, 예규 등이 있다.

전투모(戰鬪帽, Field Cap)
실외에서 일반적인 활동시 전투복과 함께 착용하는 모자.

전투반경(戰鬪半徑, Combat Radius)
기지로부터 항공기나 함정이 발진하여 작전임무를 수행하고 복귀할 수 있는 거리.

전투발전(戰鬪發展, Combat Development)
현재 및 장차전에서 적과 싸워서 승리하기 위해 대비하는 총체적인 연구발전 노력. 즉 현재 및 장차전의 전투개념을 설정하고, 이를 구현하기 위해 교리, 무기체계, 편성, 교육훈련 등에 대한 연구발전을 통하여 현존 전력을 향상시키고 장차 전력을 개발하는 과정이다.

전투발전요구(戰鬪發展要求, Combat Development Requirement)
현재 및 장차전에서 요구되는 전투발전 5개 분야(교리, 구조 및 편성, 무기·장비·물자, 교육훈련, 인적자원)에 대한 발전 소요를 제기하는 것.

전투배치(戰鬪配置, Battle Disposition)
전투를 실시하기 위한 준비태세를 갖추는 것. 인원은 전투위치에 배치하여 경계태세를 갖추고, 탄약은 즉각적으로 장전할 수 있도록 준비되며 포나 유도탄은 발사대에 장전된다.

전투병과(戰鬪兵科, Combat Arms)
보병, 포병, 기갑, 공병, 정보통신, 항공, 정보 등 실제 전투에 투입되는 병과.

전투부대(戰鬪部隊, Combat Forces)
사격과 기동으로써 적에게 접근하여 적을 격멸 포획하며 지형을 확보, 통제하는 부대.

전투비행단(戰鬪飛行團, Fighter Wing; FW)
통상 준장급이 지휘하는 단 본부와 수개의 전투기 대대로 구성된 공군부대 단위.

전투비행반경(戰鬪飛行半徑, Combat Radius; C/R)
항공기가 발진하여 작전임무를 수행하고 안전하게 복귀할 수 있는 거리.

전투사격(戰鬪射擊, Combat Firing)
전투상황을 상정하여 표적에 실탄사격을 하면서 부대가 기동하는 훈련.

전투생존책(戰鬪生存策, Combat Survival)
전투 중에 우군부대로부터 뜻하지 않게 고립된 군인이 취해야 할 방책으로, 개인생존법, 기피, 도피 및 체포 후의 행동에 관련된 절차가 포함됨.

전투서열(戰鬪序列, Order of Battle; OB)
부대의 명칭·병력·지휘기구·인원·장비의 배치와 전투적 가치가 있는 이동에 관한 제원과 부대의 역사·지휘관에 관한 인사자료 등이 포함되어 있는 정보.

전투속도(戰鬪速度, Combat Speed)
항공기가 전투중량, 최대출력과 전투고도에서 수평비행으로 도달할 수 있는 최고속도.

전투손실(戰鬪損失, Combat Consumption; CC)
1. 전사, 전상으로 인한 사망이나 전투 중 실종과 포로 등 전투로 인한 손실(Combat Loss).
2. 일명 전투소모라고도 하며, 전쟁이 발발하여 군이 전투에 참가했을 때 적의 공격으로 인한 피해손실 및 활동으로 인한 정상 소모량 등을 이르는 말. 전투손실은 전쟁초기에는 대량손실이 예상되나 기간이 경과함에 따라 손실이 점차 감소되므로, 일정기간을 정하여 해당 기간 중에 발생한 손실량만을 전시소요로 산정하게 된다.

전투수단(戰鬪手段, Means of Combat)
전투수행을 위해 사용되는 제반 수단.

전투수당(戰鬪手當, Combat Pay)
전투에 참가한 인원에게 보상을 목적으로 지급하는 금전.

전투수영(戰鬪水泳, Survival Swimming)
전장상황에서 생존성을 향상시키기 위하여 전투원이 장비를 착용한 채 실시하는 수영 훈련.

전투식량(戰鬪食糧, Combat Ration)
전장상황에서 준비 없이, 또는 최소한의 준비만으로도 식량으로 사용될 수 있도록 만들어진 식량.
(북한) [건식식량(乾式食糧)]

전투실험(戰鬪實驗, Warfighting Experimentation)
미래작전능력을 과학적인 방법으로 검증하여 전투발전 분야별 소요와 전투수행방법 변화에 따른 문제해결 방안을 도출하는 과정.

전투예비량(戰鬪豫備量, Battle Reserves)
부대 및 개별 예비품에 부가하여 전투지역 부근에 비축된 예비보급품.

전투예비탄약(戰鬪豫備彈藥, Combat Reserve Ammunition)
전쟁 초기에 보충수요를 충당하기 위해 보유하여야 할 탄약의 수량.

전투예비품목(戰鬪豫備品目, Combat Reserve Item)
즉시 사용할 수 있도록 완전하게 저장된 장비 또는 품목으로서 상당한 기간 동안 격심한 작전상태에서도 사용가능한 상태를 유지할 수 있는 품목.

전투원(戰鬪員, Combat Man, Combatant)
국제법상의 권리 및 의무를 부여받게 되는 교전부대의 각개 병원(兵員).

전투이양선(戰鬪移讓線, Battle Handover Line; BHL)
부대간 전투책임이 타 부대로 이양되는 선으로, 식별이 용이한 지형지물을 따라 미리 선정된 선 또는 지역. 통상 초월작전 간 양개 부대의 협조 및 통제를 용이하게 하고, 초월부대의 공격기세를 유지할 목적으로 상급부대에서 통제선 개념으로 설정한다.

전투일지(戰鬪日誌, War Diary)
전투의 진행상황을 시간대별 일자별로 기록한 문서.

전투적재(戰鬪積載, Combat Loading)
예상되는 전술작전을 고려하여 준비된 탑재계획에 의거 지정된 방법으로 인원을 배치하고 장비 및 보급품을 적재하는 것. 각 물자는 항목별로 적재하여야 하며, 필요시 즉시 하역할 수 있어야 한다.

전투전초(戰鬪前哨, Combat Outpost; COP)
방어 시 각 제대별로 운용하는 경계부대 중 연대나 대대급에서 설치 운용하는 경계부대. 적을 조기에 경고, 전투지역에 대한 지상관측 및 사격방지, 능력범위 내에서 지연 및 와해, 전투지역 위치기만 임무 등을 수행한다.
(북한) [전투경계(戰鬪警戒)]

전투전초선(戰鬪前哨線, Combat Outpost Line)
전투전초가 배치된 지역을 연결한 가상의 선.

전투전환점(戰鬪轉換點)
1. 피·아간의 전투태세 및 전투력이 역전되는 시기 또는 상태.
2. 전선의 확대·병참선의 연장·병력과 자원의 결핍으로 인하여 공세종말점에 도달하게 되고, 이러한 시간과 마찰의 증대에 따라 피아간의 전투력에 변화를 초래하여, 상대적 전투력 비율이 역전상태에 이른 한계점 또는 작전의 전환이 요구되는 분기점.

전투정면(戰鬪正面, Battle Front Width)
한 부대가 담당할 전투지역의 넓이로 지형평가 5개 요소에 의하여 결정됨.

전투정보(戰鬪情報, Combat Intelligence)
전술작전 계획을 수립하고 실시하는 데 있어 지휘관이 필요로 하는 적, 기상 및 지형에 관한 지식. 이는 부대 임무에 영향을 미치는 것. 기상 및 지형에 관한 모든 불확실성을 최소한으로 감소시켜 줌으로써, 지휘관의 건전한 결심수립을 돕고, 원활한 임무수행 뿐 아니라 아군의 기도와 행동을 비닉하기 위한 방첩조치와, 적의 정보활동을 방해 또는 불량하게 하여 지휘관을 보좌하는데 목적이 있다.

전투정찰(戰鬪偵察, Combat Patrol)
첩보수집, 습격, 파괴, 후방교란 등의 목적으로 대부대에서 파견되는 정찰활동으로 통상 첩보수집과 전투임무를 동시에 수행함.

전투정찰대(戰鬪偵察隊, Combat Patrol Team)
전투정찰 임무를 수행하기 위해 본대로부터 운용되는 분견대로 통상 독립전투 임무를 수행할 수 있도록 사전에 준비되는 부대.
〈동〉 [전투척후]

전투제대(戰鬪梯隊, Combat Echelon)
실제 전투에 투입되어 접적하는 편제 부대의 일부분으로, 통상 공격제대와 예비대로 편성.

전투조준(戰鬪照準, Combat Sighting)
전차의 주포에 약정된 탄약을 장전하고 사격통제장치에 예정 사거리와 탄종을 표시한 상태.

전투준비(戰鬪準備, Combat Ready)
전투를 수행할 수 있는 능력을 미리 구비하는 것.

전투준비태세(戰鬪準備態勢, Combat Readiness)
적대행위 이전에 최종적인 전투준비상태. 군사대비태세의 하위개념으로서 '전비태세', '전투태세', '작전준비태세'는 이와 유사한 의미의 용어임.
(일본) [防衛作戰準備(방위작전준비)]. 예상되는 적의 침공에 대처하기 위해 정세가 긴박해짐에 따라 실시하는 모든 준비를 총칭하는 것.

전투준비태세훈련(戰鬪準備態勢訓練, Combat Readiness Conditions Traning)
부대의 훈련을 완료하고 작전임무 수행 능력을 부여하기 위하여, 혹은 기성부대에 부여된 임무 수행능력을 배양하기 위하여 전투준비태세 절차에 따라 실시하는 훈련.

전투중량(戰鬪重量, Combat Weight)
전차, 장갑차 등 무기체계가 전투수행을 위해 모든 장비 및 탄약을 갖춘 상태에서의 중량.

전투지경선(戰鬪地境線, Boundary)
인접한 부대, 대형, 지역 간에 작전협조 및 조정을 용이하게 할 목적으로 지표상에 설정한 선. 후방 및 측방 전투지경선으로 구분되며, 전투지경선을 초과하는 작전은 인접 혹은 상급부대와 협조 및 인가를 받아야 수행할 수 있다.
(북한) [분계선(分界線)]

전투지대(戰鬪地帶, Combat Zone)
1. 작전실시를 위해 전투부대가 필요로 하는 지역.
2. 야전군 후방 전투지경선의 전방지역.

전투지대공역(戰鬪地帶空域, Airspace in a Combat Area)
다양한 무기가 운용됨으로써 공중충돌의 위험이 높은 지역의 공역. 야전군 후방지경선으로부터 화력지원 협조선까지의 공역을 전방공역으로, 그 뒤를 후방공역으로 구분한다.

전투지역(戰鬪地域, Combat Area)
전투작전에 참가하고 있는 아군부대간의 상호 방해됨을 방지하고 최소화시키기 위해서 설정된 지상, 해상, 공중의 제한지역.

전투지역전단(戰鬪地域前端, Forward Edge of the Battle Area; FEBA)
엄호 및 차장부대가 작전하는 지역을 제외한 지상전투부대의 주력이 전개하고 있는 지역의 최첨단 한계. 주로 방어 시 사용되는 개념이다.
(북한) [방어전연(防禦前沿)]

전투지원(戰鬪支援, Combat Support)
전투부대의 전투를 지원하기 위해 제공되는 지원으로 야전포병, 방공포병, 항공(공중수색 및 전투헬기 제외), 공병, 헌병, 통신 및 전자전 지원이 포함됨.

전투지원부대(戰鬪支援部隊, Combat Support Troops)
전투부대의 전투력을 증강하기 위해 작전면에서 지원하는 부대. 수행기능에 따라 전투지원기능만 수행하는 부대와 전투지원 및 전투근무지원기능을 동시에 수행하는 부대가 있다.

전투지원수준(戰鬪支援水準, Combat Support Level)
전투작전을 지원하기 위해 평시 수준에 추가해서 소요되는 보급품의 수량.

전투지원중대(戰鬪支援中隊, Combat Support Company; CSC)
보병연대의 전투지원을 위해 편성된 연대 직할부대로 박격포 지원과 대전차 공격 임무 등을 수행.

전투지휘(戰鬪指揮, Combat Command)
전투과정에서 임무를 달성하기 위해, 예하 조직 및 장병들이 행동으로 옮길 수 있도록 결심을 수립하고 지도하며 동기를 유발시키는, 전투 간 발휘되는 지휘의 술(術). 현재 및 장차상태를 가시화하고 최소의 희생으로 장차상태에 도달하기 위해 작전개념을 수립하는 것을 포함하며, 임무부여, 자원의 우선순위 결정 및 할당, 작전실시를 위한 결정적인 시간과 장소의 선정, 전투간 계획수정의 시기 및 방법을 식별하는 것 등이 포함된다.

전투지휘훈련(戰鬪指揮訓練, Battle Command Training Program; BCTP)
사단 및 군단급 지휘관과 참모의 실전적 전투지휘통제능력을 향상시키기 위해, 첨단 컴퓨터 모의기법을 이용하여 실전과 유사한 상황을 훈련해 봄으로써 취약점을 발견하여, 훈련소요를 염출하고 이를 수정보완하기 위해 실시하는 훈련.

전투진지(戰鬪陣地, Battle Position; BP)
방어 시 적의 공격양상과 지형의 특징을 고려하여 적이 지향하는 접근로를 통제할 수 있는 지역에 설정하는 진지. 주진지, 예비진지, 보조진지, 차후진지, 고수진지로 구분한다.

전투차량(戰鬪車輛, Combat Vehicle; CV)
특수 전투기능을 위해 제조된 장갑 또는 비장갑으로 된 차량. 부가적 장비로서 장갑방어 또는 무장장비가 비전투차량에 설치되는 경우에는 그 차량을 전투차량으로 구분하지 않는다.

전투척후(戰鬪斥候, Combat Patrol) ☞ [전투정찰대]

전투첩보(戰鬪諜報, Combat Information)
수집 즉시 별도의 처리과정을 거치지 않고 그대로 작전에 사용할 수 있는 첩보. 인간 및 영상정보수단에 의해 확인된 적 부대의 위치나 장비, 시설 등은 정보화 가능성이 대단히 높고, 상황의 위급성 때문에 획득 즉시 타격이 가능하며, 아군 부대의 운용에 활용할 수 있다.

전투첩보본부(戰鬪諜報本部, Combat Information Center; CIC)
전투정보의 수집, 전시, 평가, 전파 및 통제

기능을 수행하는 부서.

전투첩자(戰鬪諜者, Action Agent)
표적에 접근하여 임무를 수행하는 첩자.

전투초계비행(戰鬪哨戒飛行, Combat Air Patrol; CAP)
방어제공 작전의 임무형태로 적의 공중침투가 예상되고 공중활동이 증가되는 경우 요격기의 공중대기로 전탐기의 탐지취약성을 보강하고, 가능한 표적지역으로부터 원거리에서 교전 및 격파시키기 위해서 실시되며, 해당 방공관제기구의 직접적인 원격관제 하에 운용됨.
〈동〉 [전투항공정찰]

전투치중대(戰鬪輜重隊, Combat Train)
전투부대를 즉각적으로 지원하기 위해서 탄약, 정비, 연료, 윤활유 및 의무 등을 지원하는 집단.

전투탑재(戰鬪搭載, Combat Loading)
상륙작전을 위해 긴급순서대로 신속히 상륙하여 전투에 임할 수 있도록 인원과 장비를 주정에 탑재하는 방법.

전투편성(戰鬪編成, Combat Organization, Task Organization)
임무를 효과적으로 수행하기 위해 예속 및 · 배속부대, 지원부대에 전술적 임무를 부여하고 지휘관계를 설정하는 것.

전투편성표(戰鬪編成表, Table of Combat Organization)
전투편성의 산물로, 임무를 효과적으로 수행하기 위하여 예·배속 및 지원부대에 전술적인 임무를 부여하고 지휘관계를 설정한 도표. 작전명령의 부록으로 포함된다.

전투평가(戰鬪評價, Combat Assessment; CA)
표적업무의 최종절차로, 군사작전을 수행하는 동안의 전력운용에 대한 전반적인 효과에 대한 평가를 의미. 전투피해 평가, 무기효과 평가 및 재공격 건의의 세 가지 주요 부분으로 구성된다.

전투폭격기(戰鬪爆擊機, Fighter Bomber)
1. 공중전투와 대지전투를 선택적으로 수행할 수 있는 전투용 항공기.
2. 지상공격 및 차단임무수행을 목적으로 공대지무장을 운용할 수 있는 전투기.

전투피로증(戰鬪疲勞症, Combat Fatigue)
전쟁 상황 하에서 심한 정신적, 육체적 스트레스에 직면하여 인체의 정상방어 기능이 일시적으로 붕괴되면서 나타나는 불안, 공포, 행동장애 등 일련의 증상. 환자의 상태에 따라 전쟁공포증, 전쟁신경증, 전투쇼크 등 더 많은 증후들로 구분이 가능하다.

전투피해평가(戰鬪被害評價, Battle Damage Assesement; BDA)
전술적, 작전적 목표를 달성하기 위하여 아군의 전력운용을 통하여 달성한 적 피해에 대한 주관적 판단. 윤리적 피해평가, 기능적 피해평가 및 표적체계 평가로 구성된다.

전투필수품목(戰鬪必須品目, Combat Essential Item; CEL)
부대의 유효한 전투능력을 확보하기 위해 각 군 본부에서 지정한 필요품목.

전투하중(戰鬪荷重, Combat Load)
전장에서 개인이 임무수행에 필요한 최적의 장비류를 휴대할 수 있는 무게.

전투함(戰鬪艦, Battle Ship)
직접 전투를 수행하는 함정의 총칭.

전투항공정찰(戰鬪航空偵察, Combat Air Patrol; CAP) ☞ [전투초계비행]

전투행동(戰鬪行動, Tactical Action)
전투를 하기 위해 부대가 기동하고 화력을 사용하는 것.

전투행동반경(戰鬪行動半徑, Combat Radius)
특정한 전투장비, 자재, 인원 등을 탑재한 군용기가 특정한 비행제원(엔진출력, 속도, 고도 등)에 의하여 어떤 전장에 진출하여 소정의 전투행동(전투기의 경우 최대 전투 출력으로 5분간) 후 다시 같은 경로를 되돌아올 수 있는 최대 진출거리.

전투헬리콥터(戰鬪~, Combat Helicopter)
강력한 대전차 미사일, 로켓포, 고성능의 기관포, 각종 폭탄 등으로 중장비하고, 대전차 공격 등의 지상군을 지원하는 헬리콥터. 무장헬기(Armed Helicopter)혹은 공격헬기(Attack Helicopter), 전투헬기라고도 한다. 미육군의 AH-64 아파치와 구소련의 Mi-24 하인트가 대표적이며, 최근에는 이들 전투헬기의 격파를 임무로 하는 공격헬기가 나타나고 있다.

전투협조회의(戰鬪協調會議, Battlefield Coordination Meeting)
작전실시간 주요국면 및 상황발생시 효과적인 대응조치계획을 수립하고 시행할 수 있도록 각 기능대표로 구성된 협조회의.

전투화(戰鬪靴, Combat Boots)
전투임무를 수행할 때 발을 보호하기 위해 특수하게 제작된 신발.

전투훈련(戰鬪訓練, Tactical Training)
전투작전의 각종 상황을 적용하여 실시하는 개인 및 부대 훈련.

전투휴대량(戰鬪携帶量, Combat Load)
전투참가시 개인 또는 차량으로 운반되며, 재보급이 실시 가능할 때까지 전투작전 수행에 긴요한 장비 및 보급품으로, 완전무장에 필요한 개인피복, 장비, 화기 및 탄약 등이 포함됨. 전투휴대량은 전투병사의 활동능률을 향상시키고 자기 및 부대의 위급한 임무수행에 필수 불가결한 품목과 수량으로 제한하여 설정하여야 한다.

전파간섭(電波干涉, Electronic Interference)
전자장비에 필요 없는 반응을 유발시키는 전기적 또는 전자기적인 혼란. 전기적 간섭이란 전자기적 에너지를 방사하도록 고안되지 않은 전기적 장치의 운용에 의해 생기는 간섭을 말한다.

전파관제(電波管制, Radio Regulatory)
전·평시를 막론하고 아군 전자파의 효과적인 사용을 보장하기 위하여 방사기의 사용시기 및 출력을 제한 또는 통제하는 모든 행위.

전파기만(電波欺瞞, Radio Countermeasure Deception)
1. 전파를 방사 또는 재방사하는 방법으로 적을 기만하는 행위.
2. 금속편 등으로 적 레이더를 기만하는 방법.

전파발사통제(電波發射統制, Emission Control; EMCON)
전자보호(EP)의 일부로서 아군 전자장비의 특성을 탐색, 탐지하여 방사원의 위치를 결정하려는 적의 행위를 거부하고, 아군부대 상호간의 간섭을 감소시키기 위해 전자파 방사를 통제하는 것.

전파발사통제명령(電波發射統制命令, Emission Control Orders)
전자발사장치의 사용을 인가, 통제 또는 금지하는 데 사용하는 명령.

전파방벽(電波防壁, Barrage)
대전자 방해책의 하나로서, 광범위한 주파수대에 걸쳐 동시에 방사되는 전파 방해에 대한 대책.

전파방해(電波妨害, Meaconing Interference Jamming Intrusion; MIJI)
1. 전자파 사용을 방해하는 전자파를 방사

ㅈ

하는 것.
2. 원인모를 외부의 세력에 의해 무선장비나 레이더가 전자방해를 일으키는 것으로, 항법방해 · 전자침투 · 전파방해 · 전자간섭 등으로 구분.
3. 레이더 목표의 방향을 감추기에 충분한 반향이 일어나도록 전탐 방해막을 대량으로 사용하는 전파방해.
〈유〉 [재밍]

전파방해기(電波妨害器, Jammer)
통신이나 레이더 체계의 사용을 방해, 제한 또는 저하시키는데 쓰이는 장치. 무선주파수 전파방해기는 광대역 잡음, 불연속주파수 반복기와 기만장비를 포함한다.

전파방해추적(電波妨害追跡, Track on Jam)
표적에서 방사된 전파방해신호를 이용하여 사격통제 레이더나 다른 수신기로써 표적의 각과 거리를 계속 추적하는 것.

전파방해탐지기(電波妨害探知器, Jammer Finder)
전파방해출처에 고도의 지향성 연필 빔(pencil beam)을 조준 발사하여 표적의 거리 제원을 획득하기 위한 탐지기.

전파심리전(電波心理戰, Wave Psychological Warfare)
주체측의 의도를 전파매체를 통하여 상대방에게 전달함으로써 심리전의 효과를 달성 하려는 활동. 전파매체는 라디오, TV 등이 있다.

전파추적레이더(電波追跡~, Acquisition and Tracking Radar)
전파를 발생시키는 근원을 식별하고 추적하는 기능을 갖춘 레이더.

전파탐지기(電波探知機, Radar) ☞ [레이더]

전파흡수체(電波吸收體, Wave Absorber)
전파를 흡수함으로써 전파탐지를 방해할 수 있는 성질을 갖춘 물질.

전포대(戰砲隊, Firing Battery)
포대의 일부로서 대포 및 포탄에 사격명령을 장입하여 사격임무를 수행하는 편성체. 전포대 본부, 곡사포반, 탄약반으로 구성되어 임무를 수행한다.

전포훈련(戰砲訓練, Firing Training)
전포대장이 훈련을 통제하고 포반별로 포반장이 개인 지도를 하며, 고도의 정확성과 신속성을 유지할 수 있도록 장비운용을 숙달시키는 훈련.

전함(戰艦, Battle Ship; BS)
과거에 해전의 주 수단이 함포이던 시절에 분류되던 군함의 등급 중 가장 큰 종류. 가장 강력한 주포를 장비하고 있으며 선체를 두꺼운 강철장갑으로 보호하고 있는 주력함으로서, 포탄지름이 11~20인치 이상 되는 대구경 함포를 최소한 6~12문 이상 장비하고 있고, 배수량이 통상 30000톤을 넘어, 해전에 있어 주력의 위치를 차지해왔다. 그러나 항공모함에 의한 새로운 해전이 등장하면서 급속히 자취를 감추게 되었다.

전혈(全血, Whole Blood)
체혈한 후 일련의 검사과정을 거쳐서 수혈 가능한 것으로 판정된 혈액. 전혈은 45mL 또는 56 mL의 CPDA-1 항응고 보존제가 들어있는 혈액백에 400 mL의 혈액을 채혈하여 냉장 보존하며, 보존온도는 4~6°라고 하고, 보존기간은 35일이며 실온에서 12시간 이상 노출된 경우에는 사용하지 않는다.

전환(轉換, Divert)
1. 비행중인 항공기의 표적, 임무 또는 목적지를 변경하는 것.
2. 통신문을 다른 통신망으로 전송하기 위하여 적당한 절차에 따라 재처리 하는 것.

전환교육(轉換敎育, Transition Training)
전투용 항공기에서 수송기로 전환하는 훈련.

전환사격(轉換射擊, Shift Fire)
공격하는 표적의 우선순위가 변경됨에 따라 명령에 의해 표적을 전환하여 실시하는 사격.

전환수송(轉換輸送, Transfer Transportation)
수송중인 인원 및 화물이 상황에 따라 그 방법으로는 계속 수송이 곤란할 때, 다른 수송방법으로 대체하는 수송절차.

전환점(轉換點, Turning Point)
조종사가 접근방향으로부터 공격선으로 회전하기 시작하는 점.

전황(戰況, War Situation)
전쟁(전투)이 진행되는 상황.

전황표시판(戰況表示板, Tote)
전투기의 출격상황, 비행대와 비행장의 현황 및 대공방어태세 등에 관한 정보를 시시각각 표시하는 상황판.

전후방비율(前後方比率, Teeth-to-Tail Ratio)
제 1선에서 전투하는 병력과 후방지원에 임하는 병력의 비율.

전훈(戰訓, Combat Lesson)
전쟁이나 실전에서 얻은 교훈.

절대고도(絕對高度, Absolute Altitude)
지표면(수면)으로부터 비행중인 항공기에 이르는 수직거리. 해수면으로부터의 거리가 아닌 지면을 기준으로 한다.

절대무기(絕對武器, Absolute Weapon)
파괴력에 있어서 더 이상 기대할 수 없다는 이론상의 무기. 일반적으로 원자 및 수소폭탄 무기를 말한다.

절대속도(絕對速度, Absolute Speed)
1. 두 지점간의 거리를 통과소요 시간으로 나눈 값으로 기록비행에 사용.
2. 총좌의 속도와 탄환 속도와의 벡터 값.

절대오차(絕對誤差, Absolute Error)
각 탄착점과 평균탄착점 또는 평균파열점 사이의 거리.

절대전쟁(絕對戰爭, Absolute War)
전쟁을 수행하는 두 당사자가 가용한 모든 역량을 투입하여 상대방을 완전하게 격멸하기 위해 실시하는 전쟁. 클라우제비츠가 자신의 이론을 전개하기 위해 설정한 개념이다.

절차수송(節次輸送, Shuttling)
같은 차량으로 왕복 운행하여 물자를 수송하는 것.

절첩식개머리판(折疊式~, Collapsible Stock)
휴대나 보관 시 접을 수 있도록 만들어진 소총의 개머리판.

절충교역(折衷交易, Offset Trading)
외국으로부터 군사장비, 물자 및 용역을 획득할 때 외국 계약자에게 기술이전 및 부품역수출 등 일정한 반대급부를 요구하는 조건부 교역을 이르는 말. 획득하고자하는 군용물자와 관련된 기술이전 및 부품수출에 관한 직접절충교역과 획득하고자하는 군용물자와 직접 관련이 없는 간접절충교역의 두 가지 형태로 구분한다.

절토진지(切土陣地, Cutting Position)
천연적인 단애 또는 절벽, 적의 포격으로부터 보호될 수 있도록 인공적인 고층건물의 바로 아래지역에 선정한 진지.

점검비행(點檢飛行, Check Ride)
비행기의 성능을 점검하는 비행.

점고도(點高度, Spot Height)
지상에서 기준면보다 높은 지점을 표시한 것.

점령(占領, Occupation)
다른 국가나 그 지역을 영구히 점유(통치)할 의사를 가지고 적 지역을 확보하는 것.

점령군(占領軍, Occupation Troops)
점령한 적 영토 내에서 법과 질서를 유지하고 항복 또는 휴전조항의 이행을 보장하기 위해 실질적인 통제를 하는 군대.

점령기지(占領基地, Lodgement Area)
강습상륙 작전시 상륙군에 의하여 확보된 지역으로서, 통상 상륙군 최종목표를 달성하기 위한 근거지로 추가적인 전투작전 수행에 필요한 부대를 집결시키기 위한 지역.

점령지구(占領地區, Occupied Territory)
교전국 군대의 권한과 실질적인 통제 하에 있는 영토. 이 용어는 그 특정지역을 통할하고 있는 민간정부와 명시적이거나 묵계로 맺어진 평화협정, 조약 또는 기타의 의정서에 의거하여 통치하는 지역에 대하여 적용되지 않는다.

점령지역(占領地域, Occupied Area)
점령군의 권한과 실질적인 통제 하에 있는 영토. 민사협정에 따라 초청된 군대의 주둔이나 배치된 지역은 점령지가 아니며, 강화조약에 따라 통치·합방되는 지역은 점령지역이라 부르지 않는다.

점멸신호(點滅信號, Flash Signal)
불빛을 켰다가 끄기를 반복함으로써 전달하는 신호.

점사(點射, Interrupted Fire)
한 번에 2~3발의 탄약을 발사하는 사격방법.

점전파방해(點電波妨害, Spot Jamming)
적의 송신주파수를 정확히 알고 있을 때 그 주파수에 방해 송신하여 적 레이더 또는 수신장비를 계속해서 집중적으로 방해하는 전파방해 수단. 단일주파수를 사용하므로 최대출력으로 방해할 수 있는 이점이 있으나, 동시에 여러 대의 레이더를 방해할 수 없고, 주파수가 조금만 틀려도 효과가 없어 정확한 주파수 획득과 숙련된 작동요원이 필요하다.

점표적(點標的, Point Target)
1. 단일좌표로서 명확하게 확인할 수 있게 표시되는 표적(다리, 벙커, 병력집결소 등).
2. 단일 조준점을 필요로 하는 표적. 적 관측소, 적 벙커, 화기진지 등 소규모 표적.

점호(點呼, Roll Call)
인원의 이상 유무를 확인하기 위해 실시하는 점검. 통상 기상 직후에 실시하는 일조(아침)점호와 일과종료 후 실시하는 일석(저녁)점호로 구분한다.

점화기(點火機, Firing Device)
전기뇌관에 전류를 공급하여 뇌관이 폭발하도록 만들어진 폭파기구셋의 구성품.

점화뇌관(點火雷管, Igniting Primer)
각종 폭발물의 연소를 개시하기 위해 만든 고성능 폭약으로 만든 장치.

점화압력(點火壓力, Ignition Pressure)
폭발이 일어나는 시점의 압력.

점화약(點火藥, Flash Charge)
1. 뇌관 내에서 제1단 점화를 받는 것.
2. 폭발물을 폭발시키기 위하여 장약에 불을 붙이는 화약.
3. 공이의 타격에 의하여 폭발하는 소량의 고폭성 장약.

점화약통(點火藥筒, Igniting Cartridge)
폭발물의 화약이 담긴 통.

점화장치(點火裝置, Ignition System, Firing Devices)
1. 총포장약의 발화 또는 폭약의 폭발을 일

으키는 장치.

2. 신관의 작용에 있어서 뇌관의 점화를 확대하는데 사용되는 장치.

접근관제(接近管制, Approach Control)
시계 및 계기비행 항공기의 도착과 출발을 위한 항공 교통 관제. 접근관제시설에 의해서 수행되며 접근관제소는 중앙항로관제소로부터 이양 받은 지역 내의 항로비행을 관제한다. 접근관제시설이 없는 지역은 중앙항로관제소에서 담당한다.

접근로(接近路, Avenues of Approach)
일정한 규모의 부대가 전투 대형으로 전개하여 목표나 중요지형지물에 용이하게 도달할 수 있는 지상 또는 공중 통로.
(북한) [진출로(進出路)]

접근수로(接近水路, Approach Lanes)
상륙작전에서 공격개시선으로부터 상륙지역에 이르는 주정(舟艇) 통로의 연장선. 표식함정 및 주정 또는 부표로써 식별한다.

접근신관(接近~, Proximity Fuse, VT Fuze)
신관자체에 송신 및 수신기능이 있어 송신장치에서 송출된 신호가 표적에 조사된 후, 반사되는 반사파를 신관의 수신장치가 수신하여 미리 설정된 최적의 거리에서 반사된 전파를 수신하는 순간 작동하는 신관. 접근신관에 사용되는 신호로는 연속도플러 · 주파수변조 · 펄스레이더 등이 있다. 접근신관에서는 기폭시기가 송수신장치에 의해 자동적으로 정해지기 때문에, 표적의 위치가 급격히 변화되는 상황이나, 공중의 일정한 높이에서 폭발하므로, 교통호를 따라 분산된 적을 공격할 때 효과적이다.

접근한계선(接近限界線, Limited Line of Approach; LIA)
특정한 목표나 지형에 접근하는 한계를 설정한 선.

접선(接線, Contact Join)
비밀조직내의 인원이 상호 연락하기 위하여 어떤 지정된 장소에서 일정한 시간에 대면하거나 혹은 직접 대면하지 않고서도 상호 연락이 유지되는 것.

접속수역(接續水域, Contiguous Sea Zone)
연안국의 영토 또는 영해에서의 관세 · 재정 · 출입국 · 위생의 네 가지 사항에 관한 국내법령의 위반방지 또는 처벌을 위해, 연안국의 관할권 행사가 허용되는 영해에 접속한 공해 또는 배타적 경제수역의 일정수역. 접속수역은 연안국이 당연히 갖는 수역이 아니라 배타적 경제수역처럼 선포하여야 효력이 생긴다.

접안(接岸, Touch Down)
상륙작전에서 돌격부대의 선두부대가 적해안에 처음으로 상륙하는 것.

접용점(接容點)
사수가 조준을 하기 위해 개머리판을 뺨에 밀착시키는 지점.

접적단계(接敵段階, Approach Phase)
적이 원거리에 있을 때, 불시의 접적이 예상될 때, 적과의 접촉이 긴박할 때 등, 적과 맞부딪히는 정도별로 나누는 이동단계.

접적보고(接敵報告, Contact Report)
야전부대, 항공기, 함정 등에서 시각, 무선, 음탐기 등으로 적과 접촉하였을 때 보고하는 것. 적을 최초로 접촉하였을 때 바로 입수된 첩보를 보내는 것을 최초 접적보고라고 하며, 추가하는 첩보를 포함하여 계속적인 보고는 상세보고라고 부른다.
〈동〉 [접촉보고]

접적이동(接敵移動, Movement to Contact)
적과의 접촉이 단절된 상태에서 상황을 전개하거나, 접촉을 계속 유지하기 위해 실시하는 공격작전. 접적이동에는 조우전이 포함된다.

ㅈ

접적이탈(接敵離脫, Disengagement)
적과의 접촉을 끊고, 적으로부터 관측도 되지 않고 직접사격에 의한 교전도 이루어지지 않는 지점으로 이동하는 것.

접적전진(接敵前進, Advance to Contact)
1. 상황을 전개하고 적과 접촉을 계속해 나가거나 단절된 적과 접촉을 유지하기 위하여 실시하는 공격작전의 형태. 공격작전 시 적과 접촉이 없는 공격부대는 적과 접촉이 이루어질 때까지 전진하다가 적과 접촉 시 공격대형으로 전개하여 공격한다.
2. 접적전진은 적을 발견하고 고착시키는 중요한 수단으로서 그 성격상 신속한 이동·분권된 통제·행군종대로부터의 급속한 상황전개 등의 여러 특징을 지니며, 주도권의 조기장악이 중요하다.

접적지역(接敵地域, Contact Area)
적과 접촉하고 있는 지역으로 전쟁초기 전방지역의 군사작전에 직접 관련된 전방사단의 작전지역을 말함. 전선이 유동적인 상황 하에서는 접적지역의 종심은 깊어질 수 있을 뿐만 아니라, 정부지원 민사활동의 통제책임도 전진하는 사단의 책임을 경감시키기 위해 군단이 보다 많이 담당하게 된다.

접적행군(接敵行軍, Approach March)
적과의 접촉이 임박하였을 때 전투부대의 전진대형으로 부대가 부분적으로 또는 완전하게 전개하여 전진하는 접적이동의 최후 수단.

접전(接戰, Meeting Engagement)
적과 접촉하여 전투가 이루어 짐.

접지(接地, Touch-Down)
인명을 보호하고 기재의 수명을 보존하기 위해 전기적 회로나 장비를 지구나 큰 유도체에 접속시키는 것.

접촉기뢰(接觸機雷, Contact Mine)
기뢰 몸통 또는 그 부착물이 선체에 접촉함으로써 발화장치가 작동되도록 설계된 기뢰.

접촉보고(接觸報告, Contact Report) ☞ [접적보고]

접촉선(接觸線, Line of Contact; LC)
교전중인 쌍방의 부대가 대치하여 교전하고 있는 위치를 일반적으로 묘사하여 그린 선.

접촉유지(接觸維持, Maintain Contact)
적의 위치 및 활동사항을 계속적으로 알아내기 위해 아군부대가 적과 충분히 접촉 할 수 있도록 필요한 행동을 취하는 임무.

접촉점(接觸點, Point of Contact; POC)
1. 지상전에 있어서 둘 이상의 부대가 접촉을 필요로 하며 용이하게 식별할 수 있는 지점.
2. 부대나 어떤 단위가 접촉하는 지점.
3. 공중작전에 있어서 편대장이 항공통제기구와 함께 무선접촉을 유지하는 위치.
4. 특정한 업무에 있어서 주무가 되는 사람.

접촉정찰대(接觸偵察隊, Contact Patrol)
전투정찰대의 목적에 의한 분류방법에 따른 세분된 정찰대로서 인접부대와의 접촉을 유지하기 위해 선발된 정찰대.

정규군(正規軍, Regular Army; RA)
전시는 물론 평시에도 유지하는 상비군. 정규군은 국가의 법령에 의하여 정식으로 편성된 군대이며, 그 행동에 관하여는 국가가 직접 이를 관할하고 책임을 진다.

정기보고(定期報告, Periodical Report; PR)
각급 제대에서 지정된 주기(일일, 주간, 월간 등)별로 지정된 양식에 의거하여 실시하는 보고.

정기재물조사(定期財物調査, Cycle Inventory; CYCINV)
일정한 주기를 갖고 정기적으로 실시되는

재물조사.

정기비행(定期飛行, Routine Flight)
지정된 항로에 대해 정기적으로 실시하는 비행.

정기창정비(定期廠整備, Periodic Depot Maintenance)
전투 장비나 탄약 등을 정기적으로 정비창에 후송하여 실시하는 정비.

정기휴가(定期休暇, Ordinary Leave)
장병이 연간 규정된 날짜 수 이내에서 실시하는 휴가.

정년(停年, Age Limit)
군에 근무하는 간부 및 군무원이 법에 정해져 있는 연령, 계급, 정체기간, 근속기간 등에 해당 되었을 때 당연히 퇴직하는 시기.

정렬시험(整列試驗, Alignment Test)
전차의 포신을 기준으로 각종 사격통제장치의 정확한 위치와 작동 상태의 정확성을 시험하는 것.

정면(正面, Front)
단위부대가 한 측방의 끝에서부터 다른 측방의 끝까지 점령한 횡적 공간. 부대는 관련된 작전의 형태에 따라 전투대형과 진지점령의 정면이 다르다.

정면공격(正面攻擊, Frontal Attack)
주 작전이 적 부대의 정면과 최단거리의 직접 접근로로 지향되는 공세적 기동. 최단거리를 이용하여 적의 진지정면으로 지향하는 공격으로서, 통상 정면에 배치된 모든 적 부대를 동시에 강타하는 기동형태이다. 정면공격은 상대적 절대 우위의 전투력을 보유했을 때 실시할 수 있으나 적의 집중화력에 취약하며, 많은 피해가 발생할 수 있음에 유의하여야 한다.

정면이동(正面移動, Frontal Movement)
부대가 알고 있거나 의심되는 적의 정면을 향하여 곧바로 지향해 가는 것.

정면탄막(正面彈幕, Frontal Barrage)
방어선과 평행을 이루어 사격하는 탄막.

정모(正帽, Service Cap)
군인이 정복을 갖추어 입었을 때 쓰는 모자.

정밀공격(精密攻擊, Deliberate Attack)
방어준비가 잘 된 강력한 적 부대에 대하여 실시하는 공격작전으로, 작전에 관련된 모든 부대들이 철저한 수색정찰 · 가용한 모든 첩보 · 상대적 전투력의 평가 · 다양한 방책의 분석 기타 상황에 영향을 미치는 요소들에 기초하여 실시하는 공격. 정밀공격은 통상 준비된 방어진지에 대한 급속공격이 불가능하거나 실패했을 때 실시된다.

정밀낙진예측(精密落塵豫測, Detailed Fallout Prediction)
낙진입자가 떨어질 지역을 사전에 알아내는 정밀한 방법.

정밀도하(精密渡河, Deliberate Crossing)
광범위한 계획과 세밀한 준비를 필요로 하는 도하작전으로서, 대안(對岸)에 있는 적의 방어와 장벽을 극복하는 데 필요한 병력과 장비의 증가가 요구되어 세밀하게 계획되는 도하작전.
(북한) [계획적 강행도하]

정밀돌파(精密突破, Deliberate Breaching)
상세한 계획과 철저한 사전 준비로 적의 장애물 또는 장애물 지대를 돌파하는 것. 통상 공병에 의하여 수행된다.

정밀방어(精密防禦, Deliberate Defense)
접적이 없거나, 접적이 긴박하지 않을 때, 편성을 위한 기간을 충분히 가질 수 있을 때 편성하는 방어. 보통 특화점, 요새 및 통신계통을 통합하는 광범위한 요새지대를 포함한다.

ㅈ

정밀유도무기(精密誘導武器, Precision Guidance Missile; PGM)
일반적으로 탄 1발로 표적을 50% 이상 파괴할 수 있는 탄을 말하며, 각종 감지기술을 이용하여 표적명중률을 향상시킨 미사일, 전략무기인 순항미사일(cruise missile)과 전술무기인 스마트탄 등이 있다.

정밀인체제독(精密人體除毒, Human Decontamination of Deliberate)
오염물질을 완전히 제거하기 위하여, 오염상황 하에서 인원이 착용한 임무형보호태세(MOPP)장비 및 물자를 교환하고, 오염인원의 인체제독을 실시하는 제반 조치. 화학부대 지원 하에 실시한다.

정밀장비제독(精密裝備除毒, Equipment Decontamination of Deliberate)
화생방 작용제에 의하여 오염된 차량, 장갑차, 전차, 자주포 등의 오염된 장비를 제독하는 것. 화학부대 지원 하에 실시한다.

정밀전개(精密展開, Deliberate Occupation)
포병부대가 계획된 진지점령을 하기 전에 정찰반에 의하여 완전한 사격준비 작업을 실시하는 전개로서 통상 야간에 많이 실시됨.

정밀접근레이더(精密接近~, Precision Approach Radar; PAR)
착륙을 위한 전천후 착륙유도장치로서 기지 내 활주로 근처에 위치하여 기지에 접근하는 항공기를 착륙점으로 정확하게 유도하기 위해 사용하는 레이더.

정밀착륙(精密着陸, Pinpoint Landing)
목표로 한 지점에 정확하게 착륙하는 방법.

정밀폭격(精密爆擊, Pinpoint Bombing, Precision Bombing)
특정한 점표적을 조준하는 폭격.

정박(碇泊, On Berth)
선박이 승객이나 화물을 승선시키거나 하역시키기 위해 부두 또는 지정 부표 등에 계류한 상태를 이르는 말.

정병(精兵, Direct Method)
정예군인, 엄격히 선발한 군대 및 군인.

정병(正兵)
(중국) 1. 중국 고대 용병 작전의 배치 방법의 하나. '기병(奇兵)'과 상대되는 개념이며, 통상 정면작전을 담당하는 부대나 그러한 작전을 수행하는 자를 가리킴. 2. 정규부대

정보(情報, Intelligence)
1. 가용한 첩보를 수집, 처리, 평가 및 해석한 결과로 획득된 지식.
2. 다양한 형태에 내포된 일반적인 사실이나 자료(Information).
3. 군사적 의미로 적, 지형 및 기상에 관하여 군사계획과 작전에 즉각 혹은 잠재적으로 이용될 수 있는 모든 가용한 첩보를 수집, 처리하는 활동과 이를 통해 얻어진 결론.

정보관리체계(情報管理體系, Information Management System; IMS)
수집한 정보 및 첩보를 저장, 처리, 융합 및 비교 분석하여 필요한 자료를 선별한 다음, 이를 합동작전을 시행하는 사령부 부처와 상·하급부대에 거의 실시간으로 전파하여 필요한 정보 및 첩보를 공유하게 하는 체계.

정보목표(情報目標, Intelligence Objective)
정보목적을 위해 탈취, 감시, 경계 및 획득하도록 선정된 목표.

정보보고(情報報告, Intelligence Report; IR)
일정한 기간 내에 한 부대의 정보과에서 수집·평가·해석한 군사적 가치가 있는 모든 정보를 요약해 보고하는 것.

정보보호(情報保護, Information Security; INFOSEC)
1. 활자, 구두, 그림 및 통신을 통한 정보의

누설을 예방하는 조치.
2. 적에게 자료의 노출을 방지하고 보호하기 위해 인원 및 정보의 공개 범위를 제한하는 것.

정보부록(情報附錄, Intelligence Annex)
작전수행 명령에 정보를 전달하고 정보지시사항을 발하는 수단. 정보부록은 명령의 한 부분으로서 발간된다.

정보분석조(情報分析組, Intelligence Analysis Team)
침투 및 국지도발 대비작전 시, 정보를 분석하기 위해 연대급 이하 부대에 편성되는 조직체. 거수자의 신원을 식별하고, 유기물이나 침투단서의 탐지 분석하며, 작전 전개 및 종결을 판단하여 건의하고, 원점을 보존하며, 차단작전 건의 하는 등의 임무를 수행한다.

정보생산(情報生産, Intelligence Production; IP)
1. 모든 출처로부터 수집된 첩보를 평가, 분석, 통합 및 해석하여 정보로 생산하는 활동.
2. 모든 출처의 정보를 융합하여 적의 부대, 장비, 시설의 종류, 배치, 활동, 의도 및 기도 등 불명확한 첩보를 명확한 정보로 전환하는 것.

정보순환단계(情報循環段階, Intelligence Cycle)
첩보를 수행하기 위해 계획과 명령을 작성하고 첩보를 수집하며, 수집된 첩보를 정보로 전환하여 이를 작전에 활용하기 위해 필요로 하는 지휘관, 참모 및 부대에 전파하고 사용하는 일련의 과정을 말하며, 통상 계획 및 명령. 첩보수집, 첩보처리, 전파 및 사용의 4단계로 구분된다.

정보요구(情報要求, Intelligence Requirement)
1. 부여된 임무를 성공적으로 수행하기 위해 기상, 지형 및 적에 관하여 알고자 하는 사실들.
2. 첩보수집 또는 정보생산에서 필요로 하는 일반 또는 특정한 주제.

정보요약(情報要約, Intelligence Summary)
정보전파문서의 하나로서, 부정첩보를 포함하여 관심을 가져야 할 일정기간 동안의 중요한 첩보 및 정보를 간추린 항목. 통상 연대급 이상 제대에서 작성하며, 망라기간은 지휘관의 의도에 따라 상이하지만 일반적으로 전투기간 중에는 매 6시간마다 작성하여 전파한다. 이 요약 문건에는 판명된 적정판단이 포함되며 가장 신속한 통신계통을 통하여 송달되므로, 예하부대가 상황을 파악하는 데 도움이 된다.

정보우세(情報優勢, Information Superiority)
상대방보다 우월한 정보능력을 확보하여 큰 제약 없이 작전을 수행할 수 있는 상태. 정보우세는 상대적이고 국지적이며 한시적이다.

정보융합기술(情報融合技術, Data Fusion Technology)
여러 종류의 다양한 센서로부터 획득한 정보를 상호 비교, 평가, 종합하여 필요한 정보를 생산하는 기술.

정보융합체계(情報融合體系, Korea Intelligence Fusion System; KIFS)
신호정보 · 영상정보 · 인간정보 · 위성정보 등 다양한 출처로부터 수집되는 각종 첩보를 자동 처리하여, 기존 데이터베이스(DB)와 연동하여 표적을 식별하고, 정확한 위치와 기동상태를 추적하여 적의 상황 및 위협을 평가하는 체계.

정보자료(情報資料, Intelligence Information)
적 또는 가상 적에 관한 자료로서 아직 평

가 · 해석하지 않은 자료.

정보작전(情報作戰, Information Operations; IO)
정보우위를 달성하기 위해 전 · 평시 가용한 모든 수단을 통합하여 아군의 정보, 정보체계 및 C4I체계를 보호하고, 적의 정보체계 및 C4I체계를 교란, 파괴하는 일련의 군사작전.

정보전(情報戰, Information Warfare; IW)
특정한 적에 대하여 특정목표를 달성 및 진척시키기 위해서 위기시나 분쟁시에 실질적으로 수행되는 정보작전. 정보작전의 하위개념이다.

정보제압(情報制壓, Counter Information, CI)
정보영역을 통제하는 데 필요한 제반 방책으로서 공격적인 정보제압과 방어적인 정보제압이 있음. 공격적인 정보제압은 아측에 정보영역을 사용 가능하도록 보장하고 적에게는 사용치 못하도록 차단하는 것으로서 물리적 공격, 군사기만, 심리전, 전자전 및 정보공격이 있으며, 방어적인 정보제압은 아측의 정보를 적 정보전으로부터 보호하는 활동으로서 물리적인 방어, 물리적 보안, 견고화, 작전보안, 통신보안, 컴퓨터 보안 및 방첩 등이 있다.

정보종합반(情報綜合班, All Source Intelligence Center; ASIC)
모든 출처로부터 접수되는 첩보를 종합분석하여 조기에 경보함으로써 신속하고 합리적인 지휘결심 및 참모판단에 기여하고, 생산된 정보를 신속한 전파하는 등의 임무를 수행하는 조직.

정보참모(情報參謀, Assistance Chief of Staff for Intelligence, G-2)
군사정보 · 대정보 등 정보 분야에 있어 지휘관을 보좌하는 참모. 다른 참모가 수행하는 직능분야의 정보분야에 관하여 조언과 조력을 제공하며, 정보의 산출, 전파 및 사용에 대하여 책임을 진다.

정보처리(情報處理, Data Processing; DP)
데이터의 발생으로부터 수집, 매체변환, 계산처리, 논리적 집약 등을 거쳐 필요하고 정확한 정보로 만드는 과정.

정보체계(情報體系, Information System)
정보의 수집, 생산, 전파, 활용, 관리를 유기적으로 연결, 통합하여 최적화하는 과학적 수단(전산과 통신기술)과 조직, 절차, 시설의 통합체.

정보통신(情報通信, Data Communication)
아나로그방식 위주의 통신이 컴퓨터와 결합되어 지능화 되고 통신망을 흐르는 정보가 디지털화 됨에 따라, 과거와 차별화하여 사용하게 된 용어. 육군은 '통신병과'를 2005. 1. 1부로 '정보통신병과'로 개칭하였다.

정보판단(情報判斷, Intelligence Estimate)
적 또는 잠재적인 적에게 가용한 방책과 그 방책의 채택 가능성에 관한 순위를 결정하기 위해 특정상황이나 조건에 관련된 정보요소에 대한 평가.

정보평가(情報評價, Intelligence Evaluation)
수집된 첩보의 신뢰도를 선별하는 것.

정부행정지원(政府行政支援, Government Administration Support)
전시 또는 비상사태 시 정부의 행정기능을 정상화시키기 위한 군의 제반 민사지원활동.

정비(整備, Maintenance)
1. 장비 및 물자를 사용 가능한 상태로 유지하거나, 사용 불가능한 품목을 사용 가능한 상태로 복구시키는 일체의 행위.
2. 검사, 시험, 근무, 조정, 정렬, 측정, 제거 및 설치, 교환, 수리, 분해검사, 재생 등 전반적인 정비기능을 포괄적으로 뜻함.

(북한) [고장퇴치]

정비계단(整備階段, Level of Maintenance)
군 장비 및 물자의 효율적인 정비를 위하여 정비작업제대와 정비작업범위에 따라 정비 한계를 단계별로 구분하여 나눈 것.

정비계획(整備計劃, Maintenance Schedule)
일일, 주간, 월간, 분기, 반기, 연간 등 주기별로 정비를 실시하는 계획.

정비고(整備庫, Maintenance Hangar)
정비를 실시하는데 사용할 목적으로 설치된 구조물.

정비구분(整備區分, Maintenance Category)
정비활동간 요구되는 제반능력, 즉 기술, 정비장비 및 공구, 시설 및 수리부속품 등에 기초를 두고 분류된 정비체계상의 명칭. 정비구분은 정비수준, 수행기관, 전술적 임무형태, 부대 운용 형태, 정비제도 및 방침으로 분류한다. 정비수준은 1계단에서 5계단으로 나누며, 수행기관에 따라 군직정비, 외주 또는 해외정비로 분류되며, 전술적 형태에 따라 직접 및 일반 및 보강지원으로 분류되고, 부대형태에 따라 근접지원, 지역지원, 전담지원으로 분류되며, 정비제도 및 방침에 따라 예방정비, 순환정비, 입고정비 등으로 분류된다.

정비기준(整備基準, Maintenance Criterion)
정비작업 수행에 앞서 정비의 실시 여부를 판정하기 위해서 실시되는 평가. 가용성 판정기준에 의하여 해당 장비의 임무수행 가능 및 불가능으로 구분하며, 경제적 수리한계 판정기준에 의하여 정비여부 및 폐기를 결정한다.

정비대충장비(整備代充裝備, Maintenance Float; M/F)
즉각적인 정비지원에 차질이 생겼을 때, 사용가능 장비와 사용불가장비를 1:1로 교환해 주기 위한 정비 대치품목을 시설부대 또는 보급지원시설과 정비공장에서 저장하도록 인가한 완성품. 지원정비시설에서 즉각적인 정비지원이 불가능하거나 정비기간 동안 정비대상 장비를 장기간 운영하지 못함으로써 임무수행에 지장을 초래하게 되는 것을 방지하기 위해 설정한 대치품목이다.

정비반(整備班, Maintenance Section)
정비부대의 기술적인 임무를 수행하는 소단위 구성체.

정비부대(整備部隊, Maintenance Unit; MU)
정비지원을 주 임무로 수행하는 부대.

정비수준(整備水準, Maintenance Level)
정비계획수립 또는 효과적인 작업관리를 위하여 정비부대별로 인가되는 장비별 작업허용시간. 통상 작업일수로 나타냄.

정비인시(整備人時, Maintenance Man Hour)
정비작업 시 정비공의 기술수준을 숙련공(1.00), 준숙련공(0.75), 미숙련공(0.5)으로 분류하여 정비할 수 있는 작업량을 표시하는 측정단위. 숙련공 1명이 1시간 동안 실시하는 작업량을 1인시라고 한다.

정상동원(正常動員, Normal Call Up)
동원의 한 형태로서 전시 충원소집을 위해 동원령 선포 후 H+15일부터 계속되는 동원.

정상행군(正常行軍, March of Normal Condition)
철저한 통제와 행군군기를 유지하면서 일정한 속도로 일정한 거리에서 실시하는 행군. 통상 주간에 도로는 시간당 4 km, 야간에 도로는 시간당 3 km, 주간에 야지는 시간당 2.5 km, 야간에 야지는 시간당 1.5 km 속도로 행군한다.
〈참〉 [강행군]

정숙보행(整肅步行, Stealthy Footsteps)
발소리를 내지 않고 은밀히 걷는 행동.

정신교육(精神敎育, Mental Training, Spiritual Training)
1. 일반적으로 군인에게 필요한 의지의 단련과 덕성함양을 위한 교육을 총칭.
2. 육군의 정신교육(Troop Information and Education; TI&E) : 가치관, 태도, 신념, 도덕성 확립 등 인간정신 관리의 총체적인 교육. 이는 가치관교육, 생활교육, 각종 훈련, 환경조성 활동 등 병영생활 전반에 걸쳐 실시되는 임무에 대한 정당성과 사명감의 제고를 위한 제반 교육을 말한다.

〈동〉 [정훈]

정신전력(精神戰力, Moral Strength, Morale Forces)
1. 전투원 개개인 또는 전투부대의 결의, 양심, 정서, 용기, 사기, 지휘관의 지휘통솔능력 등 정신적 요소에 의하여 발휘되는 전투력.
2. (육군) 모든 장병이 지휘관을 중심으로 투철한 군인정신, 엄정한 군기, 충천된 사기, 공고화된 단결로 부여된 임무를 능동적으로 완수할 수 있는 조직화된 전투의지력을 말함.

정양환자(靜養患者, Convalescent Patient)
민간병원의 입원기준에 속하지 않는 회복기 환자나 물리치료 환자로 소속부대에서는 의료기관 접근성이 용이하지 않아 군병원에 입원하고 있는 환자.

정예부대(精銳部隊, Elite Unit)
전통이 있고, 훈련이 잘 되어 있어 역량이 가장 뛰어난 부대.

정예자원(精銳資員, Crack Resources)
현역으로 근무 후 전역한 예비역 자원 중에서 연차내자원(즉 장교·부사관은 6년차 이내, 병은 전역 4년차 이내의 병력동원훈련 대상자원)이면서, 적소특기를 가진 동원자원. 법이 정하는 바에 따라 대상이나 기간은 조정될 수 있다.

정원(定員, Authorized Strength; A/S)
당해년도 가용예산과 병력획득전망을 고려하여 군별, 계급별로 운용할 수 있는 인원의 상한선. 정원범위 내에서 편제병력과 부수병력으로 구분하여 운용한다.

정전(停戰, Truce)
어떠한 특별한 이유로 피·아 간에 임시기간 동안 혹은 국지적으로 전투행위를 중단하는 상태. 휴전(Armistice)은 장기적이고 전체적인 의미를 가지며 쌍방조인에 의하여 이루어진다. 그러나 남·북한 간에는 '정전'과 '휴전'을 동일한 의미로 사용하고 있다.

정전시교전규칙(停戰時 交戰規則, Armistice Rules of Engagement; AROE)
한국전 정전협정을 유지하고 북한의 침략을 억제하기 위한 유엔사 및 연합사 임무와 관련된 군사력 사용에 관한 규정. 유엔사 군사작전을 수행하는 부대에게 군사작전 지침을 제공하기 위한 것이다.

정조준(正照準, Fine Sight)
조준선 정렬과 표적정렬이 동시에 일치된 상태. 가늠구멍(또는 조준홈)과 가늠쇠가 정확하게 표적중앙과 일치된 상태.

정지위성(靜止衛星, Geostationary Orbit Satellite)
정지궤도상에 있는 인공위성을 말함. 위성의 공전 주기와 지구의 자전 주기가 같으므로 위성과 지표의 상대적인 위치 관계에는 변함이 없다. 따라서 지표에서 보면 위성이 적도 상공의 한 점에 정지해 있는 것처럼 보인다. 위치가 변하지 않기 때문에 안테나의 방향을 바꿀 필요 없이 항상 안정된 통신을 할 수 있어 통신 위성과 방송 위성의 대부분이 정지 위성이다.

정찰(偵察, Reconnaissance)
시각 관측이나 기타 탐지방법에 의하여 적이나 잠재적인 적 활동과 자원에 관한 첩보를 입수하거나 특정지역의 기상, 수로 또는 지리적 특성에 관한 제원을 획득하기 위해 실시하는 임무.
(일본) 1. 적이나 적진에 대한 정보자료를 수집하는 행동. 2. 감시와 대비되는 개념으로 능동적으로 자료원을 찾아 적정, 지형 등에 관한 정보자료를 입수하는 수단.

정찰감시(偵察監視, Reconnaissance and Surveillance; R&S)
육안 관측이나 기타 탐지방법에 의하여 적 및 작전지역에 관한 첩보를 획득하여 보고하는 것. '정찰'과 '감시'의 합성어이다. 정찰감시의 형태에는 고정감시, 추적감시, 수집정찰이 있다.

정찰국(偵察局, Reconnaissance Bureau)
(북한) 북한 인민무력부 총참모부 산하의 대남공작기구. 각종 군사첩보 수집과 요인 암살 및 납치, 대동월북, 중요 국가시설·기간산업 파괴 등을 주 임무로 하고 있다.

정찰기(偵察機, Scouting Plane)
정찰을 주 임무로 수행하는 항공기.
(북한) [간첩기(間諜機)]

정찰대(偵察隊, Reconnaissance Party, Patrol Party)
첩보를 수집하거나, 지정된 목표를 파괴, 교란, 작전소탕, 혹은 경계임무를 수행하기 위해서 상급부대에 의해 운용되는 지상군(해군 또는 공군) 분견대.

정찰 및 관측구역(偵察~觀測區域, Reconnaissance and Surveillance Area)
전방 방어구역에서 경계부대 배치구역까지 확장된 구역으로, 적의 활동 및 자원에 관한 첩보수집 업무를 수행하는 탐지구역과 초계구역을 포함함.

정찰 및 수중파괴전대(偵察~水中破壞戰隊, Reconnaissance and Under Water Demolition Group)
정찰부대와 수중파괴반을 탑재한 함정들로 편성된 해군 전대. 정찰, 수로측정 및 지연 또는 인공장애물을 파괴하는 임무를 수행한다.

정찰사격(偵察射擊, Reconnaissance Fire)
적이 위치할 것으로 의심되는 지역, 또는 자연적으로 은폐되어 관측이 안 되는 지역 중에서, 극히 필요하다고 생각되는 지역에 대하여 정보획득을 목적으로 실시하는 사격.
〈유〉 [위력수색]

정찰여단(偵察旅團, Reconnaissance Brigade)
(북한) 북한의 특수부대로 유사시 주 전투지역 후방으로 침투하여 아군의 방어 작전을 교란하고, 전술표적을 선별적으로 타격하거나 장악하여 후방지역의 혼란을 야기시키며, 교량, 터널, 댐, 발전소등을 신속히 확보하여 북한군의 진격을 지원하는 것을 임무로 하고 있음. 평시 대남침투와 첩보수집 임무도 맡고 있다.

정찰위성(偵察衛星, Reconnaissance Satellite)
지구상 중요지역에 군사 행동상황에 관한 정보의 수집을 주목적으로 한 위성. 카메라, 각종 센서, 밀리파라디오미터, 통신전자정보 수집장비, 레이더 등을 적절히 탑재해서 사진정찰, 전자정찰, 해양감시 등을 하고 있다.

정찰-타격 복합체(偵察打擊複合體, Reconnaissance-Strike Complex)
군사과학기술을 활용한 새로운 통제체계로

ㅈ

종심 깊이 감시 및 정찰 할 수 있는 수단과 정확도가 매우 높은 장거리 정밀타격무기를 연결 및 결합시킨 복합체. 정찰-타격 복합체를 구축하면 적의 표적을 신속하게 발견하고 장거리에서 순간적으로 타격할 수 있으므로 큰 위력을 발휘하게 된다.

정책회의(政策會議, General Council)
각 군 참모총장의 정책 결심을 보좌하는 최고 자문기구. 각 군의 단·중·장기·기획 및 계획과 주요 군사력 건설 및 운용, 군의 기본운용방침, 전력증강사업계획 및 예산과 교육훈련목표, 방침, 제도의 발전에 대한 안건의 최종심의를 통해 확정하기 위하여 참모차장을 위원장으로 하는 각 군 본부 심의회의이다.

정치·군사게임/연습(政治·軍事~/演習, Politico Military Game/Exercise; POLMIL GAME)
국가안보상의 위기상황을 설정하고, 이를 부여하여 일정한 규칙에 따라 정치·군사 차원의 정책대안을 개발하고 토의하는 게임 또는 연습. 통상 국가안보정책결정조직을 대표하는 전문가들로 구성하여 대안개발에 중점을 둘 경우는 게임으로, 실제 정책결정자의 교육 및 능력향상을 목적으로 실시할 경우에는 연습으로 호칭하고 있다.

정치대(定置帶, Position Band)
무반동화기의 탄약이 약실이나 포강 내에서 자세를 바로 유지하도록 하는 탄환에 달려있는 금속 띠.

정탐(偵探, Scouting)
수상함정, 잠수함 또는 항공기에 의하여 실시되는 수색, 경비, 추적 또는 정찰을 포함한 임무.

정탐선(偵探線, Scout Line)
정탐임무를 수행하기 위해 배열된 정탐단위가 이루는 선.

정탐작전(偵探作戰, Scouting Operation)
적에 관한 정보의 획득, 배포를 위한 작전으로 여기에는 탐색, 경비, 추적 및 정찰의 4개 방법이 있음.

정화통(淨化筒, Canister, Gas Filter)
방독면 주요 구성품의 하나로서 독성 화학·생물학 작용제 및 방사능 낙진을 여과, 중화, 흡수시키는 역할을 함. 석면으로 된 물리적 여과기와 흡입력이 강한 활성탄이 충전된 화학적 여과기로 구성되어 있다.

정훈(政訓, Troop Information and Education; TI&E) ☞ [정신교육]

정훈교육(政訓教育, Political Relations and Education)
군의 존재목적, 군인의 사명과 역할 등을 중심으로 안보관 및 국가관의 확립 등 자유민주주의체제의 수호를 위한 교육을 말함.

제공권(制空權, Air Supremacy)
1. 전 전쟁지역에서 적 공군력의 간섭을 배제할 수 있는 절대적인 공중우세의 정도를 말하며 공중우세 및 공중제패의 개념을 포함한 보다 광의의 개념.
2. (미국)(Air Superiority) : 공중 전투에 있어서 한 공군 세력과 이와 관련이 있는 육·해·공군 부대가 주어진 시간과 장소에서 상대방으로부터 방해 및 간섭 없이 작전을 수행할 수 있는 공중 지배 정도를 나타내는 말.

제공작전(制空作戰, Counter Air Operation)
공중우세를 획득유지하기 위해 적의 공중세력과 방공체계를 파괴 또는 무력화시키는 작전. 공세제공작전과 방어제공작전으로 구분된다.

제네바법(~法, Law of Geneva) ☞ [제네바협약]

제네바협약(~協約, Geneva Convention; GC)

전투능력을 상실한 군인들과 적대행위에 가담하지 않은 민간인 등 이른바 전쟁으로 인한 희생자의 존중 및 보호를 위한 전시국제법. 1949년 제네바외교관회의에서 체결된 4개의 협약(I-IV)과 1977년의 추가의정서(I-II)로 이루어져 있다. 1949년 제네바 4개 협약은 1) 육전에 있어서 군대의 부상자 및 병자의 상태개선에 관한 조약, 2) 해상에 있어서의 군대의 부상자, 병자 및 조난자의 상태개선에 관한 조약, 3) 포로의 대우에 관한 조약, 4) 전시에 있어서의 민간인 보호에 관한 조약으로 구성되어 있다. 이 협약이 제정된 후에 한국전쟁, 베트남 전쟁, 인도파키스탄 전쟁, 기타 아프리카 무력 분쟁에서 제기된 게릴라 전투원의 처우문제, 민간 항공기와 그 승무원의 문제 등 기존의 제네바협약에 규정되어 있지 않은 여러 문제에 대하여, 1968년 세계인권선언 20주년에 유엔총회가 채택한 무력 충돌시의 인권 존중 결의사항에 따라 2개의 추가의정서가 1977년 6월 8일에 채택되었다. 제네바 협약의 기본정신으로는 전쟁 희생자의 기본권, 전투원의 기사도 정신, 상병자의 가료, 포로의 대우, 사법절차의 보장, 전쟁 수단 선택의 제한, 민간인의 보호 등을 들 수가 있다. 우리나라는 1966년 8월 16일에 1949년의 제네바 4개 협약에 가입하였고, 북한은 1957년 8월 27일 가입하였다.

〈동〉 [제네바법]

제대(梯隊, Echelon)

1. 지휘본부(사령부)의 일부(예 : 전방제대, 후방제대).
2. 지휘계통에 있어서 독립(분리)된 수준(예 : 연대와 비교 시 사단은 상급제대, 대대는 하급제대).
3. 전투임무별로 구분해 놓은 한 부대의 일부(예 : 공격제대, 지원제대, 예비제대).
4. 분할된 예하부대들이 차례로 전후로 위치하는 대형(예 : 제1제대, 제2제대).

제대이동(梯隊移動, Echeloned Displacement)

한 부대가 부여된 기본임무 수행을 단절함이 없이 한 위치에서 다른 위치로 이동하는 것. 통상 부대는 2개(본대, 선발대)의 기능요소로 분할된다. 본대가 작전을 계속하는 동안 선발대는 새로운 지역으로 이동하며 기능을 발휘하게 되면 본대에 합류된다.

제대편성(梯隊編成, Echelonment)

임무를 달성하기 위하여 부대를 1제대, 2제대 또는 전방제대, 후방제대 또는 공격제대, 지원제대, 예비대로 편성하는 것.

제독(除毒, Decontamination)

오염되어 있는 화학 및 생물학 작용제를 흡수, 밀폐, 파괴, 중화 및 제거하고, 방사능 물질을 제거함으로써 인체, 물체 또는 지역을 안전하게 만드는 절차.

제독소(除毒所, Decontamination Station)

독성 효과를 제거하기 위해 사람과 물자를 제독하는 적절한 장비와 인원이 배치되어 있는 건물이나 장소.

제독제(除毒劑, Decontamination Material)

화학작용제 또는 생물학작용제를 흡수, 제거, 중화, 파괴, 증발시키고 방사능 물질을 제거, 용해시키는 물질 및 에너지. 자연제독제와 화학제독제로 구분된다.

제병협동(諸兵協同, Combined Arms)

상호 협동하는 육군의 2개 이상의 전투 및 전투지원부대의 협조된 작전.

제병협동부대(諸兵協同部隊, Combined Arms Team)

임무수행을 위해 상호 지원할 수 있도록 2개 혹은 그 이상의 병과로 구성된 결합체. 통상 보병, 전차, 공격헬기, 포병, 방공, 그리고 공병 등으로 편성 및 구성된다.

제병협동훈련(諸兵協同訓練, Combined Arms Training)
보병, 포병, 기갑 및 공병부대 등 각종 병과 간의 협동작전 수행능력을 증진시키기 위한 훈련.

제식훈련(制式訓練, Close-order Drill)
군인의 기본 정신 함양과 절도 있는 단체 생활을 목적으로 행진이나 정지하여 있을 때에 대오·대열을 맞추거나 경례 동작 등을 익히는 훈련.
(북한) [군대열훈련(軍隊列訓練)]

제압(制壓, Suppression)
임무를 수행하고 있는 적 인원 및 장비의 전투능력을 제한시키는 것. 그 효과는 통상 사격을 하고 있는 동안에만 지속된다.

제압사격(制壓射擊, Neutralization Fire)
적의 화력사용을 방해하거나 압도적으로 위축시키기 위해 가하는 포병사격.
(북한) [진압사격(鎮壓射擊)]

제오열(第五列, Fifth Column)
적을 이롭게 하거나 적과 내통하는 자를 지칭하는 말. 스페인 내란 때 프랑코 장군이 지휘하는 군대가 왕당파가 방어하고 있는 수도 마드리드시를 포위하고 나서, 시내에도 자신을 지지하는 부대가 있다고 소문을 퍼뜨림으로써 왕당파의 내부 분열을 가져오게 한 데서 생겨난 말이다.
〈동〉 [오열]

제원기록사격(諸元記錄射擊, Registration Fire)
실전에서 효과적인 사격을 위해 사전에 정확한 제원을 얻고자 실시하는 사격.

제2격능력(第二擊能力, Second-Strike Capability)
적의 기습공격을 받고 다시 공격할 수 있는 전략핵 능력.

제1격(第一擊, First Strike)
상대방보다 먼저 핵공격을 개시하는 것. 기습이나 선제가 될 수도 있고 공개적인 선전포고에 의한 공격이 될 수도 있다. 제1격으로 적의 보복공격을 완파시킬 수 있는 역량을 제1격 능력이라고 한다.

제차대형(梯次隊形, Echelon Formation)
전진하는 방향과 경사지게 구성부대(요소)를 배열한 대형으로 우 제차대형과 좌 제차대형이 있음.

제차사격(梯次射擊, Gun Parallax)
포가 차례대로 사격하는 것.

제트기(~機, Jet Plane; JP)
고속 분류를 추진제로 이용하는 비행기. 터보제트 엔진기만을 제트기라고 한다.

제트기류(~氣流, Jet Stream)
지구의 위도 30~50도 부근 중위도의 고도 10~14 μm 상공에 강한 서풍이 불어오는 바람. 계절에 따라 위도, 고도, 풍속에 약간 차이는 있으나 강할 때는 시속 250 μm가 되며, 태평양을 횡단하는 항공로에서 이것을 이용하여 동진할 때는 비행시간이 수 시간 단축되나 서진할 때는 지연된다.

제파(梯波, Wave)
1. 상륙 시간과 장소가 사전에 결정된 상륙군의 돌격부대를 운반하는 상륙주정, 수륙양용차량, 상륙함선 또는 헬기의 대형.
2. 공중강습작전 시 공중강습작전부대를 편성된 항공기로 1회에 수송이 제한되어 수회로 나누어 수송하게 되는 경우, 임무수행에 운용된 전체 강습헬기의 1회 수송을 의미함.

제파공격(梯波攻擊, Echelon Attack)
어느 한 공격지역에 종으로 수개 제대를 편성하여 파도가 밀려오는 것처럼 연속적인 타격으로써 방어지대를 공격하는 전법.
〈동〉 [파상공격]

제한공역(制限空域, Airspace Reservation)
대통령의 행정명령에 의하여 지정된 육지 또는 수역상공으로서, 국방이나 기타 정부 목적을 위해 비행이 금지되거나 또는 제한되는 공간.

제한구역(制限區域, Restricted Area)
1. 우군 간에 상호방해를 예방 또는 최소한도로 국한하기 위해 특별한 제한책을 강구하고 있는 지역 또는 공간.
2. 비밀취급인가를 받지 않은 사람이 비밀 구분된 첩보나 자료에 접근함을 방지하기 위해 특별한 보안책이 강구된 구역.

제한동원(制限動員, Limited Mobilization)
전면 동원의 반대되는 용어로, 국가 자원의 일부만 동원하는 것.

제한사격(制限射擊, Weapon Tight)
1. 사격시간 · 사격의 양 · 사거리 · 방향 등을 제한하는 사격.
2. 적 비행기 판단기준에 의거하여 명확하게 적기로 확인된 경우에만 사격하도록 하는 것.

제한전쟁(制限戰爭, Limited War; LW)
1. 제한된 군사목표와 제한된 자원으로 제한된 지역 내에서 행해지는 전쟁형태. 즉, 한정된 정치목적에 부합되도록 행동지역, 사용수단, 사용무기, 병력 및 달성해야 할 목표 등에 일정한 제한을 가하면서 수행하는 무력전.
2. (미국) 전면전에는 미치지 못하는 무력분쟁으로서 둘 또는 다수 국가 군대간의 공공연한 교전행위.

제한주파수(制限周波數, Restricted Frequencies)
허가 없이는 방해할 수 없는 주파수. 통신 및 정보참모장교, 기타 관계부서 작전 장교와 협조하여 작전참모가 작성하고 승인한다. 제한주파수는 금기(taboo), 보호(protected), 감시(guarded) 주파수로 분리한다.

제한표적(制限標的, Limited Targets)
정보수집이나 장차 우군작전에 대한 가치를 지닌 표적으로서 일정기간 동안 작전적 상황이 변화될 때까지는 공격이 불가능한 표적.

제한화력계획(制限火力計劃, Restrictive Fire Plan)
우군 항공기를 위해 지상에서 발사하는 비핵화력으로부터 안전한 공역을 설치하기 위한 화력계획.

제해권(制海權, Command of the Sea, Naval Supremacy)
적 해군으로부터의 간섭을 배제할 수 있는 해양우세의 정도를 말함. 완벽한 제해권은 불가하므로 해양통제의 개념으로 사용된다.

조공(助攻, Supporting Attack)
공격작전 시 주공의 성공을 돕기 위해 공격을 실시하는 공격작전. 적을 진지에 고착시키고, 적으로 하여금 주공의 공격방향을 알 수 없게 기만하며, 적이 주공방향으로 증원하지 못하게 하거나 또는 적의 예비대를 조기에 조공지역으로 투입하도록 강요하여 주공작전의 성공을 지원한다.
(북한) [보조공격(補助攻擊)]

조교(助敎, Assistant Instructor)
교관을 도와서 시범, 훈련지도 및 통제, 피교육자 인솔 등의 임무를 수행하는 인원.

조기경보(早期警報, Early Warning)
전자 또는 시각수단에 의해 수행되는 적성 항공기 또는 유도무기의 접근을 조기에 알려주는 것.

조기경보기(早期警報機, Early Warning Plane)
레이더 또는 다른 장치에 의해 적의 항공부대 및 지상부대를 조기에 발견하여 우군에게 경보를 보내는 방공경보기. 조기경보기는 고고도비행 성능, 긴 항속거리, 확실한 신뢰성, 탑재량 및 내부용적이 커야 하며, 장시간 작전이 가능하도록 승무원의 거주성이 쾌적해야 한다.

조기경보위성(早期警報衛星, Early Warning Satellite)
적의 대륙간탄도탄(ICBM) 또는 잠수함발사탄도탄(SLBM)의 공격에 대하여 될 수 있는 한 긴 반응시간을 갖기 위해 이들의 발사를 조기에 탐지하는 임무를 가진 위성.

조기공격(早期攻擊, Early Attack)
예정보다 일찍 공격하는 것.

조기교전(早期交戰, Early Engagement)
적기가 공격하기 이전에 교전할 수 있도록 방공포병무기를 배치하는 것. 조기교전은 통상 적기가 재래식 무기를 사용할 때 적용되며, 공대지 유도탄이나 전술탄도탄과 같이 장거리 투발무기 사용 시는 적응하기 곤란하다.

조기파열(早期破裂, Early Burst)
시한신관이 불량 등의 사유로 설정된 시간보다 일찍 파열하는 것.

조달(調達, Procurement)
경제주체의 활동에 필요한 적정한 물자, 시설 또는 용역을 필요한 시기와 장소에 획득함으로써 경제주체의 활동을 원활하게 하는 것.

조달목표(調達目標, Procurement Objective)
문서상 인가되고 확정된 추세를 기초로 하여 당해 연도 내에 조달되고, 불출 및 구성품의 결합을 위하여 확보되어야 할 수량.

조달소요기간(調達所要期間)
행정소요기간, 생산소요기간, 납품소요기간을 합하여 실제 물자, 시설, 용역이 조달되기까지의 기간.

조달요구(調達要求, Procurement Request; PR)
수요군(需要軍, 육·해·공군) 및 국방부 직할기관에서 정부세출예산 최종안을 기준으로 다음연도의 수요예상품목에 대해, 사업별로 조달계획서를 작성하여 조달집행기관으로 조달을 의뢰하는 행위.

조립생산(組立生産, Assembly Product)
기술도입 생산의 한 형태로서 외국과 계약에 의하여 부품이나 구성품을 도입하여 이를 국내 기술진이 조립하여 생산하는 것을 말함. 조립하는 구성품 단위에 따라 완전조립생산(C. K. D), 부분조립생산(S. K. D)으로 구분한다.

조명(照明, Illumination)
예광탄, 조명탄, 탐조등 따위로 목표물을 식별하기 쉽게 비추는 것.

조명사격(照明射擊, Illumination Fire)
야간에 전장을 조명하여 관측을 돕고 우군의 이동을 용이하게 하기 위하여 대포로 조명탄을 사격하는 것.

조명신호탄(照明信號彈, Signal Flare)
야간에 표적지역을 조명하여 적을 관측하거나 사격조정 및 특정위치를 표시하기 위하여 사용하는 탄약.

조명지뢰(照明地雷, Flame Mine)
지뢰의 내부에 발광물질이 충전되어 있어 점화가 되면 일정시간 동안 조명을 제공하는 지뢰. 적의 접근이 예상되는 통로나 철조망, 지뢰지대 등 장애물지대 전방에 설치하여 적의 접근을 경고할 때 사용한다.

조명지원계획(照明支援計劃, Illumination Support Appendix)
전술항공, 육군항공, 포병 및 박격포에 의한 조명을 지원하는 계획으로 기동계획을 고려하여 작성됨.

조명탄(照明彈, Illuminating Bomb)
야간에 표적지역을 조명하여 적을 관측하거나 사격조정 및 특정위치를 표시하기 위하여 사용하는 탄약.
(북한) [광탄(光彈)]

조밀폭격(稠密爆擊, Density Bombing)
명령으로 할당된 톤수만큼 폭탄을 어떤 지역에 투하하는 폭격방식.

조병(造兵, Manufacture of Arms and Ammunition)
무기와 총포탄을 생산하는 병기산업.

조병창(造兵廠, Arsenal)
무기, 탄약을 제조 수선하며 저장, 보급하는 건물 혹은 장소.

조사레이더(照射~, Illuminator Radar)
유도탄 무기의 긴요한 부분으로 전파를 표적에 조사(照射)하여 표적에서 반사되는 빔을 따라 미사일이 이것을 탐지하여 표적을 공격하도록 만든 레이더. 능동호밍 유도방식에서는 조사레이더가 미사일에 내장되어 있으나 반능동 호밍 유도방식에서는 선박, 항공기 또는 지상에 위치한다.

조석표(潮汐表, Tide Tables)
조석, 조류에 관하여 그때 그 장소에서뿐만 아니라 앞으로 도착할 지역의 조석이나 조류의 추산에 필요한 서적이며 매년 또는 5년마다 발간함.

조선인민군(朝鮮人民軍, Korean People's Army; KPA)
(북한) 북한의 정규군을 일컫는 말. 군사적으로는 국방위원회 관장 아래 인민무력부의 통솔을 받으며, 지상군 · 해군 · 공군을 조선인민군 총참모장이 총괄 지휘하는 단일종합군체제. 정치적으로는 조선노동당 중앙군사위원회의 통제를 받는다. 각급 지휘관은 해당급의 정치책임자의 동의 없이 명령을 하달할 수 없으며, 정치책임자가 공동으로 서명해야 비로소 명령이 효력을 가지도록 되어있다.

조약(條約, Treaty)
1. (협의) 국가간의 정치, 외교적 관계에 대한 포괄적이고도 최상위의 합의 형태.
2. (광의) 문서에 의한 모든 형태의 국가 간의 합의를 뜻하는데 협약(Convention), 협정(Agreement), 약정(Arrangement), 의정서(Protocol), 합의각서(MOA), 양해각서(MOU) 및 기타 다양한 형태를 포함한다.

조우전(遭遇戰, Meeting Engagement)
불완전한 전개 상태에서 이동하고 있는 부대가 불충분한 정보로 인하여 이동 중이나 정지하고 있는 적과 접촉하였을 때에 일어나는 전투행위.

조작전자기만(造作電子欺瞞, Manipulative Electronic Deception; MED)
적을 기만할 목적으로 전자파 신호를 계획적으로 조작하거나 재방사하는 것.

조작통신기만(操作通信欺瞞, Manipulative Communication Deception; MCD)
적에게 허위정보를 제공할 목적으로 아군의 통신망에 조작된 통신문을 사용하는 것.

조종기뢰원(操縱機雷原, Controlled Minefield)
항만 입구의 항로상에 부설하여 적 함정에 대하여는 장애물이 되고, 우군 선박은 안전하게 통행하도록 조종할 수 있는 기뢰.

조종사보호의(操縱士保護衣, Air Crew Ensemble)
조종사가 화생방전하에서 원활한 항공작전

을 할 수 있도록 산소마스크에 정화통을 부착시켜 자동적으로 정화통을 통해 호흡할 수 있도록 되어 있는 보호의. 부속품으로는 특수방호복과 후드, 장갑, 비닐덧신 등 다수의 품목으로 구성되어 있다.

조종사 항적투명도(操縱士航跡透明圖, Pilot's Trace)
출격 중 또는 출격직후에 사진정찰기의 조종사가 작성한 지도상의 간략한 투명도. 여기에는 매번 사용된 카메라를 포함하여 사진촬영 위치, 방향, 번호 그리고 횟수 등이 나타난다.

조준(照準, Sighting)
1. 총포를 목표, 즉 표적에 겨누는 행위.
2. 항공기로부터 폭탄이나 지뢰를 지상에 투하하는 것.

〈동〉 [겨냥]

조준간(照準桿, Sighting Bar)
목재 막대기 위에 확대형 가늠자와 가늠쇠, 가늠구멍 그리고 가동(可動) 표적을 장치한 소화기 조준방법 훈련용 교육 보조재료.

조준감사(照準監査, Zero Correction/Bore Sighting)
1. 포에 설치한 사격통제기재의 광학축선이 방향 및 고각 상으로 포신 축과 평행이 되도록 정렬하고 조정하는 과정.
2. 포구축선 및 조준경의 조준선을 어느 일정한 거리에 일치시키는 것. 모든 조준장치 조준의 기초가 된다.

조준감사기(照準監査器, Sight Inspect Instrument)
박격포의 포구가 지향하는 방향과 가늠자가 조준하는 방향이 일치하도록 박격포에 설치하여 가늠자를 조정할 때 사용하는 사격기재.

조준선(照準線, Line of Sight; LOS)
가늠자, 가늠쇠, 표적을 연결하는 선.
(북한) [겨눔선]
〈유〉 [가시선]

조준선정렬(照準線整列, ~)
사수가 가늠구멍(또는 조준홈)을 통하여 가상적인 수평선과 수직선을 일치시켜 교차되는 지점을 가늠쇠의 중앙 상단에 올려놓는 것.

조준선 탄막(照準線彈幕, Line of Sight Barrage)
조준각과 신관을 변화시키면서 순간마다 표적의 조준선상에서 폭발되도록 하는 탄막 법.

조준점(照準點, Aiming Point)
1. 화기의 조준선 방향을 정하거나 관측자가 관측기구를 정치하는 물체 또는 점.
2. 폭격수 또는 조종사가 폭탄, 로켓, 기뢰, 수뢰 등을 투하하는 데 참조점으로 사용하는 점.

조직(組織, Organization)
국방행정을 위해 적정한 기구를 설정하고, 기능을 배분하며 정원을 책정하여 부대 또는 기관을 설치하거나 체계적 구조를 구성하는 것.

조직편성(組織編成, ~)
예비군을 조직하고 편성하는 업무. 조직이란 예비군 구성요원의 대상과 복무기간을 설정하는 업무체계이고, 편성이란 조직된 예비군을 부대로 만들기 위하여 제대별 자원규모 및 기준을 설정하고, 관할구역을 지정하는 등의 업무를 가리킨다.

조포(弔砲, Minute Gun)
죽은 사람에 대한 존경의 표시로 일정한 간격을 두고 발사하는 포.

조함(操艦, Ship Handling)
출입항, 협수로 통과 및 작전기동 등 함정의 이동을 지휘하는 기술.

조함(造艦, Naval Shipbuilding)
군함을 설계하여 만드는 제반 과정과 절차.

조회(照會, Verify)
1. 발송통신문의 뜻과 어구가 발송자의 정확한 의사를 전달하는 것인지 확인하는 절차.
2. 관측자, 탄착 수정자 또는 사격 통제기관으로부터 사격제원의 재검토와 재검토의 결과를 보고하도록 요구하는 절치.

종군기자(從軍記者, Accredited Correspondent)
전쟁지역에서 통신원의 임무를 수행하도록 군 당국으로부터 허가된 기자.

종격실(縱隔室, Corridor)
부대가 이동하는 방향과 평행하거나 또는 그 방향으로 연장되는 지형격실.

종대(縱隊, Column Formation)
구성부대(요소)들을 앞뒤로 배열한 대형.

종대간격(縱隊間隔, Column Gap)
동일 도로상에서 같은 방향으로 행군하는 2개의 연속부대간의 공간. 한 부대의 맨 뒤로부터 후속하는 부대의 맨 앞까지의 길이나 시간으로 표시할 수 있다.

종대엄호(縱隊掩護, Column Cover)
접촉을 유지하며 항공기가 행군 종대를 엄호하는 것. 종대를 위협하는 공중 또는 지상의 적을 수색 및 공격함으로써 보호한다.

종대이륙(縱隊離陸, Stream Take off)
항공기가 종대형으로 줄지어 이륙하는 것.

종말단계(終末段階, Terminal Phase)
미사일의 추진력이 소멸되어 목표지점에 투하되도록 대기권을 향하여 재진입하는 단계. 대기의 마찰에 의해 수백도 이상의 높은 열이 발생하며, 사거리에 따라 다르나 장거리 미사일의 경우 초속 5 km 이상의 매우 빠른 속도로 낙하한다.

종말속도(終末速度, Terminal Velocity)
1. 한 물체가 균일한 밀도의 공기 중에서 무제한 거리를 일정한 중량과 추진력으로 특정한 비행로를 따라 낙하할 때에 도달할 수 있는 가정상의 최고속도.
2. 하강중인 탄환이 무기의 포구 높이에 도달할 때의 속도.

종말유도(終末誘導, Terminal Guidance)
1. 유도탄의 중간 진로유도와 표적근접지역에 도달할 때까지 적용되는 유도.
2. 착륙 또는 공중투하시설에 도착시, 출발시 또는 그 근접상공에 있어서의 운용에 대한 항공기 조종사의 편의를 제공하기 위해 제공되는 전자적, 기계적, 시각적 또는 기타 보조수단.

종사(縱射, Enfilade Fire)
종심이 있는 표적에 대하여 방향의 전환을 주지 않고 총구를 상·하로 이동시키면서 실시하는 사격. 경기관총은 팔꿈치를 이용하며, 삼각대에 장착하는 기관총은 세로 전륜기를 조작하여 총구를 상하로 변경한다.

종심(縱深, Depth)
전방이나 후방부대를 모두 포함하고 있는 어떤 대형이나 진지의 전방으로부터 후방에 이르는 간격.

종심방공(縱深防空, Air Defense in Depth)
전방으로부터 방공전력을 종류에 따라 단계적으로 운용하는 방공작전개념.

종심방어(縱深防禦, Defense in Depth)
종심으로 계속적인 방어를 하기 위하여 경계진지·주진지·저지진지로 편성된 상호 지원하는 진지조직.

종심방어전술(縱深防禦戰術, Tactics on Defense in Depth)
프랑스 구로우 장군에 의하여 개발된 방어 전술로서, 전방에는 최소한의 병력을 배치하고 1,800~2,700미터 후방에 주진지를 설

ㅈ

치하여 적의 기습을 방지하고, 사전에 적의 공격기도를 간파하여 효과적인 방어를 실시하는 전술. '후티어의 돌파전법'에 대항하기위해 개발된 것으로서, 최전방을 주진지로 사용함으로서 적의 공격준비사격에 의해 막대한 피해를 입던 종전의 방어계념을 극복하기 위하여 개발된 전법이다.

종심작전(縱深作戰, Deep Operation)
아국 내에서 전투를 회피함으로써 영토를 보전하기 위해 조기에 전장을 적지로 확대하여 적지결전을 추구하는 작전. 접적구역에서는 적의 강점을 고착 견제하면서 접적지역 후방의 적 중심에 아군전투력을 집중함으로써, 아군의 전투력을 보존하면서 적 전투력 및 전투의지를 약화시키기는 방법으로 수행된다.
(러시아) 적 부대들을 단기간에 완전 분쇄하기 위하여 집중 포사격과 폭격, 그리고 공정대원들의 투입으로 적 부대들의 방어전 종심에 걸쳐 동시적으로 맹타를 가하는 작전.

종심전투(縱深戰鬪, Combat in Depth)
아직 접촉하지 않는 적 후방지역의 부대를 차단 및 타격하여 후속제대의 위협을 제거하는 전투.

종심지뢰부설(縱深地雷敷設, Axial Mining)
적의 전진축선에 따라 종심 깊게 지뢰를 부설하는 것.

종심지원사격(縱深支援射擊, Deep Supporting Fire)
적의 예비대와 화기를 제압 격파하고 적의 지휘, 보급, 통신 및 관측을 방해하기 위해 우군으로부터 멀리 떨어진 목표물에 지향하는 사격.

종심화력전투(縱深火力戰鬪, Deep Fire Battle)
아군의 전방부대와 적이 교전하기 이전에 적을 무력화하기 위해 적 2제대 및 적 화력지원 수단에 대한 화력전투를 실시함으로써 차후작전의 성공을 보장하기 위해 실시하는 전투.

종합군수지원(綜合軍需支援, Integrated Logistic Support; ILS)
무기체계의 효율적이고 경제적인 군수지원을 보장하기 위하여, 소요제기단계로부터 설계 · 개발 · 획득 · 운영 및 폐기 시까지 전 과정에 걸쳐 제반 군수지원요소를 종합적으로 관리하는 활동.

종합군수지원계획서(綜合軍需支援計劃書, Integrated Logistic Support Plan; ILS-P)
종합군수지원 업무수행과 체계적인 관리를 위한 전반적인 계획문서. 종합군수지원요소, 획득단계별로 달성해야 할 업무, 주관 및 관련부서별 임무, 임무달성을 위한 세부 일정계획과 예산, 시험평가 및 군수지원 분석계획 등이 포함된다.

종합정보통신망(綜合情報通信網, Integrated Service Digital Network; ISDN)
전자기술, 컴퓨터기술, 첨단통신기술을 융합된 하나의 통신망을 통해 전화 · 텔렉스 · 팩시밀리 · 화상통신 · 데이터통신 등의 다양한 통신서비스를 제공하는 통신망.

종합창(綜合廠, General Depot)
1개 이상의 기술병과 보급품을 수령, 저장 및 지급하기 위한 대규모의 보급시설.

좌석대기(座席待機, Battle Station)
조종사가 조종석에서 이륙을 위한 점검을 완전히 마치고 신속히 이륙할 수 있는 대기상태.

좌표(座標, Coordinates)
지도, 사진 또는 해도 위에 위치를 표시하

는 좌표선의 번호나 문자.

주공(主攻, Main Attack)
1. 결정적인 작전(목표)에 대부분의 공격역량을 집중 지향하는 전술집단.
2. 부대 임무수행에 최대로 기여하는 목표(통상 결정적인 목표)의 확보에 지향되는 공격.

주교(舟橋, Pontoon Causeway)
수상에서 군용물품을 도하시키는 데 사용되는 경주정(輕舟艇)이나 부유물. 상륙작전 시 함선과 해안 간의 이동용 다리로 사용되며 상륙전 장비 및 보급품을 이동 양륙시키고 상륙함선 및 주정의 부두가 된다.

주군(駐軍, Halt)
적의 위협이 예상되는 야전에서 집결지를 점령하거나 행군 간 숙영하는 상태.

주군간경계(駐軍間警戒, Stationing Troops Security)
적의 직접적인 지상공격의 우려가 있는 야전에서 집결지를 점령하거나, 행군 간 숙영하는 동안 적 및 불순분자와 공중공격으로부터 기습을 방지하고, 우군부대의 안전과 행동의 자유를 도모하는 제반 경계활동.

주기장(駐機場, Apron)
비행장 내에 빈번한 인원탑승, 화물탑재 및 항공기 급유 등이 편리하도록 평탄하고 견고하게 포장된 지역.

주도권(主導權, Initiative)
아군에 유리한 상황을 조성해 나감으로써 아군이 원하는 방향으로 전투를 이끌어 가는 능력. 또는 능동적이고 적극적인 행동으로서 적을 수동적 위치로 유도하여 전세를 지배하는 것. 주도권을 장악하기 위해서는 정보우위를 달성하여 적의 약점에 과감하고 공세적인 전투력을 집중 운용하고 작전템포를 유지하여야 하며, 이를 통해 작전성과를 지속적으로 확대하여야 한다.

주둔군지위협정(駐屯軍地位協定, Status of Forces Agreement ; SOFA)
한 국가의 군대가 다른 국가의 영토에 주둔하게 될 경우, 주둔군이 주둔하면서 발생할 수 있는 문제를 해결하기 위하여 주둔국과 초청국 사이에 주둔군의 지위에 관하여 쌍방이 체결한 국제협정. 협정을 체결해야할 항목으로는 주둔군의 출입국, 시설 및 구역의 이용, 관세, 주둔군 구성원의 범죄에 대한 형사재판권, 불법행위에 대한 손해배상 청구권 등이 있다.

주도로(主道路, Main Road)
한 지역이나 위치로 통하는 주요 지상 병참선으로서의 역할을 할 수 있는 도로. 통상 고속도의 왕래가 가능한 전천후 교통을 보장할 수 있는 넓이를 가져야 한다.

주력(主力, Main Force)
중심세력의 부대. 주력이란 그 세력을 구성하고 있는 모체부대의 작전에 승패를 결정지울 수 있는 대부분의 전투력을 보유한 집단을 뜻한다.

주력작전(主力作戰, Major Operations)
전역의 어느 한 단계나 중요한 전투를 치르는 단계에서 나타나는 대규모 부대들의 협조된 활동(작전).

주력전대(主力戰隊, Strength Group)
가용한 항공기와 부여된 초계 엄호를 받는 최대규모의 전투함정으로 구성된 해상 작전부대.

주력전차(主力戰車, Main Battle Tank; MBT)
공격력 · 방어력 · 기동력 등이 적절히 조화되고 다용도성이 있어 한 국가에서 주력으로 운용하는 전차. 과거에는 전차에 대한 복잡한 개념과 기술력의 한계로 인하여 중(重)전차, 경전차, 순항전차, 구축전차, 정찰전차 등의 다양한 종류가 있었으나, 현재에

ㅈ

이르러서는 이 모든 기능을 통합한 주력전차 개념으로 운용되며, 이외에 소수의 공정전차와, 경전차 개념만 남아 있다.

주력체(主力體, Main Body)
선단으로 지정되지 않았으나 군함 또는 항공기 호송을 받는 전투함 및 해군 보조함 집단 또는 단일함.

주력함대(主力艦隊, Major Fleet)
특정 육상 지원부서를 포함한 해군의 주요 작전부대.

주류군재산(駐留軍財産, Property for Stationary Troops)
한·미 상호방위조약 및 한·미 행정협정에 의거 한국정부가 주한미군에 공여한 재산. 주한미군에 사용권을 부여하여 지상에 주류군의 시설물 설치가 가능한 전용공여, 주한미군의 시설보호 및 안전보호 목적의 사용만 가능하고 지상물 설치는 불가능한 지역권 공여, 훈련 목적 등 일정기간만 사용 승인되는 임시공여 등으로 구분된다.

주방공장비체계(主防空裝備體系, Primary Air Defense System; PADS)
자동화 사격통제장비(AN/TSQ 73)가 자동으로 항적을 할당할 수 있도록 작전프로그램에 지정된 호크 및 나이키포대와 같은 무기체계.

주방어제대(主防禦梯隊, Main Defense Echelon)
주방어지역에서 운용되는 부대로서 그 지역은 전투지역의 전단의 선단으로부터 전방 투입부대가 편성된 지역까지임.

주방어지대(主防禦地帶, Main Defense Zone)
포병부대 자체방어 시 가용한 병력, 화력, 장애물 등 가용한 방어수단을 집중 편성하여 적의 위협으로부터 결정적인 전투를 실시하기 위한 방어지대. 통상 적의 수류탄 투척거리와 지형을 고려하여 핵심방어지대로부터 통상 30~50 m 이격하여 선정한다.

주방어지역(主防禦地域, Main Defense Area)
전투지역 전단으로부터 전방 방어부대들이 편성되는 지역의 후방전투지경선 간에 위치한 지역.

주방어진지(主防禦陣地, Main Defense Position)
1. 기동방어시 적 공격을 경고하고, 적을 보다 불리한 지형으로 유도하여 저지 또는 방해하기 위해 방자가 사용하게 되는 지형격실, 거점 및 관측소의 연결을 말함.
2. 지역방어시 전투지역 전단에서 적의 접근로를 봉쇄하고 지역을 통제하기 위해 종심 깊이 준비된 진지를 말함.

주변방사능(周邊放射能, Background Radiation)
체내나 개인이 항상 노출되어 있는 환경에서부터 발생하는 핵(혹은 이온) 방사능.

주변방사량(周邊放射量, Background Count)
탐지하려는 것 이외의 어떤 원인으로 탐지기에 나타나는 증거 또는 결과. 주변방사량은 통상 자연발생 방사능 및 우주선에 의한 것을 포함한다.

주변시(周邊視, ~)
한 지역이나 표적을 관찰할 때 그 물체의 주변에 시축(視軸)을 4~10초마다 불규칙하게 움직이면서 바라보는 것. 약한 빛이나 움직임을 감시하는 힘은 강하기 때문에 야간관측에 유용하다.

주보급로(主補給路, Main Supply Route; MSR)
1. 군사작전을 지원하는 대부분의 교통이

이루어지는 작전지역에 이르는 지정된 도로 또는 도로망.

2. 전투지대 내에서 각 전술단위부대의 후방지역에서 전방으로 이르는 보급로로 수송의 주축이 되는 도로.

(일본) [補給幹線(보급간선)]. 후방 병참선 내에 항상 교통을 확보해야 할 수송로선(輸送路線)으로 지정된 도로.

주비행장(主飛行場, Main Airfield)
작전을 수행하기에 적절한 위치에 있으면서 전투능력이 최대로 발휘되도록 표준작전시설을 갖춘 비행장.

주사격구역(主射擊區域, Primary Fire Sector)
개인이나 부대의 총포사격에 의하여 엄호되어야 할 주요구역. 방공포병무기는 통상 가장 위협이 큰 항공기와 교전하기 위해 주사격구역을 부여하며, 주사격구역에 가까이 있는 표적에 대하여 가장 효과적으로 사격할 수 있도록 운용한다.

주요관심지역(主要關心地域, Named Area of Interest; NAI)

1. 적의 특정방책 선택 여부와 기도를 판단하기 위해 감시해야 하는 접근로상의 지역.
2. 교량 및 애로지역, 적의 특정 부대들의 이동을 차단할 수 있는 지역과 적의 증원부대가 어느 방향을 지향하는지 확인이 가능하고, 그러한 적의 기도를 거부할 수 있는 지점 등에 선정한다.

주요길목(主要~, Choke Point)
임무해역으로의 전개 또는 증강배치, 모항으로의 복귀 등을 위하여 이동하는 함정이나 전쟁물자 수송을 위한 선단 등이 통과해야 하는 해역의 길목.

주장약(主裝藥, Main Charge)
폭발함으로써 파편, 산탄, 화염 및 화학제를 터뜨리고 분산시켜 지뢰의 사용목적을 달성하는 폭약. 폭발력이 강하고 둔감한 폭약을 주로 사용한다.

주저항선(主抵抗線, Main Line of Resistance)
항공 및 함포를 포함한 모든 지원부대의 사격을 협조하기 위해 지정된 전투진지 전단을 연결한 선. 상호 지원하는 일련의 방어지역의 전방한계선을 확정하며, 엄호부대나 경계부대가 점유 또는 사용하는 지역은 포함되지 않는다.

주전투지역(主戰鬪地域, Main Battle Area)
적의 공격을 결정적으로 저지하기 위해 싸우는 결정적인 전장으로 전투지역전단으로부터 후방전투지경선에 이르기까지 전개되는 전장의 한 부분.

주정공간(舟艇空間, Boat Space)
상륙주정, 상륙장갑차 및 기타 단정의 용량을 정하는 데 사용되는 공간 및 중량계수. 상륙주정 및 상륙장갑차에 관하여서는 개인장구를 소지한 1인의 소요에 기초하여, 1인당 224파운드의 중량 및 13. 5입방피트의 공간을 점유할 것으로 가정하고 있다.

주정단(舟艇團, Boat Group)
상륙주정의 기본편성으로 1개 주정단은 상륙주정 또는 상륙장갑차의 1회 운행으로 대대상륙단을 상륙시킬 수 있도록 편성됨.

주정대(舟艇隊, Boat Unit)
함안이동 및 물자를 수송과, 함안이동시 주정의 교통통제 및 구조작업을 하는 LCM (Landing Craft, Medium 중급 상륙주정) 소대, LCVP(Landing Craft, Vehicle and Personnel) 소대 및 주정수리조로 편성된 단위대.

주정로(舟艇路, Boat Lanes)
상륙해안으로부터 공격개시선까지 해상 방향으로 연장된 상륙돌격주정을 위한 항행로. 주정로의 폭은 해당 해안의 길이에 따라서 결정된다.

주정조(舟艇組, Boat Team)
상륙작전시 함안이동을 위해 1척의 상륙주정이나 상륙장갑차에 할당된 병력.

주지휘소(主指揮所, Main Command Post)
지휘관이 전술작전을 지휘 통제하는 주시설.

주진지(主陣地, Primary Position)
부여된 임무를 달성할 수 있는 최선의 수단(방법)을 제공하는 개인 · 부대 · 화기의 전투장소.

주통제장교(主統制將校, Primary Control Officer)
상륙해안을 왕래하는 상륙주정, 상륙장갑차, 상륙함정 등의 이동을 통제하는 임무를 부여받고 주통제함에 승선한 장교.

주통제함(主統制艦, Primary Control Ship)
공격개시선상에 위치하며 주통제관과 전술군수단이 승선하고 있는 함선.

주퇴장치(駐退裝置, Recoil Mechanism)
포탄이 발사될 때 약실압력에 의해 발생하는 반동력을 흡수하기 위해 포신을 반대방향으로 후퇴시키는 장치.

주특기재분류(主特技再分類, Primary MOS Reclassification)
1. 주특기를 부여받아 임무수행 중인 현역이 특수한 자격을 획득하거나, 신체적인 제한 등으로 인하여 해당 주특기 임무를 수행할 수 없는 경우 심의를 통해 주특기를 변경하는 제도.
2. 동원지정 대상자 중 공통특기 소지자로서 우위성 있는 국가인정 기술자격 및 군사기술자격을 취득한 자와 동원훈련 시 훈련합격기준에 도달한 자 등에 대하여 특기를 재분류하여 부족특기를 보충하는 제도.

주특기훈련(主特技訓鍊, Military Occupation Speciality Training)
군사특기와 관련된 임무수행능력을 배양하기 위하여 군사특기를 부여받은 요원이나 받을 요원이 실시하는 훈련.

주파(舟波, Boat Wave)
주정조를 싣고 동시에 상륙토록 계획된 수척의 상륙주정이나 상륙장갑차로 구성된 파.

주파수도약(周波數跳躍, Frequency Hopping)
레이더 체계 또는 통신기에 사용되는 전자보호(EP) 기술로서 펄스화된 반송파를 어떤 특정 주파수 대역 내를 주기적 또는 계속적으로 이동하면서 송신하고 사용 중인 주파수가 전파방해를 받을 때 방해받지 않은 주파수로 송신하는 기법.

주파수변조(周波數變調, Frequency Modulation; FM)
1. 음성 또는 기타의 신호전류의 세기에 따라 반송파의 주파수를 변화시키는 변조방식.
2. 반송파의 주파수를 그 평시 값을 중심으로 하여 신호파에 올려 변동시키는 변조방식.

주파수변환(周波數變換, Frequency Agile)
주파수를 급속하게 변화시켜서 하는 전자방해.

주파장(舟波長, Wave Commander)
상륙주정이나 수륙양용차에 탑승하여 주파를 형성하고 주정단장의 지시 하에 주파의 모든 이동을 통제하는 장교.

준군사부대(準軍事部隊, Paramilitary Forces)
편성, 장비, 훈련 혹은 임무 면에서는 국가의 정규군과 유사하나 정규군이 아닌 개별부대나 집단.

준비명령(準備命令, Warning Order)

1. 곧 시행될 명령이나 행동에 대하여 필요한 계획과 준비를 할 수 있는 시간을 주기 위해 사전에 예고하는 명령.
2. 지휘관이 예하 지휘관에게 다음 행동에 관해 사전 준비시키기 위해 내리는 지시.

준비사격(準備射擊, Preparation Fire)
상륙돌격준비로서 돌격부대가 상륙이전에 적 표적에 대하여 실시하는 사격.

준비선상탄(準備線上彈, Ammunition of the Line)
즉각적인 사격이 가능하도록 진지 내에 준비되어 있는 탄약.

준사관(准士官, Warrant Officer; WO)

1. 참모총장의 제청으로 국방부장관이 임명하는 직위. 부사관의 위이며 장교의 아래임.
2. 원사보다 높고 소위보다는 낮은 계급으로서 부사관 및 병 이상의 직위를 충당하기 위하여 마련된 고도로 숙련된 기술자.

준칙(準則, Fundamental Considerations, Standing Instructions)
포괄적인 개념을 가지는 군사작전원칙을 특정작전의 형태에 맞도록 구체화시킨 것으로 작전유형별 작전수행지침의 성격을 가짐.

중간대기구역(中間待機區域, Staging Area)

1. 상륙전 또는 공수작전시 목표지역과 출동구역 사이에 있는 일반적인 위치. 출동 후에 원정부대나 그의 일부가 재급유, 함정의 재편성, 연습, 점검, 부대의 재배치 등의 목적으로 그곳을 거쳐서 통과한다.
2. 병참선에 따라 집결하는 부대나 인원을 위해 설정된 숙영설비가 구비된 일반적 위치.

중간목표(中間目標, Intermediate Objective)
최종목표에 도달하기 전에 점령 혹은 격파 또는 확보하여야 할 목표.
(북한) [최근임무(最近任務)]

중간무능화량(中間無能化量, Median Incapacitating Dosage)
조기에 치료를 받지 않으면 비방호되고 노출된 인원의 50%를 무능화시킬 수 있는 방사선 노출량.

중간비행단계(中間飛行段階, Midcourse Phase)
탄도미사일이 연소를 종료하고 추진력과 지구중력의 영향에 의해 포물선을 그리면서 자유비행을 하는 단계. 연소된 추진단이 분리되고 전자방해장치 및 기만용 탄두가 집단형태로 탄두와 함께 비행한다. 미사일의 비행단계 중 가장 시간이 긴 단계로서 ICBM의 경우 약 20분 정도 소요되며, 사거리 300 km 이상 미사일의 경우는 공기밀도가 매우 희박한 외기권을 비행한다.

중간치사 노출률(中間致死露出率, Medium Lethal Dosage)
적기에 치료를 받지 않으면 비방호 노출인원의 50%가 사망하게 되는 노출률.

중간포(中間砲, Medium Artillery)
대포를 구경에 의해 분류 시 구경 121~160 mm까지의 포.

중거리수송기(中距離輸送機, Medium Range Transport Aircraft)
최대 유효탑재량을 적재하고 1,500~3,500 NM(2,780~6,486 km)의 행동반경을 갖는 수송기.

중거리탄도탄(中距離彈道彈, Mid Range Ballistic Missile; MRBM)
사거리가 600~1,500 NM(1,112~2,780 km)인 탄도유도탄.

중거리핵무기폐기협정(中距離核武器廢棄協定, Intermediate-Range Nuclear Forces Treaty)
1987년 12월 8일, 미 · 소간에 체결된 협정. 미국의 퍼싱 I · 퍼싱 II 등의 중거리 핵미사일과 소련의 SS-20 등의 핵미사일을 유럽에서 서로 철수하기로 합의한 협정.

중건설공병단(重建設工兵團, Heavy Construction Engineer Group)
비행장, 도로, 송유관 건설을 포함한 육로 및 공군작전에 요구되는 지상 시설물을 건설하거나 유지하는 임무를 주로 수행하는 공병부대.

중계기(中繼機, Middleman)
수상세력간의 장거리통신을 가능하게 하기 위해 배치된 항공기.

중계수송(中繼輸送, Relay Operation)
장거리 육로수송 방법 중의 하나로 수송노정 중간지점에 중계소를 운용하여 운전병 혹은 트랙터(트레일러)를 교체하여 수송의 계속성을 유지하는 것.

중고도폭격(中高度爆擊, Medium Altitude Bombing)
8,000 내지 15,000피트를 투하고도로 하는 폭격.

중공장갑(中空裝甲, Spaced Armor)
전차 장갑의 한 종류로 대전차고폭탄(HEAT)이나 또는 운동에너지탄으로부터 전차를 방어할 목적으로 장갑과 장갑사이를 유격시켜 공간이 있는 다중 장갑을 말함. 〈동〉 [유격장갑]

중기관총(中機關銃, Medium Machinegun)
통상 소총과 비슷한 구경의 탄약을 사용하기도 하고, 이보다 약간 큰 구경의 탄약을 사용하는 기관총. 발사속도는 분당 500발 이상이고 유효발사속도는 탄띠식 송탄일 경우 약 250발 정도를 유지한다.

중기관총(重機關銃, Heavy Machinegun)
부품 및 중량의 크기가 크고 구경이 12.7 mm 이상의 탄종을 사용하는 기관총. 구경의 확대로 사거리 증가와 다양한 탄종을 사용할 수 있어, 장갑차 · 전차 등의 차량에 장착하며 인마살상용 뿐만 아니라 경장갑 목표 및 대공화기로도 운용된다.

중대(中隊, Company; CO)
자체본부 및 2개 이상의 소대로 구성된 부대. 통상 대위가 지휘하며 참모가 편성되어 있지 않다. 보병 중대는 기본 전투단위 부대이다.

중대조(中隊組, Company Team)
하나 또는 그 이상의 비편제 전차소대. 기계화보병소대나 보병소대가 전차중대, 기계화보병중대 또는 보병중대에 배속되어 구성되는 중대급 제병협동 부대.

중력투하(重力投下, Gravity Bomb Release)
화물 자체의 중량을 이용하여 항공기로부터 폭탄을 투하하는 방법.

중성자입자빔무기(中性子粒子~武器, Neutral Particle Beam Weapon)
중성자입자를 고속으로 목표에 쏘아 그 에너지로 파괴하는 무기. 중성자이기 때문에 지구자장에 의해 빔이 휘지 않고, 질량만의 탄도계산으로 끝나며, 수소원자를 티타늄과 같은 것에 맞추어 전자를 박리해서 만들어 낸다.

중성자탄(中性子彈, Neutron Bomb, Enhanced Radiation Weapon)
핵융합에서 생성된 중성자가 무기 내부에서 흡수되지 않고 방출되도록 하여 중성자로 인한 투과로 살상효과를 만드는 핵무기. 중성자는 다른 방사선에 비해 투과성이 좋아 방호장비로 보호된 인원의 살상에 사용된다.

중순양함(重巡洋艦, Heavy Cruiser)
과거 해전의 주 수단을 함포에 의존하던 때에 군함을 분류하던 등급 중 하나. 전함에 다음가는 공격력과 우수한 순양성 등이 주요 특징으로, 주포는 8~11인치 급의 함포 6~12문정도, 주요 부분은 3~8인치의 장갑으로 보호되며, 속도는 30~33노트 정도이며, 배수량은 10,000톤을 넘는다. 제1차 세계대전 후 런던조약에 따르면 6.1인치(155 mm)를 넘는 주포를 갖는 함을 중순양함, 6.1 인치 이하의 포를 갖는 함을 경순양함으로 분류했다.

중심(重心, Center of Gravity)
힘과 균형의 근원으로서 한 부대의 행동의 자유나 유형전투력 또는 전투의지를 창출하는 근원이나 능력 내지 특성을 의미함. 지휘관이 작전목표를 달성하기 위해 모든 관심과 노력을 지향하는 초점이고, 가용전투력의 운용방식 결정과 방책 구상의 근간이다. 중심은 판단제대에 따라 상이하며, 상황의 변화, 시간이 경과함에 따라 계속 변화될 수 있다.

중앙데이터처리(中央~處理, Integrated Data Processing; IDP)
각종 데이터를 1개소에 집중시켜 필요한 처리를 행하는 처리방식으로 집중정보처리, 통합정보처리로도 불려짐.

중앙방공통제소(中央防空統制所, Master Control and Reporting Center; MCRC)
전구항공통제본부의 예하부서로서 배당된 방공전력에 대한 자동화된 중앙집권적 작전통제권을 행사하며, 전 구역의 공중감시, 무기운용, 항공기 관제, 항법보조 및 귀환관제 임무를 수행하는 방공관제부서.

중앙조달(中央調達, Government Procurement)
전군적(全軍的)으로 소요되는 물자 중 현지조달의 특성을 가지지 않는 공통품목을 중앙의 단일 조달기관에서 조달하는 것. 군수품 조달은 중앙조달을 원칙으로 한다.

중앙통제장교(中央統制將校, Central Control Officer)
해상 함안이동의 전반적인 조정을 위해 상륙기동부대 지휘관에 의하여 임명된 장교. 중앙통제함에 승선하여 임무를 수행한다.

중요감시지역(重要監視地域, Named Area of Interest; NAI)
적 활동을 감시함으로써 적의 특정방책 선택여부와 활동 및 기도를 판단할 수 있게 해주는 접근로상의 지역 또는 지점. 주로 도로교차점, 주요병참선, 개활지, 주요교량, 적 예상 지휘소 등이 해당된다.

중요정보(重要情報, Critical Intelligence)
지휘관의 즉각적인 주의를 필요로 하는 중대한 정보. 이 정보는 잠재적 또는 실제의 적의 행동에 대하여 지휘관이 적시에 적절한 결심을 하기 위해 필요로 함.
1. 어떠한 형태든 임박한 적대행위의 발생에 대한 강력한 징후(공격경보).
2. 우방국가에 대한 어떤 성격의 침략.
3. 화생방무기(표적)의 징후 또는 사용.
4. 잠재 적성국가 내에서 핵 공격계획의 변경을 초래할지 모르는 중대한 사건.

중요지역통제(重要地域統制, Key Terrain Control; KTC)
기동부대의 지원을 위하여 기동로상의 교량, 터널, 애로 등의 핵심표적과 공정부대의 강하지역에 사전 침투하여 적이 퇴각 시 파괴하는 것을 거부하며, 야전군이 사용할 수 있도록 보호하는 작전.

ㅈ

중요지형지물(重要地形地物, Key Terrain)
피아간에 공히 탈취 · 확보 · 통제하면 현저하게 이익을 제공받을 수 있는 국지 또는 지역. 현저한 이익이란 적 부대를 격멸할 수 있고 적이 아군의 의도대로 행동하도록 강요하여 새로운 상황판단을 유도함을 의미한다.
(일본) [緊要地形(긴요지형)]. 어떠한 지역을 지배하거나 점령함으로써 피아간 전술적 행동에 결정적 영향을 미칠 수 있는 지형.

중요첩보(重要諜報, Critical Information)
지휘관이 임무완수에 필수적인 결심을 하는데 반드시 알아야 할 필요가 있는 적과 아군에 관한 첩보.

중점방어 방공(重點防禦 防空, Weighted Coverage)
적의 예상 공격방향이나 방공 우선순위가 높은 부대나 시설에 대하여 방공무기를 집중배치 하는 것.

중축척지도(中縮尺地圖, Medium Scale Map)
1,600,000 : 1보다 크고 175,000 : 1보다 작은 축척의 지도로서 부대 및 보급품의 이동과 집중을 포함하는 작전계획 수립용으로 사용됨.

중포(中砲, Medium Artillery)
구경 121~160 mm까지의 곡사포 또는 평사포.

중포(重砲, Heavy Artillery)
구경 161~210 mm까지의 곡사포 또는 평사포.

중화기(重火器, Heavy Weapon)
박격포, 곡사포, 평사포, 중기관총 등 화력이 강력하고 한 사람이 인력으로 운반하기 곤란할 정도로 무거운 화기.

즉각살상자(卽刻殺傷者, Immediate Chemical Casualty)
화학공격을 받은 후 1시간 이내에 발생된 사상자를 말함.

증가장갑(增加裝甲, Applique Armor)
전차 · 보병전투차 등 장갑차량의 방어력을 높이기 위해 포탄에 맞을 가능성이 큰 부분에 덧붙이는 장갑. 제2차 세계대전에서 처음 등장하였고 이후 장갑차량이 투입된 모든 분쟁 · 전쟁에서 사용되었다. 싼 값으로도 방어력을 강화할 수 있기 때문에 구식 전차를 개량할 때 많이 사용되고 있다. 현재의 증가장갑은 빠른 교환이 가능한 모듈식으로 제작되어 전쟁터에서도 간단하게 바꿀 수 있으며 차량 자체의 장갑에 피해를 입히지 않도록 개량되고 있다.

증강(增强, Build Up)
1. 부대의 지정된 병력과 차량, 장비, 저장품, 보급품의 지시된 수준을 달성하는 과정.
2. 부대의 능력을 추가하는 임무 때문에 해당부대 고유의 편성 이외에 추가적으로 인원 및 장비를 보강하는 것.

증원(增援, Reinforce)
어떤 부대의 임무를 효과적이고 용이하게 수행할 수 있도록 부대 및 화력을 지원하는 것.

증원부대(增員部隊, Reinforcements)
아군이 선정하는 특정한 방책 또는 적의 계획에 따라 아군에 대항하여 운용될 가능성이 있는 적 부대. 책임지역 내외에 위치하면서 아직 투입되지 않았지만, 장차 임무수행에 영향을 미칠 수 있는 시기에 아군부대와 접촉하리라고 판단되는 부대들이 포함된다.
〈참〉 [투입부대]

증편(增編, Augmentation)
한 편성체의 임무 및 기능의 변화로 인하여 발생되는 인원 및 장비의 증가.

증편부대(增編部隊, Augmentation Unit)
평시에는 감소 운영하다가 전시체제로 전

환됨에 따라 편성을 확장하는 부대.

증폭핵분열무기(增幅核分裂武器, Boosted Fission Weapons)
핵분열 중심에 이중 또는 삼중 수소를 채운 것으로, 순수 핵분열 무기보다 약 2 배의 효율을 증가시키는 핵무기. 초기의 핵분열로 핵융합을 야기 할 수 있는 1억도 이상의 고온에 도달하면, 핵융합이 시작되는데, 이 때 부산물로 생성된 다량의 중성자가 주위의 핵분열 물질과 다시 더 많은 핵분열 반응을 유도하는 원리로 작동시킨다.

지구관측위성(地球觀測衛星, Earth Observation Satellite)
지구표면, 대기의 방사 및 반사광을 포착하여 지구의 상태에 관한 정보를 획득하기 위한 위성. 지구표면 전체를 관측할 수 있는 극궤도를 이용하는 경우가 많다. 육지의 관측위성으로는 Land Satellite가 대표적이며 현재는 민간으로 이관된 5호가 활약 중이다. 프랑스의 스팟트시리즈도 같은 종류의 위성이다. 해역관측용으로는 미국의 Sea Satellite, 유럽의 ERS(개발중) 등이 있다.

지구전(持久戰, Protracted War, Endurance War)
공방을 불문하고 결전을 피하고 적의 세력을 약화시킴으로써 목적을 달성하려는 의지를 가지고 시간을 끌며 행하는 작전 또는 전투.
(일본) [持久戰(지구전)]. 공 · 방에 상관없이 결전을 피해 적 전투력을 감소시킴으로써 시간적 여유를 획득하거나 전과를 누적하여 적의 의도를 포기시킴으로써 목적을 달성하고자 하는 의지를 가지고 실시하는 작전 · 전투.
(중국) 긴 시간 지속되는 전쟁. 통상 전략적 방어의 한 방편으로 상대적 열세의 정황 하에서 적을 점차 약화시키고, 자신의 힘을 길러 최후에 승리를 거두는 전략방침.

지근거리(至近距離, Point Blank Range)
적을 확실하게 사살 또는 포획할 수 있는 최적의 거리. 통상 수류탄 투척거리와 크레모아 운용을 고려한 30 m 이내 거리를 말한다.

지능포탄(知能砲彈, Sensor Fuzed Munition for Artillery; SMART) ☞ [스마트탄]

지대(地帶, Zone)
임무와 상황 또는 작전지역 특징 및 특성에 따라 인접지역과 구분되어지는 종 · 횡으로 한정된 일정한 지역. 전투지대, 삼림지대, 건물지대, 장애물지대, 살상지대 등을 편성할 수 있다.

지대공유도탄(地對空誘導彈, Surface to Air Missile; SAM)
지상에서 비행중인 목표에 대해 발사되는 미사일. 통상 유도방식에 따라 지령 유도, 호밍, 지향전파유도탄 등으로, 사거리에 따라 장·중·단거리용으로, 또한 운용고도에 따라 고·중·저고도로 분류되며, 종래의 대공포 등에 비해 명중정도, 전천후성에 있어 특히 우수한 성능을 가지고 있다.

지대내 적 소탕(地帶內適掃蕩, Clear Enemy in Zone)
우군의 임무완수 능력을 방해 할 수 있는 적 부대를 격멸, 포획 또는 철수를 강요케 함으로써 부여받은 지대 내에서 적의 조직적인 저항을 제거하는 것.

지대사격(地帶射擊, Zone Fire)
어떤 표적이 위치한 전 지역을 제압하기 위해 계획된 야포 또는 박격포의 사격.

지대지 유도탄(地對地 誘導彈, Surface to Surface Missile; SSM)
지상에서 발사하여 지상표적을 공격하기 위해 사용하는 유도탄.

지대함 유도탄(地對艦~, Surface to Ship Missile; SSM)
지상에서 발사하여 해상표적을 공격하기 위해 사용하는 유도탄.

지도거리 측정기(地圖距離 測程器, Map Measurer)
1개의 작은 바퀴와 혹은 로라의 다이얼로 구성된 기구로서, 바퀴를 도상의 한 지점으로부터 다른 한 지점까지 굴리면 구간의 거리가 다이얼에 나타나는 계기.

지도정치(地圖定置, Map Orientation)
지도를 수평으로 놓고 지도상의 남과 북을 실제 지상의 남과 북에 일치시키는 것. 즉 지도상의 표시된 방향과 실제 지형의 방향을 일치시키는 것이며, 자북선에 의한 지도정치, 도북선에 의한 지도정치, 지형지물에 의한 지도정치 방법이 있다.

지령(指令, Directive)
방침의 설정 또는 특정한 행동을 지시하는 명령으로 통상 전구사령관급 이상의 고급 사령관에 의하여 발표되는 광범위한 목표, 정책 또는 전략계획을 지칭함.

지령유도(指令誘導, Command Guidance)
지휘소에서 미사일에 송신된 정보가 직접 미사일을 유도하는 체계.

지뢰(地雷, Land Mine)
적의 병력이나 장비를 살상하거나 파괴할 목적으로 땅에 묻어 고정시킨 폭약.

지뢰구절(地雷句節, Strip Segment)
지뢰조의 방향이 전환되는 전환점으로부터 다음 전환점까지의 직선구간.

지뢰군(地雷群, Mine Cluster)
기본형 지뢰지대를 구성하는 기본단위로서 1개의 지뢰군은 반경 1.5 m의 반원 위에 최대 5발까지의 지뢰로 구성됨. 반원의 중심에 놓이는 지뢰를 주지뢰라고 하는데, 주지뢰는 대전차지뢰를 사용하고 대전차지뢰를 사용하지 않을 경우에는 파편형 대인지뢰를 사용한다.

지뢰대항책(地雷對抗策, Mine Counter Measures)
지뢰로부터 인원, 차량의 손실이나 위험을 방지 또는 감소시키기 위한 모든 방법.

지뢰방어(地雷防禦, Mine Defense)
지뢰에 의하여 위치, 지역 등을 방어하는 것. 지뢰 방어체계에는 매설, 작동, 유지 또한 매설된 지뢰지대의 방어에 필요한 인원과 장비를 포함한다.

지뢰살포탄(地雷撒布彈, Family of Scatterable Mines)
포병에 의하여 투발되는 살포식 지뢰. 포탄 내부에 다량의 지뢰가 들어있으며 시한신관을 결합하여 표적지역 상공에서 살포된다. 155 mm 곡사포에 의해서 사격되며 대인용(ADAM; Area Denial Artillery Munitions)과 대전차용(RAAMS; Remote Anti-Armor Mine)의 두 종류가 있다.

지뢰열(地雷列, Mine Line)
횡으로 일정하게 매설되는 지뢰나 지뢰군이 배열된 형태.

지뢰전(地雷戰, Mine Warfare)
지뢰의 전략적, 전술적 활용과 그에 대한 대항책. 이는 매설과 방어를 위한 가능한 모든 공격적 및 방어적인 방법을 포함한다.

지뢰조(地雷組, Mine Strip)
2개의 지뢰열이 중심선을 기준으로 형성된 일정한 형태의 지뢰배치 집단.

지뢰지대(地雷地帶, Minefield)
지뢰가 일정한 형태를 갖추거나 임의형태로 매설 또는 설치된 지역.
(일본) [地雷原(지뢰원)]
(북한) [지뢰원(地雷圓)]

지뢰지대간격(地雷地帶間隔, Minefield Gap)
지뢰를 부설하지 않음으로써 우군부대가 전술대형으로 통과할 수 있도록 특정한 폭을 갖고 있는 지뢰지대의 일부분.

지뢰지대통로(地雷地帶通路, Minefield Lane)
지뢰지대 내에 지뢰를 설치하지 않았거나, 지뢰를 제거하여 안전하게 통과할 수 있는 통로. 적 지뢰지대를 통과할 통로는 돌파방법 및 소요목적에 따라 그 폭이 결정된다.

지뢰지대통로개척장비(地雷地帶通路開拓裝備, Minefield Clearing Line Charge; MICLIC)
지뢰지대의 통로를 개척하는 장비로 트레일러, 발사대, 선형장약, 로켓모터로 구성되어 있으며, 1회 발사 시 폭 6~8 m, 길이 100 m의 통로를 개척할 수 있는 장비.

지뢰지대표지(地雷地帶標識, Minefield Marker)
우군의 안전을 위해 지뢰지대임을 알리기 위해 설치한 위험표지.

지뢰(기뢰)**탐색**(地雷(機雷)探索, Mine Hunting)
각개지뢰(기뢰)의 위치를 확인하고 종류를 식별하며, 제거하기 위한 모든 방책을 포함함.

지뢰탐침(地雷探針, Mine Probe)
일정한 간격으로 지표면을 찔러 지뢰를 탐지할 수 있도록 제작된 끝이 뾰족한 도구.

지리적 참조점(地理的參照點, Geographic Reference Points)
예하부대에게 참고가 되도록 위치를 지시하기 위해 지표상의 식별이 용이한 지형지물을 선정하여 복합문자 또는 부호로 표시한 것으로 작전명령이나 기타 방법으로 설정됨.

지리정보(地理情報, Geographic Intelligence)
한 국가의 지리적 능력과 지리상의 취약성 및 가능한 행동방책에 관한 모든 지식. 국력 구성요소로서 본 어느 한 국가의 지정학적 국가위치, 면적, 형태, 종심, 경계, 지형, 배수, 기후 및 기상, 자원, 해양, 연안, 도서 등의 제 사항에 있어서 그 지리적 약점과 취약성을 알아서 그에 대응하는 가능한 행동방책이 무엇인가에 대한 지식.

지리정보시스템(地理情報~, Geographic Information System; GIS)
지리적 위치를 갖고 있는 대상에 대한 위치적 자료와 속성적 자료를 통합 관리하여 지도, 도표 및 그림들과 같은 여러 형태의 정보를 제공하는 시스템. GIS의 구성요소는 하드웨어, 소프트웨어, 기술 인력 및 데이터베이스 등 4가지 구성요소가 충분한 기능을 발휘해야 한다. 정보시스템을 동반한 컴퓨터지도라고 표현할 수 있다.

지리좌표(地理座標, Universal Transverse Mercator) ☞ [유티엠좌표]

지리참조좌표(地理參照座標, Geographic Reference; GEOREF)
지상작전에 주로 사용되는 지도(지리좌표나 군사좌표)를 기초로 방공부대에서 고속항공기의 위치표정이 용이하도록 개량한 좌표로서, 연합 및 합동작전에서 주로 방공 작전에 공통으로 사용하며 방공포병부대는 평면위치 지시기, 작전상황판 및 조기경보 표정판에 지리참조 격자를 표시하여 사용함.

지면편성(地面編成, Organization of Ground)
특정지형(국지)에 점령부대를 위치시킴으로써 지형의 자연방어능력을 보강하고 방어진지를 발전시키는 것.

지명사(指命射, At My Command)
정확한 발사시간의 조정을 원할 때 사용되는 명령.

지상 감시레이더(地上監視~, Radar Surveillance Intercept Terrain; RASIT)
전파를 발사하여 물체에 부딪쳐 되돌아오는 도플러 효과를 이용, 표적이 화면에 점으로 표시되고 물체의 특성을 음향으로 구분(시속 3.5 km 이상시 식별가능)하는 전천후 지상 이동물체 감시레이더.

지상관제 접근장치(地上管制接近裝置, Ground Controlled Approach; GCA)
기지내 활주로 근처에 설치되어 기지에 접근하는 항공기 착륙지점을 유도하는 데 사용되는 전천후 착륙유도장치.

지상관측반(地上觀測班, Ground Observer Team)
시각이나 청각으로 방어지역 상공의 항공기 이동에 관한 첩보를 제공하는 적은 단위 팀 또는 파견대.

지상군전법(地上軍戰法, Ground Forces Warfighting Method)
육군이 현재 및 장차전에서 가용한 수단과 방법을 효과적으로 배비하고 운용하여 어떻게 싸워 승리할 것인가를 체계화시킨 전투수행 방법으로서 군사전략, 작전술, 전술 등 용병술 체계를 포함하는 포괄적인 의미로서 개략적인 전투수행의 방향과 모델을 제시한 것.

지상 방공무기체계(地上防空武器體系, Ground Air Defense Weapon System)
적의 공격형태 및 전술에 따라 단일 지상 방공무기로서는 효과적인 방공작전수행이 불가능하므로 각종 지상 방공무기를 복합 적용하는 체계.

지상 비상대기(地上非常待機, Ground Alert)
지상에 있는 항공기를 완전히 정비하고 무장하여 임무명령을 수령한 특정한 시간 이내에 이륙할 수 있도록 전투승무원이 준비태세를 갖추고 있는 상태.

지상 사격제한공역(地上射擊制限空域, Restrictive Fire Airspace; RFA)
전투지대에서 아군 항공기가 특정임무 수행 시 항공기의 안전을 위해 지상사격을 일시 제한하는 공역.

지상선율(地上線率, Ground Dose Rate)
지상 1미터 높이에서 방사능 측정기로 측정한 방호되지 않는 선율을 말함.

지상 연락반(地上連絡班, Ground Liaison)
육군사령부의 통제 하에 있는 육군과 공군간의 연락을 책임지는 다수의 육군 장교 및 차량으로 구성된 육군 단위부대.

지상 연락장교(地上連絡將校, Ground Liaison Officer; GLO)
항공지원 활동에 있어서 특별히 훈련된 장교. 훈련과 전투작전에 참가하는 공군 및 해군부대에 대하여 연락을 취하며 통상 육군 지휘관의 통제 하에 있는 연락반에 편성됨.

지상 요격관제(地上邀擊管制, Ground Control Interception; GCI)
지상레이더를 이용하여 아군기를 관제하거나 또는 효과적인 요격을 목적으로 항공기나 유도무기를 통제하는 기술.

지상원점(地上原點, Ground Zero; GZ)
핵무기의 실제 또는 계획상의 폭발 중심점 또는 수직으로 상하에 있는 지상이나 해상의 점.

지상 유도장비(地上誘導裝備, Guidance Station Equipment)
비행중인 유도탄의 유도를 위해 필요한 유

도탄 유도체제 중에서 지상에 있는 부분. 이것은 추적용 레이더, 비율측정기, 제원연결장치, 계산기, 시험 및 정비용 장비로 구분되어 있다.

지상 이동감청반(地上移動監聽班, Ground Mobile Intercept Team; GMIT)
지상부대에 의하여 운영되는 통신첩보 수집 및 방향 탐지 팀. 고정반과 기동반으로 구분되며 고정반은 감시기지에 배치되어 첩보를 수집하며, 기동반은 전술전화(R/T), 다중통신(M/C), 무선전신(M/M)에 대한 수집과 방향탐지를 동시에 실시한다.

지상 전술계획(地上戰術計劃, Ground Tactical Plan)
공정 또는 공중기동작전 시 공정부대 또는 공중기동부대가 착륙 후 실시할 지상에서의 작전계획.

지상전장운영개념(地上戰場運營概念, Ground Battlefield Operation Concept)
적과 싸워 승리하기 위하여 지상전장의 제 요소를 통합 운영하여 전투력 발휘를 극대화하는 개념. 넓은 의미에서 '어떻게 싸울 것인가?'를 설계하는 일종의 생각과 관념이며, 군사력 운용 및 군사력 건설방향을 제시하는 역할을 한다.

지상준비태세(地上準備態勢, Ground Readiness)
명령 수령 후 특정시간 내에 이륙할 수 있도록 항공기를 완전히 준비하여 무장하며 인원이 대기하는 상태.

지세(地勢, Landforms)
육지표면의 평야 · 고원 · 구릉 · 산지 등과 같은 물리적 형태를 일컫는 말.

지속능력(持續能力, Sustainability) ☞ [작전지속능력]

지속성작용제(持續性作用劑, Persistent Agent)
투발 후 오염지역에서 장시간 동안 효과가 지속되는 작용제. 일부 신경작용제(VX)와 대부분의 수포작용제가 이 범주에 속한다.

지속소해(持續掃海, Attrition Sweeping)
계속적인 기뢰공격을 받아 완전소해는 불가능하나 항만을 폐쇄한 상태로 둘 수 없을 때 계속 소해함으로써 가능한 한 기뢰로부터의 위험을 감소시키고자 하는 지속적인 소해작전.

지속파 전파방해(持續波電波妨害, Continuous Wave Jamming; CWJAMMING)
레이더 수신기의 신호 대 잡음비를 변화시키기 위해 일정한 진폭주파수 및 변조되지 않은 전파방해신호를 송신하여 전파를 방해하는 것.

지시(指示, Indication)
방침의 설정, 준비된 계획의 발효 및 특정한 행동 등을 구체적으로 하달하는 명령으로 적극적 행동이 요구되며, 광의로는 활동, 행동 또는 절차의 개시나 통제를 하는 모든 통신을 포함한다.

지시각서(指示覺書, Directive Memorandum)
장군급 지휘관이 하급 지휘관에게 각성과 이행을 촉구하거나 강조하는 문서로서 연도별 일련번호를 사용함.

지역목표(地域目標, Area Target)
비행장, 군수시설, 대부대 집결지 등 상당한 면적을 포함하는 목표.

지역방공(地域防空, Area Air Defense)
넓은 대부대 작전지역을 대공방어하기 위해 수행되는 방공형태로서, 주로 방공임무

ㅈ

항공기가 수행하며 중·고고도 대공유도탄을 지역방공에 운용할 수 있음.

지역방어(地域防禦, Area Defense)
명시된 기간 동안 특정진지 혹은 지역을 확보 또는 통제하는 방어형태로서 다음과 같은 특징을 가짐.
1. 지형확보.
2. 전방지역에 전투력할당의 우선권 부여.
3. 최소한의 예비대.
4. 지형을 재획득하고 전방방어지역을 획득하기 위해 역습.

지역사격(地域射擊, Area Fire)
사전에 지정된 지역에 대하여 대량으로 실시하는 사격으로서 일반적으로 제압사격과 같음.

지역수색(地域搜索, Area Reconnaissance)
특정지역 내에서 지형이나 적의 활동에 관한 상세한 정보를 획득하기 위해 실시하는 직접적인 행동.

지역역습(地域逆襲, Area Counter Attack)
방어작전 간 적이 아군의 지역 일부를 확보한 후 진지강화 및 재편성중일 때, 또는 적이 아군지역을 공격 중 취약점이 노출되었을 때 돌파된 지역을 회복하여 지역 내의 적 부대를 격멸하기 위해 실시하는 역습.

지역예비군(地域豫備軍, The Local Reserve Forces)
예비군편성 대상자로서 직장예비군 또는 동원예비군이 아닌 자로 편성한 개인 또는 집단을 말하며 행정구역단위로 편성함을 원칙으로 함.

지역오염(地域汚染, Area of Contamination)
지역이나 시설사용을 제한 또는 거부하기 위해 화생방작용제를 넓은 지역에 살포 하여 지속시키는 것.

지역조달품(地域調達品, Local Procuring Item)
장기저장이 불가한 식품류 등을 지역사령관 책임 하에 농·수협을 통하여 계획 생산, 조달하는 품목. 통상 급양대 계통으로 분배된다.

지역지원통신소(地域支援通信所, Node)
전술통신체계의 통신망 구조인 격자형 통신망에서 기본 틀을 구성하는 핵심 통신소. 군단 내의 장거리 다중화간선을 연결하여 기간망을 구성하고, 지역 내에서 운용되는 부대통신소의 접속을 지원하며, 각 지역지원통신소는 다른 지역지원통신소들과 4개 방향으로 다중화간선을 연결하여 운용한다.

지역철수(地域撤收, Area Evacuation)
해군의 통제 하에 상선이 위험지역에서 안전지역으로 이동하는 것.

지역피해통제(地域被害統制, Area Damage Control)
적의 공격 또는 자연 및 인위적 재난으로부터 피해를 예방하거나 감소시키기 위해 피해가 발생 중이나 발생 전후에 실시되는 모든 행위. 지역피해 통제작전의 목적은 피해를 감소시키고 인원 및 장비를 구출하는 데 있기 때문에 모든 제대의 자체 편제장비를 사용, 우발사태에 대비한 계획을 수립하고 훈련되어야 한다.

지연(遲延, Delay)
부대가 행동의 자유를 잃지 않고 또는 적의 기습적인 침투나 우회를 허용하지 않고 공간을 양보하면서 시간을 획득하기 위해 부여되는 임무. 지연부대는 임무수행을 위해 공격, 방어, 매복, 습격 또는 기타 전술을 사용한다.

지연신관(遲延信管, Delay Fuse)
신관이 작용한 후 사전에 지정한 시간이 경

과하여 탄약이 폭발하도록 만든 신관. 탄두가 목표에 충돌 후 약 0.05~0.25초 사이에 폭발하도록 뇌관과 기폭관 사이에 지연제가 들어 있음. 지연신관은 탄두가 지면이나 표적을 충분히 침투한 후 폭발하게 하거나 또는 인원 공격 시 도비(跳飛)효과를 위하여 사용된다.
(북한) [연기신관(延期信管)]

지연작전(遲延作戰, Retrograde Operations, Delaying Action)
차후작전의 유리한 여건을 조성하기 위해 공간을 이용하여 적의 공격을 지연시키거나, 적으로부터 조직적으로 이탈하여 후방으로 이동하는 작전. 지연작전은 전투력 보존, 시간획득, 적 전투력 약화, 적 부대 유인, 타 지역으로 부대전용을 목적으로 실시한다. 지연작전의 형태에는 지연전, 철수, 철퇴가 있다.

지연전(遲延戰, Delaying Action)
적과 결정적인 교전 없이 적에게 최대한의 전투력 소모를 강요하면서 적의 공격을 지연시킴으로써 최소의 공간을 허용하면서 최대의 시간을 획득하여 차후작전에 유리한 여건을 조성하는 지연작전의 형태. 지연전 수행방법은 축차방법과 교대방법, 그리고 혼용방법이 있다.

지연진지(遲延陣地, Delaying Position)
결정적으로 교전을 하지 않고 적의 전진을 지연시키기 위해 점령하는 진지.

지연화학사상자(遲延化學死傷者, Delayed Chemical Casualties)
화학공격을 받은 후 1시간이상 경과 후 발생되는 사상자. 주로 신경작용제 오염 시 발생한다.

지오피(~, General Out-Post; GOP) ☞ [일반전초]

지원(支援, Support)
1. 타 부대를 지원, 방어, 보충 또는 유지하는 활동.
2. 전투 시 단위부대가 타 단위부대를 원조하는 것. 항공, 야포 또는 함포사격이 보병 지원을 위해 사용될 수 있다.
3. 어떤 단위부대의 일부가 예비대로 후방을 담당하는 것.

지원병(志願兵, Voluntary Soldier)
스스로 입대를 원한 병사.

지원병제도(志願兵制度, Volunteer System)
국가가 필요로 하는 병력의 충원이 국가와 개인의 계약에 의하여 이루어지는 제도로서 직업군인제와 모병제가 있음. 지원병제도는 일반적으로 적의 위협이 상대적으로 낮은 국가에서 채택한다.

지원사격(支援射擊, Supporting Fire)
전투중인 부대를 지원 또는 보호하기 위해 지원부대가 실시하는 사격.

지원작전(支援作戰, Support Operations)
1. 작전술 차원에서 군사력 운용에 수반되는 군수, 인사, 통신, 수송, 후방지역 경계 등 모든 지원을 망라하여 작전에 통합될 수 있도록 작전운용 차원에서 계획 및 수행되는 것. 전술차원의 전투근무지원과 같은 단순한 지원활동과는 구분된다.
2. 상륙지원작전은 목표지역 고립, 공중 및 해상 우세권 획득, 특정목표의 파괴, 교란 및 심리전, 첩보수첩, 원거리 적 부대 및 시설의 파괴와 제압을 목적으로 수행되며, 상륙부대에 할당되지 않는 부대로 상륙기동사령관(CATF)의 요청과 상급부대의 명에 의거 실시한다.

지원포병(支援砲兵, Supporting Artillery)
특정부대(통상 보병)의 지원을 위한 사격임무를 수행하나 차상급 포병지휘관의 지휘

하에 남아 있는 포병.

지원함(支援艦, Support Ship)
공격함이나 보조함으로 지정되지 않고 지원임무를 부여받은 함정.

지원항모전대(支援航母戰隊, Support Carrier Group)
상륙기동부대에 공중지원을 제공하는 항공기와 지원함정을 포함하여 편성된 항공모함 기동편성.

지원화기 협조본부(支援火器協調本部, Supporting Arms Coordination Center; SACC)
상륙작전 시 야포, 항공 및 함포의 화력지원 및 협조를 위한 기관으로서 모든 통신시설이 가능한 상륙작전 기함(旗艦) 상에 위치함. 상륙군이 운용하는 화력지원협조본부(FSCC)에 해당되는 해군기관이다.

지점간 통신(地點間通信, Point to Point Communication)
원거리에 떨어진 지점과 지점간의 통신. 사용목적에 따라 국가지도통신, 군사지휘통신, 합동통신, 연합통신, 지휘통제통신, 작전통신 등으로 구분된다. 통신체계는 양개 단말과 단말을 중계해 주는 중계국이 유기적으로 결합되어 하나의 통일된 통신체계가 구성되는데 지점간 통신은 양개 단말을 제외한 중계부서간의 통신을 말하고 양개 단말은 기지통신의 범주에 속한다.

지침(指針, Guidance)
어떤 특수한 계획이나 연구해야 할 방향으로서, 상급제대에 의하여 공포될 때 명령의 효력을 발휘하는 정책, 지시, 결정 또는 훈령을 말함.

지표(地標, Land Mark)
좌표로 지상에서 정확하게 결정할 수 있는 자연적 또는 인공적 식별물로서 지도상에 나타난 표지.

지표형상(地表形象, Surface Configuration)
군사활동에 영향을 주는 지표상태. 지세 · 기복 · 경사 등이 있다.

지 · 해 합동작전(地海合同作戰, Ground Sea Joint Operation)
지상군과 해군이 합동으로 가용한 수단과 방법을 사용하여 적을 저지, 격멸하는 작전.

지향성 에너지무기(指向性~武器, Directed Energy Weapon; DEW)
에너지를 레이저나 입자 또는 X선의 형태로 목표에 지향하여 파괴하는 병기의 총칭. 광속 또는 그에 가까운(95% 정도)속도로 직진하는 특징이 있다. 그러나 대기권에서 사용하는 경우 대(對)에너지에 의해 대기가 프라스마화 되거나 진로가 삐뚤어지는 문제가 있기 때문에 대기권에서 보다는 우주공간에서의 사용이 적합하다.

지형격실(地形隔室, Compartment of Terrain)
다른 지역에서 지역 내를 바라보았을 때 관측과 사격을 제한하는 수림, 능선 등과 같은 지형지물에 의하여 적어도 2개 이상의 측면과 지형지물간 경계를 가진 지형의 모양. 횡격실과 종격실로 나누어진다.

지형대조유도(地形對照誘導, Terrain Counter Matching; TERCOM)
컴퓨터에 표적까지의 지정코스를 디지털 지도로 기억시켜 미사일이 비행하면서 측정한 지형정보와 대조하면서 미사일의 비행을 지정코스사일의 수정 유도하는 방법. 순항미사일의 중간코스사유도의 사용된다.

지형분석(地形分析, Terrain Analysis)
1. 천연 및 인공지물의 특징이 군사작전에 미치는 영향을 판단하기 위해 지형을 해석하는 과정.

2. 군사작전에 미칠 천연 및 인공지물의 효과를 판단하기 위해 지역에 대한 지리적인 해석을 하는 과정. 이 가운데에는 기상과 기후가 이와 같은 특징에 미치는 영향을 포함한다.

지형비행(地形飛行, Contour Flying)
비행경로를 그 지역의 지형선과 일치시켜 저공으로 비행하는 것. 항공기의 이륙지점이나 비행경로가 관측 또는 탐지되지 않게 하기 위해 사용된다.
〈동〉 [지형추적비행]

지형의 군사적 관점(地形~ 軍事的 觀點, Military Aspects of Terrain)
관측과 사계, 은폐와 엄폐, 장애물, 중요 지형지물 및 접근로를 포함하는 전술적인 관점.

지형정보(地形情報, Terrain Intelligence)
어떤 지역에 대한 지형의 천연적 및 인공적 특징이 군사적 관점에서 평가 처리된 정보.

지형차폐(地形遮蔽, Terrain Masking)
지형특성의 영향으로 레이더의 그림자 현상이 생겨 표적탐지에 장애를 받게 하는 것.

지형추적 레이더(地形追跡~, Terrain Following Radar)
저고도로 비행하는 항공기에 수동으로 조종할 수 있도록 전방 지형을 전시해 주거나 지형 위의 일정고도를 자동적으로 비행할 수 있는 신호를 제공해 주는 항공탑재 레이더.

지형추적비행(地形追跡飛行, Terrain Following Fly) ☞ [지형비행]

지형평가(地形評價, Terrain Evaluation)
피아방책에 미치는 지형의 영향을 판단하기 위해 예상 작전지역의 지형을 평가 및 해석하는 것. 지형평가를 위한 5가지 요소(지형평가 5대 요소)는 관측 및 사계(Observation and Fields of Fire), 은폐 및 엄폐(Cover and Concealment), 장애물(Obstacles), 중요 지형지물(Key Terrain), 접근로(Avenue of Approach) 등 이다.

지형회피침투(地形回避浸透, Terrain Evasion Infiltration)
항공기가 목표까지 레이더에 탐지되지 않고 은밀히 침투하기 위해 계곡과 레이더의 사각지대를 이용하여 침투하는 방법.

지휘(指揮, Command)
지휘관이 부여된 임무를 수행하기 위해 계급 또는 직책을 통해서 예하부대에 합법적으로 행사하는 일체의 권한행사. 지휘 시에는 이에 따른 책임이 수반되며 가용한 자원의 효과적인 사용과 할당된 인원에 대한 건강, 복지, 사기 및 훈련에 대한 책임도 포함된다.
(중국) 협의의 지휘는 총참모부 계통에 의해서 시행되는 작전·훈련·용병 등에 관한 사항이고, 광의로는 총정치부 계통도 참여하여 작전을 수행하는 영도기관이다. 작전 수행 시 부대의 사령원(지휘관)과 정치위원의 비중은 근본적으로 같다. 또 '지휘' 대신에 '영도(領導)'라는 용어를 주로 사용하며, 지휘부는 집단지도체제이다.
(러시아) 군대의 건설, 군대의 침략 격퇴 준비, 전투준비태세 및 동원태세의 유지, 군사행동의 준비와 실시 중 군대의 지도 등을 관장하는 지휘관, 참모, 기타 기관들의 목표 지향적 활동.

지휘각서(指揮覺書, Command Memorandum)
사단급 이상 부대장이 예하부대장에게 지시 또는 강조하는 사항을 수록한 문서.

지휘계통(指揮系統, Chain of Command)
최상급 지휘관으로부터 말단 지휘관까지 지휘가 집행되는 지휘 상의 계열을 말함.

지휘관(指揮官, Commander)
중대 또는 포대급 이상 지휘권을 가지고 군

ㅈ

대를 지휘 통솔하는 관직 또는 그 사람에 대한 일반적인 칭호로서, 지휘관은 자기 부대의 성패에 모든 책임이 부여되어 있음.

지휘관계(指揮關係, Command Relationship)
부여된 임무달성을 위해 부대를 지휘 통솔하는 권한의 정도를 합법적으로 규정한 것을 말하며, 지휘관은 지휘관계에 의해 설정된 범위 내에서 예하부대에 권한을 행사 할 수 있음. 지휘관계에는 예속, 배속, 작전통제, 작전지휘, 전술통제, 지원 등이 있다.

지휘관 및 참모 활동 순서(指揮官~參謀活動順序)
결심을 수립하고 실시함에 있어서 지휘관 및 참모들이 취해 가는 일련의 행동 또는 단계.

지휘관의 개념(指揮官~概念, Commander's Concept)
부여된 임무를 수행하기 위해 지휘관이 부대를 운용고자 하는 개념을 구두나 서면으로 진술하는 것.

지휘관의도(指揮官意圖, Commander's Intent)
부여된 임무를 완수하기 위해 지휘관이 부대를 운용하고자 하는 방법을 명확하고 간결하게 진술한 것. 지휘관 의도에는 일반적으로 작전목적, 결정적 전투, 부대 운용지침, 최종상태가 포함된다.

지휘관 중요첩보요구(指揮官重要諜報要求, Commander's Critical Information Requirements; CCIR)
지휘관이 결심 수립 시 위험을 식별하고 검증하며 이해하는 데 요구되는 중요한 첩보.

지휘관판단(指揮官判斷, Commander's Estimate)
"어떻게 하면 임무를 가장 성공적으로 수행할 수 있겠는가"하는 지휘관의 생각. 고려되는 부대, 전술방책에 영향을 주게 될 요소, 방책 분석결과 등이 포함된다.

지휘구조(指揮構造, Command Structure)
지휘관이 부여된 임무를 수행하기 위하여 예하부대에 합법적으로 권한을 행사하기 위한 상하제대의 구조.

지휘권(指揮權, Command Authority)
지휘관이 계급과 직책에 의해서 예하부대에 대하여 합법적으로 행사하는 권한. 지휘는 가용자원의 효율적인 사용과 부여된 임무를 완수하기 위해 군대의 운용, 편성, 지시, 협조 및 통제에 대한 권한과 책임이 따르며 부하 개개인의 건강, 복지, 사기 및 군기에 대한 책임도 포함된다.

지휘망(指揮網, Command Net)
지휘통제의 목적을 위해 지휘제대를 그 예하제대의 일부 또는 전체와 연결하는 통신망.

지휘 및 통제(指揮~統制, Command and Control)
부여된 임무를 완수하기 위해 부대의 작전을 계획하고, 지시, 조정 및 통제하는 것으로서 인원, 시설, 장비, 통신 및 절차 등을 통해 수행되는 연속된 과정.

지휘소(指揮所, Command Post)
지휘관 및 참모가 작전을 계획하고 조정 및 통제하는데 필요한 지휘통제시설. 주지휘소, 전술지휘소, 후방지휘소, 예비지휘소 등으로 구분됨.

1. 주지휘소(Main Command Post) : 작전의 계획 및 준비와 부대의 지휘, 통제 및 통신 기능의 유지 그리고 정보 및 첩보의 수집, 통합업무를 수행하는 부대의 주본부.
2. 후방지휘소(Rear Command Post) : 전술부대의 부대유지에 관계되는 업무를 수행하는 지휘소로서 전투 및 전투지원 작전과 직접적으로 관련이 없는 전투근무

지원 활동을 지휘, 통제 및 협조시키기 위한 시설이며 여기에는 전투근무지원 운용본부가 설치되어 운용됨.

3. 예비지휘소(Reserve Command Post) : 주 지휘소의 기능이 상실되거나 이동간의 작전의 지휘 및 통제기능을 수행하기 위해 설치되는 지휘시설.

지휘소연습(指揮所演習, Command Post Exercise; CPX)

각급제대의 지휘관 및 참모와 통신요원 등을 훈련시키기 위한 연습으로 가상상황 하에서 통신을 유지하면서 지휘소이동 및 운용, 지휘 및 참모 절차연습, 각종 상황 하에서 지휘 및 통제능력을 배양하기 위한 연습.

지휘소이동연습(指揮所移動演習, Command Post Movement Exercise; CPMX)

각급제대의 지휘관 및 참모와 통신요원 등을 훈련시키기 위해 지휘소 이동 및 운용, 참모절차, 작전예규 적용 등 각종 상황 하에서 지휘 및 통제능력을 배양하기 위해 실시하는 연습/훈련방법.

지휘연락(指揮連絡, Command Liaison)

지휘관 사이에 유지되는 밀접한 접촉으로서 효과적으로 상호 협조하기 위해 필요 한 첩보를 교환하기 위한 연락.

지휘조 야외기동연습(指揮租野外機動演習, Command Field Exercise; CFX)

감소된 병력 및 장비(통상 1/3규모)와 완편된 지휘 · 통제요소, 전투근무지원부대가 건제를 유지하여 실시하는 축소형 야외기동연습 또는 훈련방법.

지휘조치(指揮措置, Command Complementary)

지휘관이 지휘권을 가지고 적절한 영향력을 행사하여 부하 또는 예하부대를 합리적으로 이끌어 나가기 위해 취하는 제반 행위.

지휘책임(指揮責任, Command Responsibility)

지휘관이 부여된 지휘권을 합법적으로 최선을 다하여 행사해야 할 책임.

지휘축선(指揮軸線, Command Axis)

한 사령부(지휘부)가 그에 연해서 이동해 가는 선(도로).

지휘통솔(指揮統率, Leadership)

지휘관(자)이 자기에게 부여된 권한과 책임을 바탕으로 부대발전 및 조직의 목표를 효과적으로 달성하기 위하여 구성원에게 목적 및 방향제시, 동기부여를 통한 영향력을 행사하여 구성원의 모든 노력을 부대목표에 집중시키는 활동 및 과정.

(일본) [統御(통어)]. 부대 및 부대원이 상하 일심동체가 되어 그 임무에 충실하며 적극적으로 임무를 수행하여, 그 능력을 최상으로 발휘할 수 있도록 지휘관이 감화를 부여하는 것.

지휘통일(指揮統一, Unity of Command)

각종 부대의 전 전투력을 결정적인 방면에서 투입하는 데 필요한 역량의 통일을 이루는 것.

지휘통제공격(指揮統制攻擊, C2 Attack)

지휘통제공격은 적의 지휘통제체제를 파괴하는 것으로 적의 지휘통제체제의 모든 구성요소에 대해 취하는 제반 물리적 행동이 포함됨.

지휘통제기구훈련(指揮統制機構訓鍊)

부대가 부여된 임무달성을 위하여 부대의 전반적인 활동에 대한 계획 및 시행, 지시, 협조 및 통제능력을 배양하기 위해 지휘관 및 참모들의 부대지휘절차를 숙달하는데 중점을 두고 실시함.

지휘통제 및 통신대책(指揮統制~通信對策, Command Control & Communication Countermeasures; C3CM)

1. 아군의 지휘 · 통제 및 통신체계를 보호

하면서 적의 첩보획득을 거부하고, 적의 지휘·통제 및 통신능력을 저하 또는 파괴시켜 적의 전투능력을 최소화하고 아군의 전투능력을 극대화하기 위하여 정보의 지원 하에 이루어지는 작전보안, 군사기만, 전자전 및 물리적 파괴(기동, 화력) 등 통합된 제 활동을 의미함.

2. 지휘통제전(C2W)으로 개념이 발전되었음.

지휘·통제 및 통신체계(指揮·統制~通信體系, Command, Control and Communication System; C3)

지휘관이 부대를 계획, 지시, 조정 및 통제하기 위해 지휘통제체계와 통신체계 중 지휘통제 통신체계에 포함되지 않은 비지휘통제용 통신체계를 합한 체계.

지휘통제본부(指揮統制本部, Command Control Center; CCC)

주지휘소 내에 설치되는 통합되고 단일화된 지휘통제기구.

지휘통제전(指揮統制戰, Command and Control Warfare; C2W)

적의 지휘통제 능력을 약화 또는 파괴시키고 첩보획득을 거부하는 반면, 적의 이러한 군사행동으로부터 아군의 지휘통제체계를 보호하기 위하여 물리적 파괴, 전자전, 군사기만, 작전보안 및 심리전을 통합사용하는 활동. 치명 및 비치명 수단을 시기적절하고 균형성 있게 그리고 상호보완적으로 통합 운용함으로써 전투력 승수효과를 발휘할 수 있다. 지휘통제전은 민사 및 공보 분야에 대한 조정 및 협조를 추가적으로 포함하여 정보작전으로 발전된다.

지휘통제지원체계(指揮統制支援體系, C2 Support System)

지휘관이 임무달성을 위해 예하부대를 지휘통제하기 위한 각종 수단들로서 참모조직, 정찰, 감시, 정보, 화력지원 협조, 공중통제, 전자전, 지휘통신체계(C4I System) 등을 포함함.

지휘통제체계(指揮統制體系, Command and Control System)

지휘관이 주어진 임무를 완수하기 위해 예하부대를 계획, 지시, 조정 및 통제하기 위한 시설, 장비, 통신절차 및 인원을 총괄한 개념.

지휘통제·통신 및 정보체계(指揮統制·通信~情報體系, Command, Control, Communication and Intelligence System; C3I)

부대를 계획, 지시, 조정 및 통제하고 각급 부대에 필요한 정보를 제공하기 위해 지휘통제 및 통신체계와 정보체계 중 지휘통제 및 통신체계에 포함되어 있지 않은 정보의 수집, 관리 및 거부체계를 합한 체계.

지휘통제·통신 및 컴퓨터체계(指揮統制·通信~體系, Command, Control, Communication, and Computer System; C4)

지휘통제뿐만 아니라 정보, 인사, 군수, 통신지원을 위해 각종 필요한 정보나 첩보를 컴퓨터로 처리, 종합, 분석, 평가 및 해석하여 꼭 필요한 자료만을 선별하여 필요한 부서에 자동으로 전파하거나 저장하고, 이러한 임무수행을 위해 각종 컴퓨터를 설치한 시설이나 하드웨어, 소프트웨어, 인원을 포함한 전반적인 체계.

지휘통제·통신·컴퓨터 및 정보체계(指揮統制·通信~情報體系, Command, Control, Communication, Computer, and Intelligence System; C4I)

지휘관이 주어진 임무를 완수하기 위해 부대를 계획, 지시, 조정 및 통제하고, 각급 부대에 필요한 정보를 효율적으로 제공하기 위한 지휘통제, 통신체계 및 군사정보체계가 통합된 체계.

지휘통제 · 통신 · 컴퓨터 · 정보 및 감시정찰(指揮統制通信~情報~監視偵察, Command, Control, Communications, Computers, Intelligence, Surveillance and Reconnaissance; C4ISR)
C4I체계와 정찰 및 감시체계를 연동한 복합체계로 탐지수단에 의해 획득된 정보를 전달 · 처리하기 위한 자동화된 네트워크 및 정보의 활용을 위한 응용체계 등으로 구성됨.

지휘통제품목(指揮統制品目, Command Control Item)
규제품목 또는 통제품목을 망라하고 각급 지휘관이 필요에 의거 품목을 추가하여 특별할당을 요하는 품목으로서 지휘통제품에 관한 리스트 및 청구절차를 하달하는 품목.

지휘폭(指揮幅, Span of Command)
한 지휘관 또는 감독자에 예속되어 있는 기구의 수 혹은 부하의 수.

직거래부대(直去來部隊, Throughput Transaction Customer)
정상적인 절차에 의거 보급품을 수령할 수 없는 소단위 부대, 파견부대, 격오지 부대, 타군 부대 등이 상급부대의 승인 하에 지원시설(보급대대, 정비대대, 급양대, 사단 보수대, 정비대대, 탄약대대 등)로부터 중간보급제대를 거치지 않고 지원을 받는 부대.

직구매(直購買, Direct Purchase)
무기체계의 해외도입 방법 중 외국에서 개발 생산한 무기체계를 완제품 또는 부품의 형태로 구매하는 방법으로 구매원에 따라서 대외군사판매(FMS)구매 및 상업구매로 구분됨.

직군(職群, Entry Group)
1. 성질이 유사한 직무를 한데 묶어서 군으로 만든 것.
2. 상호 밀접하게 관련성이 있는 군사특기의 집단.
3. 병종 내에서 관련성 있는 분야별로 세분하여 분류한 집단.

직납부대(直納部隊, Deliver Directly Unit)
부대규모가 지역 군수부대와 원거리에 위치한 부대로서 군수부대를 통하지 아니한 직접지원 군수부대로부터 보급품류를 인수하여 검수 및 불출업무를 수행하도록 인가된 부대.

직선경비(直線警備, Linear Patrol)
협수로 또는 항만방어를 위해 특정한 직선상을 왕복하면서 경비하는 방법.

직송(直送, Direct Delivery)
보급품을 생산지 및 창고로부터 중간과정을 거치지 않고 직접 사용부대까지 운송하는 과정으로 신속한 보급을 위하여 사용함.

직송분배(直送分配, Direct Delivery Distribution)
보급품을 생산지 및 창고로부터 중간 보급시설을 거치지 않고 가능한 한 전투지역전방에 보급품을 수송 분배하는 것으로 중간지점에서의 재 취급이나 전환수송은 금지함.

직업보도(職業輔導, Post-Military Employment Service)
전역 예정 간부에게 전역 후 생계유지를 위해 새로운 직업을 구할 수 있도록 군에서 도움을 주는 일련의 행정지원 활동.

직장예비군(職場豫備軍, Workshop Reserve Forces)
직장 자체방어를 위하여 직장을 단위로 직장 소속원 중 예비군편성 대상자와 지원자로 편성된 예비군.

직접관제(直接管制, Close Control)
통제수준이 가장 높은 통제방식으로 단순히 지시방위만을 제공하는 것에서부터 완벽한 정보를 제공하는 것까지 다양하게 운용될 수 있으며, 지시방위, 지시고도, 지시속도 등의 정보를 제공함.

직접방열(直接放列, Direct Laying)
보이는 표적에 대하여 조준기를 통하여 표적을 직접 조준하여 포를 방열하는 방법.

직접분배(直接分配, Direct Distribution)
지원부대에서 인력과 수송력을 이용하여 사용부대까지 보급품을 추진, 보급하는 방법.

직접사격(直接射擊, Direct Fire)
화기의 조작요원(사수, 부사수 등)이 표적을 직접 보고 조준하여 사격하는 방법.

직접수정사격(直接修正射擊, Direct Spotting)
목표물로부터의 평균탄착점오차(MPI)를 수정자 자신이 수정하여 사격을 실시하는 것.

직접압박(直接壓迫, Direct Pressure)
철수하는 적 부대 또는 방어진지의 재편성 기회를 거부하고 적을 완전히 격멸하기 위해 적에게 가해지는 포위기동 이외의 모든 행동.

직접압박부대(直接壓迫部隊, Direct Pressure Forces)
추격작전시 적의 교전이탈 및 방어 재편성을 방지하고 최대한의 사상자를 내기 위하여 퇴각하는 적을 압박하는 부대.

직접작전(直接作戰, Direct Action; DA)
특수작전의 한 형태로 특수작전부대가 지상작전의 유리한 여건을 조성하기 위하여 비교적 단기간에 직접적으로 실시하는 작전으로서 타격작전, 정찰감시, 특정지역 및 시설확보 등을 말함.

직접전략(直接戰略, Direct Strategy)
국가전략(전체전략, 대전략)의 능동적인 측면으로서 군사력의 사용이 우선하는 전략. 즉, 직접전략에 있어서는 군사력이 주요수단이 되며, 승리 또는 억제하는 목표는 이 군사력의 사용이나 그 유지에 의하여 달성된다.

직접절충교역(直接折衷交易, Direct Offset)
획득하고자 하는 군용물자(장 및 물자)와 직접 관련된 기술이전 및 부품수출 등에 관한 교역으로 관련 사항은 수요기관의 도입물자 무위인수 여부확인, 신용장 잔액 여부확인, 예산상의 불용액 여부확인, 계약이행 보증금 해제에 관한 사항 등임.

직접조명(直接照明, Direct Illumination)
불꽃이나 조명탄, 탐조등과 같은 조명수단을 이용하여 통상 목표지시, 관측, 적의 눈을 현혹하거나 기만하기 위해 목표물에 직접 비추는 조명.

직접지원(直接支援, Direct Support; DS)
1. 지원부대가 지휘관계의 변화 없이 지정된 피지원부대의 요청에는 최우선적으로 지원하는 전술적 임무 형태.
2. 포병부대가 특정기동부대에 대하여 즉각적으로 지속적인 근접지원 화력을 제공하도록 책임을 부여하는 전술적 임무 형태.

직접지원부대(直接支援部隊, Direct Support Unit)
1. 군수에 있어서는 중간시설을 거치지 않고 사용부대를 직접 지원하는 부대.
2. 한 단위부대가 다른 한 단위부대를 지원할 임무를 가진 부대. 직접지원부대는 피지원부대로부터 직접적으로 임무를 받아 실행하며 지원에 우선을 둔다. 직접지원부대는 통상 차상급 지휘관의 지휘하에 있다.

직접지원사격(直接支援射擊, Direct Supporting Fire)
부대 전체를 지원하기 위해 실시하는 일반 지원사격의 반대어로 부대의 일부분을 지원하기 위해 실시하는 사격.

직접지원정비(直接支援整備, Direct Support Maintenance)
전장피해평가 및 수리 개념에 입각해서 결합체, 교환, 아이론 및 동류전용 위주로 정비하며, 임무수행에 필요한 요소를 우선 복구 위주로 정비하고 현장에서 복구가 불가능할 경우 신속히 구난수집 및 후송하되, 상황이 긴박할 경우 적이 사용할 수 없도록 거부조치를 취하는 제반 활동.

직접지원포병(直接支援砲兵, Direct Support Artillery)
피지원부대가 요청하는 화력의 제공을 주된 과업으로 하는 포병.

직접피해평가(直接被害評價, Direct Damage Assesment)
항공관측, 항공사진 또는 직접관측에 의하여 실제 타격지점을 직접 조사하는 것.

직접항공요청망(直接航空要請網, Direct Air Request Net)
전술항공통제반(TACP)에서 항공지원작전본부(ASOC)로 긴급 항공요청을 하는 항공망.

직접항공지원본부(直接航空支援本部, Direct Air Support Center; DASC)
상륙작전 중 지상화력지원본부 근처에 설치되는 최초의 중요 항공통제기구로서 근접항공지원 및 돌격지원 작전의 상륙부대를 지원하기 위한 전구항공통제본부 예하의 항공통제기구.

직제(職制, Organization of Office)
국방부 및 그 소속기관, 합동참모본부, 각 군 본부 및 해병대사령부 등의 설치근거가 되는 대통령령을 말하며, 직제에는 조직의 설치목적, 임무, 지휘관과 그 보좌기구 및 참모부서의 조직과 분장업무에 관한 사항, 주요 직위에 대한 계급, 정원 등이 포함됨.

직통선(直通線, Hot Line; H/L)
교환대를 경유하지 않고 가입자와 가입자 간의 1 : 1방식의 통화를 위한 선, 또는 그 통화방식.

진고도(眞高度, True Altitude)
비표준 대기상태를 수정한 수정고도로서 이 고도는 평균해면고도 위의 실제높이.

진공탄도(眞空彈道)
탄자가 미행 중에 외부로부터 받는 힘이 공기와의 마찰이 없다고 가정하고 오로지 중력뿐이라고 가정 할 때의 탄도.

진내사격(陣內射擊, Fire Within the Position)
방어작전 간 적이 아군진지로 진입시 아군은 진지내로 엄폐하면서 노출된 적을 격멸하여 돌파를 저지하거나 역습을 지원하기 위해 아군진지 상에 실시하는 요청사격.

진북(眞北, True North)
지리적으로 북극이 위치한 지점이며 지리좌표의 경도 자오선이 모이는 점. 기호를 (☆)로 표시한다.

진북탐지기(眞北探知機, North Finding Module)
자이로의 관성운동 특성을 이용하여 지표상의 임의의 지점에서 진북기준 방위각을 측정하는 장비로서 레이더의 기준방위 및 차량의 방위각 측정, 항법보조장치 등으로 이용됨.

진수선(進水線, Launching Line)
1. 주간작전 진수선(Day Operations) : 수중폭파조의 주정이 모선으로부터 잠수사와

폭발물과 함께 진수하는 것으로 해안에 서 4,000~6,000야드 떨어진 선.

2. 야간작전 진수선(Night Operations) : 수중폭파조의 주정이 모선으로 하여금 탐지되지 않도록 충분한 거리에서 발진하도록 하는 것.

진입회랑(進入回廊, Entry Corridors)
오인에 의한 아군사격으로부터 아군의 항공기를 보호하고 안전한 진입을 목적으로 일정한 폭, 고도, 거리로 설정된 공역.

진중근무식교대(陣中勤務式交代, Change of Shift in the Military)
적의 위협이 예상되는 전술적 상황 하에서 은폐·엄폐 및 기도비닉을 유지하여 전술적으로 교대하는 방법.

진중심(陣中心, Formation Center)
함정배치의 중심으로 지정된 위치로서 통상 진축의 원점이 되는 기하학적 중심.

진지(陣地, Position)
부대에 의해서 점령된 장소 혹은 지역.
(중국) 중국 고대 전적에서 '전진(戰陳(陣))'이나 '진(陣)'은 진법을 가리키기도 하고, 포괄적으로 진지나 전장을 가리키기도 함.

진지강화(陣地强化, Consolidation of Position)
새로이 점령한 진지를 사용하기 위해서 또는 적의 가능성 있는 역습에 대비하기 위하여 점령한 진지를 새로이 편성, 보강하는 모든 활동.

진지교대(陣地交代, Relief in Place; RIP)
상급부대의 지침에 따라 단일부대가 타 부대의 전체 또는 일부와 교체하는 작전을 말하며 상급지휘관은 임무수행 책임 및 작전지역을 피교대부대로부터 교대부대로 전환시킴.

진지방어(陣地防禦, Position Defense)
결정적인 전투에 대비하여 선정한 전술적인 국지상에 대규모의 방어부대를 배치하는 방어형태.

진지변환(陣地變換, Displacement)
부대 또는 화기가 전술적 이유로 한 지점으로부터 다른 지점으로 진지를 이동하는 것.

진지보강(陣地補强, Consolidation of Position)
적의 공격에 대비하여 기존 진지의 취약요소를 제거하고 강도를 높이기 위하여 추가적으로 진지를 편성하거나 보강하는 모든 활동.

진지전(陣地戰, Position Warfare)
기동전과 상반되는 용어로서 전투를 주로 고정된 진지에서 실시하는 전투. 진지전은 방어 위주의 작전으로 적으로 하여금 전략지역 내에 침입하지 못하게 하고 구축된 진지에 대하여 공격하도록 함으로써 적 전투력을 와해 또는 소모시키는 전투.

진지편성(陣地編成, Occupation of Position)
방어에 있어서 전술적인 면을 고려하여 부대가 점령할 특정지역을 부여하고, 그 지역의 천연적인 방어력을 더욱 보강하여 방어력을 강화하는 것.

진형(陣形, Formation)
1. 특정목적을 위한 부대 혹은 차량의 질서 있는 배열.
2. 함께 행동하는 2척 이상의 함정. 부대 또는 항공기의 질서 있는 배열.

질식작용제(窒息作用濟, Choking Agent)
보호되지 않은 사람의 기관, 코, 인후, 특히 폐에 손상을 주는 화학작용제로서 심한 경우에는 폐에 액체가 충만하여 산소결핍으로 질식 사망하게 됨. 증상은 두통, 현기증,

호흡곤란, 가슴의 압박감 등을 느끼며 치료법은 야전에서는 치료약이 없고 증상이 나타났을 때(보통 흡입 후 3~4시간 후) 안정시키고 신선한 공기를 흡입시키고 따뜻한 음료수를 마시게 한다. 종류에는 CG, DP, PS 등이 있다.

집결묘박지(集結錨泊地, Assembly Anchorage)
주로 원양 항해 선박의 집결과 항해를 위한 묘박지.

집결지(集結地, Assembly Area)
부대가 차후 행동을 준비하기 위하여 집결하는 장소로 명령하달, 전투편성, 장차 작전을 위한 훈련, 재급유 및 재보급, 정비 및 제독 작업, 급식 등의 활동을 실시하는 곳. 〈유〉 [대기지역]

집권화통제(執權化統制, Centralized Control)
야전군 및 군단에서 방공무기의 운용을 통제하는 수준으로, 평시에 일반적으로 적용되는 통제수준이며, 전시에 자동화작전 수행체계가 구비되지 않은 단거리 방공부대에 제한적으로 적용.

집단군(集團軍, Army Group)
지정된 사령관하에 있는 수개의 야전군.

집단동원지정(集團動員指定) ☞ [동원지정]

집단매장(集團埋葬, Group Burial)
2구 또는 그 이상의 식별 불가능한 유해를 공동으로 매장하는 것.

집단방위제도(集團防衛制度, Collective Defense System)
주로 지역을 중심으로 한 방위개념에 입각하여 다수국이 협력하여 행하는 공동방위제도.

집단방호(集團防護, Collective Protection)
화생방 방어에 있어서 인원, 장비, 물자, 시설을 보호하기 위해 단위부대 및 집단이 취하는 기술과 방책을 말하며, 이를 위해 화생방대피호 구축, 경보망 조직훈련, 음식물, 보급품의 보호 및 제독을 통하여 집단을 보호하는 것.

집단보충(集團補充, Group Replacement)
부대보충을 위한 별도의 부대를 보유하지 않았을 경우 피해부대와 동일한 편성과 장비를 갖춘 기존의 부대로 부대교대를 시켜 임무를 수행하게 하고, 피해부대는 중점할당 방법에 의한 보충으로 전투력을 회복시키는 보충방법.

집단보호기(集團保護器, Filter Unit)
화생방대피호를 구성하는 부수장비로 가스여과기, 공기압력조절기, 공기전향장치, 역류방지밸브, 덮개판, 삼투막문, 대피호 보호기, 오염피복 슈트 등의 총괄적인 명칭.

집단보호시설(集團保護施設)
야전에서 화학작용제로부터 다수의 인원에 대한 보호가 필요할 때 설치하는 시설. 오염된 공기를 공기정화장치를 통하여 실내로 주입하여 실내의 인원은 보호장비 착용 없이도 활동이 가능하다.

집단안전보장(集團安全保障, Collective Security)
다수의 국가가 그 상호간에 전쟁, 기타 무력행사를 금지하고 이에 위반하여 전쟁, 기타 무력행사를 행하는 국가에 대하여 다수의 국가가 집단적으로 방지 또는 진압하는 것.

집단적자위권(集團的自衛權, Right of Collective Self-Defense)
「UN헌장」 제51조에 의하여 인정된 권리로 자국과 밀접한 관계에 있는 타 국가가 무력공격을 받을 경우에 그것이 동시에 자국에

ㅈ

대한 위해를 의미하는 것으로 보고 이에 대항하여 방위행동을 취할 수 있는 권리.

집단호출(集團呼出, Collective Call)
교환대 또는 무선망에 가입된 가입자를 동시에 통화할 목적으로 동시에 호출하는 것.

집단호출부호(集團呼出符號, Collective Call Sign)
2개 또는 그 이상의 시설, 권한자 또는 단위대를 표시하는 모든 호출부호. 이러한 집단 호출부호는 그 지휘관과 예하에 있는 모든 지휘관이 포함된다.

집성사진(集成寫眞, Mosaic)
관련지역을 망라하는데 필요한 만큼 많은 수의 항공사진을 결합시키는 것. 이는 보다 정확한 지도를 제작할 만한 시간적 여유가 없을 때 사용한다.

집속탄도(集束彈道, Cone of Dispersion)
기관총으로부터 수발의 탄알이 발사되었을 때 각 탄약은 약간의 탄도차이를 가지며, 이것은 총의 진동과 탄알의 불균등 및 대기의 조건 등에 의하여 발생되는 탄도의 묶음을 말함.

집적소(集積所, Mine Dump)
지뢰지대를 설치하기 위하여 지뢰를 운반하여 하역하고 지뢰상자를 개봉하여 쌓아 놓고, 휴즈 및 기폭제 등을 분류하고 지뢰 및 휴즈에 대한 안전검사를 실시하는 장소. 집적소간 간격은 150 m를 유지하고 수송차량의 진입 가능여부 및 진입로 노면상태, 충분한 공간, 은폐제공 가능여부 등을 고려하여 선정하며 집적소는 부소대장이 통제한다.

집중(集中, Mass, Concentration)
작전의 목적을 달성하기 위해서 결정적인 장소와 시간에 전투력의 상대적 우세를 유지하는 것.

집중무기고(集中武器庫)
경찰서 경내에 설치된 예비군 무기고.

집중사격(集中射擊, Massed Fire)
1. 다수의 화기로 단일표적을 사격하는 것.
2. 2척 또는 그 이상의 함정이 단일표적에 대하여 실시하는 사격.

집중사향속(集中射向束, Converged Sheat)
각 화포가 사격한 포탄이 한 지점에 떨어지도록 각각 상이한 편각, 사각, 시간으로 사격하는 것.

집중지역(集中地域, Concentration Area)
1. 통상 전구 내에서 부대가 적극적인 작전을 개시하기 전에 집결하는 지역.
2. 제한된 시간 내에 다량의 포화가 집중되는 제한된 지역.

집중표적(集中標的, Target Concentration)
지리학상으로 근접한 표적집단.

집중화망(集中火網, Concentrated Fire Net)
취약지를 방어하는 진지에서 적기의 예상 접근로나 강제접근로 상공에 부대의 모든 화기를 유효사거리 내에 집결시켜 사격하도록 계획된 화망.

집체훈련(集體訓練, Collective Training)
부여된 임무를 효율적으로 수행할 수 있는 능력을 갖추기 위하여 부대기능을 최대한 발휘하도록 하는 훈련으로, 장비위주 집체훈련과 전술훈련으로 구분됨.

집총경례(執銃敬禮, Rifle Salute)
무기를 휴대하고 있을 때의 경례동작으로 총을 어깨 또는 세워총 위치에 유지하고 왼쪽 손을 총의 몸통위치로 올려 팔을 수평으로 유지하고 손바닥은 아래로 향하여 편 자세.

징계(懲戒, Disciplinary Action, Non Judicial Punishment; NJP)
징계는 「군인사법」, 「군무원인사법」에 근거하여 군법회의에 회부하기에는 경미하고,

행정적으로 처리하기에는 중한 사안에 대하여 실시하는 징계적인 처벌.

징계유예(懲戒猶豫, Suspension of Discipline, Disciplinary Suspension)
징계위원회가 의결한 경징계 벌목에 한하여 징계권자가 1월에서 3월의 범위 내에서 확인 또는 감경의 조치를 유예하는 것. 유예결정의 취소 없이 유예기간이 경과하면 불문으로 확정된다.

징계입창자(懲戒入倉者, Disciplinary Punishment a Man)
자대 징계위원회에 회부되어 입창의 처분을 받고 최대 15일 이내의 기간 동안 헌병대 영창에 수용된 자.

징발(徵發, Requisition)
전시 또는 국가비상사태에서 군사작전 수행을 위하여 국민의 재산에 대한 사용동의를 받거나 강제로 수용하는 것.

징발재산(徵發財産, Commandeered Estate)
전시, 사변, 또는 비상사태, 기타 군 작전상 긴박한 경우에 작전수행을 위하여 필요로 하는 토지, 물자, 시설, 권리 등의 재산권을 징발법에 의거 취득, 사용하는 것.

징병(徵兵, Conscription)
국민에게 병역의 의무를 부과하여 소요의 인원을 강제로 군에 편입시키는 의무병역 제도.

징병검사(徵兵檢査, Physical Examination of Conscripts)
1. 징병관이 매년 각 병무청에서 징병 적령의 장정을 소집하여 복무자격의 유무를 신체 및 신상에 걸쳐 검사하는 일.
2. 본적지의 병무청 징병 검사소에서 신체검사를 수검하는 것.

징병제(徵兵制, Conscription System)
1. 국민에게 강제적으로 병역에 복무할 의무를 부과시키는 국민개병제도.
2. 국민개병주의에 의거 병원훈련의 주안을 징병주의에 두고 평시에 있어서 편제의 기간이 될 군대를 상설하고 소요의 병원을 징집하여 일정한 기간 교육한 후 연차 신진으로 교대시켜 전시에 다시 소집하여 전시 편제를 완성하는 제도.

〈동〉 [의무병제도]

징집(徵集, Conscription)
국가가 병역 의무자에 대하여 현역에 복무할 의무를 부과하는 것.

징집병(徵集兵, Inductee)
「병역법」의 규정에 따라 군복무에 징집된 사람.

징집제도(徵集制度, Conscription)
징집대상자의 의사에 관계없이 국가권력에 의하여 강제적으로 병역의 의무를 부과하는 제도.

징후(徵候, Indicator)
적의 취약성 및 적의 특정능력 채택 여부를 지적해 주거나 또는 지휘관의 방책 선택에 영향을 미칠 수 있는 적의 활동 또는 어떠한 작전지역의 특성에 대한 긍정 또는 부정적인 증거.

ㅊ

차간간격(車間間隔, Vehicle Interval)
이동하는 종대의 단위대 내에 있는 두 대의 연속 차량 간의 거리. 앞차의 후미로부터 뒤차의 전면까지의 거리이며 단위는 미터(m)로 표시한다.

차단(遮斷, Interdiction, Cutoff)
1. 적의 드러나 있는 잠재적 군사력을 우군에 대하여 효과적으로 사용되기 전에 우회, 중단, 연기 또는 파괴하여 방해하는 것.
2. 적의 이동을 극히 곤란하게 하기 위하여 어떤 지역 또는 통로를 사용하지 못하도록 제반 수단을 이용하여 저지 또는 방해하는 것.
3. 전술적으로는 적의 의도 혹은 계획이 실시되는 과정에서 이동을 일시적으로 정지 또는 파괴시키는 노력이라고 볼 수 있으며, 적의 퇴로를 차단하는 아군의 전술적 행동이 그 한 예이다.

차단기뢰원(遮斷機雷原, Interception Minefield)
항만방어구역 내로 선박이 접근치 못하게 할 목적으로 부설된 방어용 기뢰원.

차단사격(遮斷射擊, Interdiction Fire)
적이 어떠한 지역이나 지점을 사용하는 것을 저지하기 위하여 실시되는 사격. 차단사격의 적합한 표적으로는 교차로, 교량, 철도, 비행장 등이 있으며, 도상, 지형, 적에게 가용한 도로망과 모든 표적첩보에 기초를 두고 사전에 사단 및 군단 포병에 의해서 계획되며 직접지원 포병대대도 참가할 수 있다.

차단선(遮斷線, Interdiction Line)
침투한 적의 이동을 차단함으로써 작전지역의 확대를 방지하고, 특정지역 내에서 적을 포착 섬멸하기 위하여 병력을 배치하는 저지선. 지형의 특징, 가용병력, 기동력 및 적의 침투능력을 고려하여 선정한다.

차단장애물(遮斷障碍物, Block Obstacle)
적의 특정지역 침투 및 종심돌파를 차단하기 위하여 운용하는 장애물. 적으로 하여금 여러 단계의 돌파 작전을 거치게 만들 뿐 아니라, 돌파보다는 우회하는데 시간이 더 소요되도록 운용한다.

차량행군(車輛行軍, Motor March)
동일한 지휘관의 통제 하에 두 대 이상의 차량 집단이 동일한 목적지를 향해 이동하는 일.

차량화부대(車輛化部隊, Motorized Unit)
타 부대의 지원 없이 인원, 무기 및 장비를 동시에 이동할 수 있는 차량 수송 능력을 갖춘 부대. 차량화부대의 주체는 통상 보병으로 구성된다.

차장(遮障, Screen)
1. 이동 중이거나 정지하고 있는 부대의 전방, 측방 혹은 후방에 대한 감시를 유지하기 위하여 관측, 식별, 첩보보고 및 적과의 접촉유지를 통해서 그 부대에 조기경고를 제공하는 경계임무의 형태. 이 경우 자위를 위해 필요한 경우에만 전투행위를 한다.
2. 방어시 저항방법의 일부로서 관측소, 정찰대 등을 운용하여 적의 접근을 경고하

고 능력 범위 내에서 적을 와해, 격멸하는 것.

3. 아군의 활동 및 전술적 기동을 위장 및 은폐시키기 위해 적의 육안관측 및 표적획득을 방해 하는 것. 장애물 극복준칙에서의 차장은 적이 아군 활동을 관측할 수 없도록 적의 시야를 가리는 것을 말한다.
4. 주력부대 또는 호송대를 방호하기 위하여 함정, 항공기, 잠수함 등을 배치하는 것.

차장부대(遮障部隊, Screening Force)
현행작전을 적의 방해활동이나 관측으로부터 보호하기 위하여 우군과 적 사이에서 활동하는 부대. 통상 기계화부대로 구성된다.

차장연막(遮障煙幕, Screening Smoke)
적의 지상 및 공중 관측을 방해하고, 적의 전자광학, 관측장비를 무력화시키기 위해 우군작전지역이나 적과 우군부대 사이의 지역에서 운용하는 연막형태.

차폐(遮蔽, Defilade)

1. 적의 관측이나 사격으로부터 보호하기 위하여 고지, 능선, 둑과 같은 자연물을 이용하거나 인공으로 장애물을 설치하는 것.
2. 적의 관측으로부터 한 진지가 은폐되는 수직거리(높이).

차폐거리(遮蔽距離, Range to Crest)
포에서 차폐정(遮蔽頂)까지의 지도상거리. 100 m 단위로 결정하며 밀(mil) 공식으로 계산한다.

차폐사격(遮蔽射擊, Defilade Fire)
능선 또는 고지의 배사면(背斜面)에 위치하는 표적에 대하여 실시하는 사격.

차폐 전파방해(遮蔽電波妨害, Screen Jamming)
적의 전자전 탐지로부터 자신을 차폐시킬 목적으로 수행하는 전파방해.

차체차폐(車體遮蔽, Hull Down)
전차나 장갑차의 차체는 자연이나 인공장애물에 의해 적의 지상관측과 사격으로부터 방호되게 하면서, 차체에 장착된 화기의 사격은 가능한 상태.

차체차폐진지(車體遮蔽陣地, Hull Down Position)
차체차폐를 제공하도록 만들어진 진지

착륙관제 유도장치(着陸管制誘導裝置, Ground Controlled Approach; GCA)
악천후에 대비, 항공기가 무사히 착륙할 수 있도록 지상에서 유도해 주는 장치.

착륙보조물(着陸補助物, Landing Aids)
항공기의 접근과 착륙에 보조역할을 하는 조명등, 무선 항로표지, 레이더 및 통신장치 또는 체계.

착륙장소(着陸場所, Landing Site)
하나 또는 그 이상의 착륙점을 갖는 착륙지대 내에 있는 장소.

착륙지대(着陸地帶, Landing Zone; LZ)

1. 항공기(헬리콥터)의 착륙을 위해 사용되는 특정지대.
2. 공중강습작전시 지상전술계획을 시행하기 위하여 공중강습작전부대를 착륙시키는 지역. 통상 계획제대에서 개략적인 위치를 선정하고 공중강습작전부대에서 구체적인 위치를 선정한다. 착륙지대 선정은 목표지점과의 접근성, 적이나 적의 직사화기로부터 안전성, 지대의 크기, 장애물 유무, 지면상태, 시계제한 상태, 착륙 및 이륙방향, 항공기 대형 등을 고려해야 하며, 예비착륙지대를 선정하여 최초 계획된 착륙지대에 위험요소가 발생할 경우에 대비해야 한다.

착륙지대 통제반(着陸地帶統制班, Landing Zone Control Party)
특정한 착륙지대를 위하여 지상에서 항공기

나 헬리콥터의 교통통제를 실시하는 통신 및 신호 장치를 설치, 운용하도록 특별한 훈련을 받고 장비를 갖춘 인원의 한 집단.

착륙지역(着陸地域, Landing Area)

1. 부대나 장비를 공중투하 하거나 착륙시키는데 사용되는 일반적인 지역. 이 지역에는 1개 이상의 투하지대나 활주로가 포함된다.
2. 항공기의 이착륙을 위하여 지정되거나 사용되는 육지, 수면이나 갑판 표면.

착륙지점(着陸地點, Landing Point)

회전익 항공기가 착륙할 수 있는 착륙장소 내의 한 지점.

착저(着底, Bottoming)

전원(電源)의 손실을 막고 적의 탐지를 예방하기 위해 잠수함을 바다 밑바닥에 가라앉혀 정지시키는 잠수함의 운용술.

착지점(着地點, Impact Point)

최초낙하산 또는 공중 투하화물이 지상에 착지할 투하지대의 한 지점.

참고점(參考點, Reference Point; RP)

부대의 이동이나 산악작전, 기계화 작전 및 차량화 작전 시 아군부대의 위치나 적의 활동 및 장애물에 대한 정보를 보고하고, 지시를 하달하거나 화력을 요청하기 위하여 식별이 용이한 지점을 선정하는 것. 통상 보안을 위해 번호를 부여한다.

참모(參謀, Staff)

지휘관의 지휘권 행사를 보좌하기 위하여 임명되었거나 파견된 요원. 참모는 지휘관이 부대지휘의 막중한 책임을 다할 수 있도록 항상 지휘관의 의도를 명확히 살피고, 하의상달을 도모하여 상 · 하 의지를 일치시켜 임무를 완성할 수 있도록 책임을 다해 보좌해야 한다. 참모의 직능은 첩보의 제공, 상황판단, 건의, 계획 및 명령의 작성, 그리고 이를 실시하기 위한 감독 등이며, 부여받은 역할에 따라 일반참모, 특별참모, 개인참모로 구분한다.

1. 일반참모(General Staff) : 부여받은 업무 분야에 대한 지휘관의 주무참모. 주된 역할은 부대의 활동을 계획, 조정, 통제, 감독하며, 참모 상호간에 업무의 유기적인 협조를 통하여 지휘관을 보좌하고 부대가 효율적으로 운용될 수 있도록 노력을 통합하는 참모. 미국에서는 협조참모(Coordinating Staff)라고 지칭한다.
2. 특별참모(Special Staff) : 특정사항에 대처할 수 있도록 편성된 참모. 일반참모 업무분야에 포함되어 있는 기술적 · 행정적 분야나, 특정병과에 관련된 업무 가운데 특별히 보좌해야할 필요가 있는 분야에서 지휘관이나 일반참모의 업무를 보좌하는 역할을 수행한다.
3. 개인참모(Personal Staff) : 지휘관이 직접 조정하고 통제하기를 요망하는 개인적인 업무 또는 특정분야에 관하여 지휘관을 보좌하는 참모.

(중국) 군대 조직 속에서 지휘관을 보좌하거나 행정기능을 수행하는 전 군관을 이르는 말.

(러시아) 전투상황에서 부대를 지휘하고 부대의 교육 및 부양 그리고 일상적 활동을 지도하기 위한 기본적인 조직.

참모각서(參謀覺書, Staff Memorandum)

사단급 이상 제대의 참모가 관할 전 부대 참모에게 조언 또는 강조사항을 수록한 문서. 발행참모부별, 발행연도별로 일련번호를 부여한다.

참모감독(參謀監督, Staff Supervision)

지휘관 의도를 숙지하고 계획이나 명령이 지휘관이 원하는 대로 시행될 수 있도록 감독하는 활동. 지휘관 예하의 다른 참모장교와 개인에 대하여 지휘관의 계획 및 방침을 주지시키며, 이를 수행하는 데 조력하고 그 수행진도를 파악하여 지휘관에게 조언하는

ㅊ

활동을 포함한다.

참모연구서(參謀研究書, Staff Study Report)

참모진이 어떤 문제를 세밀히 분석하고 해결방법을 도출하여 지휘관이나 상급자에게 건의하는 연구서. 참모연구서는 규정된 양식을 사용하는 공식 문서로 주로 참모부에서 사용된다.

참모장(參謀長, Chief of Staff; CS)

참모활동을 조정 및 감독하여 통합하는 참모의 장. 지휘관의 주보좌관이며 조언자로서 지휘관의 의도대로 업무가 수행될 수 있도록 각 참모부의 업무를 조정 및 통제, 감독하는 역할을 수행하여 지휘관이 중요한 문제에 전념할 수 있도록 여건을 보장한다. (중국) 작전계통은 참모장, 정치계통은 정치주임이라 한다.

참모판단(參謀判斷, Staff Estimate)

참모장교가 지휘관의 중요한 행동방책에 영향을 미치는 모든 요소에 대해 논리적인 검토를 거쳐 전문적인 평가를 하는 것. 참모판단은 지휘관 판단의 기초를 제공하며, 참모가 참모판단을 할 때는 가용한 모든 첩보 및 정보를 토대로 가능성이 있는 방책을 발전시키고 이를 비교 분석하여 가장 성공 가능성이 많은 방책을 지휘관에게 건의해야 한다.

참모협조(參謀協調, Staff Coordination)

효율적인 임무 수행을 위해 계획이 시행되기 이전에 필요한 조정을 실시하여 모든 참모들의 활동을 통합하여 협조시키는 방법. 행정 절차를 줄이고, 자원과 시간을 절약하기 위해 실시하며, 구체적으로는 참모협조회의, 브리핑, 공문서 등을 활용한다.

참모협조전(參謀協調傳, Disposition Form; DF)

참모 상호간 업무협조에 관한 의견을 수록한 문서. 부대 참모가 발행하며 '참모처리전'이라고 했던 것을 변경시킨 용어이다.

참조번호(參照番號, Reference Number; RN)

1. 작전을 계획하거나 수행할 때 의사소통을 편리하게 하기 위해 위치 확인이 용이한 지점이나 상대적인 위치를 파악하기 쉬운 어떤 기준점에 부여하는 일련번호.
2. 참고가 되는 문서의 번호.

참조선(參照線, Reference Line)

1. 방향 또는 방위각을 측정하기 위하여 참조하는 선.
2. 포병측지 분야에서는 방위각을 알고 있는 가시 조준점까지의 선.
3. 방향 측정의 기준이 되는 가시 기지선.

참조점(參照點, Reference Point; RP)

1. 현저하고 위치 확인이 용이한 지점 또는 상대적인 위치를 알기 위한 어떠한 기준점.
2. 지뢰지대를 식별하기 위하여 선정한 지형지물(landmark)에서 지뢰지대의 시작점, 통로입구, 종점 등이 보이지 않을 경우 그 지형지물과 지뢰지대 중간 위치에 만드는 인위적인 표지물.

참호매장(塹壕埋葬, Trench Burial)

시간이 없고 사망자가 다수일 때에 일시적으로 처리하는 매장 방법으로 도랑을 파서 그 속에 개개 유해를 나란히 쌓아 파묻음.

참호족(塹壕足, Trench Foot)

한랭손상의 일종으로, 어는점 이상의 온도(0~10°C)에서 추위와 습기에 장시간 지속적으로 노출되었을 때 나타나는 질환. 주요 증상으로는 부종, 저림, 가려움, 심한 통증을 유발한 후, 점차 물집이 생기며 피부조직이 괴사를 일으켜 궤양이 생김. 이차적인 합병증으로 임파관염, 봉와직염, 정맥염을 초래하는데, 1차대전 당시 참호에 있던 병사들의 발에 발생한 질환이라 하여 참호족으로 부른다.

창(廠, Depot)
전군 군수지원 임무를 수행하기 위해 보급품의 수령, 분류, 저장, 불출(拂出), 정비, 조달, 제작, 조립, 연구 또는 폐품활용을 위한 업무 중 하나 이상의 업무를 수행할 책임을 지고 편성된 부대. 군수사령관의 지휘, 감독 하에 비교적 대규모의 저장 및 정비시설을 갖추고 있으며, 통상 군 및 야전군급 보급지원부대에 보급창, 기지창, 또는 야전창 등으로 지칭한다.

창설(創設, Activation)
신설부대에 대하여 법적 권한을 부여하는 것. 행정적으로 명칭을 부여하고 편제표에 기입한다.

창설모체부대(創設母體部隊, Activation Parent Unit)
평시 미 편성 부대를 유사시 창설하는 책임을 부여받은 부대.

창설부대(創設部隊, Activation Unit)
평시에는 존재하지 않으나, 전시에 군의 작전소요에 따른 부대확장계획에 의거하여 새로이 창설되는 부대.

창설부대 훈련(創設部隊訓練, Activation Training)
새로 창설된 부대가 부여받은 임무와 기능을 원활하게 수행할 수 있게 하기 위하여 실시하는 훈련. 통상 단계적 훈련을 실시한다.

창설비(創設費, Activation Cost)
국방 투자비 중에서 부대의 증편, 개편 또는 신규창설에 필요한 인원, 장비, 물자, 시설 등을 획득하는 데 소요되는 비용. 창설비용이라고도 하며 여기에는 부대의 증편, 개편 또는 신규창설과 관련이 있는 연구개발비, 시설의 용도변경, 설비확장, 장비수송, 초도교육훈련, 부대시험평가, 증·창설 또는 개편부대가 정상 운영 될 때까지 장비의 초도운영을 위해 소요되는 예비품, 수리부속품, 탄약 및 유류 등이 포함되고, 기존부대에 대한 인원 및 장비교체 또는 신규시설 투자비 등은 창설비로 간주하지 않는다.

창정비(廠整備, Depot Maintenance; DM)
수리 및 분해나 재생이 요구되는 완제품, 부분품 및 결합체에 대해 창시설로 후송하여 실시하는 정비를 가리킴. 장비의 조달소요를 감소시키며, 필요한 경우에는 야전정비부대의 정비능력이 초과될 때 다음과 같은 사항을 지원한다.

1. 결합체와 부분품의 신품, 분해 수리품 또는 재생품 등을 사용하여 물자를 사용가능한 상태로 복구.
2. 설계나 조립의 변경을 포함하는 물자의 수정.
3. 구성품의 교환과 보다 많은 위험이 수반되는 탄약 및 특수무기의 정비.
4. 야전정비 부대의 기술능력이나 작업능력이 미치지 못하는 부분에 대한 정비지원.

채프(~, Chaff)
레이더 영상에 혼란을 주기 위한 목적으로 전자파를 반사시키는 데 사용되는 얇고 좁은 모양의 금속성이나 도금한 종이 또는 플라스틱 조각. 윈도우라고도 부르며, 길이는 방해대상 장비의 주파수에 따라 결정되며, 통상 파장의 1/2의 길이로 만들며 저주파보다는 300MHz 이상의 고주파에 효과적이다.

채프회랑(~回廊, Chaff-Corridors)
채프전술의 일종으로서, 채프살포 편대가 대량의 채프를 살포하여 공중공간에 채프가 퍼져 있는 일정지역을 가리킴.

채혈반(採血班, Blood Gathering Team)
전시 또는 평시에 보급계통에 의한 혈액지원이 불가능할 경우, 이동외과병원 이상 병원부대에서 혈액 수급을 위해 편성하여 운영하는 채혈 팀. 고정채혈반과 이동채혈반으로 구분되며 군병원의 능력에 따라 조정할 수 있다.

ㅊ

책임제분권화 훈련(責任制分權化訓練, Decentralized Training)
훈련의 책임과 권한을 제대별로 나누어 위임하고, 권한을 위임받은 지휘관이 훈련을 계획하고 실시하여 그 성과에 대해서도 책임을 지는 훈련 제도.

책임지역(責任地域, Area of Responsibility; AOR)
1. 전투부대에게 부여된 지상의 일정한 구역으로서 지휘관은 이 구역 내에서 작전을 계획하고 수행하는 권한과 책임을 가짐.
2. 해군용어 : 지원함정들이 기식별 표적이나 임기표적에 대하여 사격과 관측으로 통제하도록 사전에 적 지역에 지정한 특정구역.

처치우선순위(處置優先順位, Triage)
대량전상자 발생시 전상자를 효율적으로 처치하고 전투력을 복원하기 위해서 임무와 상황에 맞게 전상자의 처치방법과 순서를 결정하는 것.
1. 처치우선순위 판단은 원대복귀자를 최대화하기 위한 조치와 의학적 치료를 통한 생명구호에 우선을 두고 판단하여야 하며, 분류된 환자에 대한 처치 우선순위에 따라 치료와 후송을 실시한다.
2. 적 화생방 공격에 의한 오염전상자에 대한 의학적인 처치와 오염환자에 대한 제독의 우선실시 문제는 전술적인 상황을 고려하여 생존 가능성과 생명에 위협이 큰 요소를 먼저 제거하는 것이 원칙이다.

척후병(斥候兵, Scout)
야전에서 첩보를 수집하는 자. 적에 관한 첩보를 얻기 위하여 한 지역을 정찰하는 훈련된 관측병.

척후산병호(斥候散兵壕, Skirmisher's Trench)
적의 맹렬한 사격으로 인해 급조 엄체가 필요한 경우나 은폐된 사격진지를 사용할 수 없게 되었을 때 구축하는 급조진지. 산병호는 일시적인 방호를 위한 것이므로 오목한 자연 지형을 이용하여 각개병사가 앞으로 혹은 옆으로 누워 구축하게 된다.

천마(天馬, ~)
한국군이 개발한 저고도 방공임무를 수행하는 단거리 대공 미사일의 한 종류.

천문학적 박명종(天文學的薄明終, End Evening Astronomical Twilight)
일몰 후 태양이 지평선으로부터 12~18도로 내려갔을 때의 조명시간.

천문학적 박명초(天文學的薄明初, Beginning Morning Astronomical Twilight)
일출 전 태양이 지평선으로부터 12~18도 밑에 있을 때의 조명시간.

천수통과능력(淺水通過能力, Shallow Fording)
특수방수장치를 사용하지 않고 자체의 고유장치로 하천의 바닥과 접촉하면서 장애물을 통과할 수 있는 능력.

천해(淺海, Shallow Water)
해면파가 해저지형에 의해 크게 영향을 받지 않는 해역의 수심. 일반적으로 수심이 파장의 1/2 이하일 때 천해라 한다.

철갑소이탄(鐵甲燒夷彈, Armor-Piercing Incendiary)
총탄이나 포탄을 막기 위하여 강철판을 덧싼 목표물을 파괴하고 그 안의 물질을 태워버리는 데 쓰는 탄환. 철갑탄과 유사하나 탄두충전물 속에 불을 일으키데 쓰이는 화학제인 소이제가 들어 있다.

철갑탄약(鐵甲彈藥, Armor Piercing Tracer; AP-T)
총탄이나 포탄을 막기 위하여 표면을 견고한 강철판 따위로 덧싼 목표물을 파괴하기 위해 사용하는 탄약.

철도근무대(鐵道勤務隊, Railway Service)
작전지역 내에 설치된 철로를 이용하여 작전병력 및 군수물자의 수송을 감독 및 운용, 정비하는 부대.

철수(撤收, Withdrawal)
적과 접촉하여 전개하고 있는 부대의 전부 혹은 일부가 차후작전을 위하여 적으로부터 이탈하는 작전으로 지연작전의 한 형태. 철수를 실시하는 목적은 전투력 보존, 다른 지역으로의 부대 전용 등이 있으며, 이 외에도 보다 유리한 지형에 부대를 재배치하거나 불리한 상황 하에서 전투를 회피하기 위해 실시한다. 철수에는 적의 압력이 없거나 경미한 상태에서 전선조정, 부대 재배치 등 차후 작전을 위해 실시하는 자발적인 철수와 적의 강한 압력 하에 방어작전이나 지연전을 수행하다가 실시하는 적의 강요에 의한 철수가 있다.
(북한) [전투이탈(戰鬪離脫)]

철수로(撤收路, Routes of Withdrawal)
지연작전간 한 지점에서 타 지점으로의 부대이동을 통제 및 협조하기 위한 통로. 철수로 선정 시 고려해야할 사항은 교통능력이며, 이동 간 부대의 경계 유지에 기여할 수 있게 가능한 한 아군부대를 통한 이동은 회피해야 한다. 또한 타 부대와의 혼잡을 회피하기 위하여 규정된 철수로를 사용해야 하며, 만일 부대간 우선권이 부여되면 준수해야 한다.

철수작전(撤收作戰, Withdrawal Action)
지휘관의 의도에 의해서 부대가 적군으로부터 이탈하는 기동.

철수전폭파표적(撤收前爆破標的, Prewithdrawal Demolition Target)
철수 전에 폭파하기로 결정한 표적. 이러한 표적에 대한 폭파는 권한을 위임받은 책임 장교의 명령에 따라 적시에 수행되어야 한다.

철수호송선단(撤收護送船團, Evacuation Convoy)
전쟁초기에 지역철수를 위하여 사용되는 대양 호송선단.

철퇴(撤退, Retirement)
적과 접촉하고 있지 않은 상태에서 부대가 아군의 후방으로 이동하는 작전. 철퇴는 철수에 후속적으로 이루어지거나, 적과 실제 접촉이 없을 경우에 이루어지며, 주력부대가 적과 실질적인 접촉이 단절되고 행군종대가 형성되었을 때 개시되어 신집결지에 도착했을 때 종료된다. 철퇴를 실시하는 목적은 전투력 보존과 부대 전용을 위한 이동이지만 그 외에도 적과 이격하여 안전지역으로의 이동, 보급로 단축, 유리한 지형 점령, 다른 부대와 전선조정 등의 목적으로도 실시한다.

첨단약화사격(尖端弱化射擊, Advanced Weaken Fire)
역습작전 시 적의 공격을 둔화 및 저지시키기 위하여 돌파구 첨단의 적에 대하여 실시하는 사격. 저지부대를 직접 지원하는 포병부대에 의해 실시된다.

첨병(尖兵, Point)
부대이동간 본대의 전방에서 운용되는 전위의 하나인 첨병분대 전방으로 나가 정찰 및 경계임무를 수행하는 병사. 통상 2명으로 편성하여 육성 또는 시호통신으로 연락이 가능한 첨병분대 50 m(±) 전방에서 운용하고, 각 첨병 간 거리는 20 m(±)를 유지하며, 적 발견 및 보고, 부대이동의 방향유지, 이동로의 이상 유무 확인 등의 임무를 수행한다.
(북한) [전병(前兵)]

첨병대(尖兵隊, Advance Guard Support)
전위본대와 함께 전위의 2개 주요 구성부대 중 하나. 첨병대는 3개 제대로 구성되며 앞으로부터 첨병분대, 첨병소대, 첨병중대의 순서로 구성되어 전위본대를 보호한다.

ㅊ

첩보(諜報, Information)
정보 생산을 위하여 다양한 출처로부터 획득된 처리되지 않은 자료. 첩보는 기본적으로 정보(협의의 정보인 Intelligence)의 생산을 목적으로 수집되지만, 첩보(전투첩보) 자체만으로도 사용될 수 있다.

첩보누설(諜報漏泄, Leakage of Information)
공인되지 않은 사람이 첩보지식을 가짐으로 인해 생기는 첩보기밀의 손실.

첩보보고서(諜報報告書, Information Report Sheet)
통상 상관에게 첩보를 제공하고, 회신을 필요로 하지 않는 첩보를 참모장교들에게 전달하며, 상관의 지침을 예하부서장에게 하달할 경우에 사용하는 첩보에 관한 보고서.

첩보보안(諜報保安, Information Security; INFOSEC)
적에게 자료가 노출되는 것을 방지하기 위해 인원 및 첩보의 공개를 제한하는 안전보호조치. 활자, 구두, 그림 및 통신을 통한 첩보의 누설을 예방하는 조치이다.

첩보요구(諜報要求, Information Request; IR)
지휘관의 계획 및 결심수립에 미치는 영향정도가 적어 우선첩보요구보다 시급하지 않거나 우선순위가 낮은 첩보요구. 대개 우선첩보요구를 충족시키기 위해 단편적으로 필요한 첩보나 예하부대 및 상급부대, 다른 기능분야에서 요구되는 첩보 등을 망라하며, 일반적인 과제나 특정한 첩보의 수집 및 정보생산을 위해 필요한 사항이다.

첩보위성(諜報衛星, Spy Satellite)
우주궤도에서 각종 첩보수집을 위해 정찰활동을 하는 위성으로 스파이위성 또는 군사정찰위성이라고 칭함. 넓은 의미로는 정찰위성, 전자정찰위성, 조기경계 위성, 핵폭발 탐지위성이 포함되며, 좁은 의미로는 정찰위성만을 가리킨다.

첩보처리(諜報處理, Process of Information)
모든 출처로부터 수집된 첩보를 기록, 평가, 해석하여 정보로 생산하는 활동. 전장의 불확실성을 제거하기 위해 모든 출처의 첩보를 융합하여 적의 부대, 장비, 시설의 종류, 배치, 활동, 의도, 기도 등 불명확한 첩보를 명확한 정보로 전환하는 과정이다.

첩보출처(諜報出處, Source of Information)
적, 지형 및 기상에 관한 첩보를 제공하는 근원. 이러한 첩보의 근원에는 사람과 물건, 활동이 있다.

첩보평가(諜報評價, Evaluation of Information)
첩보내용과 사실과의 차이를 찾아 그 진실성 여부를 검토하는 작업. 평가는 첩보의 적합성, 출처기관의 신뢰성, 첩보의 정확성을 평가한다.

첩보해석(諜報解析, Interpretation of Information)
현존지식을 주제와 관련시켜 첩보의 의의를 결정하는 행위. 첩보를 분석하고 종합하여 타당성 추리를 염출하는 과정을 거쳐 결정된다.

청구목표(請求目標, Requisitioning Objective; R/O)
1. 현재 상태의 보급운영을 유지하고, 향후 예측되는 수요를 충당하기 위해 보유하고 있거나 발주 중에 있어야 할 보급일수와 보급품의 수량.
2. 설정된 보급수준에 의거 재고로 보유하고 있거나 발주해야 할 물량의 최대치. 보급운영의 지속성을 보장하기 위하여 확보해야 할 물량을 판단하는데 사용되는 용어이다.

청구보급(請求補給, Requisitioning Supply)
사용부대의 청구행위에 의하여 보급조치를 취하는 보급제도. 할당보급과 상대되는 제도이다.

청색장비(青色裝備, Equipment in Blue Category)
장비 가용성 판정기준으로서 다음 요건을 갖춘 장비.
1. 전투준비태세가 완비된 장비.
2. 정상적인 운영조건하에서 90일간 가동상태를 유지할 수 있는 장비.
3. 예비부속 및 공구가 완전히 확보된 장비.
4. 기능시험에 합격한 장비.

청음부표(聽音浮標, Sonobuoy)
수중청음장치와 송신장치를 갖춘 잠수함 탐지용의 소형 부표. 수중의 음파를 청음하여 무선수신기에 재 송신하도록 설계된 것으로 항공기에서 투하하여 설치한다. 소노부이라고도 부르며, 송수신 방식에 따라 수동형(Passive)과 능동형(Active) 두 종류를 병용하며, 방향지시 액티브 소노부이(DICASS)처럼 수동형과 능동형 양용으로 사용 할 수도 있다. 자동전파발신부표나 음파탐지부이 또는 음파탐지부표로 부르기도 한다.
〈동〉 [소노부이] [음탐부표]

청음초(聽音哨, Listening Post; LP)
야간 등 시계가 제한될 때 첩보를 수집하거나 적의 행동에 적시 적절한 경고를 하기 위하여 음향을 청취할 목적으로 방어선 전방에 배치하는 경계초소.

청음효과(聽音效果, Hydrophone Effect; HE)
함정이나 잠수함, 또는 어뢰로부터 방사되어 음탐장비(音探裝備)에 의해 감지될 수 있는 수중음(水中音).

체감상태(遞減狀態, Lapes Condition)
고도가 증가함에 따라 기온이 하강하는 상태를 가리킴. 체감상태는 지상 4 m의 기온이 0.5 m의 기온보다 낮은 상태로, 대체로 하늘이 맑거나 구름이 30% 이하로 덮인 주간에 많이 일어나며 대기는 불안정한 상태이다.

체계(體系, System)
일정한 원리에 의하여 각기 다른 낱낱의 부분이 계통적으로 통일된 조직을 이르는 말. 체계와 체제는 매우 유사하나 그 내용에 따라 구분하여 사용해야 한다. 체계는 복잡한 현상을 일정한 원리에 의해 짜임새 있게 정렬한 상태를 말하며, 체제는 사회나 국가를 하나의 유기체로 볼 때 조직이나 그 양식 또는 그 상태를 이르는 말로, 운용형태나 양식을 기준으로 한 것을 가리킨다.

체계개념설계(體系概念設計)
요구기능 배정결과를 기초로 예상되는 전산화체계 설계방안을 연구하여 구체적인 전산화체계 개념을 정립하는 것. 체계구성도상의 각각의 요소인 하드웨어, 소프트웨어, 통신체계, 인터페이스 등에 대하여 가능한 대안을 설정하는 과정이다.

체계개발(體系開發, System Development)
체계개발 동의서를 충족시키기 위하여 설계, 시제품 제작, 기술시험평가 및 운용시험평가를 거쳐 양산예정에 있는 무기체계를 개발하는 단계.

체계개발 개념연구(體系開發概念研究, System Development Concept Research)
장기 소요제기과제 중에서 한국적 무기체계로 도출하기 위한 개념을 연구하는 단계로서 체계적인 기술조사 분석을 수행하는 연구단계를 말함.

체계분석(體系分析, System Analysis; SA)
불확실하고 복잡한 문제에 대한 접근방법으로서, 목표를 달성하기 위한 여러 가지

ㅊ

대안을 모색하여 그 타당성을 경제성과 효과, 위험도 등의 측면에서 정량적으로 비교 분석하는 절차. 이런 절차를 거쳐 제시된 자료는 의사결정권자가 보다 나은 방안을 선택할 수 있도록 해준다.

체공(滯空, Airborne)
항공기가 공기부양을 받아 공중에 뜨는 순간부터 땅에 닿을 때까지의 상태. 일반적으로 항공기나 기구 따위가 공중에 머물러 있는 상태를 가리킨다.

체공대기(滯空待機, Airborne Alert) ☞ [공중대기]

체공시간(滯空時間, Endurance)
재급유 없이 주어진 조건하에서 항공기가 비행을 계속할 수 있는 시간.

체류(滯留, Staying)
1. 특정지역에 오래 머물러 있는 상태.
2. 적의 점령이 예상될 때 아군 지배지역에 사전에 소규모 인원을 배치시켰다가 적이 전진 통과하면 침투목적을 달성하는 방법.

체류시간(滯留時間, Station Time-Air Transport)
공중수송을 위하여 승무원, 승객 및 화물을 탑승하고 비행을 대기하는 시간.

체류침투(滯留浸透, Stay Behind Infiltration)
작전지역에서 적이 통과하기 전, 또는 점령하기 전에 작전팀(요원)을 계획된 작전지역에 위치시켜 침투목적을 달성하는 것으로, 특수부대 작전시에 운용되는 육로 침투의 한 방법.

체제(體制, System)
일반적으로 각 부분이나 구성요소가 어떤 중심원리 또는 일정한 질서 아래 서로 관련을 맺으면서 상대적 의미에서의 통일성과 동태적 균형을 갖는 총체를 가리킴. 체계(體系)와 같은 의미로 사용되어 각종 지식의 통일체를 가리키기도 하며, 경제학적으로는 자본주의체제 · 사회주의체제와 같이 토대와 상부구조와의 전체적 통일에 의한 사회구성체, 사회학에서는 구성요소들 사이의 상호의존과 그것에 의한 상대적 자족성 · 통일성, 정치학에서는 기존의 정치권력과 지배층을 중심으로 하는 정치질서, 즉 정치체제 · 국가체제 등을 의미한다. 군사학에서는 정치 또는 국가체제의 의미로 사용되는 경우, 사회를 하나의 유기체로 볼 때 그 조직의 양식 또는 사회조직을 말한다.

초계(哨戒, Patrol)
우군 전력을 보호하기 위한 경비와 같은 뜻으로 사용되며, 항공기나 함정의 경비임무를 지칭함.

초계항공전대(哨戒航空戰隊, Patrol Plane Group)
상륙기동부대가 이동 중 또는 목표구역에서 작전 중일 때 경계, 정찰, 대잠작전 등의 임무를 수행하는 초계항공기의 기동편성 단위. 편성규모에 따라 초계항공분대(哨戒航空分隊)나 초계항공단대(哨戒航空單隊)로 구분한다.

초고속 정보통신기반(超高速情報通信基盤)
실시간으로 동영상정보를 주고받을 수 있는 수준 이상의 고속 대용량 정보통신망과, 여기에 접속되어 이용되는 각종 정보통신기기, 소프트웨어 및 데이터베이스 등을 통틀어 이르는 말.

초과사격(超過射擊, Overhead Fire)
아군부대 머리 위를 통과하는 직사화기의 사격.

초과품(超過品, Excess Property)
각급 부대에서 현재 보유하고 있는 보급품 중 인가저장량을 초과한 보유량.

초기 핵방사선(初期核放射線, Initial Nuclear Radiation)
핵이 폭발했을 때 화구로부터 폭발 즉시 방출되는 핵 방사선. 폭발순간에 방출되는 중성자와 감마선, 그리고 상승하는 화구와 구름 등에서 방출되는 알파, 베타 및 감마선이 포함된다. 초기 핵 방사선은 상승하는 원자운이 유효방사 거리 내로부터 제거됨으로써 소멸된다.

초기효과(初期效果, Initial Effect)
핵무기가 폭발해서 1분 이내에 미치는 효과. 여기에는 폭풍, 열, 복사선, 초기 핵 방사선, 전자기파가 포함된다.

초도배당량(初度配當量, Initial Issue Quantity; IIQ)
현존 부대는 물론 전시에 창설되도록 계획된 모든 부대의 완전편성을 기준으로 인가된 양의 합계를 말함. 다만 전시에 창설될 부대의 장비 중 민수장비로 대치 가능한 것은 동원에 의하여 충당될 수 있기 때문에 이는 창설 소요로 판단하여 전쟁개시 이후 소요에 포함시킨다.

초도보급(初度補給, Initial Supply)
창설부대나 증편부대에 대하여 초도 소요품으로 인가된 물자나, 소요품으로 판단되어 건의를 거쳐 인가를 득한 물자를 해당 보급지원부대에서 보급하는 최초 보급품.

초도보급소요(初度補給所要, Initial Requirement)
병사가 부대에 현역으로 편입하였을 때 이들을 장비시키는 데 소요되는 일체의 보급품, 또는 창설부대 보급이나 신품의 최초보급을 말함.

초도생산품(初度生產品, Initial Production Item)
개발이 완료된 제품에 대하여 양산체계를 갖춘 생산설비에서 실용시제품과 동질의 물품이 생산되는지 확인하기 위해 양산에 앞서 처음으로 소량을 생산해 보는 제품.

초도양산(初度量産, Initial Production)
연구 개발사업 또는 기술도입생산사업의 당해사업 계획물량 중 최초에 사업 승인된 물량을 생산하는 것.

초동조치(初動措置, Initial Response)
정찰활동이나 신고접수에 의해 적의 침투 징후나 흔적을 발견하였을 때, 적을 조기에 색출하여 포획 및 격멸하기 위한 초기단계에서의 작전. 신속하고도 적시적인 조치에 주안을 둔다.

초동조치부대(初動措置部隊, Initial Response Unit, Quick Reaction Force; QRF)
적의 침투 등으로 인한 상황 발생 시 맨 먼저 현장에 출동하여 대응하기 위해 운용되는 부대. 예를 들면 5분대기조 등이 이에 해당된다.

초병(哨兵, Sentinel)
초소를 지키는 사병. 지시된 시간 및 장소에서 실제로 근무하는 병을 가리킨다.

초병수칙(哨兵守則, Sentinel Orders)
초병이 경계임무를 수행하는 동안 준수해야 하는 규칙. 일반수칙과 특별수칙으로 구분된다.

초소(哨所, Guard Post)
초병이 경계임무를 수행하기 위해 배치되어 근무하는 일정한 장소.

초수평선레이더(超水平線~, Over the Horizon Rader; OHR)
전리층과 지표 사이에 반사를 반복하면서 도래하는 단파대를 사용하는 레이더. 수평선 너머의 표적을 탐지할 수 있는 레이더를 말한다.

ㅊ

초수평선상륙작전(超水平線上陸作戰, Over the Horizon Amphibious Operation)
해안선에서의 가시거리 및 레이더 탐지범위 밖으로부터 발진되는 상륙작전.

초월(超越, Passage of Lines)
1. 적과 접촉하고 있는 부대를 통과하여 한 부대를 투입하는 것.
2. (미국) Passage of Lines : 한 부대가 적과 접촉하거나 또는 접촉을 단절하기 위해서 다른 부대의 전투진지를 통과하여 전방 혹은 후방으로 이동하는 작전.

초월작전(超越作戰, Surpass Operation)
한 부대가 다른 부대를 통과하는 작전. 초월작전의 목적은 공격기세나 작전지속능력의 유지, 전투력의 보존, 또는 한 부대의 지연전이나 경계작전을 방어로 전환하기 위해 실시하거나, 부대 임무를 전환하고자 할 경우 현 임무를 해제할 목적으로 운용하는 등 전술계획의 필요에 따라 실시할 수 있다. 초월작전은 상황에 따라 초월공격과 후방초월로 나뉘는데, 초월공격은 한 부대가 적과 접촉 중인 부대를 통과하여 공격하는 작전이고, 후방초월은 한부대가 적과 접촉을 단절하고 다른 부대를 통과하여 후방으로 이동하는 작전이다.

초월전진(超越前進, Leap-Frog Jumps)
1. 2개 이상의 부대가 적과 대치하고 있는 아군부대를 초월해서 교대로 전진하는 것.
2. 우군부대가 점령 또는 접적하고 있는 선을 통과하여 후방부대가 전방부대와 교대하여 전진하는 것.

초전(初戰, First Battle)
피아 편성된 부대간의 초기전투 행동. 적성국간의 전쟁이 개시되는 시점을 시간상의 개념으로 지칭하는 것으로 국부전이나 전 전선에 걸쳐 일어나는 군사적 싸움을 통칭하는 말이다. 현대전은 초전의 승패가 전쟁의 승패에 직결되기 때문에 초전의 중요성은 증대되고 있다.

초중포(超重砲, Very Heavy Artillery)
대포를 구경에 의해 분류할 때 210 mm보다 큰 구경의 포.

촉각기뢰(觸角機雷, Horn Mine)
몸통이나 부속품에 장치된 뿔처럼 돌출된 부분이 목표물에 접촉하면 휘거나 절단되어 작동하도록 설계된 기뢰.

촌단공격(寸斷攻擊, Multiple Counter-Attack Operation)
적 공격제대의 간격이나 부대간격을 절단함으로써 적의 조직적인 공격능력을 분쇄하여 공격기세를 약화시키고 적 부대의 균형을 와해, 마비, 격멸시키는 방어시의 공세행동. 적의 전차 및 기계화 부대에 의한 전격전에 대응하는 전술개념으로, 적의 종심 기동부대가 아군의 주 방어지역을 돌파하여 계속 종심지역으로 전진하였을 때, 측후방으로 기동하여 실시한다.

총(銃, Gun, Rifle)
화약의 힘으로 발사하는 비교적 작은 총포(銃砲)를 통틀어 이르는 말. (주로 개인용의 권총 · 소총 · 엽총 따위) 총포.

총강(銃腔, Bore)
약실로부터 총구 끝까지의 총열의 비어있는 내부.

총강조준(銃腔照準, Bore-Sighting)
무반동총의 총강축선과 가늠자 조준선을 평행시키거나 원거리(유효사거리)의 한 지점에 일치시키는 것. 총강조준은 최초로 총을 수령했을 때와 총의 부속품을 교환했을 때, 그리고 장거리 이동을 하였거나 사격전 또는 사격 간 총강조준이 의심스러울 때 실시한다.

총검술(銃劍術, Bayonet Fighting)
총 끝에 칼을 꽂아서 적을 무찌르는 기술.

총검공격은 화력만으로 적을 섬멸할 수 없을 때 사용하거나, 적과 근접한 상태에서 소총탄이나 수류탄 등이 없거나 이를 사용할 수 없는 경우 최후수단으로 사용한다.
(북한) [창격술(槍擊術)]

총격(銃擊, Rifle-Shooting; Gundown)
총기(銃器)로 사격함.

총괄판매(總括販賣, Blanket Order Case; BO)
대외군사판매 형태 중의 하나로 대상품목과 수량을 지정하지 않으나, 기능장비별 연간소요 물량분에 대한 총 소요금액과 청구시한을 명시하여 이루어지는 계약. 수리부속, 발간물, 지원장비, 수정작업 및 교육 보조재료 등은 총괄판매로 구입할 수 있다. 총괄판매로 구매할 수 없는 품목은 비밀물자, 폭발물, 유류, 완성장비, 무기체계, 목재, 의무물자를 제외한 비표준품목, 도태품목 및 기술자료 등이며, 총괄판매 계약에 의한 청구시한은 통상 12개월이다.

총 노출량(總露出量, Total Dosage)
화학 작용제 농도에 총 노출시간을 곱한 노출량의 단위.

총동원(總動員, Total Mobilization)
사전에 계획된 국가의 유형, 무형의 제반자원을 단계적으로 모두 동원하는 것. 일반적으로 전쟁형태는 단일무력전 단계와 총동원 전쟁 단계를 거쳐 무제한 전쟁의 단계로 발전하면서 국가와 국민의 정신적, 물질적 역량을 모두 동원 결집시켜 전쟁의 목적을 달성하기 위해 전력화하게 된다.

총력전(總力戰, Total War)
전쟁의 목적을 달성하기 위하여 국가가 가진 모든 분야의 총력을 기울여서 수행하는 전쟁. 총력전 개념은 클라우제비츠에 의하여 발상되어 독일의 루덴돌프에 의해 강조되었고, 제2차 세계대전을 거치면서 전쟁의 양상이 무제한 전쟁의 단계로 발전함으로써, 국가와 국민의 정신적, 물질적 역량을 총 동원 결집시켜 이를 전쟁목적의 달성을 위해 조직하고, 전력화 하여 유기적 통일적으로 일체화 하는 총력전 개념으로 발전하였다.
〈동〉 [전면전쟁]

총력전략(總力戰略, Total Strategy) ☞ [국가전략]

총류탄(銃榴彈, Rifle Grenade)
소총의 총구에 부착하는 특수 발사장치로부터 발사되도록 만들어진 유탄 또는 소형 폭탄. 소총에서 격발되는 특수공포탄으로 추진되며, 40 mm 유탄은 총류탄이 발전된 것으로 개인화기 총구가 아닌 별도로 부착된 유탄발사기를 이용해 발사하므로 총류탄이라고 할 수 없다.
(북한) [척탄통(擲彈筒)]

총상(銃床, Emplacement)
사격임무를 수행할 수 있도록 구축된 호에서 총을 거치하고 사격할 수 있도록 만들어진 평평한 부분.

총전력(總戰力, Total Force) ☞ [총체전력]

총체전력(總體戰力, Total War Potential, Total Force)
한 국가의 가용한 상비 및 동원 전력의 총계(총합).
〈동〉 [총전력]

최고탄도고(最高彈道高, Maximum Ordinate Hight)
포가 방열되었을 때 포구의 중앙(원점)과 탄도의 가장 높은 지점(정점)간의 고도상의 차이.

최대발사속도(最大發射速度, Maximum Rate of Fire)
화기의 분당 최대 발사탄 수.

최대사거리(最大射距離, Maximum Range)
화기의 사격 가능한 최대거리. 화기의 성능을 측정할 때 사용.

최대유효사거리(最大有效射距離, Maximum Effective Range)
한 무기로 원하는 목표물을 파괴하기 위하여 명시된 정확성을 갖고 파괴용 사출탄을 도달시킬 수 있는 최대거리.

최대유효음탐속력(最大有效音探速力, Maximum Effective Sonar speed; MESS)
음탐기의 성능을 과도하게 저하시키지 않으면서 개별 수상함이 기동할 수 있는 최대속력.

최대이륙중량(最大離陸重量, Maximum Takeoff Weight)
항공기가 이륙하기 위해 설계상 제한적인 부분과 운영 면에서의 한계를 벗어나지 않는 한도 내에서 최대 적재 가능한 중량.

최대작전심도(最大作戰深度, Nominal Diving Depth)
잠수함이 적의 음탐기 성능을 고려한 공격 및 방어를 위해 최대한 잠수하는 작전 잠수수심.

최대지속잠항속도(最大持續潛航速度, Maximum Sustained Submarged Speed)
잠수함이 정상기능을 유지하면서 잠항을 지속할 수 있는 최대속도.

최대허용선량(最大許容線量, Maximum Permissible Dose; MPD)
현행 작전상의 군사적 고려사항과 일치되도록 군사지휘관이나 기타의 권한자가 그 부대 요원이 특정기간에 흡수하게 되는 누적 방사선의 최대 허용한계를 규정한 방사선량.

최대허용피폭선량(最大許容被暴線量, Maximum Permissible Exposure Dose)
군 지휘관 또는 관련기관이 현행 군사작전 여건을 고려하여 규정한 해당 부대 구성원에게 어느 일정 기간 내에 허용되는 피폭선량의 최대값.

최루작용제(催涙作用濟, Tear Gas Agent)
폭동 진압용 화학무기의 하나로 눈물샘을 자극하여 눈물을 흘리게 하거나 호흡곤란을 일으키는 화학작용제. 오염되면 눈이 쓰리고, 고농도가 되면 피부를 자극하여 일시적 화상과 가려움증, 호흡곤란이 일어날 수 있다. 응급처치는 눈을 비비지 말고, 바람 부는 방향을 향해 눈을 크게 뜨고 몸과 옷에 묻은 작용제를 털어내야 한다.

최소사각(最小射角, Minimum Quadrant Elevation)
포병진지와 표적 사이에 있는 모든 차폐정(遮蔽頂)을 포탄이 안전하게 넘을 수 있도록 적용하는 가장 높은 차폐정에 대한 사각.

최소사거리(最小射距離, Minimum Range)
화기와 표적 사이에 있는 아군부대나 장애물에 피해를 주지 않고 사격할 수 있는 최소거리.

최소안전거리(最小安全距離, Minimum Safe Distance)
1. 아군부대의 상공을 안전하게 통과할 수 있는 최하의 탄도에 해당하는 거리.
2. 핵무기 운용에 있어서 부대안전을 99% 보장하는 데 소요되는 요망지상 원점으로부터 아군부대 진지까지의 최소거리.

최소 안전고도경고(最小安全高度警告, Minimum Safe Altitude Warning; MSAW)
자동레이더종말체계 ARTS(Automated Rader Terminal System)를 가동하여 모든 관제항공기를 감시하다가 항공기가 설정된 안정한 상황에서 벗어나면 경고를 보내는 시스템.

최소연료(最小燃料, Minimum Fuel)
조종사가 정상적인 항공통제를 받아 안전하게 착륙하는 데 소요되는 최소한의 항공기 탑재연료.

최소예상선(最小豫想線, Minimum Line of Expect)
적의 입장에서 아군이 공격하지 않으리라고 생각하는 지점 또는 지역을 아군이 판단하는 곳. 손자병법의 "출기불의(出其不意)"를 리델하트가 간접접근 전략에 적용한 것으로 심리적인 면이 강조된 용어이다.

최소위험경로(最小危險經路, Minimum Risk Route; MRR)
아군의 항공기가 전술작전지역에 들어가 임무를 수행한 후 아군 지역으로 복귀 시 적기로 오인가능성을 최소화하기 위해 사전에 설정하는 비행로.

최소저항선(最小抵抗線, Minimum Resistance Line)
적의 입장에서 아군이 공격하지 않으리라고 생각하여 군사적인 대비책을 강구하지 않은 지점 또는 지역. 손자병법의 "공기무비(攻其無備)"를 리델하트가 간접접근 전략에 적용한 것으로 물리적인 면이 강조된 용어이다.

최소 정상폭발고도(最小正常爆發高度, Minimum Normal Burst Altitude)
핵탄두가 정상적으로 폭발하기 위해 설정한 지상으로부터의 최저 한계의 고도. 통상 이 고도 이하에서는 항공 핵탄두를 폭발시키지 않으며, 항공위험과 지상활동 둘 다 알고 있는 지휘관이 적절한 최소정상 폭발고도를 선정한다.

최소처치환자(最少處置患者, Minimal Treatment Patient)
전시나 평시에 대량전상자가 발생했을 때 상태별 환자분류의 한 방법으로, 사망 및 불구의 위험이 전혀 없이 최소한의 치료를 요하는 환자를 가리킴. 원대 복귀하여 임무수행을 계속할 수 있는 환자와 임무수행이 불가능하여 후송을 요하는 환자로 구분한다.

최소피해반경(最小被害半徑, Minimum Radius Damage)
수직 공산오차를 고려하여 요망 폭발고도 중심으로 단발 운용 시 90% 보장범위 내에서 가장 불리한 곳에 폭발될 것으로 예측했을 때의 피해 범위.

최우선표적(崔優先標的, Top-Priority Target)
요청 시 다른 표적보다 우선권을 갖는 표적. 기동부대장이 표적의 형태, 위치, 표적의 시한성에 따라 지정하며, 지정된 사격부대 화포는 다른 임무가 없을 때 그 표적을 지향한다.

최저강하고도(最低降下高度, Minimum Descent Altitude; MDA)
각도가 제공되지 않는 표준계기비행 접근절차에서 최종 접근로 상에서, 또는 선회착륙 접근로 상에서 항공기가 강하할 수 있도록 인가된 최저고도. 해발 피트(Feet)로 표시한다.

최저고도폭격(最低高度爆擊, Minimum-Altitude Bombing)
900피트 이하의 고도에서 투하하는 수평폭격 또는 활공폭격.

최저안전고도(最低安全高度, Minimum Safe Altitude)
고지 또는 기타 지상 장애물로 인하여 그 이하는 비행에 위험한 고도.

최저요격선(最低邀擊線, Minimum Line of Interception)
요격기가 방공무기의 방어구역선 밖에서 적 비행물체를 요격하는 최소한의 선으로 전투시간 동안 비행하게 되는 최소한의 거리.

최저탐지선(最低探知線, Minimum Line of Detection)
관제레이더가 적기의 진입을 탐지해야하는 최저 거리.

최저표척사격(最低標尺射擊, Grazing Fire)
기관총의 집중탄도의 중심이 지면으로부터 1 m 이상 올라가지 않은 사격 방법. 이 방법으로 사격 시 탄도 상에서는 물론 피탄지에서도 피해를 줄 수 있어 사격의 효과를 최대로 거둘 수 있기 때문에 평탄하거나 균등히 경사진 지형에서 600 m 이내에 적에게 조준사격 할 때 사용된다.

최적발사속도(最適發射速度, Sustained Rate of Fire)
사수가 조준사격을 하면서 총에 무리가 없이 장시간 동안 사격을 계속할 수 있는 속도.

최적심도(最適深度, Best Depth; BD)
잠수함이 수상함에 의해 탐지되지 않고 활동할 수 있는 가장 적절한 수심.

최종거리탄도탄(最終距離彈道彈, Ultimate Range Ballistic Missile)
지구를 일주한 거리의 반 또는 반보다 약간 긴 사거리를 가진 탄도탄. 임의의 발사지점에서 지구상 어느 곳에 있는 목표라도 사격할 수 있다.

최종상태(最終狀態, End State)
군사작전을 통하여 최종적으로 달성해야 할 피·아의 군사적 상황. 임무와 작전의 목적을 기초로 군사력이 지향되어야 할 방향을 제시할 수 있도록 설정되어야 한다. 통상 작전이 종료되었을 때 지휘관이 요망하는 적과 지형, 아군부대의 모습으로 설정된다.

최종유도작전(最終誘導作戰, Terminal Guidance Operation; TGO)
획득된 주요 고가치 및 핵심 표적에 대해 항공기가 요망되는 시간과 장소에 공격이 용이하도록 지상에서 레이저 표적지시기 등의 수단을 이용하여 최종안내 역할을 제공하는 작전.

최종임무브리핑(最終任務~, Final Mission Briefing)
탑재지대나 항공기의 집결 또는 이동대기 지역에서 대개 작전실시 2~3시간 전에 작전의 임무에 대해 최종적으로 실시하는 브리핑. 공중강습작전의 실시여부를 결심하기 위한 최종 여건을 점검하기 위한 절차이다.

최종폭탄투하선(最終爆彈投下線, Final Bomb Release Line; FBRL)
폭격기가 목표의 중심에 폭탄을 명중시키기 위하여 마지막으로 폭탄을 투하하는 방어된 지역 또는 목표 주위의 가상선.

최초보급(最初補給, Initial Supply)
해군 상륙작전 시 최초강습에서 목표지역으로 이동하는 동안 후속함선의 수송에 의한 재보급이 가능할 때까지 상륙군을 지원하기 위해 계획된 보급.

최초사격요구(最初射擊要求, Initial Fire Request)
관측자가 포병사격을 위해 사격부대에 최초로 사격을 요구하는 것.

최초사진판독보고서(最初寫眞判讀報告書, Initial Photographic Interpretation Report; IPIR)
기 계획된 임무목표 또는 이 목표에 상응하는 주요정보, 첩보를 보고하는 데 사용되는 보고서. 최초사진판독보고서는 신속한 정보

전달을 위해 가능한 한 판독 후 4시간 이내에 전파해야 한다.

최초양륙기간(最初揚陸期間, Initial Unloading Period)
상륙하는 첫 제파가 상륙 후 하역을 하는 기간으로, 상륙군의 소요에 즉각 호응해야 하는 함안 이동의 일부분임.

최초운영능력(最初運營能力, Initial Operational Capacity; IOC)
신규 획득하여 야전에 배치된 무기체계에 대하여 적절한 훈련을 받고, 장비요건을 구비하여, 지원을 받은 부대나 인원에 의해 조작 또는 운용되었을 때 달성해야 하는 최초의 특정한 능력.

최초재집결지(最初再集結地, Initial Re-Assembly Area)
침투부대원이 공중이나 해상, 지상침투 후 최초로 재집결하는 장소.

최초진입지점(最初進入地點, Initial Point; IP)
표적으로 돌진하기 위한 출발점으로 사용되는 시각 또는 전자적으로 쉽게 구별이 되는 특정지점, 참조점으로 사용되는 지상표면에 미리 선정한 지점.

최초집결지(最初集結地, Initial Assembly Area)
전시에 인원 및 물자를 집결하기 위하여 읍 · 면 · 동 단위에 설치된 장소.

최초폭탄투하선(最初爆彈投下線, Initial Bomb Release Drop Line)
폭격기가 방어지역이나 표적의 가장 근접 지역에 명중시키기 위하여 폭탄을 투하하는 최초지역 또는 표적 주위의 가상선.

최초항적설정(最初航跡設定, Initiate Track)
운영자가 스위치를 조작하여 비행중인 물체의 항적 또는 최초 입력부호를 수상기에서 설정하는 행위.

최후방어사격(最後防禦射擊, Final Defensive Fire)
방어시 거점 직전방과 측방 등의 적 접근로 및 침투로 지역에 적의 돌격을 최후로 저지 및 격멸할 수 있도록 화력을 집중 운용하는 계획사격. 개략적인 위치는 연대장 및 대대장이 선정하고 정확한 위치는 중대장이 선정한다.
(북한) [전면적 화력권사격(全面的 火力圈射擊)]

최후저지사격(最後沮止射擊, Final Protective Fire)
(미국) 적이 아군 방어선이나 방어지역을 통과하는 것을 저지하기 위해 사전에 계획된 즉각 가용한 화력의 장벽.

최후저지선(最後沮止線, Final Protective Line)
아군 방어선이나 방어지역을 통과하기 위해 돌격해오는 적을 가용한 모든 수단을 이용하여 최종적으로 저지하기 위해 사전에 선정한 선. 최후저지선은 진지전면과 평행이 될 수도 있고 교차될 수도 있다.

추격(追擊, Pursuit)
도주하는 적의 전투의지를 파괴하거나, 적 부대를 격멸하여 결정적인 승리로 전투를 종결하기 위하여 실시하는 공격작전. 추격의 목적은 방어능력을 상실하고 도주를 시도하는 적 부대를 직접 압박하고 퇴로를 차단하여 협격함으로써 적 주력을 격멸하는 데 있다. 통상 협조된 공격이나 전과확대에 이어서 적이 전면적 철수를 시도할 경우 실시하므로 한시라도 빨리 추격으로 전환할 수 있도록 사전에 준비해야 한다. 추격의 형태에는 적의 도주로를 따라 정면에서 적을 압박하는 정면추격과 정면압박 및 퇴

ㅊ

로차단을 병행하여 격멸하는 혼합추격이 있다.

추서진급(追敍進級, Posthumous Promotion)
이미 고인이 된 장병에 대해 사후(死後)에 그 공을 인정하여 계급을 올리는 것.

추적(追跡, Tracking)
1. 이동표적의 축차적 위치를 관찰하여 지도상에 계속적으로 표시하는 것.
2. 총포를 이동하는 표적을 따라 계속적으로 적절히 조준하는 것.
3. 적의 자취를 따라 쫓거나 추격하는 것.
4. 비행기나 선박을 향한 유도탄이 표적 근처에 도달하면 표적으로부터 방출되는 열선인 전파를 감지하고 계속 추격하는 것.

추적감시(追跡監視, Tracking Surveillance)
이동표적에 대하여 다수의 정찰감시부대를 운용하여 그 자취를 따라가며 감시하는 첩보활동.

추적관리(追跡管理, Tracking Management)
예비군 동원 관리 업무에서는, 예비군 동원 지정자가 다른 지역으로 주민등록을 변경할 때, 대체지정을 하지 않고 최초 지정자를 소집부대로 입영하도록 하기 위하여 추적하여 관리하는 것을 이르는 말.

추적레이더(追跡~, Tracking Radar)
탐지레이더로부터 탐지된 표적 중에서 할당된 표적에 대한 포착 및 추적을 실시하는 레이더.

추적유도(追跡誘導, Homing Guidance)
유도탄의 유도장치가 표적이나 추적레이더로부터 방사되는 전파를 수신하여 유도제원을 산출해서 표적을 찾아가는 유도방법.

추정과업(推定課業, Implied Task)
상급사령부로부터 하달되는 계획이나 명령에는 명시되어 있지 않지만 명시된 과업과 작전목적을 달성하기 위해 필수적이라고 추정되는 과업. 지휘관의 임무분석 과정에서 상급부대의 명령과 지휘관의 의도, 적의 상황, 적의 방책 및 지형 등을 분석하여 염출한다.

추진매복조(推進埋伏組, Advance Ambusher)
적 접근을 조기에 경고하고, 적의 침투 및 기습을 방지하기 위해 전투지역 전단 전방의 소총유효사거리 이내의 적 접근로를 통제할 수 있는 장소에 운용되는 국지경계부대. 통상 2명~분대 규모로 편성.

추진보급(推進補給, Propulsion Supply)
상급 군수지원부대에서 하급부대로, 후방부대에서 전방부대로 군수품을 지원하는 군수지원 방법. 피지원 부대가 지원부대의 보급시설에서 보급품을 수령하는 보급소분배의 반대개념으로서 보급계통의 각 단계를 모두 거치거나 또는 중간단계의 한두 단계를 거치지 않고 사용부대에 지원한다.

추진보급지원(推進補給支援, Automatic Supply)
전투부대가 전투에만 전념할 수 있도록 접적 및 주요 전투부대에 긴요물자(급식, 유류, 탄약 등)의 지원요소를 사전 판단하여 상급 군수지원부대에서 예하 피지원부대에 추진보급 지원하는 것. 군수지원부대는 전투부대를 찾아서 지원할 수 있는 능력을 구비하고 피지원부대는 지원부대가 찾아갈 수 있도록 필요한 대책을 강구해야 한다. 추진보급지원은 추진보급과 내용으로는 상당한 차이가 있으나 용어 자체로는 구분이 어렵기 때문에 Automatic 뜻에 해당하는 [자동보급] 또는 의미상으로 볼 때 [계획보급] 이라는 용어로 재정립할 필요가 있다.

추진장약(推進裝藥, Propelling Charge)
총포 내부에 충전되어 탄두를 추진시키는 역할을 하는 화약, 통상 흑색화약 또는 무연화약이 사용된다.

추진제(推進劑, Propellant)
총알, 포탄이나 탄환, 또는 로켓 등의 추진력을 제공하기 위한 화약 또는 액체로 된 연료. 화약을 주로 가리킬 때는 추진장약이라고 한다.

추진진지(推進陣地, Advance Position)
적의 침투 및 기습을 방지하고, 접근하는 적에게 기습공격을 가하기 위해 전토진지에서 지원이 가능한 전방에 점령하는 진지.

추출(抽出, Extraction)
한 기동부대에게 한정된 임무를 부여하기 위하여 통상 모체부대(운용부대)의 최종 목표까지 포함되지 않도록 전투지경선을 계획하는 것.

추출공수(抽出空輸, Low Altitude Parachute Extract)
저고도에서 낙하산을 이용하여 물자 및 무기를 낙하하는 것.

축사기(縮射器, Trainer)
화포의 기능 및 조작방법과 사격술을 숙달시키기 위해 특별히 제작한 훈련용 화포 발사기. 사격장 조건과 탄약이 가용치 않을 때 유사하게 고안된 탄약으로 사격훈련을 실시하여 효과적인 훈련성과를 얻을 수 있게 한다.

축성(築城, Fortification)
특정 지역의 자연적인 방어력을 증강시킴으로써 적군의 행동을 제한하고 아군의 병력을 절약하며, 적의 행동으로부터 인원과 물자를 보호할 수 있다고 판단될 때, 그 지형에 적합한 군사시설을 구축하는 것.

축차공격(逐次攻擊, Piecemeal Attack)
부대를 차례차례 투입하여 공격하는 것.

축차목표(逐次目標, Successive Objective)
부대 공격 목표 설정 방법의 하나로서, 주공부대의 일부가 공격개시와 함께 나머지 부대의 지원 하에 하나의 목표를 향해 돌격하면, 그 다음 다른 부대가 또 다른 목표를 공격하도록 차례를 매겨 설정한 목표. 지휘관은 돌격부대가 최초 목표를 소탕할 수 있을 것으로 판단하면 최종목표에 이르기까지 이런 방법으로 공격을 진행할 수 있다.

축차진지상에서의지연전(逐次陣地上~遲延戰, Delay on Successive Positions)
☞ [지연전]

출동(出動, Marching)
부대 따위가 활동하기 위하여 목적지로 떠남.

출동준비(出動準備, Mounting)
가까운 장래에 예상되는 작전에 대비하여 주둔지 및 소산지 등 지정된 지역에서 만반의 준비를 갖추는 것. 예를 들면, 비상발령에 따른 경보전파, 군장결속, 영외거주자 소집, 증가초소 운용, 식량·탄약 불출, 소산지 점령 및 군장검사 등 출동을 위한 제반 준비를 완료하는 하는 절차가 이에 해당된다.

출동준비지역(出動準備地域, Mounting Area)
상륙작전이나 공정작전에 지정된 부대가 그 장비와 더불어 집결하여 돌격준비를 위하여 함선이나 항공기에 탑재하는 장소.

출동집결(出動集結, Marshalling)
1. 상륙작전이나 공수작전에 참가하는 부대를 탑승점 근처에 있는 임시병영으로 이동시키거나, 가능한 시기에 각 부대별로 집결시켜 전투 준비를 완료하고 적재준비를 하는 절차.
2. 보급품이나 장비품, 특히 수송용 차량 등을 전방으로 이동시키기 위하여 조립, 대기, 편성하는 절차.

출발점(出發點, Starting Point; SP)
1. 부대의 이동이 시작되는 지점.

2. 행군시 행군제대를 이루는 각 부대가 도착하여 이동을 명령한 지휘관의 통제 하에 들어가는 지정된 장소.

충격신관(衝擊信管, Percussion Fuze)
탄두가 지면이나 물체에 부딪혔을 때 점화 또는 기폭하게 설계된 신관. 충격신관의 종류로는 순발기능 충격신관과 지연기능 기폭신관이 있다.

충격파(衝擊波, Shock Wave)
공중, 수중 및 지하 폭발에서 생기는 고열 가스의 팽창으로 인하여, 폭발지역으로부터 계속적으로 전파되는 압력파.

충격효과(衝擊効果, Shock Effect)
기갑 및 기계화 부대 운용 시 강력한 화력, 신속한 기동력, 장갑보호력을 바탕으로 신속하고 과감한 공세행동을 통해 적에게 물리적, 심리적 기습을 달성함으로써 나타나는 결과. 사고와 행동을 마비시키며 저항의지를 상실케 하는 효과가 있다.

충무계획(忠武計劃, Chung-Mu Plan)
전시 또는 국가 비상사태 시에 국가가 능동적으로 대처하기 위하여 평시에 준비하는 범국가적인 비상대비 계획. 동원계획의 기초가 되며, 정부 자원관리 주관부처별로 소관자원의 운영과 기능수행을 위한 계획을 수립하게 된다. 이러한 충무계획을 시행하는 목적은 국가비상시 군사작전을 효율적으로 지원하고 전시 정부기능을 유지하며 국가자원의 신속한 동원을 보장하고 국민생활의 안정을 도모하는데 있다. 충무계획의 구성은 총괄기관인 국무총리가 작성하는 기본계획, 주무부(처) 장관이 작성하는 집행계획, 시·도지사와 특별지방행정관이 작성하는 시행계획 및 구·시·군 및 중점관리업체의 장이 작성하는 실시계획으로 구분된다.

충무사태(忠武事態, Chung-Mu Situation)
국가비상사태 하에서 사전조치를 강구하기 위한 비상사태 명칭을 "충무사태"라고 함. 단계별로 1~3종 사태로 구분하고, 선포절차는 국방부장관의 제안으로 국무회의의 심의를 거쳐 대통령이 선포함.

충원소요(充員所要, Filling Requirement)
전시, 사변 또는 다른 법률에 의하여 동원이 선포된 경우에 현역군 부대편성이나 작전수요에 필요한 인원.

충원소집(充員召集, Filling Mobilization Call-Up)
전시 또는 이에 준하는 국가비상사태로 동원령이 선포될 경우, 부대편성이나 작전수요를 위하여 예비역장교, 준사관 및 부사관과 군복무 종료 후 8년 이내가 되는 예비역의 병 및 교육소집을 마친 보충역의 부사관 또는 병을 소집하는 것.

취약점(脆弱點, Vulnerability)
전투력 자체의 부족 또는 결점에 의해서가 아니라 외부로부터 공격을 받았을 때 쉽게 붕괴하거나 회복하기 어려운 곳. 예를 들면 지휘중추, 병참선 등을 가리킨다.
〈유〉 [약점]

취역(就役, Commission)
임명된 장교의 지휘 아래 함정이 취역기(pennant)를 달고 당직자를 배치하여 현역근무를 시작하는 것을 말함. 이러한 의식을 취역식이라고 한다.

측면이동(側面移動, Flanking Movement)
적으로 하여금 최초 적이 의도하는 방향이나 장소가 아닌 곳에서 전투 행위를 강요하기 위해서 부대가 알고 있거나 의심되는 적의 측방을 향하여 곧바로 이동해 가는 것. 측면 이동을 실시할 때 사용되는 기본적인 기동 형태는 포위 및 우회이동이 있다.

측방경계(側方警戒, Flank Security)
부대의 측방에 대한 적의 지상 및 공중관측, 공격, 기습, 기타 위협으로부터 부대를 보호하기 위하여 취하는 제반 활동. 사단, 군단 및 야전군의 측방(Flank)이란 측방진지를 점령하고 있는 최전방 대대의 후방에서부터 해당 부대의 후방 전투 지경선까지 측방 지경선이 연장된 측방이다.

측방공격(側方攻擊, Flank Attack)
적의 주력이 지향하는 좌측 또는 우측을 공격하는 것. 측방은 대개 적의 대비가 미약하거나 조직적 전투력 발휘가 제한된다.

측방탐색 항공탑재 레이더(側方探索航空搭載~, Side Looking Airborne Rader; SLAR)
비행항로의 좌우로 조준된 안테나를 갖고 있는 고도의 분해 능력을 가진 항공탑재 레이더. 이 장비는 지도제작, 해면 잡음 상황하에서 잠수함 스노클(Snorkels) 탐지 등에 활용된다.

측위(側衛, Flank Guard)
능력 범위 내에서 적을 격파, 격멸, 지연함으로써 적의 지상관측 직사화기 및 기습적인 공격으로부터 이동 중이거나 정지하고 있는 부대를 방호하기 위하여 그 부대의 측방에서 작전하는 경계부대.
(북한) [측첨(側尖)]

측정식합격제훈련(測定式合格制訓練, Measurement Style Training)
모든 훈련에 대해 측정을 실시하여, 요망수준에 도달했을 때 그 개인과 부대에 대해서 적절한 혜택을 받게 함으로써 훈련 대상의 적극적인 참여를 유도하여 훈련성과를 조기에 달성할 수 있도록 하는 훈련방법. 각 단계의 훈련수준에 도달한 개인이나 부대에게는 휴식 보장은 물론, 조교로 활용하거나 다음 단계의 훈련과정을 먼저 받을 수 있도록 하는 등 훈련소요를 단계적으로 최소화하고 훈련 소요시간을 절약하여 훈련에 적극 참여할 동기를 유발하는 효과가 있다.

측지위성(測地衛星, Geodetic Satellite)
지구상의 절대거리를 정밀하게 측정하거나 지구의 형상을 자세하게 조사하는 것을 주 임무로 하는 인공위성. 위성이 발사하는 전파, 섬광 또는 반사광을 지상의 여러 지점에서 동시에 관측하여 삼각측량의 요령으로 위치를 산출한다. 미국의 '안나'위성이 섬광형의 대표적인 측지위성이다.

측지통제점(測地統制點, Survey Control Point)
측지의 기준점으로서 정확한 측지제원을 알고 있는 지점. 반영구적이며 식별이 용이토록 설치한다.

층심도(層深度, Layer Depth)
해면으로부터 가장 예민한 온도변화를 가진 층의 깊이.

층심도거리(層深度距離, Range at Depth)
층심도에서 활동하는 잠수함을 탐지할 수 있는 최대거리. 이는 대잠함정의 유효 음탐거리의 산출에 영향을 미치는 중요한 요소의 하나이다.

치료소(治療所, Clearing Station)
전투지대 내의 환자수집소로부터 접수한 환자를 치료하고, 환자의 부상정도에 따라 군단 지원병원 및 후방병원으로 후송을 담당하는 사단급 의무근무대에서 운용하는 의무시설.

치사량(致死量, Lethal Dosage)
화학작용제에 오염되어 사망할 수 있다고 예측된 양. 증기치사량은 LCT, 액체 치사량 LD로 표시한다.

치사선량(致死線量, Lethal Dose)
대량의 방사선에 노출되었을 때 치사를 초래하는 선량. 비확률적 영향으로 최악의 것은 노출 후 단기간에 사망하는 경우이다. 전신이 약 7그레이(Gy)의 방사선에 노출되면 2~3주간 이내에 100% 사망하며 이것을 전(全)치사선량(LD100)이라고 한다. 약 4그레이로는 50%가 거의 1개월 이내에 사망하는데 이것을 반(半)치사선량(LD50)이라고 한다.

치사작용제(致死作用劑, Lethal Agent)
표적지역에 있는 인원에 대하여 치사시킬 목적으로 사용하는 화학 또는 생물학 작용제.

치장(置藏, Store)
장비 및 물자의 사용통제와 치장방침에 의거 평시 운영량(운용수준) 초과분, 인가초과분 및 전시 긴요물자 · 장비 등에 대하여 사용을 완전 통제함으로써 전시 소요를 충당하기 위하여 일정한 장소에 저장하는 것을 말함.

치장물자(置藏物資, Stored Equipment)
전시편제 소요를 위하여 확보한 물자 중 평소에 사용하지 않고 일정한 장소에 저장, 관리하고 있는 물자.

치장장비(置藏裝備, Stored Equipment)
장비 사용통제와 치장방침에 의거 치장해 둔 장비를 가리킴. 전시 동원소요를 평시에 비축하기 위하여 인가된 장비라 하더라도 전량 사용하지 않고 작전 및 교육수행 등 필수소요에 국한하여 운용하고, 기타 장비는 수명을 연장함과 동시에 운영유지비를 절약하기 위하여 치장해 둔다.

치중대(輜重隊, Train)
군수지원을 제공하는 제반 전투근무지원 부대의 집단. 대대급 이하의 보급, 후송 및 근무 등 군수지원을 제공하는 차량과 운영요원으로 구성된다. 치중대는 전투치중대와 야전치중대로 분류하며, 각종 분배소, 수집소, 취사장, 정비반, 차량반 및 수용소, 급수장, 통신, 총포 및 차량정비반, 후송반, 영현반과 지원 배속부대 및 예하대(隸下隊)의 일부 치중대가 치중대 부근에서 운용된다. (북한) [경리식량처]

치흔지(治痕紙, Paster)
사격훈련 시 사격으로 뚫린 표적의 구멍을 덮기 위해 사용하는 용지.

침공(侵攻, Invasion)
다른 나라를 침범하여 공격함.

침공작전(侵攻作戰, Intruder Operations)
적지 상공에서 주간이나 야간에 실시되는 공격작전. 제1차적인 목적은 적의 기지 주변에 있는 적 항공기를 파괴하는 데 있다.

침략(侵略, Aggression)
한 국가에 의한 다른 국가의 주권, 영토보존, 정치적 독립에 대한 무력행사 또는 이에 준하는 기타 군사적 행위를 통틀어 이르는 말. 1974년 12월 14일 유엔총회 본회의에서 의결된 국제적 공인용어이다.

침묵해제(沈默解除, Silence Lifted)
무선 및 시각통신의 침묵을 더 이상 유지할 필요가 없다고 인정될 때 침묵을 해제시키는 것.

침입탐지시스템(侵入探知~, Intrusion Detection System; IDS)
컴퓨터 시스템의 비정상적인 사용, 오용, 남용 등을 실시간으로 탐지하는 시스템.

침투(浸透, Infiltration)
특정 임무를 수행하기 위하여 적의 후방에 육상 · 공중 · 해상 및 지하(땅굴)로 부대를 은밀히 이동시키는 것. 아래와 같은 목적을 위해 수행한다.
1. 주공 및 조공과 더불어 중요지형 탈취.
2. 적 예비대, 화력지원 운반수단(특히 핵), 주요 사령부, 통신 및 군수시설 등을 공격하여 파괴함으로써 주공을 도움.
3. 정보목적을 위한 첩보 획득.

침투기동(浸透機動, Infiltration Movement)
공격부대의 일부 또는 전부가 적 방어진지의 간격이나 적 배치가 미약한 지역을 은밀히 통과하여, 적과 교전 없이 또는 최소한의 교전으로 적의 측·후방을 공격하는 공격기동 형태. 통상 적 지휘통제시설, 전투지원수단, 전투근무지원시설에 대한 타격, 적 증원 및 퇴로차단이 가능한 중요지형이나 결정적 작전을 수행하는 부대의 기동로 주변 애로 및 견부에 대한 확보, 그리고 강력히 편성된 적 방어진지를 측·후방에서 공격하기 위한 목적으로 실시한다.

침투로(浸透路, Infiltration Lane)
침투기간 동안 화력과 이동을 협조하기 위해 침투부대가 사용하도록 규정한 통로. 침투 시 침투부대의 일반적인 방향을 제시하고 화력과 기동을 협조하여 침투부대의 안전을 도모할 목적으로 운용한다.

침투 및 국지도발(浸透~局地挑發)
적이 일정지역에서 특정 목적을 위해 우리 국민과 재산 또는 영역에 가하는 일체의 위해행위.

침투 및 국지도발 대비작전 (浸透~局地挑發對備作戰)
평시에 지상·해상·공중을 통해서 침투하거나 침투하여 활동하는 적을 조기에 포착·격멸하며, 국민의 생명과 재산, 그리고 국가영역에 대한 군사적·비군사적 위협에 대비하기 위한 제반 작전. 침투 및 국지도발 대비 작전은 대침투작전과 국지도발 대비 작전으로 구분된다.

침투보호의(浸透保護衣, Permeable Protective Clothing)
수포성 작용제를 중화시킴으로써 침투를 방호해 줄 수 있도록 화학제로 처리된 특수피복.

침투부대(浸透部隊, Infiltration Force)
적 지역에 침투하여 병력 및 적 군사시설 등을 공격하거나 정찰·첩보수집 등을 위하여 운용되는 부대. 침투부대가 조공 임무를 수행하는 부대이고, 침투기동부대는 공격 기동형태인 침투기동을 적용하는 주 노력 부대이다.

침투비행(浸透飛行, Nap of the Earth; NOE)
적의 레이더, 육안관측, 화력 등을 회피하기 위해 지상의 장애물이나 수목의 사이를 따라 지표면에 근접하여 비행하는 방법. 지형 및 기상, 장애물, 적 상황에 따라 속도와 고도를 다양하게 변화시키며, 전방 작전지역이나 적지에서 적 위협이 증대될 때 실시하는 비행방법으로 전술지형비행의 한 형태이며, 저공수평비행, 등고선비행, 침투비행 등이 있다.

침투자산(浸透資産, Infiltration Assets)
침투에 사용되는 물리적 수단을 자산으로 간주한 것. 침투형태에 따라 공중침투 시에는 항공기(회전익, 고정익), 해상침투 시에는 잠수함, 해군함정, 동원선박, 고무보트 등이 있다.

침투종대(浸透縱隊, Infiltration Column)
적의 관측이나 공격을 회피하거나 기만하기 위하여 방어간격 혹은 경계가 미약한 지역을 은밀히 뚫고 들어갈 수 있도록 광범위하게 분산하여 이동하는 행군형태. 일반적인 횡대나 전술종대 대형보다 노출될 위험성이 적다.

ㅊ

ㅋ

카투사(~, Korean Argumentation to the U.S. Army; KATUSA)
주한 미 육군에 파견되어 근무하는 한국 국적의 병사.

칼스체계(~體系, Commerce at the Light Speed System; CALS)
어떤 제품에 대해서 계약에서부터 설계, 개발, 구매, 생산, 유지보수 등에 관한 모든 정보를 국제표준에 맞추어 디지털화 함으로써 네트워크를 통해 기업이나 국경에 관계없이 구축된 정보를 공유할 수 있도록 구현하는 체계. 우리말로 광속전자상거래체계, 광속상거래, 초고속경영통합정보시스템 등으로 번역된다.

캘리버(~, Caliber; CAL)
총포의 구경, 탄알의 직경을 표시하는 용어.

커튼연막(~煙幕, Smoke Curtain)
적의 지상관측으로부터 우군의 활동을 은폐하기 위해 적과 우군지역 사이에 수직으로 형성시키는 연막형태. 전투지역 전단에서 주로 운용하며, 적 지상부대의 관측활동은 방해하지만 적 공중관측은 방해할 수 없다.

컴퓨터 네트워크 공격(~攻擊, Computer Network Attack; CNA)
컴퓨터 및 컴퓨터 네트워크 또는 컴퓨터와 네트워크 속에 내장된 정보를 교란, 사용거부, 성능저하 또는 파괴시키는 행위.

컴퓨터 네트워크 방어(~防禦, Computer Network Defense; CND)
컴퓨터 및 컴퓨터 네트워크 또는 컴퓨터와 네트워크 속에 내장된 정보가 교란, 사용거부, 성능저하 또는 파괴되지 않도록 보호하는 행위.

컴퓨터 네트워크 작전(~作戰, Computer Network Operations; CNO)
컴퓨터 및 컴퓨터 네트워크 또는 컴퓨터와 네트워크 속에 내장된 정보를 공격하거나 이를 방어하는 작전.

케이블카 수송(~輸送, Cable Transportation)
여러 개의 강철빔에 의하여 지지된 '와이어로프'에 매달려서 운반되는 공중수송방법. 케이블카 수송은 항만 및 해변작업이나 선박의 접안이 불가능한 수역이나, 지형이 험준하여 횡단하기 곤란한 계곡(溪谷) 등에 설치 운용된다.
〈동〉 [삭도수송]

코일연막(~煙幕, Coil Smoke)
전방관측과 부대은폐를 병행할 목적으로 운용하는 코일 형태의 연막 대형.

콤포지션 폭약(~爆藥, Composition)
충격과 마찰에 민감한 RDX에 왁스나 TNT 등 가소제를 혼합하여 만든 폭약. 모든 유형의 폭파작업에 사용할 수 있지만 주로 철재 및 불규칙한 형태의 표적을 절단하거나 파괴할 때 사용되며, 가소성이 있어 빚어서 모양을 변형할 수 있으며, 방수효과가 있어 수중 및 늪지대에서도 사용이 가능하다.

크레모아(~, M18A1 Claymore Anti-Personal Mine)
M18A1 Claymore 대인지뢰의 별칭으로, 폭

발 시 쇠구슬과 같은 파편이 높이 2 m 이내로 부채꼴 형태로 비산하여 살상지역을 형성하는 수평세열식 지뢰. 주로 경계 및 매복 시 적의 접근이 예상되는 지역에 사용한다. (북한) [강구지뢰]

킬러 스카우트(~, Killer Scout)
통합임무명령서(ITO)에 명시된 임무를 수행하는 항공기. 표적의 효율성을 확인하여 전투 지역으로 진입하는 타 전투기에 유용한 표적을 지정하여 주며, 위협 및 기상에 관한 정보를 제공하거나, 새로운 표적의 좌표 및 표적을 설명하는 등의 임무를 수행한다.

킬박스(~, Kill Box)
지상군 지휘관의 기동계획과 전방 정보보고를 바탕으로 수립된 기계획 표적 및 표적지역. 킬박스를 설정하는 목적은 전방항공통제관(FAC)의 직접통제 없이도 전투기가 아군에 피해를 주지 않고 적을 공격하기 위해서이다.

타격(打擊, Strike)
파괴하거나 탈취 또는 상해를 입히기 위한 의도로 목표물에 가하는 공격 행위.

타격거점(打擊據點, Striking Point)
적 비정규전 부대의 대규모 다중도발에 대비하여 적의 예상 침투로 상의 주요목이 되는 지점에 중·소대 단위로 종심 깊게 설치한 소규모 거점.

타격작전(打擊作戰, Striking Operations)
목표물에 피해를 입히거나 점령, 파괴하기 위한 의도로 공격하는 작전활동. 적의 근거지 구축 및 조직적인 활동을 거부하고 재정비 시간 및 행동의 자유를 박탈함으로써 조기에 적을 탐색·격멸하는데 주안을 두고 실시하는 작전. 탐색단계, 차단 및 봉쇄단계, 격멸단계로 구분한다.

탄(彈, Bomb)
탄알, 포탄, 폭탄 따위를 통틀어 이르는 말.

탄도(彈道, Trajectory)
1. 탄두가 총구나 포구를 떠나서 탄착점까지 비행하는 동안 지구의 인력과 탄두의 무게 및 대기조건의 영향을 받아 탄두의 무게중심이 포물선을 그리며 지나가는 궤도.
2. 지속적인 추진력 제공 없이 최초 추진력으로 비과시 중력과 공기역학적 항력만의 작용에 의해 탄체가 그리는 궤도.

탄도계산기(彈道計算器, Ballistic Computer)
정확한 사격을 위해 예상 탄도를 계산해서 오차를 바로잡을 수 있도록 전차 포탑 내에 장치된 기재. 리드, 방위각 및 고저각, 시차 등을 입력하면 예상 탄도를 계산해서 제공함으로써 탄도 보정이 가능하도록 하는 장치이다.

탄도미사일 잠수함(彈道~潛水艦, Ballistic Missile Submarine)
탄도미사일을 탑재하고 있는 잠수함. 단거리의 수중발사미사일을 가지고 있는 재래형의 전술용 잠수함도 포함되어 있지만 일반적으로 전략핵미사일을 탑재한 잠수함을 가리킨다.

탄도유도탄(彈道誘導彈, Ballistic Missile; BM)
로켓을 동력으로 하고 그 안의 추진체가 연소되면서 탄환처럼 탄도를 그리며 원거리를 비행하는 유도탄. 유도탄의 궤적이 공기역학적 날개에 의존하지 않고, 그 진로가 추력이 없어질 때의 속도, 공력 및 중력에 의하여 결정되는 미사일을 말한다.

탄도유도탄 방어(彈道誘導彈防禦, Ballistic Missile Defense)
탄도유도탄의 공격을 무력화하거나 감소시키는 모든 방어 행위나 방법.
1. 능동적 방어방책(Active Defense Measure)
대탄도유도탄의 사용, 전자대항책, 적 유도탄기지의 강습 등을 포함한 적의 유도탄 공격을 요격 또는 파괴하는 직접적인 방어 행동.
2. 수동적 방어방책(Passive Defense Measure)
은폐, 엄폐, 분산이나 보호시설의 건설 등을 포함하여 적의 탄도유도탄 공격효과를 최소화시키려는 방어방법.

탄도탄 요격미사일(彈道彈邀擊~, Anti-Ballistic Missile; ABM)
탄도탄을 요격할 목적으로 제작된 미사일. 주로 지상발사식이며 낙하해 오는 적의 미사일 탄두를 요격한다. ABM의 핵탄두를 폭발시켜 적 미사일의 핵탄두를 무력화시키는 방법과 ABM의 선두부가 적 미사일에 명중하여 파괴하는 운동에너지형이 있다.

탄도풍(彈道風, Ballistic Wind)
폭탄 또는 발사체의 탄도가 비행하는 동안 영향을 미치는 바람.

탄도학(彈道學, Ballistics)
1. 포탄의 운용에 영향을 주는 요소들을 취급하는 학문. 포탄이 포구를 떠나기 전까지 포탄에 영향을 미치는 요소를 다루는 강내 탄도학, 포구를 떠나 탄착지역에 도달할 때까지의 강외 탄도학, 그리고 포탄이 표적 또는 지상에 도달했을 때 관계되는 최종 탄도학 등 3가지 주요 부분으로 구성된다.
2. 탄도와 그와 관련된 모든 물리적, 화학적 이론을 연구하는 학문.
3. 포탄의 운동에 영향을 주는 요소들을 취급하는 논리.

탄두(彈頭, Warhead)
핵 또는 열핵시스템, 고폭시스템, 화학 및 생물학적 매개체 또는 비활성재료 등을 내장하고 있는 미사일, 탄체, 어뢰, 로켓 또는 기타 탄약의 머리 부분.

탄띠(彈~, Ammunition Belt)
1. 기관총 및 기타 자동화기에 장전할 탄약을 길게 달아 끼우기 위해 만든 섬유 또는 금속제의 띠.
2. 탄약을 운반할 수 있는 고리나 주머니가 붙은 띠. 어깨나 허리에 맨다.

탄막(彈幕, Barrage)
방어선이나 방어지역에 대한 돌파를 방해함으로써 아군부대나 시설을 방호할 목적으로 형성된 소화기 화력을 제외한 포화의 장벽.

탄막사격(彈幕射擊, Fire Barrage)
사전에 설정된 탄막지역에 대한 사격명령. 특정 탄막의 설정은 코드이름, 계수시스템, 부대배정 혹은 기타 지정된 수단에 의해서 이루어진다. 최후방어사격이라고도 함.
(북한) [부동조애사격(不動阻碍射擊)]

탄약(彈藥, Ammunition)
1. 권총, 소총, 대포 등 화기나 화포에서 발사되어 전투에 사용되는 폭발물, 발사화약, 신호탄, 점화용 화합물 또는 화생방물질을 장전한 장치. 탄약은 훈련, 의식 등 비 사격 목적에도 사용할 수 있다.
2. 폭탄, 미사일, 로켓탄 등 적을 향해 발사되는 모든 비상체에 장착된 폭발물, 폭발장치, 화공품 따위. 인원, 물자 및 시설에 피해를 주기 위하여 추진, 거치, 투척, 투하, 유도 및 기타 방법에 의하여 사용되는 화약, 화학제, 세균 및 방사능물질을 내포하는 군수품 등을 가리킨다.

탄약검사(彈藥檢査, Ammunition Inspection)
탄약을 관찰, 검사, 조사, 시험, 연구 및 분류하는 행위. 탄약검사는 저장탄약의 악화를 방지하여 탄약성능을 보장하기 위하여 유자격 탄약검사관에 의해 실시한다.

탄약보급(彈藥補給, Ammunition Supply)
탄약을 국내나 해외의 보급원으로부터 획득하여 탄약창 및 탄약보급소와 같은 시설부대를 통하여 사용부대까지 일정한 계통과 절차에 의하여 분배하는 것.

탄약보급소(彈藥補給所, Ammunition Supply Point; ASP)
1. 야전군 지역에 위치하는 탄약대대 예하

의 탄약보급시설. 통상 1~2개 사단을 지원할 수 있는 능력을 보유하며 지원위치에 따라 전방 또는 후방보급소로 구분한다.

2. 군수지원사령부 예하 탄약대대에서 야전지역의 탄약보급을 위하여 설치, 운용하는 보급소. 탄약의 수령, 저장, 정비 및 불출 임무를 수행한다.

탄약분배소(彈藥分配所, Ammunition Refilling Point)
통상 연대급 이하 제대의 전투지대에서 부대별 탄약기본휴대량(B/L)의 보충을 위해 재보급 되는 탄약을 분배하기 위해 운용하는 장소.

탄약상태 보고서(彈藥狀態報告書, Ammunition Condition Report; ACR)
탄약 결함상태에 대해 상급부대가 조치할 수 있도록 제원을 제공하는 보고서. 주로 처리승인권자에게 처리를 건의하고, 탄약처리반에 처리의뢰용 및 처리결과 보고용으로 사용한다.

탄약식별부호(彈藥識別符號, Ammunition Identification Code)
탄약보급을 용이하게 하기 위하여 각 탄약품목에 부여된 부호.

탄약악작용(彈藥惡作用, Ammunition Malfunction)
탄약 및 폭발물의 사격, 저장 및 취급 등의 과정에서 탄약자체의 결함에 의하여 발생하는 비정상적 상태. 탄약자체결함이 아닌 외부영향에 의해서 발생된 사고는 포함되지 않는다.

탄약일일보급량(彈藥日日 補給量, Ammunition Day of Supply)
전시 작전을 지속하기 위하여 1일 소요되는 재래식 탄약소요 예상량.

탄약재고통제(彈藥在庫統制, Ammunition Stock Control)
보급원을 통하여 획득된 탄약이 시설부대를 거쳐 사용부대까지 보급되는 전 과정을 통제하는 것.

탄약재보급(彈藥再補給, Ammunition Resupply)
전투부대가 소모한 탄약을 지속적으로 재보충하기 위한 보급.

탄약 전투예비량(彈藥戰鬪豫備量, Ammunition Combat Reserve)
전쟁초기에 보충수요를 충당하기 위하여 보유하여야 할 탄약의 수량. 일수로써 표시한다.

탄약전환보급소(彈藥轉換補給所, Ammunition Transfer Point; ATP)
사단이 급속한 전진이나 이동으로 탄약보급소와 보급거리가 신장되었을 때, 또는 사단이 필요로 하는 대량소모 탄약을 적시 적소에 재보급하기 위하여 탄약창으로부터 탄약보급소 사이에 설치, 운용하는 보급 장소.

탄약정비(彈藥整備, Ammunition Maintenance; AM)
사용불가 탄약을 사용가능 상태로 환원하고 보존하는 조치.

탄약제조번호(彈藥製造番號, Ammunition Lot Number)
동일한 생산조건 하에서 일정기간 동안 생산된 탄약량에 대하여 제조시설에서 부여하는 번호. 탄약저장의 최소단위가 되며 상태관리를 위한 수단으로 이용된다.

탄약창(彈藥廠, Ammunition Depot; AD)
탄약의 저장, 보급, 검사, 정비 및 처리업무와 야전군에 대한 탄약일반지원 및 지역 내 부대에 대한 직접지원을 위해 설치 운영하는 창고. 후방지역에 위치하여 2~5개의 탄약중대 지휘와 탄약창을 운영하며, 10만 톤 내외의 탄약 및 폭발물에 대한 저장능력을 보유한다.

탄약추진보급(彈藥推進補給, Ammunition Propulsion Supply)
상급 군수지원부대에서 하급부대로, 후방부대에서 전방부대로 탄약을 지원하는 군수지원 방법. 통상 탄약전환보급소(ATP) 또는 기동탄약보급소(MASP)까지 탄약을 지원하는 방법으로, 지원대상 탄종은 주로 대량소모탄약인 포병탄약 및 전차탄약이며, 필요시 보병연대의 주요탄약을 지원한다.

탄약할당(彈藥割當, Ammunition Allocation; AA)
현 보유 탄약으로 전시에 재고가 고갈되지 않도록 하기 우해 사용부대장으로 하여금 지정된 작전기간 내 작전수행을 위해 확보하거나 사용할 일정량의 탄약을 강제로 할당하는 것. 탄약할당은 군단급 이상 제대에서 사용하며 사단급 이하에서는 CSR에 의해 전시 보급통제를 한다.

탄저(彈底, Ammunition Base)
탄환의 밑 부분으로, 추진가스의 확산된 힘을 받아 전방으로 움직이게 함.

탄저방출연막탄(彈底放出煙幕彈, Base Ejection Smoke Bomb)
연막차장, 탄착점 관측, 신호용으로 사용하는 유색 연막탄의 한 종류. 외형은 고폭탄과 유사하며 선미형 탄저부와 유선형 조형부, 탄저 마개가 있는 강철통으로 되어 있고, 탄두 내에는 연막통이 들어 있으며, 그 연막통 속에 백색, 적색, 녹색, 황색 등의 유색연막이 충전되어 있다.

탄저신관(彈底信管, Base Detonating Fuze)
포탄의 탄저에 결합되어 있는 신관으로 일반적으로 장갑관통 탄두에 사용됨.

탄착각(彈着角, Angle of Impact)
탄착점에서 탄착선과 탄착점 평면 간에 형성되는 사이각.

탄착수정(彈着修正, Spotting)
포탄을 표적에 명중시키기 위하여 탄착점을 관측하여 표적으로부터 이탈된 편차를 판정하여 수정토록 하는 것.

탄착점(彈着點, Point of Impact)
포탄이 비행하여 표적에 맞는 지점
(북한) [균열점(龜裂點)]

탄착중심(彈着中心, Mean Point of Impact; MPI)
동일 제원으로 사격한 다량의 포탄에 대한 사탄 산포군의 중심. 즉 산포형태의 중앙지점을 가리킨다.

탄착지역(彈着地域, Impact Area)
모든 포탄이 낙하되도록 경계선을 설정한 지역.

탄환(彈丸, Round of Ammunition)
탄환 1발을 사격하는데 필요한 탄약을 형성하고 있는 모든 부분품. 탄환 1발은 주로 뇌관, 추진 장약, 탄두로 구성된다.

탄흔(彈痕, Crater)
포탄이 폭발한 후 남은 흔적.

탄흔분석(彈痕分析, Crater Analysis)
탄흔의 모양, 크기, 기타 특성을 분석하여 적 포탄의 비과 방향과 거리, 포탄의 종류 등을 식별하는 재래식 표적획득 방법.

탈출(脫出, Escape)
포로가 된 군인 또는 적에 의해 억류되고 있는 요원들이 적의 감시나 구속으로부터 벗어나려는 제반 노력과 활동. 적에게 포위된 부대가 실시하는 공세작전의 탈출은 통상 돌파부대에 의한 공격으로 통로를 개설하고 잔여부대가 통과하는 것을 가리킨다.

탈취(奪取, Seizure)
군사력을 운용하여 지정된 지역을 물리적으로 점령 및 통제하는 것.

탐색(探索, Search)
1. 공・지・해상에서 발견되거나 발견이 예상되는 적 인원 및 장비, 적 부대의 위치를 확인하는 행위.
2. 목표를 확인하고 그 위치를 파악하기 위하여 모든 부분을 시계 내에 두고 통과하는 적극적이고 조직적인 조사행위.
3. 적의 잠수함(잠수정)이나 기뢰의 위치를 탐지하고 식별하는 행위.

탐색개발(探索開發, Exploratory Development)
무기체계 개발 과정에서 선정된 무기체계의 설계로부터 획득방법, 개발가능성을 확인하기 위한 연구 활동의 한 단계. 탐색개발 단계는 체계개념 연구를 거쳐 도출된 체계개념을 분석 또는 비교 검토 후 체계개발 단계로 전환할 수 있는 가능성을 확인하는 과정으로서, 구체적으로는 부체계 또는 주요 구성품에 대한 위험분석, 기술 및 공학적 해석, 시뮬레이션 등을 실시하며, 필요시 핵심기술 요소의 모형을 제작하여 비교 검토 과정을 거친다.

탐색격멸작전(探索擊滅作戰, Search and Destroy)
침투하여 은거 및 활동하는 적을 찾아서 격멸하는 작전.

탐색공격단대(探索攻擊團隊, Search Attack Unit; SAU)
잠수함을 탐색, 격파시키기 위한 전술적 단위. 필요에 따라 별도로 조직되거나 어떤 진형으로부터 분리 파견된 1척 혹은 수척의 함정들로 구성되기도 하고 항공기로써 보완할 수도 있다.

탐색기(探索機, Ferret)
전자자기 탐지장비의 총칭. 전자기의 방사체에 대한 탐색, 위치 확인, 기록 및 분석을 위한 장비가 장착된 항공기, 함정 또는 차량 등을 가리킨다.

탐색레이더 (探索~, Surveillance Radar)
미사일・항공기・차량・인원 등을 계속적으로 탐색, 발견, 식별하기 위한 레이더. 감시용 레이더라고도 한다.

탐색 및 공격(探索~攻擊, Search and Attack)
작전지역 내에서 활동 중인 소규모의 적을 찾아서 격멸하는 전투수행방법. 접적전진을 실시하는 방법의 하나이며, 지역경계의 특성을 가지고 있다.

탐색 및 구조(探索~救助, Search and Rescue; SAR)
사용 가능한 모든 인원, 장비 및 시설을 이용하여 조난에 처한 인명이나 재산을 탐색하여 구조하는 일체의 행위.

탐색 및 구조작전(探索~救助作戰, Search and Rescue Operation; SARO)
가능한 수단을 효과적으로 이용하여 조난당한 인원 및 자원을 탐색하여 구조하는 작전. 구조 활동, 조난자에 대한 적절한 조치, 조난시의 비상통신절차 및 비행통제 등이 포함된다.

탐색소해(探索掃海, Exploratory Sweeping)
일정 해역을 탐색하여 기뢰원 외의 지역에 설치된 기뢰를 제거하는 소해방법. 기뢰를 제거하기 위한 목적이 아니라 기뢰의 유무 또는 기뢰원의 한계를 결정하기 위해 실시한다.

탐지(探知, Detection)
1. 전술적 수준의 작전에서 군사적 관련 가

E

능성이 있는 대상을 인지하는 것.
2. 감시체계에서 전자장비(레이더 또는 수신기) 또는 육안에 의하여 표적을 발견하고, 그 위치와 관련된 첩보를 수집하는 기능.
3. 군비통제에서 군비통제협약에 위배되는 사건이 발생했음을 처음으로 확인하는 단계.
4. 탐지기 또는 감시시스템을 사용하거나 조사팀에 의해 핵 및 화생방작용제의 존재 유무를 확인하는 것.

탐지레이더(探知~, Detection Radar)
추적레이더에 비하여 긴 감시범위를 가지나 정밀도가 얕은 레이더. 방위권상의 외곽 표적을 조기에 탐지하며 그 표적 부근의 포대에 전파하는 역할을 한다.

탐지무시지역(探知無視地域, Censor Zone)
지휘관의 판단에 의해 표적탐지 레이더가 표적탐지를 무시하도록 설정한 지역.

탐지우선지역(探知優先地域, Priority Zone; PZ)
표적탐지 레이더가 표적탐지 임무를 우선으로 실시하는 지역.

탑재(搭載, Embarkation)
1. 함선, 항공기 및 차량 등 운송장비에 실제로 부대, 장비 및 보급품을 적재하는 것.
2. 상륙작전에서는 목표지역으로 이동하기 위하여 함정 및 항공기에 해군 및 상륙군의 부대원과 장비를 적재하는 것.

탑재계획(搭載計劃, Loading Plan)
항공기나 선박, 차량 및 열차 등 운송장비에 부대병력과 장비, 물자를 탑재하기 위해 탑재지대를 선정, 설치, 탑재, 통제하기 위해 서식으로 작성된 제반 계획. 각종 운송장비를 탑재지대로 이동시키고, 각 부대의 병력과 장비 및 물자의 탑재 우선순위를 지정한다.

탑재단계(搭載段階, Loading Phase)
병력, 장비, 물자를 항공기에 탑재시키는 단계. 건제를 유지하고, 지상 전술계획과 연계하여 탑재함으로써 혼란을 방지해야 하며, 착륙 후 재편성 시간을 단축시킬 수 있어야 한다. 이때 지휘 및 통제 기능이 피해를 입지 않도록 주요 지휘관과 공용화기는 분산하여 탑승시켜야 한다.

탑재명령(搭載命令, Embarkation Order)
인원과 화물을 함선이나 항공기등 운송장비로 이동시키는 일자, 시간, 통로 및 방법을 규제한 명령.

탑재 및 톤수표(搭載~數表, Embarkation and Tonnage Table)
상륙부대 또는 해군부대에 의하여 전투적재 함선에 적재된 인원과 화물을 종합적으로 표시하는 도표.

탑재조(搭載組, Embarkation Team)
1척의 함선에 탑재하거나 탑재하게 될 인원, 보급품 및 장비에 대한 임시 행정적 편성. 선박의 크기와 상관없이 부대, 장비 및 보급품이 단일 선박에 탑재되면 하나의 탑재조가 된다.

탑재지대(搭載地帶, Pick up Zone; PZ)
공중강습작전 시 인원이나 화물장비 등을 항공기에 탑승 및 적재하기 위해 선정한 지역. 탑재지대 선정 시에는 전술상황과 항공기가 착륙 접근 및 이륙 시 지장을 초래할 수 있는 장애물 등을 고려해야 하며, 탑재지대 내 헬기가 인원, 장비, 화물 등을 적재하기 위해 실제 착륙하는 장소이다.

탑재지역(搭載地域, Embarkation Area)
여러 개의 탑재지점을 포함하는 육상지역. 탑재지역에서는 탑재를 위한 최종준비를 완료하며 주정과 함선에 할당된 인원과 화물을 탑재하기 위하여 전방으로 이동시킨다.

탑재편성(搭載編成, Organization for Embarkation)
상륙군의 해안이동을 위한 행정적인 편성. 상륙함선에 탑재(전투적재)하는 병력, 보급품 및 장비에 대한 편성이다.

태업(怠業, Sabotage)
한 국가의 방위를 손상하거나 교란 또는 방해할 의도 하에 고의적으로 어느 국가에 방위체계나 전쟁물자, 재산 또는 공공시설을 파괴하거나 또는 파괴하려는 행위.

태평양전투예비(太平洋戰鬪豫備, Pacific Combat Reserve; PCR)
(미국) 한국군 저장시설에 저장한 미 태평양지역 전투예비탄약.

터미널(~, Terminal)
1. 자동정보체계에 접근하는데 이용되는 모든 장치. 다른 자동화 정보체계에 접속하는 기능만 가진 더미(Dummy) 터미널뿐만 아니라, 다른 자동화 정보체계에의 접속이 하나의 기능인 개인용 전산기 또는 다른 복잡한 자동화 정보체계를 포함한다.
2. 한 수송수단으로부터 다른 수송수단으로, 또는 한 부대로부터 다른 부대로 전환을 필요로 하는 시설 및 장소.

〈동〉 [단말지]

테러(~, Terror)
특정 목적을 가진 개인 또는 단체가 살인, 납치, 유괴, 저격, 약탈 등 다양한 방법의 폭력을 행사하여 사회적 공포상태를 일으키는 행위. 테러의 유형으로는 사상적, 정치적 목적 달성을 위한 테러와, 뚜렷한 목적 없이 불특정 다수의 무고한 시민까지 공격하는 맹목적인 테러로 구분한다.

테러리즘(~, Terrorism)
테러를 주장하는 사상, 주의 또는 테러 행위. 정치적, 종교적, 이념적 목적을 달성하기 위해 정부나 사회를 강요하거나 위협하는 수단으로 사람이나 재산에 대해 불법적인 무력 또는 폭력을 사용하는 것을 가리킨다.

테이프형 폭약(~形爆藥, Tape Shape Explosive)
금속, 콘크리트, 목재 등의 재질로 구성된 표적표면에 간단히 접착하는 방법으로 사용하여 주요장비 및 핵심부품에 치명적인 타격을 줄 수 있도록 개발된 두루마리 형 연성폭약.

템포(~, Tempo)
군사행동의 속도율로서, 전장에서 수행되는 일련의 군사 활동의 속도와 리듬을 의미함. 템포는 단순히 속도만을 의미하는 것이 아니라, 전투상황과 적의 탐지 및 대응능력 평가에 따라 작전을 조정하는 능력을 말하며, 주도권 장악의 필수요소로 작전상황에 따라 빠를 수도 있고 느릴 수도 있으며, 속도와 집중을 적절히 통합함으로써 달성된다.

통과시간(通過時間, Passage Time; PST)
이동하는 종대의 후미차량이 지정된 지점 또는 선에 도착하는 시간.

통로(通路, Lane, Route, Pass)
1. 중간에 막힘이 없이 바로 갈 수 있게 트여진 길.
2. 장애물 사이에 설치된 안전한 도로나 샛길.
3. 저장 공간 활용에 없어서는 안 될 중요한 공간. 통로가 있음으로 해서 수불행위는 물론 재물조사, 저장검사, 저장 중 정비 등의 저장운영이 가능할 뿐 아니라 공간 활용에도 많은 도움이 된다. 전형적인 창고에는 주통로, 횡통로, 임시통로, 비상통로를 설정하여 운영한다.

통로개척(通路開拓, Breach of Path)
장애물을 제거하거나 무능화시킴으로써 공격부대가 안전하게 장애물지역을 통과할

E

수 있도록 통로를 개척하는 활동. 대개 전문화된 개척 장비 및 수단에 의해 이루어진다.

통로표지(通路標識, Lane Marking)
개척된 통로와 지뢰지대의 경계선, 통로 입·출구의 위치 등을 나타내는 표지. 최소한 입구와 출구는 표지를 해야 하며, 가능하면 기동병력 및 장비가 지뢰지대에 들어가는 것을 방지하기 위하여 통로의 양 측면에 표지하는 것이 좋다.

통로표지판(通路標識板, Lane Marker)
지뢰지대에서 안전한 통로를 표시하기 위해 사용되는 표지판.

통상기선(通常基線, Normal Base Line)
영해측정 기준의 하나로 연안국에 의하여 공인된 대축적 해도 상에 표시된 연안의 저조선(低潮線).

통상명칭(通常名稱, Common Name)
보안상의 이유로 부대의 규모와 기능, 특성 등의 노출을 방지하기 위하여 4자리 숫자로 부여한 부대명칭.

통솔(統率, Command)
개인의 인격 또는 능력에 의해 구성원에게 직·간접적으로 영향력을 미쳐, 자발적이고 적극적으로 임무를 완수하게 하는 과정.

통수권(統帥權, The Prerogative of Supreme Command)
군대를 지휘 통솔하는 헌법적인 최고지휘권을 의미함.

통신(通信, Communication)
1. 지리적으로 떨어져 있는 두 지점 간의 정보의 전달. 정보전달의 수단 또는 방법에 따라 크게 인편에 의한 통신, 봉화와 수기 등 가시적 신호에 의한 통신, 우편에 의한 통신, 전자 또는 전자기적 신호에 의한 전기 통신으로 분류된다.
2. 정보의 전송에 관련되는 다양한 방법과 절차, 기구와 장치, 중간매체 등을 포함하는 광범위한 분야를 총칭하는 용어.

통신간섭(通信干涉, Communication Interference)
상대측과 같은 대역의 주파수를 사용하거나 거짓통신을 보내는 등의 방법으로 정상적인 통신활동을 방해하는 것. 일반적으로 특별한 방해전파기를 사용하여 넓은 주파수대에 걸쳐서 연속적인 방해전파를 내보낸다.

통신기만(通信欺瞞, Communication Deception)
통신망이나 항법시스템의 사용자를 혼란시키거나 오도시킬 목적으로 사용되는 기술로서, 통신의 지연, 송신, 재송신 및 변경 등으로 기만하는 것. 종류로는 모방통신기만과 조작통신기만이 있다.

통신규약(通信規約, Communication Protocol)
컴퓨터 상호 간에 접속되어 오류를 최소함으로써 정보를 원활하게 교환할 수 있게 하기 위한 필요한 규칙의 집합. 통상 프로토콜이라 부른다.

통신동원(通信動員, Communication Mobilization)
전시에 군사 작전에 필요한 통신소요를 충족시키기 위하여 동원 배분하는 것. 동원대상에는 통신회선, 통신공사업체 등이 포함된다.

통신보안(通信保安, Communication Security; COMSEC)
통신내용을 비인가자 또는 적에게 노출시키지 않기 위하여 보안 대책을 강구하는 것으로 다음과 같은 분야가 있다.
1. 암호보안(Crypto security)
암호체계 및 그의 적절한 사용어에 대한

통신보안 분야.

2. 송신보안(Transmission Security)
   비인가자의 암호분석 이외의 수단에 의한 도청 및 불법사용으로부터 송신을 도청, 교신 분석 및 가장, 기만으로부터 송신을 보호하도록 하기 위해 고안된 모든 대책의 결과로 이뤄지는 통신보안의 한 분야.
3. 방사보안(Emission Security)
   비인가자에게 암호장비 및 자동통신계통으로부터의 송신을 도청 및 누설하기 쉬운 가치 있는 첩보를 거부하기 위하여 취해지는 모든 대책의 결과로 이루어지는 통신보안의 한 분야.
4. 물적보안(Physical Security)
   비밀장비, 물자 및 문서를 비인가자의 관찰과 접근으로부터 보호하는 데 필요한 물리적 방책에 의한 통신보안 분야.

통신보안자재(通信保安資材, Signal Security Resources)
통신 내용을 보호할 목적으로 사용되는 암호, 음어, 약호 및 데이터 통신 비밀자재 등의 총칭.

통신보안장비(通信保安裝備, Communication Security Equipment)
데이터를 송신하는 데 통신보안이 되도록 고안된 장비. 첩보를 송신할 때 인가받지 않은 도청자는 해독할 수 없는 형식으로 변형시킴으로써 인가받은 수신인만이 원형으로 재변형할 수 있도록 보안하는 기능을 갖추고 있다. 통신보안장비는 일반적으로 암호장비, 암호보조장비, 암호생성장비 및 확인장비로 구성되어 있다.

통신운용지시서(通信運用指示書, Signal Operation Instruction; SOI)
어떠한 부대의 신호통신활동을 통제하고 협조하기 위하여 발행하는 일련의 명령서(SOI). 해병대에서는 COI(Communication Operation Instruction)라고도 한다.

통신위성(通信衛星, Communication Satellite)
장거리 통신의 중계국 역할을 하는 인공위성.

통신전자준칙(通信電子準則, Communication Electronics Standing Instruction) ☞ [통신전자 표준운용지시]

통신전자표준운용지시(通信電子標準運用指示, Communication Electronic Standard Instruction; CESI)
통신전자규정에 포함되어 있는 제 항목에 대한 용도를 설명하는 일련의 지시. 통신전자운용을 협조하고 통제하는 데 필요한 기술적인 지시도 포함될 수 있다.
〈동〉 [통신전자준칙]

통신전파방해(通信電波妨害, Communication Jamming; COMJAM)
통신체계를 교란 또는 무력화시키기 위한 목적으로 전파 방해하는 행위.

통신정보(通信情報, Communications Intelligence; COMINT)
1. 통신망에서 지정된 수신자가 아닌 제3자가 외부활동에 의거 통신내용을 도청, 분석, 평가함으로써 획득하는 기술적 또는 첩보적인 정보.
2. 적의 통신신호를 도청함으로서 추출해낸 정보를 가리킴.

통신제한(通信制限, Communication Minimize)
긴급 통신문이 지연되지 않도록 일상 통신문과 전화소통을 최대한 제한하는 상태.

통신축선(通信軸線, Signal Axis)
부대이동 중 지휘소로부터 그 부대가 현재 위치하고 있는 지역과 장차 이동예상 지역 간을 연하는 통로 또는 축선을 가리킴.

E

통신확인표(通信確認表, Station Authentication Chart)
상대 통신소가 아군인가 적군인가를 알기 위하여 사전에 약정된 부대에 의하여 확인할 수 있도록 작성된 도표.

통제(統制, Control)
1. 부대의 임무수행 상태를 감독하고 임무수행 간 발생하는 오류를 시정하는 기능. 통제는 지휘에 수반되는 상황으로, 지휘관이 참모의 보좌를 받아 전장에서 자신의 의지와 의도에 일치하도록 예하 및 지원부대의 기능과 역할을 조정, 협조, 통합시키기 위하여 사용한다.
2. 지휘관이 예하부대 또는 다른 편성체계에 대하여 행사하는 권한으로 지휘보다는 제한된 권한을 의미함.
3. 위해요인을 제거하거나 그들의 위해요인을 감소시키기 위해 행하여지는 행위.

지휘라는 용어가 군 지휘관이 계급과 직책에 의해서 예하부대에 행사하는 권한을 가리키는 것임에 비해, 통제라는 용어가 전술적으로 사용될 때는 단순히 권한의 행사에 대한 정도를 나타내고, [통제방책]이나 [작전통제] 등과 같이 복합어의 한 요소로 사용될 때에 비로소 개념이 명확히 설정된다.

통제도로(統制道路, Dispatch Route)
우선권을 가지고 사용할 목적으로 특정 시간대와 특정 구간에 대해 통제하는 도로. 이 도로를 이용할 때는 한 대의 차량이라도 반드시 허가가 필요하다.

통제방책(統制方策, Control Measures)
작전임무 수행을 위해서 작전명령이나 계획상에서 서식 혹은 도식으로 명시되는 통제 대책. 각 작전의 형태 및 운용제대에 적합하게 부여하여야 하며, 상급부대로부터 하달되는 계획이나 명령에 명시되거나, 예하대 지휘관이 작전임무 수행을 위해 필수적이라고 판단된 때 추가로 명시할 수 있다. 통제방책은 기동의 협조를 위한 통제방책과 화력의 협조를 위한 통제방책으로 대별되는데, 각 작전의 형태와 운용 제대에 따라 달리 적용되며, 과도한 통제는 작전의 융통성을 제한하므로 회피해야 한다.

통제범위(統制範圍, Scope of Control)
한 사람이 효율적으로 통제할 수 있는 범위. 한 사람이 효과적으로 감독할 수 있는 인력과 활동영역 또는 절차를 의미한다.

통제보급률(統制補給率, Controlled Supply Rate; CSR)
가용탄약을 고려하여 작전기간 동안 지속할 수 있도록 할당된 일일 기준 화기 당 발사 탄수. 전술계획상 소요와 군수측면에서 제한해야할 사항에 기초한 통제보급율은 가용 화력을 시간적으로 단계화 된 전술적 요구사항에 가장 잘 부합되도록 통제하는 것이다. 통제보급율을 적용하는 경우는 일률적인 소요보급율(RSR)의 적용이 불합리하다고 판단되는 경우, 또는 어느 작전기간 동안 소요보급율을 일률적으로 충당하기에는 보유탄약으로 충분히 지원할 수 없다고 판단될 때 가용한 탄약 보급의 범위 내에서 설정한다.

통제선(統制線, Phase Line; PL)
예하부대의 작전과 기동을 통제하고 협조시키며 작전간 예상되는 우발사태에 대비하고 필요시 작전지역을 지정하는 선. 통상 작전지역을 횡단하는 도로, 하천, 능선, 철도 등 현저한 지형지물을 이용하여 선정한다.
(북한) [조절계선(調節界線)]

통제운영병원(統制運營病院, Designated Civilian Hospital)
전시에 대량으로 발생하는 군의 전상자 치료를 위해 지정된 민간병원. 병원 소유권이나 사용권은 민간병원에 있으나, 동원령 선포 시에는 군 통제 하에 군 환자의 진료를 담당하는 병원이 된다.

통제점(統制點, Control Point)

1. 행군로 상에 보급이나 교통에 관한 규정을 지시하기 위하여 인원이 배치된 지점.
2. 부표, 주정, 항공기, 전자장치, 현저한 지형 혹은 기타 식별 가능한 목표물로 표시한 위치. 명칭이나 번호를 부여하여 함정, 주정 또는 항공기의 항법 보조 또는 통제용으로 사용한다.
3. 집성사진의 제작에 있어 확인용으로 사진 상의 지점과 일치하는 지상의 위치를 측량에 의하여 확정한 점.

통제직위(統制職位, Control Position)

군의 기본을 이루고 있는 각 제대의 전투 및 전투지원부대 지휘관 직위와 같이 상급 지휘관이나 참모임무를 수행함에 있어서는 반드시 그 직책의 경험이 필요하다고 인정되는 직위.

통제통신소(統制通信所, Net Control Station; NCS)

효율적인 통신운용을 보장하기 위하여 통신망에 가입된 모든 송신소의 운용절차 이행, 통신군기 준수 등을 감독하고 교신 우선순위 등을 지정하는 통신소.

통제특기(統制特技, Control Specialty)

예비군 동원 지정 시 주요 기술특기로 배정지역 내에서 소요 충족이 곤란할 때 인근지역으로 점차 확대하여 지정하는 특기.

1. 시군구 통제특기(市郡區統制特技) : 시, 도 통제특기보다 비중이 낮고 동원소요가 많은 특기로서, 배정지역 내의 자원이 부족할 때 해당 시, 군, 구까지 확산하여 개별 충원하는 특기.
2. 인접 시군구 통제특기(隣接市郡區統制特技) : 시, 도 통제특기보다 비중이 낮은 특기로서, 배정지역 내의 자원이 부족할 때 인접 구, 시, 군까지 확대하여 개별적으로 군의 소요를 충원하는 특기.
3. 시도 통제특기(市道 統制特技) : 중요기술 특기로 배정지역 내의 자원이 부족할 때 지역을 점차 확대하여 시, 도내 자원 중에서 개별적으로 군의 소요를 충원하는 특기.
4. 전국 통제특기(全國統制特技, National Controlled Specialty) : 중요기술 희소특기로 배정지역 내의 자원이 부족할 때 전국으로 확대하여 전국자원 중에서 개별적으로 군의 소요를 충원하는 특기.

통제품목(統制品目, Controlled Item)

배당표에는 사용부대에서 불출하도록 인가되어 있으나, 실제 불출 결정은 상급 사령부에서 직접 통제하는 품목을 가리킴. 통제품목은 그 품목의 긴요성을 고려한 것이므로 규제품목과 합하여 지휘통제품목이라고도 하며, 주로 전술 및 전략적인 목적, 고가품의 희귀성, 위험성질의 품목, 시한성이나 시효성이 정해진 품목, 또는 고도의 사용기술을 요하는 품목들로 상급 사령부에서 설정한다.

통제함(統制艦, Control Ship)

상륙작전 시 해안을 왕래하는 해상교통통제를 위한 함정과 통제본부의 역할을 하는 함정.

통풍형 화생방대피호(通風型化生放待避壕, NBC Shelter) ☞ [통풍형화생방 집단보호시설]

통풍형 화생방집단보호시설(通風形化生放集團保護施設, Ventilating NBC Shelter)

집단보호 장비를 설치하여 오염공기 여과, 압력조절, 인체오염 제거의 화생방 방호 3대원칙을 충족 할 수 있는 대피시설.
〈동〉 [통풍형화생방 대피호]

통합(統合, Integration)

단일의 전투력을 창출하기 위하여 다수의 군사력과 이들의 군사 활동을 배열하는 것.

통합군(統合軍, Unified Command)

1. 2개 이상의 군에서 차출된 주요부대로 구성되어 단일지휘관 아래 광범위하고 계속적인 임무를 수행하는 부대.
2. 미군부대 중 합동참모본부의 조언과 보좌로써 국방부장관을 경유 대통령이 설치하는 부대, 또는 대통령에 의하여 설치된 기존 통합군 사령관이 합동 참모본부의 승인을 받아 설치하는 부대.

통합군수지원(統合軍需支援, Integrated Logistic Support)
단일기관이나 군에 의하여 2개 이상의 군 또는 그의 구성부대에 제공하는 군수지원.

통합물자관리(統合物資管理, Integrated Material Management; IMM)
한 기관이 3군의 보급품종, 일용품 혹은 어떠한 품목에 대해서 국방부가 총 관리책임을 행사하는 것. 통상 소요계산, 예산수립, 자금 확보, 저장, 불출, 목록작성, 표준화 및 구매기능을 포함한다.

통합방공(統合防空, Integrated Air Defense)
단일 지휘관의 작전통제 하에 전 방공작전 요소를 통합 운용하여 적의 공격을 격파, 저지, 또는 그 효과를 감소시키는 활동. 모든 부대의 행동을 통일하고, 전투수행을 위한 노력을 긴밀히 협조시켜 방공운용의 효과를 극대화하기 위한 것으로서, 사전에 설정된 지휘관계와는 무관하게 적용될 수 있다. 방공운용계획은 작전부대 지휘관의 작전개념에 통합되어야 하고, 다양한 방공체계의 시·공간적 통합이 이루어지도록 작성해야 한다.

통합방공작전(統合防空作戰, Integrated AD Operations)
모든 가용 방공전력을 효율적으로 통합 운용하여 아군 영공에 침입을 기도하거나 침투한 공중세력을 탐지, 식별, 요격, 격파하는 방어적 개념의 작전. 전구항공통제본부의 중앙집권적 통제 하에 방공관제기구를 통하여 임무를 수행하며, 국가 이익에 부합되는 군사목표를 성공적으로 달성할 수 있어야 한다. 통합방공작전의 원칙은 통합운용, 신속한 전술조치, 원거리 격파, 융통성이다.

통합방위(統合防衛, Integrated Defense)
적의 침투, 도발이나 그 위협에 대하여 각종 국가방위요소를 통합하고 지휘체계를 일원화하여 국가를 방위하는 것.

통합방위대비태세(統合防衛對備態勢, Integrated Defense Readiness Posture)
원활한 통합방위작전의 수행을 위해 평시부터 국가방위요소의 동원을 포함해 사전에 대비하는 것.

통합방위본부(統合防衛本部, Integrated Defense Headquarter)
중앙에서 통합방위작전을 지휘, 통제하기 위해 합동참모부 내에 설치하는 기구. 통합방위본부장은 합동참모의장이 되고, 부본부장은 합동참모본부 작전본부장이 된다.

통합방위사태(統合防衛事態, Integrated Defense Situation)
적의 침투 도발이나 위협에 대응하여 선포하는 단계별 사태.

1. 갑종사태(甲種事態, Class Kab Situation) : 일정한 조직체계를 갖춘 적의 대규모 병력이 침투하거나 대량살상무기 공격 등의 도발로 인한 비상사태.
2. 을종사태(乙種事態, Class UL Situation) : 일부 또는 몇 개 지역에서 적의 침투도발로 인하여 단기간 내에 치안회복이 어려운 사태.
3. 병종사태(丙種事態, Class Byong Situation) : 적의 침투도발위협이 예상되거나 소규모 적이 침투한 사태.

통합방위지원본부(統合防衛支援本部, Defense Support Center)
방위협의회에서 협의 및 의결된 사항을 시행하는 기구. 행정단위(시, 도, 군, 구, 읍, 면, 동)별로 방위협의회 내에 통합방위사태를 선포하거나 진도개 "하나" 발령, 또는 주요 훈련을 실시할 때 설치한다.

통합방위협의회(統合防衛協議會, Integrated Defense Council)
통합방위와 유관한 사항에 대한 협의 및 의결기구. 통합방위대비책 등 조례 개정 및 시행, 통합방위작전·훈련의 지원대책, 국가방위요소의 효율적 육성·운용 및 지원 대책을 의결하기 위하여 중앙과 지방(시, 도, 군, 구, 읍, 면, 동) 및 직장에 설치한다.

통합방어(統合防禦, Integrated Defense)
상호지원 거리에 위치하고 있는 2개 방어지역을 단일 방어지역으로 통합하여 실시하는 방어. 통합방어를 실시함으로써 방어지역에 대한 개별방어보다 투입부대수를 절약할 수 있고 증강된 화력을 제공할 수 있다.

통합성(統合性, Integrate)
전투력의 효과를 집중시키기 위해 제 작전요소 간의 협조 및 통합을 보장하는 것. 통합성은 가용 작전요소를 효과적으로 결합하고, 제 작전요소를 시간, 공간, 효과 면에서 조정 및 통합하여 조화롭게 운용함으로써 상대적인 전투력 우세를 달성하게 되고, 전투력 우세를 통해 궁극적으로 전투력 효과의 통합을 지향하는 것을 가리킨다.

통합수송(統合輸送, Integrated Transportation)
보급품을 여러 지역 또는 여러 부대에 수송할 경우, 방향이 같은 지역별로 통합하여 동일한 수송 수단을 이용하는 체계.

통합연습(統合演習, Integrated Rehearsals)
상륙작전의 돌격단계에 대해 실시하는 통합 연습. 통상 최초 통합 연습에서는 실제적인 폭격과 보급품의 양륙은 생략하고, 통신운용의 숙달과 함안 이동 간 통제에 주안점을 두고 실시한다. 최종 통합 연습은 실제 작전계획과 유사하게 실시하며, 가능하면 실제항공작전 및 사격까지 실시한다.

통합임무명령서(統合任務命令書, Integrated Tasking Order; ITO)
항공기의 비행임무 및 임무 항공기 등에 관한 사항과 공역지휘, 통제방책 및 제한조치 등에 관한 제반 사항이 포함된 작전명령.

통합자원관리체계(統合資源管理體系, Integrated Resources Management System)
효율적이고 적시적인 자원 지원을 위해 자원의 운영유지와 관련된 보급, 정비, 수송, 인사 등 제반 기능과 이에 관련된 물자를 통합 관리하는 체계.

통합전력(統合戰力, Unified Force, Unified Strength)
제반 전력요소(군종 간, 병과 간, 기능요소 간)를 협조, 조화시킴으로써 공동의 군사목표(작전목표)를 달성하기 위하여 지휘체계를 통합하여 발휘하는 전력.

통합전투관리체계(統合戰鬪管理體系, Integrated Combat Management System)
전장에서 운용되는 기능별, 제대별 제 작전요소를 유기적으로 통합 운용함으로써 전투력 운용의 통합성과 동시성을 달성하기 위한 조직적 수행체계. 통합 전투관리 체계를 통하여 결정적 시간과 장소에 전투력 집중을 보장하고 제 작전요소 간의 전투력 상승효과를 극대화할 수 있다.

ㅌ

통합전투근무지원(統合戰鬪勤務支援, Integrated Combat Service Support)
작전부대가 필요로 하는 전투근무지원의 제 요소인 보급, 정비, 수송, 시설, 병력보충 등을 통합하여 전투부대가 전투에 전념할 수 있도록 근접추진지원하는 것. 전투력 발휘의 지속능력과 효율성을 증대시키는 지원방법이다.

통합전투력운용도표(統合戰鬪力運用圖表, Integrated Combat Management Matrix)
전투수행 간 일어날 수 있는 시차별, 단계별, 축선별, 적 공격 양상을 상정하여 위협요인을 분석하고, 제대별, 기능별 가용 전투력 운용의 통합성과 동시성을 달성함으로써 전투 효율을 배가시키기 위하여 전투준비 및 전투수행 체계를 확립하는 체계. 전투준비 과정에서 계획을 발전시키고, 발전시킨 내용에 대한 교육훈련을 실시하여 유사시 성공적인 통합전투수행을 보장하기 위한 것이다.

통합화력운용(統合火力運用, Integrated Fire Employment)
지상, 해상, 공중 전력을 포함해 가용한 모든 화력지원수단을 통합하여 화력운용의 동시성과 통합성을 달성할 수 있도록 전장지역 및 제대별로 또는 시간 공간적으로 화력자산의 운용을 협조, 조정, 통제하는 것.

통합화력지원실(統合火力支援室, Fire Support Cell)
제 화력지원수단을 통합, 조정, 통제, 협조하고 화력지원계획을 작성 및 배포하는 기능을 수행하는 지휘통제본부(CCC)의 한 구성요소. 화력지원협조관의 감독 하에 화력지원반장에 의해서 운용한다.

통합화력통제체제(統合火力統制體制, Integrated Fire Control Systems)
주로 전자기계장치의 보조 전자수단을 사용하여 표적의 획득, 제원계산 및 교전통제의 기능을 수행하는 체제.

통합활동(統合活動, Unified Action)
합참을 중심으로 각 군의 작전부대와 합동부대, 필요시 설치되는 합동기동부대가 공동의 작전목적을 달성하기 위하여 제반 활동을 통합하는 것을 포괄적으로 가리킴. 통합 활동에는 군사작전을 위한 정부기관과 비정부기관 간의 통합 활동도 포함된다.

퇴역(退役, Retirement)
1. 현역임무로부터 해직, 사임하여 현역으로부터 물러나는 것.
2. 현역, 예비역, 보충역인 장교, 준사관, 부사관이 계급 상 연령정년에 도달하여 병역 의무를 완전히 마치는 것. 예비역 장교는 여전히 병역의무가 있어 병력동원 소집대상 및 예비군 편성대상에 속하지만, 퇴역 장교는 병역 의무가 없어져 병력동원 소집대상 및 예비군 편성대상이 되지 않는다.

퇴출작전(退出作戰, Exfiltration Operation)
적의 통제 하에 있는 지역으로부터 인원 및 부대가 아군지역 또는 아군 통제지역으로 빠져 나오는 작전.

투명도(透明圖, Overlay)
기존의 지도나 도면 위에 군사적 상황과 유관한 계획, 명령, 첩보 등 세부사항을 군대부호 등을 사용하여 요약 표기하여 덮어서 사용하는 투명지.

투명도형 명령(透明圖型命令, Overlay Type Order)
투명도형 작전명령의 준말. 도식부분과 서식부분이 동일한 투명도상에 기록됨으로써 도식 부분을 부록으로 작성하지 않는 형태의 작전명령.

투발오차(投發誤差, Delivery Error)
해당 무기시스템과 관련하여 목표물에 대한 사격이 흩어지게 되는 부정확도.

투입(投入, Commitment)
이미 정해진 방책이나 용도를 위해서 부대와 자원을 할당하고, 임무를 부여하는 것.

투입부대(投入部隊, Committed Unit)
아군과 대치하여 접촉중인 적 기동부대와 그들의 직접적인 예비대 및 그들을 지원하는 지상화력부대 및 지역 내에서 활동 중인 적 특수작전부대를 포괄하여 가리는 말. 투입부대는 아군 지휘관이 선정한 방책에 대항하기 위해 그들의 운영지역을 변동하지 않을 것으로 예상되는 적 부대들을 의미한다.

투하(投下, Drop)
비행중인 항공기로부터 낙하산 또는 기타의 수단을 이용해 병력 또는 보급품을 낙하시켜 송달하는 것.

투하고도(投下高度, Release Altitude)
1. 무장발사가 이루어지는 절대고도.
2. 항공기에서 폭탄, 로켓, 병력 및 물자 등을 투하하는 지상으로부터의 고도.

투하조장(投下組長, Drop Master)
1. 공중투하를 위한 준비, 수납점검의 실시, 물자의 적재, 결박 그리고 방출하는 자격을 가진 자.
2. 낙하산 작전 기간 중 조종사와 낙하조장(점프마스터)간에 필요한 정보를 중계하는 비행승무원의 일원.

투하지대(投下地帶, Drop Zone; DZ)
공정부대, 장비 또는 보급품을 낙하산을 이용하거나 자유낙하 시키는 방법으로 공중투하하는 특정지대.

투하통신문(投下通信文, Drop Message)
항공기에서 지상이나 해상부대에게 투하하는 메시지.

특공작전(特攻作戰, Commando Operation)
전문지식과 기술을 요하는 특수훈련을 받은 요원들로 편성된 특공여단, 특공연대, 수색대 등을 투입해 선정된 작전 및 전술적 특정 목표를 계획에 의거 공격하는 군사 및 준군사적인 작전. 특공작전은 통상 단일표적을 공격하기 위해 단기 작전으로 수행되며, 적의 영역 내에 위치한 목표에 대하여 특수훈련을 받은 특공부대가 전략적 목적을 위해 힘을 행사하여 실시하는 습격에 해당되는 작전 형태이다. Commando Operation은 원래 영국군 용어로서, 특공부대가 특공부대함이나 다른 함정을 이용해서 전쟁지역에 수송된 후, 주정이나 수륙양용차량 또는 헬기에 의해서 최초 상륙이 시도되고, 그 다음 보병 및 화력지원 부대가 상륙하고, 그 뒤를 이어 상륙정이나 수송헬기에 의해 각종 장비와 증원부대가 양륙하여 수행하는 작전을 가리키던 용어이다.

특기(特技, Specialty)
군사특기를 병과, 직군, 특기로 구분했을 때, 특기는 직군 내에서 특정기술 및 기능별로 세분화된 개인별 해당분야 자격을 행정편의를 위해 부호체계를 도입한 것. 군사특기는 직위의 직무를 전문적으로 수행할 수 있도록 군사업무와 관련된 각 분야별로 부호를 부여한 체계를 말하며, 병과는 군사특기 구분 시 운영측면을 고려하여 적성분야별로 구분한 것이며, 직군은 병과 내에서 관련성이 있는 분야를 세분화하여 분류한 집단을 말한다.

특기병(特技兵, Specialist)
1. 군 입대 전 취득한 사회 기술자격증 또는 면허증을 소지한 자로, 병(兵) 입대 시 군에서 소요되는 군사특기와 일치하여 당해 군사특기로 분류된 자.
2. 특수훈련을 요하는 근무를 수행하는데 적당한 훈련과 경험을 쌓은 병.

특례보충역(特例補充役, Special Reservist Status)
법령 또는 규정에 의하여 특수하고 예외적인 사유로 보충역에 편입된 자. 현역 입영 대상자 또는 방위소집 대상자 중, 과학기술의 진흥, 국가산업의 육성 또는 개인품성 개발에 의한 국위선양 등의 국가이익을 위하여 보충역에 편입되어 방위소집복무에 갈음하는 해당 전문분야에 종사하는 자 등이 이에 해당된다. 공익근무요원, 공중보건의사, 징병전담의사, 국제협력의사, 공익법무관, 전문연구요원, 산업기능요원 등이 있다.

특별관리대상 탄약(特別管理對象彈藥, Special Management Requiring Ammunition)
관리가 소홀할 경우 절취 및 도난당하기 쉬워 무장탈영 또는 각종 대민사고에 악용될 소지가 많아 특별 관리하도록 선정한 탄약.

특별군법회의(特別軍法會議, Special Courts-Martial)
중범죄가 아닌 범죄에 대하여 1명의 군판사와 적어도 3명 이상의 배심원으로 구성되는 재판부에 의하여 심리되는 군사재판. 중노동형, 제적, 최고 징역 6월까지 선고할 수 있으며 군법회의 중에서 중간단계이다.

특별방공포병벨트(特別防空砲兵~, Special Air Defense Artillery Belt; SADA Belt)
대규모 적 항공기의 기습적인 수도권 침투 및 공격에 대비하여 항공기와 방공포병 전력을 운용토록 선정된 특정 공역.

특별병력보고(特別兵力報告, Special Strength Report; SSR)
병력의 대량손실, 주요지휘관 또는 참모 손실 발생 시 즉각적으로 지휘계통으로 보고하는 절차. 일보, 일일 및 주말 병력요약보고와 별도로 행해진다.

특별수칙(特別守則, Special Orders)
경계근무에 있어서 일반수칙에 추가하여 적정, 지형, 아군상황 등을 고려하여 초소별로 특별히 수행해야 할 사항.

특별전령(特別傳令, Courier)
주요 통신문을 전달할 책임을 부여받은 장교 또는 준사관.

특별참모(特別參謀, Special Staff) ☞ [참모]

특수공역(特秀空域, Special Area)
국가안보나 중요산업시설 등의 보안을 목적으로 해당 지역상공의 비행을 금지하거나 제한하고 있는 공역. 특정지역을 보호하거나 위험을 예방하기 위해 해당 공역의 통과는 아래와 같은 수준으로 구분하여 관리한다.

1. 금지공역(Prohibited Area)
   일반비행이 금지되는 공역으로 국가안보상 주요 시설 및 기구의 보호와 군 작전공역 확보, 군 시설물 보안유지 또는 부주의에 의한 우군기의 월경방지 등의 목적으로 설정된 공역.
2. 제한공역(Restricted Area)
   국가 중요산업시설이나 사격장 등의 특수지역을 보호하거나 비행안전을 위하여 인가된 항공기 이외의 비행이 제한되는 공역.
3. 위험공역(Danger Area)
   원자력발전소, 폭발물처리장 등 위험시설물이 있는 지역 상공으로, 항공기가 해당지역을 비행할 경우 항공기 또는 지상 시설물에 위험이 예상되는 공역.
4. 군사작전공역(Military Operation Area; MOA)
   전술항공기의 군사훈련 및 작전을 위해 설정한 공역.
5. 초경량비행장치 훈련공역

(Ultra Light Flight Area; UFA)
환경보존지역 감시 및 레저 활동 등의 목적으로 이루어지는 초경량 비행장치의 비행을 위한 공역.

특수군(特殊軍, Specified Command)
광범위하고 계속적인 특수한 임무를 달성하기 위하여 합동참모의장의 자문과 조언으로 국방부장관을 거쳐 대통령이 설치하고 지정한 기능을 수행하는 부대. 통상 육군, 해군, 공군 등 단일군으로 구성하나 경우에 따라 타군 부대를 예속 또는 배속시킬 때도 있다.

특수목적지도(特殊目的地圖, Special Purpose Map)
표준지도 상에 실린 자료를 보다 세밀하게 나타내거나, 표준지도 상에 수록되지 않은 내용을 추가로 제공하는 등 특수한 목적을 위해 제작한 지도.

특수무기(特殊武器, Special Weapons; SW)
보안상 또는 기타의 이유로 특수절차를 통하여 취급하도록 구별된 종류의 무기. 전자유도병기, 레이더식 전자사격통제장치를 수반하는 대공화기와 화기의 유지 및 정비를 위한 수리부속용 특수장비가 포함된다.
1. 대공 유도무기(나이키, 호크).
2. 대공화기(에리콘, 발칸. 제외 : 헬기 발칸.
3. 대전차 유도무기(토우. 제외 : 헬기 토우).

특수비행(特殊飛行, Acrobatic Flight)
공중전을 위한 특수기술에서 발달된 비행술. 항공기의 이상 비행 상태에서 처리 가능한 감각을 기르기 위한 것으로 급회전, 수직선회, 스핀, 반전, 배면비행 등이 있다.

특수선단(特殊船團, Special Convoy)
해외 원정대나 중요한 병력수송 등과 같이 특수한 임무를 수행하는 선단. 특수선단은 국제법상 군함과 동일한 취급을 받는다.

특수원자파괴탄(特殊原子破壞彈, Special Atomic Demolition Munition; SADM)
☞ [핵배낭]

특수임무(特殊任務, Special Duty; SD)
비교적 단기간의 제한된 목표를 달성하기 위해 수행되는 특수한 성격의 임무. 특수임무는 전시나 평시를 막론하고 광범위한 지역에서 실시하며, 작전준비 시간이 제한되고 침투의 제한과 고도의 정치적 군사적 보안이 요구되며, 짧은 시간에 작전을 실시해야 하고, 특수 장비 및 전문요원이 요구되는 특징이 있다. 특수임무에는 도발응징, 특수정찰, 요인구출, 주요작전지원 등이 포함된다.

특수임무부대(特殊任務部隊, Task Force; TF)
1. 특정임무 또는 작전을 수행할 목적으로 단일 지휘관하에 제 병과의 부대를 통합하여 잠정적으로 구성한 부대.
2. 계속적인 어떤 특수 과업을 수행하기 위하여 단일 지휘관하에 반영구적으로 편성된 부대.

특수작전(特殊作戰, Special Operations; SO)
1. 전시나 평시를 막론하고 비상사태나 전략적 우발사태 발생에 대처하기 위하여 수행되는 특수한 작전.
2. 군사적, 정치적, 경제적 또는 심리적인 국가목표 달성을 위해 전략적, 작전적, 전술적 표적에 대하여 잘 훈련되고 장비되고, 조직 된 군사력에 의해 수행되는 작전. 이러한 작전은 재래작전의 지원을 받아 수행하거나 재래 전력을 사용할 수 없거나 사용하기에 부적절한 경우에는 독자적으로 수행한다.

특수작전부대(特殊作戰部隊, Special Operations Force; SOF)
비상사태나 전략적 우발사태 발생에 대처

하는 특수작전을 수행할 목적으로 단일 지휘관의 지휘 하에 형성된 부대.

특수작전지상연락반(特殊作戰地上連絡班, Special Operations Ground Liaison Element; SOGLE)
연합·합동작전을 위해 H-TACC(전구항공통제본부) 내에 위치하여 특전팀과 H-TACC 간의 첩보유통체계를 담당하는 부서.

특수전(特殊戰, Special Warfare; SW)
전시나 평시를 막론하고 비상사태나 전략적 우발사태 발생에 대처하기 위하여 특별히 훈련된 군사요원 또는 준군사요원이 수행하는 제반활동으로 비정규전과 특수작전을 지칭함.

특수정보(特殊情報, Special Intelligence; SI)
적국의 통신 및 전자신호정보로서, 누설되는 경우 군사작전 및 군사정보활동에 치명적인 위해를 초래할 우려가 있으므로 그 출처와 내용이 은폐되어야 할 정보.

특수정찰(特殊偵察, Special Reconnaissance)
1. 국가안보에 영향을 미치는 적 지역 내의 주요시설 및 특수 장비와 적의 주요활동에 관한 첩보를 수집하기 위하여 특수작전부대가 육안관측이나 기타 수집방법을 이용하여 실시하는 정찰활동.
2. 적 지역 내의 병력, 무기, 장비의 배치 및 이동, 주요시설 등에 관한 첩보를 수집하는 활동.

특수지도(特殊地圖, Special Map)
정사사진지도, 기복지도, 지형분석도, 삼각점 성과표, 비닐지도, 단채식지도, 병참선대장, 환경보전용지도 등 특수형태로 제작된 지도.

특수지뢰(特殊地雷, Special-Purpose Munition)
인원살상 및 장비파괴의 목적 이외에 화생방 오염지역 형성, 조명제공 등 특수한 목적을 위해 고안된 지뢰. KM18A1 대인지뢰, 화학지뢰, 조명지뢰 등이 있다.

특수탄약(特殊彈藥, Special Ammunition)
특별한 통제, 취급, 보안을 요하기 때문에 특별히 지정한 탄약으로 유도장치가 부착되어 있는 유도탄약이나 중·거리 로켓탄약. 유독성 화학탄약이 포함되며 명중률이 높은 탄약을 말한다.

특수항적(特殊航跡, Significant Tracks)
만약 적성이면 어떤 방어지역에 대하여 위협이 될 항공기 또는 미사일의 항적.

특전여단(特戰旅團, Special Forces Brigade)
예하 특전부대를 운용하여 전략적, 작전적, 전술적 임무를 수행하기 위하여 특별히 편성, 훈련, 정비된 여단.

특전지휘소(特戰指揮所, Special Forces Operation Base; SFOB)
비정규전 작전지역 내에 전개된 특전부대에 대한 지휘 및 통제와 행정, 군수지원을 제공하기 위하여 특전여단의 지휘부를 전시체제로 전환한 비정규전 수행상의 지휘기구.

특정재래식무기금지협약(特定在來式武器禁止協約, Convention on Certain Conventional Weapons; CCW)
UN이 주도하는 국제협약으로서, 무차별적 살상효과를 초래하는 비인도적인 특정 재래식 무기의 사용을 제한 또는 금지하는 협약. 특정 재래식무기 금지협약은 5개의 의정서를 주요내용으로 하고 있는데, 한국은 제1의정서, 제2의정서에 동의함으로써 2001년 11월 세계 85번째로 가입하였다. 의정서의 주요 내용은 다음 5가지 항목이다.

1. 제1의정서 : X-Ray로 탐지 불가한 파편무기 사용금지(기 매설지뢰 제외).
2. 제2의정서 : 지뢰 및 부비트랩의 제한적 사용금지.
3. 제3의정서 : 화염무기 사용금지.
4. 제4의정서 : 시력상실 레이저무기 사용금지.
5. 제5의정서 : 전쟁 잔류폭발물 처리에 관한 내용.

특화점(特火點, Pillbox)
콘크리트, 강철 또는 마대 등을 이용하여 특별히 공고하게 구축한 진지. 통상 기관총 및 대전차화기 등 화력을 증강하여 배치함. 일명 토치카(tochka)라고도 함.

티오티(~, Time on Target/Time over Target; TOT)

1. 포 지원 사격 시 목표물에 대한 사격개시시간(Time on Target). 티오티 사격은 화력을 한 표적에 대하여 동시 탄착되도록 실시하는 사격방법이다.
2. 공중공격 임무 항공기의 목표물 공격시간(Time on Target).
3. 정찰항공기의 목표물 상공도착시간(Time over Target).
4. 특정 요망 지상원점에서 계획된 핵폭발시간(Time over Target).

티앤티(~, Trinitrotoluene; TNT)
군용 고성능 폭약의 위력을 평가하는 기준이 되는 표준폭약. 모든 유형의 폭파작업에 사용이 가능하며, 충격과 마찰에 비교적 둔감하여 안정성이 있고, 방수효과가 우수하여 수중 및 늪지대에서도 사용이 가능하다.

팀스피리트 연습(~演習, Team-Spirit; TS)
한반도에서 북한의 전쟁도발을 억제하기 위해 한·미 연합사령관의 주도 하에 한반도 방어를 위한 전략적 차원의 전개, 운용, 복귀의 3단계로 실시했던 대규모 한·미 연합·합동 야외훈련. 1976년 6월에 최초로 실시하였으며 1995년부터 중단되었다.

ㅍ

파(波, Wave)
상륙작전 시, 군 병력, 상륙함, 상륙주정, 수륙양용차량, 항공기 등이 동시에 해안에 이르게 하거나 상륙하게 하기 위해 하나의 대형(隊形)을 이룬 것. 파의 형태, 기능 또는 순서에 따라 돌격파, 주정파, 헬리콥터파, 번호파, 대기파, 예정파 등으로 지칭한다.
〈동〉 [상륙파]

파견부대(派遣部隊, Detached Unit)
편제부대에서 파견 나와 다른 지역이나 타 부대에 배속되어 근무하되, 파견기간 동안에도 원 소속부대에 예속된 단위부대. 파견부대는 독립부대로서 기능을 발휘할 수도 있고, 타 부대에 배속되거나 타 부대와 함께 또는 타 부대 밑에서 근무할 수도 있다.

파괴(破壞, Demolition)
화력, 수력, 폭발물, 기계적 수단 및 타 수단(방법)에 의해서 구조시설물 또는 물자를 부수어 무너뜨림. 전술적 의미로 사용될 경우는 표적의 활동을 장기간 또는 영구히 중지시켜 전투 불가능한 상태로 만드는 것을 가리킨다. 표적타격의 요망효과는 제압, 무력화, 파괴로 구분한다.
(일본) [격파(擊破)] 적부대로 하여금 일정기간 작전·전투가 불가능할 정도로 혹은 최소한의 의지도 달성할 수 없을 만큼 적의 인적·물적 전투력을 절감시키는 것.

파괴반경(破壞半徑, Breaching Radius)
폭발 시 폭약으로부터 물질 전량이 파괴되거나 부서져 떨어져 나가는 거리. 외부장전 시는 파괴할 표적의 두께를 가리키며, 내부장전 시는 표적두께의 1/2이 된다.

파괴사격(破壞射擊, Destruction Fire)
어떤 특정한 고정표적에 대한 파괴를 목적으로 실시하는 야전포병 사격의 일종으로 정밀사격의 범주에 속함.
(북한) [소멸사격(消滅射擊)]

파괴심도(破壞深度, Collapse Depth)
잠수함의 압력선체가 더 이상 외압을 지탱할 수 없는 수심.

파괴통(破壞桶, Bangalore Torpedo)
1. 폭파작업에서 사용하는 특수뇌관. 부비트랩이나 적재지뢰에 의하여 확실하게 기폭 시킬 수 없는 탄약이나 다른 폭발 자재를 폭파시킬 때 사용하며, 악화된 탄약이나 파기된 탄약을 파괴하는 데도 사용된다.
2. 소규모 철조망 및 지뢰지대를 신속히 돌파하는데 사용하는 폭약.

파기(破棄, Destruction)
물자를 폭파, 소각, 매몰, 해중투기, 기타 수단으로 파괴 또는 유기하여 재사용하지 못하도록 하는 것.

파상공격(波狀攻擊, Stream Attack) ☞ [제파공격]

파쇄공격(破碎攻擊, Spoiling Attack)
방어작전 시 방어지역 전방에서 공격을 위해 대형을 갖추거나 집결중인 적에게 대하여 비교적 짧은 시간에 실시하는 제한된 공격작전. 파쇄공격의 목적은 공격준비 중에 있는 적부대의 일부를 격멸하거나, 적 공격의 발판이 되는 지형을 일시적으로 점령함으로써 적 공격의 균형을 와해시키고, 공격개시 능력을 현저히 약화시키는 것이다. 파쇄공격은 역습과 더불어 방어시의 강력한 공세행동으로, 통상 강력한 화력지원 하에 전차를 포함한 기동성이 우수한 부대에 의해 수행되며, 성공의 관건은 속도와 기습이다.

파열고(破裂高, Height of Burst; HOB)
지상 혹은 목표로부터 파열점까지의 수직거리.

파열고 공산오차(破裂高公算誤差, Burst Height Error Probable)
파열시간 공산오차에 의해 형성되는 파열고 상의 공산오차.

파편형 지뢰(破片形地雷, Fragmentation Mine)
지뢰 폭발 시 비산되는 파편에 의해 지뢰 사용 목적을 달성하는 지뢰.

판정(判定, Judgment)
1. 어떤 상황이나 상태를 판별하여 결정함.
2. 군사용어로서 판정은 관측자가 관목선을 따라 탄착점(파열군의 탄착중심)을 수정점(표적)과 비교하여 탄착점의 상대적 위치를 본 그대로 결정하는 것. 판정방법에는 파열고, 사거리, 편의 판정 등이 있다.

팜게이트형 작전(~型作戰, Farm Gate Type Operations)
특정조건 하에서 외국 공군의 능력을 초과하여 미 공군에 의해 우방국 공군에 제공되는 작전상 지원과 특수화된 전술훈련. 특정한 상태 하에서 전투할 때 작전 비행임무가 우방 공군의 능력을 초과할 때 주어지는 훈련의 일부분으로, 미 공군과 우방국 공군의 승무원이 합동 근무함으로써 이 임무를 수행하는 것을 포함한다.

패키지화(~化, Package)
특정목적을 달성할 수 있도록 관련성이 있는 2가지 이상의 세트 요소를 하나로 통합하여 지원하도록 편성하는 것. 예를 들어 전차, 자주포 등 주요 전투장비의 보충보급 또는 야전 및 기지 정비 후 전투현장 복귀 시 즉각적인 전투임무수행을 보장하기 위하여 인원, 장비, 물자, 시설을 각각 세트화한 후 이를 통합하여 지원하는 것을 의미한다.

패트리어트(~, PATRIOT)
모든 고도의 비행체에 대한 방공임무를 수행할 수 있는 미 육군 방공유도탄 무기체계. 탐지거리 170 km, 유도탄속도 3.5마하, 동시 추적표적 100대, 동시교전능력 80대 등의 성능을 가지고 있어 높은 격추율을 보장한다.

퍼싱(~, Pershing)
장거리 지상표적의 공격으로 야전군을 지원하고, 핵탄두 투발능력을 구비한 이동식의 고체 추진체 지대지 유도미사일. XMGM31-A라고 부른다.

편각(偏角, Angle of Deflection)
포를 방열하였을 때 사격선, 또는 사격선의 후방 연장선으로부터 조준선에 이르는 우회 수평각.

편각분산(偏角分散, Lateral Spread)
조명탄 사격 시 편의상 넓은 조명이 필요할 경우 실시하는 분산파열 방법. 2문의 포가 편각 상으로 상이한 제원으로 사격한다.

편대비행(編隊飛行, Formation Flight)
2~4 대의 항공기로 구성된 공군의 기본적인 전술단위의 비행.

편류(編流, Drift)
도하작전을 실시하는 동안 공격단정, 수륙양용차량, 경문교나 리본문교 등이 유속에 의한 편향력의 작용으로 대안의 예상 상륙지점이 차안의 진입지점보다 하류 쪽에 위치하게 되는 현상. 유속과 하폭, 그리고 도하속도에 의해 결정되는데, 이는 도하지점을 정찰할 때 매우 중요한 정찰내용이 되며, 도하작전 계획을 세울 때 실제 상륙지점과 편류를 고려하여 예상 상륙지점을 선정해야 한다.

편성(編成, Organization)

집단의 공동목표를 달성하기 위하여 필요한 인원, 물자, 시설, 예산 등을 유기적으로 결합하고 조화시키는 과정. 즉 목적달성을 위하여 소정의 편제를 취하는 것을 가리키는데, 군대 조직에서 적용할 때는 군의 단위부대 또는 합법적인 권위에 의해 규정된 군부대의 한정적인 조직을 가리킨다. 군 조직체로서 분류는 통상 다음 세 가지로 구분한다.

1. 완전편성(完全編成, Full Complete Organization) : 편제표에 주어진 기본임무를 완전하게 수행할 수 있도록 편성된 것으로 통상 전시에 적용하는 편성.
2. 감소편성(減少編成, Reduced Organization) : 완전편성보다 적은 인원과 장비로 주어진 기본임무를 수행할 수 있도록 축소된 편성. 평시 비전투 기간 또는 한정된 전투기간에 적용하는 편성이다.
3. 기간편성(基幹編成, Cadre Organization) : 감소편성보다 적은 인원과 장비로 편성된 부대로서, 부대증편을 위한 모체인원과 증편요원의 교육훈련, 그리고 평상시 부대의 운영·유지에 필요한 핵심인원으로 구성하는 평시편성의 한 형태.

편성 및 장비표(編成~裝備表, Table of Organization and Equipment; T/O & E)

군 단위부대의 정상임무, 편제기구, 인원 및 장비수량을 규정하여 표로 작성한 문건. 군부대 또는 해당 예하부대에서 사용하는 인사배치에 관한 지시에 따라 각기 소요수의 인원을 신청 및 제공하는 근거가 되며, 군 본부로부터 별도 지시가 없는 한 각기 이에 규정된 일체 장비를 청구 및 지급할 때의 근거가 된다.

편성부대(編成部隊, Organization Unit)

2개 또는 그 이상의 단위부대로 구성된 군 조직체. 편성 및 장비표(T/O & E)에 의한 편제부대와 분배 및 배당표(T/D & A)에 의거 편성된 특정 기능부대 등이 이에 해당하며, 물품출납공무원을 임명하여 부대재산 관리와 보급품의 청구, 수령, 분배 등의 군수기능을 수행하게 하는 부대단위이다.

편성부대자원관리(編成部隊資源管理, Formation Resource Management System; FARMS)

편성부대가 필요로 하는 군수자원의 청구, 수령, 불출, 사용, 정비, 반납 등의 행정업무를 전산화한 제도를 가리킴.

편의대(便衣隊, Plain-Clothes Corps)

책임지역 내 침투하는 적을 탐지 색출하기 위해 그 지역의 환경에 맞도록 농민, 약초채취꾼, 행상, 나무꾼 등으로 가장하여 주민과 동일한 행동을 하는 임시 특별부대.

편의판정(偏倚判定, Deflection Spot)

관목선에서 탄착점에 이르는 횡적거리로서 편의각의 밀 값과 방향으로 표현함. 관목선상에 파열되었을 때는 '선상', 관목선의 좌(우)측에 파열하면 '얼마 좌(우)'라고 판정한다.

편제(編制, Organization)

부대 또는 기관의 임무수행에 적합하도록 하부조직에 대하여 임무 및 기능을 부여하고 부서 또는 부대를 편성하여 정원 및 장비의 책정과 지휘관계 등을 정하는 것. 평시편제와 전시편제로 구분한다.

1. 평시편제(平時編制, Peace-Time Organization)

 평시 부대 임무수행에 필요한 인원과 장

비를 규정한 편제로 유사시 전시편제 전환을 위한 근간이 된다.
2. 전시편제(戰時編制, War Establishment) 전시 임무수행에 필요한 인원과 장비를 규정한 편제이며, 통상 평시편제에 전시 충원 병력과 장비를 추가한 편제이다. 전시편제는 인력, 물자 외에도, 재정 및 가상 적국의 군사상황 등 자국의 전쟁지속능력과 전술상황을 고려해야 한다.

편제병력(編制兵力, Organization Strength)
편제표 상에 편성된 병력. 각 군의 경우 정원에서 부수병력을 감한 인원이며, 각 군 예하의 부대 또는 기관의 경우는 정원 그 자체를 가리킨다.

편제부대(編制部隊, Organic Unit)
편제표상 단일 지휘관에게 고정 편성된 부대. 건제부대를 포함하는 개념이다.

편제장비(編制裝備, Organic Equipment)
편성부대가 기본임무를 수행하는 데 필수적으로 소요되는 장비로서, 장비 인가표에 인가된 장비.

편제표(編制表, Table of Organization; T/O)
부대 임무수행에 적합하도록 표준화된 양식에 의거 편성된 인원 및 장비표를 총괄적으로 부르는 명칭.

편조(編組, Task Organization)
지휘관이 특정 임무 또는 과업을 달성하기 위하여 특수하게 계획된 잠정적인 부대의 구성. 통상 기계화 보병부대와 기갑부대가 상호 배속(cross attachment)시켜 전투편성을 하는 것을 편조라고 한다. 전투부대, 전투지원부대, 전투근무지원부대를 본래의 예속부대와 관계없이 상급 및 인접부대에 일부를 배속, 작전통제 또는 지원 형태로 지휘관계를 설정해 주는 것도 편조에 해당한다.

편차(偏差, Deviation, Deflection)
1. 측정치와 그 기대치와의 차이. 편차의 종류에는 표준편차(Standard Deviation), 평균편차(Mean Deviation), 4분위 편차(Quartile Deviation)가 있으며, 편차 산출 대상에 의해 모집단에 대한 모편차와 샘플에 대한 샘플편차로 구분한다.
2. 포 사격에서 정확하게 조준하여 발사한 탄환이 바람 등의 영향을 받아 명중하지 않고 생기는 목표와 탄착점과의 방향상의 차이.

편차거리-핵(偏差距離-核, Offset Distance-Nuclear)
지역표적 또는 점표적의 중심으로부터 요망 지상원점 또는 실제 지상원점에 이르는 거리.

평가분석(評價分析, Analysis of Parity)
사업의 가치와 업적을 규명하고 효과를 진단하는 절차. 국방기획관리제도(PPBEES)를 구성하는 주요 기능인 기획, 계획, 예산, 집행의 제 단계에서 사업의 목표달성과 자원의 합리적인 배분 및 효율적 사용을 보장하는 활동으로서, 사전분석과 심사평가로 분류된다.

평균병력(平均兵力, Average Strength)
일보병력의 산술적 평균치. 입원율, 사고율, 사망률을 계산하기 위한 의무통계보고를 작성할 때 사용한다.

평균탄착점(平均彈着點, Mean Point of Impact)
주어진 조건하에서 동일 조준점으로 발사 또는 투사된 모든 탄착점간의 기하학적 중심점.

평균해면(平均海面, Mean Sea Level)
간만의 차에 대한 해면의 평균고도. 해발고도에 대한 기준으로도 사용.

평면지도(平面地圖, Planimetric Map)
지면의 수평 위치만 표시하는 지도로, 경우

에 따라서는 선지도라고 부름.

평사포(平射砲, Plane Fire Gun)
구경장이 30 이상(포신이 구경의 30배가 되는 것을 말함)의 비교적 긴 포신을 가진 포. 긴 포신으로 인해 비교적 낮은 탄도를 가지며 포구초속이 높아 곡사포에 비해 사거리가 길다.

평시(平時, Peacetime)
교전 당사국가의 국가 수반인 대통령(또는 주석)간에 상호 평화조약을 조인함으로써 휴전과 더불어 평화상태로 대체되어 전쟁 행위가 금지된 종전상태.

평시동원(平時動員, Peacetime Mobilization)
동원령이 선포되기 전에 전시동원에 사전 대비하기 위하여 동원하거나, 평시 대침투 작전 및 민방위업무 등을 위한 동원, 또는 전시동원을 위해 계획된 훈련 등 평시에 이루어지는 동원을 말함.

평시소요(平時所要, Peace-Time Requirement)
평시 군수물자 및 장비에 대한 운영유지를 위한 소요.

평정작전(平定作戰, Pacification Operation)
대 유격작전 시 타격작전 성공 후 민간 행정기관이 제 기능을 수행할 수 있도록 군이 지원하는 작전.

평지소구획지형(平地小區劃地形, Level Ground Small Cell Terrain)
1. 일정한 지역 내에 구릉, 야지, 하천, 경작지, 촌락 등 서로 다른 지형이 조밀하게 배치된 지형을 말함.
2. 대·소 도로망이 발달되어 기동과 집중에 유리함으로 인해 견제, 기동, 집중, 차단, 작전, 융통성과 협조 및 통합이 요구되는 지형, 또는 야지 및 구릉지대가 산재하여 부대 은닉기도와 지형의 이점활용이 곤란하므로 소산, 기만, 작전보안과 장벽 및 장애물 운용이 요구되는 지형.

평행사향속(平行射向束, Parallel Sheaf)
모든 포가 분포된 대로 동일 편각과 사각으로 사격함에 따라 형성되는 횡적 파열분포.

평형 지휘계통(平衡指揮系統, Parallel Chains of Command)
해군 및 상륙군이 상륙작전 계획을 수립하고 이를 실시하고자 할 때, 양 부대의 각 예하부대에 상응하는 지휘관을 두어 협조를 용이하게 함으로써 양군 임무의 상호관련성에 부응하는 평형조직.

평화강제작전(平和强制作戰, Peace Enforcement Operation)
주요 당사자들 사이에 분쟁종식에 대한 동의 여부가 불투명할 경우 유엔헌장 제 7장에 의거 수행되는 평화 유지 및 회복을 위한 강압적인 활동. 유엔의 임무부여 및 권한위임서(Mandate)에 규정된 사항을 집행할 목적으로 계획된다.

평화유지군(平和維持軍, Peace Keeping Forces; PKF)
평화유지와 관련된 임무를 수행하는 부대. 군 감시단만으로 평화유지 활동 임무수행이 제한될 경우 창설하며, 활동지역 및 상황에 따라 상이한 규모와 형태로 편성한다. 군 감시단의 기능을 포함하여 중재, 배치 및 순찰, 치안유지를 위한 안전한 환경조성, 포로교환업무 지원, 민사작전 실시, 대상국 군대창설 지원, 비군사 분야 평화유지활동 지원 등의 임무를 수행한다.

평화유지활동(平和維持活動, Peace Keeping Operations; PKO)
유엔이 유엔헌장 제6장에 근거하여, 분쟁당사국간의 합의에 의해 체결된 평화협정 이행 여부를 감시하며 이를 준수하도록 하는 비강제적 활동. 평화유지작전이라고도 한다.

평화지원작전(平和支援作戰, Peace Support Operation)
국가시책에 부응하여 해외에서 국익을 보호하고 평화를 증진하며 제3국의 안정과 발전을 지원하기 위하여 실시하는 제반 작전. 평화지원 작전의 형태로는 평화유지활동, 평화강제작전, 기타활동이 있으며, 기타 활동에는 재외국민 보호, 국제 재해 · 재난 구조, 인도주의적 지원이 있다.

폐기(廢棄, Abolition, Disuse)
군에서 보유 및 운용중인 무기체계나 장비가 군사목적상 더 이상 필요치 않게 되었거나, 다른 장비로 대체할 수 있어서 정비 유지성 면에서 경제성이 없다고 판단되어 처분하는 것. 폐기는 군내에서 사용가치가 없어졌을 뿐 아니라 매각하기에도 부적당한 군수품을 사용하지 않고 버리는 것을 가리킨다.

폐쇄기(閉鎖機, Breech Block)
포신 후면에 탄환을 삽입하기 위해 만들어진 개폐장치.

폐쇄지역(閉鎖地域, Closed Area)
군사적 목적 또는 보안상의 이유로 통행이 금지된 지정된 구역 내부나 그 상공.

폐창식재물조사(閉倉式在物調査, Complete Shutdown Inventory)
전 품목에 대한 보급수불을 중지하고 선정된 기간 내에 전 품목에 대하여 일제히 실셈을 실시하는 재물조사방법. 보급수불행위를 계속하면서 일정한 기간 중 보급부대에 보유 중인 보급품의 수량을 실셈 조사하는 것은 개창식재물조사라 한다.

폐처리(廢處理, Wash Out)
물자의 원형과 가치기능은 보유하고 있으나 그 자체로서 사용가치가 없는 것을 군 보유 자산에서 삭제하는 것.

폐품(廢品, Salvage)
1. 원래의 용도로는 사용할 수 없으나 폐기물보다는 가치가 있으며 원래의 용도에 사용하기 위해서는 그 품목의 취득원가의 65% 이상 수리비가 요구되어 비현실적임이 확실시 되는 물자.
2. 폐기처분하는 물자에서 떼어 낸 뒤 다른 부분품과 조립하여 재사용할 수 있는 부품 따위.

포(砲, Artillery Gun)
대포 또는 유도탄 발사대로 구성되는 완전한 탄환 발사 무기.

포가(砲架, Gun Mount)
포신 및 관련 사격 통제기재 등을 장착하기 위한 화포 구조물.

포고문(布告文, Proclamation)
지역의 주민들에게 공포하는 문서. 특정지역 내에서 지휘관 권한의 근거와 활동범위를 규정 설명하는 것이며, 포고에 영향을 받는 일반시민들의 의무, 부담, 책임 및 권리 등도 함께 명시한다.

포구수정(砲口修正, Calibration)
기준으로 설정된 화포의 포구초속과 측정하고자 하는 화포의 실제 포구초속을 비교하는 것.

포구초속(砲口秒速, Muzzle Velocity; MV)
포탄이 포구를 떠나는 순간의 속도. 단위는 초당 미터(m/s)로 표시한다.

포구폭발(砲口爆發, Muzzle Burst)
포탄이 포구를 떠나자마자 폭발하거나, 화기로부터 매우 근거리에서 폭발하는 것.

포대(砲隊, Battery)
1. 전술 및 행정을 겸하는 포병부대의 최소 단위 편성체.
2. 동일함정에 장치되어 있거나 또는 동일

체로서 운용되는 모든 포, 어뢰발사관, 탐조등 또는 미사일 발사장치.

포대통제기(砲隊統制機, Battery Control Computer; BCC)
포대급의 기술적 사격지휘 및 전포대에 대한 통제임무를 수행하는 자동화 장비체계. BTCS 체계의 일부임.

포로(捕虜, Prisoner of War; POW)
전투원이나 비전투원을 막론하고 군사목적을 위해 종사하던 자로서 교전 중에 생포되어 군사상의 이유로 신체의 자유를 제한받는 적국요원. 포로의 법적 중요성은 자신이 전투원으로서 행한 해적행위에 대하여 억류국에서 형사처벌이 면제되며, 포로로서 억류국으로부터 법적인 보호와 권리를 부여받는다는 데에 있다. 최근에는 포로라는 용어의 가치중립성을 이유로 적포로(EPW; Enemy Prisoner of War)라는 용어가 더 많이 사용되고 있다. 적국포로의 범주는 다음 몇 가지로 규정할 수 있다.

1. 적국군대의 구성원 및 군대의 일부를 구성하는 민병대 또는 의용군 요원.
2. 군대의 구성원은 아니나 적국군대의 인가를 받고 임무를 수행하는 군용기의 민간인 승무원, 종군기자, 군납업자, 노무대원, 또는 군대의 복지를 담당하는 부대의 구성원.
3. 적국의 상선 승무원 및 민간항공기 승무원.
4. 자발적으로 무기를 휴대하여 우군에 대항하는 주민 및 조직적 저항운동자.

포로분류(捕虜分類, POW Classification)
포로를 효과적으로 통제할 수 있는 집단으로 나누는 것. 분류 기준에 따라 행적적인 분류와 사상적인 분류로 구분한다.

포로분리(捕虜分離, POW Segregation)
포로 상호간의 보호와 효율적인 관리를 위하여 포로를 시설별로 격리시키는 것.

포로수용소(捕虜收容所, Prisoner of War Camp; PWC)
포로를 석방 및 송환 시까지 장기간 수용관리하기 위하여 후방지대에 설치 운영하는 억류시설.

포로수집소(捕虜收集所, Prisoner of War Collecting Point)
포획부대로부터 인수한 포로를 단기간 수용 관리하는 억류시설. 통상 사단급 부대에 설치 운영하나, 필요시 연대 및 군단급 부대에서도 설치 운영할 수 있다.

포로정보국(捕虜情報局, PW Information Agency)
포로에 관한 모든 정보를 수집하여 포로가 속하는 국가 또는 중앙포로정보국 등에 정보를 제공하는 임무를 수행하는 기관.

포목선(砲目線, Gun-Target Line)
화포로부터 표적에 이르는 가상의 직선.

포반제원 표시기(砲班諸元表示機, Gun Display Unit; GDU)
전포대에서 사격임무와 사격 간 통제명령 수신, 사격 후 결과보고 등 일련의 절차를 데이터 통신에 의해 이루어지게 하는 장비. 포별 분배기, 포반제어기, 사격제원표시기, 편각 및 사각 표시기로 구성되어 있다.

포병(砲兵, Artillery)
대포, 로켓, 유도탄 등 포를 사격하는 임무를 맡은 전투병과. 포병은 포를 사용하여 적의 전투력을 파괴, 제압, 무력화시키고, 아군의 기동을 지원하며, 모든 화력을 연합 및 협동작전에 통합하여 화력전투를 수행한다.

포병고도(砲兵高度, Artillery Altitude)
야전포병 및 박격포를 대상으로 특정지역 내에서 지표면으로부터 최고 탄도점을 기준으로 설정한 사격가능 고도. 공역통제수단의 하나이며, 비행안전고도를 선정할 때 기준이 된다.

포병박스(砲兵~ , Artillery Box)
초전 대화력전을 수행할 때 적 장사정 갱도 포병 밀집지역에 연합사 전력을 집중운용하기 위하여 연합사령관이 설정한 지역.

포병작전통제소(砲兵作戰統制所, Artillery Operation Control Center; AOCC)
군단 포병여단 및 사단 포병연대(여단)의 지휘관과 참모로 구성된 전투지휘조직. 예하부대의 지휘 · 통제, 포병화력운용, 전투근무지원 등의 제반 전투지휘활동을 수행한다.

포병지원계획(砲兵支援計劃, Artillery Support Plan)
포병부대의 화력을 협조시키고 운용하기 위한 전술계획. 통상 화력지원계획의 별지인 포병지원계획으로 직접지원 포병대대, 사단 포병 및 군단 포병의 사격지휘소(FDC)에서 준비하며, 포병지원계획을 수립함으로써 포병부대의 지휘관은 그의 지휘하에 있는 부대에 부여된 표적을 한정하고 할당할 수 있다.
〈동〉 [포병화력지원계획]

포병표적지역(砲兵標的地域, Target Box; T-Box)
북한군의 사포군 또는 연포군이 밀집 배치되어 있는 지역에 대하여 연합사의 탐지 및 타격자산을 효과적으로 운용하기 위하여 설정한 구역.

포병화력지원계획(砲兵火力支援計劃, Artillery Fire Support Plan) ☞ [포병지원계획]

포복(匍匐, Crawl)
적과 접촉한 상태에서 기동하는 동안, 적의 관측 및 사격으로부터 보호를 받을 수 있도록 몸을 지면에 최대한 밀착시켜 의도한 목적지점까지 이동하는 전투기술.

포 분포도(砲分布圖, Battery Sketch)
각 화포가 포대중앙으로부터 방열방위각을 기준으로 전후, 좌우로 배치된 거리와 간격을 5 m 단위로 나타낸 그림.

포상(砲床, Gun Emplacement)
적의 사격이나 폭격으로부터 화기와 장비를 방호하고, 또 제 기능을 수행할 수 있도록 준비된 포 진지. 포상이라는 용어는 사격할 수 있도록 준비된 진지에 총포를 거치한다는 뜻으로도 사용하며, 사격진지 역할을 할 수 있는 요새대, 요새지대, 요새진지, 또는 교통호로 연결된 각종 산병호, 대피호 등으로 구성된 축성물에 포상이 포함될 수 있다.

포섭(包攝, Recruitment)
정보활동 상 필요로 하는 기관, 단체 또는 개인을 정보활동을 위하여 일하도록 유인하는 행위나 과정. 공작원은 모집 또는 채용한다고 하지만 제보자에 대해서는 포섭이라고 한다.

포술(砲術, Gunnery)
적시적이고 정확한 간접사격이 보장될 수 있도록 사격제원을 결정하고 장입하는 기술. 대포 방열 및 표적위치 결정, 사격제원 산출, 대포 및 탄약에 사격제원을 장입하는 제반 절차를 포함한다.

포위(包圍, Envelopment)
주공이 적의 주방어진지를 피하여 적의 약한 측익이나 공중으로 기동하여 적의 퇴로, 증원 및 병참지원을 차단하고 진지 내에서 조공과 협격하여 적을 격멸할 수 있는 적 후방 종심상의 목표를 확보하는 기동형태. 포위의 이점은 적의 퇴로를 차단함으로써 심리를 위축시켜 전투의지를 약화시킬 수 있고, 적으로 하여금 정면과 측 · 후방 등 두 개 이상의 방향에서 전투하도록 강요하여 전투력을 분산시킬 수 있으며, 적의 약점인 측·후방을 타격할 수 있어 돌파나 정면공격에 비해 적은 희생으로 결정적인 성과를 달성할 수 있다는 점이다. 포위의 종류에는 일익포위, 양익포위, 전면포위, 수직포위 등이 있다.

포위부대(包圍部隊, Enveloping Forces)
1. 포위 시 주공으로서 적의 약한 측익이나 공중으로 기동하여 적 주력의 퇴로를 차단할 수 있는 후방 종심상의 목표를 확보한 후 조공과 협격하여 지대 내에서 적을 격멸하는 부대.
2. 추격 시 퇴로차단부대로서 조직적인 방어나 지연능력을 상실한 적 부대의 퇴로를 차단한 후 정면압박부대와 협격하여 적 부대를 격멸하는 임무를 수행하는 부대.

포종심정찰대(砲縱深偵察隊, Deep Artillery Reconnaissance Unit)
(북한) 아군의 종심지역에 위치한 포병부대들에 대하여 표적획득 및 화력유도 그리고 표적의 변화 상태를 추적하여 피해평가를 하는 적 침투부대.

포진지휘(砲陣指揮, Battery Control)
함정에서 비슷한 구경의 포가나 포탑의 사용을 지휘하는 것. 포가나 포탑의 배치, 통신계획, 표적의 지정 및 획득과 준수해야 될 표준절차 등을 포함한다. 지휘자는 포요원의 감독, 측정 장치와 탄약 보급 활동 등의 지휘에 대해서도 책임이 있다. 포진지휘의 종류로는 다음 네 가지가 있다.
1. 집단포진지휘(Collective Control)
   전 포진을 한 곳(중앙)에서 지휘하도록 된 포진지휘.
2. 분산포진지휘(Dispersed Control)
   전 포진을 중앙이 아닌 여러 곳에서 지휘하도록 된 포진지휘.
3. 분할포진지휘(Divided Control)
   지휘목적으로 두 방향지시기를 전방과 후방으로 분할하여 지휘하는 포진지휘방법.
4. 구역포진지휘(Sector Control)
   여러 방향지시기를 구역별로 나누어서 포진을 지휘하는 분산 포진지휘방법의 일종.

포착(捕捉, Acquire)
1. 포착레이더에 적용할 경우 목표를 탐지하여 식별하는 과정.
2. 추적레이더에 적용할 경우 무기를 효과적으로 사용할 수 있도록 표적을 레이더 빔 내에 잡는 과정.

포탄(砲彈, Artillery Shell, Projectile)
대포알. 각종 화포의 발사체로서 목표물에 도달시 폭발하도록 만들어진 것.

포탑차폐(진지){砲塔遮蔽(陣地), Turret Defilade (Position)}
적의 지상관측이나 사격으로부터 전차 및 장갑차의 차체를 포함한 포탑을 방호하기 위해 자연물을 이용하거나 인공장애물을 설치한 상태, 또는 그 진지. 주포사격은 제한되나 포탑상부에 장착된 화기들은 사격이 가능하다.

포판통신(布板通信, Base Plate Communication)
항공기와의 통신을 위해 천이나 기타재료에 일정한 규격과 색상으로 제작한 표지판. 아군부대의 위치표시와 확인에 사용되며, 포판통신 수단에는 통신포판(AP-30C, D)과 위치 및 식별 포판(VS-17GVX) 등이 있다.

포획(捕獲, Capture)
군사작전의 결과로서 적의 부대나 장비 또는 인원을 획득(생포)하는 것.

폭격(爆擊, Bombing, Bombardment)
군용 비행기가 폭탄·소이탄 따위를 떨어뜨려 적의 군대나 시설 또는 국토를 파괴하는 일.

폭격고도(爆擊高度, Bombing Height)
폭탄 투하 시 표적으로부터 폭격기까지의 수직거리.

폭격선(爆擊線, Bomb Line)
공군지휘관과 지상부대 지휘관의 협조 하에 설정된 폭탄투하 협조선. 가능한 한 식별이 용이한 지형을 선택해야 하며, 폭격선 전방에서는 지상군부대의 위험이 없어도 공군 임의로 표적에 대한 공중 공격 시는 반드시 해당 지상부대 지휘관과 협조되어야 한다.

폭격오차(爆擊誤差, Bombing Errors)
원하는 탄착점을 조준하여 발사한 개개 미사일이 도달한 결과에 대해 평가하는 오차.
1. 50% 원오차
   원하는 탄착점을 조준하여 발사한 개개 미사일의 절반을 포함하며 평균 탄착점이 중앙에 중심을 둔 원의 반경.
2. 50% 편각오차
   원하는 탄착점에 조준하여 발사한 개개 미사일의 절반을 포함하며 비행방향에 연하여 평균 탄착점의 양측에 그린 평행선 간격의 절반.
3. 50% 거리오차
   원하는 탄착점을 조준하여 발사한 개개 미사일의 절반을 포함하며, 비행방향에 대하여 직각으로 평균 탄착점의 양측에 그린 평행선 간격의 절반.

폭격피해평가(爆擊被害評價, Bomb Damage Assessment)
항공기, 함포, 지상화기 등의 폭격에 대한 결과의 평가. 폭격피해 평가결과가 요망하는 결과에 미치지 못했을 때에는 항공기의 재출격, 함포, 지상화기의 재사격을 결정하는 중요한 과정이 된다.

폭동진압제(暴動鎭壓劑, Riot Control Agent)
눈에 접촉 또는 흡입되면 잠정적으로 자극이나 기능을 마비시키는 화학제.

폭뢰(爆雷, Depth Charge)
일정한 수압을 받으면 폭발하도록 고안된 수중폭탄(水中爆彈)의 일종. 대개 잠수함을 공격하기 위해 사용되며, 수심 조정에 의한 수압 또는 접촉에 의해 폭발한다.

폭발고도(爆發高度, Height of Burst)
1. 지표면 또는 표적으로부터 폭발점에 이르는 수직거리.
2. 핵무기에 있어 특정표적(또는 지역)에 대한 기대효과를 발생시킬 수 있다고 판단되는 고도.

폭발물 처리반(爆發物處理班, Explosive Ordnance Disposal Team; E.O.D)
폭발물처리 전문교육을 받은 요원으로 편성된 부대로, 폭발물의 설치, 제거 및 해체 등의 업무를 수행함.

폭발성탄약(爆發性彈藥, Explosive Ammunition)
내부 충전물이 TNT 혹은 콤포지션 B와 같은 폭약이 들어 있어 폭발성을 가진 탄약.

폭발예정시각(爆發豫定時刻, Time on Target)
원자탄의 경우 특정 요망지점에서 폭발하도록 예정된 시간.

폭발음향소해(爆發音響掃海, Explosive Acoustic Sweep)
폭탄을 투하하여 기뢰 부근에서 폭발케 하여 제거하는 방법. 주로 항공기에 의해 실시하는데, 지금은 비효과적인 방법으로 인정되고 있다.

폭발효과(爆發效果, Explosion Effect)
고성능폭약이 폭발할 때 일어나는 물리적 효과. 고성능폭약은 폭발할 때 고압 압축가스로 급속히 변하는데, 이 때 발생된 몇 마이크로초(秒) 동안의 강한 충격압력이 폭발지점의 물질을 분쇄, 절단, 파괴시키며, 이 때 생기는 효과로는 화구형성 효과, 스폴링 효과, 균열 효과 등이 있다. 폭발 당시 생기는 변화율은 폭약의 종류, 밀도, 전색 및 폭약의 크기에 따라 결정된다.

폭약(爆藥, Explosive Compound)
가벼운 충격이나 가열로 짧은 시간에 화학적 변화를 일으킴으로써 많은 열과 가스를 발생시켜 순간적으로 큰 에너지를 얻을 수 있는 물질.

폭탄(爆彈, Bomb)
인명 살상이나 구조물 파괴를 위하여 금속 용기에 폭약을 채워서 던지거나 쏘거나 떨어뜨려서 터뜨리는 폭발물.

폭탄투하선(爆彈投下線, Bomb Release Line)
한 지역 또는 목표에 명중시키기 위하여 폭격기가 폭탄을 투하해야 할 적의 방어지역이나 목표물 주위에 설정하는 가상선.

폭탄투하점(爆彈投下點, Bomb Release Point)
원하는 목표에 명중시키기 위하여 폭탄을 투하해야 하는 공중지점.

폭파(爆破, Demolition)
1. 폭약을 이용하여 어떤 구조물을 파괴하는 동작 및 과정
2. 군사목적을 달성하기 위한 폭약을 이용한 파괴수단 하나. 공격작전 시는 기동로 확보를 위해 적이 설치한 장애물인 방벽, 단애, 대전차구 등을 신속히 파괴하여 극복하고, 방어작전 시는 적 기계화 부대의 고속종심기동을 저지하기 위하여 도로대화구 설치, 교량 및 낙석 거부 등을 실시하는데 사용한다..

폭파권한지휘관(爆破權限指揮官, Demolition Competence Commander)
표적의 폭파에 대한 전반적인 책임이 있는 지휘관. 폭파계획 수립, 폭파 경계부대 및 점화부대에 임무부여, 폭파 경계지휘관에게 전달되는 명령에 대한 명확한 지휘계통 수립, 모든 관계관에게 명령계통을 전파하고 숙지시키는 등의 책임이 있다.

폭파기구세트(爆破器具~, Demolition Equipment Set)
거부표적의 거부 및 폭파장애물의 설치를 위하여 사용되는 기구. 폭파기구세트의 구성품은 운반상자, 점화기, 도전선, 도전선 감개, 뇌관상자, 주름집게, 접착제, 폭파칼, 계산척, 조립식망치, 끌형정, 송곳형정, 폭파조끼 등이 있다.

폭파명령계통(爆破命令系統, Demolition Order System)
폭파장애물을 폭파하거나 거부표적을 거부할 경우, 폭파준비 및 실시에 관한 명령 하달 체계. 폭파목표가 정해지면 폭파명령권을 가진 폭파권한 지휘관이 책임지역 경계 및 엄호를 제공하는 폭파경계 지휘관에게 명령을 하달하고, 폭파경계 지휘관은 다시 폭파의 점화를 책임지는 폭파점화 지휘관에게 폭파명령을 하달한다.

폭파장애물(爆破障碍物, Demolition Obstacle)
군사목적을 달성하기 위한 파괴수단으로 각종 폭발물에 의해 형성되는 장애물. 교량폭파, 도로대화구, 낙석 등이 있으며, 적측이 폭파장애물을 제거하거나 복구하는 것보다 우회하는 것이 더욱 곤란하고 시간이 많이 소요되는 위치에 선정해야 한다.

폭파점화지휘관(爆破點火指揮官, Demolition Ignition Commander)
폭파하고자 하는 표적에 대하여 폭약장전 및 점화에 대한 기술적인 책임을 가진 지휘관. 점화반장을 임명하고 점화반을 지휘하여 정확한 폭약장전 및 점화를 해야 할 책임이 있다.

폭파정찰보고서(爆破偵察報告書, Demolition Reconnaissance Report)
대상표적을 폭파하기 전 정찰을 실시한 후, 소요폭약 및 장비, 소요인시 산출, 회로구성 등을 판단하여 작성한 보고서.

폭파지대(爆破地帶, Demolition Belt)
어떠한 지역에 대해 작전상 적의 사용을 거부하고 우군부대를 방호하기 위해 폭발물 지뢰 및 기타 가용한 장애물을 가설한 지역.

폭풍파(爆風波, Blast Wave)
핵무기가 폭발하는 순간 기체가 가속되어 초음속으로 확산하기 시작하며 발생하는 고압기체의 파. 이 때 형성된 화구는 급속히 팽창하여 순식간에 확대되는데, 이로 말미암아 주위에 있는 공기대가 극도로 압축되어 화구 표면에 압축된 공기대가 형성된다. 이때 화구 최대반경의 약 1/2 정도로 팽창되었을 때 팽창속도가 순간적으로 감퇴되어 화구 주위의 압축된 공기대는 화구 주위로부터 사방으로 이탈하게 된다. 폭풍파는 이때에 발생하게 되는 것으로서 공중에서는 폭풍파라고 하며, 지중, 수중에서는 충격파라고 한다.
〈참〉 [파]

폭풍효과(爆風效果, Blast Effect)
지표면 또는 상공에서 폭발의 압력에 의하여 구조물 및 인원을 파괴 또는 살상하는 것. 폭풍효과는 탄환 또는 폭약의 지하 폭발 시 폭파구 형성 및 지면 충격효과에 비할 수 있다.

폭풍형 지뢰(爆風形地雷, Blast Mine)
지뢰 폭발 시 발생되는 폭풍을 이용하여 목표물에 충격을 가하는 지뢰. 폭풍형 지뢰의 종류로는 M14 대인지뢰 및 대전차 지뢰 등이 있다.

표고(標高, Elevation)
지표면상 또는 지표면에 부착한 점 또는 면의 평균해면으로부터의 수직거리.

표류거리(漂流距離, Wind Drift)
항공기에서 투하된 낙하산이 산개된 지점에서 착륙할 때까지 바람에 의해 이동되는 수평거리.

표면거리(表面距離, Surface Range)
해면상에 있는 표적을 탐지할 수 있는 최대 음탐거리. 항해중인 대형 수상함에 대하여 반향음을 측정함으로써 결정할 수 있다.

표면폭발(表面爆發, Surface Burst)
지면 또는 수면 상에서 최대 화구반경 이하의 고도에서 폭발하는 형태. 방사능 낙진과 폭파구를 형성하는 데 사용되며, 비교적 지표면 가까이 있는 견고한 지하표적을 파괴할 목적으로 사용되기도 한다.

표적(標的, Target)

1. 사격으로 공격할 수 있는 모든 인원, 물자, 지형지물, 참조점 등. 화력계획 작성의 기본요소로 임기표적과 계획표적이 있다.
2. 연습 또는 실제 전투에서 화력이 지향되는 특정한 지점, 지역, 물체, 물체군.
3. 능률을 향상시키기 위하여 수량, 질 및 방편으로 표현되는 목표.
4. 레이더로 추적되고 있는 물체로서 무전파를 반사하고 있는 특정물체.
5. 정보작전의 대상으로서 국가, 지역, 시설, 기관 또는 인원.
6. 함포지원에 있어서 표적에 명중한 탄착의 폭발.

표적가치분석(標的價値分析, Target Value Analysis)
제대별로 전장 상황에 따른 핵심표적을 선정하고 타격 우선순위를 설정하기 위하여 표적의 중요도를 분석하는 것.

표적군(標的群, Group of Target)
동시 사격이 요청되는 2개 또는 그 이상의 표적을 한데 묶은 것.

표적대(標的帶, Series of Targets)
수 개의 표적과 2개 이상의 표적군으로 구성된 일련의 표적 집단. 공격작전 시에는 기동부대의 기동단계를 지원하기 위하여, 방어 시에는 집중화력을 운용하기 위하여 사전 결정된 시간순서에 따라 사격하기 위하여 계획함.

표적목록표(標的目錄表, Table of Target)
작전지원을 위한 계획표적의 제원을 기술한 목록.

표적반응(標的反應, Target Response)
핵폭발로 인한 폭풍, 열, 광선 및 핵 방사선이 인체와 물자에 미치는 효과.

표적반향신호(標的反響信號, Target Echo)
공격 또는 기타 표적에 의해 반사되는 본래의 신호를 송신한 레이더기지에 의해서 수신된 무선부호.

표적방위각(標的方位角, Target Bearing)
1. 전방위각 : 사격함에서 측정한 표적의 나침반상의 방위. 야전포병에서는 azimuth라 한다.
2. 상대방위각 : 자기 배의 함수를 중심으로 하여 시계방향으로 0도부터 360도로, 수평으로 측정한 표적의 방위.

표적번호(標的番號, Target Number)
화력통제부대가 표적물에 부여하는 참조번호.

표적부호(標的符號, Signature of Target)
지도, 상황판 및 투명도상에서 표적의 형태를 식별하기 위하여 사용하는 표시. 십자형, 선형, 사각형, 원형 등의 방법이 있다.

표적분별(標的分別, Target Discrimination)
복합표적이 있을 때 어떤 1개의 표적에 대하여 고정적으로 추적하거나 유도하는 유도체제의 능력.

표적분석(標的分析, Target Analysis)
군사적 중요성, 공격을 위한 우선순위, 원하는 파괴 또는 손상의 정도획득에 필요로 하는 무기를 결정하기 위하여 잠재적 표적을 검토하는 것.

표적선정기준(標的選定基準, Target Selection Criteria)
공격할 표적으로 선정하여 타격여부를 결정하는데 적용되는 기준. 표적위치 정확도, 적 활동규모, 적 활동상태, 첩보의 적시성을 고려하여 화력지원반과 정보반 요원의 상호협조 하에 작성한다.

표적우선순위(標的優先順位, Target Priority)
지시된 공격의 순위를 표시한 표적 집단.

표적일람표(標的一覽表, Target List)
상급지휘제대에 의하여 유지되고 발표되는 표적목록으로 순위, 표적번호, 성질, 위치, 표고, 기타 참고사항 등을 포함함. 지원화기에 의하여 사격될 표적들도 포함하나, 첩보나 계획수립을 위하여 모든 제대에서 확인, 미확인 또는 추정표적으로써 유지되는 표적목록과는 구별된다.

표적자료(標的資料, Target Materials)
지정된 표적의 공격을 지원키 위해 고안된 도해, 문서나 분류 등에 의한 표적정보. 훈련, 계획, 실시 및 평가에 적합하다.

표적접근점(標的接近點, Target Approach Point)
공수작전 시 투하지대, 착륙지대에 진입할 때 최종적인 항법상의 점검 지점.

표적정보(標的情報, Target Intelligence)
표적 또는 표적집단을 묘사하고 위치를 확인하며 취약성과 상대적인 중요성을 표하는 정보.

표적제원수신기(標的諸元受信器, Target Data Receiver; TDR)
저고도 탐지레이더 체계로부터 공중표적제

원을 수신하여 전시하는 장비. 표적의 거리, 방위각, 속도, 방향, 피아식별 등의 반응을 전시한다.

표적지시소(標的指示所, Target Director Post)
전술항공통제본부에서 경보근무는 하지 않고 모든 기상 하에서 사전에 결정된 표적 좌표상이나 지리적 위치로 항공기를 유도하는 통제부서.

표적지역 전투공중초계(標的地域戰鬪空中哨戒, Target Combat Air Patrol)
상륙작전 시 적기의 격파와 표적지역 부근의 우군엄호를 위하여 적 표적지역 상공에 유지하는 전투기의 초계.

표적지역 측정기준선(標的地域測定基準線, Target Area Survey Base)
상호 반대되는 기점에 위치하는 2개의 장소로부터 관측한 교차법에 의해서 표적 또는 다른 지점을 발견하기 위해서 사용되는 기준선.

표적지정(標的指定, Target Designation)
사격이 실시될 표적을 선정하거나 사격통제소에 필요한 정보를 전달하는 것.

표적집중격멸지대(標的集中擊滅地帶, Target Engagement Zone; TEZ)
전투간 적 부대가 한 번 이상 대규모로 집중할 가능성이 높은 지역을 사전에 선정하여 전방 항공통제관의 통제 없이 공군구성군사령부의 항공전력 만을 집중 운용하여 적을 격멸하기에 용이하도록 설정된 지역. 편제화력으로 비효과적인 적의 대형 표적을 무력화하기 위해 설정한다.

표적처리(標的處理, Target Process)
타격할 표적을 식별하고, 식별된 표적을 파괴, 제압 또는 무력화하기 위해 적절한 타격수단을 결정하는 일련의 과정.

표적추적레이더(標的追跡~, Target Tracking Radar)
표적의 추적에 사용되는 정밀 레이더로 중요한 무기체계의 하나. 지령유도 장치에 사용될 경우에는 계산기에 표적위치 및 속도제원을 부여하고, 반능동 호밍유도를 하는 미사일 장치에는 표적을 조명하는 역할을 한다.

표적탐지레이더(標的探知~, Target Detection Radar)
적의 박격포를 비롯하여 야포 및 로켓의 위치를 신속, 정확하게 탐지하고 적화기의 탄착지점을 예측하며, 아군의 기록사격 및 사탄 조정 시에도 사용되는 레이더.

표적할당(標的割當, Target Assignment)
적성 항적을 분석하여 최적 방공무기에 방공임무를 할당하여 부여하는 방공작전 수행상태. 방공포병무기의 자동작전 통제 시 자동할당, 반자동할당 및 수동할당방법이 있으며, 음성통제 시 음성할당방법이 있다. 또한 표적할당의 통제수준은 집권화, 분권화, 자율작전으로 분류하며 기타 세부절차는 부대예규에 포함된다.

표적해결(標的解決, Target Resolution)
각 표적에 대한 정보를 획득하여 방위, 거리 및 고각의 오차를 최소화하는 것.

표적획득(標的獲得, Target Acquisition)
효과적으로 무기를 운용할 수 있을 정도로 상세하고 충분한 표적의 접촉 식별 및 위치 확인.

표적획득체계(標的獲得體系, Target Acquisition System)
아군의 활동에 위협을 주는 표적을 적시에 탐지 및 식별하고, 획득된 표적에 관한 첩보를 화력지원부대에 신속하게 전파할 수 있도록 운용하는 체계. 지상 표적획득체계에는 육안관측, 음향측정, 표적탐지레이더 등이 있으며, 공중표적획득체계에는 항공관측, 항공사진, 무인항공기, 회전익항공기, 고정익항공기 등이 있다.

표정(標定, Spotting)

1. 사격수정 또는 분석에 필요한 정보를 제공하기 위하여 시각 또는 전자관측으로 표정선에 관계된 표적으로부터 벗어난 포병 및 함포화력의 편차를 결정하는 과정.
2. 사격제원을 계산하기 위하여 사격도판에 포대, 관측소, 표적, 기록점, 탄착지점 등을 표시하여 정하여 놓은 것.

표준사향속(標準射向束, Standard Sheaf)

지형에 따른 포 위치 수정량을 계산할 때, 중앙 사거리보다 큰 사거리에 사격을 실시할 경우 사향속이 확장되는 것을 방지하기 위해서 개방 사향속 폭보다 파열중심간 간격을 좁혀서 사격하는 것.

표준육군항공비행로(標準陸軍航空飛行路, Standard Army Aircraft Flighting Routes; SAAFR)

회전익 항공기의 안전한 이동을 보장하는 협조고도 이하에 설치된 비행로. 통상 연대급 후방 전투지경선으로부터 야전군 후방 전투지경선까지 설정한다.

표준전술회전경(標準戰術回轉徑, Standard Tactical Diameter)

진형유지를 쉽게 하기 위하여 정한 회전반경. 기동에 참여한 각 함정은 크기에 따라 선회함각을 조정하여야 한다.

표준전진기지부대(標準前進基地部隊, Standard Advanced Base Units)

전진기지의 기능을 발휘하도록 편성된 인원과 물자. 해군 전진기지의 설정에 운용되는 기능상 구성부서를 포함하며, 이러한 전진 기지부대는 해외에 수리기지, 보급기지, 보급창, 비행장, 항공기지 또는 기타 해군 육상시설을 설치한다.

표준제독제(標準除毒劑, Standard Decontaminants)

군에서 제독용으로 특별히 인가 불출되는 품목으로서 STB, DS2 등이 있음.

표준형 지뢰지대(標準型地雷地帶, Standardized Minefield)

장애물의 전술적 효과를 달성할 수 있도록 장애물 효과에 따라 정면, 종심, 밀도, 지뢰 수량 등이 표준화된 지뢰지대.

표준화(標準化, Standardization)

군수품의 조달, 관리 및 유지를 경제적이며 효율적으로 수행하기 위하여 설계, 제조 또는 운용시 설정하는 일정한 기술적 표준. 즉 공학상의 기준(종류, 형상, 치수, 품질, 시험, 검사, 용어, 기호 등)을 국방부 산하 또는 국가적으로 통일, 단순화하여 규격을 제정하고, 제정된 규격을 조직적으로 보급, 활용하는 제반활동을 의미하는데, 품목의 표준은 표준품목, 제한품목, 시용품목 및 비표준품목으로 분류한다.

표지작업(標識作業, Marking)

아군 또는 민간인의 안전을 위해서 지뢰지대 주위에 일정한 표시를 설치하는 활동.

표지함(標識艦, Marker Ship)

상륙작전에 있어서 지정 통제점상에 정확한 위치를 유지하는 함정. 표지함은 주간에는 표지기를 게양하고 야간에는 외해 쪽으로 표지등을 점등하여 위치를 알린다.

푸쉬케스(~, PUSH-Close Air Support; PUSH-CAS)

항공기가 일정한 후방대기지점을 선정하여 임무대기 하다가 전투지역에서 근접항공지원(CAS) 요청 시 즉각 투입하는 전력.

풀캐스(~, PULL-Close Air Support; PULL-CAS)

지상에서 비상대기 하다가 비행작전본부에

서 임무를 부여받으면 근접항공지원(CAS)을 수행하는 항공전력.

프로그미사일(~, Frog Missile)
소련제 지대지 전술미사일. 현재 소련, 동유럽 여러 나라, 중동, 북한에서 사용 중이다.

플레어(~, Flare)
적외선 유도무기체계를 기만하기 위한 유인체(Decoy)의 일종.

플랫폼 중심전(~中心戰, Platforms - Centric Warfare; PCW)
네트워크 중심전(NCW)의 대비되는 개념으로, 개별 플랫폼(탱크, 함정, 항공기 등)의 교전능력(자체 보유한 표적 탐지, 추적 및 타격수단) 중심의 종래의 전쟁개념. PCW에서는 각 플랫폼들은 상호간 잘 연결되지 않는다.

플루토늄(~, Plutonium)
우라늄이 핵변환을 하여 만들어지는 원소로, 원자 기호는 Pu, 원자 번호는 94, 원자량은 244. 은백색의 금속으로 우라늄 원광에 미량이 들어 있으며, 반응성이 크고 반감기가 매우 길며 핵연료로서 원자로, 원자폭탄, 수소 폭탄을 만드는 데 쓰인다. 현재 군사적으로 핵무기의 원료가 되므로 주목을 받고 있다. 천연에는 존재하지 않으나, 시보그는 핵반응으로 1941년에 플루토늄 238을, 1942년에는 플루토늄 239를 만들었다. 플루토늄 239가 핵분열을 일으킨다는 것을 알고 맨하탄 계획에서는 대형의 플루토늄 생산로를 사용해서 대량 생산하였고, 나가사키에 투하된 원자폭탄은 플루토늄 239를 사용한 것으로 현재의 핵탄두는 거의 이것을 이용하고 있다.

피난민(避難民, Refugee)
현실적으로 또는 예상되는 위험을 피하기 위해 자국 내에서 안전한 곳을 찾아 주거지를 자의로 이탈한 민간인.

피복원부대(被復元部隊, Reconstituting Unit)
부대가 피해를 입어 자체능력으로는 회복이 제한되어 상급부대에 전투력 복원을 건의한 부대.

피아식별(彼我識別, Identification Friend or Foe; IFF)
적과 아군을 구별하는 것. 또는 전자발신을 사용하여 우군이 장치한 장비가 자동적으로 응답하게 하는 체제. 주로 전파를 발사함으로써 적 부대와 아 부대를 구별하거나, 전자탐지장비와 피아 식별기를 사용하는 항공기나 함선 또는 지상군에 의하여 항공기와 선박의 피아 특성을 구별하는 방법 등을 사용한다.

피해반경(被害半徑, Radius of Damage)
특정목표가 일정한 기준(중, 중간, 경)의 손해를 입는 50%의 확률을 가지는 지상원점(GZ)으로 부터의 거리.

피해평가(被害評價, Damage Assessment)
표적에 대한 공격효과의 판단.

피해확률(被害確率, Probabillity of Damage)
표적이 피해를 받는 확률로 피해반경(RD), 요망지상원점(DGZ)에서 떨어진 거리(d) 및 투사오차(CEP 또는 DE)의 함수임.

핀포인트(~, Pin Point)
목표로 하는 대상의 위치나 시간의 한 지점을 한치의 오차 없이 정확히 겨냥함. 군사적 의미로는 정밀조준점, 항공기의 지상좌표적 위치, 표적, 정확히 조준하다, 정확히 위치를 나타내다 등으로 풀이되고 있으며, 지·해상의 목표를 공격함에 있어서는 주로 미사일이나 폭탄을 사용하여 정확히 타격한다는 의미로 사용된다.

필수관심지역(必須關心地域, Critical Named Area of Interest; C-NAI)

1. 기계화 부대들이 이동할 때 반드시 통과할 것으로 판단된 지역. 주로 도로교차점, 분기점 및 교량이 위치한 지역이 선정되며, 현행 및 장차작전을 위해 반드시 정보를 수집하고 상급부대에 요청하여 타격해야 할 지역이다.
2. 적 부대가 반드시 이동, 통과할 것으로 예측되는 도로 및 지형. 실시간에 정확한 첩보를 획득하기 위해 인간정보 활동이 요구되는 지역이다.

필수지원과업(必須支援課業, Essential Support Tasks)

부대 지휘절차의 임무분석 과정에서 식별된 명시과업과 추정과업을 수행함에 있어 반드시 지원되어야 하는 전투근무지원 분야에 대한 과업. 필수지원과업 도출은 부여받은 임무에 기초함은 물론 작전형태별 지원중점 및 전술상황에 따른 우선지원사항을 고려한다.

필수품목(必須品目, Essential Item)

전투수행 목적상, 또는 특정기능 부대의 임무수행 상 필요불가결한 품목. 필수품목은 임무 상 필수품목과 전투 상 필수품목으로 분류하며, 각 군 본부에서 지정한다.

필요병력번호(必要兵力番號, Force Requirement Number)

작전계획의 시간단계별 부대의 배치자료 중에서 유일하게 부대를 식별하는데 사용되는 번호로, 알파벳과 숫자로 이루어진다.

ㅍ

하기식(下旗式, Retreat)
영내에서 일몰 시 실시하는 국기강하 의식.

하네스(~, Harnes)
낙하산을 등에 착용할 수 있는 멜빵. 폭이 4.5 cm, 장력 2,7톤의 나일론 띠로 제작되며, 크기에 따라 소형, 중형, 대형으로 구분되는 인체 안전벨트 또는 멜빵.

하령 대 응소율(下令對應召率, ~)
동원소집 명령서가 교부된 인원(100%) 중 소집에 응한 자의 비율.

하령인원(下令人員, Ordered Person)
소집명령서가 집행된 인원.

하사관(下士官, Noncommissioned Officer; NCO)
하사로부터 원사까지의 군인을 일컫던 말로 현재는 부사관(副士官)이라고 호칭함.

하선망(下船網, Debarkation Net)
부대가 승선 혹은 하선할 때 현측에 늘어뜨려 사다리처럼 사용하는 밧줄로 된 그물. 상륙인원 수송함 또는 대형 상륙함 등에서 상륙군을 상륙주정에 옮기는 데 사용한다.

하선예정표(下船豫定表, Debarkation Schedule)
해상 함안이동을 위하여 병력과 장비 그리고 긴급 보급품을 적시에 질서 있게 하선하기 위하여 준비되는 예정표.

하이로우믹스 개념(~ 概念, High Low Mix)
1. 무기체계 배치에 있어 고성능의 무기체계와 저성능의 무기체계를 결합시키는 것과 그 구상.
2. 무기체계별로 성능, 수명주기, 전력화 시기 등을 고려하여 High-Medium-Low급으로 분류하고, 신규전력 확보와 구형전력 도태가 연계되도록 하는 전력유지 개념. High급은 차기 대체장비가 설정되지 않은 첨단 무기체계이며, Medium급은 차기 대체장비가 설정된 현용장비 중 우수 무기체계, 그리고 Low급은 차기 장비에 의해 대체된 현용장비 중 최하급 무기체계를 말한다.

하자품(瑕疵品, Defective Item; DI)
계약서상의 규격 및 요구조건과 상이하거나 하자가 있는 품목. 군수용어로 납품업체에서 완전포장 상태 하에 납품한 군수품의 과부족, 파손품, 이종품, 기능 및 상태 불량시나 사용부서 및 군수품 관리부서에서 군수품의 품질특성, 재질, 시험방법, 등급, 용도의 적합성 등 보장도가 계약서 상에 규정된 규격서의 기준치 미달로 판정된 것 등이다.

하전입자빔 무기(荷電粒子~武器, Charged Particle Beam Weapon)
전자 또는 양자를 가속, 방출하여 목표에 명중시켜 그 에너지로 파괴시키는 무기. 입자에는 전자, 양자 외에 수소원자나 이온이 사용된다. 광속에 가까운 에너지 전달이 가능한 반면 거대한 가속기가 필요함은 물론, 정 또는 부의 전하를 갖기 때문에 지구의 자장에 영향을 받아 방향이 삐뚤어지는 결점이 있다.

하정점(河定點, Bouncer Line)
수중폭파대(UDT) 작전에서 고무보트를 진수시키는 지점. 통상 적의 탐색을 피하기 위하여 적의 해변에서 충분히 멀리 떨어진 곳을 택한다.

하천부대(河川部隊, Riverine Force)
하천기지나 육상기지로부터 하천작전을 수행하기 위하여 육·해·공군으로 편성한 부대.

하천선방어작전(河川線防禦作戰, River Line Defensive Operation)
하천의 자연적 방어력을 이용하여 적의 공격을 효과적으로 저지, 격멸하는 작전.

한국방공구역(韓國防空區域, Korea Air Defence Sector; KADS)
적성항체의 영공 침투를 저지하고, 적기가 표적지대에 도달하기 전에 조기 교전할 목적으로 대한민국 영토에 설정한 책임지역.

한국방공소구역(韓國防空小區域, Korea Air Defense Small Sector)
중앙방공통제소가 작전 불가시 방공작전통제를 지역단위로 용이하게 하기 위하여 한국 방공구역을 다시 구분한 분할구역.

한국방공식별구역(韓國防空識別區域, Korea Air Defense Identification Zone; KADIZ)
대한민국의 국가안보상 항공기의 식별, 위치 결정 및 관제를 실시하기 위하여 설정한 방공 책임 구역으로서 동 구역 내로 항적이 침투하거나, 포착될 때에는 반드시 식별하여야 한다.

한국전구지휘통제체계(韓國戰區指揮統制體系, Global Command and Control System-Korea; GCCS-K)
한미연합사령부의 신속 정확한 첩보유통과 상황전파, 지휘통제수단을 제공하는 핵심 C4I 체계.

한국전구항공통제체계(韓國戰區航空統制體系, Korean Theater Air Control System; KTACS)
전구항공통제본부를 중심으로 하여 인가되고 배당된 항공전력을 최대로 발휘할 수 있도록 편성 조직된 체계.

한국전구항공통제본부(韓國戰區航空統制本部, Korea Theater Air Control Center; KTACC)
한국방공식별구역 내의 모든 전술항공운용을 조정·통제하고, 방공관제기구를 통하여 방공임무를 수행 및 감독하며, 공역통제에 관한 방침, 계획, 절차를 수립 및 시행하는 기구.

한국전투작전정보본부(韓國戰鬪作戰情報本部, Korean Combat Operations Intelligence Center; KCOIC)
한국전구항공통제체계(KTACS) 내의 부대 및 지상, 해상군 부대와 기타 필요부서에 대한민국 영공방위와 관련 필요한 정보를 지원하는 부서.

한국 제한식별구역(韓國制限識別區域, Korea Limited Identification Zone; KLIZ)
한국 방공식별구역 내의 공역으로서 평시 방공식별공역의 운영 및 식별절차를 조정하여 각종 비행작전을 편리하게 할 수 있는 공역. 평시에는 24시간 개방되어 있으나 국방상 필요에 의해 통제할 수 있으며, 지정된 절차에 의해 지대 내에서 비행하는 항공기는 우군기로 식별한다.

한국 종단송유관(韓國縱斷送油管, Trans Korea Pipeline; TKP)
포항에서 의정부에 이르는 한국종단 송유용 장거리 송유관.

한국좌표체계(韓國座標體系, Korea Geographic System '95; KGS '95)
기존 Bessle 타원체에 의한 좌표체계의 단점을 보완하고 정밀도를 증가시키기 위하여 미국에서 개선시킨 신좌표체계(WGS, '84)를 도입하여 첨단 무기체계에 효과적으로 적용하도록 한 좌표체계.

한국합동지휘통제체계(韓國合同指揮統制體系, Korea Joint Command and Control System; KJCCS)
한국군이 독자적으로 개발한 합동 C4I체계. 합동참모본부와 작전사급 이상 부대의 전시 및 평시 지휘통제의 주수단으로 사용된다.

한국항공작전공역(韓國航空作戰空域, Korea Air Area of Operation; KAAO)
연합사령관 예하의 항공작전지역으로서 공군구성군사령관이 관할하는 공역.

한미군사위원회(韓美軍事委員會, ROK/US Military Committee; MC)
대한민국 방위를 위하여 한·미 양국 합참에서 공동 발전시킨 전략지시 및 작전지침을 연합사령관에게 제공하는 기관. 1978년 제11차 한·미 안보협의회에서 합의된 군사위원회 및 한·미 연합군사령부 권한위임사항에 따라 설치되었으며, 한·미합참의장 및 대표자로 구성된다.

한미단일탄약군수체계(韓美單一彈藥軍需體系, Single Ammunition Logistics System Korea; SALS-K)
동맹국전쟁예비물자(WRSA) 탄약 및 미군 전용탄약의 효과적인 관리와 전시 미 본토로부터 수송되어 오는 탄약의 원활한 지원을 위하여 1974년 11월 25일 한국정부와 미국정부가 체결한 탄약합의각서에 따라서 실시되는 탄약보급체계.

한미상호방위조약(韓美相互防衛條約, Mutual Defense Treaty Between the United States and Republic of Korea)
1953년 10월 1일 체결된 한·미간의 상호방위조약. 당시 한국대표 변영태 외무부장관과 미대표 존 포스터 덜레스 국무부장관이 서명하였으며, 공동 결의를 거쳐 정식으로 선언하였다. 본 조약의 체결은 한반도에서의 전쟁을 억제하기 위해 미군의 주둔을 보장한 제도적 장치로, 연합방위체제의 법적 근간이 되며, 한미 주둔군 지위협정(SOFA)과 정부간 또는 군사당국자간의 각종 안보 및 군사관련 후속협정들의 기초를 제공하고 있다.

한미안보협의회의(韓美安保協議會議, ROK/US Security Consultative Meeting; SCM)
한국과 미국 간 안보에 관련된 공통관심사를 토의 및 협의하기 위한 연례회의. 매년 1회 한미 양국에서 번갈아가며 개최하며, 양국 국방장관과 합참의장이 참가하여 한미 양국 간 군사정책을 협의, 조정하는 기능을 수행한다. 한미연례안보협의회의는 한미군사위원회(MC)에 전략 지침, 지시를 하달한다. 군사위원회와 별도로 정책검토, 안보협력, 군수협력, 방산기술협력, 공동성명 등 5개의 위원회를 두고 있는데, 국방부 정책실장과 미 국방부 아태 부차관보가 공동위원장으로 있는 정책검토위는 양국 국익에 민감한 정책문제를 중점 토의하고 사전 정책협의를 통해 장관회담을 보좌하고 있으며, 나머지 위원회도 안보지원, 군수협력 분야 등을 협의하고, 방산, 기술 협력사항과 첨단 군사과학기술 자료를 교환하고 있다. 한미 안보협의회의 직전에 한미 군사위원회의(MCM)를 개최한다. 한미연례안보협의회로도 부른다.

한미연합해상침투훈련(韓美聯合海上浸透訓練, Flash Knife; F/K)
미 해군 네이비 씰 팀과 한국 해군 특전단 수중폭파반(UDT) 및 특전사 해상 침투 팀이 연합으로 해상침투능력 향상을 위해 실시하는 연합 해상침투훈련.

할당(割當, Allocation)
통제품의 배급, 배분, 배치, 배당, 배포 및 위치를 정하는 것, 또는 일정량의 보급품, 공간, 근무, 인원 또는 생산시설을 특정한 사용을 위하여 배당하는 것과 자금을 인가하는 것을 가리킨다. 그러나 전술적 의미로 사용되어 그 의미를 제한하거나 수식하는 다른 용어와 복합적으로 사용될 때는 다음과 같이 그 뜻이 각각 명확하게 정해진다.

1. 전술항공지원을 위한 자원을 언급하기 위해 사용될 때는 배당된 전력을 항공기 기종과 항공작전 기능을 고려한 쏘티 분배 및 재할당을 가리킨다.
2. 핵무기 운용을 위해 사용할 때는 계획 목적으로만 사용되며 일정기간 동안 한 지휘관에게 할당되는 핵무기의 수와 형태를 가리킨다.
3. 부대할당이라고 사용할 때는 주어진 전술계획과 유관한 부대와 자원을 지정하는 것으로, 예속, 배속, 작전통제, 직접지원, 증원 및 일반지원이 포함된다.

할당보급제도(割當補給制度, Forced Issue Supply System)
보급소요를 예측함에 있어 사용자의 의사에 관계없이 지원부대가 일정한 기준에 의하여 보급량을 결정, 보급지원을 하는 통제보급제도. 청구보급제도와 상대되는 보급제도이다. 할당보급제도에서 채택하는 소요를 예측하는 방법에는 과거의 수요실적에 의한 방법 이외의 방법으로, 통상 기존의 소모 보충율, 인가율 또는 계획량 등을 기준으로 하는 방법이 사용된다. 이 제도의 최대 장점은 보급추진계통소요가 필요 없으므로 최소의 재고로 보급할 수 있으나, 사용자의 의사가 무시된다는 점과, 효과 면에서 가장 취약한 보급체계이므로 효과성이 중요시되어야 하는 전시에는 할당보급제도는 채택될 수 없다.

함교(艦橋, Bridge)
보통 함정 상부전방에 위치하는 함상 구조체. 이 구조체 안에는 함정 조종소 및 시각통신소가 들어 있다.

함대(艦隊, Fleet)
작전 및 행정통제권을 행사하는 사령관 또는 사령관의 지휘 하에 있는 함정, 항공기, 해병부대 및 육상기지 함대 부서로 구성된 편성체.

함대공유도탄(艦對空誘導彈, Surface to Air Missile; SAM)
함상에서 비행중인 목표에 대해 발사되는 미사일. 기능 및 성능은 지대공유도탄과 같은 원리이다.
〈참〉 [지대공유도탄]

함대전투항공초계(艦隊戰鬪航空哨戒, Fleet Combat Air Patrol)
기동함대를 위협하는 적 항공기를 격추하기 위하여 기동함대 상공에 유지하는 전투기의 초계.

함대해병대(艦隊海兵隊, Fleet Marine Force)
(미국) 미 해병대의 상륙부대, 항공부대, 근무지원부대를 균형 있게 편성한 제병협동부대.

함안이동(艦岸移動, Ship-to-Shore Movement)
상륙군이 돌격함선으로부터 지정된 상륙지역으로 부대 및 장비를 적시에 전개하는 돌격단계의 일부. 상륙종별에는 예정파, 대기파, 비예정부대, 긴급보급품, 상륙군 잔여보급품 등이 있다.

함포(艦砲, Naval Gun)
군함에 장비한 화포. 함포는 구경에 비해서 포신이 비교적 긴 평사포가 사용되며, 비교적 원거리를 사격할 수 있다. 또한 빠른 초속으로 관통력이 크다. 군함에 탑재된 포 가운데서 구경이 가장 큰 것을 주포, 그 다음의 것을 부포, 대공포를 고각포, 대해상 및 대공사격을 겸하는 포를 양용포라 한다.

함포발사율(艦砲發射率, Gunfiring Rates)
1. 정밀발사율(Deliberate) : 정상적인 발사 속도보다 느리게 하여 탄착수정, 탄약절약 또는 특수한 전술상황에 대처하기 위하여 실시할 때의 발사율.
2. 속사(Rapid) : 탄착수정을 하지 않고 주어진 기간 동안 최대로 발사할 수 있는 발사율.
3. 완사(Slow) : 탄약절약 또는 수정을 실시하며 사격하는 방법.

함포사격(艦砲射擊, Bombardment from Warship)
전함의 주포에 의하여 지상이나 해상표적에 대하여 실시하는 사격. 특히 상륙군 지원사격이나 전략목표에 대한 사격으로 사용된다.

함포사격방법(艦砲射擊方法, Gunfiring Methods)
1. 전포 일제사격(Full Salvo) : 전 포대의 모든 무기를 동시에 발사하는 것.
2. 일부 일제사격(Partial Salvo) : 전 포대는 아니지만 동시에 많은 포가 사격하는 것.
3. 일제사격(Salvo) : 동일표적에 조준한 수개의 포가 동시에 사격.

함포사격수정반(艦砲射擊修正班, Naval Gunfire Spotting Team)
표적의 지정, 사격개시, 중지, 발사율 및 사격의 형태 등을 통제하고, 표적에 대하여 탄착수정을 실시하는 기능이 부여된 해안사격통제대의 일부.

함포사격연락반(艦砲射擊連絡班, Naval Gunfire Liaison Team)
해군 함포 운용에 관하여 지상 또는 상륙군과 협조하고 조언하는 데 필요한 해군장교와 장비.

함포사격작전본부(艦砲射擊作戰本部, Naval Gunfire Operation Center)
해군 함포사격계획에 의한 사격의 통제, 함포 지원요청에 대한 처리와 전방관측자들에게 함정을 할당하기 위해서 함정 내에 설치된 기관.

함포사격장교(艦砲射擊將校, Naval Gunfire Officer)
지상군부대의 포병장교 중 함포운용을 위해 사전에 필요한 훈련을 받은 후 임명되는 장교. 화력지원반에 위치하여 해군에서 파견된 함포연락장교의 보좌를 받아 참모운용에 대한 총괄적인 임무를 수행한다.

함포사격연락장교(艦砲射擊連絡將校, Naval Gunfire Liaison Officer; NGLO) ☞ [함포연락장교]

함포연락장교(艦砲連絡將校, Naval Gunfire Liaison Officer; NGLO)
지상부대의 특별참모로 함포지원, 함포훈련 및 기타 지원화기와의 함포협조를 계획하고 실시하는 임무를 부여받은 해군에서 파견된 장교.
〈동〉 [함포사격연락장교]

함포지원사격(艦砲支援射擊, Naval Gunfire Support)
함포, 로켓의 운용을 포함하여 지상 및 항공작전을 수행하고 있는 부대를 지원하기 위해서 함정의 포대에서 실시하는 사격.

ㅎ

함포지원계획(艦砲支援計劃, Naval Support Appendix) ☞ [함포화력지원계획]

함포탄착수정조(艦砲彈着修正組, Naval Gunfire Spotting Team)
효과적인 함포지원사격을 위해 표적을 지정하고, 사격의 개시 및 중지, 발사율과 사격형태를 통제하며, 탄착을 관측하는 해안사격통제반의 한 구성부대. 함포 관측수, 관측 보좌병 및 통신요원과 장비로 구성된다.

함포항공수정(艦砲航空修正, Naval Gunfire Air Spot)
함포 지원사격 시 항공기로써 탄착 수정하는 것.

함포화력지원계획(艦砲火力支援計劃, Naval Gunfire Support Appendix)
함포화력을 협조시키고 운용하기 위한 전술계획.
〈동〉 [함포지원계획]

합동(合同, Joint)
1. 동일국가의 2개 군 이상의 부대가 동일 목적으로 참가하는 각종 활동, 작전편성을 지칭함.
2. 어떠한 용어의 선행어로 사용될 때는 육군, 해군, 공군 및 해병대를 포괄하는 의미로 사용됨.

합동감시표적 공격레이더체계(合同監視標的攻擊~體系, Joint Surveillance Target Attack Radar System; JSTARS)
E-8A기를 이용하는 체계로서, 항공기에 지상화면을 시현할 수 있는 Multi Mode Radar를 장착, 적의 종심표적을 감시, 탐지 및 선정하고 이 자료를 지상수신소에 실시간으로 전파하는 체계.

합동공정작전(合同空挺作戰, Joint Airborne Operation)
2개 군 이상의 부대가 단일 지휘관의 작전지휘 또는 작전통제 하에, 전투부대와 물자를 공군항공기로 목표지역으로 이동시켜 제한된 지상작전을 실시하는 합동작전.

합동공정작전훈련(合同空挺作戰訓練, Joint Airborne Training)
공정부대와 병력을 공수하는 부대가 참가하는 훈련작전 또는 연습. 아래와 같은 사항을 포함한다.
1. 인원 및 장비의 공수.
2. 공정부대 및(또는) 공중수송 부대에 의한 강습작전.
3. 탑재연습 및 단기적인 지역의 숙달비행.
4. 관계 각 군의 합의 또는 합동참모본부의 승인에 따르는 기동과 연습.

합동교전구역(合同交戰區域, Joint Engagement Zone; JEZ)
적 항공력에 대하여 동일공역에서 2개 이상 부대가 동시에 복수의 방공무기 통제체제를 사용하여 조화된 작전을 수행하는 구역.

합동구조협조본부(合同救助協調本部, Joint Rescue Coordination Center; JRCC)
특정지역 내에 가용한 수색 및 구조시설을 지휘하고 협조시키기에 충분한 시설을 보유하고 있으며, 참가한 각군으로부터 차출된 감독인원에 의해 편성된 구조기관.

합동군(合同軍, Joint Force)
한 국가의 육군, 해군(해병대), 또는 공군 중에서 2개 이상의 군에서 차출된 주요부대를 단일 지휘관 아래 편성하여 작전지휘(통합지휘) 또는 작전 통제권을 행사하는 부대.
(중국) [연합부대(聯合部隊)]

합동군사령관(合同軍司令官, Joint Force Commander)
1. 합동군(부대)을 작전지휘 혹은 작전통제하는 권한이 부여된 지휘관.
2. 통상합동작전부대를 통합 지휘 통제하는 지휘관을 지칭하는 말.
〈동〉 [합동부대사령관]

합동군사전략능력기획서(合同軍事戰略能力企劃書, Joint Strategic Capabilities Plan; JSCP)
목표연도(F+1)의 초기에 구비된 군사능력에 기초하여 부여된 전략적 과업을 완수하기 위하여, 각 군 총장 및 각 사령관에게 자원의 할당을 포함한 전략지침을 제시함으로써 관련전시문서에 필요한 지침과 자료를 제공하는 문서.

합동군사전략목표기획서(合同軍事戰略目標企劃書, Joint Strategic Objective Plan; JSOP)
국방목표를 달성하기 위한 군사전략과 합동전장운용개념에 의한 중·장기 군사력 건설방향, 무기체계 기획 및 부대기획이 수록된 기획문서.

합동군사전략서(合同軍事戰略書, Joint Military Strategy; JMS)
국가목표 및 국방목표를 달성하기 위한 군사전략과 군사력 건설방향이 제시된 문서.

합동군수(合同軍需, Joint Logistics)
합동작전부대 전투력을 효율적으로 운용하기 위하여 군수품의 소요, 조달, 저장, 이동, 분배, 정비, 후송, 재배치와 시설의 획득 또는 건설, 유지, 운용, 재배치 등 기능을 합동으로 수행하는 것. 기본적인 군수지원개념은 자군의 군수지원은 자군이 책임지는 단일지원이지만, 1개 군이 자군과 타군을 지원하는 공통지원이나 상호지원과 같은 형태도 운용한다.

합동군수지원(合同軍需支援, Joint Logistics Support)
합동작전을 수행하는 부대에 대해, 각 군별로 자군을 책임지는 군수지원체제를 유지하면서, 3군 공통 군수지원과 지역지원 개념에 의거 각 군의 군수사령부 및 군수지원부대가 공동으로 제공하는 군수지원.

합동기동부대(合同機動部隊, Joint Task Force; JTF)
특정 목표를 달성하기 위하여 2개 군 이상에서 차출된 부대로 구성되는 전투부대로서 일정기간 동안 한시적으로 운용되는 임시편성부대. 국방부장관에 의하여 구성되고 지정될 수 있다.
〈동〉 [합동특수임무부대]

합동기본전투개념(合同基本戰鬪概念, Joint Basic Combat Concept)
주어진 작전목표를 달성하기 위하여 육·해·공군이 합동으로 "어떻게 싸울 것인가" 하는 작전술 차원에서 작전을 수행하는 기본전법.

합동기획(合同企劃, Joint Planning)
국방목표를 달성하기 위하여 군사전략을 수립하고, 군사전략에 따라 군사작전을 수행하기 위한 일련의 기획과정.

합동대공정작전(合同對空挺作戰, Counter Joint Airborne Operation)
적의 공중침투부대 및 공정부대가 아군의 후방지역에 침투하여 주요지역을 점령하거나 주요시설을 타격하며, 후방지역을 교란하고자 기도하는 적을 거부 또는 격멸하는 작전. 공중, 지상, 해상 합동 및 군, 관, 민 통합작전으로 이루어진다.

합동대공제압(合同對空制壓, Joint Suppression of Enemy Air Defense; JSEAD)
아군 공지작전의 효과를 극대화시키기 위

ㅎ

하여 합동작전으로 적 방공체제를 파괴 또는 무력화시키는 모든 조치. 전구작전과 국지작전으로 구분되며 적 방공제압으로 표현한다.

합동대상륙작전(合同對上陸作戰, Counter Joint Amphibious Operation)
육군, 해군, 공군이 합동으로 가용한 모든 수단과 방법을 사용하여 적의 상륙부대 및 상륙지원부대의 해상접근과 상륙을 방해, 저지, 격멸하는 작전.

합동대유격작전(合同對遊擊作戰, Counter Joint Guerrilla Operation)
아군 후방지역에 근거지를 확보하거나 잔류하여 유격전을 수행하는 적을 격멸하고 소탕하기 위하여 실시하는 작전. 작전 목표에 따라, 적의 근거지를 거부하고 적을 소탕 및 격멸하기 위한 타격작전과, 군, 관, 민이 통합으로 지역안정을 회복하기 위한 평정작전으로 구분하여 실시한다.

합동도시지역작전(合同都市地域作戰, Joint Urban Operation)
하나 또는 그 이상의 도시지역을 포함하는 작전지역에서의 군사작전이 계획 및 시행되는 모든 형태의 합동작전.

합동방공작전(合同防空作戰, Joint Air Defence Operations; JADO)
육군, 해군, 공군이 보유하고 있는 모든 방공전력 요소를 총체적으로 운용하여 영공으로 침입하거나 침투를 기도하는 적성 항체를 탐지, 식별, 요격, 격파하고 적의 공중공격으로부터 피해를 감소시키는 모든 활동.

합동방공작전체제(合同防空作戰體制, Joint Air Defense Operation System)
합동방공작전을 수행하는 주체로서 방공임무를 성공적으로 수행할 수 있도록 편성된 육군, 해군, 공군 관련부대. 운영방식에 따라 자동체제와 수동체제로 구분하며, 자동체제는 중앙방공통제소를 중심으로 전 레이더 및 방공포병과 데이터통신망을 연결하여 실시간에 공중감시 자료를 종합 처리함으로써 전반적인 방공임무를 수행하며, 자동체제 운영이 중단될 때는 즉각 수동체제로 전환하며, 방공중앙관제소, 방공포병작전통제소, 방공지방관제소, 육군, 해군의 방공관련부대 등은 지역별 및 기구별로 부여된 방공작전 임무를 수행한다.

합동부대(合同部隊, Joint Forces)
2개 이상의 군으로 구성된 부대로서, 통합지휘권한을 가진 단일 지휘관 하에서 합동작전을 지원하는 부대.

합동부대사령관(合同部隊司令官, Joint Force Commander) ☞ [합동군사령관]

합동상륙기동부대(合同上陸機動部隊, Joint Amphibious Task Force; JATF)
합동상륙기동부대 지휘관의 지휘 하에 상륙작전을 수행하기 위하여 2개 이상의 군(육 · 해 · 공)부대로 조직된 기동편성부대.

합동상륙목표지역(合同上陸目標地域, Joint Amphibious Objective Area)
상륙기동부대가 확보해야 할 지역으로서, 통상 해안 부근에 해상 · 지상 · 공중 공간을 포함하여 합참의장이 설정함.

합동상륙작전(合同上陸作戰, Joint Amphibious Operation)
1. 단일 지휘관의 지휘 하에 2개 군 이상으로 편성된 합동상륙기동부대가 함정, 주정 또는 항공기에 탑승하여 해상 또는 육상 발진기지로부터 적 해안에 대하여 실시하는 공격작전. 합동상륙작전은 그 본질상 전략 및 작전적 수준의 합동부대 작전이다.
2. 다양한 형태의 함정, 항공기를 이용하여 상륙군을 적 해안에 상륙시키는 해군작전.

그 본질상 해군, 상륙군, 항공전력 등 여러 유형의 부대들이 참가하여 이루어진다.

합동상륙작전부대(合同上陸作戰部隊, Joint Amphibious Unit)
2개 이상의 군부대가 단일지휘관의 지휘 하에, 전략적 또는 전술적 임무수행을 위해 적 해안에 상륙돌격을 실시하여 해안두보를 확보하고 차기작전을 준비하는 데 사용되는 임시 편성부대.

합동수송지원(合同輸送支援, Joint Transportation Support)
육군, 해군, 공군 중 2개 군 이상의 수송자산이 상호 협조체계에 의해, 또는 단일 지휘관의 지휘통제 하에 실시하는 수송지원. 육로, 철도, 해상, 항공수송 등 2개 이상의 수송방법이 통합되어 지원작전을 수행하게 된다.

합동수송통제본부(合同輸送統制本部, Joint Transportation Control Center; JTCC)
군, 관, 민 및 기타 관련부서 요원으로 구성되어, 관, 민 수송을 위한 군 통제 도로의 사용에 대하여 연합수송이동본부와 긴밀히 협의하는 기구.

합동영상처리지원체계(合同映像處理支援體系, Joint Service Imagery Processing System; JSIPS)
국가급 및 전술자산에 의해 수집된 영상자료를 접수, 처리, 활용 및 분배하는 전군지원 공동지상중계소. 각 군과 국가급으로부터 전술제대까지 모든 수준의 광범위한 사용자에게 정보를 유통시킬 수 있다.

합동작전(合同作戰, Joint Operations)
육·해·공군 중 2개 이상의 군이 공동의 작전 목적을 달성하기 위하여 상호 합동으로 실시하는 작전.
(중국) [연합작전(聯合作戰)]
(북한) [협동동작(協同動作)]

합동작전기획(合同作戰企劃, Joint Operation Planning)
군사전략목표를 달성하기 위하여 군사력 운용 방책을 발전시키고 작전소요를 판단하며, 작전계획 및 명령을 발전시키는 일련의 과정. 즉, 부여받은 임무와 추가 예상되는 임무를 완수하기 위하여 지휘관 및 참모가 상황을 평가하고 방책을 발전시켜, 세부계획을 예하부대에 임무를 부여함으로써 임무완수에 필요한 작전소요를 도출하여 건의하는 등의 제반 활동.

합동작전기획 및 시행체계(合同作戰企劃~施行體系, Joint Operation Planning and Execution System; JOPES)
국가안보를 달성할 수 있게 하기 위해 정책결정을 작전계획과 작전명령으로 전환하기 위한 주요 국방기획체계의 하나. 군사작전을 기획, 시행 및 감독하는데 이용되는 전통적인 지휘, 통제체계를 통합한 것.

합동작전부대(合同作戰部隊, Joint Operation Forces)
합동작전을 수행하는 모든 부대를 총칭하는 말. 광의의 의미는 합참을 중심으로 합동작전을 수행하는 각 군의 작전사, 합동부대, 합동기동부대 등을 총칭하며, 협의의 의미는 2개 이상의 군이 상호 직접 합동으로 작전을 수행하는 부대들을 지칭한다.

합동전구유도탄방어(合同戰區誘導彈防禦, Joint Theater Missile Defense; JTMD)
합동사령관이 적의 전구미사일(TM) 작전으로부터 합동군부대를 방어하고 자유로운 합동작전을 보장하며, 적 전구미사일(TM) 공격에 의해 피해를 감소시키는 합동작전으로서 C4I, 적극방어, 소극방어, 공격작전의 4가지 작전요소로 수행.

합동전략기획(合同戰略企劃, Joint Strategic Planning)
국가 및 국방목표를 달성하기 위하여 군사전략을 수립하고, 군사전략목표와 전략개념을 실현 하는데 필요한 군사력 건설소요를 제기하여 확정된 군사능력을 과업과 함께 할당하는 일련의 과정.

합동전략기획체계(合同戰略企劃體系, Joint Strategic Planning System; JSPS)
전략환경평가 결과를 토대로 군사전략목표와 전략개념을 구상하고 이를 실현하는 데 필요한 군사력소요를 제기하여, 확정된 군사능력을 과업과 함께 할당하는 일련의 과정에서 다른 기획체계들과 상호작용하는 관계를 이르는 말.

합동전술정보분배체계(合同戰術情報分配體系, Joint Tactical Information Distribution System)
일정 주파수대에서 주어진 코드체계대로 주파수를 변경하면서 자료를 송신하므로 주파수 간섭을 최소화할 수 있게 하는 합동전술정보 자료의 분배체계.

합동전술통신체계(合同戰術通信體系, Joint Tactical Communications System, Tri-Service Tactical Communication; TRI-TAC)
육군, 해군, 공군 합동작전 시 군단급 이상 제대에서 운용되는 전술통신체계. 전술위성과 미군기지 고정통신망을 이용한 미 국방부 통신체계 및 사용통신체계와 상호 접속하여 운용한다.

합동전자전(合同電子戰, Joint Electronic Warfare)
합동작전 수행 시 합동부대의 군사목표를 효과적으로 달성하기 위하여 각 군의 전자전 자산을 통합, 운용하여 수행하는 제반 전자전 활동.

합동전장운영개념(合同戰場運營概念, Joint War fighting Field Area Operation Concept)
군사전략개념을 구체화하여 합동 및 작전술 수준에서 '어떻게 싸울 것인가'를 구현하는 개념으로 전장의 제운용 핵심요소를 체계화(System)하고 상호연동시켜 전장운용 핵심요소를 통합운영하는 전장관리개념.

합동정보신문조(合同情報訊問組, Joint Information Interrogation Team)
국가정보원장 조정 하에 편성 운용되며 중앙, 공비, 간첩 출현에 대한 현지조사와 포로에 대한 1차 신문을 실시하는 기구.

합동제공작전(合同制空作戰, Joint Counter Air Operation; JCAO)
적의 공중 위협(항공기/무인기) 및 방공전력을 격파 또는 무력화시켜서 요망 수준의 공중우세권을 획득 및 유지하기 위해 실시하는 작전으로, 공세제공(OCA), 방어제공(DCA) 및 대공제압(SEAD) 작전요소로 분류됨.

합동제한주파수목록(合同制限周波數目錄, Joint Restricted Frequency List; JRFL)
우군 통신, 비통신 전자방사 장비와 우군 전자전 장비 간의 주파수 간섭을 최소화하기 위해 주파수를 제한하는 목록.

합동지원(合同支援, Joint Support)
1. 합동작전시 합동부대가 편성되지 않고 일방적으로 타군으로부터 지원을 받거나 타군에 지원을 하는 행위.
2. 2개 이상의 군을 지원하기 위해 참모와 예산을 공동 운영하는 것.

합동참모(合同參謀, Joint Staff)
합동참모본부 또는 합동부대의 참모를 말하며 각군에서 선발된 요원으로 구성됨.

합동참모본부(合同參謀本部, Joint Chiefs of Staff; JCS)
군령에 관하여 국방부장관을 보좌하며, 국방부장관의 명을 받아 전투를 주 임무로 하는 각 군의 작전부대에 대한 작전지휘 및 감독과 합동작전의 수행을 위해 설치된 합동부대를 지휘 및 감독하고, 합동 및 연합작전을 수행하는 최상위의 본부.

합동참모회의(合同參謀會議, Joint Chiefs of Staff Council)
합참의장과 각 군 참모총장으로 구성되는 합동참모회의는 합동참모본부가 주관하게 되며 국방부장관의 최고 군사고문 역할을 하게 된다.

합동참모의장(合同參謀議長, Chairman Joint Chiefs of Staff; CJCS)
대통령, 국가안전보장회의, 국방부장관의 군사조언자이며 동시에 군령권을 행사하는 합동참모본부의 장이며 합동참모회의의 의장. 합참의장은 전략지시, 전략기획, 우발기획의 범위 내에서 특정의 합동작전기획의 책임을 부여받아 군사전략과 관련된 위협의 평가를 준비하며, 작전지시를 포함하는 군의 전략지시를 준비함에 있어 대통령과 국방부장관을 보좌하고, 효과적인 계획수립을 위해 가용한 기간동안 국방부장관에 의해 제안된 자원수준과 일치하는 전략계획을 준비하는 등의 책임을 수행한다.
〈동〉 [합참의장]

합동초지평선표적선정(合同超地平線標的選定, Joint Over the Horizon-Targeting)
장사정 무기운용을 위한 실시간(real time) 표적정보를 제공하기 위하여 전 전장지평선 지역을 탐지할 수 있도록 육·해·공군의 각 종 탐지수단 및 출처를 운용하는 것.

합동최종공격통제반(合同最終攻擊統制班, Joint Terminal Attack Controller; JTAC)
전방지역에서 근접항공지원(CAS) 및 다른 항공작전에서 전투기의 교전을 지시하는 요원으로, 지상전방항공통제관(G/FAC)과 공중전방항공통제반(A/FAC)을 통합하여 지칭한 것.

합동타격(合同打擊, Joint Strike)
특정표적에 대하여 육군, 해군, 공군 전력이 합동으로 타격하는 것.

합동특수작전(合同特殊作戰, Joint Special Operations)
전시나 평시에 군사적, 정치적, 또는 기타 목표를 달성하기 위하여 특별히 편성, 훈련 및 무장된 각 군의 특수작전부대 및 준군사부대가 상호 합동으로 수행하는 작전.

합동특수임무부대(合同特殊任務部隊, Joint Task Force) ☞ [합동기동부대]

합동특전사령부(合同特戰司令部, Joint Unconventional Warfare Task Force; JUWTF)
합동 비정규전 수행을 위한 지휘기구로서 육·해·공군부대와 정부 및 민간기관 대표들로 구성됨.

합동화력운용(合同火力運用, Joint Application of Fire; J-Fire)
합동작전 시 군사목표를 달성하기 위하여 지휘관이 요망하는 시간과 장소에서 적 능력과 의지를 파괴하도록 각 군의 화력을 능률적이고 효과적으로 협조 및 통합 운용하는 것.

합동후방작전지역(合同後方作戰地域, Joint Rear Operation Area)
합동군부대의 책임지역 중에서 전투근무지원활동이 수행되는 지리적인 공간. 주로 주전투지역 후방의 보급, 정비지원, 지휘 및

ㅎ

통신소, 행정제대가 위치하고 있는 지역이며, 후방지역 상공의 공역과 해상작전해역은 합동후방작전지역에 포함되지 않는다.

합동후방지역작전(合同後方地域作戰, Joint Rear Area Operation)
합동후방지역 내에서 육, 해, 공군 중 2개 군 이상이 상호협조체제에 의하거나 단일 지휘관의 작전지휘 또는 작전통제 하에 실시되는 작전. 전쟁지속능력을 효과적으로 보장하기 위해서 수행되는 제반 활동으로, 각급 제대별로 군, 관, 민, 예비군의 가용한 작전요소를 통합하여 적의 위협요소를 적극적으로 예방 및 거부하고, 적 침투 시 적이 아 중심에 접근하기 이전에 공세적으로 저지, 격퇴, 격멸함으로써 자원, 시설 및 병참선을 방호하고 전쟁지속능력과 후방지역 안정을 보장한다.

합동훈련(合同訓練, Joint Training)
합동작전 수행능력을 향상시키기 위하여 2개 군 이상의 부대가 함께 참가하여 실시하는 훈련.

합의각서(合意覺書, Memorandum of Agreement; MOA)
국가간에 합의된 내용이나 조약 본문에 사용된 용어의 개념들을 명확히 하기 위하여 당사국간의 외교교섭 결과 상호 양해되고 합의된 사항을 확인하고 기록하는 문서.

합참군사지휘본부(合參軍事指揮本部, JCS Military Command Headquarter)
합참의장의 결심사항과 의도를 시행하며 예하부대를 작전지휘하는 본부.

합참의장(合參議長, Chairman Joint Chiefs of Staff; CJCS) ☞ [합동참모의장]

항공고시보(航空告示報, Notice to Airman; NOTAM)
조종사를 위시한 항공 종사자들이 적시 적절히 알아야 할 공항시설, 항공업무, 절차 등의 변경 및 설정 등에 관한 정보사항을 고시하는 것. 일반적으로 항공고시문은 전문 형식으로 작성되어 기상통신망으로 신속히 국내외 전 기지에 전파된다.

항공관측(航空觀測, Aerial Observation)
항공기를 이용해 첩보를 획득하는 군사 활동. 신속한 기동력과 지상관측수단보다 훨씬 양호한 시계 등으로 넓은 지역에 대한 종심 깊은 관측능력을 제공할 수 있으며, 중요지역에 대한 관측 제한사항을 해결할 수 있는 융통성을 갖고 있다. 또한 항공관측은 전과확대, 추격 등 활발한 기동전 상황 하에서 지상관측을 지원하면서 적 후방 종심지역에 대한 표적획득에 가장 적절한 수단이다.

항공관측사(航空觀測士, Air Observer)
포화의 사격수정 또는 군사적 첩보자료의 획득을 위하여 항공기에서 관측하거나 사진촬영을 주임무로 하는 인원.

항공교통관제(航空交通管制, Air Traffic Control)
모든 가용수단을 이용, 비행중인 항공기를 분리시킴으로써 공역통제지역 내의 비행안전과 질서 있고 신속한 항공기 이동과 방공작전을 위한 항공기 식별업무를 지원하는 업무.

항공교통관제소(航空交通管制所, Area Control Center; ACC)
비행정보구역 내에서 비행하는 항공기에 대하여 항로관제, 항법보조, 기상정보, 탐색 및 구조를 위한 정보를 제공하여 비행안전을 도모하는 국내 항공교통 관제업무 기능을 수행하는 기관.

항공교통전자방사통제(航空交通電子放射統制, Security Control of Air Traffic Electromagnetic Radiation; SCATTER)
방공지역 내에서 적이 아군의 항공교통 관

제용 전파방사장비를 탐지하고 이용하는 것을 차단하기 위해 실시하는 통제. 즉 항공교통 및 항법시설 보안통제(Security Control of Air Traffic and Air Navigation Aids; SCATANA)이다.

항공기계류(航空機繫留, Aircraft Picketing)
기상 또는 주기장의 상태로 인하여 움직일 수 있는 옥외에 정류한 항공기를 움직이지 않도록 고정하는 것.

항공기관제 및 경보체계(航空機管制~警報體系, Aircraft Control and Warning System)
항공기의 이동을 통제하고 보고하기 위해서 설치된 시스템. 관측시설(레이더 전자장치, 시각 또는 기타수단) 중앙통제소 및 필요한 통신시설로 구성된다.

항공기 긴급출동(航空機緊急出動, Aircraft Scramble)
지상대기중인 항공기가 임무 수행 명령을 받고 최단시간 내에 이륙하는 행동.

항공기 무장장착(航空機武裝裝着, Arming Aircraft)
비상대기 항공기가 기계획 통합임무명령서나 지시에 의거 무장하는 것. 체공중인 항공기를 실제 임무에 투입할 때에는 장착된 무장, 조종사의 작전가능 여부, 연료잔량 및 전천후능력 등이 고려되어야 한다.

항공기부품(航空機部品, Airborne)
군수품에서 항공기의 필수부분을 구성하는 물품.

항공기 비상대기(航空機非常待機, Aircraft Alert)
즉각 출동을 위한 항공기의 대비태세. 조종사가 이륙을 위한 점검을 완료한 후 가능한 한 신속히 이륙할 수 있도록 조종석 내에서 기다리는 좌석대기와 긴급출동 명령을 접수한 후 지정된 시간 내에 이륙해야 하는 비상대기가 있다.

항공기상업무(航空氣象業務, Aeronautical Meteorological Service)
항공기가 안전하게 정시성을 유지하면서 능률적인 운항을 할 수 있도록 행하여지는 기상업무. 항공기상업무를 대별하면 항공기상관측, 항공기상예보, 공역기상감시, 항공기상정보의 수집, 전송, 교환, 자료의 전시, 운항관리자나 기장에 대한 구두해설 등이 있다.

항공기 소산지역(航空機疏散地域, Aircraft Dispersal Area)
지상대기 중에 있는 항공기의 소산을 주목적으로 설계된 군 시설 및 지역. 항공기를 분산 대기시킴으로써 밀집된 상태에서 적기의 공격을 받았을 때 우려되는 취약성을 없애기 위한 방편이다.

항공기 유도로(航空機誘導路, Taxiway)
항공기의 이착륙을 위하여 비행장에 특별히 마련하거나 지정한 통로.

항공기의 공격방향(航空機~攻擊方向, Attack Heading)
1. 공중요격 공격단계에서 바람직한 항적교차각(요격기의 항적과 표적의 항적 사이의 각)을 얻기 위하여 취하는 요격기의 방향.
2. 대지공격 시 발사단계에서 항공기가 비행해야 할 지정된 자기나침반 방향.

항공기 자체보호 전자교란장비(航空機自體保護電子攪亂裝備, Airborne Self Protection Jammer; ASPJ)
항공기의 생존성을 증대시키기 위하여 항공기 내부에 장착하는 전자장비. 타 전자계통인 RWR(레이더 경보수신기) 등과 연동하여 적 위협신호, 즉 적 대공포, 지대공 유도탄, 요격기 등에 대한 전자방해를 실시하여 항공기를 스스로 보호한다.

항공기 지뢰살포탄(航空機地雷撒布彈, GATOR MINE)
항공기에 의하여 살포되는 대인 및 대전차 지뢰. 자폭시간에 의해 4시간, 48시간, 15일용으로 구분한다.

항공기 집결지역(航空機集結地域, Aircraft Marsaling Area)
항공기가 이륙 전에 대형을 짓거나, 착륙 후에 집결하는 지역.

항공기 통제 및 경보망(航空機統制~警報網, Aircraft Control & Warning System)
항공기의 이동을 통제하고 보고하기 위하여 설치된 통신시스템. 관측시설, 중앙관제소 및 필요한 통신시설로 구성된다.

항공단말(航空端末, Air Terminal)
항공기에 의한 인원이나 화물을 탑승하거나 적하하기 위해 비행장에 위치한 시설.

항공대잠공격(航空對潛攻擊, Aircraft Anti-Submarine Attack) :
항공기가 잠수함을 공격하는 것으로, 대상에 따라 다음 두 가지로 나눈다.
1. 맹목공격(Blind Attack) : 충분히 잠수하여 시각접촉되지 않는 certain, probable, possible 잠수함에 대해 실시하는 무차별성 공격.
2. 시각공격(Visual Attack) : 해면 가까이 부상했거나 잠수심도가 깊지 않은 잠수함에 대해 잠수함의 일부 또는 전체를 시각접촉하여 실시하는 공격.

항공력(航空力, Air Power)
일반적으로 공군력을 의미하지만, 대개 한 국가의 현존 및 잠재적인 항공관계의 힘까지 포함한 제반 항공관련 능력을 통칭하는 말.

항공모함(航空母艦, Aircraft Carrier; CV)
전투기를 탑재, 발진 및 착함시킬 수 있는 능력을 갖춤으로써 해군기동부대의 중심세력으로서의 역할을 수행하는 함정. 고속, 장기작전 능력 및 내해성, 항공기 탑재능력 및 단독 정비능력 등의 특징을 갖추고 있으며, 보이지 않는 먼 거리에서 신속히 적에게 접근, 항공기를 발진하여 공격하고 착함시켜 위치를 노출함이 없이 퇴각할 수 있다는 장점을 지니고 있다. 최근에는 항공모함의 방어적 특성보다는 공격적 특성이 강조됨에 따라 항공기 작전능력을 극대화시키기 위한 규모의 대형화 추세를 보이고 있다.

항공목표지역(航空目標地域, Air Objective Area)
상륙기동부대사령관 또는 상륙군사령관이 우군세력 사이의 방해를 막기 위하여 제한수단을 설정한 목표지역 상공을 나타내는 상륙용어.

항공무기통제사(航空武器統制士, Air Weapons Controller)
공중목표물에 대한 무기의 운용과 관제에 특별히 훈련된 항공 관제요원.

항공병참선(航空兵站線, Air Line of Communication; ALOC)
전시 또는 긴급 시 신속한 물자 지원을 위하여 항공편으로 수송 보급하는 병참선.

항공사진정찰(航空寫眞偵察, Air Photographic Reconnaissance)
항공사진에 의한 첩보획득. 목적에 따라 다음 세 가지로 나눈다.
1. 전략사진정찰.
2. 전술사진정찰.
3. 측량과 정확하고 표준화된 지도제작을 위해 찍은 항공사진.

항공사진해석(航空寫眞解析, Aerial Photograph Interpretation)
정보자료를 얻기 위한 목적으로 항공사진

을 판독하여 분석하는 것.

항공수상전투전대(航空水上戰鬪戰隊, Air Surface Action Group)
특정한 적 수상함 위협에 대항하기 위하여 할당된 같은 형의 항공기 2대 이상으로 구성된 전투단위.

항공수송(航空輸送, Air Transportation; AT)
항공기를 이용한 수송. 주로 공군에 의하여 제공되며, 육군 회전익항공기에 의한 수송은 소규모의 단거리 수송에 적합하고, 민간 항공기는 전시 군의 항공수송을 보강하기 위하여 사용될 수 있다.

항공수송 이동관리(航空輸送移動管理, Air Transport Movement Control; ATMC)
항공수송을 이동관리하는 체계.

항공수송 통제장교(航空輸送統制將校, Air Transportation Control Officer; ATCO)
모든 항공수송 유통량을 조정하기 위해 공항에 위치해 있는 근무장교.

항공우주(航空宇宙, Aerospace)
1. 지구를 둘러싸고 있는 대기 및 그 상층부인 우주의 총칭. 비행체의 발사, 유도 및 통제활동을 수행하는 곳으로서 단일 영역으로 인정되는 2개의 독립된 실체.
2. 지구 표면에서 관측 가능한 천체까지 확장될 수 있는 무한대의 영역.

항공우주군(航空宇宙軍, Aerospace Forces)
대기권 우주상공에서 임무수행이 가능한 부대. 위성체계와 전략탄도탄을 운용하는 부대를 포함한다.

항공우주력(航空宇宙力, Aerospace Power)
군사적 목적을 위해 항공우주공간에서 활동하는 모든 전력. 유무인 항공기, 미사일, 우주항공기 및 우주선을 포함한다.

항공우주방어(航空宇宙防禦, Aerospace Defense)
적의 항공기, 유도탄 및 비행체의 적대행위를 감소 또는 무력화하기 위하여 계획된 방어대책으로, 방공과 우주방어를 합친 용어.

항공우주통제작전(航空宇宙統制作戰, Aerospace Control Operations)
핵심 항공우주지역 내 군사목표를 수행하기 위해, 지상군과 해군의 지원을 받으며 공군을 적절히 운용하여 수행하는 작전. 이러한 작전에는 적 항공우주군 및 육해군의 파괴, 적 항공우주작전의 차단, 핵심공중통신망 보호, 그리고 항공작전 지역 내에서 군사적 우세의 확립 등이 포함된다.

항공의료원(航空醫療院, Aero-Medical Center)
공중근무자의 비행건강관리, 조종사의 항공생리 교육훈련, 항공의학 연구, 공군기지의 환경위해요소 등 공군의 군진의학을 연구하는 기관.

항공의무후송작전(航空醫務後送作戰, Aero-Medical Evacuation Operation)
항공기를 이용하여 전상자를 후송하는 작전으로 필요시 포로, 민간인도 후송함.

항공의학(航空醫學, Aviation Medicine)
비행 시 생물학적, 심리학적 문제에 관련된 의학의 특수부분. 즉, 고공비행 시 나타나는 병적 증상을 병리적, 치료적으로 연구하고 치료하는 학문.

항공임무지휘관(航空任務指揮官, Air Mission Commander; AMC)
항공타격작전 및 공중강습 작전 시, 작전에 참가한 항공부대를 지휘, 통제하는 지휘관. 항공타격작전을 실시할 때에는 구성된 공격항공부대와 전술항공 및 야전포병을 통제하며, 공중강습작전을 실시할 때에는 공중강습작전부대장의 예하지휘관으로서 작전을 실시하는 모든 육군항공 자산에 대한 통제 및 계획수립 과정에서 조언을 제공한다.

항공작전(航空作戰, Air Operation)
지상부대나 해군부대와 협조하여 공군력을 사용하는 작전. 수행시 다음과 같은 효과를 기대한다.
1. 공중우세를 획득하고 유지.
2. 목표지역에 이르는 적군의 이동을 저지하고, 적 부대 및 지원시설의 발견 및 격파.
3. 지상부대, 해군부대의 당면 목적을 달성할 수 있도록 직접 지원하기 위해 목표지역 내에서 합동작전 수행.

항공작전본부(航空作戰本部, Air Operation Center; AOC)
항공작전에 투입될 부대를 지시, 감독, 협조 및 통제하는 통합부서. 과제정보교환을 통한 공역관리 및 통합임무명령서 하달의 기능을 수행한다.

항공전역(航空戰役, Air Campaign)
주어진 시간과 작전지역 내에서 합동군 목표를 달성하기 위하여 공군이 수행하는 일련의 항공작전.

항공정찰(航空偵察, Air Reconnaissance)
항공기를 이용하여 지형, 기상, 적군의 배치, 구성, 이동, 시설, 병참선, 전자 및 통신 등에 관한 첩보를 획득하기 위한 공중정찰 활동. 포병 및 함포사격의 수정과 조직적이며 임의적인 전투지역 표적 또는 공중구역을 관측하는 것을 포함한다.

항공정찰사진(航空偵察寫眞, Intelligence Photograph)
우군 또는 적군의 인원, 장비, 물자 또는 시설 등을 정보목적으로 촬영하여 제작한 사진. 주로 기술정보, 전략정보용으로 사용된다.

항공정찰작전(航空偵察作戰, Aerial Reconnaissance Operation)
전, 평시를 막론하고 적의 시설, 병참선, 통신전자 시설, 전력의 배치 및 이동 등에 관한 정보를 수집하기 위하여 항공력을 활용하여 수행하는 정찰작전.

항공지원(航空支援, Air Support)
공군이 지상 또는 해상부대에 제공하는 모든 형태의 지원.

항공지원계획(航空支援計劃, Air Fire Support Appendix) ☞ [항공화력지원계획]

항공지원작전(航空支援作戰, Air Support Operation)
항공부대의 기동성과 융통성을 이용하여 제병협동, 합동작전 및 연합작전간 지상부대의 임무수행을 지원하거나 전투지속성을 보장하기 위한 작전. 항공타격작전과 공중강습작전을 제외한 제반 항공지원 활동이 해당되며, 항공지원 작전 형태는 지휘통제 및 통신, 항공수색정찰, 경계 및 정보지원, 화력요청 및 조정, 방호지원, 병력, 장비, 물자공수, 항공의무후송, 항공탐색 및 구조, 화재진압 등이 있다.

항공지원작전본부(航空支援作戰本部, Air Support Operation Center; ASOC)
근접항공지원 및 기타 전술항공지원 작전의 통제와 지시를 위하여 설치되는 전술항공 통제체제의 예하 작전본부. 종전에는 직접 항공지원본부로 부르기도 했다.

항공지원전탐반(航空支援戰探班, Air Support Radar Team)
지상에서 정밀비행진로의 유도와 무기발사를 지원하기 위한 레이더를 운용하는 조직.

항공차단작전(航空遮斷作戰, Air Interdiction Operation; AIO)
적의 군사잠재력이 우군의 지·해상군에 대하여 효과적으로 사용되기 전에 이를 교란, 지연, 파괴하거나, 우군의 지상군에 대하여 단기간에 효력발휘가 가능한 위치에 있는 적을 공격하여 적 전력의 증원, 재보급 및 기동성을 제한함으로써 전투지역 내의 적을 고립케 하는 항공작전.

항공타격(航空打擊, Air Strike)
공군의 제공작전, 항공차단작전, 근접항공지원작전의 기본적인 임무수행 형태로 적의 전술적, 작전적, 전략적 목표에 대해 중무장한 공격기나 전폭기로 공격하는 전투행위. 항공타격이라고도 한다.
〈유〉 [대지공격]

항공타격작전(航空打擊作戰, Air Strike Operation)
공격항공부대가 지상, 해상, 공중표적을 단독 또는 지상화력, 전술공군과 통합하여 적을 공격하는 작전. 적지종심지역, 근접지역, 후방지역의 주요 핵심표적과 적의 저공 및 저속 항공기를 제압 또는 무력화하도록 운용하는 작전으로, 공중강습작전, 항공지원작전과 함께 항공작전의 한 형태이다.

항공탄약(航空彈藥, Air Ammunition)
전술기 및 비전술기에 장착된 모든 종류의 탄약. 사용목적과 작동방식에 따라 크게 공대공 유도탄, 공대지 유도탄, 공대함 유도탄, 일반폭탄, 확산탄, 로켓탄, 기초탄, 조명탄, 전자전탄 등으로 나눈다.

항공탄착수정(航空彈着修正, Air Spot)
항공관측에 의한 포사격 수정.

항공탑재표(航空搭載表, Air Loading List)
목표지역으로 이동할 병력, 장비 및 물자, 탄약 등을 지정된 헬기에 정확하게 탑재시키기 위하여 작성하는 표. 제파 및 제대에 편성된 각 헬기별로 작성된다.

항공통제관(航空統制官, Air Controller)
담당지역 내의 작전을 위해서 할당된 항공기를 통제(무선, 레이더, 기타 수단으로)할 임무를 수행할 수 있도록 특별히 훈련된 요원. 임무에 따라 다음과 같이 구분한다.

1. 항공교통 통제관 : 공간(空間) 관리 및 공수목표에 관한 교통을 통제할 임무를 수행하기 위해서 특별히 훈련된 항공통제관.
2. 항공화기 통제관 : 공수목표에 대한 무기를 통제 및 운용하기 위해서 훈련된 항공통제관.
3. 전술항공 통제관 : 전술항공통제소(TACC)에 관한 모든 작전을 책임지고 있는 항공통제관.

항공통제점(航空統制點, Air Control Points; ACP)
공중 기동로 상에서 참조를 위해 지상 및 공중에서 식별이 용이한 지역에 선정한 지점. 필요시 항공통제점에 전자항법 보조기구를 설치하여 공중기동 간 필요한 통제를 제공한다. 출발점과 분진점도 항공통제점의 일부이다.

항공표적(航空標的, Air Target)
항공작전을 통하여 공격하는 모든 대상을 가리킴. 항공 목표 용어로 사용되기도 하며, 이러한 표적은 대체로 유형적인 것이지만, 무형의 심리적 대상도 포함된다.

항공함포연락통신망(航空艦砲連絡通信網, Air Naval Gun Fire Liaison Net)
지·해상 작전 시 항공 및 함포화력 유도 및 통제와 협조를 제공하는 통신망.

항공화력지원계획(航空火力支援計劃, Air Fire Support Appendix)
공군의 화력을 협조시키고 운용하기 위한 전술계획.

〈동〉 [항공지원계획]

항공후방차단(航空後方遮斷, Air Interdiction; AI)
적의 잠재적 군사력이 우군의 지상군에 대하여 효과적으로 사용되기 이전에 격파, 교란 또는 지연시키기 위한 공중 공격작전.

항공후송(航空後送, Aeromedical Evacuation)
긴급을 요하는 응급환자나 이송이 곤란한 지역에 있는 환자, 또는 대량의 환자를 항공후송 장비를 이용하여 적절한 의학적 치료시설을 갖춘 의무시설로 후송하는 것.

항공후송계통(航空後送系統, Aeromedical Evacuation System) ☞ [항공후송체계]

항공후송체계(航空後送體系, Aeromedical Evacuation System)
환자를 수집, 분류, 후송, 치료하는 지속적이고 연속적인 일련의 과정. 환자발생장소로부터 비행단, 의무전대 및 기타 의무실을 경유하여 후방지역으로 환자를 후송하는 체계로 아래와 같은 역할을 수행한다.
1. 항공수송에 의한 환자이동의 통제.
2. 비행중의 의료를 위하여 전문화된 의무수행원과 장비의 제공.
3. 항공수송계통의 접수, 경유 또는 이송되는 환자에 대한 제한된 진료를 위한 활주로와 공군기지 내부 또는 부근의 시설.
4. 목적지나 경유지의 의료시설과 환자공수에 관한 통신의 유지.

〈동〉 [항공후송계통]

항독소(抗毒素, Anti-Toxin)
특수한 독소를 중화하여 무효화하는 혈청 또는 체액 중에 있는 해독물질.

항력감소고폭탄(抗力減少高爆彈, High Explosive Base Bleed)
포탄에 항력감소 장치를 부착하여 사거리를 연장시킨 탄약.

항력감소장치(抗力減少裝置, Base Bleed Unit)
항력감소 추진체가 점화되어 저압에서 일정량을 연소시켜 생성된 가스가 탄약 비행 시 탄저부에 형성되는 진공을 채우게 됨으로써 항력감소로 사거리를 연장시키는 장치.

항력감소탄(抗力減少彈, Base Bleed)
탄약이 비행 시 탄저부에 형성되는 진공항력을 감소시키기 위해 포미부분에 항력감소 추진제를 점화, 연소시켜 사거리를 연장시킨 탄.

항로고시(航路告示, Sailing Directions)
출판된 세계 해도에서 부족한 부분인 항구, 해안선, 항해위험물, 항해보조시설 및 항해에 도움이 되는 각종 자료를 보충 수록하여 수로국에서 발행한 서적.

항로관제허가(航路管制許可, Air Traffic Control Clearance)
항로 관제당국이 계기 비행방법으로 비행하는 항공기에 대해 항로 중간관제를 실시하는 과정.

항로교통관제본부(航路交通管制本部, Air Route Traffic Control Center; ARTCC)
자신의 관할구역 내에서 계기비행방법으로 비행하는 항공기에 대해 항로 중간관제를 실시하는 중요시설.

항로방해전파(航路妨害電波, Meaconing)
적기의 항로를 혼동시키기 위하여 적의 무선 유도신호를 청취하여 그것과 동일한 주파수로 재송신하는 방법. 항로전파방해소에서는 적 항공기나 지상송신소에서 포착하게 되는 방위각을 부정확하게 한다.

항로선도대(航路先導隊, Air Advanced party)
공중강습작전을 수행하는 선발대의 일부로,

육상, 해상, 공중 침투로를 이용, 목표지역에 침투하여 헬기를 목표지역으로 유도하는 제대.

항로전환명령(航路轉換命令, Diversion Order)
함정 또는 선단이 목적지는 변경하지 않고 항로를 바꾸게 하는 명령.

항로집중구역(航路集中區域, Focal Area)
함정이나 잠수함이 자주 집중하거나 통과하는 해역.

항로통신소(航路通信所, Airway Station)
항공기의 신속하고도 안전한 이동을 위하여 비행중의 항공기나 기타의 지정된 항로시설과 통신을 할 수 있도록 설립되고, 인원과 장비가 구비된 지상통신소.

항만경계진(港灣警戒陣, Harbor Screen)
항만으로 들어오거나 나가는 함정을 적의 잠수함으로부터 보호하기 위하여 항만입구 주위에 배치된 경계진.

항만능력(港灣能力, Port Capacity)
하루 동안에 양륙을 하고 항만의 화물을 처리할 수 있는 항만의 하역능력. 능력 판단시는 항만수용능력, 항만하화능력, 항만정리능력을 산출하여 이중 가장 제한받는 요소가 해당 항만의 능력이다.

항만방어(港灣防禦, Harbor Defense)
항만을 적의 함정, 잠수함 및 항공기의 공격으로부터 방어하는 기술 또는 조직. 잠수함 또는 잠수함에 수송되는 소형 수상주정의 공격이나 적 기뢰부설작전 및 태업 등과 같은 위협으로부터 항구나 묘박지, 수상접근로를 방어하는 것이다.

항만출입통제소(港灣出入統制所, Harbor Entrance Control Post; HECP)
항만출입항 선박을 통제 및 조정하는 지휘소.

항모강습부대(航母强襲部隊, Carrier Striking Force)
타격작전능력을 보유한 항공모함과 지원전투함정으로 구성된 해군 기동부대.

항모기동부대(航母機動部隊, Carrier Task Force)
항공모함과 이를 지원하는 함정으로 편성된 기동부대.

항모비행전대(航母飛行戰隊, Carrier Air Group)
항공모함으로부터 실시되는 작전 및 전술통제를 위하여 단일지휘 하에 편성된 2개 또는 그 이상의 비행대대.

항법방해책(航法妨害策, Navigation Counter measures)
적의 전자항법 보조장치의 탐색과 평가 및 이와 동일한 적의 보조장치 이용을 기술적으로 간섭하여 방해하기 위하여 전파방해와 기만책을 사용하는 행위.

항법보조(航法補助, Navigational Assistance; NA)
특정전파를 레이더에 발사함으로써 항해의 방향, 진로, 위치 등을 결정하도록 도와주는 장비. 야간에 등대의 불빛을 보고 배가 항해를 하듯이 항공기의 비행을 도와주므로 전자등대라고도 한다.

항법시설(航法施設, Air Navigation Facility)
항법 조력을 위하여 사용되고 있거나 사용하도록 지정되어 있는 시설. 착륙지역, 등화시설, 기상정보 전파 장비, 신호발사장비, 무선방향 탐지장비, 무선 또는 전자 통신장비, 기타 항공기의 이륙, 착륙 또는 항공관제(Guiding or Controlling) 목적으로 사용되는 기계장치나 구조물 등을 포함한다.

항법용 레이더(航法用~, Radar Navigation Aid)
항공기, 함정 등의 항법보조용 레이더 시스템. 고정국과 이동국(기상탑재 또는 함선탑재)으로 대별되며, 야간 또는 악천후 하에서의 정확하고 안전한 항법을 가능하게 만들었다.

항법위성(航法衛星, Navigation Satellite)
항해중의 함정, 항공기 등이 자기 위치를 측정할 수 있게 하는 위성으로, 해양위성이라고도 부름.

항속거리(航續距離, Range)
어떤 물체의 운동이나 행동이 제한되는 범위 혹은 거리. 예를 들면 항공기나 선박은 항속거리, 그리고 포에 있어서는 사거리라고 부른다.

항적(航跡, Track)
1. 항공기나 함정이 실제로 행동한 진로.
2. 이동하는 물표의 위치를 계속 기록하거나 전시하는 것.
3. 전파발사지점을 고정시키거나 기준점을 얻기 위한 것.
4. 포를 적절히 조준시키거나 이동표적에 사격통제장비를 계속 추적(Lock On)시키는 것.

항적식별(航跡識別, Track Identification)
비행중인 항공기 또는 함정의 실제 항로를 육안 또는 전자적 방법을 이용하여 추적 식별하는 것. 아군 항공기의 신속, 정확한 식별은 공역통제효과를 증진시키며 적의 공중공격에 대한 신속한 교전을 가능케 하고 방공전력을 보호하며 아군전력과 시설에 대한 위협을 감소시킨다.

항적식별부호(航跡識別符號, Track Identification Code)
비행중인 항공기나 비행체를 육안이나 전자적 방법을 이용하여 추적, 식별하는 것으로, 약정된 부호로 표기.
1. 적기(HOSTILE; H) : '적대행위항체' 등 적기로 선포된 항공기.
2. 불명기(UNKNOWN; U) : 피·아 식별이 되지 않은 항공기.
3. 가상적기(FAKER; F) : 방공훈련에 있어서 가상으로 적기로 표시된 항공기나 비행체.
4. 특별기(SPECIAL; S) : 특수한 임무를 수행하고 있는 항공기.
5. 우군기(FRIENDLY; F) : 한국 및 우방국 항공기.

항해신호(航海信號, Sailing Signal)
해군 선박통제장교가 선단이나 각 선박에 무선이나 시각 또는 두 가지 방법을 혼용하여 보내는 신호.

해공협동 대잠공격작전(海空協同對潛攻擊作戰, Hunter-Killer Operation)
적 잠수함의 행동이 가능한 해역에서 수행하는 대잠 공세작전. 바다에서 적 잠수함을 발견하고 격파하기 위한 협동작전에 공중, 해상 및 잠수부대로 편성하여 최선의 탐색 추적 및 공격능력을 합동하여 수행한다.

해군(海軍, Navy)
해상의 국방을 위한 군대. 주로, 함정과 함재기 및 해병대 등으로 구성된다.

해군구성군사령부(海軍構成軍司令部, Naval Component Command; NCC)
한국해역에서 작전하는 한·미 해군 전력이 연합하여 구성되는 구성군사령부.

해군상륙반(海軍上陸班, Naval Landing Party)
육상작전에서 지상부대의 역할을 할 수 있도록 편성된 함정 승조원의 일부요원.

해군선박통제(海軍船舶統制, Naval Control of Shipping)
전시 또는 긴급 시에 해군 선박통제조직에 의하여 행해지는 선박통제. 연합국이나 조약에 의해 명시된 중립국 선박의 항로, 보고선단의 조직 및 전술적 진행에 관한 모든 사항을 포함한다.

해군선박통제연락장교(海軍船舶統制連絡將校, Naval Control of Shipping Liaison Officer)
연합국 해군 선박통제를 위해 지명된 외국 해군장교. 해군의 선박통제에 관해 자국의 이익을 대표하며, 부가하여 해군 선박통제 장교의 참모요원으로 일한다.

해군선박통제장교(海軍船舶統制將校, Naval Control of Shipping Officer)
작전통제당국의 지시에 따라서 지정된 항구나 기지를 출·입항하는 상선단 및 단독 항행선박의 항로 및 이동을 통제하고 조정하는 임무를 부여받은 해군장교.

해군선박통제조직(海軍船舶統制組織, Naval Control of Shipping Organization)
전시에 상선의 이동을 통제하며 방호하는 특정임무를 수행하는 해군부대 내의 조직.

해군작전(海軍作戰, Naval Operation)
전략, 작전술, 전술, 군수 또는 훈련을 포함하는 해군의 행동 또는 해군임무의 수행. 즉 어떤 전투나 전력의 목표를 달성하는 데 필요한 해군전투의 수행과정, 지원과정 또는 훈련과정을 이른다.

해군작전사령부(海軍作戰司令部, Naval Operations Command; NOC)
한국 해역의 작전을 지휘하는 사령부. 몇 개의 함대사령부와 성분, 항공, 기지, 전비전단 등의 예하부대로 구성되어 있다.

해군전술자료체계(海軍戰術資料體系, Naval Tactical Data System; NTDS)
함정의 개별적 또는 집단적 정보수집 및 이용능력을 증진시키기 위한 전자적 기기를 제공하는 체계. 고속도 계산기, 특별전시 및 digital data links 등을 이용하여 함정과 기동전대 간의 실시간 기술제원 교환 능력을 제공함.

해군특수전(海軍特殊戰, Naval Special Warfare)
해안 및 하천의 방어, 특수작전 임무수행, 비정규전, 심리전, 해안정찰, 가장 및 기만, 특수정보수집 등의 특수훈련을 받은 요원들이 은밀히 행하는 특수작전.

해군특수전전단(海軍特殊戰戰團, Naval Special Warfare Group; NSWG)
SEAL팀, 수중폭파대(UDT)와 해변점프대(Beach Jumper Unit)로 구성되어 해군 특수전 임무를 수행하는 부대.

해군항공통제체계(海軍航空統制體系, Naval Air Control System; NACS)
해군관련 전술항공작전에 대한 제반업무를 협조, 조정, 평가 및 처리하는 기구로 공군과 계속적인 정보교환이 가능토록 편성.

해군해상화력지원(海軍海上火力支援, Naval Surface Fire Support)
지상군 작전부대나 상륙돌격을 감행하는 부대를 지원하기 위해 해군의 함포, 유도탄 및 전자전 무기체계 등에 의하여 제공되는 화력지원.

해난구조반(海難救助班, Salvage Section)
조난상태의 인원 및 장비 또는 함정을 구조하기 위하여 편성된 인원 및 장비.

해두보(海頭堡, Beach Head) ☞ [해안두보]

해리(海里, Nautical Mile)
해면상의 길이 또는 항해상 이정의 단위로

서, 1해리는 1,852미터임.

해변군수운용(海邊軍需運用, Logistics Over the Shore; LOTS)
항만을 사용할 제반 여건이 적절치 않음으로 해서 해변을 이용하는 군수운용. 항만능력이 소요에 비해 부족하거나, 항만의 조건이 불리하여 정상적인 항만지원이 불가한 경우, 또는 육군이 상륙군 부대의 일부로 참가하여 후속지원이 필요한 경우에 적의 위협과 병참선 상황을 고려하여 해변으로 지원할 경우에 실시하게 된다.

해변단수로반(海邊團水路班, Hydrographic Section Beach Party)
해변에서 파손된 주정의 제거와 수로정찰, 수중장애물 제거작업, 들것병으로서 지원활동, 그리고 주정 승무원의 보조임무를 수행하는 해변단의 하부 조직.

해변양륙지휘대(海邊揚陸指揮隊, Beachmaster Unit)
증강된 1개 사단의 상륙작전 지휘를 지원할 능력이 있는 해안단의 해군구성부대.

해변예비품(海邊豫備品, Beach Reserves)
상륙작전에 있어서 해안두보지역의 보급품 임시저장소에 집적된 모든 종류의 보급품.

해변용량(海邊容量, Beach Capacity)
1일간에 지정된 해안지대에 하역할 수 있는 화물의 양을 용적톤 또는 중량톤의 단위로 표현한 양.

해변편성(海邊編成, Beach Organization)
상륙작전 시 상륙군을 지원하기 위하여 해변지역에서 원활한 이동, 보급 및 후송을 위한 인원과 시설의 계획적인 배치.

해변표지(海邊標識, Beach Marker)
도착하는 수상수송선 왕래를 위해 해변 또는 그 지역상의 활동을 식별하는 데 사용되는 기호 또는 기구. 표지로는 화판, 등화, 부표 또는 전자기계가 사용될 수 있다.

해병(海兵, Marine)
해상 복무와 해전에 부수되는 지상작전 수행을 위해 특별 징모되어 훈련을 받고 편제되는 해병대의 대원.

해병공지기동부대(海兵空地機動部隊, Marine Air Group Task Force; MAGTF)
해병부대(해병사단, 해병비행사단, 근무지원단)가 단일지휘 하에 특정임무를 달성할 수 있도록 전투 편성한 임무부대로 해군 지원부대를 포함함. 해병기동부대, 해병기동여단, 해병기동군 등 3개 형태가 있다.

해병기동군(海兵機動軍, Marine Expeditionary Force; MEF) ☞ [해병원정군]

해병기동부대(海兵機動部隊, Marine Expeditionary Unit; MEU) ☞ [해병원정부대]

해병기동여단(海兵機動旅團, Marine Expeditionary Brigade; MEB) ☞ [해병원정여단]

해병대(海兵隊, Marine Corps; MC)
해륙 양면에서 전투할 수 있도록 특별히 편성되고 훈련된 해군의 육상 전투 부대.
〈동〉 [육전대]
(북한) [해군육전대(海軍陸戰隊)]

해병원정군(海兵遠征軍, Marine Expeditionary Force; MEF)
(미국) 해병공지기동부대(MAGTF) 중 가장 규모가 큰 부대로, 통상 1개 보병사단과 1개 비행사단(또는 몇 개의 보병사단 및 비행사단) 및 상륙군 근무지원단으로 편성되어 어떤 지리적 조건에서도 다양한 상륙작전과 지상작전을 수행할 수 있는 능력을 보유한 미 해병부대. 현재 태평양 함대사령부 예하에 2개의 해병원정군과 대서양 함대사령부 예하에 1개의 해병원정군이 배치되어

있다.
〈동〉 [해병기동군]

해병원정부대(海兵遠征部隊, Marine Expeditionary Unit; MEU)
통상 1개 대대상륙단(BLT)과 1개 혼성비행대대와 근무지원부대로 기동편성된 부대. 해병 원정부대는 통상 해상 전방부대로서 운용되며 분쟁지역에 가장 신속하게 투입되는 제한된 전투작전 수행능력이 있다.
〈동〉 [해병기동부대]

해병원정여단(海兵遠征旅團, Marine Expeditionary Brigade; MEB)
통상 1개 연대상륙단(RLT)과 1개의 임시비행전대와 여단근무지원단으로 기동 편성된 해병 공지기동부대. 지휘관은 준장이 되며, 제한된 범위의 상륙돌격전 능력이 있다.
〈동〉 [해병기동여단]

해병항공지원대대(海兵航空支援大隊, Marine Air Support Squadron)
근접항공지원에 참가하는 항공기의 통제를 위한 근접항공 통제본부를 운용 관리하는 기관.

해사위성(海事衛星, Maritime Satellite)
항해중인 선박 상호간 및 선박과 육지 간 안정되고 양질의 통신확보를 주목적으로 하는 위성. 선박의 항행원조용 전파등대 역할을 하기도 하며, 선박용 전화, 텔레타이프의 자동화, 고속 데이터 전송 등 다양한 통신시스템을 활용할 수 있게 만들어 준다.

해산점(解散點, Break-Up Point)
헬리콥터가 착륙지대로부터 복귀하여 편대를 해체한 다음 각 함정으로의 복귀를 위해 해산을 통제하거나 기타 운용을 위해 지정된 지점.

해상감시(海上監視, Sea Surveillance)
함정, 잠수함 그리고 해상 또는 수중에 위치한 피아의 위치식별 및 이동을 결정할 목적으로 모든 가용한 수단을 사용하여 수상 및 수중해역을 체계적으로 관찰하는 것.
〈동〉 [해상경계]

해상경계(海上警戒, Sea Surveillance) ☞ [해상감시]

해상기지지원(海上基地支援, Floating Base Support)
작전군에 대한 군수지원의 한 형태로, 공급물자, 수리, 유지 및 기타 서비스를 항구나 계류지 혹은 정박지의 함선으로부터 제공하는 것.

해상덤프(海上~, Floating Dump)
관계부대 지휘관의 요청에 따라 해당 보급품을 바로 양륙할 수 있도록 상륙주정, 상륙장갑차 또는 상륙함정에 사전 적재된 보급품. 보급품 양륙을 지시하는 해당 통제장교의 근방에 위치하여 원활하게 양륙할 수 있게 한다.

해상덤프구역(海上~區域, Floating Dump Area)
육상에 상륙한 부대의 조기소요를 충족시키기 위한 보급품을 적재한 상륙주정 또는 상륙장갑차가 배치되는 구역.

해상두보(海上頭堡, Navigation Head)
수상 수송기관과 육상 수송기관에 적화물이 옮겨 실려지는 수로상의 적재점.

해상박명종(海上薄明終, End of Evening Nautical Twilight; EENT)
제한된 가시한계를 위하여 일출 전이나 일출 후 태양이 수평선하 12도에 있을 때의 시간으로 군사상 가치가 있음.

해상발사순항미사일(海上發射巡航~, Sea-Launched Cruise Missile; SLCM)
잠수함의 어뢰 발사장치 등에서 지상, 또는

해상 목표에 대해 발사하는 유익의 순항 미사일.
〈동〉 [해상발사순항유도탄]

해상발사순항유도탄(海上發射巡航~, Sea-Launched Cruise Missile; SLCM)
☞ [해상발사순항미사일]

해상방어구역(海上防禦區域, Sea Defense Zone)
자체방어와 중립국 선박 및 항공기의 안전을 보장하기 위하여 해상에 설정하는 구역. 이 구역에서는 전시 교전규칙이 적용되고, 선포 시는 제3국에서 인지하게 된다.

해상보급(海上補給, Replenishment at Sea)
해상에서 인원이나 물자를 이송하기 위해 필요한 작전.

해상봉쇄(海上封鎖, Naval Blockade)
적 또는 가상 적국의 해상을 무력으로 봉쇄하여 외국과의 교역 및 통항을 못하게 하는 조치.

해상선임장교(海上先任將校, Senior Officer Present Afloat)
해상지휘관으로서 자격이 있는 현역 해군병과 장교. 소관 권한자가 지정한 해역 또는 구역에의 해상작전부대의 지휘권을 장악하는 최선임장교로서, 구역에 있는 해상작전부대에 전체적으로 영향을 주는 행정사항에 대한 책임을 진다.

해상수송(海上輸送, Sea Transportation)
해상 선박을 이용한 인원 및 화물의 수송. 통상 영해 내에서 수송되는 연안수송과 공해상을 통항하여 수송되는 대양수송으로 구분된다.

해상수송사령부(海上輸送司令部, Military Sea-Lift Command; MSC)
(미국) 전 세계적인 미군 해상수송기구로서 해군 현역부대의 하나이며 지휘관은 해군참모총장에게 직접 책임을 짐. MSC의 임무는 승인된 우발계획이나 전면 전쟁계획 또는 기타 비상사태를 지원하는 데 즉각적인 해상 수송능력을 제공하는 것 등이다.

해상예비대(海上豫備隊, Floating Reserve)
상륙작전에서 필요시에 투입할 목적으로 탑승한 상태인 예비병력.

해상제대(海上梯隊, Sea Echelon)
상륙작전 기간 중 수송함정 구역 밖, 외해의 지정된 구역에서 요청 대기상태로 운용되는 돌격함선의 일부.

해상제대계획(海上梯隊計劃, Sea Echelon Plan)
적의 핵무기에 의한 피해를 최소화하거나 소해구역을 축소하기 위하여 수송선 구역에 돌격함정의 집중을 감소하기 위한 계획.

해상제대구역(海上梯隊區域, Sea Echelon Area)
수송선 구역의 외해 구역으로, 이곳으로부터 돌격함정이 수송함정 구역으로 향하고, 돌격함정의 철수 시에도 돌격함정이 수송선 구역에서 이곳으로 철수함.

해상척후조(海上斥候組, Scuba Team)
본대가 상륙하기 전에 침투하여 상륙지역을 정찰하고, 상륙지역까지 통로를 개척하여 본대를 유도함으로써 상륙의 안전을 도모하는 요원.

해상충돌예방법(海上衝突豫防法, Rules of the Road)
해상이나 하천에서 충돌을 피하기 위하여 각종 등화, 신호 및 취해야 할 행동 등에 관하여 규정한 규칙.

해상침투(海上浸透, Coastal infiltration)
해상침투능력을 구비한 작전제대 요원이 바다를 경유하여 적 해안으로 은밀하게 이동하는 것.

해상표적(海上標的, Skunk)
전탐기, 음탐기 및 육안 등의 탐지수단에 감지는 되었으나 그 정체가 아직 식별되지 않은 의아선박으로, 정확히 판단할 만한 정보를 얻지 못하고 있는 해상표적물.

해상표적 집중격멸지역(海上標的集中擊滅地域, Naval Target Engagement Zone; NTEZ)
적 함정에 대해 항공력을 집중 운용하기 위하여 설정된 자유사격지대로 해군작전을 지원하는 공군력의 효율을 극대화하기 위하여 설정된 지대.

해상화력지원작전(海上火力支援作戰, Naval Surface Fire Support Operations)
해상에서 해군의 화력으로 지상군과 상륙군의 작전을 지원하는 작전.

해상후송(海上後送, Marine Evacuation)
섬이나 해안지역의 도서벽지, 함정에 의한 해상전투 시 발생한 환자를 해상운송 수단을 이용하여 후송하는 방법. 육로후송이나 항공후송이 불가능할 경우 운용하며, 환자후송선이나 일반용 선박, 단정, 전투함 등을 이용하여 해상에서 육로로 후송한다.

해안경사도(海岸傾斜度, Beach Gradiant)
수심 1피트 변화에 대한 바다 속의 수평거리의 비율로 다음 5종류로 구분함.
1. 급경사(Steep Gradient) : 1 : 15 또는 그 이하.
2. 준급경사(Moderate Gradient) : 1 : 15～1 : 30.
3. 보통경사(Gentle Gradient) : 1 : 30～1 : 60.
4. 준평경사(Mild Gradient) : 1 : 60～1 : 120.
5. 평경사(Flat Gradient) : 1 : 120～그 이상.

해안두보(海岸頭堡, Beach Head)
탈취 확보함으로써 부대 및 물자의 계속적인 상륙을 보장하며, 지상작전에 필요한 기동공간을 제공해 주는 적 해안에 지정된 지역.
〈동〉 [해두보]

해안방어지역(海岸防禦地域, Defense Coastal Area)
해안선에 인접한 해안지역, 공중, 육지 및 수역의 일부분으로서 육·해·공군부대를 포함하는 방어작전을 실시하게 되는 지역.

해안사격통제반(海岸射擊統制班, Shore Fire Control Party; SFCP)
육상의 우군부대를 지원하는 해군함포를 통제하기 위하여 특별히 훈련된 부대.

해안장애물(海岸障碍物, Beach Obstacle)
적의 상륙작전을 거부하거나 병력의 수상침투를 차단하기 위해 해안지역에 설치하는 각종 장애물.

해안접근도표(海岸接近圖表, Beach Approach Diagram)
상륙해안의 대척도 해도의 투명도. 해안으로부터 공격개시선 외해 쪽 300 내지 500야드까지 포함됨.

해안지원지역(海岸支援地域, Beach Support Area)
해안부대 단위들이 육상에 있는 부대를 지원하기 위해 부대와 물자를 양륙하며, 시설과 사상자, 포로 및 노획물자의 후송시설 등을 포함하여 상륙해안 일대에 설치하고 운영하는 지역.

해안집적소(海岸集積所, Beach Dump)
1. 보급품의 수령 및 불출을 위하여 해두보에 설치하는 최초 및 잠정적 보급소.
2. 보급품의 임시저장을 위해서 상륙지원대가 이용하는 해안에 인접한 지역.

ㅎ

해안포격선(海岸砲擊線, Shore Bombarment Lines)
우군의 해상함정이 자유롭게 실시할 수 있는 함포사격의 한계를 정하기 위하여 설정되는 육상의 선.

해양관측함 (Oceanographic Research Ship)
대잠전이나 대기뢰전에 대비하여 해상, 해중, 해저 등의 폭넓은 해양자료를 수집하는 함정. 주요 관측종목은 해저지형관측, 해저프로필관측, 해중온도구조관측, 해조류관측, 지자기관측, 음향관측 등이 있다.

해양력(海洋力, Sea Power, Maritime Power)
국가의 이익을 증진시키고, 국가의 목표를 달성하게 하며, 국가정책을 수행하기 위해 해양을 통제하고 사용할 수 있는 국가의 능력. 해양력은 해군력 이상의 것으로서 해운, 자원, 기지 및 기관을 포함하여 국가의 정치력, 경제력 및 군사력으로 전환되는 국력의 일부분이다.

해양우세(海洋優勢, Sea Superiority)
해양을 이용함에 있어서, 필요로 하는 일정한 기간에 일정한 해역에서 아측 해군력이 적측 해군력을 제압할 수 있는 힘의 우세 정도. 즉 적보다 상대적으로 우월한 전력을 달성함으로써 적의 방해를 거부하고 원하는 대로 해양을 사용할 수 있게 되는 상태이다.

해양작전(海洋作戰, Maritime Operations)
수중, 해상, 공중부대가 해양통제권의 획득, 유지 및 행사하거나, 적의 해양사용을 거부하기 위하여 수행하는 작전.

해양통제(海洋統制, Sea Control)
한 국가가 자국의 국가이익을 보호 및 증진시키고 국가안전보장을 유지하는 데 필요한 만큼 해양사용을 보장하고 적국에 대해서는 그들의 해양사용을 저지하는 것.

해양통제구역(海洋統制區域, Maritime Control Area)
군사적 목적에 따라 공해상에 출입을 제한하거나 제약하기 위한 일정 구역. 통상 전시에 한하여 설정하며, 방어해역과 유사한 목적으로 설정하지만 공해상의 어떤 위치라도 설정할 수 있다는 점에서 차이가 있다.

해저감응기뢰(海底感應機雷, Bottom Influence Mine)
감응기뢰의 일종으로 해저에 부설되어 통상 함선의 자장, 음향 등에 의해 감응되도록 장치되어 있는 기뢰.

해전(海戰, Naval Warfare)
해상통제권을 확보, 유지 및 행사하고 적의 해양 사용을 거부하기 위하여 해상전투에서 모든 해군력, 즉 해군부대를 운용하는 것.

해킹전(~戰, Hacking warfare)
1. 장난이나 범죄를 목적으로 단말기나 통신회선을 통해서 컴퓨터에 침입하여 정보를 빼내거나 혼란을 일으키는 활동.
2. 국방분야와 민간분야의 컴퓨터 연결지점을 목표로 전산기 작동중지, 무작위 데이터 오류, 데이터 인출, 비정상 메시지 입력 등을 행하는 활동.

해체(解體, Deactivation)
1. 부대를 현행 편성으로부터 제거하는 것.
2. 폭발물이나 장비의 기능을 발휘하지 못하도록 분해하는 것.

해체부대(解體部隊, Release Unit)
평시에는 운영되나 전시에는 인원 및 장비가 타부대로 전환되고 부대명칭이 없어지는 부대.

핵(核, Nuclear)
1. 생물 : 원형 또는 타원형으로 된 세포의 중심체. 핵소체, 크로마틴, 과립, 핵질,

핵막 등으로 구성.
2. 화학 : 원자의 중심.
3. 방사능 : 방사성 붕괴를 일으키는 물질로 원자력에 이용되며, 군사적으로는 원자폭탄이나 수소폭탄 등을 뜻하기도 함.

핵공격경고(核攻擊警告, Nuclear Strike Warning)
임박한 우군 또는 적군의 핵 공격에 대한 경고.

핵무기(核武器, Nuclear Weapon; NUCWPN)
원자폭탄이나 수소폭탄처럼 원자핵의 분열반응이나 융합반응으로 인해 일어나는 핵에너지를 이용한 위력적인 무기들. 과도한 에너지를 가진 불안정한 핵들은 안전한 핵이 되기 위해 끊임없이 과도한 핵에너지를 방사선의 형태로 핵 외부로 방출하는데, 이러한 핵에너지의 작용에 의해 방출되는 폭풍, 열복사선과 핵 방사선에 의해서 엄청난 피해를 주는 무기들이 개발되었다.

핵무기효과(核武器效果, Nuclear Effect)
핵무기 폭발에 의한 효과로 크게 초기효과와 잔류효과로 구분.
1. 초기효과는 핵폭발 1분 이내에 발생되며, 주요효과는 폭풍, 열복사선 및 핵 방사선이 있고, 기타 효과는 전자장비에 피해를 주는 전자기 맥동(EMP)과 일시적인 방사선 영향(TREE)이 있음.
2. 잔류효과는 핵폭발 1분 이후에 발생되는 효과로, 낙진과 감응방사선이 있는데 장기간 오염지역을 형성하기 때문에 군사작전에 커다란 영향을 미침.

핵 및 방사능전(核~放射能戰, Nuclear Radiation War)
핵 또는 방사능을 전쟁수단으로 이용하여 적을 살상하거나 지역 및 전투장비의 사용을 제한하는 전쟁의 형태를 말함.

핵방사(核放射, Nuclear Radiation)
여러 가지 핵반응과정에서 생성된 방사능 물질을 사고 또는 고의로 살포시키는 것으로 다음과 같은 종류가 있다.
1. 알파형 핵방사(Alpha) : 헬륨과 같이 핵이 느리고 양(+)으로 하전됨으로써 공중에서 1~5 cm 정도의 낮은 관통력을 갖는 방사. 내부에서만 위험.
2. 베타형 핵방사(Beta) : 약 11피트에 이르는 강한 관통력을 갖는 고속전자의 방사. 내부와 외부 모두 위험.
3. 감마형 핵방사(Gamma) : 엑스선보다 더 큰 광자에너지가 방출하여 광속으로 이동함으로써 수인치 두께의 철이나 콘크리트까지도 관통할 수 있는 방사. 내부와 외부 모두 위험.

핵방어(核防禦, Nuclear Defense)
핵무기 또는 방사능 작용에 의한 공격효과로부터 방어책을 설정하고 강구하는 방법과 계획 및 절차. 그리고 이러한 방법, 기획 및 절차에 대한 훈련과 더불어 그 시행도 핵방어에 포함된다.

핵배낭(核胚囊, Nuclear Pack)
전쟁이 일어났을 때 특공대원이 등에 짊어지고 적의 후방에 침투, 공군기지나 댐 등의 요새를 폭파할 수 있도록 만들어진 소형 핵무기로 공식 명칭은 특수원자파괴탄. 무게는 30kg에 불과하나 그 위력은 TNT 10톤에서 1킬로톤에 달한다.
〈동〉 [특수원자파괴탄]

핵분열대핵출력비(核分裂對核出力比, Fission to Yield Ration)
핵분열로 생성된 핵출력 대 총 핵출력의 비율. 백분율로 나타내며, 위력비율에 대한 분열이라고도 한다.

핵분열물질(分裂物質, Fission Products)
핵분열의 결과로 생산되는 복잡한 혼합물질에 대한 일반적인 용어.

핵순항유도탄 잠수함(核巡航誘導彈潛水艦, Nuclear Powered Cruise Missile Submarine; SSGN)
순항유도탄을 주 무장으로 장착하고 핵추진기관을 사용하는 잠수함.

핵심방어지대(核心防禦地帶, Core Defense Zone)
주 방어지대에 종심을 제공하고 주 방어지대의 방어를 보장하는 3지대 방어개념에 의해 편성되는 최종 방어지대. 최소 필수요원이 주 방어지대를 통과한 적을 최종적으로 격멸하게 된다.

핵심특기(核心特技, Core Specially)
군사특기 중 양성기간이 장기간 소요되고 특수기술이 요구되는 군사특기.

핵심표적(核心標的, High Pay Target; HPT)
아 지휘관이 임무수행을 위해 반드시 획득되고 공격해야 되는 표적.

핵심해역 대잠작전(核心海域對潛作戰, Anti Submarine Warfare Operation for Vital Sea Areas)
주요 항구 및 주요 산업시설이 연하여 전략적으로 중요한 해역을 핵심해역으로 설정하고, 이 해역에 대잠함, 항공기 및 육상부대 등 가용 대잠세력을 집중 운용하여 적 잠수함의 활동을 거부하고 격멸하는 대잠작전.

핵억제력(核抑制力, Nuclear Deterrence)
핵무기를 보유함으로써 적의 침략을 억제시키는 것.

핵우산(核雨傘, Nuclear Umbrella)
국가의 안전 보장을 확보하기 위하여 핵무기가 없는 나라가 다른 핵무기 보유국의 핵전력(核戰力)에 의존하는 것을 비유적으로 이르는 말.

핵융합(核融合, Nuclear Fusion)
가벼운 원자핵이 융합하여 보다 무거운 원자핵이 만들어지는 과정에서 에너지를 창출해내는 방법. 이렇게 만들어진 핵연료는 무한할 뿐 아니라 방사성 낙진도 생기지 않고 유해 방사능도 적다. 수소폭탄은 이 반응에 의하여 방출되는 핵에너지를 폭발력으로 사용한 것이다.

핵지원계획(核支援計劃, Nuclear Support Appendix) ☞ [핵화력지원계획]

핵전(核戰, Nuclear Warfare)
핵무기를 사용하여 수행하는 전쟁형태. 핵전은 핵무기 사용 제한의 유효와 정도에 따라 전면핵전 또는 제한 핵전으로 구분되는데, 전면핵전(General nuclear warfare)은 핵 보유국 및 그 동맹국들이 핵무기를 전면적으로 사용해서 행하는 전쟁형태를 가리키고, 제한핵전(Limited nuclear warfare)은 핵무기를 지역, 목표 및 규모 등에 제한적으로 사용하여 행해지는 전쟁을 일컫는다. 비핵전(Nonactive nuclear warfare)은 핵 위협 하에서 핵무기를 사용하지 않고 수행되는 무력전으로 핵전으로 이행될 염려가 있는 전쟁이며, 재래식 전쟁에 포함되나 핵을 고려하지 않아도 좋은 무핵전(Non nuclear warfare)과는 다르다.

핵전략(核戰略, Nuclear Strategy)
핵무기가 갖는 초파괴력과 방사능의 위력을 배경으로 전쟁의 발생을 억제하고, 억제에 실패해서 핵공격을 받을 경우 이에 대처하기 위한 전략. 종래의 전략 개념은 전쟁의 목적을 달성하기 위하여 군사력을 행사하는 것을 의미했으나, 핵전략은 핵전쟁 방지와 세계평화의 유지가 그 목적이다.

핵종(核種, Nuclide)
원자핵 내의 중성자와 양성자 수의 구성에 의해 특징지어지는 원자핵의 종류 서로 밀어내는 힘에 의해 안정여부가 결정되며, 하나의 동위원소의 원자핵, 핵종 가운데 방사능을 가지는 것을 방사능 핵종이라고 한다. 수소는 수소, 중수소 및 3중수소의 세 종류의 동위원소로 되어 있는데 이러한 각각의 원자핵을 핵종이라고 하며, 현재 까지 알려진 안정된 핵종 중 자연상태로 존재하는 것은 약 280 종이다.

핵차폐물(核遮蔽物, Nuclear Shielding)

1. 핵분열 물질이나 방사성 물질을 제조, 취급 또는 수송하는 사이에 인간이 방사선을 받지 않도록 보호하기 위하여 사용되는 적당한 두께와 물리적 특성을 가진 물질.
2. 핵폭발의 효과로부터 인간이나 물질을 보호하는 역할을 하는 장애물.

핵탄도유도탄 잠수함(核彈道誘導彈潛水艦, Nuclear Powered Ballistic Missile)

대륙간 핵탄도유도탄을 주무장으로 장착하고 핵추진기관을 사용하는 잠수함.

핵피해-지상전(核被害-地上戰, Nuclear Damage-Land Warfare)

1. 경미피해 : 준비된 장비나 시설의 즉시사용을 방해하지 않는 피해.
2. 보통피해 : 광범위한 수리를 할 때까지는 장비나 혹은 시설을 사용할 수 없는 피해.
3. 극심피해 : 장비나 시설을 영구히 사용할 수 없는 피해.

핵피해평가(核被害評價, Nuclear Damage Assessment)

실제의 핵 공격으로 인한 주민, 부대, 자원의 피해평가.

핵화력지원계획(核火力支援計劃, Nuclear Support Appendix)

핵 화력을 협조시키고 운용하기 위한 전술계획.

〈동〉 [핵지원계획]

핵확산금지조약(核擴散禁止條約, Non-Proliferation Treaty; NPT)

1970년 3월 3일 발효된 핵무기 확산방지에 관한 조약. 핵무기 보유국은 핵무기, 기폭장치 및 그 관리를 제3자에게 이양할 수 없고, 비핵보유국은 이러한 무기를 수정하거나 개발할 수 없으며 원자력시설에 대한 국제사찰을 인정해야 한다는 내용의 조약.

행군(行軍, March)

작전상의 목적과 요구에 따라 도보 또는 차량으로 이동하는 부대이동.

행군간경계(行軍間警戒, Security on the March)

행군제대를 적의 관측이나 기습공격으로부터 보호하기 위해 취하는 대책.

행군계획표(行軍計劃表, March Schedule)

부대가 행군을 위하여 작성한 계획으로 행군계획표에는 행군요도와 행군표가 포함됨.

행군군기(行軍軍紀, March Discipline)

행군 간 지켜야 할 사항으로, 행군대형, 속도, 거리, 긴급조치 사항 등이 포함됨.

행군단위대(行軍單位隊, March Unit)

차량행군 시 분대, 반, 소대 또는 포대와 같은 작은 부대단위에서 사용하는 종대의 가장 작은 집단.

행군대열(行軍隊列, March File)

2~4개 행군단위대의 구성으로 집단체를 가리키며, 통상 대대급부대로 계획, 조정, 통제를 하는 지휘관에 의해 이동됨.

행군대형(行軍隊形, Line of March)

행군 간 상황에 따라 행군부대가 취해야 할 대형.

행군도표(行軍圖表, March Matrix)

행군계획과 통제 및 행군표 작성의 검토를 위하여 시간과 거리를 표시하는 도표로서 방안지를 사용하여 수직선은 거리를, 수평선은 시간을 나타내도록 작성됨.

행군로(行軍路, March Routes)
전술적인 행군 시 한곳에서 다른 곳으로 이동하는 부대를 협조시키고 통제하기 위한 통로.

행군명령(行軍命令, March Order)
지정한 시간 내에 한 지점으로부터 다른 지점까지 인원과 규정된 장비를 이동시키기 위하여 하달되는 명령.

행군속도(行軍速度, March Rate)
행군 시 부대의 평균 이동속도. 통상 매 시간당 이동한 거리를 킬로미터로 표시함.

행군요도(行軍要圖, March Map)
행군로, 출발점(SP), 분진점(RP), 집결지 등의 통제수단과 기타 이동로 상의 주요 지형지물, 주요 지점간 거리 등을 도시한 행군계획에 관한 간단한 요도.

행군제대(行軍梯隊, March Echelon)
계획, 조정 및 통제를 목적으로, 각각의 행군 단위 부대를 통합하여 단일 지휘관의 통제 하에 편성된 하나의 집단. 또는 부대이동시 2개 이상의 행군대열이 결합된 것.

행군종대(行軍縱隊, March Column)
단일 지휘관의 지휘, 통제 하에 단일이동을 위하여 동일한 도로를 사용하여 이동하는 수개의 행군제대 집합체.
(일본) [途上縱隊(도상종대)].

행군표(行軍表, March Table)
부대이동에 관한 시간계획표와 기타 세부사항을 기입한 표.

행동반경(行動半徑, Radius of Action)
어떤 함정, 항공기 또는 차량이 모든 안전 및 작동계수의 고려 하에서 정상적인 전투적재를 하고 주어진 코스를 따라서 기지로부터 출발해서 재급유 없이 다시 무사히 기지로 귀환할 수 있는 최대거리.

행방불명자(行方不明者, Missing in Action; MIA)
1. 명확한 증거는 없으나 사망한 것으로 인정되는 군인의 분류 용어.
2. 생사가 불명하게 된 자로서, 전투 중 행방불명자, 재해 중 행방불명자, 일반 행방불명자로 구분. 전투 중 행방불명자는 적과의 교전이나 무장폭동 또는 반란을 진압하기 위하여 전투행위 중에 그 생사가 불명하게 된 자를, 재해 중 행방불명자는 전란 또는 천재지변이나 항공기, 함정 등의 사고로 인하여 그 생사가 불명하게 된 자, 일반 행방불명자는 이외 기타 사유로 인하여 그 생사가 불명하게 된 자를 의미한다.

행정명령(行政命令, Administrative Order)
작전과 무관하거나, 작전에 직접 영향을 주지 않는 통상적인 행정운용에 관한 명령. 일반명령, 인사명령, 일일명령, 각서, 회보, 회장, 규정, 군사법원명령 등이 포함된다.

행정병과(行政兵科, Administration Service; AS)
모든 군사사항에 대한 행정업무를 수행하는 병과로 부관, 헌병, 경리, 정훈병과가 포함됨.

행정부대(行政部隊, Administration Unit)
1. 편제상 내부관리를 할 수 있는 부대. 전술적 부대나 행정적 부대가 될 수도 있다.
2. 행정목적으로 편성 운용되는 부대.

행정손실(行政損失, Administrative Loss)
전투손실 및 비전투손실 이외의 행정적 손실로, 전역, 타 부대로의 전속, 도망, 무단이탈, 복형, 입창 및 교대로 인한 손실이 포함됨.

행정요원(行政要員, Overhead Personal)
부대의 행정 및 감독임무를 수행하는데 필

요한 요원.

행정이동(行政移動, Administrative Movement)
공중으로부터 방해를 제외하고, 적의 방해가 없을 것으로 예상될 때에 인원과 차량을 잘 배열하여 신속히 이동함으로써 시간과 노력을 절약하는 이동.

행정적부대이동(行政的部隊移動, Administrative Troop Movement)
이동 간 또는 목적지에 도착한 직후 적과 접촉이 예상되지 않을 경우 실시하는 부대 이동방법. 가용한 수송수단을 가장 능률적으로 사용하는데 주안을 두고 실시한다.

행정지도(行政地圖, Administrative Map)
보급, 후송시설, 인사시설, 의무시설, 낙오자 및 포로수집소, 치중대, 숙영지, 근무 및 정비지역 주보급로, 교통순환, 지경선 및 전술상황에 관련된 행정사항을 표시하는데 필요한 세부사항을 표시한 지도.

행정지시(行政指示, Administrative Instruction)
행정적 운영을 통합하기 위하여 사용되는 일일명령과 전투명령을 망라한 일상적인 모든 명령.

행정지휘(行政指揮, Administrative Command)
작전에는 직접 관계가 없는 정비, 유지 및 행정 등에 대한 지휘.

행정협정(行政協定, Executive Agreement)
대통령 지시에 의하여 외국과 체결하는 협정. 의회에 제출하여 비준을 받을 필요 없이 대통령 서명과 동시에 효력이 발생하며, 군사협정도 행정협정의 하나이다.

향도함(嚮導艦, Guide Ship)
진형을 형성하거나 위치 유지를 할 때 다른 함정의 기준이 되는 함정. 보통 진형 내의 전 함정들이 그 함정에 위치를 유지해야 하는 함정임.

향방기본훈련(鄕防基本訓鍊, ~)
예비군 훈련의 한 종류로, 5년차와 6년차가 향방작계훈련과 합쳐 연간 20시간 정도의 훈련을 받는 제도.

향방동원(鄕防動員, Movilization for Homeland Defense)
전·평시 적 또는 반국가단체의 지령을 받고 무기를 소지한 자의 침투가 있거나 그 우려가 있는 지역 안에서 적 또는 무장공비의 소탕과 중요시설 및 병참선 경비 등 향토방위 작전을 위하여 예비군을 동원하는 것.

향방예비군(鄕防豫備軍, Homeland Defense Resere Force) ☞ [향토예비군]

향방작계훈련(鄕防作計訓鍊, Homeland Defense OPLAN Execution Training)
예비군 훈련의 한 종류로, 5년차와 6년차가 향방기본훈련과 합쳐 연간 20시간 정도의 훈련을 받는 제도.

향방전투배낭세트(鄕防戰鬪背囊~, Homeland Defense Knapsack)
향방작전 시 소대장이 읍, 면, 동대와 통신유지, 진지구축, 소대의 지휘 및 통제를 위해 필요한 품목을 세트화하여 보관하는 것.

향토방위(鄕土防衛, Homeland Defense)
전시나 평시 적 또는 반국가단체의 공격, 무장공비 침투, 무장소요, 이에 따른 재난으로부터 국민의 생명과 재산을 보호하고 국가주요시설과 당해지역을 방위하는 것.

향토방위훈련(鄕土防衛訓練, Homeland Defense Training)
향토방위를 위하여 인적, 물적 자원의 동원을 포함하여 비상소집, 무기분배, 진지투입, 경계 등 소집절차와 임무, 요령 등을 숙달

ㅎ

시키기 위한 훈련.

향토예비군(鄕土豫備軍, Homeland Reserve Defense Force; HRD)
1. 향토를 지키는 지역예비군.
2. 동원 지정되지 않은 잔여 예비군으로서 향방작전에 투입되는 예비군. 향방예비군이라고도 한다.
3. 모든 예비군을 통칭하는 일반용어. (예비군, 지역예비군, 동원예비군, 향방예비군, 직장예비군 등)

허식(虛飾, Display, Show)
기만작전의 한 형태로 적의 시각적 관측을 기만하기 위한 모의, 가장과 연출 따위. 모의무기 및 시설, 위장된 형체, 가상부대의 출현 또는 실제와 다른 형태의 부대 같은 것으로 묘사된다.

허용선량(許容線量, Allowance Dosage)
지정시간 내에 인체에 장애를 일으키지 않을 정도로 흡수할 수 있는 방사선의 양.

허위표적(虛僞標的, False Target)
실존하지 않는 표적이 전시되거나 또는 실제 표적이 전시되더라도 방위와 거리가 실제표적과 상이하게 표시되는 허위신호.

헌병(憲兵, Military Policeman; MP)
군의 병과(兵科)의 한 가지. 군의 경찰 업무를 맡아본다.
(북한) [경무(警務)]

헌병당직대(憲兵當直臺, Military Police Desk)
보호실, 무전실 등과 함께 헌병 순찰본부를 구성하는 부분의 하나로서 당직 하사관 및 당직 서기가 임무를 수행하는 곳.

헌병순찰(憲兵巡察, Military Police Patrol)
헌병이 작전지역 내의 유동장병을 대상으로 군기문란 행위를 단속하고, 지역 첩보 및 정보를 수집하여 보고하는 제반 활동.

헌병호송(憲兵護送, Military Police Convoy)
1. 차량, 오토바이 등으로 인원 및 물자를 질서를 유지하며 안전하게 목적지까지 이동할 수 있도록 통제하며 안내하는 제반 헌병활동.
2. 전시에는 인원, 물자, 장비의 전방 이동을 촉진하고 지속적인 전투지원을 보장해 주기 위해 제한된 적 활동으로부터의 경계활동 개념이 포함된 활동임.

헤이그법(~法, Law of Hague)
전투의 방법과 수단을 규제한 제 국제법규를 통칭하는 용어. 전투행위에 있어서 교전자의 권리와 의무를 결정하며, 해적수단의 선택(전술과 무기체계)을 규정하고 있다. 육전에 관한 법규 및 관습의 존중에 관한 1907년 10월 18일 헤이그 협약 및 그 부속서에 기원을 두고 있으며, 헤이그 협약이라고도 한다.

헥사(~, Hexa, Hexagon)
전투모의를 위한 컴퓨터 모델에서 기본이 되는 지형자료를 표시하기 위해 사용하는 육각형 모양.

헬기긴급선회지점(~機緊急旋回地點, Helicopter Emergency Orbit Point)
헬기 작전에서 착륙지대 가까이 있는 항공통제점으로서 착륙지대 내에 사고발생으로 착륙할 때 안전하게 회전하며 지시를 기다리는 지점.

헬기급속레펠(~急速~, FAST ROPE)
침투지역이 잡목지역 또는 공간이 협소하여 헬기 착륙이 제한된 지역에 적에게 노출시간을 최소화하기 위하여 인조로프(직경 50~55 mm)를 로프 장치대에 연결하여 저고도(10~20 m)에서 안전고리(8자 하강고리)를 사용하지 않고 로프만을 이용하여 신속하게 하강시키는 방법.

헬기돌격부대(~機突擊部隊, Helicopter Assault Force)
헬리콥터 수송 돌격작전을 위한 헬리콥터 지원부대 및 헬리콥터 수송 지상군부대의 혼합된 기동편성.

헬기보병(~機步兵, Hel-Infantry)
분산된 상태에서 결정적인 작전을 위해 신속히 집중하고 작전수행후 재분산하여 부대를 방호할 수 있도록 헬기와 보병 위주로 편성된 제대.

헬기레펠(~機~, Helicopter Rappel)
수목이 울창한 잡목지역, 묘지 및 경사지, 전답지역, 적설지대, 늪지대, 고지정상, 암벽지대 등 헬기가 지면에 착륙할 수 없는 지역에서 헬기에 로프를 매달아 20~40 m 상공에서 하강하는 방법으로 병력을 투입시키는 제반 기술.

헬기분기점(~機分岐點, Helicepter Initial Point)
착륙지대의 근처에 있는 항공 통제점. 이곳으로부터 각 헬기가 각자의 지정된 착지위치로 향하게 됨.

헬기수송함정구역(~機輸送艦艇區域, Helicopter Transport Area)
외측 수송함선구역 및 상륙함정구역의 외측 및 외해 쪽을 말하며, 이는 경계구역 내에 있는 해역으로서 헬기 수송함정들이 헬기를 출발 또는 회수하는 곳임.

헬기수상회수(~機水上回收, Helo Recovery)
헬기가 수상에서 저속 및 저고도를 유지하면서 줄사다리 또는 로프를 이용하여 병력을 회수하는 방법.

헬기에 의한 저고도이탈수영침투(~機~低高度離脫水泳浸透, HELO CAST; H/C)
저속비행 헬기로부터 침투할 인원이 낮은 고도에서 물속으로 자유강하 하여 일반수영, 부력장비를 이용한 표면수영 또는 스쿠바 기술 등을 이용하여 해안 상륙지역에 접근하는 침투방법.

헬기조(~機組, Heliteam)
1대의 헬기가 한 번의 비행으로 수송하는 인원 및 장비.

헬기주축 공중제대(~機主軸空中梯隊, Hel-Infantry)
헬기 및 보병을 주축으로 하여 편성된 공중제대.

헬기지원대(~機支援隊, Helicopter Support Team)
헬기착륙지대에서 착륙을 용이하게 하고 헬기 수송부대의 장비 및 보급품의 이동과 선택된 사상자와 포로를 후송하는 데 운용하기 위하여 편성된 전술조직체.

헬기착륙장소(~機着陸場所, Helicopter Landing Site)
단일기나 단일파의 돌격용 헬기가 착륙하여 인원이나 화물을 탑재 또는 하역하기 위하여 헬기 착륙지대 내에 지정된 소구역.

헬기착륙지대(~機着陸地帶, Helicopter Landing Zone)
돌격용 헬리콥터를 착륙시켜 인원이나 화물을 탑재 또는 하역하는 특정된 육상지역으로, 착륙지대 안에 하나 또는 그 이상의 착륙장소가 있음.

헬기착륙지점(~機着陸地點, Helicopter Landing Point)
1대의 헬리콥터가 착륙하여 인원이나 화물을 탑재 또는 하역하기 위한 헬기착륙장소 내의 지정된 지점.

헬기탑승예정표(~機搭乘豫定表, Helicopter Embarking Schedule)
헬리콥터 수송 함안이동을 위한 부대장비

및 보급품의 질서 있는 탑승을 위하여 작성되는 예정표.

헬기통제함(~機統制艦, Helicopter Control Ship)
현장 전술지휘관에 의하여 모든 헬기를 전술 지휘하는 함정.

헬기투하지점(~機投下地點, Helicopter Drop Point)
착륙지대 내의 지정된 지점이며, 지형적 이유로 헬리콥터가 착륙할 수는 없으나 공중정지상태에서 화물 또는 부대를 하강시킬 수 있는 지점.

헬기파(~機波, Helicopter Wave)
단일지휘자 예하에 있으며 동일한 착륙지대에 거의 동시에 착륙토록 예정된 1대 이상의 헬기 집단. 헬기파는 1개 이상의 편대로 구성되며, 1척 이상의 함정에 있는 헬기로 구성할 수 있다.

헬기파상봉점(~機波相逢點, Helicopter Wave Rendezvous Point)
헬기 편대가 임무를 수행하기 이전에 집결하여 헬기파로 구성되는 항공통제점.

헬기편대(~機編隊, Helicopter Flight)
1대의 헬기 또는 2대 이상의 헬리콥터가 편대장의 지휘를 받도록 편성된 것으로서, 단일의 헬기 수송함이나 기지에서 거의 동시에 이륙한 헬기로 편성됨.

헬기편대상봉구역(~機編隊相逢區域, Helicopter Flight Rendezvous Area)
헬리콥터 수송함 또는 기지 근처에 지정된 항공통제점으로서 여기에서 헬기는 편대로 편성된 후 대기구역으로 진입함.

헬기편대상봉점(~機編隊相逢點, Helicopter Flight Rendezvous Point)
헬기수송함이나 기지의 부근에 위치하는 항공통제점이며, 헬기파 대기구역 진입 전에 여기에 집결하여 편대로 구성됨.

헬리콥터(~, Helicopter; HEL)
기체 위에 있는 회전하는 날개의 힘으로 양력을 얻어 이 · 착륙을 하며, 임의의 방향으로 비행이 가능한 동력항공기. 회전익 항공기의 일종이다.
(북한) [직승기(直陞機)]

헬리페드(~, Helipad)
회전익 항공기가 이착륙할 수 있는 장소로 완전한 시설을 갖추지 않은 비 주둔 착륙장.

헬리포트(~, Heliport)
회전익 항공기가 이륙 또는 착륙할 수 있는 장소. 헬기를 운영할 수 있는 제반 시설물을 갖춘 부대의 착륙장.

혁명전쟁(革命戰爭, War of Revolution)
비합법적 수단으로 기존정권을 전복시키고 새로운 정권을 세우기 위한 투쟁.
(북한) 북한의 혁명전쟁은 3대 혁명역량을 강화하기 위해, 남한 내 인민봉기를 지원하는 형식의 무력남침에 의한 적화통일로 유리한 국제정세 조성, 북한 내 혁명기지 강화, 남한 내 동조세력 역량구축을 통하여 혁명역량을 성숙시켜 적화 통일하는 것을 말함.

현실적 억제전략(現實的抑制戰略, Realistic Deterrence Strategy)
미국 Nixon 대통령 때 세운 국가안전보장 정책을 위한 기본방침으로 미국이 능력 이상의 과중한 방위부담을 지지 않으면서 전쟁 억제의 목적을 달성하고자 한 전략.

현역(現役, Active Duty)
징집 또는 소집에 의하여 군에서 실제로 복무하고 있는 인원.

현역장병(現役將兵, Active Duty Personnel)
1. 징집 또는 소집에 의하여 군에서 실제로

복무하는 인원.

2. 징집 또는 지원에 의하여 입영한 병과, 「병역법」 또는 「군인사법」에 의하여 현역으로 임관 및 임용되어 현재 현역임무 수행중인 장교·준사관·부사관·무관후보생.

현역 전환요원(現役轉換要員, ~)
전시 증편 및 창설부대의 병력소요를 보충하기 위하여 전시 감편부대, 해체부대 또는 학교기관의 피교육자 등 현역요원이 충원되는 것.

현역정년(現役停年, Active Duty Expiration Period)
현역군인이 일정한 기간에 달하면 전역하도록 정해진 연한으로서 연령정년, 근속정년, 계급정년이 있음.

현역화(現役化, Activate)
1. 부여된 능력을 발휘할 수 있도록 재편성하기 위하여 종전에 설치되어 있었던 부대, 병영, 주둔지, 기지 또는 육상부서를 공식 명령으로 다시 설치하는 것.
2. 퇴역 또는 예비역 상태의 해군 또는 주정을 현역에 사용하기 위한 준비.

현용정보(現用情報, Current Intelligence)
1. 직접 관심이 있는 모든 대상의 동태를 현재 시점에서 객관적으로 기술한 정보.
2. 사용자에게 즉시 사용될 현재의 사실에 관한 정보.

현장근접정비(現場近接整備, On-Site Close Maintenance)
전투부대의 고장장비에 대한 후송부담을 감소시키고 신속하게 장비를 수리복구하기 위하여 현장정비와 근접정비를 혼용한 정비지원 방법. 정비부대가 피 지원부대와 같이 기동하면서, 피해 및 고장장비 발생 현장이나 고장장비 집결장소에서 즉시 자대정비나 야전정비를 실시하는 적극적인 방법이다.

현장정비(現場整備, On-Site Maintenance)
장비 결함이 발생한 현장에서 편성부대 자대 정비, 또는 야전정비 부대의 근접정비지원을 받아 실시하는 정비 방법. 현장정비의 운용현장은 정비 대상 장비가 위치한 곳을 지칭하나 전투부대가 전투수행을 위해 전개된 상황 하에서는 접적지역으로부터 대대급 제대의 전투치중대 지역까지를 망라한다.

현장지도(現場指導, On-Site Mentor)
각급 제대 지휘관 및 참모가 예하부대의 교육훈련 현장에 동참하여 교육훈련 실태를 직접 확인하고, 지휘관의 전술개념을 전수할 수 있도록 실시하는 지도활동.

현재원(現在員, Current Strength)
한 부대 내에의 임무를 수행할 수 있는 인원수. 현재원은 일보 상에 명시됨.

현존군사력(現存軍事力, Existing Military Power)
유사시 즉각 군사행동이 가능한 육, 해, 공군의 전투력을 구성하고 있는 일체의 요소를 총괄적으로 이르는 말.

현지보급(現地補給, Local Supply)
특수작전지역 내에서 보급을 획득하는 제도. 노획, 물물교환, 구매, 징수, 몰수 등의 방법이 있음.

현지임관(現地任官, Field Commission, On Spot Commission)
전시에 초급지휘자 손실이 많은 것을 고려하여, 초급지휘자로 임관시킬 대상자를 사전에 선정, 관리하다가 필요시 전투현장에서 임관시켜 적시적인 보충을 통해 계속적인 전투력 발휘를 보장하기 위한 제도.

현지조달(現地調達, Local Procurement)
중앙조달기관 이외의 기관이 국내에서 보급품, 용역 또는 장비를 조달하는 것을 말하며 부대조달이라고도 함.

혈액작용제(血液作用劑, Blood Agent)
인체에 침입하면 혈액 내의 헤모글로빈의 기능을 마비시킴으로써 단시간 내에 산소가 부족하여 사망하게 되는 화학 작용제. 증상으로는 두통, 현기증, 호흡곤란 및 가슴의 압박감 등이 일어나며, 종류에는 AC, CK, SA 등이 있다.

혈장증량제(血漿增量劑, Plasma Extender)
부상 등으로 인한 출혈로 수혈이 필요한 환자에게 일시적인 응급처치로 혈장을 확장시켜 혈압을 유지해주기 위해 사용하는 정맥주사용 수액.

협동(協同, Cooperation)
어떤 특정한 공통목적을 달성하기 위하여 지휘관계가 없는 2개 이상의 부대가 상호 협력하는 것.

협동공해계획(協同空海計劃, Coordinated Sea Air Plans)
접촉구역 내에서 잠수함의 접촉 여부에 상관없이 함정, 대잠 항공기와 헬기가 협동으로 작전을 실시하려는 계획.

협동구역(協同區域, Coordination Zones)
대공전에서 지대공미사일과 전투항공초계간에 효과적인 협동작전을 실시하는 구역.

협동대잠작전(協同對潛作戰, Coordinated ASW Operation)
함정, 대잠 항공기와 헬기가 협동으로 적 잠수함의 위치를 찾아내고 공격하는 작전.

협동성(協同性, Cooperation)
전술제대의 모든 구성요소가 전술가의 의도에 부합되도록 팀워크를 통해 승수효과를 발휘하는 전술의 과학과 술을 적용하는 본질이자 기본개념. 협동성은 개별능력의 단순한 합보다 더 강한 전투력 창출을 목적으로 하며, 협동성을 증진시키는 요소는 편성, 무기체계, 상호신뢰, 운용술 등의 4가지를 고려할 수 있다.

협동작전(協同作戰, Cooperative Operation)
공동의 목표달성을 위하여 보병, 포병, 기갑 등의 전투병과가 각각 그들의 특성을 살리고 상호 취약점을 보완할 수 있도록 2개 이상의 병과가 협동하면서 실시하는 작전. (북한) [협동동작(協同動作)]

협동화력공격반(協同火力攻擊班, Fire-Eagle)
육군 자체의 전투헬기와 지상화력을 통합하여 제병협동으로 지상 기동부대장 통제하에 적 기갑 및 기계화 부대 공격임무를 수행하는 전투조직.

협조(協調, Coordination)
1. 상황의 변화에 따라 최선의 결과를 획득하기 위하여 계획된 행동의 시간 및 장소에 있어서 상호관계를 원활하게 하는 작전상의 제도.
2. 효과적이고도 경제적인 방법으로 조화를 이루어 임무를 예정대로 집행하기 위하여 통합된 노력을 가하는 기능.

협조고도(協調高度, Coordination Altitude; CA)
고정익 항공기와 회전익 항공기의 충돌을 방지하기 위하여 설정된 고도로서 하부 협조고도와 상부 협조고도로 구분함. 상부 협조고도 이상은 공군의 통제 하에 고정익 항공기가 사용하고, 하부 협조고도 이하는 육군의 통제 하에 회전익 항공기가 사용하기 위한 기본적인 기준이며, 공군이 하부 협조고도 이하를 육군이 상부 협조고도 이상을 사용할 때는 상호 협조한다.

협조권한(協調權限, Coordinating Authority)
2개(또는 그 이상) 군 또는 동일군내 2개(또는 그 이상) 부대들에 대한 특정한 기능 또는 활동을 조정하기 위하여 지휘관 또는 개인에게 부여된 책임. 지휘관 또는 개인이 해당 부대 간 협의를 요구할 수 있는 권한은 보유하나 동의를 강요할 수는 없다.

협조된 공격(協調~攻擊, Coordinated Attack)
잘 준비된 적의 방어진지를 공격 시 사전에 면밀한 정찰과 강점, 약점 등을 분석, 철저한 준비와 협조 및 통제 하에 실시하는 공격작전. 협조된 공격은 적의 전투의지를 파괴할 수 있도록 전장기능별, 제대별, 지역별 통합작전을 실시하여야 하며, 공격제대는 통상 주공, 조공, 후속지원부대, 예비대로 편성된다.

협조점(協調點, Coordinating Point)
상급부대 지휘관이 예하부대 간의 병력배치와 화력, 장애물 등 전투수단의 통제 및 협조를 용이하게 하기 위하여 선정하는 전술적 통제수단. 식별과 접근이 용이하고, 아군부대의 엄호를 받을 수 있는 지점에 선정한다.
(일본) [連携点(연휴점)]
(북한) [보장점(保障點)]

협조조명(協調照明, Coordinated Illumination)
관측자가 조명탄과 고폭탄 사격시간을 적절히 통제하여 표적지역이 효과적으로 조명되는 동안 고폭탄이 파열되도록 하는 조명탄 사격방법.

협차법(狹差法, Bracketing Method)
원탄과 근탄의 협차에 의해서 야포 또는 박격포의 사격을 조정하는 방법. 관측자는 표적이 명중되거나 최소한의 사정변경이 생길 때까지 교차거리로 계속 분할 사격한다.

형사적 분리(刑事的分離, Punitive Separation)
행정적인 절차에 의한 전역 및 제적이 아닌 형사처벌을 통하여 궁극적으로 「군인사법」의 결격사유로 제적되는 경우를 말함.

호국훈련(護國訓錬, ~)
대부대의 합동작전 수행능력 향상과 통합전력운용 및 작전지원능력을 배양하기 위하여 군단급 규모로 실시하는 축선별 작계 시행훈련.

호밍기술(~技術, Homing Technology)
미사일이나 어뢰 등의 유도무기를 사용해 목표의 방위, 거리, 속도 등의 정보를 센서로 파악하여 자신의 진로를 수정하여 목표에 명중시키기는 기술. 목표정보의 파악방법에 따라 다음 세 가지 방식으로 구분하며, 각 장단점을 보완한 복합방식의 채용이 많아지는 추세이다.

1. 능동 호밍 : 유도무기 자체에서 레이더파, 레이저광파, 음파 등을 발사해 목표로부터의 반사파에 의해 정보를 얻는 방식. 상대에게 용이하게 탐지되어 방해받기 쉬운 결점은 있으나, 자체유도화기의 특성과 장거리 유도가 가능한 이점이 있다.
2. 반능동 호밍 : 지상이나 항공기에서 발신되는 레이더파 등의 반사파에 의해 정보를 얻는 방식. 장거리의 유도가 가능하지만 자체유도화기 특성이 없기 때문에 다목표의 동시 공격이 곤란하다.
3. 수동호밍 : 목표자체가 발하는 레이더파, 밀리파, 적외선, 음파 등에서 정보를 얻는 방식. 상대에게 발각되기 어렵고 자체유도화기 특성도 있지만 유효거리가 짧은 것이 결점이다.

호밍유도(~誘導, Homing Guidance)
표적으로부터 발사되는 전파와 추적레이더로부터 발사되는 전파를 유도탄 자체가 장비하고 있는 유도장치가 수신하여 유도제원을 산출해서 표적에 명중되도록 유도해 나가는 유도방법.

호버크라프트(~, Hovercraft) ☞ [공기부양정]

호송(護送, Convoy)
통제 및 질서 있는 이동을 목적으로 차량이나 함선으로 부대 및 차량, 함선의 이동을 안전하게 안내하는 것.

호송부대(護送部隊, Escort Force)
호송을 담당한 인원, 선박, 항공기 또는 장갑차량부대.

호송선단(護送船團, Convoy Group)
통상 군함이나 항공기로 호송되는 여러 척의 상선이나 해군 보조함, 또는 이들의 혼성체, 또는 동시항해의 목적으로 집결 및 편성되어 해상호송을 받는 상선이나 해군 보조함.

호위구축함(護衛驅逐艦, Frigate; FF)
대잠작전을 주로 하며 상륙부대, 해상보급부대 및 상선 선단을 호위함을 기본임무로 하는 구축함과 유사한 수상전투함의 일종.

호위전파방해(護衛電波妨害, Escort Jamming)
전파방해 항공기에 의한 전자공격(EA) 전술로서 적 전자체계에 의한 전파방해로부터 공격기를 보호하기 위하여 혼성 편대군을 이루어 수행하는 전파방해 행위.

호출부호(呼出符號, Call Sign; C/S)
무선전신 및 전신타자 통신소에 사용하는 통신소 고유 명칭으로, AM 무전기 및 H/T 등 통신망을 운용할 때 통신제원으로 활용.

호출신호(呼出信號, Ringing Signal; RGS)
전화교환에서 착신단말을 호출하기 위하여 교환기에서 보내진 신호. 보통 1초 송출, 2초 간격으로 16~25㎐의 정현파 교류의 75V 신호이다.

호크(~, Homing All the Way Killer; HAWK)
반능동 명중 유도방식으로 중·고고도 표적과 교전하며, 기동성이 용이하고, 명중률이 우수하며, 신뢰성 있는 저·중고도 대공유도무기체계 중 한 가지.

혹한기훈련(酷寒期訓鍊, Very Cold Weather Training)
개인 및 부대가 혹한기 기상의 악조건을 체험하고 극복함으로써 동계작전 수행능력을 구비하기 위해, 부대별 또는 지역별 특성을 고려하여 혹한기에 실시하는 훈련.

혼성공중타격부대(混成空中打擊部隊, Composite Air Strike Force)
핵 및 비핵무기를 혼합하여 사용할 수 있는 전술 공군부대(전술용 전투기, 전술정찰기, 급유기, 공수기 및 지휘통제부대)의 적절한 단위대를 선정하여 구성한 미 공군부대. 이 부대는 국가적 긴급우발사태에 대비하여 미국 본토에서 세계의 어느 지역에라도 즉각 전개할 전비태세를 갖추고 있다.

혼성부대(混成部隊, Composite Force)
상이한 수종의 병과를 포함하는 군부대.

혼성장비(混成裝備, Mixed Equipment)
2가지 이상의 장비로 구성된 복합 장비. 독립적인 장비로 분류될 수 있는 여러 종류의 장비가 상호 연결 또는 결합되어 독자적인 장비명 및 제형을 가지고 기능을 발휘하는 복합체로서, 주장비 부분과 보조장비 부분으로 구분된다.

혼성적재(混成積載, Commodity Loading)
탄약, 식량, 자재 등 각종 형태의 화물이 양륙할 때 서로 방해되지 않도록 적재하는 방법.

혼성지뢰지대(混成地雷地帶, Mixed Minefield)
대전차지뢰와 대인지뢰를 포함하고 있는 지뢰지대.

혼신(混信, Cross Talk)
근접한 도체 간에 자기나 정전기의 감응으로 인해 신호가 잘못 흘러 들어가는 현상. 즉 한 전도체의 신호가 다른 전도체나 제3의 전도체에 불필요하게 전달되는 상태.

혼합배치(混合配置, Mixed Disposition)
2개 형태 이상의 방공포병 무기체계를 혼합원칙을 적용하여 한 지역의 방공작전에 운용하는 것. 배치지침은 장거리 사각지대를 보완하도록 배치 운용하고, 무기의 상호지원은 동일 무기체계에만 적용하고, 각 무기별 능력은 독립적으로 평가 종합한 것이 혼합배치의 방어능력이 된다.

혼합저장(混合貯藏, Compatible Storage, Mixed Storage)
함께 저장해도 위험이 증가되지 않는 품목에 적용되는 저장방법.

혼합편대군(混合編隊群, Mixed Force)
공동편대장 지휘 하에서 같은 임무를 수행하는 각기 다른 종류의 항공기들.

혼합형 지뢰지대(混合形地雷地帶, Mixed Minefield)
기본형 지뢰지대와 열형 지뢰지대를 혼합한 지뢰지대. 전방 지뢰열만 가진 기본형 지뢰열과 파편형 대인지뢰로만 구성된 열형 지뢰열을 교차시켜 설치하며, 불규칙 지뢰조는 기본형과 동일한 형태로 설치한다.

화공작전(火攻作戰, Fire Attack Operation)
자연 또는 인위적인 수단을 활용, 불을 이용하여 적을 공격하는 작전. 재래식 방법과 현대 첨단무기를 적절히 결합하여 운용하면 보다 큰 작전 성과를 달성할 수 있으며, 열, 연기, 불티 등을 수반하는 산화현상으로 살상 및 소이, 조명, 연막, 심리적 효과 등을 얻을 수 있다.

화구(火球, Fireball)
원자폭탄이 폭발한 후 형성을 시작하는 방광구와 같이 고열의 가스에서 나타나는 반짝반짝 빛나는 구체. 파열 후 백만분의 수초 간 만들어졌다가 곧 팽창, 냉각하기 시작함. 화구가 최대로 커졌을 때의 반경을 화구반경(Radius of Fireball)이라 한다.

화구형성효과(火口形成效果, Crater Formation Effect)
폭발에 의하여 폭약을 장전한 표적표면이 움푹 들어가는 현상. 충격압력은 폭발로 인한 콘크리트 표면 위에서는 폭약과 인접해 있는 물질을 파쇄하면서 화구를 형성하고, 철재표적 위에서는 폭약 접촉면에 톱니모양의 화구가 생기거나 움푹 들어가게 된다.

화기(火器, Fire Arm)
탄환을 발사할 수 있는 모든 총포. 화약의 폭발하는 힘을 이용하여 탄약을 내쏘는 병기, 총포 등.
(북한) [화력기재(火力器材)]

화기매복조(火器埋伏組, Fire Arm Ambusher)
전투지역 전단 전방 적의 예상접근로를 통제할 수 있는 곳에 공용화기를 포함하여 사전에 매복시켰다가 접근하는 적을 강력한 화력으로 기습 및 교란, 격멸하기 위해 운용하는 소부대 공세행동부대.

화력(火力, Fire Power)
부대 또는 무기체계에 의해 발사되는 사격량이나 사격능력. 살상 및 비살상 무기체계에 의해서 전술항공, 육군항공, 포병, 함포, 기타 특정화기를 사용하여 적에게 투사되는 사격량이나 타격능력을 포괄적으로 지칭한다.

화력격멸지역(火力擊滅地域, Fires within Killing Zone)
방어 시 전투지역전단의 주요 목과 거점공

간(전단거점-종심거점)을 통제하고 적 기갑 및 기계화 부대를 격멸하기 위해 통합화력을 계획한 지역.

화력계획(火力計劃, Fire Plan)
가용한 모든 화력의 협조 및 운용을 위한 전술적 계획.

화력금지지역(火力禁止地域, No-Fire Area)
지역 내의 유류저장고와 같은 시설을 보호하고, 국가재산 또는 문화재의 피해와 파괴 방지, 인원보호 등을 위하여 설치부대의 사전승인 없이는 모든 사격이 금지된 지역. 단, 지역 내에서 적과 조우하거나 설치부대장이 승인할 때에는 사격이 가능한 제한수단의 일종이다.

화력격멸지역(火力擊滅地域, Fire Killing Zone)
적 기갑·기계화부대를 격멸하기 위해 이들의 기동이 예상되는 주요 목 지점 및 집결 예상지에 전술항공, 육군항공, 야전포병, 기동부대의 편제화기 등으로 통합 화력운용을 계획한 지역.

화력량(火力量, Firepower)
1. 진지, 부대, 무기시스템이 발사하는 사격을 양으로 나타낸 것.
2. 사격을 할 수 있는 능력.

화력수색(火力搜索, Reconnaissance by Fire)
적 진지로 의심되는 곳에 사격을 지향하여, 적으로 하여금 이동하거나 또는 응사하게 함으로써 적 소재를 폭로케 하는 수색방법.

화력역습(火力逆襲, Fire Counter Attack)
상급부대 화력자산까지 포함하여 속도와 화력을 압도적으로 집중시켜 실시하는 역습. 기동부대를 투입할 시간적 여유가 없거나, 기동부대에 의한 효과적인 저지가 곤란할 때, 또는 책임지역 내 동시다발 돌파구가 형성될 때나, 개활한 지형에서 적이 노출되어 기동할 때 실시한다.

화력요청계통(火力要請系統, Fire Request System)
화력지원 협조기관을 통하여 각종 화력이 요구되는 절차. 요청화력 종류에 따라 포병화력, 항공(기계획 및 긴급)화력, 함포화력 요청으로 나눈다.
1. 포병화력 요청 : 연대급 이하 부대는 직접지원포병대대로 직접요청하며, 사단급 이상 부대에서는 사단포병연대로 요청하면, 사단포병연대에서 그 임무를 그의 통제 하에 있는 부대에 하달한다.
2. 항공화력 요청 : 긴급 항공지원 요청은 대대에서 직접 군에 위치한 항공지원작전본부(ASOC)로 한다.
4. 함포화력 요청 : 함포화력지이 가용할 때에는 대대급까지 배치된 함포장교가 화력지원협조소(FSCC)를 통하여 요청한다.

화력우세(火力優勢, Fire Superiority)
정확도와 사격량으로 비교할 때 화력이 적보다 우위인 상태.

화력유도(火力誘導, Fire Guidance)
화력 요망 대상을 정확히 타격할 수 있도록 화력을 유도하고, 결과 분석 및 평가를 실시하는 것. 구체적으로는 타격이 요망되는 표적에 대한 첩보를 제공하며, 타격 요망 시간과 장소에 화력을 유도하고, 사격 결과와 전투피해에 대한 평가 등을 실시하는 단계별 과정을 거친다.

화력자유지역(火力自由地域, Free Fire Area)
설치부대와 추가적인 협조를 하지 않고도, 어떠한 무기도 사격할 수 있도록 특별히 지정된 지역.

화력전투(火力戰鬪, Fire Combat)
기동부대와 별도로 작전수행 여건을 유리

하게 조성하기 위하여 실시하는 화력 위주의 작전활동. 개전초기 아군에게 크게 위협이 예상되는 적 장사정 화포에 대한 대화력전이나, 종심지역에 있지만 장차작전에 크게 영향이 미칠 것으로 판단되는 적 부대 및 시설에 대해 가용한 화력지원수단을 이용하여 타격하는 활동이 해당된다.

화력제한지역(火力制限地域, Restrictive Fire Area)
설치부대의 사전허가 없이는 어떠한 무기도 사격할 수 없는 지역. 설치 목적은 적지에서 활동 중인 우군을 보호하기 위한 것으로 표적지역 내의 사격을 제한한다.

화력증원(火力增援, Reinforcing)
한 포병부대가 타 포병부대의 화력을 보강하기 위한 전술임무. 통상 공격 시 주공부대, 방어 시 확보(방어) 부대를 직접 지원하고 있는 포병부대의 화력을 증강시키기 위해 대구경 화기로 편성된 포병부대에 부여되나, 절대적인 것은 아니다.

화력지원(火力支援, Fire Support)
보병 및 기갑부대와 같이 적에게 근접하는 지상 전투기동부대에게, 박격포, 야전포병, 근접항공지원, 함포사격 등의 지원화력을 운용하는 것을 포괄적으로 가리킴. 화력지원의 종류로는 항공화력지원, 포병화력지원, 화학화력지원, 함포화력지원, 핵화력지원 및 조명지원이 있다.
(북한) [포병보장(砲兵堡障)]

화력지원계획(火力支援計劃, Fire Support Plan)
특정 임무수행에 있어서 전투를 수행하는 기동부대를 지원하기 위하여 실시해야 할 가용한 모든 화력운영에 대한 상세한 지원계획. 작전계획(명령)의 부록으로, 어떤 표적을 언제, 어떤 수단으로, 어떻게 타격할 것인가를 구체적으로 기술한 것.

화력지원구역(火力支援區域, Fire Support Area)
상륙작전에 있어 함포지원을 하도록 화력지원함에 할당된 적절한 기동구역.

화력지원반(火力支援班, Fire Support Element)
전술작전본부의 일부로서 부대를 지원 또는 작전통제 하에 표면표적에 투발되는 화력지원을 위한 표적획득, 화력협조 및 화력의 통합을 책임지는 작전기관. 통합화력지원실의 일부로서 화력지원수단의 전술적 운용에 대한 협조 및 통제, 화력지원계획수립, 장차작전을 위한 화력지원소요 판단 등을 수행하는 조직.

화력지원부대(火力支援部隊, Fire Support Troops)
근접전투부대를 화력으로 지원하는 것을 기본임무로 하는 부대.

화력지원장교(火力支援將校, Fire Support Officer; FSO)
직접지원 포병대대에서 피지원부대로 파견되어 기동부대장의 작전목표를 달성하기 위해 화력운용과 관련된 내용을 조정 및 통제하는 장교. 포병지휘관을 대리하여 화력지원협조관으로서 임무를 수행함.

화력지원진지(火力支援陣地, Fire Support Station)
사격지원지역 안에 위치한 해상의 진지로서 이곳으로부터 사격지원함정들이 사격을 수행함.

화력지원체계(火力支援體系, Fire Supporting System)
전장감시 및 표적획득수단, 타격수단, 지휘통제 및 협조기구로 구성되어 지휘관의 통제 하에 상호 연계성을 유지하면서 화력을 지원하는 통합된 체계.

화력지원팀(火力支援~, Fire Support Team)
해당 부대에 제공 가능한 모든 지원사격에 대한 문제를 협조하고 계획하기 위해서 야전포병대에서 각 기동중대에 제공하는 팀. 여기에 속하는 것으로는 박격포, 야전포, 해상 사격지원, 근접 항공지원집중사격 등이 있다.

화력지원협조(火力支援協調, Fire Support Coordination)
적절한 수단이나 가용한 무기로 표적을 가장 효과적으로 공격하기 위하여 화력지원을 협조 및 계획하고 실시하는 전 과정을 의미함.

화력지원 협조관(火力支援協調官, Fire Support Coordinator; FSCOORD)
화력지원협조 업무를 수행하기 위하여 항공, 함포 및 포병사격 등의 화력지원 협조기구를 운용하고 지휘통제본부의 각 참모부서와 협조, 첩보제공 및 건의를 하는 특정제대의 포병 선임장교.

화력지원 협조기구(火力支援協調機構, Fire Support Coordination Center)
화력지원계획 작성과 화력지원 협조를 위하여 제대별 지휘통제본부에 설치하는 기능 조직.

화력지원 협조방안(火力支援協助方案, Fire Support Coordinating Measure)
육군 혹은 상륙부대 지휘관이 신속하게 목표물을 점령하고 동시에 아군의 안전을 기하기 위해서 채택하는 방안.

화력지원 협조본부(火力支援協調本部, Fire Support Coordination Center; FSCC)
연대급 이하 제대의 화력지원협조기구로서 모든 형태의 지원사격을 협조하는 데 부수되는 통신시설과 인원이 편성되어 있는 부서. 화력지원기관과 피지원부대의 대표자들이 화력지원을 계획하고 협조하기 위해 구성되는 지휘관의 작전기관이다.

화력지원 협조선(火力支援協調線, Fire Support Coordination Line; FSCL)
전술작전에 영향을 미칠 수 있는 군단 외부의 화력을 통제 및 협조하기 위해 설정하는 선. 화력지원협조선은 폭격을 위한 지역을 명시하는 선이라고 볼 수 있으며, 통상 육, 해, 공군의 운반 무기와 직접적인 연관을 갖는다. 또한 특수 무기를 사용할 때는 최대 안전거리를 고려하기 위해 반드시 명시되어야 한다.

화력지원 협조소(火力支援協調所, Fire Support Coordination Center; FSCC)
모든 형태의 화력지원 협조에 부수되는 통신시설과 요원이 집중되어 있는 단일 부서. 피지원부대 및 지원기관의 대표들이 모여 화력지원을 계획하고 협조방법을 결정하는 기관.

화력터널(火力~, Fire Tunnel)
공격 시 주요기동부대의 신속한 기동과 측방방호를 보장하기 위해 기동축선을 따라 기동부대의 전방, 측방 및 공중에 화력으로 터널을 형성하는 화력운용 개념.

화력협조(火力協調, Fire Coordination)
타격수단과의 원활한 협조 및 우군부대의 안전을 보장하고, 지휘관의 화력운용지침 수행, 가용 화력자산 할당, 화력 우선순위 등을 결정하기 위하여 화력을 계획, 통합, 협조하여 나가는 과정.

화력협조선(火力協調線, Fire Coordination Line; FCL)
헬리콥터 공수 또는 공정부대와 연결부대 간에 그리고 한 지점에 집중하는 우군부대 간의 화력을 협조하기 위하여 설정되는 선.

화망(火網, Fire Net)
적기의 대량침투나 시도조건의 제한 또는 악천후 기상 하에서 대공포의 조준사격 효과를 기대할 수 없을 경우, 취약지역 상공이나 예상접근로 상공에 표적위치를 고려하여 대공포의 유효사거리 범위에서 화력을 집중하는 공중의 일정한 지점이나 지역.

화망사격(火網射擊, Fire of Fire Net)
계획된 화망에 계획된 사격제원으로 화력을 집중시키는 방법.

화물낙하산(貨物落下傘, Cargo Parachute)
보급품 및 장비를 공중으로부터 투하하거나, 특수작전부대의 공중재보급에 사용되는 낙하산.

화물입출하능력(貨物入出荷能力, Clearance Capacity)
해안이나 항구로부터 육상 도로, 철도와 운하 등을 이용하여 육지로 수송할 수 있는 화물의 양을 중량톤으로 나타낸 추정량.

화생방 개인숙달 훈련(化生放個人熟達訓練, NBC Individual Proficiency Training)
개인의 화생방 능력을 향상시키기 위하여 실시하는 훈련.

화생방경계경보(化生放警戒警報, NBC Security Alert)
1. 적의 화생방 공격이 예상될 때 이를 알리기 위하여 발령하는 경보로써 가용한 모든 통신수단을 이용하여 전파.
2. 화생방 경보의 일종으로 광범위한 지역에 화생방 위험이 예상될 때, 또는 오염효과가 미치는 지역에 타종, 사이렌 등 모든 통신수단을 이용하여 위험을 사전에 전파해서 방호 행동을 취할 수 있도록 하는 경보방법.

화생방경보(化生放警報, NBC Warning)
적 화생방 공격 시 피해가 예상되는 모든 인원에게 전파하기 위하여 발령하는 경보. 적의 화생방 공격이 긴박하거나 화생방 작용제가 탐지되었을 때 발령하며, 가용한 첩보 및 정보를 수집, 분석 및 평가하여 피해가 예상되는 모든 부대에 신속, 정확하게 전파함으로써 피해를 최소화시킨다. 화생방 경보를 전파하는 방법으로는 구두, 시호, 음향, 화학자동경보기에 의한 경보 및 화생방 정찰차의 자동경보 전송장치에 의한 경보전파 등 다양한 방법 및 수단을 적용 할 수 있다.

화생방반(化生放班, Nuclear, Biological and Chemical Element)
화생방 작전을 전술지원작전과 협조하는 기본 직능을 수행하고 아군과 적군이 운용하는 핵무기에 의하여 발생되는 낙진을 예보하며, 화생방 오염을 평가하는 기구. 적의 화생방 위협 평가, 화생방 공격 시 예측을 통하여 부대위험을 판단하고 화학부대 운용 통제 등 작전간 화생방 관련 상황판단, 결심 및 대응이 체계적으로 이루어지도록 지원한다.

화생방방어(化生放防禦, Chemical, Biological and Radiological Defense)
적의 화생방 작용제 운용에 대해 각 개인의 생존성 보장과 부대의 전투력 보존을 위해 취하는 제반방어 활동을 의미하는 합성어. 적극적 화생방 방어와 소극적 화생방 방어로 구분한다.

화생방 방어작전(化生放防禦作戰, Chemical, Biological and Radiological Defensive Operation)
적의 화학 작용제, 생물학 작용제 및 핵무기로부터 피해를 최소화하고 작전능력을 최대화하기 위한 방어 작전.

화생방방호(化生放防護, Nuclear Biological Chemical Protection)
화생방 상황 하에서 작전 시 부대의 인원

ㅎ

및 장비에 대한 전투효율의 감소와 손실을 방지하기 위하여 취하는 제반 방어절차.

화생방보고(化生放報告, NBC-Report)
적이나 미지의 화생방 공격으로 야기될 오염을 보고하기 위한 표준화 양식.
NBC-1 : 관측자 최초 보고.
NBC-2 : 평가 제원 보고.
NBC-3 : 예상 오염지역 보고.
NBC-4 : 정찰 보고(화학 및 방사능).
NBC-5 : 오염지역 보고.
NBC-6 : 화・생 정밀보고.

화생방보호(化生放保護, Nuclear Biological Chemical Protection)
화생방전하에서 개인, 시설물 및 장비 등을 화생방 오염으로부터 피해를 방지하기 위하여 취하는 화생방 방어 절차.

화생방보호의(化生放保護衣, Ground Crew Ensemble; GCE)
신경 및 수포작용제의 증기, 에어라졸 및 액체상태의 화학작용제로부터 피부를 보호하기 위해 입는 피복.

화생방시호경보(化生放視號警報, NBC Visual Alarm)
눈에 보일 수 있는 수단으로 화생방 관련 경보를 전파하는 방법. 신체부위를 활용한 약정된 동작, 수기, 신호 킷, 연막 수류탄 등이 있다.

화생방 양압장치(化生放陽壓裝置, NBC Positive Pressure Device)
밀폐된 차량내부에 장착되어 화생방전하에서 승무원과 장비를 오염으로부터 보호하는 장치. 먼지 및 독성 화학작용제를 여과시켜 정화된 공기를 밀폐된 차량내부에 보내며, 승무원실의 공간 및 밀폐 상태에 따라 압력이 형성된다.

화생방오염사고 처리반(化生放汚染事故處理班, NBC Contamination Dispose Element)
화생방 테러 및 오염사고에 대응하기 위하여 화학부대에 평시부터 잠정편성 운용하는 부대. 긴급 출동팀과 후속 출동팀으로 구분하며 각각 지휘조, 정찰조 및 제독조로 편성된다.

화생방오염 표지판(化生放汚染標識板, NBC Contamination Markers)
화생방 작용제에 의히 오염된 지역에 설치하는 이등변 삼각형의 표지판. 철판, 나무판자, 플라스틱 및 기타물질로 만들며, 긴 변이 위로 향하고 표지판의 이면이 오염된 곳을 향하도록 설치하고, 오염표지판에는 작용제 탐지일시, 작용제 종류(선율)를 기록한다.

화생방오염 회피(化生放汚染回避, Contamination Escaping of Nuclear Biological and Chemical)
능동적, 수동적 방법을 통하여 화생방 무기 효과를 회피함으로써 피해를 최소화하는 것. 능동적 방법에는 화생방 오염탐지 및 식별, 경보 및 오염통제를 위한 화생방 작전통제 등이 있고, 수동적 방법에는 소산과 작전보안, 군사기만, 위장 및 은폐와 우회 등이 있다.

화생방요원(化生放要員, NBC Needed Personnel)
화생방 반(NBCE)이 편성되어 있지 않은 연대급 이하 부대에서 화생방 방어 임무수행을 위해 편성된 인원. 통상 중(포)대급을 기준으로 화생방 통제조, 정찰조, 제독조로 구성된다.

화생방위협 제거(化生放威脅除去, NBC Threat Removal)
적의 화생방 무기, 투발수단, 생산 및 저장 시설 등을 조기에 탐지하여 타격함으로써 적이 화생방 무기를 사용하지 못하도록 사전에 무력화 하는 것.

화생방작용제 야전현상(化生放作用劑野戰現象, Field Condition Affecting Chemical Biological and Radiational Agents)
화학 및 생물학 작용제, 방사능 낙진이 대기 중의 기상요소와 지형의 영향을 받아 오염효과가 증가하거나 감소되는 현상. 화생방 작용제에 의한 오염예측 및 부대안전 판단에 중요한 자료로 활용한다.

화생방작전(化生放作戰, NBC Operation)
부여된 임무수행을 위해 화학작용제와 생물학 작용제, 핵무기의 방사능 효과를 고의적으로 운용하는 작전. 적의 화생방무기 운용에 대한 방호와 아군의 운용에 따라 수반되는 위험에 대한 방어도 포함된다.

화생방작전통제(化生放作戰統制, Operational Control of Nuclear Biological and Chemical)
화생방공격으로 인한 오염을 예측하고 피해를 최소화하기 위해 대응조치를 취하는 것. 이 임무는 제대별 지휘통제본부에 편성되어 있는 화생방 반(NBCE)에서 수행한다.

화생방전(化生放戰, NBC Warfare)
적을 살상하거나 지역 및 전투장비의 사용을 제한시키기 위해 화생방 작용제를 전쟁 수단으로 운용하는 일반적 의미의 화학전, 생물학전, 핵 및 방사능전을 총칭함.

화생방정보(化生放情報, NBC Inteligence)
이용 가능한 화생방 첩보를 분석, 평가, 종합 및 해석하는 과정을 통해 정확도와 신뢰성이 높다고 판단되어 사실로 인정된 첩보.

화생방정찰(化生放偵察, NBC Reconnaissance)
적의 화생방 공격을 탐지, 식별 및 측정을 하여 조기경보를 실시함으로써 생존성을 보장하고 부대의 전투력을 유지하기 위한 지상 및 공중정찰 활동.

화생방제독(化生放除毒, Nuclear Biological Chemical Decontaminations)
부대 인원, 장비 및 지역 등이 화학 작용제에 오염되었을 때 전투효율의 개선과 전투력복원 수단으로 수행하는 방어절차로, 오염된 인원과 장비, 물자, 시설 및 지역 등을 중화시키거나 작용제를 제거 또는 파괴시키는 과정.

화생방지대정찰(化生放地帶偵察, NBC Zone Reconnaissance)
작전지역에서 적의 화생방공격이 보고 되었거나, 그 지역에 사전 지식이 불충분하고 화생방 공격의 징후 또는 공격이 예상되는 곳에 대한 세부적인 첩보를 획득하고자 할 때 넓은 지대에 대하여 실시하는 화생방 정찰의 한 방법.

화생방지역정찰(化生放地域偵察, NBC Area Reconnaissance)
화생방 지대정찰 개념을 구체화 한 것으로, 주로 실시간 전투에서 적의 화생방 공격으로 인한 실제 화생방 보고가 접수된 지역에 대하여 확실한 공격여부와 위치의 확인 및 관련첩보를 획득하기 위해서 특정지역에 실시하는 정찰방법.

화생방지점정찰(化生放地點偵察, NBC Point Reconnaissance)
특정 지형지물에 대한 화생방 첩보를 획득할 목적으로 실시하는 정찰. 방어 시 적의 기동을 차단 할 수 있는 주요 견부진지와, 공격 시 특정교량과 애로지점, 적지종심작전 시 적의 화생무기 저장 및 생산시설 등을 파악하기 위해 특정 지점을 집중 정찰한다.

화생방집단보호시설(化生妨集團保護施設, NBC Collective Protection Shelter)
화생방 오염의 위험으로부터 내부인원을 보호할 목적으로 설치된 시설.

화생방집단보호장비(化生放集團保護裝備, NBC Collective Protection Equipment)
화생방 전장상황에서 고정식 대피시설이나 전투차량 내 승무원 등의 인명보호를 위해 작용제의 가스 및 입자상 독성물질을 제거(정화)하여 신선한 공기를 집단 인원에게 제공하는 장비. 가스여과기, 입자여과기, 송풍기, 공기공급 장치, 기타 부수장치로 구성된다.

화생방 통제반(化生放統制班, NBC Control Party)
적의 화생방 위협 평가, 화생방 공격 시 예측을 통하여 부대위험을 판단하고 화학부대 운용 통제 등 작전간 화생방 관련 상황 판단, 결심 및 대응이 체계적으로 이루어지도록 지원하기 위해 중대급 이상에 편성된 통제조직.

화생작용제 야전현상(化生作用劑野戰現象, Field Situation of Chemical Biological Agent)
화생작용제가 바람, 기온, 기온경도, 습도와 같은 미기상요소와 구름, 강수와 같은 미기상 변화요소에 의해 영향을 받는 것. 그 변화의 크기는 기상개황에 의해 좌우되고 지세, 초목 및 토양 등 국지적인 지형에 영향을 받는다.

화염지뢰(火焰地雷, Flame Mine)
폭발 시 불꽃(화염)이 발생하도록 제작된 지뢰. 화염이 360° 전 방향으로 비산하며, 화염의 비산거리는 화염지뢰의 크기에 따라 다르나 통상 20～80 m 가량 된다.

화학노출량(化學露出量, Chemical Dosage)
대기 중의 화학작용제의 농도 안에 인원이 얼마나 오랫동안 노출되었는가를 표시한 것으로서 단위는 mg-min/m^3를 사용함.

화학레이저(化學～, Chemical Laser)
불소와 수소가 화학반응을 일으켜 발생하는 적외선을 사용하는 레이저.

화학무기(化學武器, Chemical Weapon)
무기로 사용되는 유독성 화학물질 및 그 원료 물질과, 이를 운용하는 데 소요되는 모든 장비. 화학제가 충전된 지뢰, 포탄, 항공폭탄, 로켓 및 미사일 탄두, 항공기, 살포탱크 그리고 화학탄을 목표지역에 운반할 수 있는 수단과 그 운반체(미사일, 로켓 등의 추진제 및 발사대, 화학제 저장용기 및 충전장치 등)가 여기에 포함된다. 화학물질의 독성은 흡입독성과 피부독성으로 구분하여 표시한다.

화학부대(化學部隊, Chemical Unit)
화생방전하에서 부대의 임무를 효과적으로 지원하기 위하여 화생방방호 사령부로부터 각 군 및 군단, 사단, 일부 여단급에 대대로부터 소대까지 다양한 규모로 편성된 부대. 화학부대의 주요 기능은 화생방 정찰, 제독, 연막지원과 화생방 상황 하에서의 작전통제, 부대방호를 위한 보호 및 기술지원 임무를 수행한다.

화학자동경보기(化學自動警報器, Automatic Chemical Alarm, KM8K2)
저 농도의 증기나 흡입 가능한 에어로졸 상태의 신경작용제를 자동적으로 탐지하여 작용제의 존재를 경보 전파하는데 사용되는 장비.

화학작용제(化學作用劑, Chemical Agent)
화학적 성질에 의하여 인체, 동물, 식물 또는 기타 물체에 치명적 손상을 가하는 액체나 기체의 화학물질. 주로 독성 화학제로 무능화 작용제, 폭동진압 작용제, 살초제 등이 있으며 연막 및 화염은 독성화학 작용제에서 제외된다. 전술적 용도를 기술하기 위해 작용제 지속시간에 따라 지속성 작용제와 비지속성 작용제로 구분하기도 한다. (북한) [독해물(毒害物)]

화학작용제 탐지킷(化學作用劑探知~, Chemical Agent Detector Kit)
화학작용제를 탐지하는데 사용하기 위해 개인이 휴대하여 사용하는 킷.

화학작용제 탐지장비(化學作用劑探知裝備, Chemical Agents Detecting Device)
인원, 장비 및 건물 등의 표면오염 탐지와 제독 후 잔류 작용제 존재유무를 확인하는 장비. 20초 이내에 극미량 농도의 신경, 수포, 혈액 및 질식 작용제의 탐지 및 식별이 가능한 장비로 시청각 경보 및 자체진단 기능이 있다.

화학작용제 표본수집킷(化學作用劑標本蒐集~, Chemical Agent Sampling Kit)
실험실반 및 기술병과 정보반이 토양, 초목 또는 견고한 표면으로부터 액체나 고체 화학작용제의 표본을 수집하거나 수집된 작용제를 분석하기 위하여 야전실험실로 후송 시 사용하는 킷.

화학전(化學戰, Chemical Warfare)
화학작용제를 운용하여 생리적 효과로 인한 사람 및 동물에 대한 살상 또는 무능화, 지역 및 물자의 사용거부, 연막, 화염, 소이 및 자극 등을 일으키는 전쟁형태.

화학지뢰(化學地雷, Chemical Land Mine)
지속성 화학작용제가 충전된 지뢰. 뇌관에 의하여 폭발되므로 자재 또는 지역을 오염시키기 위하여 사용되며, 어둠 속에서 만져서 식별할 수 있도록 지뢰 위에 튀어나온 줄눈이 있다.

화학지원계획(化學支援計劃, Chemical Fire Support Appendix)
유독성 또는 무력화 화학작용제 등과 같은 화학무기의 지원을 협조시키고 운용하기 위한 전술 계획. 화학작용제는 작전에 운용할 경우 핵무기와 마찬가지로 특수무기에 속하므로 사용 및 할당에 대한 인허가 절차가 필요하며, 작전을 위한 특수무기 휴대량(SAL)이 공고된다.

화학탄(化學彈, Chemical Ammunition)
훈련 및 폭동진압용 연막, 소이제 등의 화학작용제(유독 화학작용제)를 주로 충전한 탄약.

화학풍통신문(化學風通信文, Chemical Downwind Message; CDM)
화학 및 생물학전하에서 부대안전을 판단하는데 필요한 기온, 상대습도, 기후현상, 구름 량 등의 기상을 전파하는 메시지.

확대전장(擴大戰場, Extended Battlefield)
적을 원거리에서 미리 감시, 식별하여 종심지역에서 차단 공격함으로써 근접전투에 영향을 미치지 못하도록 전장을 적의 종심까지 확대한 개념.

확보(確保, Secure)
목표물이나 목표지역을 탈취하여 아군의 통제 하에 두는 것을 가리키며, 공격작전 시와 방어작전 시에 각각 다르게 사용됨.

1. 공격작전 시의 확보 : 부대를 사용하거나 사용하지 않고 진지나 지형지물을 획득한 후, 그곳에서 적에 의한 파괴나 손실활동을 방지하기 위하여 부대를 배치하는 것으로, 공격부대가 목표지역으로부터 적을 유형적으로 소탕해야 함을 의미.
2. 방어작전 시의 확보 : 진지 또는 특정지형을 획득하여 적의 파괴나 방해로부터 방호하고, 이를 적에게 허용하지 않기 위하여 진지나 장벽 및 화력을 계획하여 강력하게 저항하는 것.

확보기준(確保基準, Standard of Security)
소요기준 범위 내에서 연도별 가용재원, 대

체품 개발실태 및 전망, 전시 단계별 동원 능력, 보관시설 등을 감안한 평시부터 확보해야 할 기준.

확인점(確認點, Check Point)

1. 전술적 통제수단의 하나로 방향을 확인하고 지원화력을 요청하며 상황을 정확히 보고하여 통제를 용이하게 하기 위한 참고점으로 통제선 대신으로도 사용함.
2. 비행중인 항공기가 시각 또는 전자적 수단에 의해 자기 위치를 결정할 수 있는 지상 또는 해상의 지리적 위치.

환자분류(患者分類, Patient Categorization)
환자의 치료 우선순위를 결정하여 적합한 의무시설로 후송하기 위해 환자의 상태를 판단하는 과정. 환자의 상태나 전술적 상황에 따라 즉각, 지연, 최소, 기대처치환자로 적절히 분류한다.

환자후송(患者後送, Patient Evacuation)
환자가 발생된 장소로부터 가장 가까운 의무시설까지, 또는 현재 진료를 제공하는 의무시설로부터 보다 더 적절한 진료를 받을 수 있는 상급의무시설로 옮기는 행위.

활강포(滑腔砲, Smoothbore Gun)
포강 내부에 강선(腔線)이 없는 포(砲). 사격한 탄두가 비행할 때 탄도의 안정을 위해 탄을 회전시키는 강선포(腔線砲)와 달리 탄에 부착된 안정날개에 의해 탄도의 안정을 유지시킨다.

활강폭격(滑降爆擊, Glide Bombing Attack)
항공기가 수평자세 60도 이하의 강하각으로 활공하면서 폭탄을 투하하는 폭격방법.

활공거리(滑空距離, Length of Glide)
항공기의 엔진을 정지한 상태, 또는 극히 낮은 속력으로 지면을 향하여 비스듬히 내리는 비행거리.

활동기지(活動基地, Base)
비정규전 수행을 위한 제반 작전준비와 생존 및 보충활동이 가능한 지역. 비정규전 작전지역 내에 편성하며 은거지, 유격지대, 유격기지, 임무지원 지점이 포함된다.

활성지뢰(活性地雷, Activated Mine)
촉발상태에 있는 지뢰. 촉발 대전차 지뢰라고도 하며, 보조발화장치를 가진 표준대전차 지뢰로서 촉발장치가 있음.

활성탄(活性炭, Activated Carbon)
흡착성이 강한 작은 분말로 된 유기물질. 열과 수분으로 활성화되어 용제 중에서 화합물을 형성하며 색과 냄새를 흡착하는 특성이 있다.
〈동〉 [활성탄약]

활성탄약(活性彈藥, Activated Mine) ☞ [활성탄]

활주로 초과저지망(滑走路超過沮止網)
활주로를 초과 활주하는 항공기의 사고발생을 방지하기 위하여 착륙활주로 끝을 초과하여 설치하는 망.

황색도로(黃色道路, Yellow Road)
적의 공중공격 및 지상공격이 예상되어 작전상 지역사령관이 차량행군을 제한하는 도로.

황색장비(黃色裝備, Yellow Equipment)
장비의 가용성 판정기준으로, 아래와 같이 불완전한 상태로 추가 점검이 필요한 장비를 이르는 말.

1. 현재 가동상태에 있으나 90일간 가동상태가 의심되는 상태의 장비.
2. 기능시험에 합격하였으나 예비부속 및 공구가 부족한 상태의 장비.

회랑(回廊, Terrain Corridor)
넓은 공간 중에서 제한된 폭과 길이, 고도로 한정된 좁은 공간.

회랑형지형(回廊型地形, Corridor Type Terrain)
하천, 산악 등 자연적 지형지물에 의해 저지대 및 계곡에 길게 형성된 기동로나 통로를 형성하고 있는 지형.

회로(回路, Circuit)
1. 통신장비의 내부 부분품이 연결된 상태를 표시하는 도형.
2. 두 지점간의 통신을 위하여 양 지점에 반송장비를 설치하고 반송장비간 무선 또는 유선을 연결한 일련의 통신망.

회보(會報, Bulletin)
연대급 이상 부대장이 예하 전 장병 및 군무원에게 널리 알리는 지시, 공시, 상벌사항을 수록한 문서로 발행연도별 일련번호를 부여함.

회색선전(灰色宣傳, Grey Propaganda)
확실한 근거를 밝히지 않아서, 출처가 아군인지 적군인지 식별이 곤란한 선전.

회색심리전(灰色心理戰, Gray Psychological Warfare)
심리전을 수행하는 주체가 출처를 밝히지 않고 실시하는 심리전으로 유언비어 등이 있음.

회송(回送, Turnaround)
목적지까지 수송하고 나서, 다음 수송 업무를 위해 출발지로 되돌아오는 것. 영차회송과 공차회송으로 구분한다.

회수(回收, Recovery)
인원, 문서 및 장비를 구조하는 것으로 항공기, 수상함정, 잠수정 및 기타 장비를 사용함.

회수물자(回收物資, Conscripted Materials)
군 수사관이 범죄수사과정에서 회수하여 시설부대에 반납하는 군수물자를 이름.

회장(回章, Circular)
지휘관 또는 참모가 휘하 장병에게 지시사항을 서면으로 작성, 회람시키도록 만든 서류.

회전(会战, Meet or engage in a decisive battle)
(중국) 대규모의 중요한 전역을 가리킬 때 전역 이름에 붙여서 부르던 말.

회전익 항공기(回轉翼航空機, Rotor Craft)
회전하는 날개에 의하여 비행에 필요한 양력의 전부 또는 일부를 발생케 하는 항공기. 통상 헬리콥터를 지칭함.

회피(回避, Avoidance)
화생방 공격의 위험을 피하거나 피해를 줄이기 위해 개인이나 부대가 취하는 방안.

회피기술(回避技術, Avoidance Techniques)
전자파를 이용하는 통신·전자 장비를 설치할 때 적의 도청범위를 벗어난 장소나 엄폐된 곳에 전개·설치하거나, 필요 이상의 과도한 출력을 감소시켜 송출함으로써 통신·전자장비나 체계의 존재 또는 특성의 노출을 방지하는 소극적 대전자전 방책의 하나.

회피시간(回避時間, Evasion Time)
최종 유용 표적정보를 입수한 후 무기를 회피하는 데 필요한 시간 또는 공격무기가 최초로 발사된 후 회피하는 데 소요되는 시간. 이 동안에 표적이 기동하면 공격함의 효율적인 반격작전 수행이 제한됨.

획득(獲得, Acquisition)
사용자(수요군)를 위하여 무기체계를 개발, 생산, 공급하는 제반 업무과정으로 개념형성 단계로부터 사용자에게 최종생산품이 공급될 때까지의 제반 활동.

횡거리(橫距離, Lateral Range)
표적과 관측함 사이의 최단거리. 표적이 정지중이면 이 거리는 표적과 관측함의 항적 사이의 수직거리가 됨.

횡격실(橫隔室, Cross Compartment)
부대이동방향에 대하여 능선의 장축이 직각 또는 사각을 이루고 있는 지형의 격실.

횡단표적(橫斷標的, Crossing Target)
어떤 각도로 사선을 횡단하는 이동표적.

횡대(橫隊, Line Formation)
가로로 줄을 이은 대오로 전후보다 좌우로 넓혀져 배열된 대형.

횡대대형(橫隊隊形, Line Formation)
구성부대들이 가로로 전개한 대형. 주로 협조된 공격 시 사용하게 되며, 임무, 지형 및 기상상황과 가용부대를 고려하여 병진 횡대 대형을 결정하게 된다.

횡사(橫射, Flanking Fire)
횡으로 형성된 고정 및 이동표적에 대하여 좌·우로 방향을 변경시키면서 사격하는 것. (북한) [너비사격]

효과(效果, Effect)
1. 전략적, 작전적, 전술적 수준에서 특정한 군사 및 비군사적 조치로 인하여 발생되는 물리적, 기능적, 심리적 결과나 사건 또는 산물.
2. 특정의 군사 또는 비군사 행위로부터 유발되는 물리적, 기능적 또는 심리적 영향.

효과중심작전(效果中心作戰, Effect Based Operations; EBO)
전·평시 아군이 가용한 모든 군사 및 비군사적 능력을 상승적으로 적용하여 아군이 원하는 전략적 결과나 효과를 달성하는데 초점을 맞추는 작전. 효과중심작전은 효과중심의 기획에 의해 광역·원거리·정밀정보수단과 장사정·스텔스·정밀타격수단을 사용하여 적의 의미 있는 표적들을 거의 동시적으로 타격함으로써 구현된다.

효과의 집중(效果~集中, Mass of Effect)
광역으로 분산된 위치에서 결정적인 시간과 장소에 전투력 및 부대 운용의 효과를 집중시키는 것. 미래전은 첨단과학기술과 무기체계에 의해 명중률, 치사율, 사거리가 증대됨으로써 병력의 집중보다는 효과의 집중이 요구된다.

효과임무명령(效果任務命令, Effects Tasking Order; ETO)
지휘관의 의도를 달성하는데 요구되는 활동을 동시 통합하는 수단으로 요망효과, 목적, 조치의 내용이 포함되어 기술되는 명령. 작전목표를 달성하기 위해 가용한 모든 군사적, 비군사적 수단과 능력을 고려하여 반영한다.

효과중심의 계획(效果中心~計劃, Effects Based Planning; EBP)
전략적, 작전적, 전술적 활동을 통해 얻을 수 있는 효과에 초점을 두고, 관련된 모든 제대와 기능을 작전목표와 요망효과에 통합시키는 방향으로 수립된 계획.

효과지수(效果指數, Effect Index Number)
적에게 영향을 미칠 수 있는 아 전투력 운용의 효율을 나타내는 지수. 현재는 부대, 무기, 장비의 상대적 우열에 기초한 전력지수로 표시하나, 미래전에서는 체계의 효율성 있는 운용여부에 기초한 효과지수가 중요시된다.

효과측정요소(效果測定要素, Measure of Effectiveness; MOE)
효과중심의 작전에서 효과평가를 하는 요소.

효력사(效力射, Fire for Effect)
표적의 위치가 확실하고 가용한 수정량이 있을 경우 수정사격 없이 포대나 대대급에서 일제히 사격하는 방법.

효율성(效率性, Efficiency)
작전부대가 부여된 임무를 수행하는데 필요한 군수의 제 자원을 활용해서 효과성과 경제성을 동시에 충족시켜 작전임무를 달성하게 하는 것.

후발대(後發隊, Clean up Party, Rear party)
본대 출발을 지원하고 그 숙영지에 일시 잔류하여 전장정리와 기타 행정 및 보급업무를 처리후 마지막으로 이동하는 집단.

후방교회법(後方郊回法, Back Azimuth Method)
현재 자신의 위치하고 있는 장소를 모를 경우, 자신의 위치를 알기 위하여 2개이상의 지형지물을 나침반을 이용 조준함으로써 자신의 위치를 알아내는 방법. 즉 현재 자신의 위치에서 관측할 수 있는 고지, 저수지 등 2개 이상 지점에 대한 방위각을 측정하고, 해당 위치의 후퇴 방위각을 측정하여 연결하여 그리면, 이 선이 서로 교차하는 점이 관측자의 위치가 된다.

후방대기지점(後方待機地點, Rear Orbit Point; ROP)
전투기가 CAS 임무 투입 전 항공통제본부와 교신하면서 대기하는 안전한 공중 공간.

후방병원(後方病院, Rear Hospital)
전방으로부터 제반 후송수단에 의해 후송된 환자와 후방지역부대 장병 중 입원이 필요한 자를 대상으로 확정적인 진료를 제공하는 의무시설.

후방보장(後方保障, Guarantee of the Rear)
(러시아) 군의 후방 건설 원칙에 관한 지식과 작전 또는 전투행동중인 부대나 병력의 물질 수요, 교통 수요, 의료 수요 그리고 기타 수요를 충족시키기 위한 평시임무 및 전시임무의 수행 준비방법에 관한 지식의 체계. 후방보장은 비교적 독자성을 갖지만 군사학의 여타 구성부분, 특히 군사술 및 군사경제이론과 긴밀한 관계를 갖는다.

후방연료공급(後方燃料供給, Astern Fueling)
선박 간 연료를 공급할 때, 공급을 받는 선박이 공급해주는 선박 뒤쪽에서 연료를 공급받는 것.

후방작전(後方作戰, Rear Operations)
전투 근무지원과 지휘 및 통제를 포함한 기동의 자유와 작전의 지속성을 보장하기 위하여 적과 접촉한 부대의 후방에서 실시하는 작전.

후방지역(後方地域, Rear Area)
각급 부대의 차 하급제대 후방전투지경선으로부터 해당제대의 후방전투지경선까지로 그 부대의 작전지휘, 전투지원 및 전투근무지원 활동의 대부분이 수행되는 지리적 공간.

후방지역경계(後方地域警戒, Rear Area Security)
후방지역내의 모든 주요시설에 대한 경계와 병참선을 확보함으로써 후방지역의 안전을 도모하여 전쟁 지속능력을 보장하기 위해 취하는 모든 대책. 부대 전체를 위태롭게 할 정도로 큰 적의 위협을 제거하기 위한 대책은 후방지역경계의 범주에 속하지 않는다.

후방지역작전(後方地域作戰, Rear Area Operations)
각급 제대별 전장 편성상의 후방지역에서 국가방위요소를 통합하여 통합방위작전으로 실시하는 제반 작전.

후방지휘소(後方指揮所, Rear Command Post)
전투 및 전투지원작전과 직접적으로 관련이 없는 전투근무지원활동을 지휘·통제 및 협조하기 위한 시설이며, 여기에 전투근무지원 운용본부가 설치되어 운용됨.

후방차단(後方遮斷, Rear Interdiction)
적의 군사잠재력이 우군부대에 영향을 미

치기 전에 표적을 파괴 무력화시키는 것으로 주로 화력지원협조선(FSCL) 전방지역에서 실시됨.

후불수송(後佛輸送, Transportation in Kind)
정부가 여행 장병에게 무료로 제공하는 수송방법으로, 수송이 이루어 진 후에 정부에서 수송을 제공한 업체에 비용을 지불함.

후사면(後斜面, Reverse Slope)
적으로부터 보이지 않는 후면의 경사면으로 반사면이라고도 함.

후사면사격(後斜面射擊, Reverse Slope Fire)
사격기준점으로부터 후면으로 하강하는 경사에 위치한 표적에 대하여 실시하는 사격.

후속부대(後續部隊, Follow-on Force)
투입부대의 후방에서 투입부대의 공격지대를 따라 전진하면서 전투임무를 수행하는 부대. 주공과 조공의 후방에서 후속하다가 주공과 조공이 더 이상 공격을 하지 못하게 되면 그 임무를 인수하여 계속 공격하는 전술집단으로서 작전에 투입된 부대라는 면에서 예비대와 차이가 있다.

후속상륙작전(後續上陸作戰, Follow-on Amphibious)
돌격제대 및 돌격 후속제대의 상륙이 완료된 후 실시되는 증원부대 및 군수품의 상륙.

후속제대-항공수송(後續梯隊-航空輸送, Follow-up Echelon-Air Transport)
돌격제대를 뒤따라 목표지역으로 이동하는 부대.

후속제대(後續梯隊, Follow-on Echelon)
공정작전, 공중기동작전 또는 상륙작전의 강습제대 다음에 목표지역으로 이동하는 부대.

후속지원(後續支援, Follow-up and Support)
주공과 조공, 또는 전과확대부대의 공격지속력을 유지하기 위해 이들을 후속하며 지원하고, 이들이 더 이상 공격 기세를 유지할 수 없을 때 그 임무를 인수하여 계속 공격하는 전술적 행동.

후속지원부대(後續支援部隊, Follow and Support Force)
주공을 후속하면서 증원하거나, 상황 및 여건에 따라 주공으로 전환함으로써 주공의 타력을 유지하기 위해 편성된 부대.
(일본) [續行部隊(속행부대)]. 기갑부대 공격 시 시기를 놓치지 않고 제1선 부대의 임무를 계승하며, 끊임없이 공격의 충격력을 유지 · 증진함을 주목적으로 하여 제1선 부대에 후속하는 부대.

후송(後送, Evacuation)
1. 사상자를 적절한 의무시설로 이동시키는 절차.
2. 정비 대상 물품 또는 사용 불가 물품을 상급시설로 보내는 조치.

후송계통(後送系統, Evacuation Channel)
환자를 수집, 분류, 후송, 치료하는 지속적이고 연속적인 일련의 과정.

후송통제(後送統制, Evacuation Control)
전 · 평시 예상되는 환자의 상태, 지원의무시설의 규모, 수용능력 및 전술적 상황 등을 고려하여 환자를 후송계통에 따라 입원, 퇴원 및 후송을 고려하여 적절히 통제하는 것.

후송통제일수(後送統制日數, Evacuation Control Period)
환자의 효과적인 진료를 위하여 의무시설을 효율적으로 운영하고 불필요한 후송 및 입원 기간을 최소화시키기 위해 환자가 의무시설에서 치료받을 수 있는 최대허용기간을 일수로 표시한 것.

후송통제함(後送統制艦, Evacuation Control Ship)
상륙작전에 있어서 사상자를 해안으로부터 후송하는 상륙주정, 상륙장갑차 및 헬기를 위하여 통제점으로 지정된 함정.

후순위조정(後順位調整, Adjustment to Rear One)
병력동원소집 또는 전시근로 소집대상자로 전시 국가동원기능을 수행하는 동원기관 또는 방위산업체 등에 종사하는 자 중, 필요하다고 인정되는 자에 대하여 그 소집순위를 후순위로 조정하는 것. 긴급단계에 동원하지 않으며, 정상단계에서도 소집순위를 후순위로 조정하여 직무에 지장을 주지 않기 위한 규정이다.

후열(後閱)
결재를 위해 대기 중인 문서 중 중요한 문서에 한하여 결재권자의 사후 열람을 받는 것.

후위(後衛, Rear Guard)
능력범위 내에서 적을 격파, 격멸 혹은 지연시킴으로써 적의 기습공격이나 교란행위로부터 전진하고 있거나 철수하고 있는 부대로 방호하기 위하여 그 부대의 후방에서 작전하는 경계부대.
(북한) [후방첨병(後方尖兵)]

후퇴방위각(後退方位角, Back Azimuth)
한 방위각의 반대방향의 방위각으로서 역방위각이라고도 함.

후퇴이동(後退移動, Retrograde Movement)
부대가 후방으로 이동하거나 또는 적으로부터 이탈하기 위하여 계획적으로 이동하는 작전. 적의 압력에 의해서 또는 자의에 의해 실시되며, 철수, 철퇴 및 지연전의 형태로 구분할 수 있다.

후폭풍(後暴風, Rear Blast)
무반동총 및 유도탄 등이 발사될 때 추진 장약이 폭발하면서 높은 열과 강한 압력이 사격방향 후방으로 불출되는 것.

훈련(訓練, Training)
개인 및 부대가 부여된 임무를 효과적으로 수행할 수 있도록 기술적 지식과 행동을 체득하는 조직적 숙달과정으로서 개인훈련과 집체훈련으로 구분함.

훈련과제(訓練課題, Training Task)
개인 및 부대가 임무수행을 위하여 요구되는 필수 과업을, 부대 및 제대별 전투수행 중 적과 전장기능별로 분류하여 중점적으로 훈련할 수 있도록 체계화한 과업과 전투기술.

훈련 및 평가지침서(訓練~評價指針書, Training and Evaluation Guide)
각급부대가 개인훈련과 전술훈련을 실시해야 하는 주요과제, 상황, 조건, 지도요령을 제시한 문헌.

훈련소집통지서(訓練召集通知書, ~)
예비군훈련 대상으로 판단된 인원에 대하여 훈련참가를 알릴 목적으로 훈련에 관한 일시, 장소 등을 명기하여 전달하는 문서.

훈련일정자율입소제도(訓練日程自律入所制度, ~)
예비군의 생업활동 여건보장과 자발적인 훈련 동참분위기를 조성하기 위하여 예비군 본인이 훈련일정을 선택할 수 있도록 선택권을 부여한 훈련제도.

훈련임무 및 과업목록(訓練任務~課業目錄, Training Mission and Task List)
작전계획, 예규, 편제표, 상급부대 지시 등 임무분석을 통하여 도출된 부대가 수행해야 할 주요과업에 대한 목록.

훈련주기(訓練週期, Training Cycle)
동일한 훈련을 다시 반복하기까지의 기간.

훈련탄(訓練彈, Training Shell)
외형상 실제 탄약과 같으나 내부 기능 구성품이 없는 완전 비활성탄약으로서 전시용, 포수훈련, 취급 및 장전훈련 등에 사용됨. 〈동〉 [훈련탄약]

훈련탄약(訓練彈藥, Training Shell) ☞ [훈련탄]

훈령(訓令, Letter of Instruction; LOI)
작전에 관한 지침 또는 작전통제 목적의 내용을 수록한 문서로 예하부대장이 적용하도록 군사령부급 이상 부대장이 발행하며, 발행년도별 일련번호를 부여함.

훈육(訓育, Moral Education)
인간의 감성과 의지를 도야하여 성격을 완성하는 교육으로, 군대에 있어서는 군인으로서 이상적인 품성과 인격을 도야하는데 목표를 둠.

휘장(徽章, Emblem)
1. 표창, 신분, 직무나 명예를 나타내기 위해 군복에 부착 또는 패용하는 표지장.
2. 일반적으로 계급, 부대, 등급, 근무 등을 표시하기 위하여 제복에 붙이는 표지.
3. 중요한 군사기술을 고도로 숙달했다는 표시로서 부여 되는 상전의 일종.

휴대보급품(携帶補給品, Accompanying Supplies)
한 부대나 개인이 휴대하여 운반할 수 있는 탄약 기본휴대량과 모든 보급품의 규정 휴대량. 공정작전에서 강습제대와 후속제대가 목표지역으로 가지고 가는 모든 보급품을 말함.

휴대식량(携帶食糧, Small Detachment Ration)
미리 조리되어 포장되거나 준비된 식량으로, 가열하거나 냉각시켜 먹을 수 있는 식품. 휴대식량의 주요 목적은 취사가 불가능한 전투 시에 부대원들에게 식량을 제공하는데 있다.

휴대용 대공유도무기(携帶用對空誘導武器, Portable SAM)
맨손 운반이 가능한 단거리 방공무기체계.

휴대용제독기(携帶用除毒器, Portable Decontaminating Apparatus; KM11)
차량이나 공용화기에 오염된 화학작용제를 제거하고 소규모 지역을 제독하는데 사용되는 제독기로 차량, 화포, 전차 등에 설치함.

휴대용 통로개척장비(携帶用通路開拓裝備, Portable Mine Neutralization System; POMINS-II)
도보부대의 통로를 개척하기 위하여 개발된 장비로 철조망 및 지뢰지대에서 사용됨.

휴전(休戰, Armistice)
군사행동의 일시적 중지를 이르는 말. 부분적 휴전과 일반적 휴전으로 구분되며, 부분적 휴전이란 특정지역에서 전투행위가 일시적으로 중지되는 것을 말하고, 일반 휴전이란 전투를 전면적으로 중지하는 것을 말한다.

흉벽(胸壁, Parapets)
굴토된 흙이나 기타 자재로 진지의 정면, 측면, 후면의 방호력을 증대시키기 위해 설치되는 진지 보강물. 주로 개인전투진지와 화기진지를 구축할 때 설치되며 사격의 용이성과 개인 신체조건을 고려하여 가슴높이로부터 30~45 cm 높이로 설치된다.

흑색선전(黑色宣傳, Black Propaganda)
심리전을 수행하는 주체가 출처를 모방, 도용, 또는 허위출처를 제시하여 진행하는 선전방법. 적의 선전을 반박하거나 신뢰성을 감소시키기 위해 이용된다.

흑색심리전(黑色心理戰, Black Psychological Warfare)
심리전을 수행하는 주체가 출처를 모방 또는 도용하여 실시하는 심리전.

흑색화약(黑色火藥, Black Powder; BP)
목탄과 유황을 취화칼륨이나 질산나트륨에 흡입하여 만든 폭약. 도화선, 일부 도화선 점화기(휴즈라이타), 뇌관 및 폭발 신관에 사용된다.

흘수(吃水, Draft)
수륙양용차량 또는 도하장비가 도하 시 수면으로부터 해당 장비의 최저부까지의 깊이, 즉 해당 장비가 물에 잠기는 깊이를 이르는 말. 문교 및 부교를 운용하기 위한 토목작업을 하는데 중요한 고려요소가 된다.

흡기통(吸氣筒, Snorkel)
잠수함이 공기를 흡입하는 공기통. 디젤작동 및 배터리를 충전하기 위해 사용하며, 이러한 상태로 항해하는 것을 흡기통 항해(Snorkelling)라고 부른다.

저자약력

이 강 언(李康彦)
경영학박사
육사 25기 졸업
경기대 대학원 경영학과 졸업
국방부 정책기획국장
육군대학 총장
현재 대전대 군사학과 교수
현재 대전대 군사연구원 원장

김 정 기(金貞基)
정치학박사
육사 31기 졸업
미 조지아 주립대 졸업
러시아 총참모대학원 졸업
주 러시아 대사관 무관
현재 대전대 군사학과 교수

전 태 일(全泰一)
이학박사
미 웨인 주립대 졸업
미 웨인 주립대 강사
Math. Review Reviewer
현재 대전대 전산정보보호학과 교수
현재 대전대 국제교류원 원장

강 석 훈(姜皙勳)
전산학박사
한양대 전자공학과 졸업
한국과학기술원 졸업
LG정밀 책임연구원
현재 대전대 컴퓨터공학과 교수
현재 대전대 컴퓨터정보통신연구소장

오 윤 숙(吳允淑)
문학박사
성균관대학교 대학원 졸업
성균관대, 성신여대, 대진대, 대전대 강사
중국 북경대, 남경사범대, 사회과학원 방문 연구원
현재 동양대학교 강사.

최신 군사용어사전

초판 발행 2011년 7월 9일
수정증보판 2018년 10월 22일

인지

저 자 이강언 · 강석훈 · 김정기
오윤숙 · 전태일
발행자 신 소 연
발행소 양 서 각

주소 : 서울시 도봉구 쌍문2동 716-27
전화 : 02) 991-6234~5
FAX : 02) 907-2114
등록 : 1992년 4월 30일 제3-412호

ISBN 978-89-5568-337-0-93390 **[정가 25,000원]**